Thermodynamik

Andreas Heintz

Thermodynamik

Grundlagen und Anwendungen

2. Auflage

Springer Spektrum

Prof. Dr. Andreas Heintz
Elmenhorst, Deutschland

ISBN 978-3-662-49921-4 ISBN 978-3-662-49922-1 (eBook)
https://doi.org/10.1007/978-3-662-49922-1

Die Deutsche Nationalbibliothek verzeichnet diese Publikation in der Deutschen Nationalbibliografie; detaillierte bibliografische Daten sind im Internet über http://dnb.d-nb.de abrufbar.

Springer Spektrum

Planung: Dr. Rainer Münz

Gedruckt auf säurefreiem und chlorfrei gebleichtem Papier

Springer Spektrum ist Teil von Springer Nature
Die eingetragene Gesellschaft ist Springer-Verlag GmbH Deutschland
Die Anschrift der Gesellschaft ist: Heidelberger Platz 3, 14197 Berlin, Germany

Ich bin sehr beruhigt darüber zu hören, dass man die Welt erklären kann. Ich dachte schon, das Problem läge bei mir.

(Woody Allen)

Vorwort und Einleitung

Die naturwissenschaftliche Betrachtungsweise der Welt ist nicht die einzig gültige, aber sie ist die bisher erfolgreichste und zugleich folgenreichste in der menschlichen Geschichte gewesen. Einen wichtigen und besonderen Aspekt trägt dazu die Thermodynamik bei. Sie liefert eine umfassende und allgemeingültige Theorie der Materie unter den Bedingungen des thermischen und materiellen Gleichgewichtes. Die Zeit als physikalischer Parameter kommt in diesem Theoriegebäude zunächst nicht vor, und man wundert sich vielleicht, dass die Gleichgewichtsthermodynamik eine so große Rolle in Naturwissenschaften und Technik spielt, wo doch alle Prozesse der Natur gerade von der Zeit abhängen. Der Grund dafür ist, dass sich sehr viele Vorgänge in unserer natürlichen und technischen Welt relativ langsam abspielen und daher den Bedingungen des thermodynamischen Gleichgewichts sehr nahe kommen. In anderen Situationen ist es genau umgekehrt: Prozesse laufen so schnell ab, dass sie fast augenblicklich ins Gleichgewicht gelangen. Kleine zeitliche Störungen bringen solche Systeme sehr rasch wieder in ein neues Gleichgewicht, so dass solche Prozesse sich praktisch immer im Gleichgewicht befinden.

Die Grundlagen der Gleichgewichtsthermodynamik sind weitgehend erforscht und bekannt. Die Bedeutung der Thermodynamik liegt heute vor allem in der großen Vielfalt ihrer Anwendungsgebiete. Dazu gehören neben der Chemie und der chemischen Verfahrenstechnik in wachsendem Ausmaß die Biochemie und Biologie, Geochemie und Geophysik, die Umweltchemie, die Meteorologie, die Medizintechnik, die Energietechnik, die Materialwissenschaften und in neuester Zeit auch die planetarische Physik und die Astrophysik. Der Charakter der Thermodynamik ist daher in vieler Hinsicht auch interdisziplinär geworden.

Die Lehrbücher der Vergangenheit werden dieser Entwicklung kaum gerecht, daher stehen in diesem Buch neben einer sorgfältigen Darlegung der theoretischen Grundlagen vor allem die vielfältigen Anwendungen in Form zahlreicher Beispiele aus den unterschiedlichsten Bereichen im Vordergrund.

Zur didaktischen Methode des Buches ist Folgendes zu sagen. Die meisten moderneren Lehrbücher der Thermodynamik betonen nicht allein den phänomenologischen Charakter der Thermodynamik, sondern entwickeln simultan einen mehr oder weniger großen Teil ihrer molekularstatistischen Grundlagen. Dies hat den Vorteil, dass der Leser gleichzeitig erfährt, wie die ungeheure Vielfalt der molekularen Bewegungen eines Systems mit über 10^{20} Teilchen bzw. seiner quantenmechanischen Mikrozustände mit den makroskopisch beobachtbaren, also phänomenologischen Gesetzmäßigkeiten verknüpft ist, und wie diese durch die Methode der statistischen Mechanik tiefer begründet werden können.

Selbstverständlich erhält die Thermodynamik erst dadurch ihre volle Bedeutung, insofern die individuellen Eigenschaften eines makroskopischen Systems aufgrund seiner molekularen Dynamik und Struktur sowie seiner atomaren bzw. molekularen Wechselwirkungen verständlich werden. Im

Zeitalter der immer rascher anwachsenden Rechenkapazitäten von Großrechnern ist absehbar, dass phänomenologische Eigenschaften molekularer Systeme mit immer zuverlässiger werdender Genauigkeit berechnet, d. h. vorausgesagt werden können. Die statistische Thermodynamik ist daher zweifellos ein immer wichtiger werdender Bestandteil der universitären Ausbildung.

Gerade deshalb ist es von Bedeutung, den richtigen Weg zu finden, der zu diesem Ausbildungsziel führt. Nach meiner Erfahrung sprechen gute Gründe dafür, zunächst die phänomenologische Thermodynamik zu behandeln, bevor ihre molekularstatistischen Grundlagen zur Sprache kommen. Die phänomenologische Thermodynamik ist eine in sich abgeschlossene und selbstkonsistente Theorie, die grundsätzlich nicht auf eine molekularstatistische Begründung angewiesen ist. Ihre formale Gestalt lässt sich allein aus den Hauptsätzen der Thermodynamik vollständig ableiten und der mathematische Aufwand, der dafür benötigt wird, ist gut überschaubar. Diese Einheitlichkeit, ihr formalästhetischer Reiz und ihre weitreichende Aussagekraft über das Verhalten der Materie im Gleichgewicht wird erfahrungsgemäß vom Anfänger nicht klar genug erkannt, wenn gleichzeitig Erläuterungen und Begründungen vermittelt werden, die nicht zwangsläufig zu einem Verständnis nötig sind. Das soll nicht bedeuten, dass auf einen molekularen Hintergrund vollständig verzichtet werden kann, aber es genügt, mit qualitativen Bildern der molekularen Struktur der Materie die didaktische Entwicklung der phänomenologischen Theorie zu unterstützen, um eine unnötige Abstraktheit zu vermeiden.

Dieser Weg der Darstellung der Thermodynamik wird hier verfolgt.

Das Buch gliedert sich in zwei Teile. Im ersten, hier vorliegenden Band werden die Grundlagen der Gleichgewichtsthermodynamik behandelt und im Wesentlichen auf Reinstoffsysteme angewandt. Nach einem *einführenden Kapitel* zu Grundbegriffen, wie der Definition von thermodynamischen Systemen, der empirischen Temperatur und dem idealen Gasgesetz, wird im *zweiten Kapitel* zunächst die notwendige Mathematik zur quantitativen Formulierung der Thermodynamik bereitgestellt, bevor im *dritten Kapitel* das Volumen als Zustandsgröße ausführlich behandelt wird. Wegen seiner Anschaulichkeit ist das Volumen dazu am besten geeignet. Es wird hier auch (im Vorgriff auf die Mischphasenthermodynamik) bereits der Begriff der partiellen molaren Größen eingeführt. Im *vierten Kapitel* folgt der erste Hauptsatz, wobei hier besonderer Wert auf die begriffliche Unterscheidung von Wärme und dissipierter Arbeit gelegt wird. Innere Energie und Enthalpie liefern die Grundlagen der Kalorimetrie sowie der chemischen Reaktionswärmen. Sie stellen die energetischen Prinzipien der Thermodynamik unter Beachtung des Energieerhaltungssatzes dar, der auch äußere Energieformen wie kinetische und potentielle Energie des Systems und seiner Umgebung mit einschließen kann.

Der zweite Hauptsatz bereitet bekanntlich die größeren Verständnisschwierigkeiten als der erste. Daher wird im *fünften Kapitel* zunächst eine sorgfältige Unterscheidung zwischen reversiblen und irreversiblen Prozessen getroffen, bevor die Entropie als Zustandsgröße auf Grundlage der reversiblen Prozesse eingeführt wird und mit ihr die absolute Temperatur. Mehrere Wege, die zu diesem Ziel führen, werden diskutiert und ihre Äquivalenz aufgezeigt. Die „Doppelnatur" der Entropie als Zustandsgröße, die bei reversiblen Prozessen eine Erhaltungsgröße von System plus Umgebung ist, und die andererseits bei realen, d. h. teilweise oder vollständig irreversibel ablaufenden Prozessen, nur anwachsen kann, gehört zu den schwierigsten Verständnisproblemen der Thermodynamik und unterliegt den meisten Missverständnissen und Fehlinterpretationen. Ein konsequenter Weg, hier möglichst Klarheit zu schaffen, erscheint mir das *Axiom des stets positiven Vorzeichens der dissipierten Arbeit* bei partieller oder vollständiger Irreversibilität eines thermodynamischen Prozesses zu sein, da es hierzu eine Reihe anschaulicher Beispiele gibt, die die Allgemeingültigkeit dieses Axioms überzeugend nahelegen. Daraus folgt, dass es immer einen Anteil der Entropieänderung geben muss, der stets positiv oder Null ist, nämlich die *sog. innere Entropieproduktion* eines Systems. Diese Darstellungsweise des zweiten Hauptsatzes hat zudem den Vorteil, dass sie sich leicht auf offene Systeme im stationären Zustand erweitern lässt und damit gleichzeitig ein Weg zur „Thermodynamik irreversibler Prozesse" gewiesen wird, einem eigenen Wissenschaftsgebiet, das in diesem Buch nicht weiter behandelt wird. Mit dem so erreichten Wissensstand sollte es dem Leser keine größeren Probleme bereiten, den sich anschließenden Unterabschnitten über thermodynamische Gleichgewichtsbedingungen und die Notwendigkeit der Einführung der Zustandsgrößen „Freie Energie" und „Freie Enthalpie" folgen zu können. Die Kriterien der thermodynamischen Stabilität werden in einer neuartig formulierten Methode aus den besonderen Eigenschaften der Legendre-Transformationen abgeleitet. Der Rest des fünften Kapitels ist der Gibbs'schen Fundamentalgleichung, den thermodynamischen Potentialen, der Ableitung des Phasengesetzes und seiner Anwendung auf Phasenübergänge in Reinstoffsystemen gewidmet sowie der Darstellung einiger Beispiele von offenen stationären Systemen.

Den Abschluss des ersten Bandes bildet ein eigenes Kapitel über die *Thermodynamik der Wärmestrahlung*. Auch hier ist eine weitgehend rein phänomenologische Behandlung möglich, die alle wesentlichen Kenntnisse vermittelt und so den Zugang zu den vielfältigen Anwendungsgebieten verschafft, die durch entsprechende Aufgaben und Beispiele vorgestellt werden.

Wie bereits angedeutet, spielen Übungsaufgaben und Anwendungsbeispiele in diesem Buch eine dominante Rolle. Sicherheit im Verständnis und im Umgang mit dem Erlernten wird bekanntlich erst durch Lösen konkreter Probleme erworben. Die Lösungen der Aufgaben werden alle ausführlich besprochen. Es bleibt der Selbstdisziplin des Lesers überlassen, eigenständige Lösungswege zu finden und sie zu kontrollieren. Viele Aufgaben sind nicht trivial, und sie beschäftigen sich häufig mit über den Text hinausgehenden Problemen. Das gilt noch mehr für die Abschnitte „Weiterführende Beispiele und Anwendungen". Hier soll der Leser seine Kenntnisse erweitern können und die Vielfalt der Thematik aus allen Bereichen der Naturwissenschaft kennenlernen, wo thermodynamische Fragestellungen eine Rolle spielen bis hin zu interessanten Phänomenen des Alltagslebens. Das Buch ist daher sowohl zum Selbststudium wie auch als Begleiter zu Vorlesungen geeignet. Es werden durchgehend für physikalische Größen SI-Einheiten verwendet (s. Anhang J).

Nicht alles, was in der Thermodynamik wichtig ist und Anspruch darauf hätte, in einem Lehrbuch Platz zu finden, kann tatsächlich gebührend behandelt werden. Eine gewisse Auswahl zu treffen und Schwerpunkte setzen zu müssen, geschieht nicht nur aus Platzgründen, sondern ist auch didaktisch geboten. So werden z. B. aus dem Bereich der technischen Thermodynamik nur geeignete Fallbeispiele behandelt ohne jeden Anspruch auf Systematik und Vollständigkeit. Auch finden im ersten Band, z. B., die Methode der Jacobi-Determinanten, Phasenübergänge höherer Ordnung, kritische Phänomene oder metastabile Zustände nur am Rande oder gar nicht Erwähnung.

Benutzte Quellenliteratur ist an den entsprechenden Stellen des Textes angegeben. eine Zusammenstellung empfehlenswerter, das vorliegende Buch ergänzender Lehrbücher, sind in Anhang J aufgelistet.

Dem hier vorliegenden ersten Band folgt ein zweiter Band, der das Gesamtwerk der phänomenologischen Thermodynamik zum Abschluss bringt. Dieser zweite Band „Thermodynamik in Mischphasen und äußeren Feldern" wird die Themen Phasengleichgewichte in Mehrkomponentensystemen, homogene und heterogene Reaktionsgleichgewichte, das Nernst'sche Wärmetheorem, Elektrolytlösungen, Elektrochemie, biochemische Thermodynamik, Grenzflächenphänomene und Gleichgewichte in elektrischen und magnetischen Feldern sowie in Gravitations- und Zentrifugalfeldern behandeln. Auch hier stehen neben den Grundlagen in besonderer Weise Aufgaben und Anwendungsbeispiele aus allen naturwissenschaftlichen und technischen Bereichen mit Bezug zu modernen und aktuellen Fragestellungen im Vordergrund.

Ich habe einer Reihe von Personen zu danken, deren Hilfe mir beim Verfassen des Buches unentbehrlich war. Frau Sabine Kindermann hat die langwierige Schreibarbeit des Textes und seiner zahlreichen Korrekturen zuverlässig und mit viel Geduld bewältigt. Frau Margitta Prieß hat die meisten der Abbildungen angefertigt und Herr Dr. Eckard Bich hat etliche numerische Berechnungen durchgeführt sowie bei der Formatierung des Gesamttextes wichtige Unterstützung geleistet. Ich danke auch allen Kollegen und Mitarbeitern, deren Anregungen zum Inhalt sowie Hinweise auf Irrtümer im Text sehr wertvoll für mich waren.

Schließlich gilt mein Dank Frau Dr. Marion Hertel und Frau Beate Siek vom Springer-Verlag in Heidelberg für die reibungslose und verständnisvolle Zusammenarbeit bei der Herausgabe des Buches.

Rostock, im Dezember 2010

Andreas Heintz

Vorwort zur 2. Auflage

Das Konzept einer Darstellung der Thermodynamik als Querschnittswissenschaft hat sich bewährt und bei der Leserschaft so viel Resonanz gefunden, dass eine zweite Auflage des Buches geboten war.
Das gab mir die Gelegenheit, die erste Auflage zu überarbeiten und zu erweitern. Dabei fanden die folgenden Aspekte besondere Beachtung:

- Eine Reihe von Schreibfehlern und Irrtümern wurde beseitigt.
- Mehrere Textabschnitte wurden umformuliert, bzw. erweitert, um eine noch klarere Verständlichkeit zu erreichen.
- Die kurzen Abschnitte und Beispiele zur Kombinatorik im Kapitel 2 wurden gestrichen, da sie im Buch fast keine Anwendung finden und ihr Inhalt in jedem Grundlagenlehrbuch der Mathematik nachlesbar ist.
- Als neues Kapitel wurde der „Nernst'sche Wärmesatz" hinzugefügt, der die Grundlage einer Absolutbestimmung der Entropie liefert und somit die konsistente Darstellung von Standardbildungsgrößen ermöglicht, wie sie in Anhang F.3 aufgelistet sind und häufig im Buch bei Berechnungen Verwendung finden.
- Sieben neue Aufgaben bzw. Anwendungsbeispiele wurden zusätzlich eingearbeitet: „Wie schnell friert ein See zu?" (Kapitel 4), „Wärmepflaster zur Schmerzbehandlung" (Kapitel 4), „Raketentriebwerke und Raketenflug" (Kapitel 5), „Molwärme und Schallgeschwindigkeit im kritischen Bereich" (Kapitel 5), „Kompression und Expansion eines Gases mit elastischer Feder" (Kapitel 5), „Exoplaneten und habitable Zonen" (Kapitel 7) und „Wärmeschutz bei der Bergung von Unfallopfern" (Kapitel 7).

Mit dem bereits im Frühjahr 2017 erschienenen Buch „Thermodynamik der Mischungen – Mischphasen, Grenzflächen, Reaktionen, Elektrochemie, äußere Kraftfelder" – steht damit eine aktualisierte Gesamtdarstellung der Thermodynamik zur Verfügung.
Für ihre wertvolle Hilfe beim Umschreiben und Formatieren des Buchtextes danke ich Frau Kira Arndt. Frau Margitta Prieß hat dankenswerterweise die neuen Abbildungen angefertigt.
Frau Anja Groth und Herrn Dr. Rainer Münz vom Springer-Verlag danke ich für die gute Kooperation und Beratung bei der Herausgabe der zweiten Auflage.

Rostock, im August 2017

Andreas Heintz

Inhaltsverzeichnis

Verzeichnis der verwendeten Symbole

Die häufiger im Buchtext verwendeten Symbole für physikalische Größen und Parameter einschließlich ihrer teils mehrfachen Bedeutung sind hier aufgelistet. Wenn nicht zusätzlich gekennzeichnet, werden alle Größen in SI-Einheiten verwendet (s. Anhang J).

Lateinische Buchstaben

a	v. d. Waals Parameter, allg. Parameter
A	Oberfläche oder Grenzfläche, Albedo
B	Zweiter Virialkoeffizient
b	v. d. Waals Parameter, allg. Parameter
c, const.	allg. Parameter, variablenunabhänger konstanter Wert
c_i	Molarität, Konzentration
C_V	Wärmekapazität bei V = const
C_p	Wärmekapazität bei p = const
$\overline{C}_V$	Molwärme = molare Wärmekapazität bei $\overline{V}$ = const
$\overline{C}_p$	Molwärme = molare Wärmekapazität bei p = const
c_{sp}	spezifische Wärmekapazität
d	Durchmesser, Länge, Dicke
E	Energie allg.
E_{pot}	potentielle Energie
E_{kin}	kinetische Energie
ΔE	galvanische Zellspannung, Energiedifferenz
$F, \overline{F}, \overline{F}_M$	freie Energie, molare freie Energie, molare freie Energie einer Mischung
$G, \overline{G}, \overline{G}_M$	freie Enthalpie, molare freie Enthalpie, molare freie Enthalpie einer Mischung
$\Delta_R\overline{G}$	molare freie Reaktionsenthalpie
$\Delta^f\overline{G}^0$	molare freie Standardbildungsenthalpie
h	Höhe
$H, \overline{H}, \overline{H}_M, \overline{H}_i$	Enthalpie, molare Enthalpie, Enthalpie einer Mischung, partielle molare Enthalpie
$\Delta_R\overline{H}$	molare Reaktionsenthalpie
$\Delta^f\overline{H}^0$	molare Standardbildungsenthalpie
$\Delta\overline{H}_V$	molare Verdampfungsenthalpie
$\Delta\overline{H}_S$	molare Schmelzenthalpie
$I,\ I'$	Trägheitsmoment, elektrische Stromstärke
J	allgemeine Strahlungsintensität
J_S	Solarkonstante
J'	gerichtete Strahlungsintensität

K	Temperatureinheit Kelvin, Kraft
L	Leistung, Länge
L_S	Leuchtkraft eines Sterns
l	Länge
l_i	Arbeitskoordinate
m	Masse
$\dot{m}$	Massenfluss
M	Masse, molare Masse
$\widetilde{m}$	Konzentration: Molalität
N, N_i	Teilchenzahl
N_L	Lohschmidt-Zahl
n, n_i	Molzahl
p	Druck
$\widetilde{p}$	reduzierter Druck
p_C	kritischer Druck
Q	Wärme
$\dot{Q}$	Wärme pro Zeit = Wärmeleistung
R	allg. Gaskonstante, Radius
r	Radius
$S, \overline{S}, \overline{S}_M, \overline{S}_i$	Entropie, molare Entropie, molare Entropie einer Mischung, partielle molare Entropie
$\Delta\overline{S}_V$	molare Verdampfungsentropie
$\Delta\overline{S}_S$	molare Schmelzentropie
s	Strecke, Schussweite einer Kanone
T^*	empirische Temperatur
T	absolute Temperatur ($T = T^*$)
$\widetilde{T}$	reduzierte Temperatur
T_c	kritische Temperatur
t	Zeit (Sekunde, Minute, Tage, Jahre)
$U, \overline{U}, \overline{U}_M, \overline{U}_i$	innere Energie, molare innere Energie, molare Energie einer Mischung, partielle molare innere Energie
$V, \overline{V}, \overline{V}_M, \overline{V}_i$	Volumen, molares Volumen, molares Volumen einer Mischung partielles molares Volumen
$\overline{V}_c$	kritisches molares Volumen
$\Delta\overline{V}_S$	molares Schmelzvolumen
υ	Geschwindigkeit, allg. Variable
υ_R	Geschwindigkeit einer Rakete
υ_S	Schallgeschwindigkeit
υ_{sp}	spezifisches Volumen
$\widetilde{\upsilon}$	reduziertes Volumen
υ_f	freies Volumen
w	Gewichtsbruch , Geschwindigkeit
W	physikalische Arbeit
$\dot{W}$	Arbeitsleistung (Arbeit pro Zeit)
x_i	Molenbruch in kondensierter Phase
x	allg. Variable, Raumkoordinate (x-Richtung)

y	allg. Variable, Raumkoordinate (y-Richtung)
y_i	Molenbruch in Gas- oder Dampfphase
z	allg. Variable, Raumkoordinate (z-Richtung)
Z	Zustandsfunktion

Griechische Buchstaben

α	Strahlungsabsorptionskoeffizient
α_{p}	thermischer Ausdehnungskoeffizient (kubisch)
α'_{p}	thermische Ausdehnungskoeffizient (linear)
$\widetilde{\alpha}$	relative Längenänderung l/l_0
β_{V}	thermischer Druckkoeffizient ($\beta = \alpha_{\mathrm{p}}/\kappa_{\mathrm{T}}$)
γ	Adiabatenkoeffizient
$\widetilde{\gamma}$	Treibhausfaktor
Δ	Differenzzeichen
Δ_{K}	isodynamischer Längenausdehnungskoeffizient
δ	Differentialzeichen für unvollständiges Differential
δ_{JT}	differentieller Joule-Thomson-Koeffizient
δ_{GL}	differentieller Gay-Lussac-Koeffizient
ε	Polytropenkoeffizient, Strahlungsemissionskoeffizient
η	Energiewirkungsgrad, Viskosität
ϑ	Winkel
ϑ°	Temperatur in °C
κ_{T}	isotherme Kompressibilität
κ_{S}	isentrope Kompressibilität
λ	Wärmeleitfähigkeit
λ_i	Arbeitskoeffzient, Lagrange-Parameter
μ_i	chemisches Potential
μ_i^0	chemisches Standardpotential
ν	Frequenz
ν_i	stöchiometrischer Faktor
ξ	Winkel, Reaktionslaufzahl
π	Zahl $\pi = 3,14159...$, osmotischer Druck, Binnendruck
ϱ	Massendichte
ϱ_{e}	spezifischer elektrischer Widerstand
$\sum$	Summenzeichen
σ	Grenzflächenspannung, Moleküldurchmesser
σ_{SB}	Stefan-Boltzmann-Konstante
τ	Lebensdauer, Schubspannung, verallgemeinerte Temperaturfunktion (Anhang A)
Φ	elektrische Spannung
φ	Winkel, potentielle Wechselwirkungsenergie zwischen zwei Molekülen
χ	Winkel
ψ	Winkel, Lichtausbeute
Ψ	Auslauffunktion bei Düsenströmungen
$\dot{\omega}$	Kreisfrequenz = $2\pi \cdot \nu$

1 Grundbegriffe

1.1 Thermodynamische Systeme und Zustandsgrößen

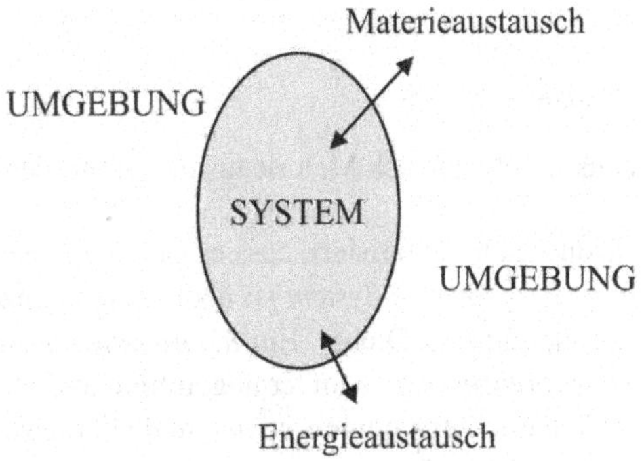

Abb. 1.1 Zur Definition eines homogenen thermodynamischen Systems

Die Thermodynamik beschäftigt sich mit Gleichgewichtseigenschaften von materiellen *Systemen*. Gleichgewicht bedeutet hier, dass sich der Zustand eines Systems auch nach beliebig langen Zeiten ohne äußere Einflüsse, d. h. aus sich selbst heraus, nicht mehr ändert. Der Name „Thermodynamik“ ist also in diesem Zusammenhang etwas irreführend und historisch bedingt, denn die klassische Thermodynamik ist zeitunabhängig. Ein System ist definiert als ein Materie enthaltender Bereich, der gegenüber seiner Umgebung abgegrenzt ist und der eine sehr große Zahl von Molekülen enthält, in der Größenordnung von 10^{23} .

Die Abgrenzung eines Systems gegenüber der Umgebung kann verschiedener Art sein. Man unterscheidet (s. Abb. 1.1):

a) *isolierte* oder *abgeschlossene* Systeme (engl.: isolated systems):

   Es findet weder Materieaustausch noch irgendeine Art von Energieaustausch mit der Umgebung statt.

b) *geschlossene* Systeme (engl.: closed systems): Es ist Energieaustausch, aber kein Austausch von Materie mit der Umgebung möglich.

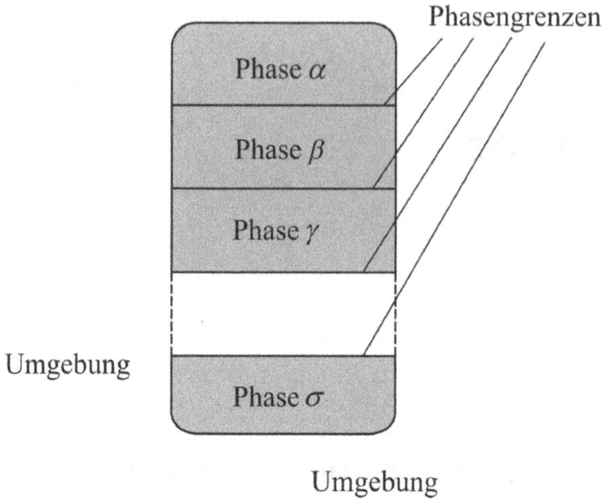

Abb. 1.2 Zur Definition eines heterogenen thermodynamischen Systems (Phasen α bis σ)

c) *offene* Systeme (engl.: open systems):

Es ist sowohl Energieaustausch als auch Materieaustausch mit der Umgebung möglich.

Weiterhin ist ein System dadurch charakterisiert, dass es sich entweder um ein *homogenes* oder *heterogenes* System handelt. Ein *homogenes System* ist über seinen ganzen Bereich *einheitlich* in seiner materiellen Zusammensetzung und Dichte. Ein *heterogenes System* besteht aus verschiedenen *Phasen,* die durch *Phasengrenzen* voneinander abgetrennt sind (s. Abb. 1.2). Diese Phasen eines Systems unterscheiden sich durch Zusammensetzung und Dichte voneinander. Zwischen den Phasen eines heterogenen Systems ist in der Regel sowohl Energieaustausch wie auch materieller Austausch möglich, so dass die Phasen eines Systems i. d. R. als offene Untersysteme des Gesamtsystems angesehen werden können, unabhängig davon, ob das Gesamtsystem abgeschlossen, geschlossen oder offen ist. Die in Abb.1.2 dargestellte Anordnung ist nur schematisch zu verstehen. Die Phasenvolumina müssen keineswegs gleich groß sein und auch nicht in der Reihenfolge übereinandergeschichtet sein wie gezeigt. Im Schwerefeld der Erde ist es allerdings so, dass die spezifisch schwerste Phase (hier σ) unten und die spezifisch leichteste (hier α) oben liegt.
Ein homogenes System ist der Grenzfall eines heterogenen Systems, in dem nur *eine* Phase vorliegt.

Auch die Oberfläche eines Systems bzw. einer Phase kann eine wichtige Rolle spielen. Damit werden wir uns allerdings in diesem Buch nicht beschäftigen (s. A. Heintz, Thermodynamik der Mischungen, Springer 2017).

Ein System kann seinen Zustand ändern durch

a) innere Zustandsänderungen, das ist bei isolierten, geschlossenen und offenen Systemen möglich;

b) Zustandsänderungen, die durch Austausch von Energie und/oder Materie verursacht werden. Das ist nur bei geschlossenen und/oder offenen Systemen möglich.

Zustandsänderungen, die in endlicher Zeit ablaufen, befinden sich während dieser Zeit *nicht* im thermodynamischen Gleichgewicht, sonst könnten sie gar nicht ablaufen, denn ein thermodynamischer Gleichgewichtszustand ist zeitunabhängig und stabil. Ein Systemzustand im *thermodynamischen Gleichgewicht* hängt also *nicht* davon ab, auf welchem Weg und wie schnell er von irgendeinem anderen Zustand aus erreicht wurde. Er hat keine „Geschichte".

Wenn wir dennoch von Zustandsänderungen oder Prozessen im thermodynamischen Gleichgewicht sprechen, so bedeutet das eine Idealisierung, die es in der Realität nicht gibt. In vielen Fällen jedoch können reale Prozesse einem idealen Verlauf mehr oder weniger nahe kommen und stellen daher nützliche „Referenzprozesse" für reale, in endlicher Zeit ablaufende Zustandsänderungen dar. Ideale Prozesse werden als „reversibel", reale Prozesse als „irreversibel" bezeichnet, wobei zwischen Reversibilität und völliger Irreversibilität graduelle Unterschiede bestehen können (partielle Irreversibilität). Diese Zusammenhänge werden in Kapitel 5 näher untersucht. Zunächst werden wir uns mit thermodynamischen Gleichgewichtszuständen beschäftigen, die uns wichtige Einblicke in die stabilen Existenzmöglichkeiten der Materie verschaffen werden.

Die Eigenschaften eines Systems im thermodynamischen Gleichgewicht werden durch *Zustandsfunktionen* Z beschrieben, deren abhängige Variablen υ_i *Zustandsvariablen* heißen.

Bei einem homogenen System kann man allgemein für eine Zustandsfunktion schreiben:

$$Z = Z(\upsilon_1, \upsilon_2, \ldots, \upsilon_n)$$

wobei $\upsilon_1, \upsilon_2, \ldots, \upsilon_n$ die Zustandsvariablen sind.

Ein Beispiel für die Zustandsfunktion eines homogenen Systems ist das Volumen V des Systems:

$$V = V(p, T^*, n_1, \ldots, n_k)$$

wobei hier die Zustandsvariablen der *Druck* p, *die empirische Temperatur* T^* und n_1 bis n_k *die Molzahlen* der chemisch unterscheidbaren, voneinander unabhängigen Komponenten (1 bis k) bedeuten. Wir denken z. B. an eine Gasmischung mit den Molzahlen n_{O_2}, n_{N_2} und n_{CO_2} der Gase O_2, N_2 und CO_2. Unter der Molzahl n_i versteht man die absolute Molekülzahl N_i der Komponente i dividiert durch die Avogadro-Zahl (auch Lohschmidt-Zahl genannt) N_L:

$$n_i = \frac{N_i}{N_L} \quad \text{mol}$$

$$N_L = 6{,}022 \cdot 10^{23} \quad \text{Moleküle pro mol}$$

Außer dem Volumen V lassen sich noch weitere Zustandsgrößen, wie z. B. die innere Energie U, die Entropie S, die Molwärme $\overline{C}_v$ usw. definieren. Entscheidend ist folgendes:
Bei einem *offenen, homogenen System mit k Komponenten gibt es immer nur* $2 + k$ *unabhängige Zustandsvariable, wenn wir die Oberfläche des Systems vernachlässigen und wenn keine äußeren Felder existieren bzw. ihre Existenz keine Rolle spielt. Äußere Felder können Gravitationsfelder, elektrische und magnetische Felder, oder äußere Spannungen (bei elastischen, festen Materialien) sein.* Die Zahl k der Komponenten kann dadurch reduziert sein, dass in dem System *chemische Reaktionen* stattfinden. Gibt es im Gleichgewicht des Systemzustandes r *unabhängige chemische Reaktionsgleichungen*, reduziert sich die Zahl der frei wählbaren *Zustandsvariablen auf* $2 + k - r$.

Man kann viele, z. B. m Zustandsgrößen eines offenen homogenen Systems definieren, nur $2 + k$ bzw. $2 + k - r$ davon können unabhängig gewählt werden, die restlichen $m - (2 + k - r)$

sind dann festgelegt. Wenn z. B. in einem 1-Komponentensystem die empirische Temperatur T^* die Molzahl n, und das Volumen V gegeben sind, liegen nicht nur der Druck p fest, sondern auch andere Zustandsgrößen, wie z. B. die innere Energie, die Entropie oder die Molwärme.

Bei einem *homogenen, geschlossenen oder isolierten* System mit k Komponenten, das der Zusatzbedingung $\sum n_i = \text{const}$ unterliegt (geschlossenes System), gibt es dagegen nur $k + 1$ bzw. $k + 1 - r$ Variable. Das ist ein Spezialfall des Gibbs'schen Phasengesetzes mit einer Phase ($\sigma = 1$, s. Kapitel 5.11)

Wichtig ist noch die Unterscheidung von *extensiven und intensiven Zustandsgrößen.*
Eine *intensive Zustandsgröße* ist unabhängig von der Gesamtmenge bzw. Masse des Systems.
Beispiele sind: Temperatur T^*, Druck p oder Teilchenzahldichte N_i/V.
Extensive Zustandsgrößen dagegen sind solche, die proportional zur Gesamtmenge des Systems sind.
Beispiele sind: Volumen V, Teilchenzahl N_i, innere Energie U.

1.2 Maße für Stoffmengen und stoffliche Zusammensetzungen – Molare Größen

Wir beziehen uns auf homogene Bereiche, also auf ein homogenes System oder auf eine homogene Phase innerhalb eines heterogenen Systems.

Die Molzahlen n_i wurden bereits definiert. Daraus ergibt sich unmittelbar die wichtigste *Konzentrationseinheit* in der chemischen Thermodynamik, der *Molenbruch* x_i*:*

$$x_i = \frac{n_i}{\sum_{i=1}^{k} n_i} \quad \text{mit} \quad \sum_{i=1}^{k} x_i = 1 \tag{1.1}$$

Manchmal werden wir statt x_i auch y_i für den Molenbruch verwenden.

Wenn man mit m_i die Masse der Komponente i im System bezeichnet, ergibt sich die Definition des *Massenbruches oder Gewichtsbruches* w_i:

$$w_i = \frac{m_i}{\sum_{i=1}^{k} m_i} \quad \text{mit} \quad \sum_{i=1}^{k} w_i = 1 \tag{1.2}$$

Ferner definieren wir die *molare Konzentration* c_i:

$$c_i = \frac{n_i}{V} \qquad \text{mol} \cdot \text{m}^{-3}$$

c_i wird auch *Molarität* genannt, wenn das Volumen V in Liter (L) gemessen wird.

Häufig wird auch die Massenkonzentration ϱ_i (auch Massendichte genannt) verwendet:

$$\varrho_i = \frac{m_i}{V} \qquad \text{kg} \cdot \text{m}^{-3} \tag{1.3}$$

Wenn wir es mit einer Mischung, bestehend aus mehreren Komponenten $n_1, n_2, \ldots n_k$ zu tun haben, ist die Massendichte dieser Mischung (Index M = Mischung):

$$\varrho_\mathrm{M} = \sum_{i=1}^{k} m_i / V_\mathrm{M}$$

V_M ist das Volumen der Mischung.

Eine weitere Konzentrationseinheit ist die *molale Konzentration,* auch *Molalität* genannt:

$$\widetilde{m}_i = \frac{n_i}{m_\mathrm{LM}} \qquad \mathrm{mol} \cdot \mathrm{kg}^{-1} \tag{1.4}$$

wobei m_LM die Masse der am häufigsten vorkommenden Komponenten der Mischung ist. Wenn ihre Konzentration erheblich höher ist als die aller anderen Komponenten, spricht man von einem Lösemittel (Index LM = Lösemittel).

Zum Abschluss dieses Abschnitts erwähnen wir noch die sog. *molaren Größen.* Wenn z. B. das Volumen V einer Substanz n Mole enthält, so nennt man das auf 1 Mol bezogene Volumen

$$\frac{V}{n} = \overline{V} \;\; \mathrm{m}^3 \cdot \mathrm{mol}^{-1} \quad \text{bzw.} \quad \frac{V}{\sum\limits_{i=n}^{k} n_i} = \overline{V}_\mathrm{M} \;\; \mathrm{m}^3 \cdot \mathrm{mol}^{-1}$$

das molare Volumen $\overline{V}$ oder $\overline{V}_\mathrm{M}$ für Mischungen. Ähnliches gilt für andere extensive Größen, wie z. B. die innere Energie U oder die Entropie S u. a. $\overline{U}$ und $\overline{S}$ sind dann die entsprechenden molaren Größen. Das gilt auch für Mischungen, wobei $n = \sum n_i$, die Gesamtmolzahl aller Komponenten i in der Mischung bedeutet. Eine molare Größe $\overline{X}$ (Symbol: Querstrich über X) ist sehr sorgfältig zu unterscheiden von sog. partiellen molaren Größen $\overline{X}_i$ einer Komponente i (Buchstabenindex i rechts unten), von denen noch ausführlich die Rede sein wird.

1.3 Empirische Temperatur und ideales Gasgesetz

Während Druck und Volumen, Masse und Molzahl durch die Mechanik bzw. durch die Chemie klar definierte Größen sind, ist die Bedeutung der Zustandsvariablen *„empirische Temperatur" T^* eine der Mechanik fremde Größe*, deren Bedeutung zunächst etwas vage und gefühlsmäßig ist (Empfindung für Wärme: warm oder kalt). Dennoch ist T^* eine Zustandsvariable, denn man stellt beispielsweise leicht fest, dass bei festem Volumen einer fluiden Substanz der Druck steigt, wenn die Substanz „wärmer" wird, also ist der Druck offensichtlich eine Funktion der „gefühlten Wärme". Das Wesen dieser „gefühlten Wärme" nennt man Temperatur und aufgrund der genannten Veränderung des Drucks (oder auch anderer Zustandsgrößen) mit der „gefühlten Wärme" ist die Temperatur eine Zustandsgröße. Um Missverständnissen vorzubeugen: die „gefühlte Wärme" hat nichts mit dem physikalischen Begriff der Wärme Q zu tun, der im Zusammenhang mit dem 1. Hauptsatz (s. Kapitel 4) eingeführt wird. Die Wärme Q ist eine extensive Größe und hat die Dimension einer Energie, während die „gefühlte Wärme" eine intensive Größe ist! Wir müssen nun die Temperatur als „die gefühlte Wärme" genauer definieren und quantifizieren, d. h., „messbar" machen.

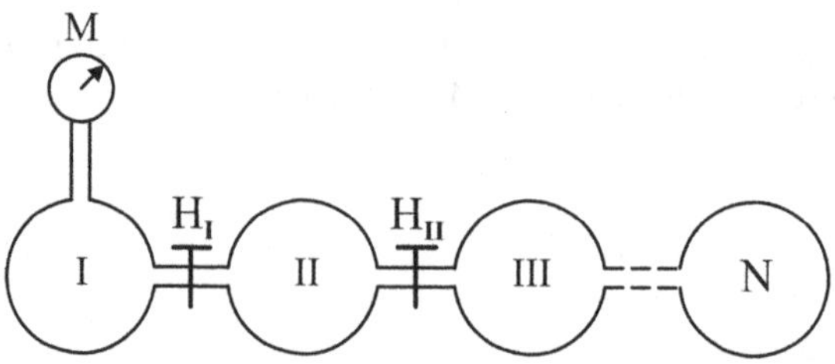

Abb. 1.3 Expansionsversuch mit Gasen
I, II, III,... N = Glaskolben mit den Volumina V_I, V_{II}, V_{III} bis V_N
M = Manometer zur Druckmessung
H_I, H_{II}, usw.: Verbindungshähne

Es gilt zunächst erfahrungsgemäß: Wenn zwei Systeme miteinander durch eine *thermisch leitende (diatherme) Wand in Kontakt* treten, werden sie „gleich-warm", sie befinden sich dann im *thermischen Gleichgewicht*, das ist gleichbedeutend mit der Aussage: *sie haben dieselbe empirische Temperatur* T^*. Daraus folgt ferner: befindet sich ein weiteres drittes System mit dem zweiten im thermischen Gleichgewicht, so herrscht auch zwischen dem ersten und dritten System thermisches Gleichgewicht (Caratheodory (1909)).

Auch wenn es uns als selbstverständlich erscheint, dass Körper, die verschieden „warm" sind, bei Kontakt miteinander diese Unterschiede ausgleichen, so ist das lediglich eine Erfahrungstatsache, die durch keine übergeordnete physikalische Gesetzmäßigkeit ableitbar ist. In Kapitel 5 werden wir genaueres dazu erfahren. Wie definiert man nun die Temperatur und wie misst man sie? Wir stellen also die Frage nach einem „Thermometer", einem Messinstrument für die Temperatur.

Formal kann man das Volumen $V = V(p, T^*, n_i)$ als Zustandsfunktion auflösen nach der Variablen T^*:

$$T^* = T^*(V, p, n)$$

Das gilt für ein beliebiges System. Wir wählen ein verdünntes Gas (z. B. He oder N_2) mit der Molzahl n und machen mit diesem System „Expansionsversuche" folgender Art (s. Abb. 1.3):

In Kolben I mit dem Volumen V_I befinden sich n Mole des Gases beim Druck p_I. Die anderen Kolben II, III usw. sind evakuiert. Dann wird Kolben II geöffnet, der zuvor leer war. Man misst p_{II} beim dazugehörigen Volumen $V_{II} + V_I$, dann p_{III} bei $V = V_I + V_{II} + V_{III}$ und schließlich p_N bei $V = V_I + V_{II} + \ldots + V_N$. Der ganze Versuch findet statt in einer Umgebung von „schmelzendem Eis" (sog. Eispunkt des Wassers: Schmelzpunkt des Wasser unter 1 bar Druck). Bei jedem Expansionsschritt wird p kleiner, V nimmt zu.

Man bildet folgenden Grenzwert durch Extrapolation der gemessenen Werte des Produktes $(p \cdot V)$ und erhält den Wert A_E:

$$\lim_{p \to 0}(p \cdot V) = A_E \quad \text{(Index E = Eispunkt)}$$

Jetzt wird dieselbe Versuchsreihe bei einer anderen empirischen Temperatur, und zwar bei 1,01325 bar (= 1 atm) in siedendem Wasser als Umgebung durchgeführt. Man findet:

$$\lim_{p \to 0}(p \cdot V) = A_S \quad \text{(Index S = Siedepunkt)}$$

Man stellt fest, dass diese Ergebnisse, also A_E und A_S, *unabhängig* vom Gas (He, N_2, CO_2 usw.) sind, und dass $A_S > A_E$ ist. Man findet: $A_E/A_S = 0,73201$.

Jetzt definiert man:

$$\frac{T_E^*}{T_S^*} = \frac{A_E}{A_S}$$

und teilt die Differenz $T_S^* - T_E^*$ in 100 Skalenteile ein:

$$T_S^* - T_E^* = 100 \text{ K}$$

1 Skalenteil auf dieser Temperaturskala heißt 1 Kelvin (K). Damit folgt:

$$\frac{100}{\frac{A_S}{A_E} - 1} = T_E^*$$

Es ergibt sich somit:

$$T_E^* = 273,15 \text{ K}$$

Für T_S^* gilt also:

$$T_S^* = 373,15 \text{ K}$$

Auf diese Weise ist jede andere empirische Temperatur T^* in der *Kelvin-Skala* festgelegt. Im Unterschied zu T_E^* gilt beim sog. Tripelpunkt des Wassers:

$$T_{Tr}^* = 273,16 \text{ K}$$

Die Tripelpunkttemperatur T_{Tr}^* des Wassers ist die Schmelztemperatur des Wassers bei Anwesenheit der 3 Phasen: fest (Eis), flüssig und Gas unter dem Sättigungsdampfdruck des Wassers.

Gebräuchlich ist auch die sog. Celsius-Skala der Temperatur, die mit der Kelvin-Skala zusammenhängt:

$$\vartheta = T^* - 273,15 \quad (\text{Einheit}: {}^\circ\text{C})$$

Durch die so quantifizierte empirische Temperatur T^* ist gleichzeitig die Zustandsgröße des Volumens V als Funktion von p, T^* und n gefunden für das *sog. ideale Gas:*

$$\boxed{V = \frac{n \cdot R}{p} \cdot T^* \quad \text{oder} \quad p \cdot V = n \cdot RT^* \quad \text{oder} \quad p = \frac{\varrho}{M} \cdot RT} \tag{1.5}$$

wobei M die Molmasse des idealen Gases und ϱ seine Massendichte bedeuten.

Die Konstante R *heißt allgemeine Gaskonstante* und hat die Einheit Pa $\cdot$ m$^3 \cdot$ K^{-1}mol^{-1}, wobei die Druckeinheit 1 Pa(Pascal) = 1 N $\cdot$ m^{-2} beträgt. 1 N = 1 Newton ist die Krafteinheit und 1N$\cdot$ m ist die entsprechende Energieeinheit 1 Joule (J). Demnach hat R auch die Einheit J $\cdot$ mol$^{-1} \cdot$ K^{-1}. Ihr Wert ist durch $A_E/T_E^* = A_S/T_S^*$ festgelegt. Durch sorgfältige Messungen findet man:

$$\boxed{R = 8,3145 \text{ J} \cdot \text{mol}^{-1} \cdot \text{K}^{-1}} \tag{1.6}$$

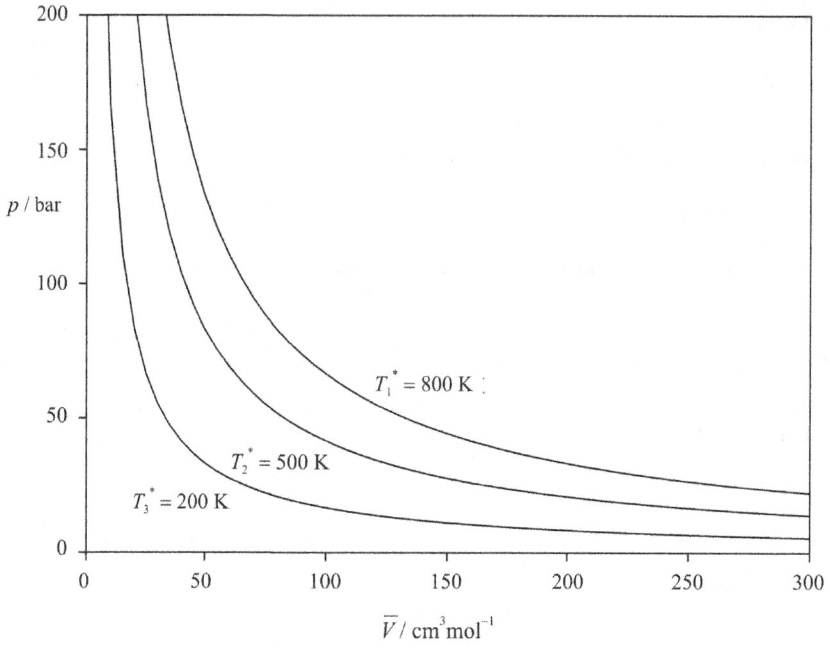

Abb. 1.4 Graphische Darstellung des Zusammenhangs von $p, \overline{V}$ und T^* beim idealen Gas. $T_1^* < T_2^* < T_3^* < T_4^*$. Die Linien heißen Isothermen

Das sog. ideale Gasgesetz (Gl. (1.5) ist ein Grenzgesetz, das nur im Grenzfall $p \to 0$ oder $V \to \infty$ bei $T^* > 0$ gültig ist. Es hat insofern eine universelle Bedeutung, als im Prinzip alle Materie bei $T^* > 0$ für $p \to 0$ zum idealen Gas wird. Abb. 1.4 zeigt graphisch den Zusammenhang von $p, \overline{V}$ und T^* nach dem idealen Gasgesetz (Gl. 1.5). Die Kurven $p(\overline{V})$ bei festem T^* nennt man Isothermen.

Gl. (1.5) gilt auch für ideale Gasmischungen mit k Komponenten, wobei n durch $\sum_{i=1}^{k} n_i$ ersetzt wird. Die Molvolumina $\overline{V}_{\text{M,id.}}$ idealer Gasmischungen und die ihrer reinen Komponenten sind bei $T^* = \text{const}$ und $p = \text{const}$ identisch, denn es gilt:

$$\overline{V}_{\text{M,id.}} = \frac{V}{n} = \frac{V}{\sum_i^k n_i} = \frac{R \cdot T^*}{p}$$

Ein *Gasthermometer* ist ein Kolben mit festem Volumen V, in dem sich n Mole eines idealen Gases befinden. Die Messgröße ist der Druck p des Gases. Damit lässt sich die empirische Temperatur T^* der Umgebung messen, in der sich das Gasthermometer befindet:

$$T^* = \frac{p \cdot V}{n \cdot R}$$

Mit dem Gasthermometer kann man beliebige andere Thermometer kalibrieren, die zur Messung von T^* einfacher zu handhaben sind. Z. B. gilt für die Ausdehnung von Flüssigkeiten wie Quecksilber (Hg) bei $p = 1$ bar:

$$T^* = a + b \cdot V + c \cdot V^2 + \dots,$$

Die Konstanten a, b, c usw. können bei verschiedenen Werten von T^* durch Messung der dazugehörigen Volumina V bestimmt werden (Kalibrierung). Eine Messung der Volumenänderung $V_{T_1^*} - V_{T_2^*} = \Delta V$ (Fadenlänge!) gibt dann ein genaues Messinstrument für die Temperatur in diesem Temperaturbereich, das platzsparend ist und schnell auf Änderungen von T^* reagiert (*Quecksilber-Thermometer* oder allgemein *Flüssigkeitsthermometer*).

Weitere Thermometer, die in ähnlicher Weise kalibriert werden müssen, sind *Widerstandsthermometer,*, z. B. das Pt-Widerstandsthermometer. Der elektrische Widerstand r_w ist eine Funktion von T^* (bei $p = 1$ bar)

$$r_W = a' + b' \cdot T^* + c' \cdot T^{*2} + \dots,$$

Dieses Thermometer hat einen weiten Messbereich (−100 °C bis +400 °C) und reagiert sehr schnell auf Temperaturänderungen. Auf die Darstellung weiterer Thermometer verzichten wir hier, wie z. B. Thermoelemente, Dampfdruck-Thermometer von flüssigem N_2 und flüssigem He für tiefe Temperaturen, Strahlungsthermometer bei hohen Temperaturen, Quarz-Thermometer, u. a.

Zur genauen Kalibrierung von Thermometern sind für die Kelvin-Skala eine ganze Reihe von Fixpunkten festgelegt worden, von denen einige in Tabelle 1.1 wiedergegeben sind.

Tab. 1.1 Temperaturfixpunkte zur Kalibrierung der Kelvin-Skala nach der ITS 90 *)

Fixpunkt	Temperatur/ K	geschätzte Genauigkeit/ mK**)
Tripelpunkt des Wasserstoffs (H_2)***)	13,8033	± 0,3
Tripelpunkt des Neons (Ne)	24,5561	± 0,4
Tripelpunkt des Sauerstoffs (O_2)	54,3584	± 0,2
Tripelpunkt des Argons (Ar)	83,8058	± 0,2
Tripelpunkt des Quecksilbers (Hg)	234,3156	± 0,1
Tripelpunkt des Wassers (H_2O)	273,1600	Definition
Erstarrungspunkt des Zinns (Sn)	505,078	± 0,5
Erstarrungspunkt des Zinks (Zn)	692,677	± 2,0
Erstarrungspunkt des Silbers (Ag)	1234,93	± 10
Erstarrungspunkt des Goldes (Au)	1337,33	± 10
Erstarrungspunkt des Platins (Pt)	1768,15	± 10
Erstarrungspunkt des Wolframs (W)	3417,85	± 20

*) ITS-90 = *I*nternational *T*emperature *S*cale 1990

**) mK = Milli-Kelvin = 10^{-3} K

***) Gleichgewichtsmischung von *ortho*- und *para*-Wasserstoff

1.4 Gelöste Übungsaufgaben und Anwendungsbeispiele

1.4.1 Berechnung von Molarität, Molalität, Molenbruch und Gewichtsbruch

Eine wässrige Lösung enthält 45,02 g pro Liter an NaCl. Die Dichte dieser Lösung beträgt 1,029 $g \cdot cm^{-3}$.

Wie groß ist a) die Molarität, b) die Molalität, c) der Molenbruch, d) der Gewichtsbruch an NaCl in dieser Lösung?

Lösung:

a) Molarität: Die Molmasse von NaCl beträgt $35,45 + 22,99 = 58,44\ g \cdot mol^{-1}$, also beträgt die Molarität $c_{NaCl}: 45,02/58,44 = 0,7704\ mol \cdot L^{-1}$.

b) Molalität $\widetilde{m}_{NaCl}$: $0,7704/0,98398 = 0,7829\ mol \cdot kg^{-1}$

c) $(45,02/58,44)/(45,02/58,44 + 983,98/18,01) = x_{NaCl} = 0,0139$

d) $45,02/(45,02 + 983,98) = w_{NaCl} = 0,04375$

1.4.2 Umrechnung von Molenbruch in Gewichtsbruch

Eine flüssige Mischung bestehend aus CCl_4 und Heptan hat den Molenbruch $x_{CCl_4} = 0,4$. Wie groß ist der Gewichtsbruch w_{CCl_4}?

Lösung:

$$w_{CCl_4} = \frac{M_{CCl_4} \cdot x_{CCl_4}}{M_{CCl_4} \cdot x_{CCl_4} + M_{C7} \cdot (1 - x_{CCl_4})} = \frac{0,1538 \cdot 0,4}{0,1538 \cdot 0,4 + 0,100(1 - 0,4)} = 0,506$$

1.4.3 Molekülzahl im Hochvakuum

Der Druck, der mit einer Vakuumpumpe im Labor erreicht wird, betrage 10^{-8} bar. Wie viele Moleküle befinden sich unter diesen Bedingungen bei 293 K in $100\ cm^3$?

Lösung:

$$p = 10^{-8}\text{bar} = 10^{-3}\ \text{Pa} = \frac{R \cdot 293}{10^{-4}\ m^3} \cdot \frac{N}{N_L}$$

$$\curvearrowright N = 10^{-3} \cdot 10^{-4} \cdot 6,022 \cdot 10^{23}/(8,3145 \cdot 293) = 2,472 \cdot 10^{13}\ \text{Moleküle}$$

1.4.4 Airbags in Autos

Die zusammengefalteten Airbags in Autos werden bei Bedarf durch eine sehr schnelle Zersetzung von festem Natriumazid NaN_3 aufgeblasen entsprechend der Reaktion

$$2NaN_3 \rightarrow 2Na + 3N_2$$

Wie viel g NaN_3 benötigt man, um einen Airbag von 36 Litern Inhalt auf 1,2 bar bei 298 K aufzublasen?

Lösung:
Wir wenden das ideale Gasgesetz an, um die Molzahl an N_2-Gas im aufgeblasenen Airbag zu berechnen:

$$\text{Molzahl Stickstoff} = \frac{p \cdot V}{R \cdot T^*} = \frac{1,2 \cdot 10^5 \text{ Pa} \cdot 36 \cdot 10^{-3}\text{m}^3}{8,3145 \text{ J} \cdot \text{K}^{-1} \cdot \text{mol}^{-1} \cdot 298} = 1,74 \text{ mol}$$

Das entspricht einer Molzahl von $2/3 \cdot 1,74 = 1,16$ an NaN_3. Die Molmasse von NaN_3 beträgt $65 \text{ g} \cdot \text{mol}^{-1}$. Also ist die benötigte Menge an NaN_3:

$$65 \cdot 1,16 = 75,4 \text{ g}$$

1.4.5 Zusammensetzung einer Gasmischung aus Druck- und Massenbestimmung

Ein praktisch ideales Gasgemisch aus He und N_2 befindet sich in einem 2-Liter-Kolben bei 25 °C. Der gefüllte Kolben wiegt 285,63 g, der Durck im Kolben beträgt 0,951 bar. Der evakuierte Kolben wiegt 284,20 g.

Welche Zusammensetzung hat die Gasmischung? Geben Sie den Molenbruch x_{He} von He an.

Lösung:
Die Gesamtmolzahl n beträgt:

$$n = p \cdot V/(R \cdot T^*) = 0,951 \cdot 10^5 \cdot 2 \cdot 10^{-3}/(8,3145 \cdot 298,15) = 7,6725 \cdot 10^{-2} \text{ mol}$$

Die Gesamtmasse der Gasmischung m beträgt:

$$m = (285,63 - 284,20) \cdot 10^{-3} = 1,43 \cdot 10^{-3} \text{ kg}$$

Der Molenbruch x_{He} errechnet sich mit $M_{\text{He}} = 0,004 \text{ kg} \cdot \text{mol}^{-1}$ und $M_{N_2} = 0,028 \text{ kg} \cdot \text{mol}^{-1}$ aus folgender Bilanz:

$$m = 1,43 \cdot 10^{-3} = 7,6725 \cdot 10^{-2}(x_{\text{He}} \cdot 0,004 + (1 - x_{\text{He}}) \cdot 0,028)$$

Daraus folgt $x_{\text{He}} = 0,390$.

1.4.6 Bestimmung der Molmasse von Trimethylamin

Berechnen Sie die Molmasse M von gasförmigem Trimethylamin aus den folgenden Messdaten bei 273,15. Extrapolieren Sie die Ergebnisse gegen den Druck $p = 0$.

p/atm*)	0,20	0,40	0,60	0,80
$\varrho/\mathrm{g} \cdot \mathrm{L}^{-1}$	0,5336	1,0790	1,6363	2,2054

*) 1 atm = 101325 Pa

Lösung:
Die Massendichte eines idealen Gases lautet:

$$\varrho = \frac{M \cdot p}{RT^*}$$

Also lässt sich die Molmasse M ermitteln aus

$$M = R \cdot T^* \cdot \varrho / p$$

Da gilt, dass $1\ \mathrm{g} \cdot \mathrm{L}^{-1} = 1\ \mathrm{kg} \cdot \mathrm{m}^{-3}$, ergibt sich:

$M/\mathrm{kg} \cdot \mathrm{mol}^{-1}$	0,05980	0,06046	0,06112	0,06179
$\varrho/\mathrm{kg} \cdot \mathrm{m}^{-3}$	0,5336	1,0790	1,6363	2,2054
$\Delta M/\mathrm{kg} \cdot \mathrm{m}^{-3}$	-	$6,6 \cdot 10^{-4}$	$6,6 \cdot 10^{-4}$	$6,7 \cdot 10^{-4}$

Aus der letzten Zeile ergibt sich eine Zunahme von $6,6 \cdot 10^{-4}\ \mathrm{kg} \cdot \mathrm{mol}^{-1}$ pro 0,2 atm. Also lautet das extrapolierte Ergebnis:

$$M = 0,05980 - 6,6 \cdot 10^{-4} = 0,05914\ \mathrm{kg} \cdot \mathrm{mol}^{-1}$$

Zum Vergleich der tatsächliche Wert für $(CH_3)_3N$: $(3 \cdot (3 \cdot 1,007 + 12) + 14,0) \cdot 10^{-3} = 0,05906\ \mathrm{kg} \cdot \mathrm{mol}^{-1}$. Der Fehler beträgt also ca. 0,1 %.

1.4.7 Kalibrierung eines Platin-Widerstandsthermometers

Ein Pt-Widerstandsthermometer hat bei 0 °C einen Widerstand von 9,81 Ohm, bei 100 °C einen Widerstand von 13,65 Ohm und bei 300 °C einen Widerstand von 21 Ohm.

a) Geben Sie die Koeffizienten α, β und γ für die Kalibrierkurve an

$$R\ (\mathrm{Ohm}) = \alpha + \beta \cdot T^* + \gamma \cdot T^{*2}$$

wobei T^* in Kelvin gemessen wird.

b) Welche Temperatur in K ist einem gemessenen Widerstand von 15,2 Ohm zuzuordnen?

Lösung:

a)

$$
\begin{aligned}
9,81 &= \alpha + \beta(273,15) + \gamma(273,15)^2 \\
13,61 &= \alpha + \beta(373,15) + \gamma(373,15)^2 \\
21,00 &= \alpha + \beta(573,15) + \gamma(573,15)^2
\end{aligned}
$$

Subtraktion der ersten von der zweiten bzw. der ersten von der dritten Zeile ergibt:

$$
\begin{aligned}
13,61 - 9,81 &= \beta(373,15 - 273,15) + \gamma[(373,15)^2 - (273,15)^2] \\
21,00 - 9,81 &= \beta(573,15 - 273,15) + \gamma[(573,15)^2 - (273,15)^2]
\end{aligned}
$$

Also folgt:

$$
\begin{aligned}
3,8 &= 100 \cdot \beta + \gamma \cdot 6,4620 \cdot 10^4 \\
11,19 &= 300 \cdot \beta + \gamma \cdot 2,5389 \cdot 10^5
\end{aligned}
$$

Subtraktion des 3-fachen der ersten von der zweiten Zeile eliminiert β und ergibt für γ:

$$\gamma = -3,498 \cdot 10^{-6}\ \text{Ohm} \cdot \text{K}^{-2}$$

Daraus folgt für β:

$$\beta = 0,0402604\ \text{Ohm} \cdot \text{K}^{-1}$$

bzw. für α:

$$\alpha = -0,9261\ \text{Ohm}$$

b)

$$15,2 = -0,9261 + 0,402604 \cdot 10^{-1} \cdot T^* - 3,498 \cdot 10^{-6} \cdot T^{*2}$$

Das Ergebnis lautet also $T^* = 416,0$ K.

1.4.8 Funktionsweise eines Gasthermometers

Wir konstruieren ein Gasthermometer (s. Abb. 1.5). Zwei Gefäße, eines mit dem Volumen V_1 bei der Temperatur T_1^* ist mit einem zweiten Gefäß durch einen sehr dünnen Schlauch verbunden. Dieses zweite Gefäß hat das Volumen V_2 und die Temperatur T_2^* und es dient als Thermometer. Das erste Gefäß bleibt immer bei der Temperatur T_1^*. Bekannt sind die Gesamtmolzahl $n = n_1 + n_2$ sowie die Volumina V_1 und V_2 (das Schlauchvolumen sei vernachlässigbar). Messgröße ist der Druck p.

a) Geben Sie die gesuchte Temperatur T_2^* an als Funktion der Messgröße p.

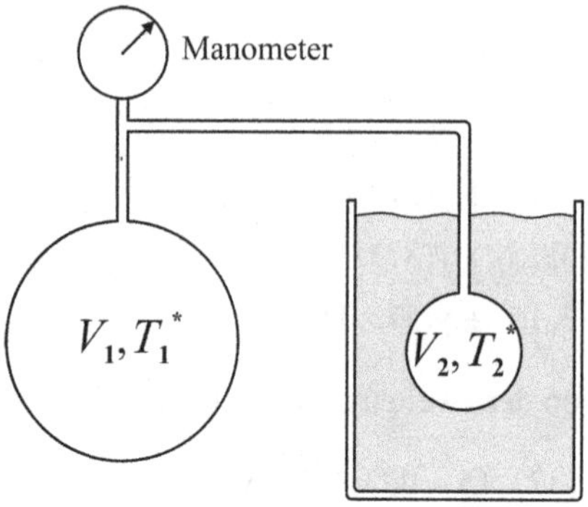

Abb. 1.5 Gasthermometer zur Messung von T_2^*

b) Das Gesamtsystem enthält $n = 0{,}01226$ Mole, $V_1 = 200\ \text{cm}^3, V_2 = 100\ \text{cm}^3, T_1^* = 294{,}15$ K. Es wird ein Druck p von 1170 mbar gemessen. Wie groß ist die gesuchte Temperatur T_2^*?

Lösung:

a) Es herrscht immer Druckgleichheit in beiden Systemen, also gilt:

$$\frac{n_1}{V_1} \cdot T_1^* = \frac{n_2}{V_2} \cdot T_2^* = \frac{n - n_1}{V_2} \cdot T_2^* = \frac{p}{R}$$

Daraus folgt durch Auflösung nach T_2^*:

$$T_2^* = \frac{V_2 \cdot T_1^*}{n\,R \cdot T_1^* - p \cdot V_1} \cdot p$$

b) Einsetzen der angegebenen Größen ergibt:

$$T_2^* = \frac{(100 \cdot 10^{-6}) \cdot 294{,}15 \cdot 1{,}170 \cdot 10^5}{0{,}01226 \cdot 8{,}3145 \cdot 294{,}15 - 1{,}170 \cdot 10^5 (200 \cdot 10^{-6})}$$
$$= \frac{3441{,}5}{6{,}584} = 522{,}7\ \text{K}$$

1.4.9 Balance und Stabilität von Gaskolben auf einer Balkenwaage

Zwei identische Kolben der Masse m_K und jeweils dem Volumen V, die durch ein dünnes Glasrohr verbunden sind, enthalten beim Druck $p_0 = 1$ bar und der Temperatur T^* ein ideales Gas mit der Molmasse M_G (s. Abb. 1.6). Das Verbindungsrohr liegt genau in der Mitte auf einem Stützpfeiler der Breite b auf. Gewicht und Volumen des Verbindungsrohrs seien vernachlässigbar. Der Abstand der Kolbenschwerpunkte ist L, l_1 und l_2 sind jeweils die Abstände des linken bzw. rechten Kolbens zum Schwerpunkt S des 2-Kolbensystems, der innerhalb von b liegen muss, wenn Stabilität herrschen soll. Jetzt wird die Temperatur T^* im rechten Kolben um ΔT^* erhöht, der Schwerpunkt

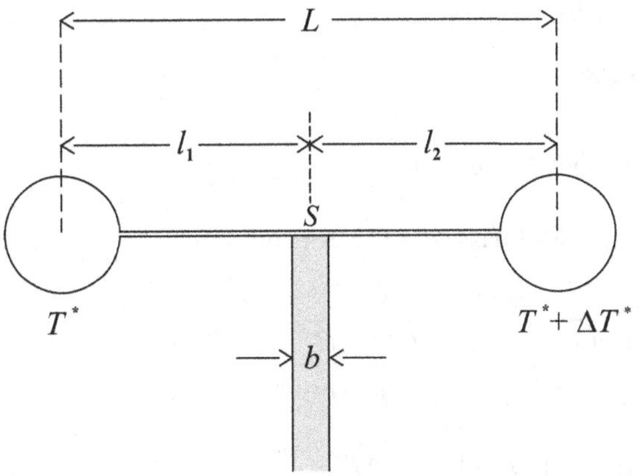

Abb. 1.6 Stabilität von Gaskolben bei verschiedenen Temperaturen

wandert von der Mitte des Stützpfeilers dadurch nach links.

Geben Sie den Zusammenhang zwischen ΔT^* und der Lage des Schwerpunktes am linken Rand des Stützpfeilers an. An dieser Stelle kommt das ganze System aus dem Gleichgewicht und kippt zur linken Seite nach unten.

Berechnen Sie die Breite b, bei der der Schwerpunkt gerade am linken Rand liegt mit folgenden Angaben: $L = 50$ cm, $M_G = 0{,}083$ kg $\cdot$ mol^{-1}, $p_0 = 1$ bar, $V = 100$ cm^3, $T^* = 300$ K, $\Delta T^* = 100$ K, $m_K = 10$ g bzw. $m_K = 1$ g.

Lösung:
Anfangs, vor der Temperaturerhöhung, befinden sich in beiden Kolben dieselben Molzahlen $n_1 = n_2 = n$ und es herrscht der Druck $p_0 = n \cdot R \cdot T^*/V$. Der Schwerpunkt liegt genau in der Mitte des Stützpfeilers. Nach Temperaturerhöhung ΔT^* erhöht sich im linken Kolben die Molzahl um Δn, im rechten vermindert sie sich um Δn. Da auch jetzt der Druck in beiden Kolben derselbe ist, gilt:

$$T^* \cdot (n + \Delta n) = (n - \Delta n)(T^* + \Delta T^*)$$

Aufgelöst nach Δn ergibt sich:

$$\Delta n = n \cdot \frac{\Delta T^*}{T^*} \cdot \frac{1}{2 + \frac{\Delta T^*}{T^*}} = \frac{p_0 \cdot V}{R \cdot T^*} \cdot \frac{\Delta T^*}{T^*} \cdot \frac{1}{2 + \frac{\Delta T^*}{T^*}}$$

Nach dem Hebelgesetz gilt im mechanischen Gleichgewicht:

$$m_1 \cdot l_1 = m_2 \cdot l_2 \quad \text{mit} \quad l_1 + l_2 = L$$

wobei $m_1 = m_K + m_{1G}$ und $m_2 = m_K + m_{2G}$ bedeuten. m_{1G} bzw. m_{2G} bedeuten die Masse des Gases im linken (1) bzw. rechten (2) Kolben. l_1 bzw. l_2 ist der Abstand des linken bzw. rechten Kolbens zum Schwerpunkt. Wenn der Schwerpunkt genau am linken Rand der Breite des Balkens b liegt, gilt:

$$m_1(L - b) = m_2(L + b)$$

Aufgelöst nach b ergibt sich:

$$b = \frac{\Delta m \cdot L}{m_1 + m_2} \quad \text{mit} \quad \Delta m = m_{1G} - m_{2G}$$

Da $\Delta m = 2 \cdot \Delta n \cdot M_G (M_G = \text{Molmasse des Gases})$, ergibt sich:

$$b = \frac{2L \cdot M_G}{2m_K + m_{1G} + m_{2G}} \cdot \frac{p_0 \cdot V}{RT^*} \cdot \frac{\Delta T^*}{2T^* + \Delta T^*}$$

oder mit $m_{1G} + m_{2G} = n \cdot M_G = 2M_G \cdot p_0 \cdot V/RT^*$

$$b = \left(\frac{2L \cdot M_G}{2m_K + \frac{2p_0 \cdot V}{RT^*} \cdot M_G} \right) \cdot \frac{p_0 \cdot V}{RT^*} \cdot \frac{\Delta T^*}{2T^* + \Delta T^*}$$

b ist also die Breite des Balkens, bei der für eine gegebene Temperaturerhöhung im rechten Kolben der Schwerpunkt gerade am linken Balkenrand liegt. Wir wählen als Beispiel $L = 50$ cm, $M_G = 0{,}083 \text{ mol} \cdot \text{kg}^{-1}$, $p_0 = 1$ bar, $V = 100 \text{ cm}^3$, $T^* = 300$ K, $\Delta T^* = 100$ K, $m_K = 10$ g. Daraus folgt:

$$b = \frac{0{,}5 \cdot 0{,}083 \cdot 2}{2 \cdot 0{,}01 + \frac{2 \cdot 10^5 \cdot 0{,}1 \cdot 10^{-3}}{8{,}3145 \cdot 300} \cdot 0{,}083} \cdot \frac{10^5 \cdot 0{,}1 \cdot 10^{-3}}{8{,}3145 \cdot 300} \cdot \frac{100}{2 \cdot 300 + 100} = 2{,}30 \cdot 10^{-3} \text{ m}$$

Eine Balkenbreite $b > 2{,}30$ mm bringt das 2-Kolbensystem nicht aus dem Gleichgewicht, $b < 2{,}30$ mm bringt es jedoch zum Kippen. Beträgt das Leergewicht der Kolben jeweils nur 1 g, ist $b = 17{,}8$ mm. Man muss also sehr leichte Kolben verwenden, wenn man den Schwerpunkt merklich verschieben will.

1.4.10 Bestimmung des Anteils von Argon in der Luft

Zur Bestimmung des Molenbruchs x_{Ar} von Argon in der trockenen Luft wird zunächst der Sauerstoff durch folgende Reaktion aus der Luft entfernt:

$$4Cu + 2O_2 + 8N_2 + n_{Ar}Ar \rightarrow 4CuO + 8N_2 + n_{Ar}Ar$$

Eine präzise Dichtemessung des sauerstofffreien Gemisches aus N_2 und Ar ergab bei $p = 1$ bar und $T^* = 300$ K einen Dichtewert von $\varrho = 1{,}1285 \text{ kg} \cdot \text{m}^{-3}$. Bestimmen Sie den Molenbruch von Ar in der trockenen Luft.

Lösung:
Für die Massendichte ϱ gilt:

$$\varrho = \frac{n_{N_2} \cdot M_{N_2} + n_{Ar} \cdot M_{Ar}}{V}$$

wobei n_{N_2} und n_{Ar} die Molzahlen von N_2 bzw. Ar sind und M_{N_2} bzw. M_{Ar} die Molmassen.
Das ideale Gasgesetz für die N_2/Ar-Mischung lautet:

$$p \cdot V = (n_{N_2} + n_{Ar}) \cdot RT^*$$

Daraus folgt mit x'_{Ar} als Molenbruch von Argon in der N_2/Ar-Mischung:

$$\varrho = \frac{p}{RT^*}\left[\left(1 - x'_{Ar}\right) M_{N_2} + x'_{Ar}\, M_{Ar}\right]$$

Aufgelöst nach x'_{Ar} ergibt sich mit $p = 10^5$ Pa und $T^* = 300$ K:

$$x'_{Ar} = \frac{\dfrac{\varrho}{(p/RT^*)} - M_{N_2}}{M_{Ar} - M_{N_2}} = \frac{\dfrac{1,1285}{40,0906} - 0,028}{0,040 - 0,028} = 0,01239$$

Der Molenbruch x_{Ar} in der Luft ergibt sich daraus durch Berechnung der Molzahl von n_{Ar} bei 8 Mol N_2 in der N_2/Ar-Mischung:

$$n_{Ar} = \frac{x'_{Ar} \cdot 8}{1 - x'_{Ar}} = 0,1003$$

In der Luft befinden sich 8 mol N_2 und 2 mol O_2, also insgesamt 10 mol $N_2 + O_2$. Damit ergibt sich für den Molenbruch x_{Ar} in der Luft:

$$x_{Ar} = \frac{n_{Ar}}{10} = 0,01003$$

Die trockene Luft enthält also ca. 1 Molprozent Argon.

1.4.11 Zusammenhang von Molenbruch und Molalität

Geben Sie eine allgemeine Formel an, wie der Molenbruch x_1 eines gelösten Stoffes (Komponente 1) in einem Lösemittel (Komponente 2) mit der Molalität $\widetilde{m}_1$ zusammenhängt. Welchen Molenbruch hat eine 0,2 molale Lösung in Wasser?

Lösung:

$$\widetilde{m}_1 = \frac{n_1}{m_2} = \frac{n_1}{M_2 \cdot n_2}$$

Es gilt:

$$\frac{1}{x_1} = \frac{n_1 + n_2}{n_1} = 1 + \frac{n_2}{n_1} = 1 + \frac{1}{M_2\,\widetilde{m}_1}$$

Das ergibt:

$$x_1 = \frac{M_2 \cdot \widetilde{m}_1}{1 + M_2\,\widetilde{m}_1}$$

Wasser hat die Molmasse $M_2 = 0,018\ \mathrm{kg \cdot mol^{-1}}$. Also ist der Molenbruch x_1:

$$x_1 = \frac{0,018 \cdot 0,2}{1 + 0,018 \cdot 0,2} = 3,587 \cdot 10^{-3}$$

1.4.12 Mittlere Dichte eines heterogenen Systems am Beispiel der Erde

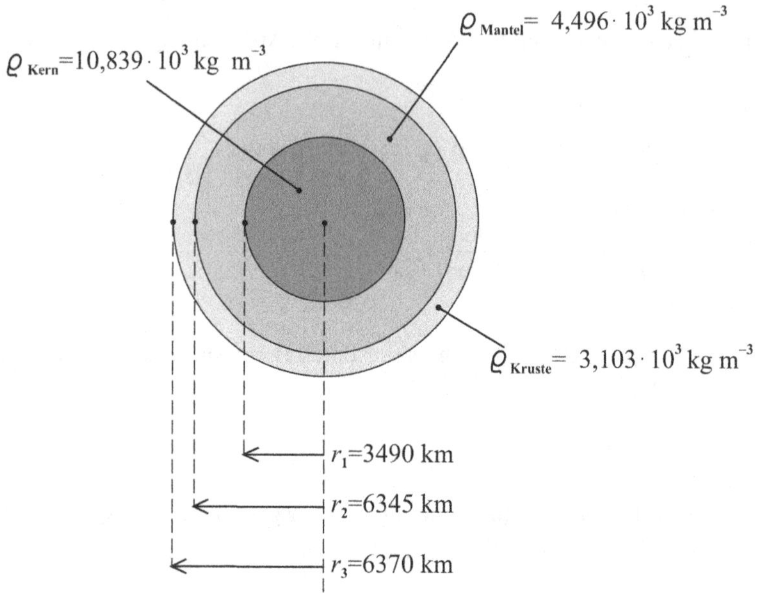

Abb. 1.7 Struktur des Erdinneren (nicht genau maßstäblich)

Berechnen Sie aus den in der Abbildung 1.7 angegebenen Daten die mittlere Dichte der Erde $\overline{\varrho}_{\mathrm{Erde}}$.

Lösung:
Wir berechnen die Massen von Kruste, Mantel und Kern:

$$m_{\mathrm{Kruste}} = 3,103 \cdot 10^3 \cdot \frac{4}{3}\pi\left[(6,370 \cdot 10^6)^3 - (6,345 \cdot 10^6)^3\right] = 3,94 \cdot 10^{22}\ \mathrm{kg}$$

$$m_{\mathrm{Mantel}} = 4,496 \cdot 10^3 \cdot \frac{4}{3}\pi\left[(6,345 \cdot 10^6)^3 - (3,490 \cdot 10^6)^3\right] = 4,01 \cdot 10^{24}\ \mathrm{kg}$$

$$m_{\mathrm{Kern}} = 10,839 \cdot 10^3 \cdot \frac{4}{3}\pi \cdot (3,490 \cdot 10^6)^3 = 1,93 \cdot 10^{24}\ \mathrm{kg}$$

Die mittlere Dichte $\overline{\varrho}_{\mathrm{Erde}}$ ist dann:

$$\overline{\varrho}_{\mathrm{Erde}} = \frac{3,94 \cdot 10^{22} + 4,01 \cdot 10^{24} + 1,93 \cdot 10^{24}}{\frac{4}{3}\pi(6,370 \cdot 10^6)^3} = 5,523 \cdot 10^3\ \mathrm{kg} \cdot \mathrm{m}^{-3}$$

1.4.13 Berechnung der inneren Struktur des Saturn-Mondes Titan

Der Saturn-Mond Titan hat eine Masse von $1,344 \cdot 10^{23}$ kg und einen Durchmesser von 5150 km. Sein äußerer Mantel besteht aus Wassereis (Dichte ca. $1,1\ \mathrm{g} \cdot \mathrm{cm}^{-3}$), sein Kern aus Silikatgestein (Dichte $3{,}0\ \mathrm{g \cdot cm^{-3}}$). Wie tief unter der Oberfläche verläuft die Grenze von Eis zum Gestein?

Lösung:
Den Radiusvektor vom Mittelpunkt des Mondes aus bezeichnen wir mit r (s. die analoge Definition für die Erde in Abb. 1.7). Dann ergibt sich aus einer Massenbilanz für den Radius r_g vom Mittelpunkt bis zur Grenze vom Gestein zum Eis:

$$m_{\text{Eis}} + m_{\text{Silikat}} = 1{,}344 \cdot 10^{23}\ \text{kg} = \frac{4}{3}\pi \cdot \varrho_{\text{Eis}}\left(r_0^3 - r_g^3\right) + \frac{4}{3}\pi r_g^3 \cdot \varrho_{\text{Silikat}}$$

wobei r_0 der Radius des Mondes ist ($r_0 = 5150/2 = 2575$ km).

Auflösung der Gleichung nach r_g ergibt:

$$r_g = \left(\frac{1{,}344 \cdot 10^{23} - \frac{4}{3}\pi\,\varrho_{\text{Eis}} \cdot r_0^3}{\frac{4}{3}\pi\,(\varrho_{\text{Silikat}} - \varrho_{\text{Eis}})}\right)^{1/3} = \left(\frac{1{,}344 \cdot 10^{23} - 7{,}867 \cdot 10^{22}}{\frac{4}{3}\pi\,(3000 - 1100)}\right)^{1/3}$$
$$= 1{,}913 \cdot 10^6\text{m} = 1913\ \text{km}$$

Die Tiefe unter der Oberfläche, bei der die Grenze von Eis zum Gestein liegt, beträgt also:

$$r_0 - r_g = 2575 - 1913 = 662\ \text{km}$$

1.4.14 Die Zahl verborgener Goldmünzen

100 Münzen sind in einem geschlossenen Sack verpackt, der 5,704 kg wiegt. Die Münzen bestehen aus Gold oder Blei. Bekannt ist, dass eine Blei-Münze 50 g wiegt, alle Münzen im Sack sind gleich groß. Ohne den Sack öffnen zu müssen, lassen sich aus diesen Angaben die Zahl der Goldmünzen im Sack bestimmen. Man benötigt lediglich das Verhältnis der Massendichten $\varrho_{\text{Gold}}/\varrho_{\text{Blei}}$, es beträgt 1,7037.

Wie viele Gold-Münzen sind im Sack? (Die Lösung eines ganz ähnlichen Problems spielt eine entscheidende Rolle in einem Film aus der Krimi-Serie „Columbo".) *Hinweis:* das Gewicht des leeren Sacks kann vernachlässigt werden.

Lösung:
Wir bezeichnen die Gesamtmasse der Münzen mit M, die Masse einer Blei-Münze mit m_{Pb} und die zu bestimmende Zahl der Gold-Münzen mit x. Dann gilt die Bilanz:

$$M = m_{\text{Pb}} \cdot (\varrho_{\text{Gold}}/\varrho_{\text{Blei}}) \cdot x + m_{\text{Pb}}(100 - x)$$

Daraus lässt sich sofort x bestimmen:

$$x = \frac{M/m_{\text{Pb}} - 100}{\varrho_{\text{Gold}}/\varrho_{\text{Blei}} - 1} \cong 20\ \text{Goldmünzen}$$

1.4.15 Bergung einer im Meer versunkenen Gasdruckflasche

Von einem Forschungsschiff auf See ist eine Druckflasche mit Argon (10 bar), deren Gesamtvolumen 45 Liter beträgt mit einer Gesamtmasse von 70 kg, über Bord gegangen und im Meer versunken. Die Meerestiefe beträgt an dieser Stelle 12 m. Ein Taucher bringt an dem Flaschenventil einen zusammengefalteten, aufblasbaren Ballon an, um die Flasche zu heben.

Auf welches Volumen muss der Ballon mindestens aufgeblasen werden durch das Gas in der Flasche und wie viel Ar befindet sich dann in dem Ballon? Die Dichte des Meerwassers ist $1,025 \cdot 10^3$ kg $\cdot$ m^{-3}, seine Temperatur $T^* = 291$ K.

Lösung:
Damit das System Flasche plus Ballon Auftrieb erhält, muss gelten:

$$\varrho_{\text{Meer}} \geq \varrho_{\text{System}}, \text{ also}: \; 1,025 \cdot 10^3 \geq \frac{70 \text{ kg}}{0,045 \text{ m}^3 + V_{\text{Ballon}}}$$

Also gilt:

$$V_{\text{Ballon}} \geq \frac{70}{1,025 \cdot 10^3} - 0,045 = 0,0683 - 0,045$$
$$= 0,0233 \text{ m}^3 = 23,3 \text{ Liter}$$

Die Molzahl n_{Ar} im Ballon beträgt:

$$n_{\text{Ar}} = \frac{p \cdot V_{\text{Ballon}}}{R \cdot 291}, \quad \text{mit} \quad p = \varrho_{\text{Meer}} \cdot g \cdot h + 10^5 \text{ Pa}$$
$$= 1,025 \cdot 10^3 \cdot 9,81 \cdot 12 + 10^5 = 220663 \text{ Pa} = 2,207 \text{ bar}$$

folgt für n_{Ar}:

$$n_{\text{Ar}} = \frac{2,207 \cdot 10^5 \cdot 0,0233}{8,3145 \cdot 291} = 2,125 \text{ mol} = 2,125 \cdot 40 \text{ g} = 85 \text{ g Argon}$$

Voraussetzung ist natürlich, dass der Druck an Argon in der Flasche deutlich größer ist als 2 bar, das ist der Fall (10 bar).

1.4.16 Anstieg des Meeresspiegels durch Schmelzwasser des Grönlandeises

Die Menge des Festlandeises auf Grönland beträgt $2,5 \cdot 10^6$ km^3. Um wie viel Meter steigt der Meeresspiegel der Erde, wenn diese gesamte Eismenge schmelzen und ins Meer fließen würde?

Angaben:
Erdradius $r_{\text{E}} = 6371$ km, 72 % der Erdoberfläche sind von Meerwasser bedeckt. Mittlere Dichte von Meerwasser: $1,025$ g $\cdot$ cm^{-3}. Dichte des Eises: $0,916$ g $\cdot$ cm^{-3}.

Lösung:
Die Fläche des Meeres beträgt:

$$0,72 \cdot 4\pi \, r_{\text{E}}^2 = 0,72 \cdot 4\pi(6,370)^2 \cdot 10^{12} = 3,67 \cdot 10^{14} \text{ m}^2$$

Der Anstieg des Meeresspiegels Δh ergibt sich aus der Massenbilanz:

$$1025 \cdot 3,67 \cdot 10^{14} \cdot \Delta h = 916 \cdot 2,5 \cdot 10^{15} \text{ kg}$$

Daraus folgt für den Anstieg des Meeresspiegels:

$$\Delta h = 6,08 \text{ m}$$

1.4.17 Verdampfungsvolumen eines Metalls

Der Dampfdruck eines Metalls beträgt bei 20° C $5 \cdot 10^{-8}$ Pa. Wie groß muss das Volumen sein, damit 1 Mol des Metalls vollständig verdampft? Geben Sie die Kantenlänge des Würfels an, dem dieses Volumen entspricht.

Lösung:

$$\overline{V} = RT^*/p = 8,3145 \cdot 293,15/(5 \cdot 10^{-8}) = 487,48 \cdot 10^8 \text{ m}^3$$

Das entspricht einem Würfel mit der Kantenlänge von 3,65 km.

1.4.18 Balance von schwimmenden Eiswürfeln

Ein Eiswürfel schwimmt auf der Grenzfläche von flüssigem Wasser, über dem a) Luft und b) flüssiges Heptan (C7) geschichtet ist (s. Abb. 1.8). Wie groß ist der prozentuale Anteil des Eisvolumens, der aus dem Wasser herausragt?

Angaben: $\varrho_{\text{H}_2\text{O}} = 1,00$, $\varrho_{\text{Eis}} = 0,9168$, $\varrho_{\text{Luft}} \approx 0$, $\varrho_{C7} = 0,69$, alles in $\text{g} \cdot \text{cm}^{-3}$ bei 0 °C.

Lösung:

a) Es gilt im Kräftegleichgewicht

$$g \cdot (\varrho_{\text{H}_2\text{O}} - \varrho_{\text{Eis}}) V_{\text{Eis}} \cdot (1 - x) + g(\varrho_{\text{Luft}} - \varrho_{\text{Eis}}) \cdot V_{\text{Eis}} \cdot x = 0$$

Daraus folgt ($\varrho_{\text{Luft}} \approx 0$):

$$\frac{\varrho_{\text{H}_2\text{O}} - \varrho_{\text{Eis}}}{\varrho_{\text{Eis}}} = \frac{x}{1 - x} = \frac{1,00 - 0,9168}{0,9168} = 0,0907$$

Also:

$$x = \frac{0,1017}{1 + 0,1017} = 0,083 = 8,3 \text{ \%}$$

Setzt man die Meerwasserdichte von $1,025 \text{ g} \cdot \text{cm}^{-3}$ statt der von reinem Wasser ein, ist $x = 0,106 = 10,6$ %.

b)

$$\varrho_{\text{H}_2\text{O}} - \varrho_{\text{Eis}} = \frac{1,00 - 0,9168}{0,9168 - 0,69} = \varrho_{\text{Eis}-\varrho_{C7}} = 0,3668$$

Also:

$$x = \frac{0,4109}{1 + 0,4109} = 0,268 = 26,8 \text{ \%}$$

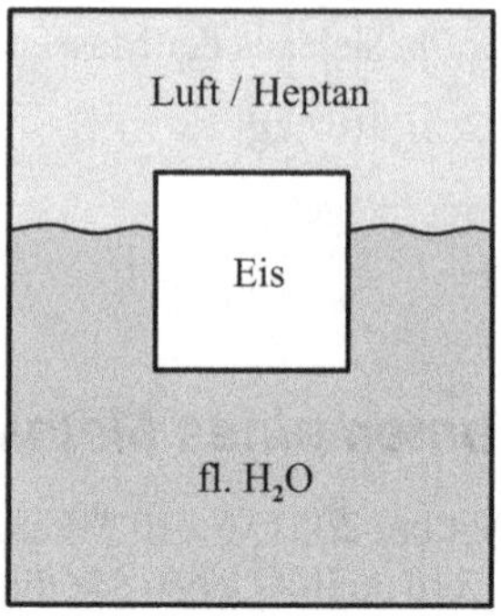

Abb. 1.8 Schwimmender Eiswürfel auf einer Grenzfläche

1.4.19 Die Masse der Erdatmosphäre

Der Luftdruck p nimmt mit der Höhe h über dem Erdboden ungefähr nach der sog. barometrischen Höhenformel ab:

$$p = p_0 \cdot \exp\left[-\frac{M_{\text{Luft}} \cdot g \cdot h}{R \cdot T^*}\right]$$

wobei M_{Luft} die mittlere Molmasse der Luft ($0{,}029\ \text{kg} \cdot \text{mol}^{-1}$), g die Erdbeschleunigung ($9{,}81\ \text{m} \cdot \text{s}^{-2}$), R die Gaskonstante und T^* die mittlere Temperatur (287 K) bedeuten. $p_0 = 1$ bar. Wie groß ist die Masse der Erdatmosphäre? Vernachlässigen Sie die Erdkrümmung und die Höhenabhängigkeit von g.

Angaben:
Der Erdradius r_{E} beträgt 6370 km.

Lösung:
Für die Gesamtmolzahl n_t gilt mit der molaren Konzentration $c(h)$ in der Höhe h über dem Erdboden:

$$n_t = A \int_0^\infty c(h) \cdot \mathrm{d}h = A \cdot c(h=0) \cdot \int_0^\infty \exp\left[-\frac{M_{\text{Luft}} \cdot h}{R \cdot T^*_{\text{Luft}}}\right] \mathrm{d}h$$

$$= A \cdot c(h=0) \frac{RT^*}{M_{\text{Luft}} \cdot g} = A \cdot p(h=0)/\left(M_{\text{Luft}} \cdot g\right)$$

Masse der Erdatmosphäre $m_t = M_{\text{Luft}} \cdot n_t = \dfrac{10^5 \cdot 4\pi \cdot 40{,}59 \cdot 10^{12}}{9{,}81} = 5{,}2 \cdot 10^{18}$ kg

1.4.20 Szenario der Freisetzung des gesamten Kohlenstoffs der Erdoberfläche als CO_2

Falls der gesamte Kohlenstoff, der in der Erdkruste als Sediment und Gestein in Form von $CaCO_3$, $MgCO_3$ und fossilem Kohlenstoff (Kohle, Erdöl, Erdgas) fixiert ist, frei würde in Form von CO_2, würden $2 \cdot 10^{20}$ g CO_2 in die Erdatmosphäre gelangen.

a) Berechnen Sie für diesen Fall den Partialdruck $p_{CO_2}(h = 0)$ von CO_2 am Erdboden. Gehen Sie davon aus, dass näherungsweise das ideale Gasgesetz herrscht.

b) Wie würde die Zusammensetzung der Erdatmosphäre in Mol % dann aussehen?

Lösung:

a) Die gesamte Molzahl n_t an CO_2 in der Atmosphäre ergibt sich durch Integration über die molare Konzentration $c(h)$ als Funktion von h nach der barometrischen Höhenformel (s. Aufgabe 1.4.19):

$$n_t = A \cdot c(h = 0) \cdot \frac{RT^*}{M_{CO_2} \cdot g}$$

wobei A = die Erdoberfläche bedeutet.

Bei Annahme der Gültigkeit des idealen Gasgesetzes gilt:

$$n_t = A \cdot \frac{p(h = 0)}{M_{CO_2 \cdot g}}$$

Multiplikation mit der Molmasse M_{CO_2} ergibt die Gesamtmasse m_t an CO_2 in der Atmosphäre, so dass gilt:

$$p_{CO_2}(h = 0) = \frac{m_{t,CO_2}}{A} \cdot g$$

Mit dem Erdradius $r_E = 6,370 \cdot 10^6$ m bzw. der Erdoberfläche $A = 4\pi r_E^2$ ergibt sich:

$$p_{CO_2}(h = 0) = \frac{2 \cdot 10^{20} \cdot 9,81}{4\pi(6,37 \cdot 10^6)^2} = 38,5 \cdot 10^5 \text{ Pa} = 38,5 \text{ bar}$$

b) Die Partialdrücke der vorhandenen Gase wären am Erdboden:

$$p_{CO_2} = 38,5 \text{ bar}, \quad p_{N_2} = 0,8 \text{ bar}, \quad p_{O_2} = 0,2 \text{ bar}$$

Es gilt: Mol % von $i = x_i \cdot 100 = p_i / \sum p_i \cdot 100$. Das ergibt: CO_2 : 97,46 %, N_2 : 2,03 %, O_2 : 0,51 %.

Die Druckverhältnisse und die Zusammensetzung der Atmosphäre würden dann sehr denen der Venus ähneln, wo es wahrscheinlich nie flüssiges Wasser gab, in dem sich CO_2 lösen und als Sediment fixiert werden konnte.

1.4.21 Emission von Benzindämpfen aus Pkw's in Deutschland

Der Benzintank eines Pkw enthält 50 Liter. Beim Auftanken wird jedes Mal die Luft mit dem dampfförmigen Benzin herausgedrückt und entweicht in die Atmosphäre. Wir nehmen an, dass der Partialdampfdruck des Benzins in der Tankluft dem Dampfdruck des gesättigten flüssigen Benzins entspricht, da immer kleine Flüssigkeitsreste im Tank vor dem Wiederbefüllen verbleiben.

a) Berechnen Sie die Menge an gasförmigem Benzin, die in die Atmosphäre emittiert wird, wenn der leere Tank neu befüllt wird. Der Sättigungsdampfdruck des Benzins beträgt ca. 70 mbar = 7000 Pa bei $T^* = 293$ K. Die mittlere Molmasse ist $100 \text{ g} \cdot \text{mol}^{-1}$.

b) In Deutschland fahren ca. 40 Millionen Pkw. Wenn jedes Fahrzeug im Mittel 20 000 km im Jahr zurücklegt, und der Benzinverbrauch im Mittel 8 Liter pro 100 km beträgt, wie groß ist die Gesamtmenge an Benzin, die im Jahr in die Atmosphäre gelangt? Welchem Volumen an flüssigem Benzin in m^3 entspricht diese Menge (die Dichte von flüssigem Benzin beträgt ca. $0{,}68 \text{ g} \cdot \text{cm}^{-3}$).

Lösung:

a) Wir berechnen die molare Benzinkonzentration c im leeren Tank:

$$c = p_{\text{sat}}/R \cdot T^* = 7000/(8{,}3145 \cdot 293) = 2{,}873 \text{ mol} \cdot \text{m}^{-3}$$

Die Masse an Benzin ist: $c \cdot 0{,}05 \cdot 100 = 14{,}36$ g.

b) Die Gesamtzahl der Tankfüllungen pro Jahr in Deutschland beträgt:

$$40 \cdot 10^6 \cdot 20000/(50 \cdot 100/8) = 1{,}28 \cdot 10^9$$

Die Menge an emittiertem Benzin ist dann pro Jahr:

$$1{,}28 \cdot 10^9 \cdot 14{,}36 = 18{,}38 \cdot 10^9 \text{ g}$$

Das ergibt ein Flüssigkeitsvolumen von

$$10^9 \cdot \frac{18{,}38}{0{,}68} = 27 \cdot 10^9 \text{ cm}^3 = 27 \cdot 10^3 \text{ m}^3$$

Das entspricht einem würfelförmigen Flüssigkeitstank mit der Kantenlänge von 30 m!

1.4.22 Analyse des Versuches der „Magdeburger Halbkugeln"

Zur Demonstration des Luftdruckes wollen wir den berühmten Versuch von Otto v. Guericke (1654) mit den sog. „Magdeburger Halbkugeln" rechnerisch behandeln (s. Abb. 1.9). Zwei Halbkugeln aus einem Eisenmantel werden mit ihren Schnittflächen aufeinander gelegt und zuvor mit einem geeigneten Dichtmaterial versehen. Dann wird die gesamte Hohlkugel evakuiert und an einem Stahlträger aufgehängt. Welches Gewicht muss man unten an die Kugel hängen, damit die zwei Halbkugeln auseinander gerissen werden? Otto v. Guericke ließ je 4 Pferde an gegenüber

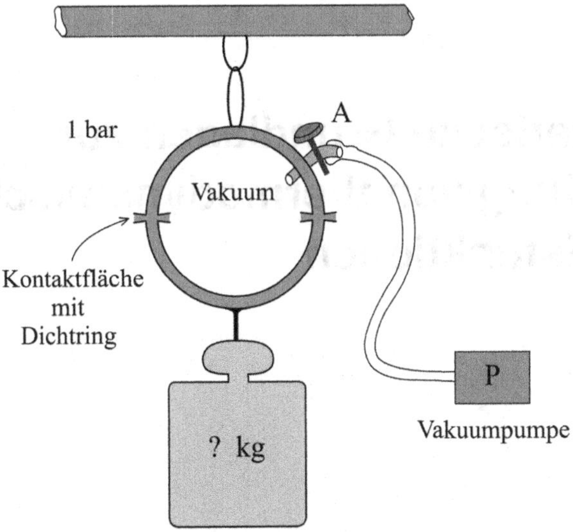

Abb. 1.9 Demonstrationsversuch zur Größe des Luftdrucks mit den „Magdeburger Halbkugeln"

liegende Seiten der Halbkugeln anspannen, um diese auseinander reißen zu lassen, was nicht gelang. Als er das Ventil A öffnete und die Luft einließ, konnte er die Kugeln mit seinen Händen auseinander nehmen.

Lösung:
Der Druck, der die beiden Halbkugeln zusammenpresst, ist der äußere Luftdruck von 1 bar, der allseitig auf die Oberfläche der gesamten Kugel wirkt. Die Gegenkraft, die erforderlich ist, um die Kugeln zu trennen, muss entgegengesetzt gleich der Projektionsfläche der Kugel in die Zugrichtung sein multipliziert mit dem Druck von einem bar. Für die Masse m des angehängten Gewichts (einschließlich der unteren Halbkugel) muss also gelten (in SI-Einheiten):

$$\text{Kraft} = m \cdot g = \pi \cdot r^2 \cdot 10^5\ \text{m}^2 \cdot \text{Pa}$$

g ist die Erdbeschleunigung (in $\text{m} \cdot \text{s}^{-2}$) und r der Radius der Kugel, den wir gleich 0,5 m setzen.
Die erforderliche Masse m ist also

$$m = \pi \cdot (0,5)^2 \cdot 10^5/9,81 = 8006\ \text{kg} \quad (!)$$

Man versteht, dass 2 mal 4 Pferde nicht in der Lage waren, die Halbkugeln zu trennen.

2 Mathematische Grundlagen zur Behandlung von thermodynamischen Zustandsfunktionen

2.1 Totales Differential, Wegunabhängigkeit des Integrals

Wir haben gesehen, dass thermodynamische Gleichgewichtseigenschaften eines Systems durch Zustandsfunktionen, also Funktionen beschrieben werden, die von mehreren Variablen abhängen, wie z. B. das Volumen $V = V(p, T^*, n_1 \ldots, n_k)$.

Wir betrachten allgemein eine Zustandsgröße $z = z(v_1, v_2, \ldots, v_k)$, die von irgendwelchen Variablen $v_1, \ldots, v_k$ abhängt.

Zur Vereinfachung der Darstellung sollen zwei Variablen $v_1 = x$ und $v_2 = y$ genügen. Verallgemeinerungen auf beliebige viele Variable $(v_1, v_2, \ldots, v_k)$ sind dann offensichtlich. Es gilt also:

$$z = f(x, y)$$

z stellt eine Oberfläche im Raum x, y, z dar (Zustandsfläche, s. Abb. 2.1 links).

Für das sog. *totale oder vollständige Differential* von z gilt:

$$\boxed{\mathrm{d}z = \left(\frac{\partial z}{\partial x}\right)_y \cdot \mathrm{d}x + \left(\frac{\partial z}{\partial y}\right)_x \cdot \mathrm{d}y}$$

oder verallgemeinert für beliebig viele Variable $v_1, v_2, \ldots, v_k$:

$$\boxed{\mathrm{d}z = \sum \left(\frac{\partial z}{\partial v_i}\right)_{v_j \neq v_i} \cdot \mathrm{d}v_i}$$

$(\partial z/\partial x)_y$ und $(\partial z/\partial y)_x$ heißen *partielle Differentialkoeffizienten*, wobei partiell heißt: Ableitung von z nach x bei y = const bzw. Ableitung von z nach y bei x = const. Der Index rechts unten kennzeichnet die Variablen, die beim Differenzieren konstant gehalten werden. Die partiellen Ableitungen oder partiellen Differentialkoeffizienten sind selbst i. a. wieder Funktionen von x und

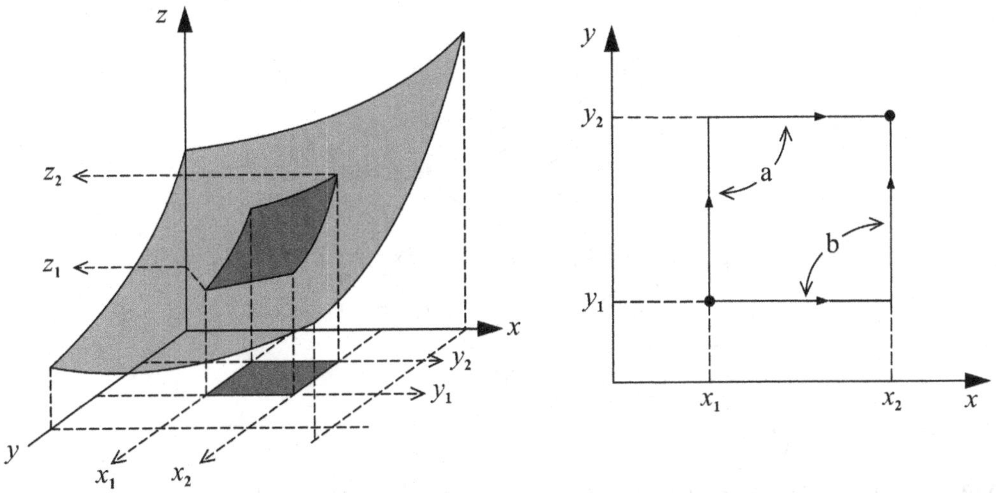

Abb. 2.1 Ein Oberflächenstück aus der $z(x,y)$-Fläche (links oben) und seine Projektion auf die x, y-Ebene (links unten und rechts)

y (bzw. von $\upsilon_1, \upsilon_2, \ldots, \upsilon_k$). Die Integration über dz ist vom *Integrationsweg unabhängig*, da das Integral

$$\int_{z_1}^{z_2} \mathrm{d}z = z_2 - z_1 = \int_{x_1}^{x_2} \left(\frac{\partial z}{\partial x}\right)_y \mathrm{d}x + \int_{y_1}^{y_2} \left(\frac{\partial z}{\partial y}\right)_x \mathrm{d}y$$

nur vom Anfangs- und Endzustand abhängt. Insbesondere gilt für eine geschlossene Kurve auf der Zustandsfläche in der x, y-Ebene (sog. Kreisprozess):

$$\oint \mathrm{d}z = 0$$

Wir betrachten ein Beispiel:

$$\begin{aligned} z &= x(x + 2y) = x^2 + 2xy \\ \mathrm{d}z &= 2(x + y)\mathrm{d}x + 2x \cdot \mathrm{d}y \end{aligned}$$

Wir wählen 2 Integrationswege a und b zur Berechnung von $z_2 - z_1$, wobei die z-Achse senkrecht auf der x, y-Ebene steht (s. Abb. 2.1).

Weg a:

$$\begin{aligned} z_2 - z_1 &= 2x_1(y_2 - y_1) + (x_2^2 - x_1^2) + 2y_2(x_2 - x_1) \\ &= (x_2^2 - x_1^2) + 2x_1y_2 - 2x_1y_1 + 2x_2y_2 - 2y_2x_1 \\ z_2 - z_1 &= (x_2^2 - x_1^2) + 2(x_2y_2 - x_1y_1) \end{aligned}$$

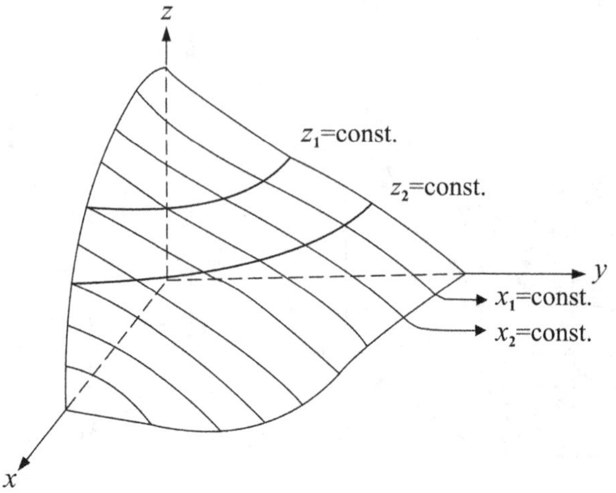

Abb. 2.2 Schnitte für z = const. und x = const. durch die $z(x, y)$-Oberfläche

Weg b:

$$\begin{aligned} z_2 - z_1 &= (x_2^2 - x_1^2) + 2y_1(x_2 - x_1) + 2x_2(y_2 - y_1) \\ &= (x_2^2 - x_1^2) + 2y_1x_2 - 2y_1x_1 + 2x_2y_2 - 2x_2y_1 \\ z_2 - z_1 &= (x_2^2 - x_1^2) + 2(x_2y_2 - x_1y_1) \end{aligned}$$

Beide Wege ergeben wie erwartet dasselbe Ergebnis. Man kann spezielle Anforderungen an die Funktionswerte von z stellen, z. B. sucht man auf der Zustandsfläche nur solche Werte („Höhenlinien"), für die z = const. ist (s. z. B. Abb. 2.2). Dann gilt:

$$dz = 0 = \left(\frac{\partial z}{\partial x}\right)_y dx_z + \left(\frac{\partial z}{\partial y}\right)_x \cdot dy_z$$

Man kann dann auflösen:

$$\left(\frac{\partial y}{\partial x}\right)_z = -\frac{\left(\frac{\partial z}{\partial x}\right)_y}{\left(\frac{\partial z}{\partial y}\right)_x}$$

oder:

$$\boxed{\left(\frac{\partial z}{\partial x}\right)_y^{-1} \cdot \left(\frac{\partial z}{\partial y}\right)_x \cdot \left(\frac{\partial y}{\partial x}\right)_z = \left(\frac{\partial x}{\partial z}\right)_y \cdot \left(\frac{\partial z}{\partial y}\right)_x \cdot \left(\frac{\partial y}{\partial x}\right)_z = -1} \tag{2.1}$$

wobei wir von der gültigen Identität $(\partial z/\partial x)_y^{-1} = (\partial x/\partial z)_y$ Gebrauch gemacht haben. Diese lässt sich leicht nachweisen:

$$dz = \left(\frac{\partial z}{\partial x}\right)_y dx + \left(\frac{\partial z}{\partial y}\right)_x dy$$

mit $\mathrm{d}y = 0$ folgt:

$$\mathrm{d}z_y = \left(\frac{\partial z}{\partial x}\right)_y \cdot \mathrm{d}x_y$$

und damit:

$$1 = \left(\frac{\partial z}{\partial x}\right)_y \cdot \left(\frac{\partial x}{\partial z}\right)_y \quad \text{oder} \quad \left(\frac{\partial z}{\partial x}\right)_y^{-1} = \left(\frac{\partial x}{\partial z}\right)_y$$

Die Beziehung Gl. (2.1) spielt in der Thermodynamik öfter eine Rolle, wie wir noch sehen werden.

2.2 Variablentransformationen

Wie bereits erwähnt, hat man es in der Thermodynamik häufig mit der Tatsache zu tun, dass es noch andere Zustandsgrößen, z. B. α und β, gibt, die ebenfalls Funktionen von x und y sind. Man möchte nun z bzw. das totale Differential $\mathrm{d}z$, statt als Funktion von x und y als Funktion von $\alpha_{(x,y)}$ und $\beta_{(x,y)}$ darstellen. Dazu differenziert man $\mathrm{d}z$ partiell nach x und y bei $\beta = \text{const.}$:

$$\mathrm{d}z_\beta = \left(\frac{\partial z}{\partial x}\right)_y \cdot \mathrm{d}x_\beta + \left(\frac{\partial z}{\partial y}\right)_x \cdot \mathrm{d}y_\beta$$

bzw.

$$\left(\frac{\partial z}{\partial \alpha}\right)_\beta = \left(\frac{\partial z}{\partial x}\right)_y \left(\frac{\partial x}{\partial \alpha}\right)_\beta + \left(\frac{\partial z}{\partial y}\right)_x \left(\frac{\partial y}{\partial \alpha}\right)_\beta$$

und entsprechend gilt:

$$\left(\frac{\partial z}{\partial \beta}\right)_\alpha = \left(\frac{\partial z}{\partial x}\right)_y \left(\frac{\partial x}{\partial \beta}\right)_\alpha + \left(\frac{\partial z}{\partial y}\right)_x \left(\frac{\partial y}{\partial \beta}\right)_\alpha$$

Dann erhält man:

$$\mathrm{d}z = \left(\frac{\partial z}{\partial \alpha}\right)_\beta \cdot \mathrm{d}\alpha + \left(\frac{\partial z}{\partial \beta}\right)_\alpha \cdot \mathrm{d}\beta$$

$(\partial z/\partial\alpha)_\beta$ und $(\partial z/\partial\beta)_\alpha$ sind aber in dieser Form noch Funktionen von x und y. Auflösen von $\alpha(x, y)$ und $\beta(x, y)$ nach $x(\alpha, \beta)$ und $y(\alpha, \beta)$ und Einsetzen in $(\partial z/\partial\alpha)_\beta$ und $(\partial z/\partial\beta)_\alpha$ ergibt die gewünschte Transformation im Ausdruck für $\mathrm{d}z$ von den Variablen x, y zu den Variablen α, β. Wir betrachten noch den Spezialfall $\alpha = x$:

$$\left(\frac{\partial z}{\partial x}\right)_\beta = \left(\frac{\partial z}{\partial x}\right)_y \cdot 1 + \left(\frac{\partial z}{\partial y}\right)_x \left(\frac{\partial y}{\partial x}\right)_\beta$$

$$\left(\frac{\partial z}{\partial \beta}\right)_x = \underbrace{\left(\frac{\partial z}{\partial x}\right)_y \left(\frac{\partial x}{\partial \beta}\right)_x}_{=0} + \left(\frac{\partial z}{\partial y}\right)_x \left(\frac{\partial y}{\partial \beta}\right)_x = \left(\frac{\partial z}{\partial y}\right)_x \left(\frac{\partial y}{\partial \beta}\right)_x$$

Diese Beziehung ergibt sich natürlich auch direkt durch die Anwendung der Kettenregel beim Differenzieren von z nach y und dann nach β. Eleganter als hier dargestellt kann das Problem der Variablentransformation mit Hilfe der sog. Jakobi-Determinanten gelöst werden. Auf eine Darstellung verzichten wir jedoch hier.

2.3 Der Schwarz'sche Satz

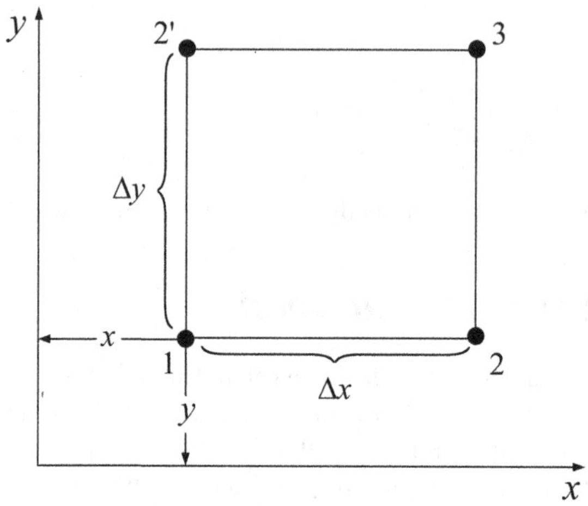

Abb. 2.3 Zur Ableitung des Schwartz'schen Satzes (Die Fläche $\Delta x \cdot \Delta y$ ist zur Veranschaulichung stark vergrößert dargestellt, denn es soll $\Delta x \ll x$ und $\Delta y \ll y$ gelten)

Wir betrachten in Abb. 2.3 die Änderung der Zustandsgröße z auf 2 verschiedenen Wegen in der x, y–Ebene vom Zustand 1 nach 3 mit kleinen Werten für Δx und Δy.
Weg $1 \Rightarrow 2' \Rightarrow 3$ ergibt:

$$\begin{aligned} z(x+\Delta x, y+\Delta y) - z(x,y) &= z_3 - z_1 \\ &= Q(x,y)\cdot \Delta y + P(x, y+\Delta y)\cdot \Delta x \end{aligned}$$

Dabei haben wir abgekürzt:

$$\left(\frac{\partial z}{\partial x}\right)_y = P(x,y)$$

$$\left(\frac{\partial z}{\partial y}\right)_x = Q(x,y)$$

Weg $1 \Rightarrow 2 \Rightarrow 3$ ergibt:

$$\begin{aligned} z(x+\Delta x, y+\Delta y) - z(x,y) &= z_3 - z_1 \\ &= Q(x+\Delta x, y)\cdot \Delta y + P(x,y)\cdot \Delta x \end{aligned}$$

Da das Ergebnis vom Weg unabhängig sein muss, gilt:

$$\left[P(x, y+\Delta y) - P_{(x,y)}\right]\Delta x = \left[Q(x+\Delta x, y) - Q(x,y)\right]\Delta y$$

oder

$$\left[\frac{P(x,y+\Delta y) - P(x,y)}{\Delta y}\right]\Delta x \cdot \Delta y = \left[\frac{Q(x+\Delta x, y) - Q(x,y)}{\Delta x}\right]\Delta y \cdot \Delta x$$

Der Grenzübergang mit $\Delta x \to 0$ und $\Delta y \to 0$ ergibt:

$$\left(\frac{\partial P}{\partial y}\right)_x = \left(\frac{\partial Q}{\partial x}\right)_y$$

oder

$$\boxed{\left(\frac{\partial^2 z}{\partial y \partial x}\right) = \left(\frac{\partial^2 z}{\partial x \partial y}\right)} \tag{2.2}$$

Das ist der Satz von Schwarz: Wenn z eine Zustandsfunktion ist, ist bei gemischter Ableitung nach x und y die Reihenfolge der Differentiation vertauschbar und liefert dasselbe Ergebnis.

Wenn z eine thermodynamische Zustandsgröße ist, insbesondere ein sog. thermodynamisches Potential (s. Kapitel 5.8), und x bzw. y die entsprechenden thermodynamischen Variablen, so bezeichnet man die Gleichung (2.2) auch als *Maxwell-Relation.*

2.4 Homogene Funktionen und Euler'sche Gleichung

Homogene Funktionen vom Grade l sind eine *spezielle Klasse von Zustandsfunktionen* mehrerer Variabler, die folgende Eigenschaft besitzen.

Wenn

$$z = z(v_1, v_2 \ldots, v_k)$$

die Gleichung

$$z(\alpha v_1, \alpha v_2, \ldots, \alpha v_k) = \alpha^l \cdot z(v_1, v_2, \ldots, v_k)$$

erfüllt, wobei l eine ganze Zahl ist und $\alpha > 0$ ein beliebiger Parameter, so heißt eine solche Funktion *homogene Funktion vom Grade l.*

Diese Funktionen haben folgende Eigenschaft. Differenziert man nach dem Parameter α, so ergibt sich:

$$\frac{\mathrm{d}z}{\mathrm{d}\alpha} = \sum_{i=1}^{k} \frac{\partial z}{\partial(\alpha \cdot v_i)} \left(\frac{\partial(\alpha \cdot v_i)}{\partial \alpha}\right) = l \cdot \alpha^{l-1} \cdot z(v_1, v_2, \ldots, v_k)$$

Da α beliebig ist, setzen wir $\alpha = 1$ und es folgt:

$$\sum_{i=1}^{k} \left(\frac{\partial z}{\partial v_i}\right) \cdot v_i = l \cdot z(v_1, v_2, \ldots, v_k)$$

Das ist die *Euler'sche Gleichung* für homogene Funktionen vom Grade l. In der Thermodynamik spielen homogene Funktionen vom Grad 1, also $l = 1$ eine wichtige Rolle. Hier gilt also:

$$\boxed{\sum_{i=1}^{k} \left(\frac{\partial z}{\partial v_i}\right) \cdot v_i = z(v_1, v_2, \ldots, v_k)} \tag{2.3}$$

Es folgt eine wichtige Beziehung aus dieser Eigenschaft. Zunächst gilt für das totale Differential einerseits:

$$dz = \sum_{i=1}^{k} \left(\frac{\partial z}{\partial v_i}\right) \cdot dv_i = \sum_{i=1}^{k} Q_i \cdot dv_i$$

andererseits muss nach der Euler'schen Gleichung (Gl. (2.3)) mit $Q_i = (\partial z/\partial v_i)$ gelten:

$$dz = d\left(\sum_{i=0}^{k} Q_i v_i\right) = \sum_{i=1}^{k} Q_i dv_i + \sum_{i=1}^{k} v_i dQ_i$$

Da beide Beziehungen für dz gültig sind, muss offensichtlich gelten:

$$\boxed{\sum_{i=1}^{k} v_i dQ_i = 0} \qquad \text{mit} \qquad Q_i = \left(\frac{\partial z}{\partial v_i}\right)_{v_{j \neq i}}$$

Diese Beziehungen spielen in der Thermodynamik eine große Rolle bei extensiven Zustandsfunktionen z, die von extensiven Variablen abhängen.

Auch homogene Funktionen vom Grad $l = 0$ kommen in der Thermodynamik vor. Für solche Funktionen gilt:

$$z(\alpha v_1, \alpha v_2, \ldots, \alpha v_k) = z(v_1, v_2, \ldots, v_k)$$

Wir weisen später an geeigneter Stelle darauf hin.

2.5 Legendre-Transformationen

Wir betrachten eine Zustandsfunktion $z(x, y)$. Wir setzen zunächst $y = y_0 = \text{const}$ und bilden

$$dz = \left(\frac{\partial z}{\partial x}\right)_{y=y_0} dx = Q_x(x, y_0)dx$$

$Q_x(x_0, y_0)$ ist die Steigung von z am Punkt x_0. Die Differenzierbarkeit bei allen Werten x ist vorausgesetzt. Aufgabe der Legendre Transformation ist es, eine Funktion $g(Q_x)$ zu finden, die adäquat zu $z(x, y_0)$ ist, d. h., $z(x, y_0)$ und $g(Q_x, y_0)$ sind eindeutig einander zugeordnet. Diesen Zusammenhang gewinnt man in folgender Weise (s. Abb. 2.4).

Die Tangente T ist:

$$T(x) = z(x_0, y_0) + Q_x(x_0, y_0)(x - x_0)$$

Der Achsenabschnitt ist $(T(x = 0, x_0))$:

$$g(x_0, y_0) = z(x_0, y_0) - x_0 \cdot Q_x(x_0, y_0)$$

Allgemein gilt für beliebige x-Werte also:

$$g(x, y_0) = z(x, y_0) - x \cdot Q_x(x, y_0)$$

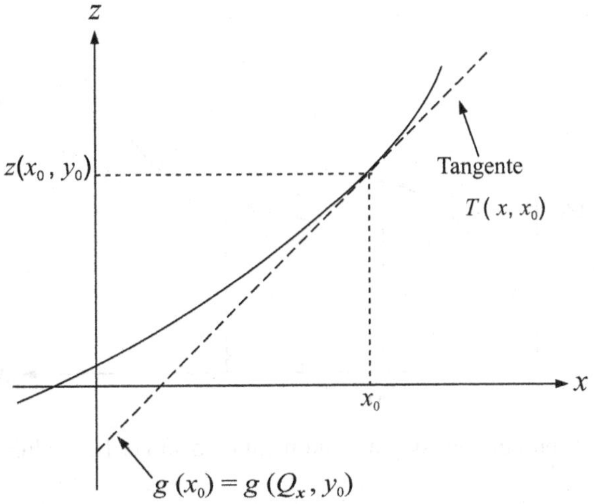

Abb. 2.4 Zur Ableitung der Legendre-Transformation

Es lässt sich nun zeigen, dass g nur von der Steigung Q_x abhängt. Dazu bilden wir das totale Differential von g:

$$\mathrm{d}g = \mathrm{d}z - Q_x \cdot \mathrm{d}x - x \cdot \mathrm{d}Q_x$$

Einsetzen von $\mathrm{d}z = Q_x \cdot \mathrm{d}x$ ergibt:

$$\mathrm{d}g = -x \cdot \mathrm{d}Q_x$$

Wenn sich $Q_x(x, y_0) = (\partial z/\partial x)_{y_0}$ eindeutig nach $x = x(Q_x)$ auflösen lässt, ist $g = g(Q_x, y_0)$. Das ist der Achsenabschnitt auf der z-Achse in Abb. 2.4. Die Eindeutigkeit ist aber nur dann gegeben, wenn es zu jedem x-Wert nur *einen* Q_x-Wert, also *einen* Wert der Steigung $(\partial z/\partial x) = p$ gibt. *Diese Bedingung ist gewährleistet, wenn im gesamten x-Bereich die Krümmung, also die zweite Ableitung von $z(x, y_0)$, für alle y_0-Parameterwerte dasselbe Vorzeichen hat und nirgendwo gleich Null wird:*

$$\boxed{\frac{\partial^2 z}{\partial x^2} \neq 0 \text{ bzw. } \left(\frac{\partial Q_x}{\partial x}\right) \neq 0}$$

Wäre das nicht der Fall, könnte z. B. folgendes auftreten (s. Abb. 2.5).

Zur selben Steigung Q_x gäbe es mehrere Werte von $g(Q_x)$, z. B. $g_1(Q_x)$ und $g_2(Q_x)$. Es gäbe dann sogar einen ganzen Bereich in x, wo zu verschiedenen Werten von x (z. B. $x(0,1)$ und $x(0,2)$) *dieselbe* Steigung = Q_x-Wert gehört und die Transformation $z(x, y_0) \to g(Q_x, y_0)$ wäre nicht mehr eindeutig.

Die Rücktransformation $g(Q_x, y_0) \to z(x, y_0)$ ist ebenfalls nur dann eindeutig, wenn $(\partial Q_x/\partial x) \neq 0$ im ganzen Bereich gilt. Dann ist auch $(\partial x/\partial Q_x) \neq 0$.

Die Legendre-Transformation von $z(x, y_0)$ lautet also:

$$\boxed{g(Q_x, y) = z(x, y) - x \cdot Q_x \quad \text{mit} \quad Q_x = \left(\frac{\partial z}{\partial x}\right)_y}$$

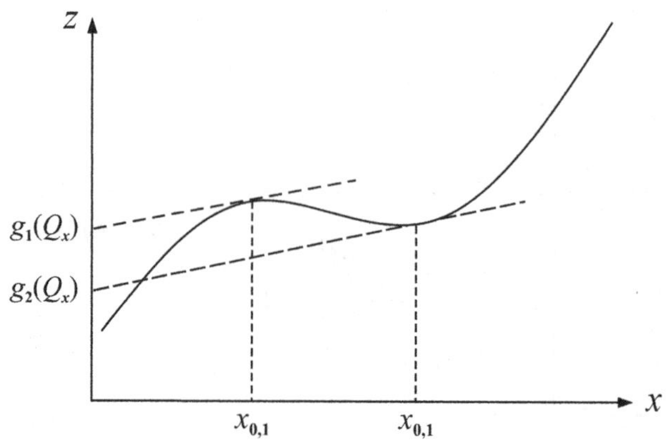

Abb. 2.5 Beispiel für einen Funktionsverlauf mit nicht eindeutiger Legendre-Transformation

Analog kann man nun, da $g = g(Q_x, y)$ ist, auch g einer Legendre-Transformation unterziehen.
Als *Eindeutigkeitsbedingung* gilt hier:

$$\boxed{\left(\frac{\partial^2 g}{\partial y^2}\right)_{Q_x} \neq 0 \quad \text{bzw.} \quad \left(\frac{\partial Q_y}{\partial y}\right)_{Q_x} \neq 0 \quad \text{wenn} \quad Q_y = \left(\frac{\partial g}{\partial y}\right)_{Q_x} = \left(\frac{\partial z}{\partial y}\right)_x}$$

Die gesamte Legendre-Transformation bezüglich $x \to Q_x$ und $y \to Q_y$ lautet dann

$$h(Q_x, Q_y) = z - x \cdot Q_x - y \cdot Q_y$$

Das lässt sich entsprechend auf Funktionen $z(\upsilon_1, \upsilon_2, \ldots, \upsilon_k)$ mit mehreren Variablen $\upsilon_1 \ldots, \upsilon_k$ erweitern und verallgemeinern

$$\boxed{L(Q_1, Q_2, Q_3, \ldots, Q_m, \upsilon_{m+1,\ldots}, \upsilon_k) = z(\upsilon_1, \ldots, \upsilon_k) - \sum_{i=1}^{m} \upsilon_i \cdot Q_i} \tag{2.4}$$

L heißt dann Legendre-Transformation von z bezüglich der Variablen $\upsilon_1, \upsilon_2 \ldots, \upsilon_m$, wobei $Q_i = (\partial z / \partial \upsilon_i)_{\upsilon_{j \neq i}}$ bedeutet.

Besonders wichtig ist in der Thermodynamik, dass sich für *homogene Funktionen vom Grad 1 (s. Kapitel 2.4) in unmittelbarer Weise die Legendre-Transformationen darstellen lassen*, denn nach Gl. (2.3) gilt in diesem Fall:

$$\boxed{L(Q_1, Q_2, Q_3, \ldots, Q_m, \upsilon_{m+1,\ldots}, \upsilon_k) = \sum_{i=1}^{k} Q_i \upsilon_i - \sum_{i=1}^{m} Q_i \upsilon_i = \sum_{i=m+1}^{k} Q_i \upsilon_i} \tag{2.5}$$

2.6 Die Pfaff'sche Differentialform und der integrierende Nenner

Die Differentialform

$$\mathrm{d}f = a(x, y) \cdot \mathrm{d}x + b(x, y) \cdot \mathrm{d}y$$

heißt Pfaff'sche Differentialform. Ob $\mathrm{d}f$ ein totales Differential ist oder nicht, d. h., ob eine Stammfunktion $f(x, y)$ existiert mit $(\partial f/\partial x)_y = a(x, y)$ und $(\partial f/\partial y)_x = b(x, y)$, ist keineswegs selbstverständlich und lässt sich dadurch entscheiden, dass bei einem vollständigen Differential gelten muss (s. Gl. (2.2)):

$$\left(\frac{\partial b(x, y)}{\partial x}\right)_y = \left(\frac{\partial a(x, y)}{\partial y}\right)_x$$

Wir geben 2 Beispiele an:
Beispiel A:

$$\mathrm{d}f = y \cdot \mathrm{d}x + x \cdot \mathrm{d}y$$

es gilt:

$$\left(\frac{\partial y}{\partial y}\right)_x = 1 = \left(\frac{\partial x}{\partial x}\right)_y$$

Also ist $\mathrm{d}f$ ein vollständiges Differential. Die Stammfunktion lautet $f = x \cdot y + c$, wovon man sich leicht durch Differenzieren von f überzeugen kann, bzw. durch Integrieren von $\mathrm{d}f$ auf einem beliebigen Weg.

Beispiel B:

$$\mathrm{d}f = y \cdot x\mathrm{d}x + x^2 \cdot \mathrm{d}y$$

Man erhält:

$$\left(\frac{\partial(y \cdot x)}{\partial y}\right)_x = x \quad \text{und} \quad \left(\frac{\partial x^2}{\partial x}\right)_y = 2x$$

Also ist $\mathrm{d}f$ hier *kein* vollständiges Integral.

Es gilt nun - zumindest bei 2 Variablen -, dass es immer einen *integrierenden Faktor* $g(x, y)$, bzw. einen *integrierenden Nenner* $g^{-1}(x, y)$ gibt, der die Differentialform in ein vollständiges Differential verwandelt.

Dazu schreibt man für den Fall von Beispiel B:

$$g(x, y) \cdot \mathrm{d}f = g(x, y) \cdot y \cdot x \cdot \mathrm{d}x + g(x, y) \cdot x^2\mathrm{d}y$$

$g(x, y)$ wird dadurch bestimmt, dass jetzt gelten muss, wenn ein vollständiges Differential entstehen soll:

$$\frac{\partial}{\partial x}[g(x, y) \cdot x^2]_y = \frac{\partial}{\partial y}[g(x, y) \cdot x \cdot y]_x$$

das ergibt:

$$2x \cdot g(x, y) + x^2\left(\frac{\partial g(x, y)}{\partial x}\right)_y = x \cdot g(x, y) + x \cdot y\left(\frac{\partial g(x, y)}{\partial y}\right)_x$$

Das ist eine partielle Differentialgleichung zur Bestimmung von $g(x,y)$, die man versuchsweise mit dem Lösungsansatz

$$g(x,y) = g_1(x) \cdot g_2(y)$$

behandelt. Einsetzen ergibt:

$$2x \cdot g_1(x) \cdot g_2(y) + x^2 g_2(y)\left(\frac{\mathrm{d}g_1(x)}{\mathrm{d}x}\right) = x \cdot g_1(x) \cdot g_2(y) + x \cdot y \cdot g_1(x)\frac{\mathrm{d}g_2(y)}{\mathrm{d}y}$$

Division durch $x \cdot g_1(x) \cdot g_2(y) \neq 0$ führt zu:

$$1 + \frac{x}{g_1(x)} \cdot \left(\frac{\mathrm{d}g_1(x)}{\mathrm{d}x}\right) = \frac{y}{g_2(y)} \cdot \left(\frac{\mathrm{d}g_2(y)}{\mathrm{d}y}\right) = c$$

Es gelingt also durch diesen Lösungsansatz eine Separation der Variablen. Beide Seiten müssen gleich einer Konstanten c sein, da x und y unabhängige Variablen sind.

Also gilt:

$$\frac{\mathrm{d}\ln g_1(x)}{\mathrm{d}x} = \frac{c-1}{x} \quad \text{und} \quad \frac{\mathrm{d}\ln g_2(y)}{\mathrm{d}y} = \frac{c}{y}$$

und damit:

$$\ln g_1(x) = (c-1)\ln x \quad \text{und} \quad \ln g_2(y) = c \cdot \ln y$$

Das Ergebnis lautet also:

$$\boxed{g(x,y) = g_1(x) \cdot g_2(y) = x^{c-1} \cdot y^c}$$

Da c willkürlich wählbar ist, wählen wir $c = 0$, also folgt:

$$g(x,y) = \frac{1}{x}$$

Daraus folgt:

$$\boxed{g(x,y) \cdot \mathrm{d}f = \mathrm{d}F = y \cdot \mathrm{d}x + x \cdot \mathrm{d}y}$$

Dass dies in der Tat ein vollständiges Differential ist, haben wir bereits im Beispiel A festgestellt.

Weitere wichtige Beziehungen über die Existenzbedingungen eines integrierenden Nenners sind im *Anhang A* zu finden. Sie spielen in der Thermodynamik für den Nachweis der Entropie als Zustandsfunktion (s. Kapitel 5) eine zentrale Rolle.

2.7 Die Methode der Lagrange'schen Multiplikatoren

Wir betrachten wieder eine Funktion z, die von n Variablen $\upsilon_1, \ldots \upsilon_n$ abhängt:

$$z = z(\upsilon_1, \upsilon_2, \ldots \upsilon_n) \tag{2.6}$$

Ferner sollen noch s Gleichungen existieren, die funktionale Zusammenhänge zwischen den Variablen angeben und die allgemein formuliert lauten:

$$\begin{aligned}
\varphi_1(v_1, v_2, \dots v_n) &= 0\\
\varphi_2(v_1, v_2, \dots v_n) &= 0\\
\vdots \qquad & \vdots\\
\varphi_S(v_1, v_2, \dots v_n) &= 0
\end{aligned} \tag{2.7}$$

wobei $s < n$ gilt.

Die Frage lautet jetzt: wie findet man den Extremwert der Funktion z unter Berücksichtigung der Nebenbedingungen $\varphi_1 = 0, \varphi_2 = 0, \dots \varphi_n = 0$?

Dazu bildet man zunächst das totale Differential von z.

$$dz = \left(\frac{\partial z}{\partial v_1}\right)_{v_i \neq v_1} dv_1 + \left(\frac{\partial z}{\partial v_2}\right)_{v_i \neq v_2} dv_2 + \dots + \left(\frac{\partial z}{\partial v_n}\right)_{v_i \neq v_n} dv_n \tag{2.8}$$

Ohne Nebenbedingungen findet man das Extremum durch

$$dz = 0 \ \text{mit} \ \left(\frac{\partial z}{\partial v_j}\right)_{v_{j \neq i}} = 0 \ \text{für alle} \ j$$

da alle dv_j frei wählbar und damit verschieden von Null sein können.

Wegen der Nebenbedingungen sind jedoch die Werte $v_1, v_2, \dots v_n$ nicht alle unabhängig voneinander, d. h. nur für $n - s$ Variablen $v_n, v_{n-1}, \dots v_{n-s+1}$ ist dv_i frei wählbar, die restlichen Differentiale dv_1 bis dv_S sind dann festgelegt.

Die Nebenbedingungen führt man nun folgendermaßen ein: Man bildet die totalen Differentiale der Nebenbedingungsgleichungen φ_1 bis φ_S:

$$\begin{aligned}
d\varphi_1 = 0 &= \left(\frac{\partial \varphi_1}{\partial v_1}\right) dv_1 + \left(\frac{\partial \varphi_1}{\partial v_2}\right) dv_2 + \dots + \left(\frac{\partial \varphi_1}{\partial v_n}\right) dv_S\\
\vdots \qquad & \qquad\qquad\qquad \vdots\\
d\varphi_S = 0 &= \left(\frac{\partial \varphi_S}{\partial v_1}\right) dv_1 + \left(\frac{\partial \varphi_S}{\partial v_2}\right) dv_2 + \dots + \left(\frac{\partial \varphi_S}{\partial v_n}\right) dv_S
\end{aligned} \tag{2.9}$$

Man multipliziert jetzt jedes φ_i, d. h. jede der Gleichungen, mit einer beliebigen Zahl λ_i und addiert Gl. (2.9) zu Gl. (2.8), so dass sich folgendes Schema ergibt.

$$\begin{aligned}
&\left(\left(\frac{\partial z}{\partial v_1}\right) + \lambda_1 \left(\frac{\partial \varphi_1}{\partial v_1}\right) + \dots + \lambda_S \left(\frac{\partial \varphi_S}{\partial v_1}\right)\right) dv_1 +\\
&\left(\left(\frac{\partial z}{\partial v_2}\right) + \lambda_1 \left(\frac{\partial \varphi_1}{\partial v_2}\right) + \dots + \lambda_S \left(\frac{\partial \varphi_S}{\partial v_2}\right)\right) dv_2 +\\
\dots + &\left(\left(\frac{\partial z}{\partial v_n}\right) + \lambda_1 \left(\frac{\partial \varphi_1}{\partial v_n}\right) + \dots + \lambda_S \left(\frac{\partial \varphi_S}{\partial v_n}\right)\right) dv_n = 0
\end{aligned} \tag{2.10}$$

Damit erreicht man folgendes. Da die differentiellen Variationen $dv_1, dv_2, \dots dv_S$ nicht frei wählbar sind, muss zur allgemeinen Erfüllung von Gl. (2.10) gefordert werden, dass die Parameter

λ_1 bis λ_S in den Klammern vor $\mathrm{d}\upsilon_1, \mathrm{d}\upsilon_2, \dots \mathrm{d}\upsilon_S$ so gewählt werden müssen, dass diese Klammerausdrücke verschwinden. Damit sind die Nebenbedingungen in die Maximierungsforderung eingebracht, die Variationen $\mathrm{d}\upsilon_{s+1}$ bis $\mathrm{d}\upsilon_n$ sind frei wählbar und die Forderung, dass die vor ihnen stehenden Klammerausdrücke gleich Null sein müssten, lässt sich automatisch erfüllen.

Es muss also gelten:

$$\begin{aligned} &\left(\frac{\partial z}{\partial \upsilon_1}\right) + \lambda_1 \left(\frac{\partial \varphi_1}{\partial \upsilon_1}\right) + \cdots + \lambda_S \left(\frac{\partial \varphi_S}{\partial \upsilon_1}\right) = 0 \\ &\quad\vdots \qquad\qquad\quad \vdots \qquad\qquad\qquad \vdots \\ &\left(\frac{\partial z}{\partial \upsilon_n}\right) + \lambda_1 \left(\frac{\partial \varphi_1}{\partial \upsilon_n}\right) + \cdots + \lambda_S \left(\frac{\partial \varphi_S}{\partial \upsilon_n}\right) = 0 \end{aligned} \tag{2.11}$$

Die Größen $\upsilon_1, \upsilon_2, \dots \upsilon_n, \lambda_1, \lambda_2, \dots \lambda_S$ werden aus den Gleichungssystemen (2.11) und (2.7) berechnet.

Beispiel:

$$z = x^2 + y^2$$

Nebenbedingung: $\varphi = 3x - y - 1 = 0$

Man bestimme das Extremum von z (Minimum). Es gilt:

$$\left(\frac{\partial z}{\partial x}\right)_y + \lambda \left(\frac{\partial \varphi}{\partial x}\right)_y = 0 = 2x + \lambda - 3$$

$$\left(\frac{\partial z}{\partial y}\right)_x + \lambda \left(\frac{\partial \varphi}{\partial y}\right)_x = 0 = 2y - \lambda$$

Auflösen der beiden Gleichungen plus der Bedingungsgleichung $\varphi = 0$ nach x, y und λ ergibt:

$$x = \frac{3}{10}, \; y = -\frac{1}{10}, \; \lambda = -\frac{2}{10}$$

$$z_{\text{Extrem}} = \frac{9}{100} + \frac{1}{100} = \frac{1}{10}$$

Man kann dieses Ergebnis durch die konventionelle Substitutionsmethode nachprüfen, indem man als Lösungsweg die Nebenbedingung $3x - y - 1 = 0$ in z einsetzt und dann das Extremum sucht, also z. B.:

$$x = \frac{y+1}{3}$$

$$z = y^2 + \left(\frac{y+1}{3}\right)^2$$

$$\frac{\mathrm{d}z}{\mathrm{d}y} = 0 = 2y + 2\,\frac{y+1}{3} \cdot \frac{1}{3}$$

Also ergibt sich:

$$y = -\frac{1}{10}$$

$$x = \frac{3}{10}$$

Die Methode der Lagrange'schen Multiplikatoren erscheint zwar in diesem Beispiel fast umständlicher als die konventionelle Substitutionsmethode, aber bei der Formulierung komplexerer Probleme ist sie von erheblichem Vorteil wegen ihrer klaren Systematik. Davon werden wir in späteren Kapiteln Gebrauch machen.

2.8 Gelöste Übungsaufgaben und Anwendungsbeispiele

2.8.1 Nachweis der Homogenität einer Funktion vom Grad 1

Wir betrachten die Funktionen

a) $z = x^2/y$

b) $z = (x^2 + 2y^2)^{1/2}$

Zeigen Sie, dass es sich um homogene Funktionen handelt vom Grade 1. Zeigen Sie ferner, dass die Euler'sche Gleichung gilt.

Lösung:

a) $\dfrac{(a \cdot x)^2}{a \cdot y} = a \cdot \dfrac{x^2}{y} = a \cdot z$

$$\left(\frac{\partial z}{\partial x}\right)_y \cdot x + \left(\frac{\partial z}{\partial y}\right)_x \cdot y = \frac{2x}{y} \cdot x - \frac{x^2}{y^2} \cdot y = \frac{x^2}{y} = z$$

b) $\left(a^2x^2 + 2\,a^2y^2\right)^{1/2} = a\left(x^2 + 2y^2\right)^{1/2} = a \cdot z$

$$\left(\frac{\partial z}{\partial x}\right)_y \cdot x + \left(\frac{\partial z}{\partial y}\right)_x \cdot y = \frac{1}{2} \cdot \frac{2x}{(x^2 + 2y^2)^{1/2}} \cdot x + \frac{1}{2} \cdot \frac{4y}{(x^2 + 2y^2)^{1/2}} = \frac{x^2 + 2y^2}{(x^2 + 2y^2)^{1/2}}$$
$$= \left(x^2 + 2y^2\right)^{1/2} = z$$

2.8.2 Homogenität von Funktionen mit mehreren Variablen

Bestimmen Sie den Grad der Homogenität folgender Funktionen:

a) $u(x, y, z) = x^2y + xy^2 + 3xyz$

b) $u(x, y) = \dfrac{x^3 + x^2y + y^3}{x^2 + xy + y^2}$

c) $u(x,y) = \dfrac{4x}{y-2x} - 10\left(\dfrac{x}{y}\right)^2$

Lösung:

a) $a \cdot u = (ax)^2(ay) + (ax)(ay)^2 + 3(ax)\cdot(ay)\cdot(az) = a^3 \cdot u.$

Der Grad der Homogenität ist also 3.

b) $a \cdot u = \dfrac{(ax)^3 + (ax)^2(ay) + (ay)^3}{(ax)^2 + (ax)(ay) + (ay)^2} = a \cdot u.$

Der Grad der Homogenität ist 1.

c) $a \cdot u = \dfrac{4(ax)}{(ay) + 2(ax)} - 10\left(\dfrac{ax}{ay}\right)^2 = u.$

Der Grad der Homogenität ist 0.

2.8.3 Legendre-Transformation und Rücktransformation einer Beispielfunktion

Führen Sie die Legendre-Transformation der Funktion $y = 4x^2 - x$ durch und zeigen Sie, dass die Rücktransformation wieder eindeutig zu $y = 4x^2 - x$ führt.

Lösung:

$$y = 4x^2 - x \quad \curvearrowright \quad y' = p = 8x - 1$$

Die Legendre-Transformation lautet:

$$g = y - x \cdot p = y - x(8x - 1) = -4x^2$$

Wegen

$$x = (p+1) \cdot \frac{1}{8}$$

ergibt das:

$$g = -\left(\frac{1}{16}p^2 + \frac{1}{8}p + \frac{1}{16}\right)$$

Die Rücktransformation lautet:

$$y = g - p \cdot g' = -\left(\frac{1}{16}p^2 + \frac{1}{8}p + \frac{1}{16}\right) + p\left(\frac{1}{8}p + \frac{1}{8}\right) = \frac{1}{16}p^2 - \frac{1}{16}$$

Mit $p = y' = 8x - 1$ folgt daraus:

$$y = \frac{1}{16}(8x-1)^2 - \frac{1}{16} = 4x^2 - x \quad \text{(q.e.d.)}$$

Wegen $y'' = 8$ und $g'' = 1/8$ sind Hin- und Rücktransformation für alle x- bzw. p-Werte eindeutig.

2.8.4 Ermittlung des integrierenden Nenners einer Differentialform

Zeigen Sie, dass die Differentialform

$$\mathrm{d}f = x^2y^3\mathrm{d}x + 3x^3y^2\mathrm{d}y$$

kein vollständiges Differential ist. Zeigen Sie, dass x^2 ein integrierender Nenner ist, der zu einem vollständigen Differential führt und geben Sie die Stammfunktion an.

Lösung:
Die gemischten 2. Ableitungen lauten:

$$\frac{\partial(x^2y^3)}{\partial y} = 3x^2y^2 \quad \text{und} \quad 3\frac{\partial(x^3y^2)}{\partial x} = 9x^2y^2$$

Das Differential ist also unvollständig. Division durch x^2 führt zu:

$$\mathrm{d}F = y^3\mathrm{d}x + 3xy^2\mathrm{d}y$$

Jetzt sind die beiden gemischten Ableitungen gleich $3y^2$, $\mathrm{d}F$ ist also ein vollständiges Differential. Die Stammfunktion erhält man durch Integration über einen beliebigen Weg von x_1, y_1 zu x, y:

$$F = y^3x + c \quad \text{mit} \quad c = -y_1^3x_1$$

2.8.5 Wegunabhängigkeit der Integration einer Funktion mit 2 Variablen

Zeigen Sie am Beispiel der in Kapitel 2.1 angegebenen Funktion $z = x^2 + 2xy$ mit dem totalen Differential $\mathrm{d}z = 2(x + y)\mathrm{d}x + 2x \cdot \mathrm{d}y$, dass Integration über $\mathrm{d}z$ von $x = 0, y = 0$ nach x, y auf dem Weg $y = x^2$ zur Stammfunktion z führt.

Lösung:

$$\mathrm{d}z = 2(x + x^2)\mathrm{d}x + 2x \cdot \frac{\mathrm{d}y}{\mathrm{d}x} \cdot \mathrm{d}x = 2(x + x^2)\mathrm{d}x + 4x^2\mathrm{d}x$$

$$z = \int_0^x \mathrm{d}z = x^2 + \frac{2}{3}x^3 + \frac{4}{3}x^3 = x^2 + 2x\left(\frac{1}{3}x^2 + \frac{2}{3}x^2\right) = x^2 + 2xy$$

2.8.6 Homogene Funktionen und Legendretransformation

In Aufgabe 2.8.1 wurde gezeigt, dass die Funktion $z = (x^2 + 2y^2)^{1/2}$ eine homogene Funktion vom Grad 1 ist. Führen Sie die Legendretransformation bezüglich x und y durch und vergleichen Sie das Ergebnis mit der Voraussage von Gl. (2.5).

Lösung:

$$L_1 = z - x\left(\frac{\partial z}{\partial x}\right) = \left(x^2 + 2y^2\right)^{1/2} - x \cdot \frac{x}{(x^2 + 2y^2)^{1/2}}$$

$$L_2 = z - x\left(\frac{\partial z}{\partial x}\right) - y\left(\frac{\partial z}{\partial y}\right) = \left(x^2 + 2y^2\right)^{1/2} - \frac{x^2}{(x^2 + 2y^2)^{1/2}} - y\,\frac{2y}{(x^2 + 2y^2)^{1/2}}$$

$$= \left(x^2 + 2y^2\right)^{1/2} - \left(x^2 + 2y^2\right)^{1/2} = 0$$

Das entspricht genau Gl. (2.5) für $k = 2$ und $m = 2$.

2.8.7 Beispiel für die Anwendung von Gl. (2.1)

Zeigen Sie am Beispiel der Funktion $z = ax + bx^2 \cdot y$, dass Gl. (2.1) erfüllt ist.

Lösung:

$$\left(\frac{\partial z}{\partial x}\right)_y = a + 2bxy, \quad \left(\frac{\partial z}{\partial y}\right)_x = b \cdot x^2$$

$$0 = a + 2bx \cdot y + bx^2 \cdot \left(\frac{\partial y}{\partial x}\right)_z \curvearrowright \left(\frac{\partial y}{\partial x}\right)_z = -\frac{a + 2bxy}{bx^2}$$

Einsetzen in Gl. (2.1) ergibt:

$$\left(\frac{\partial z}{\partial x}\right)_y^{-1} \cdot \left(\frac{\partial z}{\partial y}\right)_x \cdot \left(\frac{\partial y}{\partial x}\right)_z = \frac{1}{a + 2bxy} \cdot bx^2 \cdot \frac{-(a + 2bxy)}{bx^2} = -1$$

2.8.8 Kürzester Abstand zum Ort der Funktion y · x = a

Was ist der kürzeste Abstand r vom Ursprung des Koordinatensystems zum Ort der Funktion $x \cdot y = a$, wobei $a = \text{const.}$ gilt? (Mit $x = p, y = V$ und $a = n \cdot RT^*$ wäre das nach Gl. (1.5) eine Isotherme der idealen Zustandsgleichung für Gase). Verwenden Sie die Methode der Lagrange'schen Multiplikatoren.

Lösung:
Der Abstand r bzw. sein Quadrat ist:

$$\left(\frac{\partial z}{\partial x}\right)_y + \lambda\left(\frac{\partial \varphi}{\partial x}\right)_y = 2x + \lambda \cdot y = 0$$

$$\left(\frac{\partial z}{\partial y}\right)_x + \lambda\left(\frac{\partial \varphi}{\partial y}\right)_x = 2y + \lambda \cdot x = 0$$

Multiplikation der ersten Gleichung mit y, der zweiten mit x und Subtraktion ergibt:

$$\lambda(y - x) = 0 \quad \curvearrowright \quad x = y, \quad \text{da } \lambda \neq 0$$

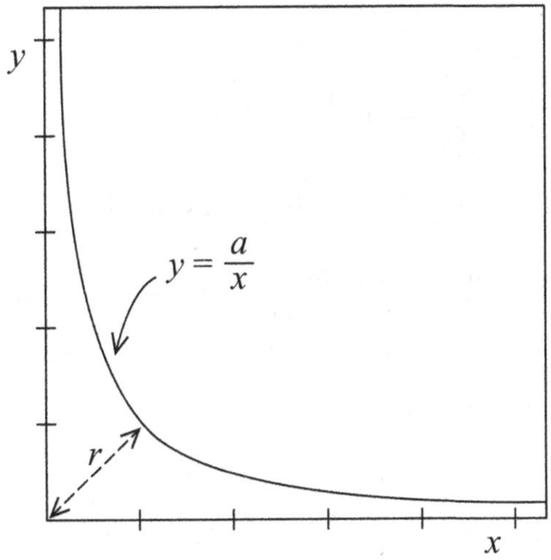

Abb. 2.6 Der kürzeste Abstand r einer Funktion vom Ursprung

Einsetzen in die Nebenbedingung ergibt:

$$x^2 = y^2 = a$$

Also ist r im Minimum:

$$r = \sqrt{2a}$$

2.8.9 Beispiel für die Maximierung einer Funktion mit N Variablen unter Nebenbedingungen

Wir betrachten eine Funktion z, die von N Variablen $x_1, x_2, \ldots x_N$ abhängt:

$$z = -\sum_{i=1}^{N} x_i \ln x_i$$

Gesucht ist das Maximum von z unter der Nebenbedingung $\sum_{i=1}^{N} x_i = 1$.

Lösung:

$$\left(\frac{\partial z}{\partial x_i}\right) + \lambda \frac{\partial \varphi}{\partial x_i} = -\ln x_i - 1 + \lambda = 0$$

Also folgt:

$$x_i = \mathrm{e}^{\lambda-1} \quad \text{bzw.} \quad \sum_{i=1}^{N} x_i = N \mathrm{e}^{\lambda-1} = 1$$

Daraus ergibt sich:

$$x_i = \frac{1}{N} \quad \text{und} \quad z_{\text{max}} = -\sum_{i=1}^{N} \frac{1}{N} \ln \frac{1}{N} = \ln N$$

Alle Werte von x_i sind also identisch. Für $N = 10$ ergibt sich z. B.:

$$x_i = 0,1 \quad \text{und} \quad z_{\text{max}} = \ln 10 = 2,3026$$

3 Das Volumen als Zustandsfunktion

3.1 Thermische Zustandsgleichung, Ausdehnungskoeffizient und Kompressibilität

Allgemein wird als *thermische Zustandsgleichung* das Volumen V eines Systems als Funktion von p, T^* und den Molzahlen $n_1, n_2, \ldots, n_k$ bezeichnet. Bei *reinen* Stoffen ist $k = 1$ und man schreibt mit $n_1 = n$:

$$V = V(T^*, p, n)$$

Bei Mischungen gilt:

$$V = V(T^*, p, n_1, \ldots, n_k)$$

Auch die Auflösung nach $p = p(V, T^*, n_1, n_2, \ldots, n_k)$ bzw. $p = p(V, T^*, n)$ wird häufig als thermische Zustandsgleichung bezeichnet.

Wir weisen gleich auf eine wichtige, unmittelbar einleuchtende Eigenschaft von V als extensiver Zustandsgröße hin: erhöht man bei $p =$ const. und $T^* =$ const. den Wert der Molzahlen n um den Faktor a (z. B. $a = 2$), wird auch das Volumen um den Faktor a erhöht:

$$a \cdot V = V(T^*, p, a \cdot n) \quad \text{bzw.} \quad a \cdot V = V(T^*, p, a \cdot n, \ldots, a \cdot n_k)$$

V ist also *bezüglich der Molzahlen* $n_1, n_2, \ldots n_k$ eine *homogene Funktion 1. Ordnung.*

Das totale Differential von V lautet allgemein:

$$\mathrm{d}V = \left(\frac{\partial V}{\partial T^*}\right)_{p,\sum n_i} \cdot \mathrm{d}T^* + \left(\frac{\partial V}{\partial p}\right)_{T^*,\sum n_i} \cdot \mathrm{d}p + \sum_{i=1}^{k} \left(\frac{\partial V}{\partial n_i}\right)_{T^*,p} \cdot \mathrm{d}n_i$$

bzw. im Fall eines reinen Stoffes:

$$\mathrm{d}V = \left(\frac{\partial V}{\partial T^*}\right)_{p,n} \mathrm{d}T^* + \left(\frac{\partial V}{\partial p}\right)_{T^*,n} \mathrm{d}p + \left(\frac{\partial V}{\partial n}\right)_{T^*,p} \mathrm{d}n$$

$(\partial V/\partial n)_{T^*,p}$ ist also im Fall eines reinen Stoffes das Molvolumen $\overline{V} = V/n$.

Man bezeichnet

$$\boxed{\alpha_\mathrm{p} = \frac{1}{V}\left(\frac{\partial V}{\partial T^*}\right)_{p,n}}$$

als *thermischen (isobaren) Ausdehnungskoeffzienten* und

$$\boxed{\kappa_{\mathrm{T}^*} = -\frac{1}{V}\left(\frac{\partial V}{\partial p}\right)_{T^*,n}}$$

als *isotherme Kompressibilität.* Für Mischungen ist der Index n durch den Index $\sum n_i$ zu ersetzen.

Als konkretes Beispiel behandeln wir die thermische Zustandsgleichung des idealen Gases, die wir bereits in Kapitel 1.3 kennengelernt haben:

$$V = n \cdot R \cdot T^*/p$$

Dann ergibt sich:

$$\alpha_\mathrm{p} = \frac{p}{n \cdot R \cdot T^*} \cdot \frac{n \cdot R}{p} = \frac{1}{T^*} \quad \mathrm{K}^{-1}$$

$$\kappa_{\mathrm{T}^*} = \frac{-p}{n \cdot R \cdot T^*} \cdot \left[-\left(\frac{n \cdot R \cdot T^*}{p^2}\right)\right] = \frac{1}{p} \quad \mathrm{Pa}^{-1}$$

Bei 300 K und 1 bar = 10^5 Pa erhält man:

$$\alpha_\mathrm{p} = \frac{1}{300} = 3,33 \cdot 10^{-3} \quad \mathrm{K}^{-1}$$

$$\kappa_{\mathrm{T}^*} = +10^{-5} \quad \mathrm{Pa}^{-1}$$

Wir definieren noch den sog. thermischen Druckkoeffizienten β_V, für den ganz allgemein gilt:

$$\beta_\mathrm{V} = \left(\frac{\partial p}{\partial T^*}\right)_{V,n} = -\frac{\left(\frac{\partial V}{\partial T^*}\right)_{p,n}}{\left(\frac{\partial V}{\partial p}\right)_{T^*,n}}$$

Hierbei wurde von Gl. (2.1) in Kapitel 2.1 Gebrauch gemacht.

Also kann man schreiben:

$$\boxed{\beta_\mathrm{V} = \frac{\alpha_\mathrm{p}}{\kappa_{\mathrm{T}^*}}} \quad \mathrm{Pa} \cdot \mathrm{K}^{-1} \tag{3.1}$$

Für *ideale Gase* folgt damit (bei $T^* = 300$ K, $p = 1$ bar):

$$\beta_\mathrm{V,id} = \frac{p}{T^*} = \frac{10^5}{300} = 3,33 \cdot 10^2 \ \mathrm{Pa} \cdot \mathrm{K}^{-1}$$

Ganz andere Zahlen erhält man, wenn man zu „realen“ Systemen geht, z. B. flüssigem Quecksilber

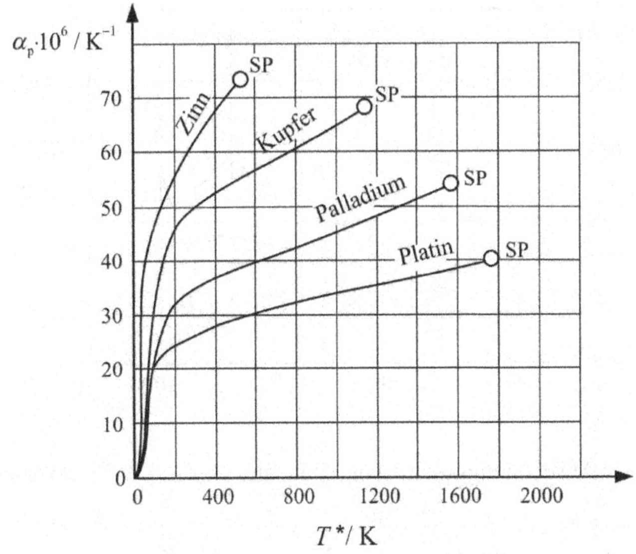

Abb. 3.1 Der thermische Ausdehnungskoeffizient $\alpha_p \cdot 10^6$ K^{-1} verschiedener Metalle von 0 K bis zu ihrem Schmelzpunkt SP bei $p = 1$ bar

(Hg).

Es gilt hier (experimentell gefunden):

$$\alpha_{p,Hg} = 1,81 \cdot 10^{-4} \text{K}^{-1} \quad \text{sowie} \quad \kappa_{T^*,Hg} = 3,91 \cdot 10^{-11}\ \text{Pa}^{-1}$$

und damit:

$$\beta_{V,Hg} = \frac{1,81 \cdot 10^{-4}}{3,91 \cdot 10^{-11}} = 0,463 \cdot 10^7\ \text{Pa} \cdot \text{K}^{-1}$$

Das heißt anschaulich: befindet sich ein System (ideales Gas bzw. flüssiges Hg) in einem starren Volumen (V = const.), dann steigt bei Temperaturerhöhung um 1 K der Druck im idealen Gas um

$$\Delta p \cong \beta_{V,id} \cdot 1 = 3,33 \cdot 10^2 \text{Pa} = 3,33 \cdot 10^{-3}\ \text{bar} = 3,33\ \text{mbar}$$

während in flüssigem Hg die Druckerhöhung

$$\Delta p \cong \beta_{V,Hg} \cdot 1 = 0,463 \cdot 10^7 \text{Pa} = 46,3\ \text{bar}$$

beträgt, das ist mehr als das 10000-fache des Wertes vom idealen Gas! Der thermische Ausdehnungskoeffizient α_p ist bei allen Stoffen in ihren verschiedenen Aggregatzuständen mehr oder weniger stark von der Temperatur abhängig. Während er bei Gasen mit T^* abnimmt ($\alpha_p = 1/T^*$ bei idealen Gasen), steigt er bei Flüssigkeiten und Feststoffen in der Regel mit der Temperatur an. Beispiele zeigt Abb. 3.1 für einige Metalle. Eine gewisse Besonderheit findet sich beim Wasser (Abb. 3.2). α_p steigt dort sowohl in der Flüssigkeit wie im festen Zustand des Eises meistens mit der Temperatur an. Interessant ist allerdings, dass es bei Wasser Temperaturbereiche gibt, wo α_p

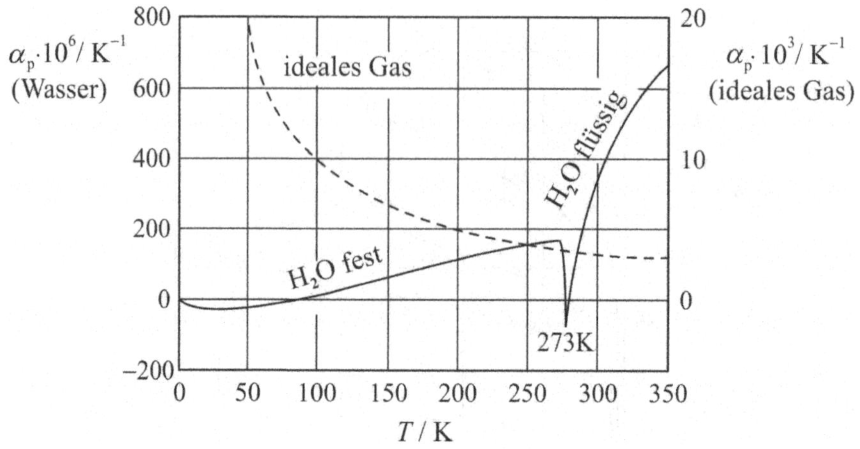

Abb. 3.2 Thermischer Ausdehnungskoeffizient α_p. ideales Gas – – – – –, Wasser ——

negativ ist, das ist bei Wasser im Bereich von 274 K bis 278 K der Fall und bei Eis zwischen 0 K und ca. 80 K. Im Gegensatz zu α_p ist die isotherme Kompressibilität κ_{T^*} weniger stark von der Temperatur abhängig, auch sind Werte von κ_{T^*} stets positiv, das muss sogar der Fall sein. Der Beweis dafür wird im Kapitel 5.10 (Thermodynamische Stabilitätsbedingungen) erbracht.

3.2 Die van der Waals-Zustandsgleichung

Es ist bekannt, dass jedes reale Gas in seinem Verhalten mehr oder weniger vom idealen Gasgesetz abweicht. Wenn der Druck genügend hoch und/oder die Temperatur genügend niedrig ist, wird das reale Gas flüssig und bei noch tieferen Temperaturen sogar fest.

Andererseits kann man auch sagen, dass jeder reale Stoff (Flüssigkeit oder Festkörper) sich in seinem thermodynamischen Verhalten dem idealen Gaszustand nähert, wenn die Temperatur T^* größer als 0 K ist und p gegen 0 geht.

Gibt es eine thermische Zustandsgleichung, die das berücksichtigt und die Extremfälle „ideales Gas" und „kondensierte Flüssigkeit" als Grenzfälle enthält?

Eine solche Gleichung kann sehr komplex sein und ist für jeden Stoff unterschiedlich. Wir wollen hier eine einfache *Modellgleichung* wiedergeben, die schon *1873 von J. van der Waals angegeben* wurde und die man mit relativ einfachen Argumenten begründen kann, wenn man die molekulare Struktur der fluiden Materie berücksichtigt.

Ausgehend vom idealen Gas, das molekular gesehen ein System von Massepunkten ist, müssen zwei wesentliche Aspekte als Korrekturen eingeführt werden:

1. Die Moleküle haben eine endliche Größe, sie nehmen Raum in dem Volumen ein, in dem sie sich befinden.

2. Die endlich großen Moleküle üben eine anziehende Wechselwirkungskraft aufeinander aus.

Für dieses *reale* System bedeutet das:

1. Den Molekülen steht als frei zugänglicher Raum nicht mehr das Systemvolumen V wie beim idealen Gas, sondern nur noch das Volumen $V - nb$, das sog. *freie Volumen* zur Verfügung (n = Molzahl). nb ist das Eigenvolumen der Moleküle. Das freie Volumen bezeichnet man mit v_f.

2. Aufgrund der zwischenmolekularen Anziehung ist bei gegebener Temperatur T^* der tatsächliche Druck p kleiner als der des entsprechenden idealen Gases bei derselben Teilchenzahl im freien Volumen, und zwar um den sog. *Binnendruck* π.

Man formuliert also:

$$(p + \pi)(V - n \cdot b) = n \cdot RT^* = p_{\text{ideal}} \cdot v_f$$

π und $n \cdot b$ sind also Korrekturen, die auf der rechten Seite der Gleichung wieder das ideale Gasgesetz mit Druck p_{ideal} und dem Volumen v_f herstellen.

Was ist der Binnendruck π? Er muss zunehmen, wenn die molare Dichte n/V zunimmt und muss verschwinden, wenn n/V gegen Null geht, bzw. $V \to \infty$.

Man setzt daher eine Reihenentwicklung für π an:

$$\pi = c \cdot \frac{n}{V} + a \cdot \frac{n^2}{V^2} + d \cdot \frac{n^3}{V^3} + \cdots$$

Setzt man π in die neue Zustandsgleichung ein und lässt V gegen ∞ gehen, so wird nur dann das ideale Gasgesetz erreicht, also

$$p \cdot V = n \cdot RT^*,$$

wenn $c = 0$ ist. Damit ergibt sich, wenn man nur das quadratische Glied mitnimmt:

$$\boxed{\left(p + a \cdot \frac{n^2}{V^2}\right)(V - n \cdot b) = n \cdot RT^*} \tag{3.2}$$

Das ist die *van der Waals-Gleichung*. Trägt man die van der Waals-Gleichung in ein p-$\overline{V}$-Diagramm ein, so erhält man Isothermen (T^* = const.), wie sie in Abb. 3.3 gezeigt sind.

Der Vergleich von Abb. 3.3 mit Abb. 1.4 zeigt: die Isothermen des idealen Gases werden deutlich verändert, es gibt unterhalb von T_3^* zu einem Wert von p sogar drei Werte von $\overline{V}$. Bei T_1^* werden sogar negative Werte von p erreicht. Das deutet einen sog. *Phasenübergang* an. Nun muss gelten, dass $(\partial p/\partial V)_{T^*} < 0$ bzw. $\kappa_T > 0$. Das sieht man gefühlsmäßig sofort ein, denn bei Volumenverkleinerung muss der Druck steigen (die genaue Begründung folgt in Kapitel 5.12). Die Isothermenwerte zwischen Minimum und Maximum sind also instabil und auf keinen Fall realisierbar. Der stabile Bereich liegt links und rechts von den Schnittpunkten der Parallele zur $\overline{V}$-Achse, die jede Isotherme in zwei gleich große Flächen $A_1 = A_2$ teilt (die genaue Begründung folgt in Kapitel 5.12, Gl. (5.84)). Auf der teilenden Gerade gibt es keine realisierbaren Zustände, es findet eine *Aufspaltung in 2 Phasen* statt, eine dichtere Phase, die *flüssige Phase* mit dem Molvolumen $V_{\text{fl}}/n_{\text{fl}} = \overline{V}_{0,\text{fl}}$ und eine Phase mit geringerer Dichte, die *Gasphase* bzw. *Dampfphase* mit dem Molvolumen $V_{\text{gas}}/n_{\text{gas}} = \overline{V}_{0,\text{gas}}$. Diese teilende Gerade liegt immer im positiven

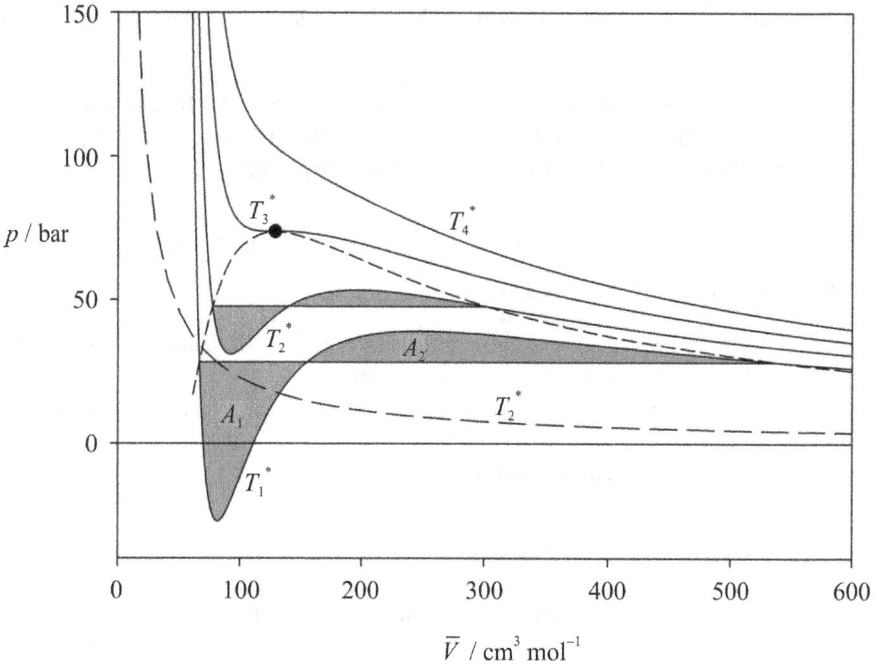

Abb. 3.3 Die Isothermen $T_1^* = 243{,}3$ K, $T_2^* = 273{,}7$ K, $T_3^* = T_c^* = 304{,}1$ K, $T_4^* = 334{,}5$ K nach der van-der-Waals'schen Zustandsgleichung (Gl. 3.2). Beispiel: CO_2 mit a und b aus Tabelle 2. – – – Isotherme des idealen Gases bei T_2^* zum Vergleich. - - - Abgrenzung des 2-Phasenbereichs, • = kritischer Punkt

Druckbereich. Auf der Isothermen T_3^* fallen beide Phasen zusammen. Sie werden identisch und ihre Dichten sind gleich, es gibt dort eine *horizontale Tangente und einen Wendepunkt.* Dieser Punkt heißt der *kritische Punkt mit* $T_3^* = T_c^*, p = p_c$ und $\overline{V} = \overline{V}_c$. Oberhalb T_c^* kann kein Gas durch Druckerhöhung mehr verflüssigt werden. Man kann den kritischen Punkt berechnen durch die Bedingungen:

$$\left(\frac{\partial p}{\partial \overline{V}}\right)_{T_c^*} = 0 \quad \text{und} \quad \left(\frac{\partial^2 p}{\partial \overline{V}^2}\right)_{T_c^*} = 0$$

Wenn man die v. d. Waals-Gleichung nach p auflöst

$$p = \frac{RT^*}{\overline{V} - b} - \frac{a}{\overline{V}^2}$$

und die Differentiation durchführt, erhält man:

$$\left(\frac{\partial p}{\partial \overline{V}}\right)_{T_c^*} = \frac{-R \cdot T_c^*}{(\overline{V}_c - b)^2} + \frac{2a}{\overline{V}_c^3} = 0$$

$$\left(\frac{\partial^2 p}{\partial \overline{V}^2}\right)_{T_c^*} = \frac{2R \cdot T_c^*}{(\overline{V}_c - b)^3} + \frac{6a}{\overline{V}_c^4} = 0$$

Dividiert man die erste Gleichung durch die zweite, folgt:

$$b = \frac{\overline{V}_c}{3}$$

Einsetzen von b in die erste Gleichung ergibt für a:

$$a = \frac{9}{8} R \cdot T_c^* \cdot \overline{V}_c$$

Nach Einsetzen von a und b in die v. d. Waals-Gleichung folgt mit $\overline{V} = \overline{V}_c$:

$$p_c = \frac{3}{8} \frac{RT_c^*}{\overline{V}_c}$$

oder

$$z_c = \frac{p_c \cdot \overline{V}_c}{RT_c^*} = \frac{3}{8} = 0,375$$

z_c heißt der *kritische Koeffizient.* Üblicherweise bestimmt man a und b aus T_c^* und p_c, da diese Messgrößen besser bestimmbar sind als V_c. Man schreibt also für a und b:

$$a = \frac{27}{64} \frac{R^2 \cdot T_c^{*2}}{p_c} = 0,421875 \cdot \frac{R^2 \cdot T_c^{*2}}{p_c}$$

$$b = \frac{1}{8} \frac{R \cdot T_c^*}{p_c} = 0,125 \cdot \frac{R \cdot T_c^*}{p_c}$$

z_c liegt bei tatsächlichen Stoffen zwischen *0,25 bis 0,32,* also deutlich niedriger als es die v. d. Waals-Gleichung voraussagt. *Quantitativ gesehen ist die v. d. Waals-Gleichung unzureichend, aber qualitativ erfasst sie das Wesentliche richtig.*

3.3 Die verallgemeinerte Zustandsgleichung durch Virialentwicklung

Es gibt eine allgemeinere Form, um reale Gaseigenschaften zu beschreiben, die unabhängig ist von einer speziellen Modellvorstellung für die thermische Zustandsgleichung $\overline{V}(p, T^*)$ bzw. $p(\overline{V}, T^*)$. Man entwickelt dazu den Ausdruck $p \cdot \overline{V}/RT^*$ in einer Reihe nach der Variablen $1/\overline{V}$, um den Punkt, wo $1/\overline{V} = 0$, wo also das ideale Gasgesetz gilt:

$$\frac{p \cdot \overline{V}}{RT^*} = 1 + \frac{B(T^*)}{\overline{V}} + \frac{C(T^*)}{\overline{V}^2} + \frac{D(T^*)}{\overline{V}^3} + \cdots \tag{3.3}$$

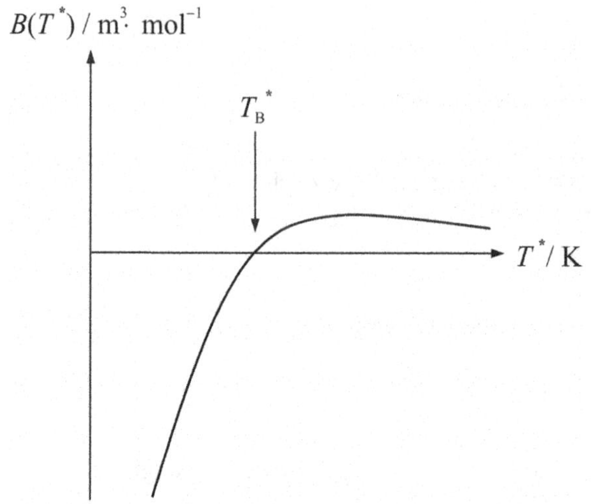

Abb. 3.4 Prinzipieller Verlauf des 2. Virialkoeffizienten

Diese *modellunabhängige* Form der thermischen Zustandsgleichung heißt *Virialgleichung*. B, C, D, ..., werden als der *zweite* Virialkoeffizient, als *dritter* Virialkoeffizient usw. bezeichnet. B, C, D, ..., sind für jede reine Substanz charakteristische Koeffizienten, die *nur* von T^* abhängen. Wenn $\overline{V}$ genügend groß ist, kann man die Reihe nach dem Term mit B abbrechen und es gilt dann *näherungsweise:*

$$p \cong \frac{RT^*}{\overline{V}}\left(1 + \frac{B(T^*)}{\overline{V}}\right)$$

Im Allgemeinen hat der 2. Virialkoeffizient $B(T^*)$ den in Abb. 3.4 skizzierten Verlauf als Funktion von T^*.

$B(T^*)$ wird in $m^3 \cdot mol^{-1}$, häufig auch in $cm^3 \cdot mol^{-1}$ angegeben.

Bei tiefen Temperaturen wird $B(T^*)$ rasch negativ, bei hohen Temperaturen ist $B(T^*)$ positiv und verläuft fast parallel zur T^*-Achse. Die Temperatur, bei der $B = 0$ wird, heißt die Boyle-Temperatur T_B^*.

Wir wollen die v. d. Waals-Gleichung in eine Reihe entwickeln, um den Ausdruck für B nach der v. d. Waals-Gleichung zu erhalten. Wir schreiben die van der Waals-Gleichung etwas um:

$$\frac{p \cdot \overline{V}}{RT^*} = \frac{1}{1 - \frac{b}{\overline{V}}} - \frac{a}{RT^* \cdot \overline{V}}$$

Reihenentwicklung des ersten Terms auf der rechten Seite nach $b/\overline{V} = x$ und Abbrechen nach dem linearen Glied $\left(\frac{1}{1-x} = 1 + x + \cdots\right)$ ergibt:

$$\frac{p \cdot \overline{V}}{RT^*} \cong 1 + \frac{b}{\overline{V}} - \frac{a}{RT^*\overline{V}} = 1 + \frac{1}{\overline{V}}\left(b - \frac{a}{RT^*}\right)$$

Durch Vergleich mit der Virialgleichung folgt:

$$\boxed{B_{\text{v.d.W.}} = b - \frac{a}{RT^*}} \tag{3.4}$$

Mit $a > 0$ und $b > 0$ erhält man einen Kurvenverlauf, der qualitativ wie der in der Abb. 3.4 aussieht. Man sieht, dass gilt:

$$\lim_{T^* \to \infty} B_{\text{v.d.W.}} = b$$

Für die Boyle-Temperatur T_{B}^* ergibt sich im Fall der v. d. Waals-Gleichung:

$$T^*_{\text{B,v.d.W.}} = \frac{a}{R \cdot b}$$

Es sei betont, dass Gl. (3.4) nicht den korrekten Ausdruck für den 2. Virialkoeffizienten darstellt, sondern den 2. Virialkoeffizienten, wie er sich aus der Modellvorstellung durch die v. d. Waals-Zustandsgleichung ergibt.

3.4 Andere Zustandsgleichungen

Die v. d. Waals-Gleichung ist die einfachste und bekannteste thermische Zustandsgleichung für reale fluide Systeme.

Die Schreibweise:

$$\frac{p \cdot \overline{V}}{R \cdot T^*} = \frac{1}{1 - \dfrac{b}{\overline{V}}} - \frac{a}{RT^* \cdot \overline{V}} = \left(\frac{p \cdot \overline{V}}{RT^*}\right)_{\text{HS}} + \left(\frac{p \cdot \overline{V}}{RT^*}\right)_{\text{attr.}}$$

macht deutlich, dass sie aus 2 Anteilen zusammengesetzt ist.

Der 1. Term $\left(p \cdot \overline{V}/RT^*\right)_{\text{(HS)}}$ (Index HS = *H*ard *S*pheres) rührt von den abstoßenden Wechselwirkungen der harten „Molekülkerne" (*H*ard *S*pheres) her, der 2. Term von den anziehenden Wechselwirkungen $\left(p \cdot \overline{V}/RT^*\right)_{\text{attr.}}$, die diese harten Kugeln aufeinander ausüben. Diese Aufspaltung ist etwas willkürlich. Sie bedeutet, dass der 1. Term die Zustandsgleichung von harten Kugeln *ohne* anziehende Wechselwirkung darstellen soll ($a = 0$). Nun ist es so, dass man die korrekte Entwicklung der Virialgleichung für harte Kugeln (ohne Anziehung) recht gut kennt, der 2. bis 5. Virialkoeffizient (s. Gl. (3.3)) kann sogar exakt berechnet werden, der 6. bis 10. Virialkoeffizient für harte Kugeln ist aus Computersimulationsrechnungen mit genügender Näherung bekannt. Wenn man abkürzt:

$$y = b/4\overline{V}$$

wobei $b = \frac{2}{3}\pi\sigma^3 \cdot N_{\text{L}}$ bedeutet (σ = Kugeldurchmesser) bzw. $b/4 = \frac{4}{3}\pi r^3 \cdot N_{\text{L}}$ (r = Kugelradius = $\sigma/2$), dann gilt für die „korrekte" Virialgleichung harter Kugeln

$$\left(\frac{p \cdot \overline{V}}{RT^*}\right)_{\text{(HS,exakt)}} = 1 + 4y + 10y^2 + 18{,}365y^3 + 28{,}22y^4 + 39{,}83y^5 + 56{,}1y^6 + 73{,}7y^7 + \\ + 98{,}3y^8 + 131{,}1y^9 + \cdots \tag{3.5}$$

Wenn man den $\left(p \cdot \overline{V}/RT^*\right)_{(\mathrm{HS})}$-Term der v. d. Waals-Gleichung in eine Reihe entwickelt, ergibt sich hingegen:

$$\left(\frac{p \cdot \overline{V}}{RT^*}\right)_{(\mathrm{HS,v.d.W.})} = \frac{1}{1-4y} = 1 + 4y + 16y^2 + 64y^3 + 256y^4 + 1024y^5 + 4096y^6 + \cdots \quad (3.6)$$

Der Vergleich von Gl. (3.5) mit Gl. (3.6) zeigt: bis zum 2. Virialkoeffizienten ist diese Reihenentwicklung des Hart-Kugel-Terms der van der Waals-Gleichung noch korrekt, bei den folgenden Koeffizienten jedoch kommt es mit wachsenden Potenzen von y zu erheblichen bzw. extremen Abweichungen.

Man hat nun versucht, das Prinzip der van der Waals-Gleichung, wonach abstoßender Anteil und anziehender Anteil des Ausdruckes $\left(p \cdot \overline{V}/RT^*\right)$ sich additiv verhalten, beizubehalten, aber den abstoßenden Term durch verbesserte Ausdrücke zu beschreiben, die der exakten Virialentwicklung für harte Kugeln möglichst nahe kommen.

Von E. A. Guggenheim stammt z. B.der folgende Ausdruck:

$$\left(\frac{p \cdot \overline{V}}{RT^*}\right)_{\mathrm{HS,Gug.}} = \frac{1}{(1-y)^4} = 1 + 4y + 10y^2 + 20y^3 + 35y^4 + 56y^5 + 84y^6 + \cdots$$

Diese Gleichung stimmt bis einschließlich dem 3. Virialkoeffizienten mit der exakten Virialgleichung überein, die Abweichungen bei höheren Potenzen von y sind zwar deutlich, aber erheblich geringer als beim van der Waals Modell.

Wenn man die (fast) korrekte Gleichung für harte Kugeln (Gl. (3.5)) genauer untersucht, stellt man fest, dass sie mit erstaunlich hoher Genauigkeit durch folgende Reihe beschrieben werden kann (*C*arnahan und *S*tarling, 1969):

$$\left(\frac{p \cdot \overline{V}}{RT^*}\right)_{\mathrm{CS}} = 1 + \sum_{n=2}^{\infty}(n^2 + n - 2) \cdot y^{n-1} = \frac{1 + y + y^2 - y^3}{(1-y)^3} \quad (3.7)$$

Gl. (3.7) wird in Beispiel 3.7.7 abgeleitet. Die ersten Koeffizienten der Taylorreihenentwicklung lauten:

$$\left(\frac{p \cdot \overline{V}}{RT^*}\right)_{\mathrm{CS}} = 1 + 4y + 10y^2 + 18y^3 + 28y^4 + 40y^5 + 54y^6 + +70y^7 + 88y^8 + 108y^9 + \cdots$$

Das ist eine erstaunlich gute Übereinstimmung mit dem Ausdruck für harte Kugeln nach Gl. (3.5). Gl. (3.7) ist mit die genaueste analytische Darstellung für $\left(p \cdot \overline{V}/RT^*\right)_{\mathrm{HS}}$, die bekannt ist. Die besprochenen Hart-Kugel Zustandsgleichungen sind in Abb. 3.5 zusammengefasst dargestellt.

Die Werte von y können zwischen 0 (ideales Gas) und $\pi/(3 \cdot \sqrt{2}) = 0,7405$ (dichteste Kugelpackung) liegen. Obwohl die Guggenheim- und die CS-Gleichung rein mathematisch Werte von y bis zu 1 zulassen, ohne dass die Ausdrücke für $y < 1$ divergieren, muss ihre Gültigkeit auf diesen Maximalwert $y = 0,7405$ beschränkt sein. Bei der v. d. Waals-Gleichung divergiert $(pV/RT)_{\mathrm{HS}}$ bereits bei $y = 0,25$, das steht im klaren Widerspruch zur Realität.

Eine Kombination der verschiedenen Ausdrücke von $(p\overline{V}/RT^*)_{\mathrm{HS}}$ mit $(p\overline{V}/RT^*)_{\mathrm{attr.}}$ ergibt dann Zustandsgleichungen für reale Systeme, die in einigen Fällen deutliche Verbesserungen gegenüber der van der Waals-Gleichung darstellen, vor allem im dichten Bereich der Flüssigkeit.

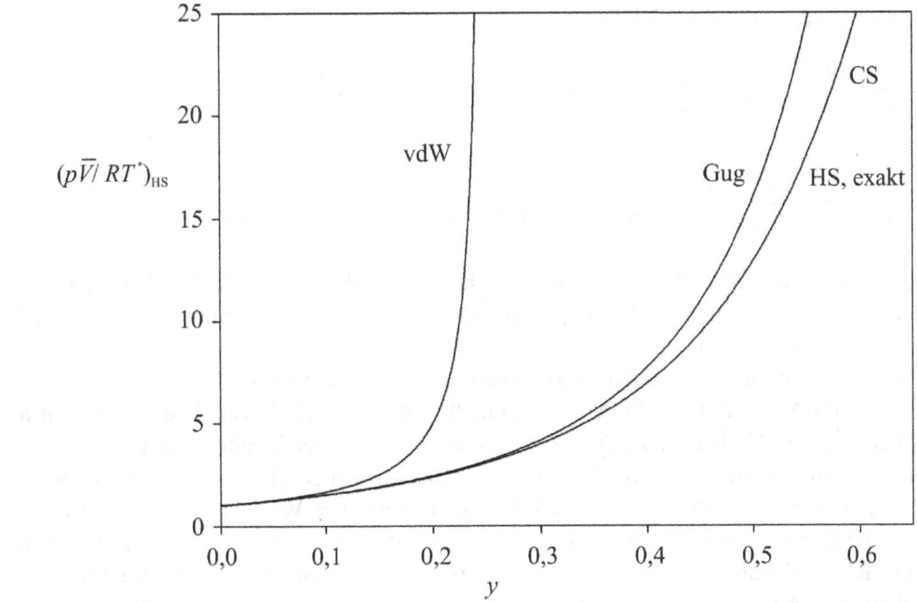

Abb. 3.5 Hartkugelzustandsgleichungen $(p\overline{V}/RT^*)_{HS}$ als Funktion $y = b/4\overline{V}$. Gl. (3.7) (CS-Gleichung) und Gl. (3.5) (HS, exakte Gleichung) sind praktisch ununterscheidbar

Für $(p\overline{V}/RT^*)_{attr.}$ wird dabei häufig der v. d. Waals-Ausdruck gewählt:

$$\left(\frac{p\overline{V}}{RT^*}\right)_{attr.} = -\frac{a}{RT^* \cdot \overline{V}}$$

Einfache Zustandsgleichungen, die den Term $(p\overline{V}/RT^*)_{HS}$ nach van der Waals beibehalten, stattdessen aber den Term $(p\overline{V}/RT^*)_{attr.}$ verändern, führen z. B. zur RK (Redlich-Kwong), zur SRK (Soave-Redlich, Kwong) oder zur PR (Peng-Robinson) Zustandsgleichung, die häufig und gerne benutzt werden wegen ihrer relativ einfachen Struktur als sog. kubische Zustandsgleichungen.

Als Beispiel geben wir die Zustandsgleichung nach Redlich und Kwong an (RK-Gleichung):

$$p = \frac{RT^*}{\overline{V} - b} - \frac{a}{T^{*1/2}\overline{V}(\overline{V} + b)} \tag{3.8}$$

Sie unterscheidet sich von der van der Waals-Gleichung nur im 2. Term durch die Temperaturabhängigkeit im Faktor $T^{*1/2}$ und den Faktor $\overline{V} + b$ statt $\overline{V}$. Diese Gleichung ist i. a. erheblich besser geeignet als die van der Waals-Gleichung. Man erhält durch eine mathematische Analyse der Bedingungen beim kritischen Punkt $T_c^*, p_c, \overline{V}_c$:

$$z_c = \frac{p_c \cdot \overline{V}_c}{RT_c^*} = \frac{1}{3} = 0{,}333.$$

Der Wert von z_c liegt viel dichter an realen Werten ($\sim 0,29$) als der z_c-Wert der van der Waals-Gleichung (0,375).

Ferner erhält man für die RK-Gleichung:

$$a = \frac{R^2 \cdot T_c^{*5/2}}{9(2^{1/3}-1)p_c} = 0,42748 \cdot \frac{R^2 \cdot T_c^{*5/2}}{p_c} \quad \mathrm{m^3 \cdot mol^{-2} J \cdot K^{\frac{1}{2}}}$$

und

$$b = (2^{1/3}-1)\frac{RT_c^*}{3 \cdot p_c} = 0,08664 \cdot \frac{RT_c^*}{p_c} \quad \mathrm{Joule \cdot mol^{-1} \cdot Pa^{-1} = m^3 \cdot mol^{-1}}$$

Aus den kritischen Daten T_c^* und p_c lassen sich also, ähnlich wie bei der van der Waals-Gleichung, die Parameter a und b bestimmen. Über z_c kann dann auch V_c berechnet und mit gemessenen Werten von V_c verglichen werden.

Kritische Daten einer Reihe von wichtigen Fluiden sind in Anhang F.1 zu finden.

Für die Gase H_2, N_2, NH_3, CO_2, Propan und Dimethylether sind als Beispiele die Werte für a und b nach der van der Waals-Gleichung und der RK-Gleichung in der Tabelle 3.1 angegeben. Sie wurden aus experimentellen Daten von T_c^* und p_c nach den oben angegebenen Formeln errechnet. Die berechneten Werte der molaren kritischen Volumina $\overline{V}_c$ zeigen im Vergleich zu den experimentellen Daten die Qualitätsunterschiede der beiden Zustandsgleichungen im Bereich des kritischen Punktes. Die RK-Gleichung sagt $\overline{V}_c$ deutlich besser voraus als die van der Waals-Gleichung.

Wir wollen zum Abschluss dieses Abschnitts noch eine Anmerkung zum Begriff des freien Volumens in einer Flüssigkeit machen. Eigentlich ist dieser Begriff nur sinnvoll für fluide Stoffe, die aus harten Kernen bestehen, wie z. B. Kugeln. Er stellt das Volumen eines Fluids dar, das den Schwerpunkten der Moleküle im Mittel für die freie Bewegung zur Verfügung steht und in dem sich die Moleküle wie ideale Gasteilchen verhalten. Nach der v. d. Waals-Theorie ist das freie Volumen einfach $\overline{V} - b$, wobei $b = (2/3)\pi\sigma^3$ oder $(16/3) \cdot \pi r^3$, wenn r der Radius des Moleküls ist. Da σ die kürzeste Entfernung ist, auf die 2 Kugeln sich einander annähern können, wäre $4/3\pi\sigma^3$ das Volumen einer Kugel, zu der die Schwerpunkte zweier Teilchen keinen Zugang haben. Da b gerade die Hälfte dieses Kugelvolumens ist, ist b auch im Mittel das Volumen, das einem Kugelteilchen nicht zugänglich ist.

Tab. 3.1 Die Parameter a und b nach der v. d. Waals- und der RK-Gleichung für eine Auswahl von Stoffen

	a_{vdW}	b_{vdW}	a_{RK}	b_{RK}	$\overline{V}_{\mathrm{c(vdW)}}$	$\overline{V}_{\mathrm{c(RK)}}$	$\overline{V}_{\mathrm{c(exp)}}$
H_2	0,0247	$2,65 \cdot 10^{-5}$	0,1443	$1,84 \cdot 10^{-5}$	79,6	70,7	65,0
N_2	0,1370	$3,87 \cdot 10^{-5}$	1,560	$2,68 \cdot 10^{-5}$	116,1	103,2	85,5
NH_3	0,4257	$3,74 \cdot 10^{-5}$	8,655	$3,59 \cdot 10^{-5}$	112,2	99,7	72,5
CO_2	0,3661	$4,29 \cdot 10^{-5}$	6,470	$4,13 \cdot 10^{-5}$	128,6	114,3	94,0
Propan	0,9405	$8,72 \cdot 10^{-5}$	18,32	$8,72 \cdot 10^{-5}$	271,9	241,7	203,0
$(CH_3)_2O$	0,8689	$7,74 \cdot 10^{-5}$	17,6	$5,36 \cdot 10^{-5}$	232,2	185,8	178,0

a_{vdW} in Joule $\cdot$ $\mathrm{m^3 \cdot mol^{-2}}$, a_{RK} in Joule $\cdot$ $\mathrm{m^3 \cdot K^{1/2} \cdot mol^{-2}}$, b_{vdW} in $\mathrm{m^3 \cdot mol^{-1}}$, b_{RK} in $\mathrm{m^3 \cdot mol^{-1}}$, alle $\overline{V}_c$ in $\mathrm{cm^3 \cdot mol^{-1}}$

Das trifft korrekt zu, wenn nur 2 Teilchen gleichzeitig im Spiel sind. Sind mehrere Teilchen beteiligt, kann dieses einfache Konzept des freien Volumens pro Molekül nicht mehr stimmen. Das ist die Ursache für die fehlerhafte Beschreibung der Zustandsgleichung für harte Kugeln nach v. d. Waals. Ein allgemeines Konzept, wie man das freie Volumen experimentell bei realen Fluiden abschätzen kann, wird in Anhang G gegeben. Zum Verständnis dieses Konzeptes werden allerdings die Kenntnisse von Kapitel 4 und Kapitel 5 vorausgesetzt. Dennoch sei bereits an dieser Stelle darauf hingewiesen.

3.5 Volumina von Mischungen, partielles molares Volumen

Die allgemeine Zustandsgleichung für das Volumen einer gasförmigen oder flüssigen Mischung lautet:

$$V = V(p, T^*, n_1, n_2, \ldots, n_k)$$

und das totale Differential (bei $T^* = \text{const.}$ und $p = \text{const.}$) ist demnach:

$$\mathrm{d}V = \left(\frac{\partial V}{\partial n_1}\right)_{p,T^*,n_{j\neq 1}} \mathrm{d}n_1 + \left(\frac{\partial V}{\partial n_2}\right)_{p,T^*,n_{j\neq 2}} \mathrm{d}n_2 + \cdots + \left(\frac{\partial V}{\partial n_k}\right)_{p,T^*,n_{j\neq k}} \mathrm{d}n_k$$

Das Volumen ist bezüglich der Molzahlen eine extensive Zustandsgröße; wenn alle Molzahlen $n_1, \ldots, n_k$ um den Faktor a erhöht werden, wird auch V um den Faktor a vergrößert.

Wie wir in Abschnitt 3.1 bereits festgestellt hatten, ist V eine *homogene Funktion vom Grad 1 bezüglich der Variablen $n_1, \ldots, n_k$*. Es gilt somit die Euler'sche Gleichung.

Daraus folgt:

$$V = \left(\frac{\partial V}{\partial n_1}\right) \cdot n_1 + \left(\frac{\partial V}{\partial n_2}\right) \cdot n_2 + \cdots + \left(\frac{\partial V}{\partial n_k}\right) \cdot n_k = \sum_{i=1}^{k} \overline{V}_i \cdot n_i$$

und

$$\sum n_i \mathrm{d}\overline{V}_i = 0$$

wobei wir mit

$$\boxed{\overline{V}_i = \left(\frac{\partial V}{\partial n_i}\right)_{T^*,p,n_{j\neq i}}}$$

abgekürzt haben. $\overline{V}_i$ *heißt das partielle molare Volumen der Komponente i.*

Anschaulich interpretiert ist $\overline{V}_i$ die Änderung des Volumens V der Mischung, wenn 1 mol der Komponente i zu einer Mischung mit sehr großen (streng genommen unendlich großen) Molzahlen $n_1, \ldots, n_k$ gegeben wird, so dass sich die Zusammensetzung der Mischung praktisch nicht ändert.

Man kann $\overline{V}_i$ in einer binären Mischung, also $\overline{V}_1$ und $\overline{V}_2$, folgendermaßen bestimmen.

Man ermittelt durch Dichtemessung ϱ_M der Mischung das molare Volumen der Mischung $\overline{V}_M = V/(n_1 + n_2)$. Es gilt wegen $(n_1 M_1 + n_2 M_2)/V = \varrho_M$:

$$\overline{V}_M = \frac{x_1 M_1 + x_2 M_2}{\varrho_M}$$

wobei M_1 und M_2 die Molmassen $\text{kg} \cdot \text{mol}^{-1}$, x_1 und x_2 die Molenbrüche, und ϱ_M die gemessene Dichte der Mischung $\text{kg} \cdot \text{m}^{-3}$ bedeuten.

Da $V = V(p, T^*, n_1, \ldots, n_k)$ eine homogene Funktion 1. Grades in den Molzahlen $n_1, \ldots, n_k$ ist, bedeutet Multiplikation von V mit $1/n = 1/\sum n_i$:

$$\frac{V}{n} = \overline{V}_M = V(p, T^*, x_1, \ldots, x_k) \qquad \text{mit} \qquad x_i = \frac{n_i}{n}$$

Das *molare* Volumen der Mischung $\overline{V}_M$ ist eine *intensive* Zustandsgröße und hängt nur noch von *intensiven Variablen* $(T^*, p, x_1, \ldots, x_k)$ ab. Die Zahl der freien Variablen ist jetzt nicht mehr $k + 2$, sondern nur noch $k + 1$, da die Zusatzbedingung

$$\sum_{i=1}^{k} x_i = 1$$

gilt.

Für eine binäre Mischung erhält man:

$$\overline{V}_M = \overline{V}_1 \cdot x_1 + \overline{V}_2 \cdot x_2 = \overline{V}_1 x_1 + \overline{V}_2(1 - x_1) = (\overline{V}_1 - \overline{V}_2)x_1 + \overline{V}_2$$

und somit:

$$\begin{aligned} \mathrm{d}\overline{V}_M &= \overline{V}_1 \mathrm{d}x_1 + \overline{V}_2 \mathrm{d}x_2 + x_1 \mathrm{d}\overline{V}_1 + x_2 \mathrm{d}\overline{V}_2 \\ &= \overline{V}_1 \mathrm{d}x_1 + \overline{V}_2 \mathrm{d}x_2 = (\overline{V}_1 - \overline{V}_2)\mathrm{d}x_1 \end{aligned}$$

wegen $\sum \mathrm{d}x_i = 0$ und $\sum x_i \mathrm{d}\overline{V}_i = 0$.
Es folgt dann:

$$\frac{\mathrm{d}\overline{V}_M}{\mathrm{d}x_1} = \overline{V}_1 - \overline{V}_2$$

Setzt man das in die Gleichung für $\overline{V}_M$ ein, ergibt sich:

$$\boxed{\overline{V}_M = \frac{\mathrm{d}\overline{V}_M}{\mathrm{d}x_1} \cdot x_1 + \overline{V}_2} \quad \text{bzw.} \quad \boxed{\overline{V}_M = \frac{\mathrm{d}\overline{V}_M}{\mathrm{d}x_2} \cdot x_2 + \overline{V}_1}$$

Abb. 3.6 zeigt, dass $\overline{V}_2(x_1)$ der Achsenabschnitt der Tangente bei $x_1 = 0$ ist, und $\overline{V}_1(x_1)$ der Achsenabschnitt der Tangente bei $x_1 = 1$. Auf diese Weise lassen sich also $\overline{V}_1$ und $\overline{V}_2$ bestimmen, wenn $\overline{V}_M(x_1)$ aus Experimenten bekannt ist.

Im gezeigten Beispiel (Abb. 3.6) gilt $\overline{V}_2 > \overline{V}_2^0$ und $\overline{V}_1 > \overline{V}_1^0$ für alle x. Es gibt auch andere Fälle, z. B. ist $\overline{V}_{NaCl} = 19{,}3\ \text{cm}^3 \cdot \text{mol}^{-1}$ in einer 1-molalen Lösung in H_2O und in einer 4-molalen Lösung $\overline{V}_{Na} = 22{,}3\ \text{cm}^3 \cdot \text{mol}^{-1}$.

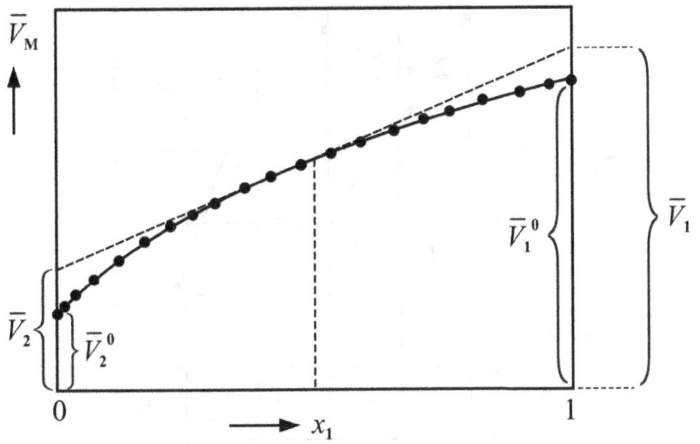

Abb. 3.6 Der Zusammenhang zwischen molarem Volumen $\overline{V}_M$ einer binären Mischung und den partiellen molaren Volumina $\overline{V}_1$ und $\overline{V}_2$. „Punktlinie“: Ausgleichskurve durch Messpunkte von $\overline{V}$. $\overline{V}_1^0$ und $\overline{V}_2^0$ sind die Molvolumina der reinen Stoffe 1 und 2

Das Molvolumen $\overline{V}_{NaCl}^0$ des festen Salzes NaCl beträgt dagegen 26,9 $cm^3 \cdot mol^{-1}$. Hier ist also $\overline{V}_{NaCl} < \overline{V}_{NaCl}^0$.

Als weiteres Beispiel zeigt Abb. 3.7 das System Chloroform + Azeton. Aufgetragen ist hier für beide Komponenten die Differenz $\overline{V}_i - \overline{V}_i^0$ gegen den Molenbruch. Man sieht, dass $\overline{V}_i$ für $CHCl_3$ als Funktion x_{CHCl_3} abnehmen und wieder zunehmen kann. Bei Azeton ist es umgekehrt.

Allgemein gilt für Mischungen mit k Komponenten und den Molenbrüchen $x_1, \ldots, x_k$:

$$\boxed{\overline{V}_M = \overline{V}_j + \sum_{\substack{i=1\\ i\neq j}}^{k} x_i \left(\frac{\partial \overline{V}_M}{\partial x_i}\right)} \tag{3.9}$$

Der Beweis für Gl. (3.9) lässt sich folgendermaßen führen.

Es gilt:

$$d\overline{V}_M = \frac{1}{n}\sum \overline{V}_i dn_i = \sum_{i=1}^{k} \overline{V}_i dx_i$$

$$d\overline{V}_M = \sum_{i\neq j}^{k} \overline{V}_i dx_i - \overline{V}_j \sum_{i\neq j}^{k} dx_i \quad \left(\text{wegen } \sum_{i\neq j}^{k} dx_i = -dx_j\right)$$

Daraus folgt :

$$\frac{\partial \overline{V}_M}{\partial x_i} = \overline{V}_i - \overline{V}_j \quad (i \neq j)$$

Summation über alle $i \neq j$ ergibt:

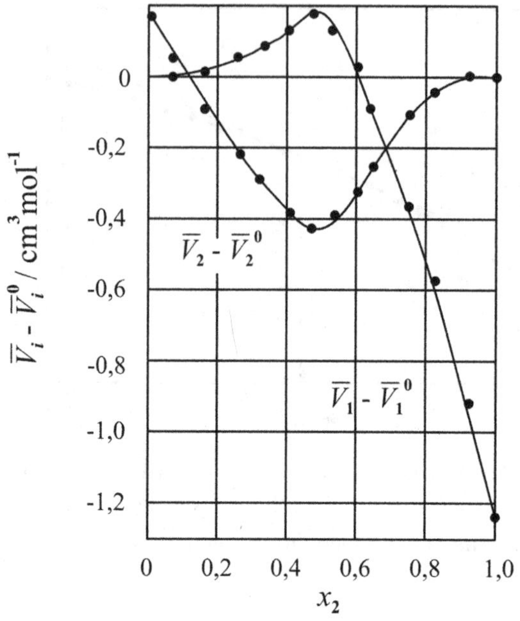

Abb. 3.7 Relative partielle Molvolumina $\overline{V}_i - \overline{V}_i^0$ für das System Azeton (1) + Chloroform (2) bei 20 °C

$$\sum_{i \neq j}^{k} x_i \frac{\partial \overline{V}_\mathrm{M}}{\partial x_i} = \sum_{i \neq j}^{k} x_i \overline{V}_i - \overline{V}_j \sum_{i \neq j}^{k} x_i \tag{3.10}$$

Da nun gilt:

$$\overline{V}_\mathrm{M} = \sum_{i \neq j}^{k} x_i \overline{V}_i + x_j \overline{V}_j = \sum_{i \neq j}^{k} x_i \overline{V}_i + \overline{V}_j - \overline{V}_j \sum_{i \neq j}^{k} x_i$$

oder umgeschrieben

$$\sum_{i \neq j}^{k} x_i \overline{V}_i - \overline{V}_j \sum_{i \neq j}^{k} x_i = \overline{V}_\mathrm{M} - V_j \tag{3.11}$$

ergibt die Substitution der linken Seite von Gl. (3.11) in die rechte Seite von Gl. (3.10):

$$\overline{V}_\mathrm{M} = \overline{V}_j + \sum_{i \neq j}^{k} x_i \left(\frac{\partial \overline{V}_\mathrm{M}}{\partial x_i} \right)$$

Damit ist der Beweis erbracht.

Die hier diskutierten Beziehungen zwischen der extensiven Zustandsgröße V, dem molaren Volumen $\overline{V}_M$ und den partiellen molaren Volumina $\overline{V}_i$ gelten ganz allgemein für extensive Zustandsgrößen, z. B. für die innere Energie U, die Enthalpie H, die Entropie S, die freie Energie F oder die freie Enthalpie G. Wir kommen darauf später noch zurück (s. auch A. Heintz, Thermodynamik der Mischungen, Springer 2017).

3.6 Partielle molare Volumina in realen Gasmischungen

Wie hängt in *Zustandsgleichungen realer Systeme* das Volumen V von $n_1, \ldots, n_k$ ab, z. B. in der v. d. Waals-Gleichung oder der Virialgleichung? Wir betrachten als Beispiel die allgemeine Virialgleichung realer Gase, entwickelt bis zum 2. Virialkoeffizienten:

$$\boxed{p = \frac{RT^*}{\overline{V}_M}\left(1 + \frac{B_M}{\overline{V}_M}\right)} \quad \text{bzw.} \quad \boxed{p = \frac{RT^*}{V}\left(n + \frac{B_M}{V} \cdot n^2\right)} \quad \left(\text{mit} \quad n = \sum_{i=1}^{k} n_i\right)$$

Wenn diese Gleichung auch für Mischungen gelten soll mit $\overline{V}_M$ als molarem Volumen der Mischung, dann darf B_M, der Virialkoeffizient der Mischung, außer von T^* nur noch von den Molenbrüchen $x_1, \ldots, x_k$ abhängen und nicht von $n_1, \ldots, n_k$, da p eine intensive Größe ist.

Wir geben ohne Ableitung an, wie diese Beziehung lautet:

$$B_M = \sum_{i=1}^{k} B_{ii} \cdot x_i^2 + \sum_{\substack{i=1 \\ i \neq j}}^{k} \sum_{j=1}^{k} B_{ij} \cdot x_i \cdot x_j \tag{3.12}$$

Im Spezialfall einer binären Mischung ergibt das demnach:

$$B_M = x_1^2 \cdot B_{11} + 2x_1 \cdot x_2 \cdot B_{12} + B_{22} \cdot x_2^2$$

wobei B_{11} der 2. Virialkoeffizient der reinen Komponente 1 und B_{22} der 2. Virialkoeffizient der reinen Komponente 2 ist. B_{12} ist der 2. Virialkoeffizient einer „Pseudo-Komponente“, die sich aus Eigenschaften von 1 und 2 zusammensetzt (sog. Mischvirialkoeffizient).

Wir berechnen jetzt die partiellen Molvolumina $\overline{V}_1$ und $\overline{V}_2$. Zunächst schreiben wir:

$$\overline{V}_M = \frac{RT^*}{p} + \frac{RT^*}{p \cdot \overline{V}_M} \cdot B_M \approx \frac{RT^*}{p} + B_M$$

Dann gilt nach Gl. (3.9) mit $k = 2$:

$$\overline{V}_2 = \overline{V}_M - \left(\frac{\partial \overline{V}_M}{\partial x_1}\right)_{T^*,p} \cdot x_1 = \frac{RT^*}{p} + B_M - \left(\frac{\partial B_M}{\partial x_1}\right)_{T^*} \cdot x_1$$

Mit

$$\left(\frac{\partial B_M}{\partial x_1}\right)_{T^*} = 2x_1 B_{11} + 2B_{12} - 4x_1 B_{12} - 2(1 - x_1) \cdot B_{22}$$

und

$$B_M = x_1^2 B_{11} + 2x_1(1 - x_1)B_{12} + (1 - x_1)^2 B_{22}$$

ergibt sich:

$$\boxed{\begin{aligned} \overline{V}_2 &= \frac{RT^*}{p} + x_1^2(2B_{12} - B_{11} - B_{22}) + B_{22} \\ \overline{V}_1 &= \frac{RT^*}{p} + x_2^2(2B_{12} - B_{11} - B_{22}) + B_{11} \end{aligned}} \qquad (3.13)$$

Das sind die partiellen molaren Volumina $\overline{V}_1$ und $\overline{V}_2$ in einer binären realen Gasmischung.

Wenn $p \to 0$ bzw. $\overline{V}_M \to \infty$, erhalten wir

$$\lim_{p\to 0} \overline{V}_1 = \lim_{p\to 0} \overline{V}_2 = \frac{RT^*}{p}$$

Man erhält also das ideale Gasgesetz, und es gilt allgemein

$$\overline{V}_{i,\text{id.Gas}} = \overline{V}_{j,\text{id.Gas}} = R \cdot \frac{T^*}{p} = \overline{V}^0_{i,\text{id.Gas}}$$

bzw., wenn $B_M = 0$, gilt allgemein:

$$\boxed{\overline{V}_{\text{M, id.Gas}} = \sum_{i=1}^{k} x_i \overline{V}^0_{i,\text{id.Gas}}}$$

wobei $\overline{V}^0_{i,\text{id.}}$ die Molvolumina der *reinen* Gase i bei gegebenem Druck p und Temperatur T^* alle identisch sind und ebenfalls identisch mit dem Molvolumen $\overline{V}_{\text{M, id.Gas}}$ der idealen Gasmischung sind (s. auch Kapitel 1, Abschnitt 1.3).

$\overline{V}_{\text{M, id.Gas}}$ bzw. $\overline{V}^0_{i,\text{id.Gas}}$ sind also *keine* stoffspezifischen Größen mehr, die partiellen molaren Volumina in einer idealen Gasmischung sind identisch mit dem Molvolumen der reinen Gase $\overline{V}^0_{i,\text{id.Gas}} = RT^*/p$.

3.7 Gelöste Übungsaufgaben und Anwendungsbeispiele

3.7.1 Temperaturabhängigkeit der Molarität

Eine wässrige Lösung von LiBr hat bei 298 K die Molarität $0,022 \text{ mol} \cdot \text{L}^{-1}$. Wie groß ist die Molarität bei 353 K?

Angabe:
Der thermische Ausdehnungskoeffizient der Lösung α_p beträgt $2,09 \cdot 10^{-4} \text{ K}^{-1}$.

Lösung:

$$0,022/(1 + 50 \cdot 2,09 \cdot 10^{-4}) = 0,02177 \text{ mol} \cdot \text{L}^{-1}$$

3.7.2 Bestimmung des partiellen molaren Volumens in einer flüssigen Mischung

Das molare Volumen $\overline{V}_M$ einer binären flüssigen Mischung ist gegeben durch:

$$\overline{V}_M = \left(\frac{M_1 \cdot x_1}{\varrho_1} + \frac{M_2 \cdot x_2}{\varrho_2}\right)(1 + a \cdot x_1 \cdot x_2)$$

wobei $\varrho_1 = 0,94\ \text{g} \cdot \text{cm}^{-3}$ und $\varrho_2 = 1,17\ \text{g} \cdot \text{cm}^{-3}$ die Massendichten der reinen Stoffe sind. x_1 bzw. x_2 sind die Molenbrüche und $M_1 = 0,11\ \text{kg} \cdot \text{mol}^{-1}$ und $M_2 = 0,139\ \text{kg} \cdot \text{mol}^{-1}$ sind die Molmassen. Es gilt: $a = 0,4$. Berechnen Sie das partielle molare Volumen $\overline{V}_1$ bei $x_1 = 0,31$ sowie $\overline{V}_1^0$.

Lösung:

$$\overline{V}_1 = \overline{V}_M - \frac{d\overline{V}_M}{dx_2} \cdot x_2 = \overline{V}_M - x_2 \frac{d}{dx_2}\left[\frac{M_1}{\varrho_1} + \left(\frac{M_2}{\varrho_2} - \frac{M_1}{\varrho_1}\right) \cdot x_2\right] \cdot (1 + a \cdot x_2(1 - x_2))$$

$$= \overline{V}_M - x_2 \left(\frac{M_2}{\varrho_2} - \frac{M_1}{\varrho_1}\right)(1 + a \cdot x_2(1 - x_2)) - x_2 \left[\frac{M_1}{\varrho_1} + \left(\frac{M_2}{\varrho_2} - \frac{M_1}{\varrho_1}\right) \cdot x_2\right] \cdot a \cdot (1 - 2x_2)$$

$$= 118,58(1 + 0,40 \cdot 0,31 \cdot 0,69) - 0,69(118,8 - 118,0)(1 + 0,40 \cdot 0,31 \cdot 0,69)$$

$$- 0,69 \cdot [118,0 + 0,8 \cdot 0,69] \cdot 0,40(1,0 - 1,38)$$

$$\overline{V}_1 = 140,56\ \text{cm}^3 \cdot \text{mol}^{-3},\ \overline{V}_1^0 = \frac{M_1}{\varrho_1} = 118,08\ \text{cm}^3 \cdot \text{mol}^{-1}$$

3.7.3 Thermischer Ausdehnungskoeffizient, Kompressibilität und Druckkoeffizient eines v. d. Waals-Gases im Bereich des kritischen Punktes am Beispiel von CO_2

- Leiten Sie den Ausdruck für $\alpha_p = \frac{1}{V}\left(\frac{\partial \overline{V}}{\partial T^*}\right)_p$ nach der v. d. Waals-Gleichung ab und tragen Sie für CO_2 $\alpha_p = \frac{1}{V}\left(\frac{\partial \overline{V}}{\partial T^*}\right)_p$ als Funktion von $\widetilde{x} = b_{CO_2}/\overline{V}_{CO_2}$ auf für jeweils $T^*/T_c^* = \widetilde{T}$ mit $\widetilde{T} = 1$, $\widetilde{T} = 1,025$, $\widetilde{T} = 1,05$ und $\widetilde{T} = 1,1$. Die notwendigen v. d. Waals-Daten für CO_2 lauten: $T_c^* = 304,2$ K und $b = 4,29 \cdot 10^{-5} \cdot \text{mol}^{-1}$. Welchen Wert hat α_p am kritischen Punkt?

Lösung:

Man geht aus von der v. d. Waals-Zustandsgleichung $p = RT^*/(\overline{V} - b) - a/\overline{V}^2$ und differenziert bei $p = \text{const.}$ nach T^*:

$$0 = \frac{R}{\overline{V} - b} - \frac{RT^*}{(\overline{V} - b)^2}\left(\frac{\partial \overline{V}}{\partial T^*}\right)_p + \frac{2a}{\overline{V}^3}\left(\frac{\partial \overline{V}}{\partial T^*}\right)_p$$

Auflösen nach $\alpha_p = \frac{1}{\overline{V}}\left(\frac{\partial \overline{V}}{\partial T^*}\right)_p$ mit $a = \frac{9}{8}RT_c^* \cdot \overline{V}_c$ und $\overline{V}c = 3b$ ergibt:

$$\alpha_P = \frac{1}{\dfrac{T^* \cdot \overline{V}}{\overline{V}-b} - \dfrac{9}{4}T_c^* \cdot \overline{V}_c\left(\dfrac{1}{\overline{V}} - \dfrac{b}{\overline{V}^2}\right)} = \frac{1}{T_c^*}\,\frac{(1-\widetilde{x})}{\widetilde{T} - \dfrac{27}{4}(1-\widetilde{x})^2 \cdot \widetilde{x}}$$

mit $\widetilde{x} = b/\overline{V}$ und $\widetilde{T} = T^*/T_c^*$ Wenn $a = 0$ und $b = 0$ oder $\widetilde{x} = b/\overline{V} = 0$, gilt das ideale Gasgesetz und es wird $\alpha = \frac{1}{T^*}$ (s. Abschnitt 3.1). Am kritischen Punkt gilt: $\widetilde{x} = 1/3$ und $\widetilde{T} = 1$. Der Nenner wird dann gleich Null und $\alpha_p = \infty$.

Der Verlauf von $\alpha_p(\widetilde{x})$ ist in Abb. 3.8 für verschiedene Werte von $\widetilde{T}$ dargestellt. Das Maximum bei $\widetilde{T} > 1$ heißt kritische Erhöhung. Dort ist α_p umso größer, je dichter $\widetilde{T}$ bei $\widetilde{T} = 1$ liegt.

- Leiten Sie den Ausdruck für die Kompressibilität $\kappa_{T^*} = -\frac{1}{\overline{V}}\left(\frac{\partial \overline{V}}{\partial p}\right)_{T^*}$ nach der v. d. Waals-Gleichung ab. Wie groß ist κ_{T^*} am kritischen Punkt T_c^*, p_c, V_c? Tragen Sie κ_{T^*} für CO_2 gegen $\widetilde{x} = b/\overline{V}$ auf bei $\widetilde{T} = 1, \widetilde{T} = 1,05$ und $\widetilde{T} = 1,10$.

Lösung:
Man geht aus von der v. d. Waals-Zustandsgleichung $p = RT^*/(\overline{V}-b) - a/\overline{V}^2$ und differenziert bei $T^* = \text{const.}$ nach $\overline{V}$:

$$\left(\frac{\partial p}{\partial \overline{V}}\right)_{T^*} = -\frac{RT^*}{(\overline{V}-b)^2} + \frac{2a}{\overline{V}^3}$$

Auflösen nach $\kappa_{T^*} = -\frac{1}{\overline{V}}\left(\frac{\partial \overline{V}}{\partial p}\right)_{T^*}$ ergibt mit $a = \frac{9}{8}RT_c^* \cdot \overline{V}_c$ und $\overline{V}_c = 3b$:

$$\kappa_{T^*} = \frac{1}{\dfrac{\overline{V} \cdot RT^*}{\left(\overline{V}-b\right)^2} - \dfrac{2a}{\overline{V}^2}} = \frac{1}{T_c^*} \cdot \frac{b}{R} \cdot \frac{(1-x)^2/\widetilde{x}}{\widetilde{T} - \dfrac{27}{4} \cdot \widetilde{x} \cdot (1-x)^2}$$

Für $a = 0$ und $b = 0$ wird $\kappa_T = \overline{V}/RT^* = 1/p$ (ideales Gas, s. Abschnitt 3.1). κ_{T^*} am kritischen Punkt: Man setzt $\overline{V} = \overline{V}_c = 3b$ bzw. $\widetilde{x} = 1/3$ und stellt fest, dass der Nenner gleich 0 wird. Daraus folgt:

$$\kappa_{T^*} = -\frac{1}{\overline{V}}\left(\frac{\partial \overline{V}}{\partial p}\right)_{T_c^*} = +\infty$$

Das ist natürlich zu erwarten, da am kritischen Punkt ja $\left(\frac{\partial p}{\partial \overline{V}}\right)_{T_c^*} = 0$ gilt. Geht dagegen $\widetilde{x} \to 0$ (bei $a \neq 0$ und $b \neq 0$), geht der Nenner gegen $\widetilde{T}$, der Zähler gegen $\overline{V}/b = 1/\widetilde{x}$, so dass κ_{T^*} in den Wert des idealen Gases übergeht:

$$\kappa_{T^*} = \lim_{\widetilde{x}\to 0}\left(\overline{V}/RT^*\right) = \lim_{p\to 0}(1/p) = \infty$$

Bei Werten $\widetilde{T} > 1$ kommt es ähnlich wie bei α_p zur kritischen Erhöhung mit einem Maximum, das umso höher ist, je mehr sich $\widetilde{T}$ dem Wert von 1 annähert (s. Abb. 3.8).

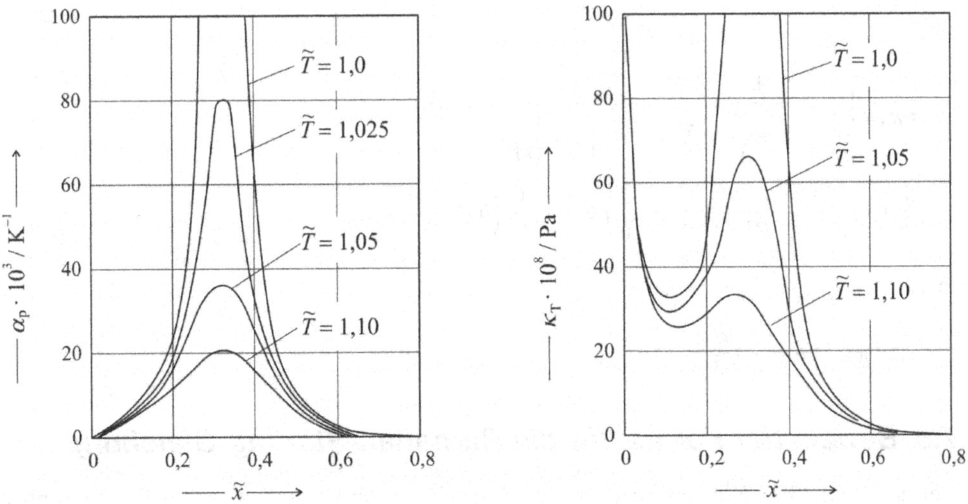

Abb. 3.8 α_p und κ_{T^*} als Funktion von $\tilde{x} = b/\overline{V}$ für CO_2 nach der v. d. Waals-Theorie

- Leiten Sie den thermischen Druckkoeffizienten $\beta_V = \left(\frac{\partial p}{\partial T^*}\right)_{\overline{V}}$ nach der v. d. Waals-Gleichung ab. Wie groß ist β_V am kritischen Punkt $(T_c^*, p_c, \overline{V}_c)$?

Lösung:
Man geht aus von $p = RT^*/(\overline{V} - b) - a/\overline{V}^2$ und erhält:

$$\beta_V = \left(\frac{\partial p}{\partial T^*}\right)_{\overline{V}} = \frac{R}{(\overline{V} - b)} = \frac{R}{b}\,\frac{\tilde{x}}{1 - \tilde{x}}$$

Man kann auch nach Gl. (3.1) $\beta_V = \frac{\alpha_p}{\kappa_{T^*}}$ nutzen und gelangt zu demselben Ergebnis. Am kritischen Punkt ist $\overline{V} = \overline{V}_c = 3b$ und es folgt:

$$\left(\frac{\partial p}{\partial T^*}\right)_{\overline{V}=V_c} = \frac{R}{2b}$$

Im Unterschied zu α_p und κ_{T^*} erhält man für β am kritischen Punkt einen endlichen Wert. Für $\tilde{x} = 1$ (hochverdichteter flüssiger Zustand) gilt jedoch $\beta_V = \infty$.

3.7.4 Zweiter Virialkoeffizient nach der RK-Gleichung

Leiten Sie den Ausdruck für den 2. Virialkoeffizienten nach der Redlich-Kwong-Gleichung ab.

Lösung:

$$\left(\frac{p\overline{V}}{RT^*}\right)_{\mathrm{RK}} = \frac{1}{1-\frac{b}{\overline{V}}} - \frac{a}{\overline{V}\,RT^{*3/2}\left(1+\frac{b}{\overline{V}}\right)}$$

$$\approx 1 + \frac{b}{\overline{V}} - \frac{1}{\overline{V}}\,\frac{a}{RT^{*3/2}}\left(1-\frac{b}{\overline{V}}\right) \cong 1 + \frac{1}{\overline{V}}\left(b - \frac{a}{RT^{*3/2}}\right)$$

Also gilt:

$$B(T^*)_{\mathrm{RK}} = b - \frac{a}{RT^{*3/2}}$$

3.7.5 Beweis der Formel für die Carnahan-Starling-Gleichung

Beweisen Sie Gl. (3.7). Hinweis: machen Sie Gebrauch von der Darstellung geometrischer Reihen und ihren Ableitungen nach y.

Lösung:
Gl. (3.7) lässt sich zunächst schreiben als:

$$1 + \sum_{n=0}^{\infty}(n+2)^2 y^{n+1} + \sum_{n=0}^{\infty}(n+2)y^{n+1} - 2\sum_{n=0}^{\infty} y^{n+1}$$

$$= 1 + y^3\sum_{n=0}^{\infty} n(n-1)y^{n-2} + y^2\sum_{n=0}^{\infty} n\cdot y^{n-1} + 4y^2\sum_{n=0}^{\infty} n\cdot y^{n-1} + 4y\sum_{n=0}^{\infty} y^n$$

$$+ 2y\sum_{n=0}^{\infty} y^n + y^2\sum_{n=0}^{\infty} n\cdot y^{n-1} - 2y\sum_{n=0}^{\infty} y^n$$

Jetzt bedenkt man, dass gilt:

$$\sum_{n=0}^{\infty} y^n = \frac{1}{1-y} \quad ; \quad \sum_{n=0}^{\infty} n\cdot y^{n-1} = \frac{\mathrm{d}}{\mathrm{d}y}\left(\frac{1}{(1-y)}\right) = \frac{1}{(1+y)^2}$$

$$\sum_{n=0}^{\infty} n(n-1)\cdot y^{n-2} = \frac{\mathrm{d}}{\mathrm{d}y}\left(\frac{1}{(1-y)^2}\right) = \frac{2}{(1-y)^3}$$

Damit ergibt sich für Gl. (3.7):

$$1 + \sum_{n=2}^{\infty}(n^2+n-2)y^{n-1} = 1 + \frac{y^2}{(1-y)^2} + \frac{2y^3}{(1-y)^3} + \frac{5y^2}{(1-y)^2} + \frac{4y}{1-y}$$

$$= \frac{1-y^3+y^2+y}{(1-y)^3}$$

womit der Beweis geführt ist.

3.7.6 Schwebezustand eines Heißluftballons

Ein Heißluftballon hat einen Radius von 6 m. Die maximale Temperatur der heißen Luft soll 350 K nicht überschreiten. Wie groß ist die Gesamtlast (einschließlich der Ballonhülle), die den Ballon gerade in der Schwebe hält?

Angaben:
Außentemperatur: 288 K, Druck: 1 bar, mittlere Molmasse der Luft M : $0,029$ kg · mol^{-1}. Die Luft kann als ideales Gas behandelt werden.

Lösung:
Das Gleichgewicht der Kräfte fordert:

$$m_\mathrm{B} \cdot g + (\varrho_{350} - \varrho_{288}) \cdot \frac{4}{3}\pi r_\mathrm{B}^3 \cdot g = 0$$

wobei m_B die gesuchte Last in kg ist, r_B der Ballonradius, g die Erdbeschleunigung und ϱ_{350} bzw. ϱ_{288} die Massendichten der Luft bei 350 K bzw. 288 K.

Die Massendichte der Luft bei T^* Kelvin ist:

$$\varrho = M_\mathrm{L} \cdot \frac{p}{R \cdot T^*} \text{ in kg} \cdot \mathrm{m}^{-3}$$

Dann folgt aus obiger Gleichung:

$$\begin{aligned} m_\mathrm{B} &= \frac{4}{3}\pi r_\mathrm{B}^3 \cdot \frac{p \cdot M_\mathrm{Luft}}{R}\left(\frac{1}{288} - \frac{1}{350}\right) \\ &= \frac{4}{3}\pi (6)^3 \cdot \frac{10^5 \cdot 0,029}{8,3145}\left(\frac{1}{288} - \frac{1}{350}\right) = 194,1 \text{ kg} \end{aligned}$$

3.7.7 Zusammenhang von α_p und κ_{T^*}

Zeigen Sie, dass gilt $\left(\frac{\partial \alpha_\mathrm{p}}{\partial p}\right)_{T^*} = -\left(\frac{\partial \kappa_\mathrm{T}}{\partial T^*}\right)_p$, wobei $\alpha_\mathrm{p} = \frac{1}{V}\left(\frac{\partial V}{\partial T^*}\right)_p$ und $\kappa_\mathrm{T} = -\frac{1}{V}\left(\frac{\partial V}{\partial p}\right)_{T^*}$ der thermische Ausdehnungskoeffizient bzw. die Kompressibilität bedeuten.
Lösung:

$$\left(\frac{\partial \alpha_\mathrm{p}}{\partial p}\right)_{T^*} = -\frac{1}{V^2}\left(\frac{\partial V}{\partial p}\right)_{T^*} \cdot \left(\frac{\partial V}{\partial T^*}\right)_p + \frac{1}{V}\frac{\partial^2 V}{\partial p\, \partial T^*}$$

$$\left(\frac{\partial \kappa_\mathrm{T}}{\partial T^*}\right)_p = +\frac{1}{V^2}\left(\frac{\partial V}{\partial T^*}\right)_p \cdot \left(\frac{\partial V}{\partial p}\right)_{T^*} - \frac{1}{V}\frac{\partial^2 V}{\partial T^*\, \partial p}$$

Wegen

$$\frac{\partial^2 V}{\partial p\, \partial T^*} = \frac{\partial^2 V}{\partial T^*\, \partial p}$$

folgt:

$$\left(\frac{\partial \alpha_\mathrm{p}}{\partial p}\right)_{T^*} = -\left(\frac{\partial \kappa_{\mathrm{T}^*}}{\partial T^*}\right)_p$$

3.7.8 Berechnung von α_p und κ_{T^*} einer Modellflüssigkeit

Für dichte Flüssigkeiten bei nicht zu tiefen Temperaturen und nicht zu hohen Drücken gilt näherungsweise folgende Zustandsgleichung:

$$\overline{V} = a_1 + a_2 \cdot T^* - 2a_3 \cdot p$$

wobei a_1, a_2 und a_3 individuelle, konstante Parameter sind.

a) Leiten Sie die Ausdrücke für den isobaren Ausdehnungskoeffizienten α_p, die isotherme Kompressibilität κ_{T^*} und den thermischen Druckkoeffizienten β ab.

b) Zeigen Sie ferner, dass $\alpha_\text{p}/\kappa_{\text{T}^*} = \beta_\text{V}$ ist.

c) Zeigen Sie, dass die in Aufgabe 3.7.7 abgeleitete Beziehung korrekt ist.

Lösung:

a)

$$\alpha_\text{p} = \frac{1}{\overline{V}}\left(\frac{\partial \overline{V}}{\partial T^*}\right)_p = \frac{a_2}{a_1 + a_2 \cdot T^* - 2a_3 p}$$

$$\kappa_{\text{T}^*} = -\frac{1}{\overline{V}}\left(\frac{\partial \overline{V}}{\partial p}\right)_{T^*} = \frac{2a_3}{a_1 + a_2 \cdot T^* - 2a_3 p}$$

b)

$$p = \frac{a_1}{2a_3} + \frac{a_2}{2a_3} \cdot T^* - \frac{1}{2a_3}\overline{V}$$

Daraus folgt:

$$\beta_\text{V} = \left(\frac{\partial p}{\partial T^*}\right)_{\overline{V}} = \frac{a_2}{2a_3}$$

oder mit Lösung a):

$$\frac{\alpha_\text{p}}{\kappa_{\text{T}^*}} = \frac{a_2}{2a_3} = \beta_\text{V}$$

c)

$$\left(\frac{\partial \alpha_p}{\partial p}\right)_{T^*} = \frac{2a_2 \cdot a_3}{(a_1 + a_2 \cdot T^* - 2a_3 \cdot p)^2} \quad \text{und} \quad \left(\frac{\partial \kappa_{T^*}}{\partial T^*}\right)_p = \frac{-2a_3 \cdot a_2}{(a_1 + a_2 \cdot T^* - 2a_3 \cdot p)^2}$$

also gilt

$$\left(\frac{\partial \alpha_p}{\partial p}\right)_{T^*} = \left(\frac{\partial \kappa_{T^*}}{\partial T^*}\right)_p$$

3.7.9 Berechnung des Gasdrucks in einer geschlossenen Stahlflasche

In einer Stahlflasche mit 40 Litern Inhalt befinden sich 8,5 kg Sauerstoff (O_2) bei 25 °C. Die kritische Temperatur von O_2 beträgt 154,6 K, der kritische Druck 50,4 bar.

Berechnen Sie den Druck in der Flasche

a) nach dem idealen Gasgesetz

b) nach der van der Waals-Zustandsgleichung

c) nach der Redlich-Kwong-Zustandsgleichung.

Lösung:

a)

$$p = \frac{m \cdot RT^*}{M \cdot V} = \frac{8,5 \cdot 8,3145 \cdot 298,15}{0,032 \cdot 40 \cdot 10^{-3}} = 1,646 \cdot 10^7 \text{ Pa} = 164,6 \text{ bar}$$

(ideale Gasgleichung)

b)

$$a_{\text{vdW}} = 0,421875 \cdot \frac{(8,3145)^2 \cdot (154,6)^2}{50,4 \cdot 10^5} = 0,1383 \text{ J} \cdot \text{m}^3 \cdot \text{mol}^{-2}$$

$$b_{\text{vdW}} = 0,125 \cdot \frac{8,3145 \cdot 154,6}{50,4 \cdot 10^5} = 3,188 \cdot 10^{-5} \text{ m}^3 \cdot \text{mol}^{-1}$$

$$p = \frac{RT^*}{\overline{V} - b_{\text{vdW}}} - \frac{a_{\text{vdW}}}{\overline{V}^2} \quad \text{mit} \quad \overline{V} = \frac{V \cdot M}{m} = 40 \cdot 10^{-3} \cdot \frac{32}{8500}$$

$$= 0,1506 \cdot 10^{-3} \text{ m}^3 \cdot \text{mol}^{-1}$$

$$p = 2,088 \cdot 10^7 - 6,12 \cdot 10^6 = 1,476 \cdot 10^7 \text{ Pa}$$

$$= 147,6 \text{ bar (v.d.Waals – Gleichung)}$$

c)

$$a_{\text{RK}} = 0,42748 \cdot \frac{(8,3145)^2 \cdot (154,6)^{5/2}}{50,4 \cdot 10^5} = 1,7425 \text{ m}^3 \cdot \text{J} \cdot \text{K}^{1/2} \cdot \text{mol}^{-2}$$

$$b_{\text{RK}} = 0,08664 \cdot \frac{8,3145 \cdot 154,6}{50,4 \cdot 10^5} = 2,21 \cdot 10^{-5} \text{ m}^3 \cdot \text{mol}^{-1}$$

$$p = \frac{RT^*}{\overline{V} - b_{\text{RK}}} - \frac{a}{T^{*1/2}\overline{V}(\overline{V} + b)} \quad \text{mit} \quad \overline{V} = 0,1506 \cdot 10^{-3} \text{ m}^3 \cdot \text{mol}^{-1}$$

$$p = 1,929 \cdot 10^7 - 3,88 \cdot 10^6 = 1,541 \cdot 10^7 \text{ Pa} = 154,1 \text{ bar (RK – Gleichung)}$$

3.7.10 V.d.Waals-Parameter aus Messdaten des 2. Virialkoeffizienten von Neon

Folgende Messdaten des 2. Virialkoeffizienten $B(T^*)$ von Neon sind gegeben:

Tab. 3.2 Daten des 2. Virialkoeffizienten von Neon

T^*/K	60	90	125	175	225	275	375	475	575
$B(T^*)/\mathrm{cm}^3 \cdot \mathrm{mol}^{-1}$	-20	-8	0	7	9	11	12	13	14

a) Berechnen Sie mit Hilfe des Ausdruckes für $B(T^*)$ nach der v. d. Waals-Theorie die Konstanten a und b. Hinweis: linearisieren Sie die Werte durch Auftragen gegen $1/T^*$.

   a und b sind in SI-Einheiten anzugeben.

b) Berechnen Sie aus den erhaltenen Werten von a und b die kritische Temperatur T_c^* und den kritischen Druck von Neon nach der v. d. Waals-Theorie. Vergleichen Sie Ihr Ergebnis mit den experimentellen Werten $T^*_{c,\mathrm{exp}} = 44{,}4$ K und $p_{c,\mathrm{exp}} = 27{,}2$ bar.

   Wie groß sind die Abweichungen in %?

Lösung:
$B_{\mathrm{v.d.W.}} = b - a/RT^*$

a) Auftragung B gegen $1/T^*$ und lineare Regression ergibt (s. Abb. 3.9)

$$\frac{a}{R} = 2324\ \mathrm{cm}^3 \cdot \mathrm{mol}^{-1} \cdot \mathrm{K}, \quad b = 18{,}7\ \mathrm{cm}^3 \cdot \mathrm{mol}^{-1}$$

   Daraus folgt mit $R = 8{,}314\ \mathrm{J} \cdot \mathrm{mol}^{-1} \cdot \mathrm{K}^{-1}$:

$$a = 1{,}9322 \cdot 10^{-2}\ \mathrm{m}^3 \cdot \mathrm{mol}^{-2} \cdot \mathrm{J}, \quad b = 1{,}87 \cdot 10^{-5}\ \mathrm{m}^3 \cdot \mathrm{mol}^{-1}$$

b) Damit ergibt sich für die kritischen Werte:

$$T_c^* = \frac{8a}{27Rb} = 0{,}0368 \cdot 10^3 = 36{,}8\ \mathrm{K}, \quad p_c = \frac{a}{27b^2} = 0{,}0204 \cdot 10^8\ \mathrm{Pa} = 20{,}4\ \mathrm{bar}$$

   Die prozentualen Abweichungen von den experimentellen Werten betragen

$$\frac{|T_c^* - T^*_{c,\mathrm{exp}}|}{T^*_{c,\mathrm{exp}}} \cdot 100 = \frac{|36{,}8 - 44{,}4|}{44{,}4} \cdot 100 = 17\ \%, \quad \frac{|p_c - p_{c,\mathrm{exp}}|}{p_{c,\mathrm{exp}}} \cdot 100 = \frac{|20{,}4 - 27{,}2|}{27{,}2} \cdot 100 = 25\ \%$$

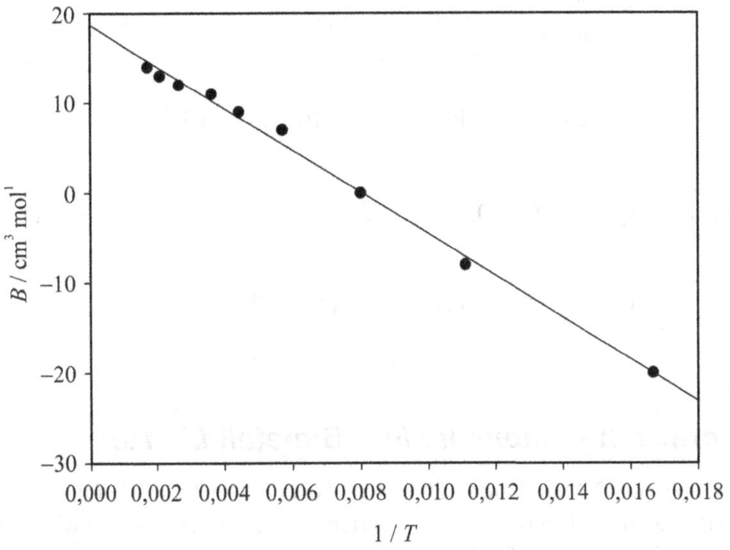

Abb. 3.9 Der 2. Virialkoeffizient von Neon. • = experimentelle Daten, Gerade nach der v. d. Waals-Theorie.[1] Achsenabschnitt $b = 18,70$ cm$^3 \cdot$ mol^{-1}. Steigung $-a/R = -2323,67$ cm$^3 \cdot$ mol$^{-1} \cdot$ K

3.7.11 Bestimmung des 2. Mischvirialkoeffizienten in einer realen Gasmischung

Der 2. Virialkoeffizient B_M einer Gasmischung bestehend zu 25 mol % aus CH_4 und 75 mol % aus Hexan hat bei 323 K den Wert −951 cm$^3 \cdot$ mol^{-1}. Der zweite Virialkoeffizient von reinem CH_4 bei derselben Temperatur beträgt −33 cm$^3 \cdot$ mol^{-1}, der von Hexan −1512 cm$^3 \cdot$ mol^{-1}.

a) Wie groß ist der sog. Mischvirialkoeffizient B_{12}?

b) Wie groß sind die partiellen molaren Volumina $\overline{V}_{CH_4}$ und $\overline{V}_{Hexan}$ bei 2 bar in dieser Mischung?

Lösung:

a)

$$B_{12} = \frac{B_M - x_{CH_4}^2 B_{CH_4} - (1 - x_{CH_4})^2 B_{Hexan}}{2x_{CH_4}(1 - x_{CH_4})}$$

$$= \frac{-951 - (0,25)^2(-33) - (0,75)^2(-1512)}{2 \cdot 0,25 \cdot 0,75} = -262,5 \text{ [cm}^3 \cdot \text{mol}^{-1}]$$

[1]Abbildung nach: K. Huang, Introduction to Statistical Physics, Taylor and Francis (2001)

b) Nach Gl. (3.13) gilt:

$$\overline{V}_{CH_4} = \frac{R \cdot 323}{2 \cdot 10^5} \cdot 10^6 + (0,75)^2 \, [2(-262,5) - (-33) - (-1512)] - 33$$

$$= 1,3428 \cdot 10^4 + 540 = 1,3968 \cdot 10^4 \text{ cm}^3 \cdot \text{mol}^{-1}$$

$$\overline{V}_{\text{Hexan}} = \frac{R \cdot 323}{2 \cdot 10^5} 10^6 + (0,25)^2 \, [2(-262,5) - (-33) - (-1512)] - 1512$$

$$= 1,3428 \cdot 10^4 - 1448,2 = 1,1979 \cdot 10^4 \text{ cm}^3 \cdot \text{mol}^{-1}$$

3.7.12 Thermische Stabilität einer Bimetall-Münze

Eine Münze besteht aus 2 Materialien mit verschiedenen Ausdehnungskoeffizienten α_p. Die innere Scheibe (Radius $r_0 = 1$ cm) ist bei Zimmertemperatur in den äußeren Ring eingepresst (s. Abbildung 3.10). Wir nehmen an, für das Material des Rings ist $\alpha_\text{p} = 57 \cdot 01^{-6}$ K^{-1} (Messing), für das Material der Scheibe sei $\alpha_\text{p} = 33 \cdot 10^{-6}$ K^{-1} (Stahl). Bei - 100 °C beträgt der Spalt zwischen Ringradius und Scheibenradius 10 μm, d. h., die Scheibe kann durch den Ring geschoben werden. Bei einer höheren Temperatur werden die Radien gleich groß, d. h. oberhalb dieser Temperatur sind also Scheibe und Ring haltbar ineinander gepresst. Bei welcher Temperatur geschieht das?

Lösung:
Wir berechnen zunächst die Ausdehnung des Radius einer Scheibe bzw. des Innenradius eines Ringes mit der Temperatur. Es gilt, wenn die Münzendicke d beträgt:

$$\alpha_\text{p} = \frac{1}{V}\left(\frac{\partial V}{\partial T^*}\right)_V = \frac{1}{\pi r^2 d}\,\frac{\partial(\pi r^2 d)}{\partial T^*} = \frac{1}{\pi r^2 d}\,\frac{\partial(\pi r^2 d)}{\partial r} \cdot \frac{\text{d}r}{\text{d}T^*}$$
$$= \frac{2}{r} \cdot \frac{\text{d}r}{\text{d}T^*}$$

Also gilt für die Radiusänderung $r(T^*) - r(T_0^*) = \Delta r$ ($\Delta r = \Delta r_\text{M}$ oder Δr_S):

$$\frac{1}{2}\alpha_\text{p} \cdot (T^* - T_0^*) = \ln \frac{r(T^*)}{r(T_0^*)} = \ln\left(\frac{\Delta r}{r(T_0^*)} + 1\right)$$

Für $\Delta r / r(T_0^*) \ll 1$ gilt dann:

$$\frac{1}{2}\alpha_\text{p}(T^* - T_0^*) \cong \frac{\Delta r}{r(T_0^*)}$$

Für die Differenz der Radien des Ringes r_Ring und der Scheibe r_Sch gilt dann $r_\text{M}(T) - r_\text{S}(T) = 0$ bei der fraglichen Temperatur T^* und man erhält:

$$\Delta r_\text{M} - \Delta r_\text{S} = r_\text{Ring}(T_0^*) - r_\text{Sch}(T_0^*) = \frac{1}{2}(\alpha_\text{p,M} \cdot r_\text{M}(T_0^*) - \alpha_\text{p,S} \cdot r_\text{S}(T_0^*) \cdot (T^* - T_0^*)$$

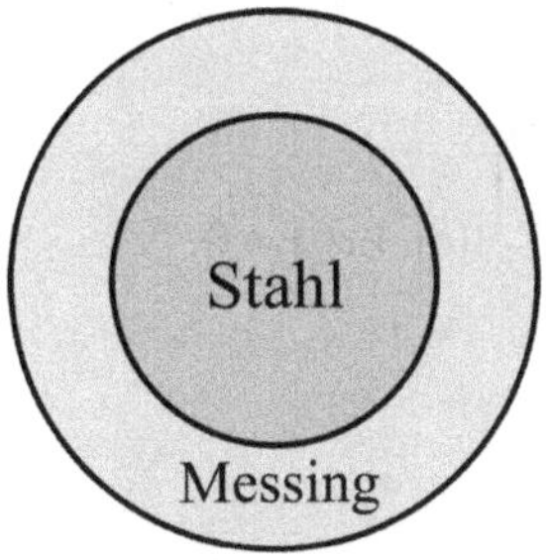

Abb. 3.10 Bimetall-Münze

Gefragt ist T^*, wenn $r_M(T_0^*) - r_S(T_0^*) = 10\,\mu$m beträgt und $T_0^* = 173$ K. Also gilt, wenn man in der Klammer $r_M(T_0^*) \approx r_S(T_0^*) = r(T_0^*)$ setzt:

$$\frac{2}{r(T_0^*)} \cdot \frac{r_M(T_0^*) - r_S(T_0^*)}{\alpha_{p,M} - \alpha_{p,S}} + T_0^* = T^* = 2\,\frac{10 \cdot 10^{-6} \cdot 100}{(57-33) \cdot 10^{-6}} + 173 = 256,3\text{ K}$$

Oberhalb 256 K (= -17 °C) sind Scheibe und Ring fest ineinandergepresst, unterhalb dieser Temperatur „zerfällt" die Münze in 2 Stücke!

3.7.13 Die Dieterici-Zustandsgleichung

Eine empirische thermische Zustandsgleichung, die der v. d. Waals-Gleichung ähnelt, ist die Dieterici-Gleichung. Sie lautet

$$p \cdot (\overline{V} - b) = R \cdot T^* \cdot e^{\left(-\frac{a}{RT^* \cdot \overline{V}}\right)}$$

Berechnen Sie für diese Zustandsgleichung die Ausdrücke für das molare kritische Volumen $\overline{V}_c$, die kritische Temperatur T_c^*, und den kritischen Druck p_c. Welcher Wert ergibt sich für den kritischen Koeffizienten $z_c = p_c \cdot \overline{V}_c / R \cdot T_c^*$?

Lösung:
Die Bedingungen am kritischen Punkt lauten:

$$\left(\frac{\partial p}{\partial \overline{V}}\right)_{T^*} = 0 \quad \text{und} \quad \left(\frac{\partial^2 p}{\partial \overline{V}^2}\right)_{T^*} = 0$$

Einsetzen in die Dieterici-Gleichung ergibt:

$$\left(\frac{\partial p}{\partial \overline{V}}\right)_{T^*} = \frac{RT^*}{\overline{V} - b} \cdot e^{\left(-\frac{a}{RT^* \cdot \overline{V}}\right)} \left(-\frac{1}{\overline{V} - b} + \frac{a}{RT^* \cdot \overline{V}^2}\right) = 0$$

Daraus folgt:

$$\overline{V}_c - b = \frac{R \cdot T_c^* \cdot \overline{V}_c^2}{a}$$

Ferner gilt:

$$\left(\frac{\partial^2 p}{\partial \overline{V}^2}\right)_{T^*} = \frac{R \cdot T^*}{\overline{V} - b} \, \mathrm{e}^{\left(-\frac{a}{R \cdot T^* \cdot \overline{V}}\right)} (d_1 + d_2) = 0$$

mit $d_1 + d_2 = 0$, wobei gilt:

$$d_1 = \left(-\frac{1}{\overline{V}_c - b} + \frac{a}{R \cdot T_c^* \, \overline{V}_c^2}\right)^2 = 0$$

und:

$$d_2 = \frac{1}{\left(\overline{V}_c - b\right)^2} - \frac{2\,a}{R \cdot T_c^* \cdot \overline{V}_c^3} = 0$$

Damit folgt:

$$\left(\overline{V}_c - b\right)^2 = \frac{R \cdot T_c^* \cdot \overline{V}_c^3}{2\,a}$$

Einsetzen der obigen Beziehung $\overline{V}_c - b = R \cdot T_c^{*2} \cdot \overline{V}_c^2 / a$ ergibt dann:

$$R \cdot T_c^* \cdot \overline{V}_c = \frac{a}{2}$$

Damit folgt für $\overline{V}_c$ und T_c^*:

$$\overline{V}_c^* = 2b \quad \text{und} \quad T_c^* = \frac{a}{4R \cdot b}$$

Einsetzen in die Dieterici-Gleichung für $p = p_c$ ergibt:

$$p_c = \frac{R \cdot T_c^*}{\overline{V}_c - b} \, \mathrm{e}^{\left(-\frac{a}{RT_c^* \cdot \overline{V}_c}\right)} = \frac{a}{4b^2} e^{-2} = \frac{a}{4b^2} \cdot 0,13534$$

Damit ergibt sich für den kritischen Koeffizienten z_c:

$$z_c = \frac{p_c \cdot \overline{V}_c}{R \cdot T_c^*} = 2 \cdot 0,13534 = 0,2707$$

Der kritische Koeffizient der Dieterici-Gleichung stimmt also i. a. deutlich besser mit experimentellen Daten überein als der entsprechende Ausdruck für die v. d. Waals-Gleichung (s. Kapitel 3.2).

3.7.14 Zusammenhang zwischen Meeresspiegel und Meerwasser-Kompressibilität

Wir stellen uns einen Modellozean vor, auf dessen Boden ein Druck von 301 bar herrscht. Das Wasser dieses Ozeans hat eine Dichte an der Oberfläche $\varrho_0 = 1025\ \mathrm{kg \cdot m^{-3}}$ und eine Kompressibilität von $\kappa_{T^*} = 4,64 \cdot 10^{-10}\ \mathrm{Pa^{-1}}$ bei 15 °C. Wenn das Wasser inkompressibel wäre ($\kappa_{T^*} = 0$), um wie viel Meter würde der Meeresspiegel dieses Ozeans dann höher liegen?

Hinweis: Entwickeln Sie eine Formel, die den Anstieg des Druckes mit der Tiefe h unter Berücksichtigung von $\kappa_{T^*} > 0$ angibt. Vergleichen Sie den erhaltenen Wert von h mit dem, den die einfache Formel für inkompressible Flüssigkeiten $(p - p_0) = \varrho_0 \cdot g \cdot h$ liefert. $p_0 = 1$ bar ist der Druck an der Oberfläche.

Lösung:
Man geht aus von der hydrostatischen Gleichgewichtsbedingung:

$$\mathrm{d}p = \varrho(p) \cdot g \cdot \mathrm{d}h$$

Mit $\kappa_{T^*} = -\frac{1}{V}\left(\frac{\partial V}{\partial p}\right)_{T^*} = \frac{1}{\varrho}\left(\frac{\partial \varrho}{\partial p}\right)_{T^*}$ ergibt sich für $\varrho(p)$:

$$\varrho(p) = \varrho_0 + \varrho_0 \cdot \kappa_{T^*}(p - p_0)$$

Einsetzen in die hydrostatische Gleichgewichtsbedingung ergibt:

$$\mathrm{d}p = \varrho_0 \left(1 + \kappa_{T^*}[p - p_0]\right) \cdot g \cdot \mathrm{d}h$$

Integration dieser Gleichung ergibt:

$$\int_{p_0}^{p} \frac{\mathrm{d}p}{1 + \kappa_{T^*}[p - p_0]} = \varrho_0 \cdot g \cdot h = \frac{1}{\kappa_{T^*}\ \ln\left[1 + \kappa_{T^*}(p - p_0)\right]}$$

Einsetzen der angegebenen Zahlenwerte ergibt für h:

$$h = \frac{1}{4,64 \cdot 10^{-10} \cdot 1025 \cdot 9,81} \cdot \ln 1,01392 = 2963\ \mathrm{m}$$

Nach der einfachen Formel für inkompressibles Meerwasser gilt:

$$h = \frac{300 \cdot 10^5}{1025 \cdot 9,81} = 2983,4\ \mathrm{m}$$

Wäre das Meerwasser wirklich inkompressibel, würde der Meeresspiegel um $2983,4 - 2963,0 = 20,4$ m höher liegen.

3.7.15 Eine photometrische Bestimmungsmethode der isothermen Kompressibilität von Flüssigkeiten

Ein Farbstoff ist bei 25 °C und 1 bar in CCl_4 gelöst. Seine molare Konzentration beträgt $c_{1\mathrm{bar}} = 10^{-4}\ \mathrm{mol \cdot Liter^{-1}}$. Diese Lösung befindet sich in einer optischen Küvette der Schichtdicke d.

Mit einem Spektralphotometer wird im Absorptionsmaximum der Farbstofflösung eine Extinktion $E_{1\,\text{bar}} = 0{,}925$ gemessen. Für E gilt allgemein:

$$E = \varepsilon \cdot c \cdot d \qquad \text{(Lambert – Beer'sches Gesetz)}$$

wobei ε der sog. molare Extinktionskoeffizient ist. Die Messung wird nun mit derselben Farbstofflösung wiederholt allerdings bei 481 bar, wobei eine Extinktion $E = 0{,}966$ gemessen wird. Bestimmen Sie aus diesen Angaben die isotherme Kompressibilität κ_T von CCl_4. *Hinweis:* die Schichtdicke kann als druckunabhängig betrachtet werden.

Lösung:
Mit $\kappa_T = -\frac{1}{V}\left(\frac{\partial V}{\partial p}\right)_{T^*}$ lässt sich die Volumenänderung der Lösung, die sich in der Küvette und dem gefüllten Reservoir befindet, berechnen:

$$\kappa_{T^*} \cdot \mathrm{d}p = -\frac{\mathrm{d}V}{V} = -\mathrm{d}\ln V$$

Integriert ergibt sich:

$$\exp\left[(481 - 1) \cdot \kappa_{T^*}\right] = \frac{V_{481\,\text{bar}}}{V_{1\,\text{bar}}} = \frac{c_{1\,\text{bar}}}{c_{481\,\text{bar}}} = \frac{E_{1\,\text{bar}}}{E_{481\,\text{bar}}}$$

Daraus folgt für κ_{T^*}:

$$\kappa_{T^*,CCl_4} = \frac{1}{480}\ln\left(\frac{E_{1\,\text{bar}}}{E_{481\,\text{bar}}}\right) = 90{,}4 \cdot 10^{-4}\text{bar}^{-1} = 9{,}04 \cdot 10^{-8}\ \text{Pa}^{-1}$$

Die Konzentration $c_{481\,\text{bar}}$ beträgt $c_{1\,\text{bar}} \cdot \frac{E_{481\,\text{bar}}}{E_{1\,\text{bar}}} = 1{,}0443 \cdot 10^{-4}\text{mol} \cdot \text{L}$.

3.7.16 Thermisches Verhalten von Eisenbahnschienen

Häufig will man wissen, wie sich ein festes Material in seiner Länge bei Temperaturänderung ausdehnt bzw. zusammenzieht. Zwischen dem isobaren Volumenausdehnungskoeffizienten $\alpha_p = \frac{1}{V}\left(\frac{\partial V}{\partial T^*}\right)_p$ und dem linearen $\alpha'_p = \frac{1}{l}\left(\frac{\partial l}{\partial T^*}\right)_p$ besteht folgender Zusammenhang. Wir setzen $V = \text{const.} \cdot l^3$. Es gilt dann:

$$\begin{aligned}\alpha_p &= \frac{1}{l^3}\left(\frac{\partial l^3}{\partial T^*}\right)_p = \frac{1}{l^3}\frac{\mathrm{d}l^3}{\mathrm{d}l}\left(\frac{\partial l}{\partial T^*}\right)_p \\ &= \frac{3l^2}{l^3}\left(\frac{\partial l}{\partial T^*}\right)_p = 3 \cdot \frac{1}{l}\left(\frac{\partial l}{\partial T^*}\right)_p = 3 \cdot \alpha'_p\end{aligned}$$

α_p ist also das Dreifache von α'_p.

Früher musste bei Eisenbahnschienen zwischen den Schienenstücken eine Lücke gelassen werden, damit die temperaturbedingten Längenausdehnungen nicht zum Verbiegen der Schienen führten. Wie groß muss dieser Lückenabstand Δl sein, wenn es im Sommer 40 °C und im Winter -20 °C werden kann? Die Länge der Schienenstücke l beträgt 50 m, der Volumenausdehnungskoeffizient α_p von Schieneneisen beträgt $2{,}7 \cdot 10^{-5}\ \text{K}^{-1}$.

Es gilt: $\alpha_\mathrm{p}' = 1/3 \cdot \alpha_\mathrm{p} = 0,9 \cdot 10^{-5}\ \mathrm{K}^{-1}$. Die Temperaturdifferenz ist $40 - (-20) = 60$ K. Für den gesuchten Lückenabstand Δl gilt dann:

$$\Delta l = \alpha_\mathrm{p}' \cdot l \cdot \Delta T^* = 0,9 \cdot 10^{-5} \cdot 50 \cdot 60 = 2,7 \cdot 10^{-2}\ \mathrm{m}$$
$$= 2,7\ \mathrm{cm}$$

3.7.17 Thermische Ausdehnung eines stromdurchflossenen Aluminiumdrahtes

An einem Aluminiumdraht der Länge l_0 hängt ein kleines Cu-Gewicht, das in eine Schale von flüssigem Hg nur so weit eintaucht, dass es nicht schwimmt. Der Draht ist also gespannt (s. Abb. 3.11). Das obere Ende des Aluminiumdrahtes sowie das flüssige Hg sind mit den Polen einer elektrischen Stromquelle verbunden. Jetzt wird die elektrische Spannung eingeschaltet und es fließt ein elektrischer Strom durch den Draht, der diesen erhitzt. Mit einem Kathetometer K beobachtet man an der Markierung M eine Längenänderung des Drahtes um den Wert Δl. Wenn der Draht die Länge $l_0 = 2$ m hat und $\Delta l = 0,41$ cm beträgt, welche Temperatur T^* hat der stromdurchflossene Draht? Für den thermischen Ausdehnungskoeffizienten von Aluminium gilt $\alpha_\mathrm{p} = 7,0 \cdot 10^{-5}\ \mathrm{K}^{-1}$. Die Temperatur des Drahtes ohne Stromfluss ist gleich der Umgebungstemperatur $T_0^* = 293$ K.

Lösung:
Der lineare isobare Ausdehnungskoeffizient $\alpha_p' = 1/3 \cdot \alpha_\mathrm{p}$ bestimmt die Längenänderung Δl. Es gilt also:

$$\frac{1}{l}\frac{\mathrm{d}l}{\mathrm{d}T^*} \approx \frac{1}{l_0}\frac{\Delta l}{\Delta T^*} = \alpha_\mathrm{p} \cdot \frac{1}{3}$$

Aufgelöst nach ΔT^*:

$$\Delta T^* = \frac{3}{l_0}\frac{\Delta l}{\alpha_\mathrm{p}} = \frac{3}{2}\frac{0,41 \cdot 10^{-2}}{7} \cdot 10^5 = 87,9\ \mathrm{K}$$

Die Drahttemperatur beträgt also 380,9 K.

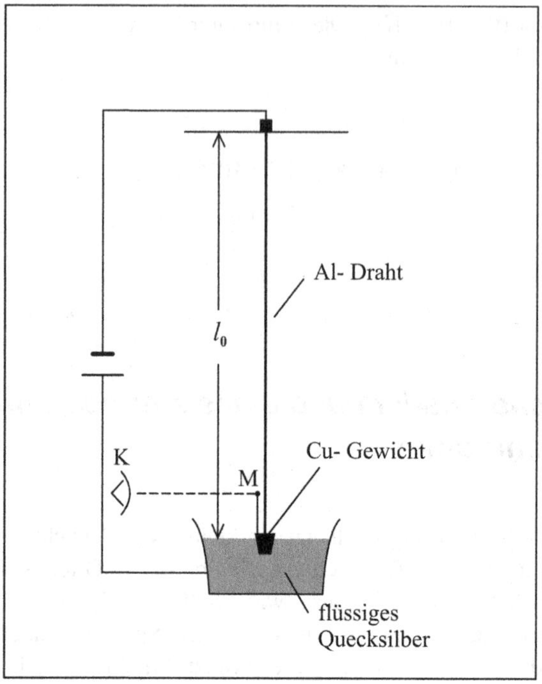

Abb. 3.11 Ausdehnung eines Aluminiumdrahtes bei elektrischem Stromdurchfluss

3.7.18 Formulierung der partiellen molaren Volumina in der Molalitätsskala

Partielle molare Volumina $\overline{V}_i$ in Mischungen oder Lösungen sind oft einfacher zu ermitteln, wenn das Volumen V als Funktion der Molalität des gelösten Stoffes $\widetilde{m}_2$ angegeben ist. V ist also das Volumen, das n_2 Mole des gelösten Stoffes 2 auf 1 kg des Lösemittels 1 ($n_1 = 1\ \text{kg}/M_1 = \text{const.}$) enthält. V sei gegeben durch:

$$V = a + b \cdot \widetilde{m}_2 + c \cdot \widetilde{m}^{3/2} + d \cdot \widetilde{m}^2 = \frac{1 + n_2 \cdot M_2}{\varrho_\text{M}}$$

wobei M_2 die Molmasse vom gelösten Stoff 2 in kg · mol^{-1} und ϱ_M die Dichte der Lösung in kg · m^{-3} bedeuten.

Geben Sie die Ausdrücke für die partiellen molaren Volumina $\overline{V}_2, \overline{V}_2^\infty$ und $\overline{V}_1$ an.

Lösung:

$$\overline{V}_2 = \left(\frac{\partial V}{\partial n_2}\right)_{n_1} = b + \frac{3}{2} c \cdot \widetilde{m}_2^{1/2} + 2d \cdot \widetilde{m}_2$$

$$\overline{V}_2^\infty = \lim_{\widetilde{m}_2 \to 0} = b$$

Zur Berechnung von $\overline{V}_1$ bedenken wir, dass bei T = const. und p = const. gilt:

$$n_1 \mathrm{d}\overline{V}_1 + n_2 \mathrm{d}\overline{V}_2 = 0$$

Also:

$$\overline{V}_1 - \overline{V}_1^0 = -\int_{\overline{V}_2^\infty}^{\overline{V}_2} \frac{n_2}{n_1} \mathrm{d}\overline{V}_2 = -M_1 \int_0^{\widetilde{m}_2} \widetilde{m}_2 \left(\frac{\partial \overline{V}_2}{\partial \widetilde{m}_2}\right) \mathrm{d}\widetilde{m}_2$$

wobei M_1 die Molmasse des Lösemittels in mol · kg^{-1} ist.

Dann ergibt sich:

$$\overline{V}_1 - \overline{V}_1^0 = -M_1 \int_0^{\widetilde{m}_2} \widetilde{m}_2 \left(\frac{3}{4} c \cdot \widetilde{m}_2^{-1/2} + 2d\right) \mathrm{d}\widetilde{m}_2$$

$$= -M_1 \left(c \frac{1}{2} \widetilde{m}_2^{3/2} + \widetilde{m}_2^2 \cdot d\right)$$

$$\overline{V}_1 = \overline{V}_1^0 - M_1 \cdot \widetilde{m}_2^2 \left(\frac{c}{2} \cdot \widetilde{m}_2^{-1/2} + d\right)$$

Als Beispiel geben wir die Parameter für eine wässrige NaCl-Lösung an: a = 1003 [cm^3], b = $16,6\,\mathrm{kg} \cdot \mathrm{mol}^{-1} \cdot \mathrm{cm}^3$, $c = 1,77\,\mathrm{kg}^{3/2} \cdot \mathrm{mol}^{-3/2} \cdot \mathrm{cm}^3$, $d = 0,199 \cdot \mathrm{kg}^2 \cdot \mathrm{mol}^{-2} \cdot \mathrm{cm}^3$ und berechnen $\overline{V}_{\mathrm{NaCl}}$ und $\overline{V}_{\mathrm{H_2O}}$ bei $\widetilde{m}_{\mathrm{NaCl}} = 0; 0,5; 1,0; 5,0$ mol · kg^{-1}. Man erhält mit $\overline{V}_{\mathrm{H_2O}}^0 = 18$ cm^3 · mol^{-1} und $M_{\mathrm{H_2O}} = 0,018$ kg · mol^{-1}, die in Tabelle 3.3 angegebenen Werte:

Tab. 3.3 Partielle molare Volumina in wässrigen NaCl-Lösungen

$\widetilde{m}_{\mathrm{NaCl}}/\mathrm{mol} \cdot \mathrm{kg}^{-1}$	0	0,5	1,0	5,0
$\overline{V}_{\mathrm{H_2O}}/\mathrm{cm}^3 \cdot \mathrm{mol}^{-1}$	18,0	17,99	17,98	17,84
$\overline{V}_{\mathrm{NaCl}}/\mathrm{cm}^3 \cdot \mathrm{mol}^{-1}$	16,6	18,48	19,49	23,73

3.7.19 Das Galilei-Thermometer

Ein Galilei-Thermometer besteht aus einem geschlossenen zylindrischen Rohr, das zu ca. 90 % mit einer Flüssigkeit (meist Wasser) gefüllt ist, in dem sich geschlossene Glaskugeln mit etwa halb gefüllten (gefärbten) Flüssigkeiten befinden (s. Abb. 3.12).

Steigt die Temperatur, erniedrigt sich die Dichte der Zylinderflüssigkeit, die Kugel sinkt; fällt die Temperatur, steigt die Kugel zur Oberfläche; ist die mittlere Dichte einer Kugel gleich der der Zylinderflüssigkeit, schwebt die Kugel. Gleichgroße Kugeln mit unterschiedlichen Massen

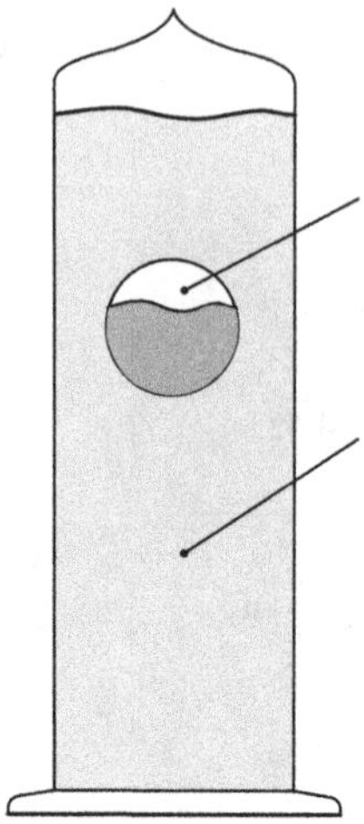

Abb. 3.12 Galilei-Thermometer

werden bei verschiedenen Temperaturen gerade in der Schwebe gehalten, das kann man zur Temperaturmessung verwenden. Wir wollen berechnen, wie groß die Massenänderung der gefärbten Flüssigkeit in einer Kugel sein muss, um 1 Grad Temperaturänderung anzuzeigen, wenn die Glaskörper der Kugeln dasselbe Leergewicht und dasselbe feste Volumen haben. Die Dichte der Zylinderflüssigkeit sei ϱ. Dann gilt für den thermischen Ausdehnungskoeffizienten α_p:

$$\alpha_\mathrm{p} = \frac{1}{V}\left(\frac{\partial V}{\partial T^*}\right)_p = -\frac{1}{\varrho}\left(\frac{\partial \varrho}{\partial T^*}\right)_p \quad (\text{wegen } V = \frac{m}{\varrho})$$

und die Änderung der Dichte der Zylinderflüssigkeit mit T^* lautet:

$$\varrho(T^*) \cong \varrho(T_0^*) + \left(\frac{\partial \varrho}{\partial T^*}\right)_{p,T^*=T_0^*}(T^* - T_0^*) = \varrho(T_0^*) - \varrho(T_0^*)\cdot\alpha_\mathrm{p}\cdot(T^* - T_0^*)$$

T_0^* ist eine Referenztemperatur, von der T^* nicht allzu weit abweichen sollte.

Die Kugel ist in der Schwebe, wenn ihre mittlere Dichte gleich der der Zylinderflüssigkeit ist bei gegebener Temperatur T^*:

$$\varrho = \varrho(T_0^*)\left(1 - \alpha_\mathrm{p}[T^* - T_0^*]\right) = \frac{m_\mathrm{K} + m_\mathrm{Fl}}{\frac{\pi}{6}\cdot d^3}$$

wobei m_K die Masse der leeren Kugel, m_Fl die der darin enthaltenen (gefärbten) Flüssigkeit, und d den Kugeldurchmesser bedeuten. Wir wollen jetzt berechnen, um welchen Wert man die Masse der Flüssigkeit in der Kugel verändern muss, um den Schwebezustand bei einer Temperaturänderung von 1 Grad gegenüber T^* zu erhalten. Dazu differenzieren wir die obige Gleichung:

$$\frac{\mathrm{d}m_\mathrm{Fl}}{\mathrm{d}T^*} = -\frac{\pi}{6}\,d^3\cdot\varrho(T_0^*)\cdot\alpha_\mathrm{p}$$

Die gesuchte Massenänderung ist ($\Delta T^* = 1$ K):

$$\Delta m_{\mathrm{Fl}} \cong -\frac{\pi}{6}\, d^3 \cdot \varrho(T_0^*) \cdot \alpha_{\mathrm{p}} \cdot 1$$

Wir wählen als Zahlenbeispiel $d = 3$ cm, $\varrho(T_0^*) = 1\ \mathrm{g} \cdot \mathrm{cm}^{-3}$ und $\alpha_{\mathrm{p}} = 10^{-3}\ \mathrm{K}^{-1}$. In SI-Einheiten ergibt sich dann:

$$\Delta m_{\mathrm{Fl}} = -\frac{\pi}{6}\,(0,03)^3 \cdot 1000 \cdot 10^{-3} = -1,41 \cdot 10^{-5}\ \mathrm{kg} = -14\ \mathrm{mg}$$

Die Massenänderung beträgt also 14 mg. Stellt man identische Kugeln mit jeweils um 14 mg unterschiedlichen Massen an eingefüllter Flüssigkeit her, fallen die Kugeln nacheinander bei jeweiliger Temperaturerhöhung um 1 Grad von der Oberfläche zum Boden der Zylinderflüssigkeit und man kann an der Zahl der Kugeln, die an der Oberfläche bzw. am Boden sind, die Temperatur der Zylinderflüssigkeit bzw. ihrer Umgebung ablesen.

3.7.20 Thermische Ausdehnung von Wasser in Tee-, Wein- und Sektgläsern

Wir betrachten ein Teeglas, ein Weinglas und ein Sektglas mit derselben Füllhöhe h (s. Abb. 3.13). Die Frage, die sich stellt, lautet: wenn der Wasserinhalt in den drei Gläsern von 20 auf 80 °C erwärmt wird, um wie viel Prozent steigt dann die Füllhöhe h in den Gläsern an? Dabei wird angenommen, dass die Gläser selbst sich nicht ausdehnen und dass das Teeglas geometrisch als Zylinder, das Weinglas als Paraboloid und das Sektglas als Kegel behandelt werden können.

Der mittlere thermische Ausdehnungskoeffizient von Wasser ist $\alpha_{\mathrm{p,H_2O}} = 5,5 \cdot 10^{-4} \cdot \mathrm{K}^{-1}$.

Wir berechnen die Höhenänderung im Teeglas. Das Volumen des Wassers ist $V = \pi \cdot r^2 \cdot h$, wenn r der Radius bedeutet. Also gilt:

$$\alpha_{\mathrm{p}} = \frac{1}{V}\left(\frac{\partial V}{\partial T^*}\right)_p = \frac{1}{\pi r^2 h}\left(\frac{\partial V}{\partial h}\right)\left(\frac{\mathrm{d}h}{\mathrm{d}T^*}\right) = \frac{1}{\pi r^2 h}\cdot \pi r^2 \frac{\mathrm{d}h}{\mathrm{d}T^*} = \frac{1}{h}\,\frac{\mathrm{d}h}{\mathrm{d}T^*}$$

Daraus folgt:

$$\Delta h = \alpha_{\mathrm{p}} \cdot h \cdot \Delta T^* = 5,5 \cdot 10^{-4} \cdot h \cdot 60 = h \cdot 3,3 \cdot 10^{-2}$$

Also gilt:

$$\frac{\Delta h}{h} = 3,3 \cdot 10^{-2} = 3,3\%$$

Wir berechnen die Höhenänderung im Weinglas. Das Volumen des Wassers ist hier

$$V = \int_0^h \pi r^2 \mathrm{d}h \quad \text{mit} \quad h = a \cdot r^2 \quad \text{(Parabel)}$$

Also gilt:

$$V = \int_0^h \frac{\pi}{a}\, h\, \mathrm{d}h = \frac{\pi}{2a} \cdot h^2$$

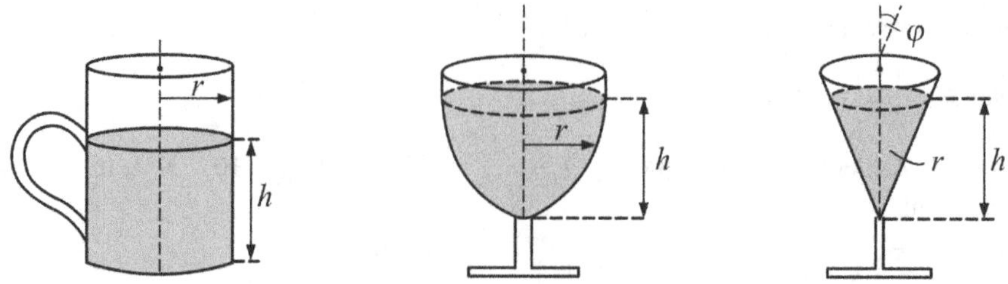

Abb. 3.13 Flüssigkeitsausdehnung in Tee-, Wein- und Sektgläsern

Daraus folgt:

$$\alpha_\mathrm{p} = \frac{1}{V}\left(\frac{\partial V}{\partial T^*}\right)_p = \frac{2a}{\pi h^2}\left(\frac{\partial V}{\partial h}\right)\cdot\frac{\mathrm{d}h}{\mathrm{d}T^*} = \frac{2a}{\pi h^2}\cdot\frac{\pi\cdot h}{a}\,\frac{\mathrm{d}h}{\mathrm{d}T^*} = \frac{2}{h}\,\frac{\mathrm{d}h}{\mathrm{d}T^*}$$

Also ergibt sich:

$$\Delta h = \frac{1}{2}\alpha_\mathrm{p}\cdot h\cdot\Delta T^* = 0{,}5\cdot 5{,}5\cdot 10^{-4}\cdot 60\cdot h$$

$$\frac{\Delta h}{h} = 1{,}65\cdot 10^{-2} = 1{,}65\ \%$$

Schließlich betrachten wir noch das Sektglas. Hier gilt mit $h = r\cdot tg\varphi$ bzw. $\mathrm{d}h = tg\varphi\cdot\mathrm{d}r$, wobei 2φ der Öffnungswinkel des Kegels ist, für das Wasservolumen:

$$V = \int_0^h \pi r^2 \mathrm{d}h = \pi\cdot tg\varphi\int_0^r r^2\mathrm{d}r = \pi\cdot tg\varphi\cdot\frac{1}{3}r^3$$

und für α_p:

$$\alpha_\mathrm{p} = \frac{1}{V}\left(\frac{\partial V}{\partial r}\right)_p\frac{\mathrm{d}r}{\mathrm{d}T^*} = \frac{3\pi tg\varphi\cdot r^2}{\pi\cdot tg\varphi\cdot r^3}\frac{\mathrm{d}r}{\mathrm{d}T^*} = \frac{3}{r}\left(\frac{\mathrm{d}r}{\mathrm{d}T^*}\right) = \frac{3}{h}\left(\frac{\mathrm{d}h}{\mathrm{d}T^*}\right)$$

Also erhalten wir beim Sektglas:

$$\Delta h = \frac{1}{3}\alpha_\mathrm{p}\cdot h\cdot\Delta T^* = \frac{1}{3}\cdot 5{,}5\cdot 10^{-4}\cdot 60\cdot h$$

bzw.

$$\frac{\Delta h}{h} = 1{,}10\cdot 10^{-2} = 1{,}1\ \%$$

Die relative Höhenänderung ist also beim Teeglas doppelt so hoch wie beim Weinglas und 3mal so hoch wie beim Sektglas!

3.7.21 Das Bimetallthermometer

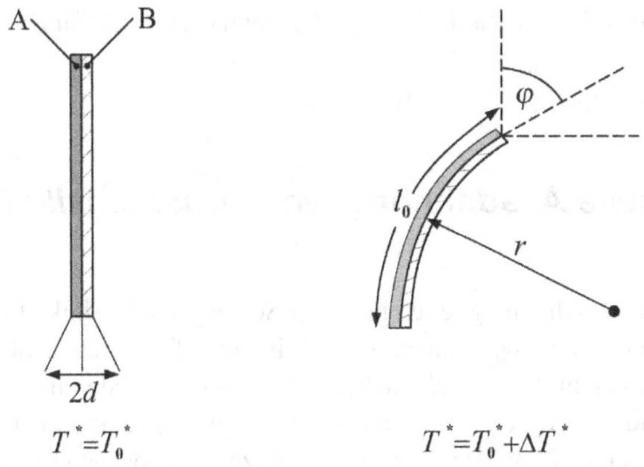

Abb. 3.14 Bimetallthermometer

Ein Bimetallthermometer besteht aus einem Streifen, der aus 2 parallelen Streifen zusammengesetzt ist, die jeweils aus einem Metall A und B mit unterschiedlichem thermischen Ausdehnungskoeffizienten α_p bestehen (s. Abb. 3.14).

Bei der Temperatur T_0^* sind beide Streifen gleich lang (l_0), bei Temperaturerhöhung um ΔT^* krümmt sich der gesamte Streifen, da Metall A sich stärker als Metall B ausdehnt. Der Krümmungsradius r bzw. der Winkel φ ist ein Maß für die Temperaturänderung. Wir wollen φ als Funktion von ΔT^* berechnen. Die Differenz der Kreisumfänge, deren Linien durch die Streifenmitten von A bzw. B gehen, ist $2\pi(r + d) - 2\pi r = 2\pi d$. Es gilt das Verhältnis:

$$\frac{2\pi d}{2\pi r} = \frac{l_A - l_B}{l_0} = \frac{d}{r}$$

Ferner gilt:

$$\frac{2\pi r}{l_0} = \frac{360°}{\varphi}$$

Mit $(l_A - l_0)/l_0 = \alpha'_A \cdot \Delta T^*$ und $(l_B - l_0)/l_0 = \alpha'_B \cdot \Delta T^*$($\alpha'_A$ und α'_B sind die *linearen* Ausdehnungskoeffizienten) folgt:

$$\frac{d}{r} = (\alpha'_A - \alpha'_B)\Delta T^*$$

von oben setzen wir für r ein

$$r = \frac{360°}{\varphi} \cdot \frac{l_0}{2\pi}$$

und erhalten aufgelöst nach φ:

$$\varphi = \frac{360 \cdot l_0}{2\pi d}(\alpha'_A - \alpha'_B) \cdot \Delta T^*$$

Als Beispiel wählen wir einen Bimetallstreifen aus Messing ($\alpha'_{\text{Messing}} = 1/3 \cdot 57 \cdot 10^{-6}\,\text{K}^{-1} = 19 \cdot 10^{-6}\,\text{K}^{-1}$) und Stahl ($\alpha'_{\text{Stahl}} = 1/3 \cdot 33 \cdot 10^{-6}\,\text{K}^{-1} = 11 \cdot 10^{-6}\,\text{K}^{-1}$). Die Streifenlänge sei 10 cm, die Streifendicke $d = 0,2$ mm und $\Delta T^* = 60$ K. Dann ergibt sich für φ:

$$\varphi = \frac{360 \cdot 0,1}{2\pi \cdot 2 \cdot 10^{-4}}(19 - 11) \cdot 10^{-6} \cdot 60 = 13,7°$$

3.7.22 Thermische Ausdehnung eines Überschall-Flugzeuges im Flug

Flugzeuge, die sich mit Geschwindigkeiten nahe der Schallgeschwindigkeit durch die Luft bewegen, erfahren einen hohen Reibungsverlust, der sich in einer Temperaturerhöhung am Rumpf des Flugzeuges bemerkbar macht. Bei der ehemaligen „Concorde“ wurden im Flug an der Spitze des Flugzeuges 126 °C und am Heck 90 °C gemessen. Das Flugzeug hat am Boden bei 20 °C eine Länge von 80 m. Um welche Länge dehnt sich das Flugzeug aus bei seiner Reisegeschwindigkeit, wenn man annimmt, dass der thermische Volumenausdehnungskoffizient des Rumpfmaterials α_{p} gleich dem von Aluminium $6,9 \cdot 10^{-5}\ \text{K}^{-1}$ beträgt?

Lösung:
Mit $\alpha'_{\text{p}} = \frac{1}{l}\frac{\text{d}l}{\text{d}T}$ folgt:

$$\ln\frac{l}{l_0} = \alpha'_{\text{p}} \cdot \Delta T^* \qquad \text{bzw.} \qquad l = l_0 \cdot \exp\left[\alpha'_{\text{p}} \cdot \Delta T^*\right] \approx l_0\left[1 + \alpha'_{\text{p}} \cdot \Delta T^*\right]$$

Der lineare Ausdehnungskoeffizient α'_{p} ist:

$$\alpha'_p = \frac{1}{3}\,\alpha_{\text{p}} = 2,3 \cdot 10^{-5}\ \text{K}$$

Damit folgt für die Länge l des Flugzeugs mit $\Delta T^* = 126 - 90 = 36$ K:

$$l = 80 \cdot \exp\left[2,3 \cdot 10^{-5} \cdot 36\right] = 80,066\ \text{m}$$

Die Längenänderung beträgt also 6,6 cm.

3.7.23 Thermische Gangkorrektur von Pendeluhren

Normale Pendeluhren haben den Nachteil, dass ihr Gang, d. h. die Pendelperiode nicht immer konstant bleibt, da die Pendellänge von der Temperatur abhängt.

Wir beschreiben zunächst die Funktionsweise eines Uhrenpendels durch die aus der Mechanik bekannte ideale Pendelgleichung für die Schwingungsdauer τ mit einer effektiven Pendellänge l.

$$\tau = 2\pi\sqrt{\frac{l}{g}}$$

$g = 9,807\text{m} \cdot \text{s}^{-2}$ ist die Erdbeschleunigung.

Das Pendelmaterial besteht aus einem Metall mit dem Ausdehnungskoeffizienten $\alpha_p = 3 \cdot 10^{-5}\ K^{-1}$. Das tatsächliche Pendel kann man sich durch ein idealisiertes Pendel vorstellen, bei dem ein punktförmiges Gewicht an einem dünnen Metallfaden der Länge l hängt, dessen Masse vernachlässigbar ist. Wie groß ist die Schwingungsdauer bei 20°C, wenn bei dieser Temperatur die effektive Pendellänge 1 m beträgt? Wie groß ist die Schwingungsdauer bei −5 °C? Um wie viel Sekunden geht dann die Pendeluhr im Monat falsch?

Bei 20° C beträgt die Schwingungsdauer:

$$\tau_{20} = 2\pi\sqrt{\frac{1}{9,807}} = 2,00637\ \text{s}$$

Bei - 5° C beträgt die Schwingungsdauer:

$$\tau_{-5} = 2\pi\sqrt{\frac{1+\Delta l}{9,807}} = 2\pi\sqrt{\frac{1(1+\alpha_p'\cdot\Delta T^*)}{9,807}}$$

$$= 2\pi\sqrt{\frac{1+10^{-5}\cdot(-25)}{9,807}} = 2,00612\ \text{s}$$

wobei $\alpha_p' = 1/3\alpha_p$ gesetzt wurde.

Ein Monat hat $3600 \cdot 24 \cdot 30 = 2,592 \cdot 10^6$ s. Da das Pendel in 2 s um $2,5 \cdot 10^{-5}$ s vorgeht, geht es im Monat um $2,592 \cdot 10^6 \cdot \frac{1}{2} \cdot 2,5 \cdot 10^{-5}\ \text{s} = 33,6$ s vor.

Wir wollen nun ein Pendel konstruieren, dessen Schwingungsdauer *nicht* von der Temperatur abhängt. Dazu betrachten wir wieder einen praktisch masselosen Metallfaden der Länge l, an dem statt einer Punktmasse ein zylinderförmiger Becher hängt, der bis zu einer Höhe h mit Quecksilber gefüllt ist. Der Metallfaden läuft durch ein kleines Loch im Becherdeckel und ist am Boden des Bechers in der Mitte befestigt (s. Abb. 3.15). Der Trick dieser Konstruktion besteht darin, dass eine Längenänderung des Metallfadens durch eine entsprechende Längenänderung der Quecksilberhöhe h in entgegengesetzte Richtung kompensiert wird, und die Frage ist, welchen Wert h haben muss, damit das geschieht und dadurch die Schwingungsdauer des Pendels temperaturunabhängig wird.

Die Masse des Bechers soll gegenüber dem Quecksilber vernachlässigbar sein. Es soll gelten: $\alpha_{p,\text{Quecksilber}} = 18 \cdot 10^{-5}\ K^{-1}, \alpha_{p,\text{Metall}} = 3 \cdot 10^{-5}\ K^{-1}, l = 1\text{m}$

Zur Lösung dieses Problems ist zu bedenken, dass der Schwerpunkt des schwingenden Pendels identisch mit dem des zylinderförmigen Stückes Quecksilber ist, und dass es sich hier um ein sog. physikalisches Pendel handelt, dessen Schwingungsdauer τ gegeben ist durch:

$$\tau = 2\pi\sqrt{\frac{I}{m\cdot g\cdot d}}$$

wobei I das Trägheitsmoment des Pendels ist um die Achse, die senkrecht zur Zeichenebene durch den Aufhängepunkt A verläuft (s. Abbildung 3.15). Es gilt (Steiner'scher Satz):

$$I = I' + m\cdot d^2$$

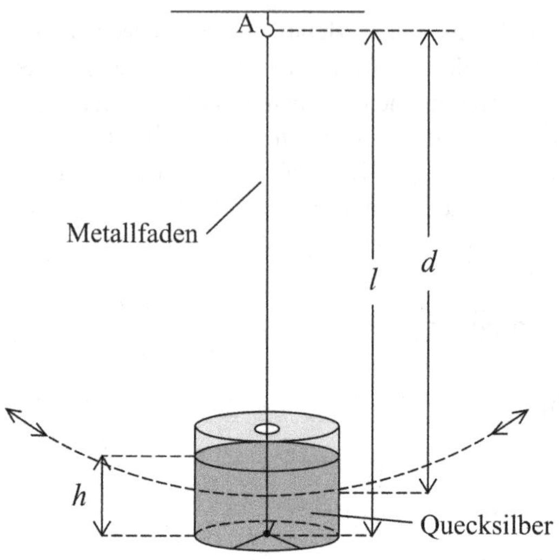

Abb. 3.15 Ein temperaturunabhängiges Uhrenpendel, - - - - - - - - - - - - Pendelbewegung

d ist der Abstand von A zum Schwerpunkt des Pendels, also $d = l - h/2$. I' ist das Trägheitsmoment des Pendels durch seinen Schwerpunkt senkrecht zur Zeichenebene, also in unserem Fall das Trägheitsmoment der zylinderförmigen Quecksilbermasse senkrecht zur Zeichenebene durch den Schwerpunkt der Quecksilbermasse.

Für einen Zylinder der Höhe h gilt für das Trägheitsmoment Θ' durch den Schwerpunkt senkrecht zu h (r ist der Zylinderradius, ϱ die Massendichte des Quecksilbers):

$$I' = 2\int_0^{h/2} h^2 \mathrm{d}m = 2\varrho \cdot \pi r^2 \int_0^{h/2} h^2 \mathrm{d}h = \frac{2}{3} h^3 \cdot \varrho \cdot \pi r^2 \Big|_0^{h/2}$$
$$= \frac{1}{12}(\varrho \cdot \pi r^2 \cdot h) \cdot h^2 = \frac{1}{12} m \cdot h^2$$

Wenn wir annehmen, dass I' deutlich kleiner ist als $m \cdot d^2$, kann man I' gegen $m \cdot d^2$ vernachlässigen und erhält dann:

$$\tau \cong 2\pi\sqrt{\frac{d}{g}} = 2\pi\sqrt{\frac{l - h/2}{g}}$$
$$= 2\pi\sqrt{\frac{l\left(1 + \frac{1}{3}\alpha_{\mathrm{p,Me}} \cdot \Delta T^*\right) - \frac{h}{2}\left(1 + \frac{1}{3}\alpha_{\mathrm{p,Hg}} \cdot \Delta T^*\right)}{g}}$$

Die Bedingung dafür, dass τ unabhängig von ΔT^* ist, lautet demnach:

$$l \cdot \alpha_{\mathrm{p,Me}} = \frac{h}{2}\,\alpha_{\mathrm{p,Hg}}$$

Wir setzen die angegebenen Werte ein und erhalten:

$$h = 2l \cdot \frac{\alpha_{\mathrm{p,Me}}}{\alpha_{\mathrm{p,Hg}}} = 2 \cdot 1 \cdot \frac{3}{18} \cong 0,3 \text{ m} = 30 \text{ cm}$$

Die Höhe des Quecksilberspiegels h ist also fast 1/3 der Länge des Metallfadens. Wir überprüfen, ob unsere Näherung gerechtfertigt war:

$$\frac{1}{12}h^2 = 7,5 \cdot 10^{-3}\ \mathrm{m}^2 \quad \text{und} \quad d^2 = \left(1 - \frac{0,3}{2}\right)^2 = 0,7225$$

$$\frac{7,5}{0,7225} \cdot 10^{-3} = 1,03 \cdot 10^{-2} \approx 1\ \%$$

Die Näherung ist also gerechtfertigt. Statt eines Metallfadens wird in der Praxis ein starres Metallpendel verwendet und die „Quecksilbersäule“ hat man sich durch feste Metallstäbe ersetzt vorzustellen, die auf einem Querbalken nach oben ausgerichtet angebracht sind, an dem auch das Ende der Pendelstange befestigt ist. solche Konstruktionen findet man häufig bei alten Stand- oder Wanduhren.

3.7.24 Speicherung und Entsorgung von CO_2 in der Tiefsee?

Es ist vorgeschlagen worden, das klimarelevante Gas CO_2, das bei der Energieerzeugung mit fossilen Brennstoffen entsteht, aus den Abgasen abzutrennen, zu komprimieren und in der Tiefsee zu versenken. Ungeachtet der technischen Möglichkeit sowie des ökonomischen und ökologischen Sinns einer solchen Maßnahme ist das prinzipiell möglich, denn bei genügend hohem Druck, wie er in der Tiefsee herrscht, wird ab einer bestimmten Tiefe die Dichte des komprimierten Gases höher als die des Meerwassers. Die Meerestiefe, die mindestens dazu erforderlich ist, lässt sich ermitteln durch die Bedingung, dass Druck und Dichte des Meerwassers und des komprimierten CO_2-Gases dort gleich sein müssen. Unterhalb dieser Tiefe ist CO_2 schwerer als Meerwasser.

Wir wollen diese Tiefe zunächst für den Fall berechnen, dass CO_2 wie ein ideales Gas behandelt werden kann. Die Dichte des Meerwassers sei unabhängig von der Tiefe $1,025 \cdot 10^3\ \mathrm{kg \cdot m^{-3}}$ und die mittlere Temperatur 288 K. Dann gilt für den Druck von CO_2:

$$p = \left(\frac{n}{V}\right) \cdot R \cdot T^* = \varrho_{\mathrm{CO_2}} \cdot \frac{1}{M_{\mathrm{CO_2}}} \cdot R \cdot T^*$$

wobei die Massendichte $\varrho_{\mathrm{CO_2}}$ gleich der des Meerwassers $\varrho_{\mathrm{Meer}} = 1,025 \cdot 10^3\ \mathrm{kg \cdot m^{-3}}$ zu setzen ist. Die Molmasse von CO_2 ist $0,044\ \mathrm{kg \cdot mol^{-1}}$.

Einsetzen ergibt:

$$p = 1,025 \cdot 10^3 \cdot \frac{1}{0,044} \cdot 8,3145 \cdot 288 = 5,578 \cdot 10^7\ \mathrm{Pa}$$
$$= 557,8\ \mathrm{bar}$$

Dieser Druck entspricht einer Meerestiefe h von

$$h = \frac{p}{\varrho_{\mathrm{Meer}} \cdot g} = \frac{5,578 \cdot 10^7}{1,025 \cdot 9,807 \cdot 10^3} = 5549\ \mathrm{m}$$

Nun ist CO_2 aber bei solchen Druckverhältnissen und 288 K, also unterhalb der kritischen Temperatur $T_c^* = 304,2$ K (s. Tabelle F.1), sicher kein ideales Gas, sondern eine Flüssigkeit, und man muss statt des idealen Gasgesetzes eine möglichst präzise thermische Zustandsgleichung verwenden. Die v. d. Waals-Gleichung oder die Redlich-Kwong-Gleichung sind dazu nicht genau genug, wir verwenden die sog. Benedikt-Webb-Rubin (BWR)-Gleichung, die sehr genau ist und die für CO_2 folgendermaßen lautet:

$$\frac{p}{C_{CO_2} \cdot RT^*} = 1 + \left(B_0 - \frac{A_0}{RT^*} - \frac{D_0}{R \cdot T^{*3}}\right) \cdot C_{CO_2} + \left(b - \frac{a}{RT^*}\right) \cdot C_{CO_2}^2$$
$$+ \frac{a \cdot \alpha}{RT^*} \cdot C_{CO_2}^5 + \frac{f\left(1 + \gamma \cdot C_{CO_2}^2\right)}{R \cdot T^{*3}} \cdot C_{CO_2}^2 \cdot e^{-\gamma \cdot C_{CO_2}^2}$$

Hier ist C_{CO_2} die molare Konzentration von CO_2 in $\text{kmol} \cdot \text{m}^{-3}$. Der für CO_2 einzusetzende Wert ist also

$$C_{CO_2} = \frac{\varrho_{\text{Meer}}}{44} = \frac{1,025 \cdot 10^3}{44} = 23,2954 \, \frac{\text{kmol}}{\text{m}^3}$$

Man beachte, dass $R = 8,3145 \cdot 10^3 \ \text{J} \cdot \text{kmol}^{-1}$ einzusetzen ist und die Molmasse von CO_2 in $\text{kg} \cdot \text{kmol}^{-1}$, also $44 \ \text{kg} \cdot \text{kmol}^{-1}$.

Für die charakteristischen Parameter der BWR-Gleichung gelten im Fall von CO_2 folgende Daten:

$A_0 \ (\text{m}^3/\text{kmol})^2 \cdot \text{Pa}$	=	$277379,8$
$B_0 \ \text{m}^3/\text{kmol}$	=	$0,4991091 \cdot 10^{-1}$
$D_0 \ (\text{m}^3/\text{kmol})^2 3\text{K}^2\text{Pa}$	=	$0,140408 \cdot 10^{11}$
$a \ (\text{m}^3/\text{kmol})^2\text{Pa}$	=	$13863,44$
$b \ (\text{m}^3/\text{kmol})^2$	=	$0,4124070 \cdot 10^{-2}$
$f \ (\text{m}^3/\text{kmol})^3\text{K}^2\text{Pa}$	=	$0,1511650 \cdot 10^{10}$
$\alpha \ (\text{m}^3/\text{kmol})^3$	=	$0,8466750 \cdot 10^{-4}$
$\gamma \ (\text{m}^3/\text{kmol})^2$	=	$0,539379 \cdot 10^{-2}$

Einsetzen in die BWR-Gleichung ergibt mit $T^* = 288$ K:

$$\frac{p}{C_{CO_2} \cdot RT^*} = 1 + (4,991091 \cdot 10^{-2} - 0,115836 - 0,0706933) \cdot 23,2954$$
$$+ (0,412407 \cdot 10^{-2} - 0,00578952) \cdot (23,2954)^2 + 4,90184 \cdot 10^{-7} \, (23,2954)^5$$
$$+ 2,9888 \cdot 10^{-2} \cdot (23,2954)^2 \cdot \exp[-2,92708]$$
$$= 1 - 3,18259 - 0,9038 + 3,3629 + 0,8686 = 1,1451$$

Damit ergibt sich für den Druck p:

$$p = 1,1451 \cdot 23,2954 \cdot 8,3145 \cdot 10^3 \cdot 288 = 6,387 \cdot 10^7 \ \text{Pa}$$
$$= 638,7 \ \text{bar}$$

Der Druck ist also nicht deutlich höher als bei Anwendung des idealen Gasgesetzes. Das liegt an einer weitgehenden Kompensation von positiven und negativen Termen in der BWR-Gleichung. Der Wert von 638,7 bar liegt um fast das 10fache über dem kritischen Druck von CO_2, so dass unter diesen Bedingungen sicher nur 1 Phase existiert, auch wenn $T^* = 288$ K unterhalb der kritischen

Temperatur von 304,2 K liegt. Die Meerestiefe, unterhalb der man CO_2 einbringen müsste, ist dann:

$$h = \frac{6{,}387 \cdot 10^7}{1{,}025 \cdot 10^3 \cdot 9{,}807} = 6354 \text{ m}$$

Solche Meerestiefen stehen nur an wenigen Stellen auf der Erde zur Verfügung.

3.7.25 Umrechnung von Volumen- in Druck-Virialkoeffizienten

Die Virialgleichung als thermische Zustandsgleichung findet man in der Literatur in zwei verschiedenen Versionen. Zum einen in der Schreibweise von Gl. (3.3):

$$\frac{p \cdot \overline{V}}{RT^*} = 1 + B(T^*) \cdot \frac{1}{\overline{V}} + C(T^*) \cdot \frac{1}{\overline{V}^2} + D(T^*) \cdot \frac{1}{\overline{V}^3} + \cdots$$

oder in der Schreibweise:

$$\frac{p \cdot \overline{V}}{RT^*} = 1 + \widetilde{B}(T^*) \cdot p + \widetilde{C}(T^*) \cdot p^2 + \widetilde{D}(T^*) \cdot p^3 + \cdots$$

Die Virialkoeffizienten $B, C, D, \ldots$ und $\widetilde{B}, \widetilde{C}, \widetilde{D}, \ldots$ sind verschieden, aber nicht unabhängig voneinander. Wie die eine Form in die andere umgerechnet werden kann, soll hier gezeigt werden. Dazu setzen wir beide Gleichungen ineinander ein. Man erhält so:

$$\begin{aligned} p = {} & \frac{RT^*}{\overline{V}} + \widetilde{B} \cdot \frac{RT^*}{\overline{V}} \left[\frac{RT^*}{\overline{V}} + B \cdot \frac{RT^*}{\overline{V}^2} + C \cdot \frac{RT^*}{\overline{V}^3} + D \cdot \frac{RT^*}{\overline{V}^4} + \cdots \right] \\ & + \widetilde{C} \cdot \frac{RT^*}{\overline{V}} \left[\frac{RT^*}{\overline{V}} + B \cdot \frac{RT^*}{\overline{V}^2} + C \cdot \frac{RT^*}{\overline{V}^3} + D \cdot \frac{RT^*}{\overline{V}^4} + \cdots \right] \\ & + \widetilde{D} \cdot \frac{RT^*}{\overline{V}} \left[\frac{RT^*}{\overline{V}} + B \cdot \frac{RT^*}{\overline{V}^2} + C \cdot \frac{RT^*}{\overline{V}^3} + D \cdot \frac{RT^*}{\overline{V}^4} + \cdots \right] \\ & + \cdots \end{aligned}$$

Vergleichen wir diesen Ausdruck mit der ersten Gleichung

$$p = \frac{RT^*}{\overline{V}} + B \cdot RT^* \cdot \frac{1}{\overline{V}^2} + C \cdot RT^* \cdot \frac{1}{\overline{V}^3} + D \cdot RT^* \cdot \frac{1}{\overline{V}^4},$$

so erlaubt ein Koeffizientenvergleich den Zusammenhang anzugeben, indem wir Terme mit identischen Potenzen von $1/\overline{V}$ vergleichen. Dann gilt:

$$B \cdot RT^* \cdot \frac{1}{\overline{V}^2} = \widetilde{B} \cdot (RT^*)^2 \cdot \frac{1}{\overline{V}^2}$$

[2]Abbildung nach: J. Prausnitz, R. N. Lichtenthaler, E. G. Azevedo, Molecular Thermodynamics of Fluid Phase Equilibria, Prentice Hall (1986)

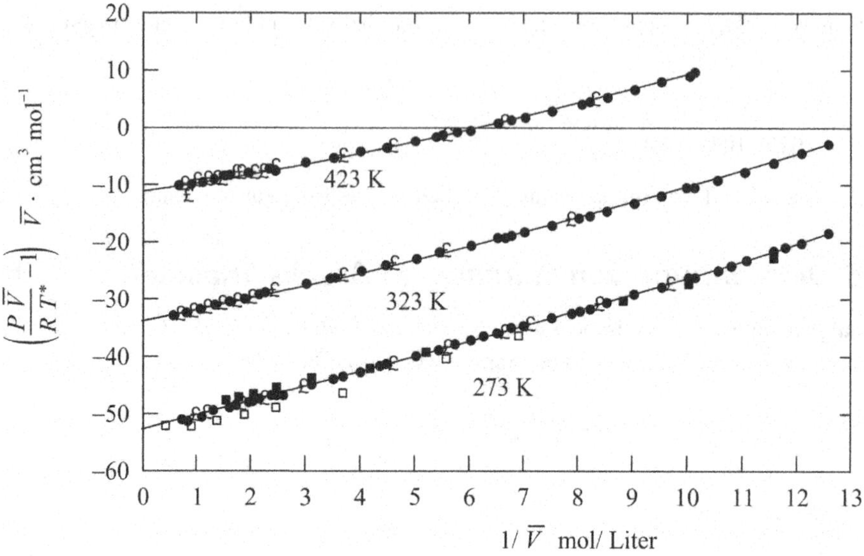

Abb. 3.16 Experimentelle Daten für p und $\overline{V}$ bei 3 verschiedenen Temperaturen als Plot $(p \cdot \overline{V}/(RT^*) - 1) \cdot \overline{V}$ gegen $1/\overline{V}$ aufgetragen für Methan.[2] Die gestrichelte Gerade bestimmt die Steigung bei $1/\overline{V} = 0$ und somit den Wert von $C(T^*)$

also:

$$\boxed{\frac{B}{RT^*} = \widetilde{B}}$$

Die Gleichsetzung der Koeffizienten vor $1/\overline{V}^3$ ergibt:

$$C \cdot RT^* \cdot \frac{1}{\overline{V}^3} = \widetilde{B} \cdot B \cdot (RT^*)^2 \cdot \frac{1}{\overline{V}^3} + \widetilde{C} \cdot (RT^*)^3 \cdot \frac{1}{\overline{V}^3}$$

und somit:

$$\boxed{\frac{C - B^2}{(RT^*)^2} = \widetilde{C}}$$

Der Vergleich der Koeffizienten vor $1/\overline{V}^4$ ergibt:

$$\boxed{\widetilde{D} = \frac{D - 3BC + 2B^3}{(RT^*)^3}}$$

So kann man weiter fortfahren. In der Praxis jedoch genügt es, den Zusammenhang bis zum 4. Virialkoeffizienten zu kennen. Als Beispiel wollen wir PVT-Messdaten von CH_4 auswerten und daraus zunächst $B(T^*)$ und $C(T^*)$ ermitteln sowie dann $\widetilde{B}(T^*)$ und $\widetilde{C}(T^*)$. In Abb. 3.16 ist für CH_4 die grafische Darstellung von gemessenen Werten der Größe $(p \cdot \overline{V}/(RT^*) - 1)\overline{V}$ gegen $1/\overline{V}$ aufgetragen. Es ist klar, dass der Achsenabschnitt den Wert für $B(T^*)$ ergibt und die Steigung den für $C(T^*)$.

Tabelle 3.4 zeigt die erhaltenen Ergebnisse.

Tab. 3.4 Virialkoeffizienten von Methan

$\frac{\text{Temperatur}}{\text{K}}$	$\frac{B(T^*)}{\text{cm}^3 \cdot \text{mol}^{-1}}$	$\frac{C(T^*)}{\text{cm}^6 \cdot \text{mol}^{-2}}$	$\frac{\widetilde{B}(T^*)}{\text{cm}^3 \cdot \text{mol}^{-1} \cdot \text{J}^{-1}}$	$\frac{\widetilde{C}(T^*)}{\text{cm}^6 \cdot \text{mol}^{-2} \cdot \text{J}^{-2}}$
423	- 11,5	1520	$-3,27 \cdot 10^{-3}$	$1,12 \cdot 10^{-4}$
323	- 34,0	2060	$-1,266 \cdot 10^{-2}$	$1,25 \cdot 10^{-4}$
273	- 52,8	2580	$-2,24 \cdot 10^{-2}$	$-4,03 \cdot 10^{-5}$

3.7.26 Ein thermodynamisches Szenario des atmosphärischen Wassergehaltes in der frühen Erdgeschichte

Das gesamte Oberflächenwasser der Erde, also das Wasser der Meere, Seen, Flüsse, Gletscher und das Grundwasser war möglicherweise in einer frühen Phase der Atmosphärenentwicklung der Erde als Wasserdampf in der Atmosphäre enthalten, bevor das Wasser langsam auskondensierte. Wenn man die heutige Menge an Oberflächenwasser zugrunde legt, lassen sich Temperatur- und Druckverhältnisse dieser Wasserdampf-Atmosphäre abschätzen. Dazu benötigt man zunächst die gesamte Wassermenge. In den Meeren sind derzeit $1348 \cdot 10^6$ km^3 Wasser enthalten, in den Süßwasserreservoirs (Seen, Flüsse, Eis) $36 \cdot 10^6$ km^3. Wenn man die Dichte des Wassers mit ca. 10^3 kg $\cdot$ m^{-3} ansetzt, ergibt sich für die Gesamtmolzahl n_{H_2O} des Wassers auf der Erde (s. auch Aufgaben 1.4.19 und 1.4.20):

$$n_{H_2O} = m_{H_2O}/M_{H_2O} = 1,384 \cdot 10^{21}/0,018 = 7,69 \cdot 10^{22} \text{ mol}$$

Der Druck p_{0,H_2O} der Wasserdampfatmosphäre am Erdboden ergibt sich aus dem Kräftegleichgewicht

$$m_{H_2O} \cdot g = p_{0,H_2O} \cdot A_E$$

wobei A_E die Erdoberfläche bedeutet ($A_E = 5,093 \cdot 10^{14}$ m^2). Es folgt:

$$p_0 = \frac{M_{H_2O} \cdot n_{H_2O} \cdot g}{A_E} = \frac{0,018 \cdot 7,69 \cdot 10^{22} \cdot 9,81}{5,093 \cdot 10^{14}} = 2,67 \cdot 10^7 \text{ Pa} = 267 \text{ bar}$$

Dieser Druck liegt oberhalb des kritischen Druckes von Wasser (221,3 bar), so dass die Temperatur *oberhalb* der kritischen Temperatur von 647 K liegen muss, wenn alles Wasser in einer (überkritischen) Phase vorliegen soll. Das ist durchaus denkbar, da der sehr hohe Gehalt an Wasser in der Atmosphäre zu einem enormen Treibhauseffekt führt, der solch hohe Temperatur als möglich erscheinen lässt. Man denke an das Beispiel der Venusatmosphäre, die im wesentlichen aus dichtem CO_2 besteht und wo am Boden Temperaturen von ca. 735 K und ein Druck von 93 bar herrschen.

Dieses thermodynamische Szenario hat keinen wirklichen Realitätsanspruch, da sich in der frühen Erdgeschichte auch weniger Wasser in der Atmosphäre befunden haben kann, aber es gibt eine Vorstellung von den lebensfeindlichen Bedingungen dieser Epoche, in der die Erdatmosphäre neben H_2O wahrscheinlich nur CO_2 und N_2 enthielt (siehe auch Aufgabe 1.4.18 und Aufgabe 1.4.19 von Kapitel 1).

3.7.27 Das Prinzip der korrespondierenden Zustände

Wir setzen in der v. d. Waals-Gleichung (Gl. 3.2) $V = n \cdot \overline{V}$ ein und dividieren die Gleichung durch p_c sowie durch $\overline{V}_c$. Damit erhalten wir:

$$\left(\frac{p}{p_c} + \frac{9}{8}\,\frac{RT_c^* \cdot \overline{V}_c}{\overline{V}^2 \cdot p_c}\right)\left(\frac{\overline{V}}{\overline{V}_c} - \frac{1}{3}\right) = \frac{8}{3}\,\frac{T^*}{T_c^*}$$

wobei wir entsprechend den Ausführungen in Kapitel 3.2 $a = 9 \cdot R \cdot T_c^* \cdot \overline{V}_c/8, b = \overline{V}_c/3$ und $T^* = p_c \cdot \overline{V}_c \cdot 8/(3R)$ eingesetzt haben. Wir bezeichnen nun p/p_c mit $\widetilde{p}, \overline{V}/\overline{V}_c$ und $\widetilde{v}$. Damit ergibt sich:

$$\left(\widetilde{p} + \frac{3}{\widetilde{v}^2}\right)\left(\widetilde{v} - \frac{1}{3}\right) = \frac{8}{3} \cdot \widetilde{T}^* \tag{3.14}$$

wobei $\widetilde{T}^* = T^*/T_c^*$ ist.

Das Interessante an dieser Beziehung ist, dass sie nur die dimensionslosen Größen $\widetilde{p}, \widetilde{v}$ und $\widetilde{T}^*$ enthält. Gl. (3.14) ist also unabhängig von einem spezifischen Stoff, d. h., sie ist universell. Natürlich ist die v. d. Waals-Gleichung, wie wir wissen, keine besonders gute Zustandsgleichung, aber sie legt nahe, dass ganz allgemein bei einer thermischen Zustandsgleichung $p = p(\overline{V}, T^*)$ eine Division von p durch p_c, von $\overline{V}$ durch $\overline{V}_c$ sowie T^* durch T_c^* zu einem universalen Verhalten aller fluiden Stoffe führen könnte. Bei den Stoffen, wo das näherungsweise erfüllt ist, spricht man vom *Prinzip der korrespondierenden Zustände.* Als Beispiel für dieses Prinzip lässt sich die Virialentwicklung nach Gl. (3.3) anführen. Erweitert man in Zähler und Nenner im 2. Koeffizienten mit $\overline{V}_c$ im dritten mit $\overline{V}_c^2$ usw., erhält man:

$$\frac{p\overline{V}}{RT^*} = \frac{\widetilde{p}\,\widetilde{v}}{\widetilde{T} \cdot R} = 1 + \left(\frac{B(T^*)}{\overline{V}_c}\right) \cdot \frac{1}{\widetilde{v}} + \left(\frac{C(T^*)}{\overline{V}_c^2}\right) \cdot \frac{1}{\widetilde{v}^2} + \cdots$$

Wenn das Prinzip der korrespondierenden Zustände gültig ist, erwartet man, dass experimentelle Daten des 2. Virialkoeffizienten $B(T^*)$ für verschiedene Stoffe dividiert durch das kritische Molvolumen $\overline{V}_c$ alle ungefähr auf einer Kurve liegen sollten, wenn man $B(T^*)/\overline{V}_c$ gegen T^*/T_c^* aufträgt. Abb. 3.17 zeigt, dass das für einfache Moleküle in der Tat der Fall ist, für komplexere Moleküle gibt es allerdings mehr oder weniger deutliche Abweichungen vom Prinzip der korrespondierenden Zustände.

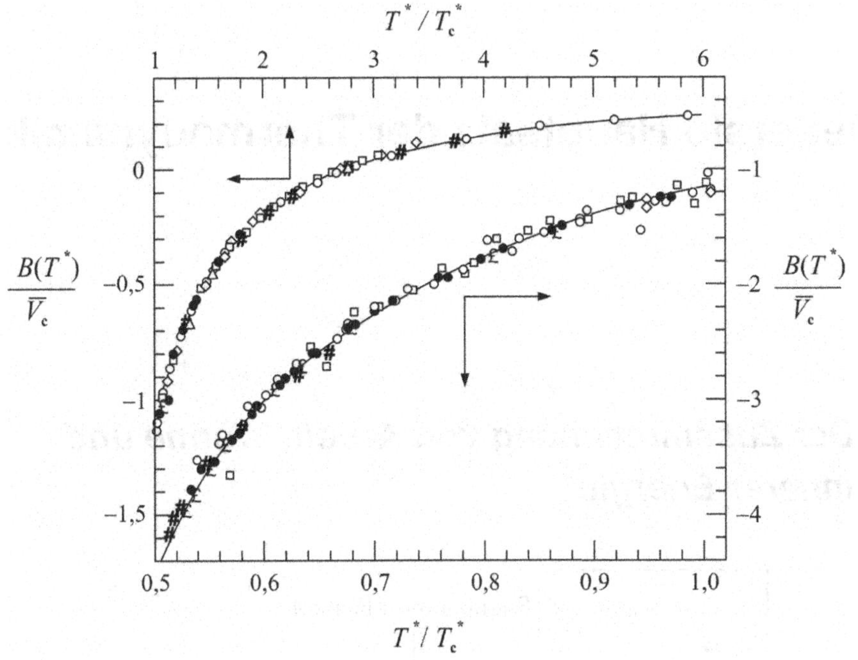

Abb. 3.17 Test des Prinzips der korrespondierenden Zustände am Beispiel des 2. Virialkoeffizienten. Aufgetragen sind experimentelle Daten von $B(T^*)/\overline{V}_c$ gegen T^*/T_c^*. ○● Argon, △ ▲ Krypton, ◊ Xenon, □ Methan[3]

[3]Abbildung nach E. A. Guggenheim, Thermodynamics, North-Holland Publ. Company Amsterdam (1967)

4 Der erste Hauptsatz der Thermodynamik

4.1 Der Zusammenhang von Arbeit, Wärme und innerer Energie

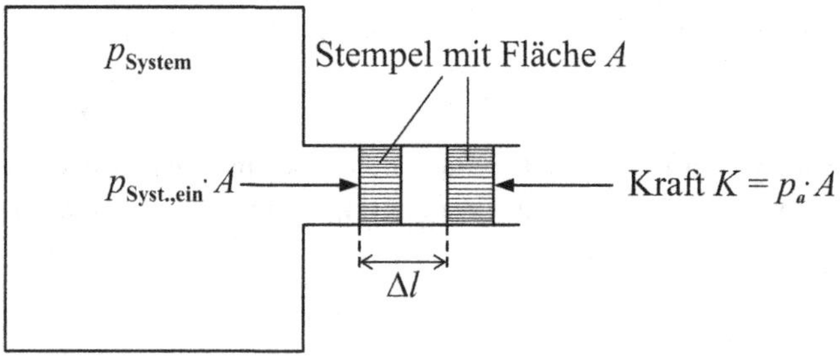

Abb. 4.1 Kompression bzw. Ausdehnung eines Systems (z. B. eines Gases)

An einem System, in dem der Druck p_{System} herrscht, kann eine Arbeit W geleistet werden mit $W > 0$, z. B. durch Kompression des Systems mit einem Stempel (W = Kraft (K) mal Weg (Δl)). Das System kann aber auch selbst eine Arbeit W leisten mit $W < 0$, z. B. durch Ausdehnung des Systems gegen eine Kraft K. W ist also positiv, wenn das System Energie aufnimmt, W ist negativ, wenn das System Energie nach außen abgibt. Abb. 4.1 illustriert diese Vorgänge.

Diese Arbeitsform nennt man *Volumenarbeit* und für ihr Differential gilt:

$$\delta W = -K \cdot \mathrm{d}l$$

oder besser:

$$\delta W = -p_a \mathrm{d}V \quad \text{bzw.} \quad \delta W = -p_{System} \cdot \mathrm{d}V$$

p_a ist dann der äußere Druck (Index a) bzw. p_{System} der Druck im System. Wenn Kräftegleichheit bzw. *Druckgleichheit innen und außen* herrscht ($p_a = p_{System}$), spricht man von *quasistatischer Arbeit* δW_{qs} (Index qs. = quasistatisch). Das System befindet sich dabei im thermodynamischen Gleichgewicht.

Wir hatten bereits in Abschnitt 1.1 festgestellt, dass eigentlich ein solcher Prozess nur *unendlich langsam* ablaufen kann, denn wenn er in endlicher Zeit ablaufen soll, muss *Ungleichheit der Kräfte* herrschen ($p_a \neq p_{\text{System}}$).

Beim *quasistatischen Prozess ist der Druck* $p = p_{\text{System}}$ *eine Zustandsgröße des Systems.* Das System befindet sich dabei im thermodynamischen Gleichgewicht. Quasistatische Prozesse gehören zu den sog. *reversiblen* Prozessen und wir übernehmen ab hier diese Bezeichnungsweise:

$$\delta W_{\text{qs}} = \delta W_{\text{rev}} = -p\mathrm{d}V$$

Wird am System Arbeit geleistet ($\mathrm{d}V < 0$), so ist δW_{rev} positiv, wenn das System selbst Arbeit leistet ($\mathrm{d}V > 0$), negativ.

Wir zeigen nun, dass $p\mathrm{d}V$ *kein* vollständiges Differential ist:

Wir schreiben für das totale Differential von V:

$$\mathrm{d}V = \left(\frac{\partial V}{\partial T^*}\right)_p \mathrm{d}T^* + \left(\frac{\partial V}{\partial p}\right)_{T^*} \mathrm{d}p$$

Damit folgt:

$$-\delta W_{\text{rev}} = p \cdot \mathrm{d}V = p\left(\frac{\partial V}{\partial T^*}\right)_p \mathrm{d}T^* + p\left(\frac{\partial V}{\partial p}\right)_{T^*} \mathrm{d}p$$

Wir berechnen:

$$\frac{\partial}{\partial p}\left[\left(p\left(\frac{\partial V}{\partial T^*}\right)_p\right)\right]_{T^*} = \left(\frac{\partial V}{\partial T^*}\right)_p + p\frac{\partial^2 V}{\partial p \cdot \partial T^*}$$

und

$$\frac{\partial}{\partial T^*}\left[\left(p\left(\frac{\partial V}{\partial p}\right)_{T^*}\right)\right]_p = p\frac{\partial^2 V}{\partial T^* \cdot \partial p}$$

Da auf jeden Fall gilt $\partial^2 V/\partial T^* \partial p = \partial^2 V/\partial p \partial T^*$ (Schwarz'scher Satz), ist $p\mathrm{d}V$ nur dann ein vollständiges Differential, wenn immer gelten würde: $(\partial V/\partial T^*)_p = 0$, das ist aber nicht der Fall, also ist δW_{qs} ein unvollständiges Differential. Das ist nochmals in Abb. 4.2 illustriert, wo deutlich wird, dass $-\int \delta W_{\text{qs}} = \int p\mathrm{d}V$ vom Weg abhängt.

Es gibt noch andere Arten von Arbeit, die das System mit der Umgebung austauschen kann,

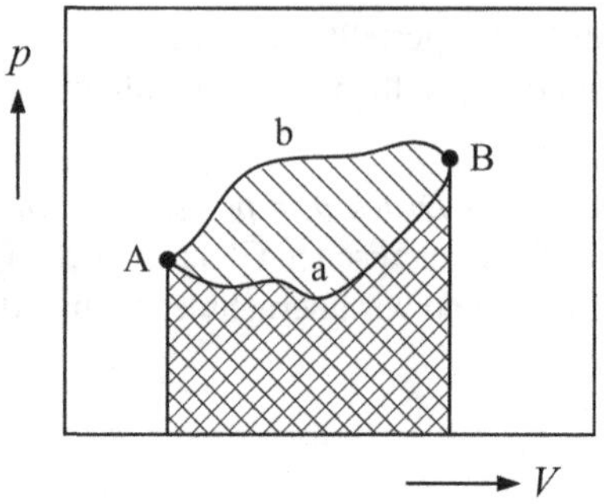

Abb. 4.2 Zur Wegabhängigkeit des Integrals $\int p\mathrm{d}V$. Das Integral von A nach B über Weg a hat einen kleineren Wert als über Weg b

von denen wir die wichtigsten anführen:

Die Oberflächenarbeit $W_{1,\mathrm{qs}}$:
$\delta W_{1,\mathrm{rev}} = \sigma \cdot \mathrm{d}A$ — σ = Oberflächenspannung (bzw. Grenzflächenspannung)
A = Oberfläche(bzw. Grenzfläche)

Die dielektrische Arbeit $W_{2,\mathrm{qs}}$:
$\delta W_{2,\mathrm{rev}} = +\vec{E}\mathrm{d}(\vec{P} \cdot V)$ — $\vec{E}$ = elektrische Feldstärke,
$\vec{P}$ = elektrischeVolumenpolarisation
V = Volumen

Die magnetische Arbeit $W_{3,\mathrm{qs}}$:
$\delta W_{3,\mathrm{rev}} = +\vec{H}\mathrm{d}(\vec{M} \cdot V)$ — $\vec{H}$ = magnetische Feldstärke,
$\vec{M}$ = magnetischeVolumenpolarisation
V = Volumen

Die Spannungarbeit $W_{4,\mathrm{qs}}$:
$\delta W_{4,\mathrm{rev}} = +\vec{K} \cdot \mathrm{d}\vec{l}$ — $\vec{K}$ = Zugkraft
$\vec{l}$ = Länge

Die elektrochemische Arbeit $W_{5,\mathrm{qs}}$:
$\delta W_{5,\mathrm{rev}} = +\Delta\Phi \cdot \mathrm{d}q$ — $\Delta\Phi$ = elektromotorische Kraft = elektrische Spannung eines galvanischen Elements,
q = elektrische Ladung

Allgemein kann man schreiben:

$$\delta W_{\mathrm{rev}} = \sum_i \delta W_{i,\mathrm{rev}} = \sum_i \lambda_i \mathrm{d}l_i \tag{4.1}$$

Man nennt λ_i *den Arbeitskoeffizienten* der Arbeitsart *i (intensive Größe)* und l_i *die Arbeitskoordinate* der Arbeitsart *i (extensive Größe).*

Wenn man *irreversibel* arbeitet ($\lambda_{i,\mathrm{außen}} \neq \lambda_{i,\mathrm{innen}}$), lässt sich bei der Prozessumkehr – selbst wenn man dabei wieder reversibel arbeitet – nicht mehr die am System geleistete bzw. vom System geleistete Arbeit zurückgewinnen. Dieser verlorene Teil der Arbeit heißt *dissipierte Arbeit* W_{diss},

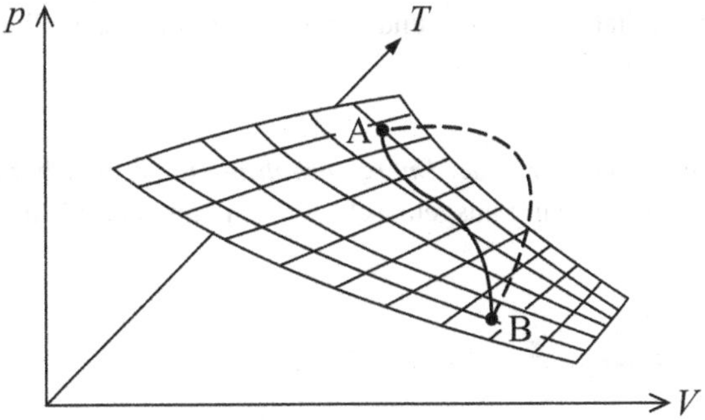

Abb. 4.3 Quasistatischer Prozess auf einer pVT-Oberfläche: ——,
nicht-quasistatischer (irreversibler) Prozess: - - - - -

differentiell δW_{diss}. Wir kommen darauf noch ausführlich in Kapitel 5.6 zu sprechen. *Reversible Prozesse* laufen als *quasi-Gleichgewichtsprozesse auf der Oberfläche der Zustandsgleichung* von Punkt A nach B ab, während irreversible Prozesse in undefinierter Weise von A nach B ablaufen. Das verdeutlicht Abb. 4.3 am Beispiel der pVT-Oberfläche eines beliebigen Systems (nicht notwendigerweise ein ideales Gas).

Im Fall der pVT-Oberfläche stellt die reversible Volumenarbeit $-\int_A^B p\mathrm{d}V$ das Integral der Projektion des Weges von A nach B auf die pV-Ebene dar. Umgekehrt gilt: wenn die Funktion $p = p(V)$ auf der pV-Ebene vorgegeben ist, dann ist durch ihre Projektion auf die pVT-Zustandsfläche eindeutig der Weg auf der Oberfläche von A nach B definiert. Dabei wird deutlich, dass verschiedene Wege auf der Oberfläche von A nach B möglich sind, die i. a. zu unterschiedlichen Werten von $-\int_A^B p\mathrm{d}V$ führen. Das illustriert nochmals, dass $-p\mathrm{d}V$ kein vollständiges Differential ist.

Die vom System oder am System geleistete (differentielle) Arbeit δW lässt sich formal in einen reversiblen (Index: rev) δW_{rev}- und nicht-irreversiblen W_{diss}-Anteil aufspalten, der die dissipierte Arbeit bezeichnet.

$$\delta W = \delta W_{\text{rev}} + \delta W_{\text{diss}} = \sum_i \lambda_i \mathrm{d}l_i + \delta W_{\text{diss}}$$

bzw.

$$\delta W = \sum_i (\lambda_{i,\text{außen}} - \lambda_{i,\text{system}})\mathrm{d}l_i + \delta W_{\text{rev}}$$

Der Prozess des Arbeitsaustausches des Systems mit der Umgebung kann auf verschiedenen Wegen ablaufen. Ein Prozess heißt *adiabatisch,* wenn die *Arbeit* W *die einzige energetische Austauschform des Systems mit der Umgebung ist (thermische Isolierung).*

Dann ändert sich die *innere Energie des Systems* auf dem Weg von *Zustand I* nach *Zustand II* um ΔU:

$$\Delta U = U_{\text{II}} - U_{\text{I}} = \int \delta W = W(\text{adiabatisch})$$

Gibt man die Bedingung „adiabatisch“ auf, und damit die thermische Isolierung, gilt allgemein:

$$\Delta U \neq W$$

Wegen des fundamentalen Gesetzes der *Energieerhaltung* muss es daher eine weitere Energieform Q geben, die mit der Umgebung ausgetauscht werden kann und für die gilt:

$$\boxed{Q = \Delta U - W}$$

oder differentiell ausgedrückt:

$$\mathrm{d}U = \delta Q + \delta W$$

Q nennt man die *Wärme*. Da die innere Energie U eine Zustandsgröße ist, $\mathrm{d}U$ also ein totales Differential darstellt, ferner δW ein unvollständiges Differential ist, kann δQ auch nur ein unvollständiges Differential sein. Die Summe $\delta Q + \delta W$ dagegen ist immer ein vollständiges Differential. Q kann nur mit der Umgebung ausgetauscht werden, wenn die Systemwände *„diatherm“* sind, d. h., wenn Temperaturausgleich mit der Umgebung möglich ist. Haben System und Umgebung dieselbe Temperatur, ist ein Austausch von Q in endlicher Zeit nicht möglich, bei quasistatischen Prozessen mit konstanter Temperatur kann also ein Austausch von Wärme nur idealisiert, d. h. unendlich langsam erfolgen.

Rechnen wir noch die potentielle Energie E_{pot} und die kinetische Energie E_{kin} des gesamten Systems hinzu, so erhält man:

$$\boxed{\Delta E = \Delta E_{\mathrm{kin}} + \Delta E_{\mathrm{pot}} + \Delta U = \Delta E_{\mathrm{kin}} + \Delta E_{\mathrm{pot}} + Q + W} \qquad (4.2)$$

ΔE ist die Energieänderung des gesamten Systems bestehend aus *drei* Anteilen:

ΔE_{kin} ist die Änderung der gesamten (makroskopischen) kinetischen Energie des Systems, ΔE_{pot} die Änderung der potentiellen Energie des Systems und ΔU die Änderung der inneren Energie des Systems. Gl. (4.2) ist der 1. Hauptsatz der Thermodynamik in seiner allgemeinen Form. Setzt man für W die integrierte Form von Gl. (4.1) ein, erhält man:

$$\Delta E = \Delta E_{\mathrm{kin}} + \Delta E_{\mathrm{pot}} + Q + \sum_i \int (\lambda_{i,\mathrm{außen}} - \lambda_{i,\mathrm{System}})\mathrm{d}l_i + W_{\mathrm{rev}}$$

Wenn die kinetischen sowie die potentiellen Energien des Systems unverändert bleiben, dann gilt mit $\Delta E_{\mathrm{pot}} = 0$ sowie $\Delta E_{\mathrm{kin}} = 0$:

$$\boxed{\Delta U = Q + W} \qquad (4.3)$$

Das ist der 1. Hauptsatz der Thermodynamik, wie er in der chemischen Thermodynamik in der Regel benötigt wird. Er ist in Gl. (4.2) mit enthalten.

Im Gegensatz zu Q und W ist die *innere Energie U eine Systemzustandsgröße*. In einem abgeschlossenen System ($\delta Q = 0, \delta W = 0$) ist $U = \text{const.}$ bzw. $\mathrm{d}U = 0$.

Am naheliegendsten ist es, U als Funktion der Zustandsvariablen $V, T^*, n_1, \ldots, n_k$ darzustellen:

$$\mathrm{d}U = \left(\frac{\partial U}{\partial T^*}\right)_{V,n_i} \mathrm{d}T^* + \left(\frac{\partial U}{\partial V}\right)_{T^*,n_i} \mathrm{d}V + \sum_{i=1}^{k} \left(\frac{\partial U}{\partial n_i}\right)_{T^*,V,n_{j\neq i}} \mathrm{d}n_i$$

In dieser Schreibweise wird der Begriff der inneren Energie gleich für offene Systeme erweitert, d. h., wir wählen neben T^* und V auch die Molzahlen n_i als freie, unabhängige Variable.

Für die molare innere Energie einer Mischung gilt:

$$\boxed{\frac{U_\mathrm{M}}{\sum n_i} = \overline{U}_\mathrm{M}(\overline{V}, T^*, x_1, x_2, \ldots, x_k)}$$

wobei wieder wie beim Übergang von V zu $\overline{V}_\mathrm{M}$ wegen der Bedingung $\sum x_i = 1$ statt $2k$ Variablen nur noch $2k-1$ freie Variablen verfügen.

Im Spezialfall des reinen Stoffes gilt:

$$\frac{U}{n} = \overline{U} = \overline{U}(\overline{V}, T^*)$$

Ein wesentlicher Unterschied zu $V(T^*, p, n_1, \ldots, n_k)$ ist, dass für U kein absoluter Wert angegeben werden kann. Man nennt $U(V, T^*, n_1, \ldots, n_k)$ *eine kalorische Zustandsgröße*, während man $V(T^*, p, n_1, \ldots, n_k)$ *als thermische Zustandsgröße* bezeichnet. Die physikalische Einheit für U ist das Joule (J) und für $\overline{U}$ ($\mathrm{J} \cdot \mathrm{mol}^{-1}$).

Wir betrachten jetzt den Differentialquotienten $(\partial U/\partial T^*)_V$ bzw. $\left(\partial \overline{U}/\partial T^*\right)_{\overline{V}}$ und seine physikalische Bedeutung genauer.

1. Führt man dem geschlossenen System mit n Molen unter adiabatischen Bedingungen ($\delta Q = 0$) – z. B. in einem idealen „Dewar"-Gefäß – durch einen elektrischen Widerstand die dissipierte Arbeit $\delta W_\mathrm{diss} = R \cdot I^2 \cdot \mathrm{d}t$ zu (s. Abb. 4.4a) (R = elektrischer Widerstand in Ω (Ohm), I = elektrische Stromstärke in A (Ampere) = C $\cdot \mathrm{s}^{-1}$ (Coulomb pro Sekunde), gilt:

$$\delta W_\mathrm{diss} = \left(\frac{\partial U}{\partial T^*}\right)_{V,n} \cdot \mathrm{d}T^*$$

wobei V = const. gehalten wird und alle n_i konstant bleiben (adiabatisch-*isochorer* Prozess: es wird keine Wärme δQ mit der Umgebung ausgetauscht!)

Die Größe

$$\overline{C}_V = \frac{1}{n}\left(\frac{\partial U}{\partial T^*}\right)_{V,n} = \left(\frac{\partial \overline{U}}{\partial T^*}\right)_{\overline{V}} = R \cdot I^2 \cdot \frac{\mathrm{d}t}{\mathrm{d}T^*} \cdot \frac{1}{n} \approx R \cdot I^2 \cdot \frac{\Delta t}{\Delta T^*} \cdot \frac{1}{n} \tag{4.4}$$

wird als molare Wärmekapazität oder Molwärme bei konstantem Volumen bezeichnet. Die elektrische Leistung $R \cdot I^2$ lässt sich leicht bestimmen, Δt wird gestoppt, n ist vorgegeben und ΔT^* wird mit einem Thermometer gemessen. Damit lässt sich $\overline{C}_V$ experimentell ermitteln.

Eine andere Möglichkeit ist das Herabsinken eines Gewichtes, das über zwei Rollen ein Schaufelrad S in dem fluiden System antreibt (Abb. 4.4b). Über das Schaufelrad wird die dissipierte Arbeit $\delta W_\mathrm{diss} = m \cdot g \cdot \mathrm{d}h$ dem System zugeführt. Hier gilt:

$$\overline{C}_V = \frac{1}{n}\frac{\delta W_\mathrm{diss}}{dT^*} = \frac{1}{n}\left(\frac{\partial U}{\partial T^*}\right)_V = \frac{1}{n}\frac{\delta W_\mathrm{diss}}{\mathrm{d}h} \cdot \frac{\mathrm{d}h}{\mathrm{d}T^*} = \frac{m \cdot g}{n} \cdot \frac{\mathrm{d}h}{\mathrm{d}T^*} \cong \frac{m \cdot g}{n} \cdot \frac{\Delta h}{\Delta T^*}$$

Hier können Δh und ΔT^* bei bekannter Molmasse $m/n = M$ gemessen werden.

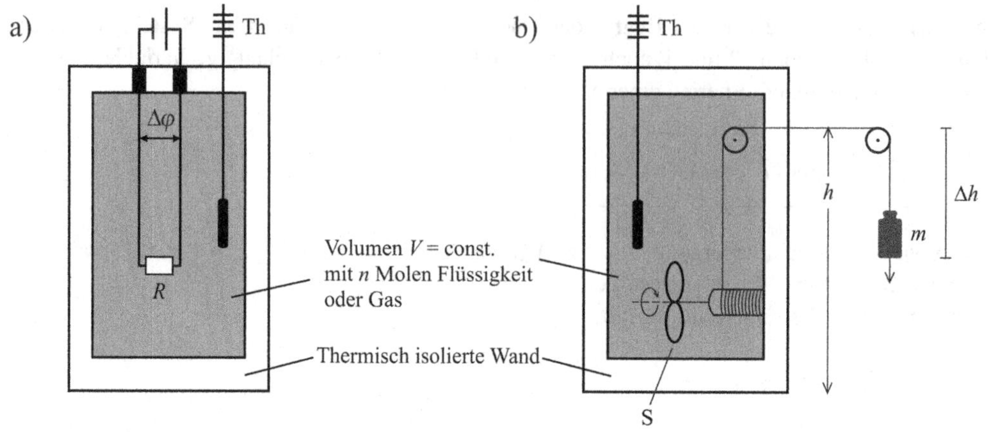

Abb. 4.4 Schematische Versuchsanordnung zur Messung von C_V. a) elektrische Methode: $\Delta\varphi$ = elektrische Spannung, Th = Thermometer, R = elektrischer Widerstand. b) mechanische Methode: m = Masse, S = Schaufelrad, Δh = Höhenunterschied

Diese Methode ist zur Messung von $\overline{C}_V$ allerdings weit weniger gut geeignet. Sie hat aber historische Bedeutung, da auf ähnliche Weise im 19. Jahrhundert durch J.P. Joule zum ersten Mal die Äquivalenz von mechanischer Energie und „Wärme" gezeigt wurde, obwohl gar keine Wärme übertragen, sondern dissipierte Arbeit erzeugt wird.

2. n_1 Mole einer Substanz bei T_1^* werden mit n_2 Molen einer zweiten Substanz bei T_2^* ($T_1^* > T_2^*$) in thermischen Kontakt gebracht. Das Gesamtsystem, bestehend aus Substanz 1 und Substanz 2, ist thermisch isoliert, d. h., es herrschen für das Gesamtsystem adiabatische Bedingungen. Es wird *keine* Arbeit δW geleistet. *Dennoch finden in beiden Teilsystemen Temperatur-Änderungen statt,* denn $\Delta U_1 = -Q$ und $\Delta U_2 = +Q$ mit $T_1^* > T_M^* > T_2^*$. Ein Beispiel ist die Zugabe eines unlöslichen Metallstücks (System 1, T_1^*) zu einer Flüssigkeit (System 2, T_2^*). T_M^* ist die Temperatur in beiden Teilsystemen nach dem Temperaturausgleich.

   Dann gilt:

$$\Delta U_1 = \overline{C}_{V_1} \cdot n_1(T_M^* - T_1^*) = -Q < 0$$
$$\Delta U_2 = \overline{C}_{V_2} \cdot n_2(T_M^* - T_2^*) = +Q > 0$$

   Da $\Delta U_1 + \Delta U_2 = 0$, folgt:

$$\overline{C}_{V_1} \cdot n_1(T_M^* - T_1^*) = \overline{C}_{V_2} \cdot n_2(T_M^* - T_2^*)$$

   und somit:

$$\boxed{\overline{C}_{V_2} = \overline{C}_{V_1} \frac{n_1}{n_2} \frac{T_1^* - T_M^*}{T_M^* - T_2^*}}$$

   Bei bekanntem $\overline{C}_{V_1}$ kann also $\overline{C}_{V_2}$ bestimmt werden.

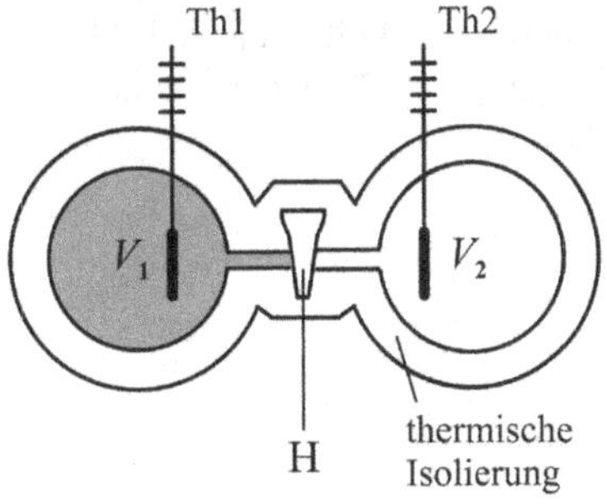

Abb. 4.5 Der Versuch nach Gay-Lussac bzw. Joule
Th1, Th2 = Thermometer, H = Verbindungshahn, V_1, V_2 = Volumina (s. Text)

Wir fassen zusammen: Methode Nr. 1 (Abb. 4.4 (a)) und (b) arbeitet mit $\delta W_{\text{diss}} = \mathrm{d}U$, Methode Nr. 2 mit $\delta Q = \mathrm{d}U$.

Die Molwärme $\overline{C}_V$ wird in $\mathrm{J} \cdot \mathrm{K}^{-1}\mathrm{mol}^{-1}$ angegeben.

Es stellt sich nun die Frage, wie man den anderen Differentialquotienten $(\partial U/\partial V)_{T^*}$ bestimmen kann.

Es gibt dafür eine elegante Methode, die wir erst nach Kenntnis des 2. Hauptsatzes anwenden können: (s. Gl. (5.17)). Hier beschränken wir uns auf ein direktes Experiment, wie man es bei Gasen durchführen kann: der *Versuch nach Gay-Lussac bzw. nach Joule* (s. Abb. 4.5).

Zwei Kolben sind durch einen Hahn, der verschlossen ist, miteinander verbunden. Der linke Kolben ist mit einem Gas (z. B. He oder N_2) gefüllt und enthält n Mole bei einem Druck p, der rechte Kolben ist evakuiert. Das ganze 2-Kolben-System ist adiabatisch isoliert und befindet sich vor Versuchsbeginn bei der Temperatur T_1^*.

Das Gas wird durch Öffnen des Hahns ins Vakuum des rechten Kolbens expandiert und die Endtemperatur T_2^* gemessen. Dabei gilt:

1. Das System leistet *keine* Arbeit, da der Prozess ohne Gegendruck erfolgt, d. h. $\delta W = 0 \quad (\delta W_{\text{qs}} = -\delta W_{\text{diss}})$

2. Wegen der adiabatischen Bedingung ist auch $\delta Q = 0$. Also gilt:

$$\mathrm{d}U = \delta Q + \delta W = 0 = n \cdot \overline{C}_V \mathrm{d}T_U^* + \left(\frac{\partial U}{\partial V}\right)_{T^*} \cdot \mathrm{d}V_U$$

Der Index U bedeutet: bei konstantem Wert von U.

Man schreibt um:

$$\delta_{\text{GL}} = \frac{-\left(\frac{\partial U}{\partial V}\right)_{T^*}}{n \cdot \overline{C}_V} = -\left(\frac{\mathrm{d}T^*}{\mathrm{d}V}\right)_U \cong -\frac{T_2^* - T_1^*}{V_2 + V_1 - V_1} = +\frac{T_1^* - T_2^*}{V_2} = \frac{\Delta T^*}{V_2}$$

δ_{GL} heißt der *Gay-Lussac-Koeffizient*, manchmal auch *Joule-Koeffizient* genannt.

Das Experiment wird mehrfach wiederholt mit jeweils kleinerem Anfangsdruck p bzw. Molzahl n und die Ergebnisse gegen $p = 0$ für den erreichten Enddruck extrapoliert. Das Ergebnis ist für *alle* Gase dasselbe:

$$\lim_{p \to 0} \frac{\Delta T^*}{V_2} = 0$$

Da $\overline{C}_V > 0$, folgt somit:

$$\lim_{p \to 0} \left(\frac{\partial U}{\partial V} \right)_{T^*} = 0$$

Die Schlussfolgerung ist: Bei idealen Gasen ist $(\partial U / \partial V)_{T^*} = -\overline{C}_V \delta_{\mathrm{GL}} = 0$ und damit auch $\delta_{\mathrm{GL}} = 0$.

Hinweis: Bei realen Gasen oder Flüssigkeiten ist das keineswegs der Fall, wie wir noch sehen werden.

4.2 Die Enthalpie als Zustandsgröße – Der Joule-Thomson-Prozess

Da V und p Zustandsgrößen sind, ist es auch das Produkt $p \cdot V$. Addiert man zu U das Produkt $p \cdot V$, erhält man eine neue Zustandsgröße H, *die Enthalpie*

$$\boxed{H = U + p \cdot V} \quad \text{bzw.} \quad \boxed{\overline{H} = \overline{U} + p \cdot \overline{V}} \quad \text{mit} \quad \overline{H} = \frac{H}{n} \tag{4.5}$$

Der tiefere Grund, warum H gerade so definiert ist, wird später nach Kenntnis des 2. Hauptsatzes einleuchtend werden. Es gibt aber auch einen praktischen Grund, der unmittelbar einsichtig ist. Das totale Differential von H lautet:

$$\mathrm{d}H = \mathrm{d}U + p \cdot \mathrm{d}V + V \cdot \mathrm{d}p$$

Im Fall, dass $\delta W_{\mathrm{rev}} = -p \cdot \mathrm{d}V$, folgt mit $\mathrm{d}U = \delta Q - p \cdot \mathrm{d}V$

$$\mathrm{d}H = \delta Q + V\mathrm{d}p$$

Man wählt nun die Enthalpie $H = H(p, T, n_1, \ldots, n_k)$ bzw. die molare Enthalpie $\overline{H} = \overline{H}(p, T, x_1, \ldots, x_k)$, als Funktion von p, T und den Molzahlen bzw. den Molenbrüchen, so dass bei $p = \text{const.}$ gilt:

$$\mathrm{d}H = \delta Q \quad (p = \text{const.})$$

Bei konstantem Druck ist also $\mathrm{d}H$ gleich der differentiellen Wärme δQ, die im reversiblen Fall mit der Umgebung ausgetauscht wird, daher der Name Enthalpie ($\varepsilon\nu\vartheta\alpha\lambda\pi o\varsigma$ (griechisch) = Wärme). Da Wärmemengen bei $p = \text{const.}$ im Allgemeinen gut messbar sind und damit auch Enthalpieänderungen, liegt hier der praktische Sinn der Definition der Enthalpie als Funktion von T, p und den Molzahlen n_i. Im irreversiblen, adiabatischen Fall mit $\delta Q = 0$ und $\delta W = 0$ bzw. $\delta W_{\text{diss}} = p\mathrm{d}V$ gilt hingegen:

$$\mathrm{d}H = \delta W_{\text{diss}} \qquad (p = \text{const.})$$

H bzw. $\overline{H}$ wird ähnlich wie U bzw. $\overline{U}$ als kalorische Zustandsgröße bezeichnet.
Für das totale Differential gilt dann für offene Systeme:

$$\mathrm{d}H = \left(\frac{\partial H}{\partial T^*}\right)_{p,n} \mathrm{d}T^* + \left(\frac{\partial H}{\partial p}\right)_{T^*,n} \mathrm{d}p + \sum_{i=1}^{k} \left(\frac{\partial H}{\partial n_i}\right)_{T^*,p,n_{j\neq i}} \mathrm{d}n_i$$

H ist offensichtlich eine homogene Funktion vom Grad 1 in den Variablen n_1 bis n_k. Dabei gilt:

$$\boxed{H = \sum \overline{H}_i \cdot n_i} \quad \text{bzw.} \quad \boxed{\overline{H} = \sum \overline{H}_i \cdot x_i}$$

wobei $\overline{H}_i = (\partial H_i/\partial n_i)_{T^*,p}$ als partielle molare Enthalpie der Komponente i bezeichnet wird.

Bei einer Systemänderung mit $\delta W_{\text{diss}} = 0$, d. h. bei reversibler Arbeitsweise und $p = \text{const.}$ sowie alle $n_i = \text{const.}$, folgt dann:

$$\mathrm{d}H = \delta Q = \left(\frac{\partial H}{\partial T^*}\right)_{p,n} \cdot \mathrm{d}T^*$$

Es ist jedoch auch möglich, dass sich das System unter den folgenden Bedingungen verändert: $\delta Q = 0$ und $\delta W_{\text{diss}} \neq 0$ bei $p = \text{const.}$, d. h., $\mathrm{d}p = 0$. Wegen $\mathrm{d}U = \delta W_{\text{diss}} - p \cdot \mathrm{d}V = \delta W$ gilt in diesem nicht-quasistatischen (irreversiblen) Fall:

$$\mathrm{d}H = \delta W_{\text{diss}} = \left(\frac{\partial H}{\partial T^*}\right)_{p,n} \cdot \mathrm{d}T^*$$

$$\boxed{\frac{1}{n}\left(\frac{\partial H}{\partial T^*}\right)_{p,n} = \left(\frac{\partial \overline{H}}{\partial T^*}\right)_p = \overline{C}_p}$$

$\overline{C}_p$ heißt die Molwärme bei konstantem Druck und ist nach ähnlichen Methoden messbar wie $\overline{C}_V$, nur dass jetzt bei den entsprechenden Messvorgängen p konstant gehalten werden muss statt V. Das ist experimentell in der Regel viel einfacher.

Es lässt sich nun ein Zusammenhang zwischen $\overline{C}_p$ und $\overline{C}_V$ herstellen. Es gilt definitionsgemäß:

$$\begin{aligned}\overline{C}_p - \overline{C}_V &= \left(\frac{\partial \overline{H}}{\partial T^*}\right)_p - \left(\frac{\partial \overline{U}}{\partial T^*}\right)_V = \left[\frac{\partial(\overline{U} + p \cdot \overline{V})}{\partial T^*}\right]_p - \left(\frac{\partial \overline{U}}{\partial T^*}\right)_V \\ &= \left(\frac{\partial \overline{U}}{\partial T^*}\right)_p + p\left(\frac{\partial \overline{V}}{\partial T^*}\right)_p - \left(\frac{\partial \overline{U}}{\partial T^*}\right)_V\end{aligned}$$

Jetzt betrachten wir nach Kapitel 2.2 den Spezialfall der Transformation $z(x,y) \to z(\alpha,\beta)$ mit $\alpha = x$, also:

$$\left(\frac{\partial z}{\partial x}\right)_\beta = \left(\frac{\partial z}{\partial x}\right)_y \cdot 1 + \left(\frac{\partial z}{\partial y}\right)_x \left(\frac{\partial y}{\partial x}\right)_\beta$$

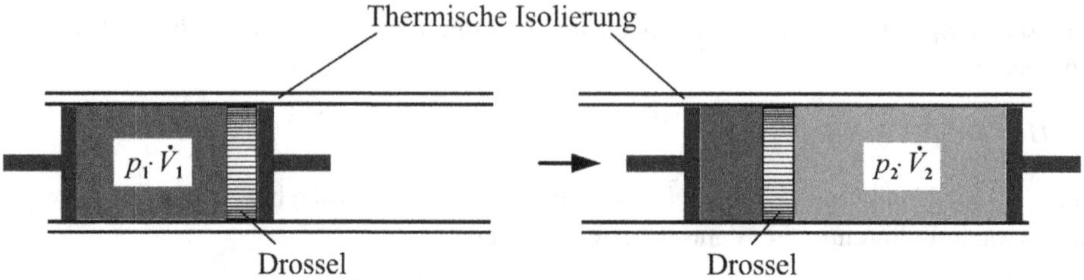

Abb. 4.6 Der Joule-Thomson-Prozess

Mit $\overline{U} = z$, $V = y$, $x = T^*$ und $\beta = p$ folgt dann:

$$\left(\frac{\partial \overline{U}}{\partial T^*}\right)_p = \left(\frac{\partial \overline{U}}{\partial T^*}\right)_V + \left(\frac{\partial \overline{U}}{\partial \overline{V}}\right)_{T^*} \left(\frac{\partial \overline{V}}{\partial T^*}\right)_p$$

Damit ergibt sich:

$$\overline{C}_p - \overline{C}_V = p\left(\frac{\partial \overline{V}}{\partial T^*}\right)_p + \left(\frac{\partial \overline{U}}{\partial \overline{V}}\right)_{T^*} \cdot \left(\frac{\partial \overline{V}}{\partial T^*}\right)_p = \left(\frac{\partial \overline{V}}{\partial T^*}\right)_p \left[p + \left(\frac{\partial \overline{U}}{\partial \overline{V}}\right)_{T^*}\right]$$

Wir wenden diese allgemein gültige Gleichung auf ideale Gase an, wo ja experimentell gefunden wurde, dass $\left(\partial \overline{U}/\partial \overline{V}\right)_{T^*} = 0$. Es gilt $\left(\partial \overline{V}/\partial T^*\right)_p = R/p$ (wegen $\overline{V} = R \cdot T^*/p$). Damit erhalten wir:

$$\boxed{\overline{C}_p - \overline{C}_V = R} \quad \text{(ideales Gas)} \tag{4.6}$$

Bei realen Gasen oder Flüssigkeiten bzw. Festkörpern ist der Unterschied geringer. Der Ausdruck $\overline{C}_p - \overline{C}_V$ kann durch eine allgemein gültige Formel angegeben werden, die wir noch kennenlernen werden, wenn wir die Ergebnisse und Konsequenzen des 2. Hauptsatzes anwenden.

Ähnlich wie beim Gay-Lussac-Versuch kann man mit Gasen Expansionsversuche unter Bedingungen machen, bei denen H = const. bleibt (statt U = const.). Dazu betrachten wir Abb. 4.6.

Ein Gas wird so *langsam* durch eine poröse Scheibe (Drossel) gedrückt, dass jeweils links und rechts von der Drossel einheitliche und messbare Drücke und Temperaturen herrschen. Links von der Drossel herrscht der Druck p_1 und das Gas bewegt sich mit der Volumengeschwindigkeit $\dot{V}_1$. Rechts von der Drossel strömt das Gas unter dem Druck p_2 mit der Volumengeschwindigkeit $\dot{V}_2$. Es ist $p_1 > p_2$. Das ganze, im zylindrischen Rohr langsam strömende Gas, ist adiabatisch nach außen isoliert ($\delta Q = 0$). Das ist der sog. *Joule-Thomson-Versuch.*

Links von der Drossel wird in der Zeit t an dem Gas die Arbeit

$$W_1 = -\int_0^t p_1 \cdot \dot{V}_1 \cdot \mathrm{d}t = -p_1 \int_{V_1}^0 \cdot \mathrm{d}V_1 = +p_1 V_1$$

geleistet. Rechts gilt:

$$W_2 = -\int_0^t p_2 \cdot \dot{V}_2 \cdot \mathrm{d}t = -p_2 \int_0^{V_2} \cdot \mathrm{d}V_2 = -p_2 V_2$$

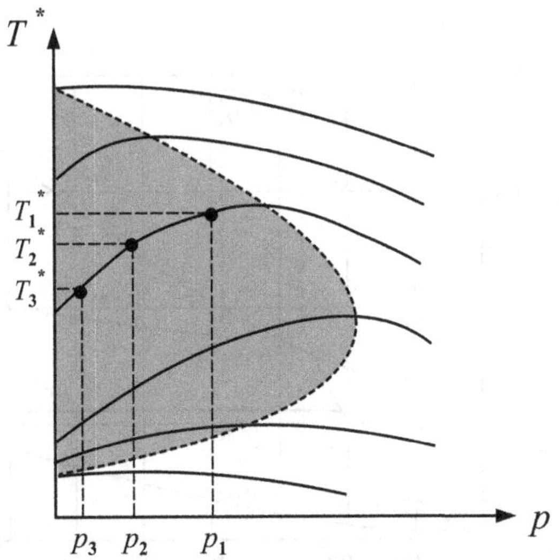

Abb. 4.7 Isenthalpen (H = const. ——) und Inversionskurve - - - - - eines realen Fluids. $(T_1^*, p_1), (T_2^*, p_2), (T_3^*, p_3)$ = Messpunkte bei gegebener Temperatur und gegebenem Druck auf der Hochdruckseite des JT-Experiments für die Entspannungsseite entsprechend einer Isenthalpen

Hier leistet das Gas Arbeit gegen den Kolben.

Daraus folgt:

$$W_1 + W_2 = p_1 V_1 - p_2 V_2 = W$$

Die Änderung der inneren Energie U der Gasmenge, die durch die poröse Scheibe gedrückt wurde, ist $U_2 - U_1 = W$, da $Q = 0$. Damit ergibt sich:

$$\boxed{p_1 V_1 + U_1 = p_2 V_2 + U_2 = H_1 = H_2} \qquad (4.7)$$

Es bleibt also die Enthalpie H bei diesem Versuch konstant, d. h., es handelt sich um einen *isenthalpen Prozess*. Dabei merken wir noch Folgendes an: Der Joule-Thomson-Prozess ist *kein* quasistatischer Prozess, er ist irreversibel, ähnlich wie der Gay-Lussac-Versuch. Die nicht-quasistatischen bzw. irreversiblen Anteile des Joule-Thomson-Prozesses finden im Wesentlichen beim Druckabfall in der Drossel statt. Man sieht das leicht ein, indem man bedenkt, dass bei quasistatischer (unendlich langsamer) Prozessführung ja überhaupt kein Druckgefälle über die Drossel aufrecht zu erhalten wäre. In den Gasräumen links bzw. rechts von der porösen Scheibe laufen streng genommen die Strömungsprozesse auch nicht vollständig quasistatisch ab, aber wegen der niedrigen Volumengeschwindigkeiten herrschen hier nahezu quasistatische (also reversible) Verhältnisse. In Abschnitt 5.14.4 werden wir den Joule-Thomson-Prozess nochmals von einem anderen Standpunkt aus betrachten, der die Irreversibilität deutlich zum Ausdruck bringt.

Beim Joule-Thomson-Versuch gilt also:

$$\mathrm{d}H = 0 = n\overline{C}_p \cdot \mathrm{d}T_H^* + \left(\frac{\partial H}{\partial p}\right)_{T^*} \cdot \mathrm{d}p_H$$

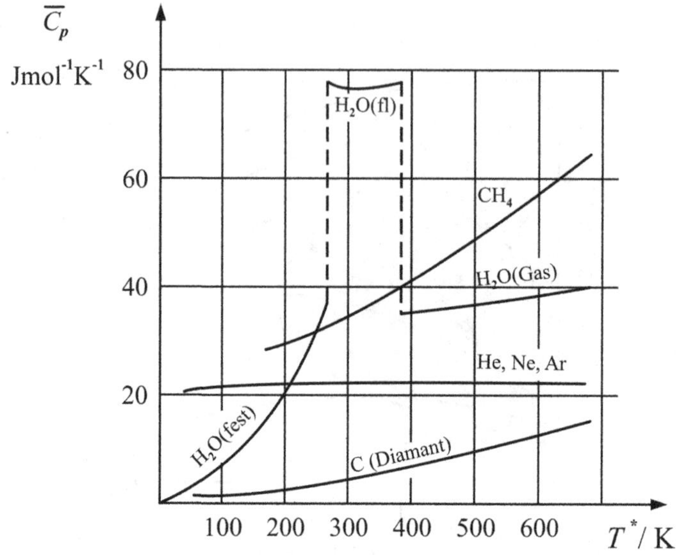

Abb. 4.8 Molwärmen $\overline{C}_p$ einiger Gase und kondensierter Stoffe (bei $p = 1$ bar)

Der Index H bedeutet hier, dass H = const. gilt. Es folgt damit:

$$\boxed{\left(\frac{\partial T^*}{\partial p}\right)_H = -\left(\frac{\partial \overline{H}}{\partial p}\right)_{T^*} \overline{C}_p^{-1} = \delta_{\text{JT}}} \tag{4.8}$$

δ_{JT} heißt der *differentielle Joule-Thomson-Koeffizient.* Er ist messbar als Steigung einer Kurve, die durch eine Versuchsreihe nach Abb. 4.7 erhalten wird, bei der ausgehend von p_1, T_1^*, im Joule-Thomson-Versuch nach p_2, T_2^*, dann nach p_3, T_3^* usw. durch die Drossel entspannt wird.

Die Punkte dieser Kurve (s. Abb. 4.7) stellen eine Isenthalpe dar, d. h., für alle Punkte auf einer solche Kurve gilt H = const.. Es gibt also auf der pVT^*-Zustandsfläche eines Fluids Bereiche mit unterschiedlichem Vorzeichen für δ_{JT}. Projiziert man die Zustandsfläche auf die T^*-p-Ebene, so ist im schraffierten Bereich in Abb. 4.7 $\delta_{\text{JT}} = (\partial T^*/\partial p)_H > 0$, außerhalb ist $\delta_{\text{JT}} < 0$.

Beim Entspannen kommt es daher bei $\delta_{\text{JT}} > 0$ zur Abkühlung ($\mathrm{d}T^* < 0$), bei $\delta_{\text{JT}} < 0$ zur Erwärmung ($\mathrm{d}T^* > 0$) hinter der Drossel. Die sog. Inversionskurve (- - - - -) verbindet die Kurven-Maxima. Der Prozess ist wichtig zur Gas-Verflüssigung nach dem sog. Linde-Verfahren. Dabei muss ein Gas unter seine Inversionstemperatur vorgekühlt sein, um es im Joule-Thomson-Prozess weiter abkühlen zu können. Das Vorkühlen lässt sich durch adiabatisch-quasistatische Entspannung des Gases erreichen (s. Kapitel 5.1).

Der Joule-Thomson-Versuch liefert außerdem eine Möglichkeit $(\partial H/\partial p)_{T^*}$ mit Hilfe von Gl. (4.8) zu messen, wenn $\overline{C}_p$ bekannt ist.

Bei idealen Gasen gilt, dass $\delta_{\text{JT}} = 0$, d. h., dort ist $(\partial H/\partial p)_{T^*} = 0$ ähnlich wie $(\partial U/\partial V)_{T^*} = 0$. Es lässt sich zeigen, dass $(\partial H/\partial p)_{T^*} = 0$, wenn $(\partial U/\partial V)_{T^*} = 0$. Wenn wir den zweiten Hauptsatz und die Entropie kennengelernt haben, lassen sich diese Zusammenhänge in besonders einfacher Weise herleiten (s. Kapitel 5.5).

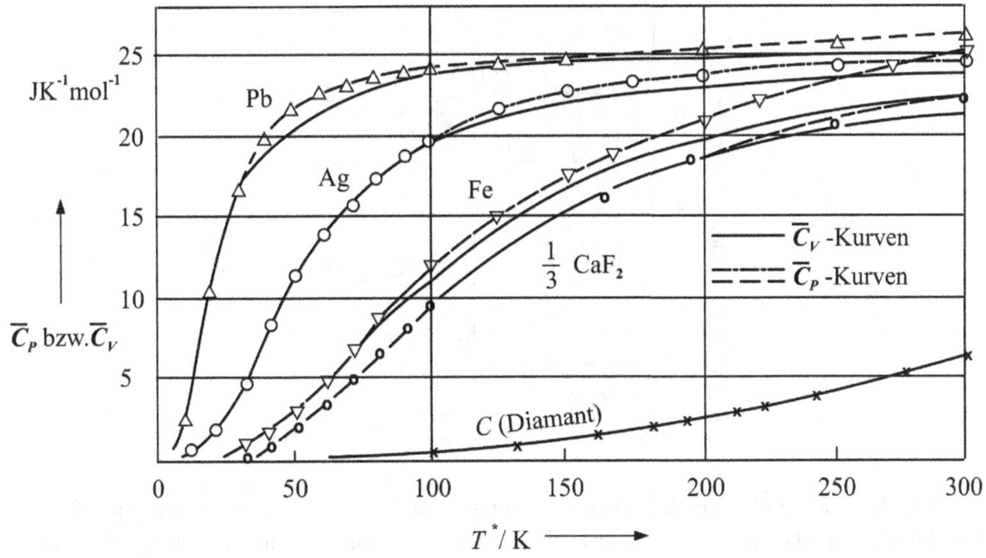

Abb. 4.9 Molwärmen $\overline{C}_V$ und $\overline{C}_p$ von einigen Festkörpern (bei p = 1 bar). $\overline{C}_p$ wurde gemessen, $\overline{C}_V$ aus Gl. (5.22) ermittelt[4]

Wir wollen zum Abschluss dieses Abschnittes noch einen kurzen Überblick geben, in welchen Bereichen Werte der Molwärme $\overline{C}_p$ für verschiedene Stoffe und Stoffklassen liegen.

Werte für $\overline{C}_p$ verschiedener Stoffe können sehr unterschiedlich sein und sowohl von T^* wie von p abhängen. Der Verlauf der Molwärmen $\overline{C}_p$ als Funktion der Temperatur ist für einige Stoffe in Abb. 4.8 dargestellt.

Man sieht, dass die Molwärmen $\overline{C}_p$ für Gase i. a. deutlich kleiner sind als die von Flüssigkeiten (Beispiel: H_2O*). Im festen Zustand wird $\overline{C}_p$ bei tiefen Temperaturen zunehmend kleiner und verschwindet bei T^* = 0. Allgemein gilt: Je mehr Atome ein Molekül hat, desto größer ist in der Regel $\overline{C}_p$. Die kleinsten Werte für die Molwärme im gasförmigen Zustand haben Edelgase. Dort gilt bei niedrigen Drücken $\overline{C}_{p,\mathrm{Edelgas}} = 5/2R$ bzw. $\overline{C}_{V,\mathrm{Edelgas}} = 3/2R$* (s. Gl. (4.6)). Im Allgemeinen sind $\overline{C}_V$ und $\overline{C}_p$ Funktionen von T^* und p. Lediglich im Grenzfall idealer Gase kann $\overline{C}_V$ und $\overline{C}_p$ nur eine Funktion von T^* sein, da $U_{\mathrm{id.Gas}}$ nicht von V und $H_{\mathrm{id.Gas}}$ nicht von p abhängen. In Tabelle F.2 von Anhang F sind Molwärmen $\overline{C}_p$ von verschiedenen Gasen (extrapoliert auf den idealen Gaszustand) als Funktion der Temperatur angegeben.

Für einige Festkörper zeigt Abb. 4.9 $\overline{C}_p$ (bei p = 1 bar) bzw. $\overline{C}_V$ etwas genauer den Verlauf in Abhängigkeit von der Temperatur. Charakteristisch ist, dass $\overline{C}_p$ bzw. $\overline{C}_V$ bei T^* = 0 gleich Null wird, relativ steil ansteigt und dann wieder abflacht bis ein Sättigungswert erreicht ist, der bei einatomigen Festkörpern 3 R = 24,92 Joule $\cdot\mathrm{mol}^{-1}\cdot\mathrm{K}^{-1}$ beträgt (Doulong-Petit'sches Gesetz). Diese Gesetzmäßigkeit gilt auch für viele salzartige Verbindungen mit mehreren Atomen pro Mol, wenn man sich im Mittel auf 1 Atom bezieht. Das zeigt in Abb. 4.9 das Beispiel CaF_2.

Da die Molwärme $\overline{C}_p$ eine in der chemischen Thermodynamik sehr wichtige Größe ist, wollen wir auch zu ihrer Abhängigkeit vom Druck an dieser Stelle etwas sagen.

[4]Abbildung nach: G. Kortüm u. H. Lachmann, Einführung in die Chemische Thermodynamik, Verlag Chemie (1981)

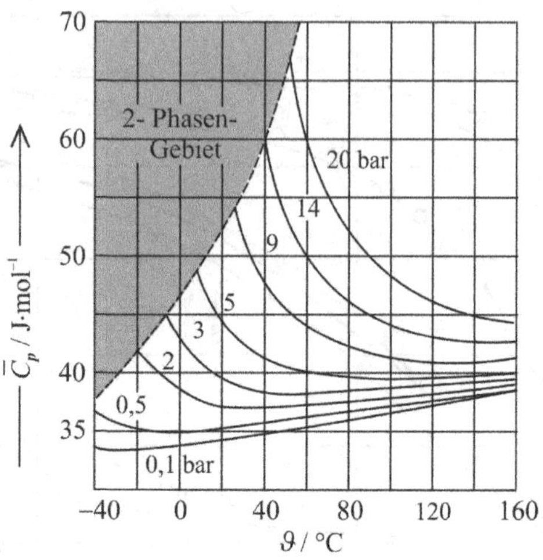

Abb. 4.10 Molwärme $\overline{C}_p$ von NH_3 als Funktion von p und ϑ. - - - - - - - Sättigungslinie für den Dampfdruck von NH_3, links von dieser Linie kondensiert flüssiger Ammoniak aus, rechts davon existiert nur gasförmiger NH_3[5]

Allgemein gilt für die Druckabhängigkeit der Molwärme $\overline{C}_p$:

$$\left(\frac{\partial \overline{C}_p}{\partial p}\right)_{T^*} = -T^* \cdot \overline{V}\left(\left(\frac{\partial \alpha_\mathrm{p}}{\partial T^*}\right)_p + \alpha_\mathrm{p}^2\right) = -T^*\left(\frac{\partial^2 \overline{V}}{\partial T^{*2}}\right)_p \tag{4.9}$$

Die Gültigkeit dieser Gleichung werden wir später nachweisen (Kapitel 5.5). Da bei idealen Gasen $\alpha_\mathrm{p} = 1/T^*$ ist, wird $(\partial \overline{C}_p/\partial p)_{T^*}$ in diesem Fall gleich Null, was wir bereits festgestellt hatten. Bei realen Systemen, z. B. realen Gasen, ist das nicht mehr der Fall. Setzt man z. B. die Virialgleichung (Gl. (3.3)) in Gl. (4.9) ein, so ergibt sich, wenn man nur den 2. Virialkoeffizienten $B(T^*)$ berücksichtigt:

$$\left(\frac{\partial \overline{C}_p}{\partial p}\right)_{T^*} = -T^*\left(\frac{\mathrm{d}^2 B(T^*)}{\mathrm{d}T^{*2}}\right)$$

Da $B(T^*)$ unabhängig von p ist, ergibt die Integration:

$$\overline{C}_{p,\mathrm{real}} = \overline{C}_{p,\mathrm{id.\ Gas}} - T^*\left(\frac{\mathrm{d}^2 B(T^*)}{\mathrm{d}T^{*2}}\right) \cdot p$$

Die Molwärme $\overline{C}_p$ eines realen Gases nimmt also mit dem Druck zu, da die zweite Ableitung von $B(T^*)$ nach der Temperatur praktisch im ganzen Temperaturbereich negativ ist.

Setzen wir für $B(T^*)$ z. B. das Ergebnis der van der Waals-Gleichung nach Gl. (3.4) ein, erhält man:

$$\overline{C}_{p,\mathrm{real}} = \overline{C}_{p,\mathrm{id.\ Gas}} + \frac{2a}{RT^{*2}} \cdot p \tag{4.10}$$

[5] Abbildung nach: G. Kortüm u. H. Lachmann, Einführung in die Chemische Thermodynamik, Verlag Chemie (1981)

Erwartungsgemäß nimmt $\overline{C}_p$ linear mit dem Druck zu und bei gegebenem Druck mit der Temperatur ab, und zwar proportional zu T^{*-2}. Das wird im Wesentlichen durch das Experiment bestätigt, wie das Beispiel für NH_3 in Abb. 4.10 zeigt.

Bei Flüssigkeiten und Festkörpern ist α_p dagegen erheblich kleiner als bei Gasen, so dass α_p^2 gegen $(\partial\alpha_p/\partial T^*)$ in Gl. (4.9) vernachlässigt werden kann:

$$\overline{C}_{p,\mathrm{Fl}} \approx \overline{C}_{p,\mathrm{Fl}(p=1\ \mathrm{bar})} - T^* \int\limits_{p=1}^{p} \overline{V} \left(\frac{\partial\alpha_p}{\partial T^*}\right)_p \mathrm{d}p$$

Da sowohl $\overline{V}$ wie auch $(\partial\alpha_p/\partial T^*)_p$ bei Flüssigkeiten und Festkörpern in der Regel wenig von p abhängig sind, ist das auch bei $\overline{C}_{p,\mathrm{Fl}}$ der Fall. In der Regel ist $(\partial\alpha_p/\partial T^*)_p$ bei Flüssigkeiten und Festkörpern positiv (s. z. B. Abb. 3.1 und Abb. 3.2), in diesem Fall nimmt $\overline{C}_p$ mit dem Druck meistens ab.

4.3 Enthalpieberechnungen und Exzessenthalpien fluider Mischungen

Ähnlich wie bei der inneren Energie U können auch von H keine absoluten Werte bestimmt werden, sondern nur Differenzen:

$$H_2 - H_1 = \int\limits_{T_1^*}^{T_2^*} C_p \mathrm{d}T + \int\limits_{p_1}^{p_2} \left(\frac{\partial H}{\partial p}\right)_{T^*} \mathrm{d}p$$

Da H eine Zustandsgröße ist, hat der Integrationsweg, auf dem man von H_1 nach H_2 kommt bzw. von p_1, T_1^* nach p_2, T_2^*, keinen Einfluss auf das Ergebnis. Sind Werte der Wärmekapazität bei konstantem Druck $C_p = n \cdot \overline{C}_p$ als Funktion von T^* und p sowie $(\partial H/\partial p)_{T^*}$ ebenfalls als Funktion von T^* und p bekannt, kann die Integration durchgeführt werden, z. B. erst über T^* von $T_1^* \to T_2^*$ bei $p_1 = \mathrm{const.}$, und dann bei $T_2^* = \mathrm{const.}$ über p von p_1 nach p_2.

Betrachtet man *Mischungen,* so ist auch hier nur die Differenz der Enthalpie vor dem Mischen und nach dem Mischen messbar durch Messung der freiwerdenden oder verbrauchten Wärme Q bei $p = \mathrm{const.}$, also:

$$Q = H^{\mathrm{E}} = H_{\mathrm{Misch}} - \sum_{i=1}^{k} n_i \overline{H}_i^0 = \sum_{i=1}^{k} n_i(\overline{H}_i - \overline{H}_i^0)$$

wobei $H_{\mathrm{Misch}} = \sum n_i \overline{H}_i$ ist.

H^{E} heißt die Exzessenthalpie, wobei $\overline{H}_i^0$ die molaren Enthalpien der *reinen* Stoffe (z. B. Gase und Flüssigkeiten) und $\overline{H}_i$ die partiellen molaren Enthalpien in der Mischung bedeuten.

Wenn $H^{\mathrm{E}} > 0$, spricht man von einem *endothermen*, bei $H^{\mathrm{E}} < 0$ von einem *exothermen* Mischprozess. Messbar ist auch

$$\left(\frac{\partial H^{\mathrm{E}}}{\partial n_i}\right)_{T^*,p,n_{j\neq i}} = \overline{H}_i - \overline{H}_i^0 = \Delta\overline{H}_i$$

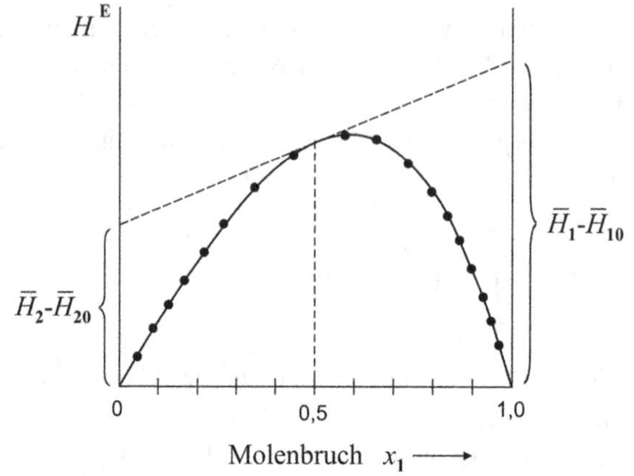

Abb. 4.11 Molare Exzessenthalpie $\overline{H}^E$ und partielle molare Exzessenthalpien $\overline{H}_1 - \overline{H}_1^0 = \Delta\overline{H}_1$ und $\overline{H}_2 - \overline{H}_2^0 = \Delta\overline{H}_2$, die Punkte deuten experimentelle Messpunkte an

die *partielle molare Exzessenthalpie von Komponente i,* das ist der Enthalpieunterschied, der sich ergibt, wenn 1 Mol der reinen Komponente *i* zu einer großen Menge Mischung gegeben wird, so dass sich beim Zumischen die Zusammensetzung der Gesamtmischung praktisch nicht ändert. Der Zusammenhang zwischen H^E und $\Delta\overline{H}_i$ lässt sich folgendermaßen ableiten.

Es gilt zunächst analog wie beim molaren Volumen $\overline{V}$ (s. Gl. 3.9) für die molare Enthalpie der Mischung (Index M):

$$\overline{H}_M = \overline{H}_j + \sum_{\substack{i=1\\i\neq j}}^{k} x_i \left(\frac{\partial \overline{H}_M}{\partial x_i}\right) \tag{4.11}$$

und entsprechend für die molare Enthalpie der noch ungemischten Komponenten:

$$\overline{H}_M^0 = \overline{H}_j^0 + \sum_{\substack{i=1\\i\neq j}}^{k} x_i \left(\frac{\partial \overline{H}_M^0}{\partial x_i}\right) \tag{4.12}$$

wobei $\overline{H}_M$ die molare Enthalpie der Mischung und $\overline{H}_M^0 = \sum_i \overline{H}_i^0 \cdot x_i$ die Summe der Enthalpien der reinen Mischungspartner bezogen auf 1 Mol bedeutet.

Da gilt:

$$\overline{H}_M - \overline{H}_M^0 = \overline{H}^E = \sum (\overline{H}_i - \overline{H}_i^0) x_i$$

ergibt sich sofort durch Substraktion der Gl. (4.12) von Gl. (4.11) für die molare Exzessenthalpie $\overline{H}^E$:

$$\boxed{\overline{H}^E = (\overline{H}_j - \overline{H}_j^0) + \sum_{i\neq j} x_i \frac{\partial \overline{H}^E}{\partial x_i}} \tag{4.13}$$

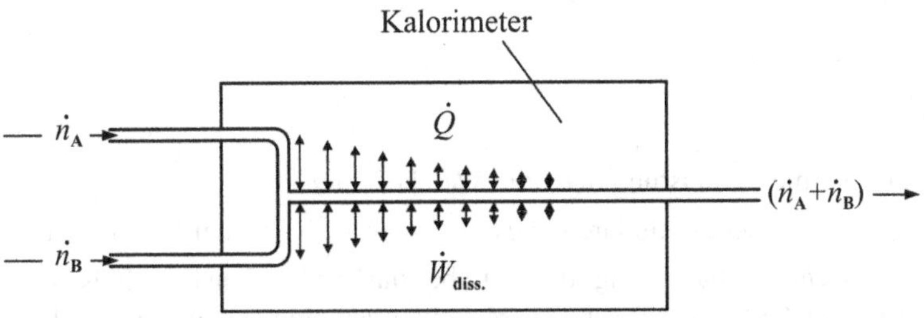

Abb. 4.12 Strömungskalorimetrische Messprinzipien zur Messung von Mischungsenthalpien $\dot{Q} = \mathrm{d}Q/\mathrm{d}t$, $\dot{W}_{\mathrm{diss}} = \mathrm{d}W_{\mathrm{diss}}/\mathrm{d}t$ (siehe Text)

Im Falle einer binären Mischung gilt also:

$$\overline{H}^E = \Delta\overline{H}_1 + x_2 \frac{\partial \overline{H}^E}{\partial x_2} = \Delta\overline{H}_1 + x_2 \frac{\partial \overline{H}^E}{\partial x_2}$$

Liegen experimentelle Daten von $\overline{H}^E$ vor, können nach der bekannten Tangentenmethode $\Delta\overline{H}_2 = \overline{H}_2 - \overline{H}_2^0$ und $\Delta\overline{H}_1 = \overline{H}_1 - \overline{H}_1^0$ ermittelt werden (s. Abb. 4.11 als Beispiel).

Molare Exzessenthalpien $\overline{H}^E$ lassen sich quasi-isotherm auf grundsätzlich zwei Arten messen. Wir betrachten in Abb. 4.12 zwei Strömungsrohre, in dem einen strömt die Komponente A (molarer Fluss $\mathrm{d}n_A/\mathrm{d}t$), in dem anderen Komponente B (molarer Fluss $\mathrm{d}n_B/\mathrm{d}t$). Beim Zusammenfluss von A mit B entsteht im Mischungsrohr die Mischung A + B kontinuierlich.

Im ersten Fall ist das Strömungsrohr adiabatisch isoliert ($Q = 0$), und in der strömenden Mischung A + B wird die Temperatur konstant gehalten, indem ein Heiz- oder Kühlaggregat im Mischungsrohr die Dissipationsleistung $\mathrm{d}W_{\mathrm{diss}}/\mathrm{d}t$ aufbringt.

Bei diesem Strömungsprozess gilt für die Bilanz nach dem 1. Hauptsatz ($\mathrm{d}U = \delta W = \delta W_{diss} - p\mathrm{d}V$) bei $p = \mathrm{const.}$:

$$\overline{U}^E \cdot \frac{\mathrm{d}(n_A + n_B)}{\mathrm{d}t} = \frac{\mathrm{d}W_{\mathrm{diss}}}{\mathrm{d}t} - p\overline{V}^E \frac{\mathrm{d}(n_A + n_B)}{\mathrm{d}t}$$

oder:

$$\overline{U}^E + p\overline{V}^E = \overline{H}^E = \frac{\mathrm{d}W_{\mathrm{diss}}}{\mathrm{d}(n_A + n_B)} = \frac{L}{\dot{n}}$$

$L = \mathrm{d}W_{\mathrm{diss}}/\mathrm{d}t$ ist die Heiz- oder Kühlleistung (elektrischer Heizwiderstand oder Peltier-Element) in Watt, und $\dot{n} = \mathrm{d}(n_A + n_B)/\mathrm{d}t$ ist der gesamte molare Strom durch das Rohr in $\mathrm{mol} \cdot \mathrm{s}^{-1}$.

Die Enthalpieänderung ist also gleich der dissipierten Arbeit.

Im zweiten Fall (s. Abb. 4.12) sind die Rohrwände diatherm und Wärme wird in die Umgebung abgegeben. Hier ist also $\mathrm{d}W_{\mathrm{diss}}/\mathrm{d}t = 0$, wenn wir von Reibungseffekten an der Rohrwand im strömenden Medium absehen. Das ist das Prinzip eines Wärmeflusskalorimeters.

Es gilt bei $p = \mathrm{const.}$:

$$\overline{U}^E \cdot \frac{\mathrm{d}(n_A + n_B)}{\mathrm{d}t} = \frac{\mathrm{d}Q}{\mathrm{d}t} - p\overline{V}^E \cdot \frac{\mathrm{d}(n_A + n_B)}{\mathrm{d}t}$$

bzw.

$$\overline{H}^{\mathrm{E}} = \dot{Q}/\dot{n}$$

wobei $\dot{Q}$ jetzt die Wärmeflussleistung $\mathrm{d}Q/\mathrm{d}t$ in Watt bedeutet.
$\overline{V}^{\mathrm{E}} = \overline{V}_{\mathrm{Misch}} - \sum x_i \overline{V}_i^0$ ist das molare Exzessvolumen, $p \cdot \overline{V}^{\mathrm{E}}$ ist bei Normaldruck in der Regel gegenüber $\overline{U}^{\mathrm{E}}$ vernachlässigbar gering, das gilt aber nur für kondensierte Flüssigkeiten. Im Fall von komprimierten (realen) Gasgemischen darf $p \cdot V^{\mathrm{E}}$ nicht ohne weiteres vernachlässigt werden. Übungsaufgaben zur Exzessenthalpie und Lösungsenthalpie s. 4.7.15, 4.7.20 und 4.7.30.

4.4 Reaktionsenthalpien vollständig ablaufender chemischer Reaktionen

Wir betrachten eine chemische Reaktion, die in einer homogenen Phase abläuft, z. B. die sog. Knallgasreaktion in der Gasphase:

$$2H_2 + O_2 \rightarrow 2H_2O$$

Wie kann man solche chemischen Reaktionen in den Formalismus der Thermodynamik einbauen? Die folgende Überlegung gilt für alle extensiven Zustandsgrößen, wie U, V, H usw. Im Fall der Enthalpie H gilt für offene Systeme:

$$\mathrm{d}H = \sum_{i=1}^{m} \overline{H}_i \mathrm{d}n_i \quad (p, T^* = \text{const.})$$

Bei chemischen Reaktionen ändern sich die Werte für n_i im Laufe der Reaktion, allerdings nicht unabhängig voneinander. So gilt z. B. für die Knallgasreaktion:

$$-\mathrm{d}n_{O_2} = -2\mathrm{d}n_{H_2} = +2\mathrm{d}n_{H_2O}$$

Obwohl sich 3 Teilchenmengen ändern, lässt sich diese Änderung durch *eine* Variable, *die Reaktionslaufzahl* ξ darstellen:

$$\mathrm{d}n_i = \nu_i \mathrm{d}\xi$$

wobei ν_i der sog. stöchiometrische Koeffizient von i ist:

$$\nu_{O_2} = -1, \nu_{H_2} = -2, \nu_{H_2O} = +2,$$

Wir haben dabei ein geschlossenes System vorliegen, d. h., es wird keine Materie mit der Umgebung ausgetauscht. Also gilt:

$$\mathrm{d}H = \left(\sum_{i=1}^{m} \nu_i \overline{H}_i \right)_{T^*, p} \cdot \mathrm{d}\xi$$

Die stöchiometrischen Koeffizienten ν_i sind für die *Produkte* (rechte Seite in der Reaktionsgleichung) *positiv* zu rechnen, für die *Edukte* (linke Seite der Reaktionsgleichung) *negativ*. Bei geschlossenen Systemen ist im Rahmen des 1. Hauptsatzes ξ eine Zustandsgröße.

Wir bezeichnen:

$$\left(\sum_{i=1}^{m} \nu_i \overline{H}_i\right)_{T^*,p} = \left(\frac{\partial H}{\partial \xi}\right)_{T^*,p}$$

als *differentielle Reaktionsenthalpie.*

Man kann auch schreiben:

$$\mathrm{d}H = \left(\sum_{i}^{m} \nu_i \overline{H}_i^0\right) \mathrm{d}\xi + \sum_{i}^{m} \nu_i (\overline{H}_i - \overline{H}_i^0) \mathrm{d}\xi$$

bzw. integriert

$$\Delta_\mathrm{R} H = \left(\sum_{i}^{m} \nu_i \overline{H}_i^0\right) \cdot \Delta\xi + \sum_{i}^{m} \int_{0}^{\Delta\xi} \nu_i (\overline{H}_i - \overline{H}_i^0) \mathrm{d}\xi \tag{4.14}$$

$\Delta_\mathrm{R} H$ *ist die integrale Reaktionsenthalpie,* $\Delta\xi$ ist gleich $\xi_\mathrm{E} - \xi_\mathrm{A}$ (A = Anfang, E = Ende der Reaktion).

Ähnlich wie bei Mischprozessen (s. Kapitel 4.3) spricht man bei chemischen Reaktionen von *endothermen Reaktionen,* wenn $\Delta_\mathrm{R} H$ in Gl. (4.14) *positiv* ist und von *exothermen Reaktionen,* wenn $\Delta_\mathrm{R} H$ *negativ* ist.

Der *erste Term* in Gl. (4.14) ist die Differenz der Enthalpien der Produkte minus der der Edukte im *reinen* Zustand, bezogen auf p und T^*, bei der die Reaktion abläuft. Der *zweite Term* ist ein reiner Mischungseffekt, der keine Anteile der eigentlichen chemischen Reaktion enthält. Wenn Gl. (4.14) sich auf einen molaren Umsatz mit $\Delta\xi = 1$ bezieht, wird $\Delta_\mathrm{R} H$ in Gl. (4.14) zu $\Delta_\mathrm{R} \overline{H}$, der molaren Reaktionsenthalpie. $\left(\sum \nu_i \overline{H}_i^0\right)_{T^*,p}$ heißt *molare Standardreaktionsenthalpie:*

$$\boxed{\Delta_\mathrm{R} \overline{H}^0 = \sum_{i}^{m} \nu_i \overline{H}^0_{i_{T^*,p}}} \tag{4.15}$$

$\Delta_\mathrm{R} \overline{H}^0$ hängt nur von Eigenschaften der *reinen* Stoffe ab ($p, T^* = \text{const.}$). Z. B. gilt für die Knallgasreaktion:

$$\Delta_\mathrm{R} \overline{H}^0 = 2\overline{H}^0_{\mathrm{H_2O}} - 2\overline{H}^0_{\mathrm{H_2}} - 1\overline{H}^0_{\mathrm{O_2}}$$

Direkt messbar ist allerdings nur die integrale Reaktionsenthalpie $\Delta_\mathrm{R} H$ bzw. $\Delta_\mathrm{R} \overline{H}_\mathrm{R}$, die sich um den 2. Term in Gl. (4.14) von $\Delta_\mathrm{R} \overline{H}^0$ unterscheidet. Bei idealen Gasen verschwindet dieser Term und es gilt:

$$\Delta_\mathrm{R} H / \Delta\xi = \Delta_\mathrm{R} \overline{H} = \Delta_\mathrm{R} \overline{H}^0 \quad \text{(ideale Gasreaktion)}$$

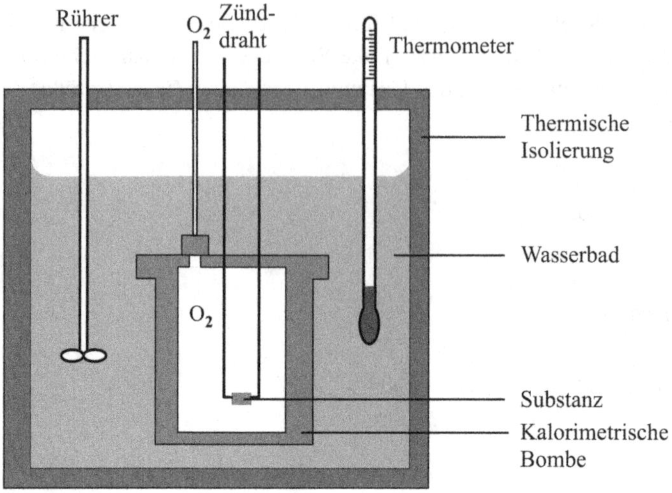

Abb. 4.13 Verbrennungskalorimeter

Wir haben soweit vorausgesetzt, dass die Reaktion vollständig abläuft. Das ist keineswegs immer so, bei den meisten Reaktionen von organischen Substanzen mit O_2 im Überschuss (Verbrennungsreaktionen) ist das jedoch praktisch immer der Fall. Direkt messbar sind solche Verbrennungsenthalpien in einem sog. *Bombenkalorimeter*, allerdings bei $V = \text{const.}$, nicht bei $p = \text{const.}$ Das Prinzip ist in Abb. 4.13 gezeigt.

Es wird in einem inneren Gefäß ($V = \text{const.}$) eine Substanz mit O_2 verbrannt. Dabei kommt es zu einer Temperatur-Erhöhung, und durch thermischen Kontakt mit einem Wasserbad bekannter Wassermenge wird nach Temperaturausgleich zwischen Reaktionsgefäß und umgebendem Wasserbad die Temperaturänderung gemessen . Man beachte, dass das Wasserbad und das Reaktionsgefäß adiabatisch isoliert sind.

Wir wollen jetzt den Verbrennungsprozess untersuchen. Bei Überschuss an Sauerstoff, also bei erhöhtem O_2-Druck, wird die Substanz durch Zündung im Reaktionsgefäß des Kalorimeters bei konstantem Volumen verbrannt. Gemessen wird also die integrale Reaktionsenergie $\Delta_R U$, die als Wärme Q im System Wasserbad plus Reaktionsgefäß frei wird.

Wenn es sich um ideale Gase handelt, wird $\Delta_R \overline{U} = \Delta_R \overline{U}^0$ und der Zusammenhang zur gesuchten Reaktionsenthalpie $\Delta_R \overline{H}$ bzw. $\Delta_R \overline{H}^0$ lautet:

$$\Delta_R \overline{U}^0 = \Delta_R \overline{H}^0 - p \Delta_R \overline{V}^0$$

mit

$$\Delta_R \overline{V}^0 = \Delta\xi \sum \nu_i \overline{V}_{i0} = \frac{RT^*}{p} \left(\sum \nu_i\right) \cdot \Delta\xi$$

Daraus folgt für ideale Gase:

$$\boxed{\Delta_R \overline{H}^0 = \Delta_R \overline{U}^0 + RT^* \left(\sum \nu_i\right)}$$

Die Definition von Standardreaktionsgrößen $\Delta_R H^0, \Delta_R U^0, \Delta_R V^0$ hat auch dann eine eindeutige Bedeutung, wenn *heterogene* Reaktionen stattfinden, z. B., wenn feste Substanzen verbrannt werden:

$$C(s) + O_2(g) \rightarrow CO_2(g)$$

oder auch bei Reaktionen, wo *jedes* der Edukte *und* Produkte eine eigene Phase bildet, z. B.:

$$PbCl_2 + 2Ag \rightarrow 2AgCl + Pb$$

Diese Reaktion spielt beim Gültigkeitsnachweis des Nernst'schen Wärmetheorem eine Rolle (s. Kapitel 6, Abschnitt 6.2). Wir berechnen als Beispiel, wie hoch die Temperaturerhöhung *ohne* umgebendes Wasserbad bei adiabatischer Verbrennung und V = const. von 1 Mol C (Graphit) (= 12 g) ist. Bei 300 K gilt für $C + O_2 \rightarrow CO_2$ der Wert $\Delta_R \overline{H}^0 = -393{,}5\ \text{kJ} \cdot \text{mol}^{-1}$, also $\Delta_R \overline{U}^0 = -393{,}5 - RT \sum \nu_i = -393{,}5 + 0$ (das Volumen von festem Kohlenstoff wird vernachlässigt).

Beim adiabatischen Verbrennungsprozess im Reaktionsgefäß *ohne* Wasserbad ist $\delta Q = 0$ und $\delta W = 0$

Also ergibt sich:

$$dU = 0 = C_V dT^* + \Delta_R \overline{U}^0 \cdot d\xi$$

wenn wir die Gasphase als ideal ansehen. Das heißt, es gilt:

$$\Delta T^* = -\Delta_R \overline{U}^0 \cdot \frac{\Delta\xi}{C_V} = -\Delta_R \overline{U}^0 / \overline{C}_V$$

Wir nehmen an, dass O_2 vollständig verbraucht wurde, so dass

$$\overline{C}_V = \overline{C}_{V,CO_2} \simeq 37\ \text{J} \cdot \text{mol}^{-1} \cdot \text{K}^{-1}.$$

Das ergibt:

$$\Delta T^* = +\frac{393{,}5}{37} \cdot 10^3 = 10635\ \text{K}$$

Dieser Wert ist völlig unrealistisch. Man verbrennt daher ca. 1 g C = 1/12 mol in ca. 20 molarem Überschuss an O_2($\overline{C}_{V,O_2} \approx 25\ \text{J}\cdot\text{mol}^{-1}\cdot\text{K}^{-1}$). Das Reaktionsgefäß befindet sich in einem Wasserbad von ca. 1 kg H_2O mit einer Wärmekapazität von $\overline{C}_{V,H_2O} \cdot 55{,}6 = 75 \cdot 55{,}6\ \text{J} \cdot \text{K}^{-1} = 4{,}17\ \text{kJ} \cdot \text{K}^{-1}$.

Dann ist

$$\Delta\xi = \frac{1}{12} \cong 0{,}083\ \text{mol}$$

und

$$C_V = \left(\frac{3{,}7}{12} \cdot 10^{-2} + 20 \cdot 25 \cdot 10^{-3} + 4{,}17\right)\ \text{kJ} \cdot \text{K}^{-1} = 4{,}68\ \text{kJ} \cdot \text{K}^{-1}$$

und man erhält:

$$\Delta T^* = \frac{393{,}5}{4{,}68} \cdot 0{,}083 = 6{,}98\ \text{K}$$

Das ist eine kalorimetrisch gut messbare Temperaturerhöhung.

Wir haben hier den verbrennungskalorimetrischen Prozess nur in groben Zügen geschildert. Um genaue Messergebnisse zu erhalten, muss zunächst das Bombenkalorimeter mit einer Substanz genau bekannter Verbrennungsenthalpie (z. B. Benzoesäure) kalibriert werden. Ferner sind eine Reihe von Messkorrekturen zu beachten (elektrische Zündleistung, Verbrennungswärme des Zünddrahtes, Kondensationswärme bei der Bildung von flüssigem Wasser, Enthalpieeffekte von entstandenem CO_2, das sich im flüssigen Wasser löst u. a.). Auf Details von solchen Korrekturen gehen wir hier nicht näher ein.

Der 1. Hauptsatz und die daraus folgende Wegunabhängigkeit von Zustandsänderungen für Zustandsgrößen wie H, U oder V gilt selbstverständlich auch, wenn in *geschlossenen Systemen* nun als neue *Zustandsvariable die Reaktionslaufzahl* ξ auftaucht. Das kann man sich zu Nutze machen, um $\Delta_R\overline{H}^0$ von Reaktionen zu bestimmen, die nicht direkt messbar sind. Wir geben ein Beispiel:

$$C + 2H_2 \rightarrow CH_4 \quad \text{(Methan)}$$

Wie groß ist $\Delta_R\overline{H}^0$ für diese Reaktion?

Dazu betrachten wir die beiden bereits bekannten Reaktionen

$$C + O_2 \rightarrow CO_2 \quad \text{mit} \quad \Delta_R\overline{H}_I^0 = -393,5\ \text{kJ} \cdot \text{mol}^{-1}$$

$$2H_2 + O_2 \rightarrow 2H_2O \quad \text{mit} \quad \Delta_R\overline{H}_{II}^0 = -483,66\ \text{kJ} \cdot \text{mol}^{-1}$$

und ferner:

$$CH_4 + 2O_2 \rightarrow CO_2 + 2H_2O \quad \text{mit} \quad \Delta_R\overline{H}_{III}^0 = -798,3\ \text{kJ} \cdot \text{mol}^{-1}$$

Addiert man die ersten beiden Gleichungen und subtrahiert davon die dritte, erhält man:

$$C + 2H_2 \rightarrow CH_4$$

mit

$$\Delta_R\overline{H}^0 = \Delta_R\overline{H}_I^0 + \Delta_R\overline{H}_{II}^0 - \Delta_R\overline{H}_{III}^0$$

Daraus ergibt sich für die Hydrierung von Kohlenstoff zu Methan die gesuchte Standardreaktionsenthalpie:

$$\Delta_R\overline{H}^0 = -393,5 - 483,66 + 798,3 = -78,86\ \text{kJ} \cdot \text{mol}^{-1}$$

Diese Anwendung des 1. Hauptsatzes auf chemische Reaktionen ist auch bekannt als der *Hess'sche Satz*. An dem angeführten Beispiel wurde gezeigt, wie Reaktionsenthalpien, die nicht direkt messbar sind, indirekt, durch geeignete Kombinationen von Verbrennungsreaktionen ermittelt werden können. Reaktionsenthalpien $\Delta_R\overline{H}^0$ von Verbrennungsenthalpien bezeichnen wir auch manchmal als $\Delta_c\overline{H}^0$ (Index c = combustion). Beispiele für Verbrennungsreaktionen und Anwendungen des Hess'schen Satzes: 4.6.1 bis 4.6.4, 4.7.7 bis 4.7.10, 4.7.13, 4.7.23, 4.7.25, 4.7.32 und 4.7.33.

4.5 Standardbildungenthalpien

Die Reaktionsenthalpie, die unter Standardbedingungen (1 bar, 298,15 K) bei der Bildung einer molekularen Substanz i aus ihren Elementen beobachtet wird, heißt Standardbildungsenthalpie $\Delta^{\mathrm{f}}\overline{H}_i^0$ *(Index* f = *formation).*

Wir geben 2 Beispiele:

$$6\mathrm{C} + 3\mathrm{H}_2 \rightarrow \mathrm{C}_6\mathrm{H}_6 \text{ (Benzol)}$$

mit

$$\Delta^{\mathrm{f}}\overline{H}^0_{\text{Benzol}} = \overline{H}^0_{\text{Benzol(flüssig)}} - 6\overline{H}^0_{\text{C(fest)}} - 3\overline{H}^0_{\text{H}_2\text{(gas)}}$$

oder

$$\mathrm{H}_2 + \mathrm{S} + 2\mathrm{O}_2 \rightarrow \mathrm{H}_2\mathrm{SO}_4$$

mit

$$\Delta^{\mathrm{f}}\overline{H}^0_{\mathrm{H_2SO_4}} = \overline{H}^0_{\mathrm{H_2SO_4}\text{(flüssig)}} - \overline{H}^0_{\mathrm{H_2}\text{(gas)}} - \overline{H}^0_{\text{S(fest)}} - 2\overline{H}^0_{\mathrm{O_2}\text{(gas)}}$$

Da absolute Werte der Enthalpien $\overline{H}_i^0$ nicht angegeben werden können, hat man sich international darauf geeignet, die Enthalpien *der Elemente in ihrem stabilen Aggregatzustand bei 1 bar und 298,15 K* gleich Null zu setzen. Das bedeutet, dass die Enthalpie einer beliebigen molekularen Verbindung gleich der Standardreaktionsenthalpie ist, die bei der Bildungsreaktion dieser Verbindungen aus ihren chemischen Elementen auftritt. Diese Standardreaktionsenthalpie heißt daher Standardbildungsenthalpie und ist definitionsgemäß identisch mit der Enthalpie der Verbindung unter Standardbedingungen.

In den obigen Beispielen gilt also:

$$\Delta^{\mathrm{f}}\overline{H}^0_{\text{Benzol}} = \overline{H}^0_{\text{Benzol}} \text{ (flüssig)}$$
$$\Delta^{\mathrm{f}}\overline{H}^0_{\mathrm{H_2SO_4}} = \overline{H}^0_{\mathrm{H_2SO_4}} \text{ (flüssig)}$$

und allgemein für irgendeine Verbindung i:

$$\boxed{\Delta^{\mathrm{f}}\overline{H}_i^0 = \overline{H}_i^0} \tag{4.16}$$

Sucht man die Standardenthalpien bei $p \neq 1$ bar und $T \neq 298,15\mathrm{K}$, kann man sie nach Gl. (**??**) berechnen.

Es lassen sich allgemein Standardreaktionsenthalpien mit Hilfe von Standardbildungsenthalpien $\Delta^{\mathrm{f}}\overline{H}_i^0$ also folgendermaßen darstellen:

$$\boxed{\Delta_{\mathrm{R}}\overline{H}^0 = \sum_i \nu_i \overline{H}_i^0 = \sum_i \nu_i \,\Delta^{\mathrm{f}}\overline{H}_i^0} \tag{4.17}$$

Wir geben Beispiele der Anwendung von Gl. (4.17).

Die Standardreaktionsenthalpie für die Reaktion von Schwefelsäure und Benzol zu Benzolsulfonsäure (BZS) und Wasser

$$H_2SO_4 + C_6H_6 \rightarrow HSO_3C_6H_5 + H_2O$$

lautet z. B.:

$$\Delta_R\overline{H}^0 = \Delta^f\overline{H}^0_{BZS} + \Delta^f\overline{H}^0_{H_2O} - \Delta^f\overline{H}^0_{H_2SO_4} - \Delta^f\overline{H}^0_{C_6H_6}$$

Misst man $\Delta_R\overline{H}^0$ und kennt man bereits $\Delta^f\overline{H}^0_{H_2O}, \Delta^f\overline{H}^0_{H_2SO_4}$ und $\Delta^f\overline{H}^0_{C_6H_6}$, so lässt sich die Standardbildungsenthalpie $\Delta^f\overline{H}^0_{BZS}$ daraus bestimmen. Durch entsprechende Kombinationen lassen sich also aus Messungen von Standardreaktionsenthalpien die Standardbildungsenthalpien von Verbindungen ermitteln.

Umgekehrt gilt natürlich: sind alle Standardbildungsenthalpien der Produkte und Edukte einer beliebigen chemischen Reaktion bekannt, lässt sich mit Hilfe von Gl. (4.17) sofort die Standardreaktionsenthalpie dieser Reaktion angeben. Wir wählen als Beispiel:

$$SO_2\ (\text{gas}) + \frac{1}{2}\ O_2\ (\text{gas}) \rightarrow SO_3\ (\text{gas})$$

Wir wollen den Wert von $\Delta_R\overline{H}^0$ dieser Reaktion bestimmen. Werte für $\Delta^f\overline{H}^0_i$ der Reaktionspartner lassen sich in Tabellenwerken nachschlagen, eine Auswahl enthält Tabelle F.3 im Anhang F, wo auch die Werte für SO_2, O_2 und SO_3 zu finden sind. Mit

$$\Delta_R\overline{H}^0(298) = \Delta^f\overline{H}^0_{SO_3}(298) - \Delta^f\overline{H}^0_{SO_2}(298) - \frac{1}{2}\ \Delta^f\overline{H}^0_{O_2}(298)$$

ergibt sich

$$\Delta_R\overline{H}^0(298) = -395,76 - (-296,84) = -98,92\ \text{kJ} \cdot \text{mol}^{-1}$$

wobei definitionsgemäß $\Delta^f\overline{H}^0_{O_2}\ (298) = 0$ ist. Beispiele und Anwendungen von Standardreaktionsenthalpien werden in 4.7.7, 4.7.8, 4.7.10, 4.7.13, 4.7.16, 4.7.19 und 4.7.22 behandelt.

Zum Gebrauch der Tabelle F.3 ist noch Folgendes wichtig zu wissen: Werte von $\Delta^f\overline{H}^0_i$ im Gaszustand (Kennzeichnung: (g)) beziehen sich immer auf den *idealen* Gaszustand bei 1 bar und 298,15 K, auch wenn das entsprechende Gas eigentlich real ist oder bei 1 bar gar nicht existieren kann, wie das z. B. bei H_2O oder SO_3 der Fall ist, die bei 1 bar und 298,15 K Flüssigkeiten sind.

4.6 Weiterführende Beispiele und Anwendungen

4.6.1 Brennwert und Heizwert am Beispiel von „Wodka"

Bei der Verbrennung von brennbaren Stoffen unterscheidet man zwischen dem Brennwert und dem Heizwert des Stoffes. Der Brennwert ist die Verbrennungsenthalpie des reinen Stoffes bei 298,15 K, wobei als Verbrennungsprodukte die Gase CO_2, N_2 und H_2O in flüssiger Form entstehen.

Unter dem Heizwert versteht man die tatsächlich freiwerdende Enthalpie, wenn im Ausgangsstoff vorhandenes Wasser und das Wasser, das durch die Reaktion entsteht, in gasförmiges Wasser überführt werden, d. h., die Verdampfungsenthalpien des bereits vorhandenen und des zusätzlich entstehenden Wassers müssen aus der Verbrennungsenthalpie des Stoffes noch aufgebracht werden.

Am Beispiel von Ethanol-Wasser-Gemischen wollen wir die jeweiligen Brenn- und Heizwerte berechnen. Wir betrachten dazu Ethanol + Wasser-Gemische mit folgendem Volumenprozent an Ethanol: 95 %, 70 %, 50 %, 30 %, 20 %, 15 % und 10 %. Es soll jeweils 1 Mol der flüssigen Mischung verbrannt werden. Zunächst rechnen wir die Volumenprozente in Molenbrüche um. Es gilt, wenn Φ_{EtOH} der Volumenbruch von Ethanol ist:

$$x_{\mathrm{EtOH}} = \frac{\overline{V}_{\mathrm{H_2O}}}{\overline{V}_{\mathrm{EtOH}}\big/\Phi_{\mathrm{EtOH}} - \overline{V}_{\mathrm{EtOH}} + \overline{V}_{\mathrm{H_2O}}}$$

In der Tabelle sind die erhaltenen Werte angegeben.

Φ_{EtOH}	0,95	0,70	0,50	0,30	0,20	0,15	0,10
x_{EtOH}	0,854	0,419	0,236	0,117	0,071	0,052	0,033

Dabei wurde mit $\overline{V}_{\mathrm{EtOH}} = 0,0583\ \mathrm{m^3 \cdot mol^{-1}}$ und $\overline{V}_{\mathrm{H_2O}} = 0,018\ \mathrm{m^3 \cdot mol^{-1}}$ gerechnet. Die molare Verbrennungsenthalpie ΔH_{C} ergibt sich aus der Bilanzgleichung:

$$C_2H_5OH\ (\mathrm{fl}) + 3O_2 \rightarrow 2CO_2 + 3H_2O\ (\mathrm{fl})$$

Mit den Standardbildungsenthalpien (s. Anhang F):

$$\Delta^{\mathrm{f}}\overline{H}^0_{\mathrm{EtOH}}(\mathrm{fl}) = -277,65\ \mathrm{kJ \cdot mol^{-1}}$$
$$\Delta^{\mathrm{f}}\overline{H}^0_{\mathrm{CO_2}}(\mathrm{fl}) = -393,52\ \mathrm{kJ \cdot mol^{-1}}$$
$$\Delta^{\mathrm{f}}\overline{H}^0_{\mathrm{H_2O}}(\mathrm{fl}) = -285,84\ \mathrm{kJ \cdot mol^{-1}}$$

Daraus folgt für $\Delta_{\mathrm{C}}\overline{H}$:

$$\begin{aligned}\Delta_{\mathrm{C}}\overline{H} &= 2\Delta^{\mathrm{f}}\overline{H}^0_{\mathrm{CO_2}} + 3\Delta^{\mathrm{f}}\overline{H}^0_{\mathrm{H_2O}}(\mathrm{fl}) - \Delta^{\mathrm{f}}\overline{H}^0_{\mathrm{EtOH}}(\mathrm{fl}) \\ &= -2 \cdot 393,52 - 3 \cdot 285,83 + 277,65 = -1366,88\ \mathrm{kJ \cdot mol^{-1}}\end{aligned}$$

Das ist gleichzeitig der Brennwert von reinem Ethanol. Den Heizwert für die verschiedenen Mischungen erhält man aus:

$$\Delta H_{\mathrm{Heiz}} = x_{\mathrm{EtOH}}\left(\Delta\overline{H}_{\mathrm{C}} + 3 \cdot \Delta\overline{H}_{\mathrm{V,H_2O}}\right) + (1 - x_{\mathrm{EtOH}}) \cdot \Delta\overline{H}_{\mathrm{V,H_2O}}$$

Dabei ist $\Delta\overline{H}_{\mathrm{V,H_2O}} = 44,01\ \mathrm{kJ \cdot mol^{-1}}$ die Verdampfungsenthalpie von Wasser bei 298,15 K. Nach dieser Formel erhält man die in Tab. 4.1 angegebenen Heizwerte der verschiedenen Ethanol+Wasser-Mischungen.

Tab. 4.1 Heizwerte von Ethanol+Wasser-Mischungen

Vol. %	95	70	50	30	20	15	10
x_{EtOH}	0,854	0,419	0,236	0,117	0,071	0,052	0,033
$\frac{\Delta H_{\text{Heiz}}}{\text{kJ} \cdot \text{mol}^{-1}}$	- 1048,1	- 491,8	- 257,8	- 105,6	- 46,8	- 22,5	+ 1,8

Man sieht, dass $|\Delta H_{\text{Heiz}}|$ mit dem Wassergehalt abnimmt und bei ca. 11 Vol. % das Vorzeichen wechselt. Solche Mischungen sind grundsätzlich nicht mehr verbrennbar, da die Verdampfungsenthalpie des Wassergehaltes größer als der Brennwert von Ethanol ist.

In analoger Weise werden die Heizwerte anderer wasserhaltiger Stoffe berechnet (Kohle, Holz, Papier, Pflanzenreste), wenn ihre spezifische Verbrennungsenthalpie und der Wassergehalt bekannt sind.

4.6.2 Der Born-Haber'sche Kreisprozess

Dieser Kreisprozess beruht auf der allgemeinen Tatsache, dass die innere Energie bzw. die Enthalpie Zustandsfunktionen sind, für die gilt:

$$\oint \mathrm{d}U = 0 \quad \text{bzw.} \quad \oint \mathrm{d}H = 0$$

Wenn der Kreisprozess mit einer endlichen Zahl k von Zustandsänderungen durchlaufen wird, gilt:

$$\sum_{i=1}^{k} \Delta U_i = 0 \quad \text{bzw.} \quad \sum_{i=1}^{k} \Delta H_i = 0$$

Das Ziel des Born-Haber'schen Kreisprozesses ist es, die Gitterenergie ΔU_{G} bei $T = 0$ zu ermitteln, die bei der Bildung eines festen Ionenkristalls MX aus den gasförmigen Ionen M^+ und X^- frei wird:

$$M^+(\text{g}) + X^-(\text{g}) \rightarrow MX(\text{s})$$

Da dieser Prozess nicht direkt messbar ist, führt man ihn auf einem Umweg in mehreren Teilschritten durch. Wir beschränken uns hier auf monovalente Ionen wie die Alkaliionen und Halogenid-Ionen.

- *Der erste Teilschritt* ist die Rekombination des Metallions mit einem Elektron zum neutralen gasförmigen Metallatom:

  $$M^+(\text{g}) + e^-(\text{g}) \rightarrow M(\text{g}) \quad \text{mit} \quad \Delta H_1 = -I - RT^*$$

  I ist die Ionierungsenergie von M, von der sich die Ionisierungsenthalpie um den Wert $+RT^*$ unterscheidet.

- *Der zweite Teilschritt* ist die Bildung des Halogens durch Elektronenabgabe des Halogenid-Ions:

  $$X^-(\text{g}) \rightarrow X(\text{g}) + e^-(\text{g}) \quad \text{mit} \quad \Delta H_2 = -E_{\text{A}} + RT^*$$

E_A ist die Elektronenaffinität des Halogenatoms, also der Energie, die bei der Bildung von X^- aus $X+e^-$ frei wird. Wieder ist hier ein Betrag von RT^* bei der Berechnung der Enthalpie zu berücksichtigen.

- *Der dritte Teilschritt* ist die Molekülbildung X_2 aus $2X$ in der Gasphase:

$$X \rightarrow \frac{1}{2}X_2 \qquad \Delta H_3 = -\frac{1}{2}D_{\text{diss}} - \frac{1}{2}RT^*$$

D_{diss} ist die Dissoziationsenergie des Halogenmoleküls.

- *Der vierte Teilschritt* ist die Kondensation von $M(g)$ in den festen Zustand:

$$M(\text{g}) \rightarrow M(\text{s}) \qquad \Delta H_4 = -\Delta H_{\text{V},M}$$

wobei $\Delta H_{\text{V},M}$ die Verdampfungs- bzw. Sublimationsenthalpie des festen Metalls ist.

- *Der fünfte Teilschritt* ist die Kondensation des Halogen-Moleküls X_2:

$$\frac{1}{2}X_2(\text{g}) \rightarrow \frac{1}{2}X_2(\text{s}) \quad \Delta H_5 = -\frac{\Delta H_{\text{V},X_2}}{2}$$

wobei $\Delta H_{\text{V},X_2}$ die Verdampfungsenthalpie des Halogens X_2 bedeutet. Ist X_2 bei den äußeren Bedingungen im thermodynamischen Gleichgewichtszustand gasförmig, entfällt dieser Enthalpiebetrag.

- *Der sechste und letzte Teilschritt* ist die Reaktion des festen Metalls M(s) mit dem flüssigen oder gasförmigen Halogen (X_2) zum Ionenkristall:

$$M(\text{s}) + \frac{1}{2}X_2(\text{s, lq}) \rightarrow MX(\text{s}) \;\text{ mit }\; \Delta H_6 = \Delta_\text{R} H = \Delta^\text{f} H_{MX}$$

wobei $\Delta^\text{f} H$ die molare Bildungsenthalpie des Ionenkristalls bedeutet. Diese Werte kann man Tabellenwerken entnehmen.

Alle Teilschritte 1 bis 6 beruhen auf experimentell zugänglichen Enthalpieänderungen. Der Kreisprozess ist geschlossen, wenn MX(s) verdampft wird zu M^+ und X^-, das ist gerade der umgekehrte Prozess der Ionenkristallbildung aus den gasförmigen Ionen. Es gilt also für die Gitterenthalpie $\Delta\overline{H}_\text{G}$ bei der Temperatur T^*:

$$\Delta\overline{H}_\text{G} = \sum_{i=1}^{6} \Delta H_i = \left(-I - RT^* - E_\text{A} + RT^* - \frac{1}{2}D_{\text{diss}} - \frac{1}{2}RT^* - \Delta H_{\text{V},M} - \frac{\Delta\overline{H}_{\text{V},X_2}}{2} + \Delta^\text{f}\overline{H}_{MX}\right)$$

Wir berechnen nach dieser Gleichung die Gitterenthalpie $\Delta\overline{H}_\text{G}$ unter Standardbedingungen (1 bar, $T^* = 298{,}15$ K). Dazu entnehmen wir der Tabelle 4.2 die Werte für die Berechnung von $\Delta\overline{H}_\text{G}$ (298 K, 1 bar).

Tab. 4.2 Energetische Daten zum Born-Haber'schen-Kreisprozess in $kJ \cdot mol^{-1}$

$kJ \cdot mol^{-1}$	Li	Na	K	F_2	Cl_2	I_2
I	513	497	419	-	-	-
ΔH_V	159	109	89	-	-	31
E_A	-	-	-	- 328*	- 349*	- 295*
D_{diss}	-	-	-	155,5	240,5	210,4

*) Die Zahlenwerte für E_A beziehen sich auf die Atome F, Cl und I.

Die Gitterenthalpie $\Delta\overline{H}_G$ hängt mit der gesuchten Gitterenergie $\Delta\overline{U}_G(T)$ zusammen:

$$\Delta\overline{U}_G(T) = \Delta\overline{H}_G(T) - 2RT^*$$

Dabei ist angenommen, dass das Volumen des Ionenkristalls vernachlässigbar ist gegenüber den Molvolumina der gasförmigen Ionen, die jeweils RT^*/p betragen.

Wir berechnen jetzt für Standardbedingungen als Beispiel die Gitterenergien für NaCl, KI und LiF. Die Standardbildungsenthalpien dieser Salze kann man Anhang F.3 entnehmen:

$$\Delta^f\overline{H}^0_{NaCl} = -411,12 \text{ kJ} \cdot \text{mol}^{-1}$$
$$\Delta^f\overline{H}^0_{KI} = -327,90 \text{ kJ} \cdot \text{mol}^{-1}$$
$$\Delta^f\overline{H}^0_{LiF} = -616,93 \text{ kJ} \cdot \text{mol}^{-1}$$

Wir berechnen zunächst $\Delta\overline{H}_{G,NaCl}$ für NaCl bei $T^* = 298,15$:

$$\Delta\overline{H}_{G,NaCl} = \left(-497 - R \cdot 298,15 + 329,0 + R \cdot 298,15 - \frac{1}{2}240,5 - \frac{1}{2}R \cdot 298,15 - 109,0 - \frac{1}{2} \cdot 0 - 411,12\right) = -809,6 \text{ kJ} \cdot \text{mol}^{-1}$$

Für $\Delta\overline{U}_{G,NaCl}(298)$ ergibt sich dann

$$\Delta\overline{U}_{G,NaCl}(298) = -809,6 - 2R \cdot 298,15 = -814,6 \text{ kJ} \cdot \text{mol}^{-1}$$

Die Berechnung für KI bei 298,15 K ergibt:

$$\Delta\overline{U}_{G,KI}(298) = \left(-419 + 295 - \frac{1}{2}210,4 - 89 - 15,5 - 327,9 - \frac{5}{2}R \cdot 298,15\right) = -665,3 \text{ kJ} \cdot \text{mol}^{-1}$$

und die Berechnung für LiF bei 298,15 ergibt:

$$\Delta\overline{U}_{G,LiF}(298) = \left(-513 + 328 - \frac{1}{2}155,5 - 159 - 616,93 - \frac{5}{2}R \cdot 298,15\right) = -1043,6 \text{ kJ} \cdot \text{mol}^{-1}$$

wie nach der Größe der Ionen und den Coulombwechselwirkungen zu erwarten war, ist LiF am besten stabilisiert, gefolgt von NaCl und dann KI.

Um $\overline{U}_G(T^* = 0\text{ K})$ zu berechnen, muss der innere Energieinhalt von $\overline{U}_G(298) - \overline{U}_G(0)$ von $\Delta\overline{U}_G$ subtrahiert werden. Wir berechnen diese Differenz nach der Einstein'schen Theorie einfacher Festkörper (s. auch Aufgabe 5.16.6):

$$\overline{U}_G(298) - \overline{U}_G(0) = \int_0^{298} \overline{C}_V \mathrm{d}T^* = \frac{3}{2} R \cdot \Theta_E + \frac{3R\Theta_E}{e^{\Theta_E/298,15} - 1}$$

wobei Θ_E die sog. Einstein'schen Temperaturen bedeuten. Das sind für jeden Kristall charakteristische Werte mit der Dimension einer Temperatur. Es gilt für unsere Beispiele: $\Theta_{E,NaCl} = 428$ K, $\Theta_{E,KI} = 175$ K, $\Theta_{E,LiF} = 973$ K. Die Ergebnisse für $U_G(298) - U_G(0)$ lauten: für NaCl: $8,67\text{ kJ}\cdot\text{mol}^{-1}$, für KI: $7,65\text{ kJ}\cdot\text{mol}^{-1}$, für LiF: $13,10\text{ kJ}\cdot\text{mol}^{-1}$. Damit erhält man als Endergebnis für die Gitterenergien $U_G(T^* = 0\text{ K})$:

$$\overline{U}_G(T^* = 0\text{ K})_{,NaCl} = -823,3\text{ kJ}\cdot\text{mol}^{-1}$$
$$\overline{U}_G(T^* = 0\text{ K})_{,KI} = -673,0\text{ kJ}\cdot\text{mol}^{-1}$$
$$\overline{U}_G(T^* = 0\text{ K})_{,LiF} = -1056,7\text{ kJ}\cdot\text{mol}^{-1}$$

Es handelt sich bei $\overline{U}_G(T^* = 0)$ nur um den Gitterenergieanteil der inneren Energie. Absolute Werte von $\overline{U}_G$ können nicht bestimmt werden. Ferner ist in $\overline{U}_G(T^* = 0)$ die sog. Nullpunktsschwingungsenergie nicht berücksichtigt worden.

4.6.3 Thermodynamik von Sprengstoffen an einem Beispiel

Sprengstoffe aller Art werden nicht nur zu militärischen Zwecken eingesetzt, sondern spielen auch in der zivilen Nutzung im Bergbau, beim Straßen- und Tunnelbau, beim Gebäudeabriss u. a. eine Rolle. Der Markt für solche Substanzen ist groß. Zu den bekanntesten Sprengstoffen gehört das Trinitrotoluol (TNT), das auch als Standard für die Wirksamkeit von Sprengstoffen im Allgemeinen verwendet wird. Moderne Sprengstoffe müssen neben ihrer Wirksamkeit auch gewissen Sicherheitsanforderungen genügen, wie Schlagfestigkeit, thermische Stabilität, Lagerbeständigkeit sowie möglichst geringe Toxizität und einen niedrigen Dampfdruck. Für eine effiziente Sprengwirkung ist entscheidend, dass möglichst viele gasförmige Produkte bei der Explosion frei werden und die exotherme Reaktionsenthalpie möglichst hoch ist. Zu den neueren Produkten, die der Erfindungsreichtum der Experten hervorgebracht hat, gehört die in Abb. 4.14 gezeigte Verbindung.

Sie liefert sich den Sauerstoff für die Verbrennung sozusagen selbst durch den hohen Anteil an O-Atomen in den Nitrogruppen. Die explosive Zerfallsreaktion lautet:

$$H_6C_6N_6O_{14} \rightarrow 3H_2O + 5CO_2 + CO + 3N_2$$

Es entstehen also pro Mol Sprengstoff 12 Mole an Gasen.

Die Reaktionsenthalpie beträgt ca. $-26000\text{ kJ}\cdot\text{kg}^{-1}$, die Molmasse $0,386\text{ kg}\cdot\text{mol}^{-1}$, also ist die molare Reaktionsenthalpie $\Delta_R\overline{H}$ (bei $p = 1$ bar) $\cong -10^7\text{ J}\cdot\text{mol}^{-1} = -10000\text{ kJ}\cdot\text{mol}^{-1}$.

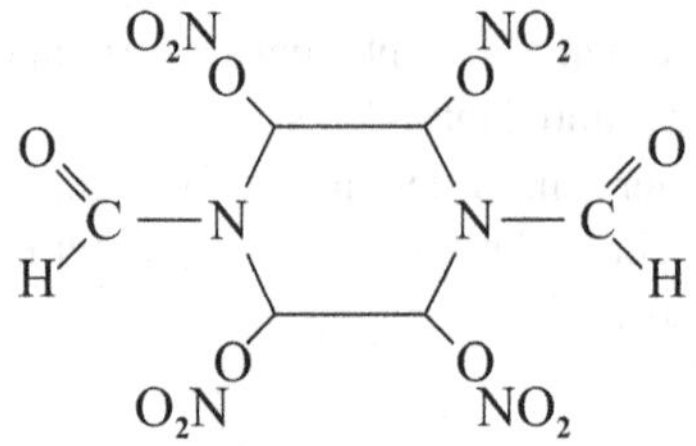

Abb. 4.14 Chemische Strukturformel eines modernen Sprengstoffs

Wir wollen 2 thermodynamische Berechnungen durchführen bezügliches dieses Sprengstoffes (Index x). Zunächst soll die molare Bildungsenthalpie $\Delta^f\overline{H}_x$ ermittelt werden. Sie lautet (s. Gl. 4.17):

$$\Delta^f\overline{H}_x - 3\Delta^f\overline{H}_{H_2O} - 5\Delta^f\overline{H}_{CO_2} - \Delta^f\overline{H}_{CO} - 3\Delta^f\overline{H}_{N_2} = -\Delta_R\overline{H} = 10^7\ \text{J}\cdot\text{mol}^{-1}$$

Setzt man die Werte nach Tabelle F.3 im Anhang F ein, ergibt sich ($\Delta^f\overline{H}_{N_2} = 0$):

$$\begin{aligned}\Delta^f\overline{H}_x &= 10^7 + 3(-241{,}83\cdot 10^3) + 5(-393{,}5\cdot 10^3) + (-110{,}53\cdot 10^3)\\ &= 7{,}1964\cdot 10^6\ \text{J}\cdot\text{mol}^{-1} = 7196{,}4\ \text{kJ}\cdot\text{mol}^{-1}\end{aligned}$$

Jetzt wollen wir uns die Sprengwirkung des Stoffes verdeutlichen, indem wir annehmen, dass sich bei $T_0 = 293$ K 1000 g in einem geschlossenen Behälter von einem Liter befinden und so durch Zündung zur Explosion kommen. Welche Temperatur und welcher Druck herrscht in dem Behälter nach der Explosion, vorausgesetzt der Behälter kommt nicht zum Bersten?

Da die entstehenden Temperaturen sicher sehr hoch sein werden, können wir für die Molwärmen der entstehenden Gase annehmen, dass gilt (volle Anregung der Freiheitsgrade):

$$\overline{C}_V = \frac{3}{2}N_A\cdot R$$

wenn N_A die Zahl der Atome des betreffenden Gases bedeuten. Bei den linearen Molekülen ist jeweils $R/2$ zu subtrahieren. Da der Behälter geschlossen bleibt (V = const.), muss statt der Reaktionsenthalpie die Reaktionsenergie $\Delta_R\overline{U}$ eingesetzt werden. Die Bilanz zur Berechnung der Endtemperatur T ergibt, da zunächst weder Wärme noch Arbeit mit der Umgebung ausgetauscht werden:

$$\left(3\overline{C}_{V,H_2O} + 5\overline{C}_{V,CO_2} + \overline{C}_{V,CO} + 3\overline{C}_{V,N_2}\right)(T - T_0) + \Delta_R\overline{U} = 0$$

mit

$$\Delta_R\overline{U} = +\Delta_R\overline{H} - RT(3 + 5 + 1 + 3) + p_0\overline{V}_0$$

wobei $\overline{V}_0$ das Molvolumen des Sprengstoffs ist und $p_0 = 1$ bar.

Wir setzen $\overline{V}_0 \approx 0{,}386$ Liter ein und erhalten dann für $\Delta_R\overline{U}$ mit $p_0V_0 = 10^5\ \text{Pa}\cdot 0{,}386\cdot 10^{-3}\text{m}^3$:

$$-\Delta_R\overline{U} = +10^7 + 12RT + p_0\cdot V_0 \cong +10^7 + 12RT$$

Damit gilt nach der Reaktion:

$$T = \frac{10^7 + 12RT}{\sum \nu_i \overline{C}_{V,i}}$$

mit

$$\sum \nu_i \overline{C}_{V,i} = \frac{87}{2} R = 361,68\ \mathrm{J \cdot mol^{-1} \cdot K^{-1}}$$

ergibt sich:

$$T \approx 3,8 \cdot 10^4\ \mathrm{K}$$

Die Molzahl der Gase im Behälter ist nach der Reaktion:

$$\frac{1000}{361,68} \cdot 12 = 33,2$$

Damit ergibt sich ein Druck p:

$$p = 33,2 \cdot \frac{3,8 \cdot 8,3145 \cdot 10^4}{10^{-3}} = 1,049 \cdot 10^{10}\ \mathrm{Pa} = 104,9\ \mathrm{kbar}$$

Die errechnete Temperatur ist natürlich recht hypothetisch, da bei einer Explosion keine Gleichgewichtsbedingungen im thermodynamischen Sinn herrschen und bei solch hohen Temperaturen alle Moleküle dissoziiert sind, aber der errechnete Druck ist sicher in der richtigen Größenordnung und zeigt, wie stark die Druckwelle sein wird, denn der Behälter wird (und soll!) einem plötzlichen Druckstoß von ca. 100 kbar nicht widerstehen.

4.6.4 Können Steine verbrennen?

Hartes Gestein, wie z. B. die sogenannten Feldspäte, sind vollständig oxidierte Verbindungen bestehend aus Aluminium und Silizium, die noch Metalle wie Na, K, Mg oder Ca enthalten können. Sie werden auch als „Aluminosilikate“ bezeichnet. Aus diesen Mineralien besteht über 60 % der Erdkruste, sie sind äußerst inert und schmelzen erst bei sehr hohen Temperaturen. Wie man sie dennoch chemisch umsetzen kann zu weitgehend gasförmigen Produkten, also „verbrennen“ kann, wollen wir hier erörtern. Ein Element, das dazu in der Lage ist, ist das gasförmige Fluor F_2. Betrachten wir dazu ein typisches Gesteinsmaterial wie Andalusit: $Al_2O_3 \cdot SiO_2$. Der Umsatz mit F_2 lautet:

$$Al_2O_3 \cdot SiO_2 + 5F_2 \rightarrow 2AlF_3 + SiF_4 + \frac{5}{2} O_2$$

SiF_4 und O_2 sind bei 298 K und 1 bar gasförmig. Es bleibt als „Asche“ nur AlF_3 übrig. Wir können davon ausgehen, dass diese Reaktion vollständig von links nach rechts abläuft, ähnlich wie bei den Verbrennungsreaktionen mit Sauerstoff. Die Standardreaktionsenthalpie $\Delta_R \overline{H}^0$ ist:

$$\Delta_R \overline{H}^0 = 2\Delta^f \overline{H}^0_{AlF_3} + \Delta^f \overline{H}^0_{SiF_4} + \frac{5}{2} \Delta^f \overline{H}^0_{O_2} - 5\Delta^f \overline{H}^0_{F_2} - \Delta^f \overline{H}^0_{Al_2O_3 \cdot SiO_2}$$

Für $\Delta^{\mathrm{f}}\overline{H}^0_{\mathrm{Al_2O_3 \cdot SiO_2}}$ setzen wir $\Delta^{\mathrm{f}}\overline{H}^0_{\mathrm{Al_2O_3}} + \Delta^{\mathrm{f}}\overline{H}^0_{\mathrm{SiO_2}}$ ein. Einsetzen der Werte aus Anhang F ergibt:

$$\begin{aligned}\Delta_{\mathrm{R}}\overline{H}^0 &= -2 \cdot 1510,42 - 1614,94 + 0 \cdot 1 - 5 \cdot 0 + 2592,07 \\ &= -2043,71\ \mathrm{kJ \cdot mol^{-1}}\end{aligned}$$

Die Reaktion ist also stark exotherm. $\Delta_{\mathrm{R}}\overline{H}^0$ würde ausreichen, um 10 Liter flüssiges Wasser von 0 °C auf 50 °C zu erwärmen.

Wir betrachten weitere Reaktionen, die man nutzen kann, um entsprechend dem Prinzip der Wegunabhängigkeit der Enthalpie (Hess'scher Satz) Reaktionsenthalpien mineralischer Reaktionen zu bestimmen, die nicht direkt messbar sind. Wir wählen als Beispiel

$$\mathrm{CaO \cdot Al_2O_3 \cdot Si_2O_4(Anorthit) + 8F_2 \longrightarrow CaF_2 + 2AlF_3 + 2SiF_4 + 4O_2}$$

Die in einer platinierten kalorimetrischen Bombe (s. Abschnitt 4.4) gemessene Reaktionsenthalpie $\Delta_{\mathrm{R}}\overline{H}^0_I$ beträgt $-2498,7\ \mathrm{kJ \cdot mol^{-1}}$. Jetzt verbrennen wir jeweils CaO, Al_2O_3 und SiO_2 in F_2:

$$\begin{array}{lllllllll}\mathrm{CaO} & + & \mathrm{F_2} & \longrightarrow & \mathrm{CaF_2} & + & \frac{1}{2}\mathrm{O_2} & \Delta_{\mathrm{R}}\overline{H}^0_{\mathrm{II}} & = & -590,4\ \mathrm{kJ \cdot mol^{-1}} \\ \mathrm{Al_2O_3} & + & \mathrm{3F_2} & \longrightarrow & \mathrm{2AlF_3} & + & \frac{3}{2}\mathrm{O_2} & \Delta_{\mathrm{R}}\overline{H}^0_{\mathrm{III}} & = & -1345,6\ \mathrm{kJ \cdot mol^{-1}} \\ \mathrm{SiO_2} & + & \mathrm{2F_2} & \longrightarrow & \mathrm{SiF_4} & + & \mathrm{O_2} & \Delta_{\mathrm{R}}\overline{H}^0_{\mathrm{IV}} & = & -704,1\ \mathrm{kJ \cdot mol^{-1}}\end{array}$$

Die Ergebnisse werden mithilfe der $\Delta^{\mathrm{f}}\overline{H}^0$-Werte in Anhang F.3 erhalten. Rechts neben den Gleichungen stehen die durch Verbrennung mit F_2 ermittelten Reaktionsenthalpien $\Delta_{\mathrm{R}}H_{\mathrm{II}}$, $\Delta_{\mathrm{R}}H_{\mathrm{III}}$ und $\Delta_{\mathrm{R}}H_{\mathrm{IV}}$. Mit diesen Daten sind wir in der Lage, die Standardreaktionsenthalpie $\Delta_{\mathrm{R}}\overline{H}_{\mathrm{V}}$ für folgende Reaktion der festen Mineralien zu bestimmen:

$$\mathrm{CaO + Al_2O_3 + 2SiO_2 \longrightarrow CaOAl_2O_3Si_2O_4}$$

Es gilt nämlich:

$$\begin{aligned}\Delta\overline{H}^0_{\mathrm{V}} &= \Delta_{\mathrm{R}}\overline{H}^0_{\mathrm{II}} + \Delta_{\mathrm{R}}\overline{H}^0_{\mathrm{III}} + 2\Delta_{\mathrm{R}}\overline{H}^0_{\mathrm{IV}} - \Delta_{\mathrm{R}}\overline{H}^0_{\mathrm{I}} \\ &= -590,4 - 1345,6 - 2 \cdot 704,1 + 2498,7 = -845,5\ \mathrm{kJ \cdot mol^{-1}}\end{aligned}$$

Die Bildungsreaktion von Anorthit aus seinen Metalloxiden CaO, Al_2O_3 und SiO_2 ist also eine exotherme Reaktion mit $-845,5$ kJ pro Formelumsatz.

4.6.5 Das Eiskalorimeter nach Bunsen

Das Prinzip dieses Kalorimeters beruht darauf, die bei dem zu untersuchenden Prozess freiwerdende oder verbrauchte Wärmemenge Q aus der äquivalenten Menge an geschmolzenem Eis bzw. gefrorenem Wasser zu bestimmen. Das lässt sich durch die in Abb. 4.15 dargestellte experimentelle Anordnung realisieren.

Ein Probenrohr aus Glas ragt in einen Behälter hinein, der vollständig und luftfrei mit hochreinem Wasser gefüllt ist. An der äußeren Oberfläche des Probenrohrs befindet sich eine gewisse Menge Eis. Der Behälter ist unten mit flüssigem Quecksilber gefüllt, das in einer Kapillare aus

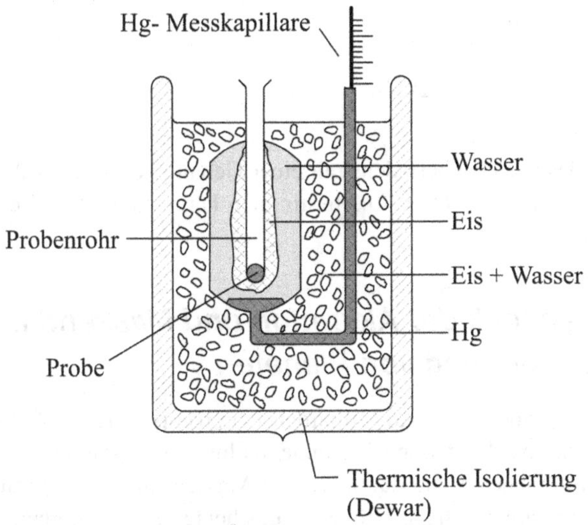

Abb. 4.15 Das Eiskalorimeter nach Bunsen[6]

dem Gefäß herausragt. Das ganze System befindet sich in einem Dewar-Gefäß, das mit schmelzendem Eis gefüllt ist. Wird nun eine Probe in das Probenrohr gegeben und entwickelt diese eine bestimmte Wärmemenge Q, so schmilzt die entsprechende Menge an Eis. Dadurch ändert sich das Flüssigkeitsvolumen innerhalb des Behälters. Da Eis eine geringere Dichte als flüssiges Wasser hat ($\varrho_{\text{Eis}} < \varrho_{\text{H}_2\text{O,fl}}$), wird das Volumen kleiner. Die Änderung lässt sich am Quecksilberfaden ablesen. Wir formulieren diesen Vorgang quantitativ. Es gilt die Bilanz:

$$Q = \Delta h_S \cdot \Delta m_{\text{Eis}}$$

wobei Δh_S die spezifische Schmelzenthalpie von Wassereis ist ($\Delta h_S = 333,7\ \text{J} \cdot \text{g}^{-1}$) und Δm_{Eis} die Menge an geschmolzenem Eis bedeutet. Die durch den Schmelzvorgang verursachte Volumenänderung ΔV im Behälter beträgt:

$$\Delta V = \Delta m_{\text{Eis}} \left(\frac{1}{\varrho_{\text{H}_2\text{O,fl}}} - \frac{1}{\varrho_{\text{Eis}}} \right)$$

Also ergibt sich:

$$Q = \Delta h_S \cdot \Delta V \cdot \frac{\varrho_{\text{H}_2\text{O,fl}} \cdot \varrho_{\text{Eis}}}{\varrho_{\text{Eis}} - \varrho_{\text{H}_2\text{O,fl}}}$$

Setzt man die Werte $\varrho_{\text{H}_2\text{O,fl}} = 0,99984\ \text{g} \cdot \text{cm}^{-3}$ und $\varrho_{\text{Eis}} = 0,91674\ \text{g} \cdot \text{cm}^{-3}$ ein, ergibt sich:

$$Q = -\Delta V \cdot 3680,7\ \text{J}$$

Ist z. B. $Q = 40$ Joule, ergibt sich bei einem Kapillardurchmesser von 0,1 cm unter Beachtung der Dichte von Quecksilber bei Zimmertemperatur ($\varrho_{\text{Hg}} = 13,595\ \text{g} \cdot \text{cm}^{-3}$) eine Änderung der

[6] Abbildung nach: W. Hemminger, G. Höhne, „Grundlagen der Kalorimetrie“, Verlag Chemie, Weinheim (1979)

Fadenlänge des Quecksilbers Δl:

$$\Delta l = -\frac{Q}{3680,7 \cdot \pi \cdot r^2} = -0,345 \text{ cm}$$

Da sich Änderungen des Quecksilberfadens mit einer Genauigkeit von $\pm 0,03$ cm ablesen lassen, ist die Genauigkeit, mit der man $Q = 40$ J bestimmen kann, ca ± 10 %. Bei $Q = 400$ J ist der Fehler nur noch ± 1 %.

4.6.6 Thermodynamik der Akkretion und Massendifferenzierung bei der Entstehung von Planeten

Mit der Geburt unserer Sonne vor ca. 4,6 Milliarden Jahren entstanden auch die Planeten des Sonnensystems durch gravitative Akkretion (Zusammenballung) von größeren, festen Materiestücken des „Urnebels" zu Protoplaneten, die durch weitere Massenzunahme aufgrund der wachsenden Gravitationsanziehung relativ rasch zur Größe der uns heute bekannten Planeten anwuchsen. Dabei wurden gewaltige Energien in Form von innerer Energie frei, so dass die inneren Planeten, wie die Erde, in dieser Frühzeit durchweg aus glühendem, geschmolzenem Gestein + Metall bestanden und dabei durch Wärmeabstrahlung erkalteten. Der Erdkern besitzt noch heute eine Temperatur von 5000 bis 6000 K und der Erdmantel eine Temperatur von 1500 bis 5000 K. Man schätzt, dass heute ca. 25 % des jetzigen Energieinhaltes von der bei der gravitativen Akkretion freigewordenen Energie stammen, die restlichen 75 % rühren vom Zerfall radioaktiver Elemente her.

Wir wollen die Energie berechnen, die als Abnahme der potentiellen Energie bei der Bildung eines Planeten von der Größe der Erde frei wird und in innere Energie umgewandelt wird. Wir betrachten dazu eine kugelförmige Masse M mit der mittleren Dichte $\overline{\varrho}$ und dem Radius r (s. Abb. 4.16) und berechnen die Änderung der potentiellen Energie $\mathrm{d}E_\mathrm{p}$, wenn die differentielle Masse $\mathrm{d}M = \overline{\varrho} \cdot 4\pi r^2 \mathrm{d}r$ als Kugelschalenelement aus unendlicher Entfernung zu der bestehenden Masse M hinzugefügt wird. $\mathrm{d}E_\mathrm{p}$ ist negativ, und nach dem Newton'schen Gravitationsgesetz gilt:

$$\mathrm{d}E_\mathrm{p} = -G\,\frac{M}{r}\overline{\varrho}\,4\pi r^2 \mathrm{d}r$$

wobei G die Gravitationskonstante mit dem Wert $6,6733 \cdot 10^{-11} \mathrm{N} \cdot \mathrm{m}^2 \cdot \mathrm{kg}^{-2}$ bedeutet. Setzen wir für die Masse $M = \overline{\varrho} \cdot \frac{4}{3}\pi r^3$ ein und integrieren von $r = 0$ bis $r = R$ ergibt sich für den potentiellen Energieverlust bei Bildung eines Planeten vom Radius R:

$$\Delta E_\mathrm{p} = -G\,\frac{16\pi^2}{3} \cdot \overline{\varrho}^2 \int\limits_{r=0}^{r=R} r^4 \,\mathrm{d}r = -G\,\frac{16\pi^2}{15} \cdot R^5 \cdot \overline{\varrho}^2$$

Dabei wurde angenommen, dass der Planet homogen ist mit der mittleren Dichte $\overline{\varrho}$, die unabhängig von r sein soll. Setzen wir die Daten der Erde ein mit $\overline{\varrho} = 5523 \text{ kg} \cdot \mathrm{m}^{-3}$ und $R = 6370 \text{ km} = 6,370 \cdot 10^6$ m, ergibt sich:

$$\Delta E_\mathrm{p} = -6,673 \cdot 10^{-11} \cdot \frac{16\,\pi^2}{15} \cdot (6,370 \cdot 10^6)^5 (5523)^2 = -2,247 \cdot 10^{32} \text{ Joule}$$

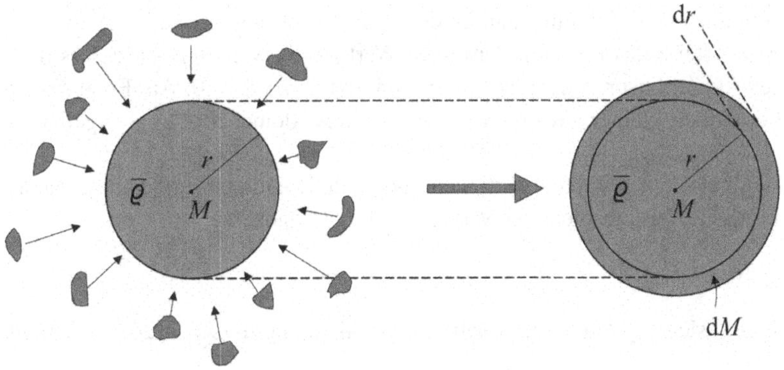

Abb. 4.16 Massenakkretion bei der Bildung eines planetaren Körpers

Wir wollen nun berechnen, wie hoch die Temperatur des Erdkörpers bei der Umwandlung von potentieller in innere Energie nach Gl. (4.2) wäre mit $Q = 0$ (keine Wärmeabgabe nach außen), $W = 0$ (keine Arbeitsleistung) und $\Delta E_{\text{kin}} = 0$ (die kinetische Energie vor und nach Prozessende soll Null sein). Es gilt dann:

$$-\Delta E_{\text{p}} = \Delta U = M_{\text{Erde}} \cdot C_{V,\text{sp}} \cdot \Delta T^*$$

wobei $C_{V,\text{sp}}$ die mittlere spezifische Wärmekapazität des Erdkörpers ist, die näherungsweise 1000 J $\cdot$ kg^{-1} $\cdot$ K^{-1} beträgt. Dann folgt:

$$\Delta T^* = 2{,}247 \cdot 10^{32} \Big/ \left(1000 \cdot \frac{4}{3}\pi\,\overline{\varrho} \cdot R^3\right) = 3{,}76 \cdot 10^4 \text{ K}$$

Sicher wurden in Wirklichkeit höchstens Temperaturen um 5000 K erreicht, da bereits während des Akkretionsprozesses mit anwachsender Temperatur die Wärmeabstrahlung in die Umgebung deutlich zunahm ($Q < 0$). Natürlich hängt die maximale Temperatur von der Geschwindigkeit der Akkretion ab. Bei rascher Akkretion werden höhere Temperaturen erreicht als bei langsamer Akkretion, bei der mehr Zeit für die Wärmeabstrahlung zur Verfügung steht. Nur im Grenzfall einer extrem kurzen Akkretionszeit können also Temperaturen von über 30000 K erreicht werden. Das ist aber unwahrscheinlich, da dann große Mengen an Gestein wieder verdampft wären. Wenn wir annehmen, dass die entstehende Erde bereits rotiert und am Ende der Akkretion die Winkelgeschwindigkeit $\vec{\omega} = \mathrm{d}\vec{\omega}/\mathrm{d}t$ besitzt, erhält man ein etwas anderes Ergebnis. Für den Drehimpuls $\vec{J}$ eines starr rotierenden Körpers gilt:

$$\vec{J} = I \cdot \vec{\omega}$$

und für seine Rotationsenergie:

$$E_{\text{rot}} = \frac{1}{2} I \cdot |\vec{\omega}|^2 = \frac{1}{2}\,\vec{J} \cdot \vec{\omega}$$

In unserem Fall ist I das Trägheitsmoment der (homogenen) Kugel der Masse M:

$$I = \int_0^M r^2 \cdot \mathrm{d}m = \int_0^R r^2 \cdot 4\pi\, r^2 \overline{\varrho} \cdot \mathrm{d}r = \overline{\varrho}\,\frac{4\pi}{5}\,R^5$$

Da der Drehimpuls $\vec{J}$ eine Erhaltungsgröße des Systems ist, muss $\vec{J}$ bei unendlicher Entfernung der Massenbestandteile des Planeten denselben Wert haben wie nach Abschluss der Akkretion. Zu Beginn des Akkretionsprozesses ist I sehr groß und daher $\dot{\omega} \cong 0$. Am Ende des Prozesses ist $\dot{\omega} > 0$, da I erheblich kleiner geworden ist, und es muss demnach $E_{\text{rot}} > 0$ gelten, während zu Beginn $E_{\text{rot}} \cong 0$ ist.

Bei $\vec{J} \neq 0$ wird also ein Teil der potentiellen Energie in Rotationsenergie umgewandelt und steht dem inneren Energiezuwachs nicht zur Verfügung. Es gilt dann:

$$\Delta U = -\Delta E_{\text{p}} - E_{\text{rot}}$$

Kennt man $\vec{J}$, lässt sich E_{rot} berechnen. Nehmen wir an, dass gilt: $\dot{\omega} = 1/24\,h = 1,1574 \cdot 10^{-5}\ \text{s}^{-1}$, erhält man:

$$\begin{aligned} E_{\text{rot}} &= \overline{\varrho}\,\frac{2\pi}{5} R^5 \cdot (\dot{\omega})^2 = (5523)\,\frac{2\pi}{5}(6,370)^5 \cdot 10^{30} \cdot (1,1574)^2 \cdot 10^{-10} \\ &= 9,75 \cdot 10^{27}\ \text{Joule} \end{aligned}$$

Daraus folgt:

$$\Delta U = 2,247 \cdot 10^{32} - 9,75 \cdot 10^{27} \cong 2,247 \cdot 10^{32}\ \text{Joule}$$

D. h., der Unterschied zum rotationsfreien Fall ist vernachlässigbar. Der Akkretionsprozess, wie wir ihn bisher geschildert haben, beruht auf einem einfachen Modell, dass wir um zwei wichtige Prozesse erweitern müssen, die wir bisher vernachlässigt haben. Bei der Erwärmung des wachsenden Planeten wird bei einer bestimmten Temperatur der Schmelzpunkt des Gesteins bzw. die Metallanteile erreicht. Dazu muss zusätzlich die Schmelzenthalpie aufgebracht werden. Andererseits wird es mit der Verflüssigung des Materials zu einem Absinken der schwereren Metallanteile in den Kern und zum gleichzeitigen Aufsteigen von leichterem Gesteinsmaterial (Silikate) in die oberen Schichten des Planeteninneren kommen. Das setzt voraus, dass es beim Aufschmelzen zu einer makroskopischen Phasentrennung von Silikaten und Metallen (bzw. Metallsulfiden) kommt. Diesen Prozess nennt man *Massendifferenzierung.* Dabei wird die potentielle Energie noch weiter abgesenkt und die innere Energie nochmals erhöht. wir wollen nur den Prozess der Massendifferenzierung näher untersuchen. Dazu nehmen wir wieder die Erde als Beispiel, wobei wir annehmen, dass die zunächst homogene Verteilung sich bei der Differenzierung in 3 Phasen auftrennt, nämlich die des Erdkerns mit der höchsten Dichte ϱ_{K} und dem Radius r_{K}, die des Erdmantels mit der nächsthöheren Dichte ϱ_{M}, der beim Radius r_{M} in die Erdkruste übergeht mit der Dichte ϱ_{Kr}, die von r_{M} bis zum Erdradius R reicht. Die Werte der Dichten und der Radien entnehmen wir der Abbildung 1.7. Es gilt also: $\varrho_{\text{K}} = 10,839 \cdot 10^3\ \text{kg} \cdot \text{m}^{-3}, \varrho_{\text{M}} = 4,496 \cdot 10^3\ \text{kg} \cdot \text{m}^{-3}, \varrho_{\text{Kr}} = 3,103 \cdot 10^3\ \text{kg} \cdot \text{m}^{-3}, r_{\text{K}} = 3490\ \text{km}, r_{\text{M}} = 6345\ \text{km}, r_{\text{Kr}} = R = 6370\ \text{km}$.

Wir berechnen jetzt E_{p} unter Berücksichtigung der Massendifferenzierung. Dazu wollen wir die potentielle Energieänderung $\text{d}E_{\text{p}}$ für jede der 3 Schichten getrennt beachten, danach addieren und dann zur gesamten potentiellen Energie E_{p} aufintegrieren. Es gilt:

$$\begin{array}{lcll} \text{d}E_{\text{p}} & = & -\dfrac{M(r)}{r}\,4\pi\, r^2 \text{d}r & \\ 0 & < & r \leq r_{\text{K}} & \text{mit } \varrho = \varrho_{\text{K}} \\ r_{\text{K}} & \leq & r \leq r_{\text{M}} & \text{mit } \varrho = \varrho_{\text{M}} \\ r_{\text{M}} & < & r \leq R & \text{mit } \varrho = \varrho_{\text{Kr}} \end{array}$$

Damit folgt:

$$\mathrm{d}E_\mathrm{p} = -G\frac{16\pi^2}{3}\varrho_\mathrm{K}^2 \cdot r^4\mathrm{d}r - G\frac{1}{r}\left[\frac{4}{3}\pi\, r_\mathrm{K}^3\varrho_\mathrm{K} + \frac{4}{3}\pi\,\varrho_\mathrm{M}\left(r^3 - r_\mathrm{K}^3\right)\right]\cdot \varrho_\mathrm{M}\, 4\pi\, r^2\mathrm{d}r$$
$$- G\frac{1}{r}\left[\frac{4}{3}\pi\, r_\mathrm{K}^3\varrho_\mathrm{K} + \frac{4}{3}\pi\left(r_\mathrm{M}^3 - r_\mathrm{K}^3\right)\varrho_\mathrm{M} + \frac{4}{3}\pi\left(r^3 - r_\mathrm{M}^3\right)\varrho_\mathrm{Kr}\right]\varrho_\mathrm{Kr}\, 4\pi\, r^2\mathrm{d}r$$

Integration ergibt:

$$E_\mathrm{p} = -G\,\frac{16\pi^2}{15}\varrho_\mathrm{K}^2\, r_\mathrm{K}^5 - G\frac{4}{3}\pi\, r_\mathrm{K}^3\,(\varrho_\mathrm{K} - \varrho_\mathrm{M})\, 2\pi\left(r_\mathrm{M}^2 - r_\mathrm{K}^2\right)$$
$$- G\frac{4}{3}\pi\,\varrho_\mathrm{M}^2\cdot\frac{4\pi}{5}\left(r_\mathrm{M}^5 - r_\mathrm{K}^5\right)$$
$$- G\frac{4}{3}\pi\left[r_\mathrm{K}^3\,(\varrho_\mathrm{K} - \varrho_\mathrm{M}) - r_\mathrm{M}^3\,(\varrho_\mathrm{M} - \varrho_\mathrm{Kr})\right]\varrho_\mathrm{Kr}\cdot 2\pi\left(R^2 - r_\mathrm{M}^2\right)$$
$$- G\frac{4}{3}\pi\,\varrho_\mathrm{Kr}^2\cdot\frac{4\pi}{5}\left(R^5 - r_\mathrm{M}^5\right)$$

Einsetzen der bekannten Werte für $R, r_\mathrm{M}, r_\mathrm{K}, \varrho_\mathrm{Kr}, \varrho_\mathrm{M}$ und ϱ_K ergibt:

$$E_\mathrm{p} = -4{,}273\cdot 10^{31} - 5{,}978\cdot 10^{31} - 1{,}3868\cdot 10^{32} + 1{,}49\cdot 10^{29} - 1{,}381\cdot 10^{30}$$
$$= -2{,}424\cdot 10^{32}\ \text{Joule}$$

Der zusätzliche Gewinn an innerer Energie durch die Differenzierung beträgt also:

$$\Delta U_\mathrm{Diff} = -\Delta E_\mathrm{Diff} = -(-2{,}424 + 2{,}247)\cdot 10^{32} = 0{,}177\cdot 10^{32}\ \text{Joule}$$

Der Prozess ist also irreversibel, es wird weder Wärme Q noch Arbeit W mit der Umgebung ausgetauscht. Das führt zu einer zusätzlichen Temperaturerhöhung ΔT^*_Diff:

$$\Delta T^*_\mathrm{Diff} = 0{,}177\cdot 10^{32}\Big/\left(1000\cdot\frac{4}{3}\pi\bar{\varrho}R^3\right) = 2962\ \mathrm{K}$$

Wir wollen noch eine Frage beantworten: Wenn nach der Akkretion der Planet die Winkelgeschwindigkeit $\dot{\omega}$ besitzt, wie verändert sich dann $\dot{\omega}$ nach der Massendifferenzierung? Dazu müssen wir zunächst das Trägheitsmoment I nach der Akkretion, aber vor der Differenzierung berechnen:

$$I = \int\limits_0^R \bar{\varrho}4\pi\, r^2\cdot r^2\mathrm{d}r = \bar{\varrho}\cdot\frac{4\pi}{5}R^5 = 1{,}4558\cdot 10^{38}\ \mathrm{kg}\cdot\mathrm{m}^2$$

Nach der Differenzierung beträgt das Trägheitsmoment I':

$$I' = \frac{4\pi}{5}\left[(\varrho_\mathrm{K} - \varrho_\mathrm{M})\, r_\mathrm{K}^5 + r_\mathrm{M}^5\,(\varrho_\mathrm{M} - \varrho_\mathrm{Kr}) + \varrho_\mathrm{Kr}R^5\right] = 5{,}019\cdot 10^{37}\ \mathrm{kg}\cdot\mathrm{m}^2$$

Wegen der Drehimpulserhaltung gilt für die Frequenz $\dot{\omega}$ *vor* der Differenzierung:

$$\dot{\omega} = \dot{\omega}'\cdot\frac{I'}{I} = 0{,}04167\cdot\frac{0{,}5019}{1{,}4558} = 0{,}01437\ \mathrm{h}^{-1}$$

Ein Tag dauerte also vor der Massendifferenzierung 69,6 h.

Natürlich sind alle Zahlenwerte, die wir berechnet haben, nur das Ergebnis eines stark vereinfachten Modells. Schmelzprozesse, Temperaturgradienten im Inneren eines Planeten, die Abhängigkeit der Dichten von p und T sowie endliche Akkretionszeiten und Strahlungsverlust wurden nicht berücksichtigt. Außerdem ist es im Fall der Erde wahrscheinlich, dass diese nach einem ganz anderen Mechanismus zusammen mit dem Mond durch einen nichtzentralen Zusammenstoß mit einem marsähnlichen Himmelskörper in der Frühzeit ihrer Akkretion entstanden ist.

4.6.7 Optimierung der CO_2-Reduktion beim Biogasreaktor

Regenerative Energiequellen gelten als CO_2-neutral, da ihre Erzeugung der Atmosphäre ebenso viel CO_2 entzieht, wie bei ihrem Verbrennungsprozess wieder an die Atmosphäre abgegeben wird. Von diesen Möglichkeiten hat sich insbesondere die Biogaserzeugung etabliert. Hier werden landwirtschaftliche Abfallprodukte pflanzlicher und tierischer Herkunft unter Luftausschluss durch anaerobe Bakterien weitgehend zu CO_2 und CH_4 umgesetzt entsprechend:

$$C_6H_{12}O_6 \rightarrow 3CO_2 + 3CH_4$$

$C_6H_{12}O_6$ steht hier stellvertretend für das organische Material.

Die Verbrennung von Methan wird zur Energieerzeugung genutzt:
Die Gesamtbilanz lautet:

$$\begin{array}{rcl} C_6O_6H_{12} & \rightarrow & 3CO_2 + 3CH_4 \\ 3CH_4 + 6O_2 & \rightarrow & 3CO_2 + 6H_2O \\ \hline C_6H_{12}O_6 + 6O_2 & \rightarrow & 6CO_2 + 6H_2O \end{array}$$

Das ist genau die Umkehrreaktion der Erzeugung des organischen Materials durch Photosynthese oder andere natürliche Prozesse, so dass der Gesamtprozess CO_2-neutral ist. Die eigentliche Energiequelle ist letztlich das Sonnenlicht.

In der Realität ist dieser Gesamtprozess jedoch keineswegs wirklich CO_2-neutral, da der pflanzliche bzw. tierische Brennstoff mit üblichen fossilen treibstoffverbrauchenden Fahrzeugen zum Bioreaktor transportiert werden muss.

Wir wollen nun zeigen, dass bei der Biogasherstellung eine zentrale gegenüber einer dezentralen Versorgungstechnik weniger CO_2 emittiert. Dazu stellen wir uns eine landwirtschaftliche Nutzfläche der Größe A vor, deren pflanzliche und/oder tierische Abfallprodukte zum Bioreaktor in der Kreismitte transportiert werden. Einmal soll diese Fläche durch einen Kreis mit dem Radius R symbolisiert werden (zentrale Methode), zum anderen durch n kleinere Kreise mit den Radien r, aber mit derselben Gesamtfläche (dezentrale Methode). Es gilt zunächst die Bilanz:

$$A = \pi R^2 = n \cdot \pi r^2 \quad \text{oder} \quad R/r = \sqrt{n}$$

Die mittlere Entfernung $\langle R \rangle$ bzw. $\langle r \rangle$, aus der das organische Material zum Bioreaktor transportiert werden muss, berechnet sich durch:

$$\langle R \rangle = \int_0^R R' \cdot 2\pi R' \mathrm{d}R' / \pi R^2 = \frac{2}{3} R = \frac{2}{3} r \sqrt{n}$$

bzw.:

$$\langle r \rangle = \frac{2}{3} r$$

Bei der dezentralen Methode muss n-mal die Strecke in derselben Zeit zurückgelegt werden. Das Verhältnis der Gesamtstrecken ist also:

$$\frac{n \cdot \langle r \rangle}{\langle R \rangle} = \sqrt{n}$$

Die zentrale Methode ist ganz offensichtlich günstiger. Setzen wir z. B. $n = 10$, so gilt für das Verhältnis des Treibstoffverbrauchs und damit der emittierten CO_2-Menge:

$$\frac{\text{Menge } CO_2 \text{ dezentral}}{\text{Menge } CO_2 \text{ zentral}} = \sqrt{10} = 3,16$$

Es wird also in diesem Beispiel bei der zentralen Methode nur 1/3 der Menge an fossilem Treibstoff verbraucht und damit auch nur 1/3 der Menge an CO_2 emittiert wie bei der dezentralen Methode. Auch die geringeren Investitionskosten für einen großen gegenüber n kleinen Bioreaktoren sprechen noch zusätzlich für die zentrale Methode.

4.6.8 Wie schnell friert ein See zu?

Damit ein Oberflächengewässer zufriert, müssen längere Zeit Außentemperaturen von unter 0° C herrschen. Wir beschränken uns hier auf nichtfließende, salzfreie Gewässer, d. h. auf ruhende Seen.

Wird beim Abkühlen an der Luft eine Wassertemperatur von ca. 4° C unterschritten, sinken obere Schichten von Wasser mit dieser Temperatur nach unten, da Wasser bei 4° C ein Dichtemaximum hat. Erst wenn durch Konvektion eine einheitliche Temperatur von 4° C erreicht ist, beginnt bei Lufttemperaturen von unter 0° C der See von oben her zuzufrieren (s. Abb. 4.17 a). Dabei bleibt die Temperatur des unter der wachsenden Eisschicht liegenden flüssigen Wassers im wesentlichen konstant bei 4° C, bis (wenn überhaupt) der See vollständig zugefroren ist.

Das lässt sich folgendermaßen erklären. Vom unteren Rand der Eisschicht aus wird aufgrund des herrschenden Temperaturgefälles im Eis nach oben durch die Eisschicht ständig Wärme aus den obersten Schichten des flüssigen Wassers abgeleitet. Dieser Wärmeentzug wird durch Ausfrieren des flüssigen Wassers am Rand zur Eisschicht soweit kompensiert, dass der Bereich des flüssigen Wassers stets bei 4° C bleibt, denn beim Ausfrieren wird Wärme frei, die nach oben abfließt. Auf diese Weise nimmt die Dicke der Eisschicht ständig zu, während die Menge an flüssigem Wasser entsprechend abnimmt. Innerhalb der Eisschicht wird Wärme Q nach dem bekannten Gesetz des stationären Wärmeflusses nach oben transportiert:

$$\frac{\mathrm{d}Q}{\mathrm{d}t} = -A \cdot \lambda_{\mathrm{Eis}} \cdot \frac{\Delta T}{x}$$

wobei ΔT die Temperaturdifferenz über die Eisschicht bedeutet. x ist die Dicke der Eisschicht, A ist die betrachtete Fläche und λ_{Eis} die Wärmeleitfähigkeit von Eis.

Dieser Wärmestrom wird wie gesagt von einer Wärmequelle am Rand der Eisschicht erzeugt, die durch das Erstarren des 277 K warmen Wassers bei 273 K gespeist wird. Dabei muss berücksichtigt werden, dass die Wasserschicht dx am Rand zur Eisschicht erst von 277 K auf 273 K

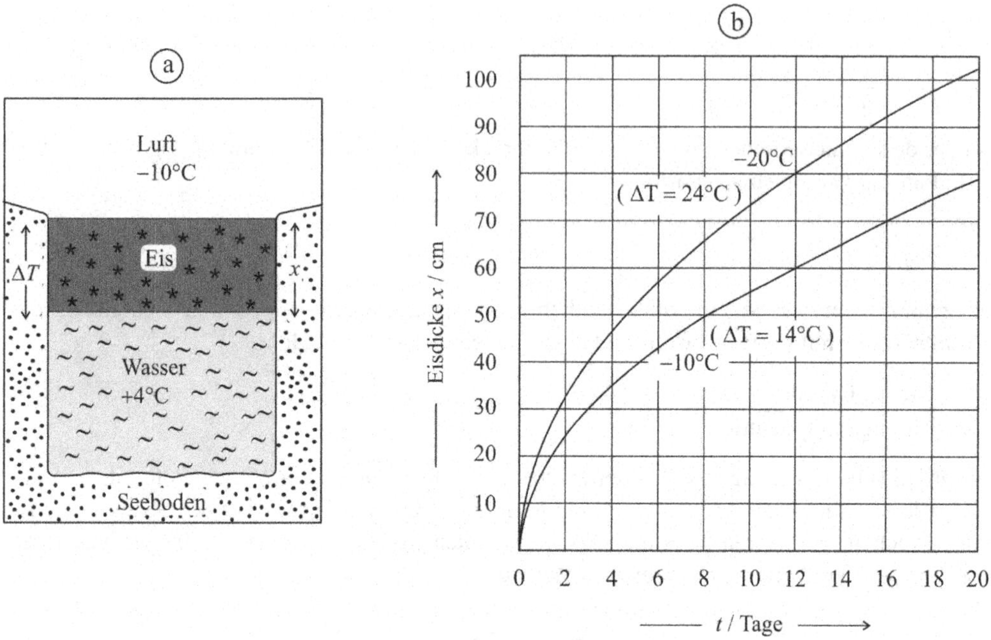

Abb. 4.17 a) Die Schichtung eines zufrierenden Sees, Lufttemperatur $T < 273\,\text{K}$, Eistemperatur zwischen T (oben) und 273 K ($\Delta T = T - 273\,\text{K}$), Wassertemperatur 277 K (= 4° C), x ist die momentane Dicke der Eisschicht
b) Eisschichtdicke x als Funktion der Zeit in Tagen bei −10° bzw. −20° C Lufttemperatur.
ΔT = Temperaturdifferenz zwischen Seewasser und Luft

abkühlen muss bis sie gefrieren kann. Die beim Frieren einer differentiellen Wasserschicht der Dicke dx freiwerdende Wärme dQ' beträgt:

$$\mathrm{d}Q' = -A\,\frac{\Delta_\mathrm{S}\overline{H}_{\mathrm{H_2O}}}{\overline{V}_{\mathrm{H_2O}}}\,\mathrm{d}x + A\,\frac{\overline{C}_{p_{\mathrm{H_2O}}}}{\overline{V}_{\mathrm{H_2O}}}\cdot(277-273)\,\mathrm{d}x$$

$\Delta_\mathrm{S}\overline{H}_{\mathrm{H_2O}}$ ist die (positive) molare Schmelzenthalpie und $\overline{V}_{\mathrm{H_2O}}$ das molare Volumen vom Eis. dQ' enthält einen negativen Beitrag (Wärmeabgabe beim Ausfrieren) und einen positiven, der die Wärmekapazität pro m^3 für flüssiges Wasser multipliziert mit der Temperaturdifferenz $277-273 = 4\,\text{K}$ enthält. dQ und dQ' müssen im stationären Zustand identisch sein. Somit erhält man:

$$-A\cdot\lambda_\mathrm{Eis}\cdot\frac{\Delta T}{x} = -A\left(\frac{\Delta_\mathrm{S}\overline{H}_{\mathrm{H_2O}}}{\overline{V}_{\mathrm{H_2O}}} - \frac{\overline{C}_{p_{\mathrm{H_2O}}}}{\overline{V}_{\mathrm{H_2O}}}\cdot 4\right)\frac{\mathrm{d}x}{\mathrm{d}t}$$

Das führt zu Differentialgleichung

$$\lambda_\mathrm{Eis}\cdot\Delta T\,\mathrm{d}t = \frac{\left(\Delta_\mathrm{S}\overline{H}_{\mathrm{H_2O}} - 4\cdot\overline{C}^{\mathrm{fl}}_{p_{\mathrm{H_2O}}}\right)}{\overline{V}_{\mathrm{H_2O}}}\cdot x\,\mathrm{d}x$$

bzw. integriert:

$$\frac{\lambda_{\mathrm{Eis}} \cdot \Delta T \cdot \overline{V}_{\mathrm{H_2O}}}{\Delta_{\mathrm{S}}\overline{H}_{\mathrm{H_2O}} - 4 \cdot \overline{C}^{\mathrm{fl}}_{p_{\mathrm{H_2O}}}} \cdot t = \frac{1}{2}x^2$$

Die Zeit t gibt an, wie lange es dauert, bis sich eine Eisschicht der Dicke x gebildet hat. Folgende Zahlenwerte werden für Berechnungen benötigt: $\lambda_{\mathrm{Eis}} \cong 4\,\mathrm{J \cdot m^{-1} \cdot K^{-1} \cdot s^{-1}}$, $\Delta_{\mathrm{S}}\overline{H}_{\mathrm{H_2O}} = 6{,}01 \cdot 10^3\,\mathrm{J \cdot mol^{-1}}$, $\overline{C}^{\mathrm{fl}}_{p_{\mathrm{H_2O}}} = 75\,\mathrm{J \cdot mol^{-1} \cdot K^{-1}}$, $\overline{V}_{\mathrm{H_2O}} = 1{,}8 \cdot 10^{-5}\,\mathrm{m^3 \cdot mol^{-1}}$. Setzt man diese Zahlenwerte ein und löst nach x auf, erhält man:

$$x = \left(\frac{2\lambda_{\mathrm{Eis}} \cdot \overline{V}_{\mathrm{H_2O}}}{\Delta_{\mathrm{S}}\overline{H}_{\mathrm{H_2O}} - 4 \cdot \overline{C}^{\mathrm{fl}}_{p_{\mathrm{H_2O}}}}\right)^{1/2} \cdot (\Delta T)^{1/2} \cdot t^{1/2} = 1{,}588 \cdot 10^{-4} \cdot (\Delta T)^{1/2} \cdot t^{1/2}$$

Diese Gleichung ist natürlich nur gültig, wenn die Außentemperatur der Luft unter 0° C liegt. Nun wollen wir z. B. wissen, wie dick die Eisschicht nach 10 Tagen ist, wenn −10° C Außentemperatur herrschen.

Dann ist $\Delta T = 14\,\mathrm{K}$ und man erhält mit $t = 10$ Tage $= 8{,}64 \cdot 10^5$ s:

$$x = 1{,}588 \cdot 10^{-4} \cdot (14)^{1/2} \cdot (8{,}64 \cdot 10^5)^{1/2} = 0{,}55\,\mathrm{m}$$

Würde 10 Tage lang z. B. −20° C in der Luft über dem See herrschen, wäre $\Delta T = 24\,\mathrm{K}$ und $x = 0{,}723$ m. Nach 19 Tagen Dauerfrost von −20° C ist die Eisschicht genau 1 m dick. Man sieht also: die Dicke der Eisschicht ist proportional zu $(\Delta T \cdot t)^{1/2}$. Flache Seen können bei langdauernden, intensiven Frostperioden sogar vollständig bis zum Seeboden zufrieren. Abb. 4.17 b) verdeutlicht die Ergebnisse nochmals graphisch.

4.7 Gelöste Übungsaufgaben

4.7.1 Einschlag eines Eisenmeteoriten auf Grönland

Ein Eisenmeteorit mit einem Volumen von $1\,\mathrm{m^3}$ stürzt auf die Erde. Seine Einschlagsgeschwindigkeit beträgt $500\,\mathrm{m \cdot s^{-1}}$. Seine Temperatur beträgt 900 K.

Wir nehmen an, der Meteorit schlägt im Festlandeis auf Grönland auf. Wie viel Liter flüssiges Wasser entsteht nach diesem Aufschlag, wenn die gesamte Energie an das Eis abgegeben wird?

Angaben:
Die Temperatur des Eises betrage 0 °C, die molare Schmelzenthalpie $\Delta\overline{H}_{\mathrm{S,H_2O}}$ von Eis beträgt $6{,}01\,\mathrm{kJ \cdot mol^{-1}}$, die Dichte von flüssigem Wasser ist $1\,\mathrm{g \cdot cm^{-3}}$, die Dichte von Fe ist $7{,}87\,\mathrm{g \cdot cm^{-3}}$. Die Molwärme $\overline{C}_V$ von Fe beträgt 3 R. $M_{\mathrm{Fe}} = 0{,}05585\,\mathrm{kg \cdot mol^{-1}}$ und $M_{\mathrm{H_2O}} = 0{,}018\,\mathrm{kg \cdot mol^{-1}}$. Betrachten Sie Meteorit + Eis als ein System.

Lösung:
Wir gehen aus von Gl. (4.2), Zustand 1 ist vor dem Aufschlag, Zustand 2 danach, es gilt dann:

$$(E_{\mathrm{kin,2}} - E_{\mathrm{kin,1}}) + (U_2 - U_1) = 0$$

bzw.:

$$-\frac{1}{2}\varrho_{\mathrm{Fe}} \cdot V_{\mathrm{Fe}} \cdot \upsilon^2 + \overline{C}_{V,\mathrm{Fe}}(273 - 900) \cdot \varrho_{\mathrm{Fe}} \cdot V_{\mathrm{Fe}}/M_{\mathrm{Fe}} + n_{\mathrm{H_2O}}\left(\overline{U}_{\mathrm{H_2O,fl.}} - \overline{U}_{\mathrm{Eis}}\right) = 0$$

Mit $n_{\mathrm{H_2O}} \cdot \left(\overline{U}_{2,\mathrm{flH_2O}} - \overline{U}_{1,\mathrm{Eis}}\right) \approx +n_{\mathrm{H_2O}} \cdot \Delta\overline{H}_{\mathrm{S,H_2O}}$ folgt daraus:

$$\begin{aligned} n_{\mathrm{H_2O}} &= \frac{\upsilon^2/2 + \overline{C}_{V,\mathrm{Fe}}(900 - 273)/M_{\mathrm{Fe}}}{\Delta\overline{H}_{\mathrm{S,H_2O}}} \cdot \varrho_{\mathrm{Fe}} \cdot V_{\mathrm{Fe}} \\ &= \frac{(500)^2/2 + 3 \cdot 8,3145(900 - 273)/0,05585}{6010} \cdot 7870 \cdot 1 \\ &= 5,3038 \cdot 10^5 \text{ mol} \end{aligned}$$

Das Volumen an flüssigem Wasser $V_{\mathrm{H_2O}}$ beträgt dann:

$$V_{\mathrm{H_2O}} = \frac{n_{\mathrm{H_2O}} \cdot M_{\mathrm{H_2O}}}{\varrho_{\mathrm{H_2O}}} = \frac{5,3038 \cdot 10^5 \cdot 0,018}{1000} = 9,547 \text{ m}^3 = 9547 \text{ Liter}$$

4.7.2 Erwärmung eines Wasserteichs durch Sonnenstrahlung

Sonnenstrahlung fällt mit einer Strahlungsleistung von $5 \text{ J} \cdot \text{cm}^{-2} \cdot \text{min}^{-1}$ auf eine 1 m^2 große Wasserfläche von 2 cm Tiefe. Um welchen Betrag ΔT^* steigt die Temperatur des Wassers nach 1 Stunde, wenn man annimmt, dass die gesamte Strahlungsleistung durch das Wasser absorbiert wird? Das könnte man erreichen, wenn man die Teichoberfläche mit einer Glasplatte abdeckt, und den Teichboden mit einer schwarzen Folie.

Angaben:
Die Dichte von H_2O ist $0,995 \text{ g} \cdot \text{cm}^{-3}$, die Molwärme $\overline{C}_p$ beträgt $75,29 \text{ J} \cdot \text{mol}^{-1} \cdot \text{K}^{-1}$.

Lösung:
Die Enthalpieänderung beträgt:

$$\begin{aligned} \Delta H &= 5 \cdot \text{J} \cdot \text{cm}^{-2} \cdot \text{min}^{-1} \cdot 10^4 \text{ cm}^2 \cdot 60 \text{ min} \\ &= 3 \cdot 10^6 \text{ J} \end{aligned}$$

Die Menge an Wasser beträgt:

$$n_{\mathrm{H_2O}} = \frac{\varrho \cdot V_{\mathrm{Teich}}}{M_{\mathrm{H_2O}}} = \frac{0,995 \cdot 2 \cdot 10^4}{18,02} = 1,10 \cdot 10^3 \text{ mol}$$

Unter der Annahme, dass $\overline{C}_{p,\mathrm{H_2O}}$ konstant ist, ergibt sich:

$$\Delta T^* = \frac{\Delta H}{\overline{C}_p \cdot n_{\mathrm{H_2O}}} = \frac{3 \cdot 10^6}{75,29 \cdot 1,1 \cdot 10^3} = 36,2 \text{ K}$$

4.7.3 Beweis einer thermodynamischen Identität für die Druckabhängigkeit der Molwärme

Beweisen Sie, dass ausgehend von Gl. (4.9) die Identität gilt:

$$\left(\frac{\partial \overline{C}_p}{\partial p}\right)_{T^*} = -T^*\left(\frac{\partial^2 \overline{V}}{\partial T^{*2}}\right)_p$$

Lösung:

$$\overline{V}\left[\alpha_\mathrm{p}^2 + \left(\frac{\partial \alpha_\mathrm{p}}{\partial T^*}\right)_p\right] = \left(\frac{\partial \overline{V}}{\partial T^*}\right)_p \cdot \alpha_\mathrm{p} + \overline{V}\left(\frac{\partial \alpha_\mathrm{p}}{\partial T^*}\right)_p = \frac{\partial}{\partial T^*}\left[\overline{V}\cdot\alpha_\mathrm{p}\right]$$
$$= \left(\frac{\partial^2 \overline{V}}{\partial T^{*2}}\right)_p$$

Daraus folgt unmittelbar der Beweis.

4.7.4 Molwärme von Quecksilber und von Ammoniak bei höherem Druck

a) Das molare Volumen $\overline{V}_\mathrm{Hg}$ von Quecksilber wird im Bereich zwischen 273 K und 373 K durch

$$\overline{V}_\mathrm{Hg} = a + b \cdot T^* + c \cdot T^{*2}$$

beschrieben mit $a = 1,4031 \cdot 10^{-5}\ \mathrm{m}^3 \cdot \mathrm{mol}^{-1}$, $b = 2,6193\ \mathrm{m}^3 \cdot \mathrm{mol}^{-1} \cdot \mathrm{K}^{-1}$ und $c = 1,15 \cdot 10^{-13}\ \mathrm{m}^3 \cdot \mathrm{mol}^{-1} \cdot \mathrm{K}^{-2}$. Berechnen Sie mit Hilfe von Gl. (4.9) den Wert der Molwärme $\overline{C}_p$ für Quecksilber bei 10^5 bar und 298,15 K. *Angabe:* $\overline{C}_p(1\mathrm{bar}, 298\ \mathrm{K}) = 27,983\ \mathrm{J{\cdot}mol^{-1}{\cdot}K^{-1}}$.

Lösung:
Wir stellen zunächst fest, dass gilt:

$$\left(\frac{\partial^2 \overline{V}_\mathrm{Hg}}{\partial T^{*2}}\right)_p = 2 \cdot c = 2 \cdot 1,15 \cdot 10^{-13}\ \mathrm{m}^3 \cdot \mathrm{mol}^{-1} \cdot \mathrm{K}^{-2}$$

Also ergibt sich (1 bar = 10^5 Pa):

$$\overline{C}_p(10^5\ \mathrm{bar}) = \overline{C}_p\ (1\ \mathrm{bar}) - 2T^* \cdot c \cdot 10^5 \cdot 10^5 = 27,983 - 0,686$$
$$= 27,297\ \mathrm{J} \cdot \mathrm{mol}^{-3} \cdot \mathrm{K}^{-1}$$

Die Molwärme ist also bei 10^5 bar um ca. $0,7\ \mathrm{J} \cdot \mathrm{mol}^{-1} \cdot \mathrm{K}^{-1}$ niedriger als bei 1 bar.

b) Berechnen Sie die Molwärme $\overline{C}_p$ von NH_3 bei 298 K und 24 bar unter Verwendung des 2. Virialkoeffizienten nach der v. d. Waals-Zustandsgleichung mit den Daten aus Tabelle 3.1.

Angaben:

$\overline{C}_p$ von NH_3 im idealen Gas beträgt $35,06\ \mathrm{J \cdot mol^{-1} \cdot K^{-1}}$.

Lösung:

$$\overline{C}_p\ (p\ \mathrm{bar}) = \overline{C}_p^0\ (\mathrm{id.\ Gas}) + \frac{2a}{RT^{*2}} \cdot p$$

Mit

$$a = 0,4257 \cdot \mathrm{J \cdot m^3 \cdot mol^{-2}}$$

ergibt sich:

$$\overline{C}_p\ (24\ \mathrm{bar}) = 35,06 + \frac{2 \cdot 0,4257}{8,3145 \cdot (298)^2}\ 24 \cdot 10^5 = 37,82\ \mathrm{J \cdot mol^{-1} \cdot K^{-1}}$$

Die Molwärme von NH_3 nimmt also um $2,76\ \mathrm{J \cdot mol^{-1} \cdot K^{-1}}$ bei einer Druckerhöhung auf 24 bar zu.

4.7.5 Bestimmung von $\overline{C}_V$ für Argon

2 g Argon ($M = 40\ \mathrm{g \cdot mol^{-1}}$) sind in einem dünnen Stahlgefäß von 50 g und der spezifischen Wärmekapazität $C_{\mathrm{Stahl}} = 0,5\ \mathrm{J \cdot K^{-1} \cdot g^{-1}}$ eingeschlossen. Dieser Behälter ist von der Außenwelt thermisch isoliert, indem er sich z. B. in einem evakuierten Raum befindet. Durch Leistung einer elektrischen Arbeit von 51,24 J am Gesamtsystem (Gas + Stahlbehälter) wird dessen Temperatur um $\Delta T^* = 2$ K erhöht. Dabei kann für das Gas wie für den Stahl des Gefäßes konstantes Volumen und konstante Wärmekapazität angenommen werden. Wie groß ist für das Argongas die molare Wärmekapazität?

Lösung:

$$W_{\mathrm{diss}} = 51,24\ \mathrm{J} = \left(\frac{2\mathrm{g} \cdot C_{V,\mathrm{Mol,Ar}}}{40\mathrm{g} \cdot \mathrm{mol^{-1}}} + 50\ \mathrm{g} \cdot 0,5\ \mathrm{J \cdot K^{-1} \cdot g^{-1}} \right) \Delta T^*$$

Mit $\Delta T^* = 2,0$ K ergibt die Auflösung:

$$\overline{C}_{V,\mathrm{Mol,Ar}} = 12,4\ \mathrm{J \cdot K^{-1} \cdot mol^{-1}}$$

Das ist ca. $3/2\,R$.

4.7.6 Wasserkühlung bei der Produktion von Vinylchlorid [7]

Vinylchlorid wird durch folgende Reaktion hergestellt.

$$\mathrm{CH \equiv CH + HCl \rightarrow CH_2 = CHCl} \qquad \Delta_R H = -98,8\ \mathrm{kJ\ mol^{-1}}$$

[7] nach: P. Atkins, J. de Paula „Physical Chemistry", W. H. Freeman and Company (2002)

a) Wie viel Wasser braucht man zur Kühlung der Reaktion bei 1 Mol Umsatz, wenn das Wasser maximal von 25 auf 35 °C erwärmt werden darf?

b) Wie viel Wasser braucht man zur Kühlung pro Tag bei einer Tagesproduktion von 500 kg Vinylchlorid?

Angabe:
$\overline{C}_{p,H_2O} = 75,3\ \mathrm{J \cdot K^{-1} \cdot mol^{-1}}$.

Lösung:

a)

$$\frac{m_{H_2O}}{M_{H_2O}} \cdot 75,3\ \mathrm{J \cdot K^{-1} \cdot mol^{-1}} \cdot (35 - 25)\ \mathrm{K} = 98,8 \cdot 10^3\ \mathrm{J}$$

m_{H_2O} = Menge Wasser in kg; M_{H_2O} = Molmasse Wasser = $0,018\ \mathrm{kg \cdot mol^{-1}}$.

Daraus folgt:

$$m_{H_2O} = \frac{0,018 \cdot 98,8 \cdot 10^3}{75,3 \cdot 10}\ \mathrm{kg} = 2,362\ \mathrm{kg}$$

b) 1 Mol Vinylchlorid = 62,5 g, 500 kg = 8000 Mol Vinylchlorid

$$m_{H_2O} = 18896\ \mathrm{kg} = 18,896\ \text{Tonnen Wasser}$$

4.7.7 Standardreaktionsenthalpie der Wassergasreaktion

Die molare Verbrennungsenthalpie der Verbrennung von 1 Mol Kohlenstoff (Graphit) ist $\Delta_C\overline{H} = -393,5\ \mathrm{kJ \cdot mol^{-1}}$. Für die Verbrennung von 1 Mol CO ist $\Delta_C\overline{H} = -283,1\ \mathrm{kJ \cdot mol^{-1}}$, für die Verbrennung von 1 Mol H_2 ist $\Delta_C\overline{H} = -285,8\ \mathrm{kJ \cdot mol^{-1}}$.

Berechnen Sie daraus die Standardreaktionsenthalpie für die „Wassergasreaktion“ $C + H_2O \rightarrow CO + H_2$.

Lösung:

$$\begin{aligned} C + O_2 &\rightarrow CO_2 \\ CO_2 &\rightarrow CO + \tfrac{1}{2}O_2 \\ H_2O &\rightarrow H_2 + \tfrac{1}{2}O_2 \\ \text{Bilanz}: C + H_2O &\rightarrow CO + H_2 \end{aligned}$$

$$\Delta_R\overline{H}^0_{\text{Wassergas}} = \Delta_C\overline{H}\ (\text{Graphit}) - \Delta_C\overline{H}(CO) - \Delta_C\overline{H}(H_2)$$

$$\Delta_R\overline{H}^0_{\text{Wassergas}} = (-393,5 - (-283,1) - (-285,8))\ \mathrm{kJ \cdot mol^{-1}} = 175,4\ \mathrm{kJ \cdot mol^{-1}}$$

4.7.8 Standardreaktionsenthalpie für die Bildung von Fe_3O_4 aus Fe_2O_3 und Fe

Für die folgenden geochemisch bedeutsamen Reaktionen wurden die angegebenen Standardreaktionsenthalpien bestimmt:

$$2Fe(s) + \tfrac{3}{2}O_2(g) \rightarrow Fe_2O_3, \quad \Delta_R\overline{H}_I^0 = -206\,\mathrm{kJ/mol}$$
$$3Fe(s) + 2O_2(g) \rightarrow Fe_3O_4, \quad \Delta_R\overline{H}_{II}^0 = -136\,\mathrm{kJ/mol}$$

Benutzen Sie diese Daten, um $\Delta_R\overline{H}^0$ für die folgende Reaktion zu berechnen:

$$4\,Fe_2O_3(s) + Fe(s) \rightarrow 3Fe_3O_4(s)$$

Lösung:

$$9Fe + 6O_2 \rightarrow 3Fe_3O_4 \qquad +3\cdot\Delta_R\overline{H}_{II}^0$$
$$-8Fe - 6O_2 \rightarrow -4Fe_2O_3 \qquad -4\cdot\Delta_R\overline{H}_I^0$$
Summe :
$$Fe + 4Fe_2O_3 \rightarrow 3Fe_3O_4 \qquad +3\Delta_R H_{II}^0 - 4\Delta_R H_I^0$$
$$\Delta_R\overline{H}^0 = -3\cdot 136 + 4\cdot 206 = 416\,\mathrm{kJ\cdot mol^{-1}}$$

4.7.9 Thermochemische Bestimmung der Delokalisierungsenergie der π-Elektronen in Benzen

Bestimmen Sie die Stabilisierungsenergie pro Doppelbindung in Benzen aus den folgenden Daten der molaren Verbrennungsenthalpien $\Delta_C\overline{H}_i$ im gasförmigen Zustand:

$$\text{Benzen}: \Delta_C\overline{H} = -3169{,}3 \quad \mathrm{kJ\cdot mol^{-1}}$$
$$\text{Cyclohexen}: \Delta_C\overline{H} = -3565{,}7 \quad \mathrm{kJ\cdot mol^{-1}}$$
$$\text{Cyclohexan}: \Delta_C\overline{H} = -3688{,}66 \quad \mathrm{kJ\cdot mol^{-1}}$$

Ferner liegen die Verbrennungsenthalpien folgender Reaktionen vor:

$$C + O_2 \rightarrow CO_2 \qquad \Delta_C\overline{H} = -393{,}5\,\mathrm{kJ\cdot mol^{-1}}$$
$$H_2 + \tfrac{1}{2}O_2 \rightarrow H_2O \qquad \Delta_C\overline{H} = -241{,}8\,\mathrm{kJ\cdot mol^{-1}}$$

Lösung:
Wir bestimmen zunächst die Standardbildungsenthalpien der 3 Kohlenwasserstoffe aus geeigneten

Kombinationen von Verbrennungsenthalpien:

Benzen :	$6C + 6O_2$	$\rightarrow$	$6CO_2$		$-$	$6 \cdot 393,5$	kJ
	$3H_2 + \frac{3}{2}O_2$	$\rightarrow$	$3H_2O$		$-$	$3 \cdot 241,8$	kJ
	$6CO_2 + 3H_2O$	$\rightarrow$	C_6H_6	$+\frac{15}{2}O_2$	$+$	$3169,3$	kJ
	$6C + 3H_2$	$\rightarrow$	C_6H_6		$+$	$82,9$	$kJ \cdot mol^{-1}$
Cyclohexen :	$6C + 6O_2$	$\rightarrow$	$6CO_2$		$-$	$6 \cdot 393,5$	kJ
	$5H_2 + \frac{5}{2}O_2$	$\rightarrow$	$5H_2O$		$-$	$5 \cdot 241,8$	kJ
	$6CO_2 + 5H_2O$	$\rightarrow$	C_6H_{10}	$+\frac{17}{2}O_2$	$+$	$3565,68$	kJ
	$6C + 5H_2$	$\rightarrow$	C_6H_{10}		$-$	$4,32$	$kJ \cdot mol^{-1}$
Cyclohexan :	$6C + 6O_2$	$\rightarrow$	$6CO_2$		$-$	$6 \cdot 393,5$	kJ
	$6H_2 + 3O_2$	$\rightarrow$	$6H_2O$		$-$	$6 \cdot 241,8$	kJ
	$6CO_2 + 6H_2O$	$\rightarrow$	C_6H_{12}	$+6O_2$	$+$	$3688,66$	kJ
	$6C + 6H_2$	$\rightarrow$	C_6H_{12}		$-$	$123,14$	$kJ \cdot mol^{-1}$

Wir berechnen die Stabilisierungsenergie einer „Doppelbindung“ in Benzen gegenüber einer isolierten Doppelbindung in Cylcohexen aus der Differenz der folgenden Reaktionsenthalpien $\Delta_R H$

$$C_6H_{10} + H_2 \rightarrow C_6H_{12}, \quad \Delta_R H(I) = -123,14 + 4,32 = -118,82 \text{ kJ}$$
$$\tfrac{1}{3}C_6H_6 + H_2 \rightarrow \tfrac{1}{3}C_6H_{12}, \quad \Delta_R H(II) = -123,14/3 - 82,9/3 = -68,7 \text{ kJ}$$

Die Differenz $-118,82 + 68,7 = -50,12 \text{ kJ} \cdot \text{mol}^{-1}$ kann als Stabilisierungsenergie einer Doppelbindung durch die π-Elektronendelokalisation in Benzen bezeichnet werden. Man beachte, dass es sich tatsächlich um eine Energie handelt, die identisch mit der Enthalpie ist, denn es gilt $\Delta_R H(I) - \Delta_R H(II) = \Delta_R U(I) - \Delta_R U(II)$ wegen identischer $p \cdot \Delta V$-Terme für beide Gleichungen.

4.7.10 Standardbildungenthalpie von Ethanol

Gegeben sind die Verbrennungsenthalpien $\Delta_C \overline{H}$ unter Standardbedingungen für folgende Reaktionen:

				$\Delta_C \overline{H}$ kJ $\cdot$ mol^{-1}
(I)	$C(s) + O_2(g)$	$\rightarrow$	$CO_2(g)$	$-393,5$
(II)	$H_2(g) + \frac{1}{2}O_2(g)$	$\rightarrow$	$H_2O(fl)$	$-285,8$
(III)	$C_2H_5OH(fl) + 3\,O_2(g)$	$\rightarrow$	$2\,CO_2(g) + 3\,H_2O(fl)$	$-1366,8$

Berechnen Sie hieraus die Standardbildungsenthalpie des Ethanols $C_2H_5OH(fl)$.

Lösung:
Der Bildungsprozess von C_2H_5OH aus den Elementen lautet:

$$2C + 3H_2 + \frac{1}{2}O_2 \rightarrow C_2H_5OH$$

Er kann durch folgende Bilanz dargestellt werden:

$$\begin{array}{rcll} 2C + 2O_2 & \to & 2CO_2 & \text{(I)} \\ 3H_2 + \frac{3}{2}O_2 & \to & 3H_2O & \text{(II)} \\ 3H_2O + 2CO_2 & \to & C_2H_5OH + 3O_2 & \text{(III)} \\ \text{Bilanz}: 2C + 3H_2 + \frac{1}{2}O_2 & \to & C_2H_5OH & \end{array}$$

$$\begin{aligned} \Delta^f\overline{H}_{0,\mathrm{EtOH}} &= 2\Delta_C\overline{H}(\mathrm{I}) + 3\Delta_C\overline{H}(\mathrm{II}) - \Delta_C\overline{H}(\mathrm{III}) \\ &= (-787 - 857{,}4 + 1366{,}8)\ \mathrm{kJ\cdot mol^{-1}} = -277{,}6\ \mathrm{kJ\cdot mol^{-1}} \end{aligned}$$

in Übereinstimmung mit dem Wert in Tabelle F.4 in Anhang F.

4.7.11 Wärmehaushalt des menschlichen Körpers

Der menschliche Körper ist, thermodynamisch betrachtet, ein System, das kontinuierlich Arbeit leistet mit einem Anteil an dissipierter Arbeitsleistung von ca. 120 Watt.

a) Wie groß wäre der Temperaturanstieg des menschlichen Körpers pro Tag, wenn er ein abgeschlossenes System wäre (keine Energie und Materieaustausch mit der Umgebung)?

   Angaben:
   Körpermasse = 70 kg, spezifische Wärmekapazität: 4,2 $\mathrm{J\cdot g^{-1}\cdot K^{-1}}$.

b) Als „offenes System" kompensiert der menschliche Körper bei ca. 25 °C durchschnittlich 50 % der dissipierten Arbeit durch Verdampfung von H_2O über die Haut und die Lunge. (Bei tieferen Temperaturen ist der Prozentsatz niedriger.) Der Rest wird im Wesentlichen durch Wärmestrahlung abgegeben. Welche Masse an H_2O muss pro Tag verdampft werden, damit die Körpertemperatur konstant bleibt?

   Angaben:
   Die Verdampfungsenthalpie von Wasser beträgt 2410 $\mathrm{J\cdot g^{-1}}$ bei 37 °C.

Lösung:

a) Wärmekapazität des Körpers $= 4{,}2\cdot 70\cdot 10^3 = 294\ \mathrm{kJ/K}$
   Energieabgabe pro Tag $= 0{,}120\cdot 3600\cdot 24 = 10368\ \mathrm{kJ}$
   Temperaturerhöhung ΔT^* : $10368/294 = 35{,}2$ K pro Tag.

b) Masse an verdampftem Wasser pro Tag: $0{,}5\cdot 10368/2{,}41 = 2151\ \mathrm{g} = 2{,}15\ \mathrm{kg}\ H_2O$.

Wenn die Außentemperatur gleich der Körpertemperatur ist (37 °C), kann keine Wärme mehr als Wärmestrahlung abgegeben werden (s. Kapitel 7), und es müssen 4,3 kg pro Tag als Wasser verdampft werden. Man schwitzt also ständig. Auch das hat nur dann eine abkühlende Wirkung, wenn der Wasserdampfdruck der Luft bei 37 °C nicht gesättigt ist.

4.7.12 Molare Enthalpie von Kalium

Man berechne die molare Enthalpie von $\overline{H}$ von Kalium bei 300 °C und 1 bar. Für festes Kalium gilt:

Schmelzpunkt: 63,7 °C, molare Schmelzenthalpie $\Delta\overline{H}_S = 2334$ J/mol, $\overline{C}_{p,\text{fest}(T)} = 9,9013 + 0,0660 \cdot T^*$ J · mol^{-1} · K^{-1}

Für flüssiges Kalium gilt:
$\overline{C}_{p,\text{fl}(T)} = 37,627 - 0,02085 \cdot T^* + 1,395 \cdot 10^{-5} \cdot T^{*2}$ J · mol^{-1} · K^{-1}

Hinweis:
T^* ist die Temperatur in Kelvin, die Standardbildungsenthalpie $\overline{H}^0_{298}$ von Kalium ist definitionsgemäß gleich null.

Lösung:

$$\Delta\overline{H}_{\text{Fest}} = \int_{298}^{336,7} \overline{C}_{p,\text{fest}} dT^* = 9,9013\,(336,7 - 298) + \frac{0,066}{2}\left((336,7)^2 - (298)^2\right)$$
$$= 383,2 + 810,5 = 1193,7 \text{ J} \cdot \text{mol}^{-1}$$
$$\Delta\overline{H}_{\text{Schmelz}} = 2334 \text{ J} \cdot \text{mol}^{-1}$$
$$\Delta\overline{H}_{\text{fl}} = \int_{336,7}^{573} \overline{C}_{p,\text{fl}} dT^* = 37,627(573 - 336,7) - \frac{0,02085}{2}\left((573)^2 - (336,7)^2\right)$$
$$+ 1,395 \cdot \frac{1}{3} \cdot 10^{-5}\left[(573)^3 - (336,7)^3\right] = 7347 \text{ J} \cdot \text{mol}^{-1}$$
$$\overline{H} = \Delta\overline{H}_{\text{Fest}} + \Delta\overline{H}_{\text{Schmelz}} + \Delta\overline{H}_{\text{fl}} = 1193 + 2334 + 7347 = 10874 \text{ J} \cdot \text{mol}^{-1}$$

4.7.13 Standardbildungsenthalpie von Glyzin aus der Verbrennungsenthalpie

Die Aminosäure Glyzin (NH_2CH_2COOH) wird in einem Bombenkalorimeter verbrannt entsprechend der Gleichung:

$$NH_2CH_2COOH(s) + \frac{9}{4}O_2 \rightarrow 2CO_2(g) + \frac{5}{2}H_2O(fl) + \frac{1}{2}N_2$$

Die ermittelte Verbrennungsenthalpie bei 298,15 K beträgt $-973,49$ kJ · mol^{-1}. Berechnen Sie daraus und mit Hilfe der Enthalpiedaten in Tabelle F.3 im Anhang die molare Standardbildungsenthalpie $\Delta^f\overline{H}^0_{298}$ von Glyzin.

Lösung:
Die Enthalpiebilanz der Verbrennungsreaktion beträgt:

$$2\Delta^f\overline{H}^0_{CO_2,298} + \frac{5}{2}\Delta^f\overline{H}^0_{H_2O,298} + \frac{1}{2}\Delta^f\overline{H}^0_{N_2,298} - \left(\Delta^f\overline{H}^0_{\text{Glyzin},298} + \frac{9}{4}\Delta^f\overline{H}^0_{O_2,298}\right) = -973,49 \text{ kJ} \cdot \text{mol}^{-1}$$

Aus Tabelle F.3 (Anhang) entnimmt man:

$$2(-393,52) + \frac{5}{2}(-285,84) + \frac{1}{2}(0) - \Delta^f\overline{H}^0_{\text{Glyzin},298} - \frac{9}{4}(0) = -973,49 \text{ kJ} \cdot \text{mol}^{-1}$$

Daraus folgt:

$$\Delta^f\overline{H}^0_{\text{Glyzin},298} = -528,15 \text{ kJ} \cdot \text{mol}^{-1}$$

4.7.14 Berechnung von Mischungstemperaturen

180 g Gold (Au) mit einer Temperatur von 100 °C wird zu 40 g H_2O von 12 °C gegeben. Welchen Wert hat die Endtemperatur des gesamten Systems?

Angaben:
$\overline{C}_{p,\text{Au}} = 25,79 \text{ J} \cdot \text{mol}^{-1} \cdot \text{K}^{-1}$, $\overline{C}_{p,H_2O}(\text{fl}) = 75,3 \text{ J} \cdot \text{mol}^{-1} \cdot \text{K}^{-1}$. Das gesamte System ist nach außen thermisch isoliert. Der Druck bleibt konstant.

Lösung:

$$\Delta U_{\text{Au}} + \Delta U_{H_2O} = \Delta U = 0 = \overline{C}_{p,\text{Au}} \cdot n_{\text{Au}}(T^* - 373,15) + \overline{C}_{p,H_2O} \cdot n_{H_2O}(T^* - 285,15)$$

$$n_{\text{Au}} = 180/196,97 = 0,9138 \text{ mol}$$

$$n_{H_2O} = 40/18 = 2,222 \text{ mol}$$

$$T^* = \frac{n_{\text{Au}} \cdot \overline{C}_{p,\text{Au}} \cdot 373,15 + n_{H_2O} \cdot \overline{C}_{p,H_2O} \cdot 285,15}{n_{\text{Au}} \cdot \overline{C}_{p,\text{Au}} + n_{H_2O} \cdot \overline{C}_{p,H_2O}} = 296,0 \text{ K} = 22,85\,°\text{C}$$

4.7.15 Molare Exzessenthalpie einer Modellmischung

Die molare Exzessenthalpie $\overline{H}^E$ einer binären flüssigen Mischung mit den Komponenten A und B ist durch folgenden Ausdruck gegeben:

$$\overline{H}^E = 3200 \cdot x_A \cdot x_B(1 - 0,14 \cdot x_A) \text{ Joule} \cdot \text{mol}^{-1}$$

a) Welche Wärmemenge Q tauscht das System mit der Umgebung aus, wenn 1 mol A mit 2 mol B gemischt werden? Temperatur und Druck sollen konstant bleiben.

b) Bei welchem Molenbruch x_A hat $\overline{H}^E$ einen maximalen Wert und wie groß ist dieser?

c) Wie groß ist die partielle molare Mischungsenthalpie $\Delta\overline{H}_B = \overline{H}_B - \overline{H}_B^0$ bei einem Molenbruch, der sich beim Mischen von 1 mol A mit 2 mol B ergibt?

Lösung:

a) Die Molenbrüche x_A und x_B betragen: $x_A = 1/3 = 0,333$ und $x_B = 2/3 = 0,667$. Es gilt:

$$\overline{H}^E = 3200 \cdot \frac{2}{3} \cdot \frac{1}{3}\left(1 - 0,14 \cdot \frac{1}{3}\right) = 677,9\ \text{J} \cdot \text{mol}^{-1}$$

$$Q = +3 \cdot \overline{H}^E = 2,033\ \text{kJ}$$

Es handelt sich also um einen endothermen Prozess: die Wärme Q wird vom System aus der Umgebung aufgenommen.

b) Das Maximum ergibt sich aus $d\overline{H}^E/dx_A = 0$. Also:

$$1 - 2x_A - 0,14(2x_A - 3x_A^2) = 0$$

Daraus folgt die quadratische Gleichung:

$$0,42 \cdot x_A^2 - 2,28 \cdot x_A + 1 = 0$$

mit der Lösung:

$$x_A = \frac{2,28}{2 \cdot 0,42} - \sqrt{\left(\frac{2,28}{2 \cdot 0,42}\right)^2 - \frac{1}{0,42}} = 0,481$$

$\overline{H}^E$ bei $x_A = 0,481$ ist $3200 \cdot 0,481(1 - 0,481)(1 - 0,14 \cdot 0,481) = 745\ \text{J} \cdot \text{mol}^{-1}$.

c)

$$\Delta\overline{H}_B = \overline{H}^E - x_A\left(\frac{\partial \overline{H}^E}{\partial x_A}\right) = -2 \cdot 3200 \cdot 0,14 \cdot x_A^3 + 3200(1 + 0,14)x_A^2$$

Mit $x_A = 1/3$ ergibt das:

$$\Delta\overline{H}_B = 372,15\ \text{J} \cdot \text{mol}^{-1}$$

4.7.16 Standardreaktionsenthalpien von Hydrazin mit B_2H_6 und N_2O_4

Berechnen Sie die molare Standardreaktionsenthalpie $\Delta_R\overline{H}^0$ folgender chemischer Reaktionen mit Hilfe der Zahlenangaben in Tabelle F.3 im Anhang F.

a) $N_2H_4(fl) + B_2H_6(g) \rightarrow 2BN(f) + 5H_2(g)$

b) $2N_2H_4(fl) + N_2O_4(g) \rightarrow 3N_2(g) + 4H_2O(g)$

Diese Reaktion wurde zum Antrieb der Mondfahrzeuge der Apollo-Missionen benutzt. N_2O_4 diente als Sauerstoffträger für die Verbrennung von Hydrazin.

Lösung:

a) $\Delta_R\overline{H}^0 = -2 \cdot 250{,}91 - 50{,}6 - 41{,}0 = -593{,}42\ \text{kJ} \cdot \text{mol}^{-1}$

b) $\Delta_R\overline{H}^0 = -4 \cdot 241{,}83 - 2 \cdot 50{,}6 - 9{,}08 = -1077{,}6\ \text{kJ} \cdot \text{mol}^{-1}$

4.7.17 Wärmeproduktion beim Umsatz von Schießpulver

Schießpulver besteht aus einer Mischung von Kaliumnitrat, Kohle und Schwefel. Es fand bis ca. 1870 Verwendung als Sprengstoff und für alle Arten von Feuerwaffen, bevor A. Nobel das Nitroglyzerin bzw. Dynamit erfand und weitere organische Nitroverbindungen folgten. Das Kaliumnitrat liefert den Sauerstoff für die Verbrennung von Kohle und Schwefel. Heute wird Schießpulver nur noch in Feuerwerkskörpern und Zündschnüren verwendet. Stellen Sie die Stöchiometrie der Selbstverbrennungsreaktion von Schießpulver auf und berechnen Sie, welche Wärmemenge bei Abbrennen von 500 g Schießpulver frei wird.

Lösung:
Die Reaktion lautet:

$$4KNO_3 + 3C + 2S \rightarrow 2K_2CO_3 + CO_2 + 2SO_2 + 2N_2$$

Aus Tabelle F.3 im Anhang entnimmt man aus der Differenz der Bildungsenthalpien die molare Reaktionsenthalpie $\Delta_R\overline{H}^0$ (bezogen auf CO_2) für obige Reaktion:

$$\sum \text{Enthalpie (Produkte)} - \sum \text{Enthalpie (Edukte)}$$
$$= +[-2 \cdot 1151{,}0 - 393{,}52 - 2 \cdot 296{,}84 - 0] - [4 \cdot (-492{,}71) - 0 - 0]$$
$$= -1318{,}36\ \text{kJ} \cdot \text{mol}^{-1}$$

Die Menge an Schießpulver, die der Stöchiometrie der Gleichung entspricht, beträgt:

$$4(39{,}1 + 14 + 3 \cdot 16) + 3 \cdot 12 + 2 \cdot 32 = 504{,}4\ \text{g}$$

Das ist praktisch genau die angegebene Menge an Schießpulver. Da bei $p = \text{const.}$. $\Delta_R H = \Delta Q$ gilt, ist die Wärmemenge $\Delta Q = -1307\ \text{kJ}/500\ \text{g}$.

4.7.18 Thermodynamik beim Bleigießen an Silvester

Beim Bleigießen auf einer Silvesterparty werden 40 g flüssiges Pb bei 700 K in 100 ml Wasser von 291 K gegossen. Welche Temperatur T^* haben das Wasser und das Blei nach dem Temperaturausgleich?

Angaben:
Molwärme $\overline{C}_p$(Pb, fest) = $20,5 + 0,02 \cdot T^*$ J · mol^{-1} · K^{-1} (gültig zwischen 280 bis 600,55 K), Molwärme $\overline{C}_p$(Pb, flüssig) = $32,51 - 0,00301 \cdot T^*$ J · mol^{-1} · K^{-1} (gültig zwischen 600,55 bis 750 K), Molwärme ($\overline{C}_p(H_2O, \text{fl}) = 75,02$ J · mol^{-1} · K^{-1}, Molmasse von Pb = 207,2 g · mol^{-1}, Molmasse von H_2O = 18 g · mol^{-1}, Schmelztemperatur von Pb = 600,55 K, Schmelzenthalpie von Pb = 4770 J · mol^{-1}.

Lösung:
Es muss die Enthalpieänderung von Pb, also ΔH_{Pb} zwischen 700 K und der fraglichen Temperatur T^* unter Berücksichtigung der Schmelzenthalpie berechnet werden sowie die von Wasser ΔH_{H_2O} zwischen 291 K und T^*. Zur Bestimmung von T^* muss gelten: $\Delta H_{\text{Pb}}(T^*) + \Delta H_{H_2O}(T^*) = 0$.

$$\Delta H_{\text{Pb}}(T^*) = n_{\text{Pb}} \int_{700}^{600,55} (32,51 - 0,00301 \cdot T^*)\mathrm{d}T^* - 4770 \cdot n_{\text{Pb}}$$
$$+ n_{\text{Pb}} \int_{600,55}^{T^*} (20,5 + 0,02 \cdot T^*)\mathrm{d}T^*$$

$$\Delta H_{H_2O}(T^*) = n_{H_2O} \int_{291}^{T^*} 75,02\,\mathrm{d}T^* = n_{H_2O} \cdot 75,02(T^* - 291)$$

Es gilt:

$$n_{\text{Pb}} = \frac{40}{207,2} = 0,193 \text{ mol} \quad \text{und} \quad n_{H_2O} = 100 \cdot 1/18 = 5,583 \text{ mol}$$

Integration und Addition $\Delta H_{\text{Pb}} + \Delta H_{H_2O} = 0$ ergibt (wir setzen $\varrho_{H_2O} \approx 1$ g · cm^{-3}):

$$\begin{aligned}
&0,193[32,51(600,55 - 700) - 4770 + 20,5(T^* - 600,55)] \\
&+ \left[\frac{0,02}{2}(T^{*2} - (600,55)^2) - \frac{0,0031}{2}\left((600,55)^2 - (700)^2\right)\right] \cdot 0,193 \\
&+ 5,583 \cdot 75,02 \cdot T^* - 291 \cdot 5,583 \cdot 75,02 \\
&= 1,93 \cdot 10^{-3} \cdot T^{*2} + 427,78 \cdot T^* - 1,26406 \cdot 10^5 = 0
\end{aligned}$$

Lösen dieser quadratischen Gleichung ergibt

$$T^* = 298,8 \text{ K} = 25,6\,°\text{C}$$

Die Temperatur des Wassers erhöht sich also um 7,6 K, vorausgesetzt, keine Wärme wird nach außen abgeleitet und kein Wasser verdampft.

4.7.19 Die Reaktionsenthalpie der Zersetzung von Ozon[8]

Gasförmiges Ozon wird beim Durchleiten durch eine Mischung aus Wasser und 178,2 g Eis zersetzt nach der Gleichung: $2O_3 \rightarrow 3O_2$. Nach Umwandlung von 9,46 Liter gasförmigem Ozon bei 1 bar und 273,15 K ist alles Eis geschmolzen. Wie groß ist die molare Reaktionsenthalpie $\Delta_R\overline{H}_{273}$ für $2O_3 \rightarrow 3O_2$? Angabe: die molare Schmelzenthalpie von Eis beträgt $6,01\ \mathrm{kJ \cdot mol^{-1}}$. Vergleichen Sie das Resultat mit den im Anhang F.3 angegebenen thermodynamischen Daten für O_3.

Lösung:
Die Molzahl n_{O_3} von umgesetztem O_3 beträgt:

$$n_{O_3} = \frac{p \cdot V}{R \cdot T^*} = \frac{10^5 \cdot 9,46 \cdot 10^{-3}}{R \cdot 273,15} = 0,4165\ \mathrm{mol}$$

Die zum Schmelzen des Eises benötigte Wärmemenge Q beträgt:

$$Q = \frac{178,2}{18} \cdot 6,01 = 59,5\ \mathrm{kJ}$$

Also wird beim Umsatz von 2 Mol Ozon eine Wärmemenge frei, die gleich der Reaktionsenthalpie für obige Gleichung ist:

$$\Delta_R\overline{H}_{273} = -2 \cdot \frac{59,5}{0,4165} = -285,7\ \mathrm{kJ \cdot mol^{-1}}$$

Wir überprüfen dieses Resultat durch Vergleich mit der in Anhang F.3 angegebenen Bildungsenthalpien von O_3:

$$\Delta^f\overline{H}^0_{298} = 142,67\ \mathrm{kJ \cdot mol}$$

Daraus berechnet sich die Bildungsenthalpie bei 273 K mit $C_{p,O_3} = 39,2\ \mathrm{J \cdot mol^{-1} \cdot K^{-1}}$ und $C_{p,O_2} = 29,6\ \mathrm{J \cdot mol^{-1} \cdot K^{-1}}$:

$$\Delta^f\overline{H}_{273} = 142,67 - \left(C_{p,O_3} - \frac{3}{2}C_{p,O_2}\right)(298 - 273) = 142,80\ \mathrm{kJ \cdot mol^{-1}}$$

Es gilt dann mit $\Delta_R\overline{H} = -2\Delta_B\overline{H}_{273}$:

$$\Delta_R\overline{H}_{273} = -2 \cdot 142,8 = -285,6\ \mathrm{kJ \cdot mol^{-1}}$$

Die Übereinstimmung ist also sehr gut.

4.7.20 Temperaturänderung beim Mischen von Trimethylamin und Chloroform

Wenn die Flüssigkeiten Triethylamin und Chloroform gemischt werden, ergibt sich eine starke exotherme Mischungsenthalpie. Bei 283 K und dem Molenbruch $x = 0,5$ beträgt die molare Mischungsenthalpie $\overline{H}^E = -4570\ \mathrm{J \cdot mol^{-1}}$. Wenn dieser Mischprozess in einem wärmeisolierenden

[8] nach: P. Atkins, J. de Paula „Physical Chemistry", W. H. Freeman and Company (2002)

Dewar-Gefäß durchgeführt wird, welche Temperatur hat dann das System nach dem Zusammenmischen äquimolarer Mengen?

Angaben:
Die Molwärme von Chloroform beträgt 114,2 $J \cdot mol^{-1} \cdot K^{-1}$, die von Triethylamin 219,9 $J \cdot mol^{-1} \cdot K^{-1}$.

Lösung:
Es gilt mit $\delta Q = 0$

$$\mathrm{d}U = -p\mathrm{d}V \quad \text{oder bei} \quad p = \text{const.}:$$
$$\mathrm{d}(U + pV)_p = \mathrm{d}H_\mathrm{p} = 0$$

Daraus folgt für die Änderung der Enthalpie ΔH_p:

$$\Delta H_\mathrm{p} = 0 = H^\mathrm{E} + C_p(T^* - T_0^*)$$

und somit:

$$(n_1 + n_2)\left[\left(\overline{H}_1 - \overline{H}_{10}\right)x_1 + \left(\overline{H}_2 - \overline{H}_{20}\right)x_2\right] = (n_1 + n_2)\overline{H}^\mathrm{E} = (n_1 + n_2)(\overline{C}_{p,1} \cdot x_1 + \overline{C}_{p,2} \cdot x_2)(T^* - T_0^*)$$

Also ergibt sich:

$$4570 = 0,5(T^* - 283) \cdot 114,2 + 0,5(T^* - 283) \cdot 219,9$$

Auflösen nach T^* ergibt:

$$T^* = 310,4\ \mathrm{K}$$

Die Temperatur beim Mischprozess nimmt also um 27,4 K zu.

4.7.21 Selbstwärmender Kaffee und selbstkühlende Kompresse

a) Lebensmittelläden in Großbritannien boten eine Zeit lang Dosen mit „Selbsterwärmung" von kaltem Kaffee an. Das funktioniert folgendermaßen: Der obere Teil der Dose ist verschlossen und mit kaltem Kaffee gefüllt. Dieser Teil der Dose ist gut wärmeleitend gegen den unteren, kleineren Teil völlig abgedichtet, der aus zwei Kammern besteht. In der einen befindet sich Wasser, in der anderen festes CaO. Die Trennwand zwischen diesen beiden Kammern kann durch Knopfdruck über einen Mechanismus durchstoßen werden, so dass Wasser und CaO sich vermischen und festes $Ca(OH)_2$ gebildet wird. Durch die stark exotherme Reaktionsenthalpie wird die ganze Dose einschließlich des Kaffees aufgewärmt. Man öffnet die Dose oben und kann warmen Kaffee entnehmen.

   Um wie viel Grad werden 180 ml Kaffee erwärmt, wenn 2 g CaO mit 20 ml Wasser vermischt werden? Welche Reaktion läuft ab und welche Reaktionsenthalpie ist damit verbunden (s. Anhang F.3)? Die Molwärme von Wasser bzw. Kaffee-Lösung beträgt $4,184\ J \cdot mol^{-1} \cdot K^{-1}$.

Lösung:
Für die Reaktion $CaO + H_2O \rightarrow Ca(OH)_2$ erhält man aus Anhang F.3 Bildungenthalpien für $H_2O(-285,84\ \mathrm{kJ \cdot mol^{-1}})$, für $CaO(-635,5\ \mathrm{kJ \cdot mol^{-1}}$ und für $Ca(OH)_2(-986,6\ \mathrm{kJ \cdot mol^{-1}})$. Daraus folgt für die entwickelte Wärme Q bei einem molaren Umsatz:

$$Q = \Delta_R \overline{H} = -986,6 + 285,84 + 635,5 = -65,26\ \mathrm{kJ \cdot mol^{-1}}$$

Es ist $M_{Ca} = 40,8\ \mathrm{g \cdot mol^{-1}}$ und $M_O = 16,0\ \mathrm{g \cdot mol^{-1}}$.

Die Reaktion ist also exotherm. Daraus folgt für die Erwärmung der ganzen Dose (20 ml wässrige $Ca(OH)_2$-Suspension plus 180 ml Kaffee-Lösung) mit der Gesamtmolzahl an Wasser von $(20 + 180)/18 = 11,1$ mol und der Reaktionsenthalpie $-\Delta_R H = [2/(40,08 + 16)] \cdot (65,26 \cdot 10^3) =$ 2327 Joule:

$$\Delta T = 2327/(4,184 \cdot 11,1) = 50\,°\mathrm{C}$$

Wenn die Kaffeetemperatur anfangs 20 °C beträgt, wird der Kaffee also auf 70 °C erwärmt. Das ist das idealisierte Resultat, bedingt durch Wärmeverluste wird die Temperatur des Kaffee nur 60 – 65 °C betragen.

b) In ähnlicher Weise, nur mit umgekehrtem Vorzeichen der Reaktionsenthalpie funktionieren selbstkühlende Kompressen, wie sie vor allem bei akuten Sportverletzungen eingesetzt werden („Instant Cold" oder „Frigid Aid"). Hier sind in einem flexiblen Beutel festes Ammoniumnitrat und Wasser durch eine Innenversiegelung zunächst voneinander getrennt, die beim Kneten des Beutels aufgebrochen wird, so dass folgender Lösungsprozess stattfindet:

$$NH_4NO_3(s) + H_2O(fl) \rightarrow NH_4^+ + NO_3^- + H_2O(fl)$$

Hier sind die NH_4^+- und die NO_3^--Ionen in Wasser gelöst. Bestimmen Sie die Temperaturänderung aufgrund der Bildungsenthalpien der Reaktionspartner (s. Anhang F.3), wenn 5 g NH_4NO_3 in 250 ml H_2O gelöst werden. Die molare Wärmekapazität von H_2O wird die der Lösung sei näherungsweise $4,184\ \mathrm{J \cdot mol^{-1} \cdot K^{-1}}$.

Lösung:
Es gelten für die molaren Bildungsenthalpien

$$\Delta^f \overline{H}_{NH_4NO_3} = -365,6\ \mathrm{kJ \cdot mol^{-1}}$$
$$\Delta^f \overline{H}_{NH_4^+}(aq) = -132,8\ \mathrm{kJ \cdot mol^{-1}},\ \Delta^f \overline{H}_{NO_3^-}(aq) = -206,56\ \mathrm{kJ \cdot mol^{-1}}$$

Das ergibt für die molare Reaktionsenthalpie der Auflösung von NH_4NO_3) in einem deutlichen Überschuss an Wasser einen endothermen Enthalpiebetrag:

$$\Delta_R \overline{H} = -132,8 - 206,56 + 365,6 = +26,24\ \mathrm{kJ \cdot mol^{-1}}$$

Die Molzahl an umgesetzten NH_4NO_3 ist 5/80 = 0,0625. Die Wärmemenge, die dem System entzogen wird, beträgt also $26,24 \cdot 0,0625 = 1,64$ kJ. Die Gesamtmenge an Wasser beträgt 250/18 = 13,89 mol. Damit gilt für die Temperaturänderung:

$$\Delta T = -1640/(4,184 \cdot 13,89) = -28,2\ \mathrm{K}$$

Von einer Anfangstemperatur von 20 °C ausgehend beträgt die Endtemperatur also −8,2 °C.

4.7.22 Thermodynamik des Thermit-Verfahrens

Das sog. Thermit-Verfahren zur Herstellung von Metallen beruht auf der stark exothermen Reaktion von Aluminium mit Metalloxiden, z. B.:

$$Fe_2O_3 + 2Al \rightarrow Al_2O_3 + 2Fe$$

a) Benutzen Sie die Daten von Tabelle Anhang F.3 und berechnen Sie die Standardreaktionsenthalpie $\Delta_R\overline{H}$ dieser Reaktion.

b) Wenn die Reaktion in einem Keramik-Tiegel aus Al_2O_3 abläuft mit den Einsatzmengen von 1 Mol Fe_2O_3 und 2 Mol Al bei 293 K, welches Gewicht darf der Tiegel nicht überschreiten, damit das entstehende Eisen noch im flüssigen Zustand ist? Das Reaktionsgemisch und der Tiegel sollen zusammen ein isoliertes System darstellen.

Angaben:
$\overline{C}_{p,Al_2O_3} = 79,0\ J \cdot mol^{-1} \cdot K^{-1}, \overline{C}_{p,Fe} = 25,1\ J \cdot mol^{-1} \cdot K^{-1}$, molare Schmelzenthalpie von Eisen $\Delta\overline{H}_{S,Fe} = 13,81\ kJ \cdot mol^{-1}$, Schmelztemperatur des Eisens $T_{S,Fe} = 1811$ K.

Lösung:

a) Die Standardbildungsenthalpien von Al und Fe sind Null. Also gilt:

$$\Delta_R\overline{H} = \Delta^f\overline{H}^0_{Al_2O_3} - \Delta^f\overline{H}^0_{Fe_2O_3} = -1675,2 - (-825,5)$$
$$= -849,7\ kJ \cdot mol^{-1}$$

b) Die Bilanz der Enthalpien lautet in Joule:

$$849,7 \cdot 10^3 = [(1 + x)79,0 + 2 \cdot 25,1][1811 - 293] + 2 \cdot 13,81 \cdot 10^3$$

Hierbei ist x die molare Menge Al_2O_3 des Tiegels.

Auflösen nach x ergibt:

$$x = 5,22\ mol\ Al_2O_3 = 102 \cdot 5,22 = 532\ g\ Al_2O_3$$

Unter diesen Bedingungen wäre also die Temperatur des Tiegels mit dem Reaktionsgemisch nach der Reaktion 1811 K. Höhere Temperaturen erhält man, wenn der Tiegel weniger wiegt.

4.7.23 Vergleich der Wärmeproduktion und CO_2-Bildung verschiedener fossiler Energieträger

Es wird gesagt, dass die Verbrennung von Erdgas weniger CO_2 produziert als die von Benzin oder Öl und die von Kohle bezogen auf dieselbe Wärmemenge, die bei der Verbrennung dieser Energieträger entsteht. Überprüfen Sie diese Aussage, indem Sie CH_4 als repräsentatives Gas im Erdgas ansehen, Oktan (C_8H_{18}) für Benzin (oder Erdöl) und Kohlenstoff (Graphit) für die Kohle. Benutzen Sie die Angaben in Tabelle F.3 im Anhang.

Lösung:
Die Verbrennungsreaktionen lauten bei 1 bar:

$$\begin{array}{lll} CH_4(g) + 2O_2(g) & \rightarrow & CO_2(g) + 2H_2O(g) \quad (1) \\ C_8H_{18}(fl) + \frac{25}{2}O_2(g) & \rightarrow & 8CO_2(g) + 9H_2O(g) \quad (2) \\ C(fest) + O_2(g) & \rightarrow & CO_2(g) \quad (3) \end{array}$$

Wir berechnen $\Delta_R\overline{H}$ für Reaktion (1) bzw. (3):

$$\begin{aligned} \Delta_R\overline{H}(1) &= \Delta^f\overline{H}^0_{CO_2}(298) + 2\,\Delta^f\overline{H}^0_{H_2O}(298) - \Delta^f\overline{H}^0_{CH_4}(298) \\ &= -393,52 - 2\cdot 241,83 + 78,87 = -798,31\ \mathrm{kJ\cdot mol^{-1}} \\ \Delta_R\overline{H}(2) &= 8\Delta^f\overline{H}^0_{CO_2}(298) + 9\Delta^f\overline{H}^0_{H_2O}(298) - \Delta^f\overline{H}^0_{Oktan} \\ &= -8\cdot 393,52 - 9\cdot 241,83 + 249,95 \\ &= -5074,68\ \mathrm{kJ\cdot mol^{-1}} \\ \Delta_R\overline{H}(3) &= \Delta^f\overline{H}^0_{CO_2} - \Delta^f\overline{H}^0_{Graphit} \\ &= -393,52\ \mathrm{kJ\cdot mol^{-1}} \end{aligned}$$

Um 1 kJ Wärme zu erzeugen, entstehen bei der Verbrennung von

a) $CH_4 : \frac{1}{798,31} = 1,25\cdot 10^{-3}$ mol CO_2/kJ

b) Oktan : $\frac{8}{5074,68} = 1,58\cdot 10^{-3}$ mol CO_2/kJ

c) Kohlenstoff : $\frac{1}{393,52} = 2,54\cdot 10^{-3}$ mol CO_2/kJ

Das gilt, wenn H_2O als gasförmiges Verbrennungsprodukt angesehen wird. Betrachtet man H_2O als flüssiges Verbrennungsprodukt (die Kondensationswärme wird dann mitgerechnet), ergeben sich kaum andere Zahlen. Erdgas ist der günstigste Energieträger, gefolgt von Benzin und dann Kohle.

Auch bei höheren Temperaturen als 298 K ergeben sich keine wesentlichen Veränderungen der Ergebnisse.

4.7.24 Temperaturänderung in einem Wasserstrahl oder einem Wasserfall

Durch die Düse eines Feuerwehrschlauches tritt ein Wasserstrahl aus, der 25 m senkrecht in die Höhe reicht. Das Wasser im Schlauch hat eine Temperatur von 288,15 K. Wie groß ist die Temperatur im Wasserstrahl? Nehmen Sie an, die Fließgeschwindigkeit im Schlauch ist gering gegenüber der Strahlgeschwindigkeit.

Lösung:
Man geht aus von Gl. (4.2). Vor und nach dem Austritt aus der Düse ist die Gesamtenergieänderung stets gleich Null:

$$\Delta U + \Delta E_{pot} + \Delta E_{kin} = 0 = \overline{C}_{p,H_2O}(T^* - 288,15) + M_{H_2O}\cdot g\cdot h + \Delta E_{kin}$$

$$\Delta E_{\text{kin}} = 0 \text{ bei } h = h_{\max} :$$

$$T^* = 288,15 - \frac{M_{\text{H}_2\text{O}} \cdot g \cdot h_{\max}}{\overline{C}_{p,\text{H}_2\text{O}}} = 288,15 - \frac{0,018 \cdot 9,81 \cdot 25}{75}$$

$$T^* = 288,15 - 0,059 = 288,09 \text{ K}$$

Die Temperatur des Wassers im Strahl erniedrigt sich also um ca. 0,06 K. Stürzt ein Wasserfall über dieselbe Strecke in die Tiefe, wäre unten im abfließenden Wasser die Temperaturerhöhung $+0,06$ K, bei einer Fallstrecke von 100 m wären es $+0,24$ K.

4.7.25 Anwendung des Hess'schen Satzes zur Ermittlung der Umwandlungsenthalpie mineralischer Reaktionen[9]

Der Hess'sche Satz kann auch auf heterogene Reaktionen von Mineralien angewandt werden, deren Reaktionsenthalpie nicht direkt messbar ist. Ein Beispiel ist die geochemisch interessante Reaktion:

$$2\text{MgO(Periklas)} + \text{SiO}_2\text{(Quarz)} \rightarrow \text{Mg}_2\text{SiO}_4\text{(Forsterit)}$$

Man löst jeweils MgO, SiO und Mg_2SiO_4 in einem geeigneten Lösemittel auf, z. B. $PbOB_2O_3$, einer Salzschmelze. Dabei entsteht:

$$\begin{aligned}
&\text{MgO (fest)} &&\rightarrow \text{MgO (Lösung)(I)}\\
&\text{SiO}_2 \text{ (fest)} &&\rightarrow \text{SiO}_2 \text{ (Lösung)(II)}\\
&\text{Mg}_2\text{SiO}_4 \text{ (fest)} &&\rightarrow 2\text{MgO (Lösung)} + \text{SiO}_2 \text{ (Lösung)(III)}
\end{aligned}$$

Diese Lösungsprozesse können mit einem Kalorimeter gemessen werden und liefern die Lösungsenthalpien $\Delta\overline{H}_{\text{Loes}}(\text{I})$, $\Delta\overline{H}_{\text{Loes}}(\text{II})$, $\Delta\overline{H}_{\text{Loes}}(\text{III})$ mit der Bedeutung:

$$\begin{aligned}
\Delta\overline{H}_{\text{Loes}}(\text{I}) &= \overline{H}^{\infty}_{\text{MgO}} - \overline{H}_{\text{MgO}}(\text{fest})\\
\Delta\overline{H}_{\text{Loes}}(\text{II}) &= \overline{H}^{\infty}_{\text{SiO}_2} - \overline{H}_{\text{SiO}_2}(\text{fest})\\
\Delta\overline{H}_{\text{Loes}}(\text{III}) &= 2\overline{H}^{\infty}_{\text{MgO}} + \overline{H}^{\infty}_{\text{SiO}_2} - \overline{H}_{\text{MgSiO}_4}(\text{fest})
\end{aligned}$$

$\overline{H}_i^{\infty}$ bedeutet hier die partielle molare Enthalpie von i in unendlicher Verdünnung des „Lösemittels" $PbOB_2O_3$. Folgende Werte wurden bei 1 bar und 1170 K gemessen:

$$\begin{aligned}
\Delta\overline{H}_{\text{Loes}}(\text{I}) &= 8660 \text{ J} \cdot \text{mol}^{-1}\\
\Delta\overline{H}_{\text{Loes}}(\text{II}) &= 3770 \text{ J} \cdot \text{mol}^{-1}\\
\Delta\overline{H}_{\text{Loes}}(\text{III}) &= 80500 \text{ J} \cdot \text{mol}^{-1}
\end{aligned}$$

Bestimmen Sie aus diesen Angaben die molare Reaktionsenthalpie $\Delta\overline{H}_{\text{R}}$ (fest) für die Bildung von Forsterit aus Periklas und Quarz.

[9]nach: N. D. Chatterjee, Applied Mineralogical Thermodynamics, Springer-Verlag (1991)

Lösung:
Es gilt:

$$\begin{aligned}\Delta_R\overline{H}(\text{fest}) &= \overline{H}_{MgSiO_2}(\text{fest}) - \overline{H}_{SiO_2}(\text{fest}) - 2\overline{H}_{MgO}(\text{fest})\\ &= -\Delta\overline{H}_{Loes}(\text{III}) + \Delta\overline{H}_{Loes}(\text{II}) + 2\overline{H}_{Loes}(\text{I})\\ &= -80500 + 3770 + 2\cdot 8660\\ &= -59410\ \text{J}\cdot\text{mol}^{-1} = -59{,}41\ \text{kJ}\cdot\text{mol}^{-1}\end{aligned}$$

Die Bildung von Forsterit aus Periklas und Quarz ist also eine exotherme Reaktion.

4.7.26 Thermodynamik des Zusammenstoßes zweier Himmelskörper

Wir betrachten den colinearen Zusammenstoß zweier massiver Körper im Weltraum mit den Massen $m_1 = 3\cdot 10^{12}$ kg und $m_2 = 9{,}49\cdot 10^{10}$ kg unter der Annahme, dass dieser Stoß vollständig inelastisch erfolgt. In diesem Fall muss für die Energieerhaltung nach Gl. (4.2) die folgende Bilanz gelten, wobei wir Unterschiede der potentiellen Gravitationsenergie wegen der Kleinheit der Massen vernachlässigen ($\Delta E_{pot} \approx 0$, s. Gl. (4.2)). Da keine Arbeit verrichtet wird und keine Wärme mit der Umgebung ausgetauscht wird ($Q = 0$), gilt somit:

$$\Delta E = \frac{1}{2}(m_1 + m_2)\vec{v}^2 - \left(\frac{1}{2}m_1\vec{v}_1^2 + \frac{1}{2}m_2\vec{v}_2^2\right) + \Delta U = 0$$

$\vec{v}_1$ und $\vec{v}_2$ sind die Geschwindigkeiten von m_1 bzw. m_2 vor dem Stoß, $\vec{v}$ ist die Geschwindigkeit des Gesamtkörpers nach dem Zusammenstoß und ΔU ist die Änderung der inneren Energie des Gesamtsystems.

Ferner muss der Satz von der Erhaltung des Gesamtimpulses für einen inelastischen Stoß gelten:

$$m_1\cdot\vec{v}_1 + m_2\cdot\vec{v}_2 = (m_1 + m_2)\vec{v}$$

Welche Temperatur hat der Gesamtkörper nach dem Zusammenstoß, wenn die Temperatur beider Körper vor dem Stoß 150 K und die spezifische Wärmekapazität des Materials $c_{sp} = 1{,}5\ \text{J}\cdot\text{K}^{-1}\cdot\text{g}^{-1}$ betragen? Die Differenz der Geschwindigkeiten $\vec{v}_1 - \vec{v}_2$ sei $10\ \text{km}\cdot\text{s}^{-1}$ (Relativgeschwindigkeit der zusammenstoßenden Körper).

Lösung:
Wir eliminieren $\vec{v}$ aus den beiden Gleichungen für die Energie- und Impulserhaltung mit dem Resultat:

$$\frac{1}{2}\mu_{12}\left(\vec{v}_1 - \vec{v}_2\right)^2 = \Delta U$$

wobei $\mu_{12} = m_1\cdot m_2/(m_1 + m_2)$ die sog. reduzierte Masse bedeutet. Man erhält somit:

$$\Delta U = \frac{1}{2}\cdot\frac{3\cdot 10^{12}\cdot 9{,}49\cdot 10^{10}}{3\cdot 10^{12} + 9{,}49\cdot 10^{10}}\left(10^4\right)^2 = 4{,}598\cdot 10^{18}\ \text{J}$$

Dann ergibt sich für die Temperaturänderung, mit $c_{\text{sp}} = 1500\ \text{J} \cdot \text{K}^{-1} \cdot \text{kg}^{-1}$:

$$(T^* - 150) = \frac{4,598 \cdot 10^{18}}{m_1 + m_2} \cdot \frac{1}{c_{\text{sp}}} = 1,485 \cdot 10^6/1500 = 990\ \text{K}$$

Also beträgt die Temperatur des Gesamtkörpers nach dem Stoß $T^* = 1140$ K.

Man muss hinzufügen, dass Teile des Systems nach dem Stoß auch auseinanderfliegen könnten, ohne Energie- und Impulserhaltungssatz zu verletzen, die Temperatur der Trümmerteile wäre dann geringer.

4.7.27 Druckabhängigkeit der Enthalpie aus einem Joule-Thomson-Experiment

In einem Joule-Thomson-Experiment wird für Ethan bei $T^* = 298$ K vor der Drossel und einem Druckabfall von 5 bar auf 1 bar über die Drossel eine Temperatur von 295 K hinter der Drossel gemessen. Welchen Wert hat $(\partial \overline{H}/\partial p)_{T^*}$? Entnehmen Sie Tabelle F.2 in Anhang F den Wert von $\overline{C}_p$ für Ethan.

Lösung:
Es gilt für den differentiellen Joule-Thomsen-Koeffizienten:

$$\delta_{\text{JT}} \cong \left(\frac{\Delta T^*}{\Delta p}\right)_H = \frac{295 - 298}{(1-5) \cdot 10^5} = 0,75 \cdot 10^{-5}\ \text{K} \cdot \text{Pa}^{-1}$$

Nach Gl. (4.8) folgt mit $\overline{C}_p = 52,6\ \text{J} \cdot \text{mol}^{-1} \cdot \text{K}^{-1}$:

$$\left(\frac{\partial \overline{H}}{\partial p}\right)_{T^*} = -\delta_{\text{JT}} \cdot \overline{C}_p = -0,75 \cdot 10^{-5} \cdot 52,6 = -39,45 \cdot 10^{-5}\ \text{J} \cdot \text{mol}^{-1} \cdot \text{Pa}^{-1}$$

$$= -39,45\ \text{J} \cdot \text{mol}^{-1} \cdot \text{bar}^{-1}$$

4.7.28 Umwandlung der Rotationsenergie wassergefüllter Zylinder in innere Energie[10]

Wir betrachten zwei vollständig mit Wasser gefüllte, rasch rotierende Zylinder mit den Radien r_1 und r_2, sowie den Höhen h_1 und h_2 (Abb. 4.18). Wird die Zylinderwand in kurzer Zeit zum Stillstand gebracht, so wird die im Wasser steckende Rotationsenergie in innere Energie umgewandelt. Entsprechend Gl. (4.2) gilt:

$$\Delta E_{\text{rot}} + \Delta U = 0$$

denn bei dem Prozess soll keine Energie, also weder Wärme noch Arbeit mit der Umgebung (einschließlich der festen Zylinderwand) ausgetauscht werden ($\Delta E = 0$).

a) Berechnen Sie die Temperaturerhöhung des Wassers, wenn $h_1 = 20$ cm, $r_1 = 10$ cm und die Frequenz ν zu Beginn 10^4 Umdrehungen pro Minute betragen.

[10] Nach I. Müller, Grundzüge der Thermodynamik, Springer (1994), erweitert.

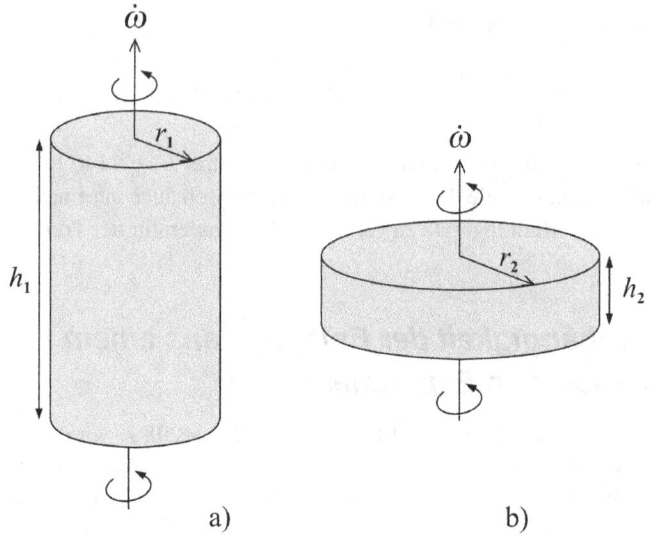

Abb. 4.18 Wassergefüllte rotierende Zylinder (Winkelgeschwindigkeit $\dot{\omega} = 2\pi\,\nu$)

b) Berechnen Sie die Temperaturerhöhung bei demselben Wert von ν und derselben Menge an Wasser, wobei aber der Radius $r_2 = 20$ cm beträgt.

Angaben:
Die spezifische Wärmekapazität $c_{\text{sp,W}}$ von Wasser beträgt $4,184\ \text{J} \cdot \text{g}^{-1} \cdot \text{K}^{-1}$.

Lösung:
Wir berechnen zunächst die kinetische Rotationsenergie des Wassers in einem geschlossenen Zylinder der Höhe h und dem Radius r.

Die Rotationsenergie des Wassers der Masse m mit dem Volumen V beträgt:

$$E_{\text{rot}} = \int_m \frac{\upsilon^2}{2} \text{d}m = \int_V \varrho_{\text{W}} \cdot \frac{\upsilon^2}{2} \text{d}V$$

wobei $\upsilon = 2\pi\nu r$ die tangentiale Geschwindigkeit im Abstand r vom Zentrum bedeutet.

Mit $\text{d}V = 2\pi r \cdot \text{d}r \cdot \text{d}h$ ergibt die Integration über das ganze Volumen:

$$E_{\text{rot}} = 4\pi^3 \cdot \varrho_{\text{W}} \cdot \nu^2 \int_0^h \text{d}h \int_0^r r^3 \text{d}r = \pi^3 \cdot \nu^2 \cdot h \cdot r^4 \cdot \varrho_{\text{W}}$$

Die Änderung der Rotationsenergie nach Prozessende beträgt:

$$\Delta E_{\text{rot}} = E_{\text{rot,Ende}} - E_{\text{rot,Anfang}} = -E_{\text{rot,Anfang}} = -E_{\text{rot}}$$

Also gilt:

$$\Delta U = m_{\text{W}} \cdot c_{\text{sp,W}} \cdot \Delta T^* = \pi^3 \cdot \nu^2 \cdot h \cdot r^4 \cdot \varrho_{\text{W}}$$

bzw. mit $m_W = \varrho_W \cdot \pi r^2 \cdot h$:

$$\Delta T^* = \frac{\pi^3 \cdot \nu^2 \cdot h \cdot r^4 \cdot \varrho_W}{\varrho_W \cdot \pi r^2 \cdot h \cdot c_{sp,W}} = r^2 \cdot \pi^2 \cdot \nu^2 / c_{sp,W}$$

Das Ergebnis ist also von der Zylinderhöhe h und der Dichte ϱ_W unabhängig.
Im Fall a) gilt mit c_{sp} in $J \cdot K^{-1} \cdot kg^{-1}$:

$$\Delta T_1^* = \pi^2 \cdot [10^4/60]^2 \cdot (0,1)^2/(1000 \cdot 4,184) = 0,655 \text{ K}$$

Im Fall b) gilt:

$$\Delta T_2^* = \Delta T_1^* \cdot \left(\frac{0,2}{0,1}\right)^2 = \Delta T_1^* \cdot 4 = 2,62 \text{ K}$$

Dieselbe Menge Wasser erfährt also bei derselben Frequenz einen um den Faktor $(r_2/r_1)^2$ unterschiedlichen Temperaturanstieg. Ist $r_2 > r_1$, wie im vorliegenden Beispiel, gilt auch $\Delta T_2^* > \Delta T_1^*$.

4.7.29 Wärmepflaster zur Schmerzbehandlung

Zur Behandlung von Gelenk- und Muskelschmerzen sind sog. Wärmepflaster im Handel erhältlich. Sie werden auf der Haut über der schmerzenden Stelle aufgebracht, wo sie kontinuierlich Wärme durch die Haut ins Körperinnere abgeben und so die Schmerzen zu lindern versprechen. Das Funktionsprinzip eines solchen Wärmepflasters zeigt Abb. 4.19. Nach Ablösen einer Schutzfolie wird das Pflaster aufgebracht und es dringt rasch Luftsauerstoff durch ein poröses Vlies von oben ein. Im Inneren befindet sich ein Kissen, das von einer gasdurchlässigen Diffusionsmembran aus Polymermaterial umschlossen ist. Durch einen Lösungs-Diffusions-Mechanismus dringt O_2-Gas ins Innere des Kissens ein, das aus einer feinverteilten Mixtur von Fe-Teilchen und Aktivkohle besteht, die in einer wässrigen Salzlösung dispergiert ist. Der Sauerstoff reagiert dort unmittelbar mit den Eisenteilchen:

$$2Fe + \frac{3}{2}O_2 \rightarrow Fe_2O_3$$

wobei die Aktivkohle wahrscheinlich als Katalysator dient. Damit die durch die Reaktionsenthalpie erzeugte Wärme kontinuierlich über Stunden verteilt abfließt, muss die Diffusion von O_2 durch die Membran entsprechend langsam erfolgen. Dieser Diffusionsprozess ist der geschwindigkeitsbestimmende Teilschritt. Er ist durch das Diffusionsgesetz:

$$\frac{dn_{O_2}}{dt} = +D \cdot S \cdot \frac{\Delta p_{O_2}}{l} \cdot A = +C_W \cdot \Delta p_{O_2}$$

bestimmt (n_{O_2} = Molzahl O_2, D = Diffusionskoeffizient, S = Löslichkeitskoeffizient, Δp_{O_2} = O_2-Druckdifferenz über die Membran mit der Dicke l, A = Membranoberfläche). C_W bezeichnen wir als Diffusionswiderstand.
Da im Reaktionsraum des Kissens der Partialdruck von O_2 praktisch gleich Null ist, gilt Δp_{O_2} = Partialdruck von O_2 in der Luft = 0,2 bar.

a) Berechnen Sie die insgesamt freiwerdende Wärme, wenn das Kissen 50 g Fe enthält.

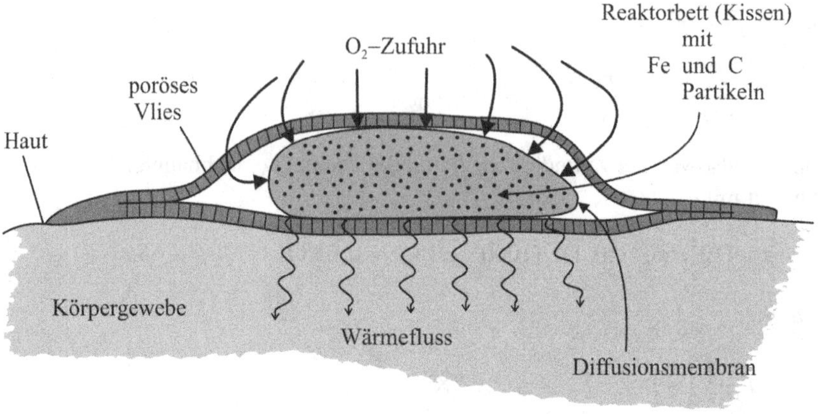

Abb. 4.19 Funktionsweise eines Wärmepflasters (z. B. Thermacare)

b) Der Diffusionswiderstand C_W eines Pflasters beträgt beispielsweise $0,919 \text{ mol} \cdot \text{h}^{-1} \cdot \text{bar}^{-1}$. Berechnen Sie die Wirkungsdauer Δt des Pflasters und seine Wärmeleistung in Watt.

Lösung:

a) Die molare Reaktionsenthalpie beträgt:

$$\Delta_R \overline{H}(298) = \Delta^f \overline{H}_{Fe_2O_3}(298) - 2\Delta^f \overline{H}_{Fe}(298) - \frac{3}{2}\Delta^f \overline{H}_{O_2}(298)$$

Da $\Delta^f \overline{H}_{Fe}(298) = \Delta^f \overline{H}_{O_2}(298) = 0$, gilt nach Tabelle A.3 $\Delta_R \overline{H}(298) = \Delta^f \overline{H}^0_{Fe_2O_3} = -825,5 \text{ kJ} \cdot \text{mol}^{-1}$. Die freiwerdende Wärme beim Umsatz von 50 g Fe beträgt

$$n_{Fe} \cdot \frac{\Delta^f \overline{H}_{Fe_2O_3}}{2} = \frac{m_{Fe}}{M_{Fe}} \cdot \frac{\Delta^f \overline{H}_{Fe_2O_3}}{2} = \frac{1}{2}\frac{50}{55,85} \cdot 825,5 = 369,5 \text{ kJ}$$

b) Es gilt: $\frac{n_{O_2}}{\Delta t} = \frac{\frac{4}{3} n_{Fe}}{\Delta t} = \frac{4}{3} \cdot \frac{m_{Fe}}{M_{Fe} \cdot \Delta t} = \frac{1,195}{\Delta t} = C_W \cdot 0,2$ also erhält man als Wirkungsdauer Δt:

$$\Delta t = \frac{1,195}{0,2 \cdot 0,919} = 6,5 \text{ Stunden}$$

Das Pflaster gibt also 6,5 Stunden lang Wärme ab, mit einem Wärmefluss von $369,5/6,5 = 56,8 \text{ kJ} \cdot \text{h}^{-1} = \frac{56,8}{3,6} = 15,8$ Watt.

4.7.30 Aufheizung von Blei durch radioaktiven Zerfall von ^{32}P

1 mg Phosphor, das 0,1 % des radioaktiven Isotops ^{32}P enthält, sei im Zentrum eines Würfels aus Blei von 10 cm^3 eingeschlossen. Das ganze System befindet sich in einem streng adiabatisch abgeschirmten Kalorimeter.

^{23}P ist ein β-Strahler mit 1,7 MeV pro zerfallendem ^{23}P-Atom. Die Halbwertszeit von ^{23}P beträgt 14,3 Tage. Die β-Strahlen (Elektronen) werden vom Blei absorbiert. Nach welcher Zeit t erreicht das Blei seine Schmelztemperatur von 600,65 K, wenn zu Beginn die Temperatur 293 K beträgt?

Angaben:
Die Molwärme von Pb ist 3 R, die Dichte 11,34 $\text{g} \cdot \text{cm}^{-3}$ und die Molmasse $207,2\ \text{g} \cdot \text{mol}^{-1}$. 1 eV $= 1,6022 \cdot 10^{-19}$ Joule.

Lösung:
Wir berechnen zunächst die Gesamtenergie, die beim vollständigen Zerfall des ^{32}P frei wird. Die Molzahl von ^{32}P beträgt:

$$10^{-6}\ \text{g}/32\ \text{g} \cdot \text{mol}^{-1} = 3,125 \cdot 10^{-8}\ \text{mol}\ ^{32}\text{P}$$

Die freiwerdende Energie beträgt ($N_\text{L} = 6,022 \cdot 10^{23}\ \text{mol}^{-1}$):

$$1,7 \cdot 10^6 \cdot 1,6022 \cdot 10^{-19} \cdot 3,125 \cdot 10^{-8} \cdot N_\text{L} = 5,1257 \cdot 10^3\ \text{J}$$

Nach dem radioaktiven Zerfallsgesetz 1. Ordnung gilt für die Zahl $N(t)$ der ^{32}P-Atome, die nach der Zeit t noch vorhanden sind:

$$N(t) = N(t = 0) \cdot \exp\,[-k \cdot t]$$

mit der Zerfallskonstanten $k = \ln 2/\tau_{1/2} = 0,04847\ \text{Tage}^{-1}$. Die nach der Zeit t freigewordene und vom Blei absorbierte Energiemenge $E(t)$ beträgt:

$$E(t) = 5,1257 \cdot 10^3\,[1 - \exp(-0,04847 \cdot t)]\ \text{J}$$

10 cm^3 Pb enthalten $10 \cdot 11,34/207,2 = 0,5473$ mol. Dann gilt entsprechend der Energiebilanz in Joule:

$$0,5473 \cdot 3 \cdot R(600,65 - 293) = (1 - \exp[-0,04847 \cdot t]) \cdot 5,1257 \cdot 10^3\ \text{J}$$

Daraus berechnet sich:

$$t = 35,3\ \text{Tage}$$

Nach dieser Zeit ist die Temperatur des Bleis auf seine Schmelztemperatur angestiegen, vorausgesetzt, es geht keine Energie durch Wärmeleitung oder Wärmestrahlung verloren.

4.7.31 Titrationskalorimetrie und integrale Lösungsenthalpie

Bei der Titrationskalorimetrie wird in einem geeigneten Gefäß die Molzahl n_2 der flüssigen Komponente 2 vorgegeben und dazu schrittweise, d. h. tropfenweise, jeweils die molare Menge Δn_1 hinzutitriert, wobei nach jedem Schritt (bzw. Tropfen) i die dazugehörige Wärmemenge Q_i nach dem Dissipationsverfahren oder dem Wärmeflussverfahren (s. Abb. 4.12) kompensativ gemessen

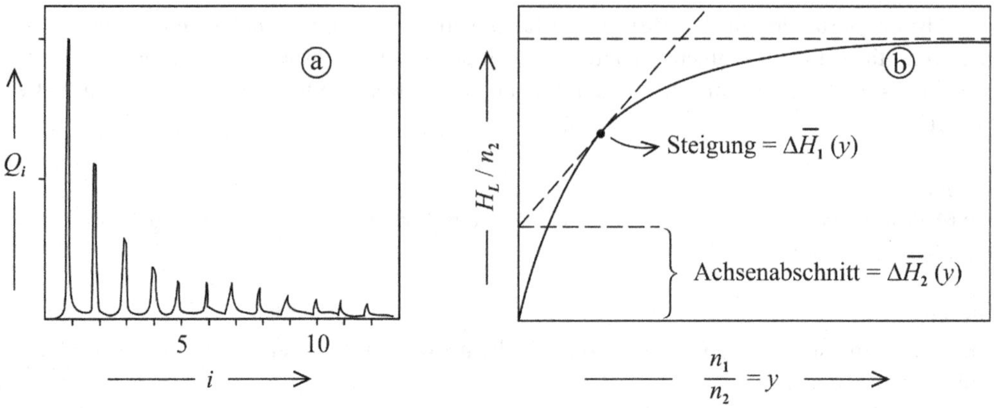

Abb. 4.20 (a) Titrationskalorimetrische Wärmepeaks Q_i als Funktion der Pulsfolge i (b) Integrale Lösungsenthalpie pro Molzahl n_2 als Funktion von $y = \frac{n_1}{n_2}$

wird, so dass der gesamte Titrationsprozess quasi-isotherm verläuft (s. Abb. 4.20(a)). Die integrale Lösungsenthalpie H_L ist dann nach $i = k$ Schritten:

$$H_L = \sum_{i=1}^{k} Q_i \approx \int_{n_1=0}^{n_1=k\cdot\Delta n_1} \delta Q$$

H_L ist aber gerade die Exzessenthalpie H^E, die sich ergibt, wenn n_1 Mole von Komponente 1 und n_2 Mole von Komponente 2 gemischt werden. Es gilt (s. Abschnitt 4.3):

$$H_L = H^E = n_1 \left(\overline{H}_1 - \overline{H}_1^0\right) + n_2 \left(\overline{H}_2 - \overline{H}_2^0\right) = n_1 \cdot \Delta\overline{H}_1 + n_2 \Delta\overline{H}_2$$

und mit den partiellen molaren Mischungsenthalpien $\Delta\overline{H}_1$ und $\Delta\overline{H}_2$ lässt sich schreiben bei $n_2 =$ const.:

$$\frac{H_L}{n_2} = \frac{1}{n_2} \int_0^{n_1} \delta Q = \frac{n_1}{n_2} \Delta\overline{H}_1 + \Delta\overline{H}_2$$

Trägt man H_L/n_2 gegen $n_1/n_2 = y$ auf, erhält man Kurven der in Abb. 4.20(b) gezeigten Art.

Man entnimmt der Abbildung, dass Steigung und Achsenabschnitt bei einem vorgegebenen Wert von y jeweils gerade $\Delta\overline{H}_1(y)$ und $\Delta\overline{H}_2(y)$ ergeben.

a) Welche Werte haben $\Delta\overline{H}_1$ und $\Delta\overline{H}_2$ bei $y \to \infty$?

b) Wir nehmen an, eine Messreihe, die in Form von Abb. 4.20(b) aufgetragen wird, soll sich durch die Funktion

$$\frac{H_L}{n_2} = a \cdot \frac{y}{1+y} \qquad (a = \text{const.})$$

gut beschreiben lassen. Geben Sie für diesen Fall $\overline{H}^{\mathrm{E}}$, $\Delta\overline{H}_1$ und $\Delta\overline{H}_2$ als Funktion des Molenbruchs x_1 an.

Lösung:

a) Wenn $\lim\limits_{y\to\infty}(n_1/n_2)$ konstant wird, muss in diesem Grenzfall gelten: $\Delta\overline{H}_1(x_1 = 1) = 0$ und $\Delta\overline{H}_2(x_1 = 1) = a$.

b) Es gilt:

$$H_{\mathrm{L}} = H^{\mathrm{E}} = \frac{n_1}{1+y} \cdot a$$

Für die molare Exzessenthalpie $\overline{H}^{\mathrm{E}}$ gilt dann:

$$\overline{H}^{\mathrm{E}} = H^{\mathrm{E}}/(n_1 + n_2) = a\,\frac{n_1}{(1+y)(n_1+n_2)} = a\,\frac{n_1 \cdot n_2}{(n_1+n_2)^2} = a x_1(1-x_1)$$

$\Delta\overline{H}_1$ ist die Steigung der Kurve in Abb. 4.20(b). Also gilt:

$$\Delta\overline{H}_1 = a\frac{\mathrm{d}}{\mathrm{d}y}\left(\frac{y}{1+y}\right) = \frac{a}{(1+y)^2} = a\,\frac{n_2^2}{(n_1+n_2)^2} = a(1-x_1)^2$$

$\Delta\overline{H}_2$ ist der Achsenabschnitt. Also gilt:

$$\Delta\overline{H}_2 = \frac{H_{\mathrm{L}}}{n_2} - y \cdot \frac{\mathrm{d}(H_{\mathrm{L}}/n_2)}{\mathrm{d}y} = ay\left[\frac{1}{1+y} - \frac{1}{(1+y)^2}\right]$$

$$\Delta\overline{H}_2 = a\,\frac{y}{(1+y)^2} = \frac{a \cdot n_1^2}{(n_1+n_2)^2} = a x_1^2$$

Die Bestimmung von $\overline{H}^{\mathrm{E}}$, $\Delta\overline{H}_1$ und $\Delta\overline{H}_2$ aus H_{L} ist natürlich nicht an die angegebene, spezielle Form für H_{L} gebunden. Es gilt ganz allgemein mit $(H_{\mathrm{L}}/n_2) = f(y)$:

$$\Delta\overline{H}_1 = \frac{\mathrm{d}(H_{\mathrm{L}}/n_2)}{\mathrm{d}y} \quad \text{und} \quad \Delta\overline{H}_2 = (H_{\mathrm{L}}/n_2) - y\frac{\mathrm{d}(H_{\mathrm{L}}/n_2)}{\mathrm{d}y}$$

und mit $x_1 = (1 - x_2) = y/(1+y)$ bzw. $y = x_1/(1-x_1)$:

$$\overline{H}^{\mathrm{E}} = x_1\Delta\overline{H}_1 + x_2\Delta\overline{H}_2$$

4.7.32 Thermodynamik einer Dampflokomotive

Die Kolben einer Dampflokomotive (einer davon und das dazugehörige Rad der Dampflok sind in Abb. 4.21 gezeigt) bewegen sich jeweils in einem Zylinder mit der Lauflänge l und der Querschnittsfläche A periodisch hin und her. Sie werden durch den Dampfdruck p_{sat} von heißem Wasserdampf bei einer Temperatur T_{sat} angetrieben. Der Dampf strömt durch ein Ventil aus dem Wasservorratskessel der Lokomotive ein, gleichzeitig wird bereits entspannter Dampf vor dem Kolben

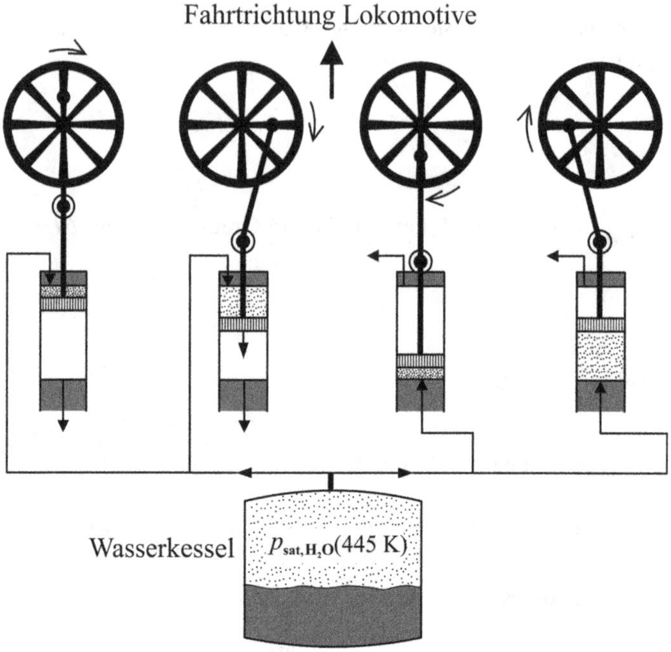

Abb. 4.21 Arbeitsschema einer Dampflokomotive (s. Text)

durch ein zweites Ventil nach außen bei einem Gegendruck von 1 bar ausgestoßen. Bei Richtungsumkehr der Kolben tauschen die Ventile durch eine selbstregulierende Vorrichtung (hier nicht gezeigt) ihre Funktionen aus, so dass ein Kolben zweimal die Strecke l zurücklegt, bis ein Zyklus beendet ist. Das entspricht genau einer vollen Umdrehung der Pleuelstange bzw. des Lok-Rades auf der Schiene. Der Abstand r des Endes der Pleuelstange vom Radzentrum beträgt $0,3 \cdot R_L$ (R_L = der Radius des Lokrades). Die Gesamtmenge an Wasser im Vorratskessel sei m_{H_2O}.

Folgende Aufgabe ist zu lösen:

a) bei vorgebenen Werten von p_{sat}, T_{sat} und m_{H_2O} ist die gesamte geleistete Arbeit W und die zugeführte Wärmemenge Q des Systems „Lokomotive" zu berechnen sowie der Wirkungsgrad $\eta = W/Q$.

b) Bei Angabe des Hubvolumens V_Z eines Zylinders sowie des Raddurchmessers $2R_L$ ist die maximale Fahrtstrecke L der Lokomotive zu berechnen.

c) Bei Vorgabe einer Geschwindigkeit υ_L ist die Fahrzeit τ sowie der Reibungskoeffizient f zu berechnen, der durch die Reibungskraft $K_R = f \cdot \upsilon_L$ (Rollreibung und Luftwiderstand der Lokomotive) definiert ist.

Angaben:
$T_{sat} = 455$ K, $p_{sat} = 11 \cdot 10^5$ Pa, $m_{H_2O} = 2 \cdot 10^4$ kg, $R_L = 0,75$ m, $r = 0,3 \cdot R_L$,
$A = 500\ \text{cm}^2, \upsilon_L = 90\ \text{km} \cdot h^{-1}$.

Die spezifische Verdampfungsenthalpie von Wasser $\Delta h_{sp,H_2O}$ beträgt $2020\ kJ \cdot kg^{-1}$ bei 455 K.

Lösung:

a) Die gesamte geleistete isotherme und isobare Arbeit W ist gleich $p_{sat} \cdot V_{total}$, wobei V_{total} das gesamte Dampfvolumen des verbrauchten Wasserdampfes ist. Also gilt, wenn wir den Wasserdampf als ideales Gas ansehen:

$$W = \frac{R \cdot T_{sat}}{M_{H_2O}} \cdot m_{H_2O} = \frac{R \cdot 455}{0,018} \cdot 2 \cdot 10^4 = 4,2 \cdot 10^6\ kJ$$

Für die Wärmemenge Q gilt:

$$Q = m_{H_2O} \cdot \Delta h^V_{sp,H_2O} = 2 \cdot 10^4 \cdot 2020 = 4,04 \cdot 10^7\ kJ$$

Daraus folgt:

$$\eta = W/Q = 0,104 \approx 10\ \%$$

b) Für die maximale Fahrtstrecke L gilt:

$$L = 2\pi R_L \cdot N_Z$$

mit der Zahl der vollen Radumdrehungen N_Z. Diese berechnet sich beim Einsatz von 2 Kolben aus

$$N_Z = \frac{m_{H_2O}}{\Delta m_D} = m_{H_2O} \cdot \frac{R \cdot T_{sat}}{p_{sat} \cdot 2 \cdot 2V_Z \cdot M_{H_2O}}$$

wobei Δm_D die Masse des Dampfes ist, die bei einem vollen Kolbenzyklus in den beiden Zylindern verbraucht wird. Für das Zylindervolumen V_Z gilt:

$$V_Z = A \cdot l = A \cdot 2r = A \cdot 2 \cdot 0,3 \cdot R_L = 0,0225\ m^3$$

Mit $R_L = 0,75$ m und $A = 500 \cdot 10^{-4}\ m^2$.

Also ergibt sich:

$$N_Z = 2 \cdot 10^4 \cdot \frac{R \cdot 455}{11 \cdot 10^5 \cdot 4 \cdot 0,0225 \cdot 0,018} = 42460$$

Die zurückgelegte Wegstrecke für eine Wasserfüllung der Masse $m_{H_2O} = 2 \cdot 10^4$ kg beträgt dann:

$$L = 2\pi \cdot 0,75 \cdot 42460 = 2 \cdot 10^5\ m = 200\ km$$

c) Bei Kräftegleichheit zwischen erzeugter Kraft der Dampfmaschine und der Reibungskraft $f \cdot \upsilon_L$ gilt.

$$f \cdot \upsilon_L = \frac{dW}{dt} \cdot \frac{dt}{dL} = \frac{\dot{W}}{\upsilon_L} \quad \text{mit} \quad \upsilon_L = L/\tau$$

τ ist hier die Fahrzeit für die Strecke L, wenn alles Wasser verbraucht ist.

Mit $v_L = 90\ \text{km} \cdot h^{-1} = 25\ \text{m} \cdot \text{s}^{-1}$ ergibt sich für die Fahrzeit

$$\tau = L/v_L = 2 \cdot 10^5/25 = 8000\ \text{s} = 2\text{h}13\ \text{min}$$

Der Reibungskoeffizient beträgt:

$$f = \frac{\dot{W}}{v_L^2} = \frac{W}{\tau} \cdot \frac{1}{v_L^2} = \frac{4,2 \cdot 10^9\ \text{J}}{8000\ \text{s}} \cdot \frac{1}{(25)^2}\ \text{s}^2 \cdot \text{m}^{-2}$$
$$= 840\ \text{J} \cdot \text{s} \cdot \text{m}^{-2}$$

4.7.33 Chemische Fixierung von CO_2 in Polypropylencarbonat

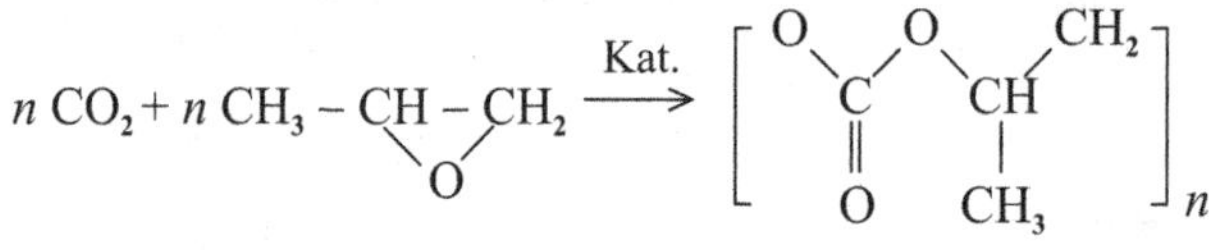

Abb. 4.22 Reaktion von CO_2 + Propylenoxid zu PPC

Die intensiven Bemühungen, CO_2-Emissionen in der Erdatmosphäre zu reduzieren, konzentrieren sich neben der Entwicklung alternativer, CO_2-freier Energiequellen, auch auf Techniken der chemischen Fixierung (Sequestrierung) von entstandenem CO_2. Eine Möglichkeit, CO_2 chemisch zu binden, besteht in der katalysierten Reaktion von CO_2 mit Propylenoxid (PO) zu Polypropylencarbonat (PPC), einem Kunststoff von praktischer Bedeutung (Abb. 4.22).

Berechnen Sie die Reaktionsenthalpie $\Delta_R\overline{H}^0$ für die Reaktion PO + CO_2 → PPC aus folgenden Daten der molaren Verbrennungsenthalpie von Propylenoxid und PPC (Polymereinheit nach Abb. 4.22) unter Standardbedingungen (1 bar, 298 K):

$$\Delta_C\overline{H}_{PO} = -1885,0\ \text{kJ} \cdot \text{mol}^{-1} \quad \text{und} \quad \Delta_C\overline{H}_{PPC} = -1825,7\ \text{kJ} \cdot \text{mol}^{-1}$$

Lösung:

Die Stöchiometrien der Verbrennungsreaktionen für PO und PPC lauten:

$$\begin{array}{llcll} \text{PO}: & C_3OH_6\ (l) & + & 4\ O_2\ (g) & \rightarrow\ 3\ CO_2\ (g) + 3\ H_2O\ (l) \\ \text{PPC}: & C_4O_3H_6\ (cr) & + & 4\ O_2\ (g) & \rightarrow\ 4\ CO_2\ (g) + 3\ H_2O\ (l) \end{array}$$

Mit den angegebenen Werten für $\Delta_C\overline{H}_{PO}$ und $\Delta_C\overline{H}_{PPC}$ sowie den Werten für $\Delta^f\overline{H}^0_{CO_2}(g)$ und $\Delta^f\overline{H}^0_{H_2O}(l)$ aus Tabelle F.2 im Anhang ergibt sich für die Bildungsenthalpien:

$$\Delta^f\overline{H}^0_{PO}(l) = 3\Delta^f\overline{H}^0_{CO_2} + 3\Delta^f\overline{H}^0_{H_2O}(l) - \Delta_C\overline{H}_{PO} - 4\Delta^f\overline{H}^0_{O_2}(g)$$
$$= -3 \cdot 393,52 - 3 \cdot 285,84 + 1885,0 = -153,08\ \text{kJ} \cdot \text{mol}^{-1}$$

und

$$\Delta^f\overline{H}^0_{PPC}(cr) = 4\Delta^f\overline{H}^0_{CO_2} + 3\Delta^f\overline{H}^0_{H_2O}(l) - \Delta_C\overline{H}_{PPC} - 4\Delta^f\overline{H}^0_{O_2}(g)$$
$$= -4 \cdot 393,52 - 3 \cdot 285,84 + 1825,7 = -605,9\ \text{kJ} \cdot \text{mol}^{-1}$$

Damit ergibt sich für die Reaktionsenthalpie der Bildung von PPC aus CO_2 und PO:

$$\Delta_R\overline{H}^0 = -605,9 + 153,08 + 393,52 = -59,3 \text{ kJ} \cdot \text{mol}^{-1}$$

Die exotherme Reaktionsenthalpie weist darauf hin, dass die Reaktion wahrscheinlich spontan und vollständig abläuft und somit geeignet ist zur CO_2-Fixierung.

Um eine ökologische CO_2-Bilanz ziehen zu können, müsste allerdings noch die benötigte Energie und die damit verbundene Menge an CO_2 berücksichtigt werden, die bei der Herstellung von Propylenoxid entsteht.

4.7.34 Die Flammentemperatur von Erdgas-/Luft-Gemischen

Unter Flammentemperatur versteht man die beim Verbrennen eines Brennstoff-/Luft-Gemisches unter adiabatischen Bedingungen erreichbare Temperatur.

In welchem molaren Verhältnis muss man CH_4 mit Luft mischen, um beim Verbrennungsprozess dieses Gemisches bei 1 bar gerade eine Flammentemperatur von 1000 K zu erreichen? Machen Sie Gebrauch von Tabelle F.4 im Anhang. Es werden auch die temperaturabhängigen Molwärmen der beteiligten Gase in Tabelle F.2 im Anhang benötigt.

Lösung:
Man benötigt mindestens 10 mol Luft um 1 mol CH_4 zu verbrennen. Der stöchiometrische Umsatz von $n \cdot 10$ Molen Luft mit 1 Mol Methan lautet:

$$CH_4 + n(2O_2 + 8N_2) \rightarrow CO_2 + (n-1)2O_2 + n \cdot 8N_2 + 2H_2O$$

Die molare Reaktionsenthalpie $\Delta_R\overline{H}^0$ ist gleich der Differenz der Bildungsenthalpien der Produkte minus der der Edukte. Es gilt bei 25 °C unter Beachtung, dass $\Delta^f\overline{H}^0_{N_2} = \Delta^f\overline{H}^0_{O_2} = 0$ bei 298,15 K:

$$\Delta_R\overline{H}^0 = \Delta^f\overline{H}^0_{CO_2} + 2\Delta^f\overline{H}^0_{H_2O} - \Delta^f\overline{H}^0_{CH_4} = -393,52 - 2 \cdot 241,83 - (-78,87) = -798,31 \text{ kJ} \cdot \text{mol}$$

Das Gemisch der Produkte muss diesen Enthalpiewert aufnehmen. Dazu werden die Molwärmen $\overline{C}_p$ von N_2, O_2, CO_2 und Wasserdampf als Funktion der Temperatur benötigt.

Nach Tabelle F.2 gilt:

$$\begin{aligned}
\overline{C}_{p,N_2} &= 27,296 + 5,230 \cdot 10^{-3} \cdot T - 0,004 \cdot 10^{-6} \cdot T^2 \text{ J} \cdot \text{mol}^{-1} \cdot \text{K}^{-1} \\
\overline{C}_{p,O_2} &= 25,723 + 12,979 \cdot 10^{-3} \cdot T - 3,862 \cdot 10^{-6} \cdot T^2 \text{ J} \cdot \text{mol}^{-1} \cdot \text{K}^{-1} \\
\overline{C}_{p,CO_2} &= 21,556 + 63,697 \cdot 10^{-3} \cdot T - 40,505 \cdot 10^{-6} \cdot T^2 + 9,678 \cdot 10^{-9} \cdot T^3 \text{ J} \cdot \text{mol}^{-1} \cdot \text{K}^{-1} \\
\overline{C}_{p,H_2O} &= 30,359 + 9,615 \cdot 10^{-3} \cdot T + 1,184 \cdot 10^{-6} \cdot T^2 \text{ J} \cdot \text{mol}^{-1} \cdot \text{K}^{-1}
\end{aligned}$$

Für die Wärmekapazität der Produktmischung gilt bei p = const.:

$$
\begin{aligned}
C_{p,\mathrm{Prod}} &= \overline{C}_{p,\mathrm{CO_2}}(T) + 2\cdot(n-1)\overline{C}_{p,\mathrm{O_2}}(T) + n\cdot 8\cdot \overline{C}_{p,\mathrm{N_2}} + 2\overline{C}_{p,\mathrm{H_2O}} \\
&= [21,556 + 2\cdot(n-1)25,723 + n\cdot 8\cdot 27,296 + 2\cdot 30,359] \\
&\quad +10^{-3}\cdot T[63,697 + 2\cdot 12,979(n-1) + 8n\cdot 5,230 + 2\cdot 9,615] \\
&\quad +10^{-6}\cdot T^2[-40,505 - 3,862(n-1)\cdot 2 - 8n\cdot 0,004 + 2\cdot 1,184] + 10^{-9} \\
&\quad \cdot T^3\cdot 9,678 \\
\int_{298}^{1000} C_{p,\mathrm{Prod}}\mathrm{d}T &= \int_{298}^{1000}[13,3 + 269,8\cdot n]\mathrm{d}T + 10^{-3}\int_{298}^{1000}[56,969 + 67,798\cdot n]\cdot T\mathrm{d}T \\
&\quad +10^{-6}\int_{298}^{1000}[-44,549 - 7,692\cdot n]T^2\mathrm{d}T + 10^{-9}\int_{298}^{1000} 9,678\cdot T^3\mathrm{d}T \\
&= [13,3 + 269,8\cdot n](1000-298) + 10^{-3}[28,485 + 33,899\cdot n](1000^2 - 298^2) \\
&\quad -10^{-6}[14,85 + 2,564\cdot n](1000^3 - 298^3) + 10^{-9}\cdot 2,4195(1000^4 - 298^4) \\
&= 5,215\cdot 10^4 + n\cdot 2,252\cdot 10^5\ \mathrm{J\cdot mol^{-1}}
\end{aligned}
$$

Wir setzen jetzt das Ergebnis des Integrals gleich der negativen Reaktionsenthalpie $-\Delta_\mathrm{R}\overline{H} = 7,983\cdot 10^5\ \mathrm{J\cdot mol^{-1}}$:

$$7,983\cdot 10^5 = 5,215\cdot 10^4 + n\cdot 2,252\cdot 10^5$$

Daraus ergibt sich für n:

$$n = 3,3$$

Um bei der Verbrennung von 1 mol CH_4 eine adiabatische Flammentemperatur von 1000 K zu erreichen, benötigt man $3,3\cdot(2\cdot O_2 + 8N_2) = 3,3\cdot 10 = 33$ mol Luft (1 mol Luft = $\frac{1}{5}O_2 + \frac{4}{5}N_2$). Eine geringere Molzahl würde eine Flammentemperatur über 1000 K ergeben, eine höhere unter 1000 K.

5 Der zweite Hauptsatz der Thermodynamik

Der zweite Hauptsatz der Thermodynamik kann durch zwei fundamentale Aussagen formuliert werden:

1. Es gibt eine *Zustandsgröße S*, die man die *Entropie* nennt, und die folgendermaßen definiert ist:

   $$S = \int \frac{\delta Q}{T} + \text{const.} \quad \text{bzw.} \quad \oint \mathrm{d}S = \oint \frac{\delta Q}{T} = 0$$

   wobei T die absolute Temperatur ist, die (bis auf einen frei wählbaren, konstanten Faktor) identisch ist mit der empirischen, gasthermometrischen Temperatur T^*.

   Das Integral ist über *reversible Zustandsänderungen* zu erstrecken.

2. In *geschlossenen* Systemen, die *nicht* im thermodynamischen Gleichgewichtszustand sind, laufen *nicht-quasistatische (irreversible) Prozesse spontan* ab. Dabei gilt immer:

   $$\mathrm{d}S > \frac{\delta Q}{T} \quad \text{(irreversibler Prozess)}$$

   oder:

   $$\mathrm{d}S = \frac{\delta Q}{T} + \delta_i S \quad (\text{mit } \delta_i S \geq 0)$$

   $\delta_i S$ heißt die differentielle Entropieproduktion innerhalb (Index i) des Systems.
   $\delta_i S$ ist ein unvollständiges Differential. Es ist stets positiv und wird im reversiblen Fall gleich Null.

Wir wollen in den folgenden Abschnitten die Zusammenhänge schrittweise entwickeln, die zu diesen Aussagen des 2. Hauptsatzes führen und ihre Konsequenzen kennenlernen.

5.1 Quasistatische thermodynamische Prozesse – Isothermen und Adiabaten

Wir müssen zunächst die Gesetzmäßigkeiten des Austausches von Arbeit und Wärme eines Systems mit seiner Umgebung noch etwas näher untersuchen. Dabei denken wir z. B. an die Volumenarbeit. Wenn vom oder am System Arbeit geleistet werden soll, muss sie in der Umgebung irgendwie gespeichert werden oder einem Speicher entnommen werden. Das kann z. B. geschehen durch

Hebung oder Senkung eines Gewichts im Schwerefeld, durch Spannung oder Entspannung einer Feder, durch Aufladen einer Batterie et cet. Wir wiederholen zunächst, was bereits in Abschnitt 4.1 gesagt wurde: wenn der äußere Arbeitskoeffizient λ_a gleich dem des Systems λ_{Sys} ist, also im Fall der Volumenarbeit $p_a = p_{Sys}$, verläuft der Prozess *quasistatisch, d. h. es gilt:* $\delta W_{qs} = -p\mathrm{d}V$. *Quasistatische Prozesse gehören zu den allgemein als reversibel bezeichneten Prozessen.* Sie laufen stets im Gleichgewicht ab. Das ist nur bei unendlich langsamen Prozessverlauf wirklich der Fall. In der Realität kann ein Prozess daher immer nur näherungsweise ein reversibler Prozess sein, da er in endlicher Zeit ablaufen muss, um ihn überhaupt beobachten zu können. Reversible Prozesse kann man unter *verschiedenen Randbedingungen* durchführen. Es gilt allgemein im Fall der Volumenarbeit für die Änderung der inneren Energie:

$$\mathrm{d}U = C_V \mathrm{d}T^* + \left(\frac{\partial U}{\partial V}\right)_{T^*} \mathrm{d}V = \delta Q + \delta W_{\mathrm{rev}} = \delta Q - p\mathrm{d}V$$

Wir betrachten zunächst *isotherme* Prozesse, bei denen also T^* konstant bleibt. Mit $\mathrm{d}T^* = 0$ folgt:

$$\int_{V_1}^{V_2} \left[\left(\frac{\partial U}{\partial V}\right)_{T^*} + p\right] \mathrm{d}V = Q = U_2 - U_1 - W_{\mathrm{rev}}$$

wobei $-\int_{V_1}^{V_2} p\mathrm{d}V = W_{\mathrm{rev}}$ ist.

Wir betrachten den Sonderfall des idealen Gases (s. auch Abb. 5.1) mit $p = n \cdot RT^*/V$ und $(\partial U/\partial V)_{T^*} = 0$:

$$-\int_{V_1}^{V_2} p\mathrm{d}V = -nRT^* \int_{V_1}^{V_2} \frac{\mathrm{d}V}{V} = -nRT^* \ln \frac{V_2}{V_1} = W_{\mathrm{rev}}$$

also ist $U_2 - U_1 = 0$ und ($W_{\mathrm{rev}} = -Q$).

Wenn $V_2 < V_1$, ist $W_{\mathrm{rev}} > 0$ und $Q < 0$. Es erfolgt eine Kompression des Gases.

Wenn $V_2 > V_1$, ist $W_{\mathrm{rev}} < 0$ und $Q > 0$. Es erfolgt eine Expansion des Gases.

Als nächstes betrachten wir einen *adiabatisch-reversiblen* Prozess. Hier ist nach Definition $\delta Q = 0$ und $\delta W_{\mathrm{rev}} = -p\mathrm{d}V$. Damit folgt:

$$\left(\frac{\partial U}{\partial V}\right)_{T^*} \mathrm{d}V + C_V \mathrm{d}T^* = -p\mathrm{d}V$$

Auch hier wollen wir den Sonderfall des idealen Gases behandeln mit $(\partial U/\partial V)_{T^*} = 0$:

$$-\frac{p}{T^*} \mathrm{d}V = C_V \frac{\mathrm{d}T^*}{T^*}$$

bzw.

$$-\int_{V_1}^{V_2} \frac{p}{T^*} \mathrm{d}V = C_V \int_{T_1^*}^{T_2^*} \frac{\mathrm{d}T^*}{T^*}$$

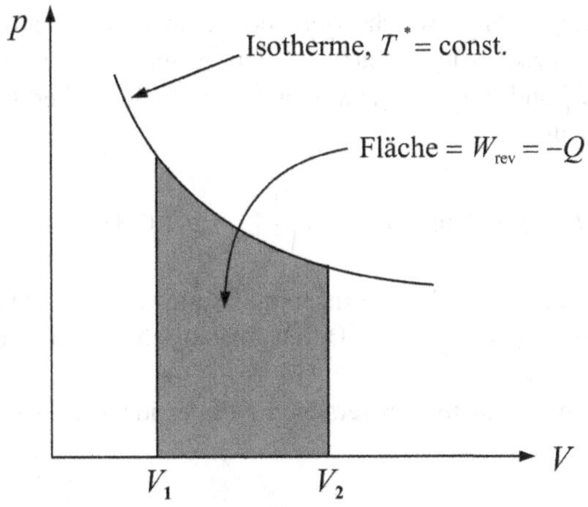

Abb. 5.1 Isothermer, reversibler Arbeitsprozess beim idealen Gas

Die Integration liefert mit $p = n \cdot RT^*/V$:

$$-nR\ln\left(\frac{V_2}{V_1}\right) = n\overline{C}_V \ln\frac{T_2^*}{T_1^*}$$

Hier ist anzumerken, dass $\overline{C}_V$ auch beim idealen Gas von T^* abhängen kann, also ist $\overline{C}_V$ eigentlich ein Mittelwert, der von T_1^* und T_2^* abhängt.

Da bei idealen Gasen $\overline{C}_p - \overline{C}_V = R$ ist, folgt:

$$-\frac{\overline{C}_p - \overline{C}_V}{\overline{C}_V}\ln\left(\frac{V_2}{V_1}\right) = \ln\left(\frac{T_2^*}{T_1^*}\right) = \ln\left(\frac{p_2V_2}{p_1V_1}\right)$$

Mit der Abkürzung $\overline{C}_p/\overline{C}_V = \gamma$ folgt dann:

$$\left(\frac{V_2}{V_1}\right)^{\gamma-1} = \left(\frac{T_1^*}{T_2^*}\right) \quad \text{bzw.} \quad \left(\frac{V_2}{V_1}\right)^{\gamma} = \frac{p_1}{p_2}$$

das heißt also:

$$\boxed{V^{\gamma-1} \cdot T^* = \text{const.}} \tag{5.1}$$

bzw.:

$$\boxed{p \cdot V^{\gamma} = \text{const.}} \tag{5.2}$$

Gl. (5.1) und Gl. (5.2) sind zwei Formen der *sog. Adiabatengleichung für ideale Gase. γ heißt der Adiabatenkoeffizient.* Die Werte von const. in den Gleichungen (5.1) und (5.2) werden durch die freie Wahl eines Punktes auf der pVT^*-Oberfläche des idealen Gases festgelegt. Der isotherme Fall wird wieder erhalten, wenn $\gamma \to 1$ geht. γ hängt ebenfalls wie C_V von T^* ab, wenn auch nur geringfügig.

Wir wollen als Beispiel berechnen, welche Werte der Temperatur T^* und des Druckes p bei einer adiabatisch-quasistatischen Expansion erreicht werden, wenn von V_1 nach $V_2 = 2V_1$ expandiert wird und die Startwerte T_1^* und p_1 sind. Wir wählen $\gamma = 5/3$, dieser Wert gilt für einatomige Gase wie z. B. Argon. Man erhält dann:

$$T_2^* = T_1^* \cdot \left(\frac{1}{2}\right)^{\frac{2}{3}} = T_1^* \cdot 0,630 \quad \text{und} \quad p_2 = p_1 \left(\frac{1}{2}\right)^{\frac{5}{3}} = p_1 \cdot 0,315$$

Ist also z. B. $T_1^* = 300$ K und $p_1 = 1$ bar, betragen die Werte von Temperatur und Druck nach der Expansion $T_2^* = 189$ K bzw. $p_2 = 0,315$ bar. Durch adiabatisch-reversible Expansion können also Gase abgekühlt werden.

Man sieht ferner, dass im adiabatisch-reversiblen Fall des idealen Gases für die Änderung der inneren Energie gilt:

$$U_2 - U_1 = -\int_{V_1}^{V_2} p\mathrm{d}V = W_{\text{rev}} = n \cdot \overline{C}_V(T_2^* - T_1^*) = n\frac{R}{\gamma - 1}(T_2^* - T_1^*)$$
$$= n \cdot \frac{R}{\gamma - 1} T_1^* \left[\left(\frac{V_1}{V_2}\right)^{\gamma - 1} - 1\right] \tag{5.3}$$

Hierbei wurde von Gl. (4.6) und Gl. (5.1) Gebrauch gemacht.

Für unser Zahlenbeispiel mit $T_2^* = 189$ K, $T_1^* = 300$ K ergibt sich für die adiabatische quasistatische Arbeit bei einem Mol ($n = 1$):

$$W_{\text{rev,ad.}} = \frac{R}{\gamma - 1}(T_2^* - T_1^*) = \frac{8,3145}{5/3 - 1} \cdot (189 - 300) = -1384 \text{ Joule}$$

Das entspricht dem Flächenbetrag A_1 (ACDEA) in Abb. 5.2. Die entsprechende isotherme Arbeit wäre dagegen:

$$W_{\text{rev,isoth.}} = -R \cdot T_1^* \cdot \ln(V_2/V_1) = -8,3145 \cdot 300 \ln 2 = -1729 \text{ Joule}$$

Das entspricht dem Flächenbetrag $A_1 + A_2$ (ABCDEA) in Abb. 5.2, d. h. A_2 entspricht −345 Joule.

Gl. (5.3) geht für $\gamma \to 1$ in den isothermen Prozess über (s. Übungsaufgabe 5.16.1). Es bedeuten also die Flächen $A_1 + A_2$ die isotherme Arbeit und die Fläche A_1 die adiabatische Arbeit.

Als weiteren quasistatisch-reversiblen Prozess betrachten wir einen *isobaren Prozess* ($\mathrm{d}p = 0$). Hier gilt:

$$W_{\text{rev}} = -\int_{V_1}^{V_2} p\mathrm{d}V = p(V_1 - V_2)$$

Der Betrag von W_{rev} stellt eine quadratische Fläche im $p - V$-Diagramm dar (s. Abb. 5.3).

Ferner gilt für den isobaren Fall ganz allgemein:

$$U_2 - U_1 = Q - p(V_2 - V_1) = \int_{T_1^*}^{T_2^*} C_V \mathrm{d}T^* + \int_{V_1}^{V_2} \left(\frac{\partial U}{\partial V}\right)_{T^*} \mathrm{d}V$$

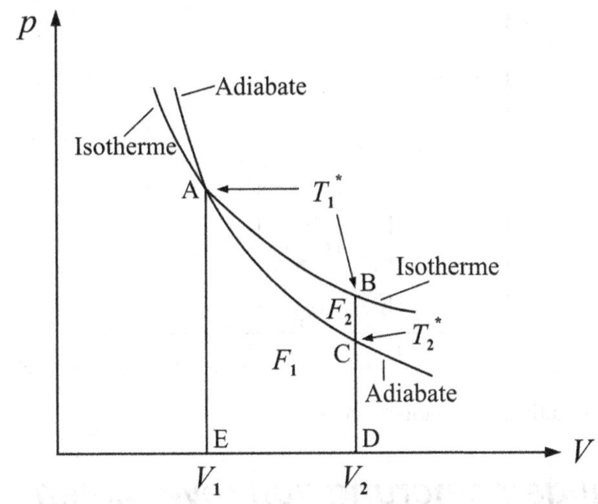

Abb. 5.2 Adiabatischer Arbeitsprozess ($A_1 = W_{\text{rev,ad.}}$) im Vergleich zum isothermen Prozess bei T_1^* ($W_{\text{rev,isoth.}} = -Q = A_1 + A_2$)

also folgt:

$$\boxed{U_2 - U_1 + p(V_2 - V_1) = H_2 - H_1 = Q} \quad \text{(isobarer Prozess)}$$

Durch p und V_1 bzw. p und V_2 ist auch T_1^* und T_2^* aus der Zustandsgleichung eindeutig gegeben und $U_2 - U_1$ kann berechnet werden und ebenso wie $Q = (H_2 - H_1) = n\overline{C}_p(T_2^* - T_1^*)$. Auch hier stellt $\overline{C}_p$ einen Mittelwert dar, falls $\overline{C}_p$ von T^* abhängt.

Wir behandeln den isobaren reversiblen Prozess für den Sonderfall des idealen Gases. Wegen $(\partial U/\partial V)_{T^*} = 0$ folgt:

$$\boxed{U_2 - U_1 = n \cdot \overline{C}_V(T_2^* - T_1^*) = Q - p(V_2 - V_1)}$$

bzw. mit $\overline{C}_p = \overline{C}_V + R$

$$\boxed{Q = H_2 - H_1 = n \cdot \overline{C}_p\,(T_2^* - T_1^*)}$$

Dabei gilt entsprechend dem idealen Gasgesetz:

$$T_1^* = p \cdot V_1 / n \cdot R$$
$$T_2^* = p \cdot V_2 / n \cdot R$$

Also wegen $\overline{C}_p/\overline{C}_V = \gamma$ und $\overline{C}_p - \overline{C}_V = R$:

$$Q = H_2 - H_1 = \frac{\overline{C}_p}{R} \cdot p \cdot (V_2 - V_1) = \frac{\gamma}{\gamma - 1} \cdot p \cdot (V_2 - V_1) \quad (p = \text{const.})$$

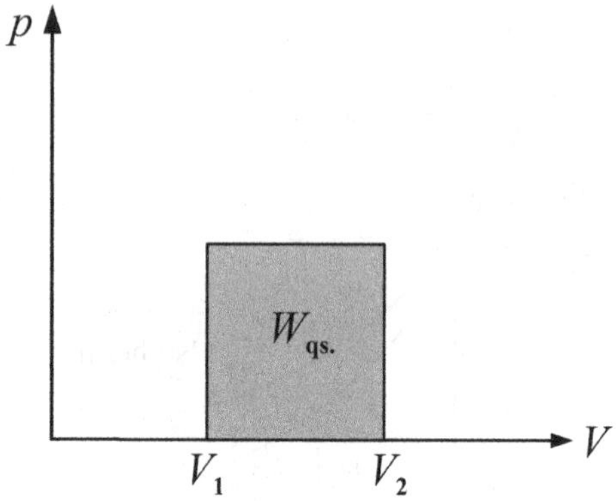

Abb. 5.3 Isobarer quasistatischer Arbeitsprozess

5.2 Die Verallgemeinerung von reversiblen (quasistatischen) Prozessführungen – polytrope Prozesse

Die isotherme Prozessführung ($dT^* = 0$) und adiabatische Prozessführung ($\delta Q = 0$) sind Grenzfälle. In einem pV-Projektionsdiagramm der pVT^*-Oberfläche sind diese Grenzfälle für ein ideales Gas zusammen mit der isobaren und isochoren Prozessführung nochmals in Abb. 5.4 zusammengestellt. Gemeinsamer Ausgangspunkt ist dabei der Punkt p_0, V_0.

Wenn man das ideale Gasgesetz zugrunde legt, kommt man zum sog. polytropen Prozess, indem man schreibt:

$$p \cdot V^{\varepsilon} = \text{const.}$$

Es gilt dann:

$$\begin{aligned} &\varepsilon = 1 && \to \text{isothermer Prozess} \\ &\varepsilon = \gamma = \overline{C}_p/\overline{C}_V && \to \text{adiabatischer Prozess} \\ &1 \le \varepsilon \le \gamma && \to \text{polytroper Prozess} \\ &\varepsilon = 0 && \to \text{isobarer Prozess} \\ &\varepsilon = \infty && \to \text{isochorer Prozess} \end{aligned}$$

Man nennt ε den Polytropenkoeffizienten.

Der isochore Prozess bedarf einer gesonderten Bemerkung. Schreibt man

$$\lim_{\varepsilon \to \infty} p \cdot V^{\varepsilon} = \text{const.}$$

ist der Grenzwert nicht ohne weiteres zu bestimmen. Man schreibt daher besser mit $V = \text{const.}'$:

$$\lim_{\varepsilon \to \infty} \left(p^{\frac{1}{\varepsilon}} \cdot V \right) = V \cdot \lim_{\varepsilon \to \infty} p^{\frac{1}{\varepsilon}} = V = \text{const.}' \quad \text{(isochorer Prozess)}$$

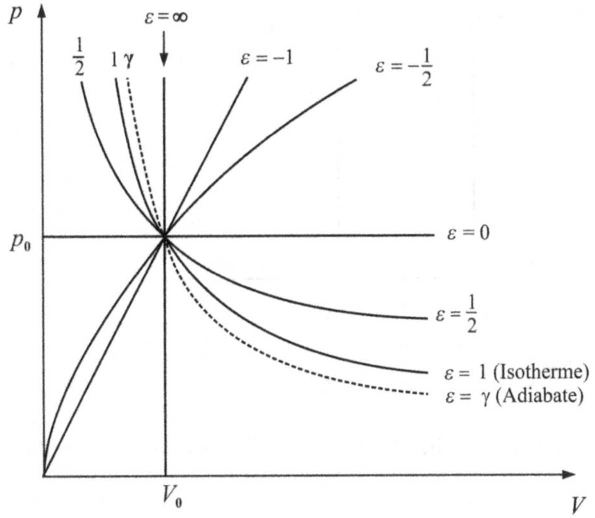

Abb. 5.4 Polytropen mit verschiedenen Exponenten ε

Wir diskutieren nun als Beispiel den allgemeinen polytropen Prozess im idealen Gas bei quasistatischer Prozessführung. Dort gilt also:

$$W_{\text{rev},12} = -\int_{V_1}^{V_2} p\mathrm{d}V = -\int_{V_1}^{V_2} \frac{\text{const.}}{V^\varepsilon}\mathrm{d}V = \frac{\text{const.}}{1-\varepsilon}\left[V_1^{1-\varepsilon} - V_2^{1-\varepsilon}\right] = n\frac{R}{\varepsilon - 1}T_1^*\left[\left(\frac{V_1}{V_2}\right)^{\varepsilon-1} - 1\right] \quad (5.4)$$

Mit $\varepsilon = \gamma$, ergibt sich der adiabatische Prozess (s. Gl. (5.3)). Beim isothermen Prozess ist $\varepsilon = 1$, also $T_2^* = T_1^*$. Dann erhält man einen unbestimmten Ausdruck nach Gl. (5.4) (0 dividiert durch 0), der aber endlich ist und identisch sein muss mit W_{rev} für den isothermen Fall (siehe Aufgabe 5.16.1).

Polytrope Prozesse spielen in der Atmosphäre von Planeten und im Inneren von Sternen sowie bei (irdischen) technischen Prozessen eine Rolle, da die meisten Prozesse die Grenzfälle „streng isotherm“ und „streng adiabatisch“ nicht erfüllen.

Für den Wärmeaustausch Q_{12} mit der Umgebung ist beim polytropen Prozess des idealen Gases bei reversibler Prozessführung wegen

$$\delta W_{\text{rev}} + \delta Q = n \cdot \overline{C}_V \cdot \mathrm{d}T^*$$

nach Gl. (5.4) zu schreiben:

$$Q_{12} = n \cdot \overline{C}_V(T_2^* - T_1^*) - \frac{n \cdot R}{\varepsilon - 1}(T_2^* - T_1^*) = n \cdot \overline{C}_V\frac{\varepsilon - \gamma}{\varepsilon - 1}(T_2^* - T_1^*) \quad (5.5)$$

Man sieht auch hier:

- wenn $\varepsilon = \gamma$, ist $Q_{12} = 0$ (adiabatischer Prozess)

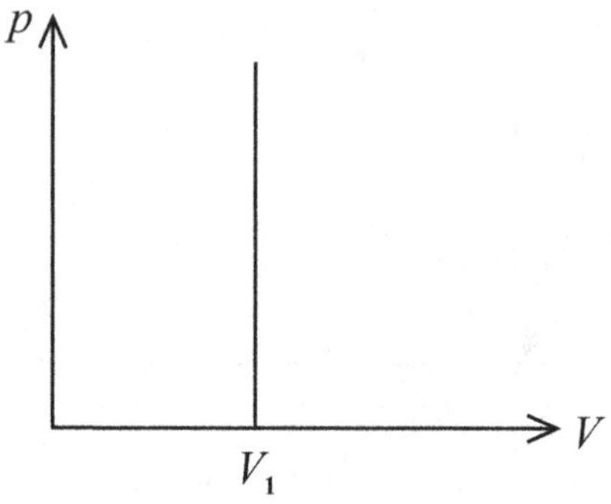

Abb. 5.5 Isochorer Prozess

- wenn in Gl. (5.5) $\varepsilon = 1$, wird $T_2^* = T_1^*$, da $Q_{12} = -W_{12,\text{rev}}$ endlich bleibt (isothermer Prozess).

Man bezeichnet in Gl. (5.5)

$$\boxed{\overline{C}_\varepsilon = \overline{C}_V \frac{\varepsilon - \gamma}{\varepsilon - 1}} \tag{5.6}$$

als molare Wärmekapazität der Polytropen. Im *adiabatischen Prozess* ($\varepsilon = \gamma$) wird $\overline{C}_\varepsilon = \overline{C}_\gamma = 0$, wie es sein muss.

Der *isochore Prozess* ($\mathrm{d}V = 0$) wird mit $\varepsilon = \infty$ erhalten und $p\mathrm{d}V = 0$:

$$\mathrm{d}U = \delta Q = \lim_{\varepsilon \to \infty} \left(\overline{C}_\varepsilon \cdot \mathrm{d}T^* \right) = \overline{C}_V \cdot \mathrm{d}T^*$$

Beim isochoren Prozess wird also keine Volumenarbeit geleistet (s. Abb. 5.5). Beim *isobaren Prozess* ist $\varepsilon = 0$ und man erhält aus Gl. (5.6) wegen $\gamma = \overline{C}_p / \overline{C}_V$:

$$\overline{C}_\varepsilon = \overline{C}_p$$

5.3 Der Carnot'sche Kreisprozess und die Definition der absoluten Temperatur

Wir betrachten jetzt *Kreisprozesse*, die aus den oben besprochenen Prozessen zusammengesetzt werden können. Dabei nehmen wir zunächst immer *quasistatische*, also reversible Prozessführung an.

Es gibt viele Möglichkeiten, wie man das tun kann. Wir betrachten den wichtigsten Kreisprozess, den sog. *Carnot*-Prozess einer beliebigen Substanz (es muss keineswegs ein ideales Gas sein). In Abb. 5.6 durchlaufen wir das pV-Diagramm des Systems im Uhrzeigersinn auf dem Weg $1 \to 2 \to 3 \to 4 \to 1$. Das ist ein *Kreisprozess*, die schraffierte Fläche ist $\oint \delta W_{\text{rev}} = W_{\text{Carnot}} = -\oint p\mathrm{d}V$.

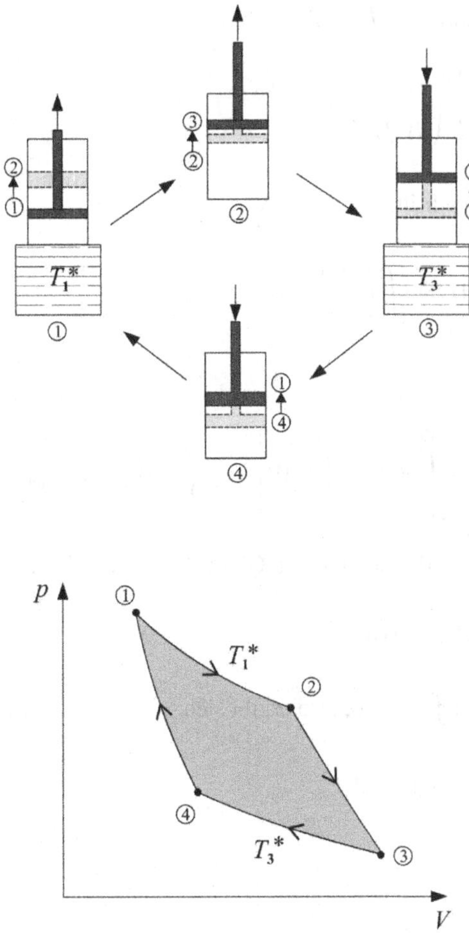

Abb. 5.6 Der Carnot'sche Kreisprozess in der pV-Projektion. Der Prozess läuft auf der pVT–Oberfläche ab

1 → 2 ist ein *isothermer* Schritt bei $T^* = T_1^*$:

$$-\int_{V_1}^{V_2} p\mathrm{d}V = -Q_{12} + \int_{V_1}^{V_2} \left(\frac{\partial U}{\partial V}\right)_{T^*} \mathrm{d}V \tag{5.7}$$

2 → 3 ist ein *adiabatischer* Schritt:

$$-\int_{V_2}^{V_3} p\mathrm{d}V = +\int_{T_2^*}^{T_3^*} C_V \mathrm{d}T^* + \int_{V_2}^{V_3} \left(\frac{\partial U}{\partial V}\right)_{T^*} \mathrm{d}V \tag{5.8}$$

$3 \to 4$ ist ein *isothermer* Schritt bei $T^* = T_3^*$:

$$-\int_{V_3}^{V_4} p\mathrm{d}V = -Q_{34} + \int_{V_3}^{V_4} \left(\frac{\partial U}{\partial V}\right)_{T^*} \mathrm{d}V \tag{5.9}$$

$4 \to 1$ ist ein *adiabatischer* Schritt:

$$-\int_{V_4}^{V_1} p\mathrm{d}V = +\int_{T_4^*}^{T_1^*} C_V \mathrm{d}T^* + \int_{V_4}^{V_1} \left(\frac{\partial U}{\partial V}\right)_{T^*} \mathrm{d}V \tag{5.10}$$

Wir schreiben:

$$-\left[\int_{V_1}^{V_2} p\mathrm{d}V + \int_{V_2}^{V_3} p\mathrm{d}V + \int_{V_3}^{V_4} p\mathrm{d}V + \int_{V_4}^{V_1} p\mathrm{d}V\right] = -\oint p\mathrm{d}V = W_{\mathrm{Carnot}}$$

und für die Gesamtbilanz, also die Summe von Gl. (5.7) bis Gl. (5.10), gilt:

$$-\oint p\mathrm{d}V = -Q_{12} - Q_{34} + \oint \mathrm{d}U$$

Für die Zustandsgröße U gilt $\oint \mathrm{d}U = 0$, also ergibt sich:

$$-\oint p\mathrm{d}V = W_{\mathrm{Carnot}} = -Q_{12} - Q_{34}$$

oder:

$$\frac{-W_{\mathrm{Carnot}}}{Q_{12}} = 1 + \frac{Q_{34}}{Q_{12}}$$

Das gilt für jedes System, unabhängig von der individuellen Zustandsgleichung. Nun bedenken wir, dass vom System aus betrachtet gilt: $W_{\mathrm{Carnot}} < 0$, $Q_{12} > 0$ und $Q_{34} < 0$, wenn der Kreisprozess im Uhrzeigersinn läuft. Es wird also vom System Arbeit geleistet, man spricht von einer Carnot-Wärmekraftmaschine, kurz Carnot-Maschine.

Es ist daher besser und übersichtlicher, die Beträge von W_{Carnot}, Q_{12} und Q_{34}, also $|W_{\mathrm{Carnot}}|$, $|Q_{12}|$ und $|Q_{34}|$ einzuführen, die alle positive Größen sind. Dann erhält man mit $-W_{\mathrm{Carnot}} = |W_{\mathrm{Carnot}}|$ und $+Q_{34} = -|Q_{34}|$:

$$\boxed{\eta_C = \frac{|W_{\mathrm{Carnot}}|}{|Q_{12}|} = 1 - \frac{|Q_{34}|}{|Q_{12}|}} \quad \text{(für ein beliebiges System)} \tag{5.11}$$

η_C bezeichnet man als thermodynamischen Wirkungsgrad der Carnot'schen Maschine. Diese universelle Gleichung besagt, dass der thermodynamische Wirkungsgrad η_C, also das Verhältnis von Arbeitsleistung des Systems (W_{Carnot}) zur eingebrachten Wärme Q_{12} immer kleiner als 1 ist. Es kann also nur der Bruchteil η_C von der Wärme Q_{12} in Arbeit verwandelt werden, der Rest (Q_{34})

wird in das kältere Wärmebad ($T^* = T_3^*$) abgegeben (s. Abb. 5.7). Man kann auch Gl. (5.11) vom Standpunkt des warmen Bades aus betrachten: das warme Bad gibt an das System den Wärmebetrag $|\Delta Q_{12}|$ ab. Dieser wird aufgespalten in einen Anteil $|W_{\text{Carnot}}|$, der die Nutzarbeit darstellt, und in einen Anteil $|Q_{34}|$, der als Wärme ins kältere Bad abgegeben wird.

Man kann den Carnot-Prozess in Abb. (5.6) auch gegen den Uhrzeigersinn laufen lassen. Das ist das Prinzip einer *Wärmepumpe* oder einer *Kühlmaschine* (s. Abb. 5.7).

Eine Carnot-Wärmepumpe und eine Carnot-Kühlmaschine haben das gemeinsame Ziel, durch Arbeitsaufwand ($+W_{\text{Carnot}}$) am System von außen (Elektromotor, Verbrennungsmotor) sowie Wärmezufuhr ($+Q_{34}$) zum System aus dem kalten Bad (Temperatur T_3^*) eine Wärmemenge ($-Q_{12}$) an das warme Bad (Temperatur T_1^*) abzugeben. Der Unterschied ist: die Wärmepumpe wird zum Heizen des warmen Bades (Hausinnenräume, Schwimmbad, Warmwasserbereitung) eingesetzt (das kalte Bad ist die Umgebung), während eine Kühlmaschine zum Kühlen des kalten Bades (Kühlschrank, Klimaanlage) vorgesehen ist, wobei das warme Bad die Umgebung ist. Bei der Wärmepumpe wie bei der Kühlmaschine definiert man als sogenannte *Leistungsziffer* ε_{C} im umgekehrten Carnot-Zyklus:

$$\varepsilon_{\text{C}} = \frac{Q_{34}}{W_{\text{Carnot}}}$$

Mit der stets gültigen Bilanz für Kreisprozesse $W + Q_{12} + Q_{34} = 0$ ergibt sich für den Carnotprozess gegen den Uhrzeigersinn:

$$\boxed{\varepsilon_{\text{C}} = \frac{Q_{34}}{-Q_{12} - Q_{34}} = \frac{|Q_{34}|}{|Q_{12}| - |Q_{34}|} = \frac{|Q_{34}|}{|W|}} \quad \text{(für ein beliebiges System)} \qquad (5.12)$$

da hier gilt, dass $Q_{12} = -|Q_{12}| < 0, Q_{34} = |Q_{23}| > 0$ und $|W| = W > 0$. ε_{C} gibt an, um wieviel die dem kalten Bad entnommene Wärme höher ist als die eingesetzte Arbeit.

Die Beziehungen Gl. (5.11) und Gl. (5.12) können auch für andere Kreisprozesse zur Angabe von Wirkungsgrad und Leistungsziffer verwendet werden. Der Zusammenhang zwischen Wirkungsgrad η_{C} und Leistungsziffer ε_{C} lautet, wie man leicht nachrechnet :

$$\varepsilon_{\text{C}} = \frac{1 - \eta_{\text{C}}}{\eta_{\text{C}}}$$

Wir betrachten jetzt als *Sonderfall für eine Carnot-Maschine das ideale Gas.* Nach Gl. (5.7) und (5.9) gilt für die isothermen Schritte unter Beachtung des idealen Gasgesetzes für p sowie $(\partial U/\partial V)_{T^*} = 0$:

$$Q_{34} = n \cdot RT_3^* \ln\left(\frac{V_4}{V_3}\right) < 0$$

und

$$Q_{12} = n \cdot RT_1^* \ln\left(\frac{V_2}{V_1}\right) > 0$$

Zwischen V_2 und V_3 bzw. V_1 und V_4 bestehen wegen der adiabatischen Prozessführungen folgende Zusammenhänge (siehe Gl. (5.1)):

$$\left(\frac{V_3}{V_2}\right) = \left(\frac{T_2^*}{T_3^*}\right)^{\frac{1}{\gamma-1}} \quad \text{und} \quad \left(\frac{V_4}{V_1}\right) = \left(\frac{T_1^*}{T_4^*}\right)^{\frac{1}{\gamma-1}}$$

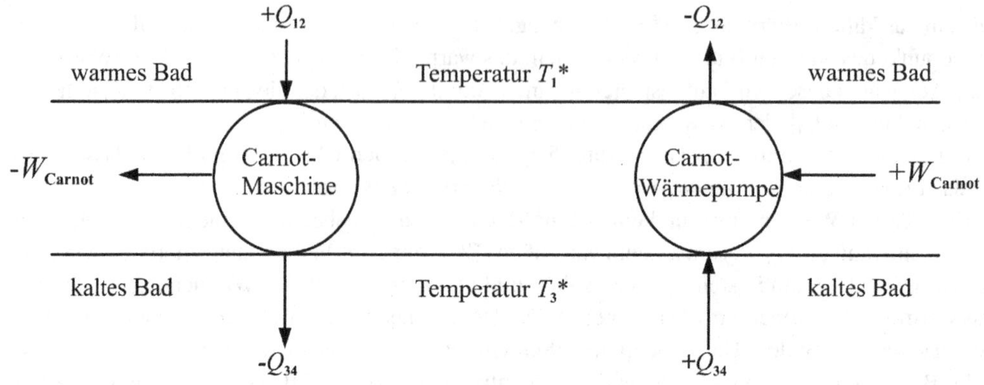

Abb. 5.7 Energiebilanz einer Carnot-Maschine bzw. einer Carnot-Wärmepumpe mit $T_1^* > T_3^*$

Da $T_1^* = T_2^*$ und $T_3^* = T_4^*$ folgt:

$$\frac{V_2}{V_1} = \frac{V_3}{V_4}$$

oder:

$$\ln\left(\frac{V_4}{V_3}\right) / \ln\left(\frac{V_2}{V_1}\right) = -1$$

Wir erinnern daran, dass die γ-Werte eigentlich über T^* gemittelte Werte sind, also $\langle\gamma_{23}\rangle$ und $\langle\gamma_{14}\rangle$, da i. a. $\overline{C}_V$ bzw. $\overline{C}_p$ von T^* abhängen. $\langle\gamma_{23}\rangle$ und $\langle\gamma_{34}\rangle$ sind jedoch identisch. Es gilt nämlich, da $T_3^* = T_4^*$ und $T_1^* = T_2^*$:

$$\langle\gamma_{23}\rangle = \int_{T_2^*}^{T_3^*} \gamma(T^*)\mathrm{d}T^* / (T_3^* - T_2^*) = \langle\gamma_{14}\rangle = \int_{T_1^*}^{T_4^*} \gamma(T^*)\mathrm{d}T^* / (T_1^* - T_4^*)$$

und somit folgt, da $T_3^* < T_1^*$:

$$\frac{|W_{\text{Carnot}}|}{|Q_{12}|} = 1 - \frac{T_3^*}{T_1^*} < 1$$

Die linke Seite dieser Gleichung ist der allgemeine Carnot'sche Wirkungsgrad nach Gl. (5.11). Die rechte Seite gilt *für das ideale Gas*, und es folgt durch Vergleich mit Gl. (5.11):

$$\boxed{\frac{|Q_{34}|}{|Q_{12}|} = \frac{T_3^*}{T_1^*}} \quad \text{bzw.} \quad \boxed{\frac{Q_{34}}{Q_{12}} = -\frac{T_3^*}{T_1^*}} \tag{5.13}$$

Wir machen also die wichtige Feststellung, dass das Verhältnis ($|Q_{34}|/|Q_{12}|$ *im Carnot-Prozess eines* beliebigen *Systems identisch ist mit dem Temperaturverhältnis des kälteren Bades zum wärmeren Bad* T_3^*/T_1^*, *das man mit einem (idealen) Gasthermometer misst.* Da Voraussetzung für die Gültigkeit von Gl. (5.13) ist, dass thermisches Gleichgewicht zwischen Gasthermometer (Gl. (5.13), rechts) und dem beliebigen System (Gl. (5.13), links) herrscht, dann muss das Temperaturverhältnis des beliebigen Systems gleich dem des Gasthermometers sein, d. h., es gilt $T^*_{\text{System}} = b \cdot T^*_{\text{Gas}}$. Den Faktor b können wir frei wählen und setzen ihn gleich 1. Damit haben wir eine absolute Temperatur $T = T^*_{\text{System}}$ definiert, die für jedes System gilt und unabhängig vom idealen Gas ist. Wir werden im nächsten Abschnitt sehen, dass die Einführung der Entropie zu demselben Resultat führt.

Aus Gl. (5.13) ergibt sich eine weitere Konsequenz von großer praktischer Bedeutung für den Wirkungsgrad η_C einer Carnot-Maschine bzw. für die Leistungsziffer ε_C einer Carnot-Wärmepumpe (bzw. Carnot-Kühlmaschine) mit einem beliebigen System als Arbeitsmedium. Ausgehend von Gl. (5.13) gilt nämlich für Gl. (5.11) bzw. (5.12):

$$\boxed{\eta_C = 1 - \frac{T_3}{T_1}} \qquad \boxed{\varepsilon_C = \frac{T_3}{T_1 - T_3} = \frac{1}{\eta_C} - 1} \tag{5.14}$$

wobei T_3 die absolute Temperatur des kalten Bades und T_1 die absolute Temperatur des warmen Bades bedeuten.

Der Carnot-Prozess zeichnet sich gegenüber allen anderen möglichen Kreisprozessen dadurch aus, dass er bei gegebenen Temperaturen T_3 und T_1 den höchsten Wirkungsgrad η_C bzw. die niedrigste Leistungsziffer ε_C besitzt, wie wir im nächsten Abschnitt noch sehen werden.

5.4 Die Entropie als Zustandsfunktion und die Definition der absoluten Temperatur

Wir haben festgestellt, dass δQ ein unvollständiges Differential ist. Unter *reversiblen* Bedingungen gilt für geschlossene Systeme:

$$\delta Q = \mathrm{d}U + p\mathrm{d}V - \sum \lambda_i \mathrm{d}l_i$$

oder, wenn wir nur Volumenarbeit berücksichtigen:

$$\delta Q = \mathrm{d}U + p\mathrm{d}V$$

Da es bei 2 unabhängigen Variablen (p, T^* oder V, T^*) immer einen integrierenden Nenner für ein unvollständiges Differential gibt (s. Abschnitt 2.6), muss dieser δQ zum Differential einer Zustandsfunktion machen. Wenn es mehrere unabhängige Variable gibt ($p, T^*, \{n_i\}, \{\lambda_i\}$), ist das nicht selbstverständlich, im Fall von thermodynamischen Zustandsgrößen lässt sich jedoch zeigen, dass es für δQ auch im Fall beliebig vieler Variabler einen integrierenden Nenner geben muss. Der Beweis dafür wird in Anhang A erbracht.

Es gibt also in jedem Fall einen integrierenden Nenner T für δQ, der zu einer neuen Zustandsfunktion S führt:

$$\boxed{\mathrm{d}S = \frac{\delta Q}{T} = \frac{\mathrm{d}U}{T} + \frac{p}{T}\mathrm{d}V - \frac{1}{T}\sum \lambda_i \mathrm{d}l_i} \tag{5.15}$$

S heißt die Entropie. Gl. (5.15) ist also ein totales Differential, d. h., S ist eine Zustandsgröße. Ferner lässt sich beweisen (s. Anhang A): der integrierende Nenner T ist eine universelle Funktion der empirischen (ideal-gasthermometrischen) Temperatur T^* und hängt von keinen weiteren Variablen ab.

Außerdem gilt, dass die Entropie eine *extensive* Zustandsgröße ist, d. h. für zwei Systeme, die sich im thermischen Gleichgewicht befinden, gilt:

$$\mathrm{d}S_{1+2} = \mathrm{d}S_1 + \mathrm{d}S_2$$

bzw.

$$S_{1+2} = S_1 + S_2$$

Auch die Gültigkeit dieser Gleichung wird in Anhang A nachgewiesen.

Daraus folgt die Verallgemeinerung:

$$S_{\text{total}} = \sum_\alpha S_\alpha$$

wenn α beliebig viele Systeme ($\alpha = 1, \ldots, , n$) im thermischen Gleichgewicht bezeichnet.

Aus Gl. (5.15) kann man eine wichtige Aussage ableiten. Setzt man $\delta Q = 0$, muss auch $\mathrm{d}S = 0$ sein, und wir stellen fest, *adiabatisch-reversible Prozesse sind gleichzeitig isentrope Prozesse (S = const.).*

Was der integrierende Nenner T bedeutet und dass er nur von T^* abhängen kann, erkennt man auch durch Vergleich von Gl. (5.15) mit Gl. (5.13), für die man schreiben kann:

$$\frac{Q_{12}}{T_1^*} + \frac{Q_{34}}{T_3^*} = 0 = \Delta S_{12} + \Delta S_{34}$$

Da $\Delta S_{12} + \Delta S_{34}$ im Carnot'schen Kreisprozess in der Tat Null sein muss (die beiden anderen Kreisprozessschritte sind ja isentrop), wenn S eine Zustandsgröße ist, muss T_1^* bis auf einen konstanten Faktor identisch mit T_1 sein und ebenso T_3^* mit T_3.

Wir wollen nun auf einem dritten Weg den Zusammenhang zwischen dem integrierenden Nenner T und der gasthermotrischen Temperatur T^* herstellen.

Dazu setzen wir $\mathrm{d}U = (\partial U/\partial T^*)_V \, \mathrm{d}T^* + (\partial U/\partial V)_{T^*} \, \mathrm{d}V$ ein in Gl. (5.15):

$$\mathrm{d}S = \frac{1}{T}\left(\frac{\partial U}{\partial T^*}\right)_V \mathrm{d}T^* + \frac{1}{T}\left[\left(\frac{\partial U}{\partial V}\right)_{T^*} + p\right]\mathrm{d}V$$

wobei wir zur Vereinfachung alle $\mathrm{d}l_i = 0$ gesetzt haben.

Da S eine Zustandsfunktion ist, können wir identifizieren:

$$\left(\frac{\partial S}{\partial T^*}\right)_V = \frac{1}{T}\left(\frac{\partial U}{\partial T^*}\right)_V$$

und

$$\left(\frac{\partial S}{\partial V}\right)_{T^*} = \frac{1}{T}\left[\left(\frac{\partial U}{\partial V}\right)_{T^*} + p\right]$$

Ferner muss gelten (Maxwell-Relation bzw. Schwartz'scher Satz):

$$\frac{\partial^2 S}{\partial V \mathrm{d} T^*} = \frac{\partial^2 S}{\partial T^* \partial V}$$

und es folgt somit:

$$\frac{\partial}{\partial V}\left[\frac{1}{T}\left(\frac{\partial U}{\partial T^*}\right)_V\right]_{T^*} = \frac{\partial}{\partial T^*}\left[\frac{1}{T}\left(\left(\frac{\partial U}{\partial V}\right)_{T^*} + p\right)\right]_V$$

bzw.:

$$\frac{1}{T}\left(\frac{\partial^2 U}{\partial V \cdot \partial T^*}\right) = -\frac{1}{T^2}\left(\frac{\partial T}{\partial T^*}\right)_V \cdot \left[\left(\frac{\partial U}{\partial V}\right)_{T^*} + p\right] + \frac{1}{T}\left(\frac{\partial p}{\partial T^*}\right)_V + \left(\frac{\partial^2 U}{\partial T^* \cdot \partial V}\right) \cdot \frac{1}{T}$$

Dabei haben wir Gebrauch gemacht von der Tatsache, dass T, der integrierende Nenner, nur eine Funktion von T^* und nicht von V ist (s. o. bzw. Anhang A). Da nun

$$\left(\frac{\partial^2 U}{\partial T^* \partial V}\right) = \left(\frac{\partial^2 U}{\partial V \partial T^*}\right)$$

ergibt sich somit:

$$\left(\frac{\partial T}{\partial T^*}\right) \cdot \left[\left(\frac{\partial U}{\partial V}\right)_{T^*} + p\right] = T \cdot \left(\frac{\partial p}{\partial T^*}\right)_V \tag{5.16}$$

Wir betrachten jetzt den *Spezialfall des idealen Gases*, durch den ja T^* definiert ist und für den gilt, dass $p = n \cdot RT^*/V$ und $(\partial U/\partial V)_{T^*} = 0$. Damit erhält man:

$$\left(\frac{\partial T}{\partial T^*}\right) \cdot n \cdot \frac{RT^*}{V} = n \cdot \frac{RT}{V}$$

oder:

$$\frac{\mathrm{d} \ln T}{\mathrm{d} \ln T^*} = 1$$

also:

$$\ln T = \ln T^* + \text{const.}$$

bzw.:

$$\boxed{T = \mathrm{e}^{\text{const}} \cdot T^* \text{ oder } T = b \cdot T^*}$$

Wir haben also auf drei verschiedene Weisen in Kapitel 5.3 und 5.4 nachgewiesen (s. auch Gl.(5.13) und (5.16)):

Die gasthermometrische Temperatur T^* ist bis auf einen beliebigen Skalierungsfaktor b identisch mit T. T heißt die absolute Temperatur. Wählt man $b = 1$, ergibt sich

$$\boxed{T \text{ in K} = T^* \text{ in K}}$$

Gleichzeitig wird $\delta Q/T$ zum totalen Differential. Damit ist die Existenz von S als Zustandsgröße erwiesen.

Die Definition der absoluten Temperatur wurde 1848 von W. Thomson (dem späteren Lord Kelvin) gegeben. Lord Kelvin hat die absolute Temperatur T auf eine nochmals andere, äquivalente Weise eingeführt und ihre Identität mit der gasthermometrischen Temperatur T^* nachgewiesen. Dies ist in Anhang B dargestellt. *Von hier ab werden wir T statt T^* für die absolute Temperatur schreiben.*

Mit $T = T^*$ folgt aus Gl. (5.16) sofort eine wichtige, ganz allgemein gültige Beziehung:

$$\boxed{\left(\frac{\partial U}{\partial V}\right)_T = T\left(\frac{\partial p}{\partial T}\right)_V - p} \tag{5.17}$$

Die Entropie S kann man jetzt als Funktion von 2 Variablen (1-Komponentensystem mit p als einzigem Arbeitskoeffizienten) in verschiedener Weise als totales Differential schreiben:

Für $S = S(U, V)$ gilt (s. Gl. (5.15)):

$$\left(\frac{\partial S}{\partial U}\right)_V = \frac{1}{T} \quad \text{und} \quad \left(\frac{\partial S}{\partial V}\right)_U = \frac{p}{T}$$

Für $S = S(T, V)$ gilt:

$$\boxed{\mathrm{d}S = \frac{1}{T}C_V\mathrm{d}T + \frac{1}{T}\left[\left(\frac{\partial U}{\partial V}\right)_T + p\right]\mathrm{d}V}$$

wobei

$$\left(\frac{\partial S}{\partial T}\right)_V = \frac{C_V}{T} \quad \text{und}$$

$$\left(\frac{\partial S}{\partial V}\right)_T = \frac{1}{T}\left[\left(\frac{\partial U}{\partial V}\right)_T + p\right] = \left(\frac{\partial p}{\partial T}\right)_V$$

Für $S = S(T, p)$ gilt:

$$T\mathrm{d}S = \mathrm{d}U + p\mathrm{d}V = \mathrm{d}H - p\mathrm{d}V - V\mathrm{d}p + p\mathrm{d}V = \mathrm{d}H - V\mathrm{d}p$$

Also kann man schreiben:

$$\boxed{\mathrm{d}S = \frac{C_p}{T}\mathrm{d}T + \frac{1}{T}\left[\left(\frac{\partial H}{\partial p}\right)_T - V\right]\mathrm{d}p}$$

Die zwei gekreuzten 2. Ableitungen müssen wieder gleich sein:

$$\frac{\partial}{\partial p}\left(\frac{C_p}{T}\right)_T = \left(\frac{\partial^2 S}{\partial p \partial T}\right) = \left(\frac{\partial^2 S}{\partial T \partial p}\right) = \frac{\partial}{\partial T}\left[\frac{1}{T}\left(\left(\frac{\partial H}{\partial p}\right)_T - V\right)\right]_p$$

oder:

$$\frac{1}{T}\left(\frac{\partial^2 H}{\partial p \partial T}\right) = -\frac{1}{T^2}\left(\left(\frac{\partial H}{\partial p}\right)_T - V\right) + \frac{1}{T}\left(\frac{\partial^2 H}{\partial T \partial p}\right) - \frac{1}{T}\left(\frac{\partial V}{\partial T}\right)_p$$

Daraus folgt die wichtige Beziehung:

$$\boxed{\left(\frac{\partial H}{\partial p}\right)_T = V - T\left(\frac{\partial V}{\partial T}\right)_p} \tag{5.18}$$

und es gilt:

$$\left(\frac{\partial S}{\partial T}\right)_p = \frac{C_p}{T}$$

sowie

$$\left(\frac{\partial S}{\partial p}\right)_T = -\left(\frac{\partial V}{\partial T}\right)_p$$

Für das allgemeine Integral der Entropie gilt also:

$$\boxed{S - S_0 = \int\limits_{T_0}^{T} \frac{C_V}{T}\,\mathrm{d}T + \int\limits_{V_0}^{V} \left(\frac{\partial p}{\partial T}\right)_V \mathrm{d}V} \text{ oder : } \boxed{S - S_0 = \int\limits_{T_0}^{T} \frac{C_p}{T}\,\mathrm{d}T - \int\limits_{p_0}^{p} \left(\frac{\partial V}{\partial T}\right)_p \mathrm{d}p} \tag{5.19}$$

Als Beispiel berechnen wir ΔS für den Sonderfall des idealen Gases bei T = const.:

$$\Delta S = \int\limits_{\mathrm{I}}^{\mathrm{II}} \mathrm{d}S = \int\limits_{V_\mathrm{I}}^{V_\mathrm{II}} \left(\frac{\partial p}{\partial T}\right)_V \mathrm{d}V = n \cdot R \int\limits_{V_\mathrm{I}}^{V_\mathrm{II}} \frac{\mathrm{d}V}{V} = n \cdot R \ln\left(\frac{V_\mathrm{II}}{V_\mathrm{I}}\right)$$

oder:

$$\Delta S = -\int\limits_{p_\mathrm{I}}^{p_\mathrm{II}} \left(\frac{\partial V}{\partial T}\right)_p \mathrm{d}p = -n \cdot R \int\limits_{p_\mathrm{I}}^{p_\mathrm{II}} \frac{\mathrm{d}p}{p} = -n \cdot R \ln\left(\frac{p_\mathrm{II}}{p_\mathrm{I}}\right)$$

$$= -n \cdot R \ln\left(\frac{V_\mathrm{I}}{V_\mathrm{II}}\right) = +n \cdot R \ln\left(\frac{V_\mathrm{II}}{V_\mathrm{I}}\right)$$

Beide Resultate sind identisch, wie es auch sein muss.

Nimmt man zur Auswertung von Gl. (5.19) das einatomige ideale Gas mit $\overline{C}_V = (3/2)R$, dann ergibt sich für n Mole:

$$S_{\text{ideales Gas}} = n\overline{S}_0 + n\frac{3}{2}R \cdot \ln T + n \cdot R \ln(\overline{V} \cdot n)$$

Zunächst einmal ist festzustellen, dass in dieser Form die Entropie *keine* homogene Funktion 1. Ordnung zu sein scheint, d. h.,

$$\alpha \cdot S_{\text{id. Gas}} \neq \alpha \cdot n\overline{S}_0 + \alpha \cdot nR \ln T + \alpha \cdot nR \ln(\overline{V} \cdot \alpha \cdot n)$$

Das liegt am Term mit $\ln(\overline{V} \cdot \alpha \cdot n)$. Dieses Problem ist nur lösbar, wenn man annimmt, dass die

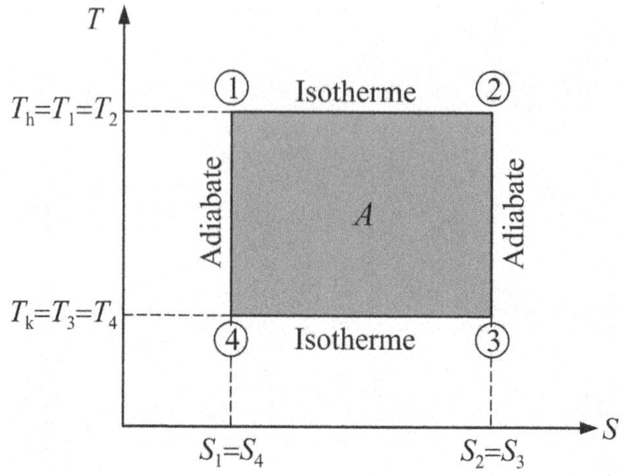

Abb. 5.8 Der Carnot'sche Kreisprozess im T, S-Diagramm
Die schraffierte rechteckige Fläche ist gleich $-W_{\text{Carnot}}$ bei Prozessablauf im Uhrzeigersinn

noch nicht näher spezifizierte Integrationskonstante $n \cdot \overline{S}_0$ einen additiven Term $-nR \ln n$ enthält. Dann ergibt sich:

$$S_{\text{id. Gas}} = n\overline{S}'_0 + \frac{3}{2} nR \ln T + nR \ln \overline{V}$$

und $S_{\text{id. Gas}}$ ist jetzt eine homogene Funktion 1. Ordnung, wenn $\overline{S}'_0$ nur noch konstante Größen enthält, also T_0 und $\overline{V}_0$.

Es ist interessant, dass die statistische Thermodynamik für ideale Gase automatisch den Term $-nR \ln n$ liefert. Man erhält die sog. Sackur-Tetrode-Gleichung (s. Lehrbücher „Statistische Thermodynamik").

Wir kehren zurück zum Carnot-Kreisprozess. Die allgemeiner Formulierung für die Entropiedifferenz zwischen zwei Zuständen I und II lautet also nach Gl. (5.14):

$$\boxed{\Delta S = \int_{\text{I}}^{\text{II}} \frac{\delta Q}{T}} \quad \text{(reversibler Prozess)} \tag{5.20}$$

Man kann den Carnot-Prozess, wie andere Kreisprozesse auch, statt in einer p, V-Projektion in einer T, S-Projektion darstellen. Es entsteht als Fläche ein Rechteck, denn auf den Adiabaten ist $S = \text{const.}$, bzw. $\mathrm{d}S = 0$ (Abb. 5.8). Für die Fläche A gilt:

$$(S_2 - S_1) \cdot T_1 - (S_3 - S_4) \cdot T_3 = Q_{12} + Q_{34}$$

Wegen $\Delta U_{\text{Carnot}} = 0 = Q_{12} + Q_{34} + W_{\text{Carnot}}$ ist die rechteckige Fläche A gleich $-W_{\text{Carnot}}$.

Das Vorzeichen von W_{Carnot} hängt von der Umlaufrichtung ab. Bei Umlaufrichtung im Uhrzeigersinn wird Wärme Q_{12} vom warmen Bad (T_1) ins kältere Bad (T_3) überführt und das System leistet Arbeit: $W_{\text{Carnot}} < 0$. Bei Umlaufrichtung gegen den Uhrzeigersinn wird Wärme Q_{12} vom

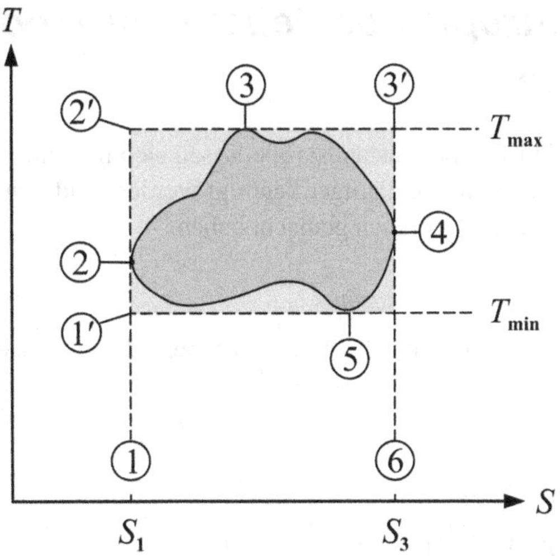

Abb. 5.9 Zum Wirkungsgrad beliebiger Kreisprozesse K im Vergleich zum Carnot'schen Kreisprozess (s. Text)

kalten Bad (T_3) zum warmen Bad (T_1) transportiert und am System muss Arbeit von außen geleistet werden: $W_{\text{Carnot}} > 0$. Das ist, wie bereits diskutiert, das Prinzip der Wärmepumpe. Wir erhalten also dieselben Aussagen wie zuvor.

Wir zeigen nun: Für einen beliebigen Kreisprozess K zwischen S_1 und S_2, der als höchste Temperatur $T_{\max}$ und als niedrigste $T_{\min}$ erreicht, ist der Wirkungsgrad η immer *kleiner* als der des entsprechenden Carnot'schen Kreisprozesses mit denselben Temperaturen $T_{\max}$ und $T_{\min}$. Dazu betrachten wir Abb. 5.9. Das Integral $\int T\mathrm{d}S$ von S_1 bis S_2 über die oberen Kurve $1 \to 2 \to 3 \to 4 \to 6$ ist gerade der gesamte, vom System K aufgenommene Wärmebetrag $|Q_+|_{\text{K}}$. Das entsprechende Integral $1 \to 2 \to 5 \to 4 \to 6$ ist der gesamte, vom System K abgegebene Wärmebetrag $|Q_-|_{\text{K}}$. Betrachten wir dagegen einen Carnot'schen Kreisprozess, so ist bei denselben Temperaturgrenzen $T_{\max}$ und $T_{\min}$ das Flächenintegral $1 \to 2 \to 2' \to 3 \to 3' \to 4 \to 6$ gleich dem Betrag $|Q_+|_{\text{Carnot}}$ und man sieht, dass $|Q_+|_{\text{Carnot}} > |Q_+|_{\text{K}}$. Die Fläche $1 \to 1' \to 5 \to 4' \to 6'$ ist der Betrag $|Q_-|_{\text{Carnot}}$ und man erkennt sofort, dass gelten muss: $|Q_-|_{\text{Carnot}} < |Q_-|_{\text{K}}$. Da der Wirkungsgrad η allgemein definiert ist durch:

$$\eta = 1 - \frac{|Q_-|}{|Q_+|}$$

folgt unmittelbar, dass $\eta_{\text{Carnot}} > \eta_{\text{K}}$ für jeden beliebigen Kreisprozess K, was zu beweisen war. In Aufgabe 5.16.15 kann man diese Aussage an einem speziellen Beispiel überprüfen. Kreisprozesse von technischer Bedeutung (z. B. Otto-Zyklus, Diesel-Zyklus) und ihre Beziehung zum Carnot-Prozess werden im Anwendungsbeispiel 5.15.8 diskutiert.

5.5 Aus der Entropie abgeleitete thermodynamische Beziehungen

Mit der Einführung der Entropie als Zustandsgröße lassen sich nun einige wichtige thermodynamische Zusammenhänge ableiten, die häufiger benötigt werden, und von denen wir in vorausgehenden Kapiteln teilweise schon Gebrauch gemacht haben.

- *Die Druckabhängigkeit der Molwärme* $\overline{C}_p$

  Zunächst wollen wir die durch Gl. (4.9) angegebene Druckabhängigkeit der Molwärme $\overline{C}_p = (\partial\overline{H}/\partial T)_p$ ableiten.

  Wir gehen also aus von:

$$\left(\frac{\partial\overline{C}_p}{\partial p}\right)_T = \frac{\partial}{\partial p}\left[\left(\frac{\partial\overline{H}}{\partial T}\right)_p\right]_T = \frac{\partial}{\partial T}\left[\left(\frac{\partial\overline{H}}{\partial p}\right)_T\right]_p$$

  wobei wir vom Schwarz'schen Satz (Maxwell-Relation) über die Vertauschbarkeit gemischter zweiter Ableitungen von Zustandsgrößen Gebrauch gemacht haben. Jetzt setzen wir Gl. (5.18) für $(\partial\overline{H}/\partial p)_T$ ein und beachten gleichzeitig die Definition des thermischen Ausdehnungskoeffizienten α_p (s. Kapitel 3.1):

$$\frac{\partial}{\partial T}\left[\left(\frac{\partial\overline{H}}{\partial p}\right)_T\right]_p = \frac{\partial}{\partial T}\left[\left(\overline{V} - T\frac{\partial\overline{V}}{\partial T}\right)_p\right] = \frac{\partial}{\partial T}\left[\overline{V} - T\cdot\overline{V}\cdot\alpha_\mathrm{p}\right]$$

$$= \overline{V}\cdot\alpha_\mathrm{p} - \overline{V}\cdot\alpha_\mathrm{p} - T\left(\frac{\partial\overline{V}}{\partial T}\right)_p\cdot\alpha_\mathrm{p} - T\cdot\overline{V}\cdot\left(\frac{\partial\alpha_\mathrm{p}}{\partial T}\right)_p$$

  Daraus folgt die zu beweisende Gl. (4.9):

$$\boxed{\left(\frac{\partial\overline{C}_p}{\partial p}\right)_T = -T\cdot\overline{V}\left[\alpha_\mathrm{p}^2 + \left(\frac{\partial\alpha_\mathrm{p}}{\partial T}\right)_p\right]}$$

- *Die Differenz* $\overline{C}_p - \overline{C}_V$

  Aus den Beziehungen Gl. (5.17) und Gl. (5.18), die aus der Definition der Entropie folgen, lässt sich sofort ein allgemeiner Ausdruck für $\overline{C}_p - \overline{C}_V$ angeben, der leicht messbare Größen enthält. Das vorläufige Ergebnis aus Kapitel 4.2 lautete:

$$\overline{C}_p - \overline{C}_V = \left(\frac{\partial\overline{V}}{\partial T}\right)_p\left[p + \left(\frac{\partial\overline{U}}{\partial\overline{V}}\right)_T\right]$$

  Daraus ergibt sich nun mit Gl. (5.17):

$$\overline{C}_p - \overline{C}_V = T\cdot\left(\frac{\partial\overline{V}}{\partial T}\right)_p\cdot\left(\frac{\partial p}{\partial T}\right)_V$$

und mit $(\partial p/\partial T)_V = \alpha_\mathrm{p}/\kappa_\mathrm{T}$ (s. Kapitel 3.1) folgt:

$$\boxed{\overline{C}_p - \overline{C}_V = T \cdot \overline{V} \cdot \frac{\alpha_\mathrm{p}^2}{\kappa_\mathrm{T}}} \tag{5.21}$$

Damit wird $\overline{C}_p - \overline{C}_V$ auf einfach messbare Daten der thermischen Zustandsfunktion $\overline{V} = \overline{V}(p,T)$ bzw. des thermischen Ausdehnungskoeffizienten α_p und des isothermen Kompressibilitätskoeffizienten κ_T zurückgeführt. Man sieht sofort, dass für *ideale* Gase $\overline{C}_p - \overline{C}_V = R$ gilt, da $\alpha_\mathrm{p} = 1/T$ und $\kappa_\mathrm{T} = 1/p$ (vgl. Gl. (4.6)). Bei realen Systemen wie Flüssigkeiten und Festkörpern ist $\overline{C}_p - \overline{C}_V$ oft sehr gering und zwar umso geringer, je tiefer die Temperatur ist. In Abb. 4.9 kann man die Unterschiede zwischen $\overline{C}_p$ und $\overline{C}_V$ bei Festkörpern deutlich erkennen. $\overline{C}_p$ wurde gemessen und $\overline{C}_V$ nach Gl. (5.21) bei Kenntnis von $\overline{V}, \alpha_\mathrm{p}$ und κ_T berechnet.

- *Der Gay-Lussac-Koeffizient*

  Mit Gl. (5.17) folgt für den in Kapitel 4.1 definierten Gay-Lussac Koeffizienten δ_{GL} (manchmal auch Joule-Koeffizient genannt):

$$\delta_{GL} = -\left(\frac{\mathrm{d}T}{\mathrm{d}\overline{V}}\right)_{\overline{U}} = \frac{-\left(\frac{\partial \overline{U}}{\partial \overline{V}}\right)_T}{\overline{C}_V} = \frac{p - T\left(\frac{\partial p}{\partial T}\right)_{\overline{V}}}{\overline{C}_V}$$

  Also ergibt sich (s. Kapitel 3.1):

$$\boxed{\delta_{GL} = \frac{p - T\,\frac{\alpha_\mathrm{p}}{\kappa_\mathrm{T}}}{\overline{C}_V}}$$

  Es folgt sofort, dass bei idealen Gasen wegen $\alpha_\mathrm{p} = 1/T$ und $\kappa_\mathrm{T} = 1/p$ gilt:

$$\delta_{GL} = \frac{p - T \cdot \frac{p}{T}}{\overline{C}_V} = 0 \quad \text{(ideales Gas)}$$

  Der Gay-Lussac-Koeffizient δ_{GL} bei idealen Gasen muss also gleich Null sein, das experimentelle Ergebnis des Versuches nach Gay-Lussac (s. Kapitel 4.1) folgt also direkt aus der idealen Zustandsgleichung für Gase. Das ist allerdings keine neue Erkenntnis, da ja in Kapitel 5.4 bei der Herleitung von Gl. (5.17) von $(\partial U/\partial V)_T = 0$ bei idealen Gasen Gebrauch gemacht wurde.

- *Der differentielle Joule-Thomson-Koeffizient δ_{JT}*

  Auch der differentielle Joule-Thomson-Koeffizient (s. Gl. (4.8)) kann jetzt auf einfach messbare Größen zurückgeführt werden, wie $\overline{V}, \alpha$ und $\overline{C}_p$. Dazu verwendet man Gl. (5.18):

$$\boxed{\left(\frac{\mathrm{d}T}{\mathrm{d}p}\right)_H = \delta_\mathrm{JT} = -\frac{\left(\frac{\partial \overline{H}}{\partial p}\right)_T}{\overline{C}_p} = \frac{1}{\overline{C}_p}\left[T\left(\frac{\partial \overline{V}}{\partial T}\right)_p - \overline{V}\right] = \frac{\overline{V}}{\overline{C}_p}\left[\alpha_\mathrm{p} \cdot T - 1\right]} \tag{5.22}$$

Man sieht sofort, dass für *ideale* Gase $\delta_{\mathrm{JT}} = 0$ gilt, da $\alpha_{\mathrm{p}} = 1/T$.

Als Beispiel für Berechnungen mit realen Gasen wenden wir die allgemeine Virialgleichung bis zum 2. Virialkoeffizienten an in der Form

$$p \cdot \overline{V} \cong R \cdot T + B \cdot p$$

und setzen für B als Beispiel den Ausdruck nach der v. d. Waals-Gleichung (Gl. (3.4))ein:

$$B_{(T)} = b - \frac{a}{R \cdot T}$$

Damit ergibt sich nach Einsetzen dieser Beziehungen in Gl. (5.22):

$$\delta_{\mathrm{JT}} = \frac{1}{\overline{C}_p}\left[T\frac{\mathrm{d}B}{\mathrm{d}T} - B\right] = \frac{1}{\overline{C}_p}\left[\frac{2a}{RT} - b\right]$$

Daraus lässt sich (bei kleinen Drücken) die Inversionstemperatur T_i, bei der $\delta_{\mathrm{JT}} = 0$ ist, nach v. d. Waals bestimmen:

$$T_i = \frac{2a}{R \cdot b}$$

T_i ist nach der v. d. Waals-Gleichung also gerade doppelt so hoch wie die Boyle-Temperatur (s. Gl. (3.4))

Die zweite Inversionstemperatur (s. Abb. 4.7) bei tiefen Temperaturen wird hier nicht erhalten, da bei tiefen Temperaturen die Virialgleichung bis zum 2. Virialkoeffizienten nicht ausreicht zur Zustandsbeschreibung. Die Berechnung der gesamten Inversionskurve für die v. d. Waals-Gleichung ist in Anhang C wiedergegeben.

- *Isentrope Kompressibilität und Schallgeschwindigkeit*

Wir leiten noch einen Ausdruck für $\overline{C}_p/\overline{C}_V$ ab, der nur aus der Definition der Entropie folgt. Aus

$$\mathrm{d}\overline{S} = \frac{\overline{C}_V}{T}\mathrm{d}T + \left(\frac{\partial p}{\partial T}\right)_V \mathrm{d}\overline{V}$$

ergibt sich bei $\overline{V}$ = const. :

$$\mathrm{d}\overline{S}_V = \frac{\overline{C}_V}{T}\mathrm{d}T_V$$

Also ist

$$\left(\frac{\partial \overline{S}}{\partial p}\right)_V = \frac{\overline{C}_V}{T}\left(\frac{\partial T}{\partial p}\right)_V$$

und aus

$$\mathrm{d}\overline{S} = \frac{\overline{C}_p}{T}\mathrm{d}T - \left(\frac{\partial \overline{V}}{\partial T}\right)_p \mathrm{d}p$$

ergibt sich

$$\mathrm{d}\overline{S}_p = \frac{\overline{C}_p}{T}\mathrm{d}T_p$$

und damit

$$\left(\frac{\partial \overline{S}}{\partial \overline{V}}\right)_p = \frac{\overline{C}_p}{T}\left(\frac{\partial T}{\partial \overline{V}}\right)_p$$

Daraus folgt $\mathrm{d}\overline{S}$ mit $\overline{S}$ als Funktion von $\overline{V}$ und p:

$$\mathrm{d}\overline{S} = \left(\frac{\partial \overline{S}}{\partial \overline{V}}\right)_p \cdot \mathrm{d}\overline{V} + \left(\frac{\partial \overline{S}}{\partial p}\right)_{\overline{V}} \mathrm{d}p = \frac{\overline{C}_p}{T}\left(\frac{\partial T}{\partial \overline{V}}\right)_p \mathrm{d}\overline{V} + \frac{\overline{C}_V}{T}\left(\frac{\partial T}{\partial p}\right)_{\overline{V}} \mathrm{d}p$$

Wir betrachten jetzt den Fall, dass $\mathrm{d}\overline{S} = 0$ und erhalten unter Beachtung von Gl. (2.1) bzw. (3.1):

$$\left(\frac{\partial \overline{V}}{\partial p}\right)_{\overline{S}} = -\frac{\overline{C}_V}{\overline{C}_p} \cdot \frac{\left(\frac{\partial T}{\partial p}\right)_{\overline{V}}}{\left(\frac{\partial T}{\partial \overline{V}}\right)_p} = +\frac{\overline{C}_V}{\overline{C}_p}\left(\frac{\partial \overline{V}}{\partial p}\right)_T$$

wobei wir noch von Gl. (3.1) Gebrauch gemacht haben.

Man bezeichnet mit

$$\kappa_\mathrm{S} = -\frac{1}{\overline{V}}\left(\frac{\partial \overline{V}}{\partial p}\right)_S$$

die sog. *isentrope Kompressibilität*. Somit ergibt sich:

$$\boxed{\kappa_\mathrm{S} = \frac{\overline{C}_V}{\overline{C}_p} \cdot \kappa_\mathrm{T}} \tag{5.23}$$

Aus Gl. (5.21) und Gl. (5.23) kann man *ohne* kalorimetrische Messungen $\overline{C}_p$ und $\overline{C}_V$ bestimmen (2 Gleichungen, 2 Unbekannte!). κ_S ist aus Schallgeschwindigkeitsmessungen erhältlich. Es gilt:

$$\boxed{\upsilon_\mathrm{S} = \sqrt{\frac{\overline{V}}{\kappa_\mathrm{S} \cdot M}}} \tag{5.24}$$

wobei υ_S die Schallgeschwindigkeit ist und M die Molmasse. Eine Ableitung von Gl. (5.24) findet sich in Anhang H.

5.6 Dissipierte Arbeit und irreversible Prozesse

Soweit haben wir reversible Prozesse als quasistatische Prozesse kennengelernt, die „unendlich langsam“ ablaufen, da sie ein statisches Kräftegleichgewicht erfordern. Um jedoch Prozesse überhaupt beobachten zu können, müssen sie in endlicher Zeit ablaufen, sonst sind es eigentlich gar keine Prozesse, sondern reine „Gedankenexperimente“. Das erfordert notwendigerweise ein Ungleichgewicht innerer und äußerer Kräfte, genauer gesagt, es muss gelten: $\lambda_{\text{syst}} \neq \lambda_{\text{a}}$.

Die tatsächlich am oder vom System geleistete differentielle Arbeit δW ist:

$$\delta W = \lambda_{\text{a}}\,\mathrm{d}l = \lambda_{\text{syst}}\,\mathrm{d}l - (\lambda_{\text{syst}} - \lambda_{\text{a}})\mathrm{d}l = \delta W_{\text{rev}} + \delta W_{\text{diss}}$$

mit

$$\delta W_{\text{rev}} = \lambda_{\text{syst}}\,\mathrm{d}l \quad \text{und} \quad \delta W_{\text{diss}} = -(\lambda_{\text{syst}} - \lambda_{\text{a}})\mathrm{d}l$$

Die tatsächlich geleistete Arbeit δW lässt sich also formal aus zwei Anteilen zusammensetzen: δW_{rev} ist die reversible Arbeit, die im quasistatischen Prozess geleistet worden wäre, und δW_{diss} ist die dissipierte Arbeit, die beim tatsächlichen Prozess verloren geht. Es lässt sich nun folgendes Postulat formulieren:

$$\boxed{\delta W_{\text{diss}} \geq 0,} \tag{5.25}$$

d. h., wenn $(\lambda_{\text{syst}} - \lambda_{\text{a}}) < 0$, gilt $\mathrm{d}l > 0$ und wenn $(\lambda_{\text{syst}} - \lambda_{\text{a}}) > 0$, gilt $\mathrm{d}l < 0$. Das bedeutet: unabhängig davon, ob am System oder vom System Arbeit geleistet wird, gilt immer: $\delta W_{\text{diss}} \geq 0$.

Diese Gesetzmäßigkeit ist für alle möglichen Anteile an Irreversibilität des betrachteten Prozesses gültig. Die Extremfälle sind:

1. $\lambda_{\text{a}} = \lambda_{\text{syst}}$, dann ist $\delta W = \delta W_{\text{rev}}$.
2. $\lambda_{\text{a}} = 0$, dann ist $\delta W = 0$, d. h. $\delta W_{\text{rev}} = -\delta W_{\text{diss}}$

Wir wollen Gl. (5.25) zunächst im Fall der adiabatischen Expansion eines idealen Gases mit n Molen vom Volumen V_1 nach V_2 überprüfen. Bei einer reversiblen Prozessführung der Expansion gilt nach Gl.(5.3):

$$\int \delta W = \int \delta W_{\text{rev}} = n \cdot \frac{R}{\gamma - 1} \cdot T_1 \left[(V_1/V_2)^{\gamma-1} - 1\right] < 0$$

Läuft der Expansionsversuch jedoch völlig irreversibel ab ($\lambda_{\text{a}} = 0$), z.B. durch Öffnen des Hahnes eines Kolbens vom Volumen V_1 in einen evakuierten Kolben vom Volumen V_1', so dass $V_2 = V_1 + V_1' > V_1$ gilt (s. Abb. 4.5), dann wird keinerlei Arbeit geleistet:

$$\delta W = 0 \qquad \text{bzw.} \qquad \int \delta W = 0$$

Somit folgt wegen $\delta W = \delta W_{\text{rev}} + \delta W_{\text{diss}}$:

$$\int \delta W_{\text{diss}} = -n \cdot \frac{R}{\gamma - 1} \cdot T_1 \left[(V_1/V_2)^{\gamma-1} - 1\right] > 0$$

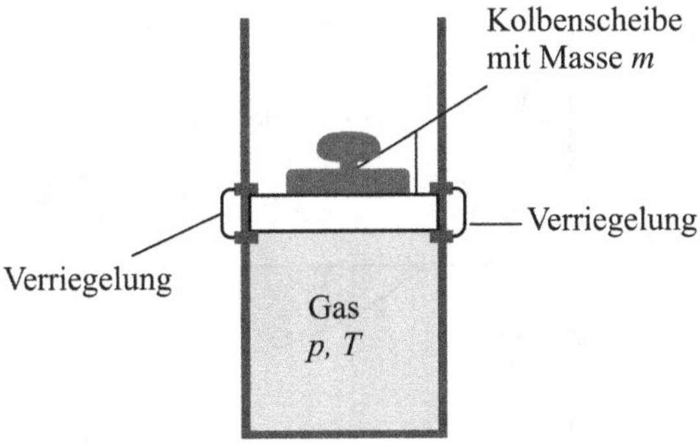

Abb. 5.10 Ein Gas wird durch eine bewegliche Kolbenscheibe abgeschlossen (s. Text)

Gl.(5.25) ist also tatsächlich erfüllt.

Jetzt wollen wir einen weiteren Fall untersuchen. Ein Fluid soll sich in einem zylinderförmigen Kolben befinden, der oben durch eine beweglichen Kolbenscheibe der Masse m abgeschlossen ist (s. Abb. 5.10). Auf das ganze System wirkt das Schwerkraftfeld der Erde ein mit der vertikal nach unten gerichteten Erdbeschleunigung. Die Kolbenscheibe wird zunächst durch eine Arretierung in Position gehalten.

Wird diese gelöst, bleibt das System nur dann unverändert, wenn $\lambda_{\text{syst}} = \lambda_{\text{a}}$, also $p_{\text{Gas}} = m{\cdot}g/A = p_{\text{a}}$ gilt, wobei g die Erdbeschleunigung, A die Kolbenfläche und m = Kolbenmasse bedeuten. Ist jedoch $p_{\text{gas}} \neq p_{\text{a}}$, ändert sich die Position des Kolbens, Kolben plus Gewicht werden nach unten bewegt ($p_{\text{gas}} < p_{\text{a}}$) bzw. nach oben $p_{\text{gas}} > p_{\text{a}}$), bis ein neues statisches Kräftegleichgewicht ($p_{\text{gas}} = p_{\text{a}}$) erreicht ist. Das kann nur geschehen, wenn die Beschleunigung des Kolbens gebremst wird, d. h., die Differenz $p_{\text{gas}} - p_{\text{a}}$ wird immer geringer, bis letztlich die Geschwindigkeit zum Erliegen kommt, was nur durch *Reibungskräfte* verursacht werden kann. Es wird also „Reibungswärme" erzeugt, genauer ausgedrückt: kinetische Energie wird in *dissipierte Arbeit* umgewandelt. Treten dagegen keine Reibungskräfte auf, bleibt die Summe von kinetischer und potentieller Energie des Kolbens konstant und es kommt zu Kolbenschwingungen, d. h., ($p_{\text{syst}} - p_{\text{a}}$) wechselt periodisch sein Vorzeichen. Solche idealisierten Prozesse sind zwar nicht-quasistatisch aber sehr wohl reversibel, es wird keine Energie dissipiert. Da in der Realität jedoch Reibung nicht ausgeschlossen werden kann, kommen solche Schwingungen mehr oder weniger schnell zum Erliegen, es wird das neue statische Gleichgewicht erreicht und dabei dissipierte Arbeit erzeugt. Jeder reale Prozess, der spontan abläuft (wie der nach der Entriegelung des Kolbens) und letztlich in einem statischen Gleichgewicht endet, ist ein *irreversibler Prozess,* bei dem von der Gesamtenergie ein maximaler Anteil in dissipierte Arbeit umgewandelt wird. Der fallende Kolben als irreversibler Prozess wird in Beispiel 5.15.6 genauer behandelt.

Abb. 5.11 zeigt die Verhältnisse in einem pV-Diagramm. Es kann sich dabei um eine Isotherme oder Adiabate oder Polytrope handeln. Das System muss auch kein ideales Gas sein. p ist dabei jedenfalls der Gleichgewichtsdruck. Die p_{a}-Kurve (Parallele zur V-Achse) ist der vom Kolben ausgeübte Gegendruck. Bei V_1 ist $p_{\text{syst}} > p_{\text{a}}$, und es kommt zur Expansion, wenn der Kolben entriegelt wird, bis $V = V_2$ und $p_{\text{gas}} = p_{\text{a}}$ und das neue Gleichgewicht erreicht ist. Die vom System geleistete Arbeit ist $W = -m \cdot g(h_2 - h_1) = -m \cdot g/A(V_2 - V_1)$. Das ist weniger als die

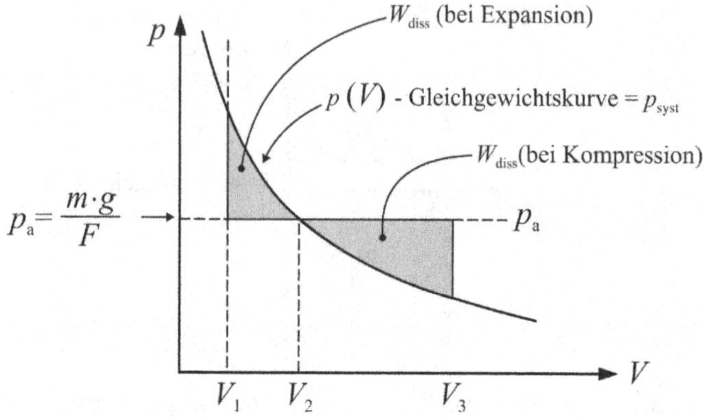

Abb. 5.11 Dissipierte Arbeitsbeträge W_{diss} bei $p_{\text{a}} \neq p_{\text{syst}}$ für das System „Gas" mit Kolbenscheibe der Masse m und Fläche A im Schwerefeld der Erde

quasistatische Arbeit $-\int_{V_1}^{V_2} p\text{d}V$, und zwar um den Betrag W_{diss} weniger (graue Fläche links oben).

Wegen

$$W = W_{\text{rev}} + W_{\text{diss}} = -\int_{V_1}^{V_2} p\text{d}V + W_{\text{diss}} = -\frac{m \cdot g}{A}(V_2 - V_1)$$

ist dieser Anteil gerade die dissipierte Arbeit:

$$W_{\text{diss}} = +\int_{V_1}^{V_2} p\text{d}V - \frac{m \cdot g}{A}(V_2 - V_1) > 0$$

Wir haben V_2 so gewählt, dass gerade dort wieder Gleichgewicht herrscht ($p_{\text{a}} = m \cdot g/A = p$).

Wenn man nach Abb. 5.11 umgekehrt verfährt, also von V_3 statt von V_1 ausgeht, wird das Gas komprimiert, die *am* System tatsächlich geleistete Arbeit ist größer als W_{qs}. Für W_{diss} (graue Fläche rechts unten) gilt in diesem Fall:

$$W_{\text{diss}} = +\int_{V_3}^{V_2} p\text{d}V - \frac{m \cdot g}{A}(V_2 - V_3) > 0$$

da $V_3 > V_2$. Die Ursache für die Entstehung von W_{diss} bleibt dieselbe.

W_{diss} ist also in beiden Fällen, d. h. beim Expandieren wie beim Komprimieren des Gases, positiv, so wie in Gl.(5.25) behauptet.

Die beschriebenen Vorgänge sind, wie gesagt, ganz allgemeiner Natur, sie sind am Beispiel der Volumenarbeit besonders anschaulich und unmittelbar einsichtig, sie gelten aber prinzipiell für alle Paare von Arbeitskoeffizienten λ_i und Arbeitskoordinaten l_i. Bei der Oberflächenarbeit $\sigma \cdot \text{d}A$ kann man z. B. die analoge Argumentation ebenfalls leicht nachvollziehen (s. Abb. 5.12). Wir

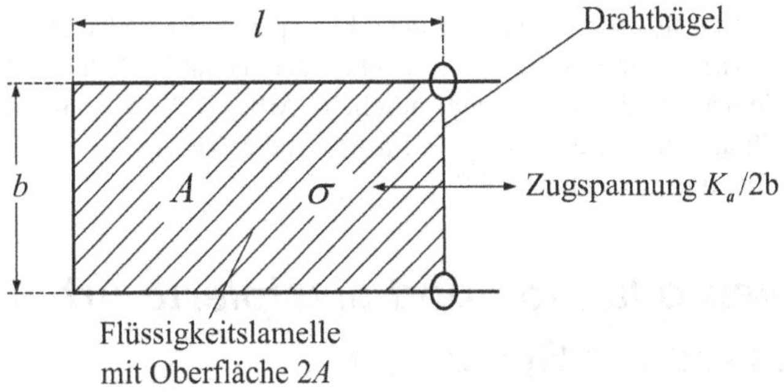

Abb. 5.12 Oberflächenarbeit an einer Flüssigkeitslamelle im Gleichgewicht ($\sigma = K_a/2b$) oder im Ungleichgewicht ($\sigma \neq K_a/2b$)

betrachten dazu eine Flüssigkeitslamelle in einem Rahmen mit beweglichem Bügel. Wenn der Drahtbügel sich bewegen soll und die Fläche $A = 2b \cdot l$ sich damit verändert, muss $2\sigma b \neq K_a$ sein, wenn K_a die Zugkraft am Bügel b ist. Der Faktor 2 berücksichtigt, dass die Lamelle eine Oberfläche und eine gleich große Unterfläche hat.

Bei Vergrößerung der Oberfläche $A = 2b \cdot l$ wird *am System Arbeit geleistet* mit $K_a > 2\sigma b$ und $\mathrm{d}l > 0$:

$$\delta W_{\text{diss}} = \delta W - \delta W_{\text{rev}} = K_a \cdot \mathrm{d}l - 2\sigma b \cdot \mathrm{d}l > 0$$

Bei Verkleinerung der Oberfläche ist $K'_a < 2\sigma b$, und *das System leistet Arbeit.* Dann gilt mit $\mathrm{d}l < 0$:

$$\delta W_{\text{diss}} = (K'_a - 2\sigma b)\mathrm{d}l = \delta W - \delta W_{\text{rev}} > 0$$

In beiden Fällen ist also wieder $\delta W_{\text{diss}} > 0$, *entsprechend Gl.(5.25).*

Es wird also allgemein immer gelten:

$$\boxed{W = W_{\text{diss}} + W_{\text{rev}} > W_{\text{rev}}}$$

Weitere Beispiele für diese fundamentale Aussage werden uns in Band II „Thermodynamik der Mischungen, Springer 2017", begegnen. Beispiele sind: „Die Osmose als irreversibler Prozess“, „Lade- und Entladevorgang einer Batterie“ und „Steighöhe einer dielektrischen Flüssigkeit“ (s. A. Heintz, Thermodynamik der Mischungen, Springer, 2017).

Wir kehren nochmals zum Carnot'schen Kreisprozess zurück. Wenn man solche nicht quasistatischen, d. h. irreversiblen Prozesse auch den einzelnen Prozessschritten des Carnot'schen Kreisprozesses zugrunde legt, muss gelten:

$$\boxed{\frac{-W}{Q_{12}} \leq \frac{-W_{\text{rev,Carnot}}}{Q_{12}} = 1 - \frac{T_3^*}{T_1^*} \qquad (T_1^* > T_3^*)}$$

Das Gleichheitszeichen gilt, wenn $W = W_{\text{rev}}$ ist, also bei quasistatischer bzw. reversibler Arbeitsweise.

Da sowohl W wie auch $W_{\text{rev,Carnot}}$ negativ sind und Q_{12} positiv ist, bedeutet das, dass bei realen, nicht-quasistatischen (irreversiblen) Kreisprozessführungen die tatsächlich vom System geleistete Arbeit W immer kleiner ist, als die maximal mögliche Arbeit W_{rev}, die im quasistatischen Fall geleistet wird. Es gilt also auch hier: $W_{\text{diss}} > 0$. Im Anwendungsbeispiel 5.15.18 wird eine solche reale Carnot-Maschine quantitativ behandelt.

5.7 Entropieproduktion und dissipierte Arbeit in geschlossenen Systemen

Wir haben die Entropie als neue Zustandsgröße eingeführt und quasistatische bzw. dissipationsfreie Prozesse untersucht, die wir unter dem Begriff „reversible Prozesse" zusammenfassen. Dabei wurden äußerst wichtige und weiterführende Ergebnisse erhalten. Der eigentliche, axiomatische Teil des 2. Hauptsatzes beinhaltet jedoch vor allem eine Aussage über die *Richtung von irreversiblen Prozessen,* also solchen Vorgängen, die in *endlicher Zeit* ablaufen, dabei einen neuen Gleichgewichtszustand erreichen und auf dem Weg dorthin dissipierte Arbeit W_{diss} produzieren. Im Abschnitt 5.6 haben wir gesehen, dass die spontan, von der *Zeit* abhängige Prozessrichtung durch $\delta W_{\text{diss}} > 0$ vorgegeben wird (Gl. (5.25)). Wie diese Gesetzmäßigkeit in die thermodynamischen Zustandsgrößen eingebaut wird, soll nun gezeigt werden.

Wir betrachten für geschlossene Systeme dazu nochmals den 1. Hauptsatz:

$$\mathrm{d}U = \delta Q + \delta W$$

Dieselbe differentielle Änderung $\mathrm{d}U$ kann dabei sowohl auf reversiblem wie auch auf irreversiblem Weg ablaufen, da U eine Zustandsgröße ist:

$$\boxed{\mathrm{d}U_{\text{rev}} = T\mathrm{d}S + \delta W_{\text{rev}}} \quad \text{bzw.} \quad \boxed{\mathrm{d}U_{\text{irr}} = \delta Q + \delta W_{\text{rev}} + \delta W_{\text{diss}}} \tag{5.26}$$

Mit

$$\mathrm{d}U = \mathrm{d}U_{\text{rev}} = \mathrm{d}U_{\text{irr}}$$

erhält man somit aus Gl.(5.26):

$$\boxed{T\mathrm{d}S = \delta Q + \delta W_{\text{diss}}} \quad \text{oder} \quad \boxed{T\mathrm{d}S \geq \delta Q} \tag{5.27}$$

Integriert man Gl. (5.27) über einen geschlossenen Weg, so gelangt man zu der Beziehung

$$\boxed{\oint \frac{\delta Q}{T} \leq 0} \quad \text{wegen} \quad \boxed{\oint \mathrm{d}S = 0}$$

denn S ist eine Zustandsgröße. Diese Beziehung wurde bereits 1855 von R. Clausius angegeben und heißt das *Theorem von Clausius.*

Da δQ den Wärmeaustausch mit der Umgebung darstellt, lässt sich $T\mathrm{d}S$ nach Gl. (5.27) immer in zwei Anteile aufspalten:

$$T\mathrm{d}S = T\delta_e S + T\delta_i S$$

mit

$$\boxed{T\delta_e S = \delta Q} \quad \text{und} \quad \boxed{T\delta_i S = \delta W_{\text{diss}}} \tag{5.28}$$

wobei $\delta_e S$ der Entropieaustausch des Systems mit der Umgebung bedeutet und man $\delta_i S$ *als innere Entropieänderung* bezeichnet. Während $T\delta_e S$ positiv, Null oder negativ sein kann, gilt stets:

$$\boxed{\delta W_{\text{diss}} = T\delta_i S \geq 0} \tag{5.29}$$

Damit lässt sich für dU schreiben:

$$\boxed{\mathrm{d}U = T\mathrm{d}S - T\delta_i S + \delta W_{\text{rev}} - p\mathrm{d}V + \delta W_{\text{diss}} = T\mathrm{d}S + \delta W_{\text{rev}} - p\mathrm{d}V} \tag{5.30}$$

Die entsprechend Gl. (4.2) erweiterte differentielle Form lautet dann:

$$\mathrm{d}E = \mathrm{d}E_{\text{kin}} + \mathrm{d}E_{\text{pot}} + \mathrm{d}U$$

bzw.

$$\boxed{\mathrm{d}E = \mathrm{d}E_{\text{kin}} + \mathrm{d}E_{\text{pot}} + T\mathrm{d}S + \delta W_{\text{rev}} - p\mathrm{d}V} \tag{5.31}$$

wobei wir den reversiblen Arbeitsanteil $-p\mathrm{d}V$ gesondert ausgeschrieben haben. Unabhängig von der Prozessführung (reversibel mit $T\delta_i S = 0$ oder irreversibel mit $T\delta_i S > 0$) bleiben dU (Gl. (5.30)) und auch dE (Gl. (5.31)) unverändert.

Wir haben bereits festgestellt: die Entropieänderung dS eines Systems besteht bei einem irreversiblen Prozess i. a. aus zwei Anteilen. Der Anteil $\delta_e S = \delta Q/T$ ist die Entropieänderung des Systems durch externen Wärmeaustausch (Index e), der Anteil $\delta_i S = \delta W_{\text{diss}}/T$ ist dagegen die Entropieänderung des Systems in seinem Inneren (Index i). $\delta_i S$ ist dabei stets positiv und wird im reversiblen Fall gleich Null. Man beachte dabei: $\delta_e S$ und $\delta_i S$ sind keine totalen Differentiale im Gegensatz zu dS. Da nur irreversible Prozesse in endlicher Zeit ablaufen, erscheint auch nur bei solchen Prozessen die Zeit t als Parameter und man bezeichnet die Größe

$$\frac{\delta_i S}{\mathrm{d}t} = \frac{\delta(W_{\text{diss}}/T)}{\mathrm{d}t}$$

als innere *Entropieproduktion.*

Bisher haben wir nur irreversible Prozesse betrachtet, die das System selbst betreffen. Die Umgebung diente als Arbeitsspeicher oder Wärmebad für die vom System aufgenommene oder abgegebene Arbeit δW bzw. Wärme δQ. Wenn Temperatur von System und Umgebung gleich sind und thermischer Kontakt zwischen ihnen herrscht, kann Wärme δQ nur in „unendlich" langer Zeit ausgetauscht werden ($\delta Q = \delta Q_{\text{rev}}$). Das haben wir bisher stillschweigend angenommen und damit auch $T = T_{\text{Sys}} = T_{\text{Umg}}$. Eine weitere Quelle der Entropieproduktion bei einem materiell geschlossenen System entsteht jedoch dann, wenn System und Umgebung verschiedene Temperaturen haben, also wenn gilt: $T_{\text{Umg}} \neq T$. Um die *gesamte Entropieerzeugung* zu erfassen, muss auch noch die *Entropieänderung der Umgebung* $\mathrm{d}S_{\text{Umg}}$ mitberücksichtigt werden. Es gilt:

$$\mathrm{d}S_{\text{Umg}} = -\frac{\delta Q}{T_{\text{Umg}}} \qquad (T \neq T_{\text{Umg}})$$

In diesem Fall wird δQ in endlicher Zeit ausgetauscht, d.h. es handelt sich um einen irreversiblen Prozess ($\delta Q = \delta Q_{\text{irr}}$).

Das negative Vorzeichen rührt daher, dass δQ bezogen auf die Umgebung genau das umgekehrte Vorzeichen wie für das System hat. Die gesamte *Entropieänderung eines geschlossenen Systems und der Umgebung* ist also:

$$\boxed{\mathrm{d}S + \mathrm{d}S_{\text{Umg}} = \delta_i S + \delta_e S + \mathrm{d}S_{\text{Umg}} = \frac{\delta W_{\text{diss}}}{T} + \delta Q\left(\frac{1}{T} - \frac{1}{T_{\text{Umg}}}\right) \geq 0} \tag{5.32}$$

Neben $\delta W_{\text{diss}}/T$ ist auch $\delta Q(1/T - 1/T_{\text{Umg}})$ stets positiv. Wenn dem System Wärme spontan zugeführt wird, gilt $\delta Q > 0$ und $T_{\text{Umg}} > T$. Wird Wärme spontan vom System abgegeben, dann gilt $\delta Q < 0$ und $T > T_{\text{Umg}}$. In beiden Fällen gilt: $\delta Q(1/T - 1/T_{\text{Umg}}) > 0$. *Es gibt also im Allgemeinen zwei Quellen für die Entropieerzeugung, eine betrifft das System, die andere die Umgebung:*

$$\boxed{\frac{\delta W_{\text{diss}}}{T} \geq 0 \quad \text{und} \quad \delta Q\left(\frac{1}{T} - \frac{1}{T_{\text{Umg}}}\right) \geq 0} \tag{5.33}$$

mit

$$\boxed{\delta W_{\text{diss}} = \sum_i \left(\lambda_{\text{a}_i} - \lambda_{\text{Sys}_i}\right)\mathrm{d}l_i - \left(p_{\text{a}} - p_{\text{Sys}}\right)\mathrm{d}V} \tag{5.34}$$

Die Formulierung nach Gl. (5.32) besagt, dass in dem abgeschlossenen Gesamtsystem „System und Umgebung" die Entropie nur zunehmen kann (irreversibler Prozess) oder unverändert bleibt (reversibler Prozess). Beide Entropiequellen in Gl.(5.33) und Gl.(5.34) können als unabhängig voneinander betrachtet werden. Eine der beiden Quellen kann Null sein, die andere größer als Null oder beide können einzeln größer als Null sein. Nur wenn beide gleich Null sind, ist der Prozess reversibel , und es herrscht thermodynamisches Gleichgewicht. Man beachte: i. G. zu Gl.(5.32) gilt immer: $\mathrm{d}U + \mathrm{d}U_{\text{Umg}} = 0$ (Energieerhaltungssatz). Im thermodynamischen Gleichgeiwcht gilt also:

$$\lambda_{\text{a}_i} = \lambda_{\text{Sys}_i} \quad \text{bzw.} \quad p_{\text{a}} = p_{\text{Sys}} \quad \text{und} \quad T = T_{\text{Sys}} = T_{\text{Umg}}$$

Gl.(5.32) bis Gl.(5.34) stellen die zentrale Aussage des 2. Hauptsatzes der Thermodynamik für geschlossene Systeme dar.

5.8 Kriterien für das thermodynamische Gleichgewicht in geschlossenen Systemen – Die Zustandsgrößen freie Energie und freie Enthalpie

Wir betrachten jetzt ein abgeschlossenes (isoliertes) System. Dort gilt bekanntlich:

$$\mathrm{d}U = 0, \quad \text{alle } \mathrm{d}l_i = 0, \quad \text{insbesondere } \mathrm{d}V = 0$$

Damit ist auch $\delta Q = 0$ und somit auch $T\delta_e S = 0$ und es gilt:

$$\boxed{\delta_i S = \mathrm{d}S_{U,l_i,V} \geq 0} \tag{5.35}$$

D. h., in einem abgeschlossenen System (U = const., V = const., l_i = const.) *strebt im Nichtgleichgewicht S als Funktion von irgendwelchen „inneren Parametern" einem Maximum zu.*

Dabei können sich im Inneren des Systems nur Zustandsänderungen vollziehen, die mit der Bedingung des abgeschlossenen (isolierten) Systems vereinbar sind ($T\delta_i S = \mathrm{d}W_{\text{diss}} \geq 0$). Im inneren Gleichgewicht ist $\mathrm{d}S_{U,l_i,V} = \delta_i S = 0$.

Daraus kann man eine weitreichende Konsequenz ziehen. Wenn man das Weltall als *endlich* und *abgeschlossen* (isoliert) ansieht (das Weltall hat keine „Umgebung" mehr!), dann ergibt sich die universelle Folgerung:

$$\int \left(\frac{\mathrm{d}S_{\text{Welt}}}{\mathrm{d}t}\right) \mathrm{d}t \geq 0$$

d. h., die Entropie des Weltalls kann mit der Zeit t nur zunehmen und erreicht letztendlich ein Maximum ($\mathrm{d}S_{\text{Welt}}/\mathrm{d}t = 0$). Dieser Zustand wird auch „Wärmetod des Weltalls" genannt. Er wurde ebenfalls von Clausius im Jahr 1865 postuliert, ist aber heute nicht unumstritten, da in der Kosmologie der Begriff der Endlichkeit des Weltalls im thermodynamischen Sinn nicht eindeutig geklärt ist. Selbst wenn die Aussage zutrifft, ist zu bedenken, dass Bereiche im Weltall an Entropie verlieren können, die woanders überkompensiert wird. Beispiel: die Sonne nimmt an Entropie ständig zu, dafür hat sich mit der Entwicklung des Lebens auf der Erde ein Zustand niedriger Entropie gebildet (s. Kapitel 7), wobei die Gesamtentropie des Systems Sonne + Erde zunimmt. Es kann also bei mehreren Systemen zusammen betrachtet in einigen davon die Entropie abnehmen, dafür muss sie in den anderen so zunehmen, dass insgesamt die Entropie anwächst. Voraussetzung dafür ist ein gewisser thermischer Kontakt zwischen den Systemen.

Wir haben damit nicht nur ein Kriterium für Gleichgewichtszustände gefunden, sondern auch eine Aussage darüber gemacht, in welche Richtung sich ein Nichtgleichgewichtszustand bei vorgegebenen Randbedingungen zum Gleichgewicht hin verändern wird.

Die Entropie als Größe für Gleichgewichtsbedingungen und die Richtung irreversibler Prozesse zu formulieren ist aber keineswegs die einzige Möglichkeit. Wir zeigen nun, unter welchen Bedingungen die innere Energie demselben Zweck dienen kann. Dazu betrachten wir das System unter isentroper Bedingung, d. h., $\mathrm{d}S = 0$, ferner sollen als weitere Bedingungen gelten, dass auch alle Arbeitskoordinaten konstant bleiben, also $\mathrm{d}l_i = 0$ und $\mathrm{d}V = 0$, so dass $\delta W = \delta W_{\text{rev}} + \mathrm{d}W_{\text{diss}} = 0$ gilt.

Wir können ja für geschlossene Systeme ganz allgemein schreiben:

$$\mathrm{d}U = \delta Q + \delta W = T\delta_e S + \delta W$$

Diese Gleichung lässt sich nach dem oben Gesagten auch formulieren:

$$\mathrm{d}U = T\mathrm{d}S + \delta W - T\delta_i S$$

und, da voraussetzungsgemäß $\mathrm{d}S = 0$ und $\delta W = 0$, folgt nach Gl. (5.30):

$$\boxed{\mathrm{d}U_{S,l_i,V} = -T\delta_i S \leq 0} \tag{5.36}$$

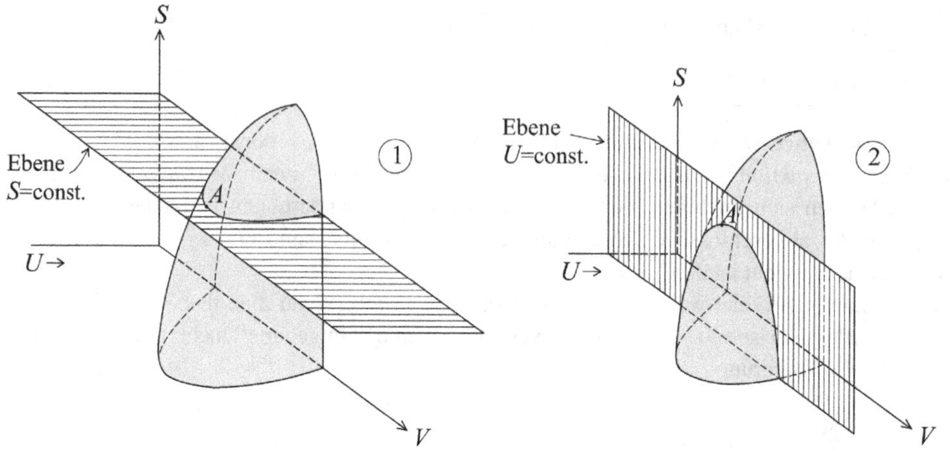

Abb. 5.13 S, U, V-Zustandsfläche eines fluiden Systems mit maximaler Entropie in Punkt A (2) bei U = const. (rechts, 2) bzw. mit minimaler innerer Energie U bei S = const. (links, 1)[11]

Diese Gleichung besagt, dass die innere Energie U bei S = const., alle l_i = const., V = const. im Nichtgleichgewicht als Funktion irgendwelcher „innerer Parameter" einem Minimum zustrebt. Im thermodynamischen Gleichgewicht ist $\mathrm{d}U_{S,l_i,V} = 0$. Abb. 5.13 illustriert die Gleichgewichtsbedingungen nach Gl. (5.35) und Gl. (5.36) auf einer S, U, V-Zustandsfläche. Im rechten Teil (Ziffer 2) hat bei U = const. im Punkt A die Entropie S ein Maximum. Im linken Teil (Ziffer 1) stellt derselbe Punkt ein Minimum für U dar, wenn S = const. gilt.

Entsprechende Gleichgewichtsbedingungen erhält man mit anderen Randbedingungen, wenn man die Enthalpie H benutzt. Die Definition $H = U + p \cdot V$ (s. Gl. (4.5)) liefert für das totale Differential:

$$\mathrm{d}H = \mathrm{d}U + p\mathrm{d}V + V\mathrm{d}p$$

Einsetzen von

$$\mathrm{d}U = \delta Q - p\mathrm{d}V + \sum \lambda \mathrm{d}l_i$$

ergibt

$$\mathrm{d}H = \delta Q + V\mathrm{d}p + \sum \lambda_i \mathrm{d}l_i$$

Wir betrachten wieder einen irreversiblen Prozess mit $\delta Q = T\delta_e S$ und $T\delta_i S \geq 0$ und formulieren als Bedingungen $\mathrm{d}S = 0, \mathrm{d}p = 0$ sowie alle $\mathrm{d}l_i = 0$. Dann ergibt sich:

$$\mathrm{d}H = T\delta_e S = T\mathrm{d}S - T\delta_i S = -T\delta_i S$$

Also gilt:

$$\boxed{\mathrm{d}H_{S,p,l_i} = -T\delta_i S \leq 0} \quad (5.37)$$

[11] Abbildung nach: H. B. Callen, „Thermodynamics and an Introduction to Thermostatics", John Wiley + Sons (1985)

Die Enthalpie H strebt also bei S = const., p = const., und allen l_i = const. im Nichtgleichgewicht als Funktion irgendwelcher „innerer Parameter" einem Minimum zu.

Diese Gleichgewichtsbedingung hat gegenüber Gl. (5.36) den Vorteil, dass p = const. einfacher zu realisieren ist als V = const..

Wir wollen nun zwei weitere Zustandsgrößen einführen, die *freie Energie F* (engl. Helmholtz energy) und die *freie Enthalpie G* (engl. Gibbs energy):

$$\boxed{F = U - TS} \tag{5.38}$$

mit dem totalen Differential:

$$\mathrm{d}F = \mathrm{d}U - T\mathrm{d}S - S\,\mathrm{d}T \tag{5.39}$$

und

$$\boxed{G = H - TS} \tag{5.40}$$

mit dem totalen Differential

$$\mathrm{d}G = \mathrm{d}H - T\mathrm{d}S - S\,\mathrm{d}T \tag{5.41}$$

Die Nützlichkeit dieser Zustandsgrößen erweist sich folgendermaßen. Wir setzen $\mathrm{d}U = \delta Q - p\mathrm{d}V + \sum_i \lambda_i \mathrm{d}l_i$ in Gl. (5.39) ein und $\mathrm{d}H = \delta Q + V\mathrm{d}p + \sum_i \lambda_i \mathrm{d}l_i$ in Gl. (5.41). Dann erhält man mit $\delta Q = T\mathrm{d}S$ und $\sum_i \lambda_i \mathrm{d}l_i = \delta W_{\mathrm{rev}}$:

$$\mathrm{d}F = -S\,\mathrm{d}T - p\mathrm{d}V + \delta W_{\mathrm{rev}} \tag{5.42}$$

$$\mathrm{d}G = -S\,\mathrm{d}T + V\mathrm{d}p + \delta W_{\mathrm{rev}} \tag{5.43}$$

Wir wissen, dass δW_{rev} kein totales Differential ist. Unter den Bedingungen $\mathrm{d}T = 0$ und $\mathrm{d}V = 0$ bzw. $\mathrm{d}T = 0$ und $\mathrm{d}p = 0$ wird es aber zu einem totalen Differential, denn es gilt dann:

$$\mathrm{d}F_{T,V} = \delta W_{\mathrm{rev}} \tag{5.44}$$

$$\mathrm{d}G_{T,p} = \delta W_{\mathrm{rev}} \tag{5.45}$$

$\mathrm{d}F_{T,V}$ bzw. $\mathrm{d}G_{T,p}$ stellen also die differentiellen reversiblen Arbeitsterme ohne die Volumenarbeit bei konstanter Temperatur dar. Die Funktionen F und G erlauben es nun, auch weitere Gleichgewichtsbedingungen zu formulieren. Dazu schreiben wir Gl. (5.44) und Gl. (5.45) um unter Berücksichtigung von $\delta W = \delta W_{\mathrm{rev}} + \delta W_{\mathrm{diss}}$:

$$(\mathrm{d}F_{T,V} - \delta W) = -\delta W_{\mathrm{diss}} = -T\delta_i S \le 0$$
$$(\mathrm{d}G_{T,p} - \delta W) = -\delta W_{\mathrm{diss}} = -T\delta_i S \le 0$$

Wenn nun $\delta W = 0$ gilt (vollständig irreversibler Prozess) , dann folgt:

$$\mathrm{d}F_{T,V} = -T\delta_i S \leq 0 \tag{5.46}$$

$$\mathrm{d}G_{T,p} = -T\delta_i S \leq 0 \tag{5.47}$$

In Worten: *die freie Energie F strebt bei* T = const. *und* V = const. *im Nichtgleichgewicht als Funktion irgendwelcher „innerer Parameter" einem Minimum zu.* Entsprechend gilt: *die freie Enthalpie G strebt bei* T = const. *und* p = const. *als Funktion irgendwelcher „innerer Parameter" einem Minimum zu.* Damit ist die Natur und die Richtung irreversibler Prozesse thermodynamisch klar definiert.

Eine wichtige Frage lautet nun: welche Prozesse im Inneren eines Systems können bei den jeweils gegebenen Randbedingungen für $\mathrm{d}S, \mathrm{d}U, \mathrm{d}H, \mathrm{d}F, \mathrm{d}G$ eigentlich spontan ablaufen, so dass $T\delta_i S = \delta W_{\mathrm{diss}} > 0$ gilt, bis der Gleichgewichtszustand $T\delta_i S = \delta W_{\mathrm{diss}} = 0$ erreicht ist? Welches sind die „inneren Parameter", die sich dabei ändern?

Im Inneren eines Systems können Nichtgleichgewichte verschiedener Art vorliegen. Wir geben einige Beispiele:

1. Verschiedene Bereiche des Systems können unterschiedliche Temperaturen haben. Beispielsweise trennt innerhalb des Systems eine wärmeisolierende Wand 2 Metallstücke gleicher Menge und gleichen Materials das System in 2 gleiche Hälften. Das ganze System sei nach außen adiabatisch isoliert. Dann werden die wärmeisolierenden Wände zwischen den Metallstücken (gedanklich) entfernt. Anfangs ist $T_2 > T_1$. Es findet Temperaturausgleich statt. Der innere Parameter ist hier die Temperaturdifferenz $\Delta T = T_1 - T_2$.

   Wir wählen als Gleichgewichtskriterium:

   $$\mathrm{d}S_{U,V,l_i} \geq 0$$

   Wir bestimmen das Maximum von S_{gesamt}. Nach Gl. (5.19) gilt allgemein bei V = const.:

   $$S_1 - S_2 = \langle C_V \rangle \ln(T_1/T_2)$$

   wobei $\langle C_V \rangle$ ein geeigneter Mittelwert der Wärmekapazität über das Temperaturintervall $\Delta T = T_1 - T_2$ ist.

   Vor dem Temperaturausgleich gilt:

   $$S_{\mathrm{gesamt}} = S_0$$

   Danach gilt:

   $$S_{\mathrm{gesamt}} = S$$

   Also folgt:

   $$S - S_0 = \langle C_V \rangle \cdot \ln \frac{T_1 + \Delta T}{T_1} + \langle C_V \rangle \cdot \ln \frac{T_2 - \Delta T}{T_2}$$

Das Maximum von $S - S_0$ erhält man durch Ableiten nach ΔT und Nullsetzen bei festen Werten von T_1 und T_2:

$$\frac{\mathrm{d}(S - S_0)}{\mathrm{d}\Delta T} = 0$$

das ergibt

$$\Delta T_{\max} = \frac{T_2 - T_1}{2}$$

und damit

$$(S - S_0)_{\max} = \langle C_V \rangle \cdot 2 \cdot \ln \frac{T_1 + T_2}{2\sqrt{T_1 T_2}}$$

Da das arithmetische Mittel $(T_1+T_2)/2$ immer größer ist als das geometrische Mittel $\sqrt{T_1 T_2}$, ist $S - S_0 > 0$ wie es sein muss, d. h., S hat bei $T = (T_2+T_1)/2$ seinen Maximalwert erreicht. Es herrscht in beiden Teilen des Systems die Temperatur T und ΔT, der innere Parameter, ist gleich $(T_2 - T_1)/2$ im thermodynamischen Gleichgewicht.

2. Ist das System ein 1-Phasen-System mit verschiedenen Komponenten, können z. B. lokal im Inneren des Systems unterschiedliche Konzentrationen herrschen, die sich ausgleichen werden. Wir stellen uns als Beispiel 2 ideale Gase A und B gleicher Molzahl $n_A = n_B$ im System in zwei gleiche Hälften getrennt vor, es soll gelten: $T = T_A = T_B$ und $V_A = V_B$. Nach Entfernen der Trennwand vermischen sich die beiden Gase durch Diffusion vollständig und nehmen dasselbe Volumen $2V_A = 2V_B = 2V$ ein. Wir wählen das Kriterium $\mathrm{d}S_{U,l,V} \geq 0$. Am Anfang, vor Entfernung der Trennwand, gilt für die Gesamtentropie S_{Anfang}:

$$S_{\text{Anfang}} = S_A^0 + S_B^0 + n_A \cdot R \ln V_A + n_B \cdot R \ln V_B$$

Am Ende des Prozesses gilt:

$$S_{\text{Ende}} = S_A^0 + S_B^0 + n_A \cdot R \ln(V_A + V_B) + n_B \cdot R \ln(V_A + V_B)$$

Die Differenz $S_{\text{Ende}} - S_{\text{Anfang}} = \Delta S$ ergibt mit $V_A = V_B = V$ und $n_A = n_B = n$

$$\Delta S = n_A R \ln(2V) + n_B R \ln(2V) - n_A R \ln V - n_B R \ln V$$
$$\Delta S = 2n \cdot R \ln 2 > 0$$

U bleibt bei diesem Prozess konstant, da $T = \text{const.}$ und das Gesamtvolumen $2V$ ebenfalls als konstant vorgegeben ist. Der errechnete Wert ΔS stellt das gesuchte Maximum der Entropieerhöhung im System dar bei $\mathrm{d}U = 0, \mathrm{d}V = 0, \mathrm{d}l_i = 0$. Der innere Parameter, der sich bei dem Vermischungsprozess ändert, ist die Teilchenkonzentration C_A mit $n_A/V_A \geq C_A \geq n_A/(V_A + V_B)$ bzw. C_B mit $n_B/V_B \geq C_B \geq n_B/(V_A + V_B)$. Wir hätten für das geschilderte Beispiel natürlich auch Gl. (5.46) als Kriterium nehmen können, denn es gilt für ideale Gase:

$$\Delta F = -T\,\Delta S < 0 \qquad (\mathrm{d}V = 0, \mathrm{d}T = 0)$$

Das entspricht dem geforderten Minimum für die freie Energie F.

3. Es können im System Komponenten vorliegen, die chemisch miteinander reagieren können. Auch hier kann ein Nichtgleichgewicht der Art vorliegen, dass die Reaktionspartner gehemmt sind und z. B. erst ein Katalysator die chemische Reaktion ermöglicht, so dass sich durch die Reaktion die Zusammensetzung des Systems ändert, bis das System im thermodynamischen Gleichgewicht, also im Reaktionsgleichgewicht ist. Der innere Parameter ist in diesem Fall die Reaktionslaufzahl ξ. Beispiele für diese, in der chemischen Thrmodynamik so wichtigen Fälle geben wir später (Band II: Thermodynamik der Mischungen, Springer 2017). Hier wählt man $\mathrm{d}F_{T,V,l} \leq 0$ oder $\mathrm{d}G_{T,p,l} \leq 0$.

4. Im Systeminneren können mechanisch instabile Verhältnisse herrschen, die z. B. durch das Schwerefeld der Erde hervorgerufen werden. Durch einen spontanen Prozess stellen sich stabile Verhältnisse ein. Beispiel: ein System, das aus Wasser mit einem am Boden haftenden Öltropfen besteht, ist instabil. Wir betrachten einen adiabatisch-irreversiblen Prozess ($\delta Q = 0, \delta W = 0$). Der Öltropfen vom Volumen $V_{\text{Öl}}$ steigt auf bis zur Decke des Gefäßes um die Höhe h (s. Abb. 5.14). Der innere Parameter ist hier also die Entfernung x über dem Gefäßboden ($0 < x < h$). Nach Ende des Prozesses ist die dissipierte Arbeit $W_{\text{diss}} > 0$ erzeugt worden (s. Abschnitt 5.6):

$$\delta W_{\text{diss}} = -\delta W_{\text{rev}} = (\varrho_{\text{H}_2\text{O}} - \varrho_{\text{Öl}}) V_{\text{Öl}} \cdot g \cdot \mathrm{d}x$$

wobei $\varrho_{\text{H}_2\text{O}} > \varrho_{\text{Öl}}$.
g ist die Erdbeschleunigung und $\varrho_{\text{H}_2\text{O}}$ und $\varrho_{\text{Öl}}$ die Dichten von Wasser und Öl.

Nach Gl. (4.2) erfordert der Energieerhaltungssatz ($\Delta E = 0$ und $\Delta E_{\text{kin}} = 0$) für diesen Fall

$$-\Delta E_{\text{pot,System}} = \Delta U$$

wobei $-\Delta E_{\text{pot,System}} = (\varrho_{\text{Wasser}} - \varrho_{\text{Öl}}) V_{\text{Öl}} \cdot g \cdot h$ und $\Delta U = \overline{C}_{V,\text{fl}} \cdot n_{\text{fl}} (T - T_0)$ sind.

Wegen $\delta Q = 0$ muss $\mathrm{d}_e S = 0$ gelten. Damit erhöht sich die Temperatur im System um:

$$T - T_0 = \frac{(\varrho_{\text{H}_2\text{O}} - \varrho_{\text{Öl}}) \cdot V_{\text{Öl}} \cdot g \cdot h}{\left(\overline{C}_{V,\text{H}_2\text{O}} \cdot n_{\text{H}_2\text{O}} + \overline{C}_{V,\text{Öl}} \cdot n_{\text{Öl}}\right)}$$

Die Entropieerhöhung beträgt für $T - T_0 \ll T_0$:

$$\int_{T_0}^{T} \frac{\delta W_{\text{diss}}}{T} = \Delta_i S = \int_{T_0}^{T} \left(n_{\text{H}_2\text{O}} \cdot \overline{C}_{V,\text{H}_2\text{O}} + n_{\text{Öl}} \cdot \overline{C}_{V,\text{Öl}}\right) \cdot \frac{\mathrm{d}T}{T} \cong (\varrho_{\text{H}_2\text{O}} - \varrho_{\text{Öl}}) \cdot \frac{V_{\text{Öl}} \cdot g \cdot h}{T_0}$$

Sie wird maximal, wenn sich der Öltropfen an der Gefäßdecke in der Höhe h befindet. Die Erniedrigung der potentiellen Energie wird dabei durch die Temperaturerhöhung und die dadurch verbundene Erhöhung der inneren Energie gerade kompensiert.

In allen Beispielen – Nr. 1 bis Nr. 4 – ist das Kriterium für solche spontanen Nichtgleichgewichtsverhältnisse immer $\delta S_i > 0$. Die Fälle 1 und 2 werden in dem weiterführenden Beispiel 5.15.1 in allgemeiner Form diskutiert. Gl.(5.30) stellt die fundamentale Beziehung dar, die zur Entwicklung der „Thermodynamik irreversibler Prozesse“ führt, einem eigenständigen und sehr umfangreichen Wissenschaftsgebiet, auf das wir hier nicht näher eingehen können.

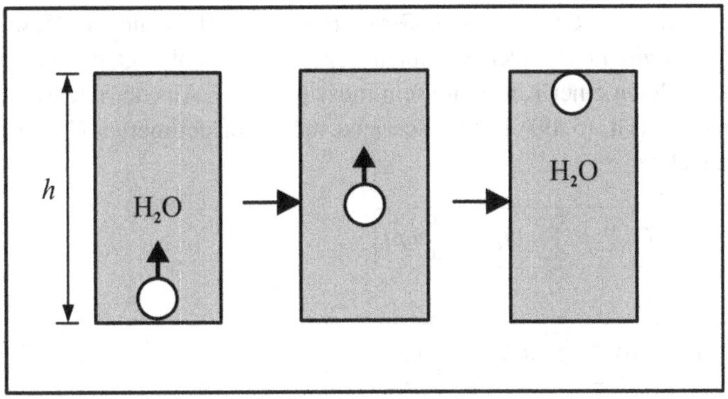

Abb. 5.14 Ein Öltropfen (Volumen V, Dichte $\varrho_{\text{Öl}}$) steigt in Wasser (Dichte ϱ_{H_2O}) auf

5.9 Gibbs'sche Fundamentalgleichung und Thermodynamische Potentiale in offenen Systemen

Die im letzten Abschnitt neu eingeführten Zustandsgrößen F und G haben noch eine tiefere Bedeutung. Das soll jetzt näher erläutert werden.

Wir gehen erneut aus vom totalen Differential von U, wobei wir jetzt die Darstellung auf *offene Systeme* erweitern, d. h. die Molzahlen n_i als Variable zulassen:

$$\boxed{\mathrm{d}U = T\mathrm{d}S - p\mathrm{d}V + \sum \lambda_i \mathrm{d}l_i + \sum \mu_i \mathrm{d}n_i} \tag{5.48}$$

Dabei wird die Bezeichnung μ_i eingeführt:

$$\left(\frac{\partial U}{\partial n_i}\right)_{S,V,l_i,n_{j\neq i}} = \mu_i$$

μ_i heißt das chemische Potential der Komponente i. Die Gleichung (5.48) für dU heißt *Gibbs'sche Fundamentalgleichung. Ihre wichtigste Eigenschaft ist, dass alle Variablen, von denen U abhängt, extensive Zustandsgrößen sind, d. h., es gilt die Euler'sche Gleichung.*

$T, -p, \lambda_i$ und μ_i stellen partielle Differentialkoeffizienten von U dar, die alle intensive Größen sind, und es ergibt sich somit:

$$\boxed{U = TS - pV + \sum \lambda_i l_i + \sum n_i \mu_i} \tag{5.49}$$

Gl. (5.49) heißt die *integrierte Gibbs'sche Fundamentalgleichung.*

Dies ist die zentrale Gleichung der chemischen Thermodynamik, denn aus ihr lassen sich alle anderen Größen ableiten. Bildet man das totale Differential dieser Gleichung, also dU, und vergleicht das Ergebnis mit der Ausgangsgleichung Gl. (5.48), so folgt sofort:

$$\boxed{S\mathrm{d}T - V\mathrm{d}p + \sum l_i \mathrm{d}\lambda_i + \sum n_i \mathrm{d}\mu_i = 0} \tag{5.50}$$

Dies ist die *verallgemeinerte Gibbs-Duhem-Gleichung*. Formal bedeutet Gl. (5.50), dass eine Zustandsgröße z, die von *allen* intensiven Variablen T, p, λ_i und μ_i abhängt, nicht existieren kann, da sie gleich Null oder gleich einer Konstante sein muss ($\mathrm{d}z = 0$). Aus der integrierten Gibbs'schen Fundamentalgleichung (Gl. (5.49)) lassen sich jetzt die zuvor definierten Größen H, F und G in folgender Form angeben:

$$\boxed{H = U + pV = T \cdot S + \sum \lambda_i l_i + \sum n_i \mu_i}$$

$$\boxed{F = U - TS = -pV + \sum \lambda_i l_i + \sum n_i \mu_i}$$

$$\boxed{G = F + pV = \sum \lambda_i l_i + \sum n_i \mu_i}$$

Bildet man nun die totalen Differentiale von H, F und G und berücksichtigt die verallgemeinerte Gibbs-Duhem'sche Gleichung (5.50), so folgt:

$$\mathrm{d}H = T\mathrm{d}S + V\mathrm{d}p + \sum \lambda_i \mathrm{d}l_i + \sum \mu_i \mathrm{d}n_i \tag{5.51}$$

$$\mathrm{d}F = -S\mathrm{d}T - p\mathrm{d}V + \sum \lambda_i \mathrm{d}l_i + \sum \mu_i \mathrm{d}n_i \tag{5.52}$$

$$\mathrm{d}G = -S\mathrm{d}T + V\mathrm{d}p + \sum \lambda_i \mathrm{d}l_i + \sum \mu_i \mathrm{d}n_i \tag{5.53}$$

$$\mathrm{d}U = T\mathrm{d}S - p\mathrm{d}V + \sum \lambda_i \mathrm{d}l_i + \sum \mu_i \mathrm{d}n_i \tag{5.54}$$

wobei Gl. (5.54) identisch mit Gl. (5.48) ist und nur der Vollständigkeit halber nochmals hinzugefügt wurde.

Alle partiellen Differentialquotionen der Zustandsgrößen U, H, F und G lassen sich durch Koeffizientenvergleich mit den Gl. (5.51) bis (5.54) bestimmen.

Es gilt für $\mathrm{d}U$:

$$\left(\frac{\partial U}{\partial S}\right)_{V,l_i,n_i} = T; \quad \left(\frac{\partial U}{\partial V}\right)_{S,l_i,n_i} = -p; \quad \left(\frac{\partial U}{\partial l_i}\right)_{S,V,l_{j\neq i}n_i} = \lambda_i; \quad \left(\frac{\partial U}{\partial n_i}\right)_{V,S,l_i,n_{j\neq i}} = \mu_i \tag{5.55}$$

Für $\mathrm{d}H$:

$$\left(\frac{\partial H}{\partial S}\right)_{p,l_i,n_i} = T; \quad \left(\frac{\partial H}{\partial p}\right)_{S,l_i,n_i} = V; \quad \left(\frac{\partial H}{\partial l_i}\right)_{S,p,l_{j\neq i}n_i} = \lambda_i; \quad \left(\frac{\partial H}{\partial n_i}\right)_{S,p,l_i,n_{j\neq i}} = \mu_i \tag{5.56}$$

Für $\mathrm{d}F$:

$$\left(\frac{\partial F}{\partial T}\right)_{V,l_i,n_i} = -S; \quad \left(\frac{\partial F}{\partial V}\right)_{T,l_i,n_i} = -p; \quad \left(\frac{\partial F}{\partial l_i}\right)_{T,V,l_{j\neq i}n_i} = \lambda_i; \quad \left(\frac{\partial F}{\partial n_i}\right)_{T,V,l_i,n_{j\neq i}} = \mu_i \tag{5.57}$$

Für $\mathrm{d}G$:

$$\left(\frac{\partial G}{\partial T}\right)_{p,l_i,n_i} = -S; \quad \left(\frac{\partial G}{\partial p}\right)_{T,l_i,n_i} = V; \quad \left(\frac{\partial G}{\partial l_i}\right)_{T,p,l_{j\neq i}n_i} = \lambda_i; \quad \left(\frac{\partial G}{\partial n_i}\right)_{T,p,l_i,n_{j\neq i}} = \mu_i \tag{5.58}$$

Bemerkenswert ist, dass das chemische Potential μ_i jeder Komponente i durch 4 verschiedene, völlig äquivalente partielle molare Größen ausgedrückt werden kann:

$$\boxed{\mu_i = \left(\frac{\partial U}{\partial n_i}\right)_{V,S,l_i,n_{j\neq i}} = \left(\frac{\partial H}{\partial n_i}\right)_{p,S,l_i,n_{j\neq i}} = \left(\frac{\partial F}{\partial n_i}\right)_{T,V,l_i,n_{j\neq i}} = \left(\frac{\partial G}{\partial n_i}\right)_{p,T,l_i,n_{j\neq i}}}$$

Mit Hilfe der abgeleiteten Zusammenhänge lässt sich sofort auch folgende Schreibweise für H, F und G angeben:

$$H = U + pV = U - V\left(\frac{\partial U}{\partial V}\right)_{S,l_i,n_i}$$

$$F = U - TS = U - S\left(\frac{\partial U}{\partial S}\right)_{V,l_i,n_i}$$

$$G = U - TS + pV = U - S\left(\frac{\partial U}{\partial S}\right)_{V,l_i,n_i} - V\left(\frac{\partial U}{\partial V}\right)_{S,l_i,n_i}$$

Man sieht nun, dass die Definitionen von H, F und G nicht willkürlich erfolgten, denn H, F und G sind *Legendretransformationen* von U. Jedem Wert von U ist eindeutig ein Wert von H, F und G zugeordnet.

Auch die Rückumwandlungen sind eindeutig, denn es gilt entsprechend den obigen Ableitungen:

$$U = H - p\left(\frac{\partial H}{\partial p}\right)_{S,n_i,l_i} = H - p \cdot V \tag{5.59}$$

und:

$$\boxed{U = F - T\left(\frac{\partial F}{\partial T}\right)_{V,n_i,l_i} = F + TS} \tag{5.60}$$

Gl. (5.60) wird in der Literatur als *Helmholtz'sche Gleichung* bezeichnet.

Ferner gilt:

$$U = G + TS - pV = G - T\left(\frac{\partial G}{\partial T}\right)_{p,l_i,n_i} - p\left(\frac{\partial G}{\partial p}\right)_{T,l_i,n_i} \tag{5.61}$$

Für Gl. (5.60) lässt sich auch schreiben:

$$U + pV = G + TS = H$$

also:

$$\boxed{H = G - T\left(\frac{\partial G}{\partial T}\right)_{p,l_i,n_i} = G + T \cdot S} \tag{5.62}$$

Gl. (5.62) wird in der Literatur als *Gibbs-Helmholtz-Gleichung* bezeichnet.

Es ergeben sich also Hin- und Rücktransformationen, die in beide Richtungen eindeutig sein müssen, da sie identische Beziehungen von U, H, F und G zueinander herstellen. Damit ist die Existenz der entsprechenden Legendretransformationen gesichert.

Aus diesem Grunde heißen $U(S, V, l_i, n_i), H(S, p, l_i, n_i), F(T, V, l_i, n_i)$ $G(T, p, l_i, n_i)$ *thermodynamische Potentiale.* Aus ihnen können alle Zustandsgrößen durch Differentiation abgeleitet werden. Die Namensgebung kommt aus der Mechanik, wo durch Ableitung der potentiellen Energie (Potential) nach den Ortskoordinaten eine konservative Kraft erhalten wird. Die Integration ist unabhängig vom Weg und ergibt wieder dasselbe Potential, das aber nur bis auf eine Konstante festliegt. Beim Differenzieren eines Potentials geht also Information verloren, denn beim Rückweg, also beim Integrieren, ist die dann auftretende Integrationskonstante grundsätzlich unbekannt, es sei denn, man kennt sie aus anderen Quellen her. Formal genau dasselbe gilt bei den thermodynamischen Potentialen.

U, H, F und G sind keineswegs alle thermodynamischen Potentiale, die sich ableiten lassen, aber es sind die in der chemischen Thermodynamik wichtigsten. Für interessierte Leser sind weitere thermodynamische Potentiale und ihre Ableitung in Anhang I wiedergegeben.

Thermische und *kalorische* Zustandsgleichungen werden durch Differentiation thermodynamischer Potentiale erhalten.

Man erhält die *thermische Zustandsgleichung* (s. Gl. (5.58):

$$V(p, T, l_i, n_i) = \left(\frac{\partial G}{\partial p}\right)_{T,l_i,n_i} \tag{5.63}$$

oder (s. Gl. (5.57)):

$$p(V, T, l_i, n_i) = -\left(\frac{\partial F}{\partial V}\right)_{T,l_i,n_i} \tag{5.64}$$

und die *kalorische Zustandsgleichung* (s. Gl. (5.57) und Gl. (5.60):

$$U(T, V, l_i, n_i) = F - T\left(\frac{\partial F}{\partial T}\right)_{V,l_i,n_i} = -T^2\left(\frac{\partial(F/T)}{\partial T}\right)_{V,l_i,n_i} \tag{5.65}$$

oder (s. Gl. (5.58)) und Gl. (5.62):

$$H(T, p, l_i, n_i) = G - T\left(\frac{\partial G}{\partial T}\right)_{p,l_i,n_i} = -T^2\left(\frac{\partial(G/T)}{\partial T}\right)_{p,l_i,n_i} \tag{5.66}$$

Die thermischen Zustandsgleichungen $V(p, T, l_i, n_i$ bzw. $p(V, T, l_i, n_i))$ und die kalorischen Zustandsgleichungen $U(T, V, l_i, n_i$ bzw. $H(T, p, l_i, n_i))$ enthalten nicht mehr die vollständige Information der thermodynamischen Potentiale, aus denen sie durch Differenzieren erhalten wurden.

Thermische und kalorische Zustandsgleichung sind außerdem nicht unabhängig voneinander. Wir können das sofort feststellen, indem wir z. B. Gl. (5.65) nach V differenzieren (die Bezeichnung für die konstanten Werte für n_i und l_i lassen wir weg):

$$\left(\frac{\partial U}{\partial V}\right)_T = \left(\frac{\partial F}{\partial V}\right)_T - T\frac{\partial}{\partial V}\left[\left(\frac{\partial F}{\partial T}\right)_V\right] = \left(\frac{\partial F}{\partial V}\right)_T - T\frac{\partial}{\partial T}\left[\left(\frac{\partial F}{\partial V}\right)_T\right]$$

Hier haben wir von der Vertauschbarkeit der Reihenfolge der Differenziation nach dem Schwarz'schen Satz Gebrauch gemacht, und man erhält mit $(\partial F/\partial V)_T = -p$ sofort:

$$\left(\frac{\partial U}{\partial V}\right)_T = T\left(\frac{\partial p}{\partial T}\right)_V - p \tag{5.67}$$

Ähnliches gilt, wenn man Gl. (5.66) nach p differenziert:

$$\left(\frac{\partial H}{\partial p}\right)_T = \left(\frac{\partial G}{\partial p}\right)_T - T\frac{\partial}{\partial p}\left(\frac{\partial G}{\partial T}\right)_p$$

Verwendung des Schwarz'schen Satzes und der Identität $(\partial G/\partial p)_T = V$ ergibt:

$$\left(\frac{\partial H}{\partial p}\right)_T = V - T\left(\frac{\partial V}{\partial T}\right)_p \tag{5.68}$$

Die Beziehungen (Gl. (5.67) und Gl.(5.68)) wurden bereits nach der Einführung der Entropie abgeleitet (Gl. (5.17) und Gl. (5.18)). Ihre Gültigkeit und damit die ganze Konsistenz der thermodynamischen Zusammenhänge wird also hier nochmals bestätigt. Auf der linken Seite von Gl. (5.67) bzw. Gl. (5.68) stehen jeweils Ableitungen der kalorischen Größen U und H, auf der rechten Seite Ableitungen der Größen, die die thermische Zustandsgleichung bestimmen, also p bzw. V.

5.10 Thermodynamische Stabilitätsbedingungen in geschlossenen Systemen

Die Frage lautet: unter welchen Bedingungen ist ein System thermodynamisch stabil, d. h., wann kehrt ein System bei spontanen Schwankungen einer Zustandsgröße immer wieder in seinen Ausgangszustand zurück?

Mathematisch betrachtet bedeutet das: wenn $\mathrm{d}S_{U,V} = 0$ oder $\mathrm{d}U_{S,V} = 0$ oder $\mathrm{d}F_{V,T} = 0$ oder $\mathrm{d}G_{p,T} = 0$, ist noch nicht gesagt, ob es sich um ein Maximum oder ein Minimum handelt. Man muss sich also vergewissern, ob die 2. Ableitung der thermodynamischen Zustandsgrößen negativ oder positiv ist. Eine Analyse der Stabilität, die diese Kriterien verwendet, wird in Anhang D entwickelt. Wir verwenden in diesem Abschnitt jedoch eine andere Methode. Um die Schreibweise zu vereinfachen, lassen wir die Arbeitskoordinaten l_i und die Molzahlen n_i zunächst weg (geschlossenes System) und schreiben nach Gl. (5.59)

$$U = H - \left(\frac{\partial H}{\partial p}\right)_S \cdot p$$

Wir haben festgestellt, dass es sich hier um um eine Legendre-Transformation von H nach U handelt. Wegen der Eindeutigkeit solcher Transformationen für thermodynamische Potentiale muss also gelten (s. Abschnitt 2.5):

$$\left(\frac{\partial^2 H}{\partial p^2}\right)_S \neq 0$$

wobei die zweite Ableitung im gesamten denkbaren Zustandsbereich eines Systems niemals ihr Vorzeichen wechseln darf. Da $(\partial H/\partial p)_S = V$ ist, gilt somit (auf ein Mol bezogen):

$$\left(\frac{\partial^2 \overline{H}}{\partial p^2}\right)_{\overline{S}} = \left(\frac{\partial \overline{V}}{\partial p}\right)_{\overline{S}} \neq 0 \tag{5.69}$$

Wir führen jetzt folgendes Argument an, um das korrekte Ungleichzeichen (> oder <) in Gl. (5.69)zu erhalten. Alle Materie geht, wenn $p \to 0$ bzw. $V \to \infty$ bei $T > 0$ in das ideale Gas über, für das gilt:

$$\frac{1}{\overline{V}}\left(\frac{\partial \overline{V}}{\partial p}\right)_{S,\text{ideales Gas}} = -\kappa_S = -\frac{\overline{C}_V}{\overline{C}_p} \cdot \kappa_T = -\frac{\overline{C}_V}{\overline{C}_p}\,\frac{1}{p} = -\frac{1}{\gamma \cdot p}$$

Dabei haben wir von Gl. (5.23) sowie der Tatsache Gebrauch gemacht, dass $\kappa_T = 1/p$ für ideale Gase ist (s. Kapitel 3.1).

Da in allen Fällen bei idealen Gasen $p > 0$ und $\gamma = (\overline{C}_V + R)/\overline{C}_V > 1$ ist, und da das negative Vorzeichen erhalten bleiben muss, wenn wir auf der Zustandsfläche wieder in den realen Bereich zurückkehren, muss für jeden Zustand einer realen Substanz immer gelten, wenn thermodynamische Stabilität herrschen soll:

$$\boxed{-\frac{1}{\overline{V}}\left(\frac{\partial \overline{V}}{\partial p}\right)_S = \kappa_S > 0} \tag{5.70}$$

Gl. (5.70) nennt man eine *mechanische Stabilitätsbedingung*. Im thermodynamischen Gleichgewicht der Materie muss κ_S, die isentrope Kompressibilität, immer positiv sein.

Auch die Legendre-Transformation von F nach U (Gl. (5.60)) liefert eine neue Stabilitätsbedingung:

$$U = F - T\left(\frac{\partial F}{\partial T}\right)_V$$

Es muss also in diesem Fall überall im Zustandsbereich der Materie gelten:

$$\left(\frac{\partial^2 F}{\partial T^2}\right)_V \neq 0$$

wobei wieder das Vorzeichen dieser Ungleichung im gesamten Zustandsbereich, in dem die Substanz existiert, also auch im Grenzfall des idealen Gases, immer gleich bleiben muss. Zunächst kann man schreiben:

$$\left(\frac{\partial^2 F}{\partial T^2}\right)_V = -\left(\frac{\partial S}{\partial T}\right)_V = -n \cdot \frac{\overline{C}_V}{T} \neq 0$$

Es gilt aber beim idealen Gas immer $\overline{C}_{V,\text{id. Gas}} > 0$ und damit auch für irgendeinen realen Zustandsbereich:

$$\boxed{\overline{C}_V > 0} \tag{5.71}$$

Gl. (5.71) nennt man eine *thermische Stabilitätsbedingung*.

Als nächstes gehen wir von der Legendre-Transformation Gl. (5.62) aus:

$$H = G - T\left(\frac{\partial G}{\partial T}\right)_p$$

wobei jetzt gelten muss:

$$\left(\frac{\partial^2 G}{\partial T^2}\right)_p = -\left(\frac{\partial S}{\partial T}\right)_p = -n \cdot \frac{\overline{C}_p}{T} \neq 0$$

Wenn $\overline{C}_V$ bei idealen Gasen größer als 0 ist, muss das wegen $\overline{C}_p - \overline{C}_V = R$ für $\overline{C}_p$ ebenfalls gelten, und man erhält mit der oben dargelegten Argumentation auch für alle realen Zustände

$$\boxed{\overline{C}_p > 0} \tag{5.72}$$

als weitere *thermische Stabilitätsbedingung*.

Man liest nun aus den Gln. (5.69), (5.70), (5.71) und (5.24) ohne weiteres ab, dass für die isotherme Kompressibilität immer gelten muss:

$$\boxed{\kappa_T > 0} \tag{5.73}$$

Denn es gilt ja $\kappa_S > 0$ und ebenfalls $\overline{C}_V/\overline{C}_p > 0$. Gl. (5.73) ist ebenfalls eine *mechanische Stabilitätsbedingung*. Sie kann auch direkt durch die Forderung der Gültigkeit einer Legendre-Transformation von F nach G erhalten werden (s. Übungsaufgabe 5.16.40).

Ferner gilt, dass mit den abgeleiteten Stabilitätsbedingungen für alle Materie im thermodynamischen Gleichgewicht:

$$\boxed{\overline{C}_p > \overline{C}_V} \tag{5.74}$$

sowie

$$\boxed{\kappa_T > \kappa_S} \tag{5.75}$$

Das sieht man sofort ein, da nach Gl. (5.21) und wegen $\kappa_T > 0$ sowie $\alpha_p^2 > 0$ gilt:

$$\overline{C}_p - \overline{C}_V = T \cdot \overline{V}\frac{\alpha_p^2}{\kappa_T} > 0 \tag{5.76}$$

und damit die Ungleichung in Gl. (5.74) korrekt ist. Ebenso ist Gl. (5.75) eine Konsequenz der Stabilitätsbedingungen, denn es gilt mit $\overline{C}_p > \overline{C}_V$:

$$\kappa_T = \frac{\overline{C}_p}{\overline{C}_V} \cdot \kappa_S > \kappa_S \tag{5.77}$$

Interessanterweise sagt keine der Stabilitätsbedingungen etwas über das Vorzeichen des thermischen Ausdehnungskoeffizienten α_p aus. In Gl. (5.76) erscheint α_p nur im Quadrat, das natürlich immer positiv ist. Meistens ist α_p zwar größer als Null, es gibt aber bekannte Ausnahmen, wie z. B. H_2O zwischen 0 °C und 4 °C, wo $\alpha_p < 0$ ist (s. Abb. 3.2).

Wir wollen uns jetzt noch Gedanken über die thermodynamische Stabilität von Mischungen machen. Dabei erhebt sich z. B. die Frage: ist eine fluide Mischung stabil in Bezug auf ihre Zusammensetzung, oder gibt es Molenbruchbereiche, wo eine fluide Mischung instabil ist und spontan in 2 Phasen zerfällt?

Wir wollen diese Frage hier nur bei binären Mischungen untersuchen, wenn T = const. und p = const. gilt.

Dabei gehen wir aus von der molaren freien Enthalpie $\overline{G}(= \overline{G}_M)$:

$$\overline{G} = x_1\mu_1 + x_2\mu_2 \quad (T, p = \text{const.}) \tag{5.78}$$

Schon bei der Behandlung der partiellen molaren Volumina hatten wir ja festgestellt, dass gilt (Gl. (3.9)):

$$\overline{V} = \overline{V}_j + \sum_{i \neq j}^{k} x_i \left(\frac{\partial \overline{V}}{\partial x_i}\right) \quad (T, p = \text{const.})$$

Dasselbe trifft natürlich für alle extensiven Zustandsgrößen zu bezüglich des Zusammenhangs von molarer Größe und den partiellen molaren Größen. Im Fall von $\overline{G}$ einer binären Mischung kann man also schreiben:

$$\overline{G} - x_2 \left(\frac{\partial \overline{G}}{\partial x_2}\right)_{p,T} = \mu_1 \tag{5.79}$$

Das können wir so interpretieren: in einem binären System ist μ_1 eine Legendre-Transformation von $\overline{G}$ nach Gl. (5.78) (thermodynamisches Potential) bezüglich der Variablen x_2.

Die entsprechende Gleichung (3.9) für $k = 2$:

$$\overline{V} - x_2 \left(\frac{\partial \overline{V}}{\partial x_2}\right)_{p,T} = \overline{V}_1$$

ist dagegen *keine* Legendre-Transformation, da $\overline{V}(T, p)$ *kein* thermodynamisches Potential ist. Man kann leicht Beispiele anführen, die belegen, dass $\left(\frac{\partial^2 \overline{V}}{\partial x_2^2}\right)$ durchaus das Vorzeichen wechseln kann (s. z. B. Abb. 3.7).

Bei p = const. und T = const. gilt also wegen der Legendre-Transformation Gl. (5.79):

$$\left(\frac{\partial^2 \overline{G}}{\partial x_2^2}\right)_{T,p} \neq 0$$

Diese Gleichung darf im Stabilitätsbereich von x_2 ihr Vorzeichen nicht ändern. Das Vorzeichen von $\left(\partial^2 \overline{G}/\partial x_2^2\right)_{T,p}$ für thermodynamischen Stabilität entscheiden wir, indem wir uns das ganze Gemisch unter quasistatischen Bedingungen verdampft vorstellen und mit $p \to 0$ zur idealen Gasmischung übergehen. Bei diesem gedanklichen Prozess darf sich das Vorzeichen von $\left(\partial^2 G/\partial x_2^2\right)_{T,p}$ nicht ändern, wenn die reale Mischung stabil gegen Entmischung sein soll. Im idealen Gaszustand herrscht ja für alle x_2- bzw. x_1-Werte vollständige Mischbarkeit. Dort gilt mit Gl. (5.78) und μ_1 bzw. μ_2 nach Gl. (5.58):

$$\overline{G} = x_2(\mu_2^0(T) + RT \ln x_2) + (1 - x_2)(\mu_1^0(T) + RT \ln(1 - x_2))$$

und es ergibt sich:

$$\frac{1}{RT} \cdot \left(\frac{\partial^2 \overline{G}}{\partial x_2^2}\right)_{T,p} = \frac{1}{x_1} + \frac{1}{x_2} = \frac{1}{x_1 \cdot x_2} > 0$$

Es muss also unter allen möglichen Zustandsbedingungen von p und T für thermodynamisch stabile *reale* Mischungen ebenfalls gelten:

$$\boxed{\left(\frac{\partial^2 \overline{G}}{\partial x_2^2}\right)_{T,p} > 0 \quad \text{oder} \quad \left(\frac{\partial^2 \overline{G}}{\partial x_1^2}\right)_{T,p} > 0} \tag{5.80}$$

Die zweite Beziehung in Gl. (5.80) ergibt sich aus Symmetriegründen, wenn man x_2 gegen x_1 tauscht. Dort, wo Gl. (5.80) *nicht* erfüllt ist, kann keine homogene Mischung existieren. Wir werden davon später Gebrauch machen, wenn die Stabilität von flüssigen Mischungen bezüglich einer (partiellen) Entmischung eingehender behandelt wird (s. A. Heintz, Thermodynamik der Mischungen, Springer 2017).

5.11 Thermodynamisches Gleichgewicht in heterogenen Systemen ohne chemische Reaktionen – Phasengleichgewichte und Gibbs'sches Phasengesetz

Besteht ein Mischungssystem aus verschiedenen Phasen (abgegrenzte Bereiche verschiedener Zusammensetzung und Dichte, eventuell auch Druck und Temperatur) spricht man von heterogenen Systemen. Schematisch ist das in Abb. (1.2) dargestellt.

Die Phasen werden mit $1, 2, \ldots, \sigma$ bezeichnet. Wir nehmen an, dass das System k Komponenten mit den Molzahlen $n_1, n_2, \ldots, n_k$ enthält, die sich alle auf die σ Phasen verteilen können.

In einem solchen System herrscht inneres Gleichgewicht, wenn die in Kapitel 5.8 angegebenen Gleichgewichtsbedingungen herrschen, z. B. $\mathrm{d}U_{S,l_i,n_i,V} = 0$ (Gl. (5.36)). Wir setzen jetzt alle l_i = const. bzw. 0. Das gesamte System mit σ Phasen sei also geschlossen, die einzelnen Phasen dagegen sind offene Systeme. Für jede Phase, die in sich homogen ist, gilt die Gibbs'sche Fundamentalgleichung (alle $\mathrm{d}l_i = 0$, aber $\mathrm{d}n_i \neq 0$):

$$\begin{aligned} \mathrm{d}U_1 &= T_1 \mathrm{d}S_1 && -p_1 \mathrm{d}V_1 && +\textstyle\sum_i^k && \mu_{i1} \cdot \mathrm{d}n_{i1} \\ \vdots & \quad\ \vdots && \quad\ \vdots && && \quad\ \vdots \\ \mathrm{d}U_\sigma &= T_\sigma \mathrm{d}S_\sigma && -p_\sigma \mathrm{d}V_\sigma && +\textstyle\sum_i^k && \mu_{i\sigma} \cdot \mathrm{d}n_{i\sigma} \end{aligned} \tag{5.81}$$

Die Gleichgewichtsbedingung für das Gesamtsystem lautet (α ist der Summationsindex für die Phasen):

$$\mathrm{d}U_{S,V,n_i} = \sum_{\alpha=1}^{\alpha=\sigma} \mathrm{d}U_\alpha = 0$$

Es müssen also folgende Nebenbedingungen beachtet werden:

$$\mathrm{d}S = \sum_{\alpha=1}^{\sigma} \mathrm{d}S_\alpha = 0$$

$$\mathrm{d}V = \sum_{\alpha=1}^{\sigma} \mathrm{d}V_\alpha = 0$$

$$\mathrm{d}n_i = \sum_{\alpha=1}^{\sigma} \mathrm{d}n_{i\alpha} = 0 \quad \text{(für alle Komponenten } i\text{)}$$

$\mathrm{d}U_{S,n_i,V} = \sum \mathrm{d}U_\alpha = 0$ stellt ein Extremalproblem mit Nebenbedingungen dar. Dieses Problem löst man mit Hilfe der Methode der Lagrange-Multiplikatoren (s. Kapitel 2.7). Die Nebenbedingungen werden jeweils mit den frei wählbaren Faktoren λ_1, λ_2 und λ_{3i} multipliziert und von $\mathrm{d}U = \sum_\alpha \mathrm{d}U_\alpha = 0$ subtrahiert. Man erhält dann:

$$\sum_{\alpha=1}^{\sigma} \mathrm{d}U_\alpha = \sum_{\alpha=1}^{\sigma}(T_\alpha - \lambda_1)\mathrm{d}S_\alpha + \sum_{\alpha=1}^{\sigma}(p_\alpha - \lambda_2)\mathrm{d}V_\alpha + \sum_{i=1}^{k}\sum_{\alpha=1}^{\sigma}(\mu_{i\alpha} - \lambda_{3i})\mathrm{d}n_{\alpha i} = 0$$

λ_1, λ_2 und $\lambda_{3i} (i = 1$ bis $k)$ werden nun so gewählt, dass jeweils *eine* der Klammern (für ein bestimmtes α) unter den α-Summen verschwindet. Damit sind alle anderen $(\sigma - 1)$ Variationen für $\mathrm{d}S_\alpha, \mathrm{d}V_\alpha, \mathrm{d}n_{i\alpha} (i = 1$ bis $k)$ *frei*, und rechts kann nur dann 0 stehen, wenn *alle* Klammern verschwinden. Daraus folgt:

$$T_\alpha = \lambda_1$$

$$p_\alpha = \lambda_2$$

$$\mu_{i\alpha} = \lambda_{3i} \quad \text{für alle } i$$

Da diese Identitäten für alle Werte von $\alpha = 1$ bis $\alpha = \sigma$ gelten, folgt unmittelbar:

$$\begin{array}{|lllllll|}
T_1 & = & T_2 & = & \cdots & = & T_\sigma \quad \text{(thermisches Gleichgewicht)} \\
p_1 & = & p_2 & = & \cdots & = & p_\sigma \quad \text{(mechanisches Gleichgewicht)} \\
\mu_{i1} & = & \mu_{i2} & = & \cdots & = & \mu_{i\sigma} \quad \text{(materielles Gleichgewicht)} \\
\vdots & & \vdots & & & \vdots & \vdots \\
\mu_{k1} & = & \mu_{k2} & = & \cdots & = & \mu_{k\sigma} \quad \text{(materielles Gleichgewicht)}
\end{array} \tag{5.82}$$

Gl. (5.82) besagt: *Im inneren Gleichgewicht des Systems muss in allen Phasen jeweils die Temperatur, der Druck und das chemische Potential jeder Komponente denselben Wert haben. Es herrscht thermisches, mechanisches und materielles Gleichgewicht.*

Dieselbe Aussage lässt sich auch statt über die innere Energie U über die freie Enthalpie G gewinnen: Es gilt in diesem Fall:

$$\begin{array}{lcl} \mathrm{d}G_\alpha &=& -S_\alpha \mathrm{d}T_\alpha + V_\alpha \mathrm{d}p_\alpha \quad + \quad \sum_i^k \mu_{i\alpha}\mathrm{d}n_{i\alpha} \\ \vdots & & \qquad\qquad\qquad\qquad \vdots \\ \mathrm{d}G_\sigma &=& -S_\sigma \mathrm{d}T_\sigma + V_\sigma \mathrm{d}p_\sigma \quad + \quad \sum_i^k \mu_{i\sigma}\mathrm{d}n_{i\sigma} \end{array}$$

Nach Gl. (5.47) muss im Gleichgewicht bei T = const. und p = const. für das gesamte System, bestehend aus σ Phasen, gelten:

$$\mathrm{d}G = \sum_{\alpha=1}^{\sigma} \mathrm{d}G_\alpha = \sum_{\alpha=1}^{\sigma}\sum_{i=1}^{k} \mu_{i\alpha}\mathrm{d}n_{i\alpha} = 0$$

Da das gesamte System geschlossen ist, gilt:

$$\sum_{\alpha=1}^{\sigma} \mathrm{d}n_{i\alpha} = 0 \quad \text{für alle } i \text{ bis } k$$

Diese Nebenbedingung führt man nach der Methode der Lagrange'schen Parameter analog wie oben ein:

$$\sum_{\alpha=1}^{\sigma}\sum_{i=1}^{k} \left(\mu_{i\alpha} - \lambda_i'\right) \mathrm{d}n_{i\alpha} = 0$$

und wählt die Werte von λ_i' so, dass wieder jeweils eine der Klammern (für ein bestimmtes α) verschwindet. Daraus folgt:

$$\mu_{i\alpha} = \lambda_i'$$

Es ergibt sich also, wie in Gl. (5.82), dass μ_i in allen Phasen $\alpha = 1$ bis $\alpha = \sigma$ gleich ist. Das gilt für jede Komponente i. Die Ableitung über $\mathrm{d}G = 0$ ist allerdings nicht so umfassend wie die über $\mathrm{d}U = 0$. Bei $\mathrm{d}G = 0$ muss vorausgesetzt werden, dass T und p überall konstant sind, das ist bei der Ableitung über $\mathrm{d}U = 0$ nicht der Fall. Dort ergibt sich die Bedingung p = const. und T = const. für alle Phasen aus der Ableitung selbst heraus.

Da $\mu_{i\alpha}$ in allen Phasen $\alpha = 1$ bis $\alpha = \sigma$ denselben Wert im thermodynamischen Gleichgewicht hat, kann man die Indizierung der Phase auch weglassen und erhält:

$$\sum_{\alpha=1}^{\sigma}\sum_{i=1}^{k} \mu_{i\alpha}\mathrm{d}n_{i\alpha} = \sum_{i=1}^{k} \mu_i \sum_{\alpha=1}^{\sigma} \mathrm{d}n_{i\alpha} = \sum_{i=1}^{k} \mu_i \mathrm{d}n_i = 0$$

In einem geschlossenen System gilt diese Beziehung immer unabhängig von der Zahl der Phasen, da alle $\mathrm{d}n_i = 0$ sind, wenn chemische Reaktionen ausgeschlossen sind. Sie gilt aber auch bei Anwesenheit chemischer Reaktionsgleichgewichte, wenn nicht alle $\mathrm{d}n_i$ einzeln Null sind (s. A. Heintz, Thermodynamik im Mischungen, Springer 2017).

Aus dem Gleichungssystem (5.82) lässt sich nun das sog. *Gibbs'sche Phasengesetz* ableiten.

Wir hatten für den Fall, dass in einem offenen 1-Phasensystem k Komponenten und r unabhängige chemische Reaktionen vorliegen, bereits festgestellt, dass es $k + 2 - r$ unabhängige Variable gibt. Ohne chemische Reaktionen sind es $k + 2$ unabhängige Variable (s. Kapitel 1.1).

Wie groß ist die Zahl der unabhängigen Variablen in einem k-Komponentensystem mit σ Phasen ohne chemische Reaktionen?

Wir erinnern uns (s. Ende Kapitel 1.1), dass es unter der Bedingung $\sum_{i=1}^{k} n_i = \text{const.}$ in einem 1-Phasensystem nur $(k - 1) + 2$ Variable gibt und somit nur noch $(k - 1)$-Konzentrationen frei wählbar sind (z. B. die Molenbrüche).

In einem entsprechenden Mehrphasensystem (k Komponenten, σ Phasen) gibt es also zunächst $[(k - 1) + 2] \cdot \sigma$ Variable. Diese Zahl von Variablen muss jedoch noch vermindert werden um die Zahl der Gleichgewichtsbedingungen, die gleich der Zahl der Gleichheitszeichen im Schema nach Gl. (5.82) ist, also $(k + 2) \cdot (\sigma - 1)$. Damit ist die Zahl der *frei wählbaren Variablen* f:

$$f = (k + 1)\sigma - (k + 2)(\sigma - 1)$$

also

$$\boxed{f = k + 2 - \sigma} \quad \text{(ohne chemische Reaktionen)} \tag{5.83}$$

Das ist das sog. *Gibbs'sche Phasengesetz* für heterogene Systeme mit *freiem Komponentenaustausch* in allen Phasen *ohne* chemische Reaktionen. Alle freien Variablen f sind intensive Zustandsgrößen.

Falls r unabhängige chemische Reaktionsgleichgewichte zwischen den Komponenten vorliegen, erniedrigt sich die Zahl der frei wählbaren Variablen um r und man erhält:

$$\boxed{f = k + 2 - r - \sigma} \quad \text{(mit chemischen Reaktionen)}$$

(Alternative Ableitung des Gibbs'schen Phasengesetzes: s. Aufgabe 5.16.41).

Einige Beispiele sind:

1. Dampfdruck einer reinen Flüssigkeit

   $$k = 1, \quad \sigma = 2$$

   Damit folgt: $f = 1$ Es ist nur eine Variable frei wählbar, also p oder T.

2. Gleichgewicht fest-flüssig-gasförmig:

   $$k = 1, \quad \sigma = 3$$

   Damit folgt: $f = 0$ Das System hat also keine freien Variablen. Es liegt ein Tripelpunkt vor.

3. Binäres Flüssiggemisch im Gleichgewicht mit seinem Dampf:

   $$k = 2, \quad \sigma = 2$$

   Damit folgt: $f = 2$ Die zwei freien Variablen sind:

x und T, dann liegen p und y fest
oder x und p, dann liegen T und y fest
oder T und p, dann liegen x und y fest.

Hierbei ist x der Molenbruch in Flüssigphase und y der in der Gasphase.

4. Sättigungsgleichgewicht eines festen Stoffes in einem Lösemittel:

$$k = 2 \text{ (Stoff u. Lösemittel)}, \sigma = 2 \text{ (fest und flüssig)}$$

Also gilt: $f = 2$. Es können z. B. T und p frei gewählt werden, dann ist die Stoffkonzentration im Lösemittel festgelegt.

5. Binäre flüssige Mischung mit Dampf-flüssig-Gleichgewicht und gleichzeitiger flüssig-flüssig Mischungslücke:

$$k = 2, \sigma = 3$$

Demnach ist $f = 1$.

Die Temperatur ist z. B. frei wählbar, dann stehen die Zusammensetzung x' in der einen und x'' in der anderen flüssigen Phase sowie die Zusammensetzung y der Dampfphase und der Druck p fest.

6. Wir betrachten das chemische Gleichgewicht

$$N_2O_4 \rightleftharpoons 2NO_2,$$

das sich sowohl in der flüssigen wie der gasförmigen Phase des 2-Phasensystems einstellt. Die Zahl der freien Variablen f ist in diesem Fall:

$$f = k + 2 - r - \sigma = 2 + 2 - 1 - 2 = 1$$

Wenn also die Temperatur vorgegeben ist, so ist auch der Druck und die Zusammensetzung an N_2O_4 und NO_2 in beiden Phasen festgelegt.

7. Es ist nützlich, im Zusammenhang mit dem Phasengesetz den Begriff der *freien Komponente* einzuführen. Eine freie Komponente ist im Sinn der Thermodynamik ein chemischer Bestandteil einer Mischung, dessen Molzahl unabhängig von anderen Bestandteilen frei wählbar ist. Wenn es stöchiometrische Beziehungen zwischen den Bestandteilen gibt, reduziert sich die Zahl der freien Komponenten um die Zahl dieser Beziehungen.

Ein Beispiel ist die Existenz von chemischen Reaktionsgleichgewichten in der Mischung, die wir bereits erwähnt hatten. Die Zahl der freien Komponenten ist dann die Zahl der unterscheidbaren chemischen Bestandteile, allgemein Komponentenzahl k genannt, minus der Zahl der unabhängigen Reaktionsgleichgewichte r. Zusätzliche Besonderheiten treten bei Elektrolytlösungen auf, z. B. bei in Wasser gelösten Salzen wie NaCl, die in Ionen dissoziieren. Damit ist die Zahl der Komponenten gleich 3: H_2O, Na^+ und Cl^-, genau genommen sogar gleich 5, da wegen der Autoprotolyse des Wassers $H_2O \rightleftharpoons OH^- + H^+$ (s. A. Heintz,

Thermodynamik der Mischungen, Springer, 2017) zwei weitere Spezies, nämlich die Ionen OH^- und H^+ zu berücksichtigen sind, auch wenn diese in unserem Beispiel nur in sehr geringer Konzentration vorhanden sind. Im Fall von Ionen kommt neben der Bedingung $\sum x_i = 1$ noch als weitere Beziehung zwischen den Ionen die *Elektroneutralitätsbedingung* hinzu, d. h., die elektrische Ladungszahl aller Anionen muss gleich der der Kationen sein, in unserem Beispiel muss also gelten: $c_{H^+} + c_{Na^+} = c_{Cl^-} + c_{OH^-}$. Die Zahl der freien Komponenten beträgt also in einer wässrigen Lösung von NaCl: $k - r - 2 = 5 - 1 - 2 = 2$.

5.12 Die Maxwell-Konstruktion und Phasenumwandlungen reiner Stoffe

Wir haben gesehen, dass bei konstantem p und T in heterogenen Systemen das chemische Potential in allen möglichen Phasen für jede Komponente denselben Wert haben muss. Betrachten wir in einem 1-Komponenten-System (reiner Stoff) ein Phasengleichgewicht, so bedeutet das ganz allgemein:

$$\mu_1' = \mu_1''$$

„Strich" und „Doppelstrich" kennzeichnen dabei die beiden Phasen. Wir hatten bei der Diskussion der v. d. Waals-Gleichung (s. Gl. (3.2)) behauptet, dass in Abb. 3.3 die Gleichheit der beiden Flächen A_1 und A_2 die Konstruktionsvorschrift zur Bestimmung des Phasengleichgewichtes Dampf-Flüssigkeit darstellt. Diese Vorschrift heißt *Maxwell-Konstruktion.* Wir wollen sie jetzt beweisen.

Zunächst ist klar, dass nach Gl. (5.82) gelten muss: $T_{\text{fl}} = T_{\text{gas}}$ und $p_{\text{fl}} = p_{\text{gas}}$. Ferner gilt: $\mu_{\text{fl}} = \mu_{\text{Dampf}}$. Da bei reinen Stoffen $\mu = (\partial G/\partial n)_{T,p} = \overline{G}$, also gleich der molaren freien Enthalpie ist, gilt:

$$\overline{G}_{\text{fl}} = \overline{G}_{\text{gas}}$$

oder

$$\overline{F}_{\text{fl}} + p\overline{V}_{\text{fl}} = \overline{F}_{\text{gas}} + p\overline{V}_{\text{gas}}$$

bzw.:

$$\overline{F}_{\text{fl}} - \overline{F}_{\text{gas}} = p \cdot (\overline{V}_{\text{gas}} - \overline{V}_{\text{fl}})$$

Andererseits gilt (s. Gl. (5.57)):

$$\left(\frac{\partial \overline{F}}{\partial \overline{V}}\right)_T = -p$$

Daraus folgt sofort:

$$\overline{F}_{\text{gas}} - \overline{F}_{\text{fl}} = -\int_{\overline{V}_{\text{fl}}}^{\overline{V}_{\text{gas}}} p(\overline{V})\text{d}\overline{V}$$

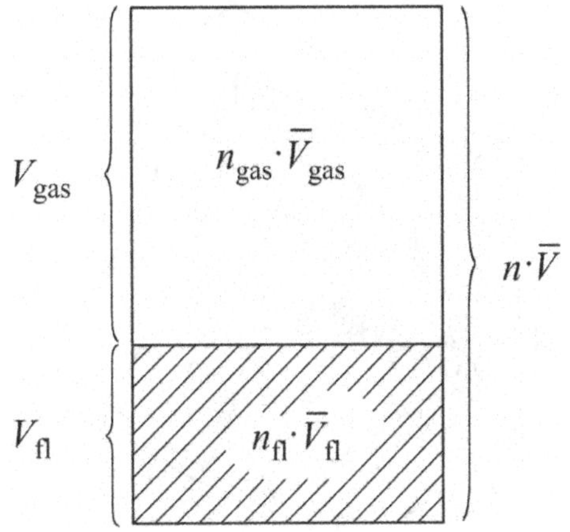

Abb. 5.15 Molzahlen und Volumina im 2-Phasengleichgewicht Flüssig-Gas

also gilt:

$$\boxed{p(\overline{V}_{gas} - \overline{V}_{fl}) = + \int\limits_{\overline{V}_{fl}}^{\overline{V}_{gas}} p(\overline{V}) \cdot d\overline{V}} \tag{5.84}$$

Das ist der Beweis der Flächengleichheit. Zur Konstruktion des Phasengleichgewichtes ist es also erforderlich, dass $A_1 = A_2$, wie es am Beispiel der v. d. Waals-Gleichung in Abb. 3.3 gezeigt ist.

Befindet sich das Volumen eines Fluids $(n_{fl} + n_{gas}) \cdot \overline{V} = V$ innerhalb des 2-Phasenbereichs, dann spaltet sich das Volumen in 2 Volumenanteile V_{fl} und V_{gas} auf. (s. Abb. 5.15). Es gilt:

$$n \cdot \overline{V} = (n_{fl} + n_{gas}) \cdot \overline{V} = n_{fl} \cdot \overline{V}_{fl} + n_{gas} \cdot \overline{V}_{gas}$$
$$\text{oder } \overline{V} = x_{fl} \cdot \overline{V}_{fl} + x_{gas} \cdot \overline{V}_{gas}$$
$$\text{mit } x_{fl} = 1 - x_{gas} = \frac{n_{fl}}{(n_{fl} + n_{gas})}$$

Gibt man also im 2 Phasengebiet das molare Volumen $\overline{V} = V/n$ vor, so lässt sich bei bekannten $\overline{V}_{fl}$ und $\overline{V}_{gas}$ berechnen, wie groß die Anteile in der Gasphase (x_{Gas}) bzw. der flüssigen Phase (x_{fl}) sind. Es gilt:

$$\frac{\overline{V} - \overline{V}_{gas}}{\overline{V}_{fl} - \overline{V}_{gas}} = x_{fl} = 1 - x_{gas}$$

Das ist eine spezielle Anwendung des sog. Hebelgesetzes (s A. Heintz, Thermodynamik der Mischungen, Springer 2017).

Bei gegebener Temperatur und gegebenem Druck sind $\overline{V}_{fl}$ und $\overline{V}_{gas}$ durch die Maxwellkonstruktion festgelegt. In Abb. 5.16 ist das 3-dimensionale sog. pVT-Diagramm eines 1-Komponenten-Systems dargestellt. Auch der Phasenübergang flüssig-fest ist gezeigt, den z. B. die v. d. Waals-Gleichung *nicht* erfassen kann. Die Temperatur, wo alle 3 Phasen koexistieren (A', A'', A'''), heißt *Tripelpunkt*. Hier ist nach dem Phasengesetz $f = 0$ (s. Gl. (5.83).

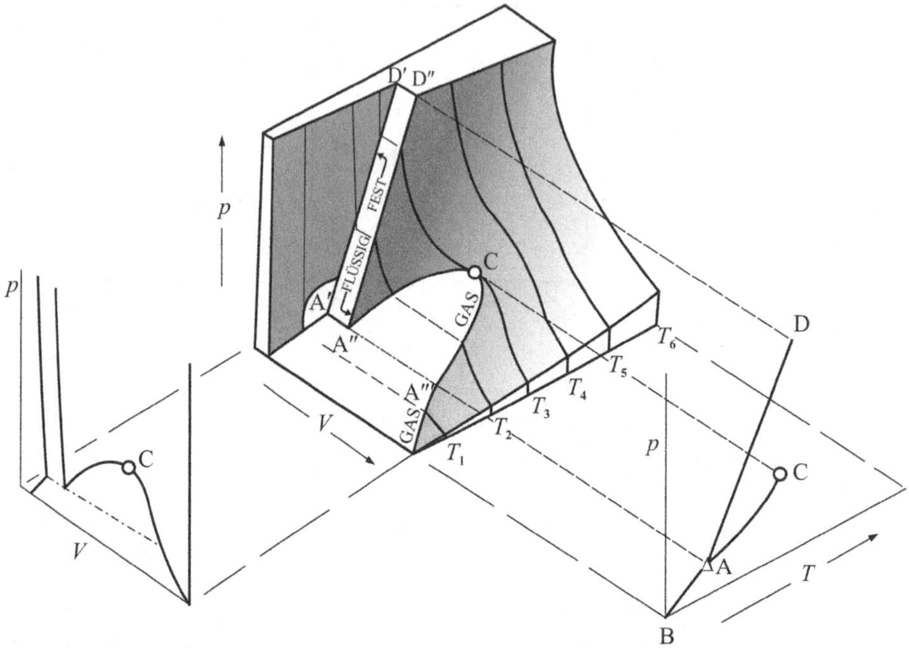

Abb. 5.16 pVT-Oberfläche einer realen Flüssigkeit mit den Phasenbereichen Dampf-Flüssig, Dampf-Fest und Flüssig-Fest. Auf der pT-Projektionsebene bedeuten: A = Tripelpunkt, C = kritischer Punkt, AC = Dampfdruckkurve (Flüssig-Dampf), AD = Schmelzdruckkurve, BA = Sublimationsdruckkurve (Fest-Dampf)[12]

Abb.5.17 zeigt schematisch die Mengenverhältnisse der Volumina von Flüssigkeit und Dampf im 2-Phasenbereich.

Die Projektion der pVT-Oberfläche auf die $p-T$-Ebene zeigt die Sublimationsdruckkurve BA, die Schmelzdruckkurve AD und die Dampf-Flüssigkeits-Kurve AC (Dampfdruckkurve) mit dem kritischen Punkt C.

Man kann die Phasenübergänge *flüssig-gas, flüssig-fest, gas-fest* auch am Verlauf von $\mu = (\partial G/\partial n)_{T,p}$ auf einer Isobaren betrachten. Auch für Umwandlungen im festen Zustand, die bei vielen kristallinen Stoffen zu beobachten sind, also *fest-fest* Übergänge, gelten diese Überlegungen. Wir betrachten dazu Abb. 5.18.

T_U ist die Umwandlungstemperatur (z. B. Siedetemperatur) bei gegebenem Druck p. α bezeichnet die bei tieferer Temperatur stabile Phase (fest oder flüssig), β die oberhalb T_U stabile Phase (fest, flüssig oder gasförmig). Oberhalb T_U folgt μ der Kurve μ_β, unterhalb T_U der Kurve μ_α. Der Grund ist klar: bei p = const. nimmt μ bei jeder Temperatur den *möglichen Minimalwert* an, wie es die Gleichgewichtsbedingung verlangt. Es handelt sich hierbei um sog. Phasenübergänge 1. Ordnung.

[12]W. B. Streett, Cornell University, persönliche Mitteilung

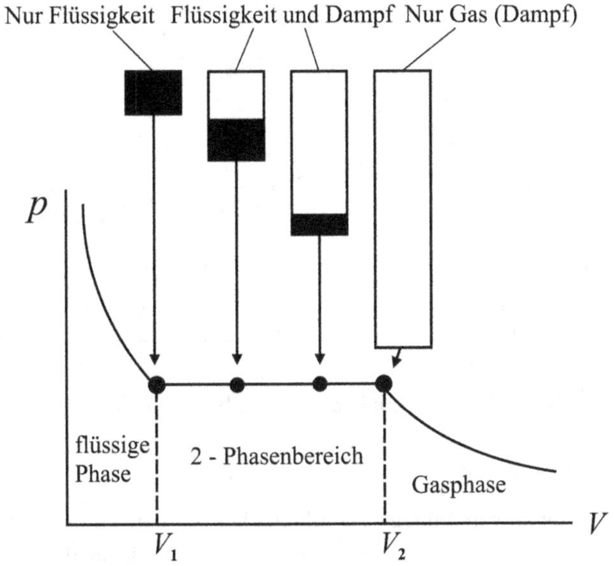

Abb. 5.17 Volumen (Kastengrößen) und Anteile von Flüssigkeit und Dampf auf einer Isotherme im 2-Phasenbereich Flüssig-Dampf

Die Krümmung der Kurven $\mu_{(T)}$ in Abb. 5.18 muss stets negativ sein, denn es gilt:

$$\overline{S} = -\left(\frac{\partial \mu}{\partial T}\right)_p \quad \text{und somit} \quad \left(\frac{\partial \overline{S}}{\partial T}\right)_p = \frac{\overline{C}_p}{T} = -\left(\frac{\partial^2 \mu}{\partial T^2}\right)_p > 0$$

Wir fassen diese Phasenübergänge nochmals mit jeweils einem Beispiel versehen in Tabelle 5.1 zusammen.

Mit einem Phasenübergang 1. Ordnung ändern sich neben $\overline{V}$ auch $\overline{H}$ und $\overline{S}$ *sprungartig* Das kann man ebenfalls aus Abb. (5.18) erkennen, denn der „Knick" in der Gleichgewichtskurve für $\mu_{(T)}$ bedeutet einen Sprung in der Temperaturableitung $\left(\frac{\partial \mu}{\partial T}\right)_p$ bei T_U, und da $\overline{S} = -\left(\frac{\partial \mu_{(T)}}{\partial T}\right)_p$ und $\overline{H} = \mu - T\left(\frac{\partial \mu}{\partial T}\right)_p$, müssen sich auch $\overline{S}(T)$ und $\overline{H}(T)$ bei $T = T_U$ sprungartig ändern.

$\Delta\overline{H}_V = \overline{H}_{gas} - \overline{H}_{fl}$ heißt die molare Verdampfungsenthalpie, $\Delta\overline{H}_{sub} = \overline{H}_{gas} - \overline{H}_{fest}$ die molare Sublimationsenthalpie und $\Delta\overline{H}_s = \overline{H}_{fl} - \overline{H}_{fest}$ die molare Schmelzenthalpie oder allgemein $\Delta H_U = \overline{H}_\alpha - \overline{H}_\beta$ die molare Umwandlungsenthalpie. Entsprechendes gilt für die Entropie. Allgemein spricht man von Umwandlungsenthalpien, Umwandlungsentropien usw. Im Phasengleichgewicht gilt bei jeder Temperatur $\overline{G}_\alpha = \overline{G}_\beta$, also:

$$\Delta\overline{G}_U = \mu_\alpha - \mu_\beta = \Delta\overline{H}_U - T\Delta\overline{S}_U = 0$$

also ist

$$\Delta\overline{S}_U = \frac{\Delta\overline{H}_U}{T}$$

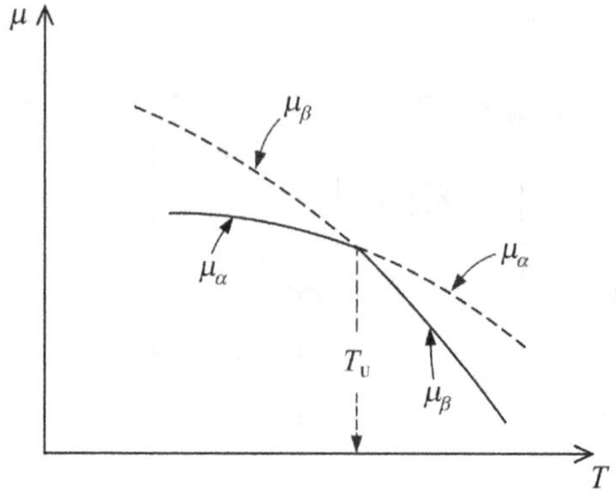

Abb. 5.18 Verlauf der chemischen Potentiale μ_α und μ_β bei der Phasenumwandlung eines reinen Stoffes $\alpha \leftrightarrow \beta$

Tab. 5.1 Typen von Phasenumwandlungen 1. Ordnung bei p = const. (1 bar)

Phase α	Phase β	T_U	Beispiel
flüssig	gas	Siedetemperatur (z. B. H_2O bei $T_U = 373{,}15$ K)	Sieden von Flüssigkeiten
fest	flüssig	Schmelztemperatur (z. B. H_2O bei 273,15 K)	Schmelzen kristalliner Stoffe
fest	gas	Sublimationstemperatur (z. B. CO_2 bei 1 bar und $T_U = 195{,}1$ K)	Sublimieren fester Stoffe
fest	fest	Umwandlungstemperatur (z. B. Schwefel: rhombisch zu monoklin bei 386 K)	Kristalline Umwandlung fester Stoffe

d. h., es gilt entlang der Phasen-Koexistenzlinie (s. z. B. die pT-Projektionen in Abb. 5.16):

$$\mathrm{d}\overline{G}_\alpha = \mathrm{d}\mu_\alpha = \mathrm{d}\mu_\beta = \mathrm{d}\overline{G}_\beta$$

und aufgrund von Gl. (5.42) ($\mathrm{d}l_i = 0,\ \mathrm{d}n_i = 0$):

$$-\overline{S}_\alpha \mathrm{d}T + \overline{V}_\alpha \mathrm{d}p = -\overline{S}_\beta \mathrm{d}T + \overline{V}_\beta \mathrm{d}p$$

Daraus folgt die sog. Clapeyron'sche Gleichung:

$$\boxed{\frac{\mathrm{d}p}{\mathrm{d}T} = \frac{\overline{S}_\alpha - \overline{S}_\beta}{\overline{V}_\alpha - \overline{V}_\beta} = \frac{\Delta\overline{S}_U}{\Delta\overline{V}_U} = \frac{\Delta\overline{H}_U}{T \cdot \Delta\overline{V}_U}} \tag{5.85}$$

Das ist die Differentialgleichung für die 2-Phasen-Koexistenzlinie eines reinen Stoffes (1- Komponentensystem) auf der pT-Projektionsfläche und gilt für die Dampfdruckkurve (Linie AC), die Sublimationsdruckkurve (Linie BA), oder die Schmelzdruckkurve (Linie AD) in Abb. 5.16.

Bei den Übergängen „Flüssigkeit-Gas" und „Feststoff-Gas" kann bei *niedrigen Temperaturen* angenommen werden, dass $\overline{V}_{\mathrm{gas}} \gg \overline{V}_{\mathrm{fl}}$ bzw. $\overline{V}_{\mathrm{gas}} \gg \overline{V}_{\mathrm{fest}}$. Wenn für $\overline{V}_{\mathrm{gas}}$ das ideale Gasgesetz näherungsweise gültig ist, erhält man also:

$$\overline{V}_{\text{gas}} - \overline{V}_{\text{fl}} = \Delta\overline{V}_{\text{V}} \cong \overline{V}_{\text{gas}} \cong \frac{RT}{p}$$

Eingesetzt in Gl. (5.85) wird daraus die sog. *Clausius-Clapeyron'sche Gleichung:*

$$\boxed{\frac{\mathrm{d}p}{\mathrm{d}T} = \frac{\Delta\overline{H}_{\text{V}}}{T \cdot \overline{V}_{\text{gas}}} = p \cdot \frac{\Delta\overline{H}_{\text{V}}}{RT^2}} \qquad (5.86)$$

Integration ergibt unter Voraussetzung, dass $\Delta\overline{H}_{\text{V}} \approx \text{const.}$:

$$p(T) = p(T_0) \cdot \mathrm{e}^{-\frac{\Delta H_{\text{V}}}{R}\left(\frac{1}{T} - \frac{1}{T_0}\right)}$$

Diese Gleichung gibt den Verlauf der *Dampfdruckkurve* bzw. der *Sublimationsdruckkurve* näherungsweise wieder. $p(T_0)$ und T_0 sind irgend ein Punkt auf der Dampfdruckkurve, der vorgegeben ist. Bei Annäherung an den kritischen Punkt wird diese Gleichung allerdings ungültig. Sie gilt näherungsweise nur *bei kleinen Werten* von p in einem beschränkten T-Bereich. Eine verbesserte Dampfdruckgleichung wird in Anhang E abgeleitet.

Bei Phasenübergängen im kondensierten Bereich, also „Flüssigkeit-Feststoff" oder auch „Feststoff-Feststoff", muss die allgemein gültige Gl. (5.85) verwendet werden. $\Delta\overline{H}_{\text{U}}$ und $\Delta\overline{V}_{\text{U}}$ hängen im Allgemeinen sowohl von T wie auch von p ab. ΔV_{U} kann oft in erster Näherung als T- und p-unabhängig angesehen werden, ebenso $\Delta\overline{H}_{\text{U}}$. Meistens ist neben $\Delta\overline{H}_{\text{U}}$ auch $\Delta\overline{V}_{\text{U}}$ positiv, aber nicht unbedingt, es gibt Fälle, wo $\Delta\overline{V} = \overline{V}_{\text{fl}} - \overline{V}_{\text{fest}}$ negativ sein kann. Das bekannteste Beispiel ist H_2O: die sog. Schmelzdruckkurve hat eine negative Steigung, d. h., Eis I schmilzt unter Druck. In Abb. 5.19 sind die Projektionen der Phasendiagramme von H_2O und CO_2 im Bereich ihres Tripelpunktes T bis zum Druck und Temperatur ihres kritischen Punktes C dargestellt. Man sieht deutlich den negativen Anstieg der Schmelzdruckkurve bei H_2O, die die feste von der flüssigen Phase trennt. Beim CO_2 liegen kritische Temperatur und Druck deutlich niedriger als bei H_2O, aber der Tripelpunkt von CO_2 liegt bei über 5 bar, d. h., CO_2 ist bei 1 bar fest und verdampft als „Trockeneis". Bei 1 bar und Temperaturen oberhalb $-78,5°$ C ist CO_2 gasförmig. Das ganze Hochdruckphasendiagramm von H_2O ist in Abb. 5.20 wiedergegeben als dreidimensionale Darstellung der Oberfläche im Koordinatensystem Druck (p), spezifisches Volumen (υ_{sp}), Temperatur (°C). Alle auf die pV-Ebene projizierten Kurvenverläufe gehorchen der Gl. (5.85) und gehen aus ihr durch Integration hervor. Sie kennzeichnen die Phasengrenzen zwischen verschiedenen festen Phasen oder der flüssigen Phase und einer festen Phase.

Man sieht in Abb. 5.20 sehr anschaulich, warum die verschiedenen Phasengrenzlinien unterschiedliche Vorzeichen ihrer Steigung $\left(\frac{\mathrm{d}p}{\mathrm{d}T}\right)$ haben: z. B ist das spezifische Volumen von H_2O (fl) kleiner als Eis (I), daher ist $\left(\frac{\mathrm{d}p}{\mathrm{d}T}\right) < 0$, dasselbe gilt für den Übergang von Eis (V) nach Eis (II), während dagegen υ_{sp} von H_2O (fl) größer ist als υ_{sp} von Eis (VI) oder von Eis (V). Folglich gilt in diesen beiden Fällen $\left(\frac{\mathrm{d}p}{\mathrm{d}T}\right) > 0$. $\Delta \text{H}_{\text{U}}$ ist in allen Fällen positiv.

Wir betrachten noch 2 weitere Beispiele. In Abb. 5.21 ist das Phasendiagramm von Kohlenstoff (C) dargestellt, d. h. die Projektion der 3-dimensionalen pVT-Oberfläche auf die pT-Fläche. Auf den Phasengrenzlinien gilt $\Delta\overline{G} = 0$. Ist $\Delta\overline{G} = \overline{G}_{\text{II}} - \overline{G}_{\text{I}}$ also als Funktion von T und p bekannt,

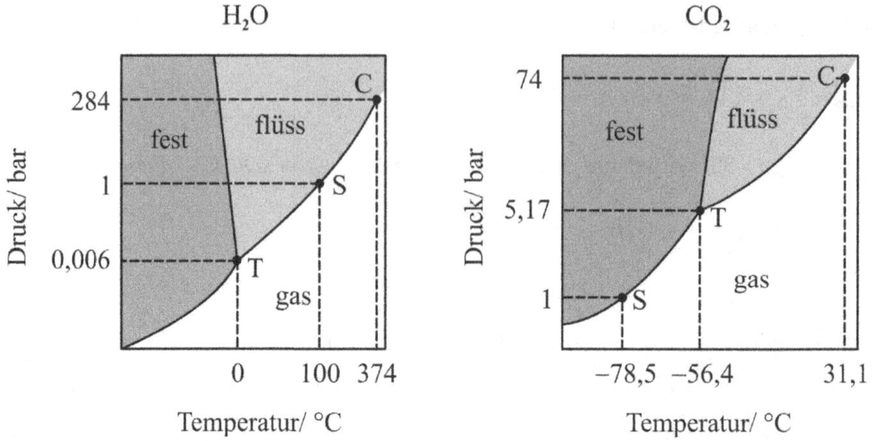

Abb. 5.19 Phasendiagramme von H_2O und CO_2 im Bereich des Flüssig-Dampfgleichgewichtes T = Tripelpunkt, C = kritischer Punkt, S = Siedepunkt. Die Skalierung der Druck- und Temperaturachsen ist nicht linear-maßstäblich

so ergibt $\Delta\overline{G} = \overline{G}_{\text{II}} - \overline{G}_{\text{I}} = 0$ die Phasengrenzlinie $(p_{(T)})$, die die benachbarte Phasen voneinander trennt. Abb. 5.21 zeigt z. B., dass Graphit bei Raumtemperatur stabiler als Diamant ist, erst bei hohen Drücken ist es umgekehrt. Der Besitz von Brillanten ist eigentlich eine unsichere Angelegenheit, sie müssten sich unter normalen Bedingungen in schwarzen Graphit umwandeln. Dass das nicht geschieht, liegt daran, dass die Umwandlung Diamant → Graphit kinetisch sehr stark gehemmt ist. Interessant ist die Änderung der Steigung in der Schmelzdruckkurve des Kohlenstoffs bei ca. 4200 K und ca. 4,5 Gbar. Hier wechselt offenbar das Schmelzvolumen sein Vorzeichen.

Bei Bornitrid (s. Abb. 5.21), ein ebenfalls äußerst hartes Material, ist unterhalb ca. 1200 K die kubische Form (c-BN) stabil bis zu höchsten Drücken. Oberhalb ca. 1200 K ist bei Normaldruck die hexagonale Form (h-BN) stabil und wandelt sich erst bei höheren Drücken in die kubische Form um. Die Phasendiagramme von Kohlenstoff und Bornitrid stellen Projektionen der pVT-Zustandsfläche auf die pT-Ebene dar. Allerdings ändert sich bei Phasenumwandlungen im kondensierten Zustand das Molvolumen $\overline{V}$ in viel geringerem Ausmaß als im Fall des Flüssig-Dampf- oder Fest-Dampf-Phasengleichgewichtes, aber auch bei den Phasendiagrammen im kondensierten Zustand kommt es auf den Phasengrenzflächen zu Sprüngen des Wertes von Volumen $\overline{V}$ (wie in Abb. 5.20 gezeigt), Enthalpie $\overline{H}$ und Entropie $\overline{S}$. Sowohl Kohlenstoff wie auch Bornitrid zeigen jeweils Tripelpunkte, bei denen sich zwei feste und eine flüssige Phase im Gleichgewicht befinden.

Alle hier diskutierten Phasenübergänge gehören zur Klasse der sog. Phasenübergänge 1. Ordnung. Es gibt auch Phasenübergänge 2. Ordnung, bei denen es nur zu einem „Knick" und keinem Sprung der Größen $\overline{V}, \overline{H}$ und $\overline{S}$ kommt, darauf gehen wir hier jedoch hier nicht näher ein.

Häufig ist es auch von Interesse zu wissen, wie sich entlang der Phasengrenze bei Phasenumwandlungen 1. Ordnung die Umwandlungswerte der Zustandsgrößen verändern, z. B. stellt sich die Frage, wie sich die Verdampfungsenthalpie $\Delta\overline{H}_{\text{V}}$ entlang der Dampfdruckkurve ändert (s. Abb. 5.22). Am kritischen Punkt muss $\Delta\overline{H}_{\text{V}}$ verschwinden, da die beiden Phasen ja mit Annäherung an den kritischen Punkt immer ähnlicher und dort schließlich identisch werden. Man sieht z. B. in Abb. 5.22, dass $\Delta\overline{H}_{\text{V}}$ bei Annäherung an den kritischen Punkt rasch kleiner wird und dort ver-

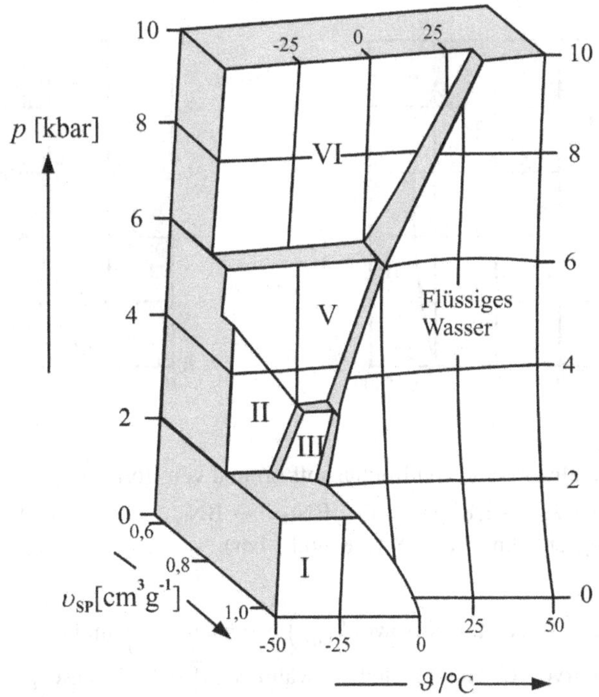

Abb. 5.20 Hochdruckphasendiagramm des kondensierten Wassers. I, II, III, V, VI feste Phasen von Eis. Die Fest-Flüssig-Existenzkurve (Schmelzdruckkurve) Wasser - Eis I hat eine negative Steigung, da $\upsilon_{\text{sp,EisI}} > \upsilon_{\text{sp,fl.H}_2\text{O}}$. Dasselbe ist der Fall bei der Eis II - Eis V - Existenzkurve ($\upsilon_{\text{sp,EisII}} > \upsilon_{\text{sp,EisV}}$). Die Dampf-Flüssig-Phasengrenzlinie (Dampfdruckkurve) ist nicht gezeigt, da sie in dieser Skalierung sich kaum sichtbar von der Nulllinie abhebt[13]

schwindet.

Abb. 5.22 legt ferner die Vermutung nahe, dass $\Delta\overline{H}_\text{V}$ bei der kritischen Temperatur T_c mit einer Steigung

$$\lim_{T\to T_\text{c}}\left(\frac{\text{d}\Delta\overline{H}_\text{V}}{\text{d}T}\right) = -\infty$$

einmündet.

Das lässt sich in der Tat leicht nachweisen, indem man von der Clapeyron'schen Gleichung (Gl. (5.85)) ausgeht und diese nach T entlang der Phasenkoexistenzlinie differenziert:

$$\frac{\text{d}\overline{H}_\text{V}}{\text{d}T} = \frac{\text{d}}{\text{d}T}\left(\frac{\text{d}p}{\text{d}T}\cdot T\cdot\Delta\overline{V}_\text{V}\right)$$

wobei $\Delta\overline{V}_\text{V} = \overline{V}_\text{Dampf} - \overline{V}_\text{Flüssig}$ das molare Verdampfungsvolumen bedeutet. Es gilt also:

$$\frac{\text{d}\Delta\overline{H}_\text{V}}{\text{d}T} = \frac{\text{d}^2p}{\text{d}T^2}\cdot T\cdot\Delta\overline{V}_\text{V} + \frac{\text{d}p}{\text{d}T}\cdot\Delta\overline{V}_\text{V} + \frac{\text{d}p}{\text{d}T}\cdot T\cdot\frac{\text{d}\Delta\overline{V}_\text{V}}{\text{d}T}$$

[13]Abbildung nach: S. M. Walas, „Phase Equilibria in Chemical Engineering“, Butterworth Publishers (1985)

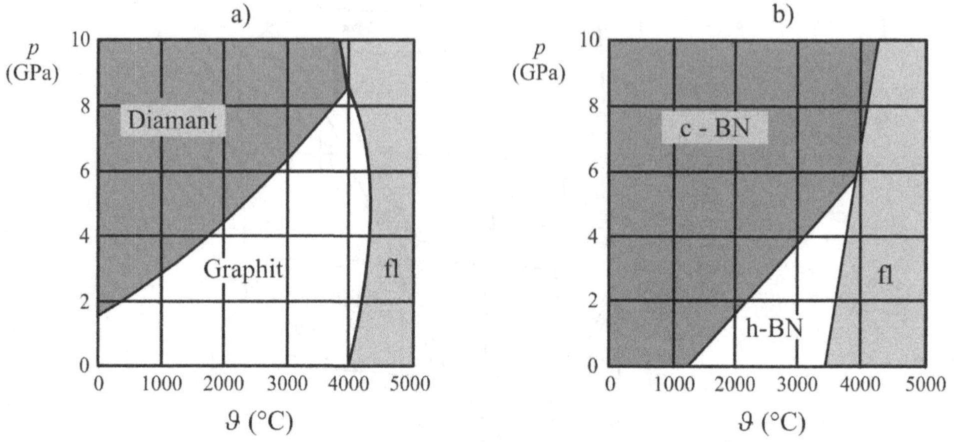

Abb. 5.21 Die Phasendiagramme von Kohlenstoff (a) und von Bornitrid (b)
$C_{\text{Diamant}} \rightarrow C_{\text{Graphit}} : \Delta\overline{G}_n^\circ = -2,87\ \text{kJ} \cdot \text{mol}^{-1}, \text{BN}_{\text{cub.}} \rightarrow \text{BN}_{\text{hex.}} : \Delta\overline{G}_n^\circ = 13,9\ \text{kJ} \cdot \text{mol}^{-1}$ ($\Delta\overline{G}^0$ ist die freie Umwandlungsenthalpie bei 298,15 K und 1 bar)

Ein Blick auf Abb. 5.16 zeigt, dass sowohl $\left(\frac{\mathrm{d}p}{\mathrm{d}T}\right)$ wie auch $\left(\frac{\mathrm{d}^2p}{\mathrm{d}T^2}\right)$ am kritischen Punkt c auf der Dampfdruckkurve (Kurve AC) endlich bleiben, während $\Delta\overline{V}_V$ im 2-Phasengebiet (weiße Fläche) bei $T \rightarrow T_c$ verschwindet. Man entnimmt Abb. (5.16) ferner, dass bezüglich der Änderung von $\overline{V}_{\text{Dampf}}$ bzw. $\overline{V}_{\text{Flüssig}}$ mit T gilt:

$$\lim_{T \to T_c} \left(\frac{\mathrm{d}\overline{V}_{\text{Dampf}}}{\mathrm{d}T}\right) = -\infty \quad \text{und} \quad \lim_{T \to T_c} \left(\frac{\mathrm{d}\overline{V}_{\text{Flüssig}}}{\mathrm{d}T}\right) = +\infty$$

denn die Projektion der pVT-Oberfläche auf die TV-Ebene zeigt, dass $\left(\frac{\mathrm{d}T}{\mathrm{d}V}\right)_{\substack{T=T_c\\p=p_c}} = 0$ gilt.

Also ergibt sich wie vermutet mit $\Delta\overline{V}_V = \overline{V}_{\text{Dampf}} - \overline{V}_{\text{Flüssig}}$:

$$\lim_{T \to T_c} \left(\frac{\mathrm{d}\Delta\overline{H}_V}{\mathrm{d}T}\right) = \left(\frac{\mathrm{d}p}{\mathrm{d}T}\right)_{T=T_c} \cdot T_c \cdot \lim_{T \to T_c} \left(\frac{\mathrm{d}\Delta\overline{V}_V}{\mathrm{d}T}\right) = -\infty$$

Die Richtigkeit dieser Aussage wird durch die Beispiele in Abb. 5.22 bestätigt (siehe auch Übungsaufgabe 5.16.55).

5.13 Freie Standardbildungsenthalpien

In Abschnitt 4.5 wurden Standardbildungsenthalpien $\Delta^f\overline{H}_{298}^0$ für chemische Verbindungen definiert. In ähnlicher Weise lässt sich auch die freie Standardbildungsenthalpie $\Delta^f\overline{G}_{298}^0$ definieren. Sie ist die Differenz der freien Enthalpie der Verbindung minus der stöchiometrischen Summe der freien Enthalpien der reinen Elemente, aus denen die Verbindung besteht. Dabei werden die freien Enthalpien der Elemente bei 1 bar und 298,15 K in ihrem thermodynamisch stabilsten Zustand definitionsgemäß gleich Null gesetzt.

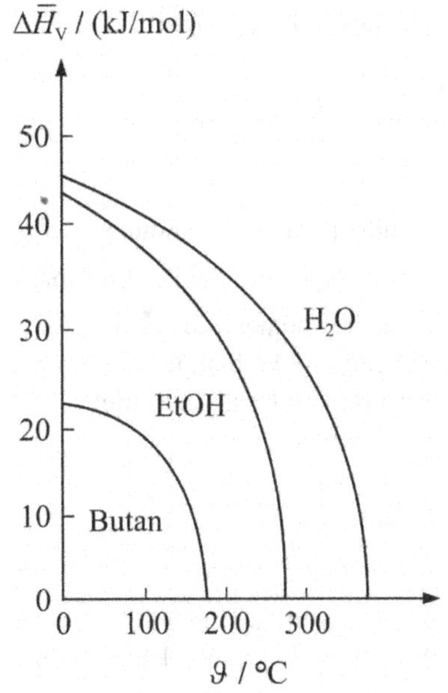

Abb. 5.22 Abhängigkeit der molaren Verdampfungsenthalpie $\Delta\overline{H}_\text{V}$ von der Temperatur. Beispiele: Wasser, Ethanol, n-Butan[14]

Es gilt also für die Verbindung n:

$$\Delta^\text{f}\overline{G}^0_{298,n} = \overline{G}^0_{298,n} - \sum_i \nu_i \overline{G}^0_{298,i} = \overline{G}^0_{298,n} \quad (\text{bei } p = 1 \text{ bar})$$

wobei ν_i die stöchiometrischen Koeffizienten der Elemente i für die chemische Bildung der Verbindung n bedeuten mit ihrer freien Enthalpie $\overline{G}^0_{298,i}$.

Wir wählen als Beispiel die Schwefelsäure:

$$H_2\,(g) + S\,(s) + 2O_2\,(g) \rightarrow H_2SO_4\,(l)$$

(g = gasförmig, l = flüssig (liquid), s = fest (solid))
Also gilt (bei 1 bar):

$$\begin{aligned}\Delta^\text{f}\overline{G}^0_{298,H_2SO_4} &= \overline{G}^0_{298,H_2SO_4} - \overline{G}^0_{298,H_2} - \overline{G}^0_{298,S} - 2\overline{G}^0_{298,O_2}\\ &= \overline{G}^0_{298,H_2SO_4}\end{aligned}$$

Es ist also

$$\nu_1 = \nu_{H_2} = 1, \quad \nu_2 = \nu_S = 1, \quad \nu_3 = \nu_{O_2} = 2.$$

Die freie Standardbildungsenthalpie $\Delta^\text{f}\overline{G}^0_{298}$ *ist somit gleich der freien Reaktionsenthalpie der Verbindung aus ihren Elementen unter Standardbedingungen, d. h. bei 298,15 K und 1 bar.* Wie ermittelt man Werte von $\Delta^\text{f}\overline{G}^0_{n,298}$?

[14] Abbildung nach: J. Gmehling, B. Kolbe, „Thermodynamik", VCH Verlagsgesellschaft (1992)

Nach der Gibbs-Helmholtz-Gleichung (Gl. (5.62)) gilt:

$$\Delta^{\mathrm{f}}\overline{G}^{0}_{n,298} = \Delta^{\mathrm{f}}\overline{H}^{0}_{n,298} - T\left(\overline{S}_{n,298} - \sum_{i} \nu_i\,\overline{S}_{i,298}\right)$$

$\Delta^{\mathrm{f}}\overline{H}^{0}_{n,298}$ ist die Standardbildungsenthalpie der Verbindungen, $\overline{S}^{0}_{n,298}$ ihre absolute Entropie und $\overline{S}^{0}_{i,298}$ die der konstituierenden, reinen Elemente. Bei der Entropie wählt man nun - anders als bei Enthalpie und freier Enthalpie - für die Elemente *nicht* $\overline{S}^{0}_{i,298} = 0$, sondern man gibt absolute Entropiewerte an. Das gilt für die chemische Verbindung ebenso wie für die Elemente. Die molare Entropie $\overline{S}(T)$ lautet (bei p = const.) für kondensierte Stoffe:

$$\overline{S}(T) = \int_{0}^{T} \frac{\overline{C}_p}{T}\mathrm{d}T + \overline{S}(T = 0)$$

Nun besagt das Nernst'sche Wärmetheorem (s. Kapitel 6), dass im thermodynamischen Gleichgewicht für alle Stoffe $\overline{S}(T = 0) = 0$ gesetzt werden kann. Damit können für Entropien, anders als für Enthalpien und freie Enthalpien, absolute Werte ermittelt werden, wenn die Molwärme $\overline{C}_p$ bzw. $\overline{C}_V$im Bereich von $T = 0$ bis T als Funktion von T bekannt ist. Werte von $\Delta^{\mathrm{f}}\overline{G}^{0}_{298}$, $\Delta^{\mathrm{f}}\overline{H}^{0}_{298}$ und $\overline{S}^{0}_{298}$ sind in Anhang F.3 für viele anorganische und organische Stoffe angegeben.

Will man die freie Bildungsenthalpie bei anderen Werten von T und p kennen als im Standardzustand, so geht man von der allgemeinen Beziehung für das totale Differential von $\overline{G}$ aus (s. Gl. (5.53) mit $\mathrm{d}\lambda_i = 0$ und $\mathrm{d}n_i = 0$:

$$\mathrm{d}\overline{G} = -\overline{S}\,\mathrm{d}T + \overline{V}\mathrm{d}p$$

Integration dieser Gleichung unter Berücksichtigung der Definition von $\Delta^{\mathrm{f}}\overline{G}^{0}(T,p)$ ergibt für den Stoff n, der aus den Elementen i gebildet wird:

$$\begin{aligned}\Delta^{\mathrm{f}}\overline{G}^{0}_{n}(T,p) = \Delta^{\mathrm{f}}\overline{G}^{0}_{n}(298\ K, 1\ \mathrm{bar}) &- \int_{298}^{T}\left(\overline{S}_n(T',p) - \sum_i \nu_i\,\overline{S}_i(T',p)\right)\mathrm{d}T' \\ &+ \int_{1\,\mathrm{bar}}^{p}\left(\overline{V}_n(298,p') - \sum_i \nu_i\,\overline{V}_i(298,p')\right)\mathrm{d}p' \end{aligned} \tag{5.87}$$

wobei ν_i hier wieder die stöchiometrischen Koeffizienten der Elemente bezüglich der Verbindung n bedeuten. In Gl. (5.87) ist Integrationsweg so gewählt, dass zunächst bei $T = 298$ K über p' integriert wird und dann bei p = const. über T' von 298 K bis T.

Es gilt nun (s. Gl. (5.19)):

$$\int_{298}^{T} \overline{S}(T,p)\,\mathrm{d}T = \int_{298}^{T}\mathrm{d}T \int_{0}^{T} \frac{\overline{C}_p(T',p)}{T'}\,\mathrm{d}T' \qquad (\text{bei } p = \text{const.})$$

Der erste Term unter dem Integral auf der rechten Seite dieser Gleichung lässt sich durch partielle Integration nach $\int u \cdot \mathrm{d}v = u \cdot v - \int v \cdot \mathrm{d}u$ mit $\mathrm{d}v = \mathrm{d}T, u = \int (\overline{C}_p/T')\mathrm{d}T'$ bzw. $\mathrm{d}u = (\overline{C}_p/T')\mathrm{d}T'$ umschreiben:

$$\int_{298}^{T} \mathrm{d}T \int_{0}^{T} \frac{\overline{C}_p(T',p)}{T'}\,\mathrm{d}T' = T \int_{298}^{T} \frac{\overline{C}_p(T',p)}{T'}\,\mathrm{d}T' - \int_{298}^{T} \overline{C}_p(T',p)\mathrm{d}T'$$

Damit erhält man nach Einsetzen in Gl. (5.87):

$$\boxed{\begin{aligned}\Delta^{\mathrm{f}}\overline{G}_n^0(T,p) &= \Delta^{\mathrm{f}}\overline{G}_n^0(298\ \mathrm{K}, 1\mathrm{bar}) + \int_{298}^{T} \Delta\overline{C}_p(T',p)\,\mathrm{d}T' \\ &- T\int_{298}^{T} \frac{\Delta\overline{C}_p(T',p)}{T'}\,\mathrm{d}T' + \int_{1}^{p} \Delta\overline{V}(T',p)\,\mathrm{d}p\end{aligned}} \tag{5.88}$$

mit

$$\Delta\overline{C}_p = \overline{C}_{p,n} - \sum_i \nu_i \overline{C}_{p,i} \quad \text{und} \quad \Delta\overline{V} = \overline{V}_n - \sum \nu_i\,\overline{V}_i$$

Der zweite bzw. dritte Term auf der rechten Seite von Gl. (5.88) stellen wieder nichts anderes dar als die Enthalpieänderung bzw. die Entropieänderung multipliziert mit T entsprechend der Gibbs-Helmholtz-Gleichung.

Die Berechnung von $\Delta^{\mathrm{f}}\overline{G}_n^0(T,p)$ bei Kenntnis von $\Delta^{\mathrm{f}}\overline{G}_n^0(298, 1\mathrm{bar})$ lässt sich also immer durchführen, wenn die Molwärmen $\overline{C}_{p,n}$ bzw. $\overline{C}_{p,i}$ und die Molvolumina $\overline{V}_n$ bzw. $\overline{V}_i$ als Funktionen von T und p bekannt sind. Dabei ist das Integrationsergebnis von Gl. (5.88) vom Integrationsweg unabhängig ($T_0 = 298$ K, $p = 1$ bar $\rightarrow T, p$). Integriert man erst über T und dann über p oder umgekehrt erst über p und dann über T, ergibt dasselbe Resultat.

Bei reinen Stoffen entspricht $\Delta^{\mathrm{f}}\overline{G}_n^0(T,p)$ dem chemischen Potential $\mu_n(T,p)$ dieses Stoffes. Wenn ein Stoff in verschiedenen Phasen existieren kann, herrscht ja Phasengleichgewicht zwischen 2 Phasen („Strich" und „Doppelstrich"), wenn gilt (s. Gl. 5.82):

$$\mu_n' = \mu_n''$$

bzw.

$$\Delta^{\mathrm{f}}\overline{G}^0(T,p)_n' = \Delta^{\mathrm{f}}\overline{G}^0(T,p)_n''$$

Außerhalb des Phasengleichgewichtes ist immer diejenige Phase thermodynamisch stabil, die den niedrigeren Wert von $\Delta^{\mathrm{f}}G^0(T,p)_n$ bzw. μ_n hat (s. Abb. 5.18).

Für einige Stoffe sind im Anhang F.3 auch Standardwerte $\Delta^{\mathrm{f}}\overline{G}^0(298, 1\ \mathrm{bar})$ für verschiedene Phasen angegeben. So wird z. B. beim Kohlenstoff der Wert von $\Delta^{\mathrm{f}}\overline{G}^0(298, 1\ \mathrm{bar})$ für Graphit mit $0\ \mathrm{kJ{\cdot}mol^{-1}}$ angegeben, für Diamant mit $2{,}88\ \mathrm{kJ{\cdot}mol^{-1}}$ und für gasförmigen Kohlenstoff mit $669{,}58\ \mathrm{kJ \cdot mol^{-1}}$. Die stabile Modifikation ist also bei 298 K und 1 bar Graphit, Diamant ist nicht stabil, sondern nur *metastabil* (s. auch Abb. 5.21). Gasförmiger Kohlenstoff ist unter Standardbedingungen nicht existent, so dass dieser *hypothetische Zustand* nur indirekt, d.h., rechnerisch ermittelt werden kann. Es gilt generell für den gasförmigen Standardzustand - unabhängig davon, ob er thermodynamisch stabil ist oder nicht -, dass er für das *ideale Gas* definiert ist. Dieser Zustand ist deshalb hypothetisch, d. h. nicht realisierbar, weil kein Gas bei 1 bar und 298,15 K als ideales Gas vorliegt. Es müssen daher beim realen Gas bei 1 bar und 298,15 K Korrekturen vorgenommen werden, um den hypothetischen Zustand des idealen Gases bei Standardbedingungen angeben zu können (Näheres s. Kapitel 6). So sind die Zahlenwerte für $\Delta^f\overline{G}^0(298)$, $\Delta^f\overline{H}^0(298)$ und $\overline{S}^0(298)$ für gasförmige Verbindungen (Index g) in Anhang F.3 zu verstehen.

Wir wollen als Beispiel berechnen, bei welchem Druck $\Delta^f\overline{G}^0(298, p)$ für Graphit und Diamant gleich werden, also Phasengleichgewicht herrscht.

Es muss dort bei 298,15 K gelten:

$$\Delta^f\overline{G}^0(298\text{ K}, 1\text{bar})_{\text{Graphit}} + \int_{1\text{ bar}}^{p} \overline{V}^0_{\text{Graphit}}\,\mathrm{d}p = \Delta^f\overline{G}^0(298\text{ K}, 1\text{bar})_{\text{Diamant}} + \int_{1\text{ bar}}^{p} \overline{V}^0_{\text{Diamant}}\,\mathrm{d}p$$

Mit den tabellarischen Daten folgt zunächst:

$$2,88\text{ kJ}\cdot\text{mol}^{-1} = \int_{1\text{ bar}}^{p} (\overline{V}^0_{\text{Graphit}} - \overline{V}^0_{\text{Diamant}})\,\mathrm{d}p$$

Um den fraglichen Druck p berechnen zu können, benötigen wir Werte der Molvolumina $\overline{V}^0$ von Graphit und Diamant. Wir nehmen vereinfachend an, dass die Molvolumina in erster Näherung druckunabhängig sind, eine Annahme, die für die Differenz der Molvolumina sicher noch zutreffender ist. Die Dichte von Graphit beträgt $2,25\cdot 10^3\text{kg}\cdot\text{m}^{-3}$, diejenige von Diamant $3,52\cdot 10^3\text{kg}\cdot\text{m}^{-3}$. Die Molmasse M_C von Kohlenstoff ist 0,01201 $\text{kg}\cdot\text{mol}^{-1}$.

Damit ergibt sich:

$$2,88\cdot 1000\text{ J}\cdot\text{mol}^{-1} = M_C\cdot\left(\frac{1}{\varrho_{\text{Graphit}}} - \frac{1}{\varrho_{\text{Diamant}}}\right)(p-1)$$

Aufgelöst nach dem fraglichen Druck p folgt:

$$p = \frac{2,88\cdot 1000}{0,01201\cdot\left(\frac{1}{2,25} - \frac{1}{3,52}\right)\cdot 10^{-3}} + 1 = 1,495\cdot 10^9\text{ Pa} = 14950\text{ bar}$$

Das ist der Druck im Phasengleichgewicht. Eine genauere Rechnung, die die Druckabhängigkeit von $\overline{V}^0_{\text{Graphit}}$ und $\overline{V}^0_{\text{Diamant}}$ berücksichtigt, ergibt für den Umwandlungsdruck 16 kbar (s. Übungsaufgabe 5.16.35).

Oberhalb dieses Druckes ist also Diamant die stabile Phase des Kohlenstoffs, unterhalb dieses Druckes ist es Graphit (s. auch Abb. 5.21).

5.14 Thermodynamische Prozesse in offenen Systemen

Wir hatten mit der Einführung und Diskussion der Gibbs'schen Fundamentalgleichung (Gl. (5.48)) bereits die Molzahlen n_k als freie Variablen verwendet und waren dadurch zum Begriff des chemischen Potentials μ_k gelangt, das eine so fundamentale Bedeutung bei der Berechnung von Phasengleichgewichten hat. Die aus der Gibbs'schen Fundamentalgleichung abgeleiteten Gleichgewichtsbedingungen (Gl. (5.82)) sind die Grundlage der quantitativen Beschreibung dieser Phasengleichgewichte, mit denen wir uns seit Beginn des Abschnitts 5.7 beschäftigt hatten. Dabei waren wir stets davon ausgegangen, dass die verschiedenen Phasen eines Systems an den Phasengrenzen durchlässig sind für die verschiedenen Komponenten, also die Phasen miteinander als *offene Untersysteme* zu betrachten sind. Das *Gesamtsystem* jedoch, das alle Phasen enthält, war entweder als geschlossenes System betrachtet worden, bei dem es zwar Energieaustausch aber keinen Materieaustausch mit der Umgebung gibt, oder als abgeschlossenes (isoliertes) System, bei dem weder Materie noch Energie mit der Umgebung austauschbar sind.

Wir wollen diese Einschränkungen jetzt fallen lassen und untersuchen, welche Konsequenzen und neuen Erkenntnisse sich ergeben, wenn der Austausch von Energie *und* Materie mit der Umgebung möglich ist. Dazu betrachten wir ein 1-Phasensystem mit k Komponenten.

Zunächst sei daran erinnert, dass bei der Entropie S bereits in Kapitel 5.7 die Aufspaltung in einen inneren Anteil $\delta_i S$ und einen äußeren Anteil $\delta_e S$ für die differentielle Gesamtänderung der Entropie dS vorgenommen wurde (s. Abschnitt 5.7):

$$\mathrm{d}S = \delta_e S + \delta_i S$$

Ähnlich verfahren wir jetzt bei einem offenen System mit den Komponenten n_k:

$$\mathrm{d}n_k = \delta_e n_k + \delta_i n_k$$

$\delta_e n_k$ und $\delta_i n_k$ sind also i. a. keine vollständigen Differentiale.

Der nach links gestellte Index bezeichnet also auch hier mit e (= extern) den Austausch mit der Umgebung, während der Index i (= intern) Änderungen der Molzahlen im Inneren des Gesamtsystems bezeichnet.

Eine Änderung $\delta_e S$ kann in einem offenen System durch Wärmeaustausch δQ sowie materiegebundenem Austausch mit der Umgebung zustande kommen:

$$T \cdot \delta_e S = \delta Q + T \sum_k \overline{S}_k \delta_e n_k$$

Dabei ist $\overline{S}_k$ die partielle molare Entropie der Komponente k. Wenn wir auf beiden Seiten dieser Gleichung $T \cdot \delta_i S$ dazu addieren und beachten, dass $T \cdot \delta_i S = \delta W_{\text{diss}}$, also die differentielle dissipierte Arbeit bedeutet (s. Gl. (5.29)), so ergibt sich:

$$T(\delta_e S + \delta_i S) = T \cdot dS = \delta Q + T \sum_k \overline{S}_k \delta_e n_k + \delta W_{\text{diss}} \tag{5.89}$$

Allgemein gilt also

$$T dS \geq \delta Q + T \sum_k \overline{S}_k \delta_e n_k \tag{5.90}$$

Ist das System geschlossen ($\delta_e n_k$), verschwindet die Summe in Gl. (5.89) und (5.90). Das Gleichheitszeichen in Gl. (5.90) gilt im reversiblen Fall, wenn $\delta W_{\text{diss}} = 0$ ist.

Wir setzen nun Gl. (5.89) in die Gibbs'sche Fundamentalgleichung (5.48) ein und erhalten mit $T\delta_i S = \delta W_{\text{diss}}$, sowie der abgekürzten Schreibweise $\delta W_{\text{rev}} = \sum_i \lambda_i \text{d}l_i$:

$$\text{d}U = \delta Q + T\sum_k \overline{S}_k \delta_e n_k + T\delta_i S + \delta W_{\text{rev}} - p\text{d}V + \sum_k \mu_k \delta_i n_k + \sum_k \mu_k \delta_e n_k \tag{5.91}$$

Das chemische Potential μ_k hängt mit den partiellen molaren Größen $\overline{H}_k$ und $\overline{S}_k$ folgendermaßen zusammen (man hat lediglich Gl. (5.62) partiell nach der Molzahl n_k zu differenzieren):

$$\mu_k = \overline{H}_k - T \cdot \overline{S}_k$$

Eingesetzt in Gl. (5.91) ergibt das, wenn wir $\delta W_{\text{rev}} = \sum_i \lambda_i \text{d}l_i$ setzen:

$$\boxed{\text{d}U = \delta Q + T\delta_i S - p\text{d}V + \sum_k \mu_k \delta_i n_k + \sum_k \overline{H}_k \delta_e n_k + \delta W_{\text{rev}}} \tag{5.92}$$

$\delta_i n_k \neq 0$ bedeutet, dass chemische Reaktionen innerhalb des Systems ablaufen. Ist das nicht der Fall, fällt der erste Summenterm weg. Falls sich die potentielle und, oder die äußere kinetische Energie des Systems ändern können, müssen sie berücksichtigt werden und es gilt ganz allgemein:

$$\text{d}E = \text{d}E_{\text{pot}} + \text{d}E_{\text{kin}} + \text{d}U \tag{5.93}$$

Die Behandlung offener Systeme spielt vor allem in der technischen Thermodynamik eine Rolle. Wir wollen in den folgenden Unterabschnitten 7 Beispiele für die Anwendung von Gl. (5.92) bzw. (5.93) angeben.

5.14.1 Austritt eines komprimierten Gases aus einem Hochdruckbehälter

Beim Druck p_1 befinden sich in einem Stahlzylinder m_1 kg eines idealen Gases bei Umgebungstemperatur T_1. Durch ein undichtes Ventil entweicht das Gas rasch, bis sich Umgebungsdruck einstellt. Welche Gasmenge m_2 verbleibt im Zylinder und wie groß ist die Endtemperatur T_2 im Zylinder?

Wir nehmen an, dass der Prozess adiabatisch und vollständig irreversibel abläuft, d. h., $\delta Q = 0$ und $\delta W_{\text{rev}} = 0$, $p\text{d}V = T\delta_i S$ alle $\delta_i n_k = 0$ und $\delta_e n_k = \delta_e n$. Mit Gl. (5.92) und (5.93) erhält man dann für einen reinen Stoff:

$$\text{d}U = \overline{H}\text{d}_e n$$

Es gilt:

$$\text{d}U = \text{d}(\overline{U} \cdot n) = n\text{d}\overline{U} + \overline{U} \cdot \text{d}_e n$$

und

$$\overline{H} = \overline{U} + p \cdot \overline{V}$$

Damit ergibt sich

$$n\mathrm{d}\overline{U} = p \cdot \overline{V} \cdot \mathrm{d}_e n \tag{5.94}$$

Es gilt $p \cdot \overline{V} = RT$ und, wenn V_0 das Zylindervolumen ist:

$$n \cdot \overline{V} = V_0$$

bzw., da V_0 eine Konstante ist

$$\overline{V}\mathrm{d}_e n + n\mathrm{d}\overline{V} = 0$$

Mit $n\mathrm{d}\overline{U} = n\overline{C}_V \cdot \mathrm{d}T$ folgt aus Gl. (5.94):

$$\frac{\overline{C}_V \mathrm{d}T}{RT} = \frac{\mathrm{d}_e n}{n} = -\frac{\mathrm{d}\overline{V}}{\overline{V}}$$

Integration ergibt:

$$\frac{T_2}{T_1} = \left(\frac{\overline{V}_1}{\overline{V}_2}\right)^{\gamma-1} \tag{5.95}$$

wobei γ der Adiabatenkoeffizient $\overline{C}_p/\overline{C}_V$ ist (s. Abschnitt 5.1). Gl. (5.95) ist also nichts anderes als die bekannte Adiabaten-Gleichung. Sie lässt sich mit $\overline{V} = V_0/n = V_0 \cdot M/m$ schreiben:

$$\frac{\overline{V}_2}{\overline{V}_1} = \frac{m_1}{m_2} = \left(\frac{p_1}{p_2}\right)^{1/\gamma} \tag{5.96}$$

Dabei ist p_2 der Umgebungsdruck. Es lässt sich also bei bekannter Masse m_1 und Druck p_1 sowie dem Wert von $\gamma = \overline{C}_p/\overline{C}_V$ die im Zylinder verbleibende Gasmenge m_2 und nach Gl. (5.95) auch die Endtemperatur T_2 im Stahlzylinder berechnen.

Man beachte das interessante Ergebnis, dass bei einem *offenen* System im *adiabatisch-irreversiblen* Fall nach Gl. (5.95) dasselbe herauskommt wie bei einem *geschlossenen System* im *adiabatisch-quasistatischen* (reversiblen) Fall nach Gl. (5.1) bzw. (5.2).

5.14.2 Aufheizung eines Raumes

Wir wollen jetzt die Aufheizung eines Raumes berechnen (s. Abb. 5.23). Ein elektrischer Heizer, der die Arbeit δW_{diss} dissipiert, erwärmt die Raumluft, die am Anfang die Temperatur T_0 und den Druck p_0 hat. Das Raumvolumen ist V_0. Beim Aufheizen bleiben p_0 und natürlich auch V_0 unverändert, da beim Erwärmen der Luft immer soviel Luft (durch Ritzen und Schlüssellöcher etc.) aus dem Raum austritt, dass p_0 konstant bleibt. Es handelt sich also auch hier um ein offenes System (Luftverlust des Systems „Raum"). Zu berechnen ist die Temperatur und die Menge an Luft im Raum als Funktion der Zeit t, wenn der Heizer mit der konstanten Heizleistung $\delta W_{\mathrm{diss}}/\mathrm{d}t = \dot{W}_{\mathrm{diss}}$ arbeitet.

Wir starten wieder mit Gl. (5.92) und Gl. (5.93) und schreiben mit $\delta Q = 0$, $\dot{W}_{\mathrm{diss}} \cdot \mathrm{d}t = T \cdot \delta_i S$, $\delta_i n_k = 0$, $\mathrm{d}E_{\mathrm{pot}} = 0$, $\mathrm{d}E_{\mathrm{kin}} = 0$, aber $\mathrm{d}_e n_k = \mathrm{d}n \neq 0$:

$$\mathrm{d}U = \dot{W}_{\mathrm{diss}}\mathrm{d}t - p_0\mathrm{d}V + \overline{H} \cdot \mathrm{d}n$$

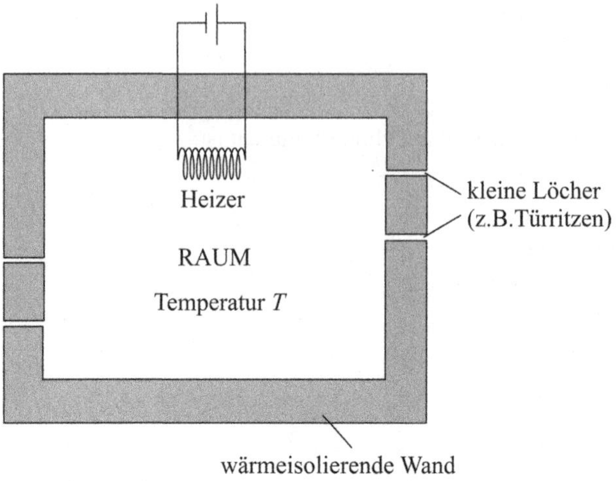

Abb. 5.23 Aufheizung eines Raumes

Wir setzen wieder $\mathrm{d}U = n\mathrm{d}\overline{U} + \overline{U} \cdot \mathrm{d}n$ und $\mathrm{d}V = \overline{V}\mathrm{d}n + n\mathrm{d}\overline{V}$ sowie $\overline{H}\mathrm{d}n = \overline{U}\mathrm{d}n + p_0 \cdot \overline{V}\mathrm{d}n$ ein und erhalten:

$$n \cdot \mathrm{d}\overline{U} = \dot{W}_{\mathrm{diss}}\mathrm{d}t - n \cdot p_0\mathrm{d}\overline{V} = n \cdot \overline{C}_V\mathrm{d}T$$

Nun gilt das ideale Gasgesetz:

$$p_0 \cdot V_0 = n \cdot RT$$

allerdings mit $p_0 \cdot V_0 = \mathrm{const.}$, so dass Differenzieren ergibt:

$$\frac{\mathrm{d}n}{\mathrm{d}T} = -\frac{p_0 \cdot V_0}{RT^2}$$

Es gilt für das molare Volumen $\overline{V} = V_0/n = RT/p_0$.

Wenn wir jetzt $\mathrm{d}\overline{V} = \left(\mathrm{d}\overline{V}/\mathrm{d}T\right)\mathrm{d}T$ setzen, erhält man:

$$\frac{\mathrm{d}\overline{V}}{\mathrm{d}T} = \frac{R}{p_0}$$

und mit $n = p_0 \cdot V_0/RT$:

$$\dot{W}_{\mathrm{diss}} \cdot \mathrm{d}t = \frac{p_0 \cdot V_0}{R}\overline{C}_V\frac{\mathrm{d}T}{T} + \frac{p_0 \cdot V_0}{T}\mathrm{d}T$$

Diese Gleichung lässt sich sofort integrieren von 0 bis t und von T_0 bis T:

$$\dot{W}_{\mathrm{diss}} \cdot t = \left(\frac{\overline{C}_V}{R} + 1\right) \cdot p_0 \cdot V_0 \cdot \ln\left(\frac{T}{T_0}\right)$$

Wenn wir noch berücksichtigen, dass $\overline{C}_p = \overline{C}_V + R$ ist, und die Gleichung nach T auflösen, ergibt sich:

$$T = T_0 \cdot \exp\left[\frac{\dot{W}_{\text{diss}} \cdot t}{\frac{\overline{C}_p}{R} \cdot p_0 \cdot V_0}\right]$$

Man erhält also ein exponentielles Wachstum der Temperatur und kein lineares, wie man zunächst vermuten könnte. Das liegt daran, dass im Lauf der Zeit mit steigender Temperatur die Zahl der Luftmoleküle im Raum ständig abnimmt und daher bei konstanter Heizleistung die Temperatur schneller als linear ansteigt.

Wir können auch die Molzahl der Luftmoleküle im Raum als Funktion der Zeit berechnen. Es gilt mit $\dot{T} = \mathrm{d}T/\mathrm{d}t$ und $\dot{n} = \mathrm{d}n/\mathrm{d}t$:

$$\dot{n} = -\dot{T}\,\frac{p_0 \cdot V_0}{RT^2}$$

Wegen $\dot{T}/T = \dot{W}_{\text{diss}} \cdot R/(\overline{C}_p \cdot p_0 V_0)$ folgt daraus in integrierter Form

$$n - n_0 = -\frac{\dot{W}_{\text{diss}}}{\overline{C}_p T} = -\frac{\dot{W}_{\text{diss}}}{\overline{C}_p \cdot T_0}\int\limits_0^t \exp\left[-\frac{\dot{W}_{\text{diss}} \cdot t}{\overline{C}_p \cdot p_0 V_0} \cdot R\right] \mathrm{d}t$$

wobei n_0 die Molzahl der Luftmoleküle zu Beginn bei T_0 ist. Ausführung der einfachen Integration ergibt:

$$n_0 - n = \frac{p_0 \cdot V_0}{R \cdot T_0}\left(1 - \exp\left[-\frac{W_{\text{diss}} \cdot R}{\overline{C}_p p_0 \cdot V_0} \cdot t\right]\right) \tag{5.97}$$

wobei $p_0 V_0 / R T_0 = n_0$ ist.

Bei $t \to \infty$ wird also $n = 0$! Das ist natürlich unrealistisch und ein rein theoretisches Ergebnis, da gleichzeitig auch $T \to \infty$ gehen müsste. In der Realität wird mit wachsender Temperatur Wärmeleitung durch Wände und Fenster verstärkt einsetzen, bis die Wärmeerzeugung $\dot{W}_{\text{diss}}$ die abgeführte Wärme gerade kompensiert und sich eine stationäre Temperatur einstellt.

5.14.3 Befüllung eines evakuierten Volumens unter adiabatischen Bedingungen

Wir betrachten einen evakuierten Tank mit dem Volumen $V_{\text{Tank}} = 1\ \mathrm{m}^3$, der an das Versorgungsnetz einer Luftleitung angeschlossen ist. Dort herrscht immer ein Druck p_{L} von 1,5 bar bei $T_{\mathrm{L}} = 300\mathrm{K}$ (s. Abb. 5.24). Jetzt wird das Ventil zwischen Luftdruckleitung und evakuiertem Tank geöffnet und Druckausgleich hergestellt ($p_{\text{Tank}} = p_{\mathrm{L}}$). Dann wird das Ventil wieder geschlossen.

Welche Temperatur T_{Tank} herrscht im Tank, vorausgesetzt, es wird keine Wärme mit der Tankwand bzw. der Umgebung ausgetauscht? Wie groß ist die Molzahl n im Tank? Um das Problem zu lösen, gehen wir aus von Gl. (5.92). Es ist $\delta W_{\text{rev}} = 0$ und $\delta Q = 0$. Ferner sind alle $\delta_i n_k = 0$. Da

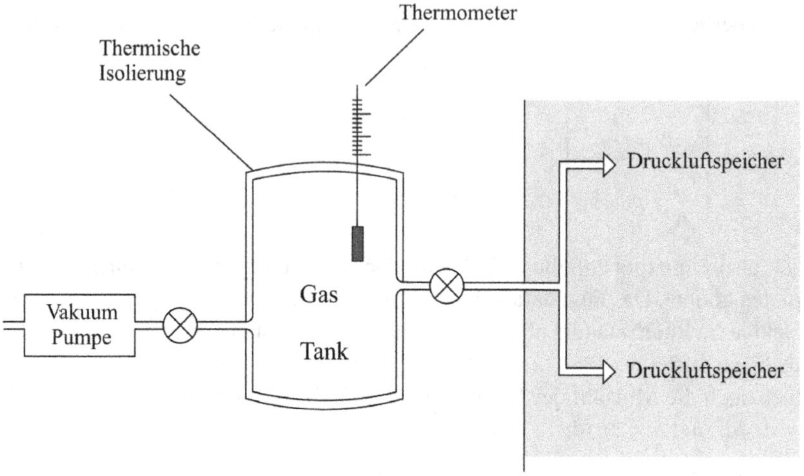

Abb. 5.24 Evakuierbarer Gastank mit Anschluss an das Luftdrucknetz

keine Volumenarbeit geleistet wird ($\delta W = 0$), gilt $T\mathrm{d}_i S - p\mathrm{d}V = 0$. Wenn wir die molare Enthalpie der Luft in der Luftdruckleitung mit $\overline{H}_\mathrm{L}$ bezeichnen, gilt somit nach Gl. (5.93):

$$\mathrm{d}U_\mathrm{Tank} = \mathrm{d}(n\overline{U}_\mathrm{Tank}) = \overline{H}_\mathrm{L} \cdot \mathrm{d}n$$

Integration von $n = 0$ bis n ergibt:

$$n \cdot \overline{U}_\mathrm{Tank} = \overline{H}_\mathrm{L} \cdot n$$

Da nun bei idealen Gasen $\overline{H}_\mathrm{L} = \overline{U}_\mathrm{L} + p_\mathrm{L} \cdot \overline{V}_\mathrm{L} = \overline{U}_\mathrm{L} + R \cdot T_\mathrm{L}$ gilt, ergibt sich:

$$\overline{U}_\mathrm{Tank} - \overline{U}_\mathrm{L} - RT_\mathrm{L} = 0$$

Da $\overline{U}_\mathrm{Tank}$ bzw. $\overline{U}_\mathrm{L}$ beim idealen Gas nur von T abhängen, ferner $\overline{C}_p - \overline{C}_V = R$ gilt, folgt mit $\mathrm{d}U = C_V \mathrm{d}T$:

$$\overline{C}_V(T_\mathrm{Tank} - T_\mathrm{L}) = (\overline{C}_p - \overline{C}_V) \cdot T_\mathrm{L}$$

oder:

$$T_\mathrm{Tank} = \frac{\overline{C}_p}{\overline{C}_V} \cdot T_\mathrm{L} = \gamma \cdot T_\mathrm{L}$$

Da $\gamma > 1$, ist $T_\mathrm{Tank} > T_\mathrm{L}$. Auch hängt T_Tank weder von p_L noch von n ab. Für n gilt ($p_\mathrm{L} = p_\mathrm{Tank}$):

$$n = \frac{p_\mathrm{L} \cdot V_\mathrm{Tank}}{R \cdot T_\mathrm{Tank}}$$

Mit $\gamma = 1,4$ für Luft und $M_\mathrm{Luft} = 0,029\ \mathrm{kg \cdot mol^{-1}}$ erhalten wir folgende Ergebnisse:

$$T_\mathrm{Tank} = 1,4 \cdot 300 = 420\ \mathrm{K} \quad \text{und} \quad n = 1,5 \cdot 10^5 (8,3145 \cdot 420) = 42,95\mathrm{mol} = 1,245\ \mathrm{kg}$$

5.14.4 Analyse des Joule-Thomson-Prozesses als stationäres offenes System

Der Joule-Thomson-Prozess (s. Kapitel 4.2) lässt sich als Prozess im offenen System ausgehend von Gl. (5.92) formulieren (s. Abb. 4.6). Wir betrachten zunächst den Prozess innerhalb der Drossel. Es gilt nach Gl. (5.92) in unserem Fall $\delta W_{\text{rev}} = 0$, $\delta_i n_k = 0$, $\delta_e n_k = \mathrm{d}n$:

$$\mathrm{d}U = \mathrm{d}(n \cdot \overline{U}) = \delta Q + T\delta_i S - p\mathrm{d}V + \overline{H}\mathrm{d}_e\, n$$

Der Joule-Thomson-Prozess ist innerhalb der Drossel irreversibel, also gilt $T\mathrm{d}_i S = p\mathrm{d}V$ und adiabatisch ($\delta Q = 0$). Daraus folgt mit der Molzahl $\mathrm{d}n_1 = \mathrm{d}_e n$ beim Eintritt in die Drossel und $\mathrm{d}n_2 = -\mathrm{d}_e n$ beim Austritt aus der Drossel im stationären Zustand:

$$\mathrm{d}U_1 = \overline{H}_1 \cdot \mathrm{d}n_1$$

$$\mathrm{d}U_2 = \overline{H}_2 \cdot \mathrm{d}n_2$$

Die innere Energie U kann sich innerhalb der Drossel nicht ändern ($\delta Q = 0, \delta W = 0$). Es gilt also:

$$\mathrm{d}U_1 + \mathrm{d}U_2 = 0$$

und ferner aus Bilanzgründen (s. o.):

$$\mathrm{d}n_1 + \mathrm{d}n_2 = 0$$

also ergibt sich:

$$0 = (\overline{H}_1 - \overline{H}_2)\mathrm{d}n_1 = (\overline{H}_2 - \overline{H}_1)\mathrm{d}n_2$$

Daraus folgt:

$$\overline{H}_1 = \overline{H}_2$$

Die Ableitung zeigt, dass die Irreversibilität Voraussetzung für die Isenthalpie des Joule-Thomson-Prozesses innerhalb der Drossel ist.

Wir betrachten nun die Prozesse *vor* (Index 1) und *hinter* (Index 2) der Drossel. Da die Strömung in diesen Bereichen langsam ist , herrschen dort praktische quasistatische, d. h. reversible Bedingungen, und es gilt mit Gl. (5.92):

$$\mathrm{d}U_1 = -p_1\mathrm{d}V_1 + \overline{H}_1\mathrm{d}n_1$$

$$\mathrm{d}U_2 = -p_2\mathrm{d}V_2 + \overline{H}_2\mathrm{d}n_2$$

Nun gilt aus energetischen Bilanzgründen im adiabatischen Fall ($\delta Q_1 = 0, \delta Q_2 = 0$):

$$\mathrm{d}(U_1 + U_2) = -p_1\mathrm{d}V_1 - p_2\mathrm{d}V_2$$

und da $\mathrm{d}n_1 = -\mathrm{d}n_2$, folgt unmittelbar für die molaren Enthalpien vor und hinter der Drossel:

$$\overline{H}_1 = \overline{H}_2$$

Das ist genau dasselbe Resultat wie Gl. (4.7). Im gesamten System, *vor, in* und *hinter* der Drossel, ist also $\overline{H}$ bzw. H konstant, obwohl vor und hinter der Drossel der Prozess adiabatisch-reversibel und in der Drossel adiabatisch-irreversibel abläuft.

5.14.5 Stationärer Ausströmungsprozess eines Gases durch eine Düse

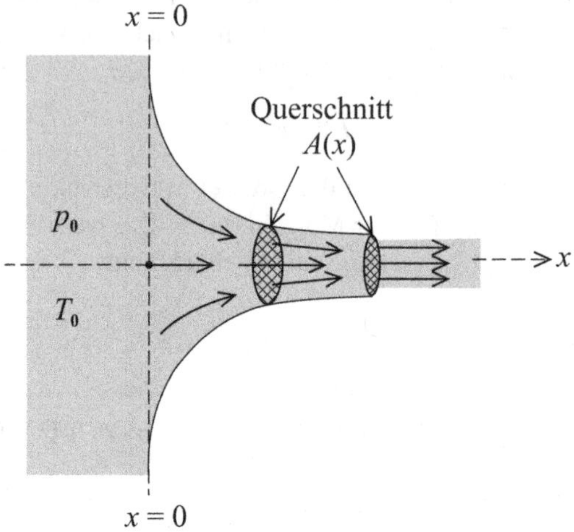

Abb. 5.25 Strömung eines Gases durch eine Düse als offenes thermodynamisches System

Als fünftes Beispiel für einen thermodynamischen Prozess im offenen System wollen wir die kontinuierliche Aussströmung eines Gases, z. B. eines oxidierten, gasförmigen Verbrennungsgases, durch eine Düse untersuchen. Abb. 5.25 zeigt diesen Vorgang. Ein Gas bei erhöhtem Druck p_0 und erhöhter Temperatur T_0 strömt durch eine düsenförmige Öffnung ins Vakuum. p_0 und T_0 könnten z. B. die Zustandsgrößen in der Brennkammer einer Rakete sein. Das Gas wird in dem Bereich der Düse beschleunigt und tritt am Ende der Düse mit der Geschwindigkeit υ aus, während die Geschwindigkeit in der Brennkammer $\upsilon_0 \approx 0$ ist. Das ist dann der Fall, wenn das Volumen der Brennkammer groß ist gegenüber dem Volumen, dass zur Düse gehört. Die Geschwindigkeit υ in der Austrittsöffnung der Düse soll berechnet werden, ebenso wie der Massenfluss $\mathrm{d}m/\mathrm{d}t = \dot{m}$ des austretenden Gases. Der ganze Ausströmprozess soll adiabatisch-reversibel, also isentrop verlaufen und sich im stationären Fließzustand befinden.

Zur Lösung dieses Problems müssen wir Gl. (5.92) und Gl. (5.93) heranziehen. Die Problemstellung erfordert: $\mathrm{d}E_{\mathrm{pot}} = 0,\ \delta Q = 0,\ T\delta_i S = 0, \delta_i n_k = 0$ sowie $\overline{H}\mathrm{d}_e n = \mathrm{d}H$. Also gilt:

$$\mathrm{d}E_{\mathrm{kin,Syst}} + \mathrm{d}U = -p\mathrm{d}V + \mathrm{d}H$$

oder mit $H = U + p \cdot V$:

$$\mathrm{d}\left(\frac{m}{2}\upsilon^2\right) + \mathrm{d}U = -p\mathrm{d}V + \mathrm{d}U + \mathrm{d}(p \cdot V) = V\mathrm{d}p$$

Integration liefert mit $\dot{n} = \dot{m}/M$ unter adiabatisch-reversiblen bzw. isentropen Bedingungen im stationären Zustand ($\dot{n} = \mathrm{d}n/\mathrm{d}t,\ \dot{m} = \mathrm{d}m/\mathrm{d}t$):

$$\frac{\dot{m}}{2}\upsilon^2 = \frac{\dot{m}}{M}\int \overline{V}\mathrm{d}p = -\frac{\dot{m}}{M}\int \frac{1}{\kappa_S}\mathrm{d}\overline{V}$$

wobei $\kappa_S = -\frac{1}{\overline{V}}\left(\frac{\partial \overline{V}}{\partial p}\right)_S$ die isentrope Kompressibilität und M die Molmasse des Gases bedeuten. Da $\overline{V} = (\partial \overline{H}/\partial p)_S$ (s. Gl. (5.56)), gilt somit auch

$$\frac{\dot{m}v^2}{2} = -\frac{\dot{m}\left(\overline{H} - \overline{H}_0\right)}{M} \tag{5.98}$$

Die kinetische Energie des Düsenstrahls ist also gleich dem Enthalpieverlust des Gases. Mit Gl. (5.23) sowie mit $\kappa_T = 1/p, \gamma = \overline{C}_p/\overline{C}_V$ für ideale Gase erhält man nach Einsetzen in Gl. (5.3):

$$+\frac{\dot{m}}{2}v^2 = -\frac{\dot{m}}{M}\frac{\overline{C}_p}{\overline{C}_V}\int\limits_{\overline{V}}^{\overline{V}_0} p\mathrm{d}\overline{V} = +\frac{\dot{m}}{M}\frac{\overline{C}_p}{\overline{C}_p - \overline{C}_V}R \cdot T_0\left[1 - \left(\frac{\overline{V}}{\overline{V}_0}\right)^{1-\gamma}\right] = \frac{\dot{m}}{M}\overline{C}_p \cdot T_0\left[1 - \left(\frac{\overline{V}}{\overline{V}_0}\right)^{1-\gamma}\right]$$

Jetzt setzen wir Gl. (5.2) ein:

$$\frac{\dot{m}}{2}v^2 = \frac{\dot{m}}{M}\overline{C}_p \cdot T_0\left[1 - \left(\frac{p_0}{p}\right)^{(1-\gamma)/\gamma}\right]$$

Aufgelöst nach v erhalten wir das Ergebnis:

$$v = \sqrt{\frac{2}{M}\overline{C}_p \cdot T_0\left[1 - \left(\frac{p}{p_0}\right)^{(\gamma-1)/\gamma}\right]} \tag{5.99}$$

Die Geschwindigkeit v und ebenso der Druck p des ausströmenden Gases sind abhängig vom Düsenquerschnitt A an der Stelle x innerhalb des Bereiches der sich verjüngenden Düse. Diejenige Größe, die überall, also bei jedem Querschnitt, konstant bleiben muss, ist der Massenstrom $\dot{m} = \mathrm{d}m/\mathrm{d}t$ des Gases (Kontinuitätsgleichung). Es gilt:

$$\dot{m} = \frac{\mathrm{d}n}{\mathrm{d}V} \cdot v \cdot M \cdot A(x) = \varrho \cdot v(x) \cdot A(x) = \text{const.} \tag{5.100}$$

wobei $v(x)$ Gasgeschwindigkeit und $A(x)$ der Querschnitt in der Düse an der Stelle x bedeuten. Das sieht man folgendermaßen ein: Abb. 5.26 zeigt, dass im Bereich des differentiellen Volumenelementes $\mathrm{d}V = A \cdot v \cdot \mathrm{d}t$ jedes Molekül in der Zeit $\mathrm{d}t$ durch die vordere Fläche A hindurchtritt. Ebenso viele Moleküle treten durch die linke Fläche A innerhalb der Zeit $\mathrm{d}t$ in das Volumenelement ein. Setzt man $\mathrm{d}V$ in obige Gleichung ein, erhält man die Identität:

$$\dot{m} = \frac{M}{N_L}\frac{\mathrm{d}N}{\mathrm{d}t} = \text{const.}$$

und damit Gl. (5.100). Es sei betont, dass v die Driftgeschwindigkeit und nicht die theoretisch gemittelte Molekulargeschwindigkeit bedeutet. Für die Massendichte ϱ ergibt sich nach Gl. (5.2):

$$\frac{\varrho}{\varrho_0} = \frac{V_0}{V} = \left(\frac{p}{p_0}\right)^{1/\gamma}$$

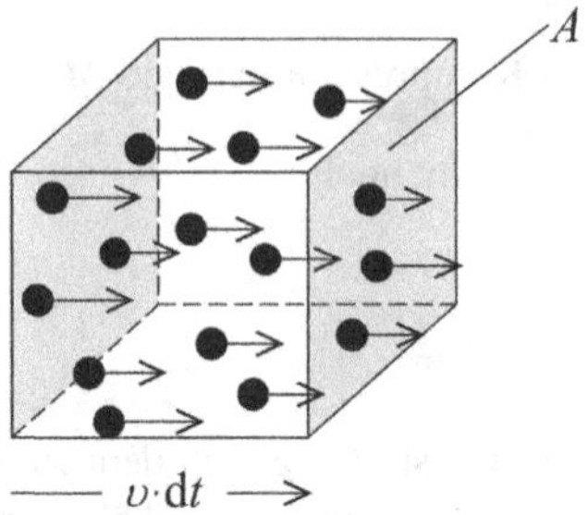

Abb. 5.26 Teilchenstrom im Volumenelement $\mathrm{d}V = A \cdot \upsilon \cdot \mathrm{d}t$

Also gilt:

$$\dot{m} = \varrho_0 \cdot \left(\frac{p}{p_0}\right)^{1/\gamma} \cdot \upsilon(x) \cdot A(x) \tag{5.101}$$

Da $\dot{m}$ überall konstant ist, muss auch die rechte Seite von Gl. (5.100) unabhängig vom Ort x innerhalb der Düse sein. Man erhält also als Endgleichung:

$$\boxed{\dot{m} = \varrho_0 \cdot \left(\frac{p(x)}{p_0}\right)^{1/\gamma} \cdot \sqrt{\frac{2}{M} \cdot \left(\frac{\gamma}{\gamma - 1}\right) \cdot p_0 \cdot \overline{V}_0 \left[1 - \left(\frac{p(x)}{p_0}\right)^{(\gamma-1)/\gamma}\right]} \cdot A(x)} \tag{5.102}$$

Hier wurde $R \cdot T_0 = p_0 \cdot \overline{V}_0$ gesetzt, wobei $\overline{V}_0$ das Molvolumen des Gases vor der Düse beim Druck p_0 bedeutet. Ferner wurde von $R = \overline{C}_p - \overline{C}_V$ Gebrauch gemacht. $(p(x)/p_0)$ ist eine Funktion von x, die durch die Funktion $A(x)$ bestimmt wird, wobei $A(x)$ die vorgegebene Düsenform beschreibt. Man kann nun für Gl. (5.101) auch schreiben:

$$\dot{m} = A(x) \cdot \Psi\left(p(x)/p_0\right) \cdot \sqrt{2\varrho_0 \cdot p_0} \tag{5.103}$$

mit der sogenannten Ausflussfunktion $\Psi(p(x)/p_0)$:

$$\Psi(p(x)/p_0) = \left(\frac{p(x)}{p_0}\right)^{1/\gamma} \cdot \sqrt{\frac{\gamma}{1-\gamma}\left(1 - \left(\frac{p(x)}{p_0}\right)\right)^{(\gamma-1)/\gamma}} \tag{5.104}$$

Die Ausflussfunktion ist in Abb. 5.27 dargestellt für $\gamma = 1{,}4$ und $\gamma = 1{,}33$.

Man sieht, dass $\Psi(p(x)/p_0)$ ein Maximum durchläuft, dessen Koordinaten sich leicht aus der Bedingung

$$\frac{\mathrm{d}\Psi(p(x)/p_0)}{\mathrm{d}(p(x)/p_0)} = 0$$

ermitteln lassen. Man erhält:

$$\Psi_{\max} = \left(\frac{2}{\gamma+1}\right)^{\frac{1}{\gamma-1}} \cdot \frac{\gamma}{\gamma+1} \quad \text{und} \quad \left(\frac{p(x)}{p_0}\right)_{\max} = \left(\frac{2}{\gamma+1}\right)^{\frac{\gamma}{\gamma-1}} \tag{5.105}$$

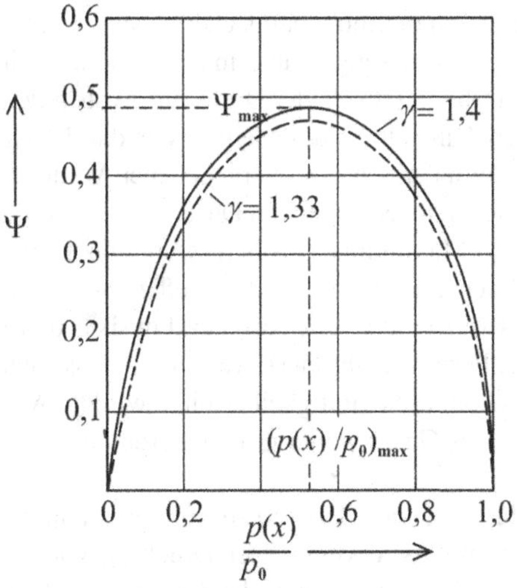

Abb. 5.27 Ausflussfunktion Ψ als Funktion $(p(x)/p_0)$

Wo dieses Maximum auf der x-Achse liegt, hängt wieder von $A(x)$ ab. Es liegt dort, wo $A(x)$ ein Minimum hat.

Für $\gamma = 1,4$ ist $\Psi_{max} = 0,369$ und $(p(x)/p_0)_{max} = 0,528$. Abb. 5.27 zeigt also, dass unabhängig von der Form der Düse und ihrem Endquerschnitt ein bestimmter Wert für $(p(x)/p_0)$ nicht unterschritten werden kann (die x-Richtung in der Düse ist zur $(p(x)/p_0)$-Richtung in Abb. 5.27 entgegengesetzt, d. h., bei $x = 0$ ist $(p(x)/p_0) = 1$). Der Grund dafür wird verständlich, wenn man die Geschwindigkeit v im Maximum von Ψ berechnet. Dieser Wert ergibt sich durch Einsetzen von $(p(x)/p_0)_{max}$ in Gl. (5.99):

$$v_{max} = \sqrt{\frac{2}{M}\overline{C}_p \cdot T_0 \,\frac{\gamma - 1}{\gamma + 1}}$$

Wir ersetzen nun T_0 durch den Wert von T bei $(p(x)/p_0)_{max}$, also T_{max}. Es gilt (s. Gl. (5.2) und Gl. (5.105)):

$$\frac{T_0}{T_{max}} = \frac{p_0 \cdot \overline{V}_0}{p_{max} \cdot \overline{V}_{max}} = \frac{p_0}{p_{max}} \cdot \left(\frac{p_{max}}{p_0}\right)^{1/\gamma} = \left(\frac{p_0}{p_{max}}\right)^{\frac{\gamma-1}{\gamma}} = \frac{\gamma + 1}{2}$$

Also erhält man mit $\overline{C}_p/\overline{C}_V = \gamma$ und $\overline{C}_p - \overline{C}_V = R$:

$$v_{max} = \sqrt{\frac{2}{M}\,\overline{C}_p \cdot T_{max} \cdot \frac{\gamma + 1}{2} \cdot \frac{\gamma - 1}{\gamma + 1}} = \sqrt{\gamma\,\frac{R \cdot T_{max}}{M}} \tag{5.106}$$

Das ist aber gerade die *Schallgeschwindigkeit* v_S eines idealen Gases bei $T = T_{max}$ nach Gl. (5.24), denn es gilt mit $\kappa_T = 1/p_{max}$:

$$v_S = \sqrt{\frac{\overline{V}_{max}}{\kappa_S \cdot M}} = \sqrt{\gamma \cdot \frac{(p \cdot \overline{V})_{max}}{M}} = \sqrt{\gamma \cdot \frac{R \cdot T_{max}}{M}}$$

Da sich Druckänderungen in einem thermodynamischen System mit Schallgeschwindigkeit räumlich fortpflanzen, können solche Änderungen auf ein Gas, das mit Schallgeschwindigkeit strömt, keinen Einfluss mehr haben. Daher lässt sich der Druck am Austritt der Düse auch dann nicht weiter erniedrigen, wenn man den Außendruck des Mediums, in das das Gas hineinströmt, gegen Null gehen lässt, also dort ein Vakuum herrscht. Bei vorgegebenen Werten von p_0 und T_0 lässt sich somit der Massenfluss $\dot{m}$ bei einer sich verjüngenden Düse (sog. konvergente Düse) nur bis zu einem Maximalwert steigern, der dem Maximum der Ausflussfunktion Ψ entspricht bzw. dem Minimum von $A(x)(\mathrm{d}A(x)\mathrm{d}x = 0)$ und der nur vom Adiabatenkoeffizienten γ abhängt. Der dabei erreichte Druck $p_{\max}$ heißt *Lavaldruck* (nach dem schwedischen Physiker und Ingenieur Carl Gustaf P. d. Laval). Durch eine bestimmte Form von Düsen (Laval-Düsen) lässt sich die Geschwindigkeit noch weiter steigern, wobei Überschallgeschwindigkeit erreicht wird (s. Anwendungsbeispiel 5.15.24). Dadurch kann die Schubkraft des Gases weiter erhöht werden, was von Wichtigkeit für Raketenantriebe ist.

Wir wollen ein Beispiel durchrechnen. Helium strömt durch eine konvergente Düse mit einem Austrittsfläche von $75 \cdot 10^{-6}$ m^2 ins Vakuum. Der Druck p_0 vor der Düse beträgt 20 bar und die Temperatur $T_0 = 410°$ C. Gefragt ist nach der Geschwindigkeit υ, dem Druck p und der Temperatur T am Austritt der Düse sowie nach dem Massenstrom $\dot{m}$.

Es ergibt sich nach Gl. (5.105) mit $\gamma = 5/3$ für Helium:

$$\Psi_{\max} = \left(\frac{2}{2,667}\right)^{\frac{1}{0,667}} \cdot \frac{1,667}{2,667} = 0,40599$$

und ferner

$$p_{\max} = p = 20 \cdot \left(\frac{2}{2,667}\right)^{\frac{1,667}{0,667}} = 9,742 \text{ bar}$$

sowie:

$$T_{\max} = T = 683 \cdot \frac{2}{\gamma + 1} = 683 \frac{2}{2,667} = 512,19 \text{ K} = 239,0\,°\text{C}$$

Damit ergibt sich für den Massenstrom $\dot{m}$ mit $\varrho_0 = p_0 \cdot M_{\text{He}}/(R \cdot T_0) = 20 \cdot 10^5 \cdot 0,004/(R \cdot 683) = 1,4087$ kg $\cdot$ m^{-3} nach Gl. (5.103):

$$\dot{m} = 75 \cdot 10^{-6} \cdot 0,4059 \sqrt{1,4087 \cdot 20 \cdot 10^5} = 5,110 \cdot 10^{-2} \text{ kg} \cdot \text{s}^{-1}$$

Für $\upsilon_{\max}$ gilt nach Gl. (5.106):

$$\upsilon_{\max} = \upsilon_S = \sqrt{\gamma \frac{R \cdot T_{\max}}{M_{\text{He}}}} = \sqrt{\frac{5}{3} \cdot \frac{R \cdot 512,19}{0,004}} = 1332,07 \frac{\text{m}}{\text{s}}$$

Man kann noch überprüfen, ob der kinetische Energiegewinn gleich dem Enthalpieverlust des Gases ist. Dazu berechnen wir:

$$\frac{\dot{m}}{M}\left(\overline{H} - \overline{H}_0\right) = \frac{\dot{m}}{M} \frac{5}{2} R(T - T_0) = -45,34 \text{ kg} \cdot \text{s}^{-1}$$

Andererseits gilt:

$$\frac{1}{2}\dot{m}\, \upsilon_S^2 = 45,34 \text{ kJ} \cdot \text{s}^{-1}$$

Die Bilanz ist also korrekt und das Verfahren konsistent.

5.14.6 Raketentriebwerke und Raketenflug im Gravitationsfeld der Erde

In Aufgabe 5.14.5 haben wir den Austritt eines komprimierten Gases durch eine Düse im stationären Zustand behandelt. Dabei wurde das Gas als inert, also als nicht chemisch reaktionsfähig angesehen. Von Bedeutung ist jedoch vor allem der Fall, dass zwei reaktionsfähige Stoffe (z. B. H_2+ O_2) beim Eintritt in das System, die sog. *Brennkammer*, sofort miteinander reagieren, dabei ihre Reaktionsenthalpie unter adiabatischen Bedingungen freisetzen und das Reaktionsprodukt (z. B. H_2O-Gas) durch die Düse austritt. Solche Brennkammern werden zum Antrieb von Raketen benutzt.

Wir wollen zunächst den Verbrennungsprozess in einer Brennkammer im stationären Zustand behandeln. In Abb. 5.28 ist das Schema einer Brennstoffrakete dargestellt. In zwei Vorratstanks, die den größten Anteil des Volumens bzw. der Masse der Rakete ausmachen, sind die beiden Reaktionspartner H_2 und O_2 in flüssiger Form gespeichert und werden mit einer bestimmten, einstellbaren Massengeschwindigkeit $\mathrm{d}(m_{O_2} + m_{H_2})/\mathrm{d}t = (\mathrm{d}m_{H_2O}/\mathrm{d}t) = \dot{m}$ in die Brennkammer hinein gepumpt, wo sie augenblicklich und vollständig verbrennen (Knallgasrekation!). Das Verbrennungsprodukt H_2O wird durch eine geeignete Düse mit hoher Geschwindigkeit ausgestoßen. Dadurch wird der Rakete kontinuierlich ein Kraftschub verliehen, der sie vorwärts treibt.

Es gilt nun wegen

$$H_2 + \frac{1}{2}O_2 \rightarrow H_2O$$

für den Massenfluss $\dot{m}$ in $\mathrm{kg} \cdot \mathrm{s}^{-1} = \dot{n}_{H_2} \cdot M_{H_2} + \frac{1}{2}\dot{n}_{O_2} \cdot M_{O_2} = \dot{n}_{H_2O} \cdot M_{H_2O} = \dot{m}_{H_2} + \frac{1}{2}\dot{m}_{O_2} = \dot{m}_{H_2O}$. $\dot{n}_i = \frac{\mathrm{d}\dot{n}_i}{\mathrm{d}x}$ sind die molaren Stoffmengenanteile der Komponente i. H_2 und O_2 werden also im stöchiometrischen Molverhältnis 2 : 1 umgesetzt. Wir suchen jetzt die energetische Bilanz für den stationären Verbrennungsprozess in der Brennkammer. Dazu gehen wir von der allgemein gültigen Gl. (5.92) und (5.93) aus. Der Verbrennungsprozess soll adiabatisch verlaufen. Wegen des adiabatischen Prozesses gilt $\delta Q = 0$. Es gilt für das System „Gas" auch $E_{\mathrm{pot}} = 0$. Da das Gas in der Brennkammer verhältnismäßig langsam strömt, gilt auch $\mathrm{d}E_{\mathrm{kin}} \approx 0$.

Man erhält somit:

$$\mathrm{d}E = \mathrm{d}U = -p\mathrm{d}V + T\delta_i S + \sum_k \mu_k \delta_i n_k + \sum_k \overline{H}_k \cdot \mathrm{d}_e n_k \tag{5.107}$$

Die Differentiale $\delta_i n_k \neq 0$ sind nicht unabhängig voneinander, sondern sind durch die Reaktionslaufzahl miteinander verbunden (s. Abschnitt 4.4):

$$\sum_k \mu_k \cdot \delta_i n_k = \left(\mu_{H_2} + \frac{1}{2}\mu_{O_2} - \mu_{H_2O}\right)\mathrm{d}\xi$$

Da die Verbrennungsreaktion vollständig irreversibel abläuft, gilt:

$$\sum_k \mu_k \delta_i n_k + T \cdot \delta_i S = 0$$

Wegen des konstanten Volumens der Brennkammer ist $\mathrm{d}V = 0$ und somit auch $p\mathrm{d}V = 0$. Weiterhin bleibt die Gesamtenergie E des Brennkammer-Systems unverändert, da weder Wärme Q noch

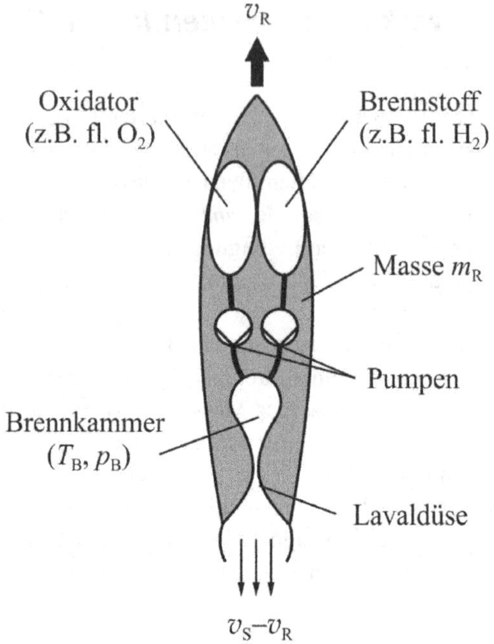

Abb. 5.28 Schema einer Brennstoffrakete mit der Masse m_R mit Brennkammer und Vorratstanks für flüssigen Wasserstoff und Sauerstoff, v_R = Geschwindigkeit der Rakete, v_S = Gasaustrittsgeschwindigkeit in Bezug auf die Rakete mit der Geschwindigkeit v_R. $v_S - v_R$ ist die Gasaustrittsgeschwindigkeit in Bezug auf die Erde

Arbeit mit der Umgebung ausgetauscht werden, sodass dU = 0 gilt. Man erhält also:

$$0 = \sum_k \overline{H}_k \mathrm{d}_e n_k = \left[\overline{H}_{H_2}(298) + \frac{1}{2}\overline{H}_{O_2}(298) - \overline{H}_{H_2O}(T_B)\right] \mathrm{d}\xi$$

$\mathrm{d}_e n_k$ ist positiv für H_2 und O_2 und negativ für H_2O. Die Temperatur der einströmenden Gase liegt bei T_0 (z. B. 298 K), die des ausströmenden Wasserdampfes bei $T_B > T_0$. Wählen wir $T_0 = 298$ K, gilt:

$$\overline{H}_{H_2}(298) + \frac{1}{2}\overline{H}_{O_2}(298) - \overline{H}_{H_2O}(298) - \int_{298}^{T_B} \overline{C}_{p,H_2O} \mathrm{d}T = 0$$

Wir verwenden Tabelle F.3 mit $\overline{H}_i(298) = \Delta^f \overline{H}_i^0(298)$ und die Parameter aus Tabelle F.2 zur Berechnung von $\overline{C}_{p,H_2O}(T)$. Man erhält wegen $\Delta^f \overline{H}_{O_2}^0(298) = \Delta^f \overline{H}_{H_2}^0(298) = 0$:

$$\int_{298}^{T_B} \overline{C}_{p,H_2O} \mathrm{d}T = -\Delta^f \overline{H}_{H_2O}^0(298) = +2,481 \cdot 10^5 \ \mathrm{J \cdot mol^{-1}}$$

also gilt nach Einsetzen der Parameter a, b und c aus Tabelle F.2:

$$\int_{298}^{T_B} (30{,}395 + 9{,}615 \cdot 10^{-3} \cdot T + 1{,}184 \cdot 10^{-6} \cdot T^2)\mathrm{d}T = +2{,}4183 \cdot 10^5\ \mathrm{J \cdot mol^{-1}}$$

Ausführung der Integration ergibt:

$$30{,}395(T_B - 298) + \frac{1}{2}\, 9{,}615 \cdot 10^{-3}(T_B^2 - (298)^2) + \frac{1}{3}\, 1{,}184 \cdot 10^{-6} \cdot (T_B^3 - (298)^3) \qquad (5.108)$$
$$= 2{,}4183 \cdot 10^5\ \mathrm{J \cdot mol^{-1}}$$

Die numerische Lösung von Gl. (5.108) für die Temperatur T_B der Brennkammer lautet:

$$T_B = 4275\ \mathrm{K}$$

Dieser hohe Wert ist aus folgenden Gründen problematisch.

1. Es setzt voraus, dass es ein Material gibt, das bei 4275 K chemisch stabil ist und auch nicht schmilzt.
2. Die angenommene T-Abhängigkeit von $\overline{C}_{p,H_2O}$ ist nur gültig bis $T = 1500$ K (s. Tab. F.2).
3. Das Material der Brennkammerwände leitet Wärme nach außen ab, gemäß dem stationären Wärmeleitungsgesetz:

   $$\frac{\delta Q}{\mathrm{d}t} = \dot{Q} = -\lambda \frac{T_B - 298}{\Delta x} \cdot A$$

   wobei Δx die Wandstärke der Brennkammer, A die Innenfläche und λ die Wärmeleitfähigkeit des Brennkammermaterials bedeuten. Der Verbrennungsprozess verläuft also in der Realität *nicht* adiabatisch. Die wirkliche Bilanz lautet wegen $\mathrm{d}U = \delta Q$:

   $$\dot{n}_{H_2O} \cdot \int_{298}^{T_B} \overline{C}_{p,H_2O}\, \mathrm{d}T = -\Delta^f \overline{H}^0_{H_2O}(298) \cdot \dot{n}_{H_2O} + \dot{Q} \qquad (5.109)$$

   $\dot{n}_{H_2O}$ ist der molare Fluss von H_2O ($\mathrm{mol \cdot s^{-1}}$), $\dot{Q} = \left(\frac{\mathrm{d}Q}{\mathrm{d}\,t}\right)$ der Wärmefluss in $\mathrm{J \cdot s^{-1}}$. $\dot{Q}$ ist negativ, da die Wärme vom System „Brennkammer" nach außen abgegeben wird. Damit erniedrigt sich die stationäre Temperatur T_B der Brennkammer in Gl. (5.109). Ein geschätzter Wert ist $T_B = 2800$ K.

Wir wollen nun die Wirkung der Schubkraft einer Brennkammer näher betrachten, wenn sie in einer Rakete eingesetzt wird. Das wird uns auch in die Lage versetzen, Geschwindigkeitsverlauf und Reichweite einer Rakete zu berechnen, die vom Erdboden aus in Richtung Weltall abgeschossen wird. Zunächst müssen wir die sog. „Raketengleichung" ableiten, die den Zusammenhang zwischen der Geschwindigkeit υ_R und Masse m_R einer Rakete, der Strahlgeschwindigkeit υ_S des aus der Düse austretenden Gases und dem Massenfluss $\mathrm{d}m_R/\mathrm{d}t$ angibt.

Wir betrachten dazu die Erde als ruhendes System. Die Summe der an der Rakete wirkenden Kräfte muss gleich Null sein. Nun gilt (s. Abb. 5.28):

$$\frac{\mathrm{d}(m_\mathrm{R} \cdot \upsilon_\mathrm{R})}{\mathrm{d}t} = \text{Beschleunigungskraft und} \quad \frac{\mathrm{d}m_\mathrm{R}}{\mathrm{d}t}(\upsilon_\mathrm{S} - \upsilon_\mathrm{R}) = \text{Schubkraft}$$

Dazu kommt noch die Gravitationskraft der Erde: $m_\mathrm{R} \cdot g$ mit der Erdbeschleunigung g. Damit erhalten wir:

$$\frac{\mathrm{d}(m_\mathrm{R} \cdot \upsilon_\mathrm{R})}{\mathrm{d}t} + \frac{\mathrm{d}m_\mathrm{R}}{\mathrm{d}t}(\upsilon_\mathrm{S} - \upsilon_\mathrm{R}) + m_\mathrm{R} \cdot g = \upsilon_\mathrm{R}\left(\frac{\mathrm{d}m_\mathrm{R}}{\mathrm{d}t}\right) + m_\mathrm{R}\left(\frac{\mathrm{d}\upsilon_\mathrm{R}}{\mathrm{d}t}\right) + \frac{\mathrm{d}m_\mathrm{R}}{\mathrm{d}t}(\upsilon_\mathrm{S} - \upsilon_\mathrm{R}) + m_\mathrm{R} \cdot g = 0$$

$\mathrm{d}m_\mathrm{R}/\mathrm{d}t$ ist negativ. Daher schreiben wir $\mathrm{d}m_\mathrm{R}/\mathrm{d}t = -\dot{m}$ mit $\dot{m} > 0$. Das ergibt zusammengefasst:

$$m_\mathrm{R} \cdot \frac{\mathrm{d}\upsilon_\mathrm{R}}{\mathrm{d}t} - \dot{m}\upsilon_\mathrm{S} + m_\mathrm{R} \cdot g = 0$$

m_R nimmt mit der Zeit ab, wegen des ständigen Ausstoßes des Verbrennungsgases H_2O mit der Massengeschwindigkeit $\dot{m}$. Es gilt die Bilanz:

$$m_\mathrm{R}(t) = m_\mathrm{R}(0) - \dot{m} \cdot t$$

Also erhalten wir schließlich:

$$\boxed{\frac{\mathrm{d}\upsilon_\mathrm{R}}{\mathrm{d}t} = \frac{\dot{m} \cdot \upsilon_\mathrm{S}}{m_\mathrm{R}(0) - \dot{m} \cdot t} - g} \tag{5.110}$$

Wir führen jetzt die Integration dieser Gleichung durch, unter der Voraussetzung, dass die Gravitationsbeschleunigung g näherungsweise unabhängig von der Höhe h über dem Erdboden ist ($g(h) \approx g(0)$):

$$\int\limits_{\upsilon_\mathrm{R}(0)=0}^{\upsilon_\mathrm{R}(t)} \left(\frac{\mathrm{d}\upsilon_\mathrm{R}}{\mathrm{d}t}\right)\mathrm{d}t = \upsilon_\mathrm{S} \cdot \int\limits_{t=0}^{t} \frac{\dot{m}}{m_\mathrm{R}(0) - \dot{m} \cdot t}\mathrm{d}t - g(0) \cdot t$$

Da $\dot{m}$ und υ_S stets konstant sind, ergibt die Substitution $\tilde{t} = 1 - \left(\frac{\dot{m} \cdot t}{m_\mathrm{R}(0)}\right)$ bzw. $\mathrm{d}t = -\frac{m_\mathrm{R}(0)}{\dot{m}}\,\mathrm{d}\tilde{t}$:

$$\upsilon_\mathrm{R}(t) = -\upsilon_\mathrm{S} \int\limits_{1}^{\tilde{t}} \frac{1}{\tilde{t}}\mathrm{d}\tilde{t} - g(0) \cdot t = -\upsilon_\mathrm{S} \ln \tilde{t} - g(0) \cdot t$$

Nach Rücksubstitution erhalten wir:

$$\boxed{\upsilon_\mathrm{R}(t) = \upsilon_\mathrm{S} \cdot \ln \frac{m_\mathrm{R}(0)}{m_\mathrm{R}(t)} - g(0) \cdot t = \upsilon_\mathrm{S} \ln\left(\frac{m_\mathrm{R}(0)}{m_\mathrm{R}(0) - \dot{m}t}\right) - g(0) \cdot t} \tag{5.111}$$

Das ist die sog. *Raketengleichung*. Da das Gewicht einer Rakete überwiegend aus Treibstoff (Oxidator + Brennstoff) besteht, nimmt die Geschwindigkeit mit wachsendem Treibstoffverbrauch erheblich zu, trotz des negativen Terms $-g(0) \cdot t$. Um υ_R berechnen zu können, benötigen wir Werte für die Austrittsgeschwindigkeit des Gases υ_S. Dazu greifen wir auf die in Abschnitt 5.14.5 abgeleiteten Ergebnisse zurück. υ_S ist im maximalen Fall die Schallgeschwindigkeit des austretenden Gases (Gl. (5.106)):

$$\upsilon_S = \sqrt{\frac{\overline{V}_{max}}{\kappa_S \cdot M}} = \sqrt{\gamma \cdot R \cdot T_{max}/M}$$

Für T_{max} gilt (s. Abschnitt 5.14.5):

$$T_{max} = T_B \cdot \frac{2}{\gamma + 1} \tag{5.112}$$

wobei T_B die Temperatur vor der Düse, d. h. in der Brennkammer bedeutet. Also gilt:

$$\upsilon_S = \sqrt{\frac{2R \cdot T_B}{M} \frac{\gamma}{\gamma + 1}}$$

Für (Gl. (5.103)) gilt im Maximalfall mit Hilft von Gl. (5.105) und mit $\varrho_0 = M_{H_2O} \cdot RT_0/\overline{V}$:

$$\dot{m} = \left(\frac{2}{\gamma + 1}\right)^{\frac{1}{\gamma - 1}} \cdot p_B \cdot A_{min} \cdot \sqrt{\frac{M}{RT_B}} \tag{5.113}$$

p_B ist der Druck in der Brennkammer. Für Wasser ist $\gamma = 1,32$ und $M_{H_2O} = 0,018$ kg $\cdot$ mol^{-1}. A_{min} ist die engste Querschnittsfläche am Düseneingang (s. Abb. 5.25). Im Fall von H_2O-Dampf als Austrittsgas gilt somit $\upsilon_{S,H_2O} = 22,927 \cdot \sqrt{T_B}$ und $\dot{m}_{H_2O} = A_{min} \cdot p_B \cdot T_B^{-1/2} \cdot 2,926 \cdot 10^{-2}$. Wir wollen im Folgenden mit $T_B = 2800$ K, $\dot{m} = 1000$ kg $\cdot$ s^{-1} und einer Querschnittsfläche für die Düse von $A_{min} = 1,1759 \cdot 10^{-3}$m^2 rechnen. Das entspricht bei kreisförmigem Düsenquerschnitt einem Kreisdurchmesser von 3,87 cm und ergibt für den Druck p_B in der Brennkammer ca. 200 bar. Wenn man statt einer Düse wie in Abb. 5.28 gezeigt, eine sog. *Laval-Düse* benutzt (s. Abb. 5.55), kann man υ_S über die Schallgeschwindigkeit des Gases hinaus erhöhen. Diese sog. Laval-Geschwindigkeit υ_L beträgt entsprechend der Ableitung der Formel in Beispiel 5.15.24 für H_2O-Dampf bei T_B = 2800 K mit υ_S = Schallgeschwindigkeit:

$$\upsilon_L = \upsilon_S \sqrt{\frac{\gamma + 1}{\gamma - 1}} = 1213 \cdot 2,693 = 3266 \text{ m} \cdot \text{s}^{-1}$$

wobei $\upsilon_S = 1213$ m$\cdot$s^{-1} nach Gl. (5.106) berechnet wurde mit $\gamma_{H_2O} = 1,32$ und $M_{H_2O} = 0,018$ kg$\cdot$ mol^{-1} und T_{max} nach Gl. (5.112) mit $T_B = 2800$ K. υ_L ist in der Praxis nicht erreichbar, aber ein Wert für $\upsilon_{S,eff} = 2500$ m $\cdot$ s^{-1} ist realistisch. Wir führen jetzt Berechnungen mit den technischen Daten aus Tab. 5.2 für das Beispiel der europäischen Forschungsrakete „Ariane 2“ durch.

$m_R(t_E)$ ist die sog. Nutzlast, also die Raketenmasse zur Zeit $t = t_E$, wenn der gesamte Treibstoff verbraucht ist. t_E heißt „Brennschlusszeit“. Sie berechnet sich im Fall unseres Beispiels aus der Massenbilanz:

$$m_R(0) - m_R(t_E) = 2,21 \cdot 10^5 - 4000 = \dot{m} \cdot t_E$$

Tab. 5.2 Technische Daten der Forschungsrakete „Ariane 2"

T_B/K	$\dot{m}/\mathrm{kg}\cdot\mathrm{s}^{-1}$	$m_R(0)/\mathrm{kg}$	$\upsilon_{S,\mathrm{eff}}/\mathrm{m}\cdot\mathrm{s}^{-1}$	$m_R(t_E)/\mathrm{kg}$
2800	1000	$2,21\cdot 10^5$	2500	4000

Das ergibt mit $\dot{m} = 1000\ \mathrm{kg}\cdot\mathrm{s}^{-1}$ für die Brennschlusszeit T_E:

$$t_E = 217\ \mathrm{s} = 3\ \mathrm{min}\ 37\ \mathrm{s}$$

Die Geschwindigkeit der Rakete beträgt zu diesem Zeitpunkt nach Gl. (5.111):

$$\upsilon_R(t_E = 217\ \mathrm{s}) = 2500\cdot\ln\left(\frac{2,21\cdot 10^5}{4000}\right) - 9,81\cdot 217 = 7900\mathrm{m}\cdot\mathrm{s}^{-1}$$

Es lässt sich auch die Höhe über dem Erdboden $h(t)$ berechnen. Dazu muss Gl. (5.111) von $t = 0$ bis t integriert werden:

$$h(t_E) = \int\limits_0^t \upsilon_R(t)\,\mathrm{d}t = \upsilon_S\cdot\int\limits_0^t \ln\left(\frac{m_R(0)}{m_R(t)}\right)\mathrm{d}t - \frac{1}{2}g(0)t^2$$

Substituieren wir wieder $\widetilde{t} = 1 - \left(\frac{\dot{m}\cdot t}{m_R(0)}\right)$ ergibt sich:

$$\boxed{h(t) = -\upsilon_S\cdot\frac{m_R(0)}{\dot{m}}\int\limits_1^{\widetilde{t}}\ln\widetilde{t}\,\mathrm{d}\widetilde{t} - \frac{1}{2}g(0)t^2 = +\upsilon_S\cdot\frac{m_R(0)}{\dot{m}}\cdot\left[\widetilde{t}\cdot\left(\ln\widetilde{t} - 1\right) + 1\right] - \frac{1}{2}g(0)t^2} \tag{5.114}$$

wobei $t \leq t_E$. Für $\widetilde{t}_E$ erhält man:

$$\widetilde{t}_E = 1 - \frac{\dot{m}}{m_R(0)}\cdot t_E = 1 - \frac{1000}{2,21\cdot 10^5}\cdot 217 = 0,01810$$

und somit für $h(t_E) = h_E$:

$$h_E = 5,0238\cdot 10^5 - 2,3097\cdot 10^5 = 2,714\cdot 10^5\ \mathrm{m} = 271,4\ \mathrm{km}$$

Bei solchen Höhen kann g noch näherungsweise als konstant angesehen werden. Das war ja die Voraussetzung für den Lösungsweg. $h(t_E)$ ist aber noch nicht die maximal erreichbare Höhe $h_{\max}$, denn die Rakete fliegt ja nach der Brennschlusszeit noch weiter mit sich stetig verlangsamender Geschwindigkeit, bis $\upsilon_R = 0$ erreicht wird. Wenn dann nichts weiter geschieht, kehrt sich die Geschwindigkeit um, und die Rakete fällt wieder zurück auf die Erde. Am Umkehrpunkt wo $\upsilon_R = 0$ wird, wird also $h = h_{\max}$ erreicht. Bei solchen Abständen von der Erdoberfläche kann g allerdings nicht mehr als unabhängig von h angesehen werden. Es gilt nämlich:

$$g(h) = \frac{g(0)}{\left(1 + \frac{h}{r_E}\right)^2} \tag{5.115}$$

mit $g(0) = 9,81\ \text{m} \cdot \text{s}^{-2}$ und dem Erdradius $r_{\text{Erde}} = 6,371 \cdot 10^6$ m. Zur Berechnung für die Zeiten $t > t_{\text{E}}$ bzw. $h > (t_{\text{E}})$ gehen wir aus von Gl. (5.110), aber nun mit $g(h)$ nach Gl. (5.115) und mit $\dot{m} = 0$:

$$\frac{\mathrm{d}\upsilon_{\text{R}}}{\mathrm{d}t} = -g(0)\left(1 + \frac{h}{r_{\text{Erde}}}\right)^{-2}$$

Die Integration führen wir statt über t zunächst über h durch, indem wir schreiben:

$$\frac{\mathrm{d}\upsilon_{\text{R}}}{\mathrm{d}t} = \frac{\mathrm{d}\upsilon_{\text{R}}}{\mathrm{d}h} \cdot \left(\frac{\mathrm{d}h}{\mathrm{d}t}\right) = \upsilon_{\text{R}} \cdot \frac{\mathrm{d}\upsilon_{\text{R}}}{\mathrm{d}h} = \frac{1}{2}\frac{\mathrm{d}\upsilon_{\text{R}}^2}{\mathrm{d}h} = -\frac{g(0)}{\left(1 + \frac{h}{r_{\text{Erde}}}\right)^2}$$

Das Integrationsergebnis lautet mit $x = h/r_{\text{Erde}}$:

$$\upsilon_{\text{R}}^2(h) - \upsilon_{\text{R}}^2(h = h_{\text{E}}) = -2g(0)\int\limits_{h_{\text{E}}}^{h>h_{\text{E}}} \frac{r_{\text{Erde}}^2 \mathrm{d}h}{(r_{\text{Erde}} + h)^2} = -2g(0) r_{\text{Erde}} \int\limits_{h_{\text{E}}}^{h>h_{\text{E}}} \frac{1}{(1 + h/r_{\text{Erde}})^2}\,\mathrm{d}\left(\frac{h}{r_{\text{Erde}}}\right)$$

$$= g(0) r_{\text{Erde}}\left[\frac{1-x}{1+x} - \frac{1-x_{\text{E}}}{1+x_{\text{E}}}\right] \tag{5.116}$$

Die Richtigkeit des Ergebnisses wird durch Differenzieren von Gl. (5.116) überprüft. Gl. (5.116) lässt sich schreiben mit $x_{\text{E}} = h_{\text{E}}/r_{\text{Erde}} = 2,714 \cdot 10^5/6,371 \cdot 10^6 = 0,0426$:

$$\upsilon_{\text{R}}(x) = \upsilon_{\text{R}}(x_{\text{E}}) \cdot \sqrt{\left(\frac{1-x}{1+x} - 0,9183\right)\frac{g(0)}{\upsilon_{\text{R}}^2(x_{\text{E}})} + 1} \tag{5.117}$$

Wir setzen ein: $\upsilon_{\text{R}}(x_{\text{E}}) = 7900\ \text{m} \cdot \text{s}^{-1}$, $g(0) = 9,81\ \text{m} \cdot s^{-2}$ und erhalten:

$$\upsilon_{\text{R}}(x) = 7900\sqrt{1,001\left[\frac{1-x}{1+x} - 0,9813\right] + 1} \tag{5.118}$$

Zwischen $x_{\text{E}} = 0,0426$ und $x = 1$ verläuft Gl. (5.118) fast linear und lässt sich folgendermaßen approximieren:

$$r_{\text{Erde}} \cdot \frac{\mathrm{d}x}{\mathrm{d}t} = \frac{\mathrm{d}h}{\mathrm{d}t} = \upsilon_{\text{R}}(x) \approx 8151 - 5906 \cdot x \quad (0,0426 \leq x \leq 1,0) \tag{5.119}$$

Im Bereich zwischen $x = 1,0$ und $x = 1,1755$ gilt die Näherungsformel:

$$r_{\text{Erde}} \cdot \frac{\mathrm{d}x}{\mathrm{d}t} = \frac{\mathrm{d}h}{\mathrm{d}t} = \upsilon_{\text{R}}(x) \approx 15037 - 12792 \cdot x \quad (1,0 \leq x \leq 1,1755) \tag{5.120}$$

Mit Gl. (5.119) und (5.120) lässt sich in guter Näherung $h(t)$ zwischen t_{E} und $t_{\max} = t(\upsilon_{\text{R}} = 0)$ berechnen. Wir erhalten nach Gl. (5.119):

$$t - t_{\text{E}} \cong \frac{r_{\text{Erde}}}{5906}\int\limits_{x=0,0426}^{x} \frac{\mathrm{d}x}{1,3801 - x} = 1078 \cdot \ln\left(\frac{1,3376}{1,3801 - x}\right) \quad (x > 0,0426)$$

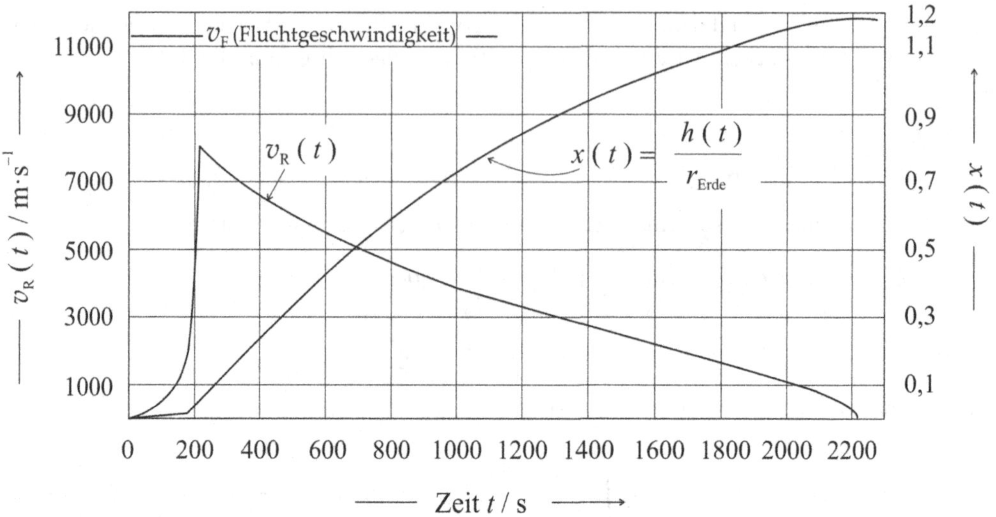

Abb. 5.29 Raketengeschwindigkeit $v_R(t)$ der „Ariane 2" (Tab. 5.2) für $0 \leq t \leq t_E = 221$ s nach Gl. (5.111) und für $t > t_E$ nach Gl. (5.122) mit $x(t)$ nach Gl. (5.121). $x(t) = h(t)/r_{Erde}$ für $0 \leq t \leq t_E = 221$ s nach Gl. (5.114) und für $t > t_E$ nach Gl. (5.121). Es ist $t_{max} = 2240$ s und $h_{max} = 7489$ km. Für $t > t_{max}$ wird v_R negativ und $h(t) < h_{max}$

Entsprechendes gilt für Gl. (5.120). Aufgelöst nach x ergibt sich:

$$\boxed{\frac{h(t)}{r_{Erde}} \cong x(t) \cong 1,3801 - 1,3376 \cdot \exp\left[-\frac{t - t_E}{1078}\right]} \tag{5.121}$$

Damit kann Gl. (5.118) als Funktion von t geschrieben werden:

$$\boxed{v_R(t) = 7900 \cdot \sqrt{1,001\left[\frac{1 - x(t)}{1 + x(t)}\right] + 1}} \qquad (x(t) \text{aus Gl. (5.121)}) \tag{5.122}$$

In Abb. 5.29 ist $v_R(t)$ im Bereich $0 \leq t \leq 221$ s nach Gl. (5.111) und im Bereich $t > t_E$ nach Gl. (5.122) aufgetragen und ferner $x(t)$ im Bereich $0 \leq t \leq t_E$ nach Gl. (5.114) und im Bereich $t > t_E$ nach Gl. (5.121). v_R und x steigen anfangs langsam und dann sehr steil an, bis die Brennschlusszeit $t_E = 221$ s erreicht wird. Danach ($\dot{m} = 0$) fällt v_R kontinuierlich ab und erreicht bei $t = t_{max} = 2240$ s $\cong 37$ min den Wert Null. Dort erreicht x ein Maximum mit $x_{max} = 1,1755$. Das entspricht der maximalen Höhe $h_{max} = 7489$ km vom Erdboden. Ab dieser Zeit wird $v_R < 0$ und wird negativ beschleunigt, x nimmt ab, bis am Erdboden wieder $x = 0$ wird. Dort prallt die Rakete mit hoher Geschwindigkeit wieder auf der Erde auf. Dieser Prozess ist in Abb. 5.29 nicht gezeigt, aber wir wollen die Geschwindigkeit berechnen, mit der die ausgebrannte Rakete wieder die Erdoberfläche erreicht.

Bei der Rückkehr der ausgebrannten Rakete zur Erde mit ihrer konstanten Masse $m_R(t_E) =$

$m_R(0) - \dot{m} \cdot t_E = 4000$ kg ist diese nur der Erdgravitationskraft ausgesetzt. Es gilt die Energiebilanz:

$$\int_{h_{max}}^{0} m_R(t_E) \cdot g(h) dh = \frac{1}{2} m_R v_{Erde}^2$$

v_{Erde} ist die Geschwindigkeit, mit der die ausgebrannte Rakete auf der Erde auftrifft. Also haben wir

$$\frac{1}{2} v_{Erde}^2 = \int_{h_{max}}^{0} \frac{g(0)}{\left(1 + \frac{h}{r_{Erde}}\right)^2} dh = r_{Erde} \int_{h_{max}}^{0} \frac{g(0)}{\left(1 + \frac{h}{r_{Erde}}\right)^2} d\left(\frac{h}{r_{Erde}}\right)$$

Dieses Integral hatten wir schon einmal berechnet (Gl. (5.116)). Wir erhalten also nach Einsetzen der Grenzen $x = 0$ und statt h_E jetzt h_{max}:

$$\boxed{v_{Erde}^2 = r_{Erde} \cdot g(0) \cdot \left(1 - \frac{1 - h_{max}/r_{Erde}}{1 + h_{max}/r_{Erde}}\right)} \tag{5.123}$$

Mit $h_{max}/r_E = 1,1755$ erhält man für die Geschwindigkeit, mit der die ausgebrannte Rakete auf der Erde auftrifft:

$$v_{Erde} = 8210 \text{ m} \cdot \text{s}^{-1} = 2281 \text{ km} \cdot \text{h}^{-1}$$

Das ist eine enorme Geschwindigkeit (73% vom Betrag der sog. Fluchtgeschwindigkeit v_F, s. u.), die allerdings durch die Luftreibung in der irdischen Atmosphäre, mögliche kleine Bremsraketen in der Nutzlast und letztlich einen Fallschirm erheblich abgebremst werden kann, sodass die Rakete bzw. ihre Nutzlast so sanft landet, dass nichts zerstört wird. Ohne diese Bremsvorrichtung würde die Rakete schon in der Atmosphäre verglühen. Wir berechnen noch die erwähnte Fluchtgeschwindigkeit v_F. Sie ist die Mindestgeschwindigkeit, mit der eine Rakete oder irgendein anderer Körper den Erdboden verlassen muss, um der Anziehungskraft der Erde zu entkommen. Ihr Wert ergibt sich aus der Energiebilanz (G = Gravitationskonstante, $m_{Erde} = 5,974 \cdot 10^24$ kg):

$$\frac{1}{2} m_R v_F^2 = G \cdot \frac{m_{Erde} \cdot m_R}{r_{Erde}} \quad \text{bzw.} \quad v_F = \sqrt{\frac{2 G m_{Erde}}{r_{Erde}}} = 11190 \text{ m} \cdot \text{s}^{-1}$$

v_F ist also unabhängig von der Masse m_R.

Wir haben nur die Thermodynamik einer einstufigen Rakete diskutiert. Häufig werden 2-stufige Raketen eingesetzt, die nach Ausbrennen der 1. Stufe, die Last der leeren 1. Stufe abstoßen und gleichzeitig die 2. Stufe zünden. Dadurch wird Energie zum Transport nicht benötigter Masse eingespart. Das erhöht die Reichweite der eigentlichen Nutzlast. Eine etwas exotische Rakete, die im gravitationsfreien Raum funktionieren würde, ist die Dampfstrahlrakete (s. Anwendungsbeispiel 5.15.21).

5.14.7 Strömungsverhalten inkompressibler Flüssigkeiten – Die Bernoulli-Gleichung

Als letztes Beispiel für die Anwendung der Thermodynamik offener Systeme lässt sich die bekannte Bernoulli-Gleichung für die reibungsfreie Strömung quasi-inkompressibler Flüssigkeiten

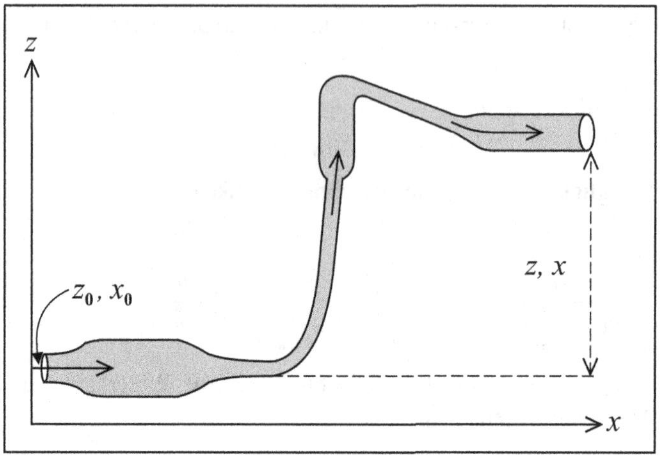

Abb. 5.30 Zur Ableitung der Bernoulli-Gleichung (s. Text)

ableiten. Dazu betrachten wir eine stationäre Rohrströmung mit allgemein variablem Rohrdurchmesser und variabler Höhenlage z (s. Abb. 5.30).

Das zu untersuchende System bestehe aus dem Rohrabschnitt zwischen x und x_0, die Richtung der Strömung ist durch die Pfeile angezeigt. Wie verhalten sich der Druck p und die Strömungsgeschwindigkeit u entlang der Strömungsrichtung in dem Rohrabschnitt? Wir gehen zur Lösung des Problems von Gl. (5.92) aus.

Gl. (5.92) lautet mit $\delta Q = 0$, $T\mathrm{d}_iS = 0$ (reibungsfreie Strömung), $p\mathrm{d}V = 0$ (inkompressible Flüssigkeit):

$$\mathrm{d}E_{\text{pot}} + \mathrm{d}E_{\text{kin}} + \mathrm{d}U = \overline{H} \cdot \mathrm{d}n = \mathrm{d}H$$

Integration unter stationären Bedingungen ergibt (v = Strömungsgeschwindigkeit = $\mathrm{d}x/\mathrm{d}t$):

$$\dot{m} \cdot g(z - z_0) + \frac{\dot{m}}{2}\left(v^2 - v_0^2\right) + \left(\dot{U}_0 - \dot{U}\right) = \left(\dot{H}_0 - \dot{H}\right)$$

Man beachte, dass $\dot{U}$ und $\dot{H}$ beim Eintritt an der Stelle x_0, z_0 positiv sind und bei x, z, wo die Flüssigkeit aus dem System ausströmt, negativ. Wegen $\dot{H} = \dot{U} + p\dot{V}$ und $\dot{U} = -\int p\mathrm{d}\dot{V} = 0$ erhält man nach Division durch den Volumenstrom $\dot{V}$ (ϱ = Massendichte):

$$\varrho \cdot g(z - z_0) + \frac{\varrho}{2}(v^2 - v_0^2) = p_0 - p$$

oder:

$$\boxed{\frac{\varrho}{2}(v^2 - v_0^2) = (p_0 + \varrho \cdot g \cdot z_0) - (p + \varrho \cdot g \cdot z)} \tag{5.124}$$

Das ist die Bernoulli-Gleichung für (quasi-)inkompressible Flüssigkeiten. Man sieht: je kleiner v ist, desto größer ist p und umgekehrt: je größer v, desto kleiner p. An engen Rohrstellen ist v größer als an weiten Rohrstellen, d. h., der Druck p ist an engen Stellen kleiner als an den weiten. Anwendungsbeispiele für die Bernoulli-Gleichung sind 5.15.23 und 5.16.53.

5.15 Weiterführende Beispiele und Anwendungen

5.15.1 Thermodynamische Gleichgewichtsbedingungen im isolierten System – Maximierung der Entropie

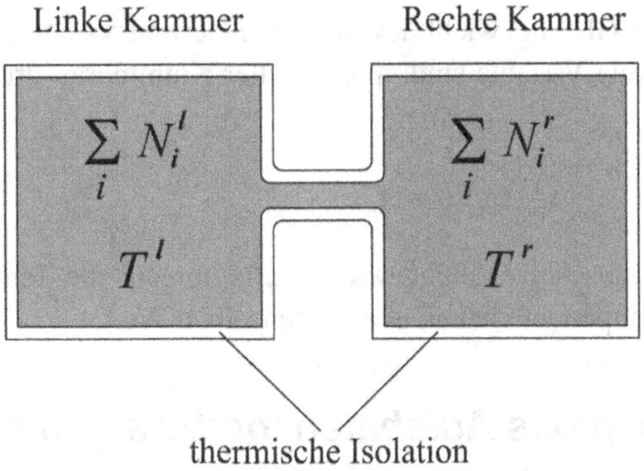

Abb. 5.31 Inhomogenitäten von Konzentration und Temperatur einer Mischung. Linke Kammer: Teilchenzahl $N_1^l + N_2^l + \ldots N_k^l$ mit Temperatur T^l (Index l = links). Rechte Kammer: Teilchenzahl $N_1^r + N_2^r + \ldots N_k^r$ mit Temperatur T^r (Index r = rechts)

Wir betrachten ein abgeschlossenes (isoliertes) System, in dem *nichthomogene* Verhältnisse in Temperatur und Konzentration herrschen, der Druck soll überall konstant sein. Dazu denken wir uns das System (eine multinäre Gasmischung oder flüssige Mischung) in zwei Kammern eingeteilt, die durch ein Rohr miteinander verbunden sind, das einen Wärmefluss und einen Teilchenfluss zwischen den Kammern ermöglicht (s. Abb. 5.31). Jede Kammer für sich hat eine homogene Mischungszusammensetzung und Temperatur, die aber in beiden Kammern jeweils unterschiedlich sind.

Es gilt zu Anfang im Nichtgleichgewicht $N_i^l \neq N_i^r$ für alle $i = 1, \ldots k$ sowie $T^l \neq T^r$.

Für die innere Entropieänderung gilt bei V = const.:

$$\delta_i S = \frac{1}{T^l}\mathrm{d}U^l + \frac{1}{T^r}\mathrm{d}U^r - \frac{1}{T^l}\sum_{i=1}^{k}\mu_i^l \mathrm{d}N_i^l - \frac{1}{T^r}\sum_{i=1}^{k}\mu_i^r \mathrm{d}N_i^r > 0$$

wobei U^l bzw. U^r die inneren Energien und $\mu_i^l(i = 1, \ldots k)$ bzw. $\mu_i^r(i = 1, \ldots k)$ die chemischen Potentiale in der linken bzw. in der rechten Kammer bedeuten. Nun gilt in einem insgesamt isolierten System:

$$\mathrm{d}U^l = -\mathrm{d}U^r$$

und

$$\mathrm{d}N_i^l = -\mathrm{d}N_i^r \quad (i = 1, \ldots k)$$

Einsetzen in obige Gleichung ergibt:

$$\delta_i S = \left(\frac{1}{T^l} - \frac{1}{T^r}\right)\mathrm{d}U^l - \sum_{i=1}^{k}\left(\frac{\mu_i^l}{T^l} - \frac{\mu_i^r}{T^r}\right)\mathrm{d}N_i^l > 0$$

Das bedeutet: da im Nichtgleichgewicht S nur zunehmen kann ($\delta_i S > 0$), muss ein positiver Wert für $\mathrm{d}U^l$ mit $T^l < T^r$ verbunden sein (Energie fließt von rechts nach links, wenn $T^l < T^r$) oder umgekehrt: $\mathrm{d}U^l < 0$, wenn $T^l > T^r$. Ebenso gilt: $\mathrm{d}N_i^l > 0$, wenn $\mu_i^l < \mu_i^r$ bzw. $\mathrm{d}N_i^l < 0$, wenn $\mu_i^l > \mu_i^r$. Der Teilchenfluss von i geht in die linke Kammer, wenn das chemische Potential dort kleiner als in der rechten Kammer ist und umgekehrt. $(T^l - T^r)$ bzw. $(\mu_i^l - \mu_i^r)$ sind die „inneren Parameter", von denen in Abschnitt 5.8 die Rede ist.

Im thermodynamischen Gleichgewicht des isolierten Gesamtsystems gilt $S = S_{\max}$ bzw. $\delta_i S = 0$. Da $\mathrm{d}U^l$ und alle $\mathrm{d}N^l$ freie Variable sind, müssen aller Klammerausdrücke gleich Null sein. Es gilt dann:

$$T^l = T^r \qquad \text{bzw.} \qquad \mu_i^l = \mu_i^r \; (i = 1, \ldots k)$$

Das sind die thermodynamischen Gleichgewichtsbedingungen: die Temperatur und die chemischen Potentiale jeder Komponente haben überall denselben Wert.

5.15.2 Bestimmung des Adiabatenkoeffizienten mit der Methode der schwingenden Kugel

Die Methode der „schwingenden Kugel" erlaubt es, den Adiabatenkoeffizienten von idealen Gasen zu bestimmen, wenn gewisse Voraussetzungen erfüllt sind. Die Funktionsweise der Methode ist in Abb. 5.32 skizziert. Am oberen Ende eines mit Gas befüllten Gefäßes ist ein Präzisionsglasrohr mit exakt konstantem Innendurchmesser d bzw. Querschnittsfläche $A = \pi d^2/4$ angebracht. In dem Glasrohr befindet sich eine Metallkugel mit demselben Durchmesser, die auf dem „Gaspolster" des Gases mit dem Volumen V_0 und dem Druck p_0 in der Ruhelage x_0 sitzt und dieses Gas nach außen dicht abschließt, auch wenn die Kugel sich in dem Glasrohr bewegt. Wir nehmen an, dass eine solche Bewegung reibungsfrei vor sich geht. Nach oben ist das Glasrohr offen und mit der Luftatmosphäre vom Druck p_{atm} verbunden. Die Kugel wird jetzt in schwingungsartige Bewegung gesetzt. Um eine genaue thermodynamische Analyse durchzuführen, wie das zustande kommt, nehmen wir an, dass der Prozess adiabatisch-reversibel (also isentrop) abläuft. Nach Gl.(4.2) bzw. Gl. (5.31) gilt dann mit $\Delta E = 0$:

$$\mathrm{d}U_{\text{Gas}} = -\mathrm{d}E_{\text{kin}}\,(\text{Kugel}) - \mathrm{d}E_{\text{pot}}\,(\text{Kugel})$$

Hier sind ΔE_{kin} (Kugel) bzw. ΔE_{pot} (Kugel) bezogen auf ihren Wert bei $x = x_0$ und ΔU_{Gas} ist die Änderung der inneren Energie des Gases. Dann lässt sich in differentieller Form schreiben ($\dot{x} = \mathrm{d}x/\mathrm{d}t$):

$$\mathrm{d}\left(\frac{1}{2} m_{\text{K}} \cdot \dot{x}^2\right) + m_{\text{K}} \cdot g \cdot \mathrm{d}x + C_V \mathrm{d}T = 0$$

m_{K} ist hier die Masse der Kugel, g die Erdbeschleunigung und C_V die Wärmekapazität des Gases. Wenn wir nun mit A die innere Querschnittsfläche des Rohres bezeichnen und mit $\ddot{x} = \mathrm{d}^2x/\mathrm{d}t^2$ die Beschleunigung der Kugel, erhält man nach Division durch dt:

$$m_{\text{K}} \cdot \ddot{x} \cdot \dot{x} + m_{\text{K}} \cdot g \cdot \dot{x} + C_V \cdot A \cdot \dot{x} \cdot \frac{\mathrm{d}T}{\mathrm{d}V} = 0$$

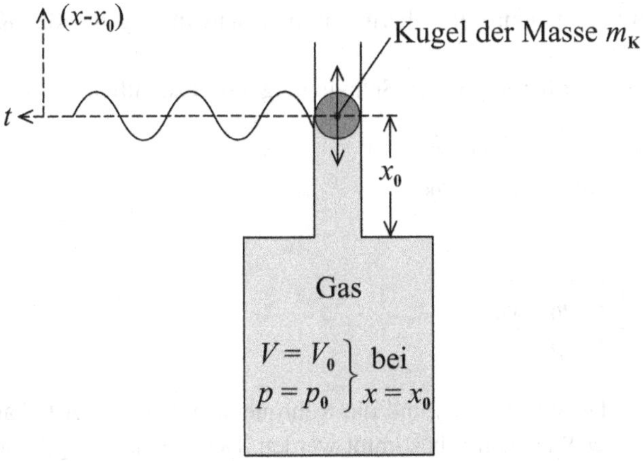

Abb. 5.32 Schwingende Kugel der Masse m_K auf einem Gaspolster (s. Text)

T ist eine Funktion von V, und zwar gilt unter adiabatisch-reversiblen, also isentropen Bedingungen nach Gl. (5.1):

$$T = T_0 \cdot \left(\frac{V_0}{V}\right)^{\gamma-1} \quad \text{bzw.} \quad \frac{dT}{dV} = \frac{T_0}{V_0}\left(\frac{V_0}{V}\right)^{\gamma} \cdot (1-\gamma)$$

Bei kleiner Auslenkung der Kugel aus ihrer Ruhelage lässt sich $\left(\frac{V_0}{V}\right)^{\gamma}$ in eine Reihe um den Wert $V = V_0$ entwickeln und wir erhalten, wenn wir uns auf das lineare Glied beschränken:

$$\left(\frac{V_0}{V}\right)^{\gamma} \approx 1 - \gamma\frac{1}{V_0}(V - V_0)$$

Somit lässt sich schreiben:

$$m_K \cdot \dot{x} \cdot \ddot{x} + m_K \cdot g \cdot \dot{x} + \frac{T_0}{V_0}(1-\gamma)\left(1 - \gamma\frac{V - V_0}{V_0}\right) \cdot C_V \cdot g \cdot \dot{x} = 0$$

Wir dividieren durch $\dot{x}$, schreiben für $T_0/V_0 = p_0/R$ und beachten, dass gilt: $C_V(1-\gamma) = -R$. Somit ergibt sich:

$$m_K \cdot \ddot{x} + m_K \cdot g - p_0 \cdot A + p_0\frac{\gamma}{V_0}A^2(x - x_0) = 0$$

Wir identifizieren p_0 als den Druck des gasförmigen Systems unter der Metallkugel minus dem Außendruck der Atmosphäre p_{atm}. Dann gilt im Kräftegleichgewicht bei ruhender Metallkugel:

$$p_0 = \frac{m_K \cdot g}{A}$$

Diese Beziehung ist unabhängig vom Bewegungszustand der Kugel. Also erhält man schließlich:

$$m_K \cdot \ddot{x} + \frac{A^2 \cdot p_0 \cdot \gamma}{V_0}(x - x_0) = m_K \cdot \ddot{x} + k(x - x_0) = 0$$

Das ist die Differentialgleichung einer harmonischen Schwingung mit der Kraftkonstante $k = A^2 \cdot p_0 \cdot \gamma / V_0$.

Für die Frequenz ν einer harmonischen Schwingung gilt bekanntlich:

$$\nu = \frac{1}{2\pi}\sqrt{\frac{k}{m_K}} = \frac{1}{2\pi} \cdot A\sqrt{\frac{p_0 \cdot \gamma}{V_0 \cdot m_K}}$$

Aufgelöst nach γ:

$$\boxed{\gamma = \frac{\overline{C}_p}{\overline{C}_V} = \frac{4\pi^2\nu^2 \cdot m_K \cdot V_0}{A^2 \cdot p_0}}$$

Wenn die Masse m_K, das Volumen V_0 und die Rohrquerschnittsfläche A bekannt sind, kann aus einer Messung von ν der Wert von γ bestimmt werden. Der Druck p_0 ergibt sich aus der Druckgleichheit:

$$p_0 = p_{\text{atm}} + \frac{m_K \cdot g}{A}$$

Wir wollen ein Beispiel durchrechnen mit $d = 0,5$ cm und $V_0 = 100\ \text{cm}^3$. Es ist $p_{\text{atm}} = 1$ bar. Die schwingende Kugel soll aus Edelstahl bestehen mit der Dichte $\varrho_K = 7,751\ \text{g} \cdot \text{cm}^{-3}$. Die mit einer Lichtschrankentechnik gemessene Frequenz ν beträgt für He $5,68\ \text{s}^{-1}$ und für CH_4 $4,89\ \text{s}^{-1}$.

Zunächst berechnen wir p_0 und m_K:

$$p_0 = 1 + 4,058 \cdot 10^{-3} \cdot 9,81 / \left(\frac{\pi}{4} d^2\right) = 1 + 5,068 \cdot 10^{-3} = 4,005\ \text{bar}, \; m_K = \varrho_K \cdot \frac{\pi}{6} d^3 = 0,5073\ \text{g}$$

Dann ergibt sich im Fall von He-Gas für γ:

$$\gamma_{\text{He}} = 1,668 \quad (\text{theoretisch} : 5/3 = 1,667)$$

und für Methangas:

$$\gamma_{\text{CH}_4} = 1,236 \quad (\text{theoretisch} : 1,235)$$

Die Kugelmasse m_K, die Querschnittsfläche A und das Volumen V_0 müssen bei der Versuchsdurchführung so gewählt sein, dass die Frequenz nicht zu hoch ist, damit sie noch messbar bleibt, andererseits nicht zu niedrig, damit die adiabatischen Bedingungen auch gültig bleiben. Natürlich kommt nach einigen Schwingungen die Kugel wieder zur Ruhe, da Reibungskräfte auftreten, die wir hier nicht berücksichtigt haben, so dass der ganze Prozess sich am Ende doch als irreversibel erweist, wie es letztlich bei allen Prozessen in der Natur der Fall ist, die sich zeitlich ändern. Es sei aber betont, dass die ermittelte Schwingungszeit nur geringfügig, d. h. in vernachlässigbarer Weise von den Reibungskräften abhängt, solange diese klein genug sind.

5.15.3 Thermodynamik in Planetenatmosphären

Die Atmosphäre von Planeten mit fester Oberfläche wie Erde, Mars, Venus oder auch der Saturnmond Titan bestehen aus Gasen bzw. Gasgemischen, deren thermodynamisches Verhalten wesentlich durch das Gravitationsfeld des Planeten bestimmt wird.

Ausgangspunkt unserer Überlegungen ist eine allgemein gültige Beziehung aus der Hydrostatik, die einen Zusammenhang zwischen Druck p und der Höhe h über der Oberfläche im Gravitationsfeld herstellt:

$$\mathrm{d}p = -\varrho \cdot g \cdot \mathrm{d}h$$

Diese Gleichung gilt im Fall des mechanischen Gleichgewichtes und stellt nichts anderes als die auf die Flächeneinheit bezogene Gleichsetzung von „Kraft = Masse mal Beschleunigung" in differentieller Form dar. Die Schwerebeschleunigung g ist von Masse und Radius des Planeten abhängig:

$$g = \frac{m_{\text{Planet}}}{(r_{\text{Planet}} + h)^2} \cdot G \cong \frac{m_{\text{Planet}}}{r^2_{\text{Planet}}} \cdot G$$

wobei G die Gravitationskonstante $(6,673 \cdot 10^{-11}\ \mathrm{N \cdot m^2 \cdot kg^{-2}})$ ist. $g \approx$ const. gilt, wenn $h \ll r_{\text{Planet}}$, was gut erfüllt ist. Für die Dichte ϱ ist die thermische Zustandsgleichung der Flüssigkeit oder des Gases einzusetzen. Im Fall von Planetenatmosphären kann man in guter Näherung das ideale Gasgesetz verwenden:

$$\mathrm{d}p = -p \cdot \frac{\langle M \rangle \cdot g}{RT} \cdot \mathrm{d}h$$

wobei $\langle M \rangle$ die mittlere Molmasse der Gasmischung bedeutet. Die Gleichung beschreibt die Änderung von Gleichgewichtszuständen auf der Zustandsoberfläche des idealen Gases und es erhebt sich jetzt die Frage, welchen Weg auf der Zustandsfläche man zu wählen hat, wie also p von T abhängt, erst dann kann die Gleichung integriert werden. Die Sonneneinstrahlung wie auch der Energievorrat aus dem Inneren eines Planeten stellt eine Wärmequelle auf der Planetenoberfläche dar (wir vernachlässigen Lichtabsorption der Sonnenstrahlung direkt in der Atmosphäre), aber Gase leiten die Wärme schlecht, man kann daher für die Atmosphäre $\delta Q \approx 0$ setzen. Wenn die Atmosphäre im thermodynamischen Gleichgewicht überhaupt Energie austauscht, muss ein näherungsweise reversibler (quasistatischer) Austausch von Arbeit stattfinden, das kann nur durch Aufsteigen von Gasmassen gegen die Gravitation unter Expansion erfolgen $(-W_{\text{rev}})$ und gleichzeitiges Absinken von Gasmassen $(+W_{\text{rev}})$ unter Kompression. Es handelt sich also um eine sehr langsame (quasi reibungsfreie), geschlossene Konvektionsbewegung. Damit ist der Weg auf der Zustandsfläche des Gases vorgegeben: wir haben es mit einem quasistatisch-adiabatischen, d. h. isentropen Weg auf der Zustandsfläche zu tun. Für diesen Fall gilt (s. Abschnitt 5.1) mit dem Adiabatenkoeffizienten $\gamma = \overline{C}_p/\overline{C}_V$:

$$\frac{\mathrm{d}T}{T} = \frac{\gamma - 1}{\gamma}\,\frac{\mathrm{d}p}{p}$$

Um eine gewisse Flexibilität zuzulassen, wählen wir allgemein den Weg einer polytropen Zustandsänderung (s. Abschnitt 5.2) mit $1 \leq \varepsilon \leq \gamma$:

$$\frac{\mathrm{d}T}{T} = \frac{\varepsilon - 1}{\varepsilon}\,\frac{\mathrm{d}p}{p}$$

der auch den möglichen isothermen Grenzfall $(\varepsilon = 1)$ mit einschließt, bei dem gar keine Konvektion stattfindet. Einsetzen in die hydrostatische Grundgleichung für das ideale Gas liefert sofort:

$$\mathrm{d}T = -\frac{\varepsilon - 1}{\varepsilon} \cdot \frac{M \cdot g}{R} \cdot \mathrm{d}h$$

bzw.

$$T - T_0 = -\frac{\varepsilon - 1}{\varepsilon} \cdot \frac{M \cdot g}{R} \cdot h \qquad (T_0 = T \text{ bei } h = 0)$$

Damit lässt sich die Integration der hydrostatischen Grundgleichung durchführen.

$$\int_{p_0}^{p} \frac{\mathrm{d}p}{p} = -\frac{M \cdot g}{R} \int_{h=0}^{h} \cdot \frac{\mathrm{d}h}{T_0 - \left(\frac{M \cdot g}{R} \frac{\varepsilon - 1}{\varepsilon}\right) \cdot h}$$

Das ergibt:

$$\boxed{p(h) = p_0 \left(1 - \frac{M \cdot g}{R} \frac{\varepsilon - 1}{\varepsilon} \cdot \frac{h}{T_0}\right)^{\frac{\varepsilon}{\varepsilon - 1}}}$$

bzw.:

$$\boxed{T(h) = T_0 \left(1 - \frac{M \cdot g}{R} \frac{\varepsilon - 1}{\varepsilon} \cdot \frac{h}{T_0}\right)}$$

Man sieht durch eine Grenzwertbetrachtung

$$\left(\lim_{n \to \infty} \left(1 - \frac{a}{n}\right)^n = \mathrm{e}^{-a} \text{ mit } n = \frac{\varepsilon}{\varepsilon - 1} \text{ und } a = \frac{M \cdot g \cdot h}{R \cdot T_0}\right)$$

dass gilt:

$$\lim_{\varepsilon \to 1} p(h) = p_0 \cdot \exp\left[-\frac{M \cdot g \cdot h}{R \cdot T_0}\right]$$

bzw.

$$\lim_{\varepsilon \to 1} T(h) = T_0,$$

so dass für $\varepsilon = 1$ der isotherme Fall vorliegt, d. h., man erhält die sog. barometrische Höhenformel.

Für die Erde lässt sich mit folgenden Daten $p(h)$ und $T(h)$ berechnen: $T_0 = 288$ K, $p_0 = 1$ bar, $M_{\mathrm{Luft}} = 0{,}029$ kg · mol^{-1}, $g = 9{,}81$ m · s^{-2} und $\varepsilon = 1{,}24$ (statt $\gamma = 1{,}4$).

Gleichzeitig lässt sich die Frage beantworten, wo im Mittel die Wolkenbildungsgrenze liegt, das ist die Höhe h, wo der Partialdampfdruck des Wassers in der Atmosphäre den Sättigungsdampfdruck des Wassers erreicht. Als Partialdampfdruck von H_2O rechnen wir mit den Beispielen a) einer 40%igen Sättigung von H_2O, b) einer 70%igen Sättigung von H_2O bei jeweils 288 K für T_0. Die Dampfdruckkurve von H_2O, $p_{\mathrm{H_2O}}^{\mathrm{sat}}$, wurde nach der Formel in Aufgabe 5.16.32 berechnet. Wir vernachlässigen die Löslichkeit von Luft in kondensierten Wassertropfen. Abb. 5.33 zeigt die Ergebnisse. Dort, wo $p_{\mathrm{H_2O}}^{\mathrm{sat}}$ jeweils gleich $p_{\mathrm{H_2O}}$ (40 %) bzw. $p_{\mathrm{H_2O}}$ (70 %) wird, liegt die Wolkengrenze. Das ist bei 40 % Sättigung in 2000 m Höhe und 274,7 K der Fall, bei 70 % Sättigung in 900 m Höhe und 282,5 K.

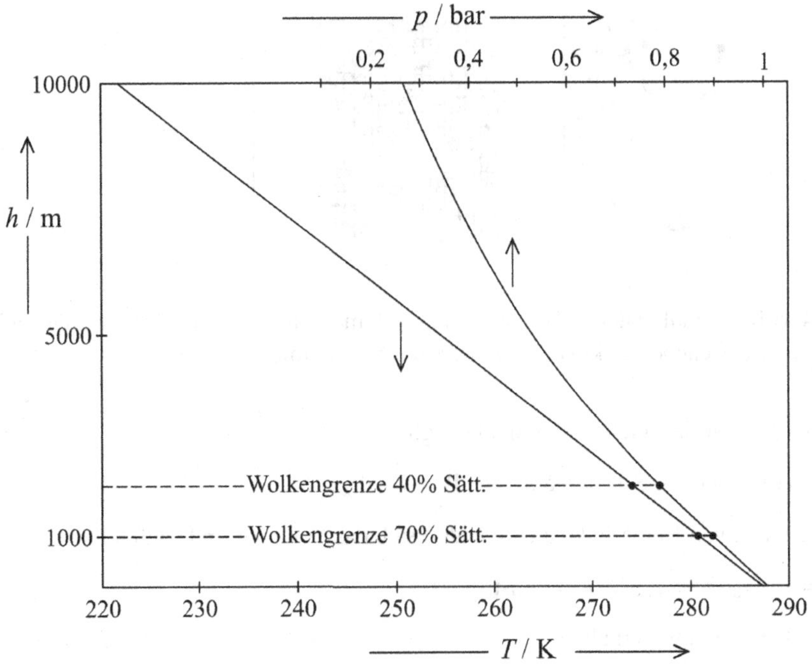

Abb. 5.33 Temperatur und Druckverhältnisse in der Erdatmosphäre (s. Text)

5.15.4 Thermodynamik der Dehnung von Kautschukbändern und Metalldrähten

In Abb. 5.34 sind die molekularen Strukturen von zwei verschiedenen elastischen Materialien gezeigt: Kautschuk und Metall. Kautschuk besteht aus einem Polymernetzwerk, das durch Vernetzungspunkte von Polymerketten eine hochelastische dreidimensionale Stabilität erfährt. Metalle (z. B. Stahl) bestehen aus Metallatomen, die wohlgeordnet in einem Kristallgitter sitzen und durch die metallische Bindung zusammengehalten werden.

Wir stellen uns ein kräftefreies Kautschukband der Länge $l_{x,0}$ mit dem Querschnitt $l_{y,0} \cdot l_{z,0}$ vor, an dem nun in die x-Richtung eine Kraft K wirkt, wodurch das Band auf die Länge $l_x > l_{x,0}$ gedehnt wird. Die differentielle Arbeit, die dabei geleistet wird, ist $\vec{K} \cdot \mathrm{d}\vec{l}_x$. $\vec{K}$ ist im Sinn von Abschnitt 4.1 der Arbeitskoeffizient λ und $\vec{l}_x$ die Arbeitskoordinate l. Wir können also für die Gibbs'sche Fundamentalgleichung (Gl. 5.48) in einem geschlossenen System schreiben, wobei wir die Vektorpfeile weglassen, da $\vec{K}$ und $\vec{L}_x$ immer in dieselbe Richtung weisen:

$$\mathrm{d}U = T\mathrm{d}S - p\mathrm{d}V + K \cdot \mathrm{d}l_x$$

Da S, V und l_x extensive Größen sind, lässt sich nach der Euler'schen Gleichung schreiben:

$$U = T \cdot S - p \cdot V + K \cdot l_x$$

Die freie Energie F ist eine Legendre-Transformation von $U(S, V, l_x)$ und lautet bekanntlich $F =$

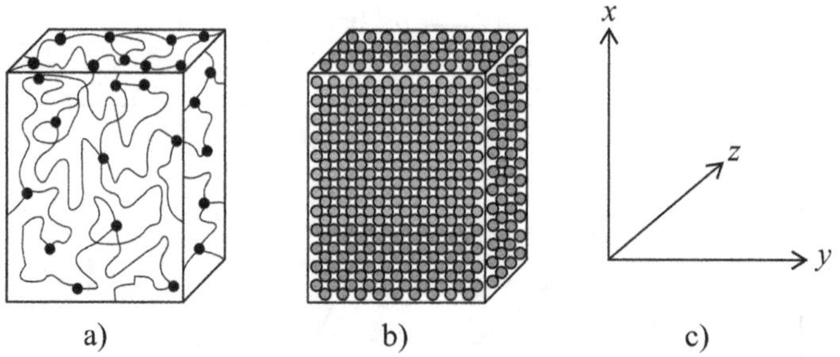

Abb. 5.34 a) Kautschukmaterial mit vernetzten Polymerketten (–) und Vernetzungspunkten (•); b) Metallgitter bestehend aus kristallin geordneten Metallatomen

$U - TS$, so dass für das totale Differential dF gilt:

$$\mathrm{d}F = \mathrm{d}U - T\mathrm{d}S - S\,\mathrm{d}T = -S\,\mathrm{d}T - p\mathrm{d}V + K \cdot \mathrm{d}l_x$$

Bei der Dehnung von Kautschukbändern ändert sich das Volumen im Idealfall nicht, es gilt also:

$$V = x_0 \cdot x_0 \cdot z_0 \cong l_x \cdot l_x \cdot l_z = \text{const.}$$

Damit ist d$V = 0$ und wir erhalten:

$$\mathrm{d}F = -S\,\mathrm{d}T + K \cdot \mathrm{d}l_x$$

Es gilt die Maxwell-Relation:

$$-\left(\frac{\partial S}{\partial l_x}\right)_T = \left(\frac{\partial K}{\partial T}\right)_{l_x}$$

Ferner erhält man für die thermische Zustandsgleichung :

$$\left(\frac{\partial F}{\partial l_x}\right)_T = K(l_x, T)$$

Die Funktion $K(l_x, T)$ ist zunächst unbekannt, aber im Fall eines *idealelastischen Kautschuks* gilt:

$$\left(\frac{\partial U}{\partial l_x}\right)_T = 0$$

da die Kettensegmente der Polymerketten in erster Näherung nichts voneinander „spüren“. Das steht in Analogie zum idealen Gas mit $\left(\frac{\partial U}{\partial V}\right)_T = 0$. Wenn wir nun $F = U - TS$ partiell nach l_x bei $T = \text{const.}$ differenzieren, erhält man für den idealen Kautschuk:

$$\left(\frac{\partial F}{\partial l_x}\right)_T = -T\left(\frac{\partial S}{\partial l_x}\right)_T = K(l_x, T)$$

Die äußere Kraft K wird also allein durch die Änderung der Entropie bei der Dehnung kompensiert, sie wirkt als Gegenkraft. Mit der obigen Maxwell-Relation ergibt sich:

$$+T\left(\frac{\partial K}{\partial T}\right)_{l_x} = K$$

Nach Integration erhält man:

$$\ln K = \ln T + \ln f$$

bzw.

$$K = T \cdot f(l_x)$$

f kann als Integrationskonstante nur von l_x abhängen. Wir können die Konsistenz der Berechnung nochmals überprüfen. Es gilt, in Analogie zu Gl. (5.17), wenn wir $+K$ statt $-p$ bei $l_x = \text{const.}$ statt $V = \text{const.}$ schreiben:

$$\left(\frac{\partial U}{\partial l_x}\right)_T = K - T\left(\frac{\partial K}{\partial T}\right)_{l_x} = T \cdot f(l_x) - T \cdot f(l_x) = 0$$

Die thermische Zustandsgleichung $K(T, l_x)$ für den idealen Kautschuk lässt sich mit Hilfe der statistischen Thermodynamik ableiten. Sie lautet (bei nicht zu großer Dehnung):

$$K = C \cdot T\left(\widetilde{\alpha} - \frac{1}{\widetilde{\alpha}^2}\right) \quad \text{mit} \quad \widetilde{\alpha} = \frac{l_x}{l_{x,0}} \quad \text{und} \quad C = \frac{N \cdot k_B}{l_{x,0}}$$

in Übereinstimmung mit $K = T \cdot f(l_x)$. $\widetilde{\alpha}$ ist also die relative Längenänderung mit $\widetilde{\alpha} = l_x/l_{x,0} \geq 1$. Die Materialkonstante C ist proportional zur Zahl der Vernetzungspunkte N im Kautschukmaterial

.

Im Gegensatz zum idealen Kautschuk gilt bei *idealen Kristallen für Metalldrähte* der Länge l_x das Hooke'sche Gesetz mit der Kraftkonstanten h, die mit steigender Temperatur kleiner wird:

$$K = h(T)(l_x - l_{x,0}) = h(T_0)\left[1 - a \cdot (T - T_0)\right]\ (l_x - l_{x,0}) \quad (a > 0)$$

Mit

$$\left(\frac{\partial U}{\partial l_x}\right)_T = K - T\left(\frac{\partial K}{\partial T}\right)_{l_x}$$

folgt für Metalldrähte:

$$\left(\frac{\partial U}{\partial l_x}\right)_T = h(T_0)\left[1 + a \cdot T_0\right](l_x - l_{x,0})$$

Wir wollen drei reversible Prozesse diskutieren:

- *Isotherme, reversible Dehnung*. Hier gilt allgemein:

$$W_{\text{rev}} = \int_{l_{x,0}}^{l_x} K \mathrm{d}l_x = \int_{l_{x,0}}^{l_x} \left(\frac{\partial U}{\partial l_x}\right)_T \mathrm{d}l_x - Q$$

Das ergibt für *Kautschukbänder* wegen $(\partial U/\partial l_x)_T = 0$:

$$W_{\text{rev}} = -Q = \frac{N \cdot k_B}{l_{x,0}}\, T \cdot l_{x,0} \int_1^{\widetilde{\alpha}} \left(\widetilde{\alpha} - \frac{1}{\widetilde{\alpha}^2}\right) \mathrm{d}\widetilde{\alpha} = k_B \cdot \left(\frac{N}{V}\right)(l_{x,0} \cdot l_{y,0} \cdot l_{z,0}) \cdot T\left[\frac{\alpha^2}{2} + \frac{1}{\alpha} - \frac{3}{2}\right]$$

Die eckige Klammer ist immer positiv für $\widetilde{\alpha} > 1$.

Wir stellen also fest, dass Q negativ ist, während W_{rev} positiv ist.

Für *Metalldrähte* gilt:

$$W_{\text{rev}} = \frac{1}{2}h(T_0)\,[1 - a(T - T_0)]\,(l_x - l_{x,0})^2 = \int\limits_{l_{x,0}}^{l_x} \left(\frac{\partial U}{\partial l_x}\right)_T \mathrm{d}l_x - Q$$

mit

$$\int\limits_{l_{x,0}}^{l_x} \left(\frac{\partial U}{\partial l_x}\right)_T \mathrm{d}l_x = \frac{1}{2}h(T_0)\,[1 + aT_0]\,(l_x - l_{x,0})^2$$

Daraus folgt für Q:

$$Q = \frac{1}{2}h(T_0) \cdot a \cdot T(l_x - l_{x,0})^2$$

Q ist also ebenso wie W_{rev} positiv, solange T nicht zu groß wird.

Für $a = 0$ (T-unabhängige Hook'sche Kraftkonstante) gilt:

$$Q = 0 \quad \text{und} \quad W_{\text{rev}} = \frac{1}{2}h(l_x - l_{x,0})^2$$

- *Adiabatische reversible Dehnung (isentroper Prozess):* Hier gilt mit $\delta Q = 0$ allgemein:

$$\mathrm{d}U = K\mathrm{d}l_x = C_V\mathrm{d}T + \left(\frac{\partial U}{\partial l_x}\right)_T \mathrm{d}l_x$$

Für *Kautschuk-Bänder* erhält man hier wegen $(\partial U/\partial l_x)_T = 0$:

$$C_V\mathrm{d}T = K\mathrm{d}l_x$$

Variablentrennung und Integration ergibt:

$$C_V \int\limits_{T_0}^{T} \frac{\mathrm{d}T}{T} = \left(\frac{N}{V}\right) k_{\text{B}} \left(l_{x,0} \cdot l_{y,0} \cdot l_{z,0}\right) \int\limits_{1}^{\widetilde{\alpha}} \left(\widetilde{\alpha} - \frac{1}{\widetilde{\alpha}^2}\right) \mathrm{d}\widetilde{\alpha}$$

$$C_V \ln \frac{T}{T_0} = \left(\frac{N}{V}\right) k_{\text{B}} \left(l_{x,0} \cdot l_{y,0} \cdot l_{z,0}\right) \left[\frac{\widetilde{\alpha}^2}{2} + \frac{1}{\widetilde{\alpha}} - \frac{3}{2}\right]$$

Die rechte Seite dieser Gleichung ist bei Dehnung des Kautschukbandes ($\widetilde{\alpha} > 1$) positiv, die Temperatur des Kautschukmaterials nimmt bei adiabatischer Dehnung also zu. Für *Metalldrähte* gilt:

$$K\mathrm{d}l_x = C_V\mathrm{d}T + \left(\frac{\partial U}{\partial l_x}\right)_T \mathrm{d}l_x = C_V\mathrm{d}T + h(T_0)(1 + a \cdot T_0) \cdot (l_x - l_{x,0})\mathrm{d}l_x$$

Mit $K = h(T_0)(1 - a(T - T_0)(l_x - l_{x,0})$ lässt sich schreiben:

$$-h(T_0)a \cdot T(l_x - l_{x,0})\mathrm{d}l_x = C_V \mathrm{d}T$$

Variablentrennung und Integration ergibt:

$$-h(T_0)a\frac{1}{2}(l_x - l_{x,0})^2 = C_V \ln\left(\frac{T}{T_0}\right)$$

Bei adiabatischer Dehnung ($l_x > l_{x,0}$) des Metalldrahtes nimmt dessen Temperatur ab ($T < T_0$).

- *Isodynamische Prozesse* (K = const.) in eindimensionalen Systemen wie Dehnung von Drähten und Bändern entsprechen den isobaren Prozessen in Fluiden. Ein isodynamischer Prozess lässt sich einfach durchführen, indem man an den Draht bzw. an das Kautschukband ein Gewicht hängt, das eine konstante Kraft auf das System ausübt. Die thermodynamische Variable, die sich leicht ändern lässt, ist die Temperatur, mit der dann bei K = const. eine Längenänderung verbunden ist.

$$\Delta_\mathrm{K} = \frac{1}{l_x}\left(\frac{\partial l_x}{\partial T}\right)_\mathrm{K} = \frac{1}{\widetilde{\alpha}}\left(\frac{\partial \widetilde{\alpha}}{\partial T}\right)_\mathrm{K}$$

Δ_K ist der isodynamische Längenausdehnungskoeffizient, dem bei einem Fluid der isobare Ausdehnungskoeffizient $\widetilde{\alpha}_p$ entspricht. Wir wollen Δ_K für das Kautschukband und den Metalldraht ableiten. Aus der thermischen Zustandsgleichung für Kautschuk

$$K = C \cdot T\left(\widetilde{\alpha} - \frac{1}{\widetilde{\alpha}^2}\right)$$

lässt sich für K = const. bereits erkennen, dass $\widetilde{\alpha}$ mit steigender Temperatur T *kleiner* wird. Differentiation nach T ergibt, wie erwartet, einen negativen Wert für Δ_K:

$$\Delta_\mathrm{K} = \frac{1}{\widetilde{\alpha}}\left(\frac{\partial \widetilde{\alpha}}{\partial T}\right)_\mathrm{K} = -\frac{K}{C \cdot T^2(\widetilde{\alpha} + 2/\widetilde{\alpha}^2)} < 0 \quad \text{(Kautschuk – Band)}$$

Aus der entsprechenden Zustandsgleichung für Metalldrähte

$$K = h(T_0)\,[1 - a(T - T_0)]\,(l_x - l_{x,0}) \qquad a(T - T_0) > 1$$

ist für K = const. abzulesen, dass mit zunehmender Temperatur T der Wert von $\widetilde{\alpha}$ ebenfalls zunimmt. Differentiation ergibt hier einen positiven Wert für Δ_K:

$$\Delta_\mathrm{K} = \frac{1}{\widetilde{\alpha}}\left(\frac{\partial \widetilde{\alpha}}{\partial T}\right)_K = +\frac{a(1 - 1/\widetilde{\alpha})}{1 - a(T - T_0)} > 0 \quad \text{(Metalldraht)}$$

da $\widetilde{\alpha} > 0$.

Wir wollen 2 Rechenbeispiele geben. Zunächst betrachten wir das Kautschuk-Band. Für den Kautschuk muss der Parameter C bekannt sein:

$$C = \frac{N \cdot k_\mathrm{B}}{l_{x,0}} = \left(\frac{N}{V}\right) \cdot k_\mathrm{B} \cdot A_0$$

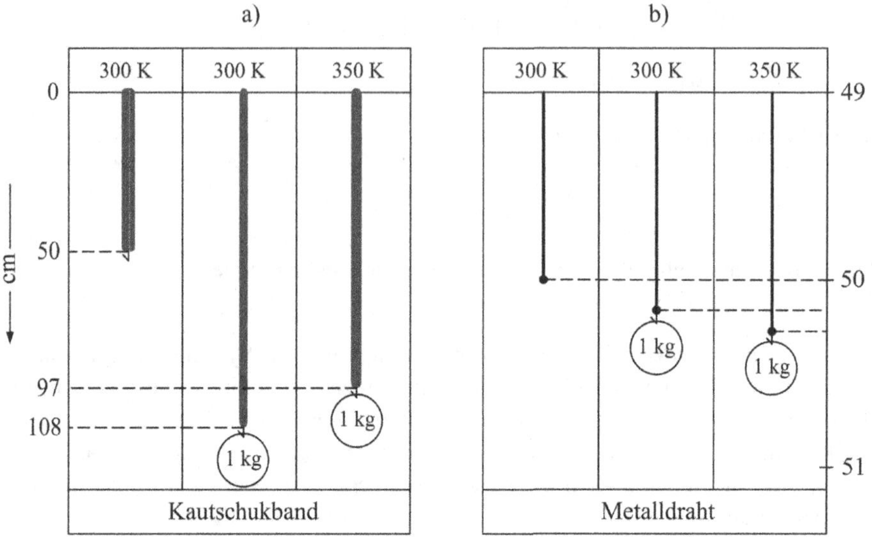

Abb. 5.35 Isodynamische Längenänderung bei Belastung und zusätzlicher Temperarurerhöhung für a) ein Kautschukband und b) einen Metalldraht

wobei A_0 die Querschnittsfläche des Kautschukbandes bei $K = 0$ bedeutet. Wir setzen $A_0 = 5 \cdot 10^{-6}$ m^2 und $(N/V) = 2,5 \cdot 10^{26}$ m^{-3}. (Wenn wir die Vernetzungszahldichte N/V gleich der Teilchenzahldichte eines idealen Gases bei 300 K setzen, hätte dieses Gas einen Druck von ca. 10 bar). Dann ergibt sich $C = 1,726 \cdot 10^{-2}$ J $\cdot$ K^{-1} $\cdot$ m^{-1}. Wenn man 1 kg Gewicht an das Kautschuk-Band hängt ($K = 1 \cdot 9,81$ N), ergibt sich bei 300 K der Wert $\widetilde{\alpha} = 2,15$. Das Band wird also durch 1 kg Gewicht auf etwas mehr als das Doppelte seiner ursprünglichen Länge gedehnt. Wählen wir jetzt $T = 350$ K, ergibt sich $\widetilde{\alpha} = 1,93$. Das heißt: ein Kautschuk-Band von 50 cm Länge wird bei 300 K durch 1 kg Gewicht auf 107,5 cm gedehnt. Bringt man das Band durch Erwärmung der es umgebenden Luft auf 350 K, beträgt seine Länge bei angehängtem Gewicht von 1 kg nur noch 96,5 cm. Das Gewicht wird also um 11 cm angehoben, das Kautschukband zieht sich zusammen (s. Abb. 5.35a).

Der Mittelwert für Δ_K beim Kautschuk beträgt:

$$\Delta_K = \frac{1}{\langle\widetilde{\alpha}\rangle}\frac{\Delta\widetilde{\alpha}}{\Delta T} = -\frac{1}{2,07}\cdot\frac{2,15-1,93}{50} = -2,12\cdot 10^{-3}\ \mathrm{K}^{-1}$$

oder bei Nutzung der Differentialform für Kautschuk:

$$\Delta_K = -\frac{K}{C\,\langle T\rangle\left(\langle\widetilde{\alpha}\rangle + 2/\langle\widetilde{\alpha}\rangle\right)} = -\frac{9,81}{1,762\cdot 10^{-2}\cdot(325)^2(2,07+2/2,07)}$$
$$= -2,12\cdot 10^{-3}\ \mathrm{K}^{-1}$$

Die Arbeit W_{rev}, die der Kautschuk dabei leistet um sein Gewicht anzuheben, ist $K \cdot \Delta l_x = -9,81 \cdot 0,11 = -1,079$ J.

Jetzt führen wir die entsprechende Rechnung für einen Metalldraht durch. Wir bedenken dabei, dass $l_{x,0}$ proportional zur Gesamtzahl der Metallatome N ist, so dass man mit der

Proportionalitätskonstante b schreiben kann:

$$K = h(T_0)(1 - a(T - T_0)) \cdot b\left(\frac{N}{V_0}\right) \cdot A_0(\widetilde{\alpha} - 1)$$

A_0 und V_0 sind Querschnittsfläche und Volumen des unbelasteten Metalldrahtes. Wir fassen zusammen:

$$K = h'(T_0)(1 - a(T - T_0) \cdot A_0(\widetilde{\alpha} - 1)$$

Wir setzen $h'(T_0) = 2 \cdot 10^9$ J, $A_0 = 10^{-6}$ m^2 und $a = 5 \cdot 10^{-3}$ K^{-1}. Für K wird wieder 1 kg $\cdot$ 9,81 m $\cdot$ s^{-2} gesetzt. Bei $T = T_0 = 300$ K ergibt sich für $\widetilde{\alpha}$

$$\widetilde{\alpha} = 1{,}005 \quad (T_0 = 300 \text{ K}) \text{ bzw. } l_x = 50{,}24 \text{ cm}$$

Setzt man $T = 350$K mit $T_0 = 300$ K, erhält man für (s.Abb. 5.35 b)

$$\widetilde{\alpha} = 1{,}0065 \quad (T = 350\text{K}) \text{ bzw. } l_x = 50{,}33 \text{ cm}$$

Der Draht dehnt sich also aus bei Temperaturerhöhung von 300 auf 350 K um 0,9 mm aus. Δ_K berechnet sich aus:

$$\frac{1}{\langle\widetilde{\alpha}\rangle}\frac{\Delta\widetilde{\alpha}}{\Delta T} = \frac{1}{1{,}00575}\frac{0{,}0015}{50} = 2{,}98 \cdot 10^{-5} \text{ K}^{-1}$$

oder direkt aus der Differentialform für Metalldrähte:

$$\Delta_K = \frac{1 - 1/\widetilde{\alpha}}{1 - a(T - T_0)} \cdot a = 3{,}16 \cdot 10^{-5} \text{ K}^{-1}$$

Die Arbeit, die dabei am Metalldraht geleistet wird, beträgt

$$K \cdot \Delta l_x = m \cdot g \cdot l_{x,0} \cdot \Delta\widetilde{\alpha} = 9{,}81 \cdot 9 \cdot 10^{-4} = 8{,}83 \cdot 10^{-3} \text{ Joule}$$

Die Ausdehnung des Metalldrahtes zeigt Abb. 5.35 b).

5.15.5 Wie weit fliegt eine Kanonenkugel?

Beim Abschuss einer Kanonenkugel oder eines vergleichbaren Geschosses wird in einem kleinen Volumenbereich am Fuß der Kanone innerhalb des Rohres eine Sprengladung gezündet (s. Abb. 5.36).

Bei Explosionen von solchen Sprengstoffen kann es zu erheblichen Druck- und Temperaturwerten kommen, da nicht nur die Reaktionsenergie bei der Zündung frei wird, sondern auch der feste Sprengstoff in Gase, vor allem N_2, H_2O und CO_2, umgewandelt wird, was erheblich zur Druckerzeugung beiträgt (s. Kapitel 4.6 , Beispiel 4.6.3). Wir gehen davon aus, dass praktisch schlagartig ein hoher Druck entsteht. Durch den Druck wird die Kugel beschleunigt und schießt aus dem Rohr. Diesen Vorgang wollen wir quantitativ erfassen. Wegen der raschen Ausdehnung

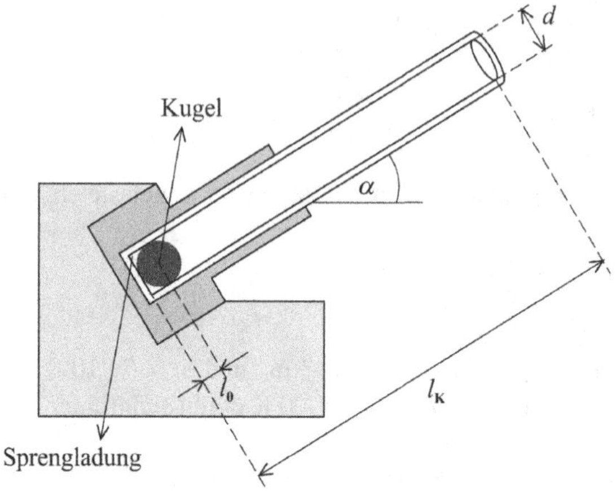

Abb. 5.36 Schema eines Kanonengeschützes ohne Rückstoßdämpfung

der Verbrennungsgase während des Abschusses können wir von einem *adiabatischen Prozess* ausgehen.Nach Gl. (5.31) gilt unter der Anname eines adiabatisch-reversiblen Prozesses mit $\mathrm{d}S = 0$:

$$\mathrm{d}E = \mathrm{d}E_{\text{kin}} + \mathrm{d}E_{\text{pot}} + \delta W_{\text{rev}}$$

Für W_{rev} setzen wir Gl. (5.3) ein:

$$W_{\text{rev}} = n \frac{R}{\gamma - 1} \cdot T \left[\left(\frac{V}{V_{\text{E}}} \right)^{\gamma-1} - 1 \right]$$

mit dem Volumen V_{E} am Ende (Index E) des Prozesses.

Da sich bei der Expansion nur die Länge im Rohr ändert und nicht der Rohrquerschnitt A, kann man schreiben:

$$\frac{p \cdot V}{\gamma - 1} \left[\left(\frac{V}{A \cdot l_{\text{K}}} \right)^{\gamma-1} - 1 \right] = W_{\text{rev}}$$

wobei wir die Molzahl des Verbrennungsgases $n = p \cdot V/R \cdot T$ gesetzt haben. Da $\mathrm{d}E = 0$, gilt nach Gl. (5.31) $\delta W_{\text{rev}} + \mathrm{d}E_{\text{pot,Kugel}} + \mathrm{d}E_{\text{kin,Kugel}} = 0$ oder integriert:

$$-\frac{p \cdot V}{\gamma - 1} \left[\left(\frac{V}{l_{\text{K}} \cdot A} \right)^{\gamma-1} - 1 \right] = m_{\text{K}} \cdot g \left(l_{\text{K}} - \frac{d}{2} \right) \cdot \sin \alpha + \frac{m_{\text{K}}}{2} v^2$$

wobei m_{K} die Masse der Kugel und v ihre Geschwindigkeit beim Austritt aus dem Rohr bedeutet. l_{K} ist die Kanonenrohrlänge. Wir wollen jetzt die Ausgangsgrößen p und V berechnen. Der Durchmesser d der Kugel sei 20 cm und damit der Rohrquerschnitt $A = \pi \cdot d^2/4 = 314,16\ \text{cm}^2 = 0,03146\ \text{m}^2$, l_{K} sei 2, 5 m. Vor der Zündung ruht die Kugel am Boden des Rohres (s. Abb. 5.37).

Den Raum V unterhalb der Kugel berechnen wir als Zylindervolumen der Höhe $d/2$ minus dem Volumen der Halbkugel. Also:

$$V = \frac{\pi}{4} d^2 \cdot \frac{d}{2} - \frac{1}{2} \frac{\pi}{6} d^3 = \frac{\pi}{24} d^3 = 1047\ \text{cm}^3 = 1,047 \cdot 10^{-3}\ \text{m}^3$$

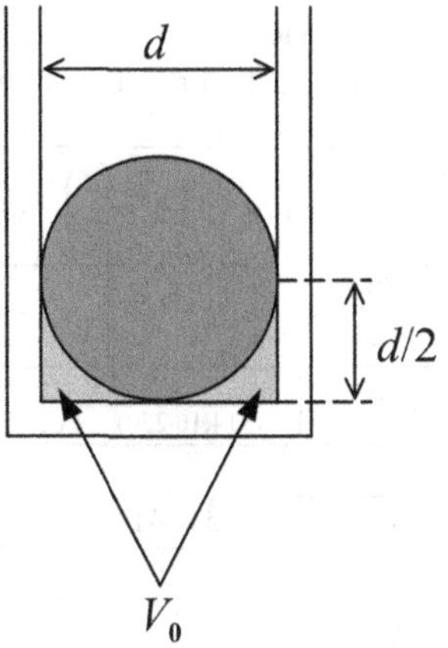

Abb. 5.37 Lage der Kanonenkugel im Rohr vor dem Abschuss

Diesen Raum füllen wir mit 504 g Schwarzpulver. Beim Verbrennen werden 1318 kJ frei (s. Aufgabe 4.7.17, Kapitel 4) und es entstehen dabei 1 Mol CO_2, 2 Mol N_2, 2 Mol SO_2 und 2 Mol K_2CO_3 als Verbrennungsprodukte. Wir schätzen, dass das Volumen des festen K_2CO_3 ca. 100 cm^3 einnimmt, so dass das Volumen des Gasraumes V_0 ca. 950 cm^3 = $0,950 \cdot 10^{-3}$ m^3 beträgt. Durch die explosionsartige Verbrennung entspricht das bei 1 bar und T_0 einem inneren Energiezuwachs bei V = const.:

$$\Delta U = \Delta_R H - n \cdot R \cdot T_0$$

Die bei der Reaktion entstehende Molzahl der Gase ist $n = 5$ und die Wärmekapazität der Gasmischung einschließlich der zusätzlichen durch Dissoziation von $2K_2CO_3$ entstehenden 2 Mol CO_2 ist $C_{V,\text{Misch}} = (3 \cdot 6,5 + 2 \cdot 3,5 + 2 \cdot 6) \cdot R$, da wegen der hohen Temperatur alle Freiheitsgrade von CO_2, SO_2 und N_2 angeregt sind. Somit ergibt sich für ΔU:

$$\Delta U = \Delta_R H - 5 \cdot RT_0 = 38,5 \cdot (T - T_0) \cdot R$$

Daraus erhält man mit $\Delta_R H = 1,318 \cdot 10^6$ Joule und $T_0 = 293$ K:

$$T = \frac{\Delta_R H - 41,57 \cdot 293}{38,5 \cdot R} + 293 = 4372 \text{ K}$$

Bei dieser Temperatur nehmen wir also an, dass K_2CO_3 in $K_2O + CO_2$ übergeht.

Daraus berechnet sich p mit der Gesamtmolzahl 5 + 2 = 7 und $V_0 = 0,950 \cdot 10^{-3}$ m^3:

$$p = (7 \cdot R/V_0) \cdot 4372 = 2,68 \cdot 10^8 \text{ Pa} = 2,68 \text{ kbar}$$

Wenn die Kanonenkugel aus Stahl ist mit einer Dichte von $7,5 \text{ g} \cdot \text{cm}^3$, erhält man für die Kugelmasse m_K:

$$m_K = \varrho_K \cdot \pi\, d^3/6 = 31416 \text{ g} = 31,416 \text{ kg}$$

Mit den berechneten Werten von p, m_K sowie $A = 314,16\ \mathrm{cm}^2$ und $l_K = 250$ cm sowie $\sin\alpha = \sin 45° = 0,7071$ lässt sich durch Auflösen nach der Endgeschwindigkeit diese berechnen:

$$v = \sqrt{\frac{pV \cdot \left[1 - \left(\frac{V}{A} \cdot l_k\right)^{\gamma-1}\right] \Big/ (\gamma - 1) - m_K \cdot g\left(l_k - \frac{d}{2}\right) \cdot \sin\alpha}{\frac{m_K}{2}}}$$

$$= \sqrt{\frac{\frac{2,68 \cdot 10^8 \cdot 10^5 \cdot 0,950 \cdot 10^{-3} \cdot \left[-\frac{950}{(314,16 \cdot 250)^{0,4} + 1}\right]}{0,4} - 31,416 \cdot 9,81 \cdot 2,4 \cdot 0,70717}{\frac{31,416}{2}}}$$

$$= 180,4\ \mathrm{m} \cdot \mathrm{s}^{-1}$$

Wir wollen nun die Schussweite und Flugzeit der Kugel ermitteln. Für eine parabelförmige Flugbahn mit $\alpha = 45°$ gilt (s. Lehrbuch der Physik) für die Schussweite s:

$$s = \frac{v^2 \cdot \sin 2\alpha}{g} = \frac{(180,4)^2 \cdot 1}{9,81} = 3321\ \mathrm{m}$$

und für die Flugzeit t_s:

$$t_s = \frac{2 \cdot v \cdot \sin\alpha}{g} = 26,0\ \mathrm{s}$$

Wir wollen noch die Temperatur T_E und den Druck p_E im Kanonenrohr berechnen, wenn die Kugel das Rohr verlässt. Hier gilt nach Gl. (5.1):

$$\left(\frac{V}{V_E}\right)^{\gamma-1} \cdot T = T_E = [950/(A \cdot l_K)]^{0,4} \cdot 4372 = 748\ \mathrm{K}$$

und nach Gl. (5.2):

$$p_E = \left(\frac{V}{V_E}\right)^{\gamma} \cdot p = [950/(A \cdot l_K)]^{1,4} \cdot 3,18 \cdot 10^3 = 5,54\ \mathrm{bar}$$

Diese Ergebnisse sind in dreierlei Hinsicht idealisiert. Zum einen kommt es durch Reibungsverlust zwischen Kugel und Rohr beim Abschuss zu einer unvollständigen Übertragung der adiabatischen Arbeit auf die kinetische Energie des Geschosses. Der Prozess ist also sicher partiell irreversibel . Ferner erfährt das Geschoss selbst in der Luft einen Reibungswiderstand. Letztlich wäre zu berücksichtigen, dass jedes Geschütz eine Rückstoßdämpfung erfährt, wodurch ein Teil der kinetischen Energie des Geschosses verloren geht. Dies alles führt zu einer geringeren Schussweite als berechnet.

5.15.6 Der fallende Kolben als irreversibler Prozess

Wir wollen den Vorgang des Fallens eines Kolbens der Masse m in einem Zylinder genauer diskutieren (s. Abb. 5.10). In dem Zylinder soll sich ein zweiatomiges Gas (N_2) befinden, das vor dem

Loslassen des Zylinders beim Druck p_1, der gleich dem äußeren Druck sein soll, bei der Temepratur T_1 und dem Volumen V_1 vorliegt. Die Höhe über dem Zylinderboden bezeichnen wir mit $h_1 = V_1/A$, wobei A die Querschnittsfläche des Zylinders bzw. des Kolbens ist. Der Fallprozess des Kolbens aus dieser Ausgangsposition soll adiabatisch-irreversibel ablaufen. Das Gleichgewicht, das sich nach Prozessende eingestellt hat, ist gekennzeichnet durch T_2, p_2 und $V_2 = h_2 \cdot A$. Diese Größen sollen berechnet werden. Wir gehen aus von der Energiebilanz nach Gl. (5.30) bzw. (5.31) mit $\mathrm{d}E = 0$:

$$\Delta E = \Delta E_{\text{pot,Kolben}} + \Delta E_{\text{kin,Kolben}} + \Delta U_{\text{Gas}} = 0$$

Die Prozessführung verlangt, dass $\Delta E_{\text{kin,Kolben}} = 0$ ist, also gilt:

$$\Delta E_{\text{pot,Kolben}} + \Delta U_{\text{Gas}} = 0 = m \cdot g(h_2 - h_1) + n_g \cdot \overline{C}_V(T_2 - T_1)$$

Aus dieser Beziehung sind die Gleichgewichtswerte für T_2 und h_2 zu berechnen. Zunächst stellen wir fest, dass für die dritte Unbekannte, den Druck p_2, gilt:

$$m \cdot g = p_2 \cdot A \text{ bzw. } p_2 = m \cdot g\,\frac{h_2}{V_2} = \frac{m \cdot g}{V_1} \cdot h_1$$

Für die Molzahl n_g berechnen wir:

$$n_g = \frac{p_1 \cdot V_1}{R \cdot T_1} = \frac{p_2 \cdot V_2}{R \cdot T_2}$$

h_2 kann man durch h_1 ausdrücken:

$$\frac{V_2}{V_1} = \frac{h_2}{h_1} = \frac{p_1}{p_2} \cdot \frac{T_2}{T_1} \text{ bzw. } h_2 = h_1\,\frac{p_1}{p_2} \cdot \frac{T_2}{T_1} = \frac{V_1 \cdot p_1}{m \cdot g} \cdot \frac{T_2}{T_1}$$

Setzt man das in die Energiebilanz-Gleichung ein und löst nach T_2 auf, erhält man:

$$T_2 = \frac{m \cdot g \cdot h_1 + n_g \cdot \overline{C}_V \cdot T_1}{V_1 \cdot p_1/T_1 + n_g \cdot \overline{C}_V}$$

Wir berechnen ein Beispiel: $m = 1000$ kg, $V_1 = 0{,}002\ \mathrm{m}^3, h_1 = 0{,}2$ m, $T_1 = 300$ K. Dann ergibt sich für n_g:

$$n_g = \frac{10^5 \cdot 0{,}002}{R \cdot 300} = 0{,}08018 \text{ mol}$$

und mit $g = 9{,}81\ \mathrm{m \cdot s^{-2}}$ sowie $\overline{C}_V = \frac{5}{2}R$ (Stickstoff) für T_2:

$$T_2 = 1055{,}2 \text{ K}$$

ferner für h_2:

$$h_2 = \frac{0{,}002}{1000 \cdot 9{,}81} \cdot 10^5 \cdot \frac{1055{,}2}{300} = 0{,}0717 \text{ m}$$

wobei mit

$$p_2 = \frac{m \cdot g \cdot h_1}{V_1} = \frac{1000 \cdot 0,2}{0,002} \cdot 9,81 = 9,81 \cdot 10^5 \text{ Pa} = 9,81 \text{ bar}$$

sowie für V_2:

$$V_2 = V_1 \cdot \frac{h_2}{h_1} = 0,002 \cdot \frac{0,0717}{0,2} = 7,17 \cdot 10^{-4} \text{ m}^3$$

gerechnet wurde.

Man sieht also, dass in diesem Beispiel nach dem Herabfallen des 1000 kg schweren Kolbens die Temperatur von 300 auf 1055 K steigt, der Druck sich fast verzehnfacht von 1 bar auf 9,8 bar, während das Volumen auf fast ein Drittel reduziert wird, d. h., die Fallhöhe des Kolbens beträgt fast 2/3 der ursprünglichen Höhe.

Schließlich stellt sich noch die Frage, welche Werte das Volumen V_2' und der Druck p_2' annehmen, wenn nach Fall des Kolbens die Temperatur sich wieder an die Umgebungstemperatur $T_1 = 300$ K angeglichen hat. Das ist leicht zu beantworten. Der Druck p_2' bleibt derselbe: $p_2' = p_2 = m \cdot g \cdot h_1/V_1$. Für V_2' erhält man aus der Beziehung $n_g = p_2 V_2'/RT_1$:

$$V_2' = n_g \frac{RT_1}{p_2} = 0,08018 \frac{R \cdot 300}{9,81 \cdot 10^5} = 2,039 \cdot 10^{-4} \text{ m}^3$$

Das Volumen V_2, das bei 1055 K den Wert $V_2 = h_2 \cdot V_1/h_1 = 7,17 \cdot 10^{-4}$ m^3 hatte, wird bei 300 K nochmals auf ca. 2/7 = 28,5 % dieses Wertes zusammengedrückt. Insgesamt sind das nur noch ca. 10 % des ursprünglichen Volumens $V_1 = 20 \cdot 10^{-4}$ m^3, bevor der Kolben herabfiel.

5.15.7 Kompressoren und Luftpumpen

Abb. 5.38 zeigt die Arbeitsweise eines Kompressors, nach der im Prinzip z. B. auch Fahrradpumpen funktionieren.

Es handelt sich dabei um einen Kolben, der durch ein Einweg-Saugventil (unten) aus der Atmosphäre (1 bar) Luft ansaugt, indem der Kolben zurückfährt und anschließend diese Luft komprimiert, wobei das untere Ventil schließt und das obere Einweg-Druck-Ventil sich öffnet. Durch ständige Wiederholung dieses Prozesses wird die Luft im Behälter, an den das obere Rohr angeschlossen ist, komprimiert. Das Kreisprozess-Diagramm ist in Abb. 5.39 gezeigt.

Der Schritt 1 $\rightarrow$ 2 ist der Ansaugprozess der isobar (bei 1 bar) verläuft. Der Schritt 2 $\rightarrow$ 3 ist ein adiabatischer oder isothermer oder allgemein ein polytroper Kompressionsschritt im Zylinder, wobei beide Ventile geschlossen sind. Erst wenn der Druck im Zylinder den Druck in der oberen Druckleitung zum komprimierten System erreicht, wird die komprimierte Luft im Zylinder in Schritt 3 $\rightarrow$ 4 in das komprimierte System hineingeschoben. Das geschieht im Wesentlichen auf isobare Weise, wenn das Systemvolumen genügend groß ist. Im Schritt 4 $\rightarrow$ 1 schließt das obere Ventil, wenn der Kolben sich nur wenig zurückzieht. Wegen des geringen Zylindervolumens in dieser Phase sinkt der Druck dabei sofort auf Atmosphärendruck, so dass das untere Ventil sich öffnen kann. Damit ist der Kreisprozess geschlossen. Die einzelnen Arbeitsschritte lauten (p_0 =

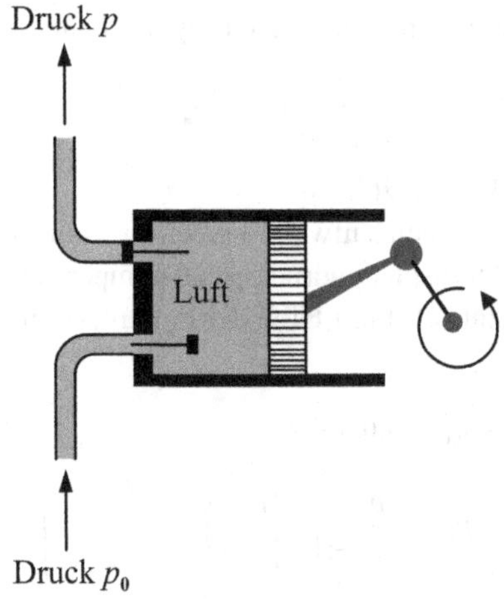

Abb. 5.38 Funktionsweise eines Kompressors

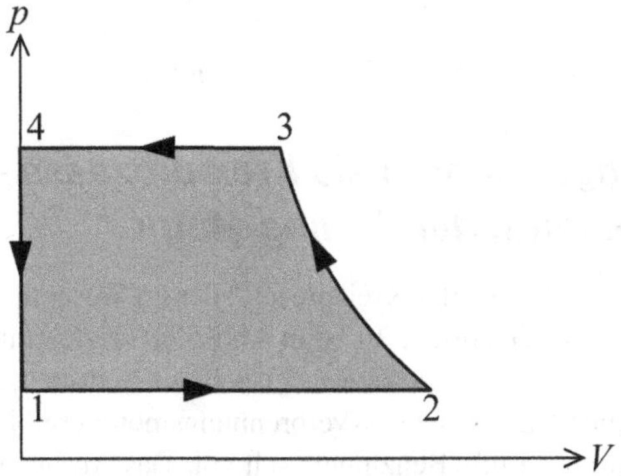

Abb. 5.39 pV-Kreisprozess eines (idealisierten) Kompressors

$p_1 = p_2,\ p = p_3 = p_4$):

$$W_{12} = -p_0 \cdot V_2 \qquad W_{23} = -\int\limits_{V_2, p_0}^{V_3, p} p\mathrm{d}V$$

$$W_{34} = +p \cdot V_3 \qquad W_{41} \cong 0$$

Das Integral in W_{23} lösen wir in möglichst allgemeiner Form unter der Annahme einer polytropen Zustandsänderung mit dem Polytropenkoeffizient ε (s. Gl. 5.4):

$$W_{23} = n\,\frac{R}{\varepsilon - 1}\,T_2\left[\left(\frac{V_2}{V_3}\right)^{\varepsilon-1} - 1\right]$$

Der Arbeitsaufwand für den gesamten Kompressionszyklus lautet:

$$W_{\text{Kompr}} = p \cdot V_3 - p_0 \cdot V_2 + \frac{p_0 V_2}{\varepsilon - 1}\left[\left(\frac{V_2}{V_3}\right)^{\varepsilon-1} - 1\right]$$

wobei wir $n \cdot R \cdot T_2$ durch $p_0 \cdot V_2$ ersetzt haben.

Als Beispiel wollen wir den Arbeitsaufwand berechnen, um mit einer Fahrradpumpe gegen $p = 2,5$ bar bei 1 bar äußeren Atmosphärendruck p_0 zu pumpen. Das Volumen der Pumpe sei 500 ml. $\varepsilon_{\text{Luft}} \approx 1,25$. Wir ersetzen zunächst mit Hilfe der Polytropenzustandsgleichung

$$p_0 \cdot V_2^{\varepsilon} = p \cdot V_3^{\varepsilon}$$

$(V_2/V_3)^{\varepsilon-1}$ durch $(p/p_0)^{(\varepsilon-1)/\varepsilon}$ und erhalten:

$$W_{\text{Kompr}} = V_2\left(p\left(\frac{p_0}{p}\right)^{1/\varepsilon} - p_0\right) + \frac{p_0 \cdot V_2}{\varepsilon - 1}\left[\left(\frac{p}{p_0}\right)^{\varepsilon - 1/\varepsilon} - 1\right]$$

Mit den Zahlenwerten erhält man:

$$W_{\text{Kompr}} = 2,5 \cdot 10^5 \cdot 500 \cdot 10^{-6} \cdot \left(\frac{1}{2,5}\right)^{1/\varepsilon} - 10^5 \cdot 500 \cdot 10^{-6} + \frac{10^5 \cdot 500 \cdot 10^{-6}}{\varepsilon - 1}\left[(2,5)^{(\varepsilon-1)/\varepsilon} - 1\right] \simeq 50 \text{ Joule}$$

5.15.8 Verbrennungsmotoren als Kreisprozesse – der Otto-Motor, der Diesel-Motor, der Stirling-Motor

Der *Otto-Kreisprozess* ist ein idealisierter Kreisprozess, der im Wesentlichen den Prozessschritten eines Otto-Verbrennungsmotors entspricht. Er ist in Abb. 5.40 skizziert und man sieht, dass er aus 2 adiabatischen Schritten, $1 \to 2$ und $3 \to 4$ sowie 2 isochoren Schritten, $2 \to 3$ und $4 \to 1$ zusammengesetzt ist. Die Analogie zum realen Otto-Verbrennungsmotor ergibt sich folgendermaßen. Im Zustand 1 liegt ein gasförmiges Luft+Benzingemisch vor. Das Ansaugen dieses Gemisches entspricht der gestrichelten, isobaren Linie $0 \to 1$. Von 1 nach 2 wird das Luft+Benzingemisch adiabatisch komprimiert, der Kolben hat seine tiefste Position im Zylinder erreicht. Bei konstantem Volumen $V_2 = V_3$ wird das Luft+Benzingemisch gezündet, der damit verbundenen Erhöhung der inneren Energie entspricht formal eine Wärmezufuhr Q_{23}, obwohl eigentlich keine Wärme zugeführt wird. Von 3 nach 4 erfolgt ein adiabatischer Expansionsschritt, der Kolben hat bei 4 seine höchste Position erreicht, im Schritt 4 nach 1 gibt er Wärme Q_{41} bei $V_4 = V_1$ an die Umgebung ab (Motorkühlung) und erreicht wieder Position 1. Im Schritt nach 0 wird das verbrannte Gasgemisch ausgestoßen (Auspuff). Da die Schritte $0 \to 1$ und $1 \to 0$ sich ungefähr kompensieren, tragen sie praktisch nichts zum idealisierten Gesamtzyklus bei, den wir als Kreisprozess wie ein ideales Gas behandeln:

Schritt $1 \to 2$	adiabatische Kompressionsarbeit	$= -\int_{V_1}^{V_2} p\mathrm{d}V = \int_{T_1}^{T_2} C_V \mathrm{d}T = W_{12} = +\lvert W_{12}\rvert$
Schritt $2 \to 3$	isochore Wärmezufuhr	$= Q_{23} = +\lvert Q_{23}\rvert$
Schritt $3 \to 4$	adiabatische Expansionsarbeit	$= -\int_{V_3}^{V_4} p\mathrm{d}V = \int_{T_3}^{T_4} C_V \mathrm{d}T = W_{34} = -\lvert W_{34}\rvert$
Schritt $4 \to 1$	isochore Wärmeabgabe	$= Q_{41} = -\lvert Q_{41}\rvert$

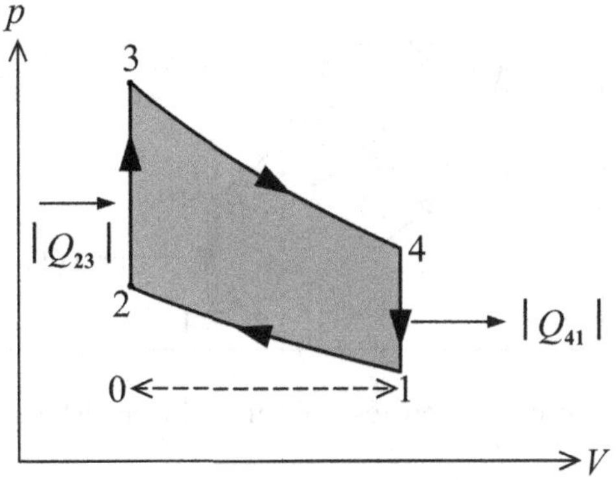

Abb. 5.40 Der idealisierte Otto-Kreisprozess (die graue Fläche ist die gewonnene Arbeit)

Die energetische Bilanz des 1. Hauptsatzes lautet:

$$W_{12} + W_{34} + Q_{23} + Q_{41} = 0 = |W_{12}| - |W_{34}| + |Q_{23}| - |Q_{41}|$$

Damit ist der Wirkungsgrad η_{Otto}:

$$\eta_{\text{Otto}} = \frac{|W_{34}| - |W_{12}|}{|Q_{23}|} = 1 - \frac{|Q_{41}|}{|Q_{23}|} = 1 - \frac{T_4 - T_1}{T_3 - T_2}$$
$$= 1 - \frac{T_1}{T_2} \cdot \frac{1 - T_4/T_1}{1 - T_3/T_2}$$

Für die adiabatischen Schritte gilt (s. Gl. 5.1):

$$\frac{T_2}{T_1} = \left(\frac{V_1}{V_2}\right)^{\gamma-1} \quad \text{und} \quad \frac{T_3}{T_4} = \left(\frac{V_4}{V_3}\right)^{\gamma-1}$$

Da $V_1 = V_4$ und $V_2 = V_3$, ist demnach $T_4/T_1 = T_3/T_2$, und es folgt:

$$\boxed{\eta_{\text{Otto}} = 1 - \frac{T_1}{T_2} = 1 - \left(\frac{V_2}{V_1}\right)^{\gamma-1}}$$

Je größer also das sog. Verdichtungsverhältnis (V_1/V_2), ist, desto wirksamer ist der Otto-Kreisprozess bzw. der Otto-Motor. V_2 heißt das Kompressionsvolumen (kleinstmögliches Volumen im Zylinder) und $(V_1 - V_2)$ das Hubvolumen. Mit V_1/V_2 und $\gamma \approx 1,4$ erhält man:

$$\eta_{\text{Otto}} = 0,47$$

In realen Otto-Prozessen, also im Otto-Motor kann das Kompressionsvolumen V_2 nicht beliebig klein werden, da sonst Selbstzündung eintritt. Heutige Otto-Motoren erreichen Werte für $\eta_{\text{Otto}} \approx 0,25$ bis 0,3.

Ein weiterer wichtiger Kreisprozess ist der *Diesel-Prozess*. Auch diesen Prozess wollen wir als idealisierten Ersatzprozess für den tatsächlichen Prozess des Diesel-Motors behandeln (s. Abb.

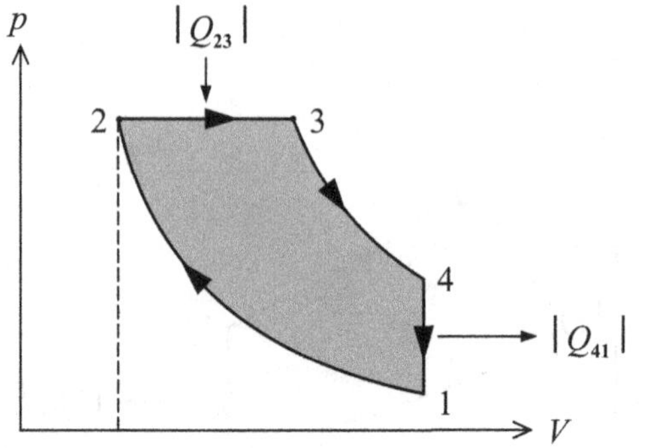

Abb. 5.41 Der idealisierte Diesel-Kreisprozess (die graue Fläche ist die gewonnene Arbeit)

5.41). Dieser nutzt die Erkenntnis aus, dass ein kleines Kompressionsvolumen V_K den Wirkungsgrad steigern kann. Um vorzeitige Selbstzündung zu vermeiden, wird die Luft im ersten Schritt 1 - 2 möglichst weit adiabatisch komprimiert und zwar ohne Brennstoff, der erst während des Schrittes 2 $\rightarrow$ 3 eingespritzt wird. Dieser Schritt ist quasi-isobar, da bei der Selbstzündung des Gemisches der Kolben bereits im Rückgang ist. Formal wird also im isobaren Schritt 2 $\rightarrow$ 3 Wärme zugeführt. Es folgt ein adiabatischer Expansionsschritt 3 $\rightarrow$ 4 gefolgt von einem isochoren Schritt 4 $\rightarrow$ 1, bei dem - ähnlich wie beim Otto-Motor - Wärme zur Motorkühlung an die Umgebung abgegeben wird. Die Schrittfolge lautet also wieder unter Annahme der Gültigkeit idealen Gasverhaltens:

Schritt 1 $\rightarrow$ 2	adiabatische Kompressionsarbeit	$C_V(T_2 - T_1) = \lvert W_{12}\rvert$
Schritt 2 $\rightarrow$ 3	isobare Wärmezufuhr plus isobareArbeit	$(C_V + n \cdot R)(T_3 - T_2) = \lvert Q_{23}\rvert$ $+p_2(V_3 - V_2) \qquad + \lvert W_{23}\rvert$
Schritt 3 $\rightarrow$ 4	adiabatische Expansionsarbeit	$C_V(T_4 - T_3) = -\lvert W_{34}\rvert$
Schritt 4 $\rightarrow$ 1	isochore Wärmeabgabe	$C_V(T_1 - T_4) = -\lvert Q_{41}\rvert$

Der Wirkungsgrad η_{Diesel} ist dann:

$$\eta_{\text{Diesel}} = \frac{|W_{34}| + |W_{23}| - |W_{12}|}{|Q_{23}|} = \frac{\overline{C}_V(T_3 - T_4) + R(T_3 - T_2) - \overline{C}_V(T_2 - T_1)}{(\overline{C}_V + R)(T_3 - T_2)}$$
$$= \frac{R}{\overline{C}_V + R} + \frac{\overline{C}_V}{\overline{C}_p}\left(\frac{T_3 - T_4}{T_3 - T_2}\right) - \frac{\overline{C}_V}{\overline{C}_p}\left(\frac{T_2 - T_1}{T_3 - T_2}\right) = 1 - \frac{1}{\gamma} - \frac{T_1 - T_4}{T_2 - T_3} \cdot \frac{1}{\gamma} + \frac{1}{\gamma}$$
$$= 1 - \frac{1}{\gamma}\,\frac{T_1 - T_4}{T_2 - T_3} = 1 - \frac{1}{\gamma}\left(\frac{T_1}{T_2}\right) \cdot \frac{(T_4/T_1) - 1}{(T_3/T_2) - 1}$$

Jetzt machen wir wieder Gebrauch von den adiabatischen Zusammenhängen nach Gl. (5.1) und Gl. (5.2):

$$\frac{T_1}{T_2} = \left(\frac{V_2}{V_1}\right)^{\gamma - 1} \quad \text{und} \quad \frac{p_4}{p_3} = \left(\frac{V_3}{V_1}\right)^{\gamma} \quad \text{wegen } V_4 = V_1$$

Ferner gilt für den isobaren Schritt 2 → 3:

$$\frac{T_2}{V_2} = \frac{T_3}{V_3}$$

und für den isochoren Schritt von 4 → 1:

$$\frac{T_1}{p_1} = \frac{T_4}{p_4}$$

Kombination der letzten 3 Beziehungen ergibt mit $p_2 = p_3$:

$$\frac{T_4}{T_1} = \frac{p_4}{p_1} = \frac{p_3}{p_1} \cdot \left(\frac{V_3}{V_1}\right)^\gamma = \left(\frac{p_2}{p_1}\right) \cdot \left(\frac{V_3}{V_1}\right)^\gamma = \left(\frac{V_1}{V_2}\right)^\gamma \cdot \left(\frac{V_3}{V_1}\right)^\gamma = \left(\frac{V_3}{V_2}\right)^\gamma$$

Damit erhält man für den Wirkungsgrad:

$$\boxed{\eta_{\text{Diesel}} = 1 - \frac{\left(\frac{V_3}{V_2}\right)^\gamma - 1}{\left(\frac{V_3}{V_2}\right) - 1} \left(\frac{V_1}{V_2}\right)^{1-\gamma} \cdot \frac{1}{\gamma}}$$

Mit der Definition des Verdichtungsverhältnisses $\varepsilon_V = V_1/V_2$ und dem sog. Einspritzverhältnis $\varphi = V_3/V_2$ ergibt sich schließlich:

$$\boxed{\eta_{\text{Diesel}} = 1 - \frac{\varepsilon_V^{1-\gamma}}{\gamma} \cdot \frac{\varphi^\gamma - 1}{\varphi - 1}}$$

Mit $\varepsilon_V = 20$, $\varphi = 2{,}5$ und $\gamma \approx 1{,}4$ erhält man z. B.:

$$\eta_{\text{Diesel}} = 0{,}63$$

In der Realität erreicht der Dieselmotor $\eta_{\text{Diesel}} \cong 0{,}33$. Bei einem Verdichtungsverhältnis $\varepsilon_V = 5$, wie beim Otto-Motor, wäre allerdings $\eta_{\text{Diesel}} \cong 0{,}35$. Das ist niedriger als $\eta_{\text{Otto}} = 0{,}47$. Es liegt also am erheblich größeren Wert von ε_V, der beim Diesel-Motor möglich ist, dass $\eta_{\text{Diesel}} > \eta_{\text{Otto}}$. Ein Diesel-Auto fährt also treibstoffsparender als ein Benzin-Auto ($\eta_{\text{Otto,real}} \approx 0{,}28$).

Der *Stirling-Motor* ist kein Verbrennungsmotor, der Brennstoff aufnimmt,ihn verbrennt und die Abgase wieder ausstößt, sondern er arbeitet nur mit einer äußeren Wärmequelle in einem tatsächlich geschlossenen Kreislauf. Diese Wärmequelle kann irgendein Verbrennungsprozess sein, der außerhalb des Kreisprozesses stattfindet. Wir betrachten Abb. 5.42, die einen idealisierten Stirling-Kreisprozess im $p, V-$ und im $T, S-$Diagramm zeigt.

Es handelt sich um 2 isotherme Schritte 1 → 2 und 3 → 4, zwischen die 2 isochore Schritte geschaltet sind und auf diese Weise den Kreislauf schließen. In Schritt 1 → 2 wird das Arbeitsgas isotherm komprimiert, wobei Wärme $-|Q_{12}|$ abgegeben wird und gleichzeitig die Arbeit $|W_{12}|$ an dem Gas geleistet wird. Es folgt der erste isochore Schritt 2 → 3 mit der Wärmezufuhr $+|Q_{23}|$. Dann wird das Gas im Schritt 3 → 4 expandiert und leistet die Arbeit $|W_{34}|$, wobei ihm gleichzeitig der Wärmebetrag $|Q_{34}|$ zugeführt wird. Der abschließende Schritt 4 → 1 wird wieder isochor durchgeführt unter Wärmeabgabe $-|Q_{41}|$. Der Wirkungsgrad η_{St} ergibt sich bei Berücksichtigung

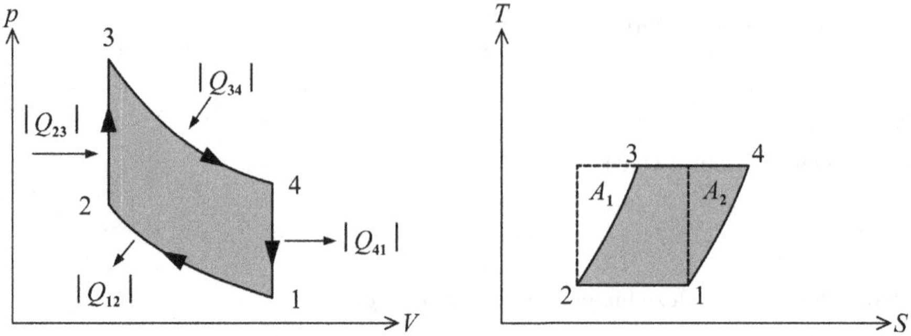

Abb. 5.42 Der idealisierte Stirling-Kreisprozess (die graue Fläche ist die gewonnene Arbeit), links im pV-Diagramm, rechts im TS-Diagramm (— Stirling-Prozess, - - - - - Carnot-Prozess, $A_1 = A_2$)

der Gesamtenergieerhaltung: $-|Q_{12}| + |W_{12}| + |Q_{23}| - |W_{34}| + |Q_{34}| - |Q_{41}| = 0 = -|Q_{12}| + |W_{12}| - |W_{34}| + |Q_{34}|$.

Man sieht, dass die Wärmezufuhr $|Q_{23}|$ und die Wärmeabgabe $-|Q_{41}|$ sich genau kompensieren müssen, da sie sich bei isochoren Bedingungen auf dieselbe Temperaturdifferenz ($T_3 - T_2 = T_4 - T_1$) beziehen, bei der Erwärmung bzw. Abkühlung des Gases stattfindet. Die positive Wärmezufuhr ist $|Q_{34}|$. Also gilt:

$$\eta_{\text{St}} = -\frac{|W_{12}| - |W_{34}|}{|Q_{34}|}$$

Da es sich bei den Schritten $3 \to 4$ und $1 \to 2$ um isotherme Schritte handelt, muss gelten:

$$|Q_{34}| - |W_{34}| = 0 \quad \text{bzw.} \quad |W_{12}| = +|Q_{12}|$$

Das bedeutet:

$$+|Q_{34}| = +|W_{34}| = n \cdot RT_3 \ln\left(\frac{V_4}{V_3}\right) = n\,R \cdot T_4 \ln(\left(\frac{V_4}{V_3}\right)$$

und

$$-|Q_{12}| = -|W_{12}| = n \cdot RT_1 \ \ln\left(\frac{V_2}{V_1}\right) = n\,R \cdot T_2 \ln\left(\frac{V_2}{V_1}\right)$$

Da $V_3 = V_2$ und $V_4 = V_1$ gilt, erhält man für η_{St}:

$$\eta_{\text{St}} = 1 - \frac{T_1}{T_4} = 1 - \frac{T_2}{T_3}$$

Der Stirlingprozess hat also denselben Wirkungsgrad wie der Carnot-Prozess (vgl. Gl. (5.14)), man kann ihn als eine realisierbare Carnot-Maschine bezeichnen. In Abb. 5.43 ist das Prinzip eines Stirling-Motors dargestellt, der entsprechend dem Schema in Abb. 5.42 funktioniert.Abb. 5.43 zeigt zwei Räume (weiße Flächen) mit den Volumina V_l (links) und V_r (rechts), deren Summe $(V_l + V_r)$ stets konstant bleibt. V_l und V_r sind durch einen sog. Gas aufnehmenden Regenerator

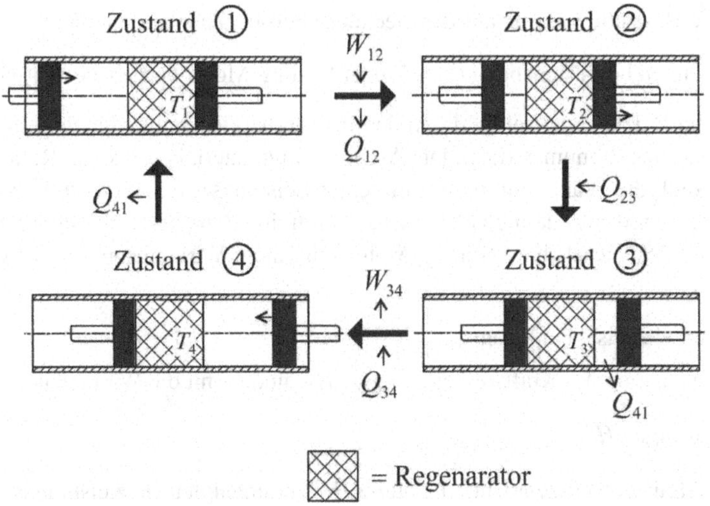

Abb. 5.43 Zyklus eines Stirling-Motor. Es gilt $V_l + V_r$ = const. sowie $T_1 = T_2$ und $T_3 = T_4$, ferner gilt: $T_3 - T_2 = T_4 - T_1$

getrennt, dessen Temperatur sich periodisch im Kreisprozesszyklus von $T_1 = T_2$ nach $T_3 = T_4$ ändert. Im Regenerator finden Wärme- und Arbeitsaustausch mit der Umgebung statt.

Der Stirling-Prozess lässt sich umkehren und als Kühlprozess nutzen, d. h., er kann nach Abb. 5.42 gegen den Uhrzeigersinn laufen bei umgekehrten Vorzeichen für die Wärmebeträge und Arbeitsbeträge mit der Leistungsziffer

$$\varepsilon_K = \frac{T_{12}}{T_{34} - T_{12}}$$

was ebenfalls identisch mit der Leistungsziffer eines Carnot-Kühlprozesses ist (s. Gl. 5.14).

Dass der Stirling-Prozess denselben Wirkungsgrad wie der Carnotprozess hat, lässt sich verstehen: die beiden isothermen Prozesse sind dieselben, und statt der beiden adiabatischen Prozesse hat der Stirling-Prozess zwei isochore Schritte, die sich ergeben für den Grenzfall $\gamma \to \infty$ (s. Abschnitt 5.2). Da γ im Ergebnis gar nicht auftaucht, können die Wirkungsgrade nach Carnot und nach Stirling sich nicht unterscheiden. Das TS-Diagramm des Stirling-Prozesses in Abb. 5.42 umschließt eine rautenförmige Fläche mit derselben Größe wie beim Carnot-Prozess (s. Abb. 5.6, 5.7, 5.8).

5.15.9 Energieeffizienz fossiler Brennstoffe beim Raumheizen

Wir wollen ermitteln, welche Methode, die Räume einer Wohnung bzw. eines Hauses zu heizen, die brenstoffsparendste ist bei vorgegebener Heizleistung. 4 Möglichkeiten sollen untersucht werden:

- Heizen mit elektrischem Strom aus der Steckdose;
- Öl- oder Gasheizung (das ist das gängige Verfahren);

- eine mit elektrischem Strom aus der Steckdose betriebene Wärmepumpe;
- eine mit einem bereitstehenden Diesel- oder Stirling-Motor betriebene Wärmepumpe.

Die erforderliche Heizleistung sei $\dot{Q}$, die in den Primärenergieerzeuger hineingesteckte Leistung sei $\dot{H}_W$ (Heizwert des Brennmaterials). Die Art des Brennmaterials soll keine Rolle spielen. Weitere Vorgaben sind: die Wärmepumpe soll mit einer Leistungsziffer ε_{WP} (s. Gl. (5.12)) von 2,25 arbeiten, das Heizkraftwerk, das den elektrischen Strom ins Haus liefert mit einem Wirkungsgrad $\eta_{KW} = 0,42$ und der Diesel- bzw. Stirling-Motor mit einem Wirkungsgrad η_D bzw. η_S von 0,38 bzw. 0,30.

1. Heizen mit elektrischem Strom

   Die Stromleistung des Kraftwerkes ist $\eta_{KW} \cdot \dot{H}_W$ und damit die Wärmeleistung $\dot{Q}$:

   $$\dot{Q} = \eta_{KW} \cdot \dot{H}_W$$

   Das Verhältnis von eingebrachter Leistung $\dot{H}_W$ zur erzeugten Heizleistung ist:

   $$\frac{\dot{H}_W}{\dot{Q}} = \frac{1}{\eta_{KW}} = \frac{1}{0,42} = 2,38$$

2. Heizen mit Öl oder Gas im Haus

   Die Heizleistung ist gleich der eingebrachten Leistung des Öl- oder Gasbrenners multipliziert mit einem Verlustfaktor f_V (Schornstein!) von ca. 0,8:

   $$\dot{Q} = 0,8 \cdot \dot{H}_W$$

   Damit folgt:

   $$\frac{\dot{H}_W}{\dot{Q}} = 1,25$$

   Das ist schon deutlich günstiger als direktes elektrisches Heizen.

3. Heizen mit elektrisch betriebener Wärmepumpe

   Die elektrische Leistung für die Wärmepumpe $\dot{W}_{el}$ kommt aus dem Stromnetz:

   $$\dot{W}_{el} = \dot{H}_W \cdot \eta_{KW}$$

   Die Wärmepumpe gibt ins Haus die Wärmeleistung $\dot{Q}_{WP}$ ab. Es gilt:

   $$\dot{Q}_{WP} = \frac{1}{\eta_{WP}} \cdot \dot{W}_{el} = \frac{1}{\eta_{WP}} \cdot \eta_{KW} \cdot \dot{H}_W = (\varepsilon_{WP} + 1) \cdot \eta_{KW} \cdot \dot{H}_W$$

   Also gilt hier:

   $$\frac{\dot{H}_W}{\dot{Q}_{WP}} = \frac{1}{(\varepsilon_{WP} + 1) \cdot \eta_{KW}} = \frac{1}{3,25 \cdot 0,42} = 0,732$$

   Das ist deutlich günstiger als das Heizen mit Öl oder Gas.

4. Die elektrische Leistung für die Wärmepumpe kommt hier vom Dieselmotor im Haus:

$$\dot{W}_{\mathrm{el}} = \eta_{\mathrm{D}} \cdot \dot{H}_{\mathrm{W}}$$

Also ist die Wärmeabgabe der Pumpe $\dot{Q}_{\mathrm{WP}}$

$$\dot{Q}_{\mathrm{WP}} = (\varepsilon_{\mathrm{WP}} + 1) \cdot \dot{W}_{\mathrm{el}} = (\varepsilon_{\mathrm{WP}} + 1) \cdot \eta_{\mathrm{D}} \cdot \dot{H}_{\mathrm{W}}$$

Dazu kommt noch die vom Dieselmotor produzierte Wärmeleistung, die nutzbar ist:

$$\dot{Q}_{\mathrm{D}} = \dot{H}_{\mathrm{W}}(1 - \eta_{\mathrm{D}})$$

Damit ergibt sich für die Gesamtwärmeleistung

$$\dot{Q}_{\mathrm{WP}} + \dot{Q}_{\mathrm{D}} = ((\varepsilon_{\mathrm{WP}} + 1) \cdot \eta_{\mathrm{D}} + 1 - \eta_{\mathrm{D}}) \cdot \dot{H}_{\mathrm{W}} = \dot{Q}_{\mathrm{gesamt}}$$

und somit erhält man:

$$\frac{\dot{H}_{\mathrm{W}}}{\dot{Q}_{\mathrm{gesamt}}} = ((\varepsilon_{\mathrm{WP}} + 1) \cdot \eta_{\mathrm{D}} + 1 - \eta_{\mathrm{D}})^{-1} = (3,25 \cdot 0,39 + 1 - 0,39)^{-1}$$
$$= 0,672$$

Da Dieselmotoren laut sind, lässt sich z. B. stattdessen der leiser arbeitende Stirling-Motor verwenden:

$$\frac{\dot{H}_{\mathrm{W}}}{\dot{Q}_{\mathrm{gesamt}}} = (3,25 \cdot 0,30 + 1 - 0,30)^{-1} = 0,597$$

Die Tatsache, dass bei den Heizmethoden mit der Wärmepumpe gilt, dass $\dot{Q}_{\mathrm{WP}} > \dot{H}_{\mathrm{W}}$ bzw. $Q_{\mathrm{gesamt}} > \dot{H}_{\mathrm{W}}$, widerspricht nicht dem Energieerhaltungssatz, da die Wärmeleistung $\dot{Q}_{\mathrm{WP}} - \dot{H}_{\mathrm{W}}$ bzw. $Q_{\mathrm{gesamt}} - \dot{H}_{\mathrm{W}}$ aus dem Energievorrat der Außenluft herrührt.

Die vierte Methode ist also mit Abstand die günstigste. Natürlich hängen die Ergebnisse von den verwendeten Zahlen ab, die nur Schätzwerte sind. Qualitativ aber bleibt auch bei etwas anderen Werten die Reihenfolge der Sparsamkeit erhalten. Über die Kosten (Investkosten, Betriebskosten) sagt die Rechnung nichts aus.

5.15.10 Eine exotische Wärmekraftmaschine – Das Minto-Rad[15]

Das Minto-Rad kann zur einfachen Erzeugung mechanischer Energie mit geringer Leistung eingesetzt werden, wo billige bzw. kostenfreie Wärmeerzeugungsquellen zur Verfügung stehen, z. B. die Strahlungsenergie der Sonne. Die Funktionsweise des Minto-Rades ist in Abb. 5.44 dargestellt.

[15] nach: J. Fricke, W. L. Borst „Energie“, Verlag Oldenbourg (1984)

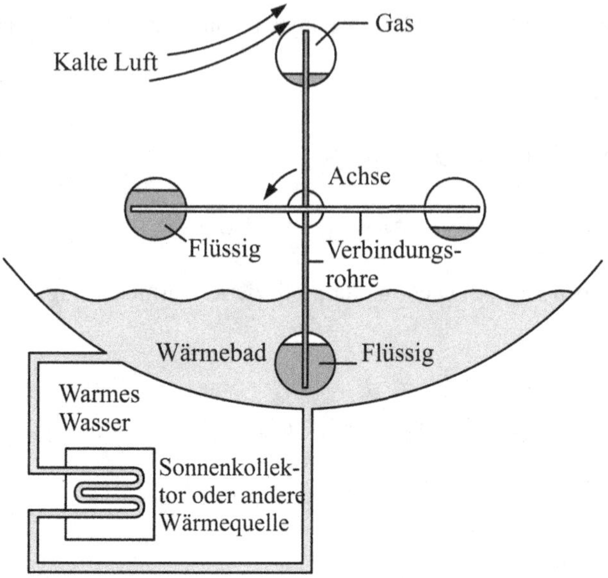

Abb. 5.44 Zur Funktionsweise des Minto-Rades

Das Minto-Rad besteht aus 2 senkrecht zueinander in Kreuzform angeordneten Röhren. Jede der Röhren ist an ihren beiden Enden mit einem kugelförmigen Behälter verbunden, der mit einem sog. Flüssiggas gefüllt ist (z. B. Butan). Die Röhren sind an ihren Enden offen und ragen fast bis an den Rand des jeweiligen Behälters. Das Rad soll sich um die Achse im Schnittpunkt des Kreuzes senkrecht zur Zeichenebene drehen. Das geschieht folgendermaßen: Der untere, tiefste Behälter ist in das Wasserbad eingetaucht, das mit Wasser durch Zu- und Abfluss zu einem Sonnenlichtabsorber mit Wärme versorgt wird. Im warmen Wasser steigt im unteren Kolben der Dampfdruck des Flüssiggases und schiebt die flüssige Phase in den senkrecht darüber stehenden, oberen Behälter. Dadurch verschiebt sich der Schwerpunkt über die Mitte des Kreuzes und der obere Behälter, der in der Luft wieder abkühlt, sinkt nach unten. Die potentielle Energie, die durch den erhöhten Dampfdruck gewonnen wurde, wird in kinetische Energie der Rotation umgewandelt. Um 90°C phasenverschoben geschieht dasselbe mit der anderen Röhre. Die Drehung erfolgt gegen den Uhrzeigersinn, rechts steigen die fast leeren Kolben auf, links sinken sie herab.

Wir wollen den thermodynamischen Wirkungsgrad des Minto-Rades berechnen. Wenn die Masse m_{Fl} durch das Rohr senkrecht nach oben geschoben wird, leistet das System die Arbeit

$$W = m_{\text{Fl}} \cdot 2r \cdot g$$

mit dem Radradius r und der Erdbeschleunigung g. Im selben Prozesschritt muss im unteren Kolben das System Wärme aufgenommen haben, und zwar

$$Q = \left(\Delta\overline{H}_{\text{V}}/M\right) \cdot m_{\text{D}}$$

wobei m_{D} die Masse des Dampfes ist, ΔH_{V} die molare Verdampfungsenthalpie und M die molare Masse des Flüssiggases. Da das Volumen der entstehenden Dampfphase gleich dem flüssigen

Volumen ist, das in den oberen Behälter gelangt, gilt:

$$m_D = m_{Fl} \cdot \frac{\varrho_D}{\varrho_{Fl}}$$

wobei ϱ_{Fl} und ϱ_D die Massendichten von flüssiger Phase und Dampfphase bedeuten. Der thermodynamische Wirkungsgrad ist ja definiert als die vom System erzeugte Arbeit dividiert durch die insgesamt absorbierte Wärme Q. (Die Wärmemengen, die zur jeweiligen Erwärmung bzw. Abkühlung des Behälterinhaltes aufgenommen bzw. abgegeben werden, gehen in die Bilanz nicht ein.)

$$\eta = \frac{W}{Q} = \frac{m_{Fl} \cdot 2r \cdot g}{m_{Fl} \cdot g \cdot (\Delta H_V/M) \cdot (\varrho_D/\varrho_{Fl})} = \frac{2r\, M \cdot g \cdot \varrho_{Fl}}{\Delta H_V \cdot \varrho_D}$$

Nun ist $2r \cdot g \cdot \varrho_{Fl}$ gerade die Druckdifferenz Δp zwischen den senkrecht übereinander stehenden Behältern, für die sich schreiben lässt, wenn die Temperatur unten (T_u) nicht allzu weit über der Temperatur oben (T_o) liegt:

$$\Delta p = p_o - p_u = p_o \left[1 - \exp\left(-\frac{\Delta H_V}{R}\left(\frac{1}{T_u} - \frac{1}{T_o}\right)\right)\right]$$

Also gilt:

$$\eta = \frac{m \cdot \Delta p}{\Delta H_V \cdot \varrho_D}$$

Als Beispiel verwenden wir typische Zahlenwerte $\Delta\overline{H}_V/M = 1{,}5 \cdot 10^5\ \mathrm{J \cdot kg^{-1}}$, $\Delta p = 0{,}7$ bar, $\varrho_{Fl} = 1000\ \mathrm{kg \cdot m^{-3}}$, $\varrho_{Fl}/\varrho_D = 50$. Das ergibt: $\eta = 0{,}7 \cdot 10^5/(1{,}5 \cdot 10^5 \cdot 1000/50) = 0{,}023$. Der Wirkungsgrad ist also gering, die Leistung

$$\frac{dW}{dt} = \dot{W} = \eta \cdot \dot{Q}$$

hängt von der Geschwindigkeit ab, mit der der eintauchende Behälter Wärme aus dem Wärmebad aufnimmt und an die Luft wieder abgibt. Dazu kommen Verluste durch Reibung auf der Achse und durch Reibung des unteren Kolbens bei der Bewegung durch das Wasser.

5.15.11 Berechnung des 2-Phasenbereiches Dampf-Flüssigkeit für Cyclohexan mit verschiedenen thermischen Zustandsgleichungen

Die Maxwellkonstruktion ist die Grundlage der Berechnung des Phasengleichgewichts Flüssigkeit-Dampf (Gl. 5.84) für eine beliebige thermische Zustandsgleichung. Bisher haben wir die v. d. Waals- und die Redlich-Kwong-Zustandsgleichungen kennengelernt (Gl. (3.2) und Gl. (3.8)), auf die die Maxwellrelation anwendbar ist. Wegen der Unzulänglichkeit des Hartkugelterms p_{HS} dieser Zustandsgleichungen (vergl. Abb. 3.5) sollte seine Ersetzung durch den p_{HS}-Term der Carnahan-Starling-Gleichung nach Gl. (3.7) zu verbesserten Zustandsgleichungen führen. Diese lautet für die erweiterte v. d. Waals-Gleichung:

$$\text{CS} - \text{v.d.W.}: \quad p = \frac{RT}{\overline{V}}\left(\frac{1 + y + y^2 - y^3}{(1-y)^3}\right) - \frac{a}{\overline{V}^2}$$

mit $y = b/4\overline{V}$.

Für die originale v. d. Waals-Gleichung gilt in dieser Schreibweise:

$$p = \frac{RT}{\overline{V}} \cdot \frac{1}{1-4y} - \frac{a}{\overline{V}^2}$$

Die Parameter a und b der beiden Zustandsgleichungen lassen sich jeweils, wie in Abschnitt 3.2, Kapitel 3 beschrieben, aus den Bedingungen am kritischen Punkt berechnen:

$$\left(\frac{\partial p}{\partial \overline{V}}\right)_{T_c} = 0 \quad \text{und} \quad \left(\frac{\partial^2 p}{\partial \overline{V}^2}\right)_{T_c} = 0$$

Die Zusammenhänge von a und b mit T_c, p_c bzw. $\overline{V}_c$ sind in Tabelle 5.3 angegeben.

Tab. 5.3 Zusammenhang der Parameter a und b mit kritischen Größen

	vdW	CS-vdW
$a/(RT_c \cdot \overline{V}_c) = a \cdot p_c/(R^2T_c^2 \cdot Z_c)$	9/4	1,3824
$b/\overline{V}_c = b \cdot p_c/(R \cdot T_c \cdot Z_c)$	1/3	0,5216
Z_c	3/8	0,359

Unser Ziel ist es, die Phasengleichgewichtsberechnungen für die beiden Zustandsgleichungen durchzuführen und mit experimentellen Daten für Cyclohexan zu vergleichen. Die kritischen Daten für Cyclohexan sind: $T_c = 553,6$ K, $p_c = 40,78 \cdot 10^5$ Pa und $\overline{V}_c = 3,0825 \cdot 10^{-4}$ m$^3 \cdot$ mol^{-1} (s. auch Anhang F, Tabelle F.1). Es ergeben sich folgende Werte für a und b, wenn experimentelle Daten von T_c und p_c verwendet werden:

Tab. 5.4 Parameter a und b für Cyclohexan aus T_c und p_c

	vdW	CS-vdW
$a/\text{J} \cdot \text{m}^3 \cdot \text{mol}^{-2}$	2,192	2,597
$b/\text{m}^3 \cdot \text{mol}^{-1}$	$1,41 \cdot 10^{-4}$	$2,11 \cdot 10^{-4}$

p_c ist in Pascal Pa und $\overline{V}_c$ in m$^3 \cdot$ mol^{-1} einzusetzen. Wir benutzen jetzt die Vorschrift der Maxwell-Konstruktion, nach Gl. (5.84) die nichts anderes als die Gleichheit der chemischen Potentiale in beiden Phasen bei p = const. und T = const. beinhaltet. Einsetzen der v. d. Waals-Gleichung (Gl. (3.5)) in Gl. (5.84) ergibt:

$$\boxed{p(\overline{V}_g - \overline{V}_l) = RT \cdot \ln\left(\frac{\overline{V}_g - b}{\overline{V}_l - b}\right) + a \cdot \left(\frac{1}{\overline{V}_g} - \frac{1}{\overline{V}_l}\right)} \qquad \text{(v. d. Waals)}$$

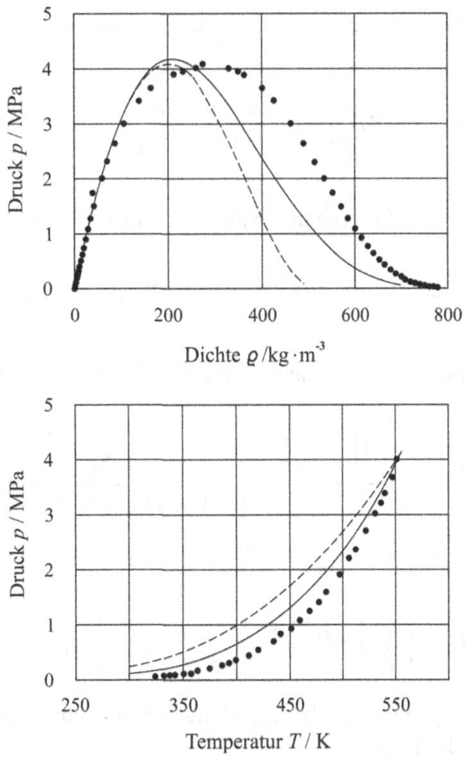

Abb. 5.45 Dampf-Flüssigkeits-Phasengleichgewicht für Cyclohexan. Oben: $p\varrho$-Projektion, • Experimente, - - - - - v. d. Waals-Gleichung, ——— CS-v. d. Waals-Gleichung. Unten: pT-Projektion (Dampfdruckkurve), • Experimente, - - - - - v. d. Waals-Gleichung, ——— CS-v. d. Waals-Gleichung (Parameter aus Tab. 5.4)

Der entsprechende Ausdruck für die CS-v.d.W.-Gleichung ist etwas umständlicher abzuleiten. Das liegt an dem Hartkugel-Term der CS-Gleichung (s. Gl. (3.7)), den wir zunächst gesondert betrachten wollen. Wir haben zu berechnen:

$$\int\limits_{\overline{V}_1}^{\overline{V}_g} p_{\mathrm{HS,CS}} \mathrm{d}\overline{V} = RT \int\limits_{\overline{V}_1}^{\overline{V}_g} \frac{1 + y + y^2 - y^3}{(1-y)^3} \frac{1}{\overline{V}} \mathrm{d}\overline{V}$$

mit $y = b/4\overline{V}$. Um das Integral zu lösen, ist es bequemer, von der Summendarstellung des Integranden nach Gl. (3.7) auszugehen, d. h., wir schreiben:

$$\int\limits_{\overline{V}_1}^{\overline{V}_g} p_{\mathrm{HS,CS}} \mathrm{d}\overline{V} = RT \int\limits_{\overline{V}_1}^{\overline{V}_g} \frac{1}{\overline{V}} \mathrm{d}\overline{V} + RT \sum_{n=2}^{\infty} (n^2 + n - 2) \int\limits_{\overline{V}_1}^{\overline{V}_g} \frac{y^{n-1}}{\overline{V}} \mathrm{d}\overline{V}$$

Nun gilt $\mathrm{d}\overline{V}/\overline{V} = -\mathrm{d}y/y$, so dass dieses Integral einfach zu lösen ist. Man erhält:

$$\int\limits_{\overline{V}_l}^{\overline{V}_g} p_{\mathrm{HS,CS}} \mathrm{d}\overline{V} = RT \ln \frac{\overline{V}_g}{\overline{V}_l} - RT \sum_{n=2}^{\infty} \frac{n^2 + n - 2}{n - 1} y^{n-1} \Big|_{y_l}^{y_g}$$

Wir wechseln jetzt den Index der Summe und wählen $n = m + 1$, womit man erhält:

$$\sum_{m=1}^{\infty} \frac{m^2 + 2m + 1 + m + 1 - 2}{m} y^m = \sum_{m=1}^{\infty} m \cdot y^m + 3 \sum_{m=1}^{\infty} y^m$$

Das lässt sich durch die geometrische Reihe und ihre Ableitung ausdrücken:

$$y \sum_{m=1}^{\infty} m \cdot y^{m-1} + 3 \sum_{m=1}^{\infty} y^m = y \frac{\mathrm{d}\left(\frac{1}{1-y}\right)}{\mathrm{d}y} + \frac{3}{1-y} = \frac{3 - 2y}{(1-y)^2}$$

Damit ergibt sich:

$$p_{\mathrm{HS,CS}} \left(\overline{V}_g - \overline{V}_l\right) = RT \ln \left(\frac{\overline{V}_g}{\overline{V}_l}\right) + RT \left[\frac{3 - 2y_l}{(1 - y_l)^2} - \frac{3 - 2y_g}{(1 - y_g)^2}\right]$$

Somit lässt sich für das Dampf-Flüssig-Phasengleichgewicht nach der Maxwell-Konstruktion für die CS-v.d.W.-Gleichung schreiben:

$$\boxed{p(\overline{V}_g - \overline{V}_l) = RT \ln \left[\frac{\overline{V}_g}{\overline{V}_l}\right] + RT \left[\frac{3 - 2y_l}{(1 - y_l)^2} - \frac{3 - 2y_g}{(1 - y_g)^2}\right] + a\left(\frac{1}{\overline{V}_g} - \frac{1}{\overline{V}_l}\right)} \qquad \text{(CS – v.d.W.)}$$

mit $y_g = b/(4 \cdot \overline{V}_g)$ und $y_l = b/(4 \cdot \overline{V}_l)$.

Um bei vorgegebener Temperatur den Druck p und die Molvolumina $\overline{V}_l$ und $\overline{V}_g$ (bzw. die Massendichten $\varrho_l = M/\overline{V}_l$ und $\varrho_g = M/\overline{V}_g$) in Phasengleichgewicht zu bestimmen, müssen die thermische Zustandsgleichung und die Phasengleichgewichtsbeziehung nach der Maxwell-Konstruktion simultan gelöst werden. Das kann nur numerisch geschehen. Zunächst berechnet man für eine Isotherme bei einem bestimmten Druck p die Werte $\overline{V}_l$ und $\overline{V}_g$ aus der thermischen Zustandsgleichung. Der Druck p und die zugehörigen Werte $\overline{V}_l$ und $\overline{V}_g$ werden so lange variiert, bis die Phasengleichgewichtsbedingung erfüllt ist.

Abb. 5.45 zeigt die im Phasengleichgewicht erhaltenen Dichten ϱ_l und ϱ_g als Funktion des Druckes für die beiden Zustandsgleichungen. Es wurden dabei die Parameter a und b aus Tabelle 5.4 verwendet.

Diese Darstellung entspricht der Projektion der pVT-Oberfläche im 2-Phasengebiet auf die pV-Ebene (bzw. $p\varrho$-Ebene) (s. Abb. 5.16). Zu jedem Druck gehören 2 Dichten und eine bestimmte Temperatur (s. Abb. 5.45 oben). Projiziert man dieses 2-Phasengebiet auf die pT-Ebene, erhält man (s. Abb. 5.16) die Dampfdruckkurve, die am kritischen Punkt endet (Abb. 5.45 unten). Abb. 5.45 (oben) zeigt, dass die einfache v. d. Waals-Gleichung die Dichten der Flüssigkeit schlecht beschreibt, das gilt insbesondere bei niedrigen Drücken. Die CS-v.d.W.-Gleichung macht bessere

Voraussagen, insbesondere bei niedrigen Drücken und höheren Dichten. Auch bei den Dampfdruckkurven (Abb. 5.45 unten) liegt die CS-v.d.Waals-Gleichung deutlich näher bei den experimentellen Daten als die einfache v. d. Waals-Gleichung. Das ist ein Hinweis darauf, dass der Hartkugelanteil nach Carnahan und Starling insbesondere bei höheren Dichten dem entsprechenden Hartkugelanteil der einfachen v. d. Waals-Gleichung überlegen ist.

5.15.12 Molwärme im 2-Phasengebiet – Flüssig-Dampf bei konstantem Volumen

Wir betrachten Abb. 5.15 und stellen uns die Frage, wie groß die Wärmekapazität C_V des 2-Phasensystems ist bei $V = V_G + V_L = \text{const.}$, also $C_{VLE} = \left(\frac{\delta Q}{dT}\right)_V$. (Index VLE = *v*apor *l*iquid *e*quilibrium.) Die Antwort ist nicht trivial, denn sowohl die flüssige wie auch die gasförmige Phase erfahren bei Wärmezufuhr δQ eine Temperaturerhöhung dT, gleichzeitig wird jedoch auch eine bestimmte Menge der flüssigen Phase $(-dn_L)$ verdampft und gelangt in die gasförmige Phase $(+dn_G)$, wobei sich der Gesamtdruck des Systems um dp erhöht. Da die Molzahl $n = n_L + n_G$ ebenso wie V konstant bleibt, lässt sich folgende Bilanz aufstellen:

$$n_L \cdot \overline{V}_L + n_G \cdot \overline{V}_G = V = (n_L - dn_L) \cdot \overline{V}_L(1 + \alpha_{L,sat} \cdot dT) + (n_G + dn_L)\,\overline{V}_G\,(1 + \alpha_{G,sat} \cdot dT)$$

Hierbei bedeuten $\overline{V}_L$ und $\overline{V}_G$ die molaren Volumina der flüssigen bzw. gasförmigen Phase im Phasengleichgewicht und es gilt ferner für die thermischen Ausdehnungskoeffizienten:

$$\alpha_{L,sat} = \frac{1}{\overline{V}_L}\left(\frac{d\overline{V}_L}{dT}\right)_{sat} \quad \text{bzw.} \quad \alpha_{G,sat} = \frac{1}{\overline{V}_G}\left(\frac{d\overline{V}_G}{dT}\right)_{sat}$$

wobei $(d\overline{V}_L/\partial T)_{sat}$ und $(d\overline{V}_G/dT)_{sat}$ die Änderung der Molvolumina $\overline{V}_G$ und $\overline{V}_G$ mit der Temperatur entlang der Phasengleichgewichtskurve (Index: sat) bedeuten (also nicht bei $p = \text{const.}$). Daher benutzen wir das Differentialzeichen „d“ und nicht „∂“, denn $\overline{V}_L$ und $\overline{V}_G$ sind eindeutige Funktionen von T, da im Phasengleichgewicht die Beziehung $p = p(T)$ besteht (Dampfdruckkurve). Ausmultiplizieren der Bilanzgleichung und Vernachlässigung von Gliedern, die $dn_L \cdot dT$ enthalten, ergibt:

$$\frac{dn_L}{dT} = \frac{n_L \cdot \overline{V}_L \cdot \alpha_{L,sat} + n_G \cdot \overline{V}_G \cdot \alpha_{G,sat}}{\overline{V}_G - \overline{V}_L} = -\frac{dn_G}{dT}$$

Die gesamte Wärmekapazität C_{VLE} des 2-Phasensystems setzt sich aus 3 Anteilen zusammen: den Wärmekapazitäten $\overline{C}_{L,sat} \cdot n_L$ und $\overline{C}_{G,sat} \cdot n_G$ entlang der Sättigungskurve $p(T)$ und ferner der Wärme δQ, die zur Verdampfung von dn_L aufzubringen ist: $\delta Q = -dn_L \cdot \Delta\overline{H}_V = dn_G \cdot \Delta\overline{H}_V$ mit der molaren Verdampfungsenthalpie$\Delta\overline{H}_V$. Also ergibt sich:

$$C_{VLE} = n_L \cdot \overline{C}_{L,sat} + n_G \cdot \overline{C}_{G,sat} - \frac{n_L \cdot \overline{V}_L \cdot \alpha_{L,sat} + n_G \cdot \overline{V}_G \cdot \alpha_{G,sat}}{\overline{V}_G - \overline{V}_L} \cdot \Delta\overline{H}_V$$

Setzen wir nun die Clapeyron'sche Gleichung (Gl. (5.85)) ein, erhalten wir:

$$C_{VLE} = n_L \cdot \overline{C}_{L,sat} + n_G \cdot \overline{C}_{G,sat} - T\left(\frac{dp}{dT}\right)_{sat}\left(n_L \cdot \overline{V}_L \cdot \alpha_{L,sat} + n_G \cdot \overline{V}_G \cdot \alpha_{G,sat}\right)$$

Die Größen $\overline{C}_{\text{L,sat}}$, $\overline{C}_{\text{g,sat}}$, $\alpha_{\text{L,sat}}$ und $\alpha_{\text{G,sat}}$ sind nicht direkt messbar und müssen durch messbare Größen ausgedrückt werden. Das geschieht folgendermaßen. Es gilt allgemein für ein Einkomponentensystem:

$$\mathrm{d}\overline{V} = \left(\frac{\partial \overline{V}}{\partial T}\right)_p \mathrm{d}T + \left(\frac{\partial \overline{V}}{\partial p}\right)_T \mathrm{d}p = \overline{V} \cdot \alpha_\text{p} \cdot \mathrm{d}T - \overline{V} \cdot \kappa_\text{T} \cdot \mathrm{d}p$$

und somit:

$$\left(\frac{\mathrm{d}\overline{V}}{\mathrm{d}T}\right)_\text{sat} = \overline{V} \cdot \alpha_\text{p} - \overline{V} \cdot \kappa_\text{T} \cdot \left(\frac{\mathrm{d}p}{\mathrm{d}T}\right)_\text{sat} = \overline{V} \cdot \alpha_\text{sat}$$

ferner gilt allgemein (s. Gl. 5.19):

$$T \cdot \mathrm{d}\overline{S} = \overline{C}_V \cdot \mathrm{d}T + T\left(\frac{\partial p}{\partial T}\right)_{\overline{V}} \cdot \mathrm{d}\overline{V}$$

und somit:

$$T\left(\frac{\mathrm{d}\overline{S}}{\mathrm{d}T}\right)_\text{sat} = \overline{C}_\text{sat} = \overline{C}_V + T\left(\frac{\partial p}{\partial T}\right)_{\overline{V}} \cdot \left(\frac{\mathrm{d}\overline{V}}{\mathrm{d}T}\right)_\text{sat}$$

Mit $(\partial p/\partial T)_{\overline{V}} = \alpha_\text{p}/\kappa_\text{T}$ (Gl. (3.1)) folgt:

$$\overline{C}_\text{sat} = \overline{C}_V + T\,\frac{\alpha_\text{p}}{\kappa_\text{T}}\left[\overline{V}\,\alpha_\text{p} - \overline{V}\,\kappa_T\left(\frac{\mathrm{d}p}{\mathrm{d}T}\right)_\text{sat}\right]$$

Setzt man das in den obigen Ausdruck für C_VLE ein, erhält man:

$$\begin{aligned} C_\text{VLE} = {} & n_\text{L}\left(\overline{C}_{V,\text{L}} + T\,\frac{\alpha^2_\text{p,L}}{\kappa_\text{T,L}}\,\overline{V}_\text{L}\right) - n_\text{L} \cdot T \cdot \overline{V}_\text{L} \cdot \alpha_\text{p,L}\left(\frac{\mathrm{d}p}{\mathrm{d}T}\right)_\text{sat} \\ & + n_\text{G}\left(\overline{C}_{V,\text{G}} + T\,\frac{\alpha^2_\text{p,G}}{\kappa_\text{T,G}}\,\overline{V}_\text{G}\right) - n_\text{G} \cdot T \cdot \overline{V}_\text{G} \cdot \alpha_\text{p,G} \cdot \left(\frac{\mathrm{d}p}{\mathrm{d}T}\right)_\text{sat} \\ & - T\left(\frac{\mathrm{d}p}{\mathrm{d}T}\right)_\text{sat}\left[n_\text{L}\,\overline{V}_\text{L}\left(\alpha_\text{p,L} - \kappa_\text{T,L}\left(\frac{\mathrm{d}p}{\mathrm{d}T}\right)_\text{sat}\right) + n_\text{G}\,\overline{V}_\text{G}\left(\alpha_\text{p,G} - \kappa_\text{T,G}\left(\frac{\mathrm{d}p}{\mathrm{d}T}\right)_\text{sat}\right)\right] \end{aligned}$$

Nun gilt zunächst nach Gl. (5.21):

$$\overline{C}_V + T\,\frac{\alpha_\text{p}^2}{\kappa_\text{T}} \cdot \overline{V} = \overline{C}_p$$

sowie

$$V = \overline{V}_\text{L} \cdot n + \left(\overline{V}_\text{G} - \overline{V}_\text{L}\right) \cdot n_\text{G} = \overline{V}_\text{G} \cdot n + \left(\overline{V}_\text{L} - \overline{V}_\text{G}\right) \cdot n_\text{L}$$

Damit lässt sich für C_VLE schreiben:

$$\begin{aligned} C_\text{VLE} = {} & \frac{n\,\overline{V}_\text{G} - V}{\overline{V}_\text{G} - \overline{V}_\text{L}} \cdot \overline{C}_{p,\text{L}} + \frac{V - n\,\overline{V}_\text{L}}{\overline{V}_\text{G} - \overline{V}_\text{L}} \cdot \overline{C}_{p,\text{G}} \\ & - T\left(\frac{\mathrm{d}p}{\mathrm{d}T}\right)_\text{sat} \cdot 2 \cdot \left[V_\text{L} \cdot \alpha_\text{p,L} + (V - V_\text{L}) \cdot \alpha_\text{p,G}\right] \\ & + T\left(\frac{\mathrm{d}p}{\mathrm{d}T}\right)^2_\text{sat} \cdot \left[V_\text{L} \cdot \kappa_\text{T,L} + (V - V_\text{L}) \cdot \kappa_\text{T,G}\right] \end{aligned}$$

Diese Formel enthält nur bekannte und beobachtbare Größen: $n, \overline{C}_{p,\mathrm{L}}; \overline{C}_{p,\mathrm{G}}; \overline{V}_\mathrm{L}; \overline{V}_\mathrm{G}$, Gesamtvolumen V, Dampfdruckkurve $p_\mathrm{sat}(T)$. Es müssen separat gemessen werden: $\alpha_\mathrm{p,L}$, $\kappa_\mathrm{T,L}$ sowie $\alpha_\mathrm{p,G}$ und $\kappa_\mathrm{T,G}$.

Bei genügend niedrigen Dampfdrücken kann $\alpha_\mathrm{p,G} \cong 1/T$ und $\kappa_\mathrm{T,G} \cong 1/p_\mathrm{sat}$ gesetzt werden (s. Kapitel 3.1). Bei genügend niedrigem Dampfdruck kann V_L auch berechnet werden, wenn n bekannt ist. Die oben stehende Gleichung für $V = \overline{V}_\mathrm{L} \cdot n + (\overline{V}_\mathrm{G} - \overline{V}_\mathrm{L}) \cdot n_\mathrm{G}$ lässt sich umschreiben zu:

$$\frac{V - n \cdot \overline{V}_\mathrm{L}}{\overline{V}_\mathrm{G} - \overline{V}_\mathrm{L}} \cdot \overline{V}_\mathrm{G} = n_\mathrm{G} \overline{V}_\mathrm{G} = V_\mathrm{G}$$

Mit $\overline{V}_\mathrm{R} = RT/p_\mathrm{sat}$ ergibt sich dann:

$$V_\mathrm{L} = V - V_\mathrm{G} \approx V - n_\mathrm{G} \cdot \frac{RT}{p_\mathrm{sat}} = V - \frac{V - \overline{V}_\mathrm{L} \cdot n}{\left(\frac{RT}{p_\mathrm{sat}}\right) - \overline{V}_\mathrm{L}} \cdot \frac{RT}{p_\mathrm{sat}}$$

Wir rechnen ein Beispiel durch. In einem Gefäß mit 50 ml Inhalt befinden sich 1 Mol (18 g) Wasser bei 372,76 K. Die Molwärme $\overline{C}_{p,\mathrm{L}}$ beträgt $75,3\ \mathrm{J \cdot mol^{-1} \cdot K^{-1}}$, die Molwärme $\overline{C}_{p,\mathrm{G}}$ beträgt $33,6\ \mathrm{J \cdot mol^{-1} \cdot K^{-1}}$. Es gilt ferner $\alpha_\mathrm{p,L} = 6,915 \cdot 10^{-4} \cdot \mathrm{K^{-1}}$, $\kappa_\mathrm{T,L} = 4,56 \cdot 10^{-10}\ \mathrm{Pa^{-1}}$ und $\alpha_\mathrm{p,G} = 1/T$ bzw. $\kappa_\mathrm{T,G} = 1/p_\mathrm{sat}$. Wir nehmen an, dass in der Gasphase näherungsweise das ideale Gasgesetz gilt. Als Dampfdruckgleichung wählen wir die Antoine-Gleichung (s. Aufgabe 5.16.32):

$$\ln(p_\mathrm{sat}/\mathrm{torr}) = A - \frac{B}{T + C} \quad \text{und} \quad \frac{\mathrm{d}p_\mathrm{sat}}{\mathrm{d}T} = p_\mathrm{sat} \cdot \frac{B}{(T + C)^2}$$

mit $A = 18,3036$, $B = 3816,44$ K und $C = -46,13$ K. Mit $T = 372,76$ K ergibt sich $p_\mathrm{sat} = 0,99914 \cdot 10^5$ Pa und $(\mathrm{d}p_\mathrm{sat}/\mathrm{d}T) = 3574,0\ \mathrm{Pa \cdot K^{-1}}$. Wir berechnen die Molwärme C_VLE mit $V = 5 \cdot 10^{-5}\ \mathrm{m^3}$, $\overline{V}_\mathrm{L} = 1,877 \cdot 10^{-5}\ \mathrm{m^3 \cdot mol^{-1}}$, $\overline{V}_\mathrm{G} = R \cdot 372,76/p_\mathrm{sat} = 0,0310\ \mathrm{m^3 \cdot mol^{-1}}$ und $n = 1$ mol ($C_\mathrm{VLE} = \overline{C}_\mathrm{VLE}$):

$$\begin{aligned} \overline{C}_\mathrm{VLE} &= 0,990 \cdot 75,3 + 1,008 \cdot 10^{-3} \cdot 33,6 \\ &\quad - 2 \cdot 372,76 \cdot 3574 \cdot [1,875 \cdot 10^{-5} \cdot 6,915 \cdot 10^{-4} + 3,2 \cdot 10^{-5}/372,76] \\ &\quad + 372,76\,(3574)^3\,[1,875 \cdot 10^{-5} \cdot 4,56 \cdot 10^{-10} + 3,2 \cdot 10^{-5}/10^5] \\ &= 75,9\ \mathrm{J \cdot mol^{-1} \cdot K^{-1}} \end{aligned}$$

$\overline{C}_\mathrm{VLE}$ ist also nur geringfügig größer (0,8%) als $\overline{C}_{p,\mathrm{L}}$

5.15.13 Verdampfungskühlung zur Erzeugung tiefer Temperaturen

Um tiefe Temperaturen zu erreichen, bedient man sich häufig der sog. Verdampfungskühlung. Dazu werden Flüssigkeiten mit sehr niedrigem Siedepunkt wie He, H_2 oder Ne teilweise verdampft. Die benötigte Verdampfungsenthalpie kühlt die Flüssigkeit ab, wobei allerdings auch der Dampfdruck sinkt. Weiteres Verdampfen und Abkühlen wird also umso schwieriger, je tiefer die

Temperatur ist. Wir stellen uns dieses Kühlprinzip folgendermaßen vor. Die Flüssigkeit nimmt ein bestimmtes Volumen V_L ein mit einem vernachlässigbar kleinen Dampfvolumen. Dann wird ein Hahn mit einem evakuierten Vorratsvolumen V_G geöffnet, in das der Dampf einströmt, wobei aus der Flüssigkeit eine gewisse Menge von Molekülen verdampft werden muss, bis der neue (niedrigere) Dampfdruck erreicht ist. Das ganze System soll dabei *adiabatisch isoliert* sein. Dann gilt, da der Verdampfungsprozess völlig irreversibel abläuft:

$$dU = \delta Q + \delta W = 0 \quad \text{mit } \delta Q = 0 \quad \text{und } \delta W = 0$$

Die innere Energie bleibt also beim Verdampfungsprozess unverändert. Zu Anfang gilt:

$$U = n \cdot \overline{U}_L$$

wobei n die Gesamtmolzahl der Flüssigkeit (Index L) bedeutet.

Nach dem Verdampfen in das Gasvolumen V_G gilt:

$$U = n_L \, \overline{U}_L + n_G \, \overline{U}_G \quad \text{mit } n = n_L + n_G$$

wobei n_L die Molzahl in der flüssigen Phase und n_G die in der Dampfphase bedeuten.

Da $dU = 0$ ist, folgt:

$$0 = \overline{U}_L \, dn_L + n_L \cdot d\overline{U}_L + \overline{U}_G \, dn_G + n_G \cdot d\overline{U}_G$$

oder mit $dn_G = -dn_L$:

$$\left(\overline{U}_G - \overline{U}_L\right) dn_G = (n_G - n) d\overline{U}_L - n_G d\overline{U}_G = -n_G \cdot d(\overline{U}_G - \overline{U}_L) - n \, d\overline{U}_L$$

bzw. unter Einführung der molaren Verdampfungsenergie $\Delta\overline{U}_V = \overline{U}_G - \overline{U}_L$:

$$\Delta\overline{U}_V \cdot dn_G + n_G \cdot d\Delta\overline{U}_V = -n \cdot d\overline{U}_L = d\left(\Delta\overline{U}_V \cdot n_G\right)$$

Integration ergibt:

$$\left(\Delta\overline{U}_V \cdot n_G\right)_{T_2} - \left(\Delta\overline{U}_V \cdot n_G\right)_{T_1} = -n\left(\overline{U}_{L,T_2} - \overline{U}_{L,T_1}\right)$$

Jetzt schreiben wir mit der molaren Verdampfungsenthalpie $\Delta\overline{H}_V \cong \Delta\overline{U}_V + RT$ sowie $\overline{U}_{L,T_2} - \overline{U}_{L,T_1} = \overline{C}_{V,L}(T_2 - T_1)$:

$$(\Delta\overline{H}_V - RT_2) \cdot n_{G,2} - \left(\Delta\overline{H}_V - R \cdot T_1\right) n_{G,1} = -n\overline{C}_{V,L}(T_2 - T_1)$$

wobei $\overline{C}_{V,L}$ die mittlere molare Wärmekapazität der Flüssigkeit ist, die wir näherungsweise als temperaturunabhängig angenommen haben. Die Molzahl $n_{G,1}$ in der Gasphase ist vor dem Evakuierungsschritt gleich Null, und $n_{G,2}$ ergibt sich aus dem Dampfdruck der Flüssigkeit bei T_2 (Integration von Gl. 5.86):

$$p_{2,\text{sat}} = \frac{n_{G,2} \cdot RT_2}{V_G} \cong p_{1,\text{sat}} \exp\left[-\frac{\Delta\overline{H}_V}{R}\left(\frac{1}{T_2} - \frac{1}{T_1}\right)\right]$$

Damit lässt sich schreiben mit $n_{G,2} = 0$:

$$\left(\frac{\Delta\overline{H}_V}{RT_2} - 1\right) \cdot \exp\left[-\frac{\Delta\overline{H}_V}{R}\left(\frac{1}{T_2} - \frac{1}{T_1}\right)\right] = \frac{n \cdot \overline{C}_{V,L}}{p_{1,sat} \cdot V_G}(T_1 - T_2)$$

Mit dieser Gleichung lässt sich die zu erreichende Temperatur T_2 ausrechnen bei vorgegebener Ausgangstemperatur T_1. Bekannt sein müssen $\Delta\overline{H}_V$, $\overline{C}_{V,L}$, der Sättigungsdampfdruck $p_{1,sat}$ bei T_1, die Gesamtmolzahl n des Systems sowie das vorgegebene Verdampfungsvolumen der Gasphase V_G.

Als Rechenbeispiel betrachten wir Helium. Hier gilt $p_{1,sat} = 1$ bar $= 10^5$ Pa bei 4,22 K. Wir setzen als Mittelwert für $\Delta\overline{H}_V = 85\ \mathrm{J \cdot mol^{-1}}$. Die Gesamtmolzahl n soll 1 betragen. Dann lässt sich das gasförmige Expansionsvolumen als Funktion der Kühltemperatur berechnen, indem wir obige Gleichung nach V_G auflösen:

$$\boxed{V_G = (T_1 - T_2)\frac{n \cdot \overline{C}_{V,L}}{p_{1,sat}} \cdot \left[\left(\frac{\Delta\overline{H}_V}{R \cdot T_2} - 1\right) \cdot \exp\left\{-\frac{\Delta\overline{H}_V}{n}\left(\frac{1}{T_2} - \frac{1}{T_1}\right)\right\}\right]^{-1}}$$

Tab. 5.5 Kühltemperatur T_2 von He

T_2/K	4,22	4,0	3,5	3,0	2,5	2,0	1,5	1,0
$10^5 \cdot V_G/\mathrm{m}^3$	0	2,25	8,64	19,1	41,2	111	529	11935
$10^{-5} \cdot p_{2,sat}/\mathrm{Pa}$	1	0,875	0,607	0,373	0,188	0,068	0,012	$4 \cdot 10^{-4}$
$n_{G,2} = \dfrac{p_{2,sat} \cdot V_G}{R \cdot T_2}$	0	0,059	0,180	0,286	0,373	0,454	0,509	0,574

Die in Tab. 5.5 enthaltenen Rechenergebnisse zeigen, dass V_G mit sinkender Temperatur stark anwächst, während $n_{G,2}$ zwischen 6 % (bei 4 K) und 57 % (bei 1 K) der Gesamtmolzahl beträgt. Ungefähr die Hälfte des Heliums muss also verdampft werden, um von 4,22 K auf 1,0 K zu kommen. Der Enddruck beträgt dabei 0,4 mbar, das ist mit einer einfachen Vakuumpumpe im realen Abkühlungsprozess leicht zu erreichen. Die Rechnung ergibt keine ganz korrekten Werte für Helium, da wir die erhebliche Temperaturabhängigkeit von $\overline{C}_{V,L}$ unterhalb 2 K vernachlässigt haben, aber das Prinzip wird aus dem Rechenbeispiel deutlich.

5.15.14 Zur Wirkungsweise von Geysiren

Geysire sind warme Wasserfontänen natürlichen Ursprungs, die bis zu 30 Meter in die Höhe steigen können. Sie sind auf geologisch aktiven, d. h. vulkanischen Böden zu finden, wie z. B. in Island oder im Yellowstone Nationalpark in den USA. Ihre Entstehung setzt voraus, dass ein Boden mit starken Temperaturgradienten vorliegt und in der Tiefe unter dem Boden Wasservorräte als Wasserdampf in Kontakt mit flüssigem Wasser bei hohen Temperaturen und entsprechend hohen Drücken vorkommen. Nun gibt es kanalartige Verbindungen zur Erdoberfläche, die mit flüssigem Wasser bis in eine bestimmte Tiefe l hinunter angefüllt sind (s. Abb. 5.46) und oben manchmal

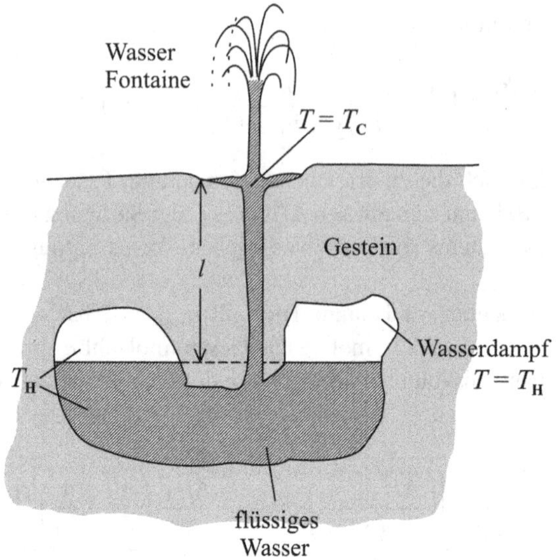

Abb. 5.46 Ein Modell zur Funktionsweise von Geysiren (s. Text)

in einem stehenden Gewässer enden. Wir wollen die Stabilität einer solchen Wassersäule berechnen, die durch den Dampfdruck von heißem Wasserdampf in benachbarten Hohlräumen in ihrer Position gehalten wird. Dazu nehmen wir an, dass die Temperatur an der Oberfläche $T_C = 300$ K beträgt, die mittlere Dichte des Wassers ϱ_{H_2O} in der Wassersäule 1000 kg · m^{-3} und die Tiefe l bis zum Wasserspiegel des heißen Wassers 40 m. Die Frage lautet: Welche Temperatur T_H muss das heiße Wasser haben, damit die Wassersäule gerade 40 m beträgt? Die weitere Frage lautet, um wie viel Grad muss T_H durch eine Erwärmung aus dem Erdinneren ansteigen, damit die Wassersäule als Fontaine 30 m über dem Erdboden aufsteigt?

Wir gehen aus von folgender Formel für den Sättigungsdampfdruck p_{H_2O} des Wassers:

$$p_{H_2O} = 1,1859 \cdot 10^{10} \cdot \exp\left[-\frac{3816,44}{T - 46,13}\right] \text{ in Pa}$$

Wenn der Luftdruck der Atmosphäre 1 bar = 10^5 Pa beträgt und der luftgefüllte Gasdruck im Hohlraum ohne p_{H_2O} ebenfalls, muss bei Druckgleichheit gelten:

$$p_{H_2} + 10^5 = 10^5 + \varrho_{H_2O} \cdot g \cdot l = 1000 \cdot 9,81 \cdot 40 + 10^5$$

Aufgelöst nach $T = T_H$ ergibt sich:

$$T_H = \frac{46,13 + 3816,44}{\ln\left(\frac{1,1859 \cdot 10^7}{9,81 \cdot 40}\right)} = 416,1 \text{ K} = 143,1\,°\text{C}$$

Zur Berechnung der Erhitzung des Wassers auf die Temperatur $T'_H = T_H + \Delta T$ nehmen wir an, dass der flüssige Wasservorrat in den Hohlräumen groß gegenüber der Menge der Wassersäule ist.

Wir setzen nun $l' = l + 30 = 70$ m und erhalten für ΔT:

$$\Delta T = \frac{-T_{\rm H} + 46,13 + 3816,44}{\ln\left(\frac{1,1859 \cdot 10^7}{9,81 \cdot 70}\right)} = 21,2\,{\rm K}$$

Also ist $T'_{\rm H} = 416,1 + 21,2 = 437,3$ K $= 164,3$ °C. Bei dieser Temperatur steigt die Wasserfontäne auf 30 m über den Erdboden.

5.15.15 Stabilität von Proteinen als Funktion von Temperatur und Druck – Anwendungen in der Nahrungsmittelindustrie

Viele Proteine (sehr lange, zusammengefaltete Ketten von Polyaminosäuren) können in wässriger Lösung in 2 unterschiedlichen Phasen existieren, der *natürlichen, naturierten Phase N* (definierte Sekundär- und Tertiärstruktur) und in einer *denaturierten Phase D* (undefinierte, zerstörte Tertiärstruktur, teilweise auch Sekundärstruktur). In vielen Fällen können diese Phasen in reversibler Weise ineinander übergehen. Es gibt aber auch genügend Fälle, wo der denaturierte Zustand nicht wieder in den naturierten zurückgeführt werden kann, das kann kinetische Gründe haben, kann aber auch daran liegen, dass der naturierte Zustand schon kein Gleichgewichtszustand war, sondern nur ein metastabiler Zustand. Wir betrachten hier nur Systeme, die sich in beiden Phasen im thermodynamischen Gleichgewichtszustand befinden. In einem Phasendiagramm ergibt sich die Phasengrenzlinie als Funktion $p(T)$ und ähnelt häufig der in Abb. 5.47 gezeigten Form eines Ellipsenausschnitts.

Im Bereich N existiert die naturierte Form, im Bereich D die denaturierte. Das führt zu dem interessanten Ergebnis, dass das Protein nicht nur oberhalb einer Temperatur $T_{\rm h}$, sondern auch unterhalb einer Temperatur $T_{\rm c}$ in den denaturierten Zustand übergeht. T_0 ist eine Bezugstemperatur (z. B. 298 K). Ferner erkennt man aus Abb. 5.47, dass bei Ausübung eines genügend hohen Druckes bei allen Temperaturen zwischen $T_{\rm h}$ und $T_{\rm c}$ das Protein ebenfalls in den denaturierten Zustand übergeht. Dieses Verhalten hat zu interessanten Anwendungen in der Lebensmittelindustrie geführt: Das Garkochen eines Hühnereis, z. B., entspricht dem Übergang N → D bei $T = T_{\rm h}$, dieser Prozess kann auch bei Raumtemperatur (etwa T_0) durch Druckanwendung erreicht werden. Auf diese Weise können Nahrungsmittelprodukte für Fertiggerichte in schonender Weise „vorgekocht“ werden. Solche Verfahren sind z. B. in Japan verbreitet. Um das Zustandekommen der Phasengrenzlinie zu verstehen, gehen wir von der in den Abschnitten 5.11 und 5.12 ausführlich hergeleiteten Bedingungen für das Phasengleichgewicht aus. Es muss gelten:

$$\mu^{\rm N} = \mu^{\rm D} \quad \text{sowie} \quad {\rm d}\mu^{\rm N} = {\rm d}\mu^{\rm D}$$

Ganz allgemein lässt sich die Differenz $(\mu^{\rm N} - \mu^{\rm D}) = \Delta\mu$, um einen bestimmten Punkt T_0, p_0 in der

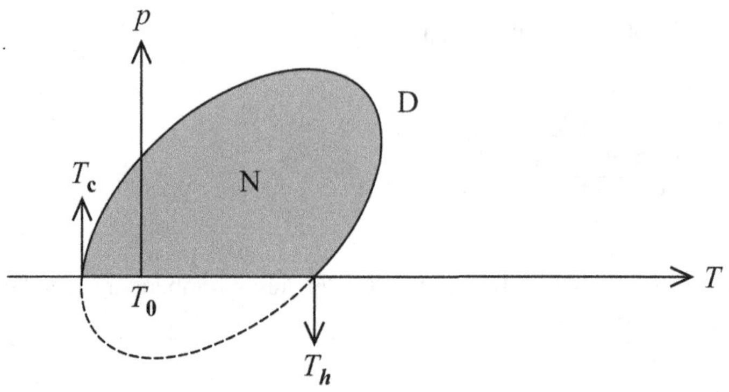

Abb. 5.47 Phasengrenzlinie eines Proteins zwischen naturiertem Zustand (N) und denaturiertem Zustand (D)

Nähe der Phasengrenzlinie in eine Taylorreihe nach den Variablen T und p entwickeln,

$$\begin{aligned}\Delta\mu = \Delta\mu_{T_0,p_0} &+ \left(\frac{\partial\Delta\mu}{\partial T}\right)_{p_0,T_0,p}(T-T_0) + \left(\frac{\partial\Delta\mu}{\partial p}\right)_{p_0,T_0,p}(p-p_0)\\ &+ \frac{1}{2}\left(\frac{\partial^2\Delta\mu}{\partial T^2}\right)_{T_0,p_0,p}(T-T_0)^2 + \frac{1}{2}\left(\frac{\partial^2\Delta\mu}{\partial p^2}\right)_{T_0,p_0,T}(p-p_0)^2\\ &+ \left(\frac{\partial^2\Delta\mu}{\partial T\partial p}\right)_{T_0,p_0}(T-T_0)(p-p_0)\\ &+ \ldots\end{aligned}$$

die wir nach dem quadratischen Glied abbrechen. Das stellt in vielen Fällen eine ausreichende Näherung dar. Für die verschiedenen Ableitungen von $\Delta\mu$ lässt sich nun schreiben (s. Abschnitt 5.10 mit $\overline{G} = \mu$ und alle $\mathrm{d}n_i = 0$):

$$\begin{aligned}\left(\frac{\partial\Delta\mu}{\partial T}\right)_{T_0,p_0,p} &= -\Delta\overline{S}_0, \quad \text{und} \quad \left(\frac{\partial\Delta\mu}{\partial p}\right)_{T_0,p_0,T} = \Delta\overline{V}_0\\ \left(\frac{\partial^2\Delta\mu}{\partial T^2}\right)_{T_0,p_0,p} &= -\left(\frac{\partial\Delta\overline{S}_0}{\partial T}\right)_p = -\frac{\Delta\overline{C}_p}{T}\\ \left(\frac{\partial^2\Delta\mu}{\partial p^2}\right)_{T_0,p_0,T} &= \left(\frac{\partial\Delta\overline{V}_0}{\partial p}\right)_T = \left(-\kappa_{\mathrm{T,N}}\cdot\overline{V}_{0,\mathrm{N}} + \kappa_{\mathrm{T,D}}\cdot\overline{V}_{0,\mathrm{D}}\right) = \Delta\widetilde{\kappa}\\ \left(\frac{\partial^2\Delta\mu}{\partial T\partial p}\right)_{T_0,p_0} &= -\left(\frac{\partial\Delta\overline{S}_0}{\partial p}\right)_T = \left(\frac{\partial\Delta\overline{V}_0}{\partial T}\right)_p = -\left(\alpha_{\mathrm{p,N}}\cdot\overline{V}_{0,\mathrm{N}} - \alpha_{\mathrm{p,D}}\cdot\overline{V}_{0,\mathrm{D}}\right) = \Delta\widetilde{\alpha}\end{aligned}$$

wobei ΔS_0 und ΔV_0 die Differenzen $(\overline{S}_{0,\mathrm{N}} - \overline{S}_{0,\mathrm{D}})$ und $(\overline{V}_{0,\mathrm{N}} - \overline{V}_{0,\mathrm{D}})$ bei $T = T_0$ und $p = p_0$ bedeuten und $\Delta\widetilde{\kappa}$ und $\Delta\widetilde{\alpha}$ die angegebenen Bedeutungen haben mit der isothermen Kompressibilität $\kappa_{T,i}$ und dem isobaren Volumenausdehnungskoeffizienten $\alpha_{p,i}(i = \mathrm{N,D})$. Damit lässt sich für $\Delta\mu$

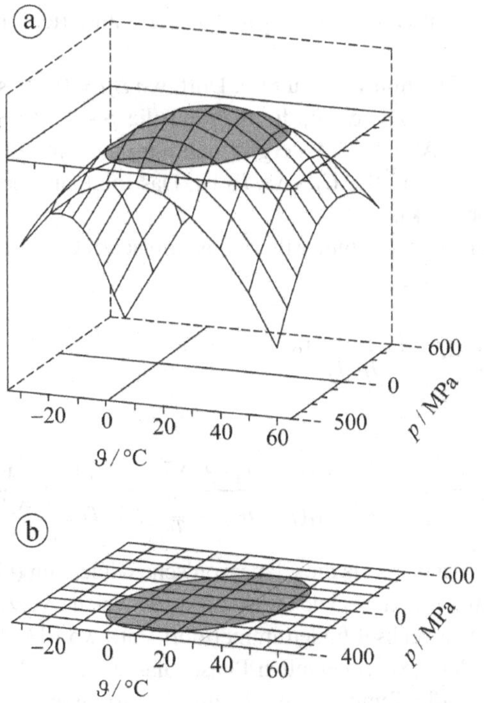

Abb. 5.48 $\Delta\mu(T, p)$ mit der Gleichgewichtsbedingung $\Delta\mu = 0$ und der Projektion dieser Schnittlinie auf die pT-Ebene[16]

schreiben:

$$\Delta\mu = \Delta\mu_0 - \Delta\overline{S}_0(T - T_0) + \Delta\overline{V}_0(p - p_0) - \frac{\Delta\overline{C}_p}{2T_0}(T - T_0)^2 + \frac{\Delta\widetilde{\kappa}}{2}(p - p_0)^2 + \Delta\widetilde{\alpha}(T - T_0)(p - p_0) + \ldots$$

oder:

$$\Delta\mu = \Delta\mu_0 - \Delta\overline{S}(T - T_0) + \Delta\overline{V}(p - p_0)$$

mit

$$\Delta\overline{S} = \Delta\overline{S}_0 + \frac{\Delta\overline{C}_p}{2T_0}(T - T_0) + \frac{\Delta\widetilde{\alpha}}{2}(p - p_0)$$

$$\Delta\overline{V} = \Delta\overline{V}_0 + \frac{\Delta\widetilde{\kappa}}{2}(p - p_0) + \frac{\Delta\widetilde{\alpha}}{2}(T - T_0)$$

[16] Abbildung nach: L. Smeller, Biochimica et Biophysica Acta, 1595, 11–29 (2002)

$\Delta\overline{S}$ und $\Delta\overline{V}$ sind hier die Differenzen von $\overline{S}$ und $\overline{V}$ der naturierten und denaturierten Phase bei $T \neq T_0$ und $p \neq p_0$.

Abb. 5.48 zeigt $\Delta\mu$ als Funktion von T und p. Dort, wo $\Delta\mu = 0$ ist , stellt die Schnittlinie durch die Oberfläche die Phasengrenzlinie dar, die man auf die $p - T$–Ebene projizieren kann (Abb. 5.48 unten). Das entspricht Abb. 5.47. Es ergibt sich nur dann eine Ellipse in der ebenen $p - T$-Darstellung, wenn gilt, dass $\Delta\widetilde{\alpha}^2 > \Delta C_p \cdot \Delta\widetilde{\kappa}/T_0$ ist. Das folgt aus der Theorie der Kegelschnitte (s. Lehrbücher der Mathematik).

Entlang der Phasenlinie herrscht immer thermodynamisches Gleichgewicht, da $d\mu^N = d\mu^D$ gilt, also erhält man mit $\mu^D - \mu^N = \Delta\mu$:

$$d\Delta\mu = 0 = \left(\frac{\partial\Delta\mu}{\partial T}\right)_p dT + \left(\frac{\partial\Delta\mu}{\partial p}\right)_T dp$$

oder:

$$\left(\frac{dT}{dp}\right) = -\frac{(\partial\Delta\mu/\partial p)_T}{(\partial\Delta\mu/\partial T)_p} = \frac{\Delta V_0 + \Delta\widetilde{\kappa}(p - p_0) + \Delta\widetilde{\alpha}(T - T_0)}{\Delta S_0 + \Delta\widetilde{\alpha}(p - p_0) + \frac{\Delta C_p}{T_0}(T - T_0)} = \frac{\Delta V}{\Delta S}$$

Diese Gleichung ist nichts anderes als die Clapeyron'sche Gleichung (Gl. (5.85)). Abb. 5.47 zeigt, in welchen Bereichen auf der Phasengleichgewichtskurve welche Vorzeichen für $\Delta\overline{S}$ und $\Delta\overline{V}$ gelten müssen. Die Vorzeichenwechsel finden immer dort statt, wo $(dT/dp) = 0$ bzw. $(dp/dT) = 0$ wird. Ermittelt man aus dem experimentellen Phasendiagramm die Punkte, wo diese Bedingungen herrschen, und ferner die Temperaturen T_h und T_c, so lassen sich daraus Zahlenwerte für $\Delta\overline{S}_0, \Delta\mu_0, \Delta\widetilde{\kappa}, \Delta\widetilde{\alpha}, \Delta\overline{V}_0$ und $\Delta\overline{C}_p$ ermitteln, wenn man T_0 und p_0 festlegt, z. B. $T_0 = 298$ K und $p_0 = 1$ bar setzt. ($\Delta\overline{S}_0, \Delta\mu_0$ und $\Delta\overline{V}_0$ sind dann die Phasenübergangswerte im Standardzustand.)

5.15.16 Eis kann Felsen sprengen und Berge bewegen

Eis im Winter kann bekanntlich Fahrbahndecken zerstören und sogar Felsen sprengen. Das beruht auf der Tatsache, dass das feste Wassereis ein größeres Molvolumen einnimmt als flüssiges Wasser. Um einen Eindruck von den enormen Kräften gefrierenden Wassers zu gewinnen, betrachten wir folgendes Beispiel (s. Abb. 5.49).

In einer Bodenvertiefung befindet sich flüssiges Wasser bei $T > 273,15$ K mit dem Volumen V_{fl}, das von einem großen Felsblock eingeschlossen ist. Bei $T < 273,15$ K gefriert das Wasser und nimmt ein größeres Volumen ein. Dadurch ist es in der Lage, den Felsblock um die Strecke Δh anzuheben, wenn der Druck einen Maximaldruck p_{max} nicht überschreitet. Oberhalb p_{max} bleibt das Wasser flüssig (s. Phasendiagramm in Abb. 5.49 rechts). Das molare Schmelzvolumen $\Delta\overline{V}_S$ beim Gefrieren ist bei 1 bar gegeben durch:

$$\Delta\overline{V}_S = \overline{V}_{fest} - \overline{V}_{fl} = (1,80 - 1,963) \cdot 10^{-5} = -0,163 \cdot 10^{-5}\ m^3 \cdot mol^{-1}$$

und die molare Schmelzenthalpie $\Delta\overline{H}_S$:

$$\Delta\overline{H}_S = \overline{H}_{fl} - \overline{H}_{fest} = +6,01 \cdot 10^3\ J \cdot mol^{-1}$$

($-\Delta\overline{V}_S = \Delta\overline{V}_{fest}$ und $-\Delta\overline{H}_S = \Delta\overline{H}_{fest}$ sind das molare Schmelzvolumen bzw. die molare Schmelzenthalpie.)

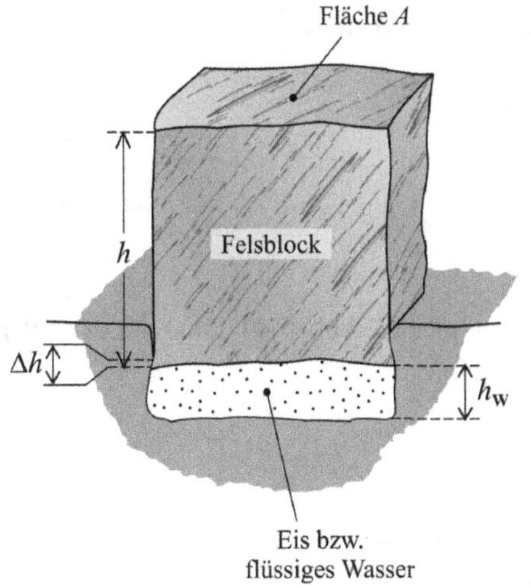

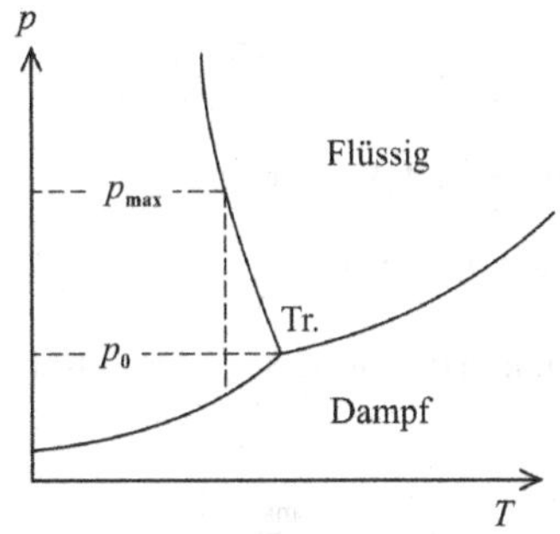

Abb. 5.49 Links: gefrierendes Wasser bewegt schwere Lasten; rechts: Phasendiagramm von H_2O in der Umgebung des Tripelpunktes Tr

Wir betrachten jetzt die Schmelzdruckkurve in Abb. 5.49 rechts. Es gilt nach der Clapeyron'schen Gleichung (Gl. (5.85)):

$$\frac{\mathrm{d}p}{\mathrm{d}T} = \frac{\Delta\overline{S}_S}{\Delta\overline{V}_S} = \frac{1}{T}\frac{\Delta\overline{H}_S}{\Delta\overline{V}_S}$$

Integriert ergibt sich, wenn man $\Delta\overline{H}_S/\Delta\overline{V}_S$ in erster Näherung als temperatur- und druckunabhängig ansieht:

$$p - p_0 = \frac{\Delta\overline{H}_S}{\Delta\overline{V}_S} \cdot \ln\frac{T}{T_0}$$

wobei $T_0 = 273{,}15$ K die Gefriertemperatur von Wasser ist bei $p_0 = 1$ bar. Wählen wir beispielsweise $T = 270$ K oder $T = 266$ K, so ergibt sich mit den angegebenen Daten in Pascal (s. Abb. 5.49 rechts):

$$p_{\max} = -\frac{6{,}01}{0{,}163} \cdot 10^8 \cdot \ln\frac{T}{273{,}15} + 10^5 \text{ Pa}$$

Also ist

$$p_{\max}(270 \text{ K}) = 4{,}276 \cdot 10^7 + 10^5 = 4{,}286 \cdot 10^7 \text{ Pa} = 428{,}6 \text{ bar}$$

$$p_{\max}(266 \text{ K}) = 9{,}780 \cdot 10^7 + 10^5 = 9{,}799 \cdot 10^7 \text{ Pa} = 979{,}0 \text{ bar}$$

Die Maximalwerte von $p_{\max}$ entsprechen im Kräftegleichgewicht einer Masse des Felsblocks m_F, bei der gerade das Eis noch fest bleibt:

$$g \cdot \frac{m_F}{A} = p_{\max}$$

Damit ergibt sich für m_F bei 270 K, $A = 1\ \text{m}^2$ und $g = 9,81\ \text{m} \cdot \text{s}^{-2}$:

$$m_F = \frac{A}{g} \cdot p_{max} = 4,37 \cdot 10^6\ \text{kg}$$

und bei 266 K und $A = 1\ \text{m}^2$:

$$m_F = 1,0 \cdot 10^7\ \text{kg}$$

Wir wollen nun die Höhe h_{max} der Felsensäule berechnen (s. Abb. 5.49 links) mit der Felsgesteinsdichte ϱ_F:

$$h_{max} = \frac{1}{A}\frac{m_F}{\varrho_F} = \frac{p_{max}}{g}\frac{1}{\varrho_F}$$

Setzt man $\varrho_F \approx 2500\ \text{kg} \cdot \text{m}^{-3}$, ergibt sich bei 270 K bzw. 266 K:

$$h_{max}(270\ \text{K}) = 1,748 \cdot 10^3 \text{m} = 1,748\ \text{km}$$
$$h_{max}(266\ \text{K}) = 4,001 \cdot 10^3 \text{m} = 3,995\ \text{km}$$

Man sieht, dass h_{max} unabhängig von der Auflagefläche A ist und erstaunlich hohe Werte erhalten werden. Gefrierendes Wasser könnte also im Extremfall ganze Berge anheben, wenn die äußeren Voraussetzungen dazu gegeben sind. Um welche Strecke Δh das Wasser beim Gefrieren den Felsblock anheben kann, wollen wir jetzt noch abschätzen. Dabei soll die Kompressibilität des Eises vernachlässigt werden, das reicht für eine Abschätzung. Es gilt für die Volumenänderung ΔV des Eises (Molzahl n_{H_2O}) beim Gefrieren (s. Abb. 5.49):

$$\Delta V = \Delta\overline{V} \cdot n_{H_2O} = \Delta\overline{V} \cdot \frac{V_{fl}}{\overline{V}_{fl}} = \Delta\overline{V}\,\frac{h_W \cdot A}{\overline{V}_{fl}} = \Delta h \cdot A$$

h_W ist hier die Tiefe des Wasservolumens. Daraus ergibt sich:

$$\Delta h = \Delta\overline{V}\,\frac{h_W}{\overline{V}_{fl}} = 0,163 \cdot 10^{-5}\,\frac{h_W}{\left(\dfrac{M_{H_2O}}{\varrho_{fl,H_2O}}\right)}$$
$$= 0,0906 \cdot h_W$$

wenn man die Dichte des flüssigen Wassers ϱ_{fl,H_2O} gleich $1000\ \text{kg} \cdot \text{m}^{-3}$ und $M_{H_2O} = 0,018\ \text{kg} \cdot \text{mol}^{-1}$ setzt.

Wählt man beispielsweise $V = 1\ \text{m}^3$ und $A = 1\ \text{m}^2$, ist $h_W = 1$ m und $\Delta h = 9,06$ cm. Ist jedoch $V = 1\ \text{m}^3$ und $A = 100\ \text{m}^2$, ist h_W nur 1 cm und demnach $\Delta h = 0,0906\ \text{cm} \approx 1$ mm. Es hängt also bei gegebener Wassermenge von der Auflagefläche A ab, um welche Strecke der Felsblock angehoben wird. Die Arbeit W_{max}, die das gefrierende Eis dabei leistet, ist:

$$W_{max} = m_F \cdot g \cdot \Delta h = A \cdot p_{max} \cdot \Delta h = V_{fl} \cdot p_{max}\,\frac{\Delta h}{h_W}$$

mit $V_{fl} = 1\ \text{m}^3$ ergibt sich bei 270 K:

$$W_{max}(270) = 1 \cdot 4,286 \cdot 10^7 \cdot 0,0906 = 4,115 \cdot 10^6\ \text{J}$$

und bei 266 K:

$$W_{max}(266) = 9,407 \cdot 10^6\ \text{J}$$

Damit könnte man (theoretisch) eine 60-Watt-Glühlampe $1,5678 \cdot 10^5$ s $= 43,5$ Stunden lang brennen lassen.

5.15.17 Korrespondierende Zustände – der kritische Punkt und kritische Exponenten

Die Umgebung des kritischen Punktes einer Flüssigkeit zeigt im Zusammenhang mit dem Prinzip der korrespondierenden Zustände besondere Eigenschaften. Wir haben im Fall der v. d. Waals-Gleichung, aber auch ganz allgemein, z. B. anhand der 2. Virialkoeffizienten (s. Abb. 3.16) gesehen, dass der Darstellung der thermischen Zustandsgleichung $p(V, T)$ in sog. reduzierten Einheiten zumindest bei einfachen Fluiden eine universelle, d. h. vom einzelnen Stoff unabhängige Bedeutung zukommt. Diese universelle Form der thermischen Zustandsgleichung lautet in allgemeiner Form:

$$\widetilde{p} = \widetilde{p}(\widetilde{T}, \widetilde{v})$$

mit $\widetilde{p} = p/p_c$, $\widetilde{T} = T/T_c$ und $\widetilde{v} = \overline{V}/\overline{V}_c$, wobei p_c, T_c und $\overline{V}_c$ die Größen für Druck, Temperatur und Volumen am kritischen Punkt (Index c) bedeuten.

Wir entwickeln jetzt diese reduzierte Zustandsgleichung um den kritischen Punkt in eine Taylorreihe nach $\widetilde{T}$ und $\widetilde{V}$, wobei wir bedenken, dass $\widetilde{v}_c = 1$, $\widetilde{T}_c = 1$ und $\widetilde{p}_c = 1$ gilt:

$$\widetilde{p}(\widetilde{T}, \widetilde{v}) = 1 + (\widetilde{T} - 1)\left(\frac{\partial \widetilde{p}}{\partial \widetilde{T}}\right)_c + (\widetilde{T} - 1)(\widetilde{v} - 1)\left(\frac{\partial^2 \widetilde{p}}{\partial \widetilde{v} \partial \widetilde{T}}\right)_c + \frac{1}{6}(\widetilde{v} - 1)^3\left(\frac{\partial^3 \widetilde{p}}{\partial \widetilde{v}^3}\right)_c + \ldots$$

Wir beschränken uns also bei $\widetilde{T}$ auf lineare Glieder, bei $\widetilde{v}$ gehen wir bis zum kubischen Glied, denn die Terme mit $(\partial \widetilde{p}/\partial \widetilde{v})_c$ und $(\partial^2 \widetilde{p}/\partial \widetilde{v}^2)_c$ entfallen, da sie am kritischen Punkt gleich Null sind. Wir betrachten zunächst den Fall $\widetilde{T} > 1$ bei $\widetilde{v} = 1$ durch Reihenentwicklung von $(\partial \widetilde{p}/\partial \widetilde{v})_{\widetilde{T}, \widetilde{v}=1}$:

$$\left(\frac{\partial \widetilde{p}}{\partial \widetilde{v}}\right)_{\widetilde{T}, \widetilde{v}=1} = \left(\frac{\partial^2 \widetilde{p}}{\partial \widetilde{v} \partial \widetilde{T}}\right)_c (\widetilde{T} - 1) + \cdots$$

Für genügend kleine Werte von $(\widetilde{T} - 1) > 0$ gilt also in ausreichender Annäherung bei $\widetilde{v} = 1$:

$$\kappa_T = -\frac{1}{\overline{V}}\left(\frac{\partial \overline{V}}{\partial p}\right)_{T, \overline{V}=\overline{V}_c} = -p_c^{-1} \cdot \left(\frac{\partial \widetilde{v}}{\partial \widetilde{p}}\right)_{\widetilde{T}} = -p_c^{-1} \cdot \frac{1}{(\widetilde{T} - 1)(\partial^2 \widetilde{p}/\partial \widetilde{v} \partial \widetilde{T})_c}$$

Da $\kappa_T > 0$ sein muss, ist $(\partial^2 \widetilde{p}/\partial \widetilde{v} \partial \widetilde{T})_c < 0$, und es gilt:

$$\kappa_T = \text{const.} \cdot (\widetilde{T} - 1)^{\gamma} = \text{const.} \cdot (\widetilde{T} - 1)^{-1} \quad (\widetilde{v} = 1)$$

κ_T divergiert am kritischen Punkt. Der Exponent γ sollte den stoffunabhängigen, universellen Wert -1 haben. Das ist jedoch nicht ganz der Fall, denn man findet experimentell für verschiedene Stoffe $\gamma \cong -1,24$ statt -1.

Wir wollen jetzt die Situation für $T < T_c$ bzw. $\widetilde{T} < 1$ untersuchen. Hier kommt es zur Aufspaltung in zwei Phasen mit den reduzierten Volumina $\widetilde{\upsilon}_g$ und $\widetilde{\upsilon}_l$ (g = gas, l = liquid). Zur Berechnung des Phasengleichgewichtes müssen wir die Maxwell-Konstruktion verwenden (s. Gl. (5.84)):

$$\widetilde{p}_D\left(\widetilde{\upsilon}_g - \widetilde{\upsilon}_l\right) = \int\limits_{\widetilde{\upsilon}_l}^{\widetilde{\upsilon}_g} \widetilde{p} d\widetilde{\upsilon}$$

Setzen wir in die rechte Seite die Reihenentwicklung für $\widetilde{p}(\widetilde{\upsilon}, \widetilde{T})$ ein und kürzen ab:

$$\left(\frac{\partial \widetilde{p}}{\partial \widetilde{T}}\right)_c = \widetilde{a}, \quad \left(\frac{\partial^2 \widetilde{p}}{\partial \widetilde{\upsilon} \partial \widetilde{T}}\right)_c = \widetilde{b}, \quad \frac{1}{6}\left(\frac{\partial^3 \widetilde{p}}{\partial \widetilde{\upsilon}^3}\right)_c = \widetilde{c}$$

so erhält man nach Integration:

$$\begin{aligned}\widetilde{p}_D\left(\widetilde{\upsilon}_g - \widetilde{\upsilon}_l\right) = \left(\widetilde{\upsilon}_g - \widetilde{\upsilon}_l\right)[1 + \widetilde{a}(\widetilde{T} - 1)] + \widetilde{b} \cdot \frac{1}{2}(\widetilde{T} - 1)\left[\left(\widetilde{\upsilon}_g - 1\right)^2 - (\widetilde{\upsilon}_l - 1)^2\right] \\ + \widetilde{c} \cdot \frac{1}{4}\left[\left(\widetilde{\upsilon}_g - 1\right)^4 - (\widetilde{\upsilon}_l - 1)^4\right]\end{aligned}$$

$\widetilde{p}_D$ ist der reduzierte Gleichgewichtsdruck. Wir berechnen ihn näherungsweise, indem wir $\widetilde{\upsilon}_g + \widetilde{\upsilon}_l \cong 2$ setzen, also $\overline{V}_c \cong \left(\overline{V}_g + \overline{V}_l\right)/2$. Damit erhält man:

$$\left(\widetilde{\upsilon}_g - 1\right)^2 \approx (1 - \widetilde{\upsilon}_l)^2 = (\widetilde{\upsilon}_l - 1)^2$$

und

$$\left(\widetilde{\upsilon}_g - 1\right)^4 \approx (1 - \widetilde{\upsilon}_l)^4 = (\widetilde{\upsilon}_l - 1)^4$$

Das ergibt:

$$\widetilde{p}_D \approx 1 + (\widetilde{T} - 1) \cdot \widetilde{a}$$

Setzen wir das in die Ausgangsgleichung ein, erhält man:

$$\widetilde{p}(\widetilde{T}, \widetilde{\upsilon}) = \widetilde{p}_D = 1 + (\widetilde{T} - 1) \cdot \widetilde{a} = 1 + (\widetilde{T} - 1) \cdot \widetilde{a} + \widetilde{b} \cdot (\widetilde{T} - 1)(\widetilde{\upsilon} - 1) + \widetilde{c} \cdot (\widetilde{\upsilon} - 1)^3$$

Daraus erhält man eine Bestimmungsgleichung für $\widetilde{\upsilon}$ mit den 2 Lösungen:

$$\widetilde{\upsilon} = 1 \pm \sqrt{\frac{\widetilde{b}}{\widetilde{c}}}(1 - \widetilde{T})^{1/2}$$

Wir merken an: da $\widetilde{b} < 0$ (siehe Ableitung für κ_T), muss auch $\widetilde{c} < 0$ gelten, da sonst keine realen Lösungen für $\widetilde{\upsilon}$ erhalten werden. Mit $\widetilde{\upsilon}_g > \widetilde{\upsilon}_l$ gilt also:

$$\widetilde{\upsilon}_g - \widetilde{\upsilon}_l = 2\sqrt{\frac{\widetilde{b}}{\widetilde{c}}}(1 - \widetilde{T})^{\alpha} \quad (\widetilde{T} < 1)$$

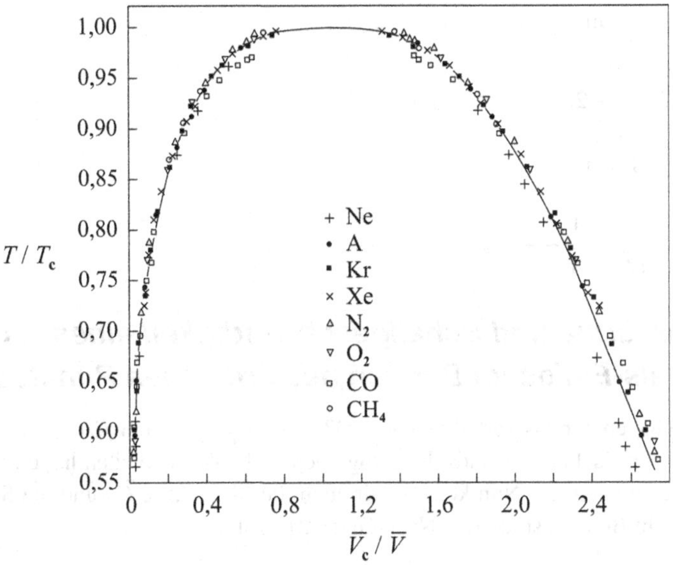

Abb. 5.50 2-Phasengebiet verschiedener Fluide in reduzierten Einheiten ($\widetilde{\varrho} = \varrho/\varrho_c = \overline{V}/\overline{V}_c$ gegen $\widetilde{T} = T/T_c$)[17]

mit $\alpha = 1/2$. In Wirklichkeit findet man experimentell: $\alpha \approx 1/3$. Auch hier lässt sich keine Übereinstimmung zwischen der hier dargestellten Theorie und der praktischen Erfahrung erreichen, obwohl das Prinzip der korrespondierenden Zustände gut erfüllt ist, wie man in Abb. 5.50 sehen kann. Kritische Exponenten wie γ und α sind offensichtlich mit analytischen Zustandsgleichungen nicht korrekt beschreibbar. Im Bereich des kritischen Punktes gelten besondere Gesetzmäßigkeiten, die mit den starken Korrelationen und Dichteschwankungen der molekularen Materie zu tun haben.

Wir wollen am Beispiel der v. d. Waals-Gleichung die abgeleiteten Beziehungen überprüfen. Die in reduzierter Form dargestellte v. d. Waals-Gleichung (s. Gl. (3.14) Abschnitt 3.7.30) lässt sich umschreiben:

$$\widetilde{p}(\widetilde{v},\widetilde{T}) = \frac{8\widetilde{T}}{3\widetilde{v}-1} - \frac{3}{\widetilde{v}^2}$$

Für die relevanten Ableitungen gilt:

$$\left(\frac{\partial\widetilde{p}}{\partial\widetilde{T}}\right)_{\text{crit}} = \lim_{\widetilde{v}\to 1} \cdot \left(\frac{8}{3\widetilde{v}-1}\right) = 4$$

$$\left(\frac{\partial^2\widetilde{p}}{\partial\widetilde{v}\partial\widetilde{T}}\right)_{\text{crit}} = \lim_{\widetilde{v}\to 1} \cdot \frac{-24}{(3\widetilde{v}-1)^2} = -6$$

$$\left(\frac{\partial^3\widetilde{p}}{\partial\widetilde{v}^3}\right)_{\text{crit}} = \lim_{\widetilde{v}\to 1,\widetilde{T}\to 1} \cdot \left[-\frac{1296\cdot\widetilde{T}}{(3\widetilde{v}-1)^4} + \frac{72}{\widetilde{v}^5}\right] = -81 + 72 = -9$$

[17] nach: E. A. Guggenheim, Thermodynamics, North Holland Publishing Company (1967)

Also gilt $\widetilde{c}_{\text{v.d.W.}} = -\frac{3}{2}$ und $\widetilde{b}_{\text{v.d.W.}} = -6$. Das ergibt:

$$\widetilde{\upsilon}_g - \widetilde{\upsilon}_l = 2 \cdot \sqrt{\frac{6}{3}}\, 2(1-\widetilde{T})^{1/2} = 4(1-\widetilde{T})^{1/2}$$

Für κ_T gilt $(\widetilde{T} > 1,\ \widetilde{\upsilon} = 1)$:

$$\kappa_T = -p_c^{-1} \cdot \frac{1}{(\widetilde{T}-1)\cdot(-6)} = \frac{1}{6}\frac{(\widetilde{T}-1)^{-1}}{p_c}$$

5.15.18 Molwärme und Schallgeschwindigkeit eines v. d. Waals-Fluids im Bereich des kritischen Punktes

In Aufgabe 3.7.3 haben wir das Verhalten von Größen wie $\alpha_p = \overline{V}^{-1}(\partial\overline{V}/\partial T)_p$, $\kappa_T = \overline{V}^{-1}(\partial\overline{V}/\partial p)_T$, die sich aus der thermischen Zustandsgleichung nach v. d. Waals ableiten lassen in der Nähe des kritischen Punktes untersucht. Nun können wir auch die Molwärme $\overline{C}_p$ und die Schallgeschwindigkeit υ_s in diesem Bereich studieren. Nach Gl. (5.21) gilt ja:

$$\frac{\overline{C}_p}{\overline{C}_V} = 1 + \frac{T}{\overline{C}_V}\overline{V}\frac{\alpha_p^2}{\kappa_T}$$

Für α_p und κ_T setzen wir die Ausdrücke ein, die in Aufgabe 3.7.3 abgeleitet wurden und erhalten:

$$\frac{\overline{C}_p}{\overline{C}_V} = 1 + \frac{R\widetilde{T}/\overline{C}_V}{\widetilde{T} - \frac{27}{4}(1-\widetilde{x})^2\,\widetilde{x}}$$

wobei $\widetilde{x} = b/\overline{V}$ und $\widetilde{T} = T/T_c$ bedeuten. Trägt man $\overline{C}_p/\overline{C}_V$ nach dieser Gleichung als Funktion von $\widetilde{x}$ bei Werten von $\widetilde{T}$ in der Nähe des kritischen Punktes ($\widetilde{T} = 1,10$; $\widetilde{T} = 1,05$; $\widetilde{T} = 1,025$ und $\widetilde{T} = 1,0$) auf, so erhält man das in Abb. 5.51 dargestellte Verhalten für den Fall von CO_2 ($T_c = 304,2$ K, $b = 4,29 \cdot 10^{-5}\ ^3$, $\overline{C}_{V,\text{vdW}} = \overline{C}_{V,\text{id}} = \overline{C}_{p,\text{id}} - R = 29,0\ \text{J}\cdot\text{mol}^{-1}\cdot\text{K}^{-1}$).

Ähnlich wie bei α_p und κ_T geht $\overline{C}_p$ bzw. $\overline{C}_p/\overline{C}_V$ bei $\widetilde{T} = 1$ gegen ∞. Für Werte von $\widetilde{T} > 1$ durchläuft $\overline{C}_p/\overline{C}_V$ ein Maximum im Bereich von $\widetilde{x} = 1/3$, das umso niedriger ist, je weiter $\widetilde{T}$ von 1 abweicht. Auch hier beobachtet man also, ähnlich wie bei α_p und κ_T, eine sog. kritische Überhöhung, die bei $\widetilde{T} = 1$ und $\widetilde{x} = 1/3$ divergiert. Bei $\widetilde{x} = 0$ ergibt sich für $\overline{C}_p/\overline{C}_V$ der Wert des idealen Gases für CO_2 mit $\overline{C}_p = 37,3\ \text{J}\cdot\text{mol}^{-1}\cdot\text{K}^{-1}$ und $\overline{C}_V = \overline{C}_p - R$. Dieses Verhalten ist qualitativ in Übereinstimmung mit experimentellen Daten, quantitativ dagegen nicht, was lediglich an der Tatsache liegt, dass die v. d. Waals-Gleichung keine gute Zustandsgleichung ist. Es lässt sich auch die Schallgeschwindigkeit υ_s in der Nähe von $\widetilde{T} = 1$ untersuchen. Dazu gehen wir aus von Gl. (5.23), und (5.24). Man erhält mit κ_T aus Aufgabe 3.7.3:

$$\upsilon_s = \sqrt{\frac{\overline{C}_p}{\overline{C}_V}\cdot\frac{1}{\kappa_T}\cdot\frac{\overline{V}}{M}} = \sqrt{\frac{\overline{C}_p}{\overline{C}_V}\cdot\frac{RT_c}{M}\cdot\frac{\widetilde{T} - \frac{27}{4}(1-\widetilde{x})^2\,\widetilde{x}}{(1-\widetilde{x})^2}}$$

wobei wieder $\widetilde{x} = b/\overline{V}$ und $\widetilde{T} = T/T_c$ bedeuten. Setzt man die Daten für CO_2 ein ($T_c = 304,2$ K, $M = 0,044\ \text{kg}\cdot\text{mol}^{-1}$) erhält man die in Abb. 5.51 gezeigten Kurvenverläufe. υ_s durchläuft bei

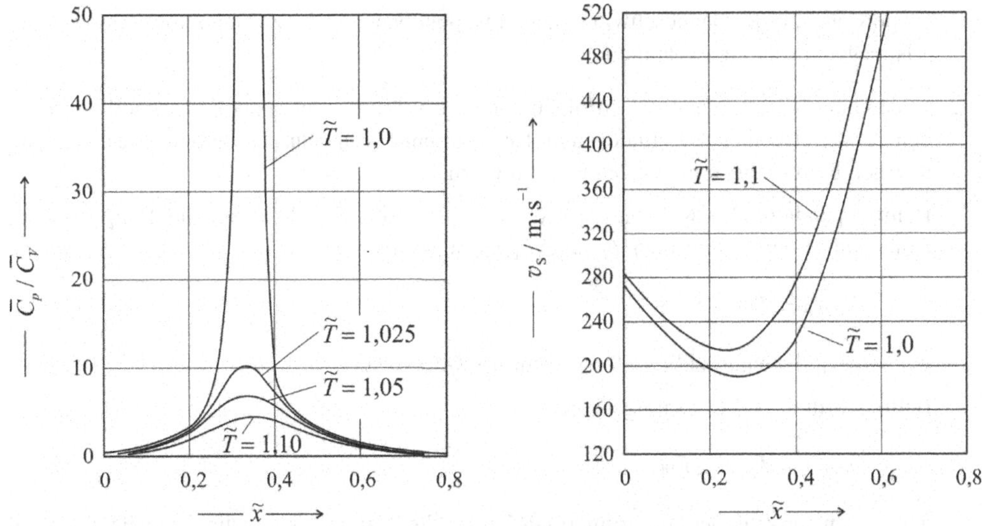

Abb. 5.51 Links: $\overline{C}_p/\overline{C}_V$ nach der v. d. Waals-Gleichung für CO_2. $\widetilde{T} = T/T_c = 1,0$, $\widetilde{T} = 1,025$, $\widetilde{T} = 1,05$ und $\widetilde{T} = 1,10$
rechts: Schallgeschwindigkeit v_s von CO_2 nach v. d. Waals. $\widetilde{T} = T/T_c = 1,1$ und $\widetilde{T} = 1,0$

$\widetilde{x} = 1/3$ ein Minimum, dessen Wert auch am kritischen Punkt $\widetilde{T} = 1$ endlich bleibt. v_s divergiert dort also nicht im Gegensatz zu $\overline{C}_p/\overline{C}_V$.

Für $\widetilde{x} = 0$ geht v_s gegen den idealen Gaswert ($271,9\ \mathrm{m \cdot s^{-1}}$ bei $\widetilde{T} = 1$, $278,6\ \mathrm{m \cdot s^{-1}}$ bei $\widetilde{T} = 1,05$ und $285,2\ \mathrm{m \cdot s^{-1}}$ bei $\widetilde{T} = 1,1$). v_s nimmt mit wachsender Dichte, also größer werdenden Werten von $\widetilde{x}$, rasch zu und geht nach der v. d. Waals-Theorie bei $\widetilde{x} = 1$ gegen unendlich. Auch die in Abb. 5.51 gezeigten Kurvenverläufe für v_s sind in qualitativer Übereinstimmung mit den Experimenten, die quantitative Übereinstimmung dagegen ist nicht gut. Das prinzipielle Verhalten von $\overline{C}_p/\overline{C}_V$ und v_s wird aber durch die v. d. Waals-Gleichung richtig wiedergegeben.

5.15.19 Eine reale Carnot-Maschine[18]

Ein realer Carnot-Kreisprozess unterscheidet sich von einem idealen Kreisprozess, wie wir ihn in Abschnitt 5.3 kennengelernt haben, im Wesentlichen durch zwei der Realität angepasste Modifikationen (s. Abb. 5.6):

1. Während der Kolbenbewegung in den Zylindern treten Reibungskräfte auf. Das gilt für die beiden adiabatischen wie auch für die beiden isothermen Schrittfolgen. Die Reibungskraft ist der Kraft des Kolbens entgegengesetzt, d. h., es gilt für die effektive Kraft K des Kolbens:

   $$K = p \cdot A - r \cdot \dot{x}$$

   Hier ist p wie üblich der Druck, A die Kolbenfläche, $\dot{x}$ die Geschwindigkeit des Kolbens und r ein systemspezifischer Reibungskoeffizient. Die Reibungskraft ist also in erster Näherung

[18] nach: E. Rebhan, Theoretische Physik II, Spektrum-Verlag (2004)

proportional zur Kolbengeschwindigkeit. $\dot{x}$ ist positiv, wenn der Zylinder komprimiert wird, $\dot{x}$ ist negativ, wenn er expandiert.

2. In den beiden isothermen Schrittfolgen kann die Wärme nicht unendlich schnell zwischen dem System (Kolben + Zylinder) und der Umgebung ausgetauscht werden, wie es die isothermen Bedingungen im idealen Fall erfordern.

   Beim expandierenden Kolben, (Schritt 1 $\rightarrow$ 2 in Abb. 5.6) ist daher die Temperatur im Kolben um einen bestimmten Betrag ΔT_{12} geringer als T_{12}:

$$T_{12,\text{real}} = T_{12} - \Delta T_{12}$$

   wobei $T_{12,\text{real}}$ die tatsächliche Temperatur im Kolben ist.

   Beim Schritt 3 $\rightarrow$ 4 ist es umgekehrt:

$$T_{34,\text{real}} = T_{34} + \Delta T_{34}$$

   d. h., wenn der Zylinder komprimiert wird, kann die Wärme dabei nicht ausreichend schnell an die Umgebung abgegeben werden. Die Temperatur ist um ΔT_{34} höher als im Idealfall. Es stellt sich heraus, dass für den Wirkungsgrad η_c gilt: [19]

$$\eta_c = 1 - \left(\frac{T_{12,\text{real}} + \Delta T_{12}}{T_{34,\text{real}} - \Delta T_{34}} \right)^{1/2}$$

   η_c ist also kleiner als der ideale Carnot'sche Wirkungsgrad $\eta_{c,\text{id}}$.

   Wir wollen hier nur den Carnot-Prozess mit Reibung (Punkt 1), aber bei sehr schnellem Wärmeaustausch mit der Umgebung behandeln. Die Schritte 1 $\rightarrow$ 2 und 3 $\rightarrow$ 4 sollen also isotherm ablaufen ($\Delta T_{12} = 0$, $\Delta T_{34} = 0$). Wir berechnen zunächst die tatsächlich am System bzw. vom System geleistete differentielle Arbeit:

$$\delta W = -(p \cdot A - r \cdot \dot{x})\mathrm{d}x = -p\mathrm{d}V + r \cdot (\dot{x})^2 \cdot \mathrm{d}t$$

   Während also pdV sein Vorzeichen wechselt, d.h., wenn statt Kompression eine Dilatation (oder umgekehrt) erfolgt, behält $(\dot{x})^2 dt$ immer sein Vorzeichen bei, da $\dot{x}$ im Quadrat auftaucht. Mit $\delta W = \delta W_{\text{rev}} + \delta W_{\text{diss}}$ folgt für δW_{diss} (Gl. 5.29):

$$\delta W_{\text{diss}} = T \delta_i S = r \cdot (\dot{x})^2 \mathrm{d}t$$

   Die Entropieproduktion beträgt also:

$$\frac{\delta_i S}{\mathrm{d}t} = \frac{r \cdot (\dot{x})^2}{T} > 0$$

   Sie ist positiv, wie es sein muss. Wir integrieren jetzt über den gesamten Kreisprozess:

$$W = -\oint p\mathrm{d}V + r \oint (\dot{x})^2 \cdot \mathrm{d}t = -\oint p\mathrm{d}V - r\langle(\dot{x})^2\rangle \cdot \Delta t$$

[19] H. B. Callen, „Thermodynamics and Introduction to Thermostatics“, John Wiley, 1985

$\langle(\dot{x})^2\rangle$ ist ein über die Zeit gemittelter Wert von $(\dot{x})^2$. Andererseits gilt:

$$\oint \mathrm{d}U = 0 = \oint \delta Q - \oint p\mathrm{d}V$$

also:

$$\oint p\mathrm{d}V = \oint \delta Q = |Q_{12}| - |Q_{34}|$$

Die vom Kolben über einen ganzen Zyklus (1 → 2 → 3 → 4 in Abb. 5.6) zurückgelegte Strecke l beträgt:

$$l = \oint |\dot{x}|\mathrm{d}t = \langle\dot{x}\rangle\,\Delta t$$

$\langle\dot{x}\rangle$ ist der entsprechende Mittelwert der Geschwindigkeit über die Zeit. Damit lässt sich schreiben:

$$|W| = |Q_{12}| - |Q_{34}| - r\,\frac{\langle\dot{x}^2\rangle}{\langle\dot{x}\rangle^2}\cdot\frac{l^2}{\Delta t}$$

Für den Wirkungsgrad einer solchen realen Carnot-Maschine erhält man dann (s. Gl. 5.11):

$$\eta_\mathrm{c} = \frac{|W|}{|Q_{12}|} = \frac{|Q_{12}| - |Q_{34}|}{|Q_{12}|} - \frac{r}{|Q_{12}|}\,\frac{\langle\dot{x}^2\rangle}{\langle\dot{x}\rangle^2}\cdot\frac{l^2}{\Delta t} = \eta_{\mathrm{c,ideal}} - \frac{r}{|Q_{12}|}\,\frac{\langle\dot{x}^2\rangle}{\langle\dot{x}\rangle^2}\cdot\frac{l^2}{\Delta t}$$

Der Wirkungsgrad η_c ist demnach umso geringer, je höher der Reibungskoeffizient r ist und je kleiner Δt ist. Bei $\Delta t \to \infty$ und/oder $r \to 0$ erhält man den reversiblen Fall (unendlicher langsamer bzw. reibungsfreier Kreisprozess), also $\eta_\mathrm{c} = \eta_{\mathrm{c,ideal}}$. Bei thermodynamischen Maschinen kommt es aber auf die optimale Leistung an und nicht auf einen möglichst hohen Energiewirkungsgrad, denn wenn $\eta_\mathrm{c} = \eta_{\mathrm{c,ideal}}$ gilt, ist die Leistung (Energie pro Zeit) wegen $\Delta t \to \infty$ gleich Null (quasistatischer Prozess!). Bei kleinem Δt wird jedoch η_c gleich Null, d. h., es wird überhaupt keine Energie gewonnen. Dort ist die Leistung auch gleich Null. Dazwischen muss es also ein Maximum der Leistung geben, das wir nun berechnen wollen. Für die Leistung $\dot{W}$ gilt:

$$|\dot{W}| = \frac{\mathrm{d}|W|}{\mathrm{d}t} = \frac{|Q_{12}| - |Q_{34}|}{\Delta t} - r\,\frac{\langle\dot{x}^2\rangle}{\langle\dot{x}\rangle^2}\cdot\frac{l^2}{(\Delta t)^2}$$

Das Maximum der Leistung erhalten wir aus:

$$\frac{\mathrm{d}|\dot{W}|}{\mathrm{d}(\Delta t)} = 0 = -\frac{|Q_{12}| - |Q_{34}|}{(\Delta t)^2} + 2\,\frac{\langle\dot{x}^2\rangle}{\langle\dot{x}\rangle^2}\cdot\frac{l^2}{(\Delta t)^3}\cdot r$$

Daraus ergibt sich

$$\Delta t_{\mathrm{max}} = \frac{2r\cdot l^2}{|Q_{12}| - |Q_{34}|}\cdot\frac{\langle\dot{x}^2\rangle}{\langle\dot{x}\rangle^2}$$

Die maximale Leistung ist dann:

$$|\dot{W}_{\max}| = \frac{(|Q_{12}| - |Q_{34}|)^2}{4r \cdot l^2} \cdot \frac{\langle \dot{x}^2 \rangle}{\langle \dot{x} \rangle^2}$$

Wenn wir nun den Wert $\Delta t = \Delta t_{\max}$ in die Gleichung für η_c einsetzen, ergibt sich:

$$\eta_c = \eta_{c,id} - \frac{1}{2} \cdot \frac{|Q_{12}| - |Q_{34}|}{|Q_{12}|} = \frac{1}{2}\,\eta_{c,id}$$

Das Ergebnis besagt, dass ein Carnot'scher Kreisprozess mit Reibungsverlusten bei optimierter Leistung ($|\dot{W}| = |\dot{W}_{\max}|$) gerade die Hälfte des Wirkungsgrades eines idealen Carnot'schen Kreisprozesses erreicht. Interessanterweise gehen keine spezifischen Parameter des realen Prozesses wie l, r und $\langle \dot{x}^2 \rangle / \langle \dot{x} \rangle^2$ in dieses Ergebnis ein. In welcher Weise der reale Wirkungsgrad einer solchen Carnot-Maschine nicht nur bei maximaler Leistung, sondern allgemein als Funktion der Leistung $\dot{W}$ aussieht, lässt sich ebenfalls berechnen, indem man $\dot{W}(\Delta t)$ nach Δt auflöst. Man erhält als Lösung einer quadratischen Gleichung:

$$\Delta t = \frac{|Q_{12}| - |Q_{34}|}{2|\dot{W}|}\left(1 \pm \sqrt{1 - \frac{4r\,|\dot{W}| \cdot l^2}{(|Q_{12}| - |Q_{34}|)^2} \cdot \frac{\langle \dot{x} \rangle^2}{\langle \dot{x}^2 \rangle}}\right)$$

$$= \frac{|Q_{12}|}{2|\dot{W}|} \cdot \eta_{c,id}\left(1 \pm \sqrt{1 - \frac{|\dot{W}|}{|\dot{W}_{\max}|}}\right)$$

Da gilt:

$$|\dot{W}| \cdot \Delta t = |Q_{12}| - |Q_{34}| - r \cdot \frac{\langle \dot{x}^2 \rangle}{\langle \dot{x} \rangle^2} \cdot \frac{l^2}{\Delta t} = \eta_c \cdot |Q_{12}|$$

folgt somit:

$$\boxed{\eta_c = \frac{\eta_{c,id}}{2}\left(1 \pm \sqrt{1 - \frac{|\dot{W}|}{|\dot{W}_{\max}|}}\right)}$$

oder

$$\frac{L}{L_{\max}} = \frac{|\dot{W}|}{|\dot{W}_{\max}|} = 1 - \left(2\,\frac{\eta_c}{\eta_{c,id}} - 1\right)^2$$

$\dot{W}$ wird gleich Null, wenn $\eta_c = \eta_{c,id}$. Das ist der quasistatische Fall mit $\Delta t = \infty$. $\dot{W}$ wird ebenfalls gleich Null, wenn $\eta_c/\eta_{c,id} = 0$, das wäre der hypothetische Fall einer so schnell laufenden Carnot-Maschine, dass die erzeugte Arbeit durch die Reibungsarbeit aufgebraucht wird. Der Zusammenhang $\dot{W}/\dot{W}_{\max}(\eta_c/\eta_{c,id})$ ist graphisch in Abb. 5.52 dargestellt.

Berücksichtigt man neben den Reibungsverlusten gleichzeitig auch den unvollständigen Wärmeaustausch bei den beiden quasiisothermen Schritten, ist $\dot{W}_{\max}$ natürlich noch kleiner, als im Fall mit Reibung allein. Die Kurve $\dot{W}/\dot{W}_{\max}$ gegen $\eta_c/\eta_{c,id}$ wird unsymmetrisch mit $\eta_c/\eta_{c,id}$
$(\dot{W}/\dot{W}_{\max} = 1) = 0,68$. Wir verzichten auf eine rechnerische Darstellung. Die Methode lässt sich auf wirklichkeitsnähere Kreisprozesse übertragen, wie z. B. Verbrennungsmotoren (s. Beispiel 5.15.8).

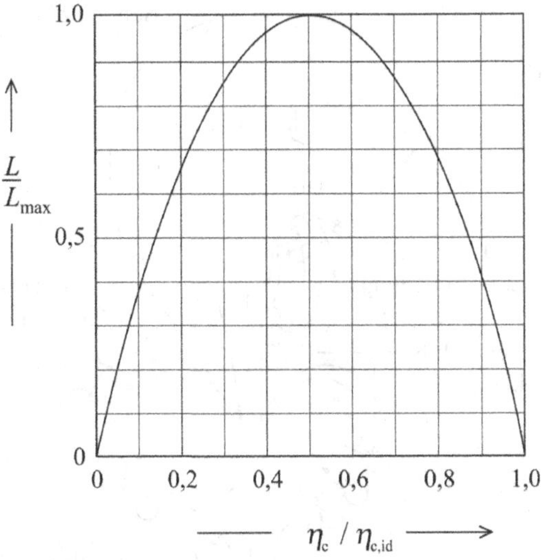

Abb. 5.52 ———L/L_{max} aufgetragen gegen $\eta_c/\eta_{c,id}$ für den Carnot'schen Kreisprozess mit Reibung

5.15.20 Der Abwehrmechanismus des Bombardierkäfers – thermodynamische Aspekte eines biologischen Phänomens

Der sog. Bombardierkäfer besitzt einen wirksamen Mechanismus, um bei Gefahr seine Feinde mit einer giftigen Flüssigkeit zu beschießen. Dieser Mechanismus ist in Abb. 5.53 dargestellt.

In einer Drüse wird eine wässrige Lösung von Hydrochinon und Wasserstoffperoxid produziert, mit der die Sammelblase des Käfers aufgefüllt wird. Hier findet noch kein chemischer Umsatz der Reaktanden statt, die Kinetik ist stark gehemmt. Erst wenn sich der Verschluss zur sog. Explosionskammer öffnet und die reaktive Lösung mit Hilfe des Öffnungsmuskels in diese Kammer hineingedrückt wird, kommt es dort durch die gleichzeitige Einspritzung einer katalytisch wirksamen Enzymlösung (Wasserstoffperoxidase) zu folgender Reaktion:

$$\text{Hydrochinon} + H_2O_2 \rightarrow \text{Chinon} + 2H_2O$$

mit der Reaktionsenthalpie

$$\Delta_R\overline{H} = \Delta^f\overline{H}^0\,(\text{Chinon}) + 2\Delta^f\overline{H}^0_{H_2O} - \Delta^f\overline{H}^0_O\,(\text{Hydrochinon}) - \Delta^f\overline{H}_{H_2O_2}$$
$$= -186{,}3 - 2\cdot 285{,}84 + 344{,}6 + 187{,}78 = -225{,}6\ \text{kJ}\cdot\text{mol}^{-1}$$

Wir wollen berechnen, um wie viel Grad sich die Temperatur einer wässrigen, 1 molaren Lösung aus Hydrochinon und H_2O_2 erhöht, wenn die Reaktion vollständig zum Chinon abläuft, und welcher Überdruck dabei in der „Explosionskammer" des Bombardierkäfers entsteht. Dazu benötigen wir noch folgende Angaben. Der Dampfdruck von Wasser $p^0_{H_2O}$ lässt sich berechnen durch

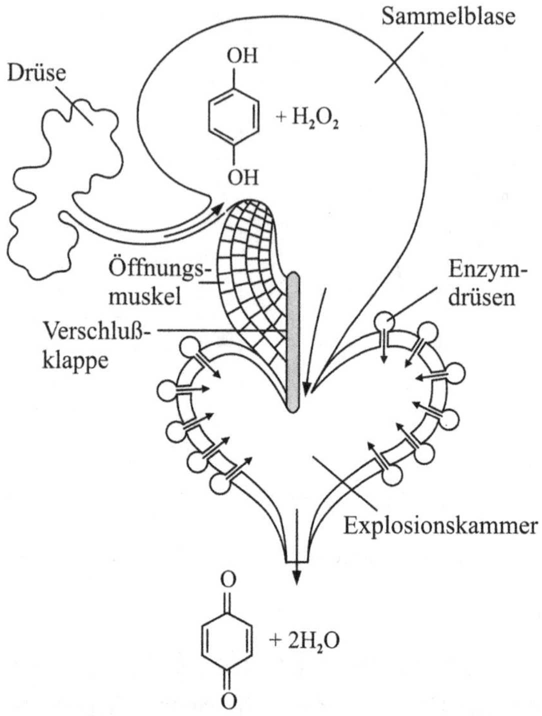

Abb. 5.53 Schematische Skizze zur Funktionsweise des Abwehrmechanismus des Bombardierkäfers[20]

$$p^0_{H_2O} = 1,333 \cdot 10^{-3} \cdot \exp\left[18,3036 - \frac{3816,4}{T - 46,13}\right] \text{ in bar}$$

Die Molwärme von flüssigem Wasser $\overline{C}_{p,H_2O}$ (fl) beträgt $75,3\ \text{J} \cdot \text{mol}^{-1} \cdot \text{K}^{-1}$. In einer molaren Lösung werden in einem Liter Wasser = 55,6 mol $225,6 \cdot 10^3$ Joule frei. Die Energiebilanz lautet daher:

$$\overline{C}_{p,H_2O} \cdot (T - 293) \cdot 55,6 = 225,6 \cdot 10^3$$

Aufgelöst nach T ergibt das:

$$T = \frac{225,6 \cdot 10^3}{75,3 \cdot 55,6} + 293 = 347\ \text{K} = 73,8\ °\text{C}$$

Der Dampfdruck einer solchen wässrigen Lösung beträgt $p^0_{H_2O} \cdot (1 - x_{\text{Chinon}})$ (Raoult'sches Gesetz, s. Kapitel 7.5, A. Heintz, Thermodynamik in Mischungen, Springer 2017):

$$p_{H_2O} = \left(1 - \frac{1}{56,6}\right) \cdot p^0_{H_2O} = 0,982 \cdot 1,333 \cdot 10^{-3} \cdot \exp\left[18,3036 - \frac{3816,4}{347 - 46,13}\right] = 0,360\ \text{bar}$$

Die wässrige Lösung wird also mit einem Überdruck von ca. 0,360 bar ausgestoßen.

[20]Nach W. Schreiter, Chemische Thermodynamik, de Gryuter (2010)

5.15.21 Die Dampfstrahlrakete

Wir betrachten eine Rakete, die im schwerelosen Raum Gas durch eine Düse ausstößt und dadurch beschleunigt wird. Der Gasraum innerhalb der Rakete enthält ein Gas unter erhöhtem Druck und ist in seiner räumlichen Dimension viel größer als der Düsendurchmesser. Wir gehen davon aus, dass der Gasstrahl durch die Düse in Bezug auf die fliegende Rakete mit stets gleichbleibendem Massenfluss $\dot{m} = \mathrm{d}m_\mathrm{R}/\mathrm{d}t$ austritt.

Es gilt für die Geschwindigkeit der Rakete υ_R nach Gl. (5.110) mit $g(0) = 0$:

$$\upsilon_\mathrm{R}(t) - \upsilon_\mathrm{R}(t=0) = \upsilon_\mathrm{S} \cdot \ln\left(\frac{m_\mathrm{R}(t=0)}{m_\mathrm{R}(t)}\right)$$

Beim Austritt des Gases ins Vakuum durch eine Düse der in Abb. 5.25 gezeigten Art erreicht das Gas nach Gl. (5.106) seine eigene Schallgeschwindigkeit bei $T = T_\mathrm{max}$, der Temperatur am Düsenausgang, wo $A(x)$ am kleinsten ist:

$$\upsilon_\mathrm{S} = \sqrt{\frac{R \cdot T_\mathrm{max}}{M}\gamma} = \sqrt{\frac{R \cdot T_\mathrm{R}}{M} \cdot \frac{2\gamma}{\gamma+1}}$$

wobei $T_\mathrm{R} = T_\mathrm{max} \cdot (\gamma+1)/2$ die Temperatur des Gases in der Rakete bedeutet. Für die Momentangeschwindigkeit υ_R der Rakete ergibt sich dann:

$$\boxed{\upsilon_\mathrm{R}(t) = \sqrt{\frac{R \cdot T_\mathrm{R}}{M} \cdot \frac{2\gamma}{\gamma+1}} \cdot \ln\left(\frac{m_\mathrm{R}(t=0)}{m_\mathrm{R}(t)}\right)}$$

wobei wir $\upsilon_\mathrm{R}(t=0) = 0$ gesetzt haben. Mit Gl. (5.103) und (5.105) und $p_0 = p_\mathrm{R}$ ergibt sich für $m_\mathrm{R}(t)$:

$$m_\mathrm{R}(t=0) = m_\mathrm{R}(t-t_0) - A \cdot \frac{\gamma}{\gamma+1}\left(\frac{2}{\gamma+1}\right)^{1/(\gamma-1)} \cdot \sqrt{\frac{2M}{R \cdot T_\mathrm{R}}} \cdot p_\mathrm{R} \cdot t$$

wobei A die engste Querschnittsfläche am Ende der Düse ist und p_R der Gasdruck im Raketeninneren. Wir wollen den (hypothetischen) Fall betrachten, dass p_R und T_R durch den Dampfdruck eines flüssigen Wasservorrates in der Rakete erzeugt wird. p_R hängt mit T_R über die Dampfdruckgleichung zusammen, die man für Wasser angeben kann:

$$p_\mathrm{R} = 1{,}1859 \cdot 10^{10} \cdot \exp\left[-\frac{3816{,}44}{T_\mathrm{R} - 46{,}13}\right] \text{ Pa}$$

Setzt man nun z. B. $T_\mathrm{R} = 450$ K, so ergibt sich für $p_\mathrm{R} = 9{,}335 \cdot 10^5$ Pa $= 9{,}335$ bar. Nehmen wir an, dass die anfängliche Wassermenge 10 kg beträgt, der Querschnitt am Düsenende $A = 5\text{mm}^2 = 5 \cdot 10^{-6}\text{m}^2$ und dass gilt: $m_\mathrm{R}(t=0) = 30$ kg, so ist am Ende der Beschleunigungsphase zum Zeitpunkt t_E alles Wasser verdampft. Dann gilt: $m_\mathrm{R}(t=t_\mathrm{E}) = 2/3 \cdot m(t=0) = 20$ kg. Für Wasserdampf ist $\gamma = 1{,}31$ und $M = 0{,}018\ \text{kg} \cdot \text{mol}^{-1}$. Damit lässt sich t_E berechnen:

$$\begin{aligned} t_\mathrm{E} &= [m_\mathrm{R}(t=0) - m_\mathrm{R}(t-t_0)] \Bigg/ \left(A \cdot \left(\frac{2}{\gamma+1}\right)^{1/(\gamma-1)} \cdot \left(\frac{\gamma}{\gamma+1}\right) \cdot p_\mathrm{R} \cdot \sqrt{\frac{2M}{RT_\mathrm{R}}}\right) \\ &= 20/(5 \cdot 10^{-6} \cdot 0{,}3563 \cdot 9{,}335 \cdot 10^5 \cdot (2 \cdot 0{,}018/R \cdot 450)^{1/2}) \\ &= 3877 \text{ s} \approx 1 \text{ h} \end{aligned}$$

In dieser Zeit wird die Endgeschwindigkeit

$$\upsilon_R(t = t_E) = \left(\frac{R \cdot 450}{0{,}018} \cdot \frac{2 \cdot 1{,}31}{2{,}31}\right)^{1/2} \cdot \ln\left(\frac{3}{2}\right)$$
$$= 196{,}9 \text{ m} \cdot \text{s}^{-1} = 708{,}7 \text{ km} \cdot \text{h}^{-1}$$

erreicht. Das ist beachtlich, allerdings ist zu bedenken, dass eine solche hypothetische Rakete niemals vom Erdboden abheben könnte, da ihre Schubkraft viel zu gering ist. Wir wollen noch eine thermodynamische Energiebilanz für diesen Prozess aufstellen. Die erreichte kinetische Energie der Rakete beträgt:

$$E_{\text{kin}} = \frac{1}{2} \cdot m_R(t = t_E) \cdot \upsilon_R^2(t = t_E) = \frac{20}{2} \cdot (196{,}9)^2 = 387{,}7 \text{ kJ}$$

Die dissipierte Arbeit, die durch ein Heizelement aufgebracht werden muss, um 10 kg Wasser zu verdampfen, beträgt bei einer spezifischen Verdampfungswärme des Wassers von 2024 kJ/kg bei 450 K:

$$W_{\text{diss}} = 2024 \text{ kJ} \cdot \text{kg}^{-1} \cdot 10 \text{ kg} = 2{,}024 \cdot 10^4 \text{ kJ}$$

Der Wirkungsgrad η ist gering:

$$\eta = \frac{E_{\text{kin}}}{W_{\text{diss}}} = \frac{387{,}7}{2024} \cdot 10^{-4} = 0{,}019 = 1{,}9\ \%$$

5.15.22 Das freie Volumen nach der Carnahan Starling-Gleichung

In Anhang G wird der Begriff des freien Volumens υ_f definiert als der für die Schwerpunkte von N_L Molekülen zugängliche freie Raum in einem vorgegebenen Molvolumen $\overline{V}$. Es wird dort abgeleitet:

$$p = RT \left(\frac{\partial \ln \upsilon_f}{\partial \overline{V}}\right)_T + \frac{d\varphi}{d\overline{V}}$$

mit der attraktiven Wechselwirkungsenergie φ der Moleküle des Systems. Im Fall von harten Kugeln ohne anziehende Wechselwirkung ist $\varphi = 0$ und es gilt:

$$\int_{\overline{V}_0}^{\overline{V}} p d\overline{V} = RT \ln \frac{\upsilon_f}{\upsilon_{f,0}}$$

Das Integral wurde in Beispielrechnung 5.15.11 für die Carnahan-Starling-Gleichung bereits berechnet:

$$\int_{\overline{V}_0}^{\overline{V}} p d\overline{V} = RT \ln \frac{\overline{V}}{\overline{V}_0} + RT \left[\frac{3 - 2y_0}{(1 - y_0)^2} - \frac{3 - 2y}{(1 - y)^2}\right]$$

mit $y = b/4\overline{V}$ bzw. $y_0 = b_0/4\overline{V}_0$.

Die Bezugswerte $\overline{V}_0$ bzw. y_0 müssen zunächst festgelegt werden. Wir setzen $b_0 = 0$ und $\upsilon_{f,0} = \overline{V}_0$, das ist das System eines idealen Gases, bei dem $b_0 = 0$ gilt, und das freie Volumen gleich dem Gesamtvolumen wird. Damit erhält man:

$$\ln \frac{\upsilon_f}{\overline{V}} = \left[3 - \frac{3-2y}{(1-y)^2}\right] = \frac{3y^2 - 4y}{(1-y)^2}$$

bzw.:

$$\boxed{\frac{\upsilon_f}{\overline{V}} = \exp\left[\frac{3y^2 - 4y}{(1-y)^2}\right]}$$

Tabelle 5.6 zeigt Ergebnisse für verschiedene Werte von y mit wachsender Moleküldichte bzw. kleiner werdendem Molvolumen $\overline{V}$.

Man sieht, dass das freie Volumen mit wachsender Dichte rasch abnimmt und bei flüssigkeitsähnlichen Dichten sehr klein wird, wie es auch zu erwarten ist. $y = 0,7405$ ist der Wert für die dichteste Kugelpackung (s. Abb. 3.5), hier sollte $\upsilon_f = 0$ gelten, was in guter Näherung erfüllt ist.

Tab. 5.6 Freies Volumen υ_f in % des molaren Gesamtvolumens $\overline{V}$ nach der CS-Zustandsgleichung

$y = b/4\overline{V}$	0,1	0,2	0,3	0,35	0,4	0,5	0,6	0,7405
$(\upsilon_f/\overline{V}) \cdot 100$ in %	63	34	15	8,7	4,4	0,7	0,026	$3,2 \cdot 10^{-7}$

5.15.23 Wie bewegen sich Tintenfische?[21]

Die Bernoulli-Gleichung erlaubt es auch, biomechanische Fragestellungen zu beantworten. Wir untersuchen den Bewegungsvorgang von Tintenfischen in Wasser (s. Abb. 5.54). Diese Tiere bewegen sich durch den Ausstoß von Wasser, das durch eine Öffnung vom Radius r mit der Geschwindigkeit υ_0 strömt. Für die Geschwindigkeitsverhältnisse vor und in der Öffnung lässt sich nach Gl. (5.124) für Wasser als praktisch inkompressible Flüssigkeit schreiben:

$$p_0 + \frac{1}{2}\varrho_W \cdot \upsilon_0^2 = p_i + \frac{1}{2}\varrho_W \cdot \upsilon_i^2$$

wobei p_i der Druck im Inneren des Tintenfischs bedeutet und p_0 der Außendruck. ϱ_W ist die Massendichte des Wassers. Für den Überdruck $\Delta p = p_i - p_0$ ergibt sich also:

$$\Delta p = \frac{1}{2}\varrho_W \left(\upsilon_0^2 - \upsilon_i^2\right)$$

Wir können wegen der Größe des Wasservolumens im Inneren des Tintenfisches υ_i gegen υ_0 vernachlässigen und erhalten dann

$$|\upsilon_0| \approx \sqrt{\frac{2\Delta p}{\varrho_W}}$$

[21] erweitert nach: C. Rolfs, Physik i. u. Zeit 2, S. 298 (2010)

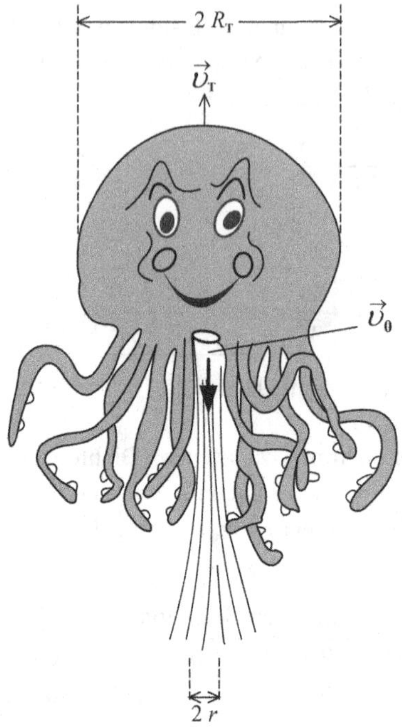

Abb. 5.54 Bewegungsmechanismus eines Tintenfisches

Die Summe der folgenden Kräfte wirkt am Tintenfisch:

$$m_T \frac{dv_T}{dt} + v_0 \frac{dm_T}{dt} + K_R = 0$$

wobei m_T die Masse und v_T die Geschwindigkeit des Tintenfisches bedeuten und K_R die Reibungskraft. Für die Verlustrate der Masse des Tintenfisches durch Wasserausstoß gilt:

$$\frac{dm_T}{dt} = -\varrho_W \cdot \pi r^2 \cdot v_0$$

r ist der Öffnungsradius (s. Abb. 5.54) und ϱ_W die Dichte des Wassers. Für die Reibungskraft K_R gilt bei Bewegung von angeströmten Körpern unter turbulenten Bedingungen:

$$K_R = \frac{1}{2} \cdot A \cdot C \cdot \varrho_W \cdot v_T^2$$

wobei A die Projektionsfläche des Körpers (hier des Tintenfisches) bedeutet. C ist ein Reibungskoeffizient der i. d. R. Werte zwischen 0,5 und 1 besitzt. Es gilt also mit $A \approx \pi \cdot R_T^2$ im stationären Zustand ($dv_T/dt = 0$):

$$\frac{1}{2}\pi R_T^2 \cdot C \cdot \varrho_W \cdot v_T^2 = \varrho_W \cdot \pi r^2 \cdot v_0^2$$

Das lässt sich nach v_T auflösen:

$$\boxed{v_T = v_0 \cdot \frac{r}{R_T} \sqrt{\frac{2}{C}} = \frac{r}{R_T} \sqrt{\frac{4\Delta p}{C \cdot \varrho_W}}}$$

Man beobachtet bei Tintenfischen eine Endgeschwindigkeit υ_T, die den maximalen Wert von ca. $1\ \mathrm{m}\cdot\mathrm{s}^{-1}$ erreicht. Es ergibt sich also für den Überdruck Δp, den der Tintenfisch durch Muskelkontraktion im Inneren erzeugen muss, um diese Geschwindigkeit zu erreichen:

$$\Delta p = \upsilon_T^2 \cdot \left(\frac{R_T}{r}\right)^2 \cdot \frac{C \cdot \varrho_W}{4}$$

Wir setzen $(R_T/r) \cong 10$, $\varrho_W = 1000\ \mathrm{kg}\cdot\mathrm{m}^{-3}$ und erhalten mit $C \cong 1$:

$$\Delta p = 25000\ \mathrm{Pa} = 0,25\ \mathrm{bar}$$

bzw. mit $C \cong 0,5$:

$$\Delta p = 0,125\ \mathrm{bar}$$

5.15.24 Überschallströmung mit Laval-Düsen

In Abschnitt 5.14.5 haben wir gesehen, dass der Gasstrahl, der durch eine sich im Querschnitt verjüngende Düse strömt (s. Abb 5.25) höchstens Schallgeschwindigkeit erreichen kann. Es ist jedoch möglich, ein aus der Düse austretendes Gas auf Geschwindigkeiten zu bringen, die höher als die Schallgeschwindigkeit sind, wenn die Düse sich nach Erreichen ihres kleinsten Querschnittes in die x-Richtung wieder aufweitet (s. Abb 5.55) Solche Düsen heißen *Laval-Düsen.* Durch sie wird eine maximale Schubkraft des Gasstroms erreicht, daher wird diese Düsenform vor allem bei Raketenantrieben verwendet. Warum es möglich ist, durch eine Laval-Düse Überschallgeschwindigkeit des Gasstroms zu erreichen, soll jetzt gezeigt werden.

Wir gehen aus von der Massen-Kontinuitätsgleichung (Gl. (5.100)), logarithmieren erst und differenzieren dann diesen Ausdruck. Es ergibt sich wegen $d\dot{m} = 0$:

$$\mathrm{d}\ln A(x) + \mathrm{d}\ln \upsilon + \mathrm{d}\ln \varrho = 0$$

Wegen $\varrho = M/\overline{V}$ gilt:

$$\mathrm{d}\ln \varrho = -\mathrm{d}\ln \overline{V}$$

und man erhält

$$\frac{\mathrm{d}\ln \overline{V}}{\mathrm{d}\ln \upsilon} = \frac{\mathrm{d}\ln A(x)}{\mathrm{d}\ln \upsilon} + 1$$

Im nächsten Schritt benutzen wir Gl. (5.98), die nach υ differenziert lautet:

$$\mathrm{d}\overline{H} = -\upsilon \cdot M \cdot \mathrm{d}\upsilon = -\upsilon^2 \cdot M \cdot \mathrm{d}\ln \upsilon$$

bzw.

$$\frac{\mathrm{d}\overline{H}}{\mathrm{d}\ln \overline{V}} = \overline{V} \cdot \frac{\mathrm{d}\overline{H}}{\mathrm{d}\overline{V}} = -M\upsilon^2 \cdot \frac{\mathrm{d}\ln \upsilon}{\mathrm{d}\ln \overline{V}}$$

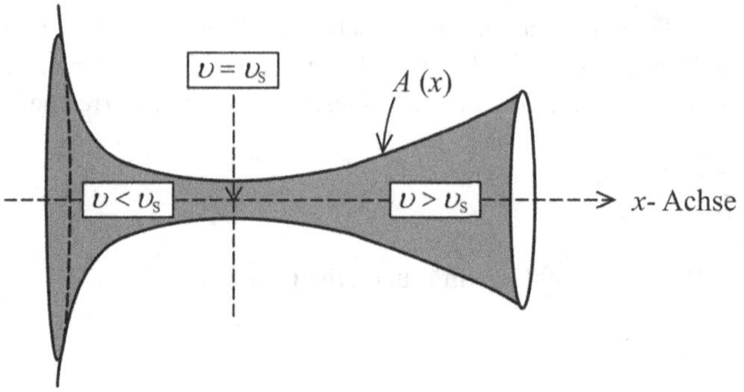

Abb. 5.55 Form einer Lavaldüse

Eliminieren von $(\mathrm{d}\ln\upsilon/\mathrm{d}\ln\overline{V})$ ergibt dann:

$$\upsilon^2 = -\frac{\overline{V}}{M}\left(\frac{\mathrm{d}\overline{H}}{\mathrm{d}\overline{V}}\right)\left[\frac{\mathrm{d}\ln A(x)}{\mathrm{d}\ln\upsilon} + 1\right]$$

Wir nehmen wie zuvor an, dass die Düsenströmung adiabatisch-reversibel erfolgt, also isentrop. Dann gilt:

$$\frac{\mathrm{d}\overline{H}}{\mathrm{d}\overline{V}} = \left(\frac{\partial\overline{H}}{\partial\overline{V}}\right)_{\overline{S}} = \overline{V}\left(\frac{\partial p}{\partial V}\right)_{\overline{S}} = -\frac{1}{\kappa_S}$$

Einsetzen in die Gleichung für υ^2 ergibt:

$$\upsilon^2 = +\frac{\overline{V}}{M\kappa_S}\left[\frac{\mathrm{d}\ln A(x)}{\mathrm{d}\ln\upsilon} + 1\right]$$

bzw.

$$\boxed{\frac{\upsilon^2}{\upsilon_S^2} = \frac{\mathrm{d}\ln A(x)}{\mathrm{d}\ln\upsilon} + 1}$$

wobei υ_S nach Gl. (5.24) die Schallgeschwindigkeit ist. Da stets $\mathrm{d}\ln\upsilon > 0$, bedeutet dieses Ergebnis:

- $\upsilon < \upsilon_S$, wenn $(\mathrm{d}\ln A/\mathrm{d}\ln\upsilon) < 0$
- $\upsilon = \upsilon_S$, wenn $(\mathrm{d}\ln A/\mathrm{d}\ln\upsilon) = 0$
- $\upsilon > \upsilon_S$, wenn $(\mathrm{d}\ln A/\mathrm{d}\ln\upsilon) > 0$

Betrachtet man nun in Abb. 5.55 eine Laval-Düse, so wird sofort klar, dass bei Strömung in Richtung der x-Achse *vor* dem Minimum von $A(x)$ $\upsilon < \upsilon_S$, *beim* Minimum $\upsilon = \upsilon_S$ und *hinter* dem Minimum $\upsilon > \upsilon_S$ gelten muss.

Diese Ergebnisse sind unabhängig von der genauen Funktion $A(x)$ und erlauben es, den Gültigkeitsbereich der Gleichungen (5.99), (5.103) und (5.104) zu erweitern. Die Ausflussfunktion

$\Psi(p/p_0)$ in Abb. 5.27 ist also auch *links* vom Maximum, bei $p < p_{\max}$ anwendbar, im theoretischen Extremfall sogar bei $p = 0$, wo $\Psi(p/p_0) = 0$ gilt. Da $\dot{m}$ immer konstant bleibt, würde dieser Extremfall nach Gl. (5.103) bedeuten, dass $A(x)$ im aufgeweiteten Teil der Laval-Düse gegen unendlich geht. Für die dabei theoretisch erreichbare Geschwindigkeit des austretenden Gasstrahlers würde dann nach Gl. (5.99) gelten:

$$\upsilon_{\text{extrem}} = \sqrt{2\frac{\overline{C}_p}{M}T_0}$$

Das bedeutet wegen $\upsilon_{\max} = \upsilon_{\text{S}}$:

$$\frac{\upsilon_{\text{extrem}}}{\upsilon_{\text{S}}} = \sqrt{2\overline{C}_p \cdot T_0/M}\Big/\sqrt{2\overline{C}_p \cdot T_0/M\,\sqrt{(\gamma+1)/(\gamma-1)}} = \sqrt{\frac{\gamma+1}{\gamma-1}}$$

Um diesen Faktor ist υ_{extrem} größer als die Schallgeschwindigkeit an der Stelle $T = T_{\max}$, wo $A(x)$ ein Minimum hat. Schreibt man die Formel für υ_{extrem} um, so erhält man:

$$\frac{1}{2}M\upsilon^2_{\text{extrem}} = \overline{C}_p \cdot T_0$$

Diese Gleichung ist physikalisch durchaus sinnvoll. Sie bedeutet: der gesamte Enthalpieinhalt des (idealen) Gases vor der Düse bei $T = T_0$ wird in kinetische Energie umgewandelt, vorausgesetzt, $\overline{C}_p$ ist const. Eine höhere Geschwindigkeit ist theoretisch nicht erreichbar. Wir wählen das Beispiel für He aus Abschnitt 5.14.5, und erhalten mit $\gamma = 5/3$ für He:

$$\upsilon_{\text{extrem,He}} = \upsilon_{\text{S}}\sqrt{\frac{\gamma+1}{\gamma-1}} = 2\upsilon_{\text{S,He}}$$

Solche Geschwindigkeiten sind allerdings nicht zu realisieren. Die Temperatur des Gasstrahls wäre $T_{\text{extrem}} = 0$, was allein schon wegen der Nichtgültigkeit des idealen Gasgesetzes bei $T \to 0$ nicht möglich ist. Auch verläufert der Prozess nicht wirklich isentrop. Man kann jedoch für die erreichbare Geschwindigkeit υ_{L} (Index L = Laval) erwarten:

$$\upsilon_{\text{S}} < \upsilon_{\text{L}} < \upsilon_{\text{extrem}}$$

5.15.25 Entropieproduktion bei Wärmeleitung und viskosem Fluss[22]

Die Erzeugung dissipierter Arbeit bzw. die damit verbundene Entropieproduktion lässt sich am Beispiel der irreversiblen Prozesse von Wärmeleitung und viskosem Fluss einer Flüssigkeit mit den Abschnitt 5.7 entwickelten Beziehungen quantitativ beschreiben. Wir betrachten stationäre Prozesse, also solche, bei denen keine Größe von der Zeit t abhängt.
Wir gehen aus von Gl. 5.26 mit $\delta W_{\text{rev}} = -p\text{d}V$:

$$\text{d}U = \delta Q - p\text{d}V + \delta W_{\text{diss}}$$

[22] erweitert nach: K. Stephan, F. Mayinger, Thermodynamik, Band I, Springer (1988)

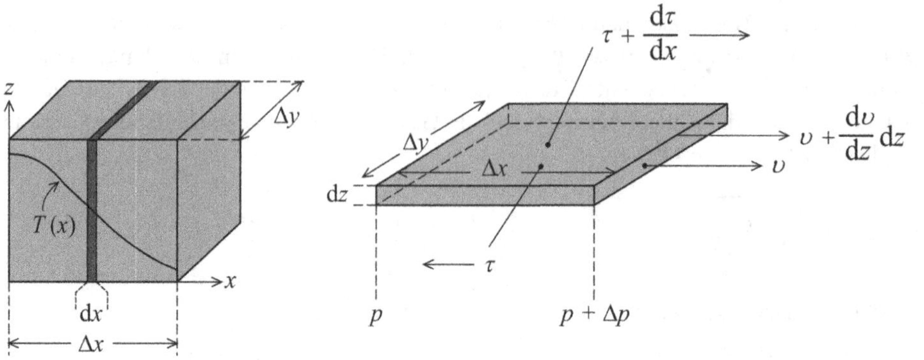

Abb. 5.56 a) Wärmeleitung, b) viskoser Fluss

Wenn wir ein System betrachten, in dem ein Temperaturgradient $\mathrm{d}T/\mathrm{d}x$ nur in x-Richtung herrscht, so gilt bei stationären Bedingungen $\mathrm{d}U = 0$ und $p\mathrm{d}V = 0$ und somit an der Stelle zwischen x und $x + \mathrm{d}x$ (s. Abb. 5.56 a)):

$$\delta W_{\mathrm{diss}} = -\delta Q$$

oder:

$$\frac{\delta W_{\mathrm{diss}}}{T} = \delta_i S = -\left(\frac{\delta Q}{T + \mathrm{d}T} - \frac{\delta Q}{T}\right) = -\delta Q\,\frac{\mathrm{d}T}{T^2}$$

Nun betrachten wir die Wärmetransportgleichung, durch die die Wärmeleitfähigkeit λ definiert ist:

$$\frac{\delta Q}{\mathrm{d}t} = -\lambda\,\frac{\mathrm{d}T}{\mathrm{d}x}\cdot A$$

Hier fließt Wärme in die x-Richtung durch die Fläche $A = (\Delta x \cdot \Delta y)$. Kombination der beiden Gleichungen ergibt:

$$\boxed{\frac{\delta_i s}{\mathrm{d}t} = \frac{\lambda}{T^2}\left(\frac{\mathrm{d}T}{\mathrm{d}x}\right)^2} \quad \text{bzw.} \quad \int\limits_0^x \left(\frac{\delta_i s}{\mathrm{d}t}\right)\mathrm{d}x = \int\limits_0^x \frac{\lambda}{T^2(x)}\left(\frac{\mathrm{d}T}{\mathrm{d}x}\right)^2 \mathrm{d}x$$

$s = \mathrm{d}S/A\,\mathrm{d}x$ ist die Entropiedichte. Das Integral bedeutet die Gesamtentropieproduktion des Systems. Da überall $\delta_i s \geq 0$ gilt, muss auch überall gelten: $\lambda \geq 0$.

Etwas komplizierter ist die Situation beim viskosen Fließen. In Abb. 5.56 b) ist das infinitesimal flache Volumenelement $\Delta x \cdot \Delta y \cdot \mathrm{d}z$ einer in x-Richtung stationär strömenden Flüssigkeit gezeigt ($\mathrm{d}z \ll \Delta x, \Delta y$), $\Delta x \cdot \Delta y \cdot \mathrm{d}z$ ist das Systemvolumen, und die Flüssigkeit soll inkompressibel sein.

Es herrscht ein Geschwindigkeitsgefälle $(\mathrm{d}\upsilon/\mathrm{d}z)$ in z-Richtung. Die Flüssigkeit strömt mit der von x unabhängigen Geschwindigkeit $\upsilon(z) = \frac{\mathrm{d}x}{\mathrm{d}t} = \frac{\Delta x}{\Delta t}$ in x-Richtung. τ bzw. $\tau + (\mathrm{d}\tau/\mathrm{d}z)\cdot\mathrm{d}z$ sind Schubspannungen (Kraft pro Fläche), die auf die Fläche $\Delta x \cdot \Delta y$ in x-Richtung an der Unterfläche bzw. der Oberfläche in entgegengesetzter Richtung wirken. Die Arbeit, die dabei geleistet wird, ist:

$$\delta W_{\tau,\mathrm{unten}} = \tau \cdot (\Delta x \cdot \Delta y) \cdot \Delta x = \tau \cdot \Delta x \cdot \Delta y \cdot \upsilon \cdot \Delta t$$

und

$$\delta W_{\tau,\mathrm{oben}} = \left(\tau + \frac{\mathrm{d}\tau}{\mathrm{d}z}\mathrm{d}z\right)\left(\upsilon + \frac{\mathrm{d}\upsilon}{\mathrm{d}z}\mathrm{d}z\right) \cdot \Delta x \cdot \Delta y \cdot \Delta t$$

Die Arbeit $\delta W_{\tau,\mathrm{oben}}$ an der oberen Fläche wird *am* System mit dem Volumenelement $\Delta x \cdot \Delta y \cdot \mathrm{d}z$ durch die darüberliegende Flüssigkeitsschicht geleistet, ist also positiv. Die Arbeit $\delta W_{\tau,\mathrm{unten}}$ an der unteren Fläche wird *vom* System an der darunterliegenden Flüssigkeitsschicht geleistet, ist also negativ.

Die gesamte Systemarbeit δW_τ, die geleistet wird, ist daher:

$$\begin{aligned}\delta W_\tau &= \delta W_{\tau,\mathrm{oben}} - \delta W_{\tau,\mathrm{unten}} \\ &= \left(\frac{\mathrm{d}\upsilon}{\mathrm{d}z}\tau + \frac{\mathrm{d}\tau}{\mathrm{d}z} \cdot \upsilon + \frac{\mathrm{d}\tau}{\mathrm{d}z} \cdot \frac{\mathrm{d}\upsilon}{\mathrm{d}z} \cdot \mathrm{d}z\right) \cdot \Delta x \cdot \Delta y \cdot \mathrm{d}z \cdot \Delta t\end{aligned}$$

Da der zweite Term in der runden Klammer infinitesimal klein ist, gilt:

$$\delta W_\tau = \frac{\mathrm{d}(\tau \cdot \upsilon)}{\mathrm{d}z} \cdot \Delta x \cdot \Delta y \cdot \mathrm{d}z \cdot \Delta t$$

Ferner wird eine Druckarbeit δW_p geleistet. Aufgrund des Druckgefälles Δp gegen die x-Richtung gilt:

$$\delta W_p = -p\Delta x \cdot \Delta y \cdot \mathrm{d}z + (p + \Delta p)\Delta x \cdot \Delta y \cdot \mathrm{d}z = \Delta p \cdot \Delta x \cdot \Delta y \cdot \mathrm{d}z$$

Die gesamte geleistete Arbeit δW ist also:

$$\delta W = \delta W_\tau + \delta W_p = \left(\frac{\mathrm{d}\tau}{\mathrm{d}z} \cdot \upsilon \cdot \Delta t + \tau\frac{\mathrm{d}\upsilon}{\mathrm{d}z} \cdot \Delta t + \Delta p\right)\Delta x \cdot \Delta y \cdot \mathrm{d}z$$

Eine Bedingung für den vorausgesetzten stationären Zustand ist, dass die Summe der äußeren, am System angreifenden Kräfte, gleich Null ist. Das bedeutet:

$$\mathrm{d}\tau \cdot \Delta x \cdot \Delta y = -\Delta p \cdot \Delta y \cdot \mathrm{d}z$$

bzw.

$$\frac{\mathrm{d}\tau}{\mathrm{d}z} = -\frac{\Delta p}{\Delta x}$$

Setzen wir diese Bedingung in die Gleichung für δW ein unter Beachtung, dass gilt: $\upsilon = \Delta x/\Delta t = \mathrm{d}x/\mathrm{d}t$, so erhält man:

$$\delta W = \tau \cdot \frac{\mathrm{d}\upsilon}{\mathrm{d}z} \cdot \Delta x \cdot \Delta y \cdot \mathrm{d}z \cdot \Delta t$$

Da die Flüssigkeit inkompressibel ist, kann keine Volumenarbeit geleistet werden ($p\mathrm{d}V = 0$), ferner existieren keine Temperaturgradienten, es ist also $\delta Q = 0$. Damit gilt:

$$\mathrm{d}U = \delta W_{\text{diss}} = \delta W$$

Der viskose Fluss ist also ein vollständig irreversibel ablaufender Vorgang. Nun lautet die Definitionsgleichung für die Viskosität η:

$$\tau = \eta \cdot \frac{\mathrm{d}v}{\mathrm{d}z}$$

Also folgt:

$$\boxed{\frac{\delta W_{\text{diss}}}{\mathrm{d}V} \cdot \frac{1}{\Delta t} = T \cdot \frac{\delta_i s}{\mathrm{d}t} = \eta \cdot \left(\frac{\mathrm{d}v}{\mathrm{d}z}\right)^2} \quad \text{mit} \quad \mathrm{d}V = \Delta x \cdot \Delta y \cdot \mathrm{d}z$$

Da $\delta_i s \geq 0$, muss auch immer gelten: $\eta \geq 0$.

5.16 Gelöste Übungsaufgaben

5.16.1 Quasistatische Arbeit im Grenzfall adiabatisch → isotherm

Zeigen Sie, dass bei idealen Gasen im Grenzfall der quasistatischen adiabatischen Arbeit (s. Gl. 5.3)

$$W_{\text{qs}} = n\frac{R}{\gamma - 1} \cdot T_1 \left(\left(\frac{V_1}{V_2}\right)^{\gamma-1} - 1\right)$$

für $\gamma \to 1$ die isotherme Arbeit

$$W_{\text{qs}} = +n \cdot R \cdot T_1 \ln\left(\frac{V_1}{V_2}\right)$$

erhalten wird.

Hinweis: Wenden Sie die Regel von De L'Hospital bei der Grenzwertbetrachtung an ($\gamma = \overline{C}_p/\overline{C}_V$).

Lösung:

$$\lim_{\gamma\to 1} W_{\text{qs}} = n \cdot R \cdot T_1 \cdot \lim_{\gamma\to 1}\left[\frac{\left(\frac{V_1}{V_2}\right)^{\gamma-1} - 1}{\gamma - 1}\right]$$

Allgemein gilt:

$$\lim_{x\to 1}\left(\frac{a^{x-1}-1}{x-1}\right) = \lim_{x\to 1}\frac{\frac{\mathrm{d}}{\mathrm{d}x}(a^{x-1}-1)}{\frac{\mathrm{d}}{\mathrm{d}x}(x-1)}$$

$$= \lim_{x\to 1}\left(\frac{\mathrm{d}}{\mathrm{d}x}a^{x-1}\right) = \lim_{x\to 1}\left[a^{x-1}\cdot\frac{\mathrm{d}\ln a^{x-1}}{\mathrm{d}x}\right] = \lim_{x\to 1}\left(a^{x-1}\cdot\ln\, a\cdot\frac{\mathrm{d}(x-1)}{\mathrm{d}x}\right) = \ln\, a$$

Daraus folgt mit $a = V_1/V_2$:

$$\lim_{\gamma\to 1} W_{\mathrm{qs}} = n\cdot R\cdot T_1\cdot\ln\left(\frac{V_1}{V_2}\right) = -n\cdot R\cdot T_1\ln\left(\frac{V_2}{V_1}\right)$$

5.16.2 Berechnung von $\overline{C}_V$ aus $\overline{C}_p$ für Quecksilber mit Hilfe von pVT-Daten

Für flüssiges Quecksilber (Hg) beträgt $\overline{C}_p$ bei 298,15 K $27{,}983\ \mathrm{J}\cdot\mathrm{K}^{-1}\cdot\mathrm{mol}^{-1}$. Der thermische Ausdehnungskoeffizient ist $\alpha_\mathrm{p} = 1{,}81\cdot 10^{-4}\mathrm{K}^{-1}$, die Kompressibilität $\kappa_\mathrm{T} = 3{,}4\cdot 10^{-11}\mathrm{Pa}^{-1}$ und die Dichte $\varrho = 13{,}59\ \mathrm{g\cdot cm^{-3}}$. Die Atommasse von Hg beträgt $200{,}59\ \mathrm{g\cdot mol^{-1}}$. Berechnen Sie $\overline{C}_V$.

Lösung:

$$\overline{C}_V = \overline{C}_p - T\cdot\overline{V}\cdot\frac{\alpha^2}{\kappa_\mathrm{T}}$$

Mit

$$\overline{V}_{\mathrm{Hg}} = \frac{0{,}20059}{13{,}59\cdot 10^3} = 1{,}476\cdot 10^{-5}\frac{\mathrm{m}^3}{\mathrm{mol}}$$

ergibt sich

$$\overline{C}_V = 27{,}983 - 298\cdot 1{,}476\cdot 10^{-5}\cdot\frac{(1{,}81)^2\cdot 10^{-8}}{3{,}4\cdot 10^{-11}} = 27{,}983 - 4{,}238 = 23{,}745\ \mathrm{J\cdot mol^{-1}\cdot K^{-1}}$$

5.16.3 Zusammenhang von adiabatischer und isothermer Kompressibilität aus der Adiabatengleichung

Leiten Sie aus der Beziehung nach Gl. (5.23)

$$\kappa_\mathrm{S} = \frac{\overline{C}_V}{\overline{C}_p}\,\kappa_\mathrm{T}$$

die Adiabatengleichung für ein ideales Gas (Gl.(5.2)) ab.

Lösung:
Mit $\gamma = \overline{C}_p/\overline{C}_V$ lässt sich für Gl. (5.23) schreiben:

$$\gamma\left(\frac{\partial\overline{V}}{\partial p}\right)_S = \left(\frac{\partial\overline{V}}{\partial p}\right)_T = -\frac{RT}{p^2} = -\frac{\overline{V}}{p}$$

Die Integration dieser Gleichung bei S = const. (adiabatischer quasistatischer Prozess) ergibt:

$$\gamma\int\limits_{\overline{V}_1}^{\overline{V}_2}\left(\frac{\partial\overline{V}}{\overline{V}}\right)_S = -\int\limits_{p_1}^{p_2}\left(\frac{\partial p}{p}\right)_S dp_S = \gamma\ln\frac{\overline{V}_2}{\overline{V}_1} = -\ln\left(\frac{p_2}{p_1}\right)$$

Daraus folgt:

$$\overline{V}_1^\gamma \cdot p_1 = \overline{V}_2^\gamma \cdot p_2 = \text{const.}$$

Das ist Gl. (5.2).

5.16.4 Berechnung der inneren Energieänderung beim adiabatischen Prozess aus der Adiabatengleichung

Leiten Sie Gl. (5.3) aus der Adiabatengleichung

$$p_1 V_1^\gamma = p \cdot V^\gamma$$

ab.

Lösung:

$$\begin{aligned} U_2 - U_1 &= -\int\limits_{V_1}^{V_2} p\mathrm{d}V = -p_1 V_1^\gamma \int\limits_{V_1}^{V_2}\frac{\mathrm{d}V}{V^\gamma} = -p_1 V_1^\gamma\,\frac{1}{1-\gamma}\left[\frac{1}{V_2^{\gamma-1}} - \frac{1}{V_1^{\gamma-1}}\right] \\ &= -\frac{p_1 V_1}{1-\gamma}\left[\left(\frac{V_1}{V_2}\right)^{\gamma-1} - 1\right] = n\cdot\frac{R\cdot T_1}{\gamma-1}\left[\left(\frac{V_1}{V_2}\right)^{\gamma-1} - 1\right] \end{aligned}$$

Das ist Gl. (5.3).

5.16.5 Ableitung der Gibbs'schen Fundamentalgleichung $U(S, V)$ für zwei Beispiele

a) Geben Sie S als Funktion von U und V für das ideale Gas an. Gehen sie von der Gibbs'schen Fundamentalgleichung, vom idealen Gasgesetz und der Beziehung $U = n\,f \cdot RT$ aus (f ist z. B. 3/2 für einatomige Gase).

Lösung:
Wir schreiben Gl. (5.48) in der Form ($\mathrm{d}l_i = 0,\ \ \mathrm{d}n_i = 0$):

$$\mathrm{d}S = \frac{\mathrm{d}U}{T} + \frac{p}{T}\,\mathrm{d}V$$

Mit $U = n \cdot f \cdot RT$ und $p/T = n \cdot R/V$ folgt:

$$\mathrm{d}S = n\,\frac{\mathrm{d}U}{U}\,f \cdot R + n\,R\,\frac{\mathrm{d}V}{V}$$

Integration ergibt:

$$S - S_0 = n \cdot f \cdot R \cdot \ln\frac{U}{U_0} + n \cdot R \cdot \ln\frac{V}{V_0}$$

oder:

$$U = U_0\left(\frac{V_0}{V}\right)^{1/f} \cdot \exp\left[\frac{S - S_0}{f \cdot n \cdot R}\right]$$

b) Leiten Sie aus folgenden Beziehungen für die kalorische und die thermische Zustandsgleichung die Gibbs'sche Fundamentalglecihung $S(U, V)$ ab:

$$U = p \cdot V \quad \text{und} \quad p = B \cdot T^2$$

Lösung:

$$\left(\frac{\partial U}{\partial S}\right)_V^2 = T^2 = \frac{p}{B} = \frac{1}{B}\,\frac{U}{V} \quad \text{bzw.}: \quad \left(\frac{\partial U}{\partial S}\right)_V = B^{-1/2} \cdot \left(\frac{U}{V}\right)^{1/2}$$

$$\left(\frac{\partial S}{\partial V}\right)_U = \frac{p}{T} = \frac{p}{\left(\frac{p}{B}\right)^{1/2}} = B^{1/2} \cdot \left(\frac{U}{V}\right)^{1/2}$$

Integration ergibt:

$$\begin{aligned} S - S_0 &= \int_{U_0}^{U}\left(\frac{\partial S}{\partial U}\right)_V \mathrm{d}U + \int_{V_0}^{V}\left(\frac{\partial S}{\partial V}\right)_U \mathrm{d}V \\ &= (B \cdot V_0)^{1/2}\int_{U_0}^{U} U^{-1/2}\mathrm{d}U + (BU)^{1/2}\int_{V_0}^{V} V^{-1/2}\mathrm{d}V \\ &= 2(BV_0)^{1/2} \cdot (U^{1/2} - U_0^{1/2}) + 2(BU)^{1/2}(V^{1/2} - V_0^{1/2}) \\ &= 2B\,[(UV)^{1/2} - (U_0V_0)^{1/2}] \end{aligned}$$

Als Konsistenztest für dieses Ergebnis kehren wir die Reihenfolge der Integration um:

$$\begin{aligned} S - S_0 &= 2(BU_0)^{1/2}[V^{1/2} - V_0^{1/2}] + 2B \cdot V(U^{1/2} - U_0^{1/2}) \\ &= 2(BU_0V)^{1/2} - 2(BU_0V_0)^{1/2} + 2(BVU)^{1/2} - 2(BVU_0)^{1/2} \\ &= 2B[(UV)^{1/2} - (U_0V_0)^{1/2}] \end{aligned}$$

Beide Ergebnisse sind identisch, wie es für eine Zustandsfunktion zu erwarten ist, bei der Unabhängigkeit des Ergebnisses vom Integrationsweg vorliegen muss. Man bedenke: nicht jede beliebige Kombination von thermischer und kalorischer Zustandsgleichung ist möglich und führt zu konsistenten Ergebnissen.

5.16.6 Verdampfungskalorimetrische Bestimmung der inneren Energie und der Molwärme von Eisen

In einem Dewar-Gefäß, das mit flüssigem Stickstoff gefüllt ist, wird 1 Mol Eisen bei 295 K langsam vollständig eingetaucht. Dabei verdampft N_2. Das Gasvolumen V_{N_2} des verdampften N_2 beträgt bei 295 K und 1 bar gleich 19,75 Liter.

a) Geben Sie die Differenz der inneren Energie von Fe zwischen 295 K und 77,4 K (Siedetemperatur von N_2) an. Die molare Verdampfungsenthalpie $\Delta\overline{H}_V$ von N_2 beträgt bei der Siedetemperatur $5577\ \text{J} \cdot \text{mol}^{-1}$.

b) Eine von A. Einstein im Jahr 1907 abgeleitete Formel für die innere molare Energie einatomiger Festkörper lautet:

$$\overline{U} - \overline{U}_0 = \frac{3}{2} R \cdot \Theta_E + \frac{3R\,\Theta_E}{e^{\Theta_E/T} - 1}$$

$\overline{U}_0$ ist eine Integrationskonstante mit der Bedeutung der inneren Energie bei $T = 0$ K. Bestimmen Sie den charakteristischen Parameter Θ_E für Eisen, der die Dimension einer Temperatur hat.

c) Berechnen Sie aus den Ergebnissen der Aufgabenteile a) und b) den Energieinhalt $\overline{U}(295\ \text{K}) - \overline{U}_0$) für 1 Mol Eisen und geben Sie den Wert für die Molwärme $\overline{C}_V$ von Eisen bei 50 K und bei 295 K an.

Lösung:

a) Die Differenz des Energieinhaltes von Fe zwischen 295 K und 77,4 K entspricht der Molzahl an verdampftem N_2 multipliziert mit der molaren Verdampfungsenergie $\Delta\overline{U}_V = \Delta\overline{H}_V - RT$. Es ergibt sich also (1 bar = 10^5 Pa):

$$\begin{aligned}\overline{U}_{Fe}(295\ \text{K}) - \overline{U}_{Fe}(77{,}4\ \text{K}) &= n_{N_2} \cdot \Delta\overline{U}_{V,N_2} = \left[V_{N_2} \cdot 10^5/(R \cdot 295)\right] \cdot \Delta\overline{U}_{V,N_2} \\ &= [1975/(R \cdot 295)] \cdot (\Delta\overline{H}_V - R \cdot 77{,}4) \\ &= 3973\ \text{J} \cdot \text{mol}^{-1}\end{aligned}$$

b)

$$\begin{aligned}\overline{U}_{Fe}(295\ \text{K}) - \overline{U}_{Fe}(77{,}4\ \text{K}) &= 3973 \\ &= 3R\,\Theta_E \cdot \left(\frac{1}{e^{\Theta_E/295} - 1} - \frac{1}{e^{\Theta_E/77{,}4} - 1}\right)\end{aligned}$$

Durch Ausprobieren findet man: $\Theta_E = 315$ K.

c)

$$\overline{U}(295) - \overline{U}_0 = \frac{3}{2} R \cdot 315 + \frac{3R \cdot 315}{e^{315/295} - 1} = 8044,5 \text{ J} \cdot \text{mol}^{-1}$$

Für $\overline{C}_V$ erhält man:

$$\overline{C}_V = \left(\frac{\partial \overline{U}(T)}{\partial T}\right) = \frac{3R \cdot e^{\Theta_E/T}}{(e^{\Theta_E/T} - 1)^2} \cdot \left(\frac{\Theta_E}{T}\right)^2$$

und daraus mit $\Theta_E = 315$ K und $T = 50$ K bzw. $T = 295$ K:

$$\overline{C}_{V,Fe}(50 \text{ K}) = 1,82 \text{ J} \cdot \text{mol}^{-1} \cdot \text{K}^{-1} \quad \text{sowie} \quad \overline{C}_V(295 \text{ K}) = 22,7 \text{ J} \cdot \text{mol}^{-1}$$

Man beachte den großen Unterschied von $\overline{C}_V$ bei verschiedenen Temperaturen (s. auch Abb. 4.9).

5.16.7 Bildungsenthalpie der Benzoesäure in der Gasphase aus Verbrennungsenthalpie und Dampfdruckmessungen

Ziel dieser Aufgabe ist es, die molare Standardbildungsenthalpie von Benzoesäure in der idealen Gasphase bei 298 K zu bestimmen aus Messungen der molaren Verbrennungsenthalpie $\Delta\overline{H}_c$ und der molaren Sublimationsenthalpie $\Delta\overline{H}_V$.

Es liegen Messungen des Dampfdrucks der Benzoesäure als Funktion der Temperatur vor. Hier gilt in einem beschränkten Temperaturbereich zwischen 290 und 315 K:

$$\ln(p/\text{Pa}) = a - b/T \quad \text{mit} \quad a = 33,601 \quad \text{und} \quad b = 1,0669 \cdot 10^4 \text{ K}$$

Ferner liegt die Verbrennungsenthalpie pro Gramm der festen Benzoesäure vor:

$$\Delta h_c = -26434 \text{ J} \cdot \text{g}^{-1}$$

Lösung:

Die molare Bildungsenthalpie in der Gasphase $\Delta\overline{H}^f_{gas}$ setzt sich zusammen aus der molaren Bildungsenthalpie der festen Benzoesäure und ihrer molaren Sublimationsenthalpie $\Delta\overline{H}_V$:

$$\Delta^f\overline{H}_{gas} = \Delta^f\overline{H}^0_{fest} + \Delta\overline{H}_V$$

$\Delta^f\overline{H}_{fest}$ hängt mit der molaren Verbrennungsenthalpie $\Delta\overline{H}_c$ über die Verbrennungsreaktion zusammen:

$$C_7H_6O_2 + \frac{15}{2} O_2 \rightarrow 7CO_2 + 3H_2O$$

Es gilt:

$$\Delta^f\overline{H}^0_{fest} = 7\Delta^f\overline{H}^0_{CO_2} + 3 \cdot \Delta^f\overline{H}^0_{H_2O} - \Delta\overline{H}_C$$

$\Delta^f\overline{H}^0_{CO_2} = -393,52\ \text{kJ} \cdot \text{mol}^{-1}$ und $\Delta^f\overline{H}^0_{H_2O} = -241,83\ \text{kJ} \cdot \text{mol}^{-1}$ wird in Tabelle F.3 für die gasförmigen Produkte gefunden. Damit ergibt sich mit $M_{\text{Benzoes.}} = 122,12\ \text{g} \cdot \text{mol}^{-1}$:

$$\Delta^f\overline{H}^0_{\text{fest}} = -7 \cdot 393,52 - 3 \cdot 241,83 + 26,434 \cdot 122,12 = -252,01\ \text{kJ} \cdot \text{mol}^{-1}$$

Die Sublimationsenthalpie folgt aus:

$$\frac{\mathrm{d}\ln p}{\mathrm{d}T} = \frac{\Delta\overline{H}_V}{RT^2} = \frac{b}{T^2}$$

bzw.

$$\Delta\overline{H}_V = R \cdot b = 88,70\ \text{kJ} \cdot \text{mol}^{-1}$$

Damit folgt das Endergebnis:

$$\Delta^f\overline{H}^0_{\text{gas}}\ (\text{Benzoesäure}) = -252,01 + 88,70 = -163,31\ \text{kJ} \cdot \text{mol}^{-1}$$

5.16.8 Temperaturänderung beim isobaren quasistatischen Prozess

Berechnen Sie für ein ideales Gas die Temperaturänderung $T_2 - T_1$, die bei einem isobaren quasistatischen Prozess auftritt.

Angaben: $T_1 = 300\ \text{K}$, $V_2 = 1,5 \cdot V_1$

Lösung:
Im isobaren Fall gilt:

$$W_{qs} = p(V_1 - V_2) \quad \text{mit} \quad p = \frac{RT_1}{V_1} = \frac{RT_2}{V_2}$$

Also ergibt sich:

$$\frac{T_2}{T_1} = \frac{V_2}{V_1}$$

und damit

$$T_2 = T_1 \cdot 1,5 = 300 \cdot 1,5 = 450\ \text{K}, \quad T_2 - T_1 = 150\ \text{K}$$

5.16.9 Wärmekapazität entlang $p = aV^b$

Ein ideales Gas erfährt auf seiner Zustandsfläche eine quasistatische (reversible) Zustandsänderung, die, auf die pV-Ebene projiziert, der Gleichung $p = a \cdot V^b$ gehorcht. a und b sind Konstanten mit $a > 0$. Geben Sie die Wärmekapazität C entlang dieses Weges auf der Zustandsfläche an.

Lösung:

$$dQ = \left[\left(\frac{\partial U}{\partial V}\right)_T + p\right] dV + \left(\frac{\partial U}{\partial T}\right)_V dT$$

Bei idealen Gasen ist $\left(\frac{\partial U}{\partial V}\right)_T = 0$. Einsetzen von $p = a \cdot V^b$ und Integration ergibt mit $\left(\frac{\partial U}{\partial T}\right)_V = C_V$:

$$Q = \frac{a}{b+1} V^{b+1} + \int C_V dT = \frac{1}{b+1} \cdot p \cdot V + \int C_V dT$$
$$= \frac{1}{b+1} n \cdot RT + \int C_V dT \quad (n = \text{Molzahl des Gases})$$

Differentiation nach T ergibt das gesuchte Ergebnis:

$$\frac{dQ}{dT} = C = \frac{nR}{b+1} + C_V$$

Wir betrachten den Spezialfall, dass $b = 0$ gilt, also $p = \text{const}$. Dann ergibt sich:

$$\frac{dQ}{dT} = C = n \cdot R + C_V = C_p$$

in Übereinstimmung mit Gl. (4.6).

Ein weiterer Spezialfall wäre $b = -1$. In diesem Fall ist $T = \text{const.}, (p \cdot V = a = \text{const.})$ und man erhält:

$$\frac{dQ}{dT} = C = \infty \quad \text{(das entspricht } \varepsilon = 1 \text{ beim polytropen Prozess, siehe Abschnitt 5.2)}$$

Noch ein weiterer Spezialfall ist $b = \infty$. Dann gilt:

$$\frac{dQ}{dT} = C = C_V \quad \text{(das entspricht } \varepsilon = 0 \text{ beim polytropen Prozess, also einem isochoren Prozess)}$$

5.16.10 Aufstieg einer Methan-Blase im Meerwasser

In den küstennahen Meeresgebieten, im Abfallbereich der Kontinente in die Tiefsee, gibt es Vorkommen von Methan in Form sogenannter Gashydrate, in denen Methan in fester Form gebunden ist. Wir nehmen an, dass sich in 50 m Tiefe eine Methan-Gasblase vom Durchmesser $d_1 = 1$ m ablöst und im Meerwasser in die Höhe steigt. Nehmen Sie an, die Temperatur der Methanblase beträgt in 50 m Tiefe 11 °C. Welche Temperatur, welchen Durchmesser und welchen Druck hat die Gasblase, wenn sie an die Meeresoberfläche gelangt? Nehmen Sie an, dass es sich um einen adiabatisch reversiblen Prozess handelt, es soll also kein Wärmeaustausch zwischen der Gasblase und dem Meerwasser stattfinden können.

Angaben:
Die mittlere Dichte des Meerwasser ist $1{,}027\text{g} \cdot \text{cm}^{-3}$, die Molwärme $\overline{C}_p$ von Methan beträgt $35{,}1\ \text{J} \cdot \text{mol}^{-1} \cdot \text{K}^{-1}$. Wir nehmen näherungsweise an, dass Methan sich wie ein ideales Gas verhält.

Lösung:
Der Druck p_1 in 50 m Tiefe beträgt:

$$p_1 = \varrho \cdot g \cdot h = 1027\ \text{kg} \cdot \text{m}^{-3} \cdot 9,81\ \text{m} \cdot \text{s}^{-2} \cdot 50$$
$$= 0,05 \cdot 10^7\ \text{Pa} = 5\ \text{bar}$$

Das Volumen der Blase ist $V_1 = \frac{4}{3}\pi\left(\frac{d_1}{2}\right)^3 = 0,5236\ \text{m}^3$. Der Adiabatenkoeffizient von CH_4 ist $\gamma = \overline{C}_p/\overline{C}_V = 35,1/(35,1 - 8,3145) = 1,31$. Wir berechnen nach der Adiabatengleichung zunächst das Volumen V_2 der Methanblase mit $p_2 = 1$ bar $= 10^5$ Pa. Es gilt: $p_1 V_1^\gamma = p_2 V_2^\gamma$, also $V_2 = (p_1/p_2)^{1/\gamma} \cdot V_1 = (5,0)^{1/1,31} \cdot 0,5236 = 1,79\ \text{m}^3$, d. h., der Durchmesser d_2 an der Oberfläche beträgt $(3V_2/4\pi)^{1/3} \cdot 2 = 1,506$ m. Die Temperatur T_2 der Methanblase an der Oberfläche beträgt nach Gl. (5.1):

$$T_2 = T_1 \cdot \left(\frac{V_1}{V_2}\right)^{\gamma-1} = 284,15 \cdot \left(\frac{0,5236}{1,790}\right)^{0,31} = 194\ \text{K}$$

Da aber der Wärmeaustausch der Gasblase mit dem Meerwasser beim Aufsteigen sicher nicht vollständig unterbunden ist, wird eine so tiefe Temperatur nicht erreicht. Wählt man z. B. statt $\gamma = 1,31$ den Polytropenindex $\varepsilon = 1,1$ ergibt sich $V_L = 2,262\ \text{m}^2$ und $T_2 = 245,5$ K. Die Volumenvergrößerung von CO_2-Gasblasen beim Aufsteigen in Wasser kann man auch in einer Sprudelflasche oder einem Glas Sekt beobachten.

Abb. 5.57 zeigt Methangasblasen die nach dem Aufsteigen im Wasser in einem zufrierenden See festgehalten werden. Das Methan stammt in diesem Fall nicht aus Methanhydrat, sondern aus der anaeroben Aktivität von Bakterien am Seeboden des Lake Abraham in Kanada.

5.16.11 Temperaturerhöhung von Flusswasser durch Kraftwerke

Ein Kraftwerk erzeugt eine Leistung von 10 MW bei einer Reaktortemperatur von 589 K. Die Abwärme des Kraftwerkes gelangt in das Flusswasser, das mit 294 K zur Kühlung, d. h. als unteres Temperaturniveau dient. Der Fluss transportiert $170\ \text{m}^3 \cdot \text{s}^{-1}$ an Wasser. Das Kraftwerk arbeitet mit 60 % des idealen (Carnot'schen) Wirkungsgrades. Um wie viel Grad erhöht sich die Temperatur des Flusswassers?

Angaben:
Die Molwärme von H_2O beträgt $75\ \text{J} \cdot \text{mol}^{-1} \cdot \text{K}^{-1}$.

Lösung:
Die Arbeitsleistung bezeichnen wir mit $\dot{W}$. Die Wärmezufuhrrate mit $\dot{Q}_{\text{KW}}$. Sie stammt aus der Verbrennung von Kohle oder Gas bzw aus nuklearen Quellen. Dann gilt (s. Gl. (5.13):

$$\frac{\dot{W}_{\text{Carnot}}}{\dot{Q}_{\text{KW}}} = 1 - \frac{T_{\text{Fluss}}}{T_{\text{Kraftwerk}}} = 1 - \frac{294}{589} = 1 - \frac{\dot{Q}_{\text{Fluss}}}{\dot{Q}_{\text{KW}}}$$

Der Wirkungsgrad des Kraftwerkes beträgt nur 60 % des Carnot'schen Wirkungsgrades, d. h. mit 10 MW $= 0,6 \cdot \dot{W}_{\text{Carnot}}$. Damit folgt für $\dot{Q}_{\text{KW}}$ bzw. $\dot{Q}_{\text{Fluss}}$:

$$\dot{Q}_{\text{KW}} = \frac{1}{0,6} \cdot \frac{10^7}{1 - \frac{294}{589}} = 3,327 \cdot 10^7\ \text{Watt bzw. } \dot{Q}_{\text{Fluss}} = \dot{Q}_{\text{KW}} - 0,6 \cdot \dot{W} = 33,27 - 10 = 23,27\ \text{MW}$$

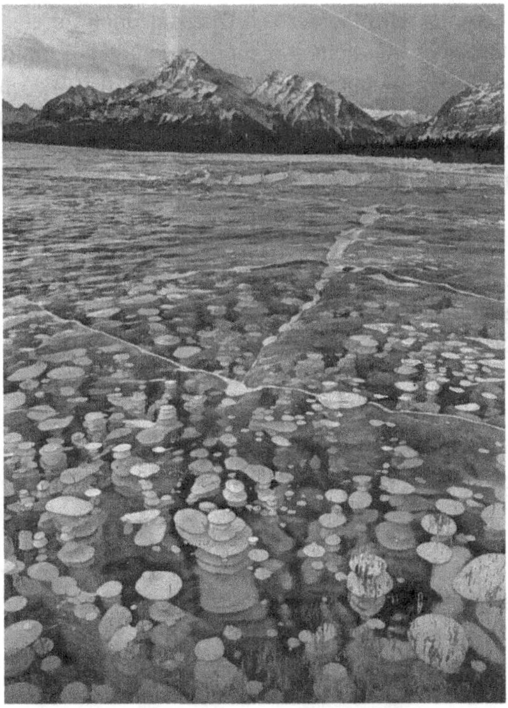

Abb. 5.57 In Eis festgefrorene Methangasblasen im Lake Abraham (Kanada)

Die Wärmeabgabe pro m^3 Flusswasser beträgt:

$$\frac{\dot{Q}_{\text{Fluss}}}{170} = \frac{2,327 \cdot 10^7}{170} = 1,367 \cdot 10^5 \ \frac{\text{J}}{\text{m}^3}$$

Damit ist die Wärmeabgabe pro Mol Wasser:

$$1,367 \cdot 10^5 \cdot \frac{M_{\text{H}_2\text{O}}}{\varrho_{\text{H}_2\text{O}}} = 1,367 \cdot 10^5 \cdot \frac{0,018}{1000} = 2,461 \ \text{J} \cdot \text{mol}^{-1}$$

wobei $M_{\text{H}_2\text{O}}$ die Molmasse und $\varrho_{\text{H}_2\text{O}}$ die Massendichte von H_2O bedeuten.

Für die gesuchte Temperaturerhöhung ergibt sich dann:

$$\Delta T = \frac{2,461}{\overline{C}_{p,\text{H}_2\text{O}}} = \frac{2,461}{75} \cong 3,28 \cdot 10^{-2} \ \text{K}$$

Die Temperaturerhöhung des Flusswassers ist also vernachlässigbar gering. Wenn derselbe Fluss allerdings ein 500 MW-Kraftwerk kühlen soll, wäre die Flusswassererwärmung schon ca. 1,6 K.

5.16.12 Gewinnung nutzbarer Energie aus einem geothermischen Lager endlicher Größe

In einem geothermischen Lager unter dem Erdboden befinden sich 30 km^3 poröses Gestein, das 600 °C heiß ist. Die spezifische Wärmekapazität des Gesteins $c_{\text{sp.}}$ ist 1 $\text{J} \cdot \text{g}^{-1} \cdot \text{K}^{-1}$, die Masse m

des Gesteins beträgt 10^{14} kg. Es wird Wasser als Arbeitsmedium für eine Dampfturbine benutzt. Das Wasser wird mit 20 °C in das Gestein gepumpt, dort aufgeheizt und der entnommene Wasserdampf zum Betrieb der Turbine genutzt. Wie groß ist die Arbeit W_{rev} in kWh, die durch diesen Prozess maximal gewonnen werden kann, wenn die Turbine 20 % des Wirkungsgrades einer idealen Carnot-Wärmekraftmaschine erreicht? Dabei gilt das geothermische Lager als erschöpft, wenn das Gestein sich auf 110 °C abgekühlt hat.

Lösung:
Das heiße Wärmebad endlicher Größe ist das heiße Gestein, das kalte Bad die Umgebungsluft (293 K). Der Wirkungsgrad muss hier differentiell formuliert werden, da sich die Temperatur des Wärmereservoirs ständig ändert:

$$\eta = \frac{\mathrm{d}W_{\text{Carnot}}}{\mathrm{d}Q} = 1 - \frac{T_0}{T} \quad \text{mit} \quad T_0 = 293{,}15\ \text{K}$$

Die Arbeit W_{rev} der idealen Carnot-Maschine ergibt sich durch Integration dieser Gleichung mit $dQ = m \cdot c_{\text{sp.}} \cdot dT$:

$$W_{\text{rev}} = \int_{T_1}^{T_2} \mathrm{d}W_{\text{rev}} = \int_{T_1}^{T_2} \left(1 - \frac{T_0}{T}\right) m \cdot c_{\text{sp.}} \cdot \mathrm{d}T = m \cdot c_{\text{sp.}} \left[(T_2 - T_1) - T_0 \ln\left(\frac{T_2}{T_1}\right)\right]$$

Mit $T_1 = 873{,}15$ K, $T_2 = 383{,}15$ K und $T_0 = 293{,}15$ K ergibt sich:

$$\begin{aligned} W_{\text{rev}} &= 10^{14} \cdot 10^{3} \left[(383{,}15 - 873{,}15) - 293{,}15 \cdot \ln\left(\frac{383{,}15}{873{,}15}\right)\right] \\ &= -2{,}485 \cdot 10^{19}\ \text{Joule} = -6{,}9 \cdot 10^{12}\ \text{kWh} \end{aligned}$$

In der Realität sind davon nur ca. 20 % als elektrische Energie nutzbar, d. h. ca. $1{,}38 \cdot 10^{12}$ kWh.

Die dem Gestein entnommene Wärme Q beträgt

$$Q = m \cdot c_{\text{sp.}}(T_2 - T_1) = 10^{14} \cdot 10^{3}\ [873{,}15 - 383{,}15] = 4{,}9 \cdot 10^{19}\ \text{J} = 13{,}6 \cdot 10^{12}\ \text{kWh}$$

5.16.13 Kühlleistung eines Kühlschranks

Welche elektrische Kühlleistung $\dot{W}_{\text{el}}$ muss ein Kühlschrank mindestens aufbringen, dessen Effizienz 50 % einer Carnot-Kältemaschine beträgt und in dem eine Glühlampe mit 100 Watt brennt, um im Kühlschrank 275 K zu halten bei einer Außentemperatur von 293 K?

Lösung:
Der ideale Kühlprozess entspricht der Umkehrung des Carnot-Prozesses. Dem Kühlschrank wird die Wärmeleistung $\dot{Q} > 0$ entzogen und dem Arbeitssystem zugeführt, und am System muss von außen (elektrische) Arbeit ($\dot{W} > 0$) geleistet werden. Es gilt nach Gl. (5.14) bzw. Gl. (5.12) für die Leistungsziffer ε_c:

$$\varepsilon_c = \frac{\dot{Q}}{\dot{W}} = \frac{T_{\text{Kühlschr.}}}{T_{\text{Umg.}} - T_{\text{Kühlschr.}}}$$

Wenn die Effizienz 50 % beträgt, und $\dot{Q} = 100$ Watt sein soll, ergibt sich für die benötigte elektrische Leistung $\dot{W}_{\text{el}}$:

$$\dot{W}_{\text{el}} = \frac{100}{0,5} \frac{T_{\text{Umg.}} - T_{\text{Kühlschr.}}}{T_{\text{Kühlschr.}}} = \frac{100}{0,5} \frac{293 - 275}{275} = 13,1 \text{ Watt}$$

5.16.14 Berechnung des Wirkungsgrades eines speziellen Kreisprozesses

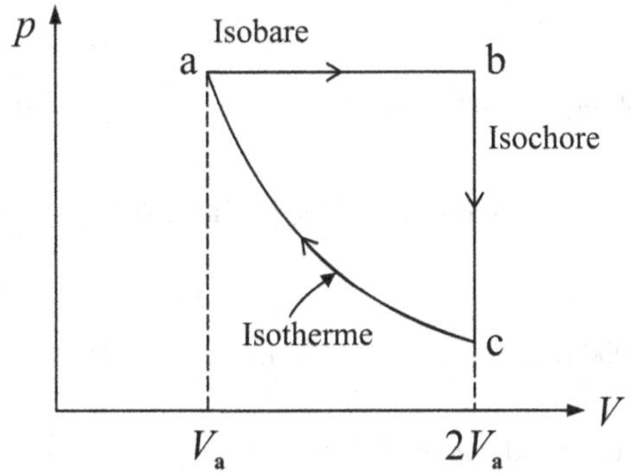

Abb. 5.58 Ein Kreisprozess zusammengesetzt aus einer Isobare, einer Isochore und einer Isotherme

Ein ideales Gas unterliegt einem reversiblen Kreisprozess a → b → c → a entsprechend Abb. 5.58.

a) Berechnen Sie die insgesamt ausgetauschte Arbeit und Wärme sowie den thermodynamischen Wirkungsgrad η_K.

b) Vergleichen Sie den Wirkungsgrad mit dem eines Carnot-Prozesses η_{Carnot}, der zwischen der höchsten und niedrigsten Temperatur des in Abb. 5.58 dargestellten Prozesses arbeitet.

Lösung:

a)
- ab ist ein *isobarer* Schritt: $W_{\text{ab}} = -p(V_{\text{b}} - V_{\text{a}}) = -p \cdot V_{\text{a}}$ und $Q_{\text{ab}} = C_p(T_{\text{b}} - T_{\text{a}})$. Da gilt: $p_{\text{a}} = p_{\text{b}} = R \cdot T_{\text{a}}/V_{\text{a}} = R \cdot T_{\text{b}}/V_{\text{b}}$, ist $T_{\text{b}} = 2T_{\text{a}}$ und es gilt $Q_{\text{ab}} = C_p \cdot T_{\text{a}}$.
- bc ist ein *isochorer* Schritt: $W_{\text{bc}} = 0$, $Q_{\text{bc}} = C_V(T_{\text{c}} - T_{\text{b}})$ und da $T_{\text{c}} = T_{\text{a}}$ ist, folgt: $Q_{\text{bc}} = C_V(T_{\text{a}} - 2T_{\text{a}}) = -C_V \cdot T_{\text{a}}$.
- ca ist ein *isothermer* Schritt: $W_{\text{ca}} = -n\, RT_{\text{a}} \ln(V_{\text{a}}/V_{\text{c}}) = +n\, RT_{\text{a}} \ln 2$. Für Q_{ca} gilt: $Q_{\text{ca}} = -W_{\text{ca}} = -n\, RT_{\text{a}} \ln 2$.

Für den Kreisprozess gilt: $Q = Q_{\text{ab}} + Q_{\text{bc}} + Q_{\text{ca}} = C_p \cdot T_{\text{a}} - C_V \cdot T_{\text{a}} - n\, RT_{\text{a}} \ln 2$ und $W = -pV_{\text{a}} + n \cdot RT_{\text{a}} \ln 2$. Daraus ergibt sich unmittelbar wegen $pV_{\text{a}} = n\, R \cdot T_{\text{a}}$ und $C_p - C_V = n\, R$: $W/Q = -1$, also $W + Q = \Delta U = 0$, wie es beim reversiblen Kreisprozess sein muss.

b) Der Wirkungsgrad beträgt mit $\gamma = \overline{C}_p/\overline{C}_V$:

$$\eta_K = -\frac{W}{Q_{ab}} = R\,\frac{1-\ln 2}{\overline{C}_p} = \frac{\gamma-1}{\gamma}\,0{,}30685$$

Da $\gamma > 1$ ist der Wirkungsgrad $\eta_K < 0{,}30685$.

Der Carnotwirkungsgrad dagegen wäre $\eta_{Carnot} = 1 - \frac{T_b}{T_c} = 1 - 0{,}5 = 0{,}5$. Es gilt also: $\eta_{Carnot} > \eta_K$.

5.16.15 Isotherme quasistatische Arbeit in Flüssigkeiten und Festkörpern

Bei Flüssigkeiten und Festkörpern kann die isotherme Kompressibilität κ_T als nahezu konstant angesehen werden.

a) Zeigen Sie, dass in diesem Fall die Zustandsgleichung bei T = const. lautet:

$$V = V_0 e^{-\kappa_T(p-p_0)}$$

Wie groß ist V bei 1000 bar, wenn $V_0 = 100\ \text{cm}^3 \cdot \text{mol}^{-1}$ ist und $\kappa_T = 6 \cdot 10^{-11}\ \text{Pa}^{-1}$?

b) Leiten Sie den Ausdruck für die reversible (quasistatische) isotherme Arbeit $W_{rev} = -\int_{V_0}^{V} p\mathrm{d}V$ ab, die man aufbringen muss, um eine Flüssigkeit von V_0 auf V zu komprimieren. Wie groß ist W_{rev} mit $p_0 = 1$ bar und den Zahlenangaben in Aufgabenteil a)?

Lösung:

a)

$$\kappa_T = -\frac{1}{V}\left(\frac{\partial V}{\partial p}\right)_T = \text{const.}$$

Daraus folgt:

$$\kappa_T \int_{p_0}^{p} \mathrm{d}p = -\int_{V_0}^{V} \mathrm{d}\ln V \curvearrowright \kappa_T(p-p_0) = -\ln\frac{V}{V_0}$$

$$V = V_0 \cdot e^{-\kappa_T(p-p_0)} = 100 \cdot e^{[-6\cdot 10^{-11}\cdot 999\cdot 10^5]} = 99{,}4\ \text{cm}^3$$

b)

$$W_{rev} = -\int_{V_0}^{V} p\mathrm{d}V = -\int_{V_0}^{V} p_0\mathrm{d}V - \frac{1}{\kappa_T}\int_{V_0}^{V} \ln\frac{V_0}{V}\cdot \mathrm{d}V$$

$$= (V_0 - V)p_0 + \frac{\ln V_0}{\kappa_T}\cdot(V_0 - V) + \frac{1}{\kappa_T}\int_{V_0}^{V} \ln V\mathrm{d}V$$

Mit $\int \ln V \mathrm{d}V = V \ln V - V$ folgt:

$$W_{\text{rev}} = p_0 \cdot (V_0 - V) + \frac{1}{\kappa_{\text{T}}} \cdot (V_0 - V) + \frac{V}{\kappa_{\text{T}}} \ln\left(\frac{V}{V_0}\right)$$

Einsetzen von $V_0 = 10^{-4}$ m^3 und $V = 0{,}994 \cdot 10^{-4}$ m^3 ergibt:

$$W_{\text{rev}} = 30 \text{ Joule}$$

5.16.16 Entropieänderung von Kupfer bei tiefen Temperaturen

Die Molwärme $\overline{C}_V$ von kristallinen, atomaren Stoffen wie Kupfer kann bei tiefen Temperaturen durch folgende Beziehung beschrieben werden:

$$\overline{C}_V = \frac{12}{5}\pi^4 \cdot R\left(\frac{T}{\Theta_{\text{D}}}\right)^3$$

Θ_{D} ist die sog. Debye-Temperatur, eine Stoffgröße, die für Kupfer 310 K beträgt.
Berechnen Sie den molaren Entropiezuwachs $\Delta\overline{S}$ von Cu zwischen 2 und 24 K.

Lösung:
Es gilt allgemein:

$$\Delta\overline{S} = \int\limits_{T_1}^{T_2} \frac{\overline{C}_V}{T} \mathrm{d}T$$

also im vorliegenden Fall:

$$\Delta\overline{S} = \frac{12}{5}\pi^4 \cdot R \int\limits_2^{24} \frac{T^2}{\Theta_{\text{D}}^3} \mathrm{d}T = \frac{12}{15}\pi^4 \cdot R\left(\left(\frac{24}{310}\right)^3 - \left(\frac{2}{310}\right)^3\right) = 0{,}3005 \text{ J} \cdot \text{mol}^{-1} \cdot \text{K}^{-1}$$

5.16.17 $\overline{C}_p - \overline{C}_V$ in Festkörpern bei tiefen Temperaturen

Es sei $\overline{C}_V = a(\overline{V}) \cdot T^n$. Zeigen Sie, dass in diesem Fall $\overline{C}_p - \overline{C}_V = \text{const.} \cdot T^{2n+1}$ ist. Hinweis: Machen Sie von Gl. (5.21) und Gl. (5.19) Gebrauch.

Lösung:

$$\overline{C}_p - \overline{C}_V = T \cdot \overline{V} \cdot \frac{\alpha_{\text{p}}^2}{\kappa_{\text{T}}} = T\left(\frac{\partial \overline{V}}{\partial T}\right)_p \cdot \left(\frac{\partial p}{\partial T}\right)_V = -T\left(\frac{\partial \overline{S}}{\partial \overline{V}}\right)_T \cdot \left(\frac{\partial \overline{S}}{\partial p}\right)_T$$

Wegen $\overline{S} = \overline{S}_0 + \int \frac{\overline{C}_V}{T} \mathrm{d}T = \overline{S}_0 + \frac{1}{n} a(\overline{V}) \cdot T^n$ gilt:

$$\left(\frac{\partial \overline{S}}{\partial \overline{V}}\right)_T = \frac{1}{n}\left(\frac{\partial a(\overline{V})}{\partial \overline{V}}\right)_T \cdot T^n \quad \text{und} \quad \left(\frac{\partial \overline{S}}{\partial p}\right)_T = \frac{1}{n}\left(\frac{\partial a(\overline{V})}{\partial \overline{V}}\right)_T \cdot \left(\frac{\partial \overline{V}}{\partial p}\right)_T \cdot T^n$$

Daraus folgt:

$$\overline{C}_p - \overline{C}_V = \text{const.} \cdot T^{2n+1}$$

$$\text{mit const.} = -\frac{1}{n^2}\left[\left(\frac{\partial a(\overline{V})}{\partial V}\right)_T\right]^2 \left(\frac{\partial \overline{V}}{\partial p}\right)_T = \frac{1}{n^2}\left[\left(\frac{\partial a(\overline{V})}{\partial V}\right)_T\right]^2 \cdot \overline{V} \cdot \kappa_T > 0$$

Wenn $a(\overline{V})$ nicht von T abhängt, hängt auch $\left(\frac{\partial \overline{V}}{\partial p}\right)_T = -\overline{V}\kappa_T$ nicht von T ab und damit auch nicht const. bzw. $\overline{C}_p - \overline{C}_V$. Bei tiefen Temperaturen gilt meist in guter Näherung für Metalle: $\overline{C}_V = aT^3 + cT$ bzw. $\overline{C}_p - \overline{C}_V = aT^7 + cT^3$. Bei Nichtmetallen ist $C = 0$.

5.16.18 Entropie- und Enthalpieänderung von Quarz bei hohen Temperaturen und Drücken

Die Molwärme $\overline{C}_p$ von α-Quarz (SiO_2) ist gegeben durch

$$\overline{C}_p = 46{,}94 + 34{,}31 \cdot 10^{-3} \cdot T - 11{,}31 0^{-5} \cdot T^2 \text{ in J} \cdot \text{mol}^{-1} \cdot \text{K}^{-1}$$

Der thermische Ausdehnungskoeffizient α_p ist $0{,}353 \cdot 10^{-4}\ \text{K}^{-1}$. Die Dichte ϱ von α-Quarz beträgt $2{,}659\ \text{g} \cdot \text{cm}^{-3}$ bei 25 °C und 1 bar. Die isotherme Kompressiblität κ_T ist $2{,}57 \cdot 10^{-6}\ \text{bar}^{-1} = 2{,}57 \cdot 10^{-11}\ \text{Pa}^{-1}$.

Berechnen Sie:

a) die molare Entropieänderung $\Delta\overline{S}$ von 1 mol α-Quarz vom Ausgangszustand bei 1 bar und 25°C zum Endzustand von 125 °C und 1000 bar;

b) die entsprechende molare Enthalpieänderung $\Delta\overline{H}$.

Lösung:
Wir verwenden Gl. (5.19) unter der Annahme, dass α_p und κ_T temperatur- und druckunabhängig sind.

a)

$$\Delta\overline{S} = \int_{298,15}^{423,15} (\overline{C}_p/T)\mathrm{d}T - \int_{1\ \text{bar}}^{1000\ \text{bar}} \overline{V} \cdot \alpha_p \mathrm{d}p$$

Der Lösung von Aufgabe 5.16.15 (a) entnehmen wir, dass gilt:

$$\overline{V}(p\ \text{bar}) = \overline{V}(1\ \text{bar}) \cdot \exp[-\kappa_T(p - p_0)] \qquad \text{mit} \qquad p_0 = 1\ \text{bar}$$

Dann gilt:

$$\Delta\overline{S} = \int_{298,15}^{423,15} \left(\frac{46{,}94}{T} + 34{,}31 \cdot 10^{-3} - 11{,}31 \cdot 10^{-5} \cdot T\right)\mathrm{d}T$$

$$- \overline{V}(1\ \text{bar}) \cdot \alpha_p \cdot \int_{1\ \text{bar}}^{1000\ \text{bar}} \exp[-\kappa_T(p - p_0)]\mathrm{d}p$$

Mit dem Molvolumen $\overline{V}(1 \text{ bar}) = M_{\text{SiO}_2}/\varrho_{\text{SiO}_2} = 60,09/2,659 = 22,6 \text{ cm}^3 \cdot \text{mol}^{-1} = 22,6 \cdot 10^{-6} \text{ m}^3$ ergibt sich dann nach Integration:

$$\Delta\overline{S} = 46,94 \cdot \ln \frac{423,15}{298,15} + 34,31 \cdot 10^{-3}(423,15 - 298,15) - \frac{11,3}{2} \cdot 10^{-5} \cdot \left[(423,15)^2 - (298,15)^2\right] + 22,6 \cdot 10^{-6} \cdot \frac{0,353 \cdot 10^{-4}}{2,57 \cdot 10^{-11}}[0,997436 - 1] = 15,55 \text{ J} \cdot \text{mol}^{-1} \cdot \text{K}^{-1}$$

Dabei haben wir angenommen, dass $\overline{C}_p$ nicht von p abhängt und α_p wie auch κ_T weder von p noch von T abhängen.

b) Wir verwenden Gl. (5.18):

$$\Delta\overline{H} = \int\limits_{298,15}^{423,15} \overline{C}_p \cdot \mathrm{d}T + \int\limits_{1 \text{ bar}}^{1000 \text{ bar}} \overline{V}\mathrm{d}p - T \int\limits_{1 \text{ bar}}^{1000 \text{ bar}} \overline{V}\alpha_\text{p}\mathrm{d}p$$

Da $\Delta\overline{H}$ wegunabhängig ist, integrieren wir erst über T und dann bei $T = 423,15$ über p. Man erhält:

$$\Delta\overline{H} = \int\limits_{298,15}^{423,15} (46,94 + 34,31 \cdot 10^{-3} \cdot T - 11,3 \cdot 10^{-5} \cdot T^2)\mathrm{d}T - \frac{22,6 \cdot 10^{-6}(1 - 423 \cdot 0,353 \cdot 10^{-4})}{2,57 \cdot 10^{-11}} \int\limits_{1 \text{ bar}}^{1000 \text{ bar}} \exp[-2,57 \cdot 10^{-11}\, 999]\mathrm{d}p = 7779,6 \text{ J} \cdot \text{mol}^{-1}$$

5.16.19 Bestimmung der Tiefe eines Brunnens

Sie befinden sich auf einem Familienspaziergang durch den Wald und kommen an einem tiefen Brunnen vorbei. Ihr Kind fragt: "Papa, Mama, wie tief ist der Brunnen?". Sie nehmen einen (nicht zu kleinen) Stein, lassen ihn in den Brunnen fallen und stoppen die Zeit, zu der Sie den Steinaufschlag hören. Sie messen für diese Zeit als Mittelwert von mehreren Versuchen 4, 8 s. Beantworten Sie die Frage Ihres Kindes möglichst präzise. Die Umgebungstemperatur beträgt 294 K. Die Erdbeschleunigung g beträgt $9,81 \text{ m} \cdot \text{s}^{-2}$.

Lösung:
Die Tiefe sei h. Dann gilt unter Berücksichtigung der Zeit, die der Schall braucht, um vom Grund des Brunnens zum Ohr zu gelangen:

$$t = 4,8 \text{ s} = \sqrt{\frac{2h}{g}} + \frac{h}{v_\text{S}}$$

Die Schallgeschwindigkeit v_S für Luft mit $\gamma = 1,4$ beträgt bei 294 K:

$$v_S = \sqrt{\frac{\overline{V}}{\kappa_S \cdot M_{Luft}}} = \sqrt{\frac{RT}{P} \cdot \frac{\gamma}{\kappa_T} \cdot \frac{1}{M_{Luft}}} = \sqrt{\frac{RT \cdot \gamma}{M_{Luft}}}$$
$$= \sqrt{\frac{R \cdot 294 \cdot 1,4}{0,029}} = 343,5 \text{ m} \cdot \text{s}^{-1}$$

Wir lösen die obige Gleichung für $t(h)$ nach h auf (quadratische Gleichung für $\sqrt{h}$). Es ergibt sich für die Tiefe des Brunnens $h = 99,8$ m. Hätten wir die Schallgeschwindigkeit vernachlässigt, wäre der falsche, um 13 % zu hohe Wert von 113 m herausgekommen.

5.16.20 Bestimmung der Molwärme von Ethanol aus Dichte- und Schallgeschwindigkeitsmessung

Für flüssiges Ethanol wurden bei 298,15 K folgende Daten gemessen:

molares Volumen $\overline{V} = 58,66 \text{ cm}^3 \cdot \text{mol}^{-1}$

$\kappa_T = 11,69 \cdot 10^{-10} \text{ Pa}^{-1}, \alpha_p = 11,2 \cdot 10^{-4} \text{ K}^{-1}$

Schallgeschwindigkeit $v_S = 1142 \text{ m} \cdot \text{s}^{-1}$

Berechnen Sie aus diesen Angaben die Molwärmen $\overline{C}_p$ und $\overline{C}_V$ von Ethanol. Vergleichen Sie den erhaltenen Wert von $\overline{C}_p$ mit der kalorimetrisch bestimmten Molwärme $\overline{C}_p = 113,23$ Joule$\cdot$mol$^{-1}\cdot$ K^{-1}. Wie groß ist die prozentuale Abweichung?

Angabe: die Molmasse von Ethanol beträgt $0,04607 \text{ kg} \cdot \text{mol}^{-1}$.

Lösung:
Aus den Beziehungen $\overline{C}_p - \overline{C}_V = T \cdot \overline{V}\, \alpha_p^2/\kappa_T$ (Gl. (5.21)), $\kappa_S = \kappa_T \cdot \overline{C}_V/\overline{C}_p$ (Gl. (5.23)) sowie $v_S = \sqrt{\overline{V}/\kappa_S \cdot M}$ (Gl. (5.24)) lässt sich nach $\overline{C}_p$ auflösen in Abhängigkeit der angegebenen gut messbaren Größen $\overline{V}, \alpha_p, \kappa_T$ und v_S:

$$\overline{C}_p = \frac{T \cdot \overline{V}\, \dfrac{\alpha_p^2}{\kappa_T}}{1 - \dfrac{\overline{V}}{M\, v_S^2 \cdot \kappa_T}} = 113,86 \text{ J} \cdot \text{mol}^{-1} \cdot \text{K}^{-1}$$

Für $\overline{C}_V$ ergibt sich dann:

$$\overline{C}_V = \overline{C}_p - T \cdot \overline{V}\, \frac{\alpha_p^2}{\kappa_T} = 95,09 \text{ J} \cdot \text{mol}^{-1} \cdot \text{K}^{-1}$$

Die Abweichung des ermittelten Wertes von $\overline{C}_p = 113,86 \text{ J} \cdot \text{mol}^{-1} \cdot \text{K}^{-1}$ vom kalorimetrisch gemessenen Wert von $113,23 \text{ J} \cdot \text{mol}^{-1} \cdot \text{K}^{-1}$ beträgt 0,5 %. Beide Ergebnisse, die aus ganz unterschiedlichen thermodynamischen Messgrößen gewonnen wurden, stimmen also sehr gut überein. Es handelt sich in diesem Beispiel um einen überzeugenden thermodynamischen Konsistenztest.

5.16.21 Gay-Lussac-Koeffizient eines v. d. Waals Gases am Beispiel von CO_2

a) Geben Sie den Gay-Lussac-Koeffizienten δ_{GL} für ein v. d. Waals-Fluid an. Leiten Sie durch entsprechende Integration die Formel für die Temperaturänderung $\Delta T = T_2 - T_1$ ab, wobei T_1 die Temperatur im Kolben 1 mit dem Volumen V_1 vor der Expansion bedeutet und T_2 die Temperatur ist, die sich nach Expansion des Gases in den Kolben 2 mit dem Volumen V_2 ergibt. Das Endvolumen ist also $V_1 + V_2$. Die Molzahl des Gases sei n und seine Molwärme $\overline{C}_V$. Welches Vorzeichen hat ΔT?

b) Berechnen Sie ΔT für CO_2 mit $T_1 = 280$ K, $p_1 = 10$ bar und $V_2 = 4 \cdot V_1$. Verwenden Sie Tabelle 3.1 sowie Tabelle F.2 im Anhang.

Lösung:

a) Es gilt:

$$\delta_{GL} = -\left(\frac{\partial T}{\partial V}\right)_U = \frac{\left(\frac{\partial U}{\partial V}\right)_T}{n \cdot \overline{C}_V}$$

Nach der v. d. Waals-Theorie gilt:

$$\left(\frac{\partial U}{\partial V}\right)_T = \frac{a}{\overline{V}^2} = \frac{n^2 \cdot a}{V^2}$$

Nach Expansion von V_1 auf $V_1 + V_2$ ergibt sich durch Integration:

$$-(T_2 - T_1) = \frac{n \cdot a}{\overline{C}_V} \int\limits_{V_1}^{V_1+V_2} \frac{1}{V^2} \mathrm{d}V = \frac{n \cdot a}{\overline{C}_V} \left(\frac{1}{V_1} - \frac{1}{V_1 + V_2}\right)$$

$$\curvearrowright T_2 - T_1 = \Delta T = -\frac{n \cdot a}{\overline{C}_V} \frac{V_2}{(V_1 + V_2) \cdot V_1} < 0$$

b)

$$\Delta T = -\left(\frac{n}{V_1}\right) \cdot \frac{a_{CO_2}}{\overline{C}_{V,CO_2}} \cdot \frac{4}{5}$$

Mit $(n/V_1) = p_1/(R \cdot T_1) = 10 \cdot 10^5/(8,3145 \cdot 280) = 4,294 \cdot 10^2$ mol $\cdot$ m^{-3} sowie $a_{CO_2} = 0,3661$ J $\cdot$ m$^3 \cdot$ mol^{-2} und $\overline{C}_{V,CO_2} = 21,556 + 63,697 \cdot 10^{-3} \cdot T_1 - 40,505 \cdot 10^{-6} \cdot T_1^2 + 9,678 \cdot 10^{-9} \cdot T_1^3 - R = 36,428 - 8,3145 = 28,114$ J $\cdot$ mol$^{-1} \cdot$ K^{-1} ergibt sich:

$$\Delta T = 4,294 \cdot 10^2 \cdot 0,3661 \cdot 0,8/28,114 = -4,47 \text{ K}$$

5.16.22 Abkühlung von N_2 im Joule-Thomson-Prozess

Die v. d. Waals-Konstanten von N_2 betragen $a = 0,137\ \mathrm{J \cdot m^3 \cdot mol^{-2}}$ und $b = 3,87 \cdot 10^{-5}\ \mathrm{m^3 \cdot mol^{-1}}$.

a) Berechnen Sie die Inversionstemperatur T_i von N_2 nach der v. d. Waals-Gleichung.

b) Welchen Vordruck p_2 benötigt man, um N_2-Gas im Joule-Thomson-Prozess von 273 auf 253 K abzukühlen, wenn der Druck p_1 hinter der Drossel 1 bar beträgt? Angabe: $\overline{C}_{p,\mathrm{N_2}} = \frac{5}{2}R$.

Lösung:

a)

$$T_{i,\mathrm{N_2}} = 2a/(R \cdot b) = \frac{2 \cdot 0,137}{8,3145 \cdot 3,87} \cdot 10^5 = 851,5\ \mathrm{K}$$

b) Ausgehend von $(\partial T/\partial p)_H = \delta_{\mathrm{JT}} = \left(\frac{2a}{RT} - b\right)/\overline{C}_p$ ergibt sich für die integrierte Form:

$$p_2 - p_1 = \overline{C}_p \int\limits_{T_1}^{T_2} \frac{\mathrm{d}T}{2a/RT - b} = \frac{\overline{C}_p}{b} \int\limits_{T_1}^{T_2} \frac{T \cdot \mathrm{d}T}{T_i - T}$$

Ausführung der Integration (Substitution $y = T - T_i$) ergibt:

$$\begin{aligned} p_2 - p_1 &= \frac{\overline{C}_p}{b}\left(T_2 - T_1 + T_i \ln \frac{T_2 - T_i}{T_1 - T_i}\right) \\ &= \frac{5}{2}R\frac{10^5}{3,87}\left(253 - 273 + 851,5 \cdot \ln \frac{598,5}{578,5}\right) \\ &= 47,8 \cdot 10^5 \mathrm{Pa} = 47,8\ \mathrm{bar} \end{aligned}$$

Der Druck vor der Drossel beträgt also 47,8 bar. Die Rechnung setzt allerdings voraus, dass bei 47,8 bar die Näherung mit dem 2. Virialkoeffizienten noch anwendbar ist.

5.16.23 Schallgeschwindigkeitsmessung als Tieftemperaturthermometer

a) Leiten Sie den Ausdruck für die Schallgeschwindigkeit v_S eines idealen Gases ab.

b) Benutzen Sie das Ergebnis von a), um folgendes Problem zu lösen. In einer Gasmischung, bestehend aus den Edelgasen Ne und Kr, wird bei 300 K eine Schallgeschwindigkeit $v_\mathrm{S} = 292,14\ [\mathrm{m \cdot s^{-1}}]$ gemessen. Welchen Molenbruch hat die Gasmischung?

c) Schallgeschwindigkeitsmessungen in kleinen Volumina an gasförmigem He werden als Tieftemperaturthermometer benutzt. In flüssigem Deuterium (D_2), das einen Dampfdruck von genau 1 bar hat, wird mit einer Sonde für He die Schallgeschwindigkeit von $286,45\ [\mathrm{m \cdot s^{-1}}]$ gemessen. Welche Temperatur hat das flüssige Deuterium?

Lösung:

a) Nach Gl. (5.24) gilt mit $\overline{V} = R \cdot T/p$ sowie mit $\kappa_S = \frac{1}{\gamma}\kappa_T = (\gamma \cdot p)^{-1}(\gamma = \overline{C}_p/\overline{C}_V)$:

$$\upsilon_S = \sqrt{\frac{\gamma RT}{M}}$$

b) Für Edelgase ist $\gamma = \left(\frac{3}{2}R + R\right)/\left(\frac{3}{2}R\right) = 5/3$ und für die mittlere Molmasse einer idealen Gasmischung gilt $\langle M \rangle = x_1 M_1 + (1 - x_1)M_2$. Eingesetzt in υ_S lässt sich nach x_1 auflösen:

$$x_1 = \frac{\langle M \rangle - M_2}{M_1 - M_2} \quad \text{mit} \quad \langle M \rangle = \frac{5}{3}RT/\upsilon_s^2$$

Wir setzen $M_1 = M_{Ne} = 0{,}0218 \text{ kg} \cdot \text{mol}^{-1}$ und $M_2 = M_{Kr} = 0{,}0838 \text{ kg} \cdot \text{mol}^{-1}$ und erhalten somit

$$x_{Ne} = \frac{8{,}3145 \cdot 300/[(292{,}14)^2 \cdot 3/5] - 0{,}0838}{0{,}0218 - 0{,}0838} = \frac{-0{,}03509}{-0{,}062}$$

$$x_{Ne} = 0{,}566 \quad \text{bzw.} \quad x_{Kr} = 0{,}434$$

c)

$$T = \frac{\upsilon_s^2 \cdot M_{He}}{\gamma_{He} \cdot R} = \frac{(286{,}45)^2}{8{,}3145} \cdot \frac{3}{5} \cdot 0{,}0040026 = 23{,}7 \text{ K}$$

Das ist die Siedetemperatur von D_2.

5.16.24 $\overline{C}_p - \overline{C}_{\overline{V}}$ auf der Inversionskurve eines Fluids

a) Beweisen Sie, dass auf der Inversionskurve eines Fluids, also dort, wo der differentielle Joule-Thomson-Koeffizient δ_{JT} gleich Null ist, gilt:

$$\overline{C}_p - \overline{C}_{\overline{V}} = \overline{V}\left(\frac{\partial p}{\partial T}\right)_{\overline{V}}$$

b) Zeigen Sie, dass im Fall eines realen Gases nach v. d. Waals mit dem 2. Virialkoeffizienten nach Gl. (3.4) die in a) zu beweisende Beziehung zutrifft.

Lösung:

a) Nach Gl. (5.18) bzw. (5.68) gilt: $T\left(\frac{\partial \overline{V}}{\partial T}\right)_p = \overline{V} - \left(\frac{\partial \overline{H}}{\partial p}\right)_T$. Wenn $\delta_{JT} = 0$, dann gilt wegen Gl. (5.22) auch $\left(\frac{\partial \overline{H}}{\partial p}\right)_T = 0$, und man erhält unmittelbar: $T\left(\frac{\partial \overline{V}}{\partial T}\right) = \overline{V}$. Daraus folgt mit Gl. (5.22):

$$\overline{C}_p - \overline{C}_{\overline{V}} = T \cdot \overline{V}\,\frac{\alpha_p^2}{\kappa_T} = T\left(\frac{\partial \overline{V}}{\partial T}\right)_p \cdot \left(\frac{\partial p}{\partial T}\right)_{\overline{V}} = \overline{V}\left(\frac{\partial p}{\partial T}\right)_{\overline{V}},$$

was zu beweisen war.

b) Wir gehen aus von $p \cdot \overline{V} = RT + B \cdot p$ und erhalten daraus:

$$\overline{V} = \frac{RT}{p} + B \quad \text{bzw.} \quad T\left(\frac{\partial \overline{V}}{\partial T}\right)_p = \frac{RT}{p} + T\left(\frac{\mathrm{d}B}{\mathrm{d}T}\right)$$

Wir müssen für ein v. d. Waals-Gas also nur zeigen, dass bei der Inversionstemperatur T_i gilt:

$$B(T_i) = T_i\left(\frac{\mathrm{d}B}{\mathrm{d}T}\right)_{T=T_i}$$

Für die obere Inversionstemperatur des v. d. Waals-Gases gilt (s. Abschnitt 5.5):

$$T_i = \frac{2a}{R \cdot b}$$

Also ergibt sich mit $B_{\text{v.d.W.}}(T) = b - \frac{a}{RT}$ (Gl. (3.4):

$$B_{\text{v.d.W.}}(T_i) = b - \frac{abR}{2aR} = \frac{b}{2}$$

und

$$T_i\left(\frac{\mathrm{d}B}{\mathrm{d}T}\right)_{T=T_i} = \frac{2a}{Rb} \cdot \frac{a}{R}\frac{R^2b^2}{4a^2} = \frac{b}{2}$$

Die Bedingung ist also erfüllt.

5.16.25 Beispiel für die Anwendung der Maxwell-Relation zur Berechnung von $(\partial \overline{C}_V/\partial \overline{V})_T$ und $(\partial \overline{C}_p/\partial p)_T$

Beweisen Sie, ausgehend von Gl. (5.17) und (5.18), dass gilt:

$$\left(\frac{\partial \overline{C}_V}{\partial \overline{V}}\right)_T = T\left(\frac{\partial^2 p}{\partial T^2}\right)_{\overline{V}} = -T\left(\frac{\partial^2 \overline{V}}{\partial T^2}\right)_p \quad \text{bzw.} \quad \left(\frac{\partial \overline{C}_p}{\partial p}\right)_T = -T\left(\frac{\partial^2 \overline{V}}{\partial T^2}\right)_p$$

Lösung:
Differentiation von Gl. (5.17) und Anwendung des Schwartz'schen Satzes (Maxwell-Relation) ergibt:

$$\frac{\partial}{\partial T}\left[\left(\frac{\partial \overline{U}}{\partial \overline{V}}\right)_T\right]_{\overline{V}} = \frac{\partial}{\partial \overline{V}}\left[\left(\frac{\partial \overline{U}}{\partial T}\right)_{\overline{V}}\right]_T = \left(\frac{\partial \overline{C}_V}{\partial \overline{V}}\right)_T = \left(\frac{\partial p}{\partial T}\right)_{\overline{V}} + T\left(\frac{\partial^2 p}{\partial T^2}\right)_{\overline{V}} - \left(\frac{\partial p}{\partial T}\right)_{\overline{V}} = T\left(\frac{\partial^2 p}{\partial T^2}\right)_{\overline{V}}$$

Entsprechende Behandlung von Gl. (5.18) ergibt:

$$\frac{\partial}{\partial T}\left[\left(\frac{\partial \overline{H}}{\partial p}\right)_T\right]_p = \frac{\partial}{\partial p}\left[\left(\frac{\partial \overline{H}}{\partial T}\right)_p\right]_T = \left(\frac{\partial \overline{C}_p}{\partial p}\right)_T = -\left(\frac{\partial \overline{V}}{\partial T}\right)_p - T\left(\frac{\partial^2 \overline{V}}{\partial T^2}\right)_p + \left(\frac{\partial \overline{V}}{\partial T}\right)_p = -T\left(\frac{\partial^2 \overline{V}}{\partial T^2}\right)p$$

Dieses Ergebnis hatten wir bereits in Aufgabe 4.7.3 auf anderem Weg abgeleitet.

5.16.26 Innere Energie und Molwärme eines v. d. Waals- und eines RK-Fluids

Wenden Sie Gl. (5.17) an, um a) die innere Energie $\overline{U}$ und die Molwärme $\overline{C}_V$ des v. d. Waals Fluides und b) die innere Energie $\overline{U}$ und die Molwärme $\overline{C}_V$ eines Fluides nach der Redlich-Kwong-Gleichung zu berechnen.

Lösung:

a) v.d. Waals Fluid: $p = R \cdot T/(\overline{V} - b) - a/\overline{V}^2$

$$\left(\frac{\partial \overline{U}}{\partial \overline{V}}\right)_T = T\left(\frac{\partial p}{\partial T}\right)_V - p = T^2\left(\frac{\partial (p/T)}{\partial T}\right)_{\overline{V}} = -T^2\,\frac{a}{\overline{V}^2}\left(\frac{\partial (1/T)}{\partial T}\right)_{\overline{V}} = \frac{a}{\overline{V}^2}$$

Integration ergibt: $\overline{U}_{\text{v.d.W.}} = \overline{U}_0(T) - a/\overline{V}$. Damit folgt:

$$\overline{C}_{V,\text{v.d.W.}} = \left(\frac{\partial \overline{U}_{\text{v.d.W.}}}{\partial T}\right)_{\overline{V}} = \frac{\partial \overline{U}_0(T)}{\partial T} = \overline{C}_{V,\text{id. Gas}}$$

b) RK-Fluid: $p = R \cdot T/(\overline{V} - b) - a/\left[T^{1/2} \cdot \overline{V}(\overline{V} + b)\right]$

$$\left(\frac{\partial \overline{U}}{\partial \overline{V}}\right)_T = T^2\left(\frac{\partial (p/T)}{\partial T}\right)_{\overline{V}} = \frac{3}{2}\,\frac{a}{\overline{V}(\overline{V}+b)\cdot T^{1/2}} = \frac{3}{2}\,\frac{a}{b}\,\frac{1}{T^{1/2}}\left(\frac{1}{\overline{V}} - \frac{1}{\overline{V}+b}\right)$$

Integration ergibt in den Grenzen von ∞ bis $\overline{V}$: $\overline{U}_{\text{RK}} = \overline{U}_0(T) - \frac{3}{2}a/(T^{1/2}\cdot b)\cdot \ln\left((\overline{V}+b)/\overline{V}\right)$.
Damit folgt:

$$\overline{C}_{V,\text{RK}} = \left(\frac{\partial \overline{U}_{\text{RK}}}{\partial T}\right)_{\overline{V}} = \overline{C}_V(T)_{\text{id. Gas}} + \frac{3}{4}\,\frac{a}{T^{3/2}}\cdot\frac{1}{b}\ln\left(\frac{\overline{V}+b}{\overline{V}}\right)$$

Im Gegensatz zur RK-Theorie ist die Molwärme $\overline{C}_V$ nach der v. d. Waals-Theorie gleich der des idealen Gases, für $\overline{C}_{p,\text{vdW.}}$ gilt das jedoch nicht (s. Beispiel 5.5.18).

5.16.27 Entropie und Adiabatengleichung nach der v. d. Waals-Theorie

a) Leiten Sie die Ausdrücke für die molare Entropie $\overline{S}$ und die molare freie Energie $\overline{F}$ für ein v. d. Waals-Fluid ab und zeigen Sie, dass $-(\partial \overline{F}/\partial \overline{V})_T = +p$ wieder die Zustandsgleichung nach v. d. Waals ergibt. Beachten Sie, dass nach Aufgabe 5.16.26 (a) gilt: $\overline{C}_{V,\,\text{v.d.W.}} = \overline{C}_{V,\,\text{id.Gas}}$.

b) Geben Sie die Adiabatengleichung für ein v. d. Waals-Fluid an.

Lösung:

a) Wir gehen aus von Gl. (5.17) und integrieren unter der Annahme, dass $\overline{C}_V$ = const.) gilt:

$$\overline{U} = \overline{U}(T_0, V_0) + \overline{C}_V(T - T_0) + \int\limits_{\overline{V}_0}^{\overline{V}} \frac{RT}{\overline{V} - b} \mathrm{d}\overline{V} - \int\limits_{\overline{V}_0}^{\overline{V}} \left(\frac{RT}{\overline{V} - b} - \frac{a}{\overline{V}^2} \right) \mathrm{d}\overline{V}$$

$$= \overline{U}(T_0, V_0) + \overline{C}_V(T - T_0) - a\left(\frac{1}{\overline{V}} - \frac{1}{\overline{V}_0} \right)$$

Jetzt gehen wir von Gl. (5.19) aus, integrieren und erhalten für $\overline{S}$:

$$\overline{S} = \overline{S}(T_0, \overline{V}_0) + \overline{C}_V \cdot \ln(\frac{T}{T_0}) + \int\limits_{\overline{V}_0}^{\overline{V}} \frac{R}{\overline{V} - b} \mathrm{d}\overline{V}$$

$$= \overline{S}(T_0, \overline{V}_0) + \overline{C}_V \ln(T/T_0) + R \cdot \ln \frac{\overline{V} - b}{\overline{V}_0 - b}$$

Damit folgt:

$$\overline{F} = \overline{U} - T\overline{S} = \overline{U}(T_0, \overline{V}_0) - T \cdot S(T_0, V_0) + \overline{C}_V(T - T_0) - a\left(\frac{1}{\overline{V}} - \frac{1}{\overline{V}_0} \right)$$

$$- T \cdot \overline{C}_V \ln \frac{T}{T_0} - RT \ln \frac{\overline{V} - b}{\overline{V}_0 - b}$$

$$p = -\left(\frac{\partial \overline{F}}{\partial \overline{V}} \right)_T = \frac{RT}{\overline{V} - b} - \frac{a}{\overline{V}^2}$$

(Das ist wieder die v. d. Waals-Zustandsgleichung.)

b) Die Adiabatengleichung ergibt sich am einfachsten durch die Bedingung, dass auf der Adiabate $\mathrm{d}\overline{S} = 0$ bzw. $\overline{S}$ = const. gilt. Das wenden wir auf das Ergebnis für die Lösung von Aufgabenteil a) an:

$$\overline{C}_V \cdot \ln(T/T_0) + R \ln \left[(\overline{V} - b)/(\overline{V}_0 - b) \right] = 0$$

Also:

$$\left(\frac{T}{T_0} \right)^{\overline{C}_V} \cdot \left(\frac{\overline{V} - b}{\overline{V}_0 - b} \right)^R = 1 = \left(\frac{T}{T_0} \right) \cdot \left(\frac{\overline{V} - b}{\overline{V}_0 - b} \right)^{\gamma - 1}$$

wenn $\gamma = \overline{C}_p/\overline{C}_V$ bedeutet mit $\overline{C}_V = \overline{C}_{V,\text{id. Gas}}$ und $\overline{C}_p = \overline{C}_{p,\text{id. Gas}}$, d. h., $R = \overline{C}_{p,\text{id.}} - \overline{C}_{V,\text{id.}}$. Man sieht: für $b = 0$ geht diese Gleichung in Gl. (5.1) für das ideale Gas über.

Setzt man $T \cdot (\overline{V} - b)^{\gamma - 1}$ = const. in die v. d. Waals-Gleichung ein, erhält man:

$$\left(p + \frac{a}{\overline{V}^2} \right) (\overline{V} - b) = RT = \text{const.} \cdot (\overline{V} - b)^{1-\gamma} \cdot R$$

also

$$\left(p + \frac{a}{\overline{V}^2}\right)(\overline{V} - b)^\gamma = \text{const.} \quad \text{mit} \quad \gamma = \frac{\overline{C}_{p,\text{id. Gas}}}{\overline{C}_{V,\text{id. Gas}}}$$

Die Gleichung geht für $a = 0, b = 0$ oder $\overline{V} \to \infty$ in Gl. (5.2) für das ideale Gas über.

5.16.28 Adiabatengleichung und Adiabatenarbeit für Wasser bei 0°C

Wir betrachten die quasistatisch-adiabatische Kompression einer Flüssigkeit mit der thermischen Zustandsgleichung:

$$\overline{V} = \overline{V}_0[1 + \alpha_\text{p}(T - T_0) - (p - p_0)\kappa_\text{T}]$$

α_p und κ_T sollen T- und p-unabhängig sein.

a) Geben Sie die Adiabatengleichung in Form von $T(\overline{V})$, $p(\overline{V})$ und $p(T)$ an.

b) Geben Sie den Ausdruck für die quasistatisch-adiabatische Arbeit $-\int\limits_{\overline{V}_0}^{\overline{V}} p\text{d}\overline{V}$ näherungsweise an, d. h., für $\frac{\overline{V}-\overline{V}_0}{\overline{V}_0} \ll 1$.

c) Berechnen Sie den Druck p und die Temperatur T, wenn flüssiges Wasser von $T_0 = 273,15$ und $p_0 = 1$ bar auf 98 % seines Volumens adiabatisch komprimiert wird. Geben Sie für diesen Fall auch die quasistatisch-adiabatische Arbeit an, die dabei aufgebracht wird.

Angaben:
$\overline{V}_{0,\text{H}_2\text{O}} = 18,019\ \text{cm}^3 \cdot \text{mol}^{-1}, \overline{C}_{V,\text{H}_2\text{O}} = 75,9\ \text{J} \cdot \text{K}^{-1} \cdot \text{mol}^{-1}$
$\alpha_\text{p} = -6,85 \cdot 10^{-5}\ \text{K}^{-1}, \kappa_\text{T} = 0,509 \cdot 10^{-4}\ \text{bar}^{-1}$.

Rechnen Sie in SI-Einheiten und beachten Sie den Sonderfall von Wasser bei 273,15 K mit $\alpha_\text{p} < 0$.

Lösung:

a) Die Zustandsgleichung lautet nach p aufgelöst:

$$p = \frac{\alpha_\text{p}}{\kappa_\text{T}}(T - T_0) + p_0 + \frac{\overline{V}_0 - \overline{V}}{\kappa_\text{T} \cdot \overline{V}_0}$$

Die Adiabatengleichungen ergeben sich entweder aus der Bedingung der Isentropie:

$$\text{d}S = 0 = \frac{\overline{C}_V}{T}\text{d}T + \left(\frac{\partial p}{\partial T}\right)_{\overline{V}} \text{d}\overline{V}$$

oder in äquivalenter Weise aus der Gültigkeit reversibler adiabatischer Prozesse:

$$dQ = 0 \quad \text{bzw.} \quad dU = -pdV = \overline{C}_V dT + \left(\frac{\partial \overline{U}}{\partial \overline{V}}\right)_T d\overline{V}$$

Mit $dS = 0$ bzw. mit Gl. (5.17) folgt damit aus der Zustandsgleichung:

$$\overline{C}_V dT = -T\left(\frac{\partial p}{\partial T}\right)_{\overline{V}} d\overline{V} = -T\left(\frac{\alpha_p}{\kappa_T}\right) d\overline{V}$$

Integration ergibt die Adiabatengleichung $T(\overline{V})$:

$$T = T_0 \cdot \exp\left[-\frac{\alpha_p}{\kappa_T}\frac{1}{\overline{C}_V}(\overline{V} - \overline{V}_0)\right]$$

Da $\overline{V} < V_0$, wenn $p > p_0$, ergibt sich offensichtlich, dass $T > T_0$, wenn $\alpha_p > 0$, aber $T < T_0$, wenn $\alpha_p < 0$. *Im Fall von Wasser bei 273,15 K erwarten wir bei adiabatischer Kompression also eine Abkühlung!* (s. Aufgabenteil c)

Einsetzen von T in die Zustandsgleichung ergibt die Adiabatengleichung $p(V)$ bzw. $p(T)$:

$$p(\overline{V}) = \frac{\alpha_p}{\kappa_T} \cdot T_0 \left[\exp\left(-\frac{\alpha_p}{\kappa_T}\frac{1}{\overline{C}_V}(\overline{V} - \overline{V}_0)\right) - 1\right] + \frac{\overline{V}_0 - \overline{V}}{\kappa_T \overline{V}_0} + p_0$$

$$p(T) = p_0 + \frac{\alpha_p}{\kappa_T}(T - T_0) + \frac{\overline{C}_V}{\overline{V}_0 \cdot \alpha_p} \ln\left(\frac{T}{T_0}\right)$$

b) Wir entwickeln den Exponentialterm im Ausdruck für $p(\overline{V})$ in eine Reihe bis zum linearen Glied und erhalten näherungsweise:

$$p \approx (\overline{V}_0 - \overline{V}) \left(\left(\frac{\alpha_p}{\kappa_T}\right)^2 \frac{T_0}{\overline{C}_V} + \frac{1}{\kappa_T \cdot \overline{V}_0}\right) + p_0$$

$$-\int_{\overline{V}_0}^{\overline{V}} p d\overline{V} \cong \left[\left(\frac{\alpha_p}{\kappa_T}\right)^2 \frac{T_0}{\overline{C}_V} + \frac{1}{\kappa_T \overline{V}_0}\right] \frac{1}{2}(\overline{V} - V_0)^2 - p_0 (\overline{V} - \overline{V}_0)$$

c) Wenn das molare Volumen $\overline{V}$ um 2 % kleiner als $\overline{V}_0$ sein soll, ergibt sich:

$$\overline{V} = 18,019 \cdot 0,98 = 17,728 \text{ cm}^3 \cdot \text{mol}^{-1}$$

Damit erhält man aus den Adiabatengleichungen für T und p:

$$T = 273,15 \cdot \exp\left[-\frac{(-6,85) \cdot 10^{-5}}{0,509 \cdot 10^{-4} \cdot 10^{-5}} \cdot \frac{10^{-6}}{75,9} (17,728 - 18,019)\right] = 273,0 \text{ K}$$

$$p = 10^5 + 1,898 \cdot 10^4 + 3,175 \cdot 10^7 = 3,187 \cdot 10^7 \text{ Pa} = 318,7 \text{ bar}$$

Ferner ergibt sich für die geleistete Arbeit (siehe b)):

$$-\int_{\overline{V}_0}^{\overline{V}} p\mathrm{d}\overline{V} = 4,645\ \mathrm{J}$$

Zum Vergleich: wäre $\alpha_\mathrm{p} = +6,85 \cdot 10^{-5}\ \mathrm{K}^{-1}$, dann *hätte* sich ergeben:

$$T = 273,30\ \mathrm{K}, p = 318,4\ \mathrm{bar}, -\int_{\overline{V}}^{\overline{V}_0} p\mathrm{d}\overline{V} = +4,645\ \mathrm{J}$$

Lediglich T wäre höher ($T > 273,15$), p und die Arbeit bleiben gleich, zumindest in dieser Näherung (Entwicklung des Exponentialterms bis zum linearen Glied), da α_p nur in Form von α_p^2 erscheint.

5.16.29 Thermodynamische Bilanzen beim Mischen von Eis mit flüssigem Wasser

In 5 l Wasser bei 20 °C werden 500 g schmelzendes Eis ($T = 273,15$ K) gegeben. Das Gesamtsystem ist abgeschlossen, d. h. thermisch isoliert.

a) Wie hoch ist die Endtemperatur T_E des gesamten Wassers?

b) Wie groß ist die Entropieänderung $\Delta S = S_{\mathrm{Ende}} - S_{\mathrm{Anfang}}$ des gesamten Systems?

Angaben: Die Molwärme $\overline{C}_{p,\mathrm{fl}}$ von flüssigem Wasser beträgt $75\ \mathrm{J \cdot mol^{-1} \cdot K^{-1}}$, $\overline{C}_{p,\mathrm{fest}}$ von Eis $37\ \mathrm{J \cdot mol^{-1} \cdot K^{-1}}$. Die molare Schmelzenthalpie $\Delta\overline{H}_\mathrm{S}$ von Eis ist $6,01\ \mathrm{kJ \cdot mol^{-1}}$.

c) Wie groß ist die dissipierte Arbeit W_{diss} bei diesem Prozess?

Lösung:

a) Die Wärmemenge, die den 5 l Wasser entzogen wird, muss gleich der Schmelzwärme des Eises plus der zur Erwärmung des geschmolzenen Eises bis zur gesuchten Temperatur T_E benötigten Wärmemenge sein. 5 l H_2O sind ca. 278 mol und 500 g Eis ca. 27,8 mol.

Bilanz:

$$\overline{C}_{p,\mathrm{fl}} \cdot 278 \cdot (293,15 - T_\mathrm{E}) + 27,8 \cdot \overline{C}_{p,\mathrm{fl}}\ (273,15 - T_\mathrm{E}) = \Delta\overline{H}_\mathrm{S} \cdot 27,8$$

Daraus ergibt sich durch Auflösen nach T_E:

$$T_\mathrm{E} = 284,05\ \mathrm{K} = 11\,^\circ\mathrm{C}$$

b) Es gilt allgemein bei p = const. mit der Molzahl n ($\overline{C}_p$ = const.):

$$S(T) = n\,\overline{C}_p \cdot \ln T + \text{const.}$$

Damit ergibt sich:

$$\Delta S = (278 + 27,8)\overline{C}_{p,\text{fl}} \ln T_\text{E} + \Delta S_\text{Schmelz} - 278 \cdot \overline{C}_{p,\text{fl}} \ln 293,15 - 27,8 \cdot \overline{C}_{p,\text{fest}} \ln 273,15$$

Mit

$$\Delta S_\text{Schmelz} = \frac{27,8 \cdot \Delta \overline{H}_\text{S}}{273,15} = \frac{27,8 \cdot 6010}{273,15} = 611,6\ \text{J} \cdot \text{K}^{-1}$$

folgt:

$$\begin{aligned}\Delta S &= 305,8 \cdot 75 \cdot (\ln 284,05) + 611,6 - 278 \cdot 75 \cdot \ln 293,15 - 27,8 \cdot 37 \cdot \ln 273,15\\ &= 5962\ \text{J} \cdot \text{K}^{-1}\end{aligned}$$

c) Da es sich um ein abgeschlossenes System handelt und der Prozess vollständig irreversibel abläuft, gilt:

$$\begin{aligned}\Delta S &= \Delta_i S, \text{also ist } W_\text{diss} \cong T_\text{E} \cdot \int \delta_i S = T_\text{E} \cdot \Delta S\\ &= 284,09 \cdot 5962 = 1693\ \text{kJ} \cdot \text{K}^{-1}\end{aligned}$$

5.16.30 Berechnung der inneren Energie aus einer hypothetischen thermischen Zustandsgleichung

Wir haben gesehen, dass die thermische und die kalorische Zustandsgleichung eines Systems miteinander verknüpft sind. Für eine thermische Zustandsgleichung soll gelten:

$$p = a \cdot \frac{T^3}{V} \qquad (a = \text{const.})$$

Für die kalorische Zustandsgleichung (innere Energie):

$$U = b \cdot T^n \cdot \ln \frac{V}{V_0} + f(T)$$

Bestimmen Sie die Konstanten b und n, a sei bekannt.

Lösung:
Wir wenden Gl. (5.17) an:

$$\left(\frac{\partial U}{\partial V}\right)_T = T\left(\frac{\partial p}{\partial T}\right)_V - p = \frac{b \cdot T^n}{V} = T \cdot 3a\,\frac{T^2}{V} - a\,\frac{T^3}{V}$$

Daraus folgt:

$$b \cdot T^n = 2a\,T^3$$

Also ist $n = 3$ und $b = 2a$.

5.16.31 Verdampfungsenthalpie von Wasser aus der Antoine-Gleichung

Die Dampfdruckgleichung von flüssigem Wasser kann durch folgende empirische Gleichung dargestellt werden (sog. Antoine-Gleichung).

$$\ln(P\,[\text{torr}]) = A - \frac{B}{T + C}$$

mit $A = 18{,}3036$, $B = 3816{,}44$ K und $C = -46{,}13$ K.

a) Berechnen Sie den Dampfdruck von H_2O bei 60 °C in bar und bestimmen Sie bei dieser Temperatur die molare Verdampfungsenthalpie $\Delta\overline{H}_V$ nach der Clausius-Clapeyron'schen Gleichung.

   Angaben: 1 bar = 750,062 torr.

b) Berücksichtigen Sie bei der Berechnung von $\Delta\overline{H}_V$ die Realität der Gasphase durch den 2. Virialkoeffizienten von Wasser ($B_{H_2O}(60\,°C) = -730\ \text{cm}^3 \cdot \text{mol}^{-1}$ und wenden Sie die korrekte Form der Clapeyron'schen Gleichung an (Gl. (5.85)). Es gilt $\overline{V}_{H_2O}(\text{fl}) = 18{,}32\ \text{cm}^3 \cdot \text{mol}^{-1}$.

Lösung:

a)

$$p_{H_2O} \quad \text{bei} \quad 60\,°C = 149{,}4\ \text{Torr} = 0{,}1992\ \text{bar}$$

$$RT^2 \frac{d\ln p}{dT} = \Delta\overline{H}_V \quad \text{mit} \quad \frac{d\ln p}{dT} = \frac{B}{(T + C)^2} \quad \text{folgt :}$$

$$\Delta\overline{H}_{V(60\,°C)} = \frac{3816{,}44 \cdot 8{,}3145}{(333{,}15 - 46{,}13)^2} \cdot (333{,}15)^2 = 42751\ \text{J} \cdot \text{mol}^{-1}$$

b)

$$\frac{dp}{dT} = p \cdot \frac{B}{(T + C)^2} = \frac{B}{(T + C)^2} \cdot \exp\left[A - \frac{B}{T + C}\right]$$
$$= 6{,}9225\ \text{torr} \cdot \text{K}^{-1} = 9{,}2294 \cdot 10^{-3}\ \text{bar} \cdot \text{K}^{-1} = 922{,}94\ \text{Pa} \cdot \text{K}^{-1}$$

Nach der Clapeyron'schen Gleichung (Gl. (5.85)) ergibt sich:

$$\Delta\overline{H}_V = T \cdot \Delta\overline{V}_V \cdot \frac{dp}{dT} = 333{,}15 \cdot \Delta V_V \cdot 922{,}94$$

Mit

$$\Delta\overline{V}_V = \overline{V}_{\text{gas,real}} - \overline{V}_{\text{fl}} = \frac{RT}{p} + B_{H_2O}(T) - 18{,}32 \cdot 10^{-6}$$
$$= \frac{8{,}3145 \cdot 333{,}15}{0{,}1992 \cdot 10^5} - 730 \cdot 10^{-6} - 18{,}32 \cdot 10^{-6} = 0{,}1383\ \text{m}^3 \cdot \text{mol}^{-1}$$

ergibt sich:

$$\Delta\overline{H}_V = 42524\ \text{J} \cdot \text{mol}^{-1}$$

Das ist um 227 $\text{J} \cdot \text{mol}^{-1}$ ($\approx 0{,}5\%$) weniger als nach der vereinfachten Berechnung in Aufgabenteil a).

5.16.32 Verdampfungsprozess von CCl_4 geschlossenen im zylindrischen Rohr

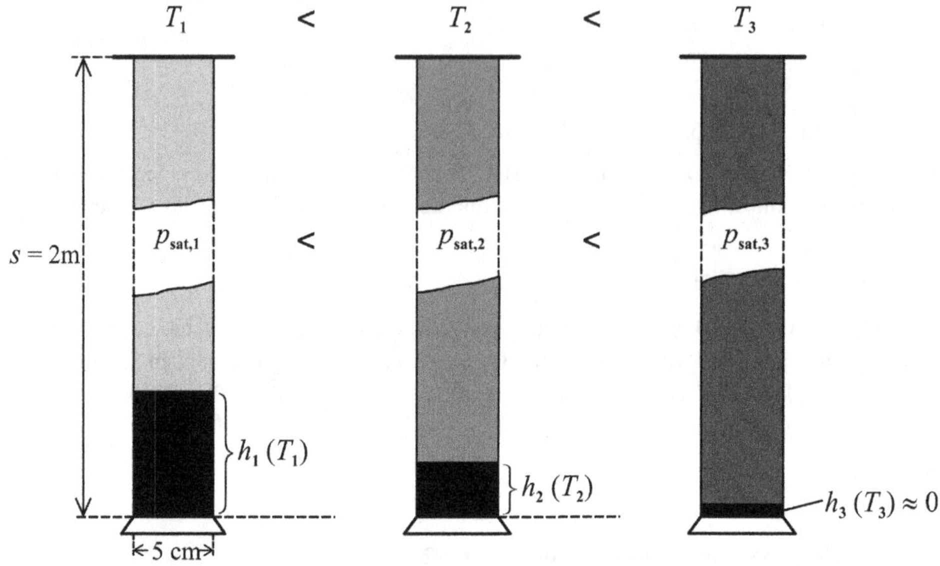

Abb. 5.59 Verschiedene Füllhöhen $h_1(T_1), h_2(T_2)$ und $h_3(T_3)$ einer Flüssigkeit im Gleichgewicht mit ihrem Dampf bei verschiedenen Temperaturen $T_1 < T_2 < T_3$. Gesamtmolzahl und Zylindervolumen sind konstant

In einem geschlossenen zylindrischen Rohr mit dem Innendurchmesser $d = 5$ cm und der Höhe $s = 2$ m befinden sich 32 g CCl_4. Welche Füllhöhe (Flüssigkeitsspiegel) hat das Rohr bei 293 K und bei 363 K? Vergleichen Sie die Resultate mit der Füllhöhe, die sich ergibt, wenn gar kein CCl_4 verdampfen könnte. Die Aufgabenstellung ist in Abb. 5.59 illustriert.

Angaben:
Die Siedetemperatur von CCl_4 ist 349,7 K, die Verdampfungsenthalpie beträgt 30,01 kJ mol^{-1}, die Flüssigkeitsdichte ϱ bei 293 K beträgt $1,631\ \text{g} \cdot \text{cm}^{-3}$ und der thermische Ausdehnungskoeffizient α_p ist $12,4 \cdot 10^{-4}\ \text{K}^{-1}$. *Anmerkung:* in der Dampfphase soll das ideale Gasgesetz gültig sein.

Lösung:
Die eingefüllte Masse an CCl_4 setzt sich aus einem Anteil an Flüssigkeit (Molzahl n_fl) und einem dampfförmigen Anteil (Molzahl n_D) zusammen.

Für die Volumenbilanz gilt:

$$V_\text{Rohr} = \pi \cdot \left(\frac{d}{2}\right)^2 \cdot H = 3927\ \text{cm}^3 = \overline{V}_\text{fl} \cdot n_\text{fl} + \overline{V}_\text{D} \cdot n_\text{D}$$

mit den Molvolumina $\overline{V}_\text{fl}$ und $\overline{V}_\text{D}$ von CCl_4 in der flüssigen bzw. in der dampfförmigen Phase. Bei

293 K beträgt

$$\overline{V}_{\text{fl},293} = M/\varrho = 153,81/1,631 = 94,304\ \text{cm}^3 \cdot \text{mol}^{-1}$$

Dann gilt bei 363 K:

$$\overline{V}_{\text{fl},363} = \overline{V}_{\text{fl},293}\,(1 + \alpha_\text{p} \cdot \Delta T) = 94,304(1 + 12,4 \cdot 10^{-4} \cdot 70) = 102,49\ \text{cm}^3 \cdot \text{mol}^{-1}.$$

Die entsprechenden Werte $\overline{V}_{\text{D},293}$ und $\overline{V}_{\text{D},363}$ sind:

$$\overline{V}_{\text{D},293} = \frac{R \cdot 293,15}{P_\text{sat}(293)} \quad \text{bzw.} \quad \overline{V}_{\text{D},363} = \frac{R \cdot 363,15}{P_\text{sat}(363)}$$

Wir berechnen $p_\text{sat}(293)$ und $p_\text{sat}(363)$ mit der integrierten Clausius-Clapeyron'schen Gleichung ($\Delta\overline{H}_\text{V} = 30010\ \text{J} \cdot \text{mol}^{-1}$):

$$p_\text{sat}(293) = 1\ \text{bar} \cdot \exp\left[-\frac{\Delta\overline{H}_\text{V}}{R}\left(\frac{1}{293} - \frac{1}{349,7}\right)\right] = 0,1366\ \text{bar}$$

$$p_\text{sat}(363) = 1\ \text{bar} \cdot \exp\left[-\frac{\Delta\overline{H}_\text{V}}{R}\left(\frac{1}{363} - \frac{1}{349,7}\right)\right] = 1,4656\ \text{bar}$$

Damit ergibt sich (p_sat ist in Pa einzusetzen!):

$$\overline{V}_{\text{D},293} = \frac{8,3145 \cdot 293,15}{0,1366 \cdot 10^5} = 0,17843\ \text{m}^3 \cdot \text{mol}^{-1} = 1,7843 \cdot 10^5\ \text{cm}^3 \cdot \text{mol}^{-1}$$

$$\overline{V}_{\text{D},363} = \frac{8,3145 \cdot 363,15}{1,4656 \cdot 10^5} = 0,0206\ \text{m}^3 \cdot \text{mol}^{-1} = 2,060 \cdot 10^4\ \text{cm}^3 \cdot \text{mol}^{-1}$$

Nun beträgt die Gesamtmolzahl an CCl_4 : $n_\text{fl} + n_\text{D} = n = \frac{32}{153,81} = 0,208$ mol.
Damit lässt sich für die Volumenbilanz bei 293 K schreiben:

$$3927 = 94,304 \cdot n_\text{fl} + 1,7843 \cdot 10^5\,(0,208 - n_\text{fl})$$

und bei 363,15 K:

$$3927 = 102,49 \cdot n_\text{fl} + 2,06 \cdot 10^4\,(0,208 - n_\text{fl})$$

Damit ergibt sich für n_fl bei 293,15 K:

$$n_\text{fl}(293) = \frac{1,7843 \cdot 10^5 \cdot 0,208 - 3927}{1,7843 \cdot 10^5 - 94,304} = 0,186\ \text{mol}$$

und entsprechend für n_fl bei 363,15 K:

$$n_\text{fl}(363) = \frac{2,06 \cdot 10^4 \cdot 0,208 - 3927}{2,06 \cdot 10^4 - 102,49} = 0,0175\ \text{mol}$$

Daraus berechnet sich die Füllhöhe $h(T)$:

$$h(T) = \overline{V}_\text{fl}(T) \cdot n_\text{fl}(T) \Bigg/ \left(\pi \cdot \left(\frac{d}{2}\right)^2\right)$$

Die gesuchten Resultate lauten also:

$$h(293) = 94,304 \cdot 0,186/19,635 = 0,893 \text{ cm}$$
$$h(363) = 102,49 \cdot 0,0175/19,635 = 0,091 \text{ cm}$$

Bei einer geringfügig höheren Temperatur als 363,15 K wäre bereits die gesamte Menge an CCl_4 verdampft. Wenn gar kein CCl_4 verdampfen würde, wären die Füllhöhen:

$$h(293) = 94,304 \cdot 0,208/19,635 = 0,998 \text{ cm}$$
$$h(363) = 102,49 \cdot 0,208/19,635 = 1,085 \text{ cm}$$

Es ist in diesem Fall $h(363) - h(293)$, da h allein durch die thermische Ausdehnung der Flüssigkeit bewirkt wird.

5.16.33 Siedetemperaturen von Wasser als Funktion der Höhe über dem Meeresspiegel

Die Siedetemperatur einer Flüssigkeit ist definiert als die Temperatur, bei der der Sättigungsdampfdruck der Flüssigkeit identisch mit dem äußeren Luftdruck ist. Verwenden Sie die barometrische Höhenformel und die integrierte Clausius-Clapeyron'sche Gleichung, um eine Beziehung zwischen Siedetemperatur T_S und der Höhe h über dem Erdboden abzuleiten. Geben Sie T_S für Wasser in 1000 m Höhe, auf dem Kilimandscharo (6000 m) und dem Mount Everest (8848 m) an.

Angaben:

Die molare Verdampfungsenthalpie von Wasser beträgt $40,656 \text{ kJ} \cdot \text{mol}^{-1}$. Die Temperatur der Luft beträgt 288 K.

Lösung:

Wenn der Druck am Erdboden 1 bar ist und dort die Siedetemperatur T_{S0} beträgt, so gilt:

$$p = 1 \text{ bar} \cdot \exp\left[-\frac{\Delta \overline{H}_V}{R}\left[\frac{1}{T_S} - \frac{1}{T_{S0}}\right]\right] = 1 \text{ bar} \cdot \exp\left[-\frac{M_{\text{Luft}} \cdot g \cdot h}{R \cdot 288}\right]$$

Das lässt sich nach T_S auflösen:

$$\frac{1}{T_S} = \frac{1}{T_{S0}} + \frac{M_{\text{Luft}} \cdot g \cdot h}{\Delta \overline{H}_V \cdot 288}$$

Wir setzen $h = 1000 \text{ m}, 6000 \text{ m}, 8848 \text{ m}$ und erhalten mit $T_{S0} = 373,15 \text{ K}$ für Wasser sowie $g = 9,81 \text{ m} \cdot \text{s}^{-2}$ und $M_{\text{Luft}} = 0,029 \text{ kg} \cdot \text{mol}^{-1}$:

$$T_S(h = 1000 \text{ m}) = 369,79 \text{ K} = 96,6\,°\text{C}$$
$$T_S(h = 6000 \text{ m}) = 353,90 \text{ K} = 80,8\,°\text{C}$$
$$T_S(h = 8848 \text{ m}) = 345,44 \text{ K} = 72,3\,°\text{C}$$

5.16.34 Schmelzpunkt von Eis unter Druck

Der Schmelzpunkt von H_2O bei 1 bar beträgt 273,15 K. Die Dichte von flüssigem Wasser bei diesen Bedingungen ist $0,9998\ \text{g} \cdot \text{cm}^{-3}$, die von Eis $0,9168\ \text{g} \cdot \text{cm}^{-3}$. Bei welcher Temperatur schmilzt Eis unter einem Druck von 2 kbar?
Angaben:
Die Molmasse von H_2O ist $0,018\ \text{kg}\cdot\text{mol}^{-1}$, die molare Schmelzenthalpie von Eis beträgt $6,01\ \text{kJ} \cdot \text{mol}^{-1}$.
Hinweis:
Nehmen Sie an, dass die angegebenen Dichtewerte in erster Näherung temperatur- und druckunabhängig sind.

Lösung:

$$V^{\text{fl}}_{\text{H}_2\text{O}} = 0,018/999,8 = 1,80 \cdot 10^{-5}\ \text{m}^3 \cdot \text{mol}^{-1}$$
$$V^{\text{fest}}_{\text{H}_2\text{O}} = 0,018/916,8 = 1,963 \cdot 10^{-5}\ \text{m}^3 \cdot \text{mol}^{-1}$$

$$\frac{\text{d}p}{\text{d}T} = \frac{\Delta H_{\text{Schmelz}}}{T \cdot \Delta V_{\text{Schmelz}}} = \frac{1}{T}\,\frac{6010}{1,80 - 1,963} \cdot 10^5 = -\frac{3,687 \cdot 10^9}{T}$$

Integration ergibt:

$$p - p_0 = -3,687 \cdot 10^9\ \ln \frac{T}{T_0} = 2 \cdot 10^8\ \text{Pa} \ = 2\ \text{kbar}$$

$$T = T_0 \cdot \exp\left[\frac{p - p_0}{-3,687 \cdot 10^9}\right] = 273,15 \cdot \exp\left[-\frac{2}{3,687} \cdot 10^{-1}\right]$$
$$= 258,73\ \text{K} = -14,4°\text{C}$$

Eis schmilzt also unter 2 kbar Druck bei ca. - 14,4°C = 258,75 K (s. auch Abb. 5.19).

5.16.35 Umwandlung von Graphit zu Diamant unter Berücksichtigung der Kompressibilitäten

In dieser Aufgabe wollen wir uns nochmals genauer mit der Umwandlung von Graphit in Diamant beschäftigen.

a) Berechnen Sie die freie Standardbildungsenthalpie $\Delta^{\text{f}}\overline{G}^0(T)$ der Diamantbildung aus Graphit mit Hilfe der in Anhang F, Tabelle F.3 angegebenen Daten für $\Delta^{\text{f}}\overline{G}^0(298)$, $\Delta^{\text{f}}\overline{H}^0(298)$, $\overline{S}^0(298)$ und $\overline{C}_p$ bei 1 bar und $T \neq 298,15$ (s. Gl. (5.88)).

b) Berechnen Sie den Umwandlungsdruck p bei 298,15 K und bei 600 K unter Berücksichtigung der isothermen Kompressibilität κ_{T} von Graphit und Diamant.

   Angaben: $\varrho_{\text{Gr}} = 2,25 \cdot 10^3\ \text{kg} \cdot \text{m}^{-3}, \varrho_{\text{Dia}} = 3,52 \cdot 10^3\ \text{kg} \cdot \text{m}^{-3}$ bei jeweils 1 bar und $\kappa_{T,\text{Gr}} = 25 \cdot 10^{-12}\ \text{Pa}^{-1}$ und $\kappa_{T,\text{Dia}} = 1,8 \cdot 10^{-12}\ \text{Pa}^{-1}$

Lösung:

a) Wir überprüfen zunächst den in Tabelle F.3 angegebenen Wert für $\Delta^f\overline{G}^0(298) = 2,88\ \text{kJ} \cdot \text{mol}^{-1}$. Es muss nämlich gelten:

$$\Delta^f\overline{G}^0(298) = \Delta^f\overline{H}^0(298) - 298 \cdot (\overline{S}^0_{\text{Dia}} - \overline{S}^0_{\text{Gr}}) = 1900$$
$$- 298,15\,(2,45 - 5,69) = 2867\ \text{J} \cdot \text{mol}^{-1} = 2,87\ \text{kJ} \cdot \text{mol}^{-1}$$

Die Übereinstimmung ist gut.

Nach Gl. (5.88) berechnet sich jetzt:

$$\Delta^f\overline{G}^0(T) = \Delta^f\overline{G}^0(298) + \int_{298}^{T} \left(\overline{C}_{p,\text{Dia}} - \overline{C}_{p,\text{Gr}}\right) \cdot \text{d}T - T \int_{298}^{T} \frac{\overline{C}_{p,\text{Dia}} - \overline{C}_{p,\text{Gr}}}{T} \cdot \text{d}T$$
$$= 2870 + (T - 298,15)(6,1 - 8,5) - T(6,1 - 8,5) \ln\left(\frac{T}{298,15}\right)$$
$$\Delta^f\overline{G}^0(T) = 3586 - 16,07 \cdot T + 2,4 \cdot T \cdot \ln T \quad \text{(bei 1 bar)}$$

b)

$$\overline{V}_{\text{Gr}}(1\ \text{bar}) = \frac{M_{\text{C}}}{\varrho_{\text{Gr}}} = \frac{0,01201}{2,25 \cdot 10^3} = 5,338 \cdot 10^{-6}\ \text{m}^3 \cdot \text{mol}^{-1}$$
$$\overline{V}_{\text{Dia}}(1\ \text{bar}) = \frac{M_{\text{C}}}{\varrho_{\text{Dia}}} = \frac{0,01201}{3,52 \cdot 10^3} = 3,412 \cdot 10^{-6}\ \text{m}^3 \cdot \text{mol}^{-1}$$

Unter Berücksichtigung von κ_{T} wird $\overline{V}$ druckabhängig (s. Aufgabe 5.16.16 (a)):

$$\overline{V}(p) = \overline{V}(p_0) \cdot \exp\left[-\kappa_{\text{T}}(p - p_0)\right]$$

Berechnung des Umwandlungsdruckes p bei 298,15 K:

$$\Delta^f G^0(298) = 2870\ \text{Joule} = -\int_{p_0 \approx 0}^{p} \left(\overline{V}_{\text{Dia}} - \overline{V}_{\text{Gr}}\right) \text{d}p = \frac{\overline{V}_{\text{Dia}}(1\ \text{bar})}{\kappa_{T,\text{Dia}}} \left[\exp(-\kappa_{T,\text{Dia}} \cdot p - 1)\right]$$
$$- \frac{\overline{V}_{\text{Gr}}(1\ \text{bar})}{\kappa_{T,\text{Gr}}} \left[\exp(-\kappa_{T,\text{Gr}} \cdot p - 1)\right]$$
$$= \frac{3,412}{1,8} 10^6 \left[\exp\left(-1,8 \cdot 10^{-12} \cdot p\right) - 1\right] - \frac{5,338}{25} 10^6$$
$$\cdot \left[\exp\left(-25 \cdot 10^{-12} \cdot p\right) - 1\right]\ \text{Joule}$$

Die Auflösung der Gleichung nach p ergibt: $p = 16,0$ kbar.

Bei $T = 600$ K ergibt sich mit der letzten Gleichung in Aufgabenteil (a):

$$\Delta^f\overline{G}^0(600) = 3156\ \text{J} \cdot \text{mol}^{-1}$$

Eingesetzt in dieselbe Beziehung wie oben ergibt sich ein Druck von 17,6 kbar. Eine Temperaturabhängigkeit von $\overline{V}_{\text{Dia}}$ und $\overline{V}_{\text{Gr}}$ haben wir dabei unberücksichtigt gelassen.

5.16.36 Phasenumwandlung von WF_6 im festen Zustand

Die Flüssigkeit WF_6 (Wolframhexafluorid) zeigt unterhalb ihres Schmelzpunktes, also im festen Zustand, eine Phasenumwandlung fest → fest. Man stellt das am „Knick" der Sublimationsdruckkurve (Dampfdruckkurve des festen WF_6) fest. Unterhalb der Umwandlungstemperatur T_U in der Festphase II, wird der gemessene Sublimationsdruck durch die Formel

$$p = 133,2 \cdot \exp\left[A_{II} + \frac{B_{II}}{T}\right] \text{ in Pa}$$

und oberhalb von T_U in der Festphase I durch

$$p = 133,2 \cdot \exp\left[A_{I} + \frac{B_{I}}{T}\right] \text{ in Pa}$$

beschrieben. Berechnen Sie:

a) die Umwandlungstemperatur T_U, b) den Druck p_U bei T_U, c) die Umwandlungsenthalpie ΔH_U von II → I, d) die Umwandlungsentropie ΔS_U von II → I.

Angaben:
$A_I = 19,356$, $B_I = -3664,9$ K, $A_{II} = 23,259$, $B_{II} = -4703,4$ K

Lösung:
Bei $T = T_U$ sind die Drücke aus den angegebenen Formeln gleich und es gilt:

$$A_I + \frac{B_I}{T_U} = A_{II} + \frac{B_{II}}{T_U}$$

a) Es folgt mit den angegebenen Zahlenwerten: $T_U = 266,0$ K.

b) Aus einer der beiden Formeln für den Druck p ergibt sich bei Einsetzen von $T = T_U$:

$$p_{T_U} = 35263 \text{ Pa} = 0,3526 \text{ bar}$$

c) Mit der Clausius-Clapeyron'schen Gleichung $(\mathrm{d}\ln p/\mathrm{d}T) = \Delta\overline{H}_V/RT^2$ und $\Delta\overline{H}_V$ (molare Sublimationsenthalpie) folgt für die Phasen I und II bei T_U:

$$\frac{\mathrm{d}\ln p}{\mathrm{d}T} = -\frac{B_I}{T_U^2} \quad \text{bzw.} \quad \frac{\mathrm{d}\ln p}{\mathrm{d}T} = -\frac{B_{II}}{T_U^2}$$

Daraus folgt

$$\Delta\overline{H}_V(\mathrm{I}) = -B_I R = 30,47 \text{ kJ} \cdot \text{mol}^{-1}$$

und

$$\Delta\overline{H}_V(\mathrm{II}) = -B_{II} R = 39,10 \text{ kJ} \cdot \text{mol}^{-1}$$

Nach dem Hess'schen Satz gilt für die Umwandlungsenthalpie:

$$\Delta\overline{H}_U = \Delta\overline{H}_V(\mathrm{II}) - \Delta\overline{H}_V(\mathrm{I}) = 8,63 \text{ kJ} \cdot \text{mol}^{-1}$$

d)

$$\Delta\overline{S}_U = \frac{\Delta\overline{H}_U}{T_U} = \frac{8630}{266} = 32,44 \text{ J} \cdot \text{mol}^{-1} \cdot \text{K}^{-1}$$

5.16.37 Berechnung des Dampfdruckes aus Standardbildungsgrößen am Beispiel von Br_2 und UF_6

Verwenden Sie die Daten für $\Delta^{\mathrm{f}}\overline{G}^0(298)$ und $\Delta^{\mathrm{f}}\overline{H}^0(298)$ bei 1 bar in Tabelle F.3 im Anhang F und berechnen Sie den Sättigungsdampfdruck p_{sat} a) von flüssigem Brom (Br_2) und b) von festem UF_6 bei jeweils 298,15 K und 318,15 K. Behandeln Sie den Dampf als ideales Gas und machen Sie von der Clausius-Clapeyron'schen Gleichung Gebrauch.

Lösung:
Im Phasengleichgewicht muss gelten:

$$\overline{G}_{\mathrm{fl}}(298, p_{\mathrm{sat}}) = \overline{G}_{\mathrm{gas}}(298, p_{\mathrm{sat}}) \quad \text{bzw.} \quad \Delta^{\mathrm{f}}\overline{G}^0_{\mathrm{fl}}(298, p_{\mathrm{sat}}) = \Delta\overline{G}^0_{\mathrm{gas}}(298, p_{\mathrm{sat}})$$

Mit Hilfe von Gl. (5.58) lässt sich dafür schreiben:

$$\Delta^{\mathrm{f}}\overline{G}^0_{\mathrm{fl}}(298, 1\ \mathrm{bar}) + \int_{1\ \mathrm{bar}}^{p_{\mathrm{sat}}} \overline{V}_{\mathrm{fl}}\mathrm{d}p = \Delta^{\mathrm{f}}\overline{G}^0_{\mathrm{gas}}(298, 1\ \mathrm{bar}) + \int_{1\ \mathrm{bar}}^{p_{\mathrm{sat}}} \overline{V}_{\mathrm{gas}}\mathrm{d}p$$

Wegen $\overline{V}_{\mathrm{fl}} \ll \overline{V}_{\mathrm{gas}}$ kann der zweite Term auf der linken Gleichungsseite vernachlässigt werden. Auf der rechten Seite soll das ideale Gasgesetz $\overline{V} = RT/p$ gelten. Man erhält für das Phasengleichgewicht bei $T = 298$ K:

$$\Delta^{\mathrm{f}}\overline{G}^0_{\mathrm{fl}}(298, 1\ \mathrm{bar}) = \Delta^{\mathrm{f}}\overline{G}^0_{\mathrm{gas}}(298, 1\ \mathrm{bar}) + R \cdot 298 \cdot \ln(p_{\mathrm{sat}}/1\ \mathrm{bar})$$

Die Standardwerte für $\Delta^{\mathrm{f}}\overline{G}^0_i(298, 1\ \mathrm{bar})$ ($i = \mathrm{fl}, \mathrm{gas}$) entnimmt man Anhang F.3 und erhält:

a) für Br_2:

$$(0 - 3130)\ \mathrm{J} \cdot \mathrm{mol}^{-1} = -8{,}3145 \cdot 298{,}15 \cdot \ln\,(p_{\mathrm{sat}}/1\ \mathrm{bar})$$

also:

$$p_{\mathrm{sat}}(298) = 0{,}283\ \mathrm{bar}$$

b) für UF_6:

$$10^3\,[-2033{,}4 - (-2029{,}2)]\ \mathrm{J} \cdot \mathrm{mol}^{-1} = R \cdot 298{,}15 \cdot \ln p_{\mathrm{sat}}\ \mathrm{J} \cdot \mathrm{mol}^{-1}$$

also:

$$p_{\mathrm{sat}}(298) = 0{,}184\ \mathrm{bar}$$

Der Unterschied der molaren Bildungsenthalpien von Gasphase und flüssiger Phase ist die molare Verdampfungsenthalpie $\Delta\overline{H}_{\mathrm{V}}$:

$$\Delta\overline{H}_{\mathrm{V}} = \Delta^{\mathrm{f}}\overline{H}(298)(\mathrm{gas}) - \Delta^{\mathrm{f}}\overline{H}(298)(\mathrm{fl})$$

Anwendung der Clausius-Clapeyron'schen Gleichung ergibt für die Dampfdrücke bei 318 K:

$$p_{\mathrm{sat}}(318) = p_{\mathrm{sat}}(298) \cdot \exp\left[-\frac{\Delta \overline{H}_{\mathrm{V}}}{R}\left(\frac{1}{318} - \frac{1}{298}\right)\right]$$

Damit ergibt sich:

a) für Br_2:

$$\Delta \overline{H}_{\mathrm{V}} = 30,91 \text{ kJ} \cdot \text{mol}^{-1}$$

und somit:

$$p_{\mathrm{sat}}(318) = 0,283 \cdot \exp\left[-\frac{30910}{8,3145}\left(\frac{1}{318} - \frac{1}{298}\right)\right] = 0,620 \text{ bar}$$

b) für UF_6:

$$\Delta \overline{H}_{\mathrm{V}} = -2112,9 - (-2163,1) = 50,2 \text{ kJ} \cdot \text{mol}^{-1}$$

und somit:

$$p_{\mathrm{sat}}(318) = 0,184 \cdot \exp\left[-\frac{50200}{8,3145}\left(\frac{1}{318} - \frac{1}{298}\right)\right] = 0,657 \text{ bar}$$

Für genauere Berechnungen, vor allem bei höheren Temperaturen, muss man die Realität der Gasphase, die T-Abhängigkeit von $\Delta \overline{H}_{\mathrm{V}}$ berücksichtigen und darf bei noch höheren Temperaturen und Annäherung an den kritischen Punkt $\overline{V}_{\mathrm{fl}}$ nicht mehr vernachlässigen.

5.16.38 Überprüfung der Phasengleichgewichtsbedingungen von Zustandsgleichungen mit dem Carnahan-Starling-Term

Im Anwendungsbeispiel 5.15.11 wurden mit Hilfe der Maxwell-Konstruktion die Gleichheit der chemischen Potentiale zur Berechnung des Phasengleichgewichtes Dampf-Flüssig mit verschiedenen Zustandsgleichungen abgeleitet. Dabei wurde folgende Beziehung für den durch die Carnahan-Starling-Gleichung bestimmten Hartkugelanteil erhalten:

$$\int p_{\mathrm{HS,CS}} \mathrm{d}\overline{V} = RT \ln \overline{V} - RT \frac{3 - 2y}{(1-y)^2}$$

wobei $\overline{V}$ das Molvolumen bedeutet.

Zeigen Sie, dass durch Differenzieren dieses Ausdruckes nach $\overline{V} = b/(4y)$ wieder die Hartkugel-Zustandsgleichung nach Carnahan-Starling (Gl. (3.6) erhalten wird.

Lösung:
Es muss gelten:

$$\frac{\mathrm{d}}{\mathrm{d}\overline{V}} \int p_{\mathrm{HS,CS}} \cdot \mathrm{d}\overline{V} = p_{\mathrm{HS,CS}} = -RT\left[\frac{\mathrm{d}\ln y}{\mathrm{d}y} + \frac{\mathrm{d}}{\mathrm{d}y}\left(\frac{3-2y}{(1-y)^2}\right)\right] \frac{\mathrm{d}y}{\mathrm{d}\overline{V}}$$

Differenzieren nach y mit $\mathrm{d}y/\mathrm{d}\overline{V} = -y/\overline{V}$ ergibt:

$$\begin{aligned} p_{\mathrm{HS,CS}} \cdot \overline{V} &= RT \cdot y \left[\frac{1}{y} + \frac{-2(1-y) + 2(3-2y)}{(1-y)^3} \right] \\ &= RT \left[\frac{(1-y)^3 - 2(1-y) \cdot y + 2(3-2y) \cdot y}{} \right] \\ &= RT \left[\frac{1 + y + y^2 - y^3}{(1-y)^3} \right] \end{aligned}$$

Das ist genau Gl. (3.6).

5.16.39 Mechanische Stabilitätsbedingung aus der Legendre-Transformation von F nach G

Zeigen Sie, dass aus der Forderung für die Gültigkeit der Legendre-Transformation von der freien Energie F zur freien Enthalpie G die Stabilitätsbedingung $\kappa_{\mathrm{T}} > 0$ folgt.

Lösung:

$$G = F + pV = F - \left(\frac{\partial F}{\partial V} \right)_T \cdot V$$

Es gilt nun nach Gl. (5.50):

$$\left(\frac{\partial^2 F}{\partial V^2} \right)_T = - \left(\frac{\partial p}{\partial V} \right)_T \neq 0$$

Das Vorzeichen für diesen Ausdruck muss in allen realen Zuständen sowie im Spezialfall des idealen Gases für ein gegebenes System dasselbe Vorzeichen haben. Für ideale Gase gilt bekanntlich:

$$-\frac{1}{V} \left(\frac{\partial V}{\partial p} \right) = \kappa_{\mathrm{T}} = \frac{1}{p} > 0 \quad \text{bzw.} \quad - \left(\frac{\partial p}{\partial V} \right)_T = \frac{1}{\kappa_{\mathrm{T}} V} > 0$$

für alle realen Zustände. Da $V > 0$, gilt immer $\kappa_{\mathrm{T}} > 0$.

5.16.40 Ableitung des Phasengesetzes aus der Gibbs-Duhem-Gleichung

Leiten Sie aus der Gültigkeit der Gibbs-Duhem-Gleichung (Gl. (5.50)) für ein Mehrkomponenten- und Mehrphasensystem das Gibbs'sche Phasengesetz ab (Gl. (5.83)).

Lösung:
Es gilt für jede Phase die Gibbs-Duhem Gleichung:

$$\begin{array}{ccccccc} S_\alpha \mathrm{d}T_\alpha & + & V_\alpha \mathrm{d}p_\alpha & + & \sum\limits_{i=1}^{k} n_{i\alpha} \cdot \mathrm{d}\mu_{i\alpha} & = & 0 \\ \vdots & & \vdots & & \vdots & & \\ S_\sigma \mathrm{d}T_\sigma & + & V_\sigma \mathrm{d}p_\sigma & + & \sum\limits_{i=1}^{k} n_{i\sigma} \cdot \mathrm{d}\mu_{i\sigma} & = & 0 \end{array}$$

Die Gleichgewichtsbedingungen nach Gl. (5.82) erfordern:

$$\begin{array}{ccccccc} \mathrm{d}T_\alpha & = & \cdots & = & \mathrm{d}T_\sigma & = & \mathrm{d}T \\ \mathrm{d}p_\alpha & = & \cdots & = & \mathrm{d}p_\sigma & = & \mathrm{d}p \\ \mathrm{d}\mu_{1\alpha} & = & \cdots & = & \mathrm{d}\mu_{1\sigma} & = & \mathrm{d}\mu_1 \\ \vdots & & & & & & \\ \mathrm{d}\mu_{k\alpha} & = & \cdots & = & \mathrm{d}\mu_{k\sigma} & = & \mathrm{d}\mu_k \end{array}$$

Also erhält man:

$$\begin{array}{ccccccc} S_\alpha \mathrm{d}T & + & V_\alpha \mathrm{d}p & + & \sum\limits_{i=1}^{k} n_{i\alpha} \cdot \mathrm{d}\mu_i & = & 0 \\ \vdots & & \vdots & & \vdots & & \\ S_\sigma \mathrm{d}T & + & V_\sigma \mathrm{d}p & + & \sum\limits_{i=1}^{k} n_{i\sigma} \cdot \mathrm{d}\mu_i & = & 0 \end{array}$$

Da es $k + 2$ Variable in einem offenen System gibt, deren Zahl durch diese σ Gleichungen eingeschränkt wird, ergibt sich für die Zahl der frei wählbaren Variablen f:

$$f = k + 2 - \sigma$$

Das ist das Gibbs'sche Phasengesetz (Gl. (5.83)).

Existieren ferner noch r unabhängige chemische Reaktionsgleichgewichte, so gilt:

$$\begin{array}{ccc} \sum\limits_{i}^{k} \nu_{ir} \cdot \mu_i & = & 0 \\ \vdots & & \\ \sum\limits_{i=1}^{k} \nu_{ir} \cdot \mu_i & = & 0 \end{array}$$

Das sind r weitere Bedingungsgleichungen, so dass in diesem Fall gilt:

$$f = k + 2 - \sigma - r$$

5.16.41 Dissipierte Arbeit im geteilten Zylinder mit beweglichem Kolben

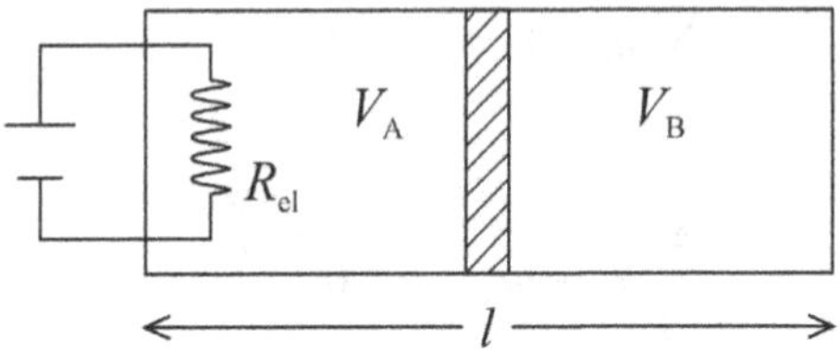

Abb. 5.60 Zylinder der Länge l mit beweglichem Kolben und Heizelement (s. Text)

Ein Zylinder wird durch einen masselosen, reibungsfrei beweglichen Kolben in 2 gleich große Volumina V_A und V_B geteilt (s.Abb. 5.60). Jedes Volumen enthält 1000 mol eines idealen Gases. Der Druck auf beiden Seiten beträgt 1 bar, die Temperatur 298 K. Der gesamte Zylinder ist nach außen thermisch isoliert. In V_A wird nun über den elektrischen Widerstand R_{el} eines Heizelements langsam die dissipierte Arbeit W_{diss} abgegeben, so dass die Temperatur in V_A von 298 K auf 455 K steigt. Der Kolben ist nicht wärmeleitend, so dass von V_A nach V_B kein Wärmefluss stattfinden kann, es findet aber durch Verschieben des Kolbens ein adiabatischer Prozess in V_B statt.

Wie groß ist W_{diss}, wie groß ist die Temperaturerhöhung ΔT_B in V_B und um welchen prozentualen Anteil von l wird der Kolben aus der Mitte nach rechts verschoben? Welche Ergebnisse erhält man für Ar ($\overline{C}_p = 5/2 \cdot R$), welche für CH_4 ($\overline{C}_p = 35,31 \text{ J} \cdot \text{mol}^{-1} \cdot \text{K}^{-1}$)?

Lösung:
Nach Gl. (5.26) gilt für die Änderung der inneren Energie ΔU_{Zyl} des ganzen Zylinders ($Q = 0, W_{rev} = 0$):

$$\Delta U_{Zyl} = W_{diss} = n_A \cdot \Delta \overline{U}_A + n_B \cdot \Delta \overline{U}_B$$

wobei $\Delta \overline{U}_A$ und $\Delta \overline{U}_B$ die Änderungen der molaren inneren Energien in V_A bzw. V_B bedeuten. Mit $n_A = n_B = 1000$ ergibt sich:

$$W_{diss} = 1000\,(\overline{C}_V \Delta T_A + \overline{C}_V \cdot \Delta T_B)$$

mit $\Delta T_A = 455 - 298 = 157$ K. Durch die Zufuhr von W_{diss} dehnt sich V_A aus und es wird entsprechend V_B adiabatisch und quasistatisch (reversibel) komprimiert, denn es gilt $V_{Zyl} = V_A + V_B = \text{const.}$

Für die Temperaturänderung ΔT_B gilt nach Gl. (5.1) und Gl. (5.2):

$$\frac{298 + \Delta T_B}{298} = \left(\frac{p}{p_0}\right)^{(\gamma-1)/\gamma}$$

p_0 ist der Druck vor Prozessbeginn (1 bar) in V_A und V_B bei 298 K. p ist der Druck in bar in V_A und V_B bei Prozessende. Mit $\gamma = \overline{C}_p/\overline{C}_V$ und $\overline{C}_p - \overline{C}_V = R$ für ideale Gase ergeben sich für Argon bzw. Methan:

$$\gamma_{Ar} = \frac{5}{3} = 1,667 \quad \text{und} \quad \gamma_{CH_4} = \frac{35,31}{27,0} = 1,308$$

Nach dem idealen Gasgesetz gilt für das Zylindervolumen V_{Zyl} *vor* Prozessbeginn (1 bar = 10^5 Pa):

$$V_{\mathrm{Zyl}} = 2 \cdot 1000 \cdot R \cdot \frac{298}{10^5} = 49{,}55\ \mathrm{m}^3$$

und *nach* Prozessende:

$$V_{\mathrm{Zyl}} = [1000 \cdot R \cdot (298 + \Delta T_{\mathrm{A}}) + 1000 \cdot R(298 + \Delta T_{\mathrm{B}})] \,/\, p$$

Da V_{Zyl} konstant bleibt, ergibt sich aus den beiden Gleichungen für V_{Zyl} den Druck nach Prozessende in Pa:

$$10^5 \cdot 2p = \left(\frac{298 + \Delta T_{\mathrm{A}}}{298} + \frac{298 + \Delta T_{\mathrm{B}}}{298} \right)$$

Nun gilt ja für den adiabatischen Prozess bei Verschiebung der Kolbenscheibe:

$$\frac{298 + \Delta T_{\mathrm{B}}}{298} = \left(\frac{p}{p_0} \right)^{(\gamma-1)/\gamma}$$

Mit $\Delta T_{\mathrm{A}} = 157$ K folgt daraus:

$$2p = \frac{455}{298} 10^5 + p^{(\gamma-1)/\gamma}$$

Damit ergibt sich für Argon bzw. Methan in bar:

$$p_{\mathrm{Ar}} = \frac{1}{2}\,\frac{455}{298} 10^5 + \frac{1}{2}\, p_{\mathrm{Ar}}^{0{,}4}, \quad \text{bzw.} \quad p_{\mathrm{CH_4}} = \left(\frac{455}{298} 10^5 + p_{\mathrm{CH_4}}^{0{,}235} \right) \frac{1}{2}$$

Die numerische Lösung ergibt $p_{\mathrm{Ar}} = 1{,}322 \cdot$ bar und $p_{\mathrm{CH_4}} = 1{,}294$ bar. Jetzt lässt sich ΔT_{B} bestimmen:

$$\Delta T_{\mathrm{B}} = 298 \cdot \frac{p}{(p^{(\gamma-1)/\gamma})} - 298$$

Daraus ergibt sich ΔT_{B} (Argon) = 35,2 K und ΔT_{B} (CH_4) = 18,6 K. Somit kann der Wert von W_{diss} berechnet werden:

$$W_{\mathrm{diss}}(\mathrm{Ar}) = 1000(157 + 35{,}2) \cdot R \left(\frac{5}{2} - 1 \right) = 2397\ \mathrm{kJ}$$

$$W_{\mathrm{diss}}(\mathrm{CH_4}) = 1000(157 + 18{,}6)\,(35{,}31 - R) = 4740\ \mathrm{kJ}$$

Vor Prozessbeginn ist die Kolbenposition $l/2$, nach Prozessende gilt:

$$l \cdot \frac{V_{\mathrm{A}}}{V_{\mathrm{Zyl}}} = \frac{298 + \Delta T_{\mathrm{A}}}{455 + 298 + \Delta T_{\mathrm{B}}} \cdot l = \frac{l}{2} + \Delta l$$

Das ergibt mit $\Delta T_{\mathrm{A}} = 157$ K und $\Delta T_{\mathrm{B}} = 35{,}2$ K für Argon als prozentuale Verschiebung:

$$\frac{l}{2} + \Delta l = l \cdot 0{,}577, \text{ also } \frac{\Delta l}{l} \cdot 100 = (0{,}577 - 0{,}5) \cdot 100 = 7{,}7\ \%$$

und für CH_4 mit $\Delta T_{\mathrm{A}} = 157$ K und $\Delta T_{\mathrm{B}} = 18{,}6$ K:

$$\frac{l}{2} + \Delta l = l \cdot 0{,}590, \text{ also } \frac{\Delta l}{l} \cdot 100 = (0{,}590 - 0{,}5) \cdot 100 = 9\ \%$$

5.16.42 Die Methode von Clement und Desormes zur Bestimmung von Adiabatenkoeffizienten

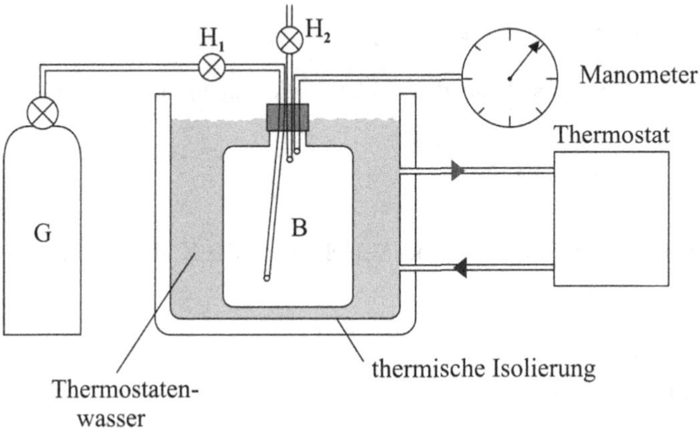

Abb. 5.61 Apparaturskizze zur Bestimmung von $\gamma = \overline{C}_p/\overline{C}_V$ nach der Methode von Clement und Desormes

Eine Methode, den Adiabatenkoeffizienten $\gamma = \overline{C}_p/\overline{C}_V$ von Gasen zu bestimmen, ist die von *Clement und Desormes.* Sie ist in Abb. 5.61 schematisch dargestellt.

Ein Gas (z. B. Ar, N_2 oder CO_2) wird aus der Gasvorratsflasche G in den evakuierten Behälter von ca. 15 Liter Volumen eingefüllt bis zu einem Druck p_1, der über dem äußeren Luftdruck p_2 liegt (z. B.: $p_1 = 1,4$ bar, $p_2 = 1,0$ bar). Hahn H2 ist geschlossen. Dann wird H_1 geschlossen und H_2 geöffnet, aber nur *kurzzeitig,* so dass Gas aus B ausströmt und sich in B der Druck p_2 einstellt. Dann wird H2 gleich wieder geschlossen und man beobachtet am Manometer in B einen Druckanstieg auf p_3. Während des gesamten Vorgangs bleibt die Temperatur des zirkulierenden Wasserbades konstant auf dem Wert T. Aus den gemessenen Werten von p_1, p_2 (= Luftdruck) und p_3 lässt sich γ bestimmen. Wie lautet der Zusammenhang $\gamma = \gamma(p_1, p_2, p_3)$? Benutzen Sie dazu Gl. (5.95). Welchen Wert für γ erhält man für Argon, wenn $p_1 = 1,40$ bar, $p_2 = 1,0$ bar und $p_3 = 1,144$ bar gilt?

Lösung:
Es handelt sich um einen adiabatisch-irreversiblen Prozess, wenn H_2 geöffnet wird und sich durch spontanes Ausströmen des Gases aus B der Druck p_1 auf p_2 (Außendruck) erniedrigt. Das rasche Verschließen von H_2 nach Druckausgleich verhindert einen Wärmeaustausch des Gases in B mit dem Wasserbad. Erst nach Schließen von H_2 findet dieser Wärmeaustausch statt und das Gas in B hat wieder dieselbe Temperatur T wie vor dem Ausströmvorgang. Dabei erhöht sich der Druck von p_2 auf p_3. Der Prozess im Gas ist also ein irreversibler thermodynamischer Prozess in einem *offenen* System (Gasverlust in B!) und es können direkt die Ergebnisse in Abschnitt 5.14.1 angewandt werden. Dort entspricht dem Gasverlust aus der Druckflasche durch ein Leck

dem Öffnen des Hahns H_2 und man erhält (s. Gl. 5.95):

$$\frac{T_2}{T_1} = \left(\frac{\overline{V}_1}{\overline{V}_2}\right)^{\gamma-1} \quad \text{oder} \quad \left(\frac{\overline{V}_2}{\overline{V}_1}\right) = \left(\frac{T_2}{T_1}\right)^{\frac{1}{\gamma-1}}$$

wobei $T_1 = T$ im vorliegenden Fall die Temperatur des Wasserbades und des Gases *vor* dem Ausströmvorgang bedeuten, während T_2 die Temperatur des Gases *unmittelbar danach* ist. $\overline{V}_1$ und $\overline{V}_2$ sind die entsprechenden molaren Volumina des Gases. Wenn nach dem Druckausgleich und Schließen des Hahns H_2 die Temperatur von T_2 wieder auf $T_1 = T$ steigt und p_2 auf p_3, gilt für die entsprechende Druckänderung bei konstantem Volumen (!):

$$\frac{T_2}{T_1} = \left(\frac{p_2}{p_3}\right) \quad \text{oder} \quad \frac{\overline{V}_2}{\overline{V}_1} = \left(\frac{p_2}{p_3}\right)^{\frac{1}{\gamma-1}}$$

Dieses Ergebnis setzt man in Gl. (5.96) ein und erhält:

$$\left(\frac{p_2}{p_3}\right)^{\frac{1}{\gamma-1}} = \left(\frac{p_1}{p_2}\right)^{\frac{1}{\gamma}} \quad \text{oder} \quad \left(\frac{p_3}{p_2}\right)^{\gamma} = \left(\frac{p_1}{p_2}\right)^{\gamma-1}$$

Das ergibt:

$$\left(\frac{p_3}{p_1}\right)^{\gamma} = \left(\frac{p_2}{p_1}\right)$$

aufgelöst nach γ erhält man die gesuchte Funktion $\gamma(p_1, p_2, p_3)$:

$$\gamma = \frac{\ln(p_2/p_1)}{\ln(p_3/p_1)}$$

Wählt man beispielsweise $p_2 = 1$ bar und $p_1 = 1,4$ bar und füllt Argon ein, so misst man $p_3 = 1,144$ bar. Das ergibt:

$$\gamma = \frac{\ln(1/1,4)}{\ln(1/1,144)} = 1,66 \approx \frac{5}{3}$$

Das ist das erwartete Ergebnis für $\overline{C}_p/\overline{C}_V$ für einatomige ideale Gase.

Die Methode von Clement und Desormes wird in manchen Büchern fälschlicherweise als adiabatisch-reversibler Prozess im geschlossenen System behandelt. Das führt zwar zu demselben Ergebnis, aber eine korrekte Begründung kann nur die thermodynamische Behandlung in *offenen* Systemen liefern, wo das richtige Ergebnis eben auf einem *irreversiblen* Vorgang beruht.

5.16.43 Enthalpie- und Entropieänderung von flüssigem Benzol mit dem Druck

Flüssiges Benzol wird von 1 bar auf 101 bar komprimiert. Um welchen Betrag ändert sich die molare Enthalpie und die molare Entropie von Benzol a) für $\partial\overline{V}/\partial p = 0$ und b) für $\partial\overline{V}/\partial p < 0$?

Angaben:
$T = 298$ K, $\alpha_{\text{p,Benzol}} = 1,237 \cdot 10^{-3}\text{K}^{-1}$ und $\varrho_{\text{Benzol}} = 0,879\ \text{g} \cdot \text{cm}^{-3}$, $\kappa_{T,\text{Benzol}} = 9,4 \cdot 10^{-10}\ \text{Pa}^{-1}$.

Lösung:

a) Nach Gl. (5.18) bzw. Gl. (5.19) gilt:

$$\left(\frac{\partial \overline{H}}{\partial p}\right)_T = \overline{V} - T\left(\frac{\partial \overline{V}}{\partial T}\right)_p = \overline{V}(1-\alpha T) \quad \text{bzw.} \quad \left(\frac{\partial \overline{S}}{\partial p}\right)_T = -\left(\frac{\partial \overline{V}}{\partial T}\right)_p = -\overline{V}\cdot\alpha_\mathrm{p}$$

Daraus folgt:

$$\Delta\overline{H} = \left(\frac{M}{\varrho}\right)(1-\alpha T)\cdot\Delta p = \frac{0,07811}{879}(1-1,237\cdot 10^{-3}\cdot 298)\cdot 10^7 = 561\ \mathrm{J\cdot mol^{-1}}$$

$$\Delta\overline{S} = -\left(\frac{M}{\varrho}\right)\cdot\alpha_\mathrm{p}\cdot\Delta p = -\frac{0,07811}{879}\,1,237\cdot 10^{-3}\cdot 10^7 = -1,10\ \mathrm{J\cdot mol^{-1}}$$

b) Hier gilt:

$$\kappa_\mathrm{T} = -\frac{1}{\overline{V}}\frac{\partial \overline{V}}{\partial p} > 0$$

Also:

$$\Delta\overline{H} = \left(\frac{M}{\varrho}\right)(1-\alpha_\mathrm{p}\cdot T)\cdot\int\limits_0^{100} \mathrm{e}^{-\kappa_\mathrm{T}\Delta p}\mathrm{d}\Delta p = \left(\frac{M}{\varrho}\right)(1-\alpha_\mathrm{p}\cdot T)\cdot\frac{1-\mathrm{e}^{\kappa_\mathrm{T}\Delta p}}{\kappa_\mathrm{T}}$$

und entsprechend

$$\Delta\overline{S} = -\left(\frac{M}{\varrho}\right)\frac{\alpha_\mathrm{p}}{\kappa_\mathrm{T}}\left(1-\mathrm{e}^{\kappa_\mathrm{T}\Delta p}\right)$$

Einsetzen ergibt:

$$\Delta\overline{H} = 558\ \mathrm{J\cdot mol^{-1}} \quad \text{und} \quad \Delta S = -1,09\ \mathrm{J\cdot mol^{-1}\cdot K^{-1}}$$

Die Berücksichtigung der Kompressibilität hat also nur geringen Einfluss. Wir wollen uns noch überzeugen, dass gilt:

$$\lim_{\kappa_\mathrm{T}\to 0}\left(\frac{1-\mathrm{e}^{-\kappa_\mathrm{T}\Delta p}}{\kappa_\mathrm{T}}\right) = \lim_{\kappa_\mathrm{T}\to 0}\left(\Delta p\cdot\mathrm{e}^{-\kappa_\mathrm{T}\cdot\Delta p}\right) = \Delta p$$

wobei wir von der Regel nach d'Hospital Gebrauch gemacht haben.

5.16.44 Regelung der Temperatur eines Kühlraumes (Joule-Prozess)[23]

Die Luft eines Kühlraums zur Lagerung von tiefgekühlten Lebensmitteln soll ständig auf 258 K gehalten werden (s. Abb. 5.62). Trotz guter Isolierung dringt von außen immer etwas Wärme

[23]nach: E. Hahne, „Technische Thermodynamik“, Addison-Wesley (1992), erweitert

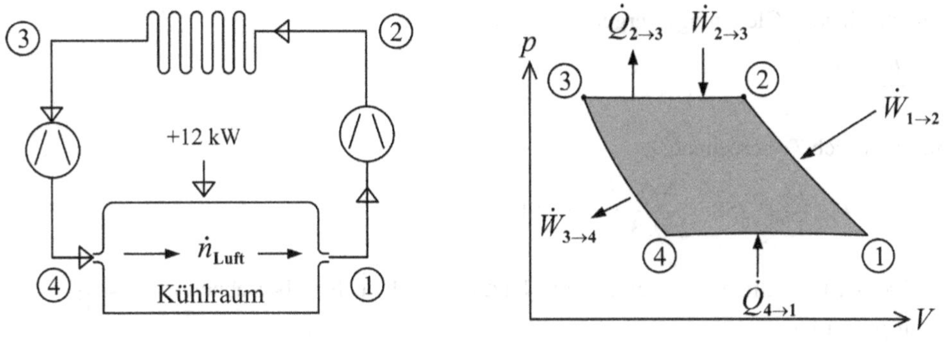

Abb. 5.62 Kühlprozess eines Kühlraumes durch vorgekühlte Luft. Links: Prozess-Skizze, rechts: $p\dot{V}$-Diagramm mit Leistungsaufwand von 8,33 kW. $\dot{V}$ = Volumengeschwindigkeit der Luft. Prozessstufen 1 - 4 (s. Text)

ein mit 12 kW Leistung. Der Kühlprozess muss diesen Wärmezustrom kompensieren, um die Temperatur auf 258 K zu halten. Dazu wird ständig 5000 kg Luft pro Stunde an der Stelle *1* aus dem Kühlraum mit $T_1 = 258$ K abgepumpt und auf dem Weg von *1* nach *2 adiabatisch-reversibel* von 1 bar auf den Druck p_2 verdichtet. Von *2* nach *3* wird die Luft der Temperatur T_2 isobar, also bei p_2 durch Wärmeabgabe auf Umgebungstemperatur $T_3 = 300$ K gebracht und anschließend auf dem Weg von *3* nach *4 adiabatisch-reversibel* auf die Temperatur T_4 und den Druck von 1 bar entspannt, so dass kältere Luft mit $T_4 < T_1 = 258$ K in den Kühlraum einströmt.

Welche Werte haben die Temperaturen T_2 und T_4? Wie groß ist p_2 und welche Arbeit muss von außen geleistet werden, um die Kühlleistung zu erbringen?

Lösung:
Die Wärmeaustauschbilanz im Kühlraum lautet bei $p_1 = 1$ bar (isobarer Schritt: $4 \rightarrow 1$)

$$\Delta\dot{H} = \Delta\dot{Q} = \dot{n}_{\rm L}\overline{C}_{p,{\rm L}}(T_4 - T_1) + 12{\rm kW} = 0$$

Die molare Wärmekapazität der Luft, $\overline{C}_{p,{\rm L}}$, beträgt $\frac{5}{2}R + R = 29,1\ {\rm J\cdot mol^{-1}\cdot K^{-1}}$. Der Molenstrom der Luft $\dot{n}_{\rm L} = 5000/M_{\rm Luft}\cdot 3600) = 5000/(0,029\cdot 3600) = 47,78\ {\rm mol\cdot s^{-1}}$. Daraus errechnet sich der Wert von T_4:

$$T_4 = \frac{-1,24\cdot 10^4{\rm W} + \dot{n}\,\overline{C}_{p,{\rm L}}\cdot 258}{\dot{n}_{\rm L}\cdot\overline{C}_{p,{\rm L}}} = 249,3\ {\rm K}$$

Der Schritt $1 \rightarrow 2$ ist ein isentroper Prozessschritt, für den gilt:

$$\frac{p_1}{p_2} = \left(\frac{T_1}{T_2}\right)^{\gamma/(\gamma-1)}$$

Ebenso ist der Expansionsschritt $3 \rightarrow 4$ isentrop ($p_2 = p_3, p_4 = p_1, T_3 \neq T_2$):

$$\frac{p_2}{p_1} = \left(\frac{T_3}{T_4}\right)^{\gamma/(\gamma-1)}$$

Die letzten beiden Gleichungen ergeben:

$$\frac{T_1}{T_2} = \frac{T_4}{T_3}$$

Damit lässt sich T_2 berechnen:

$$T_2 = T_1 \cdot \frac{T_3}{T_4} = 258 \cdot \frac{300}{249,3} = 310,5 \text{ K}$$

$T_3 = 300$ K ist die Umgebungstemperatur. Jetzt lässt sich auch p_2 berechnen mit $\gamma = \frac{\overline{C}_{p,\mathrm{L}}}{\overline{C}_{V,\mathrm{L}}} = \frac{7}{5} = 1,4$ mit $p_1 = 1$ bar:

$$p_2 = 1 \text{ bar} \cdot \left(\frac{T_2}{T_1}\right)^{\gamma/(\gamma-1)} = \left(\frac{310,5}{258}\right)^{1,4/0,4} = 1,91 \text{ bar}$$

Wir berechnen jetzt die Leistung $\dot{W}_{1\to 2}$ (s. Gl. (5.3):

$$\dot{W}_{1\to 2} = \dot{n}_\mathrm{L} \cdot \frac{R}{\gamma - 1}(T_2 - T_1) = 47,78 \, \frac{R}{0,4}(310,5 - 258)$$
$$= 52,1 \text{ kW}$$

und die isobare Arbeitsleistung $\dot{W}_{2\to 3}$ mit $p_2 = p_3$:

$$\dot{W}_{2\to 3} = -p_2\left(\dot{V}_3 - \dot{V}_1\right) = \dot{n}_\mathrm{L} \cdot R(310,5 - 300) = 4,2 \text{ kW}$$

ferner die Leistung $\dot{W}_{3\to 4}$:

$$\dot{W}_{3\to 4} = \dot{n}_\mathrm{L} \cdot \frac{R}{\gamma - 1}(249,3 - 300) = -50,3 \text{ kW}$$

Die Wärmeleistung $\Delta\dot{Q}_{4\to 1}$ beträgt:

$$\Delta\dot{Q}_{4\to 1} = 1,2 \cdot 10^4 \text{ W} + 12 \text{ kW}$$

und:

$$\dot{Q}_{2\to 3} = \dot{n}_\mathrm{L} \cdot \overline{C}_{p,\mathrm{L}}(T_3 - T_2) = -14,6 \text{ kW}$$

Damit ist ein isobarer Arbeitsanteil verbunden:

$$\dot{W}_{4\to 1} = -p_1\left(\dot{V}_1 - \dot{V}_4\right) = -\dot{n}_\mathrm{L} \, R(258 - 249,3) = -3,4 \text{ kW}$$

Die Summe aller Wärme- und Arbeitsleistungen ergibt Null, wie es bei einem reversiblen Kreisprozess sein muss:

$$Q_{4\to 1} + W_{4\to 1} + W_{1\to 2} + Q_{2\to 3} + W_{2\to 3} + W_{3\to 4} = 12 - 3,4 + 52,1 + 4,2 - 14,6 - 50,3 = 0 \text{ kW}$$

Die Umkehrung dieses Kühlprozesses, also $4 \to 3 \to 2 \to 1 \to 4$ heißt *Joule-Prozess* und kann als *Heißluftmaschine* betrieben werden, sie leistet Arbeit, indem Wärme zur Lufterhitzung in der Prozessstufe $3 \to 2$ aufgenommen wird und bei tieferer Temperatur in der Stufe $1 \to 4$ abgegeben wird.

5.16.45 Bestimmung des Schmelzvolumens von Bismut

Bismut (Bi) schmilzt bei 271 °C. Die molare Schmelzenthalpie $\Delta\overline{H}_{\mathrm{sl}} = 10,99\ \mathrm{kJ \cdot mol^{-1}}$ wurde kalorimetrisch gemessen. Bei 100 bar sinkt die Schmelztemperatur um 0,354 K. Wie groß sind die molare Schmelzentropie $\Delta\overline{S}_{\mathrm{sl}}$ und das molare Schmelzvolumen $\Delta\overline{V}_{\mathrm{sl}}$?

Lösung:
Nach der Clapeyron'schen Gleichung (5.85) gilt:

$$\frac{\mathrm{d}p}{\mathrm{d}T} \cong \frac{100 \cdot 10^5}{-0,354} = \frac{\Delta\overline{S}_{\mathrm{sl}}}{\Delta\overline{V}_{\mathrm{sl}}}$$

Ferner gilt:

$$\Delta\overline{S}_{\mathrm{sl}} = \frac{\Delta\overline{H}_{\mathrm{sl}}}{T_{\mathrm{sl}}} = \frac{10,99 \cdot 10^3}{271 + 273} = 20,2\ \mathrm{J \cdot mol^{-1} \cdot K^{-1}}$$

Damit ergibt sich:

$$\Delta\overline{V}_{\mathrm{sl}} = \frac{-0,354}{100 \cdot 10^5} \cdot \Delta\overline{S}_{\mathrm{sl}} = -7,149 \cdot 10^{-7}\ \mathrm{m^3 \cdot mol^{-1}} = -0,7149\ \mathrm{cm^3 \cdot mol^{-1}}$$

Ähnlich wie bei Wasser ist $\Delta\overline{V}_{\mathrm{sl}}$ also negativ.

5.16.46 Kräftegleichgewicht im 2-Zylindersystem mit Doppelkolben

Zwei Gefäße mit den Volumina V_1 und V_2 (s. Abb. 5.63) sind durch einen gut beweglichen Doppelkolben mit verschiedenen Querschnittsflächen A_1 und A_2 miteinander verbunden. Die Zylindervolumina sind V_1 und V_2. Die Gefäße sind abgeschlossen und in ihnen befindet sich ein ideales Gas bei demselben Druck p_0, der gleich dem äußeren Druck ist. Wenn der Innenraum des Doppelkolbens jetzt evakuiert wird, bewegt sich dieser um eine Strecke x und erhöht in dem Gefäß 1 den Druck auf p_1, im Gefäß 2 erniedrigt sich der Druck auf p_2. Der Doppelkolben kommt zum Stillstand, wenn Kräftegleichgewicht herrscht. Es handelt sich also um einen irreversiblen Prozess. Berechnen Sie die Strecke x, wenn anfangs gilt: $V_1 = 3000\ \mathrm{cm^3}$, $V_2 = 1500\ \mathrm{cm^3}$, ferner $A_1 = 20\ \mathrm{cm^2}$ und $A_2 = 60\ \mathrm{cm^2}$. Der Prozess soll isotherm ablaufen. Wie groß sind die Drücke p_1 und p_2 im Gleichgewicht, wenn anfangs in beiden Gefäßen $p_0 = 1$ bar ist?

Lösung:
Gleichgewicht der Kräfte herrscht, wenn gilt:

$$p_1 \cdot A_1 = p_2 \cdot A_2$$

Für die Drücke p_1 und p_2 muss gelten:

$$p_1 = n_1 \cdot RT/(V_1 - A_1 \cdot x) \quad \text{und} \quad p_2 = n_2 \cdot RT/(V_2 + A_2 \cdot x)$$

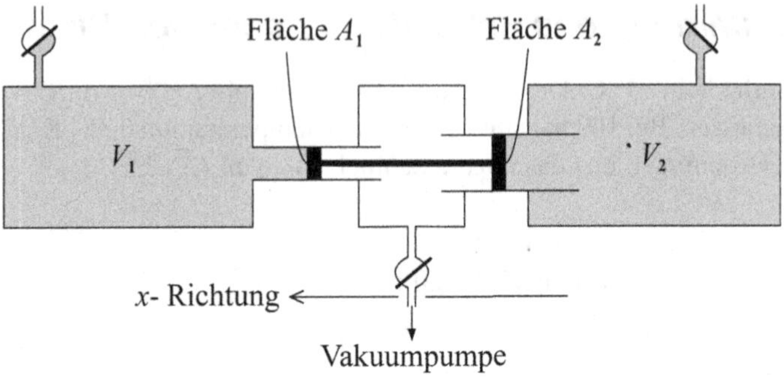

Abb. 5.63 2-Volumensystem mit Doppelkolben

Also:

$$\frac{p_1}{p_2} = \frac{\dfrac{n_1 \cdot RT}{V_1}\Big/(1 - A_1 \cdot x/V_1)}{\dfrac{n_2 \cdot RT}{V_2}\Big/(1 + A_2 \cdot x/V_2)}$$

Da $n_1 RT/V_1 = n_2 RT/V_2 = p_0$ ist, folgt:

$$\frac{p_1}{p_2} = \frac{1 + A_2 \cdot x/V_2}{1 - A_1 \cdot x/V_1} = \frac{A_2}{A_1}$$

Daraus ergibt sich für x:

$$x = \frac{A_2 - A_1}{A_1 \cdot A_2(1/V_1 + 1/V_2)} = \frac{60 - 20}{20 \cdot 60(1/3000 + 1/1500)} = +33,3\ \text{cm}$$

und für die Drücke p_1 und p_2:

$$p_1 = p_0/(1 - A_1 \cdot x/V_1) = 1,285\ \text{bar}$$
$$p_2 = p_0/(1 + A_2 \cdot x/V_2) = 0,428\ \text{bar}$$

5.16.47 Kompression und Expansion eines Gases mit elastischer Feder

Wir betrachten ein System in einem zylindrischen Kolben mit beweglichem Stempel (s. Abb. 5.64). In dem Zylinder befindet sich ein ideales Gas bei einem bestimmten Druck p und einer Temperatur T. Zusätzlich ist zwischen Stempel und Zylinderboden eine Feder aus Metall eingespannt. Gas + Feder bilden ein gemeinsames System. Wird der Stempel verschoben, wird vom oder am Gas und an der Feder Arbeit geleistet. Die Innenlänge des Zylinders wird mit x bezeichnet, es ist $x = x_0$, wenn die Feder entspannt ist. Die Dehnung, bzw. Stauchung der Feder soll dem Hooke'schen Kraftgesetz gehorchen: Kraft = $k_F(x - x_0)$, wobei k_F die Federkonstante bedeutet. Für ein solches System gilt im isothermen Fall ($dT = 0$) für die innere Energie:

$$dU = dU_{Gas} + dU_{Feder} = -p dV + k_F(x - x_0)dx + \delta Q = 0$$

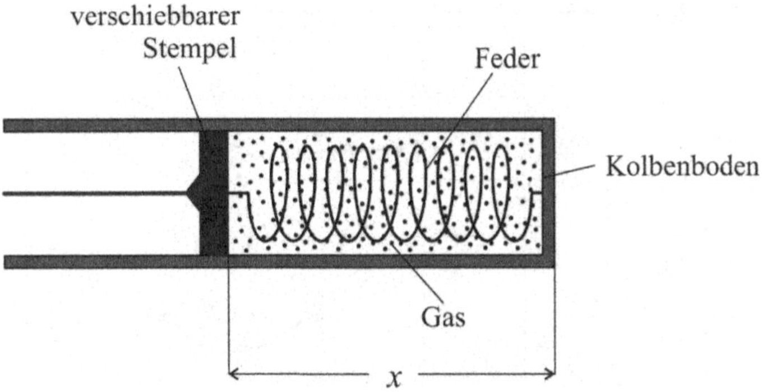

Abb. 5.64 Gasgefüllter Kolben mit beweglichem Stempel und eingebauter Feder

im adiabatischen Fall ($\delta Q = 0, \mathrm{d}T \neq 0$) gilt:

$$\mathrm{d}U = \left(n_{\text{Gas}} \cdot \overline{C}_{v,\text{Gas}} + n_{\text{Feder}} \cdot \overline{C}_{v,\text{Feder}}\right) \mathrm{d}T = -p\mathrm{d}V + k_{\text{F}}(x - x_0)\mathrm{d}x$$

n_{Gas} ist die Molzahl des Gases und n_{Feder} die Molzahl des Metalls, aus dem die Feder besteht. Wir integrieren im isothermen Fall:

$$\int \delta Q = \Delta Q = n_{\text{Gas}} \cdot RT \int_{V_0}^{V} \frac{\mathrm{d}V}{V} - \int_{x_0}^{x} k_{\text{F}}(x - x_0)\mathrm{d}x$$
$$= n_{\text{Gas}} \cdot RT \cdot \ln \frac{V}{V_0} - \frac{1}{2} k_{\text{F}}(x - x_0)^2$$

Da der Zylinderquerschnitt konstant ist, gilt $V/V_0 = x/x_0$ und es folgt:

$$\Delta Q = n_{\text{Gas}} \cdot RT \cdot \ln\left(\frac{x}{x_0}\right) - \frac{1}{2} k_{\text{F}} \cdot x_0^2 \left(\frac{x}{x_0} - 1\right)^2$$

Man sieht, dass der Anteil von Q, der vom Gas herrührt, bei x_0 sein Vorzeichen wechselt, während der Anteil von ΔQ, der von der Feder herrührt, stets negativ ist. Wir berechnen $\Delta Q / n_{\text{Gas}} \cdot RT$, wobei willkürlich $\frac{1}{2} k_{\text{F}} x_0^2 / n_{\text{Gas}} \cdot RT = 0{,}2$ gesetzt wird:

$$\Delta \widetilde{Q} = \frac{\Delta Q}{n_{\text{Gas}} \cdot RT} = \ln\left(\frac{x}{x_0}\right) - 0{,}2 \cdot \left(\frac{x}{x_0} - 1\right)^2$$

Die Ergebnisse zeigt Abb. 5.65.

Ohne Feder zeigt die gestrichelte Kurve den rein logarithmischen Verlauf von $\Delta\widetilde{Q}$. Bei $x/x_0 = 1$ findet ein Vorzeichenwechsel statt. $x/x_0 < 1$ bedeutet Kompression, am Gas wird Volumenarbeit geleistet und $\Delta\widetilde{Q}$ ist negativ. Für $x/x_0 > 1$ findet Expansion statt und $\Delta\widetilde{Q}$ ist überall positiv. Mit der elastischen Feder im Zylinder sieht der Kurvenverlauf ganz anders aus. Im Bereich $x/x_0 < 1$, also bei Kompression, muss neben der Volumenarbeit am Gas auch noch Arbeit beim Zusammendrücken der Feder geleistet werden. $\Delta\widetilde{Q}$ ist noch stärker negativ als im Fall ohne Feder. Für $x/x_0 > 1$ leistet das Gas nach außen Arbeit. Gleichzeitig muss jedoch bei

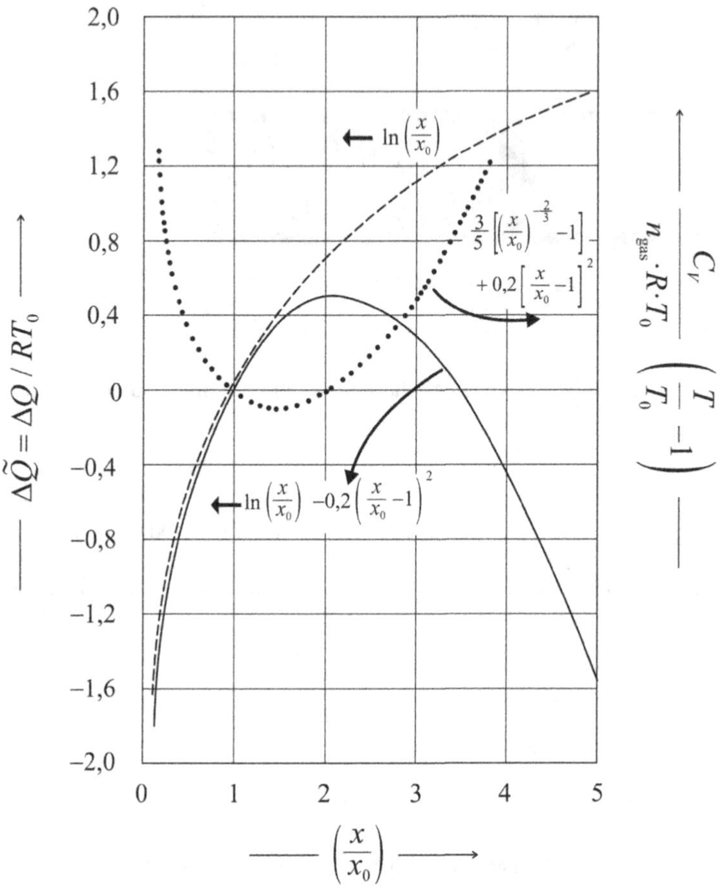

Abb. 5.65 Wärmeaustausch $\Delta\widetilde{Q}$ in reduzierten Einheiten (Skalierung links) bei Kompression ($x/x_0 < 1$) und Expansion ($x/x_0 > 1$) eines gasgefüllten Zylinders mit eingespannter Feder. Skalierung rechts: relative Temperaturänderung im adiabatischen Fall

der Dehnung der Feder am System auch Arbeit geleistet werden, und zwar durch Ziehen an der Stange des Stempels. Als Folge davon schwächt sich der Anstieg von $\Delta\widetilde{Q}$ ab, $\Delta\widetilde{Q}$ durchläuft ein Maximum und wird oberhalb von $x/x_0 > 3,5$ wieder negativ. In diesem Bereich überwiegt die an der Feder von außen zu leistende Arbeit die Leistung, die durch Volumenarbeit nach außen abgegeben wird. Trotz Expansion gibt das System Gas + Feder bei $x/x_0 > 3,5$ daher Wärme an die Umgebung ab. Wir diskutieren noch den adiabatischen Fall. Hier ergibt mit $C_V/n_{\text{Gas}} = (n_{\text{Gas}}\overline{C}_{V,\text{Gas}} + n_{\text{F}}\overline{C}_{V,\text{F}})/n_{\text{Gas}}$, $p = p_0\left(\frac{V_0}{V}\right)^{\gamma}$ (Adiabatengleichung) und $V/V_0 = x/x_0$ die Integration von $C_V/n_{\text{Gas}} = -p\mathrm{d}V + k_{\text{F}}(x - x_0)\mathrm{d}x$:

$$\frac{C_V}{RT_0}\left(\frac{T}{T_0} - 1\right) = \frac{1}{\gamma}\left[\left(\frac{x}{x_0}\right)^{1-\gamma} - 1\right] + \frac{k_{\text{F}} \cdot x_0^2}{2RT_0} \cdot \left[\left(\frac{x}{x_0}\right) - 1\right]^2$$

Wir setzen wieder $k_{\text{F}} \cdot x_0^2/2RT_0 = 0,2$ und rechnen mit dem Adiabatenkoeffizienten $\gamma = 5/3$

(einatomiges Gas). In Abb. 5.65 ist $(C_V/RT_0) \cdot (T - T_0)$ gegen $(x - x_0)$ aufgetragen. Im Bereich der Kompression $(x/x_0 < 1)$ gilt wie erwartet $T > T_0$, im Expansionsbereich $1 < x/x_0 < 2$ gilt $T > T_0$. Für $x/x_0 > 2$ ist jedoch erneut $T > T_0$, obwohl wir hier im erweiterten Expansionsbereich sind, wo im System ohne Feder $T < T_0$ gelten würde. Wir erhalten also ein ähnliches Bild für den Verlauf von T wie im isothermen Fall für $\Delta\widetilde{Q}$ mit einem Minimum statt eines Maximums.

5.16.48 Entropieproduktion eines Turmspringers

Ein Wassersportler mit 70 kg Körpergewicht springt vom 10-Meter-Turm in ein Sprungbecken, taucht auf und besteigt erneut den Turm. Welche Entropie wird bei diesem geschlossenen Vorgang produziert, wenn man Springer, Wasserbecken und Turm als abgeschlossenes System betrachtet. Außentemperatur und Wassertemperatur seien 23 °C.

Lösung:
Nach Gl. (4.1) ist hier ΔE (Kreisprozess) = 0 und ebenso $\Delta Q = 0$ sowie $\Delta U = 0$. Es gilt also

$$\Delta E_{\text{kin}} + \Delta E_{\text{pot}} + \Delta U = \Delta W_{\text{diss}} = T\Delta_i S$$

Mit $\Delta E_{\text{kin}} = \Delta E_{\text{pot}} = m \cdot g \cdot h$ folgt wegen $\Delta U = 0$ und $\Delta E_{\text{kin}} = \Delta E_{\text{pot}}$:

$$T\Delta_i S = 2m \cdot g \cdot h$$

$$\Delta_i S = \frac{2m \cdot g \cdot h}{T} = \frac{2 \cdot 70 \cdot 9{,}81 \cdot 10}{273 + 23} = 46{,}4\ \text{J} \cdot \text{K}^{-1}$$

5.16.49 Schallgeschwindigkeit in realen Gasen

a) Leiten Sie einen Ausdruck für die Schallgeschwindigkeit nach Gl. (5.24) für ein reales Gas ab, indem Sie den 2. Virialkoeffizienten nach der v. d. Waals-Gleichung mit berücksichtigen.

b) Wie groß ist der Unterschied für die berechnete Schallgeschwindigkeit von gasförmigem Propan bei 273 K und 5 bar, wenn Sie Propan als ideales bzw. reales Gas behandeln.

Hinweis: Verwenden Sie die Daten aus Tabelle F.2 im Anhang und das Ergebnis der Übungsaufgabe 4.7.4 (Kapitel 4).

Lösung:

a) Die reale Gasgleichung lautet

$$\overline{V} = \frac{RT}{p} + B(T) = \frac{RT}{p} + \left(b - \frac{a}{RT}\right)$$

Daraus ergibt sich für die Kompressibilität κ_T:

$$\kappa_T = -\frac{1}{\overline{V}}\left(\frac{\partial \overline{V}}{\partial p}\right)_T = \frac{RT/p}{RT + p \cdot B} = \frac{RT/p}{RT + p(b - a/RT)}$$

und für:

$$\frac{\overline{V}}{\kappa_{\mathrm{T}}} = RT\left(1 + \frac{p \cdot B(T)}{RT}\right)^2 = RT\left[1 + \frac{p}{RT}\left(b - \frac{a}{RT}\right)\right]^2$$

Ferner ergibt sich mit Gl. (4.10):

$$\overline{C}_{p,\mathrm{v.d.W.}} = \frac{2a}{RT^2}p + \overline{C}_{V,\mathrm{id}} + R$$

Wegen $\overline{C}_{p,\mathrm{v.d.W.}} = \overline{C}_{v,\mathrm{id}}$ folgt damit:

$$\left(\frac{\overline{C}_p}{\overline{C}_V}\right)_{\mathrm{v.d.W.}} = \frac{\overline{C}_{V,\mathrm{id}} + rR + \frac{2a}{RT^2} \cdot p}{\overline{C}_{V,\mathrm{id}}} = \left(\frac{\overline{C}_p}{\overline{C}_V}\right)_{\mathrm{id}} + \frac{2a \cdot p}{\overline{C}_{V,\mathrm{id}} \cdot RT^2}$$

Einsetzen in Gl. (5.24) für die Schallgeschwindigkeit υ_{S} ergibt:

$$\upsilon_{\mathrm{S}} = \sqrt{\frac{\overline{C}_p}{\overline{C}_V} \cdot \frac{\overline{V}}{\kappa_{\mathrm{T}}} \cdot \frac{1}{M}} = \sqrt{\left[\left(\frac{\overline{C}_p}{\overline{C}_V}\right)_{\mathrm{id}} + \frac{2a \cdot p}{\overline{C}_{V,\mathrm{id}} \cdot RT^2}\right]\frac{RT}{M}\left[1 + \frac{p}{RT}\left(b - \frac{a}{RT}\right)\right]^2}$$

$$\upsilon_{\mathrm{S}} = \left[1 + \frac{p}{RT}\left(b - \frac{a}{RT}\right)\right] \cdot \sqrt{\left[\left(\frac{\overline{C}_p}{\overline{C}_V}\right)_{\mathrm{id}} + \frac{2a \cdot p}{\overline{C}_{V,\mathrm{id}} \cdot RT^2}\right]\frac{RT}{M}}$$

Mit Hilfe dieser Gleichung lassen sich aus temperaturabhängigen Messungen von υ_{S} die Parameter a und b bestimmen, bzw. ganz allgemein die 2. Virialkoeffizienten.

b) Wir setzen jetzt bei $T = 273$ K und $p = 10^5$ Pa die Daten für Propan ein: $a = 0,9405$ J $\cdot$ m^3 $\cdot$ mol^{-2} und $b = 8,72 \cdot 10^{-5}$ m$^3 \cdot$ mol^{-1} $= 0,0441$ kg $\cdot$ mol^{-1}, sowie $\overline{C}_{p,\mathrm{id}}$(Propan) $=$ $67,78$ J $\cdot$ mol^{-1} $\cdot$ K^{-1}.

Für die Schallgeschwindigkeit ergibt sich:

$$\upsilon_{\mathrm{S,Propan}} = 227,3 \text{ m} \cdot \text{s}^{-1}$$

Im Fall des idealen Gases ergibt sich ($b = 0, a = 0$):

$$\upsilon_{\mathrm{S,Propan}} \text{ (id. Gas)} = 242,2 \text{ m} \cdot \text{s}^{-1}$$

υ_{S} im realen Gas ist also um ca. $14,9$ m $\cdot$ s^{-1} kleiner.

5.16.50 Berechnung der freien Bildungsenthalpie von NH_3 bei 400 K und 1,5 bar

In Abschnitt 5.13 wurde gezeigt, wie freie Bildungsenthalpien bei anderen Temperaturen und Drücken zu berechnen sind ausgehend von dem Wert unter Standardbedingungen (1 bar und 298,15 K). Berechnen Sie $\Delta^{\mathrm{f}}\overline{G}$ für NH_3 bei 400 K und 1,5 bar ausgehend von $\Delta^{\mathrm{f}}\overline{G}^0$. Benutzen Sie die in Anhang F angegebenen Daten. Nehmen Sie ideale Gasverhältnisse an.

Lösung:
Die Bildungsreaktion lautet: $\frac{1}{2}N_2 + \frac{3}{2}H_2 \rightarrow NH_3$. Wir gehen aus von Gl. (5.88):

$$\Delta^f\overline{G}_n^0(400\text{ K}, 1,5\text{ bar}) = \Delta^f\overline{G}_n^0(298\text{ K}, 1\text{ bar}) + \int\limits_{298}^{400} \Delta\overline{C}_p \mathrm{d}T$$

$$- T\int\limits_{298}^{400} \frac{\Delta\overline{C}_p}{T}\,\mathrm{d}T + \int\limits_{p=1}^{1,5} \Delta\overline{V}(298, p)\mathrm{d}p$$

$$\text{mit } \Delta\overline{C}_p = \overline{C}_{p,\mathrm{NH_3}}(T) - \frac{3}{2}\,\overline{C}_{p,\mathrm{H_2}} - \frac{1}{2}\,\overline{C}_{p,\mathrm{N_2}}$$

$$\text{sowie } \Delta\overline{V} = \frac{R\cdot 298}{p}\left(1 - \frac{3}{2} - \frac{1}{2}\right) = -\frac{R\cdot 298}{p}$$

Wir berechnen mit (s. Anhang F.2):

$$\overline{C}_{p,\mathrm{NH_3}} = 25,895 + 32,581\cdot 10^{-3}\cdot T - 3,046\cdot T^2\cdot 10^{-6}\ \mathrm{J\cdot mol^{-1}\cdot K^{-1}}$$

für:

$$\int\limits_{298}^{400} \overline{C}_{p,\mathrm{NH_3}}\mathrm{d}T = 25,895(400 - 298,15) + \frac{32,581}{2}\cdot 10^{-3}(400^2 - 298,15^2)$$

$$- \frac{3,046}{3}\,(400^3 - 298,15^3)\cdot 10^{-6} = 3757,95\ \mathrm{J\cdot mol^{-1}}$$

und für:

$$400\cdot\int\limits_{298}^{400} \frac{\overline{C}_{p,\mathrm{NH_3}}}{T}\,\mathrm{d}T = 400\cdot 25,895\cdot\ln\frac{400}{298,15} + 400\cdot 32,58\cdot 10^{-3}(400 - 298,15)$$

$$- \frac{3,046}{3}\cdot 10^{-6}\,(400^2 - 298,15^2) = 4371,1\ \mathrm{J\cdot mol^{-1}}$$

Ähnlich erhält man für H_2:

$$\int\limits_{298}^{400} \overline{C}_{p,\mathrm{H_2}}\,\mathrm{d}T = 2960,4 - 29,76 + 25,14 = 2955,76\ \mathrm{J\cdot mol^{-1}}$$

$$400\cdot\int\limits_{298}^{400} \frac{\overline{C}_{p,\mathrm{H_2}}}{T}\,\mathrm{d}T = 3416,6 - 34,1 + 28,61 = 3411,1\ \mathrm{J\cdot mol^{-1}}$$

und für N_2:

$$\int\limits_{298}^{400} \overline{C}_{p,\mathrm{N_2}}\,\mathrm{d}T = 2780,1 + 650,85 - 0,12 = 3430,8\ \mathrm{J\cdot mol^{-1}}$$

$$400\cdot\int\limits_{298}^{400} \frac{\overline{C}_{p,\mathrm{N_2}}}{T}\,\mathrm{d}T = 3208,6 + 213,0 - 0 = 3421,7\ \mathrm{J\cdot mol^{-1}}$$

Damit folgt:

$$\int_{298}^{400} \Delta\overline{C}_p \mathrm{d}T - 400 \cdot \int_{298}^{400} \frac{\Delta\overline{C}_p}{T}\,\mathrm{d}T = (3757{,}95 - 4371{,}1) - \frac{3}{2}\,(2955{,}76 - 3411{,}1)$$
$$- \frac{1}{2}\,(3430{,}8 - 3421{,}7) = 65{,}31\ \mathrm{J \cdot mol^{-1}}$$

Ferner berechnen wir:

$$\int_{1\,\mathrm{bar}}^{1{,}5\,\mathrm{bar}} \Delta\overline{V}_{(298,p)}\mathrm{d}p = -R \cdot 298{,}15 \int_{1}^{1{,}5} \frac{\mathrm{d}p}{p} = -R \cdot 298{,}15\ \ln\,\frac{1{,}5}{1} = -1{,}005\ \mathrm{kJ \cdot mol^{-1}}$$

Damit ergibt sich als Endresultat für $\Delta^{\mathrm{f}}\overline{G}_0(400\ \mathrm{K}, 1{,}5\ \mathrm{bar})$ mit $\Delta^{\mathrm{f}}\overline{G}^0_{\mathrm{NH_3}}(298,\ 1\ \mathrm{bar}) = 16{,}38\ \mathrm{kJ \cdot mol^{-1}}$:

$$\Delta^{\mathrm{f}}\overline{G}^0_{\mathrm{NH_3}}(400\ \mathrm{K}, 1{,}5\ \mathrm{bar}) = 16{,}38 + 0{,}0653 - 1{,}005 = 15{,}44\ \mathrm{kJ \cdot mol^{-1}}$$

5.16.51 Ein Beispiel für die Bestimmung experimentell unzugänglicher partieller molarer Größen

Es besteht manchmal ein praktisches Interesse daran, eine experimentell nicht direkt messbare Größe aus experimentell gut zugänglichen anderen Größen zu bestimmen. Als Beispiel hatten wir die Bestimmung von $\overline{C}_V$ aus $\overline{C}_p, \varrho, \alpha_{\mathrm{p}}$ und κ_{T} kennengelernt.

a) Leiten Sie einen allgemeinen Ausdruck für die Größe $(\partial\overline{U}/\partial p)_{\overline{V}}$ ab, der bei vorgegebenen Werten für Temperatur und Druck nur die Kenntnis von $\overline{C}_p, \varrho, \alpha_{\mathrm{p}}$ und κ_{T} erfordert.

b) Berechnen Sie aus dem Ergebnis von a) den Wert für $(\partial\overline{U}/\partial p)_{\overline{V}}$ eines idealen Gases bei 400 K und 0,5 bar mit $\overline{C}_p = \frac{5}{2}R$.

c) Wie groß ist $(\partial\overline{U}/\partial p)_{\overline{V}}$ für flüssiges Ethanol bei 298 K und 1 bar?
Angaben: $\overline{C}_p = 113{,}86\ \mathrm{J \cdot mol^{-1} \cdot K^{-1}}, \alpha_{\mathrm{p}} = 11{,}2 \cdot 10^{-4} \cdot \mathrm{K^{-1}}, \kappa_{\mathrm{T}} = 11{,}69 \cdot 10^{-10}\ \mathrm{Pa^{-1}}, \varrho = 785{,}33\ \mathrm{kg \cdot m^{-3}}$.

Lösung:

a) Man geht aus von $\mathrm{d}U = \left(\frac{\partial U}{\partial T}\right)_V \mathrm{d}T + \left(\frac{\partial U}{\partial V}\right)_T \mathrm{d}V$ und erhält für $\overline{V} = \mathrm{const.}$ mit Hilfe von Gl. (5.21):

$$\left(\frac{\partial\overline{U}}{\partial p}\right)_{\overline{V}} = \left(\frac{\partial\overline{U}}{\partial T}\right)_{\overline{V}} \cdot \left(\frac{\partial T}{\partial p}\right)_{\overline{V}} = \overline{C}_V \cdot \frac{\kappa_{\mathrm{T}}}{\alpha_{\mathrm{p}}} = \left(\overline{C}_p - \overline{V} \cdot T\,\frac{\alpha_{\mathrm{p}}^2}{\kappa_{\mathrm{T}}}\right) \cdot \frac{\kappa_{\mathrm{T}}}{\alpha_{\mathrm{p}}}$$
$$= \overline{C}_p \cdot \frac{\kappa_{\mathrm{T}}}{\alpha_{\mathrm{p}}} - \frac{M}{\varrho} \cdot T \cdot \alpha_{\mathrm{p}}$$

b) Beim idealen Gas folgt mit $M/\varrho = RT/p$ sowie $\alpha_p = T^{-1}$ und $\kappa_T = p^{-1}$:

$$\left(\frac{\partial \overline{U}}{\partial p}\right)_{\overline{V}} = \frac{T}{p}(\overline{C}_p - R) = \frac{400}{0,5 \cdot 10^5} \cdot \frac{3}{2}R = 0,012 \text{ J} \cdot \text{Pa}^{-1} = 1200 \text{ J} \cdot \text{bar}^{-1}$$

c) Einsetzen der angegebenen Größen in das Ergebnis von a) ergibt für Ethanol ($M = 0,046068 \text{ kg} \cdot \text{mol}^{-1}$):

$$\left(\frac{\partial \overline{U}}{\partial p}\right)_{\overline{V}} = \frac{11,69 \cdot 10^{-10}}{11,2 \cdot 10^{-4}} 113,86 - 58,66 \cdot 10^{-6} \cdot 298 \cdot 11,2 \cdot 10^{-4}$$
$$= 99,26 \cdot 10^{-6} \text{ J} \cdot \text{Pa}^{-1} = 9,926 \text{ J} \cdot \text{bar}^{-1}$$

5.16.52 Der Schnellkochtopf[24]

Beim Kochen in der Küche ist man in der Regel auf maximal 100 °C beschränkt, da Wasser bei dieser Temperatur unter 1 bar siedet. Dichtet man jedoch den Kochtopf ab und regelt den Dampfdruck des Wassers über ein geeignetes Ventil, kann man höhere Drücke und damit höhere Temperaturen erreichen, so dass der Kochvorgang, also das Garwerden, beschleunigt wird. Die Funktionsweise eines solchen Schnellkochers mit Regelventil zeigt schematisch Abb. 5.66.

Das Dampfregelventil besteht aus einem an eine elastische Feder angebrachten Stempel. Bei 1 bar (p_0, links) siedet das Wasser (Luft im Gasraum ist bereits verdrängt). Weitere Wärmezufuhr durch die Heizplatte erhöht den Druck im Topf, die Feder mit dem Stempel wird zusammengedrückt, da $p > p_0$. Damit steigt auch die Temperatur. Ist eine bestimmte Höhe des Stempels bei $x - x_0 = h$ erreicht, kann der Dampf entweichen, der Druck fällt und das Ventil schließt wieder, bis erneut der erforderliche Druck zur Öffnung des Ventils erreicht ist. Die Feder mit dem Stempel übt eine Gegenkraft K gegen den Dampfdruck aus, die proportional zur Strecke $x - x_0$ ist. Bei Kräftegleichheit gilt also:

$$p_0 < p(T) = K = b(x - x_0)/\pi r^2$$

Der erreichte Druck $p(T)$ hängt von der Höhe $h = x - x_0$ der Ventilöffnung der Federkonstante b und dem Durchmesser des Stempels $d = 2r$ ab. wir nehmen für eine Beispielrechnung an, dass $h = 2$ cm, $r = 0,4$ cm und $b = 816 \text{ N} \cdot \text{m}^{-1}$ gelten. Berechnen Sie mit diesen Daten Temperatur und Druck im Kochtopf.

Lösung:
Es ergibt sich bei einfacher Anwendung der Clausius-Clapeyron'schen Gleichung (Gl. (5.86)) und Kenntnis der molaren Verdampfungsenthalpie des Wassers ($42524 \text{ J} \cdot \text{mol}^{-1}$) aus dem Kräftegleichgewicht:

$$p_0 \exp\left[-\frac{\Delta H_V}{R}\left[\frac{1}{T} - \frac{1}{T_0}\right]\right] = \frac{b \cdot h}{\pi r^2}$$

[24]nach I. Müller, Grundzüge der Thermodynamik, Springer (1994), erweitert

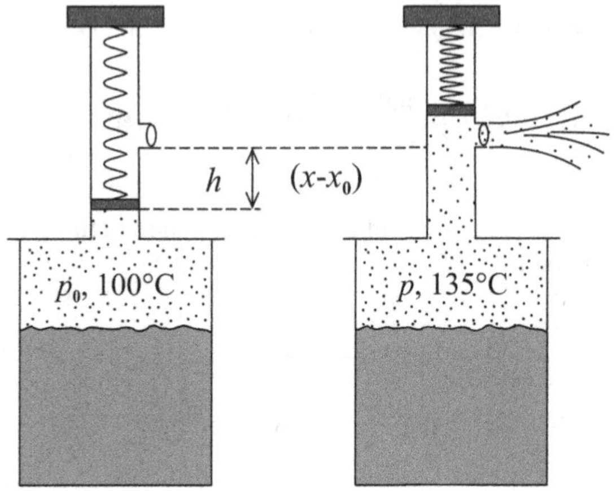

Abb. 5.66 Prinzip eines Schnellkochtopfes

die gesuchte Kochtemperatur, wobei $p_0 = 10^5$ Pa = 1 bar zu setzen ist. Auflösen der Gleichung nach T ergibt:

$$T = \left(\frac{1}{T_0} - \frac{R}{\Delta H_V} \cdot \ln \left\{ \frac{b \cdot h}{\pi \, r^2 \cdot p_0} \right\} \right)^{-1}$$

Einsetzen der angegebenen Werte ergibt mit $T_0 = 373$ K:

$$T = 408 \text{ K} = 135\,°\text{C}$$

Der Druck im Kochtopf beträgt dann 3,42 bar.

5.16.53 Entropieproduktion beim Erstarren von unterkühltem Wasser

Wasser lässt sich relativ leicht unter dem eigentlichen Schmelzpunkt bei 273,15 K als Flüssigkeit unterkühlen. Wir betrachten flüssiges Wasser, das von 0 °C auf -10 °C unterkühlt wird und erst dann bei dieser Temperatur erstarrt (Prozessweg I). Der Erstarrungsprozess ist ein spontaner Prozess aus einem thermodynamischen Nichtgleichgewichtszustand (metastabiler Zustand) in einen Gleichgewichtszustand. Auf anderem Weg kann dieser Zustand erreicht werden, wenn Wasser bei 273,15 K zu Eis erstarrt und das Eis dann auf −10 °C abgekühlt wird (Prozessweg II). Wie groß ist die Entropieproduktion $\Delta_i S$? Bedenken Sie, dass beide Prozesse denselben Endzustand des Systems erreichen. Betrachten sie 1 mol Wasser mit folgenden Angaben: Schmelzenthalpie bei 273,15 K $\Delta \overline{H}_{\text{fest}} = 6026\ \text{J} \cdot \text{mol}^{-1}$, $\overline{C}_{p,\text{fl}} = 75\ \text{J} \cdot \text{mol}^{-1} \cdot \text{K}^{-1}$ (flüssiges Wasser), $\overline{C}_{p,\text{fest}} = 38\ \text{J} \cdot \text{mol}^{-1} \cdot \text{K}^{-1}$ (festes Eis).

Lösung:
Wir berechnen zunächst die Enthalpieänderung der beiden Prozesswege I und II:

$$\Delta\overline{H}(\text{I}) = -\Delta\overline{H}_{\text{fest}}(263) + \overline{C}_{p,\text{fl}}(263 - 273)$$
$$\Delta\overline{H}(\text{II}) = -\Delta\overline{H}_{\text{fest}}(273) + \overline{C}_{p,\text{fest}}(263 - 273)$$

Da $\Delta\overline{H}(\text{I}) = \Delta\overline{H}(\text{II})$ sein muss ($\overline{H}$ ist eine Zustandsgröße), gilt $-\Delta H_{\text{fest}}(263) = -\Delta H_{\text{fest}}(273) + (\overline{C}_{p,\text{fest}} - \overline{C}_{p,\text{fl}})(263 - 273)$.

Nun betrachten wir den Prozess der Abkühlung des flüssigen Wassers auf −10°C bezüglich der Entropieänderung als Gleichgewichtsprozess. Das ist gerechtfertigt, wenn man sehr langsam abkühlt und die Umgebung während der Abkühlung praktisch immer dieselbe Temperatur hat wie die Umgebung. Der spontane, irreversible Prozess ist der nachfolgende Übergang zu festem Eis bei −10° C. Dann gilt für diesen gesamten Prozessweg I:

$$\Delta S\,(\text{I}) = \overline{C}_{p,\text{fl}} \ln \frac{263}{273} - \frac{\Delta\overline{H}_{\text{fest}}(263)}{263} = \overline{C}_{p,\text{fl}} \ln \frac{263}{273}$$
$$- \frac{\Delta\overline{H}_{\text{fest}}(273) - (\overline{C}_{p,\text{fest}} - C_{p,\text{fl}})(263 - 273)}{263} = -2,80 - 24,32 = -27,12\ \text{J} \cdot \text{mol}^{-1} \cdot \text{K}^{-1}$$

Jetzt berechnen wir $\Delta S\,(\text{II})$ für Prozess (II): Erstarrung bei 273 K und quasiisotherme Abkühlung von Eis auf −10 °C:

$$\Delta S\,(\text{II}) = -\frac{\Delta\overline{H}_{\text{fest}}(273)}{273} + C_{p,\text{fest}} \ln \frac{263}{273} = -22,07 - 1,42 = -23,49\ \text{J} \cdot \text{mol}^{-1} \cdot \text{K}^{-1}$$

Dieser Prozess ist insgesamt als reversibel zu betrachten, da er nur über Gleichgewichtszustände abläuft. Da derselbe Endzustand bei beiden Prozessführungen erreicht wird, muss gelten:

$$\Delta S\,(\text{I}) + \Delta_i S = \Delta S\,(\text{I}) + \int \frac{\delta W_{\text{diss}}}{T} = \Delta S\,(\text{II})$$

und somit beträgt die innere Entropieproduktion für Prozessweg I:

$$\Delta_i S = \int \frac{\delta W_{\text{diss}}}{T} = \Delta S\,(\text{II}) - \Delta S\,(\text{I}) = -23,49 + 27,12 = 3,63\ \text{J} \cdot \text{K}^{-1} \cdot \text{mol}^{-1}$$

5.16.54 Funktionsweise von Saugtrichtern und Wasserstrahlpumpen

Wir wollen zwei Beispiele aus dem Alltag des chemischen Labors vom Standpunkt der Thermodynamik aus untersuchen, die Anwendungen der Bernoulli-Gleichung darstellen (s. Gl. (5.124)). Zunächst betrachten wir Abb. 5.67. Durch einen kegelförmigen Trichter strömt unten durch ein Rohr Flüssigkeit. Die engste Stelle im Rohr hat den Radius r am unteren Ende des Trichters. Die Geschwindigkeit υ und der Druck p_0 ist als Funktion der Höhe h, des Massenflusses $\dot{m}$ und des Endradius r_0 anzugeben. Im oberen Teil des Ausflussrohres, den Trichter abschließend, ist ein poröser Stopfen angebracht, der einen Fließwiderstand darstellt. Der Raum unterhalb des Stopfens und des Auslaufrohres kann partiell oder ganz evakuiert werden und dient als Flussregelung.

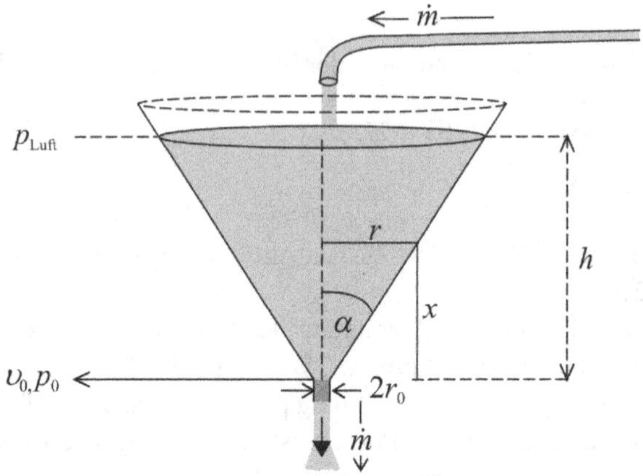

Abb. 5.67 Ausströmen einer Flüssigkeit aus einem Trichter der Füllhöhe h. α ist der Öffnungswinkel. $d = 2r_0$ ist der unterste, engste Trichterdurchmesser

Wir nehmen an, dass im stationären Zustand durch Zulauf in den Trichter der Flüssigkeitsspiegel immer die Höhe h hat, so dass $v^2 = 0$ bei $(z - z_0) = h$. Der Druck bei h ist gleich dem Luftdruck p_{Luft}. Dann lässt sich nach Gl. (5.124) schreiben:

$$p_0 = p_{\text{Luft}} - \frac{\varrho}{2} v_0^2 + \varrho \cdot g \cdot h$$

Im stationären Zustand ist der Massenfluss überall konstant. Er hängt mit v zusammen über die Kontinuitätsgleichung:

$$\varrho \cdot v = \dot{m}/A$$

wobei $A = \pi \cdot r^2$ ist mit dem Radius r des Trichters auf der Höhe x. Damit erhält man für $p_0(x = 0)$:

$$p_0 = p_{\text{Luft}} - \frac{1}{2\varrho} \cdot \frac{\dot{m}^2}{\pi^2 r_0^4} + \varrho \cdot g \cdot h$$

Berechnen Sie p_0 und v_0 mit den vorgegebenen Daten $p_{\text{Luft}} = 10^5$ Pa, $\dot{m} = 0{,}05\ \text{kg} \cdot \text{s}^{-1}$, $\varrho = 1000\ \text{kg} \cdot \text{m}^{-3}$, $r_0 = 0{,}25$ cm und $h = 60$ cm.

Lösung:

$$\begin{aligned} p_0 &= 10^5 - \frac{1}{2000} \frac{(0{,}05)^2}{\pi^2 (0{,}0025)^4} + 1000 \cdot 9{,}81 \cdot 0{,}6 \\ &= 10^5 - 3442 + 5886\ \text{Pa} \\ p_0 - p_{\text{Luft}} &= 2444\ \text{Pa} = 24{,}44\ \text{mbar} \end{aligned}$$

$p_0 - p_{\text{Luft}}$ ist also nur ca. halb so groß wie der hydrostatische Druck an derselben Stelle. Die Geschwindigkeit v_0 berechnet sich.

$$v_0 = \dot{m}/(\pi r_0^2 \cdot \varrho) = 0{,}05/(\pi \cdot (0{,}0025)^2 \cdot 1000) = 2{,}55\ \text{m} \cdot \text{s}^{-1}$$

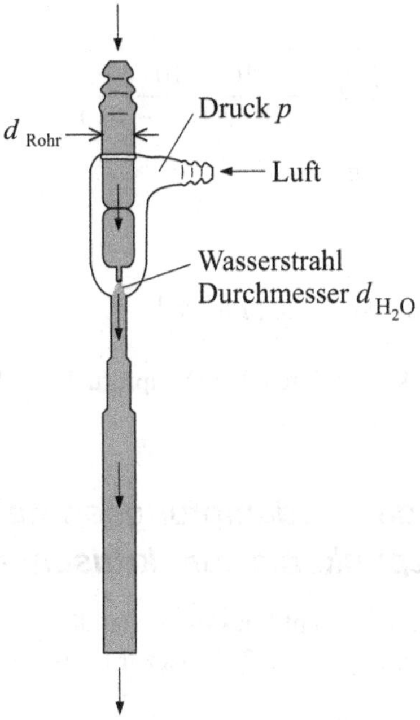

Abb. 5.68 Wasserstrahlpumpe

In Abb. 5.68 ist eine Wasserstrahlpumpe dargestellt. Ihre Wirkung beruht auf dem dünnen Wasserstrahl mit dem Durchmesser d_{H_2O}, der eine hohe Geschwindigkeit besitzt, zu der nach der Bernoulli-Gleichung ein niedriger Druck p gehört, der zum Evakuieren eines mit Luft befüllten Volumens dient. Der Wasserstrahl, der frei aus der Düse tritt, hat einen Durchmesser von $d_{H_2O} = 2$ mm. Der Durchmesser d_{Rohr} beträgt 2 cm. Wie groß muss der Massenstrom $\dot{m}_{H_2O}$ sein, wenn der Wasserdruck in der Leitung $p_L = 2$ bar beträgt, damit der Druck $p = 10$ mbar wird?

Lösung:
Es gilt nach der Bernoulli-Gleichung bei Vernachlässigung der hydrostatischen Druckdifferenzen:

$$p_L + \frac{\varrho}{2} \cdot v_L^2 = p + \frac{\varrho}{2} v_{H_2O}^2$$

Wir setzen die angegebenen Daten ein und berechnen $\dot{m}_{H_2O}$ durch Einsetzen von $\dot{m} = \varrho \cdot v \cdot A$ mit $A = \pi \cdot (d/2)^2$. ($A_{H_2O} = 3{,}1416 \cdot 10^{-6}\ \text{m}^2$, $A_L = 3{,}1416 \cdot 10^{-4}$). Man erhält:

$$p_L - p = \frac{\dot{m}^2}{2\varrho}\left[\frac{1}{A_{H_2O}^2} - \frac{1}{A_L^2}\right]$$

Aufgelöst nach $\dot{m}$:

$$\dot{m} = \sqrt{\frac{2\varrho \cdot (p_L - p)}{1/A_{H_2O}^2 - 1/A_L^2}} = \sqrt{2000 \frac{2 \cdot 10^5 - 10 \cdot 10^2}{1{,}0132(10^{11} - 10^7)}}$$
$$= 0{,}0627 \text{ kg} \cdot \text{s}^{-1} = 3{,}67 \text{ kg} \cdot \text{min}^{-1}$$

Das ergibt für

$$\upsilon_L = 0{,}0617 \text{ m} \cdot \text{s}^{-1} \quad \text{und} \quad \upsilon_{H_2O} = 6{,}17 \text{ m} \cdot \text{s}^{-1}$$

Der niedrigste erreichbare Druck p ist durch den Dampfdruck des Wassers p_{H_2O} beschränkt: $p \geq p_{H_2O}$.

5.16.55 Berechnung der Verdampfungsenthalpie von Methanol vom Schmelzpunkt bis zum kritischen Punkt

Die folgende Formel beschreibt die Dampfdruckkurve von flüssigem Methanol mit hoher Genauigkeit von der Schmelzpunkttemperatur (175,2 K) bis zur kritischen Temperatur ($T_c = 512{,}6$ K).

$$p_{sat}/10^5 \text{ Pa} = \exp\left[-\frac{10{,}752849}{x} + 16{,}758207 - 3{,}603425 \cdot x \right.$$
$$\left. +4{,}373232 \cdot x^2 - 2{,}381377 \cdot x^3 + 4{,}572199(1-x)^{1{,}70}\right]$$

mit $x = T/T_c = T/512{,}6$. Ferner lassen sich die Dichten von Methanol im Phasengleichgewicht der Flüssigkeit (Fl.) mit dem Dampf (D) durch folgende Formeln beschreiben:

$$\frac{\varrho_{Fl}}{\varrho_c} = 1 + 2{,}51709(1-x)^{0{,}350} + 2{,}466694(1-x) - 3{,}066818(1-x^2) + 1{,}325077(1-x^3)$$

$$\frac{\varrho_D}{\varrho_c} = \exp\left[-10{,}619689\,\frac{1-x}{x} - 2{,}556682\,(1-x)^{-0{,}35} \right.$$
$$\left. +3{,}881454\,(1-x) + 4{,}795568\,(1-x)^2\right]$$

ϱ_c ist die kritische Dichte ($269{,}14 \text{ kg} \cdot \text{m}^{-3}$).

Berechnen Sie die molare Verdampfungsenthalpie $\Delta\overline{H}_V$ bei 200 K, 273 K, 373 K und 473 K und tragen Sie $\Delta\overline{H}_V$ als Funktion von x im Bereich von 180 K bis zur kritischen Temperatur graphisch auf.

Lösung:
Grundlage ist die Clapeyron'sche Gleichung (5.85)

$$\left(\frac{dp}{dT}\right)_{sat} = \frac{\Delta\overline{H}_V}{T \cdot \Delta\overline{V}} \quad \text{bzw.} \quad \Delta\overline{H}_V = x \cdot \overline{V}_c \cdot \left[\left(\frac{\varrho_D}{\varrho_c}\right)^{-1} - \left(\frac{\varrho_{Fl}}{\varrho_c}\right)^{-1}\right] \cdot p_{sat} \cdot \frac{d\ln p_{sat}}{dx}$$

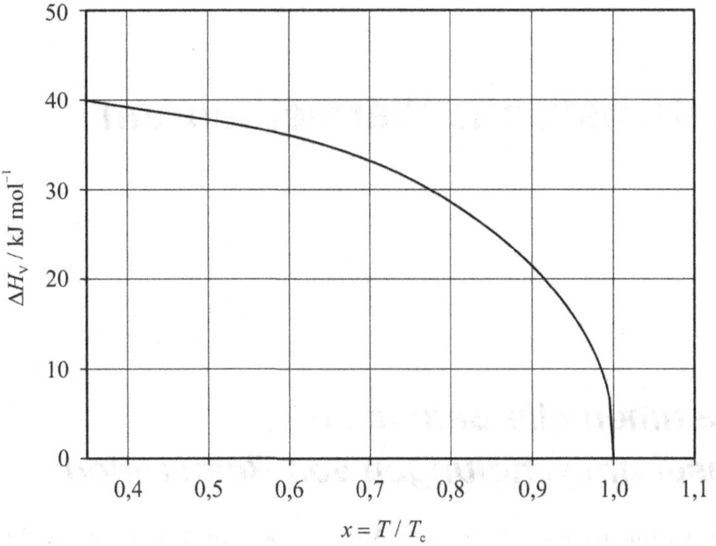

Abb. 5.69 Berechnete Verdampfungsenthalpie von Methanol $\Delta\overline{H}_V$ als Funktion von $x = T/T_c$

Wir berechnen zunächst:

$$\frac{\mathrm{d}\ln p_{\text{sat}}}{\mathrm{d}x} = \frac{10,752849}{x^2} - 3,603425 + 8,746464 \cdot x$$
$$- 7,144131 \cdot x^2 - 7,772738\,(1-x)^{0,7}$$

Für das molare kritische Volumen $\overline{V}_c$ gilt:

$$\overline{V}_c = M_{\text{MeOH}}/\varrho_c = 0,03204/269,14 = 1,19046 \cdot 10^{-4}\ \text{m}^3 \cdot \text{mol}^{-1}$$

Einsetzen von $p_{\text{sat}}, \varrho_D/\varrho_c$, $\varrho_{Fl}/\varrho_c, \overline{V}_c$ und $\mathrm{d}\ln p_{\text{sat}}/\mathrm{d}x$ in die Formel für $\Delta\overline{H}_V$ ergibt:

$\Delta\overline{H}_V/\text{kJ} \cdot \text{mol}^{-1}$	39,95	37,29	32,12	19,20
T/K	200	273	373	473

$\Delta\overline{H}_V$ ist als Funktion von x in Abb. 5.69 dargestellt. Man vergleiche den Verlauf der Funktion mit Abb. 5.22 und verfolge die Diskussion am Ende von Abschnitt 5.12.

6 Das Nernst'sche Wärmetheorem

6.1 Experimentelle Befunde bei Phasenumwandlungen von Reinstoffen

Die klassische Thermodynamik macht keine Aussage über den Absolutwert der Energie, Enthalpie, und der Entropie.

Wenn wir von der Gibbs-Helmholtz-Gleichung ausgehen

$$G = H - TS \tag{6.1}$$

und sowohl H als auch S durch Integration von $(\partial H/\partial T)_p = C_p$ und $(\partial S/\partial T)_p = C_p/T$ ausdrücken, erhält man bei $p = \text{const.}$:

$$G(T) = H(T = 0) - T \cdot S(T = 0) + \int_0^T C_p \cdot \mathrm{d}T - T \int_0^T \frac{C_p}{T}\,\mathrm{d}T \tag{6.2}$$

wobei $H(T = 0)$ und $S(T = 0)$ die Enthalpie und die Entropie bei $T = 0$ bedeuten. Diese Größen sind nicht bekannt und auch nicht bestimmbar, sie stellen Integrationskonstanten dar und bringen formelmäßig zum Ausdruck, dass keine Absolutwerte von G, H und S angegeben werden können. Das war der Stand des Wissens um das Jahr 1900.

Der Physikochemiker Walter Nernst hat 1906 aufgrund einer Vielzahl von experimentellen Befunden aber die folgende These aufgestellt:

Im Grenzfall $T \to 0$ nimmt die Entropie $S = S(T = 0)$ für alle Materie im thermodynamischen Gleichgewicht denselben konstanten Wert an.

Wenn diese Behauptung zutrifft, wäre zwar S immer noch nicht absolut bestimmbar, aber es würde eine fundamentale Aussage über S gemacht, die besagt, dass $S(T = 0)$ für alle Materie am absoluten Nullpunkt denselben, konstanten Wert hat.

Diese Aussage ist der Inhalt des *Nernst'schen Wärmetheorems*, das auch als *3. Hauptsatz der Thermodynamik* bezeichnet wird, obwohl diese Namensgebung nicht gerechtfertigt ist, denn es handelt sich letzten Endes um ein Phänomen, das in der quantenmechanischen Natur der Materie seine Ursache hat. Häufig werden zur Deutung des Nernst'schen Wärmesatzes molekularstatistische Argumente angeführt, es ist aber zunächst wichtig zu verstehen, welche experimentellen Befunde die Gültigkeit des Nernst'schen Wärmesatzes nahelegen.

Wir beginnen mit den thermodynamischen Untersuchungen von Stoffen, die im festen Zustand bei einer bestimmten Temperatur eine Phasenumwandlung zeigen. So wandelt sich z. B. bei $T_\mathrm{U} = 286$ K das graue Zinn (β - Sn) in das sog. weiße Zinn (α - Sn) um. Oberhalb der Umwandlungstemperatur T_U ist α - Sn, unterhalb T_U ist β - Sn die stabile Modifikation von Zinn.

Bei T_U gilt ja $\overline{G}_\alpha = \overline{G}_\beta$ und somit:

$$\overline{G}_\alpha - \overline{G}_\beta = \Delta\overline{G}(T_\mathrm{U}) = 0 = \overline{H}_\alpha(T_\mathrm{U}) - \overline{H}_\beta(T_\mathrm{U}) - T_\mathrm{U}(\overline{S}_\alpha(T_\mathrm{U}) - \overline{S}_\beta(T_\mathrm{U})) = \Delta\overline{H}(T_\mathrm{U}) - T_\mathrm{U}\cdot\Delta\overline{S}(T_\mathrm{U})$$

T_U und $\Delta H(T_\mathrm{U})$ sind direkt messbar, z. B. mit einem Differential Scanning Calorimeter (DSC).

Wichtig ist nun, dass man unterhalb von T_U nicht nur $\overline{C}_p$-Messungen von der stabilen Modifikation des β - Sn durchführen kann, es ist auch möglich, dort $\overline{C}_p$-Messungen von α- Sn durchzuführen, obwohl bei $T < T_\mathrm{U}$ α - Sn eigentlich thermodynamisch nicht stabil ist. Wird jedoch α - Sn aus einem Bereich $T > T_\mathrm{U}$ rasch genug auf Temperaturen weit unterhalb T_U abgekühlt (z. B. 20 K), so bleibt die α-Modifikation erhalten, sie befindet sich in einem sog. metastabilen Zustand, in dem man durchaus ebenfalls $\overline{C}_p$-Messungen als Funktion von T durchführen kann bis hinauf in die Nähe von T_U. Es ist also möglich, $\overline{C}_{p,\alpha}$ wie $\overline{C}_{p,\beta}$ unterhalb von T_U zu messen.

Wir schreiben für die Entropie in den beiden Modifikationen:

$$\overline{S}_\alpha(T_\mathrm{U}) = \overline{S}_\alpha(T=0) + \int_0^{T_\mathrm{U}} \frac{\overline{C}_{p,\alpha}}{T}\,\mathrm{d}T \tag{6.3}$$

$$\overline{S}_\beta(T_\mathrm{U}) = \overline{S}_\beta(T=0) + \int_0^{T_\mathrm{U}} \frac{\overline{C}_{p,\beta}}{T}\,\mathrm{d}T \tag{6.4}$$

Subtrahiert man beide Gleichungen voneinander und beachtet, dass $\overline{S}_\alpha(T_\mathrm{U}) - \overline{S}_\beta(T_\mathrm{U}) = (\overline{H}_\alpha(T_\mathrm{U}) - \overline{H}_\beta(T_\mathrm{U}))/T$, so ergibt sich

$$\overline{S}_\alpha(T=0) - \overline{S}_\beta(T=0) = \Delta\overline{H}(T_\mathrm{U})/T_\mathrm{U} - \int_0^{T_\mathrm{U}} \frac{\Delta\overline{C}_p}{T}\,\mathrm{d}T$$

mit $\Delta\overline{C}_p = \overline{C}_{p,\alpha} - \overline{C}_{p,\beta}$, und $\Delta\overline{H}(T_\mathrm{U}) = \overline{H}_\alpha(T_\mathrm{U}) - \overline{H}_\beta(T_\mathrm{U})$. $\Delta\overline{H}(T_\mathrm{U})/T_\mathrm{U}$ hat die Bedeutung der Umwandlungsentropie von der β- zur α-Kurve.

Das Problem liegt bei den $\overline{C}_p$-Messungen im Temperaturbereich $T < 20$ K. Hier nutzt man die Tatsache aus, dass $\overline{C}_{p,\alpha}$ und $\overline{C}_{p,\beta}$ bei $T \to 0$ ebenfalls verschwinden müssen, da $\overline{S}$ sonst bei $T = 0$ keinen endlichen Wert hat, man weiß sogar mit Sicherheit, dass $\overline{C}_p$ bei Nichtmetallen bei tiefen Temperaturen mit T^3 geht. Allgemein gilt bei sehr tiefen Temperaturen

$$\overline{C}_p = \alpha\cdot T^3 + \gamma\cdot T \tag{6.5}$$

mit $\gamma \neq 0$ bei Metallen, so dass die Konvergenz des fraglichen Integrals gewährleistet ist und Gl. (6.5) zur Extrapolation der $\overline{C}_p$-Werte gegen $T = 0$ für $T < 20$ K genutzt werden kann. Ähnliches

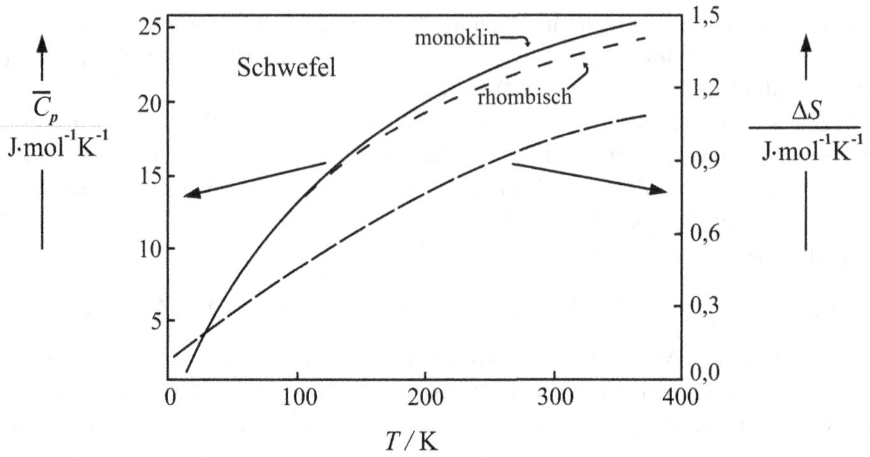

Abb. 6.1 $\overline{C}_{p,\alpha}$ (Schwefel, monoklin) und $\overline{C}_{p,\beta}$ (Schwefel, rhombisch) sowie $\Delta S = S_\alpha(T) - S_\beta(T)$ als Funktion von T. ($S_\alpha(T) = \int (C_{p,\alpha}/T) \cdot \mathrm{d}T,\ S_\beta(T) = \int (C_{p,\beta}/T) \cdot \mathrm{d}T$) [25]

Tab. 6.1 Thermodynamische Parameter von Feststoffumwandlungen Beim Schwefel bedeutet α = monoklin und β = rhombisch. Beim Zinn bedeutet α = grau und β = weiß

Stoff	$S_\beta(T_u) - S_\beta(0)$	$S_\alpha(T_u) - S_\alpha(0)$	T_U	$\frac{\Delta\overline{H}_U}{T_U}$	$\overline{S}_\alpha(0) - \overline{S}_\beta(0)$
	$J \cdot mol^{-1} \cdot K^{-1}$	$J \cdot mol^{-1} \cdot K^{-1}$	K	$J \cdot mol^{-1} \cdot K^{-1}$	$J \cdot mol^{-1} \cdot K^{-1}$
Schwefel	36,36	37,28	386,6	1,01	0,08
Zinn	38,62	46,74	286,4	7,82	- 0,28
PH_3	18,33	34,02	49,4	15,73	0,04
Cyclohexanol	140,30	172,40	263,5	30,96	- 1,2

wie für Zinn gilt beim Schwefel. Abb. (6.1) zeigt die gemessenen Werte von $\overline{C}_p$ für die α- und β-Modifikation des Schwefels unterhalb T_U sowie die Differenz $\Delta S = S_\alpha(T) - S_\beta(T)$ im Bereich zwischen $T = 0$ K und $T = T_U$. Man sieht, dass ΔS mit $T \to 0$ sehr klein wird. Die Ergebnisse dieser sorgfältigen Messungen sind in Tabelle 6.1 wiedergegeben. Dort sind auch noch andere Fälle von Umwandlungen fester Stoffe angegeben, die ganz analog wie beim Zinn und Schwefel geschildert, erhalten wurden.

Inn Abb. 6.2 ist der Temperaturverlauf von $\Delta\overline{H}(T), \Delta S(T)$ und $\Delta\overline{G}(T)$ für Zinn nochmals grafisch dargestellt entsprechend der Gleichungen:

$$\Delta\overline{H}(T) = \Delta\overline{H}(T = 0) + \int_0^T \Delta\overline{C}_p \mathrm{d}T \tag{6.6}$$

[25] Abbildung nach S. Stolen, T. Grande, Chemical Thermodynamics of Materials, Wiley + Sons, 2004

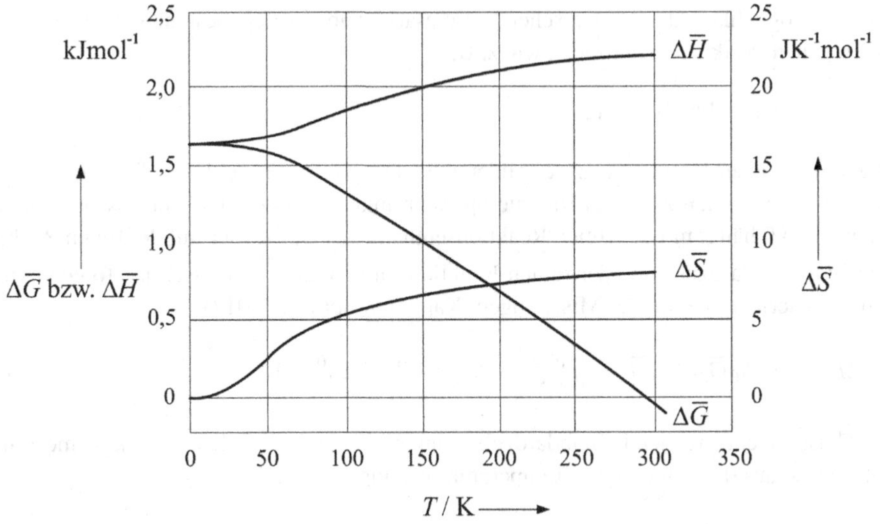

Abb. 6.2 $\Delta\overline{G}$, $\Delta\overline{H}$ und $\Delta\overline{S}$ der Umwandlungsreaktion $Sn_{weiß} \rightleftharpoons Sn_{grau}$ als Funktion der Temperatur

bzw.

$$\boxed{\Delta\overline{S}(T) = \int_0^T \frac{\Delta\overline{C}_p}{T}\,\mathrm{d}T} \tag{6.7}$$

sowie:

$$\boxed{\Delta\overline{G}(T) = \Delta\overline{H}(T) - T\,\Delta S\,(T) = \Delta\overline{H}(T=0) + \int_0^T \Delta\overline{C}_p \mathrm{d}T - T\int_0^T \frac{\Delta\overline{C}_p}{T}\,\mathrm{d}T} \tag{6.8}$$

Das Bild zeigt nochmals deutlich, dass bei $T = 0$ nicht nur

$$\lim_{T\to 0} \Delta\overline{G}(T) = \lim_{T\to 0} \Delta\overline{H}(T) \tag{6.9}$$

sondern auch

$$\lim_{T\to 0} \Delta\overline{S}(T) = \lim_{T\to 0}\left(\frac{\partial\Delta\overline{G}(T)}{\partial T}\right) = 0 \tag{6.10}$$

gilt, so wie es das Nernst'sche Theorem fordert.

6.2 Experimentelle Befunde an chemischen Reaktionen

Die Untersuchungen an Festkörper-Phasenumwandlungen haben den kleinen „Schönheitsfehler", dass in entscheidender Weise Messdaten von metastabilen Zuständen das Ergebnis bestimmen.

Eine andere Möglichkeit, den Nernst'schen Wärmesatz zu überprüfen, besteht in der Untersuchung von heterogenen Festkörperreaktionen wie z. B.

$$\mathrm{Pb} + 2\mathrm{AgCl} \rightarrow \mathrm{PbCl_2} + 2\mathrm{Ag}$$

Wichtig ist hier: jeder Reaktionspartner bildet eine eigene feste Phase. Diese Reaktion kann man gut in einer galvanischen Zelle bei Raumtemperatur ablaufen lassen. Die gemessene, elektrische Zellspannung ΔE hängt mit der freien Reaktionsenthalpie $\Delta_R\overline{G}$, die hier mit der freien Reaktionsenthalpie der Standardzustände der reinen Reaktionspartner $\Delta_R\overline{G}^0$ identisch ist, folgendermaßen zusammen (Thermodynamik der Mischungen, Kapitel 4, Springer 2017):

$$-2F\Delta E^0 = \Delta_R\overline{G} = \Delta_R\overline{G}^0 = \left(\mu^0_{\mathrm{PbCl_2}} + 2\mu^0_{\mathrm{Ag}} - \mu^0_{\mathrm{Pb}} - 2\mu^0_{\mathrm{AgCl}}\right) \tag{6.11}$$

$\Delta E = \Delta E^0$ ist die entsprechende Standardzellspannung. Es kann also $\Delta_R\overline{G}^0$ direkt gemessen werden und ebenso aus der gemessenen Temperaturabhängigkeit von ΔE^0:

$$\Delta_R\overline{S}^0 = 2F\left(\frac{\partial \Delta E^0}{\partial T}\right)_p \tag{6.12}$$

Somit erhält man nach der Gibbs-Helmholtz-Gleichung für $\Delta_R\overline{H}^0$:

$$\Delta_R\overline{H}^0 = -2F\left(\Delta E^0 + T\left(\frac{\partial \Delta E^0}{\mathrm{d}T}\right)_p\right) \tag{6.13}$$

Die bei $T = 290$ K erhaltenen Ergebnisse lauten: $\Delta_R\overline{G}^0(290) = -94,85\ \mathrm{kJ\cdot mol^{-1}}$, $\Delta_R\overline{S}^0(290) = -31,82\ \mathrm{J\cdot mol^{-1}\cdot K^{-1}}$ und $\Delta_R\overline{H}^0(290) = -104,08\ \mathrm{kJ\cdot mol^{-1}}$. Da man nun für jeden der Reaktionspartner: Pb, AgCl, $\mathrm{PbCl_2}$, Ag im reinen festen Zustand $\overline{C}_p$-Messungen durchführen kann, lässt sich das Integral über $\Delta_R\overline{C}_p/T$bestimmt. Man erhält:

$$\Delta_R\overline{S}^0(290) - \Delta_R\overline{S}^0(0) = \int_0^{290} \frac{\Delta_R\overline{C}_p}{T} = \int_0^{290} \left(\overline{C}_{p,\mathrm{PbCl_2}} + 2\overline{C}_{p,\mathrm{Ag}} - \overline{C}_{p,\mathrm{Pb}} - 2\overline{C}_{p,\mathrm{AgCl}}\right)\cdot\frac{\mathrm{d}T}{T}$$
$$= -31,38\ \mathrm{J\cdot mol^{-1}\cdot K^{-1}}$$

Damit ergibt sich:

$$\boxed{\Delta_R\overline{S}^0(T=0) = -\int_0^{290}\frac{\Delta_R\overline{C}_p}{T}\,\mathrm{d}T + \Delta_R\overline{S}^0(290) = +31,38 - 31,82 = -0,44\ \mathrm{J\cdot mol^{-1}\cdot K^{-1}}} \tag{6.14}$$

Wenn die Entropien $\overline{S}_{\mathrm{Pb}}$, $\overline{S}_{\mathrm{AgCl}}$, $\overline{S}_{\mathrm{PbCl_2}}$ und $\overline{S}_{\mathrm{Ag}}$ alle denselben Wert haben sollen, wie es das Nernst'sche Wärmetheorem verlangt, muss $\Delta_R\overline{S}^0(T=0)$ gleich Null sein. Das ist im Rahmen der Messungenauigkeiten der Fall und bestätigt die Gültigkeit des Nernst'schen Wärmetheorems.

Ähnlich gute Ergebnisse für $\Delta_R\overline{S}^0(T = 0) \cong 0$ erhält man für andere heterogene Festkörperreaktionen, wie z. B.

$$Ag + \frac{1}{2}\,I_2 \rightarrow AgI \quad (\Delta_R\overline{G}^0_{III}, \Delta_R\overline{H}^0_{III})$$

die durch Kombination der elektrochemisch untersuchbaren Reaktionen

$$\frac{1}{2}Pb + \frac{1}{2}I_2 \rightarrow \frac{1}{2}PbI_2 \quad (\Delta_R\overline{G}^0_{I}, \Delta_R\overline{H}^0_{I})$$

und

$$\frac{1}{2}Pb + AgI \rightarrow \frac{1}{2}PbI_2 + Ag \quad (\Delta_R\overline{G}^0_{II}, \Delta_R\overline{H}^0_{II})$$

erhalten wurden. Die Messergebnisse lauten bei 298 K:

$$\Delta_R\overline{G}^0_{III} = \Delta_R\overline{G}^0_{I} - \Delta_R\overline{G}^0_{II} = -276,85\ \mathrm{kJ \cdot mol^{-1}}$$

und

$$\Delta_R\overline{H}^0_{III} = \Delta_R\overline{H}^0_{I} - \Delta_R\overline{H}^0_{II} = -61,965\ \mathrm{kJ \cdot mol^{-1}}$$

Da $\overline{C}_p$ von I_2 bzw. Ag als Funktion der Temperatur gut und genügend genau messbar sind, erhält man $\Delta_R\overline{S}^0_{III}(T = 0)$ aus Gl. (6.14) für die Reaktion Ag + 1/2 $I_2 \rightarrow$ AgI zu $\Delta_R\overline{S}^0(T = 0) = -0,5 \pm 1,2\ \mathrm{J \cdot mol^{-1} \cdot K^{-1}}$. Wiederum also lässt sich das Nernst'sche Wärmetheorem bestätigen.

6.3 Experimentelle Befunde an Phasenkoexistenzkurven

Wir erwähnen noch zwei weitere Ergebnisse, die in sehr überzeugender Weise die Gültigkeit des Nernst'schen Wärmetheorems nahelegen.

Abb. 6.3 zeigt die Schmelzdruckkurve von flüssigem Helium (^{4}He). ^{4}He bleibt bei $T = 0$ eine Flüssigkeit, die erst bei ca. 22 bar fest wird. Die experimentellen Daten zeigen, dass für die Steigung der Schmelzdruckkurve gilt:

$$\lim_{T\to 0} \frac{dp}{dT} \cong 0$$

Nach der Clapeyron'schen Gleichung ist bekanntlich

$$\frac{dp}{dT} = \frac{\Delta\overline{S}}{\Delta\overline{V}}$$

Da $\Delta\overline{V} \neq 0$ bei $T = 0$, folgt daraus, dass

$$\lim_{T\to 0} \Delta\overline{S} = 0$$

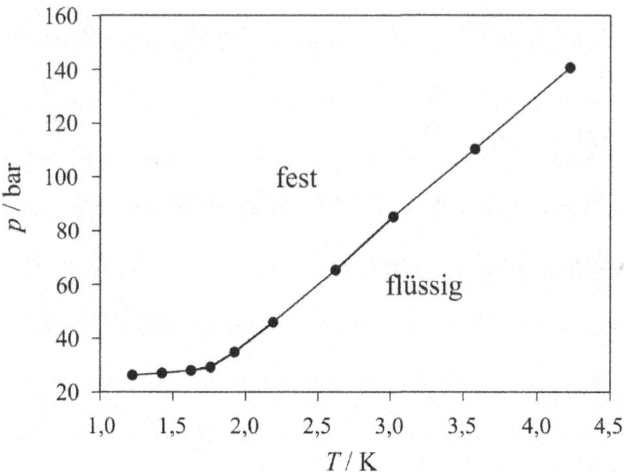

Abb. 6.3 Schmelzdruckkurve von ^{4}He

für den Entropieunterschied zwischen festem und flüssigem ^{4}He bei $T = 0$. Das entspricht genau der Forderung des Nernst'schen Wärmesatzes.

Bisher haben wir die Entropie als Funktion von T bei konstantem Druck p, bzw. allgemeiner, bei konstantem Arbeitskoeffizienten λ_i betrachtet und ihr Verhalten im Grenzfall $T \to 0$ untersucht. Das Nernst'sche Wärmetheorem verlangt selbstverständlich, dass die Entropie aller Materie bei jedem möglichen Wert von p bzw. eines Arbeitskoeffizienten λ_i denselben universellen Wert bei $T = 0$ annimmt.

Also muss z. B. bei einem vorgegebenen System gelten:

$$\lim_{T\to 0}\left(\overline{S}(T,p_1) - \overline{S}(T,p_2)\right) = 0 \quad (p_2 > p_1)$$

oder, wenn $p_2 = p_1 + \mathrm{d}p_1$ ist

$$\lim_{T\to 0}\left[\overline{S}(T,p_1) - \left(\overline{S}(T,p_1) + \left(\frac{\partial \overline{S}(T)}{\partial p_1}\right)_T \mathrm{d}p_1\right)\right] = -\lim_{T\to 0}\left(\frac{\partial \overline{S}}{\partial p}\right)_T \mathrm{d}p = 0$$

Die allgemeine Forderung, die aus dem Nernst'schen Theorem folgt, lautet also:

$$\boxed{\lim_{T\to 0}\left(\frac{\partial S}{\partial \lambda_i}\right)_T = 0} \tag{6.15}$$

Setzen wir $\lambda_i = -p$ und beachten die Maxwell-Relation:

$$-\left(\frac{\partial S}{\partial p}\right)_T = \left(\frac{\partial V}{\partial T}\right)_p = V \cdot \alpha_\mathrm{p}$$

so folgt, da in jedem Fall $V > 0$:

$$\boxed{\lim_{T\to 0}\alpha_\mathrm{p} = 0} \tag{6.16}$$

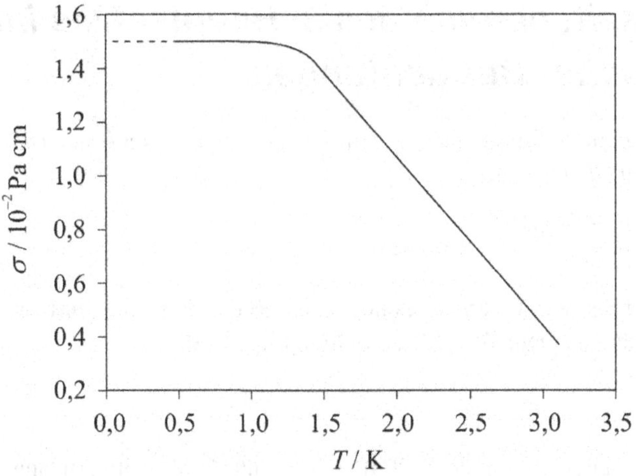

Abb. 6.4 Oberflächenspannung σ von flüssigem ^{4}He entlang der Sättigungsdampfdruckkurve

Der thermische Ausdehnungskoeffizient $(\partial V/\partial T)\,/V = \alpha_\mathrm{p}$ verschwindet also bei $T = 0$. Das folgt aus dem Nernst'schen Wärmetheorem. Alle experimentellen Daten deuten in der Tat darauf hin, dass α_p bei Festkörpern im Grenzfall $T \to 0$ ebenfalls gleich 0 wird. Ein Blick zurück in Abschnitt 3.1 bestätigt diese Aussage.

Die Verallgemeinerungen der Maxwell-Relationen angewandt auf die Ableitung der Entropie nach λ_i bzw. l_i lauten:

$$\left(\frac{\partial S}{\partial \lambda_i}\right)_T = \left(\frac{\partial l_i}{\partial T}\right)_{\lambda_i} \quad \text{oder} \quad \left(\frac{\partial S}{\partial l_i}\right)_T = \left(\frac{\partial \lambda_i}{\partial T}\right)_{l_i} \tag{6.17}$$

wobei l_i die dem Arbeitskoeffizienten λ_i entsprechende *Arbeitskoordinate* bedeutet.

Wir wenden diese Beziehung auf die Oberflächenarbeit $\sigma \cdot \mathrm{d}A$ (s. Abschnitt 4.1) an, d. h., $\lambda_i = \sigma, l_i = A$ mit der Oberflächenspannung σ und der Oberfläche A. Es gilt allgemein:

$$\left(\frac{\partial S}{\partial A}\right)_T = -\left(\frac{\partial \sigma}{\partial T}\right)_A$$

Es muss also nach dem Nernst'schen Wärmetheorem gelten:

$$\lim_{T\to 0}\left(\frac{\partial \sigma}{\partial T}\right)_A = 0$$

Dieses Ergebnis lässt sich nur an dem Stoff überprüfen, der bei $T = 0$ noch flüssig ist, also ^{4}He.

Abb. 6.4 zeigt in der Tat, dass die Ableitung von σ nach T im Grenzfall $T \to 0$ offensichtlich verschwindet.

6.4 Gültigkeitsbereich des 3. Hauptsatzes im Rahmen chemischer Betrachtungen

Die bisherigen Ergebnisse führen also zu dem Postulat: *Bei reinen kondensierten Stoffen gilt im thermodynamischen Gleichgewicht:*

$$\boxed{\lim_{T\to 0} S(T) = S(T = 0)} \tag{6.18}$$

$S(T = 0)$ kann frei gewählt werden, es liegt nahe, $S(T = 0)$ gleich Null zu setzen. Wir formulieren also entsprechend einem Vorschlag von Max Planck (1909):

$$\boxed{S(T = 0) = 0} \tag{6.19}$$

Die Angabe von molaren Entropien $\overline{S}(298)$ als absolute Größen im Anhang F3 beruht auf Gl. (6.19).

In der Natur haben wir es jedoch bevorzugt mit Mischungen zu tun, selbst chemisch reine Stoffe stellen häufig ein Gemisch von Isotopen dar, z. B. $H\,^{35}Cl + H\,^{37}Cl$ oder Schwefel, der im Wesentlichen aus ^{32}S und ^{34}S besteht. Von der Verbindung BCl_3 gibt es z. B. 8 isotope Spezies, die im chemisch reinen BCl_3 als Gemisch vorliegen. Was sagt das Nernst'sche Wärmetheorem über solche Isotopengemische aus? Es gibt auch Mischungen chemisch unterscheidbarer Stoffe, die sich nicht ohne weiteres in „chemisch reine" Stoffe zerlegen, wenn man sich $T = 0$ nähert, z. B. der Mischkristall AgCl + AgBr. Um die Schwierigkeiten zu verstehen, die sich bei der Anwendung des Nernst'schen Wärmetheorems auf solche Mischungen ergeben, wollen wir ein Ergebnis der statistischen Thermodynamik hier vorwegnehmen, das eine Aussage über die Entropie S_0 am absoluten Nullpunkt der Temperatur macht:

$$\boxed{S(T = 0) = k_B \ln W} \tag{6.20}$$

Hierbei ist k_B die Boltzmann-Konstante und W die Zahl der unterscheidbaren Möglichkeiten, wie die Moleküle des Systems im Kristall angeordnet sein können. Bei $T = 0$ muss also $W = 1$ sein, wenn das Nernst'sche Wärmetheorem in der Planck'schen Formulierung erfüllt sein soll. Diese Annahme wird durch die Ergebnisse der Quantenmechanik unterstützt, nach der der energetisch tiefste Zustand (quantenmechanischer Grundzustand), in dem sich ein System bei $T = 0$ befindet, keine Entartung zeigt, also stets $W = 1$ sein sollte. Bei einer Mischung von unterscheidbaren Molekülen, die z. B. aus Mischkristallen verschiedener chemischer Spezies A + B bestehen, gibt es 2 Wege, die zu $W = 1$ führen. Entweder es findet eine völlige Entmischung in getrennte, reine Kristalle A und B statt, oder es existiert eine hochsymmetrische Anordnung von A und B in *einem* Kristall (z. B. alternierende Anordnung ABABA. . . ,). Die treibende Kraft, die diese beiden Wege zu $W = 1$ ermöglicht, ist die Bedingung, dass die freie Enthalpie bzw. freie Energie ein Minimum einnimmt bei $p =$ const. bzw. $V =$ const. Am absoluten Nullpunkt, also bei $T = 0$, werden freie Enthalpie, freie Energie, Enthalpie und Energie identisch und dort lautet also die Forderung, dass die *innere Energie* ein Minimum einnimmt. So wird z. B. entweder der in zwei getrennten Kristallen vorliegende Zustand oder hochgeordnete Mischkristall-Zustand energetisch tiefer liegen als ein statistisch ungeordneter Zustand. Ob die völlige Entmischung oder der hochsymmetrische Mischkristall bevorzugt sind, hängt im Einzelfall davon ab, welcher Zustand der energetisch niedrigere

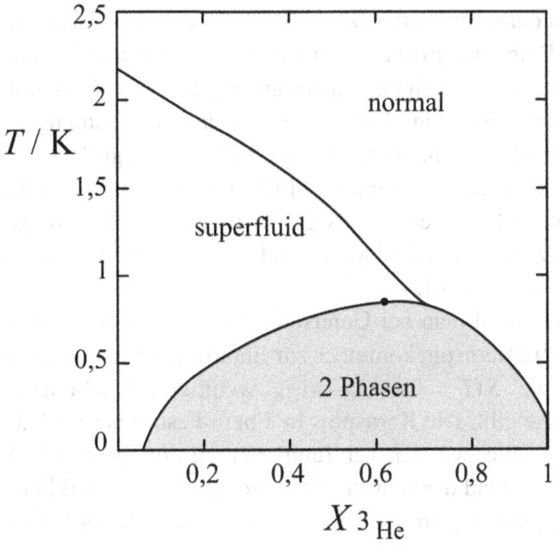

Abb. 6.5 Flüssig-Flüssig Koexistenzkurve der ^{3}He/^{4}He-Mischung

ist. Bei Isotopen-Mischungen ist die Situation noch diffiziler, es gibt Ursachen, die in sehr geringen Unterschieden der zwischenmolekularen Kräfte oder in Unterschieden der sog. Gitternullpunkts-schwingungen liegen und die zur Entmischung oder zum hochgeordneten Isotopen-Mischkristall führen können. In der Regel wird das jedoch nicht beobachtet und die isotopen Moleküle sind gewöhnlich statistisch ungeordnet auf die Kristallgitterplätze verteilt, was in erster Linie daran liegt, dass die Kinetik der Gleichgewichtseinstellung in der Nähe von $T = 0$ so langsam verläuft, dass sich das thermodynamische Gleichgewicht nicht einstellen kann, also der Entmischungsprozess bzw. der Prozess zu hochsymmetrischer Ordnung „unendlich langsam" wird. Wenn eine statistische Anordnung der Isotope vorliegt, kommt es formal zu einer Mischungsentropie bei $T = 0$ und damit zu $S(T = 0) > 0$.

Ein Beispiel für eine Mischung von Isotopen, bei der man eine Entmischung beobachtet bis zu tiefsten Temperaturen, ist das flüssige Gemisch ^{4}He + ^{3}He, hier findet experimentell feststellbar eine Entmischung in zwei getrennte, fast reine Isotopenphasen ^{3}He bzw. ^{4}He statt (s. Abb. 6.5), wenn T gegen 0 geht. Trotz der unvollständigen Entmischung bei $T = 0$ ist auch $S = 0$. Eine Erklärung für dieses Phänomen liefert auf molekularer Grundlage die Quantenstatistik der Mischungen von sog. Fermionen mit Bosonen.

Auch Orientierungen von nicht-kugelsymmetrischen Molekülen zueinander - dazu gehören die meisten Moleküle - müssen im kristallinen Zustand hochgeordnet sein. Jedoch auch solche Ordnungsprozesse stellen sich bei tiefer Temperatur häufig nicht mehr schnell genug ein. Es gibt eine ganze Reihe von solchen Molekülkristallen reiner Stoffe, bei denen das der Fall ist, z. B. CO, N_2O, H_2O. Hier spricht man von einer Nullpunktsentropie ($S(T = 0) > 0$), die aber wiederum keinem thermodynamischen Gleichgewichtszustand entspricht und daher auch keinen Widerspruch zum Nernst' schen Wärmetheorem darstellt ähnlich wie bei den Isotopenmischungen. Auch Gläser und erstarrte, nichtkristalline Polymerschmelzen zählen zu diesen Fällen.

Den thermodynamisch stabilsten Zustand bei $T = 0$ mit der dazu notwendigen niedrigsten

Energie zu finden, dem dann der Wert $S(T = 0) = 0$ entspricht, ist auch eine Frage der Definition bzw. der Abgrenzung. Betrachtet man z. B. eine Isotopenmischung, kann man zur inneren Energie auch die Energie der Atomkerne zählen und verlangen, dass das Isotop mit dem kernphysikalisch niedrigsten Energiezustand der wahre Energiegrundzustand ist. Dann müsste man verlangen, dass bei $T = 0$ nur noch das kernphysikalisch stabilere Isotop vorliegt. Eine solche Kernumwandlung ist kinetisch natürlich vollständig gehemmt und könnte sich - wenn überhaupt - nur bei ganz extrem hohen Temperaturen einstellen, wo es gar keine „Chemie" mehr gibt. Definitionen dieser Art führen daher rasch zu weiteren Problemen und damit zur Frage, was überhaupt der niedrigste Energiezustand der Kernmaterie ist.
Zu ähnlichen Problemen wird man bei Unterschieden im Wert des Kernspins geführt. Auch bei reinen Isotopen mit einem Kernspin kommt es zur Entartung des Kernenergieniveaus und damit zu einer „Nullpunktsentropie" $S(T = 0) = k_B \cdot \ln g_K$, wenn g_K die Zahl der Entartung des isolierten Kernspins des Systems angibt. Die Kernspins in einem Festkörper sind aber nicht völlig isoliert, und daher gibt es auch Fälle, wo sich bei Temperaturen unterhalb 10^{-3} K die Kernspins parallel zueinander ordnen aufgrund der sehr kleinen, aber eben doch merklichen Wechselwirkung, so dass bei $T = 0$ alle Kernspins geordnet sind und $S(T = 0) = 0$ wird. Diese Tatsache wird sogar zur Erzeugung sehr tiefer Temperaturen mittels der sog. adiabatischen Kernspinentmagnetisierung genutzt.

Im Rahmen *chemischer Betrachtungen* lassen wir aber die Energetik und die Spinzustände von Atomkernen in der Regel außer Acht und fordern, dass $S(T = 0) = 0$ für „chemische Materie" aus den oben genannten Gründen immer möglich ist, vorausgesetzt, dass das thermodynamische Gleichgewicht sich einstellen kann. Ebenso lässt man bei Isotopenmischungen vereinbarungsgemäß das Problem der Mischungsentropie außer Acht und behandelt eine chemische reine Substanz als einzige Komponente, auch wenn sie aus verschiedenen Isotopen besteht. Das hat einen ganz praktischen Grund. Da es bei der Berechnung von Phasengleichgewichten und chemischen Gleichgewichten auf die Differenzen von freien Energien bzw. von Entropiewerten ankommt, heben sich entropische Effekte der Kernspinentartung sowie der Isotopenmischung bei der Bildung von Differenzwerten gegenseitig weg und spielen daher in der Regel für die chemische Thermodynamik keine Rolle.

Wir fassen zusammen: die erhebliche Bedeutung, die dem Nernst'schen Wärmetheorem vom Standpunkt der Chemie aus zukommt, liegt also in der Möglichkeit, Entropien der chemischen Materie in absoluten Werten bestimmen zu können nach der Beziehung Gl. (6.21) bzw. Gl. (6.29). Damit beschäftigt sich der nachfolgende Abschnitt dieses Kapitels. Erst dadurch ist es möglich geworden, chemische Reaktionsgleichgewichte und Phasengleichgewichte voraussagen zu können auf der Grundlage von rein kalorischen Messungen.

6.5 Ermittlung absoluter Entropien und Standardentropien

Die Gültigkeit des Nernst'schen Wärmetheorem (Gl. 6.18 bzw. 6.19) gestattet es, absolute Werte der Entropie zu bestimmen, sofern das untersuchte System sich im thermodynamischen Gleichgewicht befindet. Dazu müssen kalorimetrische Messdaten der Molwärme $\overline{C}_p$ als Funktion der Temperatur über den gesamten Temperaturbereich vorliegen ausgehend von $T = 0$ im festen Zustand bis zur fraglichen Temperatur T im festen, flüssigen oder gasförmigen Zustand, bei der die Entropie ermittelt werden soll. Der Druck bleibt dabei konstant, in der Regel beträgt er 1 bar.

Die zu Grunde liegende Beziehung für die molare Entropie lautet:

$$\overline{S}(T) = \int_0^T \frac{\overline{C}_p}{T}\,\mathrm{d}T \qquad (p = \text{const.}) \tag{6.21}$$

Wird $T = 298{,}15$ K gesetzt und ist der Druck 1 bar, so ist $\overline{S}$ in Gl. (6.21) die Standardentropie des betrachteten Stoffes.

Bei Anwendung von Gl. (6.21) muss Folgendes beachtet werden.

1. Bei bestimmten Temperaturen T_U finden Phasenumwandlungen statt (Index U = „Umwandlung"), bei denen es zu sprungartigen Änderungen der Entropie $\Delta\overline{S}_\mathrm{U}$ kommt. Es gilt dort:

$$\Delta\overline{S}_\mathrm{U} = \frac{\Delta\overline{H}_\mathrm{U}}{T_\mathrm{U}} \tag{6.22}$$

   Hier bedeutet $\Delta\overline{H}_\mathrm{U}$ die kalorimetrisch messbare molare Umwandlungsenthalpie. Solche Umwandlungen können schon im festen Zustand vorkommen (Phasenübergang fest → fest). Der Schmelzprozess gehört dazu (Phasenübergang fest → flüssig) sowie der Verdampfungsprozess (Phasenübergang flüssig → gasförmig).

2. Da bei tiefen Temperaturen (T <10 K) die Messung von $\overline{C}_p$ sehr schwierig bzw. aufwendig wird, bedient man sich hier eines Extrapolationsverfahrens, um Werte von $\overline{C}_p$ im Bereich zwischen 0 K und einer Temperatur T_x (zwischen 10 und 20 K) zu erhalten. Dabei wird von der theoretisch gut fundierten Tatsache Gebrauch gemacht, dass für $\overline{C}_p$ bei genügend tiefen Temperaturen für Nichtmetalle gilt (s. Gl. (6.5)):

$$\overline{C}_p = \alpha \cdot T^3 \qquad (T < T_x) \tag{6.23}$$

   Der Gültigkeitsbereich für Gl. (6.23) kann aus der sog. Debye'schen Temperatur Θ_D abgeschätzt werden (s. Lehrbücher der Statistischen Thermodynamik), als grobes Kriterium kann gelten: $T_x \leq \Theta_\mathrm{D}/10$. Die Konstante α in Gl. (6.23) sowie der genaue Wert von T_x werden festgelegt durch folgende Bedingungen:

$$\overline{C}_{p(\mathrm{exp})} = \alpha \cdot T^3 \qquad (T < T_x) \tag{6.24}$$

   und

$$\left(\frac{\mathrm{d}\overline{C}_{p(\mathrm{exp})}}{\mathrm{d}T}\right)_{T=T_x} = 3\alpha \cdot T^2 \qquad (T < T_x) \tag{6.25}$$

   wobei $\overline{C}_{p(\mathrm{exp})}$ bzw. $\mathrm{d}\overline{C}_{p(\mathrm{exp})}/\mathrm{d}T$ aus experimentellen Messungen bei tiefst möglichen Temperaturen stammen. Aus Gl. (6.24) und Gl. (6.25) können dann α und T_x bestimmt werden und damit Werte von $\overline{C}_p$ für $T < T_x$ nach Gl. (6.23) berechnet werden.

Will man *Standardentropien von Gasen*, also Entropie-Werte in der idealen Gasphase bei T = 298,15 K und 1 bar ermitteln (s. Anhang F.3), so ist zu beachten, dass sich bei 298,15 K und 1 bar die gasförmige Substanz nicht im idealen Gaszustand befindet. Um die Entropie im idealen Gaszustand unter diesen Bedingungen zu erhalten, muss eine Korrekturrechnung vorgenommen werden, denn für den Unterschied der molaren Entropie eines idealen Gases $\overline{S}^0_{298,\text{id}}$ und der eines realen Gases $\overline{S}^0_{298,\text{real}}$ bei p 0 1 bar besteht folgender Zusammenhang:

$$\overline{S}^0_{298,\text{id}} - \overline{S}^0_{298,\text{real}} = \int\limits_{p=0}^{1\,\text{bar}} \left(\left(\frac{\partial \overline{V}}{\partial T} \right)_p - \frac{R}{p} \right) \mathrm{d}p \tag{6.26}$$

Dabei haben wir von Gl. (5.19) Gebrauch gemacht und beachtet, dass $\left(\partial \overline{S}_{\text{id. Gas}} / \partial p\right)_T = -R/p$ gilt. $\overline{V}$ ist das Molvolumen des realen Gases. Meistens ist es ausreichend, dafür die Virialgleichung bis zum 2. Virialkoeffizienten $B(T)$ zu benutzen (s. Gl. (3.3)):

$$\frac{p\overline{V}}{RT} \cong 1 + \frac{B(T)}{\overline{V}} \approx 1 + \frac{B}{RT} \cdot p \tag{6.27}$$

Auflösen von Gl. (6.27) nach $\overline{V}$ und Einsetzen in Gl. (6.26) ergibt:

$$\overline{S}^0_{298,\text{id}} - \overline{S}^0_{298,\text{real}} = 1\,\text{bar} \cdot \frac{\mathrm{d}B(T)}{\mathrm{d}T} \tag{6.28}$$

Die Standardentropie ist also:

$$\begin{aligned} \overline{S}^0_{298} = & \frac{\alpha}{3} \cdot T_x^3 + \int\limits_{T_x}^{T_\text{U}} \frac{\overline{C}_{p,\text{fest}}}{T} \mathrm{d}T + \frac{\Delta \overline{H}_\text{U}}{T_\text{U}} + \int\limits_{T_\text{U}}^{T_\text{S}} \frac{\overline{C}_{p,\text{fest}}}{T} \mathrm{d}T \\ & + \frac{\Delta \overline{H}_\text{S}}{T_\text{S}} + \int\limits_{T_\text{S}}^{T_\text{V}} \frac{\overline{C}_{p,\text{fluessig}}}{T} \mathrm{d}T + \frac{\Delta \overline{H}_\text{V}}{T_\text{V}} + \int\limits_{T_\text{V}}^{298} \frac{\overline{C}_{p,\text{Gas}}}{T} + 1\,\text{bar} \cdot \left(\frac{\mathrm{d}B(T)}{\mathrm{d}T} \right)_{T=298{,}15\,\text{K}} \end{aligned} \tag{6.29}$$

Dabei bedeuten in Gl. (6.29): T_S = Schmelztemperatur, $\Delta\overline{H}_\text{S}$ = molare Schmelzenthalpie, T_V = Siedetemperatur bei 1 bar, $\Delta\overline{H}_\text{V}$ = molare Verdampfungsenthalpie bei 1 bar. Es wurde angenommen, dass im festen Zustand nur eine Phasenumwandlung fest → fest bei $T = T_\text{U}$ vorkommt, falls mehrere solche Umwandlungen im festen Zustand stattfinden, müssen natürlich jeweils ihre Umwandlungsentropien mit berücksichtigt werden. Als Beispiel für die Ermittlung von Standardentropien sind die Ergebnisse für Stickstoff (N_2) in Abb. 6.5 dargestellt.

Die Korrektur nach Gl. (6.28) beträgt für N_2 bei 298,15 K nur $0{,}92$ Joule $\cdot\,\text{mol}^{-1} \cdot \text{K}^{-1}$. Der Wert der Standardentropie für N_2 ist $192{,}1$ Joule $\cdot\,\text{mol}^{-1} \cdot \text{K}^{-1}$.

Wenn der Sättigungsdampfdruck p_sat einer Substanz bei 298,15 K kleiner als 1 bar ist, muss die Korrektur für den idealen Gaszustand entsprechend Gl. (6.28) lauten:

$$\overline{S}^0_{298,\text{id}} - \overline{S}^0_{298,\text{real}} = p_\text{sat} \cdot \left(\frac{\mathrm{d}B(T)}{\mathrm{d}T} \right)_{T \text{ bei } p_\text{sat}} \tag{6.30}$$

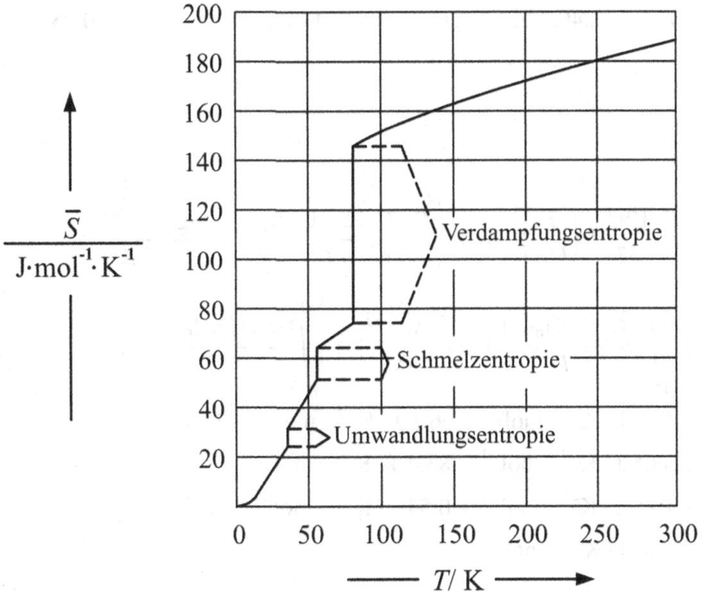

Abb. 6.6 Die molare Entropie $\overline{S}$ von N_2 zwischen $T = 0$ K und $T = 300$ K

und danach wird die (hypothetische) Standardentropie bei 1 bar berechnet:

$$\overline{S}^{0}_{298,\mathrm{id}}(1\ \mathrm{bar}) = \overline{S}^{0}_{298,\mathrm{real}}(p_{\mathrm{sat}}) - R\ln\left(\frac{1\ \mathrm{bar}}{p_{\mathrm{sat}}}\right) \tag{6.31}$$

Alle in Anhang F (Tabelle F.3) angegebenen Standardentropien für feste, flüssige und (ideale) gasförmige Stoffe und die daraus abgeleiteten freien Standardbildungsenthalpien beruhen auf dem hier geschilderten Verfahren.

6.6 Aufgaben zu Kapitel 6

6.6.1 Berechnung der Standardentropie von Cyclopropan

Verwenden Sie die folgenden Daten zur Berechnung von $\overline{S}^{0}_{298}$ von Cyclopropan:

$\overline{C}_p\,[C_3H_6(s)]\,R = -1.921 + (0.1508\ \mathrm{K}^{-1})T - (9.670 \cdot 10^{-4}\ \mathrm{K}^{-2})T^2 + (2.694 \cdot 10^{-6}\ \mathrm{K}^{-3})T^3$
$15\ \mathrm{K} \leq T \leq 145.5\ \mathrm{K}$
$\overline{C}_p\,[C_3H_6(l)]\,R = 5.624 + (4.493 \cdot 10^{-2}\ \mathrm{K}^{-1})T - (1.340 \cdot 10^{-4}\ \mathrm{K}^{-2})T^2$
$145.5\ \mathrm{K} \leq T \leq 240.3\ \mathrm{K}$
$\overline{C}_p\,[C_3H_6(g)]\,R = -1.793 + (3.277 \cdot 10^{-2}\ \mathrm{K}^{-1})T - (1.326 \cdot 10^{-5}\ \mathrm{K}^{-2})T^2$
$240.3\ \mathrm{K} \leq T \leq 1000\ \mathrm{K}$

$T_{\text{fus}} = 145.\ \text{K}$, $T_{\text{vap}} = 240.3\ \text{K}$, $\Delta_{\text{fus}}\overline{H} = 5.44\ \text{kJ} \cdot \text{mol}^{-1}$, $\Delta_{\text{vap}}\overline{H} = 20.05\ \text{kJ} \cdot \text{mol}^{-1}$, ferner $\Theta_{\text{D}} = 130\ \text{K}$.

Lösung:

$$\begin{aligned}\overline{S}^0_{298,\text{id}} &= \int\limits_0^{15} \frac{12\pi^4}{5T} R \left(\frac{T}{\Theta_{\text{D}}}\right)^3 \text{d}T + \int\limits_{15}^{145,5} \frac{\overline{C}_p[\text{C}_3\text{H}_6(s)]}{T} \text{d}T + \frac{\Delta_{\text{fus}}\overline{H}}{145.5\ \text{K}} \\ &+ \int\limits_{145.5}^{240.3} \frac{\overline{C}_p[\text{C}_3\text{H}_6(l)]}{T} \text{d}T + \frac{\Delta_{\text{vap}}\overline{H}}{240.3\ \text{K}} + \int\limits_{240.3}^{298.1} \frac{\overline{C}_p[\text{C}_3\text{H}_6(g)]}{T} \text{d}T + 10^5 \cdot \left(\frac{\text{d}B}{\text{d}T}\right) \\ &= 0.995\ \text{J} \cdot \text{K}^{-1} \cdot \text{mol}^{-1} + 66.1\ \text{J} \cdot \text{K}^{-1} \cdot \text{mol}^{-1} + 37.4\ \text{J} \cdot \text{K}^{-1} \cdot \text{mol}^{-1} \\ &+ 38.5\ \text{J} \cdot \text{K}^{-1} \cdot \text{mol}^{-1} + 83.4\ \text{J} \cdot \text{K}^{-1} \cdot \text{mol}^{-1} \\ &+ 10.8\ \text{J} \cdot \text{K}^{-1} \cdot \text{mol}^{-1} + 0.54\ \text{J} \cdot \text{K}^{-1} \cdot \text{mol}^{-1} \\ &= 237.8\ \text{J} \cdot \text{K}^{-1} \cdot \text{mol}^{-1}\end{aligned}$$

Der letzte Term ($0.54\ \text{J} \cdot \text{K}^{-1} \cdot \text{mol}^{-1}$) ist die Korrektur auf den idealen Gaszustand nach Gl. (6.30). $(\text{d}B/\text{d}T)$ beträgt für Cyclopropan $5.4 \cdot 10^{-6}\ \text{m}^3 \cdot \text{mol}^{-1} \cdot \text{K}^{-1}$ und ist mit 1 bar = 10^5 Pa zu multiplizieren. Der Vergleich mit dem Literaturwert ($237.5\ \text{J} \cdot \text{K}^{-1} \cdot \text{mol}^{-1}$) ist ausgezeichnet.

6.6.2 Beispiele für Nullpunktsentropien isotopenreiner Moleküle

Für eine ganze Reihe von relativ einfach gebauten Molekülen wurden Nullpunktentropien festgestellt, die folgende Tabelle enthält 3 Beispiele:

	$^{14}\text{N}_2^{16}\text{O}$	$^{12}\text{CH}_3\text{D}$	$^{14}\text{N}^{16}\text{O}$
$\overline{S}_0/\text{J} \cdot \text{mol}^{-1} \cdot \text{K}^{-1}$	4,8	11,6	3,0

Ermitteln Sie die Zahl der unterscheidbaren Strukturen W im Kristall nach Gl. (6.20). Orientieren Sie sich dabei an dem im Text diskutierten Beispiel von CO. Bedenken Sie, dass NO im Kristall als lineares Dimer $(\text{NO})_2$ vorliegt.

Lösung:

a) N_2O: ebenso wie CO hat N_2O zwei unterscheidbare (fast energiegleiche) mögliche Orientierungen im Kristall. Es gilt also: $\overline{S}(T = 0) = k \ln 2^{N_\text{L}} = kN_\text{L} \cdot \ln 2 = R \ln 2 = 5,76\ \text{J} \cdot \text{mol}^{-1} \cdot \text{K}^{-1}$. Das liegt etwas höher als $4,8\ \text{J} \cdot \text{mol}^{-1} \cdot \text{K}^{-1}$ und zeigt, dass vielleicht ein geringer Teil der N_2O-Moleküle im Gitter bereits gleichförmig ausgerichtet ist.

b) Das Molekül CH_3D lässt sich auf 4 verschiedene Weisen in die vorgegebene Tetraederlage im Kristall einordnen. Also gilt $\overline{S}(T = 0) = k \ln 4^{N_\text{L}} = R \ln 4 = 11,5\ \text{J} \cdot \text{mol}^{-1} \cdot \text{K}^{-1}$. Das stimmt sehr gut mit der Beobachtung überein.

c) Bei NO ist die Situation etwas komplizierter. $S_0 = R \ln 2$ wie bei CO und N_2O kann nicht stimmen. Nun weiß man, dass NO bei tiefen Temperaturen schon in der Flüssigkeit Dimere der Art (NO · NO) bildet, für die es pro Dimer 2 unterscheidbare Anordnungen gibt. Da die Anzahl der Dimere nur halb so groß ist wie die der NO-Moleküle, gilt hier $\overline{S}(T = 0) = k \cdot N_L/2 \cdot \ln 2 = R/2 \cdot \ln 2 = 2,88\ \mathrm{J \cdot mol^{-1} \cdot K^{-1}}$ in guter Übereinstimmung mit dem Experiment.

6.6.3 Überprüfung der Konsistenz thermodynamischer Tabellenwerte in Anhang F.3

In Tabelle F.3 sind sog. Standardbildungsgrößen $\Delta^f\overline{H}^0(298)$ und $\Delta^f\overline{G}^0(298)$, die aus der Differenz der Werte der betrachteten Verbindung minus der stöchiometrischen Summe der Werte der Elemente darstellen, aus denen sie zusammengesetzt ist. Es gilt also für eine chemische Verbindung i (s. Gl. (4.16) und (4.17)):

$$\Delta^f\overline{H}_i^0(298) = \overline{H}_i^0 - \left(\sum_j \nu_j \overline{H}_j^0\right)_i$$

ν_j sind die stöchiometrischen Faktoren der Elemente der Verbindung i. Absolute Werte für $\overline{H}_i^0$ und $\overline{H}_j^0$ sind nicht bestimmbar, also werden die Enthalpien aller Elemente willkürlich in ihrem stabilen Zustand bei 1 bar und 298 K gleich Null gesetzt. Anders ist es bei der Entropie. Aufgrund des Nernst'schen Wärmetheorem können Entropien für alle Verbindungen und Elemente gemessen und somit als absolute Werte angegeben werden, da die Entropie aller Verbindungen und Elemente bei $T = 0$ K den Wert Null haben. In Tabelle F.3 sind solche absoluten Entropiewerte angegeben. Es gilt einerseits für die Standardreaktionsentropie:

$$\Delta^f\overline{S}^0 = \frac{\Delta^f\overline{H}^0(298) - \Delta^f\overline{G}^0(298)}{298}$$

Andererseits muss gelten:

$$\Delta^f\overline{S}^0 = \overline{S}(298) - \sum \nu_i \overline{S}_i(298)$$

Die notwendige Konsistenz erfordert, dass gilt:

$$\overline{S}(298) - \sum \nu_i \overline{S}_i(298) = \frac{\Delta^f\overline{H}^0(298) - \Delta^f\overline{G}^0(298)}{298}$$

Überprüfen Sie diese Gleichung für folgende Verbindungen: CO_2, Fe_2O_3, C_2H_6 (Ethan), CH_3COOH (Essigsäure) und $C_2H_4Cl_2$ (1,2Dichlorethan). Die stöchiometrischen Bildungsreaktionen der Verbindungen aus ihren Elementen lauten:

$$C + O_2 \rightarrow CO_2 \quad \text{mit} \quad \sum \nu_i \overline{S}_i = \overline{S}_{CO_2} - \overline{S}_C - \overline{S}_{O_2}$$

$$2Fe + \frac{3}{2}O_2 \rightarrow Fe_2O_3 \quad \text{mit} \quad \sum \nu_i \overline{S}_i = \overline{S}_{Fe_2O_3} - 2\overline{S}_{Fe} - \frac{3}{2}\overline{S}_{O_2}$$

$$2C + 3H_2 \rightarrow C_2H_6 \quad \text{mit} \quad \sum \nu_i \overline{S}_i = \overline{S}_{C_2H_6} - 2\overline{S}_C - 3\overline{S}_{H_2}$$

$$2C + 2H_2 + O_2 \rightarrow CH_3COOH \quad \text{mit} \quad \sum \nu_i \overline{S}_i = \overline{S}_{CH_3COOH} - 2\overline{S}_C - 2\overline{S}_{H_2}$$

$$2C + 2H_2 + Cl_2 \rightarrow C_2H_4Cl_2 \quad \text{mit} \quad \sum \nu_i \overline{S}_i = \overline{S}_{C_2H_4Cl_2} - 2\overline{S}_C - 2\overline{S}_{H_2} - \overline{S}_{Cl_2}$$

Lösung:
Man berechnet mit den Angaben in Tabelle F.3 die Gleichungsseiten und erhält (alle Werte in $J \cdot mol^{-1} \cdot K^{-1}$:

	$\sum \nu_i \overline{S}_i$	$\left(\Delta^f \overline{H}^0 - \Delta^f \overline{G}^0\right) / 298$	Differenz
CO_2	+2,97	+2,95	-0,02 (0,6%)
Fe_2O_3	-274,78	-274,90	-0,12 (0,04%)
C_2H_6	-173,60	-173,80	-0,2 (0,12%)
CH_3COOH	-317,72	-317,30	+0,42 (0,13%)
$C_2H_4Cl_2$	-286,95	-287,70	-0,75 (0,26%)

Die Differenzen sind gering, sie liegen zwischen 0,04% und 0,26%. Die notwendige Konsistenz ist im Rahmen der Messungenauigkeiten der betreffenden Größen voll erfüllt. Das Nernst'sche Wärmetheorem ist daher ebenfalls erfüllt.

7 Thermodynamik der Wärmestrahlung

7.1 Der allgemeine Zusammenhang zwischen Strahlung und Materie im thermischen Gleichgewicht

Jedes materielle System, das sich bei $T > 0$ im thermodynamischen Gleichgewicht befindet, steht auch mit einem elektromagnetischen Strahlungsfeld im Gleichgewicht. Dieses Strahlungsfeld kann man sich als Lichtwellen oder alternativ als quantisiertes Partikelfeld vorstellen. Diese „Partikel" nennt man Photonen. Sie bewegen sich mit Lichtgeschwindigkeit im Raum und besitzen den Energieinhalt $h\nu$, wobei h das Planck'sche Wirkungsquantum ($h = 6,62607 \cdot 10^{-34}\text{J} \cdot \text{s}$) und ν die entsprechende Lichtfrequenz in s^{-1} bedeuten. Das Photonenbild des elektromagnetischen Strahlungsfeldes hat den Vorteil, dass das thermodynamische Gleichgewicht zwischen Materie und Strahlungsfeld als ein quasi-chemisches Gleichgewicht aufgefasst werden kann, das man als „Gleichgewichtsreaktionen" von Photonen, mit Molekülen A des materiellen Systems formulieren kann:

$$A + h\nu \rightleftharpoons A^* \tag{7.1}$$

$$A^* + h\nu \rightleftharpoons A + 2h\nu \tag{7.2}$$

Die Photonen können also als Reaktionspartner für Moleküle aufgefasst werden. Das Molekül A reagiert in Gl. (7.1) mit einem Photon $h\nu$ zu einem angeregten Molekül A^*, das einen um den Wert $h\nu$ höheren Energieinhalt besitzt als das Molekül A im sog. Grundzustand. Photonen können auch durch Zerfall von A^* zu A nach Gl. (7.1) wieder zurückgebildet werden, diesen Prozess nennt man spontane Emission. Gl. (7.2) zeigt, dass der Zerfall von A^* aber auch durch ein Photon induziert werden kann, hier spricht man von induzierter Emission. Bei relativ niedrigen Temperaturen ($T <$ 1000 K) kann man diese Photonen nicht sehen, ihre zugehörigen Frequenzen liegen im Infrarot- bzw. im Mikrowellenbereich, man kann sie aber spüren, z. B. durch die Wärmestrahlung eines Kachelofens. Bei höheren Temperaturen wird die Strahlung jedoch sichtbar, da ihr Frequenzspektrum dann mehr oder weniger im sichtbaren Abschnitt des Lichtspektrums liegt, man denke an ein glühendes Stück Eisen, den heißen Draht einer Glühbirne oder die Sonne. Um die Natur der Wärmestrahlung näher zu verstehen, stellen wir uns folgendes System vor (s. Abb. 7.1). Ein glühendes Stück Kohle befinde sich in einem geschlossenen, völlig evakuierten Behälter, dessen

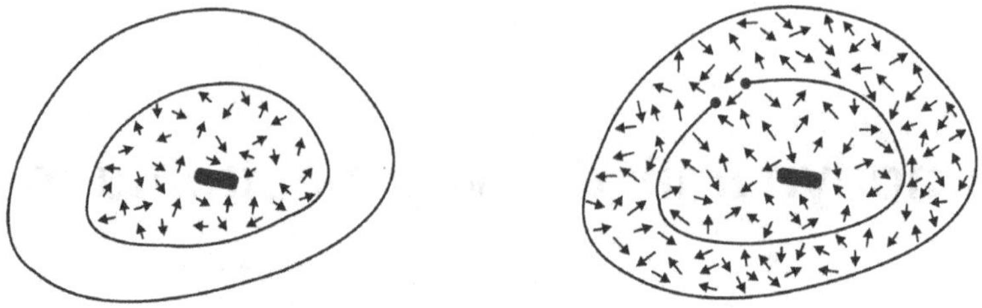

Abb. 7.1 Strahlungsgleichgewicht von Photonen (Pfeile) mit einem Stück schwarzer Kohle. Links: geschlossener Innenbehälter mit spiegelnden Wänden. Rechts: geöffneter Innenbehälter, die Photonenstrahlung erfüllt Innen- und Außenraum. Der Außenraum besitzt ebenfalls nur spiegelnde Wände

Innenwände aus perfekten Spiegeln bestehen, das heißt, die Photonen, die mit dem Stück Kohle im thermodynamischen Gleichgewicht stehen, werden an der Innenwand des Behälters reflektiert, sie können also den Behälter nicht verlassen, da sie die spiegelnde Wand weder durchdringen noch von ihr absorbiert werden können. In einer solchen Situation befindet sich die Materie (das Kohlestück) im thermodynamischen Gleichgewicht mit der Lichtstrahlung bzw. dem „Photonengas", das den Raum außerhalb des Kohlestückes im Behälter ausfüllt. Dieses „Photonengas" hat dieselbe Temperatur wie das materielle Kohlestück und enthält eine bestimmte Menge von Photonen unterschiedlicher Frequenzen ν und somit unterschiedlicher Energieinhalte. Wenn wir uns nun ein Loch in dem Behälter vorstellen, durch das das Photonengas bzw. die Strahlung austreten kann, so wird die Strahlung nach außen sichtbar. Gleichzeitig bedeutet das aber einen ständigen Energieverlust des Systems, da die Photonen Träger von Energie sind und die Temperatur des Kohlestückes wie die des Photonengases wird sinken. Will man also den Strahlungsverlust ausgleichen, müsste man dem Kohlestück ständig Energie in Form von Wärme δQ von außen oder in Form von dissipierter Energie $\mathrm{d}W_{\mathrm{diss}} = T \cdot \delta_i S$ zuführen (z. B. durch einen elektrischen Heizdraht in dem Kohlestück). Im *stationären* Gleichgewicht (*nicht* im thermodynamischen Gleichgewicht) ist der Energieverlust durch Strahlung gleich $\delta Q/\mathrm{d}t$ bzw. $\mathrm{d}W_{\mathrm{diss}}/\mathrm{d}t$. Wenn wir uns nun den Raum außerhalb der Öffnung durch einen noch größeren leeren Behälter mit spiegelnden Innenwänden abgeschlossen vorstellen, so wird das Photonengas jetzt den gesamten Raum des inneren *und* äußeren Behälters ausfüllen. Wir erreichen wieder ein thermodynamisches Gleichgewicht des Kohlestückes mit dem Photonengas, das jetzt den inneren und den äußeren Behälter ausfüllt. Wenn die Temperatur überall wieder identisch ist mit ihrem Wert vor der Öffnung zum äußeren Behälter, muss auch die Energiedichte des Photonengases wieder überall denselben Wert haben, ebenso wie die Energiedichte des Kohlestückes. Die Energiedichte des Photonengases ist aber bei $T = \text{const.}$ proportional zur Teilchenzahldichte der Photonen, da ein Photon ja die Energie $h\nu$ besitzt.

Wir stellen also fest, dass die innere Energiedichte u_{Ph} des Photonengases nur von T und nicht vom Volumen V abhängt:

$$\frac{U_{\mathrm{Ph}}}{V} = u_{\mathrm{Ph}}(T) \quad \text{oder} \quad \left(\frac{\partial U_{\mathrm{Ph}}}{\partial V}\right)_T = u_{\mathrm{Ph}}(T) \tag{7.3}$$

Das bedeutet aber, dass die Zahl der Photonen bei unserem Expansionsversuch *nicht* konstant geblieben sein kann, sie muss zugenommen haben. Photonen können also „aus dem Nichts" entstehen und auch wieder verschwinden. Es gibt also *für Photonen kein Gesetz der Teilchenzah-*

lerhaltung, wie wir es von einem materiellen Gas gewohnt sind. Allerdings bleibt der Energieerhaltungssatz bestehen, denn mit der Zunahme der inneren Energie des Photonengases war ja eine äquivalente Zufuhr von Energie in Form von Wärme oder dissipierter Arbeit am Kohlestück verbunden, das ja zu dem Gesamtsystem Kohlestück + Photonengas gehört.

Gl. (7.3) macht den Unterschied zu einem materiellen idealen Gas deutlich. Bei einem idealen Gas ist die innere Energie U nur von T abhängig, die Energiedichte U/V ist daher von T und V abhängig und es gilt ferner beim idealen (materiellen) Gas $(\partial U/\partial V)_T = 0$.

Obwohl es sich beim Photonengas wie beim materiellen idealen Gas um wechselwirkungsfreie „Teilchen" handelt, sind die thermodynamischen Grundbeziehungen fundamental verschieden.

7.2 Strahlungsdruck und Energiedichte der Wärmestrahlung

Wir wollen nun eine thermische Zustandsgleichung, d. h. den Druck p eines Photonengases ableiten. Dazu benötigen wir eine Beziehung zwischen der Energiedichte u und dem Druck, die sich ganz allgemein aus einer molekularkinetischen Überlegung ableiten lässt.

Wir wollen das zunächst für ein materielles ideales Gas tun. In Abb. 7.2 betrachten wir eine Fläche A, die in der x,y-Ebene liegt und auf der senkrecht dazu die z-Achse ausgerichtet ist.

Moleküle mit der Geschwindigkeit υ, die sich innerhalb des schiefen Zylinders der Länge $\upsilon \cdot \mathrm{d}t$ befinden, erreichen die Oberfläche A. Das Volumen dieses Zylinders beträgt $(A \cdot \cos\vartheta) \cdot \upsilon \cdot \mathrm{d}t$. Dann gilt für die Zahl der Moleküle innerhalb des Zylinders:

$$\mathrm{d}^4 N = \left(\frac{N}{V}\right)(A \cdot \upsilon \cdot \mathrm{d}t)\cos\vartheta \cdot f_\upsilon \,\mathrm{d}\upsilon \,\frac{\sin\vartheta \mathrm{d}\vartheta \mathrm{d}\varphi}{4\pi} \tag{7.4}$$

wobei (N/V) die Teilchenzahldichte ist, $f_\upsilon \mathrm{d}\upsilon$ der Bruchteil der Moleküle, die einen Geschwindigkeitsbetrag zwischen υ und $\upsilon + \mathrm{d}\upsilon$ besitzen. Davon ist $\sin\vartheta\, \mathrm{d}\vartheta\, \mathrm{d}\varphi/4\pi$ nochmals der Bruchteil der Moleküle, die aus der durch die Winkel ϑ und φ festgelegten Richtung heranfliegen. $f(\upsilon)$ ist die Geschwindigkeitsverteilungsfunktion, die wir hier nicht näher zu kennen brauchen, sie gibt die Wahrscheinlichkeit an, dass ein Molekül einen Geschwindigkeitsbetrag zwischen υ und $\upsilon + \mathrm{d}\upsilon$ besitzt. $f(\upsilon)$ hat also die Eigenschaft $\int_0^\infty f(\upsilon)\mathrm{d}\upsilon = 1$. Die Zahl aller Moleküle, die unabhängig von Richtung und Geschwindigkeitsbetrag in der Zeit $\mathrm{d}t$ auf die Fläche A auftreffen, ist somit

$$\frac{1}{A}\frac{\mathrm{d}N}{\mathrm{d}t} = \left(\frac{N}{V}\right) \cdot \frac{1}{4\pi} \int_0^\infty \upsilon \cdot f(\upsilon)\mathrm{d}\upsilon \cdot \int_0^\vartheta \cos\vartheta \cdot \sin\vartheta \,\mathrm{d}\vartheta \int_0^{2\pi} \mathrm{d}\varphi$$

Die Integrationsgrenze für den Winkel ϑ hängt davon ab, ob wir Teilchen betrachten, die von *beiden* Seiten der Fläche diese durchfliegen oder nur von *einer* Seite. Im ersten Fall ist $\mathrm{d}N/\mathrm{d}t = 0$, da das Integral über ϑ von 0 bis π geht und gleich Null ist. Im zweiten Fall erstreckt sich die Integration über ϑ nur von 0 bis $\pi/2$ und das fragliche Integral ist 1/2, so dass sich ergibt:

$$\frac{1}{A}\frac{\mathrm{d}N}{\mathrm{d}t} = \left(\frac{N}{V}\right) \cdot \frac{1}{4} \cdot \langle \upsilon \rangle \tag{7.5}$$

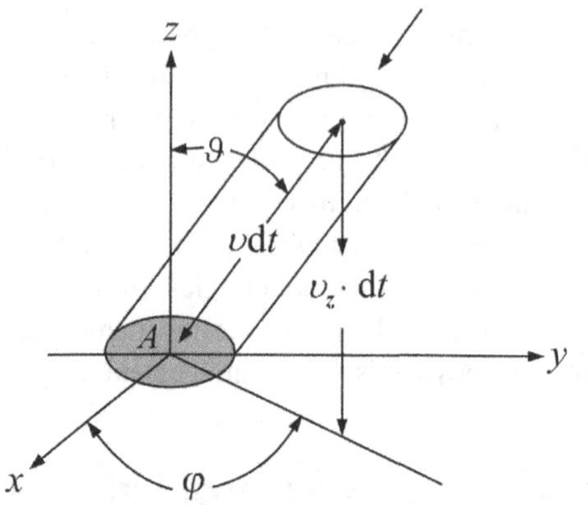

Abb. 7.2 Moleküle bzw. Photonen fliegen unter dem Winkel ϑ auf die Fläche A (s. Text)

wobei $\langle v \rangle$ die mittlere Geschwindigkeit der Teilchen ist, die definitionsgemäß $\int_0^\infty v f(v) \mathrm{d}v$ ist. Gl. (7.5) gibt die Zahl der Moleküle an, die insgesamt von oben pro Zeiteinheit auf die Einheitsfläche der Behälterwand auftreffen.

Jetzt lässt sich auch leicht der Druck p berechnen, der im idealen Gas herrscht. Druck ist Kraft pro Fläche und Kraft ist bekanntlich Impuls pro Zeit, also lässt sich schreiben:

$$\mathrm{d}^3 p = m \cdot v_z \cdot \frac{1}{A} \frac{\mathrm{d}^4 N}{\mathrm{d}t} = m \cdot v \cdot \cos\vartheta \cdot \frac{1}{A} \cdot \frac{\mathrm{d}^4 N}{\mathrm{d}t}$$

Wenn wir hier Gl. (7.4) einsetzen und über v, ϑ und φ integrieren, ergibt sich:

$$p = \left(\frac{N}{V}\right) \frac{1}{4\pi} \cdot m \int_0^\infty v^2 f(v) \mathrm{d}v \cdot \int_0^\pi \cos^2\vartheta \cdot \sin\vartheta \cdot \mathrm{d}\vartheta \int_0^{2\pi} \mathrm{d}\varphi \tag{7.6}$$

Das Integral über ϑ von $\vartheta = 0$ bis $\vartheta = \pi$ ist 2/3, und man erhält somit:

$$p = \frac{1}{3} \left(\frac{N}{V}\right) \cdot m \cdot \langle v^2 \rangle \tag{7.7}$$

mit dem Mittelwert des Geschwindigkeitsquadrates $\langle v^2 \rangle = \int_0^\infty v^2 f(v) \mathrm{d}v$.

Gl. (7.7) wurde erhalten durch Integration über ϑ von 0 bis π, also über beide Seiten der Fläche A. Der Druck wird also nicht gleich Null, wie es beim Gesamtteilchenfluss durch beide Seiten der Fläche der Fall war. Man kann aber Gl. (7.7) auch dadurch erhalten, dass man sich wieder die Fläche A als zur Behälterwand gehörig vorstellt. Dann darf über ϑ nur von 0 bis $\pi/2$ integriert werden, das ergibt 1/3. Nun wird aber beim Stoß auf die Wand wegen der Reflexion des Teilchens der doppelte Impuls, also $2m \cdot v \cdot \cos\vartheta$ übertragen, so dass als Endergebnis ebenfalls Gl. (7.7) herauskommt.

Wir können nun Gl. (7.7) noch etwas umschreiben:

$$p = \frac{2}{3} \cdot \left(\frac{N}{V}\right) \cdot \left(\frac{1}{2} m \langle v^2 \rangle\right) = \frac{2}{3} \left(\frac{N}{V}\right) \cdot \langle \varepsilon_{\text{kin}} \rangle \tag{7.8}$$

wobei $\langle\varepsilon_{\text{kin}}\rangle$ den Mittelwert der kinetischen Energie eines Moleküls für die Translation im Raum darstellt.

Vergleicht man diese Beziehung mit dem idealen Gasgesetz, so ergibt sich

$$N_L \cdot \langle\varepsilon_{\text{kin}}\rangle = \overline{U}_{\text{kin}} = \frac{3}{2}RT \tag{7.9}$$

$\overline{U}_{\text{kin}}$ ist der Anteil der molaren inneren Energie, der von der kinetischen Translationsenergie herrührt. Diese Beziehung lässt sich auf rein thermodynamischem Weg, d. h. ohne zusätzliche experimentell zu erhaltene Daten wie z. B. den Adiabatenkoeffizienten γ nicht ableiten, das gelingt erst mit den hier dargestellten molekularkinetischen Argumenten oder mit Hilfe der statistischen Thermodynamik.

Nach derselben Methode können wir nun eine entsprechende Beziehung zwischen Energieinhalt und Druck eines Photonengases ableiten. Dazu ist allerdings zu bedenken, dass alle Photonen sich im Vakuum mit derselben Geschwindigkeit $c = 2{,}9979 \cdot 10^8$ m · s^{-1}, der Lichtgeschwindigkeit bewegen und dass Photonen keine Ruhemasse besitzen. Die Beziehung zwischen ihrem Energieinhalt, ihrer effektiven Masse und Geschwindigkeit lautet nach der Relativitätstheorie:

$$h \cdot \nu = m \cdot c^2 \tag{7.10}$$

Damit gilt für den Impuls eines Photons:

$$m \cdot c = \frac{h\nu}{c} \tag{7.11}$$

Statt der Geschwindigkeit ist es die Frequenz ν, die Energie und Impuls eines Photons bestimmt.

Anstelle von Gl. (7.4) müssen wir jetzt ausgehen von

$$\mathrm{d}^4N = (A \cdot c \cdot \mathrm{d}t) \cdot \cos\vartheta \cdot \left(\frac{N}{V}\right) f(\nu)\mathrm{d}\nu \cdot \frac{\sin\vartheta\,\mathrm{d}\vartheta\,\mathrm{d}\varphi}{4\pi} \tag{7.12}$$

wobei hier $f(\nu)$ der Bruchteil der Gesamtzahl N der Photonen mit einer Energie zwischen $h\nu$ und $h(\nu + d\nu)$ bedeutet. $f(\nu)$ ist die Frequenzverteilungsfunktion, die wir hier noch nicht näher zu kennen brauchen.

Multiplikation von Gl. (7.12) mit $(h\nu/c) \cdot \cos\vartheta$ ergibt:

$$\mathrm{d}^3p = \left(\frac{h\nu}{c}\cos\vartheta\right) \cdot \frac{1}{A}\frac{\mathrm{d}^4N}{\mathrm{d}t} = h\nu \cdot \frac{N}{V} f(\nu)\mathrm{d}\nu \cdot \frac{\sin\vartheta \cdot \cos^2\vartheta \cdot \mathrm{d}\vartheta \cdot \mathrm{d}\varphi}{4\pi}$$

und es folgt für die integrierte Form:

$$p = \int_0^\infty \frac{h\nu \cdot N}{V} f(\nu) \cdot \mathrm{d}\nu \cdot \int_0^\pi \sin\vartheta \cdot \cos^2\vartheta \cdot \mathrm{d}\vartheta \cdot \int_0^{2\pi} \mathrm{d}\varphi/4\pi \tag{7.13}$$

Das erste Integral auf der rechten Seite von Gl. (7.13) ist nichts anderes als die mittlere Energiedichte des Photonengases $u(T)$, das zweite ergibt den Wert 2/3 und das dritte den Wert 1/2, so dass das Ergebnis lautet:

$$\boxed{p = \frac{1}{3} \cdot u(T)} \tag{7.14}$$

Der Druck eines Photonengases ist also $u(T)/3$ während er beim idealen materiellen Gas nach Gl. (7.8) $2 \cdot u(T)/3$ beträgt, wenn man mit $(N/V) \cdot \langle \varepsilon_{\text{kin}} \rangle$ die kinetische Energiedichte des idealen materiellen Gases bezeichnet. Die wesentliche Ursache für diesen Unterschied besteht darin, dass bei einem klassischen Gas mit der Ruhemasse m und $v \ll c$ die kinetische Energie $m \cdot v^2/2$ beträgt, während die kinetische Energie der Photonen gleich $m \cdot c^2$ beträgt.

7.3 Thermodynamische Zustandsgrößen des Photonengases

Wir sind jetzt in der Lage, mit Hilfe der allgemeingültigen Beziehungen der Thermodynamik die thermodynamischen Zustandsgrößen U, p, S, F und G für das Photonengas anzugeben. Ausgehend von Gl. (7.14) und der Tatsache, dass für die innere Energie U des Photonengases nach Gl. (7.3) gilt:

$$U = u(T) \cdot V \tag{7.15}$$

wenden wir die allgemeine thermodynamische Beziehung nach Gl. (5.17) an und berücksichtigen Gl. (7.14):

$$u(T) = \frac{U}{V} = \left(\frac{\partial U}{\partial V}\right)_T = T\left(\frac{\partial p}{\partial T}\right)_V - p = T \cdot \frac{1}{3} \cdot \frac{\mathrm{d}u(T)}{\mathrm{d}T} - \frac{u(T)}{3}$$

Daraus folgt:

$$4u(T) = T \cdot \frac{\mathrm{d}u(T)}{\mathrm{d}T}$$

oder:

$$\frac{\mathrm{d}u(T)}{u(T)} = 4\frac{\mathrm{d}T}{T} = \mathrm{d}\ln(u(T)) = \mathrm{d}\ln(T^4)$$

Integration ergibt:

$$\boxed{u(T) = a \cdot T^4} \qquad \text{bzw.} \qquad \boxed{U = a \cdot V \cdot T^4} \tag{7.16}$$

Gl. (7.16) heißt das *Stefan-Boltzmann'sche Strahlungsgesetz*. Der Faktor a ist eine Konstante und hat den universellen Wert $7{,}565 \cdot 10^{-16}\,\mathrm{J} \cdot \mathrm{m}^{-3} \cdot \mathrm{K}^{-4}$ für einen sogenannten „schwarzen Strahler", d. h. Materie, die Strahlung aller Frequenzen vollständig absorbieren und auch emittieren kann (z. B. ein Stück Kohle!). Ist das nicht der Fall, dann ist der effektive Wert a_{eff} kleiner als a für den schwarzen Körper, und man spricht von einem „grauen Strahler". Die Energiedichte eines Photonengases, das sich im thermodynamischen Gleichgewicht mit Materie befindet, ist also auch im Fall des „grauen Strahlers" proportional zu T^4.

Nun können wir mit Gl. (7.14) und (7.16) sofort die Zustandsgleichung für ein Photonengas angeben:

$$\boxed{p = \frac{a}{3} \cdot T^4} \tag{7.17}$$

Der Druck hängt also nur von der Temperatur und nicht vom Volumen ab.

Die Entropie berechnen wir aus der allgemeinen Beziehung:

$$\mathrm{d}S = \frac{\mathrm{d}U + p\mathrm{d}V}{T} = \frac{1}{T}\left[\left(\frac{\partial U}{\partial V}\right)_T + p\right]\mathrm{d}V + \frac{1}{T}\left(\frac{\partial U}{\partial T}\right)_V \cdot \mathrm{d}T$$

und verwenden Gl. (7.15) bis (7.17), so dass man erhält:

$$\mathrm{d}S = \left(\frac{4}{3}aT^3\right)\cdot \mathrm{d}V + (4a \cdot V \cdot T^2)\cdot \mathrm{d}T$$

Die Integration auf dem Weg von $V \neq 0$ und $T = 0$ oder von $T \neq 0$ und $V = 0$ zum Punkt V, T ergibt:

$$\boxed{S = \frac{4}{3}a \cdot VT^3} \tag{7.18}$$

wobei wir $S(T = 0, V \neq 0) = S(T \neq 0, V = 0) = 0$ gesetzt haben, da bei $T = 0$ bzw. $V = 0$ überhaupt keine Photonen existieren. Eine alternative Herleitung findet sich in Aufgabe 7.10.1.

Für die freie Energie F ergibt sich dann:

$$F = U - T \cdot S = a \cdot V \cdot T^4 - \frac{4}{3}aV \cdot T^4$$

Mit Gl. (7.17) folgt daraus:

$$\boxed{F = -p \cdot V = -\frac{1}{3}aV \cdot T^4} \tag{7.19}$$

Anwendung von Gl. (5.57) auf Gl. (7.19) ergibt wieder Gl. (7.17).

Schließlich lässt sich noch die freie Enthalpie G angeben:

$$\boxed{G = F + pV = 0} \tag{7.20}$$

Dieses interessante Ergebnis bedeutet, dass $n_{\mathrm{Ph}} \cdot \mu_{\mathrm{Ph}} = 0$ gilt, wobei n_{Ph} die Molzahl der Photonen ist. Da $n_{\mathrm{Ph}} > 0$, folgt:

$$\boxed{\mu_{\mathrm{Ph}} = 0} \tag{7.21}$$

Das chemische Potential μ_{Ph} des Photonengases ist also gleich Null. Hier drückt sich thermodynamisch gesehen die Tatsache aus, dass Photonen „aus dem Nichts“ entstehen und „im Nichts“ wieder verschwinden können. *Die „Molzahl“ der Photonen lässt sich nicht unabhängig von T und p (oder T und V) festlegen, und ist daher keine unabhängige Variable.*

Für die chemische Thermodynamik ergibt sich aus Gl. (7.21) eine wichtige Schlussfolgerung, wenn wir „chemische Reaktionen“ wie Gl. (7.1) und (7.2) betrachten.

Die Gleichgewichtsbedingungen lauten:

$$\mu_{A^*} = \mu_A + \mu_{\mathrm{Ph}}$$

und

$$\mu_{A^*} + \mu_{\text{Ph}} = \mu_A + 2\mu_{\text{Ph}}$$

Da $\mu_{\text{Ph}} = 0$ ist, folgt aber in beiden Fällen:

$$\mu_{A^*} = \mu_A$$

für das chemische Gleichgewicht zwischen angeregten Molekülen und Molekülen im Grundzustand.

Die Existenz der Photonen im thermodynamischen Gleichgewicht mit materiellen Teilchen hat also keinerlei Einfluss auf die Gleichgewichtslage chemischer Reaktionen.

Dennoch spielt die Wärmestrahlung auch in der chemischen Thermodynamik eine große Rolle. In der Natur ist die Solarenergie die Quelle für das Pflanzenwachstum auf der Erde durch den biochemischen Prozess der Photosynthese. Die Wärmestrahlung kann auch zum Energieaustausch zwischen einem (chemischen) System und seiner Umgebung erheblich beitragen, insbesondere bei hohen Temperaturen. Bei sehr hohen Temperaturen ($> 10^6$ K), wie sie im Inneren von Sternen herrschen, spielt auch der Strahlungsdruck (Gl. (7.17)) neben dem Druck der Gasteilchen (Protonen und Elektronen) eine erhebliche Rolle und muss bei der Formulierung einer thermischen Zustandsgleichung für das Gesamtsystem berücksichtigt werden (s. Übungsaufgabe 7.10.5). Ferner wird die Koppelung von Wärmestrahlung , insbesondere der solaren Wärmestrahlung, mit chemischen Reaktionen in wachsendem Ausmaß zur Speicherung und Umwandlung in nutzbare Energie eingesetzt (s. Band II: Thermodynamik der Mischungen, Springer, 2017). Weitere Anwendungen werden in Abschnitt 7.9 vorgestellt.

7.4 Thermodynamische Prozesse des Photonengases

Nachdem wir thermodynamische Zustandsgrößen für das Photonengas abgeleitet haben, lassen sich nun, ähnlich wie bei materiellen chemischen Systemen, auch thermodynamische Prozesse formulieren, die unter verschiedenen Randbedingungen ablaufen.

Wir betrachten zunächst einen *adiabatisch-quasistatischen (reversiblen) Prozess.* Er hat durchaus etwas mit der Realität zu tun, denn man nimmt an, dass sich die Expansion des Weltalls in einem solchen Prozess vollzieht und man weiß, dass die zahlenmäßig absolut dominante Art von Teilchen im Weltall die Photonen der sog. kosmischen Hintergrundstrahlung sind und nicht etwa die Atomkerne und Elektronen, aus denen Gasnebel, Galaxien mit ihren Sternen und deren Planeten bestehen.

Der adiabatische, quasistatische Prozess ist gekennzeichnet durch $\delta Q = 0$ und es gilt daher (s. Abschnitt 5.1):

$$\mathrm{d}U = \left(\frac{\partial U}{\partial T}\right)_V \mathrm{d}T + \left(\frac{\partial U}{\partial V}\right)_T \mathrm{d}V = -p\mathrm{d}V$$

Setzen wir Gl. (7.16) und (7.17) in diese Beziehung ein, ergibt sich:

$$4a \cdot V \cdot T^3\mathrm{d}T + a \cdot T^4\mathrm{d}V = -\frac{a}{3}T^4 \cdot \mathrm{d}V$$

und daraus:

$$\frac{dT}{T} = -\frac{1}{3}\frac{dV}{V}$$

Integration ergibt:

$$\left(\frac{T}{T_0}\right)^3 = \frac{V_0}{V} \quad \text{oder} \quad T = T_0\left(\frac{V_0}{V}\right)^{1/3} \tag{7.22}$$

Sind T_0 und V_0 die Werte der Temperatur und des Volumens zu Beginn des Prozesses und nehmen wir als Beispiel an, das Volumen hat sich am Ende des Prozesses verdoppelt ($V = 2V_0$), dann ergibt sich für die Endtemperatur T:

$$T = T_0 \cdot 0,794$$

Die Temperatur hat also um ca. 20 % abgenommen, wenn sich das Volumen verdoppelt. Ein Beispiel: die Temperatur der Photonen im Weltall (kosmische Hintergrundstrahlung) beträgt derzeit 2,73 K. Wenn sich das Volumen des Weltalls verdoppelt haben wird, beträgt diese Temperatur nur noch 2,17 K.

Wir wollen jetzt die reversible (quasistatische) Arbeit W_{qs} im adiabatischen Prozess des Photonengases berechnen:

$$W_{rev} = -\int_{V_0}^{V} p\mathrm{d}V = -\frac{a}{3}\int_{T_0}^{T} T^4\mathrm{d}V = -\frac{a}{3}T_0^4\,V_0^{\frac{4}{3}} \cdot \int_{V_0}^{V} V^{-\frac{4}{3}} \cdot \mathrm{d}V$$

Im letzten Schritt wurde dabei von Gl. (7.22) Gebrauch gemacht. Nach Integration ergibt sich:

$$W_{rev} = -a \cdot T_0^4 \cdot V_0\left[1 - \left(\frac{V}{V_0}\right)^{-1/3}\right] \tag{7.23}$$

Die Klammer ist positiv, da bei der Expansion $V > V_0$ ist. W_{rev} ist also negativ, das System des Photonengases leistet Arbeit. Für den Fall des expandierenden „Photonen-Weltalls“ wird diese Arbeit gegen die Gravitationsenergie der Materie im Weltall geleistet.

Schließlich betrachten wir noch den *reversiblen isothermen Prozess*. Hier gilt mit $\mathrm{d}T = 0$:

$$\mathrm{d}U = -p\mathrm{d}V + \delta Q = \left(\frac{\partial U}{\partial V}\right)_T \mathrm{d}V$$

Einsetzen von Gl. (7.16) und (7.17) ergibt:

$$\delta Q = \frac{4}{3} \cdot a \cdot T^4 \cdot \mathrm{d}V$$

$$\delta W_{rev} = -p\mathrm{d}V = -\frac{a}{3}T^4\,\mathrm{d}V$$

Also gilt für die ausgetauschte Wärme Q und Arbeit W_{qs}:

$$Q = \frac{4}{3} \cdot a \cdot T^4(V - V_0)$$

$$W_{rev} = -\frac{a}{3}T^4\,(V - V_0)$$

Wenn $V > V_0$ (Expansion) ist $Q > 0$ und $W_{rev} < 0$, für $V < V_0$ (Kompression) ist $Q < 0$ und $W_{rev} > 0$, wie es zu erwarten war. Das Verhältnis von ausgetauschter Wärme zur Arbeit Q/W_{rev} ist also immer gleich - 4 im isothermen Prozess.

Irreversible adiabatische Prozesse des Photonengases behandeln wir in der Übungsaufgabe 7.10.6.

7.5 Strahlungsintensität und ihre spektrale Verteilung

Bisher haben wir thermodynamische Zustandsgrößen des Photonengases wie die Energiedichte $u(T)$, den Druck p oder die Entropie S hergeleitet. Wir interessieren uns jetzt für den Zusammenhang der Strahlungsintensität J' mit den Zustandsgrößen. Unter Strahlungsintensität versteht man die Licht-energie, die pro Zeiteinheit durch die Flächeneinheit hindurch tritt. Da in einem „reinen", d. h. materiefreien Photonengas (sog. „Hohlraumstrahlung"), wie wir es bisher betrachtet haben, keine Absorption der Photonen stattfindet, kann man den Zusammenhang zwischen Intensität und Energiedichte folgendermaßen herstellen. Wir betrachten dazu vorerst Photonen, deren Energie zwischen $h\nu$ und $h(\nu + d\nu)$ liegt, und deren Strahlungsintensität wir mit J'_ν bezeichnen. In Abb. 7.3 fällt die Strahlung mit der Intensität J'_ν aus einer bestimmten Richtung, die durch die Winkel ϑ und φ festgelegt ist,auf eine gedachte Fläche ΔA im Photonengas und durchdringt (absorptionsfrei) das Volumenelement $\Delta A \cdot \Delta x$. Das trägt zum Strahlungsenergieinhalt ΔE_ν dieses Volumenelementes folgendermaßen bei:

$$\text{Energie in } \Delta A \cdot \Delta x = \Delta E_\nu = \Delta t \cdot J'_\nu \cdot \cos\vartheta \cdot \Delta A$$

wobei Δt die „Flugzeit" der Photonen innerhalb des Volumenelements bedeutet. Diese ist:

$$\Delta t = \frac{\Delta l}{c} = \frac{\Delta x}{\cos\vartheta} \cdot \frac{1}{c}$$

Damit ergibt sich, dass ΔE_ν unabhängig von ϑ ist:

$$\Delta E_\nu = J'_\nu \cdot \frac{1}{c} \cdot \Delta x \cdot \Delta A$$

Nun müssen wir über alle Richtungen, aus denen die Photonen mit dem Betrag der Intensität J'_ν auf die Fläche ΔA fallen können und diese durchdringen, integrieren, um den Gesamtenergieinhalt $u_\nu \cdot \Delta A \cdot \Delta x$ zu erhalten. Dabei sind alle Richtungen von unten *und* oben zu berücksichtigen, d. h., $0 \le \vartheta \le \pi$ und $0 \le \varphi \le 2\pi$:

$$u_\nu = \int_0^\pi \int_0^{2\pi} \frac{\Delta E_\nu}{\Delta A \cdot \Delta x} \cdot \sin\vartheta \cdot \mathrm{d}\vartheta \cdot \mathrm{d}\varphi = \frac{J'_\nu}{c} \int_{-1}^{+1} \mathrm{d}\cos\vartheta \int_0^{2\pi} \mathrm{d}\varphi$$

Die Strahlungsintensität J'_ν ist isotrop, daher kann J'_ν vor das Integral gezogen werden. Unter dem Integral muss $\mathrm{d}\vartheta$ mit $\sin\vartheta$ multipliziert werden, um die relative Häufigkeit der Strahlungsintensität aus verschiedenen Richtungen ϑ korrekt zu gewichten. (Die „Zahl" der Richtungen ϑ ist dem Kreisring $2\pi \sin\vartheta$ proportional.)

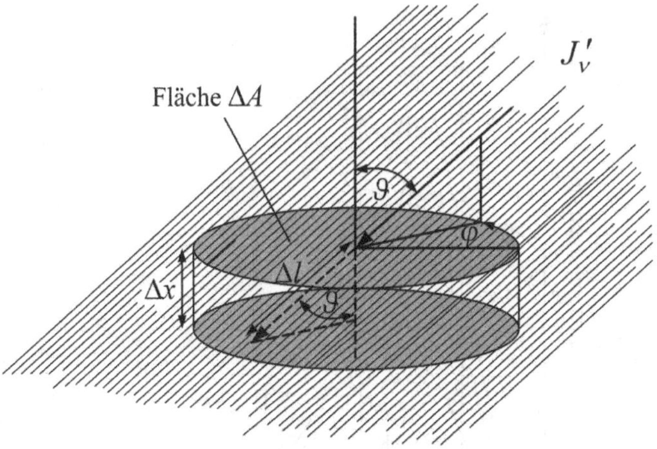

Abb. 7.3 Lichtintensität J_ν und Energieinhalt ΔE_ν im festen (konstanten) Volumenelement $\Delta A \cdot \Delta x$

u_ν ist die Energiedichte der Photonen mit Energien zwischen $h\nu$ und $h(\nu + \mathrm{d}\nu)$ pro Photon, für die somit gilt:

$$\boxed{u_\nu = \frac{4\pi}{c} J'_\nu} \tag{7.24}$$

Die Gesamtenergiedichte $u(T)$ ergibt sich durch Integration über alle Frequenzen ν:

$$u(T) = \int_{\nu=0}^{\infty} u_\nu \mathrm{d}\nu = \frac{4\pi}{c} \int_{\nu=0}^{\infty} J'_\nu(\nu)\mathrm{d}\nu = \frac{4\pi}{c} \cdot J'(T) \tag{7.25}$$

Um diese Integration durchführen zu können, müssen wir die Funktion $J'_\nu(\nu)$ kennen. Das Integral $J'(T)$ ist dann die gesuchte Gesamtlichtintensität, sie hängt von T ab, da ja $u(T)$ nach Gl. (7.16) auch von T abhängt, und zwar gilt (s. Gl. (7.16)):

$$J'(T) = \frac{c}{4\pi} \cdot a \cdot T^4 = \int_{\nu=0}^{\infty} J'_\nu(\nu, T)\mathrm{d}\nu = \frac{c}{4\pi} \int_{\nu=0}^{\infty} u_\nu(\nu, T)\mathrm{d}\nu \tag{7.26}$$

$u_\nu(\nu, T)$ ist die Energiedichteverteilung des Photonengases. Sie lautet (Max Planck, 1900):

$$\boxed{u_\nu(\nu, T) = \frac{8\pi h \cdot \nu^3}{c^3} \cdot \frac{1}{e^{h\nu/k_B T} - 1}} \tag{7.27}$$

Gl. (7.27) kann auch als Funktion der Lichtwellenlänge λ statt der Frequenz ν geschrieben werden (Beweis: s. Übungsaufgabe 7.10.11):

$$\boxed{u_\lambda(T, \lambda) = \frac{8\pi h \cdot c}{\lambda^5} \cdot \frac{1}{e^{hc/\lambda k_B T} - 1}} \tag{7.28}$$

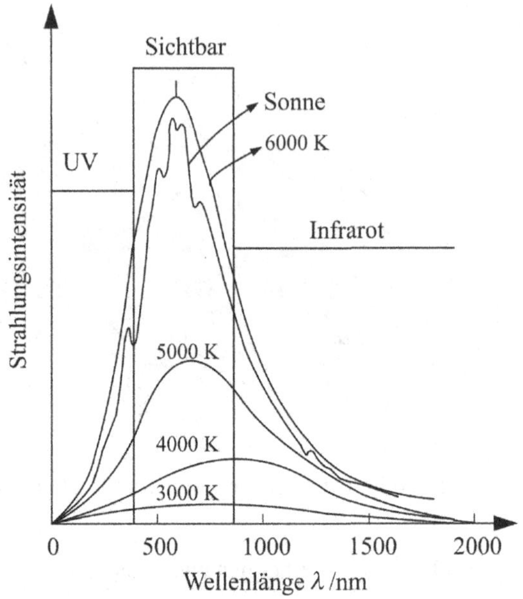

Abb. 7.4 Strahlungsintensitäts-Verteilungsfunktion in Abhängigkeit der Wellenlänge λ für einen „schwarzen Strahler" nach Gl. (7.28) bei 6000 K, 5000 K, 4000 K und 3000 K. Ferner: Die gezeigte Strahlungsintensität des Sonnenlichts ist die gemessene Kurve außerhalb der Erdatmosphäre

Für die spektrale Strahlungsintensität J'_ν gilt demnach mit Hilfe von Gl. (7.24):

$$\boxed{J'_\nu = \frac{2hc^2}{\lambda^5} \cdot \frac{1}{e^{hc/\lambda k_B T} - 1}} \tag{7.29}$$

Für $T = 5700\,\text{K}$ entspricht Gl. (7.29) ziemlich genau der spektralen Verteilungsfunktion der Sonnenlichtintensität, deren maximaler Anteil gerade im sichtbaren Teil des Spektrums liegt (s. Abb. 7.4).

Die Entdeckung von Gl. (7.27) bzw. (7.28) durch Max Planck war der Beginn der Entwicklung der Quantenphysik. Sie gilt allerdings nur für Photonengas im Gleichgewicht mit einem „schwarzen Strahler", wie er in guter Näherung z. B. durch ein Kohlestück (s. Abschnitt 7.1) repräsentiert wird. Auch für dichte Materie bei sehr hohen Temperaturen, z. B. H^+-Ionen und Elektronen in Sternen wie der Sonne, ist Gl. (7.27) bzw. Gl. (7.28) näherungsweise gültig. Bei vielen Materialien gilt jedoch für das im Gleichgewicht befindliche Photonengas:

$$u_{\nu,i} = a_i(\nu, T) \cdot u_\nu(\nu, T)$$

wobei der Index i das Material i kennzeichnet und $a_i(\nu, T)$ ein frequenz- und temperaturabhängiger Faktor ist:

$$0 \leq a_i(\nu, T) \leq 1$$

Wenn $a_i < 1$ *nicht* von T und ν abhängt, spricht man von *grauen* Strahlern ($a_i = a_{\text{eff}}$, s. Text nach Gl. (7.16)), wenn $a_i = 1$ handelt es sich um den (idealen) *schwarzen* Strahler. Bei einem *„farbigen*

Strahler" gilt dagegen:

$$\int a_i(\nu, T)\mathrm{d}\nu = a_{\text{eff}}(T) = \int\limits_0^\infty \frac{u_{\nu,i}(\nu, T)}{u_\nu(\nu, T)}\mathrm{d}\nu < 1$$

Die Integration von Gl. (7.27) ergibt den Wert von a für den schwarzen Strahler:

$$a = T^{-4} \cdot \int\limits_0^\infty u_\nu \mathrm{d}\nu = T^{-4} \cdot \frac{8\pi h}{c^3} \int\limits_0^\infty \frac{\nu^3}{e^{h\nu/k_\mathrm{B}T} - 1}\mathrm{d}\nu$$

Das Ergebnis der Integration ist:

$$a = \frac{8\pi^5 \cdot k_\mathrm{B}^4}{15h^3 \cdot c^3} = 7{,}565 \cdot 10^{-16}\,\mathrm{J} \cdot \mathrm{m}^{-3} \cdot \mathrm{K}^{-4}$$

Dieser Zahlenwert wurde bereits im Zusammenhang mit der Ableitung von Gl. (7.16) angegeben.

Der abgeleitete Zusammenhang zwischen $u(T)$ und der Intensität $J'(T)$ (Gl. (7.25)) bezieht sich auf die isotrope, *gerichtete* Lichtintensität $J'(T)$ innerhalb des Photonengases. Man muss diese Intensität J' aber unterscheiden von der Intensität J, die wir z. B. beobachten, wenn die Hohlraumstrahlung eines schwarzen Körpers durch eine Fläche A nach außen tritt, also emittiert wird. J berechnet sich in Analogie zu Gl. (7.5) folgendermaßen (s. Gl. (7.26)):

$$J = u(T) \cdot c \int\limits_0^{\pi/2} \cos\vartheta \cdot \sin\vartheta \mathrm{d}\vartheta \int\limits_0^{2\pi} \mathrm{d}\varphi = u(T) \cdot c \cdot \frac{1}{4} = \pi \cdot J'(T) \tag{7.30}$$

J ist die gesamte Lichtintensität (Lichtenergie pro Fläche und Zeit), die als Emission eines schwarzen Strahlers von der Einheitsfläche *in alle Richtungen nach außen* abgestrahlt wird. Es gilt also:

$$\boxed{J = a \cdot \frac{c}{4} \cdot T^4 = \sigma_\mathrm{SB} \cdot T^4} \tag{7.31}$$

Mit Gl. (7.30) ergibt sich

$$\boxed{\sigma_\mathrm{SB} = \frac{2\pi^5 \cdot k_\mathrm{B}^4}{15h^3 \cdot c^2} = 5{,}67 \cdot 10^{-8}\,\mathrm{J} \cdot \mathrm{m}^{-2} \cdot \mathrm{s}^{-1} \cdot \mathrm{K}^{-4}} \tag{7.32}$$

σ_SB heißt die *Stefan-Boltzmann-Konstante.*

Jetzt sind wir in der Lage, das Strahlungsgleichgewicht, das sich durch Austausch zwischen verschiedenen thermisch strahlenden Körpern einstellt, näher zu untersuchen.

7.6 Strahlungsgleichgewicht und Kirchhoff'sches Strahlungsgesetz

In Abschnitt 7.3 haben wir das Stefan-Boltzmann'sche Strahlungsgesetz für die Energiedichte eines Photonengases abgeleitet (Gl. (7.16)) und in Abschnitt 6.5 (Gl. (7.25)) den Zusammenhang

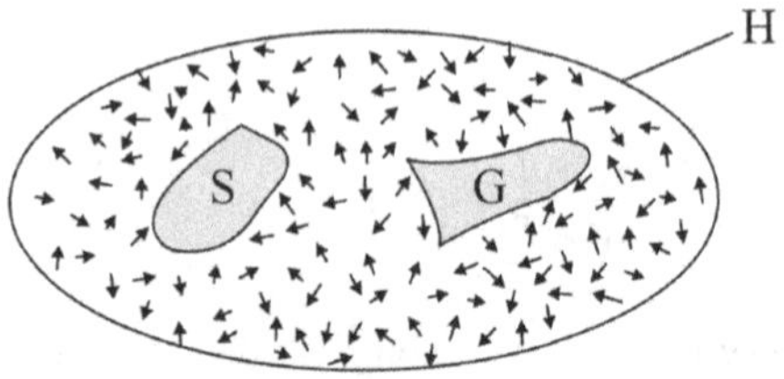

Abb. 7.5 Zum Strahlungsgleichgewicht und Kirchhoff'schen Satz. S = schwarzer Strahler, G = grauer Strahler, H = Hohlraumwand mit total reflektierenden Innenwänden. Die Dreiecke symbolisieren Photonen. Wenn Strahlungsgleichgewicht herrscht, sind auch die Temperaturen der beiden Strahler gleich und jeder von beiden muss pro Zeiteinheit genauso viel Lichtenergie emittieren wie absorbieren

zwischen der Energiedichte u und der isotropen Strahlungsintensität J des Photonengases im thermodynamischen Gleichgewicht mit der Materie hergestellt. Ist die Materie ein sog. „schwarzer Strahler" (z. B. ein Stück Kohle) bzw. ein „grauer Strahler", so gilt, wenn wir Gl. (7.16), Gl. (7.25) und Gl. (7.30) zusammenfassen (Index S bedeutet „Schwarz", Index G bedeutet „Grau"):

$$J_S(T) = a\,\frac{c}{4\pi}\cdot T^4 \quad \text{bzw.} \quad J_G(T) = a_{\text{eff}}\,\frac{c}{4\pi}\,T^4 \qquad (a_{\text{eff}} \leq a)$$

oder:

$$J_G(T) = \frac{a_{\text{eff}}}{a}\cdot J_S = \varepsilon J_S \quad \text{mit} \quad \frac{a_{\text{eff}}}{a} = \varepsilon \leq 1$$

a_{eff} bzw. ε sind temperaturunabhängig. Handelt es sich um einen sog. „farbigen Strahler", hängen a_{eff} bzw. ε auch noch von der Temperatur ab.

Entsprechend Gl. (7.31) gilt dann für die *nach außen* in alle Richtungen von einem grauen materiellen Körper abgestrahlte Lichtintensität J_G (Lichtenergie pro Sekunde und m^2):

$$J_G = \varepsilon\, J_S$$

ε heißt der Emissionskoeffizient des grauen Strahlers, da der graue Strahler nur den Bruchteil ε an Strahlungsenergie des „schwarzen Strahlers" bei derselben Temperatur emittiert.

Wir betrachten nun einen „schwarzen Strahler" und einen „grauen Strahler" im thermodynamischen Strahlungsgleichgewicht. Dazu stellen wir uns *beide* Strahler in einem Hohlraum mit spiegelnden Wänden eingeschlossen vor (s. Abb. 7.5).

Ist a_S die absorbierte Strahlungsenergie pro s und m^2 des schwarzen Körpers und a_G die des grauen Körpers, so muss gelten:

$$a_S = J_S \quad \text{bzw.} \quad J_G = a_G$$

oder

$$a_G = \varepsilon\, a_S \tag{7.33}$$

Wir definieren jetzt den *Absorptionskoeffizienten α* des grauen Strahlers durch

$$a_G = \alpha \cdot a_S \tag{7.34}$$

Tab. 7.1 Emissionskoeffizienten ε einiger Materialien

	Gold / Silber (poliert)	Nickel (poliert)	Eisen (vorpoliert)	Eisen (verrostet)
ε	0,025	0,055	0,17	0,65

	Kupfer (oxidiert)	Porzellan	Holz	Dachpappe
ε	0,82	0,90	0,92	0,95

Der Bruchteil α der Lichtenergie des schwarzen Strahlers wird also vom grauen Strahler absorbiert bei derselben Temperatur. Der Vergleich von Gl. (7.33) und Gl. (7.34) zeigt, dass gilt:

$$\boxed{\varepsilon = \alpha} \quad \text{(Kirchhoff'sches Strahlungsgesetz)} \tag{7.35}$$

Das *Emissionsvermögen (= Emissionskoeffizient ε)* und das *Absorptionsvermögen (= Absorptionskoeffizient α) eines beliebigen Strahlers ist also gleich groß*. Das ist das *Kirchhoff'sche Strahlungsgesetz*. $\varepsilon = \alpha = 1$ gilt für den schwarzen Körper, $\varepsilon = \alpha = 0$ gilt für einen total reflektierenden Körper (idealer Spiegel). Im allgemeinen gilt:

$$0 \leq \varepsilon = \alpha \leq 1$$

Diese Beziehung schließt auch den „farbigen Strahler" mit ein, bei dem ε bzw. α noch von T abhängig ist. Emissionskoeffizienten ε einiger Materialien sind in Tabelle 7.1 angegeben. Die Werte gelten für 20 - 60 °C.

7.7 Stationäre Nichtgleichgewichte der Wärmestrahlung

In einem stationären Zustand befinden sich solche Systeme, die nicht im thermodynamischen Gleichgewicht sind, deren Zustand aber auch nicht von der Zeit abhängt.

Das bekannteste Beispiel in der Wärmestrahlung ist die Sonnenstrahlung und ihre Wechselwirkung mit der Erde und anderen Planeten. Die Sonne (Index: $\odot$) strahlt Lichtenergie mit einer Rate von $3,85 \cdot 10^{26}$ Watt ab (1 Watt = 1 Joule s^{-1}). Das ist die Leuchtkraft $L_\odot$ der Sonne. Der Sonnenradius $R_\odot$ beträgt $0,7 \cdot 10^9$ m. Die abgestrahlte Lichtintensität auf der Sonnenoberfläche beträgt also mit $L_\odot = 4\pi R_\odot^2 \cdot \sigma_{SB} \cdot T_\odot^4$:

$$J_\odot = \frac{3,8 \cdot 10^{26}}{4\pi \cdot (0,7)^2 \cdot 10^{18}} = 6,171 \cdot 10^7 \text{ Watt} \cdot \text{m}^{-2}$$

Aus Gl. (7.31) ergibt sich daraus für die Oberflächentemperatur $T_\odot$, wenn man die Sonne als „schwarzen Strahler" ansieht:

$$T_\odot = \left(\frac{J_\odot}{\sigma_{SB}}\right)^{\frac{1}{4}} = 5743\,\text{K}$$

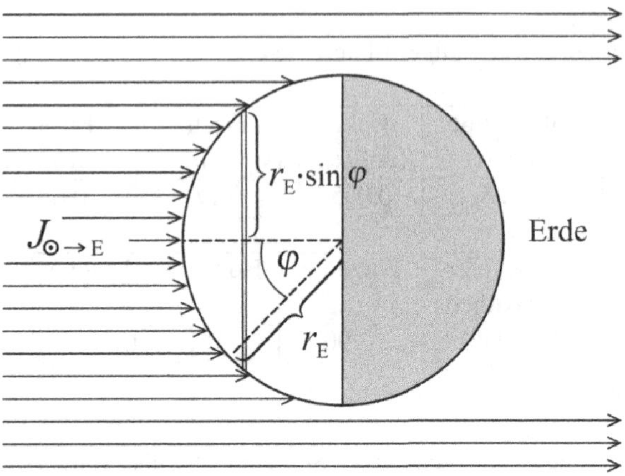

Abb. 7.6 Einfallende Strahlungsintensität $J_{\odot\to E}$ auf die Erdkugel. R_E = Erdradius = $6,3 \cdot 10^6$ m

In der Entfernung $r_{\odot\to E} = 1,5 \cdot 10^{11}$ m, dem Abstand der Sonne zur Erde, beträgt die Intensität der Sonnenstrahlung hingegen (sog. Solarkonstante):

$$J_{\odot\to E} = 6,171 \cdot 10^7 \cdot \frac{(0,7)^2 \cdot 10^{18}}{r^2_{\odot\to E}} = 1,344 \cdot 10^3 \,\text{Watt} \cdot \text{m}^{-2} \tag{7.36}$$

Abb. 7.6 zeigt die Einstrahlung des Sonnenlichtes auf die Erde. Licht fällt nur auf die „Tagseite" der Erde. $R_E = 6,371 \cdot 10^6$m ist der Radius der Erde. Welche Gesamtenergie des Sonnenlichtes trifft nun auf die Erdoberfläche? Auf den Kreisring mit der differentiellen Oberfläche $2\pi \cdot R_E \cdot \sin\varphi \cdot R_E \cdot d\varphi$ fällt die Sonnenlichtintensität $J_{\text{Sonne},r_E} \cdot \cos\varphi$, so dass die gesamte Lichtenergie pro Sekunde, die auf die Tagseite der Erde auftrifft,

$$J_{\odot\to E} \cdot R_E^2 \cdot 2\pi \int_0^{90^\circ} \sin\varphi \cdot \cos\varphi \cdot d\varphi$$

beträgt.

Da $d(\sin\varphi) = \cos\varphi \cdot d\varphi$ gilt, lässt sich dafür schreiben:

$$J_{\odot\to E} \cdot R_E^2 \cdot 2\pi \int_0^1 \sin\varphi \cdot d(\sin\varphi) = J_{\odot\to E} \cdot R_E^2 \cdot 2\pi \int_0^1 x dx$$
$$= J_{\odot\to E} \cdot R_E^2 \cdot \pi = 1,344 \cdot 10^3 \cdot (6,3 \cdot 10^6)^2 \cdot \pi = 1,676 \cdot 10^{17} \,\text{Watt}$$

Es ist also die planare Projektionsfläche $\pi \cdot R_E^2$ der Erdkugel, auf die dazu senkrecht das Sonnenlicht mit der Intensität $J_{\odot\to E}$ auftrifft. Im stationären Zustand muss die Erde diese Leistung als Wärmestrahlung wieder in den Weltraum abstrahlen. Da die Erde ständig rotiert, strahlt sie diese

Leistung über ihre gesamte Oberfläche verteilt ab. Im stationären Zustand muss also gelten, wenn wir die Erde näherungsweise als schwarzen Strahler behandeln:

$$J_{\odot\to E} \cdot R_E^2 \cdot \pi = 4\pi R_E^2 \cdot \sigma_{SB}\, T_E^4 \tag{7.37}$$

wobei σ_{SB} die Stefan-Boltzmann-Konstante (Gl. (7.32) und T_E die durchschnittliche Temperatur der Erdoberfläche bedeuten. Für T_E ergibt sich daraus:

$$T_E = \left(\frac{J_{\odot\to E}}{4\sigma_{SB}}\right)^{1/4} = \left(\frac{1,344\cdot 10^3}{4\cdot 5,67\cdot 10^{-8}}\right)^{1/4} = 278\,\mathrm{K}$$

Dieser Wert liegt recht nahe bei dem tatsächlichen Wert von 288 K. Man muss jedoch berücksichtigen, dass immer ein gewisser Anteil des Sonnenlichts von der Planetenoberfläche reflektiert wird. Diesen Bruchteil nennt man Albedo und bezeichnet ihn mit A. Ferner sorgt der Treibhauseffekt dafür, dass die abgestrahlte Leistung um einen Faktor $\widetilde{\gamma} \le 1$ geringer ist. Dann gilt allgemein für die Strahlungsbilanz (Index P = Planet):

$$J_{\odot\to P} \cdot R_P^2(1-A) = 4\pi\, R_P^2 \cdot \sigma_{SB} \cdot T_P^4 \cdot \widetilde{\gamma}$$

Die allgemeine Formel zur Berechnung der stationären Temperaturen T_P von Planeten im Abstand r_P von der Sonne lautet demnach:

$$T_P = \left(\frac{J_{\odot\to P}}{4\sigma_{SB}}\frac{(1-A)}{\widetilde{\gamma}}\right)^{1/4} = T_\odot \cdot \left(\frac{R_\odot^2}{4r_{\odot\to P}^2}\frac{(1-A)}{\widetilde{\gamma}}\right)^{1/4} = 5743\cdot 1,87\cdot 10^4 \cdot r_{\odot\to P}^{-1/2}\left(\frac{(1-A)}{\widetilde{\gamma}}\right)^{1/4} \tag{7.38}$$

wobei für $J_{\odot\to P}$ eingesetzt wurde:

$$J_{\odot\to P} = \sigma_{SB}\cdot T_\odot^4 \cdot \frac{R_\odot^2}{r_{\odot\to P}^2}$$

Mit Gl. (7.38) lassen sich die stationären Oberflächentemperaturen T_P berechnen. Tabelle 7.2 zeigt einige Resultate. Übereinstimmung von Experimente und Theorie bei Erde und Mars nach Gl. (7.38) wird erreicht, wenn man die angegebenen Werte für A und $\widetilde{\gamma}$ einsetzt, die man unabhängig abschätzen kann. Im Fall des Jupiters und des Saturns sind die Unterschiede so groß, dass sie nur durch zusätzliche Wärmequellen im Inneren dieser Planeten erklärbar sind, wahrscheinlich verursacht durch eine noch nicht abgeschlossene Massendifferenzierung (s. Kapitel 4, Beispiel 4.6.7). In Aufgabe 7.10.19 werden diese zusätzlichen Wärmeleistungen ermittelt.

7.8 Verallgemeinerter Strahlungsaustausch

Bisher haben wir thermodynamische Eigenschaften der Wärmestrahlung selbst oder stationäre Strahlungsgleichgewichte zwischen 2 Körpern, wie das zwischen der Sonne und ihren Planeten behandelt. In diesem Abschnitt soll der Energieaustausch zwischen strahlenden Körpern etwas allgemeiner behandelt werde, wobei wir auch die Zeitabhängigkeit des Energiestrahlungsflusses

Tab. 7.2 Stationäre Oberflächentemperaturen T_P einiger Planeten

	Erde	Mars	Jupiter	Saturn
r_P/m	$1,5 \cdot 10^{11}$	$2,3 \cdot 10^{11}$	$7,7 \cdot 10^{11}$	$14,3 \cdot 10^{11}$
T_P (Gl. 7.38)/K	288	224	106	72
T_P (Experiment)/K	288	220	131	96
Albedo A	0,36	~ 0	0,42	0,60
$\widetilde{\gamma}$	0,74	~ 1	~ 1	~ 1

$J_{1\to 2}$ zwischen zwei Körpern 1 und 2 mit einbeziehen wollen. Dazu stellen wir uns zunächst einen strahlenden Körper der Temperatur T_1 allseitig von einem anderen strahlenden Körper der Temperatur T_2 umgeben vor, so dass der Energieaustausch durch Strahlung ausschließlich zwischen den beiden Körpern stattfindet (s. Abb. 7.7). Die Form der Oberflächen kann beliebig sein. Auf diese Art von Strahlungsaustausch wollen wir uns hier beschränken. Eine andere Energietransportform sei ausgeschlossen, wie z. B. Wärmeleitung. Der Raum zwischen den Körpern ist also leer bzw. evakuiert. Auch soll der Körper 2 nach außen durch eine total reflektierende Wand abgeschlossen sein, so dass keine Strahlung nach außen dringt.

Aus der Bilanz der Strahlungsenergien lässt sich eine Beziehung entwickeln für den Energietransport von dem Körper mit der höheren Temperatur zu dem mit der niedrigeren. Die Strahlungsintensität, die von 2 ausgeht, sei H_2 und die von 1 ausgeht, H_1. Vom Körper 1 mit der kleineren Oberfläche A_1 geht die Gesamtstrahlung $A_1 \cdot H_1$ aus, vom Körper 2 die Gesamtstrahlung $A_2 \cdot H_2$, jedoch kann nur der Bruchteil φ dieser Strahlungsleistung auf der Fläche A_1 auftreffen, dieser Bruchteil ist A_1/A_2. Der ergänzende Bruchteil $1 - A_1/A_2 = 1 - \varphi$ fällt auf A_2 zurück. Es gilt also:

$$\varphi \cdot A_2 H_2 = A_1 H_2$$

für die von 2 auf 1 treffende Strahlungsleistung. Die von 1 nach 2 übertragene Netto-Wärmestrahlungsleistung ist:

$$\dot{Q}_{1\to 2} = A_1(H_1 - H_2) \tag{7.39}$$

Jetzt müssen wir H_1 und H_2 einzeln berechnen. H_1 wird vollständig auf den Körper 2 übertragen und setzt sich aus 2 Anteilen zusammen:

$$H_1 = J_1 + (1 - a_1) \cdot H_2 = J_1 + (1 - \varepsilon_1) \cdot H_2 \tag{7.40}$$

Der erste Term (J_1) ist die direkt von 1 ausgehende Wärmestrahlungsenergie pro Zeit und Fläche, als ob dieser Strahler allein vorhanden wäre. Im zweiten Term ist H_2 die von 2 auf 1 auftreffende Strahlungsleistung pro Fläche, von der der Anteil $(1 - a_1)$ nicht absorbiert, sondern reflektiert und zu 2 zurückgesendet wird. Man bedenke, dass ja $a_1 < 1$ der Bruchteil der Strahlung eines schwarzen Körpers bedeutet, der von dem Körper absorbiert wird, also ist $1 - a_1$ der reflektierte Anteil. Nach dem Kirchhoff'schen Strahlungsgesetz gilt $a_1 = \varepsilon_1$ bzw. $a_2 = \varepsilon_2$.

Wir betrachten jetzt die vom Körper 2 ausgehende Strahlungsenergie pro Zeit und Fläche. Hier gilt:

$$H_2 = J_2 + (1 - \varepsilon_2)\frac{A_1}{A_2} \cdot H_1 + (1 - \varepsilon_2)\left(1 - \frac{A_1}{A_2}\right) \cdot H_2 \tag{7.41}$$

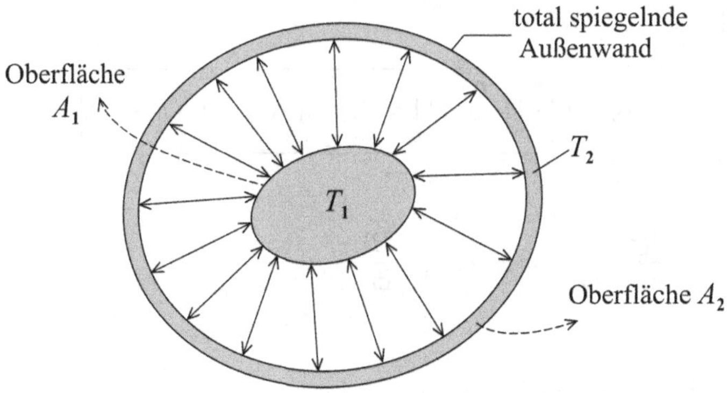

Abb. 7.7 Strahlungsaustausch zwischen 2 sich umschließenden Körpern 1 und 2

J_2 hat dieselbe Bedeutung für Körper 2 wie J_1 für Körper 1. Der durch Reflexion zustande kommende Anteil steckt im 2. und 3. Term von Gl. (7.41): $(1-\varepsilon_2)\frac{A_1}{A_2}H_1$ ist die am Körper 2 reflektierte Strahlungsleistung pro Fläche, die vom Körper 1 herrührt, und $(1-\varepsilon_2)\frac{A_1}{A_2}H_2$ diejenige, die direkt von 2 kommend dort auch wieder reflektiert wird. Jetzt kann man aus den Gl. (7.40) und (7.41) nach H_1 und H_2 auflösen und in Gl. (7.39) einsetzen mit dem Resultat:

$$\boxed{\frac{\dot{Q}_{1\to 2}}{A_1} = H_1 - H_2 = \frac{\sigma_{SB}}{\dfrac{1}{\varepsilon_1} + \dfrac{A_1}{A_2}\left(\dfrac{1}{\varepsilon_2} - 1\right)}\left(T_1^4 - T_2^4\right)} \tag{7.42}$$

wobei $\dot{Q}_1 - J_2 = \sigma_{SB} \cdot \left(T_1^4 - T_2^4\right)$ ist.

Gl. (7.42) ist der gesuchte Wärmestrom pro Flächeneinheit. Denken wir bei Abb. 7.7 an zwei konzentrische Zylinder oder Kugeln, deren Durchmesser sehr groß ist gegenüber dem Abstand der Flächen A_1 und A_2, so gilt $A_1 \cong A_2$, das entspricht dem Strahlungswärmeaustausch zweier paralleler, sehr großer Platten, die nur in Richtung der jeweils anderen Platte strahlen können. Gl. (7.42) beschreibt noch keinen stationären Zustand, da sich im Lauf der Zeit T_1 und T_2 einander angleichen, bis $Q_{1\to 2} = 0$ wird. Erst wenn zwei der Größen $Q_{1\to 2}$, T_1, T_2 festgelegt sind, erhält man stationäre Bedingungen. Wir wollen 2 Beispiele angeben, die sich mit Gl. (7.42) behandeln lassen. Wie rasch stellt sich ein Hg-Thermometer der Temperatur T auf eine neue Umgebung mit T_2 ein, wenn der Wärmeaustausch nur durch Strahlung erfolgt? Hier ist $A_1 \ll A_2$, auch sollen T und T_2 sich nicht sehr unterscheiden. Also lässt sich schreiben:

$$\dot{Q}_{1\to 2} \cong A_1 \cdot \varepsilon_1 \cdot \sigma_{SB}(T^4 - T_2^4) = A_1 \cdot \varepsilon_1 \cdot \sigma_{SB} \cdot T_2^4\left(\left(\frac{T}{T_2}\right)^4 - 1\right)$$

Wir setzen $(T/T_2) = x$. Der Ausdruck $x^4 - 1$ lässt sich durch Reihenentwicklung um $x = 1$ darstellen:

$$x^4 - 1 = \left(\frac{\partial(x^4-1)}{\partial x}\right)_{x=1} \cdot (x-1) + \ldots = 4 \cdot (x-1) + \ldots$$

Damit ergibt sich:

$$\boxed{\dot{Q}_{1\to 2} \cong A_1 \cdot \varepsilon_1 \cdot \sigma_{SB} \cdot T_2^4 \cdot 4\left(\frac{T}{T_2} - 1\right) = 4A_1 \cdot \varepsilon_1 \cdot \sigma_{SB} \cdot T_2^3(T - T_2)}$$

Mit

$$\dot{Q}_{1\to 2} = \frac{\mathrm{d}Q}{\mathrm{d}t} = \frac{\mathrm{d}Q}{\mathrm{d}T} \cdot \frac{\mathrm{d}T}{\mathrm{d}t} = m_{\mathrm{Th}} \cdot c_{\mathrm{sp,Th}} \cdot \frac{\mathrm{d}T}{\mathrm{d}t}$$

folgt:

$$\frac{\mathrm{d}T}{T - T_2} = \frac{4A_1 \cdot \varepsilon_1 \cdot \sigma_{SB} \cdot T_2^3}{m_{\mathrm{Th}} \cdot c_{\mathrm{sp,Th}}} \cdot \mathrm{d}t = c_{\mathrm{sp,Th}} \cdot \mathrm{d}t$$

wobei $c_{\mathrm{sp,Th}}$ die spezifische Wärme und m_{Th} die Masse des Quecksilberthermometers bedeuten. Integration ergibt:

$$\ln \frac{T_1 - T_2}{T - T_2} = c_{\mathrm{sp,Th}} \cdot t$$

Wir berechnen die Halbwertszeit τ, wo $T = \frac{T_1 + T_2}{2}$ ist:

$$\tau = \frac{1}{c_{\mathrm{sp,Th}}} \ln(2) \tag{7.43}$$

Ein konkretes Rechenbeispiel dazu findet sich in Übungsaufgabe 7.10.14.

Das zweite Anwendungsbeispiel von Gl. (7.42) kommt aus der Astrophysik (s. Abb. 7.8). Ein Stern mit der Oberflächentemperatur T_S ist von einem kugelschalförmigem Gasnebel umgeben. Welche stationäre Temperatur T_G hat dieser Gasnebel, wenn $\varepsilon_S = \varepsilon_G$ gilt? Wir wissen, dass die Strahlung des Sterns vom Gasnebel vollständig absorbiert wird und im Mittel die Kugelschale des Gasnebels im Abstand $r_S/2$ von der Sternoberfläche entfernt ist (s. Abb. 7.8). Dann ist $A_S/A_G = (2/3)^2 = 4/9$ (Index S = Stern, G = Gasnebel). Der Gasnebel strahlt nun seinerseits nicht nur in Richtung zum Stern, sondern auch in Gegenrichtung ins Weltall, so dass folgende Bilanz gelten muss:

$$\dot{Q}_{S\to G} = A_G \cdot \varepsilon_G \cdot \sigma_{SB} \cdot T_G^4 = \dot{Q}_{G\to\infty}$$

Einsetzen in Gl. (7.42) erlaubt es, die stationäre Temperatur T_G zu berechnen.

$$A_S \left(\frac{3}{2}\right)^2 \cdot \varepsilon_G \cdot \sigma_{SB} \cdot T_G^4 = \frac{\sigma_{SB} \cdot A_S}{\dfrac{1}{\varepsilon_S} + \dfrac{4}{9}\left(\dfrac{1}{\varepsilon_G} - 1\right)} \left(T_S^4 - T_G^4\right)$$

Wir setzen $\varepsilon_G = \varepsilon_S = 0{,}95$ und erhalten:

$$T_G^4 = 0{,}3098 \cdot T_S^4 \quad \text{bzw.} \quad T_G = 0{,}746 \cdot T_S$$

Wenn $T_S = 6000\,\mathrm{K}$, dann gilt $T_G = 4476\,\mathrm{K}$.

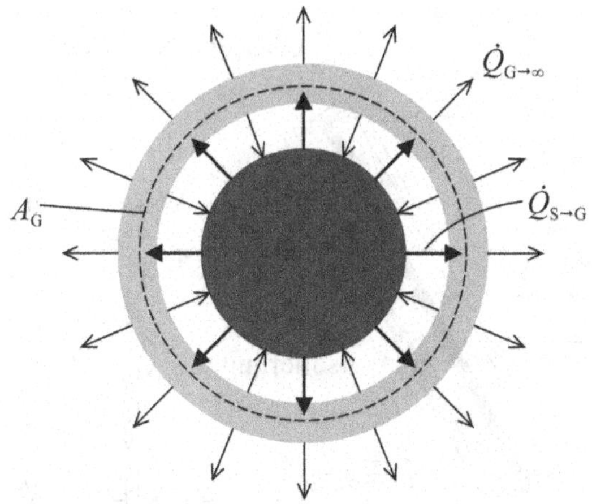

Abb. 7.8 Ein heißer Stern mit dem Radius r_S, der von einem schalenförmigen Gasnebel umgeben ist. Der Radius des gestrichelten Kreises ist $3/2 \cdot r_S$

7.9 Weiterführende Beispiele und Anwendungen

7.9.1 Sonnenlichtkollektoren als Wärmespeicher und Energiequellen

Wir wollen 2 Fälle behandeln, bei denen in der Praxis die energetische Nutzung der solaren Wärmestrahlung eine Rolle spielt.

1. Wir betrachten einen sog. *Flachkollektor*, das ist nichts anderes als eine schwarze Fläche, die der Sonne zugewandt ist und über deren Rückseite ein Wasserstrom mit der Massengeschwindigkeit $\dot{m}$ vorbei strömt, der mit der Temperatur T_1 eintritt und mit der Temperatur T_2 ($T_2 > T_1$) wieder austritt. Wir wollen die Temperatur des Kollektors T_K berechnen, wenn das Wasser um 25 K aufgeheizt werden soll.

   Der Flachkollektor hat die Fläche A und sei zur Sonneneinstrahlungsrichtung um den Winkel φ geneigt (s. Abb. 7.9). Sein Emissionskoeffizient ε sei gleich 1 (schwarzer Strahler). Dann ist die Energiebilanz des Kollektors mit der durch die Sonne eingebrachten Wärmeleistung $\dot{Q}_{\text{ein}}$ und der vom Verbraucher entnommenen Wärmeleistung $\dot{Q}_{\text{aus}}$ im stationären Betrieb:

$$\dot{Q}_{\text{ein}} - \dot{Q}_{\text{aus}} = A \cdot J_{\odot\to E} \cdot \cos\varphi - A \cdot \sigma_{SB} \cdot T_K^4 - c_{\text{sp},H_2O} \cdot \dot{m}(T_2 - T_1) = 0$$

   wobei $J_{\odot\to E}$ die Solarkonstante bedeutet (s. Gl. (7.36)), c_{sp,H_2O} ist die spezifische Wärmekapazität von Wasser ($4184\ \text{J} \cdot \text{kg}^{-1} \cdot \text{K}^{-1}$). Wir lösen die Gleichung nach T_K auf:

$$T_K = \left(\frac{A \cdot J_{\odot\to E} \cdot \cos\varphi - c_{\text{sp},H_2O} \cdot \dot{m}(T_2 - T_1)}{A \cdot \sigma_{SB}}\right)^{1/4}$$

   Wir nehmen an: $A = 9\ \text{m}^2$, $T_2 - T_1 = 25\ \text{K}$, $\varphi = 20°$ und verschiedene Werte von $\dot{m}$ ($\text{kg} \cdot h^{-1}$). Die Resultate sind in Tabelle 7.3 wiedergegeben:

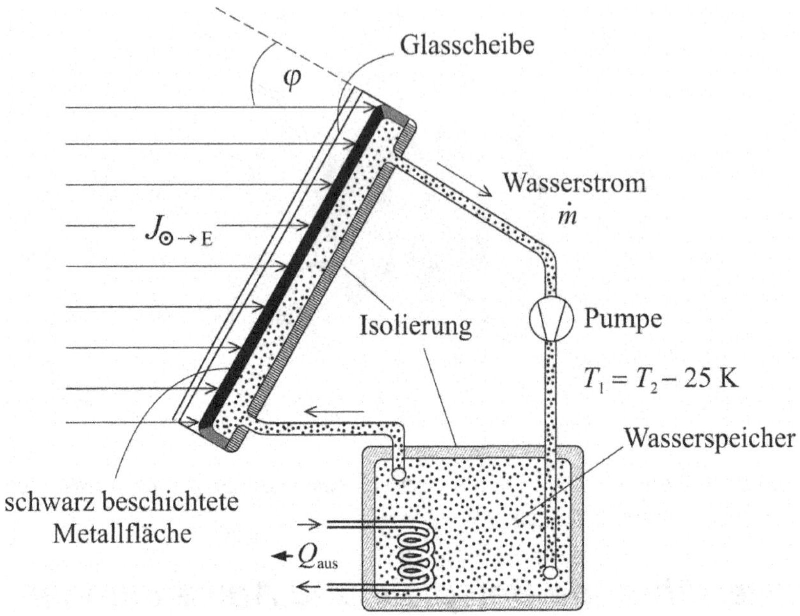

Abb. 7.9 Flachkollektor zur Wassererwärmung durch Sonnenstrahlung

Tab. 7.3 Massenflüsse und Temperaturen eines flachen Solarkollektors

$\dot{m}/\mathrm{kg}\cdot h^{-1}$	0	50	100	200
T_K/K	386	373	359	323

Das sind natürlich idealisierte Werte, da durch Wärmelecks und unvollständige Übertragung der Wärme auf das Thermofluid Wasser geringere Temperaturen erreicht werden.

2. Jetzt betrachten wir einen *fokussierenden Kollektor* der in Abb. 7.10 gezeigten Art: ein sogenanntes „Parabolrinnenkraftwerk". Ein parabelförmig gebogenes, ideal spiegelndes Blech der Länge l (senkrecht zur Zeichenebene) ist genau der Strahlung der Sonne zugewandt. Das gesamte, auf die Fläche $d \cdot l$ fallende Sonnenlicht wird wird im Brennpunkt P fokussiert, wo sich ein konzentrisches Rohr mit dem Außendurchmesser $d_\mathrm{K} = 2r_\mathrm{K}$ befindet. Wir wollen aus der Energiebilanz $\dot{Q} = 0$ der Wärmestrahlung die stationäre Temperatur T_K des Rohrkollektors berechnen. Der Emissionskoeffizient ε des Rohres sei 1 (schwarzer Strahler).

   Es muss gelten:

$$\dot{Q} = J_{\odot\to\mathrm{E}} \cdot d \cdot l - J_{\odot\to\mathrm{E}} \cdot d \cdot l \cdot \frac{T_\mathrm{K}^4}{T_\odot^4}(1-b)2\pi r_\mathrm{K} \cdot l \cdot \sigma_\mathrm{SB} T_\mathrm{K}^4 = 0$$

   wobei b der Bruchteil des ausgeschnittenen Kollektorkreisumfanges im Winkelbereich φ ist, dessen von P abgestrahlte Energie *nicht* in Gegenrichtung des einfallenden Sonnenlichtes

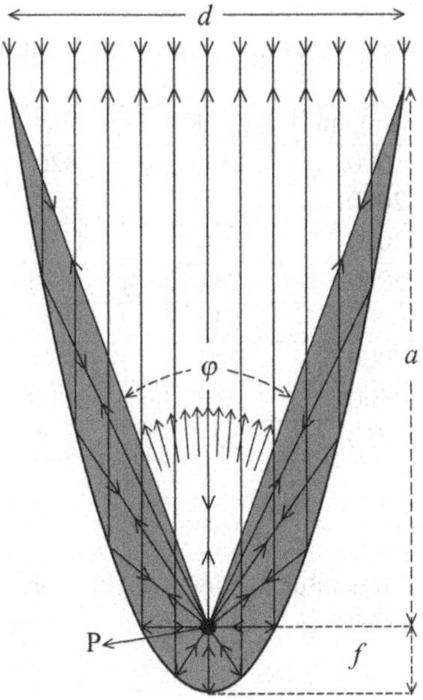

Abb. 7.10 Schnitt durch einen fokussierenden Röhrenkollektor (Parabel) für Sonnenstrahlung. Dunkelgrauer Bereich: einfallender und reflektierter Strahlengang

zurückgestrahlt wird. Man sieht sofort: wäre $b = 0$, so würde das gesamte eingestrahlte Sonnenlicht wieder zurückgestrahlt, und es würde gelten: $T_K = T_\odot \approx 5800$ K. Aus der allgemeinen Bilanz ergibt sich für T_K:

$$T_K = \left(\frac{J_{\odot \to E} \cdot d}{J_{\odot \to E} \cdot d / T_\odot^4 (1 - b) + 2\pi r_K \cdot \sigma_{SB} \cdot b} \right)^{1/4}$$

Aus der Theorie der Kegelschnitte ist bekannt, dass für die Brennweite f einer Parabel gilt:

$$y = f^2 \cdot x^2, \text{ also } a = f^2 \cdot x^2 - f = f^2 \cdot (d/2)^2 - f$$

Man entnimmt ferner der Abb. 7.10:

$$\frac{d}{2a} = \tan(\varphi/2) \quad \text{bzw.} \quad a = \cot(\varphi/2) \cdot \frac{d}{2}$$

Einsetzen in den ersten Ausdruck für a ergibt:

$$\cot(\varphi/2) = f^2 \cdot \frac{d}{2} - f\,\frac{2}{d}$$

Um für ein Beispiel den Winkel φ zu berechnen, wählen wir $f = 1$ m und $d = 6$ m und erhalten

$$\cot(\varphi/2) = 3 - \frac{2}{6} = 2{,}67 \quad \text{bzw.} \quad \varphi \cong 41^\circ$$

Tab. 7.4 Wärme- und Arbeitsleistung eines Solarkraftwerkes mit fokussierendem Kollektor

$\dot{Q}/l$ Watt $\cdot$ m^{-1}	T_K/K	$\dot{W}/l$ Watt $\cdot$ m^{-1}
1000	1148	326
2000	1105	638
4000	990	1190
5000	931	1426
6000	844	1578
7000	715	1541
7500	610	1290
7750	527	943

Jetzt lässt sich sofort die Temperatur T_K des Kollektorrohres angeben für $r_K = 0,1$ m und $b = \varphi/360 = 41/360 = 0,1139$:

$$T_K = \left(\frac{1344 \cdot 6}{1344 \cdot 6/(5800)^4 + 2\pi \cdot 0,1 \cdot 5,67 \cdot 10^{-8} \cdot 0,1139}\right)^{1/4} = 1186 \text{ K}$$

Wählt man $d = 4$ m, ergibt sich $\varphi = 67,4°$, $b = 0,1872$ und $T_K = 954$ K. Als Thermofluid wird man in diesen Fällen ein geschmolzenes Salz nehmen mit niedrigem Schmelzpunkt und vernachlässigbarem Dampfdruck, das seinen Energieinhalt über einen Wärmetauscher an Wasserdampf abgibt, der eine Turbine antreibt, die elektrischen Strom produziert.

Wir nehmen an, dass die Dampfturbine 50 % eines Carnot'schen Wirkungsgrades hat, dann ist die Arbeitsleistung $\dot{W}$:

$$\dot{W} = 0,5 \cdot \dot{Q}_K \left(1 - \frac{T_0}{T_K}\right)$$

wobei T_0 die Temperatur hinter der Turbine ist. $\dot{Q}_K$ ist die Wärmeleistung, die dem Kollektor entnommen wird. Berücksichtigung von $\dot{Q}_K$ ergibt für die Kollektortemperatur T_K:

$$T_K = \left(\frac{1344 \cdot 6 - \dot{Q}_K/l}{4064,9 \cdot 10^{-12}}\right)^{1/4} \qquad (\text{mit } d = 6 \text{ m})$$

Wir setzen $T_0 = 400$ K und berechnen T_K sowie $\dot{W}/l$ als Funktion von $\dot{Q}/l$. Die Ergebnisse zeigt Tabelle 7.4. Die Arbeitsleistung durchläuft also ein Maximum bei ca. 840 K.

Wir merken noch an, dass die durchschnittliche solare Strahlungsleistung im Realfall auf der Erde nur ca. 70 % der Solarkonstanten (1344 W $\cdot$ m^{-2}), also ca. 940 W $\cdot$ m^{-2} beträgt. Dadurch reduzieren sich die Werte für T_K und $\dot{W}$ in Tabelle 7.4 entsprechend.

7.9.2 Druckerhöhung in einem Flüssiggas-Tank bei Sonneneinstrahlung

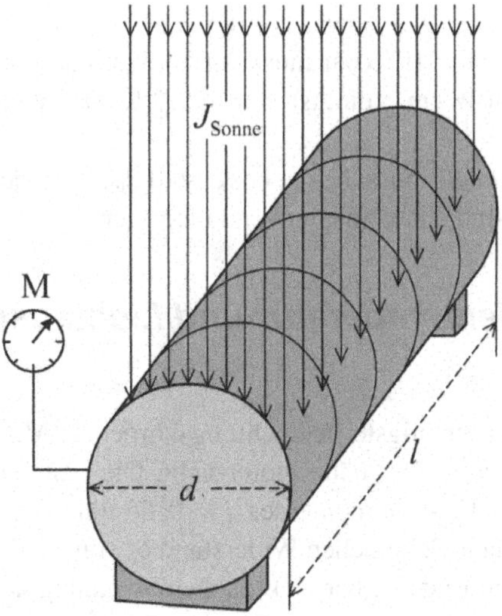

Abb. 7.11 Sonneneinstrahlung auf einen zylinderförmigen Tank. M = Manometer zur Druckmessung des Flüssiggases

Wir betrachten einen *zylindrischen* Tank, der Flüssiggas enthält (s. Abb. 7.11). Seine Länge sei l, sein Durchmesser d. Der Dampfdruck dieses Flüssiggases sei durch die Formel

$$\ln(p/p_0) = -\frac{\Delta\overline{H}_V}{R}\left(\frac{1}{T} - \frac{1}{T_0}\right)$$

gegeben mit $p_0 = 1$ bar und $T_0 = 276$ K. Die Verdampfungsenthalpie sei 32 kJ · mol^{-1}.

Die Umgebungstemperatur T_U sei 298 K. Wenn keine Sonne scheint, beträgt der Druck im Tank also 2,8 bar. Bei Sonneneinstrahlung (am Äquator) zur Mittagszeit fällt die Strahlung genau senkrecht zur Ausrichtung des Tankes auf dessen Oberfläche. Wir wollen zunächst die Formel für die Temperatur des Tankes ableiten. Für die Energiebilanz im stationären Zustand gilt $\dot{Q} = 0$, und wir haben Gl. (7.42) zu verwenden unter Beachtung, dass die Fläche der Umgebung sehr viel größer ist als die des Tanks:

$$\dot{Q} = 0 = J_{\odot\to E} \cdot d \cdot l - \sigma_{SB} \cdot \varepsilon_T \left[2\pi dl + 2 \cdot \frac{\pi}{4} \cdot d^2\right]\left(T_T^4 - T_U^4\right)$$

Der zweite Term berücksichtigt die Wärmeaustauschstrahlung von Tank und Umgebung. Dabei ist $2\pi dl$ die Zylinderoberfläche und $2 \cdot \pi \cdot d^2/4$ die Flächensumme der beiden Stirnflächen des Tanks. Wir setzten $\varepsilon_T = 0,8$ und $d/l = 0,2$.

Man erhält mit $J_{\odot\to E} = 1,344 \cdot 10^3$ Watt · m^{-2} und $\sigma_{SB} = 5,67 \cdot 10^{-8}$ J · m^{-2} · s^{-1} · K^{-4}:

$$T_T = \left(\frac{J_{\odot\to E}}{\varepsilon_T \cdot 2\pi\sigma_{SB}\left(1 + \frac{1}{4}\frac{d}{l}\right)} + T_U^4\right)^{1/4} = \left(4,716 \cdot 10^9 + 7,886 \cdot 10^9\right)^{1/4} = 335,0\,\text{K}$$

Damit steigt der Druck p im Tank:

$$p = \exp\left[-\frac{32000}{R}\left(\frac{1}{335,0} - \frac{1}{276}\right)\right] = 11,6\text{ bar}$$

Einem Überdruck von $11,6 - 1 = 10,6$ bar muss der Tank mindestens standhalten. Setzt man für $J_{\odot\to E}$ den realen Wert von $940 W \cdot m^{-2}$ ein, ist $T = 325,2$ K. Damit ergibt sich für $p = 8,2$ bar, d. h., der Überdruck ist 7,2 bar.

Bei schrägem Strahlungseinfall muss $J_{\odot\to E} \cdot \cos\varphi$ statt $J_{\odot\to E}$ eingesetzt werden. Die Tanktemperatur T_T und der Druck p sind dann entsprechend niedriger.

7.9.3 Leistung, Fadentemperatur und Lichtausbeute einer Glühlampe

Die Glühlampe war bisher der wichtigste Beleuchtungskörper im Alltag. Ihre Funktionsweise und thermodynamische Effizienz wird hier näher untersucht. Die Länge des Glühfadens einer Glühlampe betrage $l = 10$ cm, der Fadendurchmesser $d = 0,05$ mm, das Material des Glühfadens ist Wolfram, das einen spezifischen elektrischen Widerstand ϱ_e von $\approx 10^{-5}\ \Omega$m hat. Wenn dieser Metallfaden bzw. Draht an seinen Enden einer elektrischen Spannung Φ von 220 Volt ausgesetzt ist, fließt ein elektrischer Strom der Stromstärke I (Einheit: $C \cdot s^{-1}$ = Ampere) mit der Leistung $\Phi \cdot I$ (Einheit: $J \cdot s^{-1}$ = Watt). Diese elektrische Leistung wird vollständig dissipiert, d. h., die Arbeit, die das System pro Zeit leistet, ist Null:

$$\dot{W} = I \cdot \Phi + \dot{W}_{\text{diss}} = 0$$

$I \cdot \Phi$ ist positiv und wird am System „Glühfaden" geleistet und $\dot{W}_{\text{diss}}$ ist negativ mit demselben Betrag, wird also vom System abgegeben und zwar zu einem wesentlichen Teil als Wärmestrahlung: der Metallfaden glüht. Zunächst gilt für die elektrische Leistung:

$$\Phi \cdot I = \frac{\Phi^2}{R_W} = \Phi^2 \cdot \frac{A}{\varrho_e \cdot l} = \Phi^2 \cdot \frac{\pi d^2}{4\varrho_e \cdot l}$$

wenn A die Querschnittsfläche des Drahtes bedeutet, die bei zylindrischer Geometrie $\pi \cdot d^2/4$ beträgt. R_W ist der Gesamtwiderstand des Drahtes. Wenn der Bruchteil f der elektrischen Leistung in Strahlungsleistung umgewandelt wird, gilt also folgende Bilanz:

$$(\pi \cdot d \cdot l) \cdot \sigma_{SB} \cdot T^4 = f \cdot \Phi^2 \frac{\pi d^2}{4\varrho_e l} \quad \text{bzw.} \quad T^4 = f\,\frac{\Phi^2}{l^2}\,\frac{d}{4\varrho_e \cdot \sigma}$$

$(\pi \cdot d \cdot l)$ ist die Drahtoberfläche. Der Bruchteil $(1 - f)$ der elektrischen Leistung wird durch Wärmeleitung über die Fassung und die Inertgasfüllung der Lampe abgegeben. Auflösen nach T gibt dann für diesen stationären Zustand mit den angegebenen Daten und σ_{SB}, der Stefan-Boltzmann-Konstante:

$$T = (f)^{1/4}\left(\frac{220}{0,1}\right)^{1/2}\left(\frac{5 \cdot 10^{-5}}{4 \cdot 10^{-5} \cdot 5,67 \cdot 10^{-8}}\right)^{1/4} = (f)^{1/4} \cdot 3214\,\text{K}$$

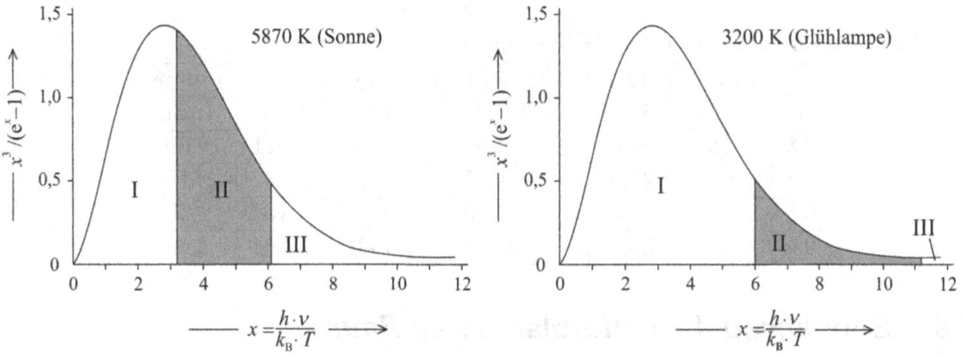

Abb. 7.12 Sichtbare Anteile der spektralen Strahlungsintensität: graue Fläche

Im Idealfall ($f = 1$) ist die Fadentemperatur also 3214 K, diese Temperatur liegt nur 400 K unter dem Schmelzpunkt von Wolfram. Bevor man nicht in der Lage war, solch dünne Metallfäden aus Wolfram zu ziehen, stellte der Einsatz von Glühbirnen noch keine ausgereifte Beleuchtungstechnik dar (Kohlefadenlampen). Wenn $f < 1$, also z. B. $f = 0,8$, ergibt sich für die Temperatur

$$T = (0,8)^{1/4} \cdot 3214 = 0,9457 \cdot 3212 = 3039\,\mathrm{K}$$

Die Temperatur ist also nicht wesentlich gesunken. Die elektrische Leistung beträgt in jedem Fall:

$$L = (220)^2 \frac{\pi (5 \cdot 10^{-5})^2}{4 \cdot 10^{-5} \cdot 0,1} = 95\,\mathrm{Watt}$$

Je höher die Temperatur ist, desto mehr von der abgestrahlten Lichtenergie liegt im sichtbaren Bereich (s. Abb. 7.12).

Die Lichtausbeute ψ kann man also folgendermaßen definieren und berechnen:

$$\psi = f \cdot \frac{\text{Fläche II}}{\text{Flächen I + II + III}} = \int\limits_{x_1}^{x_2} \frac{x^3 \mathrm{d}x}{\mathrm{e}^x - 1} \Big/ \int\limits_0^{\infty} \frac{x^3 \mathrm{d}x}{\mathrm{e}^x - 1} = \frac{15}{\pi^4} \cdot \int\limits_{x_1}^{x_2} \frac{x^3 \mathrm{d}x}{\mathrm{e}^x - 1}$$

Dabei ist $x = h\nu / k_B T = hc / \lambda k_B T\cdot$

Für die beiden Wellenlängen, die den sichtbaren Bereich abgrenzen, gilt:

$$\lambda_1 = 750\,\mathrm{nm} \quad \text{und} \quad \lambda_2 = 400\,\mathrm{nm}$$

Die Tabelle 7.5 gibt die Lichtausbeute ψ einer Glühlampe für verschiedene Verlustfaktoren f wieder:

Man sieht, dass mit kleiner werdendem Wert von f die Temperatur sinkt und damit auch der Anteil der im sichtbaren Bereich liegenden Lichtenergie. Die Lichtausbeute von Glühlampen ist also gering. Erheblich bessere Ausbeuten erhält man heute mit sog. LED-Leuchten (*L*ight *E*mitting *D*iodes) mit Ausbeuten deutlich über 20 %.

Tab. 7.5 Daten zur Lichtausbeute von Glühlampen

f	L/Watt	T/K	II/(II + III + I)	x_2	x_1	ψ in %
1	95	3214	0,1386	11,19	5,967	13,86
0,8	95	3039	0,1136	11,84	6,311	9,09
0,6	95	2828	0,0855	12,72	6,782	5,13
0,5	95	2700	0,0700	13,32	7,103	3,50
0,4	95	2556	0,0540	14,07	7,504	2,16

7.9.4 Sonnensegel im interplanetaren Raum

Sogenannte Sonnensegel stellen eine mögliche Fortbewegungsart im interplanetaren Raum unseres Sonnensystems in Aussicht, die ohne Treibstoff auskommt, da das Sonnensegel durch die Kraft, die der Lichtdruck der solaren Photonen auf die Segeloberfläche ausübt, beschleunigt wird. *Ein Sonnensegel stellt also eine Fläche dar, bestehend aus einer möglichst dünnen Metallfolie, auf die (möglichst) senkrecht dazu die Sonnenstrahlung trifft.* Der Rahmen der Folie könnte aus leichtem Carbon-Material gefertigt werden. Um sich einen quantitativen Eindruck zu verschaffen, wie schnell sich ein solches Sonnensegel bewegen kann, welche Zeit es z. B. von der Erde außerhalb ihrer Atmosphäre und ihrer Gravitationswirkung startend bis zur Umlaufbahn des Jupiters benötigt, müssen wir die Bilanz der auftretenden Kräfte formulieren, die auf das Sonnensegel einwirken. Die Intensität $J_\odot(R)$ der Sonnenstrahlung in einem bestimmten Abstand R von der Sonne beträgt:

$$J_\odot(R) = \sigma_{\text{SB}}\, T_\odot^4 \cdot \frac{r_\odot^2}{R^2} \tag{7.44}$$

Der Lichtdruck, der an diesem Ort auf das Sonnensegel ausgeübt wird, beträgt:

$$p(R) = \frac{2J_\odot(R)}{c} \tag{7.45}$$

Dazu bedenke man, dass der Druck als Kraft pro Fläche auch durch Impuls aller Photonen pro Zeit und Fläche ausgedrückt werden kann. Da der Impuls eines Photons $h\nu/c$ beträgt, ist der Gesamtimpuls pro Fläche und Zeit aller Photonen der verschiedenen Wellenlängen gleich der Energie pro Fläche und Zeit (also $J_\odot(R)$) dividiert durch die Lichtgeschwindigkeit c. Der Faktor 2 in Gl. (7.45) rührt von der Annahme her, dass die Metallfolie des Sonnensegels ideal reflektierend für Photonen ist (Absorptionskoeffizient = 0), so dass der *doppelte* Impuls übertragen wird, genau wie bei einem idealelastischen Stoß gegen eine glatte Wand. Einsetzen von Gl. (7.44) in Gl. (7.45) mit $T_\odot = 5743\,\text{K}$ und $R_\odot = 7{,}00 \cdot 10^8\,\text{m}$ ergibt für den Lichtdruck p im Abstand R von der Sonne

$$p(r) = 2{,}017 \cdot 10^{17} \cdot \frac{1}{r^2}\,\text{Pa}$$

Wenn A die Fläche des senkrecht zur Sonnenstrahlung stehenden Sonnensegels und m_A seine Masse bedeuten, ergibt sich aus dem Kräftegleichgewicht:

$$\text{Kraft} = p(r) \cdot A - m_\text{A} \cdot G\, M_\text{S}/r^2 = m_\text{A} \cdot \frac{\text{d}^2 r}{\text{d}t^2}$$

wobei die anziehende Kraft der Gravitation durch die Sonne mit der Masse $M_\odot = 1{,}99 \cdot 10^{30}\,\text{kg}$ und $G = 6{,}67 \cdot 10^{-11}\,\text{m}^3 \cdot \text{kg}^{-1} \cdot \text{s}^{-2}$ (Gravitationskonstante) zu berücksichtigen ist. Wenn wir $r = s + s_0$ setzen mit s_0, der Startentfernung des Sonnensegels zum Zeitpunkt $t = 0$, zu dem auch für die Anfangsgeschwindigkeit $(\mathrm{d}s/\mathrm{d}t)_{t=0} = 0$ gilt, so lässt sich schreiben:

$$\frac{\mathrm{d}^2 s}{\mathrm{d}t^2} = b/(s + s_0)^2 \quad \text{mit} \quad b = (2{,}017 \cdot 10^{17} \cdot A/m_\text{A} - 13{,}27 \cdot 10^{19})\,\text{m}^3 \cdot \text{s}^{-2}$$

Nun kann man reduzierte Einheiten $\widetilde{s} = s/s_0$ einführen und erhält:

$$\boxed{\frac{\mathrm{d}^2\widetilde{s}}{\mathrm{d}t^2} = \frac{1}{(\widetilde{s}+1)^2} \cdot \frac{b}{s_0^3}} \tag{7.46}$$

Diese Differentialgleichung muss nun gelöst werden. Das geschieht am besten mit folgendem mathematischen Trick. Es gilt nämlich:

$$\frac{1}{2}\left(\frac{\mathrm{d}\widetilde{s}}{\mathrm{d}t}\right)^2 = \int \frac{\mathrm{d}^2\widetilde{s}}{\mathrm{d}t^2} \cdot \mathrm{d}\widetilde{s} \tag{7.47}$$

Die Gültigkeit von Gl. (7.47) überprüft man leicht, indem man sie nach $\widetilde{s}$ differenziert.

Einsetzen von Gl. (7.46) unter das Integral in Gl. (7.47) ergibt:

$$\frac{1}{2}\left(\frac{\mathrm{d}\widetilde{s}}{\mathrm{d}t}\right)^2 = \frac{b}{s_0^3}\int\limits_{\widetilde{s}=1}^{\widetilde{s}} \frac{\mathrm{d}\widetilde{s}}{(\widetilde{s}+1)^2} = \frac{b}{s_0^3}\left[\frac{1}{1+1} - \frac{1}{\widetilde{s}+1}\right] = \frac{1}{2}\,\frac{\widetilde{s}-1}{\widetilde{s}+1} \cdot \frac{b}{s_0^3}$$

oder:

$$\frac{\mathrm{d}\widetilde{s}}{\mathrm{d}t} = \sqrt{\frac{\widetilde{s}-1}{\widetilde{s}+1}} \cdot \sqrt{\frac{b}{s_0^3}} \tag{7.48}$$

Nach Variablentrennung kann nun integriert werden mit $t_0 = 0$ und $\widetilde{s}_0 = 1$

$$\sqrt{\frac{b}{s_0^3}} \cdot t = \int\limits_{\widetilde{s}=1}^{\widetilde{s}} \sqrt{\frac{\widetilde{s}+1}{\widetilde{s}-1}} \cdot \mathrm{d}\widetilde{s}$$

Das Integral ist nicht ganz einfach zu lösen. Obwohl der Integrand bei $\widetilde{s} = 1$ divergiert, hat das Integral einen endlichen Wert. Das Resultat lautet:

$$\boxed{\sqrt{\frac{b}{s_0^3}} \cdot t = \sqrt{\widetilde{s}^2 - 1} + 2 \cdot \ln\left(\sqrt{\widetilde{s}-1} + \sqrt{\widetilde{s}+1}\right) - \ln 2} \tag{7.49}$$

Man überzeugt sich von der Gültigkeit dieser Gleichung durch Bildung ihrer Ableitung, was wieder zu Gl. (7.48) führt. Wenn wir für $s_0 = 1{,}5 \cdot 10^{11}$ m den Abstand der Erde von der Sonne einsetzen, dann ist $\widetilde{s}$ in sog. astronomischen Einheiten (AU) angegeben. Für Jupiter gilt $s = 7{,}7 \cdot 10^{11}$ m,

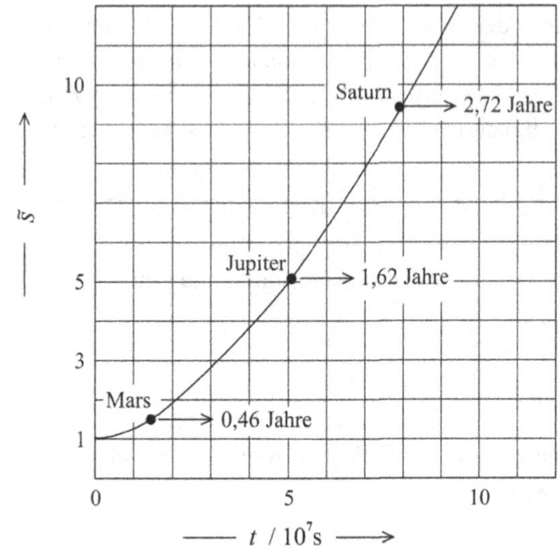

Abb. 7.13 Relative Entfernung $\tilde{s}$ des Sonnensegels von der Erde (linke Skala) bzw. Entfernung von der Sonne in astronomischen Einheiten AU (rechte Skala, $1AU$ = Entfernung Sonne - Erde) als Funktion der Zeit in $10^7 s$ bzw. in Jahren nach Gl. (7.49)

also $\tilde{s} = 5,13$, und man erhält mit einer Flächenbelegung $m_A/A = 1\,\mathrm{g/m^2}$ (das ist der kleinste Wert, der technisch erreichbar wäre) aus Gl. (7.49):

$$t = \left(\frac{s_0^3}{b}\right)^{1/2} \cdot 7,350 = \left[\frac{(1,5)^3 \cdot 10^{33}}{(20,17 - 13,27)} \cdot 10^{-19}\right]^{1/2} \cdot 7,350 = 5,140 \cdot 10^7\,\mathrm{s}$$
$$= 594 \text{ Tage}$$

Das Sonnensegel wäre also über 1 1/2 Jahre unterwegs zum Jupiter. In Abb. 7.13 ist der Plot für $\tilde{s}(t)$ mit der Erde als Startpunkt ($s_0 = 1,5 \cdot 10^{11}$ m) dargestellt. Man sieht, dass die Geschwindigkeit $\mathrm{d}\tilde{s}/\mathrm{d}t$ entsprechend Gl. (7.48) bei $t = 0$ gleich 0 ist und anfangs am stärksten zunimmt, sich aber bei höheren Werten von $\tilde{s}$ kaum noch ändert. Der Planet Saturn ließe sich in 2 Jahren und 9 Monaten erreichen. Das ist eine deutlich geringere Zeit, als sie die Cassini-Mission zum Saturn benötigte (6 Jahre und 10 Monate).

Die Endgeschwindigkeit erhält man aus Gl. (7.48) für $\tilde{s} \to \infty$:

$$\left(\frac{\mathrm{d}\tilde{s}}{\mathrm{d}t}\right)_{\mathrm{Ende}} = \lim_{\tilde{s}\to\infty} \sqrt{\frac{b}{s_0^3}}\sqrt{\frac{\tilde{s}-1}{\tilde{s}+1}} = \sqrt{\frac{b}{s_0^3}}\,[\mathrm{s}^{-1}] \quad \text{bzw.} \quad \left(\frac{\mathrm{d}s}{\mathrm{d}t}\right)_{\mathrm{Ende}} = \sqrt{\frac{b}{s_0}} = 2,14 \cdot 10^4\,\mathrm{m \cdot s^{-1}}$$
$$= 77040\,\mathrm{km/h}$$

Man muss bei diesen erstaunlich schnellen Reisezeiten im Raum allerdings bedenken, dass Sonnensegel nur minimale Lasten mit sich führen können.

7.9.5 Superwärmeisolation

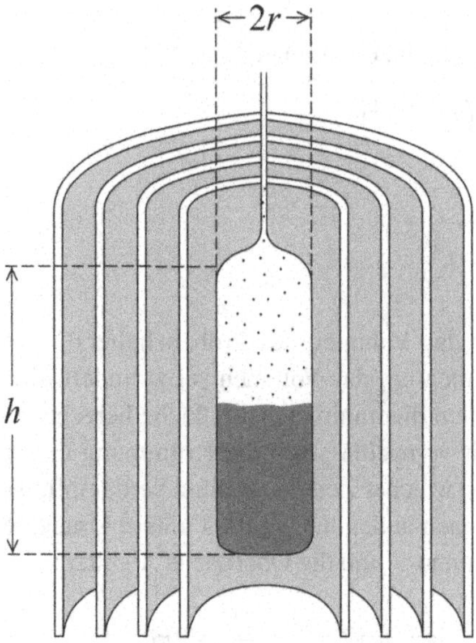

Abb. 7.14 Tieftemperaturbehälter mit Super-Wärmeisolation (Querschnitt)

Der Bau von hochwärmeisolierenden Behältern ist in der Tieftemperaturphysik von erheblicher Bedeutung (s. Abb. 7.14). Dazu genügt es nicht, den Raum zwischen den Wänden des Probebehälters und der Außenwand zu evakuieren. Denn es wird durch die Wärmestrahlung der Wände noch Wärme übertragen, die sich minimieren lässt, wenn man die Wände versilbert, da in diesem Fall der Emissionskoeffzient ε (s. Gl. 7.35) sehr klein und dadurch der Wärmestrom J (in Watt $\cdot$ m^{-2}) ebenfalls herabgesetzt wird entsprechend:

$$J = \varepsilon \cdot \sigma_{\text{SB}} \left(T_{\text{h}}^4 - T_{\text{c}}^4 \right)$$

Hier ist T_{h} die Temperatur der wärmeren Außenwand und T_{c} die der eigentlichen Behälterwand. Der Idealfall $\varepsilon = 0$ ist jedoch nicht erreichbar. Man kann aber den Wärmestrom weiter erniedrigen, indem man zwischen Behälterwand und Außenwand n weitere dünne, an beiden Seiten versilberte Wände einfügt, die parallel zur Behälter- bzw. Außenwand positioniert sind. Diese Verfahrensweise nennt man Super-Wärmeisolation, sie wird häufig eingesetzt, wenn z. B. im inneren Probebehälter flüssiges Helium bei seiner Siedetemperatur von 4,2 K oder darunter für längere Zeit aufbewahrt werden soll, so dass über einen gewissen Zeitraum nur eine möglichst geringe Menge an He verdampft.

Wir wollen nun zeigen, dass durch das Einbringen von n versilberten, parallelen Zwischenwänden der Wärmefluss nochmals um den Faktor $1/(n+1)$ reduziert werden kann.

Wir behandeln der Einfachheit halber die Behälterwand (Temperatur T_{c}), die Außenwand (Temperatur T_{h}) und die Zwischenwände als parallele Flächen A, d. h., die Zwischenräume zwischen den Platten sollen so klein wie möglich sein. Dann gilt im stationären Fall für den Wärmefluss $\dot{Q}$

(in Watt) mit n doppeltverspiegelten Flächen:

$$\dot{Q} = A \cdot \varepsilon\sigma_{\text{SB}}\left(T_{\text{h}}^4 - T_1^4\right) = A \cdot \sigma_{\text{SB}}\varepsilon\left(T_1^4 - T_2^4\right) = \cdots = A \cdot \sigma_{\text{SB}}\varepsilon\left(T_n^4 - T_{\text{c}}^4\right)$$

Addieren wir alle Terme zusammen, erhält man

$$(n+1) \cdot \dot{Q} = A \cdot \varepsilon\sigma_{\text{SB}}\left(T_{\text{h}}^4 - T_{\text{c}}^4\right)$$

also

$$\boxed{\dot{Q} = \frac{A \cdot \varepsilon \cdot \sigma_{\text{SB}}}{n+1}\left(T_{\text{h}}^4 - T_{\text{c}}^4\right)}$$

Wir wählen als Beispiel für das Volumen des Probebehälters $V = 10$ Liter, $\varepsilon = 0{,}02$, $T_{\text{h}} = 288\,\text{K}, T_{\text{c}} = 4{,}2\,\text{K}$. Wir nehmen an, das Volumen sei zylinderförmig und zur Hälfte mit flüssigem Helium gefüllt. Wir wollen die minimale Oberfläche berechnen und wählen für die Zahl der Zwischenwände $n = 12$. Wir vernachlässigen die Krümmung dieser Wände an den Kanten des Zylinders. Die Frage lautet, in welcher Zeit das Helium verdampft, wenn das Probegefäß über den Deckel eine kleine Öffnung nach außen hat, so dass immer Druckgleichheit mit der Atmosphäre (1 bar) herrscht. Für das Volumen V und die Oberfläche A gelten:

$$V = \pi r^2 \cdot h \quad \text{und} \quad A = 2\pi r \cdot h + 2\pi r^2 = \frac{2V}{r} + 2\pi r^2$$

Mit $\text{d}A/\text{d}r = 0$ ergibt sich $r = r = (V/2\pi)^{1/3} = (2 \cdot 10^{-2}/4\pi)^{1/3} = 0{,}1167$ m. Also ist $h = 10^{-2}/\pi \cdot (0{,}1167)^2 = 0{,}233$ m und $A = 0{,}257\,\text{m}^2$. Damit ergibt sich für den Wärmefluss ins Probegefäß *ohne* Zwischenwände:

$$\dot{Q} = 0{,}257 \cdot 0{,}02 \cdot 5{,}67 \cdot 10^{-8}(288^4 - (4{,}2)^2) = 2{,}01\,\text{Watt}$$

und *mit* 12 Zwischenwänden

$$\dot{Q} = 0{,}1546\,\text{Watt}$$

Das Volumen an flüssigem Helium ist anfangs $V/2 = 0{,}005\,\text{m}^3$. Mit dem Molvolumen von $32\,\text{cm}^3 \cdot \text{mol}^{-1}$ befinden sich anfangs also $0{,}005 \cdot 10^6/32 = 156{,}26\,\text{mol}$ im Probebehälter. Die molare Verdampfungsenthalpie von ^{4}He beträgt $0{,}082\,\text{kJ}\cdot\text{mol}^{-1}$ bei 4,2 K. Damit ist ohne Zwischenwände das Helium nach

$$t_{n=0} = \frac{156{,}25 \cdot 82}{2{,}01} = 6374\,\text{s} = 1\,\text{h}\,46\,\text{min}$$

und mit Zwischenwänden nach

$$t_{n=12} = 6374 \cdot 13 = 82862\,\text{s} = 23\,\text{h}$$

verdampft. Das sind natürlich nur Richtwerte. Die Krümmung der Flächen, weitere Wärmequellen, wie Wärmeleitung über die Glaswände, verkürzen die Verdampfungszeit, niedrigere Werte für ε erhöhen sie andererseits. Auch ein größeres Volumen, und damit ein kleineres Verhältnis von Oberfläche zu Volumen, erhöhen die Verdampfungszeit.

7.9.6 Schwarze Löcher im Kosmos – eine thermodynamische Analyse

Schwarze Löcher gehören zu den spektakulärsten Phänomenen im Kosmos. Ihre Existenz gilt als gesichert, obwohl man sie nicht sehen kann, denn ihre Gravitationswirkung ist so groß, dass selbst Licht aus ihrem Anziehungsbereich nicht entkommen kann. Das kann man folgendermaßen plausibel machen. Um von der Oberfläche eines Himmelskörpers mit dem Radius r und der Masse M entweichen zu können, benötigt ein Probekörper der Masse m eine Mindestgeschwindigkeit υ senkrecht zur Oberfläche, die aus der Nullbilanz von potentieller und kinetischer Energie folgt:

$$-\frac{m \cdot M \cdot G}{r} + \frac{m}{2}\upsilon^2 = 0$$

Nach υ aufgelöst ergibt sich:

$$\upsilon = \sqrt{\frac{2MG}{r}}$$

G ist die Gravitationskonstante ($6{,}673 \cdot 10^{-11}$ $\text{m}^3 \cdot \text{s}^{-2} \cdot \text{kg}^{-1}$) und r der Radius des Himmelskörpers. υ heißt auch Fluchtgeschwindigkeit, sie hängt nicht von der Masse m des entfliehenden Probekörpers ab. Für ein Photon der Energie $h\nu$ ist (unabhängig von der Frequenz ν) die Fluchtgeschwindigkeit gleich der Lichtgeschwindigkeit c und man erhält nach r aufgelöst:

$$r_S = \frac{2M_S \cdot G}{c^2} \tag{7.50}$$

Gl. (7.50) ist zwar korrekt, aber wir haben sie nicht korrekt abgeleitet, denn das Newton'sche Gravitationsgesetz ist in der Nähe von schwarzen Löchern nicht mehr gültig, da die starke Raum-Zeit-Krümmung nach der allgemeinen Relativitätstheorie berücksichtigt werden muss. Die dennoch korrekte Formel Gl. (7.50) ergibt sich durch Kompensation von Fehlern, wodurch mehr zufällig das richtige Resultat herauskommt. Hat nach Gl. (7.50) ein Himmelskörper der Masse M diesen Radius, wird er zum schwarzen Loch. r_S heißt auch Ereignishorizont. Die Sonne wäre ein schwarzes Loch, wenn ihre Masse $M = 1{,}998 \cdot 10^{30}$ kg auf eine Kugel vom Radius $r_S \cong 3$ km zusammengepresst wäre! Ein solcher Gravitationskollaps ist nur bei besonderen Ereignissen wie z. B. einer Supernova-Explosion möglich. Es gibt viele Hinweise auf die Existenz schwarzer Löcher im Kosmos mit Massen zwischen dem 3- bis 4-fachen der Sonnenmasse bis zum Millionenfachen der Sonnenmasse! Bis zum Jahr 1974 war nicht klar, ob die Thermodynamik, insbesondere der 2. Hauptsatz, bei Systemen wie schwarzen Löchern seine Gültigkeit behält oder nicht, bis Stephen Hawking nachwies, dass schwarze Löcher eine Wärmestrahlung mit der Temperatur

$$T_S = \frac{h \cdot c^3}{16\pi^2 \cdot k_B \cdot G \cdot M_S} = 1{,}227 \cdot 10^{23} \cdot M_S^{-1} \tag{7.51}$$

besitzen müssen.[26]

[26] s. z. B.: St. Hawking, Das Universum in der Nußschale, Büchergilde Gutenberg (2001), St. Hawking, Nature, 248 (1974)

Tab. 7.6 Daten hypothetischer schwarzer Löcher

Masse/kg	T_S/K	J_S/Watt $\cdot$ m^{-2}	r_S/m	ϱ_S/kg $\cdot$ m^{-3}
$1,998 \cdot 10^{30}$ (Sonne)	$6,14 \cdot 10^{-8}$	$4,67 \cdot 10^{-36}$	$2,95 \cdot 10^{3}$	$1,85 \cdot 10^{19}$
$5,974 \cdot 10^{24}$ (Erde)	0,0205	$1,01 \cdot 10^{-14}$	$8,87 \cdot 10^{-3}$	$20,4 \cdot 10^{30}$
$7,348 \cdot 10^{22}$ (Mond)	1,67	$4,41 \cdot 10^{-7}$	$1,09 \cdot 10^{-4}$	$1,35 \cdot 10^{34}$
$2,5 \cdot 10^{9}$ (ein Felsen von einem Kubikkilometer)	$4,9 \cdot 10^{13}$	$3,29 \cdot 10^{47}$	$3,71 \cdot 10^{-18}$	$1,17 \cdot 10^{61}$

Setzen wir nun Gl. (7.51) in das Stefan-Boltzmann-Gesetz nach Gl. (7.31) bzw. Gl. (7.32) ein, so erhält man für die Wärmestrahlungsintensität J_S eines schwarzen Loches:

$$J_S = \sigma_{SB} \cdot \left(\frac{h \cdot c^3}{16\pi^2 \, k_B \cdot M_S} \right)^4 = 1,2854 \cdot 10^{85} \cdot M_S^{-4} \text{ Watt} \cdot \text{m}^{-2} \tag{7.52}$$

Gl. (7.52) ist der Ausdruck für die Intensität der „Hawking-Strahlung". In der folgenden Tabelle 7.6 sind für einige Massen Strahlungstemperatur T_S, Strahlungsintensität J_S, der Kugelradius, der Radius des Ereignishorizontes r_S und die Massendichte ϱ_S angegeben:

Tabelle 7.6 zeigt, dass schwarze Löcher extrem kleine Radien und extrem hohe Massendichten ϱ_S besitzen. Die Temperatur eines schwarzen Loches mit der Masse der Sonne liegt tiefer, als sie die heutige Tieftemperaturphysik erzeugen kann. Hier handelt es sich im wahrsten Sinne des Wortes um schwarze Löcher. Die Massendichte ϱ_S von schwarzen Löchern ist umso größer, je kleiner das schwarze Loch ist.

Massen von 1 km^3 Gestein würden als schwarzes Loch auf einem Durchmesser unterhalb dem eines Atomkerns zusammenschrumpfen, während ihre Temperatur einen Wert wie der des Universums unmittelbar nach dem Urknall hätte. Von einem „schwarzen" Loch kann hier kaum noch die Rede sein. Solch hohe Temperaturen gibt es heute nirgendwo im Weltall. Schwarze Löcher, die auf natürliche Weise durch den völligen Gravitationskollaps von Sternen entstehen, haben Massen deutlich größer als die der Sonne. Das dabei entstehende schwarze Loch hat also eine extrem niedrige Temperatur ganz nahe am absoluten Nullpunkt und eine extrem geringe Strahlungsintensität. Das führt, wie wir gleich sehen werden, zu einer sehr langen Lebensdauer des schwarzen Loches, die um viele Größenordnungen das Alter des Universums übertrifft. Um hier quantitative Berechnungen durchführen zu können, müssen wir uns zunächst mit thermodynamischen Eigenschaften von schwarzen Löchern beschäftigen. *Dazu ist zu sagen, dass schwarze Löcher thermodynamisch nicht stabil sind.* Da sich aber ihre Eigenschaften wie Größe und Temperatur nur sehr langsam ändern, wenn ihre Masse groß genug ist, können wir ihren Zustand als einen quasi-thermodynamischen Gleichgewichtszustand betrachten, zumindest bis auf die letzten Momente ihrer Lebenszeit.

Wir wollen zunächst die innere Energie U_S und die Entropie S_S eines schwarzen Loches berechnen. Da wir von einem schwarzen Loch nicht mehr als seine Masse M kennen, gilt für U_S die bekannte relativistische Formel:

$$\boxed{U_S = c^2 \cdot M_S} \tag{7.53}$$

Über die thermodynamische Definition der Temperatur erhält man nach Gl. (7.51):

$$\frac{\mathrm{d}U_\mathrm{S}}{\mathrm{d}S_\mathrm{S}} = T_\mathrm{S} = \frac{h \cdot c^3}{16\pi^2\, k_\mathrm{B} \cdot G \cdot M_\mathrm{S}}$$

Also gilt mit Gl. (7.53):

$$\mathrm{d}S_\mathrm{S} = \frac{c^2\,\mathrm{d}M_\mathrm{S}}{T_\mathrm{S}} = \frac{16\pi^2\, k_\mathrm{B} \cdot G \cdot M_\mathrm{S}}{h \cdot c} \cdot \mathrm{d}M_\mathrm{S}$$

Daraus folgt durch Integration von $M_\mathrm{S} = 0$ bis M_S:

$$\boxed{S_\mathrm{S} = \frac{8\pi^2 \cdot k_\mathrm{B} \cdot G}{h \cdot c} \cdot M_\mathrm{S}^2} \tag{7.54}$$

Die Entropie S_S eines schwarzen Lochs hat eine merkwürdige Eigenschaft: sie wird unendlich groß, wenn die Temperatur des schwarzen Loches T_S gleich Null wird, denn dann geht M_S in Gl. (7.51) gegen unendlich und damit auch S nach Gl. (7.54). Das steht im krassen Widerspruch zum Nernst'schen Wärmetheorem, es steht aber auch im Widerspruch zu einem wichtigen Stabilitätskriterium der Thermodynamik, nämlich, dass die Wärmekapazität C_S immer positiv sein muss (s. Gl. (5.71))! Diesen Widerspruch erkennt man sofort, denn C_S ist definiert als $C_\mathrm{S} = T \cdot \mathrm{d}S_\mathrm{S}/\mathrm{d}T_\mathrm{S}$:

$$C_\mathrm{S} = T_\mathrm{S} \cdot \frac{\mathrm{d}S_\mathrm{S}}{\mathrm{d}T_\mathrm{S}} = T_\mathrm{S} \cdot \frac{\mathrm{d}S_\mathrm{S}}{\mathrm{d}M_\mathrm{S}} \cdot \frac{\mathrm{d}M_\mathrm{S}}{\mathrm{d}T_\mathrm{S}} = T_\mathrm{S} \cdot \frac{8\pi^2 \cdot k_\mathrm{B} \cdot G}{h \cdot c} \cdot 2M_\mathrm{S} \cdot \frac{\mathrm{d}M_\mathrm{S}}{\mathrm{d}T_\mathrm{S}}$$

Nach Gl. (7.51) gilt aber für $\mathrm{d}M_\mathrm{S}/\mathrm{d}T_\mathrm{S}$:

$$\frac{\mathrm{d}M_\mathrm{S}}{\mathrm{d}T_\mathrm{S}} = -\frac{h \cdot c^3}{16\pi^2\, k_\mathrm{B} \cdot G} \cdot \frac{1}{T_\mathrm{S}^2}$$

und somit ergibt sich:

$$\boxed{C_\mathrm{S} = -\frac{M_\mathrm{S} \cdot c^2}{T_\mathrm{S}} = -\frac{16\pi^2 \cdot k_\mathrm{B} \cdot G}{h \cdot c} \cdot M_\mathrm{S}^2 < 0} \tag{7.55}$$

C_S ist also negativ, was der Gleichgewichtsthermodynamik widerspricht.

Diese Fakten zeigen klar, dass schwarze Löcher keinen Gleichgewichtszustand der Materie repräsentieren, sie sind instabil und es erhebt sich die Frage, in welchen endgültigen Gleichgewichtszustand sie letztlich übergeben und in welchem Zeitraum dieser Prozess abläuft. Der Strahlungsverlust des schwarzen Loches bestimmt seine zeitliche Entwicklung. Für die Strahlungsintensität lässt sich auch schreiben:

$$J_\mathrm{S} = -\frac{\mathrm{d}U_\mathrm{S}}{\mathrm{d}t} \cdot \frac{1}{4\pi\, r_\mathrm{S}^2} = -\frac{c^2}{4\pi\, r_\mathrm{S}^2}\, \frac{\mathrm{d}M_\mathrm{S}}{\mathrm{d}t} = -\frac{c^6}{16\pi(G \cdot M_\mathrm{S})^2}\, \frac{\mathrm{d}M_\mathrm{S}}{\mathrm{d}t}$$

wobei wir Gebrauch von Gl. (7.53) und Gl. (7.50) gemacht haben. Einsetzen von J_S aus Gl. (7.52) und Auflösen nach $\mathrm{d}M_\mathrm{S}/\mathrm{d}t$ ergibt:

$$-\frac{\mathrm{d}M_\mathrm{S}}{\mathrm{d}t} = \sigma_\mathrm{SB} \cdot \frac{h^4}{(16\pi^2)^4} \cdot \frac{c^6}{G^2 M_\mathrm{S}^2} \cdot \frac{16\pi}{k_\mathrm{B}^4}$$

Einsetzen von $\sigma_{SB} = 2\pi^2 k_B^4/(15h^3 \cdot c^2)$ führt zu:

$$-\frac{dM_S}{dt} = \frac{2}{15} \cdot \frac{h \cdot c^4}{(16)^3 \cdot \pi^5} \cdot \frac{1}{G^2 M_S^2} = 3,9647 \cdot 10^{15} \cdot \frac{1}{M_S^2} \text{ kg} \cdot \text{s}^{-1} \quad (7.56)$$

Integration von $M_{0,S}$ (Masse bei $t = 0$) bis M_S (Masse bei t) ergibt dann:

$$\boxed{(M_{0,S}^3 - M_S^3) = \frac{2}{5} \cdot \frac{h \cdot c^4}{16^3 \cdot \pi^2} \cdot \frac{t}{G^2} = 1,1894 \cdot 10^{16} \cdot t} \quad (7.57)$$

Für die Lebensdauer τ_S des schwarzen Loches folgt demnach:

$$\boxed{\tau_S = \frac{5}{2} \cdot \frac{\pi^2 \cdot G^2}{h \cdot c^4} \cdot 16^3 = 8,4075 \cdot 10^{-17} \cdot M_{0,S}^3} \quad (7.58)$$

In Gl. (7.57) und (7.58) ergibt sich t bzw. τ_S in s, M_S bzw. $M_{0,S}$ in kg. Mit den Massen aus Tabelle 7.6 erhält man dann nach Gl. (7.58) Werte für die entsprechenden Lebensdauern τ_S.

Tab. 7.7 Lebensdauer von schwarzen Löchern

$M_{0,S}$/kg	$1,989 \cdot 10^{30}$	$5,974 \cdot 10^{24}$	$7,348 \cdot 10^{22}$	$2,5 \cdot 10^9$
τ_S/Jahre	$6,50 \cdot 10^{68}$	$1,76 \cdot 10^{52}$	$3,28 \cdot 10^{46}$	$1,29 \cdot 10^6$

Schwarze Löcher mit Massen zwischen Mond und Sonne haben eine Lebensdauer, gegenüber der die Zeit, seit der das Universum besteht ($13,8 \cdot 10^{10}$ Jahre), völlig vernachlässigbar ist. Selbst bei kleinen Objekten, wie der Felsblock von 1 km^3 Größe, liegt die Lebensdauer noch bei über 40000 Jahren, wobei sie bei extremen Temperaturen von $T_S > 10^{13}$ K strahlen würden (s. Gl. 7.51).

In Abb. 7.15 ist diese zeitliche Entwicklung eines schwarzen Loches in reduzierten Einheiten M/M_0 und $\tilde{t} = t/\tau_S$ nach Gl. (7.57) aufgetragen.

Man sieht, dass in der ersten Lebenshälfte die Masse des schwarzen Loches nur um ca. 20 % abnimmt. Fast 80 % des Massenverlustes findet in der zweiten Lebenshälfte statt, wobei die letzten 25 % innerhalb von nur 2 % der Lebenszeit zerstrahlt werden. Die Temperatur wächst zunächst nur langsam an, um am Ende der Lebenszeit des schwarzen Loches steil anzusteigen mit dem singulären Punkt $T \to \infty$ bei $\tilde{t} = 1$ bzw. $t = \tau_S$. Der Zerfallsprozess eines schwarzen Loches beschleunigt sich also rasant gegen Ende seiner Lebenszeit. Das „Zerfallsprodukt" ist reine Wärmestrahlung. Es ist thermodynamisch gesehen ein irreversibler Prozess, bei dem die Entropie insgesamt zunehmen muss. Das gilt für isolierte Systeme. Ein schwarzes Loch ist aber kein isoliertes System, da es ja durch Wärmestrahlung ständig Energie verliert, daher nimmt auch seine Entropie mit der Zeit ab. Das ist unmittelbar aus Gl. (7.59) ersichtlich, da M_S mit der Zeit abnimmt. Differenzieren von Gl. (7.54) nach t unter Berücksichtigung von Gl. (7.56) ergibt:

$$\frac{dS_S}{dt} = -\frac{16\pi^2 \cdot k_B \cdot G}{h \cdot c} \cdot M_S \frac{dM_S}{dt} = -\frac{2}{15} \frac{1}{16^2} \frac{k_B \cdot c^3}{G} \cdot \frac{1}{M_S} = -9,36 \cdot 10^7 \cdot \frac{1}{M_S} \text{ J} \cdot \text{K}^{-1} \cdot \text{s}^{-1} \quad (7.59)$$

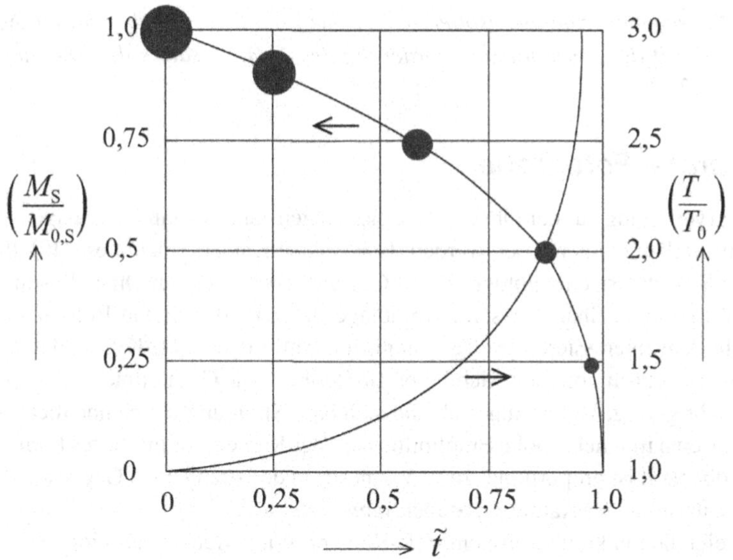

Abb. 7.15 (a) Relative Masse $M_S/M_{0,S}$ eines schwarzen Loches als Funktion der Zeit. $M_{0,S}$ = Masse bei $\widetilde{t} = 0$. $\widetilde{t} = t/\tau_S$ mit τ_S nach Gl. (7.57) (b) Relative Temperatur T/T_0 als Funktion von $\widetilde{t}(T/T_0 = (1/(1-\widetilde{t})^{1/3}))$

Jetzt berechnen wir die Entropieproduktion durch die Abstrahlung nach Gl. (7.18) mit $a = 4 \cdot \sigma_{SB}/c$:

$$\frac{dS_{Ph}}{dt} = \frac{16}{3 \cdot c} \cdot \sigma_{SB} \cdot T_S^3 \cdot \frac{dV}{dt}$$

Für die differentielle Volumenzunahme dV des von der Oberfläche des Ereignishorizontes abgestrahlten Lichtes in der Zeit dt gilt:

$$dV = 4\pi r_S^2 \cdot dr = 4\pi r_S^2 \cdot c \cdot dt$$

Also erhält man unter Berücksichtigung von Gl. (7.54) und Gl. (7.56):

$$\frac{dS_{Ph}}{dt} = \frac{2}{15} \cdot \frac{1}{16^2}\left(\frac{16 k_B \cdot c^3}{G}\right) \cdot \frac{1}{M_S} \tag{7.60}$$

Die innere Entropieproduktion des Gesamtsystems ist demnach:

$$\frac{\delta_i S}{dt} = \frac{dS_S}{dt} + \frac{dS_{Ph}}{dt} = \frac{2}{15}\,\frac{1}{16^2}\,(16-1)\,\frac{k_B \cdot c^3}{G} \cdot \frac{1}{M_S}$$

Die Entropieproduktion durch die entstehende Wärmestrahlung ist also 16mal größer als der Entropieverlust des schwarzen Loches.

Somit gilt:

$$\boxed{\frac{\delta_i S}{dt} = \frac{1}{128}\,\frac{k_B \cdot c^3}{G} \cdot \frac{1}{M_S} = 4,355 \cdot 10^{10} \cdot \frac{1}{M_S}\ \mathrm{J \cdot K^{-1} \cdot s^{-1}} > 0} \tag{7.61}$$

Die zeitliche *Entropieänderung des isolierten Systems „schwarzes Loch + Strahlung" ist positiv und entspricht damit der substantiellen Forderung des 2. Hauptsatzes der Thermodynamik entsprechend Gl. (5.29).*

7.9.7 Infrarot – Fotografie

Die Temperaturverteilung auf der Oberfläche eines Gegenstandes kann heutzutage sehr genau mit Hilfe einer Infrarotkamera gemessen werden. Eine solche Kamera erlaubt es mit Hilfe von hochempfindlichen Bolometern eine Fotografie des Gegenstandes mit guter Ortsauflösung zu erhalten, auch wenn völlige Dunkelheit herrscht. Grundlage dafür ist das Stefan-Boltzmann'sche Strahlungsgesetz. In dem interessierenden Temperaturintervall bis ca. 500 K liegt das entsprechende Wärmestrahlungsspektrum im nicht sichtbaren IR-Bereich. Die Gesamtintensität dieser Strahlung ist allerdings sehr gering, viel geringer als die sichtbare Strahlung des Sonnenlichtes. Es kommt daher darauf an, eine möglichst hohe Empfindlichkeit der Kamera für infrarotes Licht zu erreichen. Diese Empfindlichkeit ist proportional zum Wärmestrom des strahlenden Gegenstandes minus der Eigenstrahlungsleistung der Kamera, genauer, ihres Detektors.

Abb. 7.16 zeigt die Funktionsweise einer IR-Kamera. Wir betrachten als einfaches Beispiel eine kreisförmige Fläche mit konzentrischer Temperaturverteilung in der x,y-Ebene. Die z-Achse weist genau in die Öffnung der Kamera. Für die Temperaturverteilung wählen wir:

$$T(x,y) = T(r) = T_0 \cdot \exp[-a\,r^2] \quad \text{mit} \quad x^2 + y^2 = r^2$$

Dann gilt für den Nettowärmestrom J_D auf dem Detektor:

$$J_\mathrm{D} = \cos\varphi \cdot \sigma_\mathrm{SB}\left(T_0^4 \exp[-4a\,r^2] - T_\mathrm{D}^4\right)$$

wobei T_D die Temperatur des Detektors bedeutet.

$\cos\varphi = d/\sqrt{d^2 + R^2}$ ist gewöhnlich ~ 1, da d (Abstand der Kamera vom Objekt) gegenüber R (Radius des Objektes) in der Regel groß ist. Wir nehmen ein Beispiel: $d = 8$ m, $R = 0{,}5$ m, dann ist $\cos\varphi = 0{,}998$. Mit diesem Wert für R sowie $T_0 = 380$ K und $a = 1{,}15$ m^{-2} berechnen wir mit der abgeleiteten Formel J_D als Funktion von r $(0 \le r \le R)$ bei verschiedenen Werten der Detektortemperatur T_K. Die Ergebnisse sind in Abb. 7.17 dargestellt.

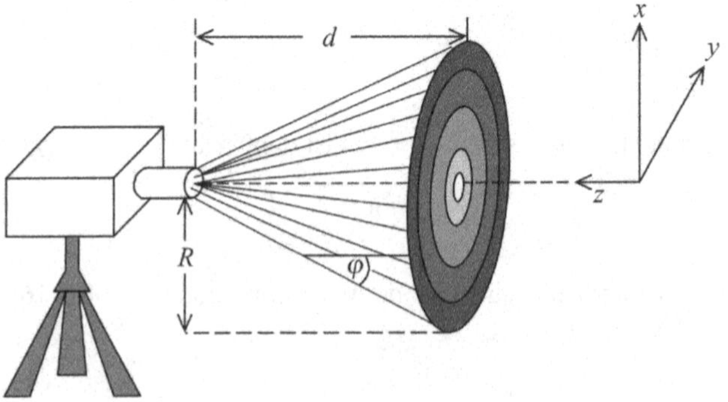

Abb. 7.16 Infrarotkamera zur Fotografie einer unterschiedlich temperierten Fläche (stärkere Grautönung = tiefere Temperatur)

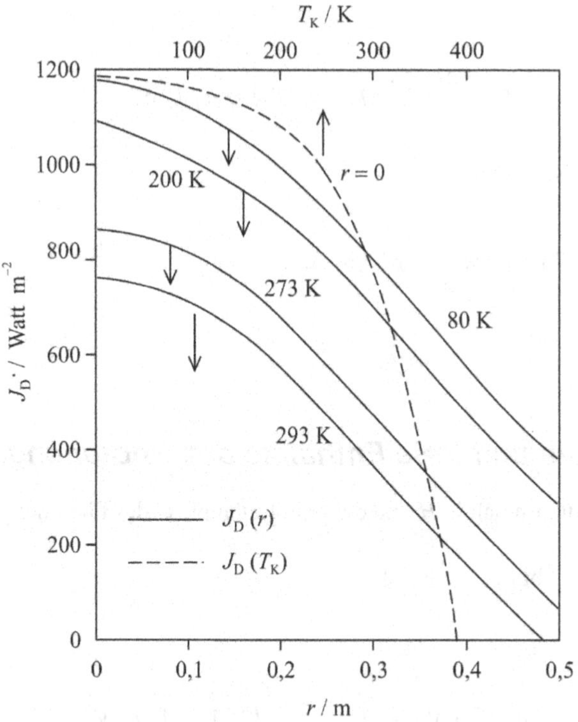

Abb. 7.17——— J_D als Funktion von r bei verschiedenen Werten von T_K
- - - - - - J_D als Funktion von T_K bei $r = 0$ ($T(r = 0) = 380$ K)

Man sieht, dass die Empfindlichkeit, die proportional zu J_D ist, mit wachsender Detektortemperatur T_K deutlich absinkt und für $T_K = 293$ sogar gleich Null wird bei $r \approx 0,48$ m. Infrarotkameras müssen also gekühlt werden. Ein Wert für $T_K < 80$ K lohnt sich allerdings nicht mehr zur Empfindlichkeitssteigerung, da die J_D-Kurven in diesem Temperaturbereich für T_K praktisch ununterscheidbar von $T_K = 80$ K sind. Das erkennt man an Abb. 7.17 (gestrichelte Kurve), wo J_D gegen T_K bei $r = 0$ aufgetragen ist. Erwartungsgemäß sinkt die Empfindlichkeit für alle Temperaturen T_K mit r ab, da ja die Temperatur auf der Platte ebenfalls mit r nach der vorgegebenen Formel für $T(r)$ abnimmt. Infrarotkameras werden heute eingesetzt als Nachtsichtgeräte, zur Registrierung der Oberflächentemperatur der Erde von Satelliten aus und zur Beobachtung der IR-Strahlung aus dem Weltraum von Raumstationen aus.

7.10 Übungsaufgaben

7.10.1 Alternative Ableitung der Entropie des Photonengases

Leiten Sie Gl. (7.18) aus der allgemeinen Beziehung $(\partial U/\partial S)_V = T$ ab.

Lösung:

$$dS_V = T^{-1} \cdot dU_V = T^{-1} \cdot \frac{dU(T)}{dT} dT = V \cdot T^{-1} \cdot 4a \cdot T^3 \, dT$$

Daraus folgt durch Integration:

$$S = V \cdot 4a \int_0^T T^2 dT = V \cdot \frac{4}{3} a \cdot T^3 = 4 \cdot \frac{pV}{T}$$

Das ist Gl. (7.18).

7.10.2 Enthalpie und freie Enthalpie des Photonengases

Zeigen Sie, dass für die Enthalpie H und die freie Enthalpie G des Photonengases gilt:

$$H = 4 \cdot p \cdot V \qquad \text{bzw.} \qquad G = 0$$

Lösung:

$$H = U + pV = V \cdot a \cdot T^4 + V \cdot \frac{a}{3} \cdot T^4 = \frac{4}{3} a \cdot T^4 \cdot V = 4 \cdot p \cdot V$$

Mit dem Ergebnis für S aus Aufgabe 7.10.1 folgt:

$$G = H - TS = 0$$

7.10.3 Das isentrope Photonengas

Zeigen Sie, dass beim quasistatisch-adiabatischen Prozess im Photonengas die Entropie konstant bleibt.

Lösung:
In Gl. (7.22) wurde gezeigt, dass für quasistatisch-adiabatische Prozesse gilt:

$$T^3 \cdot V = T_0^3 \cdot V_0$$

Für die Entropie gilt nach Gl. (7.18):

$$S = \frac{4}{3} a \cdot V \cdot T^3$$

Damit ist sofort klar, dass ein quasistatisch-adiabatischer Prozess des Photonengases zugleich ein isentroper Prozess ($S = S_0 = \text{const.}$) ist.

7.10.4 Adiabatenkoeffizient des Photonengases

Zeigen Sie, dass für ein Photonengas der Adiabatenkoeffizient $\gamma = 4/3$ beträgt.

Lösung:
Wir gehen aus von Gl. (7.22) und ersetzen dort die Temperatur durch den Druck nach Gl. (7.17):

$$T^3 = \left(\frac{3}{a}\right)^{3/4} \cdot p^{3/4}$$

Damit folgt aus Gl. (7.22):

$$p^{3/4} \cdot V = p_0^{3/4} \cdot V_0$$

bzw.

$$p \cdot V^{4/3} = p_0 \cdot V_0^{4/3} = \text{const.}$$

Das ist die Adiabate des Photonengases mit dem Adiabatenkoeffizienten $\gamma = 4/3$.

7.10.5 Bedingung der Druckgleichheit von Photonengas und Ionenplasma

Ein Plasma bei hohen Temperaturen, bestehend aus H^+-Ionen und Elektronen, hat eine Dichte von $1\,\text{g} \cdot \text{cm}^{-3}$. Das ist z. B. im Inneren von großen Sternen der Fall. Bei welcher Temperatur ist der Druck der (idealen) Gasteilchen (H^+, e^-) gleich dem Druck der Photonen? Wie groß ist der Gesamtdruck?

Lösung:
Es gilt für den Gesamtdruck:

$$p = \frac{n}{V} \cdot RT + \frac{a}{3} \cdot T^4$$

mit $a = 7{,}5 \cdot 10^{-16}\,\text{J} \cdot \text{m}^{-3} \cdot \text{K}^{-4}$. $1\,\text{g} \cdot \text{cm}^{-3}$ entspricht gerade 2 mol Gasteilchen (H^+ und e^-) pro cm^3, also $2 \cdot 10^6\,\text{mol} \cdot \text{m}^{-3}$. Gleicher Druck von Teilchen und Photonen herrscht, wenn gilt:

$$\frac{n}{V} \cdot R \cdot T = \frac{a}{3} T^4 \quad \text{mit} \quad \frac{n}{V} = 2 \cdot 10^6\,\text{mol} \cdot \text{m}^{-3}$$

Also ergibt sich für die gesuchte Temperatur:

$$T = (6 \cdot 10^6 \cdot R/a)^{1/3} = 4{,}05 \cdot 10^7\,\text{K}$$

Für den Gesamtdruck gilt:

$$\begin{aligned} p &= 2 \cdot (2 \cdot 10^6 \cdot R \cdot 4{,}05 \cdot 10^7) = 1{,}347 \cdot 10^{15}\,\text{Pa} \\ &= 13{,}47\,\text{Gbar.}\ (1\,\text{Gbar} = 10^9\,\text{bar}) \end{aligned}$$

7.10.6 Irreversible Expansion des Photonengases

Die Problemstellung zu dieser Aufgabe ist einem Textabschnitt des Buches „Einführung in die Theorie der Wärme" (1930) von Max Planck entnommen:

„Betrachten wir schließlich noch einen einfachen Fall eines irreversibeln Prozesses. Der allseitig von total reflektierenden Wänden umschlossene Hohlraum vom Volumen V sei gleichmäßig von schwarzer Strahlung erfüllt. Nun stelle man, etwa durch Drehen eines Hahnes, an irgendeiner Stellung der Wandung eine Öffnung her, durch welche die Strahlung in einen größeren ebenfalls von total reflektierenden festen Wänden umgebenen evakuierten Raum austreten kann. Dann wird die Strahlung nach einiger Zeit wieder allseitig gleichgerichtet sein und beide kommunizierenden Räume, deren Gesamtvolumen V′ sei, gleichmäßig erfüllen. Durch die Anwesenheit eines Kohlestäubchens sei dafür gesorgt, daß auch im neuen Zustand alle Bedingungen der schwarzen Strahlung erfüllt sind."

a) Welche Temperatur T' hat das Photonengas nach der irreversiblen Expansion von V nach V', wenn die Anfangstemperatur T ist?

b) Wie ändert sich die Entropie S zum Endwert S'?

Hinweis: mit „Kohlestäubchen" ist gemeint, dass das Stück Kohle so winzig sein soll, dass sein innerer Energieinhalt gegenüber dem des Photonengases vernachlässigbar ist. Dennoch kann das „Kohlestäubchen" Strahlungsenergie aufnehmen und abgeben, es wirkt wie ein Katalysator für die Gleichgewichtseinstellung des Strahlungsgleichgewichtes.

Lösung:

a) Es handelt sich um einen adiabatisch-irreversiblen (nicht-quasistatischen) Prozess. Da keine Arbeit geleistet und keine Wärme ausgetauscht wird (spiegelnde Wände!), gilt:

$$dU_{\text{Ph}} = 0, \quad \text{also} \quad U_{\text{Ph}} = U'_{\text{Ph}}$$

oder nach Gl. (7.16):

$$T'^4 \cdot V' = T^4 \cdot V \quad \text{bzw.} \quad T' = T\left(\frac{V}{V'}\right)^{1/4}$$

b) Nach Gl. (7.18) gilt:

$$\frac{S'}{S} = \frac{T'^3 \cdot V'}{T^3 \cdot V} = \frac{T'^3}{T^3} \cdot \frac{T^4}{T'^4} = \frac{T}{T'} = \left(\frac{V'}{V}\right)^{1/4}$$

Da $V' > V$, ist $T' < T$ und $S' > S$. Die Entropie wächst an, wie es sein muss bei adiabatisch-irreversiblen Prozessen. Als Zahlenbeispiel setzen wir $V' = 2V$. Daraus folgt.

$$T' = T \cdot 0,84, \quad S' = 1,19 \cdot S$$

Dieses Ergebnis ist interessant, denn bei einem materiellen, idealen Gas gilt im adiabatisch-irreversiblen Fall $T' = T$ (s. Abb. 4.5, Gay-Lussac-Versuch). Vergleicht man das Ergebnis mit dem eines adiabatisch-reversiblen (quasistatischen) Prozesses nach Gl. (7.22), so erhält man $T' = T \cdot 0,794$ für $V' = 2V$, wie das dort durchgeführte Rechenbeispiel zeigt. Das Photonengas kühlt also im quasistatischen Fall stärker ab, da es ja noch Arbeit leistet, die es aus dem eigenen inneren Energievorrat aufbringen muss.

7.10.7 Thermodynamik eines Goldkorns im Gleichgewicht mit dem Photonengas

Ein kleines Stück Gold (0,5 g) befindet sich bei 1250 K in einem Hohlraum mit ideal spiegelnden Wänden. Die Hohlraumgröße sei 2 m^3.

a) Wie groß ist die innere Energie des Photonengases in dem Hohlraum?

b) Durch eine Öffnung wird der spiegelnde Hohlraum auf 1000 m^3 erweitert. Welche Temperatur nimmt das Gesamtsystem Hohlraum + Goldstück jetzt an? Nehmen Sie an, dass bei der Hohlraumerweiterung das Photonengas keine Arbeit leistet (irreversibler Prozess).

Angaben: $\overline{C}_p$ von Gold = $3R$, Molmasse von Gold $M_{\text{Au}} = 0,19697\ \text{kg} \cdot \text{mol}^{-1}$.

c) Wie groß ist die Entropieänderung ΔS des Gesamtsystems nach der Hohlraumerweiterung?

Lösung:

a) $U_{\text{Ph}} = 7,5 \cdot 10^{-16} \cdot (1250)^4 \cdot 2 = 3,662 \cdot 10^{-3}$ Joule

b) 0,5 g Gold entspricht $\frac{0,5}{196,97} = 2,53 \cdot 10^{-3}$ mol Au. Die innere Energiebilanz beträgt: $\Delta U_{\text{Ph}} + \Delta U_{\text{Au}} = 0$, d. h.:

$$3,662 \cdot 10^{-3} - 7,5 \cdot 10^{-16} \cdot 1000 \cdot T^4 + 3 \cdot R \cdot 2,53 \cdot 10^{-3} (1250 - T) = 0$$

Die numerische Lösung dieser Gleichung liefert $T = 1223,5$ K. Das Gesamtsystem Gold + Photonengas erfährt also bei einer Volumenvergrößerung von 2 m^3 auf 1000 m^3 nur eine Temperaturerniedrigung von 26,5 K. Wenn die Goldmenge vernachlässigbar klein ist, wäre $\Delta U_{\text{Au}} \cong 0$ und nach dem Ergebnis von Aufgabe 7.10.6 wäre dann die Temperatur nach der Expansion

$$T = 1250 \left(\frac{2}{1000} \right)^{1/4} = 264\,\text{K}$$

Wegen der fehlenden hohen Wärmekapazität des Goldes ist der Temperaturabfall in diesem Fall erheblich.

c) Nach Gl. (7.18) ergibt sich:

$$\begin{aligned} \Delta S &= \frac{4}{3} \cdot 7,5 \cdot 10^{-16} \left[1000 \cdot (1223,5)^3 - 2 \cdot (1250)^3 \right] + 3R \cdot 2,53 \cdot 10^{-3} \ln \left(\frac{1223,5}{1250} \right) \\ &= 1,83 \cdot 10^{-3} - 1,35 \cdot 10^{-3} \\ &= +0,48 \cdot 10^{-3}\ \text{J} \cdot \text{K}^{-1} \end{aligned}$$

Da der Prozess irreversibel ist, muss gelten $\Delta S > 0$.

7.10.8 Volumenkontraktion des Weltalls bei einer kosmischen Hintergrundstrahlung von 300 K

Die derzeitige Temperatur des Photonengases im Weltall (die sog. „kosmische Hintergrundstrahlung“) beträgt 2,73 K. Wie viel % des heutigen Volumens hat das Weltall eingenommen, als die Temperatur der kosmischen Hintergrundstrahlung 300 K betrug? Beachten Sie, dass das Photonengas der Hintergrundstrahlung in quasistatisch-adiabatischer Weise sein Volumen ändert (s. Text in Abschnitt 7.4).

Lösung:
Wir gehen aus von Gl. (7.22) mit $T_0 = 2,73\,\mathrm{K}$ und $T = 300\,\mathrm{K}$ und erhalten:

$$\frac{V(300\,\mathrm{K})}{V(2,7\,\mathrm{K})} = \left(\frac{2,73}{300}\right)^3 = 7,53 \cdot 10^{-7} = 7,53 \cdot 10^{-5}\,\%$$

Das Volumen des Weltalls betrug also den 75 millionsten Teil vom derzeitigen Volumen. Auch ohne Sonne wäre es auf der Erde unter diesen Bedingungen angenehm warm, aber stockfinster.

7.10.9 Volumenspezifische Wärmekapazität des Photonengases

Wie groß ist die volumenspezifische Wärmekapazität $c_{V,\mathrm{Ph}}$ eines Photonengases in $\mathrm{J} \cdot \mathrm{m}^{-3} \cdot \mathrm{K}^{-1}$ bei 10000 K?

Lösung:

$$c_{V,\mathrm{Ph}} = \frac{\mathrm{d}u(T)}{\mathrm{d}T} = 4 \cdot a \cdot T^3 = 4 \cdot 7,5 \cdot 10^{-16}(1000)^3 = 3 \cdot 10^{-3}\,\mathrm{J} \cdot \mathrm{m}^{-3} \cdot \mathrm{K}^{-1}$$

7.10.10 Sonnenabstand eines Chondriten bei seinem Schmelzpunkt

Chondrite sind kleine, Silikat, Kohlenstoff und Eisen enthaltende Gesteinspartikel im interplanetaren Raum des Sonnensystems. In welcher Entfernung d_C zur Sonne muss ein Chondrit sich befinden, um seinen Schmelzpunkt von 1600 K zu erreichen? Betrachten Sie den Chondriten als „schwarzen“ Körper.

Lösung:
Die gesamte Strahlungsleistung der Sonne ist $J_\mathrm{S} = \sigma_\mathrm{SB} T_\mathrm{S}^4 \cdot 4\pi R_\mathrm{S}^2$. Der Bruchteil $\pi R_\mathrm{C}^2 / 4\pi d_\mathrm{C}^2$ davon fällt auf den Chondriten mit dem Radius R_C. Dieser Bruchteil wird im stationären Zustand auch abgestrahlt von der Gesamtoberfläche $4\pi R_\mathrm{C}^2$ des Chondriten. Es gilt also:

$$\sigma_\mathrm{SB} \cdot T_\mathrm{S}^4 \cdot 4\pi \cdot R_\mathrm{S}^2 \cdot \frac{\pi R_\mathrm{C}^2}{4\pi d_\mathrm{C}^2} = \sigma_\mathrm{SB} \cdot T_\mathrm{C}^4 \cdot 4\pi \cdot R_\mathrm{C}^2$$

Aufgelöst nach d_C ergibt sich mit $T_C = 1600$ K:

$$d_C = \frac{1}{2}R_S \cdot \left(\frac{T_S}{T_C}\right)^2 = \frac{1}{2} \cdot 7 \cdot 10^8 \left(\frac{5743}{1600}\right)^2$$
$$= 4{,}50 \cdot 10^9 \text{ m} = 4{,}50 \cdot 10^6 \text{ km}$$

Zum Vergleich: der sonnennächste Planet Merkur umkreist die Sonne in einem Abstand von ca. $58 \cdot 10^6$ km.

7.10.11 Die Planck'sche Strahlungsformel als Funktion der Wellenlänge λ

Leiten Sie aus Gl. (7.27) die Gl. (7.28) ab.

Lösung:
Sowohl für Gl. (7.27) wie für Gl. (7.28) muss gelten, dass Integration über die Frequenz ν bzw. die Wellenlänge λ Gl. (7.16) ergibt:

$$\int_{\nu=0}^{\nu=\infty} u_\nu(\nu, T)\mathrm{d}\nu = a \cdot T^4 = \int_{\lambda=\infty}^{\lambda=0} u_\lambda(\lambda, T) \cdot \mathrm{d}\lambda$$

Daher muss auch gelten bei Vertauschen der Integrationsgrenzen für λ:

$$u_\nu(\nu, T) \cdot \mathrm{d}\nu = -u_\lambda(\lambda, T)\mathrm{d}\lambda$$

Also folgt mit $\nu \cdot \lambda = c$:

$$u_\lambda = -u_\nu(\nu, T)\frac{\mathrm{d}\nu}{\mathrm{d}\lambda} = u_\nu(\nu = c/\lambda, T)\,\frac{c}{\lambda^2} = \frac{8\pi \cdot c}{\lambda^5}\,\frac{1}{\mathrm{e}^{hc/\lambda \cdot k_B T} - 1}$$

Das ist Gl. (7.28).

7.10.12 Schwarzkörperstrahlung als Thermometer

Wenn der Schmelzpunkt eines Materials genügend hoch liegt, wird bei der Schmelztemperatur T_S das Material glühen, d. h., die Wärmestrahlung wird sichtbar und intensiv genug, um gut messbar zu sein. Misst man die spektrale Verteilung der Strahlungsintensität, so lässt sich aus ihrem Maximum die Temperatur des Materials bestimmen (sog. Bolometer). Beim Schmelzpunkt eines Metalls wird das Maximum der spektralen Strahlungsintensität bei $\lambda = 1290$ nm gemessen. Welche Schmelztemperatur T_S hat das Metall?

Lösung:
Das Maximum der Funktion in Gl. (7.29) wird erhalten durch

$$\frac{\mathrm{d}}{\mathrm{d}\lambda}\left(\lambda^5\left(\exp\left[\frac{hc}{\lambda k_B T}\right] - 1\right)\right) = 0$$

Das führt zu:

$$5(e^x - 1) = x\,e^x \quad \text{mit} \quad x = \frac{hc}{\lambda_{max} \cdot k_B T} = 4,965$$

Also gilt:

$$T_S = h \cdot c/(\lambda_{max} \cdot k_B \cdot 4,965) = \frac{6,626 \cdot 10^{-34} \cdot 2,998 \cdot 10^8}{1,290 \cdot 10^{-6} \cdot 1,3807 \cdot 10^{-23} \cdot 4,965} = 2246\,\text{K}$$

7.10.13 Maximal mögliche Leistung der Sonneneinstrahlung auf der Erde

Berechnen Sie die maximale Arbeitsleistung, die durch den Prozess der Einstrahlung und Abstrahlung des Sonnenlichtes auf der Erde gewonnen werden kann.

Lösung:
Durch die Sonnenlichteinstrahlung mit der Strahlungstemperatur T_S wird auf der Erdoberfläche die Strahlungsleistung $L_E = (1-A)\cdot 1344 \cdot \pi \cdot R_E^2$ erzeugt. $1344\,\text{J}\cdot\text{s}^{-1}\cdot\text{m}^{-2}$ ist die sog. Solarkonstante (Gl. (7.36)). A ist die sog. Albedo (s. Tabelle (7.2). Dieselbe Leistung wird im stationären Zustand von der Erde auch wieder abgestrahlt, allerdings bei der Strahlungstemperatur T_E (s. Gl. (7.38, $T_P = T_L$).

Auf der Erde ist $T = T_E$ und man kann nach dem 2. Hauptsatz durch Entnahme der Wärmemenge Q bzw. Wärmeleistung $\dot{Q}$ aus dem „Wärmebad" der einfallenden Strahlungsleistung mit $T = T_S$ die maximale Arbeitsleistung $\dot{W}_{Carnot}$ gewinnen (s. Aufgabe 7.10.22):

$$\dot{W}_{Carnot} = \dot{Q}\left(1 - \frac{T_E}{T_S}\right)$$

wenn das „kalte Wärmebad", die Erde, die Temperatur $T = T_E$ hat. Da die einfallende Strahlungsleistung L_E keine Arbeit leistet, gilt:

$$L_E = \dot{Q}$$

und somit

$$\dot{W}_{Carnot} = L_E\left(1 - \frac{T_E}{T_S}\right)$$

Wir stellen also fest, dass von der Strahlungsleistung der Sonne maximal der Bruchteil

$$1 - \frac{T_E}{T_S} = 1 - \frac{288}{5743} = 0,9499 \cong 95\,\%$$

als Nutzarbeit geleistet werden könnte. Bisher beträgt dieser Anteil, der sich vor allem aus der natürlichen Produktion von Biomasse und zu einem sehr kleinen Unteranteil aus Erzeugung von elektrischem Solarstrom, Windenergie, Wasserenergie zusammensetzt, nur ca. 0,1 %.

Der Weltenergieverbrauch beträgt ca. $15 \cdot 10^{12}$ Watt, dann wäre die benötigte Fläche A_{PH}, um diesen Bedarf bei 15 % des carnotischen, solaren Wirkungsgrades zu decken:

$$A_{PH} = 1,5 \cdot 10^{13}/(1344(1 - A)0,15 \cdot (1 - T_E/T_S)) \approx 12,2 \cdot 10^{10}\,\text{m}^2 = 12,2 \cdot 10^4\,\text{km}^2$$

32% der Fläche in der BRD. Allein in der Sahara stünde das mehrfache einer solchen Fläche zur Verfügung.

Es sei hinzugefügt, dass der als nutzbare Arbeitsleistung gewonnene Energieanteil letztlich ja wieder in dissipierte Arbeit verwandelt wird bei seiner Nutzung zur Stromerzeugung durch Solarkraftwerke, Photovoltaik-Anlagen, Windenergie oder Wasserenergie (Energiequellen, die alle solaren Ursprungs sind), so dass das stationäre Energie-Fließgleichgewicht der solaren Strahlung von diesem „Umwegprozess" in der Bilanz unbeeinflusst bleibt.

7.10.14 Thermische Halbwertszeit eines Hg-Thermometers beim Wärmestrahlungsaustausch

Verwenden Sie Gl. (7.43), um die Halbwertszeit τ eines Hg-Thermometers zu berechnen, die es benötigt um sich von 20 °C allein durch Strahlungswärmeaustausch anzupassen (Fieberthermometer!). Wärmeleitung sei vernachlässigbar. Rechnen Sie mit folgenden Daten:

Spezifische Wärme $c_{\text{sp,Hg}} = 0,1396\,\text{J} \cdot \text{g}^{-1} \cdot \text{K}^{-1}$,
$m_{\text{Hg}} = 0,5\,\text{g}$, $F_{\text{Hg}} = 0,5\text{cm}^2$, $\varepsilon_{\text{Hg}} = 0,6$.

Lösung:

$$\tau = \frac{1}{c} \ln 2$$

mit

$$c = \frac{4 \cdot F_{\text{Hg}} \cdot \varepsilon_{\text{Hg}} \cdot T_{\text{Umg}}^3}{m_{\text{Hg}} \cdot c_{\text{sp,Hg}}} \cdot \sigma_{\text{SB}} = \frac{4 \cdot 0,5 \cdot 10^{-4} \cdot 0,6(293)^3}{0,5 \cdot 10^{-3} \cdot 0,1396 \cdot 10^3} 5,67 \cdot 10^{-8} = 2,45 \cdot 10^{-3}\,\text{s}^{-1}$$

dann folgt für τ:

$$\tau = \frac{10^3}{2,45} \ln 2 = 283\,\text{s} = 4,7\,\text{min}$$

Man sieht, dass der Endwert der Temperatur, also 37°C = 310 K keinen Einfluss auf das Ergebnis hat, zumindest nicht in der linearisierten Näherung für den Temperaturgradienten.

7.10.15 Strahlungsenergie- und -entropie-Transport unterschiedlich temperierter konzentrischer Rohre

Zwei konzentrische Rohre vom Durchmesser d_1 (Innenrohr) und d_2 (Außenrohr) und der Länge l befinden sich auf verschiedenen Temperaturen T_1 und T_2. Der Zwischenraum ist evakuiert. Das Außenrohr ist nach außen verspiegelt. Es soll gelten $T_1 = 700\,\text{K}, T_2 = 500\,\text{K}, d_1 = 1\,\text{cm}, d_2 = 3\,\text{cm}, l = 3\,\text{m}, \varepsilon_1 = 0,35, \varepsilon_2 = 0,75$. Berechnen Sie den Wärmestrom der Strahlung von 1 nach 2 in Watt und die Entropieerzeugung in Watt $\cdot\,\text{K}^{-1}$.

Lösung:

$$\dot{Q}_{1\text{-}2} = \frac{A_1 \cdot \sigma_{SB}}{\dfrac{1}{\varepsilon_1} + \dfrac{A_1}{A_2}\left(\dfrac{1}{\varepsilon_2} - 1\right)}\left(T_1^4 - T_2^4\right) = 319,7\,\text{Watt} \qquad \text{(s. Gl. (7.42))}$$

dabei wurde $A_1 = d_1 \cdot \pi \cdot l = 0,01 \cdot \pi \cdot 3 = 0,09425\,\text{m}^2$ und $A_2 = d_2 \pi l = 0,03\pi \cdot 3 = 0,283\,\text{m}^2$ gesetzt. Die Entropieproduktion bezieht sich hier nur auf die Umgebung (s. Gl. (5.32)). Das Innenrohr gibt bei T_1 die Wärmeleistung $\dot{Q}$ an das System ab:

$$\dot{S}_1 = -\frac{\dot{Q}}{T_1}$$

Bei T_2 (Außenrohr) wird $\dot{Q}$ der Umgebung zugeführt:

$$\dot{S}_2 = +\frac{\dot{Q}}{T_2}$$

Mit $\dot{S} = \dot{S}_1 + \dot{S}_2$ und $\dot{Q} = \dot{Q}_{1\to 2}$ (Gl. (7.42)) ergibt sich dann:

$$\dot{S} = \dot{Q} \cdot \left(\frac{1}{T_2} - \frac{1}{T_1}\right) = 0,183\,\text{Watt} \cdot \text{K}^{-1}$$

Wenn T_1 konstant gehalten wird, T_2 aber nicht, handelt es sich um einen instationären Wärmestrom, der mit der Zeit abnimmt und gleich Null wird, wenn $T_1 = T_2$ geworden ist. Wird T_1 und T_2 konstant gehalten, wird $\dot{Q}_1$ stationär.

7.10.16 Strahlungskorrektur bei Messungen der Wärmeleitfähigkeit von Gasen

Die Wärmeleitfähigkeit von Gasen, eine wichtige thermophysikalische Größe, wird in der Regel durch eine Anordnung von zwei konzentrischen Rohren gemessen, zwischen denen sich das zu untersuchende Gas befindet. Das innere Rohr mit dem Außenradius r_1 wird durch eine elektrische Widerstandsheizung auf der Temperatur T_1 gehalten. Das äußere Rohr mit dem Innenradius r_2 wird auf der Temperatur T_2 gehalten. Es handelt sich um einen stationären Zustand. Gemessen wird die elektrische Leistung L des inneren Rohres und seine Wandtemperatur T_1. Dann gilt definitionsgemäß für den Wärmestrom $\dot{Q}$ vom inneren Rohr zum äußeren Rohr:

$$\dot{Q} = -2\pi r \cdot l \cdot \lambda \cdot \frac{\mathrm{d}T}{\mathrm{d}r} + \dot{Q}_S$$

wobei l die gemeinsame Länge der beiden konzentrischen Rohre bedeutet. λ ist die sog. Wärmeleitfähigkeit, die bestimmt werden soll. $\dot{Q}_S$ ist der Anteil des Wärmetransportes der von der Wärmestrahlung herrührt. Dieser Beitrag muss berücksichtigt werden, wenn aus Messung von $\dot{Q}, T_1$ und T_2 bei vorgegebener Geometrie der Messanordnung genaue Werte für λ ermittelt werden sollen.

a) Leiten Sie die den Ausdruck für den Gesamtwärmefluss $\dot{Q}$ als Funktion von T_1, T_2, r_1 und r_2 sowie l ab.

b) In Tabelle 7.8 sind folgende Wärmeleitfähigkeiten der Gase H_2, N_2 und Xe vorgegeben bei 300 K und 1 bar:

Tab. 7.8 Wärmeleitfähigkeiten von Gasen (300 K, 1 bar)

$\lambda/\mathrm{J \cdot K^{-1} \cdot m^{-1} \cdot s^{-1}}$	0,1763	0,0252	0,0055
Molekül	H_2	N_2	Xe

Berechnen Sie den Messfehler $\Delta\lambda$ für λ in %, der sich ergeben würde, wenn die Strahlungskorrektur unberücksichtigt bliebe und zwar für folgende Emissionskoeffzienten des Rohrmaterials: $\varepsilon = 1$ (schwarzer Körper), $\varepsilon = 0,3$ $\varepsilon = 0,03$ (fast spiegelndes Material). Die Geometriedaten sind: $r_1 = 20\,\mathrm{mm}$, $r_2 = 21\,\mathrm{mm}$, $T_1 = 302\,\mathrm{K}$, $T_2 = 298\,\mathrm{K}$, $l = 10\,\mathrm{cm}$.

Lösung:

a) Die Strahlungsleistung beträgt nach Gl. (7.42):

$$\dot{Q}_\mathrm{S} = 2\pi r_1 \cdot l \cdot \left[\frac{\sigma_\mathrm{SB}}{\frac{1}{\varepsilon} + \frac{A_1}{A_2}\left(\frac{1}{\varepsilon} - 1\right)} \cdot \left(T_1^4 - T_2^4\right)\right]$$

Eine Linearisierung für $T_1 - T_2 \ll (T_1 + T_2)/2$ ergibt (Taylor-Reihenentwicklung) für $x = T_1/T_2$ (s. Abschnitt 7.8):

$$T_1^4 - T_2^4 = T_2^4\left(\left(\frac{T_1}{T_2}\right)^4 - 1\right) \approx T_2^4 \cdot 4 \cdot \left(\frac{T_1}{T_2} - 1\right) + \cdots = 4T_2^3(T_1 - T_2) + \cdots$$

und nach Integration des Wärmeleitungsterms folgt für den stationären Fall:

$$\dot{Q} = 2\pi l \left[\frac{\lambda}{\ln\frac{r_2}{r_1}} + r_1 \frac{4\sigma_\mathrm{SB} \cdot T_2^3}{\frac{1}{\varepsilon} + \frac{r_1}{r_2}\left(\frac{1}{\varepsilon} - 1\right)}\right](T_1 - T_2)$$

b) Wasserstoff H_2 : $\lambda = 0,1763\,\mathrm{J}\cdot\mathrm{K}^{-1}\cdot\mathrm{m}^{-1}\cdot\mathrm{s}^{-1}$

$$\varepsilon = 1 : \dot{Q} = 2\pi\cdot 0,1\left[\frac{0,1763}{\ln\frac{21}{20}} + 0,02\,\frac{4\cdot 5,67\cdot 10^{-8}\cdot(298)^3}{1}\right]\cdot 4$$

$$= 2,27 + 0,075 = 2,345$$

$$\curvearrowright \lambda(\text{unkorrigiert}) = \frac{2,345}{2\pi\cdot 0,1}\ln\frac{21}{20} = 0,182,\ \Delta\lambda \approx 3\%$$

$$\varepsilon = 0,3 : \dot{Q} = 2,27 + 0,013 = 2,283$$

$$\curvearrowright \lambda(\text{unkorrigiert}) = 0,1773,\ \Delta\lambda \approx 0,6\%$$

$$\varepsilon = 0,03 : \dot{Q} = 2,27 + 1,1\cdot 10^{-3} = 2,271$$

$$\curvearrowright \lambda(\text{unkorrigiert}) \cong \lambda,\ \Delta\lambda \approx 0,02\%$$

Stickstoff N_2 : $\lambda = 0,0252\,\mathrm{J}\cdot\mathrm{K}^{-1}\cdot\mathrm{m}^{-1}\cdot\mathrm{s}^{-1}$

$$\varepsilon = 1 : \dot{Q} = 0,3245 + 0,075 = 0,3995$$

$$\curvearrowright \lambda(\text{unkorrigiert}) = 0,0310,\ \Delta\lambda \approx 23\%$$

$$\varepsilon = 0,3 : \dot{Q} = 0,3245 + 0,013 = 0,3375$$

$$\curvearrowright \lambda(\text{unkorrigiert}) = 0,0262,\ \Delta\lambda \approx 4\%$$

$$\varepsilon = 0,03 : \dot{Q} = 0,3245 + 1,1\cdot 10^{-3} = 0,3256$$

$$\curvearrowright \lambda(\text{unkorrigiert}) = 0,0253,\ \Delta\lambda \approx 0,33\%$$

Xenon Xe: $\lambda = 0,0055\,\mathrm{J}\cdot\mathrm{K}^{-1}\cdot\mathrm{m}^{-1}\cdot\mathrm{s}^{-1}$

$$\varepsilon = 1 : \dot{Q} = 0,0708 + 0,075 = 0,1458$$

$$\curvearrowright \lambda(\text{unkorrigiert}) = 0,0113,\ \Delta\lambda \approx 100\%$$

$$\varepsilon = 0,3 : \dot{Q} = 0,0708 + 0,013 = 0,0838$$

$$\curvearrowright \lambda(\text{unkorrigiert}) = 0,0065,\ \Delta\lambda \approx 18\%$$

$$\varepsilon = 0,03 : \dot{Q} = 0,0708 + 1,1\cdot 10^{-3} = 0,0719$$

$$\curvearrowright \lambda(\text{unkorrigiert}) = 0,00558,\ \Delta\lambda \approx 1,5\%$$

Man sieht also: je größer ε und je geringer λ ist, desto größer ist der Fehler $\Delta\lambda$! Werte von $\varepsilon \approx 0,03$ bis 0,02 erhält man z. B. mit Silber als Rohrmaterial.

7.10.17 Eigenschaften der Atmosphäre des Neptun-Mondes Triton

Der Planet Neptun besitzt mehrere Monde, von denen Triton der größte ist. Sein Durchmesser beträgt 2705 km, seine Masse $2,14\cdot 10^{22}$ kg und demzufolge seine Dichte $2,07\,\mathrm{g}\cdot\mathrm{cm}^{-3}$. Der Abstand des Triton von der Sonne ist praktisch identisch mit dem des Planeten Neptun, der 30,21 AE

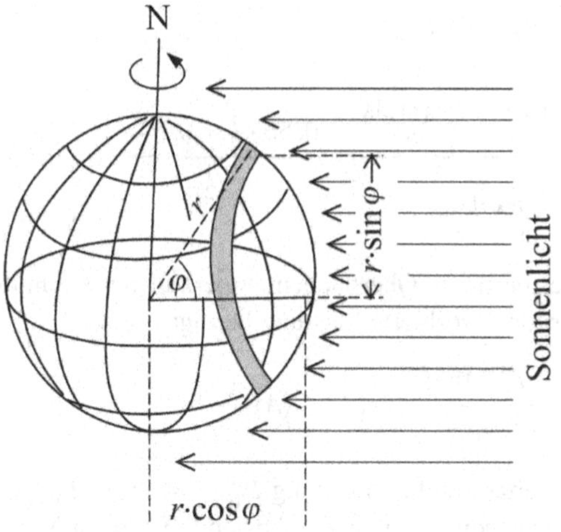

Abb. 7.18 Geometrie der Kugelgestalt des Mondes Triton

beträgt (AE = astronomische Einheit = mittlerer Abstand der Erde von der Sonne = $149,6 \cdot 10^6$ km). Die Oberfläche des Triton besteht im Wesentlichen aus festem molekularen Stickstoff mit geringen Anteilen an CH_4 und H_2O. Die sog. Albedo des Mondes – das ist der Bruchteil des Sonnenlichtes, das direkt reflektiert und nicht absorbiert wird – ist eine Funktion der geographischen Breite, also dem Winkel φ (s. Abb. 7.18), die lautet:

$$A = 0,56 + 0,34 \cdot \sin\varphi$$

a) Berechnen Sie die mittlere Albedo $\langle A\rangle$ und die mittlere Oberflächentemperatur T_{Triton}.

b) Welcher Druck herrscht in der Atmosphäre an der Oberfläche des Triton?

   Angaben: Stickstoff schmilzt an seinem Tripelpunkt $T_{\text{Tp,N}_2} = 63,15$ K. Dort ist der Dampfdruck $p_{\text{Tp,N}_2} = 0,1253$ bar. Die molare Sublimationsenthalpie des N_2 kann als temperaturunabhängig angesehen werden und beträgt $\Delta\overline{H}_{\text{Sub,N}_2} = 6775\,\text{J}\cdot\text{mol}^{-1}$.

   Hinweis: Anteile des Drucks von CH_4 und H_2O sind vernachlässigbar.

c) Schätzen Sie die Gesamtmasse der Atmosphäre ab. Welchem Flüssigkeitsvolumen von N_2 entspricht das? (Dichte von flüssigem N_2 beim Siedepunkt: $808\,\text{kg}\cdot\text{m}^{-3}$).

Lösung:

a) Die mittlere Albedo lässt sich nach Abb. 7.16 berechnen:

$$\langle A\rangle = \frac{2\pi r^2 \int\limits_0^{\pi/2} (0,56 + \sin\varphi \cdot 0,34)\sin\varphi \cdot \cos\varphi \cdot \mathrm{d}\varphi}{2\pi r^2 \int\limits_0^{\pi/2} \sin\varphi \cdot \cos\varphi \cdot \mathrm{d}\varphi}$$

Mit $d\sin\varphi = \cos\varphi \cdot d\varphi = dx$ folgt:

$$\langle A\rangle = \frac{\int_0^1 (0,56 + 0,78 \cdot x)x\,dx}{\int_0^1 x\,dx} = \frac{0,56 \cdot \frac{1}{2} + 0,34 \cdot \frac{1}{3}}{\frac{1}{2}} = 0,666$$

Zur Berechnung der mittleren Oberflächentemperatur muss nun die Albedo berücksichtigt werden. Die von Triton absorbierte Leistung beträgt:

$$L^+_{\text{Triton}} = \frac{\sigma_{\text{SB}} \cdot T_S^4 \cdot 4\pi\, r_S^2}{4\pi\, r_{\text{ST}}^2} \cdot \pi r_T^2 (1 - \langle A\rangle)$$

L^+_{Triton} ist gleich der abgestrahlten Leistung $L^-_{\text{Triton}} = \sigma_{\text{SB}} \cdot T^4_{\text{Triton}} \cdot 4\pi r_T^2$ (T_S = Temperatur der Sonne, r_T = Radius von Triton, r_{ST} = Abstand Triton zur Sonne).

Also ergibt sich mit $r_{\text{ST}} = 30,21 \cdot 149,6 \cdot 10^9 = 4,5194 \cdot 10^{12}$ m, $r_S = 0,696 \cdot 10^9$ m, und $T_S = 5800$ K:

$$T_{\text{Triton}} = \left(\frac{T_S^4 \cdot r_S^2}{4r_{\text{ST}}^2}(1 - \langle A\rangle)\right)^{1/4} = 38,7\,\text{K} = -234,5\,\text{K}$$

gemessen wurde von Voyager II eine mittlere Oberflächentemperatur von ca. 37,5 K, in guter Übereinstimmung mit dem errechneten Resultat.

b) Den Dampfdruck von festem N_2 berechnen wir mit der integrierten Clausius-Clapeyron'schen Gleichung (s. Gl. (5.86):

$$p = p_{\text{Tp},N_2} \cdot \exp\left[-\frac{\Delta\overline{H}_{\text{Sub}}}{R}\left(\frac{1}{T} - \frac{1}{T_{\text{Tp}}}\right)\right]$$

Es ergibt sich für den Druck p an der Oberfläche von Triton:

$$p = 0,1253 \cdot \exp\left[-\frac{6775}{R}\left(\frac{1}{38,7} - \frac{1}{63,15}\right)\right] = 3,61 \cdot 10^{-5}\,\text{bar} = 3,61\,\text{Pa}$$

c) Wir gehen aus von der barometrischen Höhenformel (s. Aufgabe 1.4.19), wobei wir die Teilchenzahldichte $C_{N_2} = p/(k_B \cdot T)$ verwenden und über die Höhe h vom Triton-Boden integrieren:

$$\int_0^\infty C_{N_2}(h)dh = C_{N_2}(h=0)\int_0^\infty \exp\left[-\frac{M_{N_2} \cdot g \cdot h}{RT}\right]dh = C_{N_2}(h=0)\,\frac{RT}{M_{N_2} \cdot g_T}$$

Multiplizieren wir diesen Ausdruck mit der Oberfläche von Triton ($4\pi r^2_{\text{Triton}}$) und ersetzen $C_{N_2}(h=0)$ durch $p(h=0)/k_B\,T$ ergibt sich für die Molzahl der N_2-Moleküle N_{N_2} in der Tritonatmosphäre:

$$n_{N_2} = \frac{p(h=0)}{M_{N_2} \cdot g_T} \cdot 4\pi r^2_{\text{Triton}}$$

Die Schwerebeschleunigung g_T von Triton ist (G = Gravitationskonstante = $6,673 \cdot 10^{-11}\,\mathrm{Nm}^2 \cdot \mathrm{kg}^{-2}$):

$$g_T = \frac{G \cdot M_{\text{Triton}}}{r^2_{\text{Triton}}} = \frac{6,673 \cdot 10^{-11} \cdot 2,14 \cdot 10^{22}}{\left(\frac{1}{2} \cdot 2705 \cdot 10^3\right)^2} = 0,781\,\mathrm{m} \cdot \mathrm{s}^2$$

Damit ergibt sich für die Gesamtmasse der Tritonatmosphäre:

$$m = n_{N_2} \cdot M_{N_2} = \frac{3,61}{0,781} \cdot 4\pi \cdot \left(\frac{2705}{2}\right)^2 = 1,063 \cdot 10^8\,\mathrm{kg}$$

Diese Menge an Stickstoff würde in flüssiger Form bei 77,35 K ein Volumen von

$$\frac{10,63 \cdot 10^8}{808} = 1,315 \cdot 10^6\,\mathrm{m}^3$$

einnehmen. Das entspräche einem Tankvolumen von ca. 110 x 110 x 110 m^3.

7.10.18 Schallgeschwindigkeit im Photonengas

Nach Gl. (5.24) ist die Schallgeschwindigkeit υ_S in einem materiellen Medium durch $\upsilon_S = (\varrho \cdot \kappa_S)^{-1/2}$ gegeben. Hier ist ϱ die Massendichte und κ_S die isentrope Kompressibilität. Wie groß ist die Schallgeschwindigkeit in einem Photonengas?
Hinweis: Beachten Sie die Äquivalenz von Masse und Energie.

Lösung:
Für κ_S lässt sich schreiben:

$$\kappa_S = \left(\frac{\partial \varrho}{\partial p}\right)_S \cdot \frac{1}{\varrho}$$

Die äquivalente Massendichte des Photonengases ist wegen $E = m \cdot c^2$:

$$\varrho_{\text{Ph}} = u_{\text{Ph}}/c^2$$

wobei $u_{\text{Ph}} = a \cdot T^4$ nach Gl. (7.16) die Energiedichte der Photonen bedeutet. Der Druck des Photonengases ist $p_{\text{Ph}} = \frac{1}{3} \cdot a \cdot T^4 = \frac{1}{3} u_{\text{Ph}}$ (s. Gl. (7.17)). Es ist also $(\partial p_{\text{Ph}}/\partial u_{\text{Ph}}) = p_{\text{Ph}}/u_{\text{Ph}} = \frac{1}{3}$, das gilt für isentrope Bedingungen ($\mathrm{d}S = 0$) wie auch für isotherme Bedingungen ($\mathrm{d}T = 0$) und isochore Bedingungen ($\mathrm{d}V = 0$). Man erhält somit für $\upsilon_{S,\text{Ph}}$:

$$\upsilon_{S,\text{Ph}} = \sqrt{\frac{c^2}{3}} = \frac{c}{\sqrt{3}} = c \cdot 0,57735 = 1,7314 \cdot 10^8\,\mathrm{m} \cdot \mathrm{s}$$

Dies Ergebnis ist keineswegs rein akademischer Natur, es spielt in der Theorie der Entstehung von Galaxien im frühen Universum eine Schlüsselrolle.

7.10.19 Innere Wärmeproduktion der Planeten Jupiter und Saturn

Ein Blick auf Tabelle 7.2 zeigt, dass die gemessenen Strahlungstemperaturen von Jupiter und Saturn deutlich höher sind als die berechneten. Diese Differenzen - bei Jupiter sind es 25 K und bei Saturn 24 K - können im Wesentlichen darauf zurückgeführt werden, dass beide Planeten, gespeist aus einer inneren Wärmequelle, zusätzliche Wärmestrahlung nach außen abgeben. Berechnen Sie mit Hilfe der Daten in Tabelle 7.2 diese zusätzliche Strahlungsenergie in Watt pro m^2.

Lösung:
Die vom Planeten durch die Sonne empfangene Strahlungsleistung muss gleich der insgesamt abgestrahlten Strahlungsleistung minus der zusätzlichen Leistung $\dot{Q}$ sein, die aus den inneren Wärmequellen stammt.

Es gilt also:

$$J_{\odot\to P} \cdot R_P^2 \cdot \pi = 4\pi R_P^2 \cdot \sigma_{SB} \cdot T_P^4 - \dot{Q}$$

wobei $J_{\odot\to P}$ die Strahlungsleistung der Sonne pro m^2 im Abstand R_P des Planeten zur Sonne bedeutet. Für die theoretische Strahlungsleistung ohne zusätzliche Beiträge gilt (s. Gl. (7.37)):

$$J_{\odot\to P} \cdot R_P^2 \cdot \pi = 4\pi\sigma_{SB} \cdot R_P^2 \cdot T_{0,P}^4$$

Daraus folgt für $\dot{Q}_P$ (Index P = Planet):

$$\dot{Q} = 4\pi R_P^2 \cdot \sigma_{SB} \left(T_P^4 - T_{0,P}^4\right)$$

$T_{0,P}$ ist die Oberflächentemperatur des Planeten, wenn $\dot{Q} = 0$ wäre. T_P ist die tatsächliche Temperatur. Es gilt demnach für Jupiter mit $T_P = 131$ K und $T_{0,P} = 72$ K:

$$\dot{Q}_J = 4\pi R_J^2 \cdot \sigma_{SB} (131^4 - 106^4) = 4\pi R_J^2 \cdot 5,67 \cdot 10^{-8} \cdot 1,683 \cdot 10^8$$

Das ergibt:

$$\dot{Q}_J / 4\pi R_J^2 = 9,4\,\mathrm{W} \cdot \mathrm{m}^{-2} \qquad \text{(Jupiter)}$$

Für Saturn gilt:

$$\dot{Q}_S = 4\pi R_S^2 \cdot \sigma_{SB} (96^4 - 72^4) = 4\pi R_S^2 \cdot 5,67 \cdot 10^{-8} \cdot 5,806 \cdot 10^7$$

Das ergibt:

$$\dot{Q}_S / 4\pi R_S^2 = 3,2\,\mathrm{W} \cdot \mathrm{m}^{-2} \qquad \text{(Saturn)}$$

Die Ursache für die zusätzliche Leistung $\dot{Q}$ sind wahrscheinlich noch nicht abgeschlossene Massendifferenzierungen im Inneren der beiden Planeten (s. Aufgabe 4.6.6).

7.10.20 Thermodynamik der Paarbildung aus Photonen

Photonen mit genügender Energie können spontan ein Elementarteilchen und sein Antiteilchen bilden, umgekehrt können sich zwei solche Teilchen selbst vernichten und in zwei Photonen verwandeln. Das Gleichgewicht lässt sich beschreiben durch

$$2\,h\nu \rightleftharpoons e^+ + e^-$$

e^- und e^+ bedeuten hier z. B. ein Elektron und ein Positron.

a) Welche Frequenz muss das Photon haben, damit ein solches Gleichgewicht möglich ist? Welcher Temperatur T_S entspricht diese Frequenz im Maximum der Planck'schen Strahlungskurve?

b) Wie lauten die Werte für die chemischen Potentiale für e^- und e^+?

Lösung:

a) Aus der Äquivalenz von Energie und Masse folgt:

$$\nu = \frac{m_e\, c^2}{h}$$

Die Masse von e^+ bzw. e^- beträgt $9{,}10938 \cdot 10^{-31}$ kg. Also folgt für ν mit $c = 2{,}998 \cdot 10^8\,\mathrm{m} \cdot \mathrm{s}^{-1}$

$$\nu = \frac{9{,}10938 \cdot 10^{-31}}{6{,}626 \cdot 10^{-34}} \cdot (2{,}998)^2 \cdot 10^{16} = 1{,}24 \cdot 10^{20}\,\mathrm{s}^{-1}$$

ν liegt im Bereich der sog. γ-Strahlen. Nach dem Resultat von Aufgabe 7.10.12 gilt:

$$T_\mathrm{S} = h\nu/(k_\mathrm{B} \cdot 4{,}965) = \frac{6{,}626 \cdot 10^{-34} \cdot 1{,}24 \cdot 10^{20}}{1{,}3807 \cdot 10^{-23} \cdot 4{,}965} = 1{,}2 \cdot 10^9\,\mathrm{K}$$

Solche Temperaturen herrschten kurz nach dem „Urknall" im Universum.

b) Im thermodynamischen Gleichgewicht gilt:

$$\mu_\mathrm{Ph} = \mu_{e^+} + \mu_{e^-}$$

Da $\mu_\mathrm{Ph} = 0$ ist, folgt:

$$\mu_{e^+} = -\mu_{e^-}$$

Aus Symmetriegründen muss $\mu_{e^-} = \mu_{e^+}$ gelten. Das ist aber nur möglich, wenn $\mu_{e^+} = \mu_{e^-} = 0$ gilt. Mach beachte, dass z. B. für ein Elektron *ohne* Antiteilchen sehr wohl $\mu_{e^-} \neq 0$ gilt, das gilt auch für andere Elementarteilchen, aus denen die Materie besteht (ohne gleichzeitige Anwesenheit von Antimaterie).

7.10.21 Die Gibbs'sche Fundamentalgleichung für das Photonengas

Die Gibbs'sche Fundamentalgleichung in integrierter Form ist der funktionale Zusammenhang zwischen Entropie S, innerer Energie U und dem Volumen V (s. Gl. (5.49)). Leiten Sie diese Gleichung für das Photonengas ab. Gehen Sie dazu aus von Gl. (7.16) und Gl. (7.17).
Hinweis: beim Photonengas fallen alle Summenterme in Gl. (5.49) weg.

Lösung:
Mit

$$U = a \cdot V \cdot T^4 \quad \text{und} \quad p = \frac{a}{3} T^4$$

lässt sich schreiben:

$$p = \frac{U}{V} \cdot \frac{1}{3} T^4 \quad \text{und} \quad T^3 = \left(\frac{U}{V} \cdot \frac{1}{a} \right)^{3/4}$$

Einsetzen in die Fundamentalgleichung ergibt unter Berücksichtigung von Gl. (7.18):

$$S = \frac{U}{T} + \frac{p}{T} \cdot V = a \frac{4}{3} V \cdot T^3 = \frac{4}{3} V \left(\frac{U}{V} \right)^{3/4} \cdot \left(\frac{1}{a} \right)^{3/4} \cdot a$$

also:

$$S = \frac{4}{3} (a \cdot V)^{1/4} \cdot U^{3/4}$$

7.10.22 Carnotprozess des Photonengases

Berechnen Sie die Wärme- und Arbeitsbilanzen für den hypothetischen Carnot-Prozess eines Photonengases und bestimmen Sie den thermodynamischen Wirkungsgrad $\eta_{\mathrm{C,Ph}}$. Ist der 2. Hauptsatz erfüllt?

Lösung:
Wir gehen aus vom T, S-Diagramm des Carnot-Prozesses Abb. (5.8). Für die beiden isothermen Prozesse gilt:

$$(S_2 - S_1) T_{\mathrm{H}} = Q_{12} \quad \text{und} \quad -(S_3 - S_4) \cdot T_{\mathrm{K}} = Q_{34}$$

(Indices H = heiß, K = kalt). Nach Gl. (7.18) gilt:

$$(S_2 - S_1) \cdot T_{\mathrm{H}} = \frac{4}{3} a (V_2 - V_1) \cdot T_{\mathrm{H}}^4 \quad \text{und} \quad -(S_3 - S_4) \cdot T_{\mathrm{K}} = \frac{4}{3} a (V_3 - V_4) \cdot T_{\mathrm{K}}^4$$

Wir erhalten somit

$$\frac{4}{3} a (V_2 - V_1) T_{\mathrm{H}}^4 - \frac{4}{3} a (V_3 - V_4) T_{\mathrm{K}}^4 = Q_{12} + Q_{34} = -W_{\mathrm{Carnot}}$$

da wegen $\Delta U = \oint \mathrm{d}U = 0$ gilt, dass $Q_{12} + Q_{34} + W_{\mathrm{Carnot}} = 0$.

Für die beiden adiabatisch-reversiblen Prozesse gilt $S_3 = S_2$ und $S_1 = S_4$. Daraus folgt mit Gl. (7.18):

$$\frac{V_2}{V_3} = \frac{T_\mathrm{K}^3}{T_\mathrm{H}^3} = \frac{V_1}{V_4}$$

und für $\eta_{\mathrm{Ph,Carnot}}$ folgt somit gemäß der Definition nach Gl. (5.11):

$$\eta_{\mathrm{Ph,Carnot}} = \frac{|W_{\mathrm{Carnot}}|}{|Q_{12}|} = 1 - \frac{|Q_{34}|}{|Q_{12}|} = 1 - \frac{V_3 - V_4}{V_2 - V_1} \cdot \frac{T_\mathrm{K}^4}{T_\mathrm{H}^4}$$

Wegen der isentropen Prozesse $2 \to 3$ und $4 \to 1$ bzw. wegen der Existenz von S als Zustandsgröße folgt:

$$(S_2 - S_1) = (S_3 - S_4) \quad \text{bzw.} \quad (V_2 - V_1)T_\mathrm{H}^3 = (V_3 - V_4)T_\mathrm{K}^3$$

Somit gilt also:

$$\eta_{\mathrm{Ph,Carnot}} = 1 - \frac{T_\mathrm{K}}{T_\mathrm{H}}$$

Das ist der universell gültige Carnot-Wirkungsgrad nach Gl. (5.14). Somit ist automatisch auch der 2. Hauptsatz erfüllt.

7.10.23 Bedingung für den Zerfall schwarzer Löcher im Weltall

Im Anwendungsbeispiel 7.9.6 wurden Formeln für die Intensität der Hawking-Strahlung und ihrem Zusammenhang mit Temperatur, Größe und Masse eines schwarzen Loches abgeleitet. Die kosmische Hintergrundstrahlung des Weltalls hat eine Strahlungstemperatur von 2,7 K. Solange die Intensität der Hintergrundstrahlung größer als die Intensität ist, die das schwarze Loch abstrahlt, kann dieses nicht kleiner, sondern nur größer werden, da es in der Bilanz Energie aufnimmt und damit auch Masse. Welchen Radius r_S bzw. Masse M_S darf ein schwarzes Loch höchstens haben, damit es tatsächlich durch Strahlungsverlust beginnt zu zerfallen?

Lösung:
Durch Gleichsetzen der Intensität der Hintergrundstrahlung und der eines schwarzen Loches erhält man mit Gl. (7.52) die Masse des schwarzen Loches:

$$\sigma_{\mathrm{SB}} \cdot (2,7)^4 = \sigma_{\mathrm{SB}} \cdot \left(\frac{h \cdot c^3}{16\pi^2 \cdot k_\mathrm{B} \cdot G \cdot M_\mathrm{S}} \right)^4$$

Aufgelöst nach M_S ergibt sich:

$$M_\mathrm{S} = \left(\frac{h \cdot c^3}{16\pi^2 \cdot k_\mathrm{B} \cdot G \cdot 2,7} \right) = 4,54 \cdot 10^{22}\ \mathrm{kg}$$

Das entspricht ungefähr der halben Masse des Mondes. Für r_S ergibt sich nach Gl. (7.50)

$$r_\mathrm{S} = 2 \cdot M_\mathrm{S} \cdot G/c^2 = 6,75 \cdot 10^{-5}\ \mathrm{m} = 67,5\ \mu\mathrm{m}$$

Schwarze Löcher, die größer sind, können derzeit im Kosmos nur weiter wachsen und nicht zerfallen. Das gilt für alle schwarzen Löcher, da bei der natürlichen Entstehung ihre Masse mindestens ca. das Dreifache der Sonnenmasse $M_\odot$ betragen muss.

7.10.24 Atmosphärische Temperatur- und Druckschwankungen der Planeten auf ihrer Umlaufbahn um die Sonne

Die Planeten unseres Sonnensystems laufen bekanntlich auf ellipsenförmigen Bahnen um die Sonne als Brennpunkt. Die Halbachsen dieser Ellipsen bezeichnen wir mit a (große Halbachse) und b (kleine Halbachse). Sie sind für die Planeten des Sonnensystems zusammen mit ihrer mittleren Oberflächentemperatur in Tabelle 7.9 angegeben.

Tab. 7.9 Halbachsen a und b und mittlere Oberflächentemperaturen T_P der solaren Planeten

Planet	$a/10^9$ m	$b/10^9$ m	T_P/K
Merkur	58	57	440
Venus	108	108	733
Erde	150	150	288
Mars	228	227	220
Jupiter	778	777	131
Saturn	1427	1425	95
Uranus	2870	2866	59
Neptun	4497	4496	58

Der minimale Abstand r_{min} (Perihel) und der maximale Abstand r_{max} (Aphel) von der Sonne sind durch die folgenden Formeln gegeben, die sich aus der analytischen Geometrie der Kegelschnitte ergeben:

$$r_{min} = \frac{b^2}{a + \sqrt{a^2 - b^2}} \qquad r_{max} = \frac{b^2}{a - \sqrt{a^2 - b^2}}$$

a) Berechnen Sie die Oberflächentemperaturen der Planeten bei r_{max} und r_{min} mit den Daten aus Tabelle 7.9. Der mittlere Abstand der Planeten $\overline{r}$ von der Sonne ist in sehr guter Näherung $\overline{r} = (r_{max} + r_{min})/2$.

Lösung:

a) Die Anwendung des Stefan-Boltzmann-Gesetzes ergibt nach Gl. (7.36) und (7.37) mit $R_P = \overline{r}, r_{min}$ oder r_{max}:

$$J_{\odot\to E}\, R_P^2 \cdot \pi = 4\pi\, R_P^2 \cdot \varepsilon \cdot \sigma_{SB} \cdot T_P^4$$

Hier ist R_P der Planetenradius. Es folgt daraus:

$$\frac{r_{min}^2}{\overline{r}^2} = \frac{T_P^4}{T_{Perihel}^4} \qquad \text{bzw.} \qquad \frac{r_{max}^2}{\overline{r}^2} = \frac{T_P^4}{T_{Aphel}^4}$$

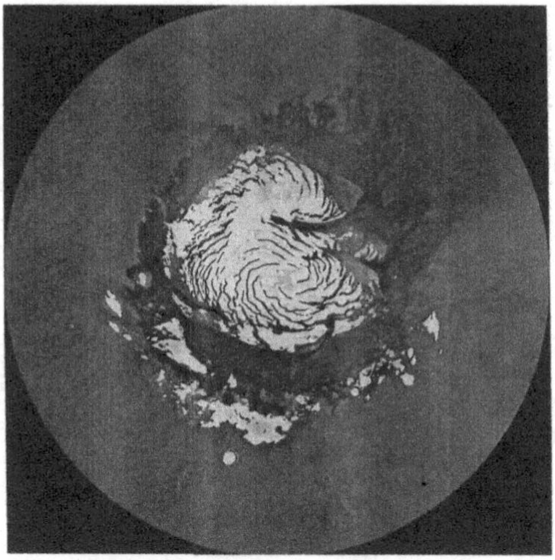

Abb. 7.19 Nördliche Polkappe des Mars (Bildquelle: NASA)

also gilt:

$$T_{\text{Perihel}} = T_{\text{P}} \sqrt{\frac{\bar{r}}{r_{\text{min}}}} \qquad \text{bzw.} \qquad T_{\text{Aphel}} = T_{\text{P}} \sqrt{\frac{\bar{r}}{r_{\text{max}}}}$$

Mit Hilfe der Daten aus Tabelle 7.9 und den Formeln für r_{max} und r_{min} erhält man die Ergebnisse in Tab. 7.10.

Man sieht, dass die Temperaturunterschiede beim Merkur am größten sind (85 K), gefolgt vom Mars (21 K). Bei den großen Planeten liegen die Unterschiede zwischen 6 K und 1 K. Für Erde und Venus sind sie sehr gering, da beide Planeten nahezu auf Kreisbahnen laufen.

b) Im Fall des Planeten Mars lassen sich auch jahreszeitliche Druckschwankungen seiner Atmosphäre beobachten, die praktisch nur aus CO_2 besteht. Der Oberflächendruck schwankt zwischen ~ 600 Pa (Aphel) und ~ 1000 Pa (Perihel).

Die Polkappen bedeckt eine Schicht aus festem CO_2 und Wassereis (s. Abb. 7.19). Der Dampfdruck des festen Wassers ist vernachlässigbar.

Der atmosphärische Druck am Marsboden wird durch den Dampfdruck des CO_2 an den Polkappen bestimmt. Welche Temperatur muss im Aphel bzw. Perihel an den kältesten Punkten der Polkappen herrschen, um die unterschiedlichen atmosphärischen Druckwerte zu erklären? Die Dampfdruckkurve des festen CO_2 wird im Bereich von 140 K bis 200 K durch folgende Gleichung beschrieben:

$$p/\text{Pa} = 1333{,}2 \cdot \exp\left[-\frac{3118{,}2}{T} + 20{,}0304 + 3{,}6565 \cdot 10^{-3} \cdot T - 1{,}30869 \cdot 10^{-5} \cdot T^2\right]$$

Tab. 7.10 Oberflächentemperaturen der Planeten im Aphel und Perihel

Planet	$r_{max}/10^9$ m	$r_{min}/10^9$ m	$T_{Perihel}/K$	T_{Aphel}/K
Merkur	47	69	488	403
Venus	108	108	733	733
Erde	150	150	288	288
Mars	249	207	231	210
Jupiter	817	739	134	128
Saturn	1502	1351	96,5	91,5
Uranus	3021	2718	59,8	58,3
Neptun	4591	4402	58,6	54,4

Lösung:

b) Bei 600 Pa beträgt die zugehörige Temperatur nach der Dampfdruckgleichung 147 K, bei 1000 Pa beträgt sie 151,5 K. Diesen unterschiedlichen Temperaturen entsprechen den unterschiedlichen mittleren Temperaturen im Aphel und Perihel (s. Tab. 7.10). Die Temperaturen an den Polkappen sind um 80 K bzw. 63 K niedriger als die mittleren Oberflächentemperaturen der Marsoberfläche.

7.10.25 Exoplaneten und habitable Zonen

Exoplaneten sind Planeten, die um andere Sterne als unsere Sonne kreisen. Dank erheblich verbesserter Beobachtungsmethoden konnten bis heute bereits über 3500 solcher Exoplaneten entdeckt werden. Ihre Eigenschaften wie Masse, Umlaufzeit, Abstand zum Mutterstern und Oberflächentemperatur sind bei Kenntnis von Masse, Leuchtkraft und Strahlungstemperatur des Sterns in vielen Fällen bestimmbar.

Eine der Beobachtungstechniken ist in Abb. 7.20 skizziert: die sog. Transit-Methode. Abb. 7.20 (links) zeigt den Verlauf der Leuchtkraft des Systems Stern + Planet als Funktion der Umlaufbahn des Planeten. Im Bereich des Vollschattens, dem sog. Transit I, ist ein Intensitätsverlust zu beobachten. Die Strahlungsintensität wächst nach Austritt des Planeten aus dem Schatten kontinuierlich an, da sein beleuchteter Flächenanteil zunehmend zur Leuchtkraft L_S des Systems Stern + Planet beiträgt, bis der Planet hinter dem Stern verschwindet. Dort kommt es zu einem erneuten Verlust der Leuchtkraft (Transit II), bevor der Planet wieder sichtbar wird. Die Gesamtleuchtkraft nimmt dann wieder ab, da der Planet zunehmend beschattet wird. Die gestrichelte Umlauflinie ist die Linie konstanter Leuchtkraft (Referenzlinie, Punkt L_{ref}). Zusätzliche Informationen werden aus der Beobachtung der periodischen „Zitterbewegung"des Sterns um den gemeinsamen Schwerpunkt erhalten (s. Abb. 7.21). So lassen sich die Masse, Umlaufzeit, Abstand von Planet zu Stern und die Oberflächentemperatur (Strahlungstemperatur) des Exoplaneten bestimmen. Ein Beispiel zeigt Abb. 7.20 (rechts). Dort sind Messpunkte der relativen Leuchtstärke von Stern + Planet GJ 1214 (ein fester Planet in der Größenordnung des Jupiter) im Bereich seines Vollschatten-Transits vor seinem Mutterstern gezeigt. Der Stern ist mehrere hundert Lichtjahre von uns entfernt.

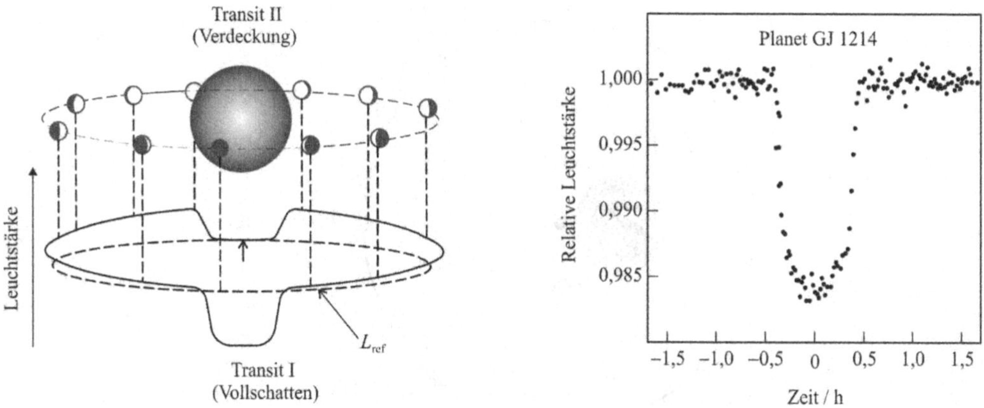

Abb. 7.20 Links: Leuchtkraft L_S des Muttersterns (durchgezogene Linie) während des Umlaufes eines Exoplaneten. Rechts: Relative Leuchtstärke im Bereich des Transits des Planeten GJ 1214 vor dem Stern (Vollschatten)

In jüngster Zeit ist ein Exoplanet (Proxima B) eines nahen Nachbarsterns der Sonne, Proxima Centauri, entdeckt worden, der nur 4,3 Lichtjahre von uns entfernt ist. Es konnten folgende Daten ermittelt werden: Umlaufperiode: 11,186 Tage (ermittelt aus dem Zeitabschnitt zwischen 2 benachbarten Transiten), Planetenmasse (das 1,27-fache der Erdmasse) und Masse des Sterns $(0,12 \cdot m_\odot)$(ermittelt aus Umlaufzeit und Schwankung von Proxima Centauri um den gemeinsamen Schwerpunkt von Stern und Planet), Leuchtkraft des Sterns: $L_S = 0,00155 \cdot L_\odot$ (ermittelt aus der scheinbaren Helligkeit am irdischen Sternenhimmel bei Kenntnis der Entfernung von 4,3 LJ), Temperatur des Sterns: 2900 K (ermittelt aus dem Lichtspektrum). Entfernung Stern zum Exoplanet: $7,2 \cdot 10^6$ km. Wir stellen uns folgende Aufgaben:

a) Bestimmen Sie aus dem Leuchtkraftverhältnis $L_S/L_\odot$ den Radius des Sterns Proxima Centuri.

   Angaben:
   Radius der Sonne: $r_\odot = 6,96 \cdot 10^8$ m, Oberflächentemperatur der Sonne: $T_\odot = 5780$ K

b) Bestimmen Sie Oberflächentemperatur des Exoplaneten Proxima B.

   Angaben:
   Entfernung Exoplanet zum Stern: $r_{S \to Exo} = 7,2 \cdot 10^6$ km (s. o.).

c) Wie groß ist die habitable (bewohnbare) Zone, definiert als der Abstandsbereich zu Proxima Centuri, in dem die Strahlungstemperatur eines Exoplaneten zwischen -20 °C und +40 °C liegt?

d) Aus der Tiefe des Intensitätsabfalls (relative Einheiten) für den Exoplaneten GJ 1214 in Abb. 7.20 (rechts) lässt sich das Radiusverhältnis des Muttersterns zu GJ 1214 bestimmen. Gehen Sie davon aus, dass die Strahlungsintensität des Exoplaneten selbst vernachlässigbar ist. Der Wert des relativen Intensitätsverlustes beträgt $1 - 0,985 = 0,015$.

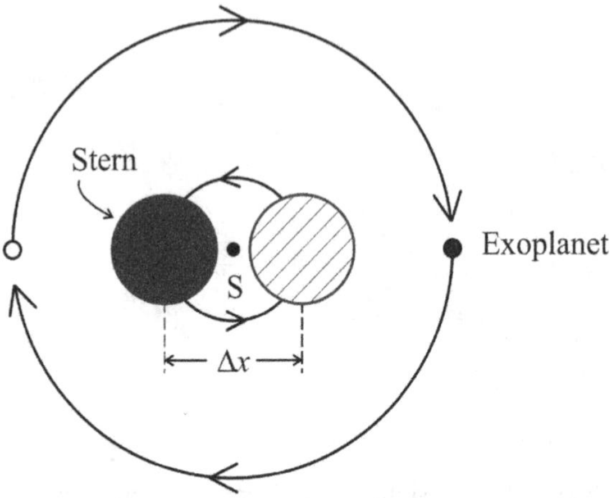

Abb. 7.21 Rotation von Stern und Exoplanet um den gemeinsamen Schwerpunkt S. Δx ist die periodisch schwankende Position des Sterns, die beobachtbar ist

Lösung:

a) Nach dem Stefan-Boltzmann'schen Strahlungsgesetz gilt:

$$\frac{L_\text{S}}{L_\odot} = 0,00155 = \frac{r_\text{S}^2}{r_\odot^2} \cdot \frac{T_\text{S}^4}{T_\odot^4}$$

Mit $T_\text{S} = 2900$ K und $T_\odot = 5780$ K erhält man daraus:

$$r_\text{S} = r_\odot \cdot 0,17 = 6,96 \cdot 10^8 \cdot 0,17 = 1,19 \cdot 10^8 \text{ m}$$

b) Entsprechend Gl. (7.38) gilt mit der Albedo $A \cong 0$ und $\widetilde{\gamma} = 1$

$$T_\text{Exo} = T_\text{S}\left(\frac{r_\text{S}^2}{4r_{\text{S}\to\text{Exo}}^2}\right)^{1/4} = 2900 \cdot \frac{\left(1,19 \cdot 10^8\right)^{1/2}}{\left(2 \cdot 7,2 \cdot 10^9\right)^{1/2}} = 264 \text{ K} = -9°\text{C}$$

c) Den Bereich der habitablen Zone erhält man aus

$$T_\text{Exo} = 2900 \frac{r_\text{S}^{1/2}}{(2 \cdot 7,2)^{1/2}}$$

Man erhält die Wertetabelle:

$10^{-9} \cdot r_{\text{S}\to\text{Exo}}$	7,2	7,0	6,5	6,0	5,5	5,0
T_Exo	264	268	276	289	302	317

Daraus lesen wir ab:
263 = −10 °C entspricht $7{,}25 \cdot 10^9$ m
313 = +40 °C entspricht $5{,}12 \cdot 10^9$ m

Die habitable Zone liegt also in einem Abstandsbereich (7,25 - 5,12)·10^6 km. Der Exoplanet Proxima B liegt gerade noch in dieser Zone (−9°C bei $7{,}2 \cdot 10^6$ km).

d) Nach dem Strahlungsgesetz gilt für den relativen Verlust im Transit:

$$0{,}985 = \frac{\left(r_S^2 - r_{Exo}^2\right) T_S^4}{r_S^2 \cdot T_S^4} = 1 - \left(\frac{r_{Exo}}{r_S}\right)^2$$

Daraus folgt $r_{Exo} = \sqrt{(1 - 0{,}985)} \cdot r_S = 0{,}122 \cdot r_S$.

7.10.26 Unterschiedlicher Energieverlust bei Säugetieren durch Wärmestrahlung

Stellvertretend für 2 Säugetiere betrachten wir 2 Kugeln, die aus einem Material der Dichte $\varrho = 1100\ \text{kg} \cdot \text{m}^{-3}$ bestehen. Die Radien der Kugeln seien $r_1 = 0{,}1$ m und $r_2 = 1$ m. Beide Kugeln sollen durch eine innere Wärmequelle auf 310 K (37°C) gehalten werden. Die Wärmeabgabe an die Umgebung mit der Temperatur von 293 K soll allein durch Wärmeabstrahlung erfolgen. Wie groß sind jeweils die spezifischen Wärmeleistungen in Watt pro kg in Kugel 1 und Kugel 2? Der Emissions- bzw. Absorptionskoeffizient von Kugeln und Umgebung sei 0,5.

Lösung:

$$\dot{q}_1/\text{W} \cdot \text{kg}^{-1} = 4\pi r_1^2 \cdot \sigma_{SB} \cdot 0{,}5\ [(310)^4 - (293)^4] \Big/ \left(\varrho \cdot \frac{4}{3}\pi r_1^3\right)$$
$$= \frac{1{,}5}{r_1}\ \sigma_{SB}/\varrho = 1{,}44\ \text{W} \cdot \text{kg}^{-1}$$

Für $\dot{q}_2$ gilt:

$$\dot{q}_2 = \dot{q}_1 \cdot \frac{r_1}{r_2} = \dot{q}_1 \cdot \left(\frac{m_1}{m_2}\right)^{1/3} = 0{,}144\ \text{W} \cdot \text{kg}^{-1}$$

wobei m_1 und m_2 die Massen der Kugeln sind. Die spezifische Wärmeproduktion ist also umso geringer, je größer die Kugel ist. Das Ergebnis weist darauf hin, dass kleinere Säugetiere eine höhere spezifische Wärmeproduktion $\dot{q}$ aus ihren Stoffwechselvorgängen benötigen als größere Tiere, um dieselbe Körpertemperatur aufrecht zu halten.

Als Beispiel wählen wir den Menschen. Ein Erwachsener mit 70 kg Körpergewicht muss gegenüber einem neugeborenen Baby von 4 kg Körpergewicht nur ca. den Bruchteil

$$\sqrt[3]{\frac{4}{70}} = 0{,}385 = 38{,}5\ \%$$

der spezifischen Wärmeproduktion des Babys aufbringen. Für ein Kaninchen mit einem Gewicht von 2,6 kg gilt ungefähr derselbe Bruchteil trotz des niedrigeren Gewichtes, da das Kaninchen durch sein Fell zusätzlich vor Wärmeverlust geschützt wird. Diese Überlegungen gelten nur näherungsweise bei nicht zu hohen Außentemperaturen ($T < 293$), da anderenfalls die Wärmeabstrahlung immer geringer wird und diese teilweise durch Verdampfung von Wasser kompensiert werden muss (Menschen schwitzen, Hunde hecheln mit der Zunge).

7.10.27 Wärmeschutz bei der Bergung von Unfallopfern

Man kann häufig beobachten, dass Menschen, die bei einem Unfall verletzt wurden, in eine glitzernde Metallfolie eingehüllt auf einer Trage abtransportiert werden. Dies dient dem Wärmeschutz des Verletzten, denn ohne Metallfolie wäre der Wärmeverlust durch Wärmestrahlung erheblich höher als mit Metallfolie.

Berechnen Sie den Strahlungswärmeverlust des Verletzten mit und ohne schützende Metallfolie. Gehen Sie dabei von folgenden Randbedingungen aus. Die Metallfolie wird als Hohlzylinder approximiert mit der Länge $l = 2$ m und dem Zylinderdurchmesser $d = 0,6$ m. Das Verhältnis der Oberfläche des Verletzten A_{M} zur Oberfläche der Folie A_{F} beträgt 0,7. Die Temperatur des Verletzten beträgt 37 °C = 310 K, sein Strahlungsemissionskoeffizient ε_{M} ist gleich 0,75. Der Emissionskoeffizient ε_{F} der Folie ist 0,05, sie ist also stark strahlungsreflektierend. Die Außentemperatur sei 10 °C = 283 K. Die Oberfläche A_{U} im Außenbereich ist praktisch unendlich groß. Machen Sie bei den Berechnungen Gebrauch von Gl. (7.42). Berechnen Sie zunächst die Temperatur T_{F} der Metallfolie und dann den Wärmeverluststrom durch Strahlung. Zum Vergleich berechnen Sie auch den entsprechenden Verluststrom ohne Folie.

Lösung:
Für den Wärmestrom der Strahlung vom Körper (M) zur Metallfolie (F) gilt nach Gl. (7.42):

$$\frac{\dot{Q}_{\mathrm{M}\to\mathrm{F}}}{A_{\mathrm{M}}} = \frac{\sigma_{\mathrm{SB}}}{\dfrac{1}{\varepsilon_{\mathrm{M}}} + \dfrac{A_{\mathrm{M}}}{A_{\mathrm{F}}}\left(\dfrac{1}{\varepsilon_{\mathrm{F}}} - 1\right)} \cdot \left(T_{\mathrm{M}}^4 - T_{\mathrm{F}}^4\right)$$

Für den Wärmestrom der Strahlung von der Metallfolie (F) in die äußere Umgebung (U) gilt ensprechendes. Da $A_{\mathrm{U}} \gg A_{\mathrm{F}}$, wird in diesem Fall der zweite Term im Nenner von Gl. (7.42) sehr klein und kann vernachlässigt werden. Man erhält somit:

$$\frac{\dot{Q}_{\mathrm{F}\to\mathrm{U}}}{A_{\mathrm{F}}} = \varepsilon_{\mathrm{F}} \cdot \sigma_{\mathrm{SB}} \cdot \left(T_{\mathrm{F}}^4 - T_{\mathrm{U}}^4\right)$$

Wir suchen die Lösung für den stationären Zustand:

$$\dot{Q}_{\mathrm{M}\to\mathrm{F}} = \dot{Q}_{\mathrm{F}\to\mathrm{U}}$$

Gleichsetzen ergibt also:

$$\frac{\dfrac{A_{\mathrm{M}}}{A_{\mathrm{F}}}\left(T_{\mathrm{M}}^4 - T_{\mathrm{F}}^4\right)}{\dfrac{1}{\varepsilon_{\mathrm{M}}} + \dfrac{A_{\mathrm{M}}}{A_{\mathrm{F}}}\left(\dfrac{1}{\varepsilon_{\mathrm{F}}} - 1\right)} = \varepsilon_{\mathrm{F}}\left(T_{\mathrm{F}}^4 - T_{\mathrm{U}}^4\right)$$

Mit $\varepsilon_M = 0,75$, $\varepsilon_F = 0,05$, $A_M/A_F = 0,7$, $T_M = 310$ K und $T_U = 283$ K erhält man daraus durch Auflösen nach T_F:

$$T_F = 294,9 \text{ K}$$

Wir berechnen nun $A_F = d_F \cdot \pi \cdot l^2 = 0,6 \cdot \pi \cdot 4 = 7,54 \text{ m}^2$. Damit erhält man für $\dot{Q}_{M\to F} = \dot{Q}_{F\to U}$:

$$\dot{Q}_{M\to F} = \dot{Q}_{F\to U} = 24,5 \text{ Watt}$$

Ohne Metallfolie lautet der Ausdruck für den Wärmestrom:

$$\dot{Q}_{M\to U} = \varepsilon_M \cdot \sigma_{SB} \cdot \frac{A_M}{A_F} \cdot A_F \left(T_M^4 - T_U^4\right) = 1083 \text{ Watt}$$

Der Wärmeschutz durch die gut reflektierende Metallfolie ist enorm:

$$\frac{\dot{Q}_{M\to F}}{\dot{Q}_{M\to U}} = \frac{\dot{Q}_{F\to U}}{\dot{Q}_{M\to U}} = 0,0226$$

Das bedeutet: der Wärmeverlust des Verletzten beträgt in unserem Beispiel *mit* Folie nur 2,26% von dem *ohne* Folie. Natürlich gibt es auch noch andere Ursachen für den Wärmeverlust, wie z. B. Wärmeleitung durch die Folie, die wir hier nicht berücksichtigt haben. Sie spielen auch eine Rolle, fallen aber weniger ins Gewicht.

A Drei mathematische Sätze über die Existenz und Eigenschaften integrierender Nenner – Existenznachweis der Entropie als Zustandsgröße[27]

Wir wollen drei Sätze über die Existenz und Eigenschaften integrierender Nenner für die Pfaff'-sche Differentialform beweisen, um die Aussagen über die Entropie in Kapitel 5, Abschnitt 1 zu begründen.

Satz 1:
Die Pfaff'sche Differentialform

$$\delta Q = \sum_{i=1}^{n} Z_i \mathrm{d}\upsilon_i \tag{A.1}$$

besitzt dann und nur dann einen integrierenden Nenner τ, wenn für die sog. Pfaff'sche Differentialgleichung

$$\sum_{i=1}^{n} Z_i \mathrm{d}\upsilon_i = 0 \tag{A.2}$$

eine Lösung der Form

$$\sigma(\upsilon_1, \upsilon_2, \ldots, \upsilon_n) = \sigma = \text{const.} \tag{A.3}$$

existiert.

Beweis:
Abb. A.1 zeigt einen geometrischen Beweis, der der Anschaulichkeit halber für 2 unabhängige Variable υ_1 und υ_2 geführt wird. Um den Beweis zu erbringen, wird die Existenz von σ vorausgesetzt. In Abb. A.1 sind zwei sehr dicht (infinitesimal dicht) beieinander liegende Kurven in der Ebene von υ_1 und υ_2 dargestellt mit σ = const., also $\upsilon_1 = \upsilon_1(\upsilon_2)$ und $\sigma + \mathrm{d}\sigma$ = const.

Wir gehen von Punkt A nach C, einmal über B_1 und einmal über B_2 (gestrichelte Verläufe).

Auf jeder der beiden Kurven σ und $\sigma + \mathrm{d}\sigma$ ist definitionsgemäß $\delta Q = 0$ und $\mathrm{d}\sigma = 0$ (Gl. (A.2) und (A.3)).

Da aber die differentielle Wärme δQ *kein* vollständiges Differential und damit vom Weg abhängig ist, muss auf dem Wegstück $\mathrm{d}\sigma$ senkrecht zu σ bzw. $\sigma + \mathrm{d}\sigma$ der Wert für δQ vom Punkt B

[27] Die Darstellung orientiert sich an: A. Münster „Chemische Thermodynamik", Verlag Chemie (1968)

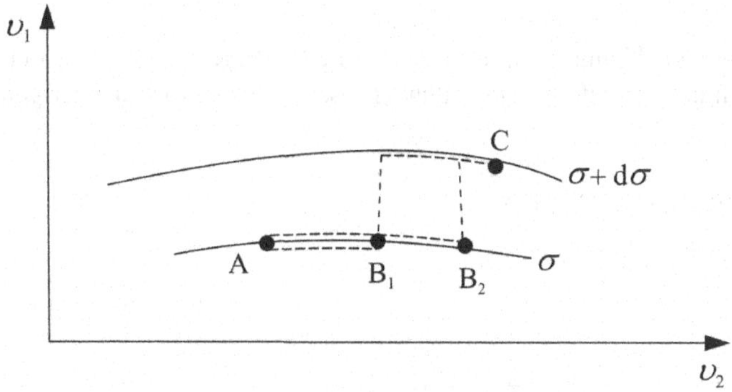

Abb. A.1 Integrationswege für δQ auf den Wegen A B_1 C und AB_1 B_2C

auf der Kurve σ abhängig sein, d. h., δQ hat bei B_1 und B_2 i. a. verschiedene Werte. B_1 und B_2 werden durch die zugehörigen Wertepaare $(\upsilon_1, \upsilon_2)_{B_1}$ und $(\upsilon_1, \upsilon_2)_{B_2}$ festgelegt, es gilt also:

$$\delta Q = \tau(B) \cdot \mathrm{d}\sigma = \tau(\upsilon_1, \upsilon_2) \cdot \mathrm{d}\sigma \tag{A.4}$$

Bei 3 Variablen $\upsilon_1, \upsilon_2, \upsilon_3$ werden die Kurven σ bzw. $\sigma + \mathrm{d}\sigma$ zu Flächen im Raum, bei beliebiger Zahl von Variablen $(\upsilon_1, \upsilon_2, \ldots, \upsilon_n)$ zu Hyperflächen. Die Argumentation bleibt davon unberührt.

Nun ist σ eine Zustandsfunktion von $\upsilon_1, \upsilon_2, \ldots, \upsilon_n$, und $\mathrm{d}\sigma$ ein totales Differential:

$$\mathrm{d}\sigma = \sum_{i=1}^{n} \left(\frac{\partial \sigma}{\partial \upsilon_i}\right)_{\upsilon_j \neq \upsilon_i} \mathrm{d}\upsilon_i$$

also gilt, dass $\delta Q / \tau(\upsilon_1, \upsilon_2, \ldots, \upsilon_n)$ ebenfalls ein totales Differential sein muss, da dieser Ausdruck ja gleich $\mathrm{d}\sigma$ ist nach Gl. (A.4).

Damit ist bewiesen, dass $\tau(\upsilon_1, \upsilon_2, \ldots, \upsilon_n)$ genau dann ein integrierender Nenner ist, wenn die Pfaff'sche Differentialgleichung lösbar ist, also wenn σ eine Zustandsfunktion ist.

Für den uns interessierenden Fall lautet die Pfaff'sche Differentialgleichung:

$$\delta Q = \mathrm{d}U + p\mathrm{d}V - \sum \lambda_i \mathrm{d}l_i = 0$$

oder

$$\mathrm{d}U = -p\mathrm{d}V + \sum \lambda_i \mathrm{d}l_i \tag{A.5}$$

Gl. (A.5) hat auf jeden Fall eine Lösung, da $\mathrm{d}U$ ein totales Differential ist. Daher existiert auf jeden Fall ein integrierender Nenner τ und die Existenz der Entropie als Zustandsfunktion ist bewiesen. Sie folgt also bereits aus dem 1. Hauptsatz und damit aus der Tatsache, dass U eine Zustandsfunktion ist. Die Einführung der Entropie als Zustandsgröße benötigt *kein* zusätzliches Axiom.

Satz 2:
Im thermischen Gleichgewicht, ist der integrierende Nenner T, der die Entropie definiert, allein eine Funktion der gasthermometrischen Temperatur T^* und hängt nicht von irgendwelchen anderen thermodynamischen Variablen, wie z. B. dem Volumen V, ab.

Beweis:
Wir betrachten zwei unabhängige, i. a. verschiedene Systeme 1 und 2, die sich im thermischen Gleichgewicht befinden und durch eine „diathermische“ Wand voneinander getrennt sind. Dann gilt:

$$\begin{aligned} \mathrm{d}Q_1 &= \tau_1(V_1, T^*) \cdot \mathrm{d}\sigma_1(V_1, T^*) \\ \mathrm{d}Q_2 &= \tau_2(V_2, T^*) \cdot \mathrm{d}\sigma_2(V_2, T^*) \end{aligned} \tag{A.6}$$

Nun gilt:

$$\mathrm{d}Q = \mathrm{d}Q_1 + \mathrm{d}Q_2 = \tau(V_1, V_2, T^*) \cdot \mathrm{d}\sigma(V_1, V_2, T^*)$$

Daraus folgt:

$$\tau \cdot \mathrm{d}\sigma = \tau_1 \cdot \mathrm{d}\sigma_1 + \tau_2 \cdot \mathrm{d}\sigma_2 \tag{A.7}$$

Als unabhängige Variable wählen wir jetzt statt V_1 und V_2 die Variablen σ_1 und σ_2 ($V_1 = V_1(\sigma_1, T^*)$, $V_2 = V_2(\sigma_2, T^*)$), d. h., $\tau_1 = \tau_1(T^*, \sigma_1)$, $\tau_2 = \tau_2(T^*, \sigma_2)$, $\tau = \tau(T^*, \sigma_1, \sigma_2)$.

Da $\mathrm{d}\sigma$ ein totales Differential ist, folgt aus Gl. (A.7):

$$\frac{\partial \sigma}{\partial \sigma_1} = \frac{\tau_1}{\tau}; \qquad \frac{\partial \sigma}{\partial \sigma_2} = \frac{\tau_2}{\tau}; \qquad \frac{\partial \sigma}{\partial T^*} = 0 \tag{A.8}$$

Die Funktion σ hängt also nicht von T^* ab, und man kann schreiben:

$$\sigma = \sigma(\sigma_1, \sigma_2)$$

Nach Gl. (A.7) muss demnach auch gelten:

$$\frac{\partial}{\partial T^*}\left(\frac{\tau_1}{\tau}\right) = 0; \qquad \frac{\partial}{\partial T^*}\left(\frac{\tau_2}{\tau}\right) = 0 \tag{A.9}$$

Die Ausführung der Differentiation von Gl. (A.9) nach der Quotientenregel ergibt:

$$\frac{1}{\tau_1}\frac{\partial \tau_1}{\partial T^*} = \frac{1}{\tau_2}\frac{\partial \tau_2}{\partial T^*} = \frac{1}{\tau}\frac{\partial \tau}{\partial T^*} \tag{A.10}$$

Da τ_1 nur von σ_1 und T^*, τ_2 nur von σ_2 und T^* abhängen, kann das linke Gleichheitszeichen in Gl. (A.10) nur gelten, wenn die linke und rechte Seite weder von σ_1 (links) noch von σ_2 (rechts) abhängen, sondern *nur* von T^*. Anderenfalls wäre nämlich eine beliebige Wahl $\sigma_1 \neq \sigma_2$, die auf jeden Fall immer möglich ist, mit dem Gleichheitszeichen nicht vereinbar!

Aus denselben Gründen kann in Gl. (A.10) $(\partial\tau/\partial T^*) \cdot \tau^{-1}$ weder von σ_1 noch σ_2 abhängen. Somit gilt:

$$\frac{\partial \ln \tau_1}{\partial T^*} = \frac{\partial \ln \tau_2}{\partial T^*} = \frac{\partial \ln \tau}{\partial T^*} = f(T^*) \tag{A.11}$$

Bei der Integration von Gl. (A.11) können die Variablen σ_1 und σ_2 nur in den Integrationskonstanten auftauchen.

$$\begin{aligned}
\ln \tau &= \int f(T^*)\mathrm{d}T^* + \ln C(\sigma_1, \sigma_2) \\
\ln \tau_1 &= \int f(T^*)\mathrm{d}T^* + \ln C_1(\sigma_1) \\
\ln \tau_2 &= \int f(T^*)\mathrm{d}T^* + \ln C_2(\sigma_2)
\end{aligned} \tag{A.12}$$

oder man schreibt:

$$\begin{aligned}
\tau &= \exp\left[\int f(T^*)\mathrm{d}T^*\right] \cdot C(\sigma_1, \sigma_2) \\
\tau_1 &= \exp\left[\int f(T^*)\mathrm{d}T^*\right] \cdot C_1(\sigma_1) \\
\tau_2 &= \exp\left[\int f(T^*)\mathrm{d}T^*\right] \cdot C_2(\sigma_2)
\end{aligned} \tag{A.13}$$

Wir definieren jetzt T:

$$T = A \cdot \exp\left[\int f(T^*)\mathrm{d}T^*\right] \tag{A.14}$$

wobei A eine frei wählbare Konstante ist. Dann ergibt sich:

$$\begin{aligned}
\mathrm{d}Q_1 &= \tau_1 \mathrm{d}\sigma_1 = T\frac{C_1}{A}\mathrm{d}\sigma_1 \\
\mathrm{d}Q_2 &= \tau_2 \mathrm{d}\sigma_2 = T\frac{C_2}{A}\mathrm{d}\sigma_2
\end{aligned} \tag{A.15}$$

Wir definieren jetzt die Funktionen S_1 und S_2:

$$\begin{aligned}
S_1 &= \frac{1}{A}\int C_1(\sigma_1)\mathrm{d}\sigma_1 + \mathrm{const}_1 \\
S_2 &= \frac{1}{A}\int C_2(\sigma_2)\mathrm{d}\sigma_2 + \mathrm{const}_2
\end{aligned} \tag{A.16}$$

Die beiden Konstanten const_1 und const_2 sind unbestimmte Größen.

Also ergibt sich mit Gl. (A.14) und Gl. (A.15):

$$\begin{aligned}
\delta Q_1 &= T \cdot \mathrm{d}S_1 \\
\delta Q_2 &= T \cdot \mathrm{d}S_2
\end{aligned} \tag{A.17}$$

Das entspricht genau der Definition der Entropien von System 1 und 2, d. h.,

$$S_1 = \text{ Entropie von System 1}, \qquad S_2 = \text{ Entropie von System 2}$$

und T ist der integrierende Nenner für δQ_1 bzw. δQ_2. T ist nach Gl. (A.14) allein eine Funktion von T^*.

Der Vergleich von Gl. (A.17) mit Gl. (A.16) zeigt übrigens auch, dass es nicht nur einen bestimmten integrierenden Nenner τ_1 bzw. τ_2 gibt, sondern beliebig viele integrierende Nenner, abhängig von der Art der Funktionen $C_1(\sigma_1)$ und $C_2(\sigma_2)$, die beliebig definiert sein können.

Die abgeleiteten Gln. (A.14), (A.16) und Gl. (A.17) besagen:

1. *T ist eine Funktion, die nur von T^* abhängt.*

2. *S_1 und S_2 sind die Entropien der beiden Systeme im thermischen Gleichgewicht.*

Wie die Funktion $f(T^*)$ in den Gl. (A.12) - (A.14) bestimmt werden kann, ergibt sich aus Abschnitt 5.4. Das dort auf Basis der Zustandsgleichung für ideale Gase abgeleitete Ergebnis $T = \text{const} \cdot T^*$, legt $f(T^*) = 1/T^*$ fest (s. Gl. (A.14)).

Satz 3:
Für die in Satz 2 definierten Entropien S_1, S_2 und S gilt:

$$S = S_1 + S_2 \tag{A.18}$$

d. h., die Entropie ist eine extensive Zustandsgröße.

Um Gl. (A.18) zu beweisen, gehen wir aus von Gl. (A.17). Für das Gesamtsystem 1 + 2 muss gelten:

$$\delta Q_1 + \delta Q_2 = \delta Q = T(\mathrm{d}S_1 + \mathrm{d}S_2)$$

oder:

$$\delta Q = T(\mathrm{d}(S_1 + S_2)) = T\mathrm{d}S \tag{A.19}$$

Daraus folgt sofort:

$$S = S_1 + S_2 \tag{A.20}$$

Die Behauptung ist damit schon bewiesen.

Wir wollen noch zeigen, dass die Abhängigkeit von σ_1 und σ_2 durch die Abhängigkeit von nur *einer* Variablen σ ausgedrückt werden kann.

Es gilt ja nach Gl. (A.16) und (A.18):

$$C \cdot \mathrm{d}\sigma = C_1 \mathrm{d}\sigma_1 + C_2 \mathrm{d}\sigma_2$$

bzw.

$$\mathrm{d}\sigma = \frac{C_1}{C}\mathrm{d}\sigma_1 + \frac{C_2}{C}\mathrm{d}\sigma_2 = \frac{1}{C}(\mathrm{d}S_1 + \mathrm{d}S_2)$$

Da $\mathrm{d}S_1 + \mathrm{d}S_2 = \mathrm{d}S$, folgt:

$$\int C\mathrm{d}\sigma + \text{const.} = S$$

C hängt also nur von *einer* Variablen ab: $C = C(\sigma)$

B Einführung der absoluten Temperatur nach Lord Kelvin

Ausgangspunkt ist das Ergebnis des Carnot-Kreisprozesses, der nach Abschnitt 5.3 in allgemeiner Form lautet:

$$\frac{-W_{\text{Carnot}}}{Q_{12}} = 1 - \frac{|Q_{34}|}{|Q_{12}|}$$

Dieses Ergebnis sieht man in ganz allgemeiner und einfacher Weise folgendermaßen ein. Im ganzen Kreisprozess wird dem System bei T_1^* die Wärme Q_{12} zugeführt, und bei T_3^* wird Q_{34} entzogen. Also gilt für den ganzen Kreisprozess:

$$\Delta Q = |Q_{12}| - |Q_{34}|$$

Im Kreisprozess ist $\Delta U = 0$, also gilt

$$\Delta U = 0 = \Delta W + \Delta Q$$

und damit ergibt sich für den Carnot'schen Wirkungsgrad η_{C}:

$$\eta_{\text{C}} = -\frac{\Delta W}{|Q_{12}|} = 1 - \frac{|Q_{34}|}{|Q_{12}|}$$

mit $\Delta W = W_{\text{Carnot}}$.

ΔW ist negativ, wenn das System Arbeit leistet, und damit gilt: $1 > \eta_{\text{C}} > 0$.

Unabhängig vom Arbeitsmedium, mit dem dieser Kreisprozess durchgeführt wird, ist offensichtlich, dass Q_{34}/Q_{12} nur eine Funktion der beiden empirischen Temperaturen T_1^* (warmes Bad) und T_3^* (kaltes Bad) sein kann. Daher lässt sich ganz allgemein schreiben:

$$\frac{|Q_{34}|}{|Q_{12}|} = f(T_1^*, T_3^*) \tag{B.1}$$

Gesucht ist der funktionale Zusammenhang $f(T_1^*, T_3^*)$.

Dazu betrachten wir Abb. B.1. Zwei Carnot-Kreisprozesse I und II sind so miteinander verbunden, dass die Temperatur T_3^* des kälteren Bades von Kreisprozess I gleichzeitig die Temperatur des wärmeren Bades für den Kreisprozess II ist. Für den Kreisprozess II gilt also:

$$\frac{|Q_{56}|}{|Q_{34}|} = f(T_3^*, T_5^*) \tag{B.2}$$

Andererseits gilt für den zusammengesetzten Kreisprozess I + II ($1 \to 2 \to 5 \to 6 \to 1$):

$$\frac{|Q_{56}|}{|Q_{12}|} = f(T_1^*, T_5^*) \tag{B.3}$$

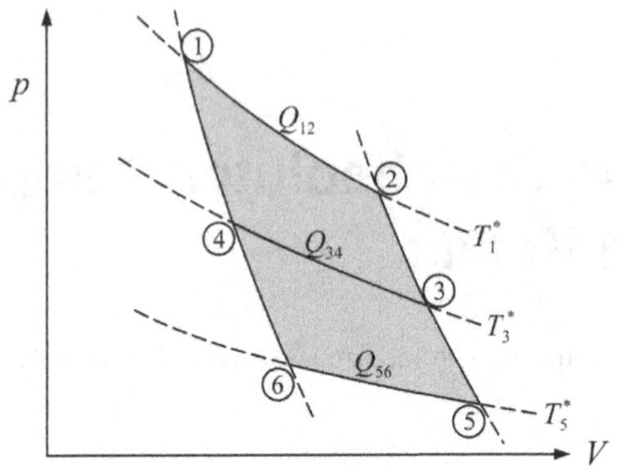

Abb. B.1 Koppelung von zwei Carnot'schen Kreisprozessen zur Definition der absoluten Temperatur

Multipliziert man Gl. (B.1) mit (B.2) und vergleicht das Ergebnis mit Gl. (B.3), so findet man:

$$f(T_1^*, T_3^*) \cdot f(T_3^*, T_5^*) = f(T_1^*, T_5^*)$$

Offensichtlich hängt die rechte Seite der Gleichung *nicht* von T_3^* ab. Das ist aber nur möglich, wenn $f(T_1^*, T_3^*)$ und $f(T_3^*, T_5^*)$ die Strukturen

$$f(T_1^*, T_3^*) = \frac{T(T_3^*)}{T(T_1^*)} \text{ und } f(T_3^*, T_5^*) = \frac{T(T_5^*)}{T(T_3^*)}$$

haben. Die Funktion $T(T^*)$ heißt definitionsgemäß die *absolute Temperatur.*

Der Vergleich mit dem Carnot-Prozess eines idealen Gases ergibt bekanntlich (s. Abschnitt 5.3):

$$f^{\text{id.Gas}}(T_1^*, T_3^*) = \frac{T_3^*}{T_1^*}$$

Damit ist der gesuchte Zusammenhang von absoluter Temperatur T und empirischer (gasthermometrischer) Temperatur gefunden:

$$\frac{T_3}{T_1} = \frac{T_3^*}{T_1^*}$$

Die absolute Temperatur T ist also bis auf einen konstanten Faktor identisch mit der empirischen (gasthermometrischen) Temperatur T^*:

$$T = b \cdot T^*$$

b wird gleich 1 gesetzt. Dieses Ergebnis ist in der Tat mit dem in Abschnitt 5.4 nach der Methode des integrierenden Nenners abgeleiteten Resultat identisch.

C Berechnung der Joule-Thomson-Inversionskurve beim v. d. Waals-Fluid

Aus der v. d. Waals-Gleichung

$$p = \frac{n \cdot RT}{V - n \cdot b} - \frac{a\,n^2}{V^2}$$

wird zunächst $(\partial T/\partial V)_p$ berechnet. Bei $p = \text{const.}$ gilt:

$$\left(\frac{\partial p}{\partial V}\right)_p = 0 = \frac{n \cdot R}{V - n\,b}\left(\frac{\partial T}{\partial V}\right)_p - \frac{n \cdot RT}{(V - n\,b)^2} + \frac{2a\,n^2}{V^3}$$

Daraus folgt:

$$\frac{1}{T}\left(\frac{\partial T}{\partial V}\right)_p = \frac{1}{(V - n\,b)} - \frac{2a\,n^2}{V^3}\,\frac{(V - n\,b)}{n \cdot RT}$$

Auf der Inversionskurve gilt (s. Gl. (4.7)):

$$0 = \left(\frac{\partial H}{\partial p}\right)_T = T\left(\frac{\partial V}{\partial T}\right)_p - V \quad \text{bzw.} \quad \frac{1}{T}\left(\frac{\partial T}{\partial V}\right)_p = \frac{1}{V}$$

somit ergibt sich:

$$\frac{1}{(V - n\,b)} - \frac{2a\,n^2}{V^3}\,\frac{(V - n\,b)}{n \cdot RT} = \frac{1}{V} \qquad \text{bzw.} \qquad \frac{2a\,n^2}{V^2}\,\frac{(V - n\,b)^2}{n \cdot RT} = n\,b$$

$$\boxed{\frac{2a}{RT}\left(\frac{V - n\,b}{V}\right)^2 - b = 0}$$

Aus dieser Gleichung berechnet sich die Inversionskurve folgendermaßen. Zunächst ergibt die Auflösung nach V:

$$V = \frac{n\,b}{1 - \sqrt{\frac{1}{2}\,\frac{b}{a}RT}}$$

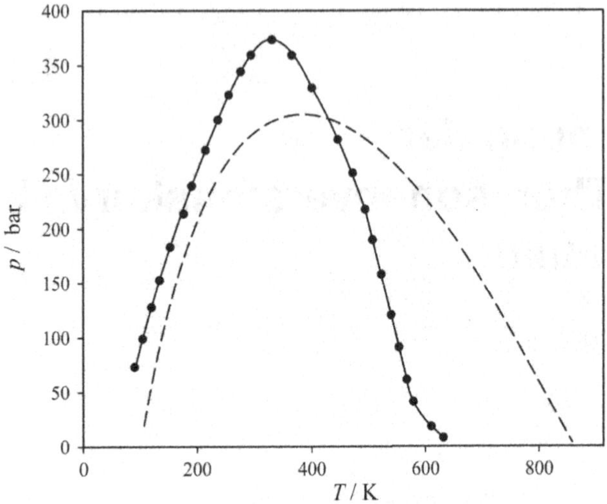

Abb. C.1 Inversionskurve für N_2 - - - - - v. d. Waals-Theorie, – • – • – Experiment

Einsetzen von V in die v. d. Waals-Gleichung ergibt (Abkürzung: $x = \sqrt{\frac{1}{2}\frac{b}{a}RT}$):

$$p = \frac{n \cdot RT}{\dfrac{n\,b}{1-x} - n\,b} - \frac{a\,n^2}{n^2\,b^2}(1-x)^2 = \frac{n \cdot RT}{n\,b\left(\frac{1}{1-x} - 1\right)} - \frac{a\,n^2}{n^2\,b^2}(1-x)^2$$

$$p = \frac{1}{b^2} \cdot 2a\left(\frac{RT}{a}\,\frac{b}{2}\right)\frac{1-x}{x} - \frac{a}{b^2}(1-x)^2$$

$$\boxed{p = \frac{2a}{b^2}x \cdot (1-x) - \frac{a}{b^2}(1-x)^2}$$

Das ist die Joule-Thomson-Inversionskurve $p(x)$ mit $x = \sqrt{\frac{1}{2}\frac{b}{a}RT}$ (bzw. $p(T)$) nach der v. d. Waals Zustandsgleichung. Damit lassen sich beide Inversionstemperaturen nach der v. d. Waals-Gleichung berechnen, dort gilt $p = 0$:

$$p = 0 = \frac{2a}{b^2}x \cdot (1-x) - \frac{a}{b^2}(1-x)^2$$

bzw.:

$$2x(1-x) = (1-x)^2$$

Eine Lösung ist offensichtlich $x = 1$.

Damit ergibt sich für die obere Inversionstemperatur

$$\boxed{T_{i,1} = \frac{2a}{R\,b}}$$

Die zweite Lösung ergibt sich aus $2x = 1 - x$:

$$x_2 = \frac{1}{3}$$

Damit ergibt sich für die untere Inversionstemperatur

$$\boxed{T_{i,2} = \frac{1}{9}\,\frac{2a}{R\,b}}$$

Das Maximum der Inversionskurve (p_{max}) lässt sich ebenfalls berechnen:

$$\frac{\mathrm{d}p}{\mathrm{d}x} = 0 = \frac{2a}{b^2}(1 - 2x) - \frac{a}{b^2}2(1 - x) \cdot (-1)$$

$$1 - 2x = -2(1 - x)$$

$$x_{max} = \frac{3}{4} = \sqrt{\frac{1}{2}\,\frac{b}{a} \cdot RT_{max}}$$

Damit ergibt sich für T_{max}:

$$\boxed{T_{max} = \frac{9}{8}\,\frac{a}{R\,b}}$$

und für p_{max} :

$$p_{max} = \frac{2a}{b^2}\,\frac{3}{4}\left(1 - \frac{3}{4}\right) - \frac{a}{b^2}\left(1 - \frac{3}{4}\right)^2$$

$$\boxed{p_{max} = \frac{a}{b^2} \cdot \frac{5}{16}}$$

Abb. C.1 zeigt die Inversionskurve von N_2 mit $a = 0{,}1370\ \mathrm{J \cdot m^3 \cdot mol^{-2}}$ und $b = 3{,}87 \cdot 10^{-5}\ \mathrm{m^3 \cdot mol^{-1}}$ nach der van der Waals-Theorie im Vergleich zu den experimentellen Daten. Die quantitative Übereinstimmung ist nicht befriedigend.

D Thermodynamische Stabilitätsbedingungen nach der Fluktuationstheorie

Wir betrachten ein System unter den Randbedingungen, dass das Gesamtvolumen V konstant ist und die Gesamtentropie S ebenfalls. Unter diesen Voraussetzungen gilt nach den Ausführungen in Abschnitt 5.8. (Gl. (5.36)):

$$\mathrm{d}U_{S,V} \leq 0$$

Die innere Energie muss also bei konstantem Volumen und konstanter Entropie in irgendwelchen Ungleichgewichtssituationen im Inneren des Systems immer einem Minimum zustreben.

Umgekehrt gilt: wenn das System bei $S = \text{const.}$ und $V = \text{const.}$ - verursacht durch irgendwelche Prozesse im Inneren - dieses Gleichgewicht verlässt, kann damit nur eine Zunahme von U verbunden sein, und das System wird bestrebt sein, wieder zum Minimum von U zurückzukehren. Wir hatten in Abschnitt 5.7 spontane Prozesse im Inneren eines Systems durch interne Parameter charakterisiert, die im Gleichgewicht einen bestimmten Wert einnehmen. Solche Prozesse, die das System kurzzeitig aus dem Gleichgewicht bringen, in das es spontan wieder zurückkehrt, können Schwankungen, sog. Fluktuationen, eines inneren Parameters der folgenden Art sein. Wir denken uns das System in zwei Untersysteme aufgeteilt, deren jeweilige Teilchenzahl n und n' festliegt, deren Volumina und deren Entropien jedoch unabhängig voneinander etwas hin und her schwanken können. Die masselose Trennwand zwischen den Untersystemen (man denke etwa an eine sehr dünne Kunststofffolie) soll sich also etwas hin und her bewegen können und auch ein gewisser Entropieaustausch soll durch die Trennwand hindurch aufgrund der möglichen Fluktuationen stattfinden können (s. Abb. D.1). Ein Teilchenaustausch zwischen den Untersystemen ist jedoch nicht möglich. Da das Gesamtvolumen konstant bleiben muss, gilt:

$$\Delta V = n\Delta\overline{V} + n'\Delta\overline{V}' = 0 \tag{D.1}$$

wobei $\Delta\overline{V}$ die Änderung des Molvolumens im inneren Untersystem und $\Delta\overline{V}'$ die im äußeren Untersystem bedeuten. Der innere Parameter ist also $\Delta\overline{V} = (-n'/n)\,\Delta\overline{V}'$.

Ähnlich gilt dann für den Entropieaustausch:

$$\Delta S = n\Delta\overline{S} + n'\Delta\overline{S}' = 0 \tag{D.2}$$

mit dem inneren Parameter $\Delta\overline{S} = -n'/n\,\Delta\overline{S}'$.

Wir entwickeln jetzt die innere Energie des inneren Untersystems in eine Taylorreihe bis zu quadratischen Gliedern nach den Abweichungen von $\Delta\overline{V}$ und $\Delta\overline{S}$ um den Gleichgewichtswert

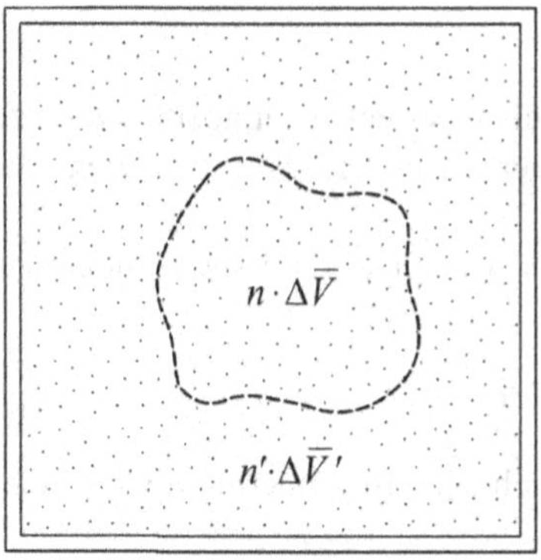

Abb. D.1 Ein System mit $(n+n')$ Teilchen bestehend aus einem äußeren Untersystem $(n', \Delta V)$ und einem inneren Untersystem $(n, \Delta V)$

(Index „eq“):

$$\frac{\Delta U}{n} = \Delta\overline{U} = \left(\frac{\partial\overline{U}}{\partial\overline{S}}\right)_{\text{eq}} \Delta\overline{S} + \left(\frac{\partial\overline{U}}{\partial\overline{V}}\right)_{\text{eq}} \Delta\overline{V}$$
$$+ \frac{1}{2}\left[\left(\frac{\partial^2\overline{U}}{\partial\overline{S}^2}\right)_{\text{eq}} (\Delta\overline{S}^2) + 2\left(\frac{\partial^2\overline{U}}{\partial\overline{S}\cdot\partial\overline{V}}\right)_{\text{eq}} \Delta\overline{S}\cdot\Delta\overline{V} + \left(\frac{\partial^2\overline{U}}{\partial\overline{V}^2}\right)_{\text{eq}} (\Delta\overline{V})^2\right] + \cdots \tag{D.3}$$

Dasselbe tun wir auch für das äußere Untersystem, wobei die Bedingungen von Gl. (D.1) und (D.2) bereits berücksichtigt werden, also:

$$\Delta\overline{V}' = -\frac{n}{n'} \cdot \Delta V$$
$$\Delta\overline{S}' = -\frac{n}{n'} \cdot \Delta S$$

Dann erhält man für das äußere Untersystem:

$$\frac{\Delta U'}{n'} = \Delta\overline{U}' = -\frac{n}{n'}\left[\left(\frac{\partial\overline{U}}{\partial\overline{V}}\right)_{\text{eq}} \Delta\overline{S} + \left(\frac{\partial\overline{U}}{\partial\overline{V}}\right)_{\text{eq}} \Delta\overline{V}\right]$$
$$+ \frac{1}{2}\left(\frac{n}{n'}\right)^2\left[\left(\frac{\partial^2\overline{U}}{\partial\overline{S}^2}\right)_{\text{eq}} (\Delta\overline{S})^2 + 2\left(\frac{\partial^2\overline{U}}{\partial\overline{S}\partial\overline{V}}\right)_{\text{eq}} \cdot \Delta\overline{S}\cdot\Delta\overline{V} + \left(\frac{\partial^2\overline{U}}{\partial\overline{V}^2}\right)_{\text{eq}} (\Delta\overline{V})^2\right] + \cdots \tag{D.4}$$

Für die Abweichungen ΔU_{Gesamt} des Gesamtsystems aus dem Minimum von U gilt nun bei *stabilen* Systemen, dass die Abweichungen nur positiv sein dürfen:

$$\Delta U_{\text{Gesamt}} = n\Delta\overline{U} + n' \cdot \Delta\overline{U}' > 0 \tag{D.5}$$

Einsetzen von Gl. (D.3) und (D.4) in Gl. (D.5) ergibt:

$$\Delta U_{\text{Gesamt}} = \frac{(n+n')\cdot n}{2n'}\left[\left(\frac{\partial^2\overline{U}}{\partial\overline{S}^2}\right)_{\text{eq}} (\Delta\overline{S})^2 + 2\left(\frac{\partial^2\overline{U}}{\partial\overline{S}\partial\overline{V}}\right)_{\text{eq}} \cdot \Delta\overline{S}\cdot\Delta\overline{V} + \left(\frac{\partial^2\overline{U}}{\partial\overline{V}^2}\right)_{\text{eq}} (\Delta\overline{V})^2\right] + \cdots > 0$$

(D.6)

Da $\Delta\overline{S}$ und $\Delta\overline{V}$ unabhängig voneinander entweder positiv oder negativ sein können, sind jetzt für die eckige Klammer Bedingungen zu finden, die garantieren, dass $\Delta U_{\text{Gesamt}} > 0$ immer gültig bleibt.

Dazu schreiben wir mit $(\Delta\overline{S}) = y$ und $(\Delta\overline{V}) = x$ sowie für die zweiten Ableitungen in Gl. (D.6) jeweils a, b und c:

$$a \cdot y^2 + 2b \cdot x \cdot y + c \cdot x^2 > 0$$

Diese quadratische Form lässt sich auch folgendermaßen schreiben, wie man durch Ausmultiplizieren leicht nachprüft:

$$a\left[\left(y + \frac{b}{a} \cdot x\right)^2 + \frac{ac - b^2}{a^2} \cdot x^2\right] > 0 \tag{D.7}$$

Damit Gl. (D.7) immer größer als Null ist, muss ganz offensichtlich gelten:

$$\begin{aligned} a &> 0 \\ c &> 0 \\ ac - b^2 &> 0 \end{aligned}$$

oder, bezogen auf Gl. (D.6):

$$\begin{aligned} \left(\frac{\partial^2 \overline{U}}{\partial \overline{S}^2}\right)_{\text{eq}} &> 0 \\ \left(\frac{\partial^2 \overline{U}}{\partial \overline{V}^2}\right)_{\text{eq}} &> 0 \\ \left(\frac{\partial^2 \overline{U}}{\partial \overline{S}^2}\right)_{\text{eq}} \left(\frac{\partial^2 \overline{U}}{\partial \overline{V}^2}\right)_{\text{eq}} - \left(\frac{\partial^2 \overline{U}}{\partial \overline{S} \partial \overline{V}}\right)_{\text{eq}}^2 &> 0 \end{aligned} \tag{D.8}$$

Gl. (D.8) stellt die *Stabilitätsbedingungen* des Gesamtsystems dar.

Die Ausdrücke in Gl. (D.8) lassen sich umformen. Es gilt ausgehend von Gl. (5.48):

$$\left(\frac{\partial^2 \overline{U}}{\partial \overline{S}^2}\right)_{\overline{V}} = \left(\frac{\partial T}{\partial \overline{S}}\right)_{\overline{V}} = \frac{T}{\overline{C}_V} > 0 \tag{D.9}$$

Ferner gilt ebenfalls ausgehend von Gl. (5.48) unter Beachtung der Definition von κ_S (s. Abschnitt 5.5):

$$\left(\frac{\partial^2 \overline{U}}{\partial \overline{V}^2}\right)_{\overline{S}} = -\left(\frac{\partial p}{\partial \overline{V}}\right)_{\overline{S}} = \frac{1}{\kappa_S \overline{V}} > 0 \tag{D.10}$$

sowie

$$\left(\frac{\partial^2 \overline{U}}{\partial \overline{S} \partial \overline{V}}\right) = \frac{\partial}{\partial \overline{V}}\left[\left(\frac{\partial \overline{U}}{\partial \overline{S}}\right)_{\overline{V}}\right]_{\overline{S}} = \left(\frac{\partial T}{\partial \overline{V}}\right)_{\overline{S}} = -\left(\frac{\partial \overline{S}}{\partial \overline{V}}\right)_T \left(\frac{\partial T}{\partial \overline{S}}\right)_{\overline{V}} = -\beta \frac{T}{\overline{C}_V} = -\frac{\alpha_p \cdot T}{\kappa_T \cdot \overline{C}_V} \tag{D.11}$$

Mit Gl. (D.9), (D.10) und (D.11) ergibt sich dann:

$$\left(\frac{\partial^2\overline{U}}{\partial\overline{S}^2}\right)_{\overline{V}} \cdot \left(\frac{\partial^2\overline{U}}{\partial\overline{V}^2}\right)_{\overline{S}} - \left(\frac{\partial^2\overline{U}}{\partial\overline{S}\cdot\partial\overline{V}}\right)^2 = \frac{T}{\kappa_T\overline{V}\cdot\overline{C}_V} > 0 \tag{D.12}$$

wobei von $\overline{C}_p - \alpha^2 \cdot \overline{V} \cdot T/\kappa_T = \overline{C}_V$ (s. Gl. (5.22)) sowie $\kappa_S = \overline{C}_V \cdot \kappa_T/\overline{C}_p$ (s. Gl. (5.24)) Gebrauch gemacht wurde.

Da T und $\overline{V}$ immer größer als Null sind, folgt aus Gl. (D.9) die *thermische Stabilitätsbedingung:*

$$\overline{C}_V > 0 \tag{D.13}$$

Aus Gl. (D.10) folgt als mechanische Stabilitätsbedingung:

$$\kappa_S > 0 \tag{D.14}$$

und aus Gl. (D.12):

$$\kappa_T > 0 \tag{D.15}$$

als weitere *mechanische Stabilitätsbedingung*.

Damit ist klar, dass nach Gl. (5.22) $\overline{C}_p > \overline{C}_V$ sein muss, und es folgt als weitere thermische Stabilitätsbedingung:

$$\overline{C}_p > 0 \tag{D.16}$$

Wegen $\kappa_S = \overline{C}_V \cdot \kappa_T/\overline{C}_p$ (s. Gl. (5.24)) folgt ferner:

$$\kappa_T > \kappa_S \tag{D.17}$$

Die Stabilitätsbedingungen Gl. (D.13) bis (D.17) sind damit identisch mit den in Abschnitt 5.9 hergeleiteten. Sie wurden hier allerdings ohne die Annahme erhalten, dass das ideale Gasgesetz für $p \to 0$ und $T > 0$ für alle Materie gilt.

Umgekehrt kann aus Gl. (D.13) bis (D.17) natürlich geschlossen werden, dass die Legendre-Transformationen für thermodynamische Potentiale wirklich existieren.

Man kann übrigens dieselben Stabilitätsbedingungen auch erhalten, wenn man statt von $\mathrm{d}U_{S,V} \leq 0$ von $\mathrm{d}S_{U,V} \geq 0$ oder $\mathrm{d}H_{S,p} \leq 0$, $\mathrm{d}F_{T,V} \leq 0$ oder $\mathrm{d}G_{p,T} \leq 0$ ausgeht (s. Gl. (5.33), (5.36), (5.38), (5.40)). Wir verzichten auf eine Ableitung, da sie zu denselben Resultaten führt.

E Temperaturabhängigkeit der Verdampfungsenthalpie

Eine genaue Betrachtung der Integration der Clapeyron'schen Gleichung (Gl. (5.85)) ergibt folgendes. Entlang der Koexistenzkurve existiert ja ein funktionaler Zusammenhang zwischen p und T, der gerade durch die Clapeyron'sche Gleichung zum Ausdruck kommt. Für das totale Differential einer Zustandsgröße X (z. B. H, S oder V) gilt ja allgemein:

$$\mathrm{d}X = \left(\frac{\partial X}{\partial T}\right)_p \mathrm{d}T + \left(\frac{\partial X}{\partial p}\right)_T \mathrm{d}p$$

entlang der Koexistenzkurve gilt dann aber

$$\left(\frac{\mathrm{d}X}{\mathrm{d}T}\right)_{\text{koex}} = \left(\frac{\partial X}{\partial T}\right)_p + \left(\frac{\partial X}{\partial p}\right)_T \left(\frac{\mathrm{d}p}{\mathrm{d}T}\right)_{\text{koex}}$$

Mit $\overline{X} = \overline{H}_\mathrm{g}$ bzw. $\overline{H}_\mathrm{fl}$ und $\Delta\overline{H}_\mathrm{V} = \overline{H}_\mathrm{g} - \overline{H}_\mathrm{fl}$ folgt dann:

$$\left(\frac{\mathrm{d}\Delta\overline{H}_\mathrm{V}}{\mathrm{d}T}\right)_{\text{koex}} = \left(\frac{\partial\Delta\overline{H}_\mathrm{V}}{\partial T}\right)_p + \left(\frac{\partial\Delta\overline{H}_\mathrm{V}}{\partial p}\right)_T \cdot \frac{\Delta\overline{H}_\mathrm{V}}{T \cdot \Delta\overline{V}_\mathrm{V}}$$

Wegen $\left(\partial\overline{H}/\partial T\right)_p = \overline{C}_p$ und wegen $\left(\partial\overline{H}/\partial p\right)_T = \overline{V} - T\left(\partial\overline{V}/\partial T\right)_p$ (s. Gl. 5.68) ergibt sich dann mit $\Delta\overline{C}_p = \overline{C}_{p,\mathrm{g}} - \overline{C}_{p,\mathrm{fl}}$:

$$\boxed{\left(\frac{\mathrm{d}\Delta\overline{H}_\mathrm{V}}{\mathrm{d}T}\right)_{\text{koex}} = \Delta\overline{C}_p + \left(\Delta\overline{V}_\mathrm{V} - T\left(\frac{\partial\Delta\overline{V}_\mathrm{V}}{\partial T}\right)_p\right) \cdot \frac{\Delta\overline{H}_\mathrm{V}}{T \cdot \Delta\overline{V}_V}}$$

Wenn nun bei niedrigen Drücken gilt:

$$\Delta\overline{V}_\mathrm{V} = \overline{V}_g - \overline{V}_\mathrm{fl} \approx \overline{V}_g \approx \frac{RT}{p}$$

folgt damit

$$\left(\frac{\mathrm{d}\Delta\overline{H}_\mathrm{V}}{\mathrm{d}T}\right)_{\text{koex}} \cong \Delta\overline{C}_p + \left(\frac{RT}{p} - \frac{RT}{p}\right) \frac{\Delta\overline{H}_\mathrm{V}}{T \cdot \Delta\overline{V}_\mathrm{V}} = \Delta\overline{C}_p$$

Damit gilt *näherungsweise:*

$$\boxed{\Delta\overline{H}_\mathrm{V}(T) \cong \Delta\overline{H}_\mathrm{V}(T_0) + \Delta\overline{C}_p(T - T_0)}$$

Wenn eine T-Abhängigkeit von $\Delta\overline{C}_p$ vernachlässigt wird. Das ist nur bei kleinen Drücken in einem beschränkten Temperaturintervall $T - T_0$ zulässig.

Da $\Delta\overline{C}_p < 0$ und $T > T_0$, nimmt die Verdampfungsenthalpie $\Delta\overline{H}_V(T)$ mit der Temperatur ab. Damit ergibt die Integration der Clausius-Clapeyron'schen Gleichung (s. Gl. (5.86)):

$$\begin{aligned}
R\ln\frac{p}{p_0} &= \int\limits_{T_0}^{T} \frac{\Delta\overline{H}_V(T_0) + \Delta\overline{C}_p(T - T_0)}{T^2}\,\mathrm{d}T \\
&= \Delta\overline{H}_V(T_0)\left(\frac{1}{T_0} - \frac{1}{T}\right) + \int\limits_{T_0}^{T} \frac{\Delta\overline{C}_p}{T}\mathrm{d}T - T_0\int\limits_{T_0}^{T} \frac{\Delta\overline{C}_p}{T^2}\mathrm{d}T \\
&= -\Delta\overline{H}_V(T_0)\left(\frac{1}{T} - \frac{1}{T_0}\right) + \Delta\overline{C}_p \ln\frac{T}{T_0} + T_0 \cdot \Delta\overline{C}_p\left(\frac{1}{T} - \frac{1}{T_0}\right)
\end{aligned}$$

Umstellen und Integration ergibt:

$$\boxed{p = p_0 \cdot \exp\left[-\frac{\Delta\overline{H}_V(T_0) - \Delta\overline{C}_p \cdot T_0}{R}\left(\frac{1}{T} - \frac{1}{T_0}\right)\right] \cdot \left(\frac{T}{T_0}\right)^{\Delta C_p/R}}$$

Das ist die verbesserte Dampfdruckformel. Auch sie gilt nur in einem beschränkten Temperaturbereich um T_0 herum bei niedrigen Dampfdichten.

F Tabellen: Thermodynamische Stoffdaten (Auswahl)[28]

F.1 Siedetemperaturen und kritische Daten

Tab. F.1 Siedetemperaturen T_B (in K), kritische Temperaturen T_c (in K), kritischer Druck p_c (in bar) und kritisches molares Volumen $\overline{V}_c$ (in $cm^3 \cdot mol^{-1}$)

	T_B/K	T_c/K	p_c/bar	$\overline{V}_c/cm^3 \cdot mol^{-1}$
H_2	20,4	33,2	13,0	65,0
D_2	23,7	38,4	16,6	60,3
N_2	77,4	126,2	33,9	89,5
O_2	90,2	154,6	50,4	73,4
NO	121,4	180,0	64,8	58,0
CO_2	194,7	304,2	73,5	94,0
CO	81,7	132,9	35,1	93,1
N_2O	184,7	309,6	72,4	97,4
HCl	188,1	324,6	85,1	81,0
NH_3	239,7	405,6	112,7	72,5
SO_2	263,0	430,8	78,8	122,0
SO_3	318,0	491,0	82,1	130,0
H_2O	373,2	647,3	220,5	56,0
He	27,0	44,4	27,6	41,7
Ar	87,3	150,8	48,4	74,9
Kr	119,8	209,4	55,0	91,2
Xe	165,0	289,7	58,4	118,0
Methan (CH_4)	111,7	190,6	46,0	99,0
Ethan (C_2H_6)	184,5	305,4	48,8	148,0
Ethylen (C_2H_4)	169,4	282,4	50,3	129,0
Azetylen (C_2H_2)	189,2	308,3	61,0	113,0
Cyclopropan (C_3H_6)	240,4	397,8	54,9	170,0
Propan (C_3H_8)	231,1	369,8	42,4	203,0
Propen (C_3H_6)	255,4	365,0	46,2	181,0
n-Butan (C_4H_{10})	272,7	425,2	38,0	255,0
iso-Butan (C_4H_{10})	261,3	408,1	36,5	263,0

[28] Daten entnommen aus: JANAF, Thermochemical Tables, 2nd Ed. (1971). TRC Thermodynamic Tables, Texas A & M University, College Station (1969) and (1976). R. C. Reid, J. M. Prausnitz, T. K. Sherwood: The Properties of Gases and Liquids, McGraw Hill, New York (1977).

Tab. F.1 Siedetemperaturen T_B (in K), kritische Temperaturen T_c (in K), kritischer Druck p_c (in bar) und kritisches molares Volumen $\overline{V}_c$ (in $cm^3 \cdot mol^{-1}$)

	T_B/K	T_c/K	p_c/bar	$\overline{V}_c/cm^3 \cdot mol^{-1}$
1-Buten (C_4H_8)	266,9	419,6	40,2	240,0
n-Pentan (C_5H_{12})	309,2	469,6	33,7	304,0
n-Hexan (C_6H_{14})	341,6	507,4	29,7	370,0
n-Oktan (C_8H_{18})	398,8	568,8	24,8	492,0
n-Decan ($C_{10}H_{22}$)	447,3	617,6	21,1	603,0
Methanol (CH_3OH)	337,8	512,6	80,9	118,0
Ethanol (C_2H_5OH)	351,5	516,2	63,8	167,0
Azeton (C_2H_6O)	329,4	508,1	47,0	209,0
Dimethylether (C_2H_6O)	250,2	400,0	53,7	178,0
Tetrahydrofuran (C_4H_8O)	339,1	540,2	51,8	224,0
Dioxan ($C_4H_8O_2$)	374,5	587,0	52,1	238,0
Azetonitril (CH_3CN)	354,8	548,0	48,3	173,0
HCN	298,9	456,8	53,9	139,0
H_2S	212,8	373,2	89,4	98,5
HBr	206,4	363,2	85,5	100,0
CF_4	145,2	227,6	37,4	140,0
$CHCl_3$	334,3	536,4	54,7	239,0
CH_3Cl	248,9	416,3	66,8	139,0
Benzol	353,3	562,1	48,9	259,0
Cyclohexan (C_6H_{12})	353,9	553,4	40,8	308,0
Toulol (C_7H_8)	383,8	591,7	41,2	316,0

F.2 Molwärmen

Tab. F.2 Empirische Molwärmen $\overline{C}_{p0}$ von Gasen (korrigiert auf den idealen Gaszustand) zwischen 300 und 1500 K in J $K^{-1}mol^{-1}$. Die Werte von $\overline{C}_{p0}$ bei 298,15 K sind gesondert angegeben. $\overline{C}_{p0} = a + bT + cT^2 + dT^3$

Gas	Formel	a	$b \cdot 10^3$	$c \cdot 10^6$	$d \cdot 10^9$	$\overline{C}_p^0(298)$
Wasserstoff	H_2	29,066	- 0,837	2,012		28,824
Deuterium	D_2	28,577	0,879	1,958		
Sauerstoff	O_2	25,723	12,979	- 3,862		29,355
Stickstoff	N_2	27,296	5,230	- 0,004		29,125
Chlor	Cl_2	31,698	10,142	- 4,038		33,907
Brom	Br_2	35,242	4,075	- 1,487		36,02
Chlorwasserstoff	HCl	28,167	1,810	1,547		29,12
Bromwasserstoff	HBr	27,522	3,996	0,662		29,142

Tab. F.2 Empirische Molwärmen $\overline{C}_{p0}$ von Gasen (korrigiert auf den idealen Gaszustand) zwischen 300 und 1500 K in J $K^{-1}mol^{-1}$. Die Werte von $\overline{C}_{p0}$ bei 298,15 K sind gesondert angegeben. $\overline{C}_{p0} = a + bT + cT^2 + dT^3$

Gas	Formel	a	$b \cdot 10^3$	$c \cdot 10^6$	$d \cdot 10^9$	$\overline{C}_p^0(298)$
Wasserdampf	H_2O	30,359	9,615	1,184		33,577
Kohlenstoffmonoxid	CO	26,861	6,966	- 0,820		29,166
Kohlendioxid	CO_2	21,556	63,697	- 40,505	9,678	37,11
Distickstoffmonoxid	N_2O	27,317	43,995	- 14,941		38,45
Schwefeldioxid	SO_2	25,719	57,923	- 38,087		39,87
Schwefeltrioxid	SO_3	15,075	151,921	-120,616	36,187 (bis 1200 K)	50,67
Schwefelwasserstoff	H_2S	28,719	16,117	3,284	- 2,653	34,23
Cyanwasserstoff	HCN	24,995	42,710	- 18,062		
Ammoniak	NH_3	25,895	32,581	- 3,046		35,06
Methan	CH_4	17,451	60,459	1,117	- 7,205	35,309
Ethan	C_2H_6	5,351	177,669	- 68,701	8,514	52,63
Propan	C_3H_8	- 5,058	308,503	- 161,779	33,309	73,51
n-Butan	C_4H_{10}	- 0,050	387,045	- 200,824	40,610	97,45
n-Pentan	C_5H_{12}	0,414	480,298	- 255,002	52,815	
n-Hexan	C_6H_{14}	1,790	570,497	- 306,009	63,994	143,09
n-Heptan	C_7H_{16}	3,125	661,013	- 357,435	75,324	
n-Octan	C_8H_{18}	4,452	751,492	- 408,768	86,605	188,87
Ethylen	C_2H_4	11,322	122,005	- 37,903		43,56
Benzol	C_6H_6	- 39,656	501,787	- 337,657	85,462	81,67
Toluol	C_7H_8	- 37,363	573,346	- 362,669	87,056	103,64
o-Xylol	C_8H_{10}	- 16,276	599,442	- 350,933	78,948	
m-Xylol	C_8H_{10}	- 31,941	639,943	- 386,321	89,144	
p-Xylol	C_8H_{10}	- 29,501	624,395	- 367,569	82,705	
Mesitylen	C_9H_{12}	- 25,154	692,084	- 390,451	84,157 (bis 1000 K)	
Pyridin	C_5H_5N	- 12,619	368,539	- 161,774		
Methanol	CH_3OH	18,401	101,562	- 28,681		43,89
Ethanol	C_2H_5OH	14,970	208,560	- 71,090		65,44
Azeton	$(CH_3)_2CO$	8,468	269,454	- 143,448	29,631	

F.3 Thermodynamische Standardbildungsgrößen

Bildungsenthalpien $\Delta^f\overline{H}^0(298)$ in kJ $\cdot$ mol^{-1} und Freie Bildungsenthalpien $\Delta^f\overline{G}^0(298)$ in kJ $\cdot$ mol^{-1} aus den Elementen unter Standardbedingungen (p = 1 atm = 1,01325 bar) bei 298,15 K in kJ mol^{-1} sowie konventionelle molare Entropien $\overline{S}^0(298)$. Standardbedingungen p = 1 atm =

1,01325 bar) bei 298,15 K in J $mol^{-1}K^{-1}$ (g = gasförmig; fl = flüssig; f = fest; aq = in idealisierter wässriger Lösung; $\widetilde{m}$ = 1 mol/1 kg Wasser)[1]). $\overline{C}_p^0(298)$ ist die Molwärme bei konstantem Druck von 1 atm = 1,01325 bar bei T = 298, 15 K in J $\cdot mol^{-1} \cdot K^{-1}$.

Tab. F.3 Anorganische Stoffe

Stoff	Aggregatzustand	$\Delta^f\overline{H}^0(298)$	$\overline{S}^0(298)$	$\Delta^f\overline{G}^0(298)$	$\overline{C}_p^0(298)$
Aluminium Al	f	0	28,32	0	24,4
Al^{+++}	aq	- 524,7	-313,4	- 481,2	
αAl_2O_3 (Korund)	f	- 1675,27	50,94	- 1581,88	79,0
$AlCl_3$	f	- 705,64	109,29	- 630,06	91,8
Argon Ar	g	0	154,72	0	20,8
Arsen As	f	0	35,2	0	24,6
As_2O_5	f	- 914,6	105,4	- 772,4	
$AsCl_3$	fl.	- 335,6	233,5	- 295,0	
$AsCl_3$	g	- 261,5	327,2	- 248,9	75,7
Barium Ba	f	0	64,9	0	28,1
Ba^{++}	aq	- 538,36	12,6	- 561,28	
$BaSO_4$	f	- 1465,2	132,2	- 1353,73	101,8
Bismut Bi	f	0	56,9	0	25,5
$BiCl_3$	f	- 379,11	189,5	- 318,95	105,0
$BiCl_3$	g	-270,70	356,9	- 260,2	
Blei Pb	f	0	64,79	0	26,4
Pb^{++}	aq	1,63	21,34	- 24,31	
PbO	f	- 219,27	65,24	- 188,84	
PbO_2	f	- 270,06	76,47	- 212,42	64,5
$PbCl_2$	f	- 360,66	135,98	- 315,42	
PbS	f	- 94,31	91,2	- 92,68	49,5
$PbSO_4$	f	- 918,39	147,3	- 811,24	
Bor B	f	0	5,87	0	
B_2H_6	g	41,00	233,09	91,80	
BF_3	g	- 1135,62	254,24	- 1119,30	
BF_4^-	aq	- 1527,2	167,4	- 1435,1	
BCl_3	g	- 402,96	290,07	- 387,98	
BCl_3	fl.	- 427,2	206,3	- 387,4	106,7
BN	f	- 250,91	14,79	- 225,03	19,7
Brom Br_2	fl	0	152,08	0	
Br_2	g	30,91	245,38	3,13	36,01
Br	g	111,88	174,91	82,42	20,8
Br^-	aq	- 120,92	80,71	- 102,93	
HBr	g	- 36,44	198,59	- 53,49	29,142
BrCl	g	- 14,64	239,90	- 0,95	
BrF	g	- 93,8	229,0	- 109,2	33,0
Cadmium Cd	f	0	51,76	0	26,0
Cd^{++}	aq	- 72,38	- 61,09	- 77,66	

Tab. F.3 Anorganische Stoffe

Stoff	Aggregatzustand	$\Delta^f\overline{H}^0(298)$	$\overline{S}^0(298)$	$\Delta^f\overline{G}^0(298)$	$\overline{C}_p^0(298)$
$CdSO_4$	f	- 926,17	137,2	- 819,94	99,6
$CdSO_4 \cdot H_2O$	f	- 1231,64	172,0	- 1066,17	
Cäsium Cs	f	0	85,15	0	
Cs^+	aq	- 247,7	133,1	- 281,58	
CsH	g	121,3	214,43	- 102,1	
CsF	f	- 553,5	92,8	- 525,5	51,1
CsBr	f	- 394,6	121,3	- 382,8	
CsI	f	- 336,8	129,7	- 333,0	
Calcium Ca	f	0	41,56	0	25,9
Ca^{++}	aq	- 542,96	- 55,2	- 553,04	
CaH_2	f	- 188,7	41,8	- 149,8	41,0
$Ca(OH)_2$	f	-986,6	76,1	-896,6	
CaF_2	f	- 1225,91	68,57	- 1173,53	67,0
$CaCl_2$	f	- 795,4	108,4	- 748,8	72,9
$CaSO_4$, Anhydrid	f	- 1432,6	106,7	- 1320,5	99,7
$CaSO_4 \cdot H_2O$	f	- 2021,3	193,97	- 1795,8	
CaC_2	f	- 62,8	70,3	- 67,8	62,7
$CaCO_3$, Calcit	f	- 1207,1	92,9	- 1128,8	83,5
$CaCO_3$, Aragonit	f	- 1207,13	88,7	1127,75	82,3
CaO	f	- 635,5	39,7	- 604,2	42,0
$CaSiO_3, \alpha$	f	- 1579,0	87,4	- 1495,4	
Chlor Cl_2	g	0	222,96	0	33,907
Cl	g	121,01	165,08	105,03	21,8
Cl^-	aq	- 167,46	55,10	- 131,17	
ClO_4^-	aq	- 131,42	182,0	- 10,75	
Cl_2O	g	87,86	267,86	105,04	
HCl	g	- 92,31	186,79	- 95,30	29,12
ClF	g	- 50,79	217,84	- 52,29	32,1
ClF_3	g	- 158,87	281,50	- 118,90	
Chrom Cr	f	0	23,85	0	23,4
Cr_2O_3	f	- 1128,4	81,17	- 1046,8	118,7
CrO_4^{--}	aq	- 863,2	38,5	- 706,3	
$HCrO_4^{--}$	aq	- 890,4	69,0	- 742,7	
$Cr_2O_7^{--}$	aq	- 1460,6	213,8	- 1257,3	
Eisen Fe	f	0	27,32	0	25,1
Fe^{++}	aq	- 87,9	- 113,4	- 84,94	
Fe^{+++}	aq	- 47,7	- 293,3	- 10,54	
Fe_3C	f	25,1	104,6	20,1	105,9
FeO	f	- 272,04	60,75	- 251,45	
FeS	f	- 95,06	67,40	- 97,57	50,5
Fe_2O_3	f	- 825,5	87,40	- 743,58	103,9

Tab. F.3 Anorganische Stoffe

Stoff	Aggregatzustand	$\Delta^f\overline{H}^0(298)$	$\overline{S}^0(298)$	$\Delta^f\overline{G}^0(298)$	$\overline{C}_p^0(298)$
Fe_3O_4	f	- 1120,9	145,3	- 1017,51	143,4
FeS_2, Pyrit	f	- 177,9	53,1	- 166,69	62,2
$FeSO_4$	f				
Fluor F_2	g	0	202,70	0	31,3
F	g	78,91	158,64	61,83	22,7
F^-	aq	- 329,11	- 9,6	- 276,5	
HF	g	- 272,55	173,67	- 274,64	
Gold Au	f	0	47,36	0	
$AuCl_4^-$	aq	- 325,5	255,2	- 235,1	
$Au(CN)_2^-$	aq	244,3	414,2	275,5	
Helium He	g	0	126,05	0	20,8
Iod I_2	f	0	116,14	0	
I	g	106,85	180,68	70,29	20,8
I_2	g	62,44	260,58	19,38	
I^-	aq	- 55,94	109,37	- 51,67	
I_3^-	aq	- 51,9	173,6	- 51,51	
IO_3^-	aq	- 230,1	115,9	- 135,6	
HI	g	26,36	206,48	1,57	
ICl	g	17,51	247,46	- 5,72	
IBr	g	40,88	258,84	- 22,43	
Kalium K	f	0	64,67	0	29,6
K	g	89,16	160,23	60,67	20,8
K^+	aq	- 251,21	102,5	- 282,04	
KH	g	125,5	197,9	105,23	
KHF_2	f	- 927,7	104,3	- 859,7	76,9
KF	f	- 562,58	66,57	- 532,87	49,0
KCl	f	- 436,68	82,55	- 408,78	51,3
KBr	f	- 393,80	95,94	- 380,43	52,3
KI	f	- 327,90	106,39	- 323,03	52,9
K_2CO_3	f	- 1151,0	155,5	- 1063,5	114,4
KCN	f	-119,0		-101,9	66,3
$KMnO_4$	f	- 813,4	171,71	- 713,58	117,6
KNO_3	f	- 492,71	132,93	- 392,88	
Kohlenstoff, Graphit	f	0	5,69	0	8,5
Kohlenstoff, Diamant	f	1,90	2,45	2,88	6,1
C	g	714,99	157,99	669,58	20,8
C_2	g	831,9	199,4	775,9	43,2
CO	g	- 110,53	197,54	- 137,16	29,166
CO_2	g	- 393,52	213,69	- 394,40	37,11
CO_3^{--}	aq	- 676,26	- 53,1	- 528,10	
HCO_3^-	aq	- 691,11	95,0	- 587,06	

Tab. F.3 Anorganische Stoffe

Stoff	Aggregatzustand	$\Delta^f\overline{H}^0(298)$	$\overline{S}^0(298)$	$\Delta^f\overline{G}^0(298)$	$\overline{C}_p^0(298)$
CF_4	g	- 933,20	261,31	- 888,54	
CCl_4	fl	- 139,3	214,43	- 68,6	
CCl_4	g	- 95,98	309,70	- 53,67	
CS_2	fl	87,9	151,04	63,6	76,4
CS_2	g	117,07	237,79	66,91	
COS	g	- 138,41	231,47	- 165,64	
CN^-	aq	151,0	118,0	165,7	
HCN	fl	105,44	112,84	121,34	
HCN	g	135,14	201,72	124,71	
C_2N_2 (Dicyan)	g	309,07	241,46	297,55	
Krypton Kr	g	0	163,97	0	20,8
Kupfer Cu	f	0	33,11	0	24,4
Cu^{++}	aq	64,39	- 98,7	64,98	
Cu^+	aq	51,9	- 26,4	50,2	
CuO	f	- 155,85	42,61	- 128,12	
$CuCO_3$	f	- 595,0	87,9	- 518,0	
Cu_2S	f	- 79,5	120,9	- 86,2	76,3
$CuSO_4$	f	- 769,9	113,4	- 661,9	
$CuSO_4 \cdot 5H_2O$	f	- 2277,98	305,4	- 1879,9	
CuS	f	- 48,5	66,5	- 49,0	
$[Cu(NH_3)_4]^{++}$	aq	- 334,3	806,7	- 256,1	
Lithium Li	f	0	29,10	0	24,8
Li^+	aq	- 278,45	14,2	- 293,76	
LiH	f	- 90,63	20,04	- 68,46	27,9
LiF	f	- 616,93	35,66	- 588,67	
$LiCl \cdot H_2O$	f	- 712,58	103,8	- 632,6	
Li_2CO_3	f	- 1215,62	90,37	- 1132,36	
Magnesium Mg	f	0	32,69	0	24,9
Mg^{++}	aq	- 461,96	- 118,0	- 455,97	
MgO	f	- 601,24	26,94	- 568,96	37,2
$Mg(OH)_2$	f	- 924,66	63,14	- 833,7	
$MgCl_2$	f	- 641,62	89,63	- 592,12	
$MgCl_2 \cdot 6H_2O$	f	- 2499,61	366,1	- 2115,60	
$MgCO_3$	f	- 1112,9	65,7	- 1029,3	75,5
$MgSiO_3$	f	- 1548,92	67,77	- 1462,07	
MgH_2	f	- 75,3	31,1	- 35,9	35,4
Mangan, α Mn	f	0	32,01	0	26,3
MnO	f	- 384,9	60ß,2	- 363,2	
Mn^{++}	aq	- 218,8	- 83,7	- 223,4	
MnO_4^-	aq	- 518,4	190,0	-425,1	
Natrium Na	f	0	51,47	0	28,2

Tab. F.3 Anorganische Stoffe

Stoff	Aggregatzustand	$\Delta^f \overline{H}^0(298)$	$\overline{S}^0(298)$	$\Delta^f \overline{G}^0(298)$	$\overline{C}_p^0(298)$
Na	g	107,76	153,61	77,30	20,8
Na^+	aq	- 239,66	60,2	- 261,88	
NaH	g	125,02	187,99	103,68	
NaH	f	- 56,3	40,0	- 33,5	36,4
$NaOH \cdot H_2O$	f	- 732,91	84,5	- 623,42	
NaF	f	- 575,38	51,21	- 545,09	46,9
NaCl	f	- 411,12	72,12	- 384,04	50,5
NaBr	f	- 361,1	86,8	- 349,0	51,4
Na I	f	- 287,8	98,5	- 286,1	52,1
$NaHF_2$	f	- 920,3	90,9	- 852,2	75,0
Na_2CO_3	f	- 1130,77	138,80	- 1048,08	112,3
$NaHCO_3$	f	- 947,7	102,1	- 851,9	
$NaBH_4$	f	- 191,84	101,39	- 127,11	
Neon Ne	g	0	146,22	0	20,8
Nickel Ni	f	0	- 29,9	0	26,1
NiO	f	- 244,3	38,58	- 216,3	
Ni^{++}	aq	64,0	- 159,4	- 46,4	
$NiSO_4$	f	- 872,9	92,0	- 759,7	138,0
$NiSO_4 \cdot 6H_2O$, blau	f	- 2688,2	305,9	- 2221,7	
Palladium Pd	f	0	37,2	0	
Phosphor, rot P	f	0	22,80	0	21,2
P	g	333,86	163,09	292,03	
P_2	g	178,57	218,03	127,16	
P_4	g	128,75	279,88	72,50	
PH_3	g	22,89	210,20	25,41	37,1
PCl_3	g	- 271,12	311,57	- 257,50	
PCl_5	g	- 342,72	364,19	- 278,32	
$POCl_3$	g	- 542,38	325,35	- 502,31	
Platin Pt	f	0	41,8	0	
$PtCl_4^{--}$	aq	- 516,3	175,7	- 384,5	
$PtCl_6^{--}$	aq	- 700,4	220,1	- 515,1	
Quecksilber Hg	fl	0	76,03	0	
Hg	g	61,30	174,87	31,84	20,8
HgO, rot	f	- 90,71	71,96	- 58,91	44,1
Hg_2Cl_2	f	- 264,93	192,54	- 210,52	
Rubidium Rb	f	0	76,23	0	
Rb^+	aq	- 246,4	124,3	- 280,3	
RbBr	f	- 389,1	108,28	- 376,35	
RbI	f	- 328,4	118,03	- 323,4	
Sauerstoff O_2	g	0	205,03	0	29,355
O	g	249,19	160,95	231,77	21,9

Tab. F.3 Anorganische Stoffe

Stoff	Aggregatzustand	$\Delta^f\overline{H}^0$(298)	$\overline{S}^0$(298)	$\Delta^f\overline{G}^0$(298)	$\overline{C}_p^0$(298)
O_3	g	142,67	238,82	163,16	39,2
OH	g	39,46	183,59	34,76	29,9
OH^-	aq	- 229,95	- 10,54	- 157,32	
H_2O	fl	- 285,84	69,94	- 237,19	75,3
H_2O	g	- 241,83	188,72	- 228,60	33,577
H_2O_2	fl	- 187,78	109,6	120,35	89,1
HO_2	g	10,5	229,0	22,6	34,9
Schwefel, rhomb. S	f	0	31,93	0	22,6
S, monoklin	f	0,30	32,55	0,10	
S	g	278,99	167,72	238,50	20,8
S_2	g	129,03	228,07	80,07	32,5
SO_2	g	- 296,84	248,10	- 300,16	39,87
SO_3	g	- 395,76	256,66	- 371,07	50,67
H_2SO_4	fl	- 814,0	156,9	- 690,0	138,9
SO_3^{--}	aq	- 624,3	43,5	- 497,1	
SO_4^{--}	aq	- 907,5	17,2	- 741,99	
$S_2O_3^{--}$	aq	- 644,3	121,3	- 532,2	
H_2S	g	- 20,42	205,65	- 33,28	34,23
HS^-	aq	- 17,66	61,1	12,59	
HSO_3^-	aq	- 627,98	132,38	- 527,31	
HSO_4^-	aq	- 885,75	126,86	- 752,87	
SF_6	g	- 1220,85	291,68	- 1116,99	97,0
Silber Ag	f	0	42,70	0	25,4
Ag^+	aq	105,90	73,93	77,11	
Ag_2O	f	- 30,57	121,71	- 10,82	
AgF	f	202,9	83,7	- 184,9	
AgCl	f	- 127,04	96,11	- 109,72	50,8
AgBr	f	- 995,0	107,11	- 96,11	52,4
AgI	f	- 62,38	114,2	- 66,32	
$AgNO_3$	f	- 123,14	140,92	- 32,17	
AgCN	f	146,19	83,7	164,01	
$Ag(CN)_2^-$	aq	269,9	205,0	301,46	
Silicium Si	f	0	18,82	0	
SiO_2, Quarz	f	- 910,86	44,59	- 856,48	44,4
SiO_2, Kristobalit, β	f	- 905,49	50,05	- 853,67	
SiO_2, Tridymit	f	- 856,88	43,35	- 802,91	
SiH_4	g	+ 32,64	204,13	+ 55,16	42,8
SiF_4	g	- 1614,94	282,14	- 1572,58	
$SiCl_4$	fl	- 687,0	239,32	- 619,8	145,3
$SiCl_4$	g	- 657,31	330,83	- 617,38	
$Si(CH_3)_4$	fl	- 264,0	277,3	- 100,1	

Tab. F.3 Anorganische Stoffe

Stoff	Aggregatzustand	$\Delta^f\overline{H}^0(298)$	$\overline{S}^0(298)$	$\Delta^f\overline{G}^0(298)$	$\overline{C}_p^0(298)$
SiC (hexag.) α	f	- 71,55	16,48	- 69,15	26,9
Stickstoff N_2	g	0	191,50	0	29,125
N	g	472,65	153,19	455,51	20,8
N_2O	g	82,05	219,85	104,16	38,45
NO	g	90,29	210,65	86,60	29,84
NO_2	g	33,10	239,92	51,24	37,2
N_2O_4	g	9,08	304,28	97,72	77,28
NO_3^-	aq	- 206,56	146,4	- 110,50	
NH_3	g	- 45,90	192,60	16,38	35,06
NH_4^+	aq	- 132,8	112,84	- 79,50	
NH_4Cl	f	- 315,39	94,6	- 203,89	84,1
N_2H_4 (Hydrazin)	fl	50,6	121,2	149,3	98,9
NOCl	g	51,76	261,61	66,11	
NOBr	g	82,13	273,41	82,42	
HNO_3	fl	- 174,1	155,6	- 80,7	109,9
$(NH_4)_2SO_4$	f	- 1179,30	220,29	- 900,35	187,5
$(NH_4)NO_3$	f	- 365,6	151,1	-183,9	139,3
Titan, α Ti	f	0	30,65	0	
TiO_2, Rutil	f	- 944,75	50,34	- 889,49	
$TiCl_4$	fl	- 804,16	252,40	- 737,33	
$FeTiO_3$	f	- 1207,08	105,86	- 1125,08	
Uran U	f	0	50,33	0	
UO_2	f	- 1129,7	77,80	- 1075,3	63,6
UO_2^+	aq	- 1035,1	50,2	- 994,2	
UO_2^{++}	aq	- 1047,7	- 71,1	- 989,1	
UO_3	f	- 1263,6	98,62	- 1184,1	
UF_6	f	- 2163,1	227,82	- 2033,4	166,8
UF_6	g	- 2112,9	379,74	- 2029,2	
$UO_2(NO_3)_2$	f	- 1377,4	276,1	- 1142,7	
Wasserstoff H_2	g	0	130,57	0	28,824
H	g	217,99	114,61	203,28	20,8
H^+	aq	0	0	0	
D_2	g	0	144,78	0	
D	g	221,68	123,24	206,51	20,8
HD	g	0,16	143,68	- 1,64	
OH	g	39,46	183,59	34,76	
OH^-	aq	- 229,95	- 10,54	- 157,32	
H_2O	fl	- 285,84	69,94	- 237,19	75,3
H_2O	g	- 241,83	188,72	- 228,60	33,577
D_2O	fl	- 294,61	75,99	- 243,53	
D_2O	g	- 249,21	198,23	- 234,58	

Tab. F.3 Anorganische Stoffe

Stoff	Aggregatzustand	$\Delta^{f}\overline{H}^{0}(298)$	$\overline{S}^{0}(298)$	$\Delta^{f}\overline{G}^{0}(298)$	$\overline{C}_{p}^{0}(298)$
HDO	fl	- 290,34	79,29	- 242,36	
HDO	g	- 245,75	199,41	- 233,58	
Wolfram W	f	0	32,66	0	
Xenon Xe	g	0	169,58	0	20,8
Zink Zn	f	0	41,63	0	25,4
Zn	g	130,50	160,87	94,93	20,8
Zn^{++}	aq	- 152,42	- 106,48	- 147,28	
ZnO	f	- 348,28	43,64	- 318,30	
ZnS	f	- 202,9	57,7	- 198,3	
Zinn, weiß Sn	f	0	51,42	0	27,0
Sn, grau	f	2,5	44,8	4,6	25,8
SnO	f	- 286,2	56,5	- 257,3	
$SnCl_4$	fl	- 545,2	258,6	- 474,0	
SnO_2	f	- 580,7	52,3	- 519,7	

Tab. F.4 Organische Stoffe

Stoff	Aggregatzustand	$\Delta^{f}\overline{H}^{0}(298)$	$\overline{S}^{0}(298)$	$\Delta^{f}\overline{G}^{0}(298)$	$\overline{C}_{p}^{0}$
Methan CH_4	g	- 74,8	186,15	- 50,81	3[illegible]
Methyl CH_3	g	145,7	194,2	147,9	3[illegible]
Methylen CH_2	g	390,4	194,9	372,9	3[illegible]
Ethan C_2H_6	g	- 84,68	229,49	- 32,89	5[illegible]
Propan C_3H_8	g	- 103,85	269,91	- 23,47	7[illegible]
n-Butan C_4H_{10}	g	- 124,73	310,03	- 15,69	9[illegible]
2-Methylpropan C_4H_{10}	g	- 131,59	294,64	- 17,99	
n-Pentan C_5H_{12}	g	- 146,44	348,40	- 8,20	
n-Pentan C_5H_{12}	fl	- 173,05	262,71	- 9,25	
2-Methylbutan C_5H_{12}	g	- 154,47	343,00	- 14,64	
2-Methylbutan C_5H_{12}	fl	- 179,28	261,00	- 15,02	
n-Hexan C_6H_{14}	g	- 167,19	386,81	0,21	14[illegible]
n-Hexan C_6H_{14}	fl	- 198,82	294,30	- 381	
n-Heptan C_7H_{16}	g	- 187,82	425,26	8,74	
n-Heptan C_7H_{16}	fl	- 224,39	326,02	1,76	
n-Octan C_8H_{18}	g	- 208,45	463,67	17,32	18[illegible]
n-Octan C_8H_{18}	fl	- 249,95	357,73	7,41	2[illegible]
2,2,3-Trimethylpentan C_8H_{18}	g	- 220,12	425,18	17,11	
n-Dekan $C_{10}H_{22}$	g	- 249,66	540,53	34,43	
n-Eicosan $C_{20}H_{42}$	g	- 455,76	924,75	120,12	
Cyclopentan C_5H_{10}	g	- 77,24	292,88	38,62	
Cyclohexan C_6H_{12}	g	- 123,14	298,24	31,76	
Ethylen C_2H_4	g	52,3	219,45	68,12	4[illegible]

Tab. F.4 Organische Stoffe

Stoff	Aggregatzustand	$\Delta^f\overline{H}^0(298)$	$\overline{S}^0(298)$	$\Delta^f\overline{G}^0(298)$	$\overline{C}_p^0(298)$
Propylen C_3H_6	g	20,42	266,94	62,72	
1-Buten C_4H_8	g	- 0,13	305,60	71,50	
cis 2-Buten C_4H_8	g	- 6,99	300,83	65,86	
trans-2-Buten C_4H_8	g	- 11,17	296,48	62,97	
2-Methyl-2-Propen C_4H_8 (Isobuten)	g	- 16,90	293,59	58,07	
1,3-Butadien C_4H_6	g	111,92	278,74	152,42	
Acetylen C_2H_2	g	226,73	200,83	209,20	43,9
Methylacetylen C_3H_4	g	185,43	248,11	193,76	
Dimethylacetylen C_4H_6	g	147,99	283,30	187,15	
Benzol C_6H_6	g	82,93	269,20	129,66	81,67
Benzol C_6H_6	fl	49,04	172,80	124,52	136,3
Toluol C_7H_8	g	50,00	319,74	122,30	103,64
Toluol C_7H_8	fl	12,01	219,58	114,14	157,3
Ethylbenzol C_8H_{10}	g	29,79	360,45	130,58	
Ethylbenzol C_8H_{10}	fl	- 12,47	255,18	119,70	
o-Xylol C_8H_{10}	g	19,00	372,75	122,09	
o-Xylol C_8H_{10}	fl	- 24,43	246,48	110,33	
m-Xylol C_8H_{10}	g	17,24	357,69	118,67	
m-Xylol C_8H_{10}	fl	- 25,44	252,17	107,65	
p-Xylol C_8H_{10}	g	17,95	352,42	121,13	
p-Xylol C_8H_{10}	fl	- 24,43	247,36	110,08	
Mesitylen C_9H_{12}	g	16,07	385,56	117,86	
Mesitylen C_9H_{12}	fl	- 63,51	273,42	103,89	
Styrol C_8H_8	g	147,78	345,10	213,80	
Naphtalin $C_{10}H_8$	f	77,9	167,4		165,7
Biphenyl $C_{12}H_{10}$	f	99,4	209,4		198,4
Methanol CH_3OH	g	- 201,17	237,65	- 161,88	43,89
Methanol CH_3OH	fl	- 238,57	126,78	- 166,23	81,1
Ethanol C_2H_5OH	g	- 235,31	282,00	- 168,62	65,44
Ethanol C_2H_5OH	fl	- 277,65	160,67	- 174,77	112,3
Glykol $(CH_2OH)_2$	fl	- 454,30	166,94	- 322,67	
Ethylenoxid C_2H_4O	g	- 51,00	243,09	- 11,67	
Formaldehyd CH_2O	g	- 115,90	218,66	- 110,04	
Acetaldehyd C_2H_4O	g	- 166,36	265,68	- 133,72	
Ameisensäure HCOOH	g	- 362,63	251,04	- 335,72	
Ameisensäure, dimer $(HCOOH)_2$	g	- 785,34	347,69	- 685,34	
Ameisensäure HCOOH	fl	- 409,20	128,95	- 346,02	
Formiat-Ion $HCOO^-$	aq	- 410,03	91,63	- 334,72	
Essigsäure CH_3COOH	fl	- 487,02	159,83	- 392,46	123,3
Essigsäure CH_3COOH	g	- 432,8	282,50	- 374,5	66,5
Oxalsäure $(COOH)_2$	fl	- 826,76	120,08	- 697,89	91,0

Tab. F.4 Organische Stoffe

Stoff	Aggregatzustand	$\Delta^f \overline{H}^0(298)$	$\overline{S}^0(298)$	$\Delta^f \overline{G}^0(298)$	$\overline{C}_p^0$
Oxalat-Ion $C_2O_4^{--}$	aq	- 824,25	51,04	- 674,88	
Hydrogenoxalat $HC_2O_4^-$	aq	- 817,97	153,55	- 699,15	
Hydrogenoxalat-Ion $HC_2O_4^-$	aq	- 817,97	153,55	- 699,15	
Dimethylether $(CH_2)_2O$	g	- 185,35	266,60	- 114,22	6
Aceton (C_3H_6O)	fl	- 248,1	200,4	- 155,4	1
Phenol C_6H_6O	f	- 165,1	144,0		1
Tetrafluormethan CF_4	g	- 933,20	261,31	- 888,54	
Chlormethan CH_3Cl	g	- 86,44	234,25	- 62,95	4
Trichlormethan $CHCl_3$	g	- 103,18	295,51	- 70,41	
Trichlormethan $CHCl_3$	fl	- 131,80	202,92	- 71,55	1
Tetrachlormethan CCl_4	g	- 95,98	309,70	53,67	
Tetrachlormethan CCl_4	fl	- 139,33	214,43	- 68,62	
Chlorethan C_2H_5Cl	g	- 105,02	275,73	- 53,14	
1,2-Dichlorethan $C_2H_4Cl_2$	fl	- 166,10	208,53	- 80,33	
Chlordifluormethan $CHClF_2$	g	- 482,6	280,9		
Tetrachlorethylen C_2Cl_4	fl	- 50,6	266,9	3,0	1
1,1,1,2-Tetrachloro-2,2-difluoromethan, $C_2Cl_4F_2$	g	- 489,9	382,9	- 407,0	1
Cyanwasserstoff HCN	g	135,14	201,72	124,71	
Cyanwasserstoff HCN	fl	105,44	112,84	121,34	7
Cyanid-Ion CN^-	aq	151,04	117,99	165,69	
Methylamin CH_3NH_2	g	- 28,03	241,63	27,61	
Dimethylamin $HN(CH_3)_2$	g	- 18,5	273,17	68,5	7
Trimethylamin $N(CH_3)_3$	g	- 46,02	288,78	76,73	
Nitromethan CH_3NO_2	fl	- 89,04	171,96	9,46	
Harnstoff $CO(NH_2)_2$	f	- 333,17	104,60	- 197,15	
Azetonitril C_2H_3N	g	87,86	243,43	105,44	
Azetonitril C_2H_3N	fl	53,14	144,35	100,42	9

G Allgemeines zum Konzept des freien Volumens

Das freie Volumen eines Fluids ist der freie Raum, der den Molekülen verbleibt, um sich darin wie quasiideale Gasteilchen zu bewegen. Nach der v. d. Waals-Gleichung gilt z. B. für das auf ein Mol bezogene freie Volumen $v_\mathrm{f} \cong \overline{V} - b$ (b = Eigenvolumen pro Mol).

Wir wollen zeigen, wie man v_f unabhängig von einem Modell definieren und experimentell zugänglich machen kann.

Für die freie Energie F gilt:

$$F = U - T \cdot S$$

und für ideale Gase mit Bezug auf T_0 und V_0:

$$\overline{F}(V,T) - \overline{F}(\overline{V}_0, T_0) = \overline{U}(T) - \overline{U}(T_0) - RT \ln \frac{\overline{V}}{\overline{V}_0}$$

Für reale Fluide führt man statt $\overline{V}$ jetzt v_F ein und addiert eine attraktive Wechselwirkungsenergie φ, die nur von V abhängt (z. B. $\varphi(\overline{V}) = a/\overline{V}$ wie bei v. d. Waals). Für die molare freie Energie $\overline{F}$ des realen Fluids gilt dann formal:

$$\boxed{\overline{F} = [\overline{F}(\overline{V}_0, T_0) - \overline{U}(T_0) + \overline{U}(T)]_\mathrm{id.Gas} - RT \ln \frac{v_f}{\overline{V}_0} - \varphi(V)}$$

Die thermische Zustandsgleichung $P(T, \overline{V})$ ergibt sich dann aus:

$$-\left(\frac{\partial \overline{F}}{\partial \overline{V}}\right)_T = p = RT \left(\frac{\partial \ln v_f}{\partial \overline{V}}\right)_T + \frac{\mathrm{d}\varphi}{\mathrm{d}\overline{V}}$$

Wir verwenden jetzt unter der Annahme, dass $(\mathrm{d}\varphi/\mathrm{d}\overline{V})$ unabhängig von T ist:

$$\frac{\alpha_\mathrm{p}}{\kappa_T} = \left(\frac{\partial p}{\partial T}\right)_{\overline{V}} = \left(\frac{\partial \overline{S}}{\partial \overline{V}}\right)_T = -\left(\frac{\partial^2 \overline{F}}{\partial T \partial \overline{V}}\right) = R \frac{1}{v_f} \frac{\mathrm{d}v_\mathrm{f}}{\mathrm{d}\overline{V}}$$

Um v_f aus experimentellen α_p- und κ_T-Daten abzuschätzen, setzen wir als Beispiel $\mathrm{d}v_\mathrm{f}/\mathrm{d}\overline{V} = 1$ (nach v. d. Waals gilt das korrekt wegen $v_F = \overline{V} - b$) und erhalten:

$$\frac{\alpha_\mathrm{p}}{\kappa_T} \cong \frac{R}{v_\mathrm{f}} \quad \text{bzw.} \quad v_\mathrm{f} \cong R\left(\frac{\kappa_T}{\alpha_\mathrm{p}}\right) \tag{G.1}$$

v_f ist hier das auf 1 Mol bezogene freie Volumen.

Tab. G.1 Daten für Flüssigkeiten (298,15 K)

	$\alpha_p \cdot 10^5$	$\kappa_T \cdot 10^{11}$	$\overline{V} \cdot 10^6$	$\upsilon_f \cdot 10^6$	$\frac{\upsilon_f}{\overline{V}} \cdot 100$
Glyzerin	50	20	73	3,3	4,5
Brom Br_2	111	60	51	4,5	8,8
Hg	20	3,8	15	15	10,7
CCl_4	114	105	97	7,7	7,9
Heptan	126	144	147	9,5	6,5
Cyclohexan	115	113	109	8,2	7,5
Methanol	149	124	41	6,9	16,8
Ethanol	112	115	59	8,5	14,4
Hexanol	86	84	125	8,1	6,5
Benzol	115	96	90	7,0	7,8

Die folgende Tabelle zeigt einige Daten für Flüssigkeiten bei 298,15 K. α_p in K^{-1}, κ_T in Pa^{-1}, $\overline{V}$ und υ_f in $m^3 \cdot mol^{-1}$

Man sieht, dass das freie Volumen von verschiedenen Flüssigkeiten zwischen 5 % und 15 % des Gesamtvolumens liegt. Das ist natürlich nur eine grobe Abschätzung, trifft aber die richtige Größenordnung und zeigt, dass in Flüssigkeiten die Moleküle dicht gepackt sind.

Für Wasser funktioniert die Methode übrigens nicht, da die Wassermoleküle im flüssigen Zustand durch H-Brückenbildung hoch strukturiert sind und die einfachen Voraussetzungen, die der Ableitung von Gl. (G.1) zu Grunde liegen, beim Wasser nicht erfüllt sind.

Auch die Werte für Glyzerin, Methanol und Ethanol fallen etwas heraus, da hier H-Brückenbindungen ebenfalls eine gewisse Rolle spielen. Das gilt eigentlich auch für Hexanol, aber der Einfluss ist hier nur noch sehr gering.

H Schallgeschwindigkeit in fluiden Medien

Die Ausbreitung von Schall beruht auf lokalen und zeitlichen Schwankungen des Druckes p und der Massendichte ϱ in einem fluiden oder festen Medium. Zwei grundsätzliche Gleichungen werden zur Beschreibung dieses Vorgangs benötigt. Wir wählen die x-Achse als Ausbreitungsrichtung für den Schall und betrachten dazu Abb. H.1. Die Kraft (pro Einheitsvolumen) in x-Richtung, die auf ein Volumenelement $A \cdot \mathrm{d}x$ wirkt, ist in ihrer Richtung entgegengesetzt dem Gradienten des Drucks.Die Summe der an $\mathrm{d}V$ angreifenden Kräfte muss Null sein, denn $\mathrm{d}V$ als Ganzes bleibt ja in Ruhe. Wendet man das Newton'sche Kraftgesetz (Kraft = Masse mal Beschleunigung) hier bezogen auf ein Volumenelement des betrachteten Mediums an, so ergibt sich:

$$\left(\frac{\partial p}{\partial x}\right)_t + \varrho\left(\frac{\partial \upsilon}{\partial t}\right)_x = 0 \tag{H.1}$$

wobei υ die Geschwindigkeit des lokalen Massenelementes im Volumenelement ist. Andere Kräfte, wie Reibungskräfte, werden vernachlässigt.

Eine zweite Gleichung sorgt dafür, dass die Masse im Volumenelement erhalten bleibt (Massenbilanzgleichung):

$$\left(\frac{\partial \varrho}{\partial t}\right)_x + \frac{\partial}{\partial x}\left[\varrho \cdot \upsilon\right]_t = 0 \tag{H.2}$$

d. h., die zeitliche Änderung der lokalen Dichte im Volumenelement $A \cdot dx$ muss durch die Bilanz des Massenflusses $\varrho \cdot \upsilon_x \mathrm{d}x - (\varrho \cdot \upsilon)_x$ gerade kompensiert werden.

Für Änderungen der lokalen Werte von p und ϱ gegenüber dem kräftefreien Zustand p_0 und ϱ_0 gilt:

$$\begin{aligned} p &= p_0 + \Delta p(x,t) \\ \varrho &= \varrho_0 + \Delta\varrho(x,t) \end{aligned}$$

Einsetzen in Gl. (H.1) und (H.2) ergibt:

$$\left(\frac{\partial \Delta p}{\partial x}\right)_t + (\varrho_0 + \Delta\varrho)\left(\frac{\partial \upsilon}{\partial t}\right)_x \approx \left(\frac{\partial \Delta p}{\partial x}\right)_t + \varrho_0\left(\frac{\partial \upsilon}{\partial t}\right)_x = 0 \tag{H.3}$$

und

$$\left(\frac{\partial \Delta\varrho}{\partial t}\right)_x + \frac{\partial}{\partial x}\left[(\varrho_0 + \Delta\varrho)\cdot \upsilon\right] \approx \left(\frac{\partial \Delta\varrho}{\partial t}\right)_x + \varrho_0\left(\frac{\partial \upsilon}{\partial x}\right)_t = 0 \tag{H.4}$$

wobei wegen $\Delta\varrho \ll \varrho_0$ der Wert von $\Delta\varrho$ neben ϱ_0 in guter Näherung vernachlässigt werden darf.

Mit den Gln. (H.3) und (H.4) liegen zwei gekoppelte Differentialgleichungen für die 3 Unbekannten $\Delta p, \Delta\varrho$ und υ vor. Eine weitere Beziehung erhält man aus einem funktionalen Zusammenhang zwischen Δp und $\Delta\varrho$ bzw. p und ϱ. Um diesen zu erhalten, nehmen wir an, dass Kompression

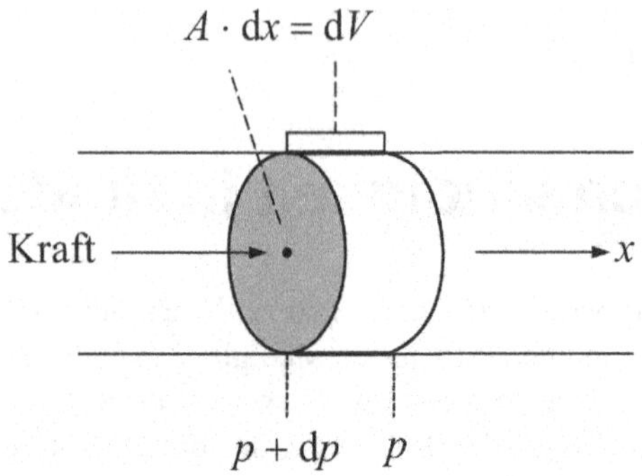

Abb. H.1 Zur Schallausbreitung in fluiden Systemen (s. Text)

und Dilatation, also $\varrho(p)$ unter adiabaten *und* quasistatischen Bedingungen stattfinden. Das wird umso besser erfüllt sein, je geringer die Störungen Δp und $\Delta\varrho$ sind. Das System, das kleinen und kurzzeitigen Schwankungen um die Ruhewerte p_0 und ϱ_0 unterworfen ist, hat keine Zeit, Wärme δQ mit der Umgebung auszutauschen. Wenn Kräftegleichheit herrscht (Gl. (H.1)) und alle Prozesse nahezu reibungsfrei ablaufen, ist $\delta W_{\text{diss}} = 0$ (quasistatischer Prozess). Diese Voraussetzung ist schon in Gl. (H.1) enthalten, wo ja Reibungskräfte in der Kräftebilanz vernachlässigt wurden. Mit anderen Worten: die Schallausbreitung findet in der betrachteten Näherung unter *isentropen* Bedingungen statt ($S = \text{const.}, \mathrm{d}S = 0$).

Differenziert man Gl. (H.3) partiell nach x und Gl. (H.4) partiell nach t und subtrahiert diese Ausdrücke voneinander, erhält man:

$$\left(\frac{\partial^2 \Delta p}{\partial x^2}\right)_t - \left(\frac{\partial^2 \Delta\varrho}{\partial t^2}\right)_x = 0 \tag{H.5}$$

Jetzt berücksichtigen wir den isentropen Zusammenhang zwischen p und ϱ. Es gilt ja (s. Abschnitt 5.5):

$$\kappa_S = -\frac{1}{V}\left(\frac{\partial V}{\partial p}\right)_S \tag{H.6}$$

wobei κ_S die isentrope Kompressibilität ist. Für Gl. (H.6) kann man auch schreiben:

$$\left(\frac{\partial p}{\partial \varrho}\right)_S = \frac{1}{\kappa_S \cdot \varrho}$$

oder wegen der Kleinheit von Δp und $\Delta\varrho$:

$$\Delta p \cong \frac{1}{\kappa_S \cdot \varrho_S} \cdot \Delta\varrho$$

Eingesetzt in Gl. (H.5) ergibt das:

$$\boxed{\frac{1}{\kappa_S \varrho_0}\left(\frac{\partial^2 \varrho}{\partial x^2}\right)_t = \left(\frac{\partial^2 \varrho}{\partial t^2}\right)_x}$$

wobei wir $p = p_0 + \Delta p$ und $\varrho = \varrho_0 + \Delta\varrho$ statt Δp und $\Delta\varrho$ schreiben können, da ja p_0 und ϱ_0 konstante Größen sind.

Diese partielle Differentialgleichung 2. Ordnung heißt *Wellengleichung*. Ihre allgemeine Lösung lautet:

$$\varrho(x,t) = f_1(x + \upsilon_S \cdot t) + f_2(x - \upsilon_S \cdot t)$$

wobei $f_1(z)$ und $f_2(\widetilde{z})$ beliebige, mindestens zweimal differenzierbare Funktionen von $z = x + \upsilon_S \cdot t$ bzw. $\widetilde{z} = x - \upsilon_S \cdot t$ sind. Die Lösung überprüft man durch Einsetzen:

$$\frac{1}{\kappa_S \varrho_0}\left[\frac{\partial^2 f_1}{\partial z^2} + \frac{\partial^2 f_2}{\partial \widetilde{z}^2}\right] = \upsilon_S^2 \left[\frac{\partial^2 f_1}{\partial z^2} + \frac{\partial^2 f_2}{\partial \widetilde{z}^2}\right]$$

f_1 und f_2 sind wandernde Dichteschwankungen,also Schallwellen, denn unter Beibehaltung ihrer funktionalen Abhängigkeit von x verschieben sie sich mit der Geschwindigkeit υ_S in positiver bzw. negativer x-Richtung. Es gilt also für die *Schallgeschwindigkeit* υ_S*:*

$$\boxed{\upsilon_S = (\kappa_S \cdot \varrho_0)^{-1/2}}$$

in Übereinstimmung mit Gl. (5.24), da $M/\overline{V}$ identisch mit ϱ_0 ist.

I Weitere thermodynamische Potentiale

Die Gibbs'sche Fundamentalgleichung in integrierter Form lautet entsprechend Gl. (5.49):

$$U(V, S, l_j, n_i) = TS - pV + \sum_j \lambda_j l_j + \sum_i \mu_i n_i$$

Davon ausgehend ergeben sich durch Legendre-Transformationen die anderen thermodynamischen Potentiale, die wir bereits kennengelernt hatten:

$$H(p, S, l_j, n_i) = U + pV = U - p\left(\frac{\partial H}{\partial p}\right)_{S,n_i,l_j} + \sum_j \lambda_j l_j + \sum_i \mu_i n_i$$

$$F(V, T, l_j, n_i) = U - TS = U + T\left(\frac{\partial F}{\partial T}\right)_{V,n_i,l_j} + \sum_j \lambda_j l_j + \sum_i \mu_i n_i$$

$$G(p, T, l_j, n_i) = U + pV - TS = H - TS = H + T\left(\frac{\partial G}{\partial T}\right)_{p,n_i,l_j} + \sum_j \lambda_j l_j + \sum_i \mu_i n_i$$

$$= F + pV = F - V\left(\frac{\partial F}{\partial V}\right)_{T,n_i,l_j} + \sum_j \lambda_j l_j + \sum_i \mu_i n_i$$

Dieses Verfahren der Legendre-Transformationen lässt sich ohne weiteres fortsetzen. So lassen sich z. B. weitere thermodynamische Potentiale definieren:

$$I(V, S, \mu_i, l_j) = U - \sum_i \mu_i n_i = TS - pV + \sum_j \lambda_j l_j$$

$$K(p, S, \mu_i, l_j) = H - \sum_i \mu_i n_i = TS + \sum_j \lambda_j l_j$$

$$J(T, V, \mu_i, l_j) = F - \sum_i \mu_i n_i = -pV + \sum_j \lambda_j l_j$$

$$L(T, p, \mu_i, l_j) = G - \sum_i \mu_i n_i = \sum_j \lambda_j l_j$$

Mit

$$\mathrm{d}U = T\mathrm{d}S - p\mathrm{d}V + \sum_i \mu_i \mathrm{d}n_i + \sum_i \lambda_j \mathrm{d}l_j$$

folgt für die totalen Differentiale:

$$\mathrm{d}I = \mathrm{d}U - \sum_i \mu_i \mathrm{d}n_i - \sum_i n_i \mathrm{d}\mu_i = T\mathrm{d}S - p\mathrm{d}V - \sum_i n_i \mathrm{d}\mu_i + \sum_j \lambda_j \mathrm{d}l_j$$

und entsprechend dem bekannten Verfahren:

$$dK = TdS + Vdp - \sum_i n_i d\mu_i + \sum_j \lambda_j dl_j$$
$$dJ = -S\,dT - pdV - \sum_i n_i d\mu_i + \sum_j \lambda_j dl_j$$
$$dL = -S\,dT + Vdp - \sum_i n_i d\mu_i + \sum_j \lambda_j dl_j$$

für die partiellen Differentialquotienten gilt dann z. B.:

$$\left(\frac{\partial J}{\partial T}\right)_{V,\mu_i,l_j} = -S, \quad \left(\frac{\partial J}{\partial V}\right)_{T,\mu_i,l_j} = -p, \quad \left(\frac{\partial J}{\partial \mu_i}\right)_{T,\mu_{k\neq i},l_j} = -n_i$$

$$\left(\frac{\partial J}{\partial l_j}\right)_{T,\mu_i l_{k\neq j}} = \lambda_j$$

Das thermodynamische Potential $J(T, V, \mu_i, l_j)$ heißt das *große Potential,* es spielt in der statistischen Thermodynamik bei der Definition der sog. großkanonischen Gesamtheit (grand canonical ensemble) eine zentrale Rolle.

Man sieht dieser Verallgemeinerung des Verfahrens der Legendre-Transformation an, dass es noch viele Möglichkeiten gibt, andere thermodynamische Potentiale zu definieren. Nur wenige haben jedoch Bedeutung und praktische Anwendung gefunden.

Wir erwähnen noch zwei weitere thermodynamische Potentiale, die sich aus der Entropiedarstellung der integrierten Gibbs'schen Fundamentalgleichung ergeben:

$$S = \frac{U}{T} + V\frac{p}{T} + \sum_j \frac{\lambda_j}{T} l_j + \sum_i \frac{\mu_i}{T} \cdot n_i$$

$$\Phi\left(\frac{1}{T}, V, n_i, l_j\right) = S - \frac{U}{T} = -\frac{F}{T} \qquad \text{(Massieu – Funktion)}$$

$$\Psi\left(\frac{1}{T}, \frac{p}{T}, n_i, l_j\right) = S - \frac{U}{T} - \frac{pV}{T} = -\frac{G}{T} \qquad \text{(Planck – Funktion)}$$

Die Funktion Φ wurde schon im Jahr 1869 als erstes thermodynamisches Potential von Massieu eingeführt, Ψ von Planck um das Jahr 1885. Beide Funktionen sind Legendre-Transformationen der Entropie. Die Massieu-Funktion spielt in der Theorie der „Thermodynamik der irreversiblen Prozesse" eine wichtige Rolle.

Die totalen Differentiale von Φ und Ψ erhält man durch Einsetzen der Gibbs'schen Fundamentalgleichung in der differentiellen Entropie-Form:

$$dS = \frac{dU}{T} + \frac{p}{T}\,dV - \sum_i \frac{\mu_i}{T}\,dn_i - \sum_j \frac{\lambda_i}{T}\,dl_i$$

in

$$d\Phi = dS - \frac{dU}{T} - U\,d\left(\frac{1}{T}\right)$$

und in

$$d\Psi = dS - \frac{dU}{T} - U d\left(\frac{1}{T}\right) - \frac{p}{T} dV - V d\left(\frac{p}{T}\right)$$

mit dem Ergebnis:

$$d\Phi = -U \cdot d\left(\frac{1}{T}\right) + \frac{p}{T} dV - \sum_i \frac{\mu_i}{T} dn_i - \sum_j \frac{\lambda_i}{T} dl_j$$

$$d\Psi = -U \cdot d\left(\frac{1}{T}\right) - V d\left(\frac{p}{T}\right) - \sum_i \frac{\mu_i}{T} dn_i - \sum_j \frac{\lambda_i}{T} dl_j$$

Daraus lassen sich wieder durch Koeffizientenvergleich die partiellen Differentiale von Φ nach $1/T, V, n_i$ und l_j bzw. von Ψ nach $1/T, p/T, n_i, l_j$ sofort angeben, also z. B.

$$\left(\frac{\partial \Phi}{\partial V}\right)_{\frac{1}{T}, n_i, l_j} = \frac{p}{T}$$

oder

$$\left(\frac{\partial \Psi}{\partial \frac{1}{T}}\right)_{\frac{p}{T}, n_i, l_j} = -U$$

Wir verzichten auf eine vollständige Darstellung, da sie offensichtlich ist.

Alle hier erwähnten thermodynamischen Potentiale (I, K, J, L, Φ, Ψ) sind U, S, F und G völlig äquivalent. Sie enthalten alle thermodynamischen Informationen eines gegebenen Systems und aus ihren Ableitungen nach den entsprechenden Variablen können kalorische und thermische Zustandsgleichungen erhalten werden. Alle thermodynamischen Potentiale sind in adäquater Weise geeignet, thermodynamische Gleichgewichtsbedingungen und Stabilitätsbedingungen abzuleiten.

So lässt sich, z. B., die Planck-Funktion Ψ genauso wie G zur Formulierung der chemischen Reaktionsgleichgewichtsbedingungen verwenden. Sind alle $dl_j = 0$, so ergibt sich:

$$d\Psi = -U d\left(\frac{1}{T}\right) - V d\left(\frac{p}{T}\right) - \sum_i \frac{\mu_i}{T} dn_i$$

Wenn jetzt $dn_i = \nu_i d\xi$ gesetzt wird, folgt bei $T = \text{const.}$ und $p = \text{const.}$:

$$d\Psi = -\sum_i \mu_i \frac{\nu_i}{T} d\xi = -\frac{1}{T}\left(\sum \nu_i \mu_i\right) d\xi = -\frac{1}{T}\left(\frac{\partial G}{\partial \xi}\right)_{p,T} \cdot d\xi$$

Da $(\partial G/\partial \xi)_{T,p} = 0$ im chemischen Gleichgewicht ist, gilt auch $d\Psi_{1/T, p/T} = 0$ bzw. $(\partial \Psi/\partial \xi)_{1/T, p/T} = 0$.

J SI-Einheiten physikalischer Größen und Fundamentalkonstanten

SI-Einheiten für physikalische Größen und Fundamentalkonstanten sind nach internationaler Übereinkunft verbindlich für die wissenschaftliche Literatur und Lehrbücher. Dennoch finden sich, vor allem in der älteren Literatur, auch nicht mehr zulässige Einheiten. Neben den SI-Einheiten sind daher nachfolgend auch Umrechnungsfaktoren für nicht mehr gebräuchliche Einheiten angegeben.

Temperatureinheit
1 Kelvin (K), statt der Kelvinskala ist auch die Celsius-Skala zulässig: $\vartheta(°C) = T - 273,15$.

Zeiteinheit
Eine Sekunde (s)

Längeneinheit
Ein Meter (m). Entsprechend sind Flächen in m^2 und Volumen in m^3 anzugeben.
Zulässig sind auch: 1 Zentimeter (cm) = 10^{-2}m, 1 Millimeter (mm) = 10^{-3}m,
1 Micrometer (μm) = 10^{-6}m, 1 Nanometer (nm) = 10^{-9}m, 1 Kilometer (km) = 10^3m.

Masseeinheiten
Das Kilogramm (kg). Zulässig sind auch: 1g = 10^{-3} kg, 1mg = 10^{-6} kg, 1μg = 10^{-9} kg,
1ng = 10^{-12} kg, 1 Tonne = 10^3 kg.

Mengeneinheiten
Die Einheit ist das Mol (mol). 1 mol enthält N_L (Lohschmidt-Zahl, auch Avogadro-Zahl genannt) = $6,022 \cdot 10^{23}$ Teilchen (Atome, Moleküle, Ionen).

Elektrische und magnetische Einheiten

Elektrische Ladung:	1 Coulomb (C)
elektrische Spannung:	1 Volt (V) = $1\ J \cdot C^{-1} = kg \cdot m^2 \cdot s^{-2} \cdot C^{-1}$
elektrische Feldstärke:	$1V \cdot m^{-1}$
elektrische Stromstärke:	1 Ampere (A) = $C \cdot s^{-1}$
elektrische Stromdichte:	$1\ C \cdot s^{-1} \cdot m^{-2} = 1\ A \cdot m^{-2}$
elektrischer Widerstand:	1 Ohm (Ω) = $1\ V \cdot s \cdot C^{-1}$
magnetische Feldstärke:	1 Tesla (T) = $1\ kg \cdot C^{-1} \cdot s^{-1}$

Kraft und Druck

Krafteinheit:	1 Newton (N)	=	$1\ kg \cdot m \cdot s^{-2}$
Druckeinheit:	1 Pascal (Pa)	=	$1\ N \cdot m^{-2}$, zulässig ist auch: 1 bar = 10^5 Pa

Energie
1 Joule (J) = 1 kg · m^2 · s^{-2} = 1 Pa · m^3 = 1 A · V · s.
Zulässig sind auch: 1 Kilojoule (kJ) = 10^3 J, 1 Microjoule (μJ) = 10^{-6} J.

Leistung
1 Watt = 1 J · s^{-1} = 1 · A · V. Zulässig ist auch: 1 Kilowatt (kW) = 10^3 W, Megawatt (MW) = 10^6 W, Gigawatt (GW) = 10^9 W, Terawatt (TW) = 10^{12} W.

Umrechnungsfaktoren

1 Å	1 atm	1 torr	1 cal
10^{-10}	$1{,}01325 \cdot 10^5$ Pa	$133{,}32$ Pa	$4{,}184$ J

1 kWh	1 eV	1 Liter (L)	1 Stunde (h)
$0{,}2778$ kJ	$1{,}60218 \cdot 10^{-19}$ J	10^{-3} m^3	3600 s

Wichtige Fundamentalkonstanten

Größe	Symbol	Zahlenwert	Einheit
Lichtgeschwindigkeit	c	$2{,}99792 \cdot 10^8$	$\mathrm{m \cdot s^{-1}}$
Elementarladung	e	$1{,}602176 \cdot 10^{-19}$	C
Faraday-Konstante	$F = N_L \cdot e$	96485	$\mathrm{C \cdot mol^{-1}}$
Boltzmann-Konstante	k_B	$1{,}30807 \cdot 10^{-23}$	$\mathrm{J \cdot K^{-1}}$
Gaskonstante	$R = N_L \cdot k_B$	8,3145	$\mathrm{J \cdot mol^{-1} \cdot K^{-1}}$
Planck'sches Wirkungsquantum	h	$6{,}62608 \cdot 10^{-34}$	$\mathrm{J \cdot s}$
Lohschmidt-Zahl	N_L	$6{,}02214 \cdot 10^{23}$	$\mathrm{mol^{-1}}$
Stefan-Boltzmann-Konstante	σ_{SB}	$5{,}6705 \cdot 10^{-8}$	$\mathrm{W \cdot m^{-2} \cdot K^{-4}}$
Gravitations-Konstante	G	$6{,}673 \cdot 10^{-11}$	$\mathrm{N \cdot m^2 \cdot kg^{-2}}$

Einige astronomische Einheiten und Daten
1 astronomische Einheit (AE) = mittlerer Abstand der Erde zur Sonne = $1{,}496 \cdot 10^8$ km
1 Lichtjahr (LJ) = $9{,}4606 \cdot 10^{12}$ km = 63240 AE
Masse der Sonne $m_\odot = 1{,}989 \cdot 10^{30}$ kg
Radius der Sonne $r_\odot = 6{,}96 \cdot 10^5$ km
Masse der Erde $m_E = 5{,}974 \cdot 10^{24}$ kg
Radius der Erde $r_E = 6{,}371 \cdot 10^3$ km
Effektive Strahlungstemperatur der Sonne $T_\odot = 5780$ K
Solarkonstante (mittlere Sonnenlichtintensität auf der Erdoberfläche) = $1{,}348 \cdot 10^3$ Watt · m^{-2}
Leuchtkraft der Sonne $L_\odot = 4\pi r_\odot^2 \cdot \sigma \cdot T_\odot^4 = 3{,}8526 \cdot 10^{26}$ J

K Ergänzende und weiterführende Literatur

Die folgende Liste enthält eine Auswahl von Büchern, die die allgemeine Thermodynamik behandeln mit Betonung der phänomenologischen Grundlagen. Bücher, die ausschließlich oder ganz überwiegend statistische Thermodynamik oder irreversible Thermodynamik zum Thema haben, sind hier nicht aufgeführt.

Klassiker der chemischen und allgemeinen Thermodynamik

- I. Prigogine, R. Defay „Chemical Thermodynamics", Longmans (1967)
  Ein exzellent geschriebenes Standardwerk, das das Wissen seiner Zeit umfasst und bereits den Begriff der Entropieproduktion mit einbezieht. Manche der „Topics" sind allerdings veraltet und nicht mehr aktuell.

- E. A. Guggenheim „Thermodynamics", North-Holland Publishing Company (1967)
  Sehr klare Diskussion der Grundlagen. Enthält auch gleichzeitig grundlegende Aspekte der statistischen Thermodynamik und knappe Kapitel über Wärmestrahlung und Thermodynamik in äußeren Feldern sowie eine kurze Einführung in die irreversible Thermodynamik

- H. B. Callen „Thermodynamics and Introduction to Thermostatics", John Wiley + Sons (1985)
  Sorgfältige und kompetente Darlegung der Grundlagen mit Übungsaufgaben. Betont die Bedeutung der Gibbs'schen Fundamentalgleichung. Enthält auch Kapitel zur statistischen und irreversiblen Thermodynamik.

- R. Haase „Thermodynamik der Mischphasen", Springer-Verlag (1956)
  Eine umfassende Darstellung der Mischphasenthermodynamik, die alles enthält, was Grundlegendes zu diesem Thema zu sagen ist. Auch heute noch eine wichtige Quelle der Information.

- A. Münster „Chemische Thermodynamik", Verlag Chemie (1968)
  Ein kurzgefasstes Lehrbuch, aber auf gehobenem Niveau. Enthält vor allem eine sehr gründliche Entwicklung der phänomenologisch-theoretischen Grundlagen.

Grundlagenbücher

- I. N. Levine „Physical Chemistry", 5th Edition, McGraw-Hill (2003)
  Allein die Hälfte des Buches ist der phänomenologischen Thermodynamik gewidmet. Die Darstellung ist klar, korrekt und gut verständlich, ergänzt durch viele nützliche Übungsaufgaben. Empfehlenswert für Anfänger.

- G. Kortüm, H. Lachmann „Einführung in die chemische Thermodynamik“, Verlag Chemie (1981)
  Ein Lehrbuch mit Einführungscharakter, aber dennoch einer recht detaillierten Behandlung. Gut zum ernsthaften Studium der Grundlagen geeignet. Enthält auch einen kurzen, separaten Abschnitt über statistische Thermodynamik.

- D. Kondepudi, I. Prigogine „Modern Thermodynamics“, John Wiley + Sons. (1998)
  Ein didaktisch gut aufbereitetes Lehrbuch für Anfänger, das sich auf die wesentlichen Aspekte konzentriert und auch eine Einführung in die lineare irreversible Thermodynamik bietet sowie neuere Ergebnisse zu nichtlinearen Systemen vorstellt.

- H. Weingärtner, „Chemische Thermodynamik“, Teubner (2003)
  Behandelt in klarer, aber recht knapper Form die Grundlagen der chemischen Thermodynamik. Gut geeignet als Begleiter für Vorlesungen. Kombiniert phänomenologische und molekularstatistische Grundlagen.

- W. Schreiter, „Chemische Thermodynamik“, de Gruyter (2010)
  Ein Buch mit Schwerpunkt auf Übungen und Aufgaben für Anfänger, die einen recht weiten Anwendungsbereich abdecken. Tiefergehende und systematische Grundlagen der Thermodynamik werden nicht vermittelt.

Schwerpunkte Verfahrenstechnik und technische Thermodynamik

- J. M. Prausnitz, R. N. Lichtenthaler, E. G. de Azevedo „Molecular Thermodynamics of Fluid Phase Equilibria“, Prentice Hall PTR (1998)
  Gut lesbares und didaktisch wertvolles Buch. Konzentriert sich im Wesentlichen auf Phasengleichgewichte und deren Anwendung. Geschickte Kombination von phänomenologischer und molekularer Interpretation. Enthält gute Übungsaufgaben.

- E. Hahne „Technische Thermodynamik„, Addison-Wesley (1992)
  Ausführliche Darstellung der verfahrenstechnischen Grundlagen der Thermodynamik mit vielen Beispielen und Übungsaufgaben aus dem Bereich der technischen Thermodynamik.

- K. Stephan, F. Mayinger „Thermodynamik“, Springer-Verlag (1988), 2 Bände: I. Einstoffsysteme, II. Mehrstoffsysteme und chemische Reaktionen.
  Standardwerk der Thermodynamik für Verfahrensingenieure. Enthält zahlreiche Aufgaben mit Lösungen aus dem Bereich der Verfahrenstechnik.

- J. Gmehling, B. Kolbe „Thermodynamik“, Verlag Chemie (1992)
  Klar strukturiertes Buch, das sich vor allem der Berechnung von Phasengleichgewichten mit Gruppenbeitragsmodellen widmet. Enthält auch Beispielrechnungen.

- A. Pfennig, „Thermodynamik der Gemische“, Springer Verlag (2004)
  Ein informatives Buch mit Betonung auf thermischen Zustandsgleichungen und sog. G^{E}-Modellen, wie sie vor allem Chemieingenieure benötigen. Enthält Übungsaufgaben zum Thema und nützliche zusammenfassende Tabellen.

Schwerpunkt Biochemie

- I. M. Klotz, R. M. Rosenberg „Chemical Thermodynamics“, Wiley + Sons (2000)
  Vermittelt recht ausführlich allgemeine Grundlagen mit Betonung auf wässrigen Lösungen und biochemischen Aspekten. Es wird bevorzugt von der Planck'schen Funktion Gebrauch gemacht.

- R. A. Alberty „Thermodynamics of Biochemical Reactions“, Wiley (2003)
  Grundlagen in Kurzform werden vorangestellt. Der Inhalt konzentriert sich auf wässrige Systeme mit biochemischen Reaktionen, die teilweise sehr ausführlich behandelt werden. Enthält auch reichhaltiges Datenmaterial und Rechenprogramme zur biochemischen Thermodynamik.

- D. T. Haynie „Biological Thermodynamics“, Cambridge University Press (2008)
  Ein elementares Buch, das einen Überblick über biochemische Systeme gibt. Gut geeignet zum Nachschlagen, weniger zum quantitativen Verständnis der biochemischen Thermodynamik.

Schwerpunkt Physik

- G. Kluge, G. Neugebauer „Grundlagen der Thermodynamik“, Spektrum-Verlag (1994)
  Gutes Lehrbuch in konzentrierter Darstellung. Betont den Standpunkt der Physik. Bringt Aufgaben und Beispiele aus diesem Bereich. Enthält auch ein relativ langes Kapitel zur irreversiblen Thermodynamik. Phänomenologische und statistische Thermodynamik wird teilweise simultan vermittelt.

- I. Müller „Grundzüge der Thermodynamik“, Springer-Verlag (1994)
  Eine sehr individuelle und originelle Behandlung des Themas mit interessanten Beispielen aus verschiedenen wissenschaftlichen Bereichen. Betont die physikalischen und verfahrenstechnischen Grundlagen. Enthält auch Kapitel zur statistischen Thermodynamik.

Schwerpunkt: kondensierter Zustand

- J. S. Rowlinson, F. L. Swinton „Liquids and Liquid Mixtures“, Butterworths (1982)
  Hervorragende Behandlung der phänomenologischen Thermodynamik des flüssigen Zustands einschließlich einer recht ausführlichen Diskussion von Phasengleichgewichten in Mischungen. Enthält auch einen Abschnitt über Flüssigkeitsstruktur und statistische Mechanik des flüssigen Zustands, der allerdings etwas veraltet ist.

- S. Stolen, T. Grande „Chemical Thermodynamics of Materials“, John Wiley + Sons (2003)
  Informatives, aber recht spezifisches Lehrbuch zur Thermodynamik von flüssigen und vor allem festen Systemen mit Hinblick auf die Materialwissenschaften. Enthält auch Diskussionen vom Standpunkt der Molekularstatistik aus. Sporadisch werden auch Grenzflächenphänomene mitbehandelt.

Index